Handbuch

der

Arzneimittellehre.

Zum Gebrauche

für Studirende und Ärzte

bearbeitet von

Dr. S. Rabow und **Dr. L. Bourget,**

Professoren an der Universitat Lausanne.

Mit einer Tafel und 20 Textfiguren.

Berlin.

Verlag von Julius Springer.

1897

ISBN-13: 978-3-642-47266-4 e-ISBN-13: 978-3-642-47674-7
DOI: 10.1007/ 978-3-642-47674-7

Softcover reprint of the hardcover 1st edition 1897

Vorwort.

Bei der bereits vorhandenen grossen Anzahl von zum Theil recht guten Lehrbüchern der Arzneimittellehre noch mit einem neuen hervorzutreten, musste uns zunächst als ein überflüssiges und gewagtes Unternehmen erscheinen. Und wenn wir uns trotzdem nicht gescheut haben, unverdrossen an diese heikle und undankbare Arbeit heranzugehen, so waren hierfür verschiedene Beweggründe maassgebend.

Vor Allem wirkte anregend und ermuthigend die so häufig gemachte Erfahrung, dass unter den gegenwärtigen Verhältnissen jedes Buch willkommen geheissen wird, das in erster Linie die Bedürfnisse der Praxis berücksichtigt und das praktische Interesse mit strengster wissenschaftlicher Darlegung zu verschmelzen versteht.

Ein derartiges Buch fertigzustellen, darauf war seit vielen Jahren unser ganzes Bestreben gerichtet. Dasselbe sollte, bei nicht zu grossem Umfange, einen verhältnissmässig reichen Inhalt haben und vermöge zweckmässiger Anordnungen und Einrichtungen Studirende und Ärzte, deren Zeit knapp zugemessen ist, in den Stand setzen, sich schnell und leicht zu informiren.

Das Vertrauen auf unsere bisherige Laufbahn und praktische Thätigkeit in den verschiedensten Disciplinen der medizinischen Wissenschaft liess uns die mit der Bearbeitung eines derartigen Buches verbundenen Schwierigkeiten als leichter überwindbar erscheinen.

Und ganz besonders war uns, deren bescheidener Wirkungskreis sich seit einer Reihe von Jahren auf der schmalen Grenze zwischen zweien grossen, in ihrem Denken und Handeln so variirenden Kulturvölkern befindet, viel daran gelegen, den verschiedenen Lehr- und Heilmethoden der Deutschen und Franzosen in zweckmässiger Vereinigung zur Anschauung zu bringen. Aus diesem Grunde erscheint auch das Buch in beiden Sprachen.

Weder dem übertriebenen therapeutischen Enthusiasmus der Neuzeit, noch der entgegengesetzten Richtung, dem expektativen Schlendrian vergangener Decennien huldigend, haben wir uns, abseits von allen langathmigen theoretischen Erwägungen und gelehrten Hypothesen nur auf die feststehenden Thatsachen gestützt und uns überall bemüht, objektiv zu bleiben.

Wenn wir die zahlreichen, mit jedem Tage sich in unheimlicher Weise mehrenden und kaum mehr zu übersehenden neuen und allerneusten Heil- (resp. Unheil-)mittel möglichst vollständig in einem besonderen Abschnitte bearbeitet haben, so geschah das nicht, um die Reklametrommel zu rühren und in thörichter Verblendung für dieselben Propaganda zu machen. Wir glaubten nur, denjenigen einen Dienst zu leisten, die sich über die neusten Erzeugnisse der chemischen Industrie und spekulativer Köpfe näher informiren wollen.

Auch viele ältere Mittel, denen die Pharmakopoë-Kommissionen (mitunter unverdient) die Thüre gewiesen, haben wir nicht unberücksichtigt gelassen und an geeigneter Stelle angeführt, damit die gegenwärtige Generation wenigstens die Namen derjenigen Remedia kennen lerne, mit denen unsere Altvorderen so grosse Erfolge erzielt haben.

So senden wir nun unser Buch, dem — das verhehlen wir uns nicht — gewiss Fehler und Mängel anhaften, das aber nur den Zweck verfolgt, den Studirenden und Ärzten bequem und nützlich zu sein, mit dem Wunsche in die Welt, dass es sich zahlreiche Freunde erwerben möge.

Lausanne, im Januar 1897.

Die Verfasser.

Inhalt.

I. Allgemeiner Theil.

II. Specieller Theil.

(Die Arzneimittel nach ihrer physiologischen und therapeutischen Zusammengehörigkeit geordnet.)

V. Balneologie und Klimatotherapie.

VI. Tabellen.

VII. Register.

Verzeichniss der Abbildungen.

Textfiguren.

Tafelfiguren.

I. Allgemeiner Theil.

a) Allgemeine Arzneiverordnungslehre.

Aus dem Mineral-, Pflanzen- und Thierreiche gewinnen wir zahlreiche Stoffe, welche die Eigenschaft besitzen, bestimmte Krankheiten und Krankheitssymptome zu heilen oder zu mildern. Die meisten von diesen Arzneimitteln sind uns durch die empyrische Heilkunde überliefert worden, und der modernen wissenschaftlichen Medicin fiel die Aufgabe zu, aus dieser Menge diejenigen Substanzen zu wählen, deren physiologische Eigenschaften als brauchbar und nützlich erkannt worden sind. Uebrigens hat das wissenschaftliche Experiment ihre wohlthuende Wirkung sehr häufig erklären und bestätigen können.

Jeder Staat hat das Bedürfniss empfunden, ein Verzeichniss von sogenannten „officinellen Arzneimitteln", welche als die wirksamsten und zuverlässigsten angesehen werden, aufzustellen und genaue Vorschriften für die Bereitung der zusammengesetzten Medikamente zu formuliren.

Die Pharmakopöen der verschiedenen Länder enthalten Verordnungen bezüglich der pharmaceutischen Manipulationen und bestimmen die Dosen, in denen die stark wirkenden Arzneimittel verabfolgt werden können.

Im Allgemeinen dient jede pflanzliche Arzneisubstanz (Blüthe, Blatt, Frucht oder Wurzel) zur Bereitung eines Extrakts, einer Tinktur, eines Sirup und, wenn sie aromatische Stoffe enthält, zur Darstellung eines destillirten Wassers oder aromatischen Spiritus.

Unter der Bezeichnung Extrakt versteht man einen durch Eindampfen von dem flüssigen Menstruum befreiten Auszug von Drogen. — Die Pharm. Germ. unterscheidet hinsichtlich des Consistenzgrades 1. dünne, 2. dicke und 3. trockene Extrakte. Ausserdem hat sie auch noch die Fluidextrakte aufgenommen.

Das dünne Extrakt (Extractum tenue s. molle) besitzt die Consistenz des frischen Honigs. Mit etwa der doppelten Menge Pflanzenpulver giebt es eine brauchbare Pillenmasse.

Das dicke Extrakt (Extractum spissum) lässt sich erkaltet nicht ausgiessen und kann mittelst des eingetauchten Spatels zu Fäden ausgezogen werden. Es giebt mit etwa der Hälfte Pflanzenpulver eine Pillenmasse.

Das trockene Extrakt (Extractum siccum) lässt sich zu Pulver zerreiben. Es wird in der Weise bereitet, dass man die Droge mittelst Wasser oder Weingeist, oder eines Gemisches von Wasser und Weingeist erschöpft und die filtrirten Flüssigkeiten zur Trockene verdampft.

Trockene narkotische Extrakte, wie z. B. Extr. Hyoscyami siccum und Extr. Belladonnae, werden nach der deutschen Pharmakopöe aus den dicken Extrakten bereitet, indem man 4 Thl. des letzteren mit 3 Thl. feingepulverten Süssholzes mischt, das Gemenge im Dampfbade bis zum konstanten Gewichte eindampft, die noch warme Masse zerreibt und noch so viel Süssholzpulver hinzufügt, dass die Gesammtmenge 8 Thl. beträgt. Es entsprechen somit 2 Theile dieses Präparates 1 Theile des betreffenden Extraktes.

Die Schweizer Pharmakopöe stellt ihre festen narkotischen Extrakte dagegen so her, dass sie die betreffenden Pflanzenauszüge eindampfen und so viel Milchzucker oder Reispulver zu dem Rückstande hinzufügen lässt, dass ein Gewichtstheil dieses trockenen Extraktes 2 Theilen der Droge entspricht (Extractum duplex).

Das Fluidextrakt (Extractum fluidum) ist erst in den letzten Jahren eingeführt und findet sich bereits in den meisten Pharmakopöen. Dasselbe stellt die beste Form dar, in welcher ein Arzneimittel konservirt werden kann. Dabei ist es in einer solchen Weise bereitet, dass es sämmtliche löslichen, festen oder flüchtigen Stoffe, die sich in der zu seiner Darstellung verarbeiteten Droge befinden, enthält. Ausserdem entspricht eine bestimmte Gewichtsmenge des Extrakts einer gleichen Menge der Mutterdroge, d. h. 1 Gramm Extractum Chinae fluidum repräsentirt z. B. 1 Gramm der Chinarinde.

Gewöhnlich werden diese Fluid-Extrakte dargestellt, indem man die pflanzlichen Drogen durch eine Mischung von Wasser und Alkohol erschöpft. Die zuerst gewonnene Flüssigkeit wird unverändert aufbewahrt, während die folgenden, welche dazu dienen, die betreffende Substanz vollständig auszulaugen, verdampft werden. Das Ergebniss der Verdampfung wird zu der ersten Flüssigkeit hinzugefügt, bis das Gewicht derselben genau demjenigen der verwendeten Droge entspricht.

Die Tinkturen (Tincturae) werden in der Weise bereitet, dass man die arzneilichen Substanzen mehrere Tage in mehr oder weniger verdünntem Weingeist maceriren lässt. Der Weingeist wird zuweilen durch ein Gemisch von Alkohol und Äther (Tinctura aetherea) ersetzt.

Die Tinkturen der stark wirkenden Stoffe werden in dem

Verhältniss von 1 : 10 dargestellt, während diejenigen der nicht toxischen Substanzen im Verhältniss von 1 : 5 bereitet werden.

Die Sirupe (Sirupi) sind nichts weiter als Auflösungen von Zucker (60%) in wässerigen Aufgüssen von pflanzlichen Drogen oder in Wasser und in Fruchtsäften.

Die destillirten Wässer (Aquae destillatae) werden durch Destillation der aromatischen Pflanzen mit Wasser dargestellt. Sie enthalten nur die flüchtigen Theile der Droge. Wenn man sich hierbei, statt Wasser zu verwenden, des Alkohols bedient, erhält man die Alkoholate oder aromatischen Spiritus.

Der Apotheker bereitet noch nach besonderen Vorschriften Salben (Unguenta) und Pflaster (Emplastra).

Diese verschiedenen Arzneiformen sind in der Apotheke stets vorräthig und dienen zur Bereitung der verschiedenen vom Arzte verordneten Pulver, Pillen, Lösungen und Mixturen. Letzterer übermittelt dem Apotheker seine Verordnungen, indem er sich hierbei nach bestimmten Regeln richtet, die in früheren Zeiten so komplicirt waren, dass man daraus einen besonderen Zweig der medicinischen Wissenschaft unter der Bezeichnung „Receptirkunde" oder „ars formulandi" gemacht hatte. Heutzutage ist dieses Alles sehr vereinfacht worden, und die geschriebene Verordnung (Recept, Praescriptio) des Arztes darf so kurz wie möglich sein, wenn sie dabei nur genügend deutlich ist, damit Irrthümer und Verwechselungen vermieden werden.

Die Gewohnheit, die Arzneien lateinisch zu verschreiben, verschwindet immer mehr; sie ist nur noch in bestimmten Ländern (Deutschland, Oesterreich, Russland, Schweiz etc.) beibehalten worden. Und das ist zu bedauern, denn die lateinische Verschreibungsweise ist die einfachste und gleichzeitig diejenige, welche uns am wenigsten Irrthümern und Namensverwechselungen aussetzt. Dabei liefert sie auch die Garantie, dass die ärztlichen Verordnungen von den Apothekern aller Länder verstanden werden. Ausserdem hat aber das lateinische Recept auch noch den grossen Vortheil, dass dem Kranken und seiner Umgebung die Natur der Droge, welche der Arzt für gut befunden, zu verschreiben, verheimlicht wird. Der Arzt schützt sich auf diese Weise am besten vor einer unwissenschaftlichen Beurtheilung und der Kontrolle von vielleicht ganz wohlgesinnten, aber unkompetenten Personen.

Der Arzt soll sich auch bemühen, die Medikamente so einfach wie möglich zu formuliren. Er muss sich begnügen, die arzneilichen Substanzen mit ihren Dosen und, wenn erforderlich, auch die Form, in der diese Arzneien bereitet werden sollen, und dann die Verabreichungsweise anzugeben. Er wird es vermeiden, in zu viele technische Details bezüglich der Zubereitung einzutreten, denn es liegt auf der Hand, dass in diesen rein pharmaceutischen Fragen, wo es sich darum handelt zu entscheiden, welches die besten

Methoden zur Bereitung einer Pillenmasse, einer Emulsion, einer Salbe sind oder gar, ob es zweckmässig ist, dieses oder jenes Mittel in ein gefärbtes oder ungefärbtes Glas zu thun und dann die Flasche mit einem Stöpsel aus Glas oder Kork zu verschliessen etc., der Apotheker gewöhnlich kompetenter sein wird als der Arzt.

Es dürfte beinahe überflüssig erscheinen, zu erinnern, dass die Dosen in Grammen bezeichnet werden müssen. Das metrische System ist von den meisten civilisirten Nationen angenommen worden. Indessen bedient man sich noch in manchen Ländern (England, Russland, Nordamerika) des alten Grangewichts. Die Verhältnisse zwischen den beiden Gewichten, Gran und Gramm, gestalten sich annähernd folgendermassen:

1 Pfund	(℔)	= 12 Unzen	=	360,0	Gramm,
1 Unze	(℥)	= 8 Drachmen	=	30,0	„
1 Drachme	(ʒ)	= 3 Skrupel	=	4,0	„
1 Skrupel	(℈)	= 20 Gran	=	1,25	„
1 Gran	(gr)		=	0,06	„

Bei der lateinischen Verschreibungsweise beginnt die schriftliche Anweisung des Arztes an den Apotheker mit dem Worte „Recipe (Rp)“ = „nimm“, darauf folgt die Angabe der verordneten Arzneimittel (im Genitiv) und ihrer Menge (im Accusativ). Hierbei wird zuerst das Hauptmittel angeführt, dann kommt entweder das Verbesserungsmittel (Korrigens) oder das Unterstützungsmittel (Adjuvans) und endlich das Vehikel, welches bestimmt ist, das Medicament in die beabsichtigte geeignete Form zu bringen, es zu verdünnen oder voluminöser zu machen (Wasser, Zucker etc.).

Den Schluss bilden verschiedene Formeln, je nachdem Pulver, Pillen u. s. w. verschrieben worden sind. Bei einer einfachen Mixtur sind es die Buchstaben M. D. S. (Misce, detur, signetur) mit einer Anweisung für den Kranken, wie die Arznei genommen werden soll. Diese Anweisung wird vom Apotheker auf die Etiquette der Arzneiflasche geschrieben.

Beispiel:

1) ℞ Extr(acti) Opii 0,10
Sir(upi) Cort(icis) Aurant(ii) 30,0
Aq(uae) font(anae) 120,0.
M. D. S. Alle 2 Stunden 1 Esslöffel voll zu nehmen.

Wenn die Verordnung nur eine einzige Droge enthält, beginnt man mit dem Worte „Detur“ (Det).

Beispiel:

2) Det. Olei Ricini 30,0.
S. Auf einmal zu nehmen.

Ein anderer Vortheil der lateinischen Verschreibungsweise besteht darin, dass man abkürzen kann, indem man sich sehr häufig damit begnügt, nur die erste oder die beiden ersten Silben des Wortes zu schreiben. Auf diese Weise formulirt man schneller und deutlicher, als wenn man sich der Landessprache bedient.

Die zum innerlichen Gebrauche bestimmten Arzneien können, besonders wenn diese Drogen in Wasser löslich sind, in Form von Solutionen oder Mixturen verschrieben werden. Dabei erscheint es zweckmässig, Mengen von 150 Gramm oder Kubikcentimeter zu verordnen, weil der Inhalt einer derartigen Mixtur dem Inhalte von 10 gewöhnlichen Esslöffeln entspricht. (1 Esslöffel enthält gewöhnlich 15 ccm Flüssigkeit; der Inhalt eines Kaffeelöffels schwankt zwischen 3 und 5 ccm.) Der grosse Vorzug der Verordnung einer Mixtur von 150 gr. besteht darin, dass der Arzt rasch zu dosiren vermag, da jeder Esslöffel den zehnten Theil der Gesammtmenge des verschriebenen Mittels enthält.

Beispiel:

3) ℞ Kal. bromat. 10,0
Sir. Cort. Aurant. 30,0
Aq. font. 120,0.
M. D. S. 4 mal täglich 1 Esslöffel voll zu nehmen.

Jeder Esslöffel dieser Mixtur enthält 1,0 Kalii bromati.

In allen deutschen Apotheken werden seit dem 1. Januar 1892 die flüssigen Arzneimittel zum äusserlichen Gebrauch in sechseckigen Flaschen mit rother Signatur, zum innerlichen Gebrauch in runden Flaschen mit weisser Signatur abgegeben.

Die Maceration (Maceratio) ist das Product eines kalten Extractionsverfahrens. Man lässt pflanzliche Arzneimittel, deren wirksame Principien in kaltem Wasser löslicher sind als in heissem, mehrere Stunden hindurch in kaltem Wasser weichen und mürbe werden.

Beispiel:

4) ℞ Macerat. Cort. Condurango 5,0 : 150,0
Sir. Cort. Aurant. 50,0.
M. D. S. 1 Esslöffel voll bei jeder Mahlzeit zu nehmen.

Das Infus (Aufguss) wird durch Übergiessen von kochendem Wasser auf die verordnete Droge bereitet. Zur Herstellung eines Aufgusses wird die Substanz in einem Gefässe mit heissem Wasser übergossen, die Mischung unter bisweiligem Umrühren 5 Minuten den Dämpfen eines siedenden Wasserbades ausgesetzt, und die Flüssigkeit nach dem Erkalten colirt.

Beispiel:

5) ℞ Infus. Fol. Digital. 1,0 : 120,0
Sir. Cort. Aurant. 30,0.
M. D. S. Zweistündlich 1 Esslöffel voll zu nehmen.

Das Decoctum (Abkochung) wird namentlich für Rinden, Wurzeln, Hölzer, deren wirksame Bestandtheile schwer löslich sind, angewandt.

6) ℞ Decoct. Cort. Chinae 5,0 : 150,0
Sir. Cort. Aurant. 30,0.
M. D. S. 1 Esslöffel voll bei jeder Mahlzeit.

Die Emulsion (Emulsio) kommt zur Verwendung, wenn in Wasser unlösliche Substanzen, wie Oele, Balsame, Harze, Gummiharze, Kampfer in Wasser fein vertheilt, in Suspension erhalten bleiben sollen. Sie wird gewöhnlich in der Weise hergestellt, dass man den betreffenden Körper mit pulverisirtem Gummi arabicum und Wasser, zuweilen auch mit einem Eigelb zusammenbringt.

Beispiel:

7) ℞ Emuls. Ol. Ricini 30,0 : 120,0
Sir. Menthae pip. 30,0.
M. D. S. Esslöffelweise zu nehmen.

In diesem Falle würde der Apotheker die Emulsion mit Gummi arabicum bereiten; wenn der Arzt wünscht, dass dieselbe mit einem Eigelb dargestellt werde, muss er, wie folgt, verschreiben:

8) ℞ Emuls. Ol. Ricini 30,0 : 120,0
Cum
Vitello ovi Nr. 1
Sir. Menthae pip. 30,0.
M. D. S.

Wenn flüssige Arzneien von der Schleimhaut des Rectums aufgesogen werden sollen (Clysma, Klystier, Lavements), so darf ihre Menge für den Erwachsenen 200,0—250,0, und für ein Kind 50,0—100,0 nicht überschreiten. Enthalten diese medikamentösen Lavements reizende Substanzen (z. B. Chinin etc.), so empfiehlt es sich, zuvor noch einige Tropfen Tinct. Opii croc. in 50,0—60,0 Wasser in das Rectum einzuführen.

Bezüglich der in Tropfenform zu verabreichenden Arzneien vergegenwärtige man sich, dass ein Tropfen einer alkoholischen Flüssigkeit (Tinktur) ungefähr 0,04 (25 Tropfen auf 1 g) und ein Tropfen einer wässerigen Flüssigkeit oder eines Fluid-Extrakts 0,06 (16 Tropfen auf 1 g) wiegt.

Die zu subcutanen Injektionen dienenden wässerigen Lösungen halten sich sehr gut, wenn man mit Chloroform gesättigtes, destillirtes Wasser (Aqua chloroformisata) zur Auflösung des wirksamen Princips verwendet. Auf der Etiquette dieser Solutionen soll stets die Menge der in einem Kubikcentimeter (d. h. in einer Pravaz'schen Spritze) enthaltenen wirksamen Substanz angegeben sein.

Die unlöslichen oder wenig löslichen Medikamente werden im Allgemeinen in Pulver- oder Pillenform verschrieben. Manche Stoffe von geringer Aktivität können als Pulver messerspitz- oder theelöffelweise verordnet werden, ohne dass die Dosis genau angegeben zu werden braucht. Dagegen thut man gut, für Pulver mit stark wirkenden Substanzen immer die auf einmal zu nehmende Dosis zu bezeichnen. Dieselbe ist so viele Male zu wiederholen, als man dies für nöthig hält. (Die schlecht schmeckenden pulverförmigen Arzneimittel können in Kapseln [Capsulae amylaceae] gegeben werden.)

Beispiele:

9) Det. Chinini sulfurici 0,20
tal. dos. No. XX. ad capsulas amylaceas.

10) ℞ Opii pulv. 0,10
Bismut. subnitr. 0,50
M. f. pulv. D. tal. dos. No. X.
S. 2 mal täglich 1 Pulver.

Es ist entschieden zweckmässiger, sich dieses Verfahrens zu bedienen und nicht des anderen, welches darin besteht, zuerst die Gesammtmasse des Medicaments zu verschreiben und dieselbe alsdann in einzelne gleiche Pulver abzutheilen. Dies komplicirt immer ein wenig die Berechnung.

Dasselbe gilt für die Pillen. Man verschreibe die Dosis für eine Pille und denke nur an die wirksamen Substanzen. Was die Bereitungsweise anlangt, so lasse man dem Apotheker den grössten Spielraum. Wenn nicht gerade ein besonderer Grund dafür vorliegt, dass die Pillenmasse aus diesem oder jenem Extrakt dargestellt werde, so lasse man ihm die Auswahl der letztern oder der zur Bildung der Masse erforderlichen Flüssigkeit.

Beispiele:

11) ℞ Pulv. Opii 0,10
F. pilul. Dent. tal. dos. No. XX.
S. Abends 1 Pille zu nehmen.

12) ℞ Kalii carbon.
Ferri sulfurici āā 0,10
Extr. Gentian. q. s.
ut f. pilul. Dent. tal. dos. No. 100.
S. 2 Pillen bei jeder Mahlzeit.

Die Granula (Granules, Körner) sind Pillen von sehr geringem Volumen, während die Boli (Bissen) im Gegentheil sehr grosse, übrigens selten angewandte Pillen sind.

Die Species (Theegemische) sind Gemenge der verschiedensten pflanzlichen Drogen (Blüthen, Blätter, Früchte, Wurzeln, Hölzer etc). Man denke daran, dass die Pharmakopöen Vorschriften für mehrere derartige Gemenge geben unter der Bezeichnung: Species laxantes, sp. diureticae, sp. amarae, sp. pectorales, sp. aromaticae, sp. emollientes, sp. lignorum. Daher braucht man bei vorhandenem Bedürfnisse nur diese Species zu verschreiben, um Pflanzengemenge zu erhalten, die im hohen Maasse die Eigenschaften besitzen, welche ihr Name andeutet.

Die für den äusseren Gebrauch bestimmten Arzneimittel können in Salben, Pflastern und Linimenten zur Anwendung kommen.

Die Salben (Unguenta) werden mit Fetten verschiedenster Art, Schweinefett (Axungia porci), Wollfett (Lanolin), Vaselin oder auch mit Mischungen aus Öl und Wachs oder mit Cetaceum etc., bereitet.

Vor dem Verschreiben einer Salbe muss man sich die Frage vorlegen, ob die zu inkorporirende wirksame Substanz dazu bestimmt ist, von der Haut resorbirt zu werden, oder ob sie nur eine lokale Wirkung haben soll. Im ersteren Falle wird man sich stets des Schweinefetts unter Beimengung des zehnten Theiles von Lanolin als Vehikel bedienen. Bei alleiniger Verwendung begünstigt nämlich letzteres die Resorption durch die Haut weniger als bei Vermischung mit einem anderen fetten Körper.

Beispiel:

13) ℞ Acid. salicylic. 5,0
Lanolini 5,0
Axung. porci 40,0
M. f. ungt.
S. Aeusserlich. Nach Vorschrift.

Wenn die Salbe nur eine einfache örtliche Aktion ausüben soll, kann Vaselin als Vehikel verwendet werden.

Beispiel:

14) ℞ Zinc. oxydat. 5,0
Vaselini 50,0
M. f. ungt.
S. Aeusserlich. Nach Vorschrift.

Die Pflaster (Emplastra) sind zur äusseren Anwendung bestimmte Arzneigemische (Wachs, Harz, Bleioxyd, Kautschuk etc.), welche bei gewöhnlicher Temperatur fest (von einer dem Wachs ähnlichen Consistenz), bei erhöhter Temperatur (Körperwärme) weich sind und eine gewisse Klebekraft besitzen. Die Masse wird auf einer Unterlage (Leinwand, Leder, Seidentaffet) aufgestrichen.

Die Linimente (Linimenta) sind flüssige oder halbflüssige Salben, welche am häufigsten aus einem fetten Körper und Ammoniakflüssigkeit oder Kalkwasser bereitet werden.

Beispiele:

15) ℞ Ol. camphorat. 60,0
Liq. Ammon. caustici 15,0.
M. D. S. Zum Einreiben.

16) ℞ Ol. Lini
Aq. Calcis āā 100,0.
M. D. S. Zum äusserlichen Gebrauch.

Die Cacaobutter, Oleum oder Butyrum Cacao, dient zur Bereitung von festen und verschiedenartig geformten Salben, wie Suppositorien, Pessarien, Bougies. Dieselben haben den Zweck, in bestimmte Körperhöhlen (Rectum, Vagina, Urethra) eingeführt zu werden, woselbst sie bald zerfliessen (Cacaobutter schmilzt zwischen 30 und 35°). Sie wirken alsdann theils örtlich, theils durch Resorption des inkorporirten Arzneimittels.

Beispiel:

17) ℞ Extr. Opii 0,05
Butyr. Cacao q. s.
ut fiat supposit.
Dent. tal. dos. No. VI.
S. Nach Vorschrift.

Alle Pharmakopöen haben die Dosen der stark wirkenden Medikamente festgesetzt, welche der Arzt ohne zwingende Gründe nicht überschreiten darf. Sind solche vorhanden, dann nimmt er die Verantwortung dieser Gesetzesübertretung auf sich und benachrichtigt den Apotheker durch ein bestimmtes Zeichen, durch ein neben die Zahl der überschrittenen Dosis gesetztes Ausrufungszeichen (!).

Beispiel:

18) Det. Morphin. hydrochl. 0,05 !
tal. dos. No. V.
S. Abends 1 Pulver zu nehmen.

Man hat eine höchste Einzelgabe (Dosis simplex maxima), d. h. das Maximum des auf einmal zu nehmenden Mittels festgesetzt; daneben ist auch die grösste Dosis, welche innerhalb 24 Stunden verabfolgt werden darf (Dosis maxima pro die), fixirt worden. Diese Gaben sind für den Erwachsenen bei innerlichem Gebrauche und wenn die Mittel in Form des Klystiers oder Suppositoriums in Anwendung kommen, berechnet.

Für Kinder modificirt man sie nach dem Alter (nach Gaubius):

1 Jahr und darunter	$^1/_{15}$–$^1/_{10}$	der Dosis für den Erwachsenen,
1— 2 " " "	$^1/_8$	" " " " "
2— 3 " " "	$^1/_6$	" " " " "
3— 4 " " "	$^1/_4$	" " " " "
6— 7 " " "	$^1/_3$	" " " " "
7—14 " " "	$^1/_2$	" " " " "

Zur Vermeidung unnöthig hoher Arzneikosten muss der Arzt wissen, dass die geringste Überschreitung des Gewichtsinhaltes von

15,0 g, 100,0 g, 200,0 g } bei Flüssigkeiten und von

50,0 g, 100,0 g, 200,0 g } bei Pulvern und Salben

zu einer Steigerung der Gefäss- und Arbeitspreise führt. Daher verschreibt man zweckmässig:

℞ Morphin. hydrochl. 0,1 Aq. Laurocerasi ad 15,0	und nicht:	Morphin. hydrochl. 0,1 Aq. Lauroceras. 15,0.
℞ Argent. nitric. 1,0 Aq. dest. q. s. ad sol. Vaselini ad 50,0.	und nicht:	Argent. nitr. 1,0 Aq. dest. q. s. ad sol. Vaselini 50,0.

---

b) Erklärung

der in der Arzneimittellehre, Pharmacie, Chemie und Physiologie häufig vorkommenden Ausdrücke in alphabetischer Anordnung.

āā oder ana (aus dem Griechischen *ἀνά*) bedeutet zu gleichen Theilen. Sind in einem Recepte verschiedene Substanzen in derselben Menge zu verschreiben, so wird bei der ersten die Zahl fortgelassen, und hinter die zweite āā gesetzt. So wird statt:

Kalii bromati 5,0 besser: Kalii bromati
Ammon. bromati 5,0 Ammon. bromati āā 5,0

verschrieben.

Abbreviaturen. Die beim Verschreiben von Recepten und für die Maass- und Gewichtsbezeichnungen allgemein benutzten Abkürzungen sind (in alphabetischer Reihenfolge) folgende:

āā für ana (*ἀνά*) = zu gleichen Theilen.
ad rat. = ad rationem, auf Rechnung.
c. = cum.
cbm = Kubikmeter.
cm = Centimeter.
cmm = Kubikmillimeter.
col. = cola oder coletur.
con. = concisus oder concentratus.
cont. = contunde.
coq. = coque.
ctgr = Centigramm.
D. = Da oder detur oder Dosis.
D. S. = Detur, Signetur.
Dec. oder Dct. = Decoctum.
Disp. = Dispensa.
Div. in p. aeq. = Divide in partes aequales.
F. l. a. = Fiat lege artis.
Fl. = Flores.
g = Gramm.
Gtt. = Guttae.
Hb. = Herbae.
hl = Hektoliter.
Inf. = Infunde.
kg = Kilogramm.
l = Liter.
m = Meter.
mg = Milligramm.
mm = Millimeter.
M. = Misce.
M. D. S. = Misce, Da, Signa.
M. f. p. = Misce, fiat pulvis.
Nr. oder No. = Numero.
P. P. = Pro paupero.
qcm = Quadratcentimeter.
qmm = Quadratmillimeter.
Q. l. = Quantum libet.
Q. s. = Quantum satis.
R, Rec, Rep. = Recipe.
Reit. = Reiteretur.
Rep. = Repetatur.
Rft. = rectificatus.
Rftss. = rectificatissimus.
S. = Signa oder Signetur.
S. f. = Sub finem.
Sol. = Solve.
t = Tonne.
Tct. oder Tc. = Tinctura.

Abführmittel. Purgantia sive Cathartica. Mittel, deren Hauptwirkung auf einer mehr oder minder schnellen Entleerung des Darminhaltes beruht. Dieselben sind zu verschiedenen Zeiten verschieden eingetheilt worden.

Die milde wirkenden, nicht Koliken verursachenden Abführmittel wurden stets als Laxantia den energisch wirkenden — Drastica genannt — gegenübergestellt. Zwischen beiden befinden sich die eine mildere Wirkung entfaltenden Minorativa. Nach Husemann stehen die Eccoprotica oder Lenitiva (Manna, Sulfur u. A.), welche in verhältnissmässig grossen Mengen raschere und wenig verflüssigte Darmentleerungen bedingen, im Gegensatz zu den Drasticis (Jalapa, Crontonöl, Elaterin), die schon in minimalen Dosen flüssige Stuhlgänge verursachen. Bezüglich der erforderlichen Dosis nehmen die Laxantia und die Purgantia eine mittlere Stellung ein; bei letzteren machen sich Koliken als Nebenerscheinungen bemerkbar, bei ersteren nicht. Je nach der Grösse der Dosis kann natürlich ein Eccoproticum zum Drasticum werden und umgekehrt.

Für das Zustandekommen der Abführwirkung ist die Verstärkung und Beschleunigung der peristaltischen Darmbewegungen die hauptsächlichste Ursache. Mit seinen diesbezüglichen Experimenten hat Radziejewski (1870) den Beweis geliefert, dass durch Abführmittel die Peristaltik sowohl des Dünn- wie des Dickdarmes beschleunigt wird, dass aber an den häufigen und schnelleren Stühlen hauptsächlich die Beschleunigung der Dickdarmbewegung Schuld ist. Eine Hypersekretion der auf die Darmschleimhaut ausmündenden Drüsen erschien nach Radziejewski unwahrscheinlich. Die neueren Untersuchungen über diesen Gegenstand (Moreau, Vulpian, Brieger u. A.) haben jedoch ergeben, dass in der That aus dem Kontakt des eingeführten Mittels mit der Darmmucosa eine Vermehrung des wässerigen Darminhaltes resultirt.

Von der chemischen Zusammensetzung oder Abstammung abgesehen, lassen sich die Abführmittel ihrer Wirkungsweise nach (von den schwächeren zu den stärksten aufsteigend) etwa folgendermassen gruppiren:

a) Laxantia und Purgantia:	b) Salinische Abführmittel:	c) Drastica:
Wasserklystier	Natrium sulfuricum	Radix Rhei
Manna	Magnesium sulfuricum	Folia Sennae
Sulfur	Karlsbader Salz	Cortex Frangulae
Pulpa Tamarindorum	Püllnaer- Bitterwasser	Fructus Rhamni catharticae
Oleum Ricini	Saidschützer- Bitterwasser	Aloe
Magnesia	Sedlitzer- Bitterwasser	Herba Gratiolae
Tartarus depuratus	Friedrichshaller- Bitterwasser	Tubera Jalapae
Serum lactis	Hunyady-Janos- Bitterwasser	Podophyllinum
Calomel	Birmenstorfer- Bitterwasser	Radix Scammoniae
		Fructus Colocynthidis
		Gutti
		Oleum Crotonis.

Für die therapeutische Anwendung der Abführmittel gelten u. A. folgende Indikationen:

1. Magen- und Darmerkrankungen mit bestimmten Formen von Diarrhoe und Verstopfung.
2. Kongestionszustände und entzündliche Affektionen des centralen Nervensystems, der Leber und der Nieren. (Der gesteigerte arterielle Blutdruck wird durch die Abführmittel herabgesetzt.)
3. Zur Aufsaugung hydropischer Flüssigkeiten.
4. Obesitas etc.

Kontraindikationen bilden akute entzündliche Darmaffektionen, Darmperforationen, Uterusblutung, Kollapszustände etc.

Abkochung. Siehe Dekokt.

Abortiva. Mittel, die den schwangeren Uterus derart beeinflussen, dass Austreibung der (noch nicht lebensfähigen) Leibesfrucht erfolgt. Bei lebensfähiger Frucht spricht man von ekbolischen Mitteln. Die Wirkung kann auf verschiedene Weise zu Stande kommen. (Hervorrufen starker Kontraktionen der Bauchmuskeln, direkte Beeinflussung des Uterusgewebes, Kongestionen nach den Unterleibsorganen etc.)

Die bekanntesten Abortivmittel sind:

a) 1. Der Eihautstich (Sprengung der Blase durch Einführung der Uterussonde).

2. Einspritzung von warmem Wasser (vermittelst der aufsteigenden Douche).
3. Einlegen eines elastischen Katheters.
4. Warme Fussbäder (Senfbäder).
5. Blutegel an der Innenseite des Oberschenkels.

b) Aloe. — Acidum salicylicum. Borax. Cortex Cinnamomi. Herba Rutae. — Secale cornutum. Summitates Sabinae.

Indikationen für Anwendung der Abortiva:

1. Durch Krankheit bedingte Lebensgefahr der Mutter, welche durch Beseitigung der Schwangerschaft Aussicht auf Rettung gewährt. (Hartnäckiges Erbrechen, Blutungen, Dyspnoë etc.)
2. Absolut verengtes Becken.
3. Inkarceration des retrovertirten und flectirten Uterus und Unmöglichkeit der Reposition.

Abortivkuren. Dieselben sollen dem Ausbruche der sich entwickelnden Krankheit vorbeugen oder die bereits ausgebrochene Affektion coupiren. Eine grosse Rolle spielten in dieser Beziehung von jeher Schwitzkuren, Aderlässe und Schröpfköpfe. Warme Bäder und reichliches Wassertrinken werden auch gegenwärtig noch häufig vom Laienpublikum zu diesem Zwecke in Anwendung gebracht. Von Medicamenten haben in diesem Sinne als Abortivmittel Calomel bei Ileotyphus, Quecksilberpräparate bei Syphilis, Argentum nitricum (in Form von Injektion in die Urethra) bei Gonorrhoe, Chinin bei Influenza, Aconit (Dujardin-Beaumetz) bei akutem Bronchialkatarrh eine gewisse Bedeutung erlangt. Auch die Excision der primären Induration behufs Vorbeugung des Auftretens sekundärer syphilitischer Erscheinungen darf als Abortivkur bezeichnet werden.

Abstrakta. Als Abstrakta bezeichnet die amerikanische Pharmakopöe nach bestimmter Vorschrift mit Zucker dargestellte trockene Extrakte (z. B. Abstractum Belladonnae, Abstract. Digitalis u. s. w.). Dieselben sind nicht hygroskopisch und wirken doppelt so stark wie die Muttersubstanz.

Absud = Abkochung oder Dekokt.

Acida, Säuren, sind Substanzen von säuerlichem Geschmacke, die blaues Lackmuspapier röthen und mit Basen Salze bilden. Es werden jedoch auch Stoffe als Säuren bezeichnet (Karbolsäure, Gerbsäure), denen nicht alle von den eben genannten Eigenschaften zukommen.

Die Säuren werden in anorganische oder Mineralsäuren (Acid. hydrochloric., Acid. sulfuric., Acid. nitric., Acid. phosphoric., Acid. chromic. etc.) und in organische Säuren (Acid. acetic., Acid. citric., Acid. lactic., Acid. tartaric. etc.) eingetheilt. — In stärkerer Koncentration sind alle Säuren mehr oder weniger ätzend. Über ihre spec. Wirkung siehe bei den betreffenden Mitteln.

Adjuvans (von adjuvare). Wird zu einem Mittel ein ähnlich, aber schwächer wirkendes hinzugefügt, so wird letzteres als Adjuvans oder Unterstützungsmittel bezeichnet. So ist z. B. in einer aus Digitalis und Aq. Petroselini zusammengesetzten diuretischen Mixtur Digitalis das Hauptmittel und Aq. Petroselini das Adjuvans.

Adstringentia. (Von adstringere = zusammenziehen). Den adstringirenden Mitteln wird die Fähigkeit vindicirt, die Gewebe resp. die Gefässe, mit denen sie in Berührung kommen, in Kontraktion zu versetzen. Im Allgemeinen fällen sie Eiweiss und entziehen dem Gewebe Wasser. Ihre Wirkung ist vorherrschend eine örtliche. Vermöge ihrer Eigenschaften dienen die Adstringentia als sekretionsbeschränkende Mittel bei den verschiedensten Katarrhen der Schleimhäute der Respirations- und Digestionsorgane und vor Allem als Blutstillungsmittel (Styptica). Zu den Adstringentien werden u. A. gerechnet: Acidum tannicum, Alumen, Argentum nitricum, Bismutum subnitricum, Catechu, Kusso, Cuprum sulfuricum, Plumbum aceticum, Zincum sulfuricum etc.

Äther. Die durch ein Sauerstoffatom vermittelte Verbindung zweier Alkoholradikale (wie z. B. $C_2H_5-O-C_2H_5$) wird als Äther (in unserm Falle: Äthyläther) bezeichnet. Sind die verbundenen Radikale gleich, so entsteht ein „einfacher", sind sie ungleich, ein „gemischter" Äther.

Albuminata. Als Albuminata, Eiweissstoffe oder Proteïnsubstanzen werden im Pflanzen- und Thierkörper sehr verbreitete und komplicirte Verbindungen bezeichnet. Dieselben sind von der grössten Bedeutung, da sie den Hauptbestandtheil des Zellenprotoplasmas bilden. Sie bestehen aus C.H.N.O und Schwefel. Man unterscheidet zahlreiche Arten von Albuminaten, die zu einander in Beziehung stehen. Eine Anzahl von ihnen ist in Wasser löslich, eine andere unlöslich. Die löslichen werden meistens durch Wärme, verdünnte Mineralsäuren, Gerbsäure, Alkohol, sowie durch die Salze vieler schweren Metalle (unter Bildung von Metallalbuminaten) gefällt. — Alle Eiweisskörper sind leicht zersetzlich.

Albuminoide stehen den eigentlichen Eiweisssubstanzen nahe, sind Derivate derselben. Auch sie dienen zum Aufbau der Gewebe des Organismus wie z. B. das Elastin, Fibrin, Keratin, Mucin, Nucleïn, Pepton etc.

Alcoolatures sind nach dem Codex français alkoholische Tinkturen aus frischen Pflanzen.

Aldehyd, (von Alkohol dehydrogenatus) entsteht aus dem Alkohol durch Oxydation:

$$\underset{\text{Alkohol}}{C_2H_6O} + O = \underset{\text{Aldehyd.}}{C_2H_4O} + H_2O$$

Alkaloid. Die Bezeichnung Alkaloid rührt von alcali und εἶδος, (Art, Beschaffenheit) her, weil die Alkaloide, in Pflanzen oder thierischen Geweben vorkommende Körper, den Alkalien ähnliche Eigenschaften besitzen. So bilden sie mit Säuren Salze, bläuen rothes Lackmuspapier etc. Die Alkaloide sind organische Basen von komplicirter Zusammensetzung. Sie bestehen aus C.H und N, und enthalten meistens auch O. Die meisten sind fest und krystallisirbar, nur einige flüssig und flüchtig (Nikotin, Coniin). Die aus Pflanzen hergestellten Alkaloide bilden die wirksamsten Arzneistoffe und ermöglichen die zuverlässigste Dosirung. Dem Apotheker Sertürner gebührt das Verdienst, im Jahre 1806 das erste Alkaloid, nämlich das Morphin, aus dem Opium dargestellt zu haben. Seitdem sind zahlreiche wichtige Alkaloide aus den verschiedensten Pflanzen wie Chinin, Atropin, Strychnin, Pilocarpin, Aconitin, Veratrin, Physostigmin u. A. gewonnen und in den Arzneischatz eingeführt worden.

Amylaceae (von Amylum, Stärke) sind stärkemehlhaltige Mittel. Amylum wird als solches nicht resorbirt, sondern verwandelt sich im Organismus mit Hülfe des Speichels und Bauchspeichels in Dextrin und Glykose. Die bekanntesten Amylumsorten sind die Kartoffel-, Weizen- nnd Reisstärke, Arrowroot, Tapiocastärke etc. Man verwendet die Amylaceen als nährende Mittel, besonders aber als Stopfmittel bei Diarrhoe, ferner zur Bereitung von Kleister und Kleisterverbänden, auch als Antidot bei Jod- und Bromvergiftungen.

Anaesthetica (α u. αἴσθησις = Empfindung) sind Gefühllosigkeit erzeugende Mittel. Dieselben können eingetheilt werden in:

1. Allgemeine: und	2. lokale Anaesthetica:
Äther.	Cocainum hydrochloricum.
Chloroform.	Äther.
Bromäthyl.	Äthylchlorid.
Pental.	Chlormethyl.
Methylenbichlorid.	Menthol.
Stickstoffoxydul.	Kälte.
	Kohlensäure.

Analeptica (ἀναλαμβάνω wiederaufrichten, beleben) bedeutet soviel wie Excitantia. Hierher gehören die Alkoholica, Äther, Ammoniakalien, Moschus, Kampfer, Valeriana, Caffeïn, Kaffee, Kochsalz-Infusion etc.

Anaphrodisiaca (von ἀνά gegen — Aphrodite). In diese Klasse gehören die Mittel, welche die Erregbarkeit der sexuellen Sphäre herabsetzen. Ausser den Abführmitteln und der Kälte spielen hier die Bromsalze, ferner Kampfer und Lupulin eine grosse Rolle.

Anhydride (ἀν-ὕδωρ). Körper, die dadurch entstehen, dass Verbindungen ihren Wasserstoff mit dem erforderlichen Sauerstoff in Form von Wasser abgeben.

Anodyna (von ἀν und ὠδύνη Schmerz) = schmerzstillende Mittel.

Anthelminthica (ἀντί gegen und ἕλμις Wurm) = wurmtreibende Mittel. Es handelt sich meist um scharf wirkende und mit Vorsicht anzuwendende Mittel, die man zweckmässig eintheilt in:

a) Mittel gegen Bandwürmer; und	b) gegen Rundwürmer:
Cortex rad. Granati.	Flores Cinae.
Pelletierin.	Santonin.
Flores Koso. Kossin.	Naphthalin.
Kamala.	Thymol.
Rhizoma Filicis.	Flores Tanaceti.
Extr. Filicis.	Essig- und Knoblauchklysma.
Semen Arecae.	Unguent. cinereum.
Panna. Saoria.	
Semen Cucurbitae.	
Kokosnuss.	
Chloroform etc.	

Die Bandwurmkur wird eingeleitet, wenn Proglottiden abgehen. Der Kranke soll einen Tag vor der Anwendung des Mittels strenge Diät halten und nur dünne Suppen geniessen. Einige Stunden vor dem Einnehmen des verordneten Medikaments ist es empfehlenswerth, einen marinirten Hering oder stark gezwiebelte und gesalzene Speisen zu verzehren. Etwa 2 Stunden nach Verabreichung des Bandwurmmittels ist der Darm vermittelst 1—2 Esslöffel Ricinusöl zu entleeren. — Der Abgang des Kopfes wird dadurch befördert, dass sich Patient während des Abgehens des Bandwurms auf ein mit lauwarmem Wasser gefülltes Gefäss setzt.

Anthidrotica (von ἀντί und ὕδωρ Wasser) = schweissvermindernde Mittel. Ihre Wirkung scheint sich vorwiegend auf direkte Beeinflussung der Schweissnerven zu beziehen. Sie kommen hauptsächlich gegen die profusen Schweisse der Phthisiker und (äusserlich) zur Beseitigung der Fussschweisse in Anwendung.

a) Innerlich:	b) Äusserlich:
Boletus Laricis.	Waschungen (mit Essig, Franzbranntwein etc.).
Agaricin.	Eisblase aufs Abdomen.
Atropinum sulfuricum.	Pulv. salicyl. cum Talco.
Acidum tannicum.	Chromsäure.
Chininum sulfuricum.	
Secale cornutum.	
Extr. Hydrastis fluidum.	
Menthol. Kampfersäure.	
Picrotoxinum. Sulfonal.	
Kalium telluricum.	
Cognac mit Milch, Salbeithee.	

Antidyscrasica (Dyscrasien bekämpfende Mittel). Diese Gruppe von Arzneimitteln, die man auch als Alterantia oder Resolventia bezeichnet, soll die Fähigkeit besitzen, die Konstitution der Körpergewebe zu verändern und zu verbessern. Daher ihre hauptsächliche Anwendung bei Syphilis, Rachitis, Phthisis etc. Hierher gehören: Arsenik, Phosphor, Quecksilber, Jod. Rad. Sassaparill., Lignum Sassafras, Lignum Guajaci etc.

Antipyretica (von ἀντί und πυρετός Fieberhitze) = fieberbekämpfende Mittel. Dieselben haben die Eigenschaft, die fieberhaft erhöhte Körpertemperatur wieder herabzusetzen. Näheres siehe im spec. Theil. Zu den bekanntesten Antipyreticis sind zu rechnen:

Chinin und seine Salze.	Salol. Salipyrin.
Antipyrin. Tolypyrin.	Chinolin. Kairin.
Antifebrin. Thallin.	Analgen. Salophen.
Phenacetin. Methacetin.	Citrophen. Apolysin. Lactophenin.
Phenocollum hydrochl.	Kalium nitricum.
Malakin. Thermodin.	Acidum hydrochloricum.
Pyrodin (Hydracetin).	Acidum phosphoricum.
Natrium salicylicum.	Kalte Bäder.

Antiseptica (von *ἀντί* und *σήπω* faule) = fäulnisswidrige Mittel. Näheres im speciellen Theile.

Dieser Klasse gehören sehr viele Mittel an, u. A.:

Acidum boricum.	Liquor Aluminii acetici.
— carbolicum.	Zincum chloratum.
— salicylicum.	Eucalyptol. Thymol.
— hydro-fluoricum.	Naphthalin. Solutol.
Aseptol. Aseptinsäure.	Resorcin. Asaprol.
Bromum (Brom-Kieselguhr).	Betol (Naphthalol).
Chlorum (Aqua chlorata).	Salol. Benzonaphtol.
Calcaria chlorata.	Dermatol. Alumnol.
Creolin. Lysol. Solveol.	Pyoktanin. Diaphtherin.
Hydrargyrum bichloratum.	Chloroformwasser.
Jodoformium. Jodol.	Kaliseife. Saprol.
Aristol. Europhen.	Formalin. Salacetol.
Thiophendijodid.	Loretin. Trikresol.
Sozojodolpräparate.	Sulfaminol. Argonin.
Kalium chloricum.	Nosophen. Airol.
Kalium permanganicum.	

Antispasmodica (*ἀντί* und *σπάω* ziehe zusammen) = krampfstillende Mittel. Krampfstillend wirken die Wärme, Massage und vor Allem die narkotischen Mittel wie Opium, Morphium etc. Es zählen ferner zu dieser Gruppe:

1. Die Bromsalze, welche die sensible Reflexerregbarkeit der cerebrospinalen Centren herabsetzen.
2. Herba Cannabis indicae, Lactucarium, Herba Lobeliae, Aqua Amygdal. amar. } besitzen leicht narkotische Eigenschaften.
3. Die Nitrite NO_2, welche wegen ihrer lähmenden Wirkung auf die glatten Muskelfasern, antispasmodische Eigenschaften besitzen:
   Amylium nitrosum.
   Nitroglycerinum.
   Natrium nitrosum.
   (Charta nitrata).

Antizymotica = gährungswidrige Mittel. Siehe Antiseptica, specieller Theil.

Antrophore (von antrum Höhle). Arzneimittelträger für Höhlen. Dieselben bestehen aus einer biegsamen, elastischen Metallspirale, die mit dem für die Urethra, Uterus- oder Nasenhöhle bestimmten, in Glyceringelatine gelöstem Medikamente überzogen ist.

Die Urethral- und Prostata-Antrophore dienen zur Behandlung der Gonorrhoe und enthalten gewöhnlich Alumnol 2—5 %, Argent. nitric. 0,5 bis 3 %, Thallin. sulf. 2 %, Acid. tannic. 5 %, Zinc. sulf. 0,5 % etc.

Uterin-Antrophore kommen bei den verschiedensten Formen der Endometritis zur Verwendung. Sie sind 8—12 cm lang und enthalten unter einem 10 % Cocainüberzug entweder Alumnol (2—5 %) oder Acid. tannic. (5—10 %) oder Cupr. sulf. (0,3—1,0 %) oder Resorcin (10 %), Zinc. chlorat. (1,0 %), Sublimat (0,1 %) etc.

Nasal-Antrophore enthalten entweder Acid. boric. (4%), Argent. nitric. (1,0—2,0%), Acid. tannic. (5—10%), Jodoform (10%) etc. Sie sind gewöhnlich 10 cm lang.

Aperitiva (von aperiens, eröffnend) werden u. A. die milder wirkenden Abführmittel genannt, die im Gegensatz zu den sehr stark und schon in kleiner Dosis wirkenden Drasticis, erst in grösserer Gabe breiige Stuhlentleerung hervorrufen.

Aphrodisiaca. Mittel, welche die Erregbarkeit der sexuellen Sphäre steigern. Von Alters her geniessen die Kanthariden in dieser Beziehung eines gewissen Rufes, ausserdem noch Nux vomica, Phosphor, Crocus, Sellerie, Vanille, Muskatnüsse, Austern, Caviar, Champagner etc.

Apozemata sind Kräutertränke, welche im Gegensatze zu den Tisanen, einen verhältnissmässig starken Gehalt an Arzneistoffen besitzen. (Pharm. Gall.)

Arzneibuch. Siehe Pharmakopöe.

Aufguss oder Infus. Durch Aufgiessen siedenden Wassers auf feste Substanzen bereitete Arzneiform. Bei Aufgüssen, für welche die Menge der anzuwendenden Substanz nicht vorgeschrieben ist, wird auf 10 Theile Aufguss 1 Theil Substanz genommen.

Zur Herstellung eines Aufgusses wird die Substanz in einem geeigneten Gefässe mit Wasser übergossen, die Mischung unter bisweiligem Umrühren 5 Minuten den Dämpfen eines siedenden Wasserbades ausgesetzt, und die Flüssigkeit nach dem Erkalten mittels Durchseihens abgeschieden.

Bacilli, Stäbchen, Stifte. Crayons médicamenteux. Mittel, denen man durch Ausgiessen in Formen, Pressen durch enge Öffnungen oder Ausrollen die Gestalt dünner, ziemlich langer Cylinder giebt. Sie werden in Körperöffnungen eingeführt oder zum Betupfen kleiner Flächen benutzt.

Für äussere Zwecke werden in dieser Form besonders die Ätzstifte aus Argentum nitricum, Kali causticum, Cuprum sulf., Ferr. sesquichloratum, Jodoform etc. hergestellt.

Bähungen, Fomentationes. Nasse Umschläge bezwecken, kleinere oder grössere Hautpartien der Einwirkung eines feuchten, kalten oder warmen Bedeckungsmittels längere oder kürzere Zeit auszusetzen. Man bedient sich hierzu eines mit der betreffenden Flüssigkeit durchtränkten, mehrfach zusammengelegten Tuches (Kompresse). Um schnelle Verdunstung zu verhüten, werden die Kompressen mit einem impermeablen Stoffe überdeckt. — Früher waren die Bähungen des Ohres sehr beliebt; sie bestanden in der Zuleitung von warmen Wasserdämpfen (mittelst eines Trichters) zum äusseren Gehörgang.

Balsamum. Unter Balsamen versteht man die aus manchen Baumarten austretenden, zähdickflüssigen, häufig angenehm riechenden Massen (wie Perubalsam, Tolubalsam). Ihrer chemischen Zusammensetzung nach sind sie meistens Lösungen von Harzen in ätherischen Ölen (Canadabalsam etc.).

Bandwurmmittel. Siehe Anthelminthica.

Boli. Bissen (von βῶλος Klumpen) sind grosse Pillen von 0,3—3,0 Gewicht. Diese ziemlich seltene Verabreichungsform kommt nur für schlecht schmeckende Arzneien (Flores Koso etc.) in Anwendung.

Bougies sind solide, cylindrische Sonden (elastische und metallische) zur Einführung in die Harnröhre.

Brechmittel, Emetica, Vomitiva, sind Arzneimittel, die bereits in geringer Dosis eine Ausleerung des Mageninhaltes nach oben bewirken. Ausführlicheres hierüber im speciellen Theile. Zu den Brechmitteln gehören: Apomorphinum hydrochloricum, Rad. Ipecacuanhae, Tartarus stibiatus, Cuprum sulfuricum, Zincum sulfuricum, Oxymel Scillae.

Breiumschlag. Kataplasma. Für den äusserlichen Gebrauch bestimmte Mittel werden ziemlich häufig als feuchtwarme Umschläge (Kataplasmata) angewendet. Sie haben die Konsistenz eines weichen Breies und werden aus

Leinsamenmehl, oder anderen Stoffen wie Mehl, Semmelkrume etc. und kochendem Wasser bereitet.

In neuerer Zeit macht man auch von den

Cataplasmes instantanés Gebrauch. Dieselben bestehen aus einer komprimirten, quellbaren Masse, welche nach Übergiessen mit heissem Wasser stark anschwellen und direkt applicirt werden können.

Die Breiumschläge üben eine schmerz- und reizmildernde, vertheilende Wirkung aus.

Candelae fumales, Räucherkerzchen, deren Hauptbestandtheil Benzoë bildet.

Capsulae. Die Kapseln dienen zur Aufnahme von flüssigen oder festen, schlecht schmeckenden Arzneimitteln. Dieselben sind von verschiedener Form und Grösse und bezwecken, die betreffenden Arzneistoffe, unter Schonung des Geschmackssinnes, in den Magen gelangen zu lassen. — Die Kapseln sind entweder von Stärkemehl (Capsulae amylaceae, Oblatenkapseln) oder von Leim (Capsulae gelatinosae, Gelatinekapseln). Die Stärkemehlkapseln werden aus Weizenmehl und Weizenstärke in Gestalt dünner, rundlicher, in der Mitte vertiefter Blättchen hergestellt. — Die Capsulae gelatinosae werden aus reinster Gelatine bereitet und haben entweder die Gestalt rundlicher Hohlkörper oder paarweise übereinander geschobener, je von einer Seite geschlossener Röhrchen (wie Stahlfedernbüchsen). Letztere werden als Capsulae operculatae oder Deckelkapseln bezeichnet und hauptsächlich zur Aufnahme fester, pulverförmiger Stoffe verwendet. — Als eine Errungenschaft der neuesten Zeit sind die aus Formalingelatine hergestellten Kapseln zu bezeichnen. Dieselben passiren den Magen unverändert und lösen sich erst im Darm auf. Daher sind sie als sogenannte Dünndarmkapseln (Weyland, Sahli) von grosser praktischer Bedeutung für die Behandlung vieler Darmkrankheiten.

Carminativa oder blähungstreibende Mittel nennt man diejenigen Stoffe, welche die Fähigkeit besitzen, die im Magen und Darm in abnormer Weise angehäuften Gase zu beseitigen. Für eine Anzahl von zu dieser Gruppe gehörigen Pflanzen wie Carum Carvi, Fenchel, Anis, Melisse u. A. geschieht dies wahrscheinlich vermöge des in ihnen enthaltenen ätherischen Öles, durch welches der Darm desinficirt und zu vermehrter peristaltischer Thätigkeit angeregt wird.

Cataplasma. Siehe Breiumschlag.

Catgut (aus dem engl. cat = Katze, gut = Darm). Ist nicht, wie man dem Namen nach annehmen sollte, Katzendarm, sondern Schafsdarm. Aus demselben werden die Fäden zum Nähen (für chirurgische Zwecke) gefertigt.

Cathartica (von *καθαίρω* ich reinige). Als Cathartica werden Abführmittel bezeichnet, die bezüglich der Stärke ihrer Wirkungsweise zwischen den Laxantien und Drasticis stehen.

Caustica (von *καίω*, ich brenne) = Ätzmittel. Siehe diese.

Cerate = Wachssalben.

Cereoli = Wundstäbchen. — „Zur Einführung in Kanäle des Leibes bestimmte, auf verschiedenen Wegen hergestellte, meist nach dem einen Ende hin verjüngte, selten starre, in der Regel biegsame oder elastisch runde Stäbchen, welche bald in ihrer ganzen Masse, bald in ihrer äussersten Schicht Arzneimittel eingebettet enthalten oder mit solchen überzogen sind.“ (Nachtrag zum Arzneibuch für .das Deutsche Reich.)

Clysma. Klystier. Enema. Lavement. — Unter Clysma verstehen wir die Einbringung von Wasser in den Mastdarm. Hierbei kann es sich um kleinere oder grössere Mengen reinen Wassers, oder mit darin gelösten Stoffen handeln. Clysmata werden zu den verschiedensten Zwecken applicirt:

Zu einem ausleerenden Klystier für einen Erwachsenen sind 200,0 bis 300,0 Wasser (mit oder ohne 1 Theelöffel voll Kochsalz) erforderlich, für Kinder die Hälfte und darunter. Neuerdings auch Glycerinklystiere (2,0—3,0 pro dosi).

Bei sogenannten Massenklystieren kommen 2—8 Liter eiskalten oder lauwarmen Wassers mittels Irrigator in Anwendung.

Zu ernährenden Clysmen werden verwendet: Fleischbrühe ($^1/_4$—$^1/_2$ Pfund Rind- oder Kalbfleisch mit 1—$1^1/_2$ Tassen Wasser gekocht) oder Fleischpepton, Leube's Fleischsolution oder Eier. 2—3 Eier werden mit einem Glase Wasser zu einer milchigen Masse geschlagen, einige Stunden kalt gestellt, durchgeseiht, auf 35° C. erwärmt und nach Zusatz von $^1/_2$ Theelöffel Kochsalz in den (zuvor gereinigten) Darm injicirt.

Zum Peptonklystier verwendet man zweckmässig 15,0 Peptonum siccum (Witte) auf 100,0 lauwarmes Wasser für einen Erwachsenen, für kleinere Kinder 5,0 Pepton auf 50,0 Wasser.

Zu adstringirenden Klystieren setzt man der lauwarmen Flüssigkeit Acid. tannic. (1,0—2,0), Argent. nitric. (0,5), oder Liquor Ferri sesquichl. (10—20 Tropfen) hinzu. Bei Kindern darf die langsam zu applicirende Flüssigkeit etwa 30,0—40,0 betragen.

Colatura (von colare = durchseihen). Nachdem bei Bereitung eines Infus oder Dekokts die betreffende Flüssigkeit nach dem Erkalten durch ein leinenes Tuch colirt, d. h. durchgeseiht worden ist, erhält die durchgeseihte Flüssigkeit die Bezeichnung: Colatur.

Collutorium = Mundwasser.

Collyrium = Augenwasser.

Concindere = zerschneiden, zur Bereitung von Theegemischen.

Contundere = zerstossen und zerquetschen.

Corrigentia (von corrigere, verbessern). Das Verbesserungsmittel in einer Arzneiverordnung bezweckt, den schlechten Geschmack des betreffenden Medikaments weniger unangenehm zu machen, einer flüssigen Verordnung eine schöne Farbe zu geben etc.

a) Geschmackscorrigentia. Für schlecht schmeckende Flüssigkeiten (Ol. Terebinth., Balsam. Copaivae, Ol. Ricini, Ichthyol oder dergl.) eignen sich die Capsulae gelatinosae, kleine, runde oder ovale Hüllen aus Gelatine, welche mit jenen Mitteln gefüllt werden. Die eben genannten schlecht schmeckenden Flüssigkeiten können auch zweckmässig (nach Freudenberg) auf Zucker, Kaffeepulver oder Mehl, in Oblaten gehüllt und dann verschluckt werden.

Für säuerliche Mixturen: Sirupus simplex.
" Rubi Idaei.
" Cerasorum.
" Succi Citri.
} Cave: Sirupus Rhei und Sirup. Ferri jodat.

Für bittere Mixturen: Sirupus Corticis Aurantii u. Sirup. Zingiberis.

Für Natrium bicarbonicum: Elaeosacch. Menthae pip., Extr. Gentianae.

Für Chinin: Aqua Cinnamomi, Saccharin, Succus Liquiritiae.

Für Jodkalium: Sirupus Ribium, Milch, Aqua Menthae pip.

Für Salicylsäure: Succus Liquiritiae, Sirup. Cort. Aurant.

Für Leberthran: Gebrannter Kaffee, Rum, Pfefferminzplätzchen. — Ausspülen des Mundes mit Aqua Menthae oder Kauen von Orangeschalen vor dem Einnehmen.

Für Ricinusöl: Schwarzer Kaffee, Weissbier, Bouillon, Pfefferminzthee, Cognac, Tinct. Aurantii Cort.

Für Naphthalin: Oleum Bergamottae, Ol. Aurantii Flor, Benzoëtinktur.

Für Kreosot: Extr. Coffeae. — Für Salol: Ol. Menthae pip.

Für Amylenhydrat: Succus Liquiritiae, Sirup. flor. Aurant.

Für Jodoform (als Geruchscorrigens): Coffea tosta, Tonkabohne resp. Cumarin, Menthol, Creolin, Terpentinöl, Korianderöl.

b) Farbencorrigentia:

Sirupus Althaeae, wasserhell.

Sirupus Amygdalarum färbt milchig weiss.

Sirupus Aurant. cort., goldgelb.

Sirupus Cerasorum färbt säuerliche Mixturen kirschroth.
Sirupus Cinnamomi, röthlichgelb.
Sirupus Croci giebt safrangelbe Farbe.
Sirupus Foeniculi, braun.
Sirupus Ipecacuanhae, wasserhell (in alkal. Mischung bräunlich).
Sirupus Liquiritiae, gelbbraun.
Sirupus Mori, weinroth (in Alkalien missfarbig).
Sirupus Rhei, braunroth, zersetzt sich in Säuren.
Sirupus Rhaeados ist hellroth, mit Alkalien missfarbig.
Sirupus Rubi Idaei färbt Säuren hellroth, wird durch Alkalien missfarben.
Sirupus Senegae, hellbraun.
Sirupus Sennae, braun.
Sirupus Violarum, blau (durch Säuren roth, durch Alkalien grün).

Cosmetica (von *κοσμέω*, ich schmücke) = Verschönerungsmittel. Zu dieser Gruppe rechnet man die verschiedenen Waschwässer, Haarfärbemittel, Schminken, Seifen, Pomaden, Parfums etc.

Decanthiren (von canthus, Rand), über den Rand eines Gefässes die in demselben befindliche Flüssigkeit von einem Bodensatz abgiessen.

Decoctum, Abkochung, behufs Ausziehung der wirksamen festen Pflanzenbestandtheile. Es wird gewöhnlich 1 Th. Substanz auf 10 Th. Abkochung verordnet. Letztere ist in der Weise zu bereiten, dass die Substanz in einem geeigneten Gefässe mit kaltem Wasser übergossen und eine halbe Stunde lang den Dämpfen des siedenden Wasserbades unter bisweiligem Umrühren ausgesetzt wird. Darauf wird die Flüssigkeit noch warm abgepresst. (Zu Dekokten werden besonders verwendet: Cort. Chinae, Cort. Colombo, Cort. Quercus, Lichen islandicus, Rad. Ratannhae, Rad. Senegae etc.)

Dialysiren, eine pharmaceutische Manipulation, die darin besteht, Stoffe durch vegetabilisches Pergament diffundiren zu lassen.

Diaphoretica = Schweisstreibende Mittel:

Ammonium. carbonicum.
— chloratum.
Liquor Ammonii acetici.
Flores Chamomillae.
— Sambuci.
— Tilae.
Folia Jaborandi.
Pilocarpinum hydrochloricum.
Pulvis Doweri.
Saturation.
Warme Bäder.
Dampfbäder.
Spiritusbäder.

Digestions-Aufguss. Während ein durch Extraction mit Flüssigkeit von gewöhnlicher Temperatur erhaltener Auszug als Macerations-Aufguss oder kalter Aufguss bezeichnet wird, versteht man unter Digestions-Aufguss einen unter gelinder Erwärmung der Temperatur (35—40°) bereiteten Auszug.

Dispensiren (von dispensare = abwägen).

Diuretica (*οὖρον* = Harn) = harntreibende Mittel. Näheres hierüber im speciellen Theile.

1. Eintheilung nach Prof. Langgaard:

a) Cardiale (wirkend durch Anregung der Herzthätigkeit, durch Blutdrucksteigerung u. Beseitigung venöser Stauung):
Digitalis. Scilla.
Adonis vernalis.
Convallaria.
Strophanthus.
Sparteïn. Kampfer.

b) Vasculäre (wirkend durch Erweiterung der arteriellen Nierengefässe):
Spiritus Aetheris nitrosi.
Natrium nitrosum.
Nitroglycerin.
Ätherische Öle (Ol. Juniperi, Ol. Terebinth.).

c) Renale (wirkend durch direkte Reizung des Nierenepithels):
Coffeïn. Calomel.

Theobromin. (Diuretin.)
Coffeïnsulfosäure.
Natrium salicylicum.
Blatta orientalis.
Ätherische Öle. Balsame. Milchzucker.

d) Salina:
Kalium aceticum.
— nitricum.
Kissinger Maxbrunnen.
Wernazer (Brückenau) Brunnen etc.

2. Eine andere von uns angenommene Eintheilung gruppirt die Diuretica in:

a) Mechanische Diuretica. Hierher gehören die Herztonica:
Digitalis. Strophanthus. Adonis vernalis. Convallaria majalis. Spartein.

b) Gemischte Diuretica:
Coffeïn. Diuretin. Terpentin. Bals. Copaivae. Fructus Juniperi. Cubebae, Flores Spiraeae ulmariae.

c) Epitheliale Diuretica:
Calomel. Folia Uvae ursi. Bulbus Scillae. Cantharides. Kalisalze. Saccharum lactis etc.

Doppelsalze leiten sich von mehrbasischen Säuren derart ab, dass die Wasserstoffatome derselben durch ungleichartige Metallatome ersetzt werden. Solche Doppelsalze sind z. B. Tartarus natronatus oder weinsaures Natrium-Kalium, Tartarus stibiatus oder weinsaures Antimonyl-Kalium.

Drachme. 1 Drachme (ʒ), früher gebräuchliches Medicinalgewicht = 3,75 g.

Dragées = mit Zucker überzogene Pillen.

Droge, oft auch Drogue geschrieben, kommt von dem deutschen Worte „trocken“ her. Man versteht darunter die rohen und halbzubereiteten Erzeugnisse aus den drei Naturreichen (Hölzer, Blätter, Blüthen, Rinden, Samen, Früchte etc.), die in den Apotheken oder chemischen Laboratorien weiter verarbeitet werden.

Drastica sind (wie z. B. Krotonöl, Gutti etc.) stark wirkende Abführmittel, die schon in geringen Gaben dünnflüssige Stuhlentleerungen unter kolikartigen Schmerzen hervorrufen.

Dünndarmpillen oder keratinirte Pillen werden Pillen genannt, die sich nicht im sauren Magensaft, sondern erst im Dünndarm auflösen. Zu diesem Zwecke hat Unna die Pillen mit einer dünnen Hornschicht (Keratin) überzogen. Dieselben passiren jedoch gewöhnlich auch den Darm ungelöst.

Eccoprotica (von ἐκ und κόπρος = faeces), den Stuhlgang befördernde Mittel.

Eiweissstoffe. Siehe Albuminata.

Elaeosaccharum (ἔλαιον = Öl) = Ölzucker. Eine Mischung von 1,0 g ätherischem Öl mit 50,0 g mittelfein gepulvertem Zucker (1 Tropfen ätherisches Öl mit 2,0 g Zucker). Die Elaeosacchara dienen als Pulverkonstituens und Geschmackscorrigens.

Electuarium, Latwerge, ist eine brei- oder teigförmige, zum innerlichen Gebrauch bestimmte Mischung aus festen und flüssigen oder halbflüssigen Stoffen. Sie wird bereitet, indem man die wirksame Substanz im gepulverten Zustande mit Sirup, Honig oder einem Fruchtmus verreibt oder im Dampfbade vermengt.

Officinell ist das Electuarium e Senna, Sennalatwerge.

Elixir ist eine bereits veraltete Bezeichnung für flüssige Arzneimischungen, welche hauptsächlich aus wässerigen, weinigen oder spirituösen Pflanzenauszügen und Extraktlösungen bestehen.

Emplastra, Emplâtres, Pflaster sind zum äusserlichen Gebrauch bestimmte Arzneigemische von Wachskonsistenz, die schon bei gewöhnlicher Temperatur weich und plastisch sind und der warmen Haut anhaften. Man formt aus der Pflastermasse Stangen oder Tafeln und streicht sie auf Leinwand, Leder, Taffet, Papier etc. Ihrer Zusammensetzung nach unterscheidet man 1) Harzpflaster (emplastra resinosa), welche durch Zusammenschmelzen von Harzen mit Wachs, Fett etc. erhalten werden. 2) Bleipflaster (emplastra plumbea). Dieselben enthalten fettsaure Salze des Bleis und werden durch Verseifen von Neutralfetten durch ein Oxyd des Bleis (Lithargyrum, Minium) hergestellt. — 3. Kombinirte Harz- und Bleipflaster. 4. Medicamentöse Pflaster. Diese werden durch Zusatz medicamentöser Stoffe zu der Pflastermasse gewonnen. — Neuerdings haben auch die Kautschukpflaster (Collemplastra) Eingang in die Praxis gefunden. In denselben bildet Kautschuk die reizlose Grundlage. Sie sind geschmeidig und kleben gut.

Schon aufgestrichene Pflaster, Emplastra extensa oder Sparadrap, deren Dicke 1 mm nicht überschreiten soll, können nach der Grösse (Quadratcentimeter) verschrieben werden.

Emulsiones. Die Emulsion ist eine flüssige, milchartige Arzneiform, in der verschiedene, in Wasser unlösliche Körper mittels eines Bindemittels in feinster Vertheilung suspendirt erhalten werden. Zu jeder Emulsion gehört: 1) das Menstruum (Wasser, aromatisches Wasser oder seltener ein Infus); 2) der zu emulgirende Körper, das Emulgendum (fette Öle, Harze, Balsam, ätherische Öle, Kampfer, Moschus etc.); 3) das Bindemittel, Emulgens (eiweissartige Substanzen, Gummi arabicum, Tragacanth, Eigelb). — Sind Emulgendum und Emulgens in demselben Arzneistoffe, wie z. B. in den meisten Fett enthaltenden Samen, vereinigt, so werden die daraus bereiteten Emulsionen wahre Emulsionen (Emulsiones verae) oder Samenemulsionen genannt. Die bekanntesten derartigen Emulsionen sind diejenigen aus Mandeln, Mohn, Hanf, die durch Verreibung der zerstossenen Samen mit der zehnfachen Menge Wasser bereitet werden. — Muss dagegen erst das Emulgens zu dem Emulgendum hinzugefügt werden, so erhält man die künstlichen Emulsionen (Emulsiones spuriae). Zu ihrer Bereitung bedient man sich bei fetten Ölen als Emulgens gewöhnlich des Gummi arabicum, von dem die Hälfte des angewendeten Öles genommen wird. Für Balsame, ätherische Öle und Harze eignet sich am besten Eidotter (Vitellum ovi). Die emulgirende Kraft von 10,0 Gummi arabicum ist ungefähr gleich der von 1,0 Tragacanth und von einem Eidotter. Bei der Bereitung werden zunächst Emulgens und Emulgendum gemengt und dann langsam das Menstruum unter Umrühren hinzugefügt. — Zusätze chemisch differenter Substanzen sind unzulässig. Als Corrigentia sind Sirupe, besonders Sirupus Amygdalarum und Elaeosacchara gebräuchlich.

Enema = Klystier.

Enzyme (von ἐν und ζύμη Sauerteig) sind nicht organisirte, thierische oder pflanzliche Fermente.

Essenz, Essentia. Unter dieser fast ganz veralteten Bezeichnung wird im Allgemeinen ein alkoholisches Destillat aromatischer Pflanzenstoffe verstanden.

Ester (Ethers composés). Als Ester werden die zusammengesetzten Aether oder Säureäther bezeichnet.

Extinguiren (von extinguere) nennt man das feine Vertheilen des Quecksilbers durch Verreiben mit Fett oder Kreide.

Extractum (von extrahere ausziehen). Als Extrakt bezeichnet man die durch Eindampfen wässeriger oder alkoholischer Auszüge aus Pflanzentheilen gewonnenen Präparate. Ein durch Eindampfen eines natürlichen, durch Auspressen gewonnenen Saftes erhaltenes Präparat nennt man Succus inspissatus oder Roob.

Extracta fluida. In neuerer Zeit haben von Amerika aus die sehr zweckmässigen Fluidextrakte bei uns Eingang gefunden. Diese Arzneiform (ein Mittelding zwischen Extrakten und Tinkturen) ist haltbar, bequem zu dispensiren und leicht zu dosiren. Es entspricht bei allen diesen Präparaten stets 1 ccm vom Fluid-Extrakt 1 Gramm der angewendeten Roh-Droge. — Officinell sind:

Extract. Condurango fluidum.	Extract. Hydrastis fluidum.
Extract. Frangulae fluidum.	Extract. Secalis corn. fluidum.

Fomentationes. Siehe Bähungen.

Galenische Mittel. Als solche wurden früher die Drogen und die aus denselben durch einfache Manipulationen erhaltenen Präparate bezeichnet.

Gallertkapseln. Siehe Capsulae.

Gargarisma (*γαργαρίζω*, ich gurgele) = Gurgelwasser.

Gewichts- und Maassbestimmungen:

Die Gewichtsmengen werden gewöhnlich nach Grammen bestimmt. Die Bezeichnung Gramm braucht nicht hinzugesetzt zu werden, z. B. 5,0 statt 5 Gramm, 0,06 statt 6 Centigramm.

Beim Verschreiben heroisch wirkender Mittel gebietet jedoch die Vorsicht, dem Decimalbruche noch das Gewicht in Worten ausgedrückt beizufügen, z. B. Atropini 0,002 (milligrammata duo).

1000 Gramm = 1 Kilogramm = 2 Zollpfund = 100 } Neuloth.
500,0 „ = 1/2 „ = 1 „ = 50 }
30,0 „ = 1 Unze (℥).
3,75 „ = 1 Drachme (ʒ).
1,25 „ = 1 Skrupel (℈).
0,06 „ = 1 gr. (Gran).
0,01 „ = 1/6 gr.
0,0075 „ = 1/8 gr.
0,006 „ = 1/10 gr.

1 Liter enthält 1000 Kubikcentimeter.
1 Schoppen = 1/2 Liter = 500 Kubikcentimeter.
1 Weinglas oder Tassenkopf etwa 100,0—150,0.
1 Esslöffel etwa 15,0 wässerige Flüssigkeit und 10,0 Species.
1 Kinderlöffel = 1/2 Esslöffel = 7,5.
1 Theelöffel = 1/4 Esslöffel = 3,0—4,0.
1 Messerspitze = etwa 1/4—1/2 Theelöffel = 0,5—1,0.

Neuerdings kommen Einnehmegläschen zur Verwendung, deren Eintheilung nach Grammen eine genauere Dosirung ermöglicht, als dies bei Löffeln der Fall ist.

Glykoside sind Substanzen, die sich besonders in Pflanzen vorfinden und durch Fermente oder beim Kochen mit verdünnten Mineralsäuren in eine Glykose (meist Traubenzucker) und eine andere Substanz zerfallen.

Granula, Körner, Granules, sind kleine Pillen oder Zuckerkügelchen. Dieselben eignen sich in Einzelgaben für starkwirkende Stoffe (Alkaloide).

Guttae. Tropfen. Das Verhältniss zwischen Tropfen und Gewicht ist ein sehr schwankendes, da die Tropfenbildung von äusseren Bedingungen beeinflusst wird. Man bediene sich eines Tropfgläschens oder Tropfenzählers.

Von Aqua dest., Balsamen, starken Säuren rechnet man auf 1 Gramm 16 Tropfen. — 1 Tropfen = 0,06.

Von wässerigen Flüssigkeiten, alkoholischen Tinkturen, von Fetten und spec. schweren ätherischen Oelen 1,0 = 20 Tropfen. — 1 Tropfen = 0,05.

Von ätherischen Tinkturen, Spiritus aethereus, Aether aceticus, Chloroform 1,0 = 25 Tropfen. — 1 Tropfen = 0,04.

Von Äther 1,0 = 50 Tropfen. — 1 Tropfen = 0,02.

Von (indifferenten) Tropfen verschreibt man gewöhnlich 15,0—20,0 (2—3 × täglich 10—15—30 Tropfen).

Haemostatica (von *αἷμα* Blut und *ἵστημι* halte auf) = blutstillende Mittel:

a) Äusserlich:	b) Innerlich:
Eis. Alaun. Tannin. Eisenchlorid. Zinc. chlorat. Essigsaure Thonerde.	Seale cornutum.
Ergotinіnjektion. Terpentin. Argent. nitr. Antipyrin. Ferripyrin.	Hydrastis Canadensis.
Essig. Wasserstoffsuperoxyd. Feuerschwamm. Penghawer Djambi. Ferrum candens.	Hydrastinin. hydrochl.
Kompression, Ligatur.	Liquor ferri sesquichl.
	Plumbum acet. Tannin.
	Cinnamomum. Hallersches Sauer. Eis.
	(Bursa Pastoris), Stypticin.

1. Gegen Haemoptoë:
Absolute Ruhe, Kochsalz, Eisumschläge, Umschnüren der Extremitäten.
Plumbum acet. (+ Opium).
Ergotin (+ Opium).
Mixtura sulf. acida.
Liquor Ferri sesquichl.
Alumen. Terpentin.
Atropin. sulf. Jodoform.
Potio Choparti. Hydrastis.
Cave: Digitalis.

2. Gegen Haematemesis:
Eis (äusserlich und innerlich).
Liquor Ferri sesquichl.
Acid. tannic. Arg. nitr.
Plumb. acet. Acid. sulf.
Ergotininjektion.
Alaunmolken. Absolute Ruhe.
Cave: Nahrungsaufnahme per os und Abführmittel während der ersten Tage.

3. Gegen Epistaxis:
Einziehen in die Nase: Eiswasser, verdünnter Essig, Liquor Ferri sesquichl. (1,0 : 100,0), Succus Citri, 5 % Antipyrinlösung.

Schnupfen von: Tannin, Plumb. acet. — Kalte Kompresse auf Nase und Genick (auch aufs Scrotum). Heisse Hand- und Fussbäder. Säuerliche Getränke, Secale cornutum, Ergotininjektion. Tamponade. Antiseptische Tamponade (Jodoformwatte) der hintern Nasenöffnung mittels elastischen Katheters oder Belloq'schen Röhrchens.

4. Darmblutungen:
a) Eis aufs Abdomen. Liquor Ferri sesquichlorat. Plumb. acet mit Opium. Ergotininjektion. Eiswasserklystier. Vorsichtige Ernährung.
b) Hämorrhoidalblutungen: Kalte Sitzbäder. Erreichbare geborstene Varicen mit verd. Liquor Ferri sesquichl. zu pinseln. Hamamelis Virginica. Kompressiv-Verband. Tamponade.

5. Metrorrhagie:
Berücksichtigung der kausalen Momente.
Einspritzungen von kaltem und heissem Wasser (38—42° R.).
Injektionen von Liquor Ferri sesquichlor. Secale corn. Extrakt. Hydrast. Canad. Ergotininjektion. Stypticin. Säuerliche Getränke. Kalte Umschläge. Tamponade.

6. Blasenblutung:
Eiswasserumschläge auf Unterleib und Damm.
Einspritzungen von Eiswasser mit Tannin oder Eisenchlorid in die Blase.
Kalte Klystiere, Secale cornutum, Ergotininjektion, Arbutin, Bursa Pastoris.

7. Nierenblutungen:
Acid. tannicum.
Plumbum acet.
Liquor Ferri sesquichl.
Ergotininjektion.
Kalte Klystiere. Eiskompressen auf den Rücken.
Milchdiät.

Halogene (von *ἅλς* Salz und *εναίω* ich erzeuge). Als Halogene oder Salzbildner werden die Elemente Fluor, Chlor, Brom und Jod bezeichnet, weil sie durch Vereinigung mit den Metallen Salze bilden.

Hypnotica (von *ὕπνος* Schlaf). Schlafmittel:

Chloralhydrat.
Chloralformamid.
Opium. Morphium.
Sulfonal. (Trional. Tetronal.)
Amylenhydrat.
Paraldehyd.
Kalium bromatum.
Urethan. Methylal.
Chloralose. Hypnal.
Hyoscyamin.
Hyoscin. Piscidia.
Codeïn. Narceïn.
Cannabinum tannicum.
Cannabinon. Somnal.

Warme Bäder, Bier, Orangenblüthen-, Baldrian- und Lindenblüthenthee. Brausepulver — Hydropathische Leibbinde.

Hypodermatische Injektion (von *ὑπό* unter und *δέρμα* Haut) = subkutane Injektion.

Hypodermoklyse (von *ὑπό* unter, *δέρμα* Haut und *κλύζω* ich bespüle). Stark verdünnte Kochsalzlösungen werden erwärmt in grosser Menge (bei Cholera und Collaps) unter die Haut gespritzt (Cantani).

Infus Siehe Aufguss.

Infuso-Decoct. Ein solches wird erhalten, wenn man die Droge zuerst mit der Hälfte der Flüssigkeit infundirt, dann den ausgepressten Rückstand mit der andern Hälfte abkocht und beide colirte Flüssigkeiten vereinigt.

Julep. Als Julep bezeichnet man eine schön aussehende und gut schmeckende Mixtur.

Jute. Die Bastfaser verschiedener ostindischer Tiliaceen. Sie ist flachsähnlich, innen hohl und zur Aufsaugung von Flüssigkeiten geeignet. Dient zu Verbandstoffen.

Kataplasma. Siehe Breiumschlag.

Keratiniren. Pillen mit Keratin (Hornstoff) überziehen. Siehe Dünndarmpillen.

Klysopomp. Apparat aus Metall mit pumpenartiger Vorrichtung zur Applicirung eines Klystiers.

Klystier. Siehe Clysma.

Kohlehydrate sind stickstofffreie, im Pflanzenreiche sehr verbreitete, aus C, H und O bestehende Verbindungen, in denen Wasserstoff und Sauerstoff in dem Verhältniss der Zusammensetzung des Wassers, d. h. wie 2 : 1 vertreten sind. Sie werden in drei Gruppen eingetheilt:

1. Gruppe von der Zusammensetzung des Traubenzuckers (Glucosen) $C_6H_{12}O_6$. Zu derselben gehört der Traubenzucker (Dextrose), Fruchtzucker (Laevulose).

2. Gruppe des Rohrzuckers, $C_{12}H_{22}O_{11}$. Hierher gehören Rohrzucker, Milchzucker, Malzzucker (Maltose) etc.

3. Gruppe der Cellulose, $C_6H_{10}O_5$. Zu derselben rechnet man: Cellulose, Stärke, Dextrin, Inulin, Glykogen und die Gummiarten.

Die meisten Kohlehydrate drehen die Ebene des polarisirten Lichtes nach rechts. Sie zerfallen im Organismus in Kohlensäure und Wasser.

Kolatur. Siehe Colatur.

Kresole. $C_6H_4.CH_3.OH$. Methylphenole finden sich im Steinkohlentheer und werden bei der Gewinnung der Karbolsäure als Nebenprodukt, welches ein Gemenge von Ortho-, Meta- und Parakresol darstellt, erhalten. Die Kresole sind weniger giftig als Karbolsäure.

Labferment ist ein in dem Sekret der Magenschleimhaut vorkommendes Ferment, das die Milch gerinnen macht.

Latwerge. Siehe Electuarium.

Linctus, Lecksaft, Looch. Eine dickflüssige, süsse Arzneiform. Sie besteht gewöhnlich aus Sirup, in welchem die wirksame Substanz aufgelöst ist, und kommt hauptsächlich bei Kindern in Anwendung.

Linimenta, Linimente (von linere, aufstreichen). Das nur zum äusserlichen Gebrauche, zu Einreibungen dienende Liniment stellt eine dickflüssige, ölige Masse, eine Art flüssiger Salbe dar. Die in der Regel fette Öle oder eine Seife enthaltenden Mischungen sollen bezüglich der Konsistenz in der Mitte stehen zwischen den eigentlichen Salben und den dickflüssigen fetten Ölen.

Macerare. Siehe Maceration.

Maceration (von macerare, mürbe machen, einweichen, wässern). Unter Maceration versteht man das Ausziehen (mittels Wasser oder Wein) der wirksamen Bestandtheile von Pflanzen bei gewöhnlicher Temperatur.

Macerations-Aufguss ist ein kalter Aufguss, ein Infusum frigide paratum (s. Maceration). Die Pflanzenbestandtheile werden mehrere Stunden mit kaltem Wasser, unter wiederholtem Umrühren stehen gelassen. Ätherische, ölige und harzige Stoffe gehen bei diesem kalten Extraktionsverfahren nur in minimaler Weise in das Wasser über.

Magistralformeln = Formulae magistrales. Darunter werden häufig verordnete und in den Apotheken vorräthig gehaltene Arzneimischungen verstanden, die nach vorherigem Einvernehmen zwischen Ärzten und Apothekern bestimmte Bezeichnungen erhalten haben. So braucht man in Berlin z. B. nur Mixtura solvens, Pilulae contra tussim, Pulvis laxans etc. mit dem Zusatze F. M. (Form. magist.) zu verschreiben, um Arzneien von bestimmter, bekannter Zusammensetzung und zu billigerem Preise zu erhalten.

Malaxiren (von malaxare, kneten), Zusammenkneten bei Pflastern.

Maximaldosen. Für stark wirkende Arzneimittel schreibt die Pharmakopöe höchste Einzel- und Tagesgaben vor, die nicht ohne zwingende Gründe überschritten werden dürfen. Siehe S. 9.

Maximaldosen-Tabelle. Siehe den letzten Theil.

Menstruum = Excipiens oder Lösungsmittel für lösliche Substanzen.

Mixtura (von miscere, mischen), bedeutet eine zusammengesetzte, flüssige Arzneiform, eine Mischung mehrerer flüssiger oder mehrerer fester Arzneistoffe. Im Allgemeinen wird jede innerlich zu nehmende flüssige Arzneiform als Mixtur bezeichnet. Wird eine schwer oder nur theilweise lösliche Substanz der Flüssigkeit zugesetzt, so muss die Mischung vor dem jedesmaligen Gebrauche umgeschüttelt werden. Derartige Mischungen heissen daher Schüttelmixturen.

Morsellen oder Morsuli sind aus eingekochtem Sirupus simpl. bereitete, in Formen gegossene Täfelchen von 5 cm Länge und etwa 2 cm Breite. Dem Sirup können auch Arzneistoffe beigemengt werden, und man bereitet auf diese Weise Morsuli pectorales, Brustmorsellen, und durch Zusatz von Bittermitteln Magenmorsellen etc.

Mucilaginosa = schleimige Mittel. Dieselben sind ziemlich indifferent und werden bei Verabreichung scharf wirkender Arzneien als reizmildernde, einhüllende Mittel gegeben.

Dieser Gruppe werden zugerechnet:

Gummi Arabicum, Tubera Salep, Tragacanth, Rad. Althaeae, Semen Cydoniae, Semen Lini, Lichen Islandicus, Carrageen.

Narcotica (von νάρκη = Betäubung) = betäubende Mittel. Siehe S. 29.

Obsolet werden diejenigen Arzneimittel genannt, die früher einmal officinell gewesen.

Officinelle Mittel sind diejenigen, die in der Pharmakopöe enthalten sind.

Pasta, Teig. Als Pasten werden Arzneiformen von der Konsistenz des knetbaren Teiges bezeichnet. Diese Konsistenz wird durch Gummischleim, Honig, Mehl, Amylum etc. erreicht. Für dermatotherapeutische Zwecke kommen in neuerer Zeit mit Vorliebe Pasten aus Amylum und Zinkoxyd in Anwendung.

Häufig verwendet man die Pasten dazu, um Ätzmittel auf die Haut zu appliciren.

Pastilli, Pastillen oder Trochisci. Dieselben stellen aus Zucker oder Chokolade bereitete, runde oder ovale, etwa ein Gramm wiegende Tabletten dar. Die Apotheken halten von vielen Mitteln Trochisci in den gebräuchlichsten Dosen vorräthig (Trochisci Morphini, Santonini, Natrii bicarb., Sublimati etc.).

Um voluminöse und widerlich schmeckende Arzneimittel (Koso, Chinin, Salicylsäure etc.) in kleinster Form bequem verabreichen zu können, hat Rosenthal die komprimirten Tabletten in die Praxis eingeführt. Dieselben können leicht unverändert den Darm passiren, sind daher nicht immer zweckmässig.

Zur Herstellung von Pastillen werden die Stoffe in gepulvertem Zustande, kalt oder unter mässigem Erwärmen entweder ausschliesslich durch Druck oder durch Zusatz von Bindemitteln in die entsprechende Form gebracht. Als Bindemittel dienen gewöhnlich Gummi oder Traganth mit Wasser.

Percolator, ein länglicher Apparat aus Glas oder Metall, zur Bereitung der Extracta fluida dienend.

Pflaster. Siehe Emplastra.

Pharmakopöe = Arzneibuch.

In Deutschland (und in anderen Ländern) existiren bezüglich der Anzahl und Beschaffenheit der in den Apotheken vorräthigen Substanzen bestimmte gesetzliche Vorschriften. Dieselben sind in (zumeist lateinisch abgefassten) Büchern enthalten, welche Pharmakopöen genannt werden. Die in den Pharmakopöen aufgeführten Mittel sind „officinell". Gegenwärtig nicht mehr officinelle Mittel werden als „obsolete" bezeichnet. An Stelle der seit 1881 geltenden Pharmacopoea Germanica, editio altera, ist am 1. Januar 1891 das „Arzneibuch für das Deutsche Reich. Dritte Ausgabe" (Pharmacopoea Germanica, editio III.) getreten. Es ist (zum ersten Male) in deutscher Sprache abgefasst und enthält 600 Mittel.

Ein Nachtrag zum Arzneibuch für das Deutsche Reich, der einige Zusätze und Abänderungen enthält, ist kürzlich erschienen und am 1. April 1895 in Wirksamkeit getreten. — Die französische Pharmakopöe führt die Bezeichnung: Codex medicamentarius oder Pharmacopée française.

Pillen, Pilulae sind Kügelchen von durchschnittlich 0,05—0,1 g Gewicht. Zu ihrer Herstellung werden die Arzneistoffe nöthigenfalls mit einem geeigneten Bindemittel sorgsam gemischt, zu einer bildsamen Masse angestossen und sodann in kugelförmige Gestalt gebracht. Als Bindemittel eignet sich eine Mischung aus gleichen Theilen gepulvertem Süssholz und Süssholzsaft, mit oder ohne Zusatz eines Gemisches von 1 Th. Glycerin und 2 Th. Wasser. Wenn die Pillenmasse Körper enthält, die sich mit organischen Stoffen leicht zersetzen, z. B. Argentum nitric., so ist als Bindemittel weisser Thon zu benutzen. — Um das Aneinanderkleben der Pillen zu verhindern, bestreut man sie mit Semen Lycopodii.

Die Pillenform eignet sich für unangenehm schmeckende oder längere Zeit anzuwendende Stoffe. In der Kinderpraxis und für manche Erwachsene, die Pillen nicht schlucken können, ist ihre Verordnung nicht zulässig. — Es ist zweckmässig, 30 Pillen oder das Mehrfache davon zu verschreiben.

Porphyrisiren = auf einer Porphyrplatte verreiben.

Präcipitiren (von praecipitare) = aus wässeriger Lösung als feinen Niederschlag ausfällen.

Pulvis, Pulver. Die Pulverform gehört zu den einfachsten und häufigsten Verordnungsweisen trockener Arzneisubstanzen. Dieselben können äusserliche Anwendung finden (als Streupulver) oder innerliche. Besonders eignen sich für die interne Verabreichung in Pulvern luftbeständige Salze, gepulverte Blätter, Rinden und Wurzeln, Harze, sowie trockene Extrakte.

Bei Verordnung von Pulvern werden gewöhnlich 10 Dosen verschrieben. Das Gewicht eines einzelnen Pulvers schwankt zwischen 0,3—1,0. Statt des gewöhnlichen weissen Papiers wird mit Wachs oder Paraffin getränktes (Charta cerata) genommen, sobald das Pulver eine flüchtige, ölige oder Wasser anziehende Substanz enthält (fette oder ätherische Öle, Kampfer, Moschus etc.). Zur Verdeckung des schlechten Geschmackes und Geruches dienen Oblaten oder Capsulae amylaceae, desgleichen die Capsulae operculatae aus Gelatine, welche, Stahlfedernbüchsen ähnlich, aus zwei übereinander schiebbaren Hälften bestehen, in die das Pulver geschüttet wird. Auch das japanische Pflanzenfaserpapier benutzt man in der Weise, dass man das betreffende Pulver (Chinin, Salicylsäure) auf die Mitte eines kleinen Blättchens eng zusammenschüttet, die vier Zipfel desselben in die Höhe hebt und zu einem kleinen Strange zusammendreht. Derselbe wird alsdann dicht am Übergang in das das Pulver enthaltende Beutelchen durch einen Scheerenschnitt abgetrennt.

Purgantia. Siehe Abführmittel.

Radikale (von radix, Wurzel) sind ungesättigte, im freien Zustande nicht existirende Atomgruppen. Dieselben haben eine grosse Bedeutung für das Verständniss der chemischen Verbindungen, in denen sie die Stellung eines Elementes einnehmen. Das zum Methan (CH_4) in Beziehung stehende Radikal wird Methyl (CH_3), das vom Äthan (C_2H_6) abgeleitete Äthyl (C_2H_5) genannt. Als organische Radikale bezeichnet man diejenigen Atomgruppen, die, wie die eben angeführten, Kohlenstoff enthalten. Ihnen gegenüber stehen die anorganischen, wie Hydroxyl (HO) und Amid (NH_2). — Wenn das Kohlenstoffradikal noch Sauerstoff enthält, wird es als „Säureradikal“ bezeichnet, wie z. B. Acetyl (C_2H_3O).

Raspare, raspeln = eine pharmaceutische Manipulation zum Zerkleinern von Hölzern und harten Drogen.

Recept kommt von recipere, nehmen. Jede schriftliche arzneiliche Anweisung zur Anfertigung einer Arznei beginnt mit dem Worte: Recipe = Nimm.

Reïteretur (von reiterare, erneuern). Wenn der Arzt das Wort ‚Reiteretur‘ auf ein älteres Recept setzt, so verlangt er dessen nochmalige Anfertigung. Schreibt er „Reiteretur ad libitum“, so kann die gewöhnlich harmlose Verordnung vom Apotheker ohne weiteres beständig erneuert werden. Der Arzt soll bezüglich der Reiteratur von differenten Mitteln, namentlich Morphin sehr vorsichtig sein, weil damit leicht Missbrauch getrieben werden kann.

Resolventia (resolvo, löse auf) = auflösende Mittel. Denselben kommt die Eigenschaft zu, pathologische Ablagerungen, Anschwellungen etc. zum Schwinden zu bringen. Die hauptsächlichsten Vertreter dieser Arzneigruppe sind Quecksilber und Jod, nebst ihren mannigfachen Verbindungen.

Roob (vom Arabischen robub = Saft) bezeichnet ausgepresste und eingedickte, zuweilen mit Zucker versetzte Fruchtsäfte. So wird der Succus Juniperi inspissatus auch Roob Juniperi genannt.

Salben siehe Unguenta.

Salze. Unter dieser Bezeichnung versteht man im Allgemeinen Verbindungen von Säuren mit Basen. Man unterscheidet saure, basische und neutrale Salze, je nachdem die Säure, die Basis oder keine von beiden vorherrscht.

Saturatio (von saturare, sättigen). Eine Mischung, in welcher ein kohlensaures Salz (Kalium carbonicum oder Natrium carbonicum) durch eine organische Säure (Weinsteinsäure, Citronensaft oder Essig) gesättigt ist. — Bei der Leichtigkeit, mit der gegenwärtig überall fabrikmässig hergestellte kohlensäurehaltige Wässer billig und schnell zu haben sind, ist die Verordnung der theueren und unzweckmässigen Saturationen (die Flaschen zerspringen sehr leicht) überflüssig (Kobert, Lewin).

Schizomyceten = Spaltpilze.

Schüttelmixtur. Siehe Mixtur.

Scrupel. Siehe Gewichtsbestimmungen.

Sirupus. (Früher Syrupus geschrieben). Die Bezeichnung stammt aus dem Arabischen (scherb = Zuckersaft). Als Sirupe bezeichnet man dickflüssige, beim Austritt aus den Gefässen leicht fadenziehende Flüssigkeiten von sehr süssem Geschmacke. Letzterer beruht auf ihrem grossen Zuckergehalte (60 % und darüber). Die Sirupe werden in der Weise hergestellt, dass man den Zucker nach den angegebenen Verhältnissen in Wasser oder den betreffenden anderen Flüssigkeiten bei gelinder Wärme auflöst und die Lösung einmal aufkocht. Jeder Sirup, mit Ausnahme des Mandelsirups, muss klar sein. Die meisten Sirupe dienen als Geschmackskorrigentien.

Solution (von solvere, auflösen). Auflösung. Enie Arzneiform, in der ein fester Arzneistoff (Solvendum) durch eine Flüssigkeit (Menstruum) aufgelöst ist.

Species, Theegemische, Espèces. — Man versteht unter Species eine Mischung von verschiedenen Pflanzenbestandtheilen (Blätter, Blüthen, Stengel, Samen, Rinden, Wurzeln, Früchte, Hölzer), die — da es sich meist um nicht stark wirkende Substanzen handelt — der häuslichen Bereitung überlassen und nach Anbrühen mit heissem Wasser tassenweise getrunken werden. — Die Species werden auch zu äusserlichem Gebrauche zu Umschlägen, Gurgelwässern und Bädern verwendet.

Die zur Bereitung von Theegemischen zu verwendenden Substanzen müssen durch Schneiden, Raspeln oder Stossen möglichst gleichförmig zerkleinert werden.

Die zum innerlichen Gebrauche bestimmten Theegemische werden gewöhnlich zu 50,0—100,0 (davon 1 Esslöffel auf 2—3 Tassen heissen Wassers) verschrieben. Zu äusserlichen Zwecken, zu Kataplasmen und Bädern verschreibt man das doppelte oder dreifache Quantum.

Stearoptene werden die bei gewöhnlicher Temperatur festen ätherischen Öle (wie z. B. Kampfer, Menthol) genannt.

Suppositoria, Suppositoires, Stuhlzäpfchen. Unter dieser Bezeichnung versteht man zur Einführung in natürliche Körperöffnungen, hauptsächlich in den Mastdarm bestimmte Mittel von konischer, walzen- oder eiförmiger Gestalt. Dieselben sind in der Regel 2—3 g schwer. Zu ihrer Herstellung wird als Grundmasse gewöhnlich Kakaobutter verwendet. Die betreffenden Arzneistoffe werden meist der Grundmasse unmittelbar oder mit einer geeigneten Flüssigkeit angerührt zugemischt. Nach ihrer Einführung in den Mastdarm lösen sie sich bald auf. Die kegelförmigen Stuhlzäpfchen sind gewöhnlich 3—4 cm lang und haben am dickeren Ende einen Durchmesser von 1—1,5 cm.

Tincturae, Tinkturen sind flüssige Auszüge von vorzugsweise pflanzlichen, bisweilen auch thierischen Arzneimitteln, aus denen sie mittels alkoholischer oder ätherischer Flüssigkeiten gewonnen werden. Die Tinkturen werden gewöhnlich in der Weise bereitet, dass die mittelfein zerschnittenen oder grob gepulverten Substanzen mit der zum Ausziehen dienenden Flüssigkeit übergossen, in gut verschlossenen Flaschen an einem schattigen Orte bei 15—20° eine Woche stehen gelassen, dabei aber wiederholt umgeschüttelt werden. Alsdann wird die Flüssigkeit durchgeseiht, erforderlichenfalls durch Auspressen von dem nicht gelösten Rückstande getrennt und nach dem Absetzen filtrirt.

Die meisten Tinkturen dienen zum inneren Gebrauch und werden tropfenweise verordnet. 1,0 g Tinktur enthält 20 Tropfen.

Tisane, Ptisane (von *πτισάνη*, Gerstensaft) ist eine Arzneiflüssigkeit, (Aufguss oder Abkochung), die das verordnete, meist harmlose Mittel (wie Lindenblüthen, Pfefferminz, Süssholz) in einer reichlichen Wassermenge enthält, gewöhnlich im Hause bereitet und tassenweise getrunken wird. Besonders in Frankreich beliebt.

Trochisci. Siehe Pastillen.

Tropfen. Siehe Guttae.

Unguenta, Onguents, Pommades, Salben. Die Salbe ist eine zum äusserlichen Gebrauche dienende, häufig angewandte Arzneiform von weicher Konsistenz. Als Grundmasse, Excipiens, zur Bereitung von Salben dienen Fette, oft unter Zusatz von Wachs, Harzen und Ölen, oft auch Vaselin, Lanolin etc. und zuweilen Glycerin, Seifen etc.

Die Salben werden auf der Haut verrieben oder pflasterähnlich mit Leinwand auf wunde oder schmerzhafte Körpertheile gelegt.

Die verschiedenen Salbenformen werden praktisch wie folgt eingetheilt:

1. Salbengrundlagen:
   Adeps suillus.
   Adeps benzoatus.
   Sebum cervinum.
   Sebum ovile.
   Cetaceum.
   Balsamum Nucistae.
   Lanolin. Vaselin. Myronin.
   Mollin. Solvin. Resorbin.
2. Heilsalben:
   Unguent. Zinci.
   — Plumbi.
   — Cerussae.
   — Hydrarg. album.
3. Reizsalben:
   Unguent. basilicum.
   Unguent. Elemi.
   — Terebinthinae.
   — nervinum.
   — Cantharidum.
   — Tartari stibiati.
4. Resorption befördernde und specifisch wirkende Salben:
   Unguent. Kalii jodati.
   — Hydrargyri cinereum.
   — Hydrargyri rubrum.
   Lanolin. (Thilanin).
5. Indifferente Salben:
   Unguent. Paraffini.
   — Glycerini.
   — leniens.
   — Diachylon.

II. Specieller Theil.

Die Arzneimittel, nach ihrer physiologischen und therapeutischen Zusammengehörigkeit geordnet.

(Ein † vor dem Mittel bedeutet, dass dasselbe in dem Arzneibuche für das Deutsche Reich nicht enthalten ist.)

Narcotica.

Narcotica und Neurotica.

Die meisten der dieser Gruppe zugerechneten Mittel besitzen eine komplicirte Wirkung. Es erscheint uns zweckmässig, dieselben nach ihren therapeutisch zu verwerthenden Eigenschaften einzutheilen und zu besprechen. Wir beginnen mit denjenigen Mitteln, die vorwiegend das centrale Nervensystem beeinflussen, und beschäftigen uns in erster Linie mit jenen Substanzen, deren allgemein narkotische Eigenschaften für uns Werth und Bedeutung haben. Hierher gehören Opium und seine Alkaloide. — Alsdann wenden wir uns dem Chloral und seinen Verbindungen zu, denen schlafmachende Wirkungen eigen sind. An diese reihen sich die Anaesthetica, wie Chloroform, Aether und die analogen Verbindungen, welche wir zur Erzielung von Narkose und Anaesthesie bei den chirurgischen Operationen anwenden. Aus praktischen Gründen unterscheiden wir allgemeine und lokale Anaesthetica. Es folgen nun die antispasmodischen Mittel. Dieselben zeichnen sich dadurch aus, dass sie die Reflexerregbarkeit des Gehirns und Rückenmarks herabsetzen. Ihr Hauptvertreter ist das Bromkalium. Andere hierher gehörende Stoffe, wie die Nitrite, helfen uns, indem sie eine lähmende Wirkung auf die glatten Muskeln ausüben, den Krampf der Gefässmuskelschicht des Darms, der kleinen Bronchien etc. zu überwinden. Als Antispasmodica betrachten wir auch noch gewisse Substanzen, die gemeinhin als Ersatzmittel des Opium angeführt zu werden pflegen, deren weniger gut definirte therapeutische Eigenschaften jedoch durchaus nicht mit denjenigen des Morphins verglichen werden können. Hierher gehören Cannabis indica, Lactucarium, Lobelia inflata, Aqua Amygdalarum amararum (Acidum hydrocyanicum).

Die Arzneimittel aus der Belladonnagruppe (Stramonium, Hyoscyamus, Duboisin, Aconit, Gelsemium, Tabak, Coca, üben besonders eine lähmende Wirkung auf die Muskeln der Iris und auf die secretorischen und sensiblen Nerven aus.

Diesen Mitteln stellen wir die Faba Calabarica (Physostigmin) und die Folia Jaborandi (Pilocarpin) gegenüber, da sie Wirkungen entfalten, die denjenigen der vorgenannten Gruppe ganz entgegengesetzt sind.

Mit dem Strychnin wird gleichfalls ein Effect erreicht, der demjenigen der Antispasmodica diametral gegenübersteht. Unter seiner Einwirkung beobachtet man eine bedeutende Steigerung der Reflexerregbarkeit des Gehirns und Rückenmarks. — Secale cornutum veranlasst hingegen eine Kontraktion der glatten Muskeln im Allgemeinen und derjenigen des Uterus im Besondern. Diese Eigenschaft findet sich, obschon in weit schwächerem Maasse, auch beim Colchicum.

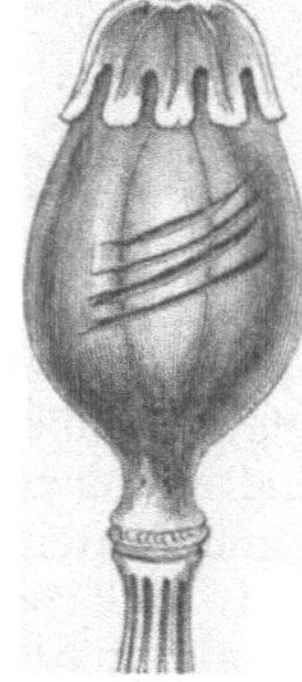

Fig 1.
Incidirte Kapsel von Papaver somniferum

Opium.

Opium wird gewonnen, indem man den nach Einschnitten in die Kapsel von Papaver somniferum (Variet. album und glabrum) ausfliessenden Saft eintrocknen lässt. Diese Pflanze wird in der Türkei, in Persien, Indien, China etc. kultivirt.

Die Kapsel des Mohns zeigt in der Dicke des Perikarps ein engmaschiges Netz von milchführenden Gefässen. Ein leichter Einschnitt in diese Kapsel genügt, ein weisses Tröpfchen hervorquellen zu lassen, das beim Trocknen an der Luft eine bräunliche Farbe annimmt.

Zur Gewinnung des Opiums werden einige Tage nach dem Abfallen der Blüthen Einschnitte mit besonderen, mehrklingigen Messern gemacht. (Fig. 1.) Der ausfliessende Saft wird alle 24 Stunden eingesammelt. Das Produkt der Ernte wird geknetet, in unregelmässige Brote geformt und in Mohnblätter eingehüllt.

Das in Europa verwendete Opium stammt fast ausschliesslich von Kulturen Kleinasiens. Smyrnaer Opium oder Opium von Konstantinopel wird von allen Pharmakopöen Europas vorgeschrieben, weil sein Gehalt an Alkaloiden die grösste Beständigkeit zeigt. Es soll mindestens 10 % Morphin enthalten. Es giebt jedoch Gegenden, in denen die Opiumkultur noch viel bedeutender ist. So gewinnt man in Indien (Bengalen), in Persien und China grosse Mengen Opium, das in diesen Ländern und hauptsächlich in China von den Opiumrauchern konsumirt wird. Diese Opiumsorten sind in Bezug auf Gehalt an Alkaloiden verschieden. Auch in Frankreich (Auvergne) ist der Versuch gemacht worden, behufs Gewinnung von Opium, Mohn zu kultiviren; die Resultate waren jedoch nicht ermuthigend, obgleich der französische Markt, unter der Bezeichnung von inländischem Opium oder Affium, ein Opium mit 10% Morphingehalt lieferte. Eine derartige Kultur kann hier keinen Gewinn abwerfen, weil Grund und Boden zu theuer und die Arbeitslöhne zu hoch sind.

Zusammensetzung. Opium enthält nicht weniger als 18 Alkaloide. Von diesen sind jedoch nur 6 in physiologischer Beziehung bekannt und nur 2, Morphin und Codeïn (in jüngster Zeit auch Narceïn in Form von Antispasmin), für die Therapie nutzbar gemacht.

Morphin, $C_{17}H_{19}NO_3$. Dasselbe wurde im Jahre 1806 von dem Apotheker Sertürner in Hameln (Hannover) entdeckt. Es ist zu 10% im Opium enthalten und bildet schöne seideglänzende Nadeln, die sich mit Säuren verbinden und krystallisirbare Salze geben. Das gebräuchlichste ist das in Wasser leicht lösliche salzsaure Morphin, Morphinum hydrochloricum.

Codeïn, $C_{18}H_{21}NO_3$. Ist ein Methylmorphin und bildet grosse rhombische Krystalle. Opium enthält davon 0,2 bis 0,6%.

Thebaïn, $C_{19}H_{21}NO_3$.

Narkotin, $C_{22}H_{23}NO_7$. Dasselbe findet sich im Opium in dem schwankenden Verhältniss von 1 bis 10% und scheint sich durch Zersetzung des Morphins zu bilden. Je narkotinhaltiger ein Opium ist, desto weniger Morphin findet sich in ihm.

Narceïn, $C_{23}H_{29}NO_9$.

Papaverin, $C_{20}H_{21}NO_4$.

Die meisten dieser Alkaloide sind im Opium mit der Meconsäure kombinirt.

Die Wirkung des Opiums ist die Resultante der physiologischen Aktion aller dieser Alkaloide. Da unter diesen das Morphin vorherrscht, wird seine Wirkung auch am deutlichsten hervortreten. Der narkotische Effekt wird jedoch leichter durch Verabreichung von Opium erreicht, und es lässt sich mit grösserer Sicherheit mit 0,10 Opium als mit der entsprechenden Dosis von 0,01 Morphin Schlaf erzielen. Daher rührt auch der Ausspruch von Trousseau: Morphium lässt athmen, Opium verschafft Schlaf. Ausserdem beseitigt Opium leichter eine Diarrhoe als Morphin. Dies erklärt sich dadurch, dass Opium langsamer resorbirt wird als Morphin, und dass seine Aktion daher länger währt. Es ist sogar wahrscheinlich, dass diese Wirkung des Opiums sich nicht gänzlich im Magen erschöpft, sondern sich noch auf einer bestimmten Strecke des Darmes bemerkbar macht.

Für die therapeutische Verwendung des Opiums bestehen nach dem eben Angeführten ungefähr dieselben Indicationen wie für Morphin. Wo es sich um direkte Einwirkung auf den Darm, um Verminderung der Peristaltik handelt, verdient Opium entschieden den Vorzug. — Über seinen Nutzen bei Cholera und Dysenterie gehen die Ansichten auseinander; es scheint hier eher nachtheilig zu wirken. Dagegen leistet es gute Dienste bei der chronischen Bleivergiftung, bei der mit hartnäckiger Verstopfung einhergehenden Bleikolik. Bei der Behandlung mancher Geisteskrankheiten scheint Opium sich besser zu bewähren als Morphin. — Als Schlafmittel kommt es in Betracht, wenn Schmerzen die Ursache der Insomnie bilden. Grösste Einzelgabe 0,15! — Grösste Tagesgabe 0,5!

Morphin, $C_{17}H_{19}NO_3 + H_2O$.

Die Wirkung des Morphins ist sehr komplicirt und verschieden je nach dem Alter oder der Race des Individuums, dem man es verabfolgt. Für einen Erwachsenen, der an diese Substanz nicht gewöhnt ist, genügen 0,03 Morphin, um einen Schlaf zu erzeugen, der dem physiologischen Schlafe, d. h. diesem Zustande gleicht, der durch Aufhebung der Gehirnthätigkeit mit Erhaltung der Reflexfunktionen und des vegetativen Lebens charakterisirt ist.

Die narkotische Aktion macht sich vornehmlich bemerkbar bei den Individuen der weissen Race, und man kann sogar behaupten, dass die hypnotische Wirkung des Morphins um so deutlicher zu Tage tritt, je höher das Individuum in intellektueller Beziehung steht. So erzeugt Morphin bei den niederen Negern nicht nur keinen Schlaf, sondern es ruft auch eine heftige Erregung mit Muskelkontraktion und sehr starken Krämpfen hervor (Buchheim). — In Europa beobachtet man leicht, dass die gleiche Gabe Morphin bei dem intelligenteren Individuum der grossen Stadt eine viel lebhaftere Wirkung entfaltet als bei dem einfachen Feldarbeiter.

Manche Thiere reagiren sehr wenig auf Morphin. So vertragen z. B. die Vögel und besonders Tauben ohne die geringste Belästigung Dosen, die im Stande sind, einen Menschen zu tödten. Hunde und Katzen sind gleichfalls sehr wenig empfindlich für Morphin.

Die physiologischen Phaenomene, welche Morphin hervorruft, entwickeln sich in folgender Reihenfolge:

1. Periode der leichten allgemeinen Erregung, während welcher sämmtliche Funktionen excitirt sind.

2. Paralyse des Willens und der willkürlichen Bewegungen (Gehirn).

3. Paralyse des Rückenmarks, beginnend in der grauen Substanz.

4. Paralyse der Athmungscentren.
5. Paralyse der motorischen Centren des Herzens.

Das Morphin entfaltet seine Aktion mit grösserer oder geringerer Schnelligkeit je nach dem Wege, auf welchem es in den Organismus eintritt. So wird es bei Aufnahme durch den Magen nach 20 oder 30 Minuten wirken. Dieselbe Dosis, im Lavement beigebracht, wirkt schon nach Verlauf von 10 bis 15 Minuten, während in subkutaner Injektion die Aktion sich spätestens nach 5 bis 10 Minuten bemerkbar macht. Auf intravenösem Wege tritt der Effect schon nach 5 bis 20 Sekunden ein.

Wenn wir einem erwachsenen Menschen, der an Morphin nicht gewöhnt ist, eine Dosis von 0,01—0,02 in subkutaner Injektion beibringen, so sehen wir nach wenigen Minuten, wie sich eine leichte cerebrale Erregung entwickelt. Dieselbe ist angenehmer Art und zeigt ein Gefühl von Wohlbehagen, wie im Beginne der Trunkenheit. Alle Sinnesorgane sind hyperaesthetisch. Gesicht, Gehör, Geruch sind feiner und schärfer; die Athmung ist freier und leichter, die Gedanken selbst sind klarer und verbinden sich viel schneller. Diese angenehmen Sensationen sind es nun gerade, welche die Morphinisten suchen und mit Hülfe von immer grösseren Dosen des Giftes erreichen, bis sie schliesslich in vollständigen körperlichen und geistigen Verfall versinken.

Diese berauschende Wirkung ist von nur kurzer Dauer. Allmählich wird der Kopf schwer, die willkürlichen Bewegungen werden langsamer, das betreffende Individuum wird somnolent und schläft schliesslich ein. Ist dieser Schlaf durch kleine Dosen erzeugt, so ähnelt er sehr dem physiologischen Schlafe. Die Respiration ist ruhig, die Herzaktion regelmässig, und eine leichte Reizung löst Reflexbewegungen aus. — Bei einer Gabe von 0,03 bis 0,04 ändert sich das Bild ein wenig. Die Erregungsperiode ist kürzer und unangenehmer wegen Übelkeit und Brechneigung, welche durch Reizung des Brechcentrums hervorgerufen werden. Letzteres wird übrigens bald gelähmt; aber wenn der Magen Speisen enthält, entleert er sich vorher noch vollständig. Das Gesicht wird blass und livid, der Schweiss perlt auf der Stirn, die Respirationsbewegungen werden tief und etwas schneller. Diese gleichzeitige Aktion auf Brech- und Athmungscentrum lässt sich durch die benachbarte Lage der beiden Centren in der Medulla oblongata erklären.

Wird die Dosis auf 0,06 oder 0,10 erhöht, so werden die Athmungscentren immer mehr gelähmt, die Respiration wird langsamer, um in den extremen Fällen bis auf 4 oder 5 Athemzüge in der Minute herabzusinken. In diesem Moment ist die Pupille stark kontrahirt und ohne Reaktion. Die Cyanose nimmt in demselben Verhältniss zu wie die respiratorische Lähmung. — Die Herzpulsationen nehmen ab, und gleichzeitig sinkt der Blutdruck in Folge Erweiterung der peripherischen Gefässe (Lähmung der vasomotorischen Centren, der anfangs eine leichte Erregung mit vorübergehender Drucksteigerung vorangeht.)

Im Allgemeinen sehen wir bei Sinken des Blutdruckes die Herzpulsationen (durch Kompensation) schneller werden, aber bei der Morphinintoxikation kann sich, da die Centren der Herzbewegungen mehr oder weniger gelähmt sind, diese Kompensation nicht mehr vollziehen. Wenn die Pulsationen nun auch selten sind (30 bis 40 in der Minute), so sind sie doch ziemlich energisch. Durch Hervorrufung eines starken Schmerzgefühls kann sofort der Druck in Folge reflectorischer Contraction der kleinen Gefässe in die Höhe gebracht werden. — In der letzten Periode der Vergiftung wird die Respiration stertorös, und die Rektaltemperatur sinkt 1 bis 2° unter die Norm. Der Tod tritt durch Asphyxie ein, ist jedoch gewöhnlich nicht von Konvulsionen begleitet (wegen der Lähmung der motorischen Centren).

Morphin wird zum grössten Theil unverändert oder als Oxydimorphin durch den Urin ausgeschieden. Nach etwa 12 Stunden ist die Elimination gewöhnlich beendet. — Auf die Harnblase übt dieses Mittel einen lähmenden Einfluss aus. Dies darf nicht unbeachtet bleiben. Es kommt nämlich vor, dass ein Patient, der 0,02 oder 0,03 Morphin erhalten hat, nicht zu uriniren vermag, da die Blase sich nicht kontrahiren kann. In diesen Fällen muss der Harn durch den Katheter entleert werden. Ebenso wie Morphin sämmtliche Sekretionen verlangsamt, vermindert es auch die Ausscheidung des Urins, dessen Gehalt an festen Bestandtheilen gleichzeitig abnimmt.

Behandlung der akuten Morphinvergiftung.

Wenn das Morphin in subkutaner Injektion einverleibt worden war, so müssen, wenn irgend möglich, in der ersten Stunde nach der erfolgten Einspritzung, Magenausspülungen vorgenommen werden, denn mehr als die Hälfte des unter die Haut injicirten Morphins wird durch die Magenschleimhaut ausgeschieden. Auf diese Weise kann man also einen grossen Theil des Giftes aus dem Organismus hinausschaffen. Nach 50 bis 60 Minuten hört diese Elimination seitens des Magens auf.

Die Verabreichung eines Vomitifs ist ganz unnütz, da die Brechcentren, wie bereits vorher erwähnt worden, ziemlich schnell gelähmt werden. Ebenso erscheint es überflüssig, tanninhaltige Substanzen (Kaffee etc.) zu reichen, (wie man dies in den meisten Fällen von Alkaloidvergiftung zu thun pflegt) da Morphintannat im Magen- und Darmsaft löslich ist. — Man soll den Kranken zunächst mit allen zu Gebote stehenden Mitteln zu erwärmen suchen, in ein erwärmtes Bett bringen und ihm heisse alkoholische Getränke reichen. Alsdann wird man sich des Schmerzes als Reizmittel bedienen. In der That genügt Kneifen oder der durch

Applikation des Major'schen Hammers auf die Haut hervorgerufene Schmerz (selbst einfaches Kitzeln der Nasenschleimhaut), den Kranken wach zu erhalten. Das beste Verfahren ist, jede Minute auf Brust und Abdomen einen in siedendes Wasser getauchten Hammer zu appliciren. Zur Verhütung von Brandwunden legt man zwischen Haut und Marterinstrument ein Blatt Papier. — Die Wirkung dieser Reizmittel ist auffallend und schnell. Selbst Individuen, die gar kein Lebenszeichen mehr geben, können in dieser Weise für einige Sekunden erweckt werden. Diese Reizmittel müssen jedoch so lange als erforderlich, gewöhnlich zwei bis drei Stunden hindurch, bei gleichzeitiger Verabreichung warmer Getränke fortgesetzt werden. Letzteres geschieht zur Beförderung der Elimination des Giftes.

Man hat auch subkutane Injektionen von Atropin (0,001 Binz) empfohlen. Dieselben haben, indem sie den Blutdruck erhöhten, sehr gute Resultate ergeben. Es will uns jedoch bedünken, dass das oben angegebene Verfahren sicherer und weniger gefährlich ist.

Niemals darf vergessen werden, dass die Giftigkeit des Morphiums für Kinder verhältnissmässig viel stärker ist als für Erwachsene. So sind schon Todesfälle verzeichnet worden nach Verabreichung von 0,001 bei einem Kinde von 2 Wochen. Bei Kindern unter 5 Jahren ist Exitus letalis nach 0,01 bis 0,02 Morphin eingetreten.

Chronische Vergiftung. Chronischer Morphinismus.

Der Morphinismus oder die Morphiumsucht hat sich bei uns in Europa seit Einführung der subkutanen Injektionen, das heisst seit 20 oder 30 Jahren, verbreitet, während die Opiumsucht im Orient, besonders in China, seit mehreren Jahrhunderten in der verheerendsten Weise wüthet. Die Opiumraucher und Opiophagen suchen und finden im Opiumkonsum dasselbe Wohlbehagen, das unsere Morphinisten nach den Morphininjektionen verspüren.

Sehr oft sind die Ärzte die unfreiwilligen Verbreiter dieser beklagenswerthen Leidenschaft oder dieses ungestümen Bedürfnisses, indem sie sofort mit der Morphinspritze bei der Hand sind, wenn es sich darum handelt, irgend eine schmerzhafte Empfindung zu beseitigen. Der Erfolg ist leicht, aber er wird oft für den Kranken der Ausgangspunkt einer Leidenschaft, deren Unterdrückung ihm nur selten gelingt. Man darf niemals vergessen, dass bei der Behandlung von Schmerzen mit Morphin schon die Überlegenheit dieses Mittels eine Gefahr mit sich bringt. Denn, wenn der Kranke während einer gewissen Zeit Morphin erhalten hat, erscheinen ihm alle anderen Analgetica unwirksam. Um ausserdem den Effekt des Mittels in demselben Grade beizubehalten, müssen die Dosen fortwährend gesteigert werden, so dass man schliesslich Morphiomanen sieht, die jeden Tag 2 und selbst 3 Gramm Morphin zu sich nehmen.

Das Bedürfniss nach Morphin führt zu demselben Resultate, wie das Bedürfniss nach Alkohol. Wie beim chronischen Alkoholismus sehen wir Störungen seitens der Verdauungsorgane auftreten, zunächst Verstopfung, dann Diarrhoe und Appetitlosigkeit. Das betreffende Individuum empfindet nur Esslust einige Minuten nach der Einspritzung (Periode der leichten Erregung). Nach einiger Zeit erscheint die ganze Reihe von Symptomen, die eine zu intensive Ernährungsstörung zu begleiten pflegen: körperliche und geistige Kräfteabnahme, Kopfweh und Tremor, der nur nach einer erneuten Gabe von Morphin nachlässt (ebenso wie der Tremor alcoholicus am Morgen erst durch Einführung einer neuen Gabe Alkohol beseitigt wird). Die Schlaflosigkeit erfordert gleichfalls immer stärkere Gaben Morphin, und der Kranke gelangt so allmählich zur allgemeinen Paralyse, wenn er nicht schon vorher der Tuberkulose zum Opfer fällt. Wie es verschiedene Typen von Alkoholikern giebt, so sieht man auch eine grosse Varietät von Morphinisten. Die einen vertragen die Intoxication länger und besser als die andern.

Was die Behandlung der chronischen Morphiumsucht betrifft, so ist sie ebenso schwierig, ja noch schwieriger durchzuführen als die des Alkoholismus. Die radikalen Heilungen oder die vollständige Abgewöhnung sind selten. Auf keinen Fall können wir uns auf die Methoden verlassen, die den Zweck haben, das Morphin durch andere Mittel, wie Cocain, Codeïn, Antipyrin etc. zu ersetzen. Diese Behandlung hat bisher gar keinen Erfolg gehabt und ist als schädlich zu verwerfen.

Das einzige Mittel, auf das man sich noch verlassen kann, besteht in der Unterbringung des Kranken in eine Heilanstalt, wo eine plötzliche Entziehung oder eine allmähliche Abgewöhnung versucht wird. In ersterem Falle leidet der Morphinist sehr während der ersten 8 Tage (Abstinenzerscheinungen). Die Nächte sind qualvoll, denn mindestens 4 oder 5 Nächte fehlt der Schlaf, und die Aufregung ist zuweilen sehr stark, von Hallucinationen begleitet. Allmählich beruhigt Patient sich und verfällt in völlige Apathie. Dies ist der Zeitpunkt, wo die eigentliche Behandlung beginnt, und mehrere Monate lang wird der von zuverlässigen Personen umgebene Kranke einem milden und stärkenden Regime unterworfen. Selbst wenn die Kur gelungen, kommt es nicht selten vor, dass die Patienten nach der Rückkehr zu ihrer alten Lebensweise auch bald wieder ihre alten Gewohnheiten annehmen.

Will man das Morphin allmählich abgewöhnen, so bedarf es hierzu eines längeren Zeitraums. Man vermindert die Dosis jeden Tag um ein oder um mehrere Milligramm, je nach dem Fall, und macht schliesslich nur Injektionen mit Aqua destillata. Um jedoch zu einem befriedigenden Resultate zu gelangen, muss man sich durchaus auf das den Kranken umgebende Personal verlassen können. Man wird sehr oft getäuscht und betrogen; ein Morphiumsüchtiger scheut vor nichts zurück, wenn er seine Leidenschaft befriedigen kann.

Therapeutische Verwendung. Der Arzt soll daher sehr vorsichtig in der Verabreichung von Morphin sein, zumal bei Neuropathen, die mehr als alle andern zum Morphinismus disponiren. Aus diesem Grunde dürfte es als allgemeine Regel für den Praktiker gelten, nicht sofort Morphin in subkutaner Injektion zu geben; er wird besser thun, dieses werthvolle Heilmittel zunächst per os einzuführen (Lösung, Pillen oder Pulver), wodurch der Kranke weniger der Gefahr der Morphiumsucht ausgesetzt wird. In denjenigen Fällen jedoch, wo die Therapie völlig machtlos dasteht, wie zum Beispiel bei nichtoperirbaren Carcinomen, in der letzten Periode von Angina pectoris oder mancher Herzleiden, im letzten Stadium der Lungentuberkulose, mit einem Worte, wo die Aufgabe des Arztes nur noch darin besteht, dem Kranken Erleichterung zu verschaffen, da darf er nicht schwanken, vom Morphin den ausgiebigsten Gebrauch zu machen. Indessen darf bei den verschiedenen Lungenaffektionen nicht vergessen werden, dass dieses Mittel durch Verminderung der Reizbarkeit der Bronchien und Beruhigung des Hustens, die Anhäufung und Stagnation der von den Bronchien oder Lungenkavernen secernirten eitrigen Massen begünstigt. Daher soll der Husten nicht so weit unterdrückt werden, dass die Herausbeförderung der eitrigen Materien gänzlich gehindert wird. Andererseits muss aber auch möglichst für die Desinfektion der Luftwege mittels derjenigen Stoffe gesorgt werden, die wir unter den Antisepticis näher kennen lernen werden.

Die hauptsächlichste Indication für die interne Anwendung bilden Affectionen der Schleimhäute, Bronchial- und Darmkatarrh, Magengeschwür, Schlaflosigkeit in Folge von Schmerzen oder abnormer Sensationen etc.; für die subcutane Anwendung: Neuralgien, Schmerzen, die von serösen Häuten ausgehen, schmerzhafte Contractionen der Gallenblase, des Uterus und des Darmes, ferner melancholische Zustände, Präcordialangst etc.

Bezüglich der anzuwendenden Dosis kann die Beschaffenheit des Pulses als Wegweiser dienen. So wird man bei Individuen mit langsamem Pulse (bei Greisen) vorsichtiger sein, als bei Leuten, deren Puls stark und frequent ist. — Bei Säuglingen ist Morphin ganz zu vermeiden.

Grösste Einzelgabe 0,03! grösste Tagesgabe 0,1!

Codeïn (Codeïnum) $C_{17}H_{18}(CH_3)NO_3 + H_2O$.

Das Codeïn ist ein Derivat des Morphins ($C_{17}H_{19}NO_3$), in dem ein Atom H durch ein Radical Methyl (CH_3) ersetzt ist; es ist demnach Methylmorphin. Gewöhnlich ist es im Opium zu 0,6%

enthalten. Es bildet grosse oktaëdrische Krystalle und ist in 80 Theilen Wasser löslich. Man bedient sich vorzugsweise des phosphorsauren Codeïns, Codeïnum phosphoricum, das sich viel besser in Wasser löst (1 g ist in 1,5 Wasser von 15^0 löslich) als Codeïn selbst.

Wirkung. Es ist das Verdienst Claude Bernard's, zuerst auf die Vorzüge des Codeïns hingewiesen zu haben. Dasselbe spielt in der Therapie neben dem Morphin, mit dem es nicht alle üblen Eigenschaften gemein hat, eine hervorragende Rolle. Vor allem verdient seine geringe Toxicität hervorgehoben zu werden. Der Mensch verträgt eine zehn-, selbst zwanzigmal so starke Dosis Codeïn wie Morphin. Seine schmerzstillende Wirkung erstreckt sich hauptsächlich auf das Gebiet des Sympathicus und des Vagus, und es bietet den grossen Vortheil, die gastrointestinalen Schmerzen zu beruhigen, ohne, wie Morphin, die Sekretion zu vermindern und Obstipation zu verursachen.

Therapeutische Verwendung. Ganz besonders nützlich erweist sich Codeïn, wo es sich darum handelt, die Reflexerregbarkeit der Bronchien herabzusetzen. Es vermindert z. B. in auffallender Weise die Hustenanfälle der Phthisiker, und diese Kranken gewöhnen sich weniger leicht daran als an Morphin. Dies ist schon ein grosser Vortheil, der uns veranlassen sollte, in allen Fällen von Husten vorzugsweise vom Codeïn Gebrauch zu machen. Dagegen hat dasselbe nicht die allgemeine beruhigende Aktion, die dem Morphin eigenthümlich ist. Es pflegt zum Beispiel gar keine Wirkung zu haben, wenn es sich darum handelt, den durch Ischias hervorgerufenen Schmerz zu lindern. Hier hilft schnell eine Morphininjektion.

Die geringe Toxicität des Codeïns hat die verschiedenen Pharmakopöen veranlasst, sehr hohe Dosen zu gestatten (0,1 pro dosi bis 0,4 pro die!). Es ist aber durchaus überflüssig, so grosse Gaben von Beginn an zu verwenden, denn man erreicht schon eine beruhigende Wirkung auf die Bronchien mit Dosen von 0,04 bis 0,05, und dieser Effekt kann mehrere Stunden andauern.

Was die zahlreichen andern, im Opium aufgefundenen Alkaloide betrifft (Narceïn, Thebain, Papaverin, Narcotin, Cryptopin, Opianin, Laudanin, Laudanosin, Protopin, Hydrocotarnin etc.), so haben dieselben keine praktische Verwendung gefunden. Wir können sie daher mit Schweigen übergehen. Nur das Narceïn ist wiederholt als weniger gefährlich als Morphin für die Kinderpraxis empfohlen worden. In der That scheint das Narceïn ein Diminitivum des letzteren zu sein; seine toxische Wirkung ist ungefähr 40mal geringer. Das neuerdings empfohlene Antispasmin ist eine Doppelverbindung von Narceinum-Natrium und Natrium salicylicum.

Präparate des Opiums. Die pharmaceutischen Präparate, in denen Opium oder seine Alkaloide vorkommen, sind sehr zahlreich. Es sollen nur die wichtigsten, d. h. diejenigen angeführt werden, welche in die verschiedenen Pharmakopöen aufgenommen worden sind.

Extractum Opii (Extractum Opii aquosum. Extractum thebaicum. Extractum Meconii) wird dargestellt, indem man Opium mit Wasser auszieht und die wässerige Lösung zur Trockene eindampft.

Da Opium ungefähr die Hälfte seines Gewichtes wasserlösliche Substanzen enthält, ist dieses Extrakt doppelt so wirksam wie Opium, vor dem es noch den Vorzug vollständiger Löslichkeit hat. Es soll mindestens 18 % Morphin enthalten.

Maximaldosis:	Pharm. Germ. et Austr.	Einzelgabe 0,15,	Tagesgabe 0,50.
	„ Helvet.	„ 0,1	„ 0,25.

Die folgenden 4 Präparate enthalten an Opium $^1/_{10}$ Theil ihres Gewichtes.

Tinctura Opii simplex. Tinctura thebaica. Einfache Opiumtinktur. Wird bereitet aus 1 Theil gepulvertem Opium mit 5 Theilen verdünntem Weingeist und 5 Theilen Wasser.

Grösste Einzelgabe 1,5; grösste Tagesgabe 5,0!

Tinctura Opii crocata. Safranhaltige Opiumtinktur. Laudanum liquidum Sydenhami. Wird bereitet aus 15 Th. Opium, 5 Th. Safran, 1 Th. Gewürznelken, 1 Th. Zimmt mit 75 Th. verdünntem Weingeist und 75 Th. Wasser. — Man erhält so eine braungelbe, aromatische Flüssigkeit, die besonders häufig gegen Diarrhoe angewendet wird.

Grösste Einzelgabe 1,5; grösste Tagesgabe 5,0!

(Unter der Bezeichnung „Laudanum de Rousseau“ stellt man in Frankreich durch Fermentation mit Wasser und Honig ein Präparat her, das $^1/_4$ seines Gewichtes Opium enthält, also weit stärker ist.)

Pulvis Ipecacuanhae opiatus. Pulvis Doweri. Dasselbe ist eine Mischung von 1 Th. Opium, 1 Th. Pulv. Rad. Ipecacuanhae und 8 Th. Milchzucker. Als Beruhigungsmittel erweist es sich sehr brauchbar bei Phthisikern, bevor man zum Codeïn oder Morphin greift. Man beginnt mit Gaben von 0,25 und steigt allmählich bis 0,50 und 1,0 g. Überschreitet man diese Dosis, so kommt es in Folge der Ipecacuanhawirkung leicht zu Übelkeit und Brechneigung.

†Emplastrum opiatum. Emplastrum cephalicum. Opiumpflaster. Mouche d'opium. Wird hergestellt, indem man 5 % Extr. Opii einer Pflastermasse hinzusetzt. (Pharm. Helvet.)

Tinctura Opii benzoica, Elixir paregoricum.

Tinctura Opii benzoica wird bereitet, indem man in 192 Th. verdünnten Weingeist 1 Th. Opium, 1 Th. Anisöl, 2 Th. Kampfer und 4 Th. Benzoësäure maceriren lässt. — Sie enthält daher 20mal weniger Opium als die vorhererwähnten Tinkturen. — In Fällen von chronischer Bronchitis, besonders bei alten Leuten leistet sie gute Dienste. Anfangs giebt man 30 bis 40 Tropfen in Wasser oder Brustthee, nachher kann man die Dosis nach Bedarf erhöhen und selbst bis 40 g pro die gehen.

†**Sirupus Opii.** Opiumsirup wird bereitet durch Auflösen von 2 g Extract. Opii in 1000 g Sirup. simpl. Derselbe enthält demnach $4^0/_{00}$ Opium und jeder Esslöffel 0,06—0,08. (Pharm. Helv.)

Morphinum hydrochloricum. Morphinhydrochlorid.
ad 0,03 pro dosi! — ad 0,1 pro die!

†**Sirupus Morphini** enthält 1 gr Morphinhydrochlorid auf 1000 g Sirup. simpl., und 1 Esslöffel etwa 0,015 bis 0,02 Morphin. (Pharm. Helv.)

Hypnotica (Soporifica), Schlafmittel.

Abgesehen vom Opium (und Morphin), dessen schlafmachende Eigenschaften schon vorher angedeutet worden sind, gilt das Chloralhydrat als der wichtigste Vertreter dieser Gruppe. In neuerer Zeit hat man dasselbe durch zahlreiche andere Mittel, denen ebenfalls mehr oder minder zuverlässige hypnotische Eigenschaften zukommen, zu ersetzen versucht. Zu diesem Zwecke hat man das Sulfonal und eine Serie von Sulfonen (Trional, Tetronal), Hypnal, Chloralamid, Butylchloral (Crotonchloral), Paraldehyd, Urethan, Ural, Somnal, Hypnon, Amylenhydrat, Bromal, Acetal etc. in Anwendung gebracht. Es muss jedoch vorweg bemerkt werden, dass keiner einzigen von diesen Verbindungen so vorzügliche, schlafmachende Eigenschaften zukommen wie dem Chloralhydrat, das bis jetzt das zuverlässigste und am bequemsten anwendbare Hypnoticum geblieben ist.

Eine ausreichende Erklärung für die Wirkungsweise der ververschiedenen Hypnotica ist um so schwieriger, als wir nur sehr wenige zuverlässige Kenntnisse über den Mechanismus des physiologischen Schlafes besitzen.

Chloralhydrat. Chloralum hydratum $CCl_3CH<^{OH}_{OH}$

Diese Verbindung, die man der Kürze wegen als Chloral zu bezeichnen pflegt, bildet sich, indem Chloral ein Molekül Wasser aufnimmt. Chloral ist ein flüssiger, sirupartiger Körper, der durch diese Zugabe von H_2O in den krystallinischen Zustand übergeht:

$$\underset{\text{Chloral.}}{CCl_3C<^{O}_{H}} + H_2O = \underset{\text{Chloralhydrat.}}{CCl_3CH<^{OH}_{OH}}$$

Chloral entsteht durch Einwirkung von Chlor auf Äthylalkohol. Dabei bildet sich zunächst Aldehyd, der sich mit dem Chlor vereinigt. Nach verschiedenen Phasen bildet sich dann Chloral, das man durch Hinzufügen der erforderlichen Menge Wasser (12,2 %) in Chloralhydrat überführt. Dieses stellt weisse, rhombische Krystalle dar, die in Wasser, Weingeist, Äther, Glycerin leicht löslich sind, einen bitter kratzenden Geschmack und einen ziemlich angenehmen, fruchtartigen Geruch besitzen. — Im Jahre 1832 durch Liebig entdeckt, wurde es erst 1869 von Liebreich als Schlafmittel in die Praxis eingeführt.

Wenn wir in einem Probierglase eine Lösung von Chloral mit einer Lösung von Ätznatron mischen, so trübt sich die Flüssigkeit und theilt sich in 2 Schichten, von denen die untere aus reinem Chloroform besteht. Letzteres hat sich durch Zerlegung des Chlorals nach folgender Gleichung gebildet:

$$\underset{\text{Chloralhydrat}}{CCl_3CH(OH)_2} + \underset{\text{Aetznatron}}{NaOH} = \underset{\text{Chloroform}}{CHCl_3} + \underset{\text{Ameisensaures Natron}}{HCOONa} + \underset{\text{Wasser.}}{H_2O}.$$

Liebreich ging nun von dem Gedanken aus, dass wegen der Alkalescenz des Blutes etwas Ähnliches im Organismus vorgehen müsse; das in statu nascenti wirkende Chloroform müsse eine um so stärkere hypnotische Aktion entfalten. In Wirklichkeit scheint die Sache sich jedoch nicht so zu verhalten, denn die Alkalescenz des Blutes ist nicht beträchtlich genug, um diese Zersetzung des Chlorals herbeizuführen. Auch hat man niemals freies Chloroform in der ausgeathmeten Luft oder im Blute nachweisen können, und wirkt Chloral bereits in Dosen, in welchen Chloroform nur sehr geringe Aktion zeigt. Daher liegt die Annahme nahe, dass Chloral als solches und nicht durch seine Zerlegung in Chloroform wirkt.

Wirkung. In konzentrirter Lösung übt Chloral eine irritirende, sogar leicht ätzende Wirkung auf die Schleimhäute aus. Aus diesem Grunde kann es nicht in subkutaner Injektion angewandt werden, und muss man es nur in stark verdünnten Lösungen (3 %) verabreichen, damit keine Entzündung der Magenschleimhaut verursacht werde.

Von den Schleimhäuten der Verdauungsorgane wird es sehr schnell resorbirt und ebenso leicht durch den Urin als Chloral und Urochloralsäure eliminirt. Letztere besitzt die Eigenschaft wie Glykose, die Fehling'sche Lösung zu reduciren. Daher wird man bei einem Individuum, das Chloral genommen hat, nicht eher an die Gegenwart von Zucker im Harn denken, als bis das Chloral vollständig ausgeschieden ist.

Chloral zeigt schon in 1 %-Lösungen gährungswidrige Eigenschaften. Es leistet gute Dienste, wo es sich darum handelt, Leichen zu konserviren, und eines der schnellsten Verfahren des Einbalsamirens besteht darin, dass man eine Menge von 250,0 g Chloral in 4 oder 5 Liter Wasser gelöst in eine der Carotiden injicirt.

Innerlich in Gaben von 2,0—3,0 g verabreicht, erzeugt Chloral eine sehr leichte cerebrale Erregung, die bald von einem ruhigen

Schlafe gefolgt ist. Derselbe gleicht durchaus dem physiologischen Schlafe, mit dem geringen Unterschiede, dass die Pupille etwas mehr kontrahirt ist. Die Athmung ist verlangsamt und oberflächlicher. Die Reflexe sind nicht aufgehoben, und das betreffende Individuum kann durch Berührung oder Anrufen erweckt werden.

Die Wirkung auf das Rückenmark ist derjenigen ähnlich, welche Chloral auf das Gehirn ausübt; doch ist sie weniger ausgeprägt. Die Reflexerregbarkeit nimmt nach anfänglicher leichter Erhöhung bald ab, um (wenn die Dosis Chloral ausreichend war) gänzlich zu verschwinden. Die Wirkung dieses Mittels dürfte sich am Anfang zunächst auf die graue Substanz erstrecken, denn man beobachtet, dass schmerzhafte Eindrücke nicht mehr empfunden werden, während rein taktile Reize noch Reflexbewegungen hervorrufen.

Auf eine Dosis von 4,0—5,0 g wird der Schlaf tiefer, die Reflexe sind aufgehoben, die Athmung wird langsam und stertorös, die Herztöne sind schwach. Eine derartige Gabe kann toxisch wirken, indem sie zuerst das Centrum der Respiration, dann das der Cirkulation lähmt; das Herz bleibt in Diastole stehen. Die toxische Dosis kann nicht exakt angegeben werden. Wir haben in 2 Fällen, nach Aufnahme von 5,0 g Chloral auf einmal, letalen Exitus beobachtet. Andere haben schon nach kleineren Gaben den Tod eintreten gesehen. Hierbei verdient hervorgehoben zu werden, dass Potatoren, besonders im Stadium des akuten Anfalls sehr grosse Dosen vertragen (8 bis 10,0 g), ebenso mit Strychnin vergiftete oder von Lyssa befallene Individuen. So haben wir einen Lyssakranken beobachtet, der innerhalb 24 Stunden 40,0 g Chloral mittels Lavement erhielt.

Bei einer akuten Chloralvergiftung hat man sich darauf zu beschränken, den Kranken mit allen zu Gebote stehenden Mitteln zu erwärmen, ihm warme, leicht alkoholische Getränke zu reichen und dann von Zeit zu Zeit rhythmische Traktionen der Zunge vorzunehmen (Verfahren nach Laborde).

Chloral kann auch gewisse Störungen seitens der Haut verursachen. Dieselben offenbaren sich besonders als erythematöse, papulöse, und selbst (jedoch viel seltener) als bläschenartige oder petechiale Ausschläge.

Therapeutische Verwendung. Chloral erweist sich besonders nützlich in Fällen von Erregung der nervösen Centren (Gehirn und Rückenmark), namentlich beim akuten und chronischen Alkoholismus.

Beim Delirium tremens kann man 4,0—5,0 g in 24 Stunden reichen, indem man mit einer Gabe von 1,0—2,0 g beginnt. Die hypnotische Wirkung pflegt ziemlich schnell, nach $^1/_2$ oder 1 Stunde, einzutreten. Alsdann ist es leicht, den Schlaf andauern zu lassen, indem man, sobald der Kranke erwachen zu wollen scheint, jedesmal 0,50 Chloral reicht. Die Wirkung kann auch dadurch verlängert werden, dass man eine subkutane Injektion von 0,02 Morphin applicirt oder dem Chloral noch 0,10—0,20 Codeïn für 24 Stunden hinzufügt.

In derselben Weise wird es beim Tetanus, bei Eklampsie und Strychninvergiftung verabfolgt, indem man die Dosis, je nach der Schwere der konvulsivischen Anfälle steigert. In den letztgenannten 3 Fällen müssen die Kranken auch in dunkle und möglichst ruhige Zimmer untergebracht werden.

19) ℞ Codeïn. phosphoric. 0,10—0,20,
Chloral. hydrat. 5,0,
Sirup. Cort. Aurant. 30,0,
Aq. destill. 120,0.
M. D. S. 1 Esslöffel enthält 0,50 Chloral und 0,01—0,02 Codeïn.

Bei Lyssa wird das Mittel per Klysma in fraktionirten Dosen von 1,0—0,50 g beigebracht und jedesmal wiederholt, sobald die Kontraktionen des Ösophagus stärker oder schmerzhaft werden. Es ist sogar zweckmässig, den Kranken in einem Halbschlaf zu erhalten; dadurch wird seine Ernährung erleichtert. Hierbei braucht man sich nicht zu scheuen, die sonst üblichen Gaben zu überschreiten. So haben wir vorher einen Fall angeführt, wo 40,0 g Chloral pro die verabfolgt worden waren. Dieses ist eine ganz ungewöhnlich hohe Gabe, zu der nur bei äusserster Nothwendigkeit gegriffen werden darf. In den Fällen von Hydrophobie wird man durchschnittlich 10,0—15,0 g in 24 Stunden reichen.

Lavement:

20) ℞ Tinct. Opii croc.
Chloral. hydrat. āā 5,0,
Mucil. Gummi arab. 50,0,
Aq. destill. ad 500,0.
M. D. S. In Klystieren von 100,0 g jedesmal zu geben.

Ausser bei sehr grosser Schwäche des Myocardiums giebt es keine Kontraindikation für die Anwendung des Chlorals. Es ist durchaus nicht nöthig, sich von seinem Gebrauche durch eine Gastritis bei einem Säufer mit Delirium tremens abschrecken zu lassen.

Äusserlich ist Chloral in 1procentiger Lösung bei Pruritus empfohlen worden, doch ist die beruhigende Wirkung hier nicht immer sicher. Als Antisepticum besitzen wir leichter zu handhabende Substanzen, deren Wirkung zuverlässiger ist.

Zu vermeiden ist die Anwendung des Chlorals bei Hysterie, Gicht, Epilepsie und Asthma, für welche Leiden es noch viel zu oft empfohlen wird.

Dosis:	Höchste Einzelgabe.	Höchste Tagesgabe.
Pharm. Germ. / Pharm. Helv. / Pharm. Austr.	3,0	6,0.

Verbindungen, denen Chloral als Basis dient.

Chloralum formamidatum.

Chloralformamid. $CCl_3\,CH<^{OH}_{NH.CHO}$

Es bildet weisse Krystalle, ist in Wasser (20 Th.) löslich. Um Schlaf zu erzielen sind mindestens 3,0 g erforderlich. Es erzeugt oft Übelkeit und Brechneigung.

Grösste Einzelgabe 4,0! Grösste Tagesgabe 8,0!

† **Chloral-Urethan.** Ural. $CCl_3\,CH<^{OH}_{NH\,COO\,C_2H_5}$ Weisse Krystalle. Unsicher. Dosis 2,0—3,0.

† **Äthylchloral-Urethan.** Somnal. Schmeckt sehr schlecht und ist unzuverlässig. Einzelgabe 2,0.

† **Butylchloralhydrat** (Crotonchloral) $C_4H_5Cl_3O$. Weisse Krystalle. 5,0—6,0 sind erforderlich, um Schlaf zu erzeugen.

† **Monochloralantipyrin** (Hypnal). $C_{13}H_{15}N_2Cl_3O_3$. Ohne besondere Vorzüge. Einzelgabe 1,0—2,0.

† **Chloralose** (Anhydroglucochloral). $C_8H_{11}Cl_3O_6$. Krystallinische Verbindung von Glucose mit Chloral. Löslich in Wasser. Dies ist das zuletzt an den Markt gebrachte und besonders in Frankreich gepriesene Hypnoticum; die Glucose hat jedoch kaum etwas zu thun mit der schlafmachenden Wirkung, die allein dem Chloral zuzuschreiben ist, das in dem Molekül Chloralose enthalten ist. Daher liegt gar keine Veranlassung vor, das Chloralhydrat durch dieses Mittel zu ersetzen. Dosis 0,05—0,3.

Sulfonal und seine Derivate.

Baumann hat eine Reihe von Sulfonen dargestellt, denen insgesammt hypnotische Eigenschaften, ähnlich dem Chloral, zukommen. Dieses sind:

Sulfonal $^{CH_3}_{CH_3}>C<^{SO_2\,C_2H_5}_{SO_2\,C_2H_5}$.

Dasselbe ist ein Methan $\left(^{H}_{H}>C<^{H}_{H}\right)$, in dem 2 H durch die Gruppe CH_3 (Methyl) und die beiden andern H durch die Sulfon- (SO_2) und Äthylgruppe (C_2H_5) ersetzt worden sind. Wir erhalten auf diese Weise ein Diäthylsulfondimethylmethan.

† **Trional** ist Sulfonal, in dem ein Radikal Methyl (CH_3) durch ein Radikal Äthyl (C_2H_5) ersetzt ist:

$$^{CH_3}_{C_2H_5}>C<^{SO_2\,C_2H_5}_{SO_2\,C_2H_5}$$

Diathylsulfonmethyläthylmethan.

† **Tetronal** ist ebenfalls Sulfonal, in dem jedoch die beiden Methylradikale (CH_3) durch die Gruppe Äthyl (C_2H_5) ersetzt worden sind:

$$\begin{matrix} C_2H_5 \\ C_2H_5 \end{matrix} > C < \begin{matrix} SO_2C_2H_5 \\ SO_2C_2H_5 \end{matrix}$$

Diathylsulfondiathylmethan.

Alle diese Verbindungen sind krystallinisch und fast unlöslich in kaltem Wasser. Theoretisch war man von der Annahme ausgegangen, dass die hypnotischen Eigenschaften mit jedem Hinzutritt eines Äthylradikals sich vermehrten, dass z. B. Tetronal, welches die Gruppe Äthyl (C_2H_5) viermal enthielt, viel stärker wirke als Sulfonal, in welchem dieselbe nur zweimal vorkommt. Die praktische Erfahrung hat jedoch diese Annahme nicht genügend bestätigt.

Wirkung. Beim Gesunden erzeugen Sulfonal und seine Derivate nicht so leicht Schlaf wie Chloral. Es ist eine Gabe von 3,0—4,0 g erforderlich, um das Bedürfniss des Schlafes nach 4—5 Stunden hervorzurufen. Der hypnotische Effekt tritt stärker hervor bei Individuen, die an nervöser oder febriler Insomnie leiden. Hier genügen oft 0,50 g, gewöhnlich 1,0—1,50 g, um einen ruhigen, 5—8stündigen Schlaf zu bewirken. Diese Mittel haben, da sie fast unlöslich sind, den grossen Vorzug, von den Schleimhäuten des Digestionstractus gut vertragen zu werden. Hierin sind sie dem Chloral überlegen; ausserdem haben sie keinen unangenehmen Geschmack und können auch Kindern leicht gegeben werden.

Neuerdings ist auch auf einige unangenehme Nebenwirkungen des Sulfonals aufmerksam gemacht worden. Dieselben treten nicht in Folge zu grosser Gaben, sondern nach mehrere Tage aufeinander genommenen Dosen von 1,0 bis 1,5 g auf. Man beobachtete Schwäche in den Beinen und Armen, Schwierigkeit beim Sprechen und zuweilen auch Erbrechen. Sulfonal wird dem Anscheine nach besser als Chloral vertragen von Leuten mit degenerirtem Herzmuskel. Wahrscheinlich liegt es jedoch an der langsameren Resorption des Sulfonals, dass dasselbe nie dazu kommt, in grosser Dosis seine Wirkung zu entfalten, wie Chloral, dessen Resorption und Wirkung viel schneller ist.

Therapeutische Verwendung. Sulfonal und seine Derivate sind nicht im Stande, das Chloral zu verdrängen. Sie werden jedoch ihre Indikation bei der Behandlung der Insomnie der Neurastheniker und bei Individuen finden, die durch übermässige geistige Arbeit überreizt sind, desgleichen bei Kindern. Bei Phthisis erweisen sich kleine Gaben (0,25) nützlich gegen die Nachtschweisse.

Man verordnet es in Pulverform, in Dosen von 0,50 bis 2,0 g. Es ist jedoch unnütz, die Einzeldosen von 2,0 g zu übersteigen, denn da der Überschuss sich in den Fäcalmassen wiederfindet, kann die vollständige Auflösung im Verlauf des Verdauungskanals sich nicht vollziehen. Kirschsaft ähnliche Verfärbung des Urins (Haematoporphinurie) verdient als ein gefahrdrohendes Symptom Beachtung.

	Pharm. Germ.	Pharm. Helvet.
Grösste Einzelgabe	2,0	4,0
„ Tagesgabe	4,0	8,0

†**Urethan** $CO<{NH_2 \atop OC_2H_5}$

Weisse, in Wasser leicht lösliche Krystalle, ohne Geruch und Geschmack. Die hypnotische Wirkung ist so wenig zuverlässig, dass man dieses Mittel gar nicht mehr anwendet. Seine Wirkung nähert sich der des Bromkaliums. Man giebt es in Dosen von 1,0—4,0 g in Lösung; Kindern zu 0,25—2,0 g.

Die flüssigen Hypnotica, wie **Paraldehyd** $(CH_3CHO)^3$ und **Amylenhydrat,** Amylenum hydratum $C_5H_{10}H_2O$ haben den grossen Nachtheil, leicht Reizungen der Verdauungsschleimhäute zu verursachen. Ausserdem ist ihre Wirkung von nur kurzer Dauer (wegen ihrer schnellen Elimination). Sie werden in Dosen von 2,0 bis 4,0 g verordnet.

Paraldehyd:		Amylenhydrat:	
Grösste Einzelgabe	5,0.	Grösste Einzelgabe	4,0.
„ Tagesgabe	10,0.	„ Tagesgabe	8,0.

Anaesthetica.

Anaesthetica sind medicinische Agentien, deren hauptsächlichste Eigenschaft darin besteht, die Empfindungen aufzuheben (Brunton). Sie werden zweckmässig eingetheilt in 1. allgemeine und 2. lokale Anaesthetica. Während Chloroform und Äther als die Hauptvertreter der ersten Gruppe angesehen werden, gilt Cocaïn als das bekannteste lokale Anaestheticum. Die allgemeinen schmerzstillenden Eigenschaften des Alkohols sind seit sehr lange bekannt, und Jedermann weiss, dass ein Individuum im Rausche für Schmerzeindrücke nicht sehr empfindlich ist. Militärärzte haben oft zu dieser Eigenschaft des Alkohols ihre Zuflucht genommen; um manche Amputationen weniger schmerzhaft zu machen, reichten sie ihren Verwundeten vor der Operation eine starke Ration Schnaps oder Wein. Die Wirkungsweise des Alkohols ist dieselbe wie die des Chloroforms und Äthers, ein Unterschied besteht nur insofern, als die Wirkung der beiden letztgenannten Substanzen eine sehr viel raschere ist.

Als Humphray Davy (1778—1829) das Stickstoffoxydul entdeckte, kündete er an, dass es den körperlichen Schmerz aufzuheben vermöge und mit Vortheil bei chirurgischen Operationen angewendet werden könne.

Von 1842 bis 1846 empfahlen Long in Athen, Jackson und Morton in Boston die Anaesthesie mit Äther hauptsächlich für die Extraktion der Zähne. Im Jahre 1847 wiesen Flourens in Frankreich und Simpson in England auf die hervorragende anaesthetische Wirkung des Chloroforms hin, dessen Anwendung bald allgemein wurde und das den Äther fast 40 Jahre hindurch vergessen liess.

Alle Anaesthetica, die wir näher prüfen wollen, ergreifen in gleicher Weise die cerebralen wie die spinalen Centren, und deshalb heben sie auch gleichzeitig den Schmerz, die taktilen Sensationen und die Reflexerregbarkeit auf.

Im Allgemeinen lassen sich in ihrer Wirkung vier verschiedene Perioden unterscheiden:

1. Die Erregungsperiode. Wie Alkohol, so erzeugen kleine Dosen Äther oder Chloroform eine excitirende Wirkung, die zuweilen ziemlich lebhaft ist.

2. Narkotische Periode, in welcher Erregung und Delirium bestehen können, während die Empfindung sich abstumpft und das Individuum einschläft. Die Reflexerregbarkeit ist erhalten. Bei manchen Entbindungen führt man gewöhnlich die Anaesthesie bis zu diesem Stadium, um die Schmerzen seitens des Uterus zu vermindern.

3. Anaesthetische Periode. Während derselben ist ein Theil der Gehirn- und Rückenmarksfunktionen aufgehoben, die Reflexthätigkeit unterdrückt, und die empfindlichsten Theile können berührt werden, ohne zu reagiren. Dies ist der Moment für den Beginn der Operation.

4. Lähmungsperiode. Während dieser werden die respiratorischen Centren allmählich gelähmt bis zum Aufhören der Athmung; dann stellt sich Paralyse der Circulationscentren ein; die Herztöne werden schwächer und können plötzlich verschwinden. Beim Studium des Chloroforms werden wir sehen, dass diese Herzlähmung sehr plötzlich eintreten und fast unmittelbar der Erregungsperiode folgen kann.

Allgemeine Anaesthetica.

Chloroform. Trichlormethan $CHCl_3$.

Das von Liebig und Soubeiran entdeckte Chloroform wird durch Destillation eines Gemenges von Chlorkalk, Alkohol und Wasser bei einer 70^0 nicht übersteigenden Temperatur dargestellt. Nachdem das in die Vorlage übergegangene Chloroform gesammelt worden ist, wird es nach verschiedenen Verfahren gereinigt und von Wasser, Alkohol, Chlor, Chlorwasserstoffsäure und anderen etwaigen Substanzen befreit.

Gutes Chloroform stellt eine klare, farblose, sehr flüchtige Flüssigkeit von charakteristischem Geruch und süsslichem Geschmacke dar. Es hat ein specifisches Gewicht von 1,485—1,489 und siedet zwischen 60 und 62°. Es löst sich in etwa 200 Theilen Wasser und mischt sich in jedem Verhältnisse mit Alkohol, Äther und fetten Ölen. Es entzündet sich nur sehr schwer und muss vor Licht geschützt aufbewahrt werden, weil sich unter dem Einflusse der Lichtstrahlen Chlorwasserstoffsäure oder Chlorkohlenoxyd (allerdings nur in geringer Menge) entwickeln kann. Ein fabrikmässig hergestelltes und nach den Vorschriften der verschiedenen Pharmakopöen gereinigtes Chloroform kann nicht mehr dadurch gefährlich werden, dass es kürzere oder längere Zeit der Luft ausgesetzt worden ist. Wohl kann es eine saure Reaktion (HCl) annehmen, doch kann dieselbe durch Schütteln mit Wasser beseitigt werden. Übrigens kann man sich stets ohne Furcht alten Chloroforms bedienen, nachdem man dasselbe in der eben genannten Weise mit Wasser ausgewaschen hat. Es verdient auch hervorgehoben zu werden, dass die in chemischer Beziehung reinsten Chloroformsorten sich am schnellsten unter der Einwirkung des Lichtes zersetzen, und gegenwärtig setzt man, was man früher als eine Verunreinigung zurückgewiesen haben würde, dem Chloroform 1% Alkohol hinzu, um dasselbe vor einer zu schnellen Zersetzung zu bewahren.

Wirkung. Bringt man Chloroform auf die Haut, so verursacht es in Folge seiner raschen Verdunstung ein Gefühl von Kälte. Wenn man nun diese Verdunstung durch Bedecken der Haut mit einem Kautschukblättchen verhindert, so wird diese Kältesensation nicht mehr empfunden; es entwickelt sich jedoch eine Reizung und Röthung der Hautoberfläche. Chloroform begünstigt in auffallender Weise die Resorption durch die Haut aller in ihm gelösten Medikamente. Von allen Schleimhäuten aus findet sehr rasche Resorption statt. Nach seiner Aufnahme ins Blut, wobei es gleichgültig ist, ob es durch den Magen eingeführt oder durch die Lungen inhalirt worden, übt Chloroform auf das Nervensystem eine Wirkung aus, die derjenigen des Alkohols ziemlich ähnlich ist; der Effekt ist jedoch viel rapider und die Periode des Rausches sehr kurz.

Es entwickelt sich eine ziemlich starke Kongestion des Kopfes; das Gesicht wird gedunsen; alle Sinnesnerven befinden sich im Zustande der Erregung, besonders der Acusticus und Opticus (Ohrensausen und Flimmern vor den Augen). Diese Periode der Erregung ist von kürzerer oder längerer Dauer, je nach dem Temperament des Individuums. Sie ist besonders lang und geräuschvoll bei Potatoren. Hier kann sie jedoch durch vorherige Injektion von 0,02 Morphin abgekürzt werden.

Die Periode der Anaesthesie kündet sich durch eine fortschreitende Erschlaffung der Muskeln an. Die Reflexe verschwinden in folgender Reihenfolge: 1. die Sehnenreflexe (Patellarreflexe), 2. die Hautreflexe, 3. Conjunktivalreflexe, 4. und zuletzt die

Nasenreflexe (Eulenburg). — Nach dem Verschwinden der Anaesthesie erscheinen die Reflexe in der umgekehrten Reihenfolge wieder, der Patellarreflex kommt zuletzt zum Vorschein.

Während der Verabreichung des Chloroforms ist die Athmung gewöhnlich am Anfang verlangsamt, dann wird sie schneller und allmählich regelmässig. Wenn jedoch die Anaesthesie zu weit getrieben wird, in Fällen, wo z. B. Chloroform in zu grossen Dosen und nicht genügend mit Luft vermengt gegeben worden, kann Lähmung der respiratorischen Centren mit plötzlichem Stillstand der Athembewegungen eintreten. Und wenn die Einwirkung des Chloroforms fortdauert, kann bald darauf Paralyse der motorischen Centren des Herzens folgen. — Der Blutdruck sinkt von Beginn der Narkose in Folge der Erweiterung der peripherischen Gefässe. Es kann jedoch eine immer stärkere Depression eintreten in Folge Schwäche der Herzkontraktionen in den Fällen, wo die Chloroformdosis zu stark oder das Herz degenerirt ist.

Die Körpertemperatur fällt im Mittel um $0{,}5^0$.

Die Nervencentren werden in folgender Reihenfolge gelähmt:

1. Die Gehirnhemisphären (Coordination der Ideen),
2. die graue Substanz des Rückenmarks (Anaesthesie),
3. die weisse Substanz des Rückenmarks (Muskelerschlaffung),
4. die Reflexthätigkeit der Medulla oblongata,
5. die respiratorischen Centren,
6. die motorischen Centren des Herzens.

Chloroformirung. Bevor man ein Individuum mittels Chloroform einschläfert, wird man sich mit peinlichster Sorgfalt Gewissheit über den Zustand des Herzmuskels und der Gefässwände verschaffen. Ein degenerirtes oder mit Fett überladenes Herz, ebenso wie ein stark ausgesprochener atheromatöser Zustand der arteriellen Gefässe werden Chloroform als Anaesthesirungsmittel nicht zulassen. Ebenso wird man auf der Hut sein, wenn man es bei anämischen oder neurasthenischen Individuen anwendet. Indessen kann man sich auch trotz aller dieser Vorsichtsmassregeln nicht gegen jede Gefahr schützen; denn alle Chirurgen, welche die durch Chloroform verursachten Todesfälle einer genauen Prüfung unterzogen haben, äussern sich gegenwärtig mit Übereinstimmung dahin, dass wir kein zuverlässiges Mittel besitzen, die Gefahr abzuwenden. Es schützt weder die Wahl eines besonderen Chloroforms, noch die Anwendung dieses oder jenes Apparates, und in aetiologischer Beziehung haben weder Alter noch Geschlecht, noch Konstitution Einfluss (Koerte).

Die Chloroformirung wird stets in liegender, niemals in sitzender Position vorgenommen. Der Patient soll nüchtern sein; hat er zuvor gegessen, so wird der Magen mittels Schlundsonde entleert, denn manche Todesfälle durch Chloroform sind dadurch eingetreten, dass man diese unerlässliche Vorsichtsmassregel unbeachtet gelassen hatte. In der That macht der Kranke bei Beginn der Anaesthesie Brechbewegungen, welche feste Speisereste bis an den Eingang des Oesophagus befördern können. Sobald die Anaesthesie so weit gediehen ist, dass die Reflexe aufgehört haben, kann ein Theil dieser soliden Speisereste in den Larynx gelangen und dort fixirt bleiben, ohne Reaktionserscheinungen hervorzurufen. Nun tritt schnelle Asphyxie ein, die man geneigt ist, einer unheilvollen Wirkung des Chloroforms zuzuschreiben, wenn man nicht dafür Sorge getragen hat (— ehe man zu den für derartige Fälle vorgeschriebenen Massnahmen greift —), den Eingang des Kehlkopfs mit dem Finger oder einer Pincette zu untersuchen. — Es ist immer zweckmässig, vor der Verabreichung des Chloroforms eine subcutane Injektion von 0,01—0,02 Morphin zu machen. Die Narkose wird dadurch leichter erhalten und von längerer Dauer sein. Man soll jedoch nicht, wie dies häufig gebräuchlich, Atropin hinzusetzen, denn letzteres kann, wegen seiner lähmenden Aktion auf den Nervus Vagus, nur schädlich sein.

Man hat eine grosse Anzahl von Apparaten konstruirt, um die Menge des Chloroforms und der Luft, die vom Patienten eingeathmet werden muss, zu bestimmen, doch kein einziger von diesen Apparaten ist frei von Mängeln. Daher bleibt die einfachste Verabreichungsform des Chloroforms auch die beste. Dieselbe besteht darin, dass man sich eines dütenförmig zusammengefalteten Taschentuches bedient, in das man 4 bis 5 ccm Chloroform hineingiesst. Dieser Apparat wird nun in genügender Entfernung von Nase und Mund gehalten, so dass dem Eintritt der erforderlichen Luftmenge nichts im Wege steht.

Der mit der Chloroformirung betraute Assistent darf keinen Augenblick den Rhythmus der Athmung aus dem Auge verlieren, ebenso muss er unablässig den Zustand des Blutdruckes mittels des Pulses kontrolliren. — Ferner soll man nicht erlauben, an dem Kranken, solange die Anaesthesie noch nicht eingetreten ist, irgend welche Manipulation vorzunehmen. Leider geschieht noch sehr oft das Gegentheil in den Operationssälen, wo die Gehülfen während der Zeit des Chloroformirens dabei sind, zu bürsten, zu rasiren, mit einem Worte die Toilette des Patienten zu machen. Dies soll aber stets vorher oder nachher geschehen. In der That genügt schon der durch das Reiben mit einer Bürste auf die Haut (namentlich auf die Haut des Abdomens) verursachte Reiz, die Periode der Anaesthesie hinauszuschieben, und auf diese Weise unnöthig die Dosis des erforderlichen Chloroforms zu vergrössern.

Ebenso soll niemals eine Operation, mag sie auch noch so geringfügig sein, vor vollständigem Eintritt der Narkose begonnen werden.

Sobald der Gehülfe Unregelmässigkeiten seitens der Athmung oder Cirkulation wahrnimmt, lässt er das Chloroform fort und giebt es erst von Neuem, wenn Alles wieder in Ordnung ist. In der Regel kündigt sich die Asphyxie dem Operateur durch eine dunklere Farbe des Blutes an, das unter seinen Instrumenten dahinfliesst. Dies ist der richtige Augenblick, energisch zu handeln, um die Athmungsbewegungen zu erwecken und das Herz zu stimuliren. Die Gefahr ist um so grösser, je erheblicher die Dilatation der Pupille ist. — Man wird sofort rhythmisches Hervorziehen der Zunge vornehmen und gleichzeitig künstliche Respirationsbewegungen machen. Um den Blutdruck zu erhöhen, kann man den Kranken in einer Stellung mit dem Kopf nach unten erhalten. Alsdann elektrisirt man die Herzgegend oder applicirt Sinapismen. Man kann auch den Thorax mit einer in kaltes Wasser getauchten Serviette peitschen.

Die Herzlähmung kann bei Beginn der Narkose, schon nach wenigen Inspirationen eintreten, und dafür existirt bis jetzt noch keine genügende Erklärung. Man sagt alsdann gewöhnlich, dass der Patient durch „Shock" zu Grunde gegangen ist.

Hierbei darf nicht vergessen werden, dass man auch vor der Anwendung des Chloroforms derartige Todesfälle durch Operationsshock oder Herzschwäche, hauptsächlich bei schnellen und sehr schmerzhaften Operationen, z. B. bei der Extraktion eines Zahnes oder bei Reduktion einer Luxation, beobachtet hat.

Therapeutische Anwendung. Abgesehen von seiner Verwendung für die Narkose, kann Chloroform auch gute Dienste als Antispasmodicum leisten. Daher lässt man einige Tropfen bei Asthma inhaliren; auch bei Entbindungen, wo man damit die Heftigkeit der Schmerzen vermindert, ohne der Energie der Uteruskontraktionen zu schaden.

Bei rheumatischen Muskelschmerzen wirkt es sehr gut als Einreibung, wenn man es mit einem fetten Körper mengt.

21) ℞ Chloroformii 15,0
Olei Hyoscyami 80,0.
M. D. S. Zum Einreiben.

Will man ein Medikament durch die Haut resorbiren lassen, so gelingt dies am besten durch Mischen mit einem fetten Körper und etwas Chloroform.

Wie schon vorher erwähnt wurde, ist Chloroform der Entwickelung der meisten Mikroorganismen feindlich. Daher kann man sich desselben bedienen, um gewisse organische Flüssigkeiten zu konserviren. So kann z. B. der Urin durch Zusatz einiger Tropfen Chloroform Monate, selbst Jahre lang vor Fäulniss bewahrt werden; Bedingung bleibt jedoch hierbei, dass das sich verflüchtigende Chloroform ersetzt wird. Dieses Konservirungsverfahren bietet noch den grossen Vortheil, dass man der Flüssigkeit in einem gegebenen Augenblick ihre ursprüngliche Beschaffenheit wiedergeben kann, indem man nur nöthig hat, das Chloroform durch Erwärmung zu verjagen.

Die innerliche Anwendung des Chloroforms, besonders in Form von Perlen, ist in allen Fällen von Gastralgie zu widerrathen, da es hier die Ursache einer erneuten Irritation werden kann. Es wird zuweilen innerlich gegen Erbrechen, Keuchhusten, Bandwurm zu 5—15 Tropfen gegeben.

Grösste Einzelgabe 0,5! — Grösste Tagesgabe 1,0!

Aether. Aethyläther. Äther (sulfuricus) $(C_2H_5)_2O$.

Die einfachen Äther sind Oxyde der organischen Radikale der Alkohole. Sie können mit den Metalloxyden verglichen werden:

$$\begin{matrix} K \\ K \end{matrix} > O \qquad \begin{matrix} C_2H_5 \\ C_2H_5 \end{matrix} > O$$

Kaliumoxyd. Oxyd des Äthyl oder Äther.

Der Aethyläther wird durch Destillation einer Mischung von Alkohol mit 3 Theilen Schwefelsäure gewonnen, daher kommt die Benennung „Schwefeläther", die jedoch inkorrekt ist, denn Äther enthält keinen Schwefel.

Er stellt eine klare, farblose, leicht bewegliche, eigenthümlich riechende Flüssigkeit dar. Sein specifisches Gewicht ist 0,720. Er siedet zwischen 34 und 36°, löst sich in ungefähr 15 Theilen Wasser und in jedem Verhältnisse in Alkohol und fetten Ölen. Äther ist leicht entzündbar; seine Dämpfe, die schwerer als Luft sind, bilden mit letzterer ein explosives Gemisch. Die meisten vorgekommenen Unglücksfälle rühren daher, dass man dieser grösseren Dichtigkeit der Ätherdämpfe nicht genügend Rechnung getragen hat. Letztere rollen gleichsam vom Operationstisch auf den Fussboden. Zuweilen kommt es nun vor, dass ein Gehülfe während einer in der Nacht vorgenommenen Operation einen zu Boden gefallenen Gegenstand mit einem angezündeten Streichholz oder Licht sucht. Hierbei entsteht eine Explosion, wenn die Äthermenge ausreichend und besonders wenn das betreffende Lokal klein ist. Gleichzeitig theilt sich die Flamme, in Folge des Ausströmens der Ätherdämpfe, der Maske mit.

Wirkung. Auf der Haut verdampft Äther noch schneller als Chloroform und verursacht Reizung und sehr intensive Abkühlung, die bis zum Gefrieren der Hautbedeckung gehen kann. Dauert dieser Zustand zu lange an, so kann er vollständiges Absterben der Haut mit Brandschorf zur Folge haben. Gleichzeitig mit der Erniedrigung der Temperatur tritt eine mehr oder minder starke Empfindungslosigkeit der Haut ein, welche man sich früher häufig für die kleineren Operationen zu Nutze machte. Seit der Entdeckung des Cocaïns bedient man sich jedoch dieser örtlichen Anaesthesierungsmethode durch Äther viel seltener.

Äther wird sehr leicht durch die Schleimhäute resorbirt und bewirkt immer einen örtlichen Reiz, der eine erhebliche Vermehrung der Sekretionen herbeiführt. So verursacht er eine starke Absonderung der Speicheldrüsen und des Magensaftes nebst peristaltischen Bewegungen des Magens, die sich bis auf den Darm fortpflanzen.

In Gaben von 3,0 bis 4,0 g ist der Äther das stärkste Excitans, das wir besitzen. Er erhöht zuerst den Blutdruck und die Körperwärme, desgleichen beschleunigt er die Respiration. In einer Dosis von 10 bis 15 g bewirkt er einen allgemeinen Aufregungszustand, welcher der durch Alkohol verursachten Trunkenheit sehr ähnlich sieht; es folgt jedoch auf diese cerebrale Erregung sehr rasch Depression mit Schlaf und Anaesthesie. Diese Erscheinungen treten übrigens in derselben Reihenfolge wie bei Chloroform auf.

Ätherisirung. Wenn zahlreiche Stimmen sich gegen die Verwendung des Äthers erhoben haben, so lag das zum Theil daran, dass die meisten Chirurgen an den Gebrauch des Chloroforms gewöhnt waren und mit dem Äther nicht umzugehen verstanden. In der That unterscheidet sich die Applikation des letzteren sehr wesentlich von der des Chloroforms. Während man bei diesem mit kleinen Dosen vorgehen und gleichzeitig viel Luft hinzutreten lassen muss, verlangt die Ätheranwendung grosse Gaben und nur sehr wenig Luftzutritt. Gerade weil dieser Unterschied ihnen nicht genügend bekannt war, haben viele Chirurgen ziemlich lange den Äther für ein wenig zuverlässiges Anästheticum gehalten und angenommen, dass er eine viel längere Erregungsperiode verursache als das Chloroform.

Seitdem jedoch die Anwendung des Äthers sich immer mehr verbreitet, fallen auch nach und nach die gegen ihn erhobenen Einwände, und man kommt allmählich zu der Schlussfolgerung, dass er ein ebenso zuverlässiges und dabei weniger gefährliches Betäubungsmittel ist als das Chloroform. Er muss jedoch zu diesem Zwecke in folgender Weise mittels einer besonderen Maske (Juilliard'sche Maske) oder noch einfacher mittels eines Filzhutes, auf dessen Boden ein Schwamm oder Flanell befestigt ist, verabreicht werden. Man giesst anfangs 40 bis 50 ccm Äther auf diese Maske, nähert dieselbe dann allmählich dem Gesichte des Patienten mit der gleichzeitigen Aufforderung, tiefe Inspirationen zu machen. Sobald die Maske vollständig applicirt ist, pflegt der Kranke einen Augenblick das peinliche Gefühl von Erstickung zu empfinden. Macht er Abwehrbewegungen, so soll man ihm nicht energischen Widerstand entgegensetzen, sondern vielmehr die Maske abnehmen und zwei oder drei Inspirationen von Luft gestatten. Während dieser Zeit giesst man 30 bis 40 ccm Äther auf die Maske, die man wieder langsam an ihren Platz bringt, um sie, wenn möglich, nicht eher abzunehmen, als bis die Aufregungsperiode vorüber ist. Nachdem Anästhesie und Schlaf eingetreten, giebt man Dosen von ungefähr 5 ccm weiter fort, so lange dies notwendig erscheint, d. h. jedesmal, wenn der Cornealreflex Neigung zeigt, wieder zu erscheinen.

Auf diese Weise gelangt man dahin, die Anästhesie sehr lange mit einer geringen Menge Äther im Gange zu erhalten.

Vergleich der Chloroform- und Ätherwirkungen.

Die durch die Statistik nachgewiesene sehr grosse Zahl von Todesfällen, welche der toxischen Wirkung des Chloroforms zugeschrieben werden, musste die Chirurgen stutzig machen und veranlassen, sich nach andern Betäubungsmitteln umzuschauen und ganz besonders zum Äther ihre Zuflucht zu nehmen.

In der That giebt die letzte Statistik der deutschen chirurgischen Gesellschaft 1 Todesfall auf 2907 Narkosen an, und die englischen Statistiken (Medical News Oktober 1892) weisen ein Verhältniss von 1:3749 auf (auf 638461 Chloroformnarkosen kamen 170 Todesfälle). Die gleichen Nachforschungen in Bezug auf Äther ergaben in England 1 Todesfall auf 16675 Äthernarkosen (300157 Äthernarkosen, 18 Todesfälle), und Rabatz hat unter 150000 Ätherbetäubungen nicht einen einzigen Todesfall zu verzeichnen gehabt.

Man hat behauptet, dass die Ätheranästhesie zum Theil durch eine Art Asphyxie entstehe. Wenn dies thatsächlich der Fall wäre, müssten doch die Todesfälle während der Äthernarkose sehr viel häufiger sein. Es ist möglich, dass die Sauerstoffzufuhr zum Blute zuweilen so weit vermindert wird, dass Cyanose des Gesichtes auftritt, aber die Juilliard'sche Maske lässt, selbst wenn sie das Gesicht vollständig bedeckt, noch genügend Luft durchdringen, um das Leben zu unterhalten. Und jedesmal endlich, wo man von Neuem Äther auf die Maske giesst, gestattet man dem Kranken, durch diese Procedur selbst, 2 oder 3 Inspirationen von reiner Luft zu machen.

Zu Gunsten dieses Mittels spricht nicht zum wenigsten der Umstand, dass der Operateur sich um die Narkose kaum zu kümmern braucht. Er wird nicht fortwährend, wie beim Chloroform, durch dieses oder jenes Symptom beunruhigt; ihn stört weder das Lauterwerden der Athmung, noch das Schwächerwerden des Pulses in seiner Thätigkeit. Äther kann während einer und sogar zwei Stunden fortgegeben werden, ohne dass Zwischenfälle eintreten, die eine plötzliche Unterbrechung der Operation erfordern.

Während die bedrohlichen Erscheinungen seitens der Respiration und Cirkulation beim Chloroform noch 2 oder 3 Minuten nach Entfernung der Maske stärker werden, verschwinden sie beim Äther, sobald derselbe nicht mehr eingeathmet wird.

Aber vor Allem macht uns ein Experiment von Lauder Brunton begreiflich, warum Äther weniger gefährlich ist als Chloroform. Lauder Brunton demonstrirt dies in folgender Weise: Er lässt ein Kaninchen Ätherdämpfe und ein anderes Chloroformdämpfe bis zur vollständigen Narkose einathmen. Alsdann öffnet er beiden Thieren den Thorax und führt die künstliche Respiration mit Luft aus, die dieselben betäubenden Dämpfe enthält. Nun beobachtet er, dass es genügt, die Koncentration der Chloroformdämpfe sehr wenig zu erhöhen, um den Herzschlag sofort zum Stillstand zu bringen; dagegen muss man die Koncentration der Ätherdämpfe bis zum Äussersten steigern, um diesen Ausgang herbeizuführen. Hierdurch wird zur Genüge klar, weshalb der Tod durch Synkope bei Äther sehr viel weniger zu befürchten ist als bei Chloroform.

Die Contraindikationen für die Anwendung des Äthers sind sehr beschränkt. Vor Allem sind die Operationen am Gesichte anzuführen. Hier kann mit Äther begonnen und nach Eintritt der Anästhesie mit Chloroform fortgefahren werden.

Da der Äther eine ziemlich starke Sekretion der Bronchien verursacht, halten zahlreiche Chirurgen ihn für kontraindicirt bei Leuten mit chronischer Bronchitis. In diesen Fällen geht man jedem Übelstande aus dem Wege, wenn man eine oder zwei Stunden vor der Narkose 0,10 Codeïn und einige Minuten vor der Operation 0,01 bis 0,02 Morphin verabfolgt.

Manche Verunreinigungen, die zuweilen im Äther angetroffen werden, können seine Wirkung beeinträchtigen. Dies sind die Essigsäure und besonders Aldehyd. Jedoch bei der gegenwärtigen fabrikmässigen Darstellung stösst man höchst selten auf Äther, der die vorgenannten irritirenden Substanzen enthält.

Der Äther wird fast gänzlich durch die Lungen ausgeschieden, ein geringer Theil wird auch durch die Haut eliminirt. Der Kranke soll daher, behufs Erleichterung der Elimination, in ein warmes Bett und in ein gut gelüftetes Zimmer gebracht werden.

Therapeutische Verwendung. Bei hartnäckigem Erbrechen kann Äther, innerlich gegeben, ausgezeichnet wirken, indem er den Krampf vermindert und den Magen etwas dilatirt. Hier muss er in Form von Ätherperlen verabreicht werden. — Bei Synkope oder Ohnmacht verdient Äther als excitirendes Mittel die grösste Beachtung. — Innerlich kann er in Mixtur mit Alkohol gegeben werden:

22) ℞ Ätheris 10,0
Cognac 20,0
Tinct. Cinnamomi 10,0
Sirup. Cort. Aurant. 20,0
Aq. dest. 90,0.
M. D. S. Halbstündlich 1 Esslöffel voll zu nehmen.

In subkutaner Injektion applicirt, tritt die Wirkung viel schneller ein. Doch ist hier ein geringer Zusatz von Öl und Kampfer zweckmässig, weil dadurch der durch die Injection verursachte Schmerz vermindert und gleichzeitig die stimulirende Aktion des Kampfers, die weniger schnell, aber andauernder ist, hinzugefügt wird.

23) ℞ Ätheris 20,0
Ol. Amygd. dulc. 10,0
Camphorae 5,0.
M. D. S. Zur subkut. Injektion.

Die durch die subkutane Einspritzung verursachten heftigen Schmerzen kann man gleichfalls dadurch beruhigen, dass man die schmerzende Hautstelle mit einigen Tropfen Äther benetzt.

Äther wird auch häufig bei Leberkolik angewandt. Wahrscheinlich wirkt er als Anästheticum; ausserdem erweist er sich dadurch nützlich, dass er die Sekretion der Schleimdrüsen vermehrt und auf diese Weise vielleicht auch die Elimination der Steine durch den Ductus choledochus erleichtert.

In manchen nördlichen Ländern (Schottland, Irland, Vereinigten Staaten von Nord-Amerika) und namentlich in den grossen Städten ist der Äther, gleich dem Alkohol, ein Genussmittel geworden. Dank seinem niedrigen Preise verbreitet sich sein Consum immer mehr, und der Äthermissbrauch wird bereits für manche Länder bedrohlich. Der Äthertrinker beginnt mit Dosen von 10 bis 15 g, um bald bis 150 und 200 g auf einmal zu steigen. Die Berauschung tritt plötzlich ein, aber sie geht auch sehr schnell vorüber.

Diese Leidenschaft bewirkt dieselben Störungen im Organismus wie der Alkoholmissbrauch; besonders werden die cerebralen Funktionen sehr schnell alterirt.

Präparate: **Spiritus aethereus.** Liquor anodynus Hoffmanni. Ist ein Gemenge von 1 Theil Äther und 3 Theilen Alkohol. 30 bis 40 Tropfen als Excitans.

†**Sirupus Aetheris** (officinell in der Schweiz) besteht aus Äther und Weingeist āā 4 Th., Wasser 36 Th. und Zucker 56 Th. Wird kaffeelöffelweise gegeben.

Aether aceticus. Essigäther oder Äthylacetat. $CH_3COOC_2H_5$. Angenehm riechende Flüssigkeit, welche bei 74° siedet und sich in 17 Theilen Wasser löst. Besitzt belebende und krampfstillende Wirkungen wie Äther, ist aber nicht als Anästheticum zu verwenden. Man verabreicht 5 bis 20 Tropfen.

Ersatzmittel für Äther (für die allgemeine Anaesthesie).

Man hat mit verschiedenen Äthylverbindungen Versuche angestellt, doch keine schien geeignet, den Aether zu verdrängen. Im Allgemeinen ist mit diesen Betäubungsmitteln die Anästhesie schwieriger zu erzielen, und sie reizen die Bronchien viel stärker als Äther.

Diejenigen von diesen Verbindungen, deren Siedepunkt niedriger ist als der des Äthers, können dazu dienen, eine lokale Anästhesie durch Abkühlung hervorzurufen. Es genügt alsdann, diese Flüssigkeiten mittels eines Zerstäubers auf die zu anästhesirende Stelle, die zuvor gut abgetrocknet worden, zu appliciren, um nach 15 bis 50 Sekunden völlige Unempfindlichkeit zu erhalten. Die Haut wird weiss, und man benutzt diesen Augenblick zur Operation.

Mittels hinreichender Zerstäubung kann eine Anästhesie bewirkt werden, die sich mehr oder minder weit in die Tiefe der Gewebe fortpflanzt; doch bei zu langer Einwirkung des betreffenden Anästheticums hat man auch ein Absterben der Gewebe beobachtet. Daher wird seit der Entdeckung des Cocains diese Methode der localen Anästhesie durch Abkühlung immer weniger angewandt.

Aether bromatus. Aethylum bromatum. Bromäthyl C_2H_5Br.

Wird erhalten durch Destillation eines Gemisches von Bromkalium, Alkohol und Schwefelsäure. Bromäther stellt eine klare, farblose, unangenehmer als Äther riechende Flüssigkeit dar, deren Dämpfe mit Luft kein explodirbares Gemenge bilden. Ist in Alkohol, Äther und Fetten löslich, in Wasser unlöslich. Siedet bei 40°.

In ausreichender Menge (5,0 bis 20,0) eingeathmet, erzeugt Bromäthyl ziemlich schnell (in 5 Minuten) allgemeine Anästhesie, die jedoch ebenso schnell verschwindet. Dabei gelingt es kaum, eine vollständige Unempfindlichkeit und Muskelerschlaffung zu erhalten; der Cornealreflex ist stets vorhanden.

Mit einigem Erfolge hat man dieses Mittel bei Epilepsie und Hysterie (während der Anfälle) und bei kurz dauernden schmerzhaften Operationen (Extraction von Zähnen) angewandt.

† **Aether jodatus.** Aethylum jodatum. Jodäthyl C_2H_5J.

Farblose, in Wasser schwer lösliche Flüssigkeit, die sich leicht zersetzt, indem sie Jod in Freiheit setzt und alsdann gelb wird. Siedet bei 72°. Jodäthyl ruft eine Anästhesie hervor, die der durch Bromäthyl erzeugten im Ganzen ähnlich sieht, doch ist dieselbe viel schwerer zu erlangen.

† **Methylenum bichloratum.** Methylenchlorid. CH_2Cl_2.

Dargestellt durch Einwirken von Chlor auf Methylchlorid. Ist eine farblose, chloroformähnliche Flüssigkeit, die bei 42° siedet. Inhalirt ruft sie eine allgemeine Anästhesie hervor, die der durch Chloroform erhaltenen gleicht und weniger gefährlich sein soll (Eichholz und Geuther). Wird kaum mehr angewandt.

† **Stickstoffoxydul.** Nitrogenium oxydulatum. Lustgas. N_2O.

Es wird bei der Zersetzung von Ammoniumnitrat durch Erhitzen gewonnen und ist ein fast geruchloses Gas von schwach süsslichem Geschmack, das sich bei 0° und einem Druck von 30 Atmosphären verflüssigt. Man bewahrt es in Gefässen aus Stahl auf. — Mit gleichen Theilen Luft inhalirt, erzeugt es sehr bald eine allgemeine Anästhesie, die schnell, ungefähr eine Minute nach dem Aufhören der Inhalation, verschwindet. Die Narkose dauert niemals länger als 3 Minuten.

Für einen Erwachsenen sind 25 bis 30 Liter und für Kinder 15 Liter Gas erforderlich.

Man benutzt es hauptsächlich bei Zahnextraktionen. Mit der Operation wird begonnen, sobald die Fingernägel eine cyanotische Verfärbung zeigen. In diesem Moment ist die Analgesie vollständig genug, obschon die Empfindlichkeit bei Berührung noch vorhanden ist.

Die geringe Gefahr, die Stickstoffoxydul bedingt, macht dieses Gas zum besten Betäubungsmittel, dessen die Zahnärzte sich bedienen können. Bei Vorkommen eines Unfalles ist nur nothwendig, Sauerstoff einathmen zu lassen oder künstliche Respiration vorzunehmen.

Locale Anaesthetica.

Die chemische Verwandtschaft und die in manchen Punkten ähnliche physiologische Wirkung von Cocain und Atropin dürfte es gerechtfertigt erscheinen lassen, das Cocain unter die Arzneimittel aus der Gruppe der „Belladonna“ einzureihen. Wir führen dasselbe jedoch an dieser Stelle an, weil es heutzutage fast nur als locales Anaestheticum Anwendung findet.

†Coca. Folia Coca. Cocaïn.

Erythroxylon Coca (Fig. 2).

Die Blätter (Fig. 2) stammen von verschiedenen Arten der Erythroxylon Coca, aus der Familie der Erythroxyleen. Dieser Baum ist in Peru einheimisch; er wird daselbst als heiliges Gewächs verehrt. Manco Capac, der Sohn der Sonne, brachte den Peruanern mit dem Lichte die Coca, „welche die Hungrigen sättigt und die Schwachen stärkt“. Im Jahre 1860 hatte bereits Wöhler das Cocain als Alkaloid der Coca, sowie seine anaesthesirende Wirkung auf die Mundschleimhaut erkannt. In den folgenden Jahren publicirten verschiedene Forscher (Rossbach, Demarle, Moreno) dieselben Beobachtungen, doch erst 1880 beginnt man es in der ärztlichen Praxis anzuwenden.

Die Peruaner kauen die Blätter mit Kalk gemischt und werden dadurch in den Stand gesetzt, anstrengende Märsche und Ermüdung besser zu ertragen. Dies geschieht nicht, wie man annimmt, wegen des retardirenden Einflusses des Cocaïns auf die allgemeinen Oxydationsvorgänge, sondern wegen seiner stimulirenden Aktion (in kleinen Dosen) und seiner lähmenden Wirkung auf die sensiblen Nerven.

Das **Cocaïn**, $C_{17}H_{21}NO_4$, ist eine Base, ein Derivat des Ecgonins, ein Methylbenzoylecgonin und kann aus Benzoylecgonin künstlich dargestellt werden.

Physiologische Wirkung. Die Wirkung des Cocains ist ziemlich identisch mit derjenigen des Atropins; doch ist sie eine viel schwächere und schneller vorübergehende. Die lähmende Aktion des Cocains auf die Endigungen der sensiblen Nerven ist indessen viel deutlicher und andauernder als diejenige des Atropins.

Aufs Auge applicirt, erzeugt Cocain eine schwache und vorübergehende Pupillenerweiterung, in starker Dosis kann es eine Abschwächung der Accommodation verursachen.

Es setzt die Schweiss- und Speichelsekretion herab. Die Athmung ist zuerst beschleunigt, dann (bei stärkerer Dosis) verlangsamt, und der Tod kann in Folge Lähmung der respiratorischen Centren eintreten. Ebenso beeinflusst es das Circulationssystem, indem es in kleinen Gaben die Pulsfrequenz steigert und den Blutdruck erhöht, während grössere Dosen starke Pulsverlangsamung und Druckerniedrigung herbeiführen. Ausserdem ist Cocain ein Protoplasmagift. Es bringt die amöboiden Bewegungen und diejenigen der Spermatozoën sofort zum Stillstand und verhindert die Diapedesis der Leukocyten.

Doch alle diese physiologischen Eigenschaften finden keine Verwendung in der Therapie. Dieselbe benutzt das Cocain nur wegen seiner Wirkung auf die sensiblen Nerven.

Therapeutische Verwendung. Wie bereits hervorgehoben wurde, dient das Cocain hauptsächlich zur Hervorrufung einer lokalen Anaesthesie, und als örtliches Anaestheticum leistet es dem Arzte, der ohne Assistenz kleinere Operationen vornehmen muss, grosse Dienste.

Wendet man das Mittel in subkutaner Injektion an, so genügt eine 2 % Cocainlösung. Bei Einverleibung der gleichen Menge werden die verdünnten Lösungen besser vertragen als die koncentrirten. So werden zwei Pravaz'sche Spritzen einer 5 % Solution schlechter wirken, als fünf Spritzen einer 2 % Lösung, obgleich man in beiden Fällen dieselbe Dosis, d. h. 0,10 Cocain injicirt hat.

Wenn man die Haut unempfindlich machen will, so wird die Einspritzung in die Dicke der Cutis gemacht; die sich beim Eindringen der Flüssigkeit bildende Furche zeigt alsdann das Gebiet der Unempfindlichkeit an. Will man eine Schleimhaut anaesthesiren, so wird in das submuköse Gewebe injicirt, und um einen Knochen gefühllos zu machen, zum Beispiel bei der Amputation eines Fingergliedes, spritzt man unter das Periost ein.

Eine Pravaz'sche Spritze mit einer 2 % Lösung (0,02 Cocain) genügt zur Anaesthesirung der Haut in einer Ausdehnung von

5 bis 6 cm, wenn jedoch die Haut, wie bei Abcsessen, hyperämisch ist, braucht man eine grössere Dosis. Wenn man die Cirkulation in einer Extremität eine Zeit lang mittels der elastischen Binde zum Stillstand bringen kann, dauert die Cocainanaesthesie viel länger an. Auf diese Weise können Amputationen des Beines und Armes vorgenommen werden, und hierzu reichen Dosen von 0,05 bis 0,10 Cocain aus.

Handelt es sich darum, eine lokale Anaesthesie durch die einfache Auftragung zu erzielen, so wechselt die Koncentration der Lösung mit der Region, in der man zu operiren beabsichtigt.

Augen. Anaesthesie der Conjunctiva erfordert einige Tropfen einer Lösung von 2 %. Um die tiefer liegenden Theile unempfindlich zu machen (Iridectomie, Cataract, Schieloperationen etc.) wendet man dieselbe Lösung an, doch muss sie während 15 bis 20 Minuten applicirt werden und alle 5 Minuten ist die Instillation zu erneuern.

Urethra und Vagina. Lösung von 2 %. Zum Katheterisiren der Harnröhre führt man so weit wie möglich 2 ccm dieser Lösung in den Kanal ein und lässt die Flüssigkeit 2 bis 3 Minuten einwirken. Diese Anaesthesie der Harnröhre erleichtert sehr die Sondirung, deren Misserfolg häufig von einem Spasmus abhängt.

Nase und Ohren. Lösung von 15 und 20 %. Vor der Applikation des Cocains sind Ausspülungen mit warmem Wasser vorzunehmen.

Mundhöhle. Gaumen (sehr fibröses Gewebe). Lösung von 10 und 15 %.
Kehle. Lösung von 5 bis 10 %.
Boden der Mundhöhle. 2 bis 3 % Lösung.
Zähne (Extraktion). Lösung von 10 %.

Orificium uteri. Lösung von 20 %.

Anus. Rectum. (Pruritus.) Lösung von 5 %.

Zur schmerzlosen Erweiterung des Sphincter ani genügt es, während 5 Minuten einen kleinen, mit einer 2 % Lösung getränkten Wattetampon in das Rectum einzuführen und alsdann um die Analöffnung herum in den Sphincter 6 Injektionen von einer halben Spritze (0,01) zu machen.

Cocain soll nur mit grösster Vorsicht bei alten Leuten, Herzkranken, nervösen, anämischen oder geschwächten Individuen angewandt werden. Eine Nierenaffektion (Nephritis) bildet eine absolute Contraindication für den Gebrauch von Cocain. Ausserdem soll der Patient, wenn ihm die Injektion gemacht wird, liegen.

Eine grosse Anzahl von sogenannten Cocainvergiftungen ist vielmehr den Operationsohnmachten zuzuschreiben. In dem Zeitraum von 1880 bis 1890 ist in den medicinischen Journalen über 176 Fälle von Cocainvergiftung mit 10 Todesfällen berichtet worden. Der Tod ist nach innerlicher Aufnahme von 1,2 bis 1,5 Cocain eingetreten, während nach Dosen von 1,0 schwere Symptome, aber ohne tödtlichen Verlauf beobachtet wurden. Bei der subkutanen Applikation hat man gewöhnlich nach Gaben von 0,2 das Auftreten von unangenehmen Erscheinungen gesehen.

Man kann annehmen, dass diese Vergiftungen stets in Beziehung stehen zu der Schnelligkeit der Resorption.

Der Beginn der Intoxikation kündigt sich durch eine gewisse Trockenheit der Kehle an, auf die bald Uebelkeit folgt. Der Puls wird klein, unregelmässig, ebenso die Athmung, die den Cheyne-Stoke'schen Typus annehmen kann. Seitens des Nervensystems beobachtet man zuerst Erregung, Hallucinationen, Delirien, worauf Verstimmung folgt. In den Fällen mit tödtlichem Ausgange stellen sich stets Cyanose und kalte, profuse Schweisse ein.

Zur Behandlung der akuten Vergiftung applicirt man Sinapismen auf die Herz- und Magengegend und verabreicht warme alkoholische Getränke. Alsdann lässt man besonders Amylnitrit einathmen. Letzteres kann man sogar in präventiver Absicht verordnen.

Lange fortgesetzter Cocaingenuss führt zum chronischen Cocainismus, der mit noch schlimmeren Erscheinungen als der Morphinismus einhergeht und bald zu völligem körperlichen und geistigen Ruin führt.

Cocain wird innerlich als Cocainum hydrochloricum gegeben gegen Cardialgie, Erbrechen, Seekrankheit, Keuchhusten u. s. w. zu 0,01 bis 0,03 mehrmals täglich in wässeriger Lösung

ad 0,05 pro dosi! — ad 0,15 pro die!

Es leistet auch gute Dienste als Gegengift von Strychnin, doch muss es stündlich in Dosen von 0,01 verabreicht werden, so lange die Strychninkrämpfe andauern. Man hat es auch zur Bekämpfung des Morphinismus empfohlen, doch hat Cocain hier keinen heilenden Einfluss und schadet mehr als es nützt.

Aus Coca bereitete Weine, Elixire und Tinkturen werden als Stärkungsmittel ähnlich wie die betreffenden Chinapräparate angewandt.

Pharmakop. Helv. führt die folgenden Präparate:

Tinctura Cocae. (Fol. Coc. 1. Spirit. dil. 5.)

Vinum Cocae. (5 Th. Cocablätter mit 100 Th. Marsalawein 8 Tage lang macerirt.)

†**Aether chloratus.** Aethylum chloratum. Äthylchlorid. C_2H_5Cl.

Erhalten durch Erhitzen von Athylalkohol und Salzsäure unter einem Druck von 40 Atmosphären. Stellt eine farblose Flüssigkeit dar, die bei 12^0 siedet und nur unterhalb dieser Temperatur oder in zugeschmolzenen Glasröhrchen konservirt werden kann. Auf die Haut applicirt, erzeugt es eine bedeutende Abkühlung und ziemlich schnelle, mehr oder minder vollständige

Anästhesie. Gegenwärtig bewahrt man es in Glasröhren, deren oberes Ende in eine feine Spitze ausläuft. Diese bricht man ab, sobald man sich des Mittels bedienen will. Es genügt alsdann, den gläsernen Tubus in der Hand zu halten, um einen Strahl von Äthylchlorid zu erzeugen, den man auf die zu anästhesirende Stelle richtet. Ist leicht entzündlich, daher Vorsicht!

†**Methylum chloratum.** Methylchlorid. Chlormethyl. CH_3Cl.

Wird erhalten durch Erhitzen von Methylalkohol mit Salzsäure und ist ein ätherisch riechendes Gas, das sich bei — 22° oder bei gewöhnlicher Temperatur unter einem Drucke von 5 Atmosphären zu einer Flüssigkeit verdichtet. Es wird in stählernen Gefässen, die mit einem Abzugshahn versehen sind, aufbewahrt. Ein auf die Haut gerichteter Strahl von Methylchlorid erzeugt eine noch intensivere Kälte als Äthylchlorid und hat eine ziemlich tiefe Anästhesie zur Folge.

In dieser Weise wird das Mittel gegen Ischias angewendet.

†**Acidum carbonicum.** Kohlensäure. CO_2.

Die gasförmige Kohlensäure bewirkt, bei genügend langer Einwirkung, auf der Haut, wie man nach einem kohlensäurehaltigen Mineralbad beobachten kann, eine Reizung, die sich durch Röthung zu erkennen giebt. Dieser Röthung folgt eine Abnahme der Hautsensibilität. Dieselbe Einwirkung findet auf der Oberfläche der Schleimhäute statt. So verursacht die Kohlensäure in dem fast leeren Magen eine leichte Reizung mit Vermehrung der gastrointestinalen Peristaltik. Wenn dagegen bei vollem Magen eine grössere Menge CO_2 eingeführt wird, beobachtet man die entgegengesetzte Wirkung: momentane, fast völlige Aufhebung der Peristaltik und Meteorismus. — Man bedient sich (doch nur selten) der flüssigen Kohlensäure zur Hervorrufung der lokalen Anästhesie.

Antispasmodica.

Wir betrachten den Krampf (Spasmus) als eine durch zu grosse Stärke oder zu lange Dauer abnorm und pathologisch gewordene Kontraktion. Wir können diesen Spasmus durch verschiedene Mittel überwinden. Unter den physikalischen Mitteln benützen wir die Massage, die z. B. im Stande sein wird, einen von Ermüdung herrührenden Wadenkrampf zu beseitigen, oder auch die Wärme, welche, auf's Abdomen applicirt, eine Kolik beruhigen wird, die auf einem lokalen Krampfe der Tunica muscularis des Darmes beruht.

Zu demselben Resultate kann man auch mittels Verabreichung von Narcotica wie Opium oder von anästhesirenden Mitteln gelangen.

Alle diese Agentien dürften demnach in das Gebiet der antispasmodischen Medication gehören. Wir wollen jedoch eine bestimmte Anzahl von Mitteln Revue passiren lassen, die speciell und mit vollem Recht die Bezeichnung Antispasmodica verdienen. Sie verdanken diese Eigenschaften:

1. ihrer Fähigkeit, die Reflexerregbarkeit der cerebro-spinalen Centren herabzusetzen (Bromsalze),
2. einer leicht narkotischen Wirkung, die sich derjenigen des Opiums, wenn auch in einem viel geringeren Grade, zu nähern vermag (Cannabis indica. Lobelia. Lactucarium, Aqua Laurocerasi),
3. einer lähmenden Aktion auf gewisse glatte Muskeln, hauptsächlich auf die der Gefässe (Nitrite).

Kalium bromatum. Bromkalium. KBr.

Brom findet sich, an Alkalimetalle (K.Na) gebunden, im Meereswasser, aus dem man diese Bromsalze als Nebenprodukte bei der Darstellung des Jods gewinnt. Es ist auch in manchen Mineralwässern (Kreuznach, Bex, Saxon etc.) enthalten. Bromkalium gehört zu den am häufigsten angewandten Verbindungen. Es stellt weisse, in 2 Theilen Wasser lösliche, nicht hygroskopische Krystalle dar.

Wirkung. In der ersten Versuchsperiode konnte man die widersprechendsten Ansichten seitens der verschiedenen Forscher über die Wirkungsweise dieses Mittels vernehmen. Während die einen annahmen, dass das Bromkalium nur durch die Aktion des Kaliums auf den Herzmuskel wirke, bezogen die andern diese Eigenschaften einzig und allein auf den speciellen Einfluss des Broms auf die cerebro-medullaren Centren. — Diese Meinungsverschiedenheiten rührten hauptsächlich von der Art des Experimentirens her. Die Kliniker, welche das Bromkalium per os verabreichten, waren im Allgemeinen einig, dem Brom die specifische Wirkung dieses Salzes zuzuerkennen. Dagegen constatirten die Physiologen, die an Thieren experimentirten und mittels subkutaner und intravenöser Injektionen vorgingen, hauptsächlich die lähmenden und toxischen Wirkungen der Kaliumsalze. In der That braucht man nur 4—5 g Bromkalium in das Blut eines grossen Hundes zu injiciren, um das Thier durch Herzlähmung zu tödten, während dieselbe Dosis Bromnatrium, in derselben Weise beigebracht, nur eine deprimirende Wirkung auf das Nervensystem (mit allgemeiner Parese) hervorrufen wird. Das Leben des Thieres wird in diesem letzten Falle nicht gefährdet, weil allein die Aktion des Broms zu Tage tritt und das Natrium nicht die toxische Wirkung des Kaliums besitzt.

Gegenwärtig schreibt man dem Brom der verschiedenen Bromsalze eine specifische Wirkung zu, die darin gipfelt, dass die

Bromsalze die Reflexerregbarkeit der cerebrospinalen Centren und in ganz besonderer Weise die Reflexerregbarkeit des Gehirns herabsetzen. Ihre ganze Aktion auf die verschiedenen Systeme des Organismus lässt sich durch diese Wirkung auf Gehirn und Rückenmark erklären.

Die Resorption und Ausscheidung der Bromsalze vollzieht sich in derselben Weise wie die der andern halogenen Salze (Chlor, Jod etc.), d. h. alle Schleimhäute saugen sie schnell auf, und die Elimination geschieht durch die meisten Sekretionsorgane (Thränen, Schweiss, Harn, Speichel etc.).

Bei Aufnahme durch den Magen finden die Bromsalze sich schon nach 5 Minuten im Urin, und die Elimination einer mittleren Dosis (2—3 g) dauert 24—36 Stunden.

Nach einer kleinen Gabe (1—2 g) beobachtet man eine allgemeine sedative Wirkung, die bei Individuen mit abnormer nervöser Reizbarkeit (hauptsächlich nach zu langer geistiger Arbeit) ganz besonders deutlich hervortritt.

Diese Wirkung auf das Nervensystem steigert sich mit der Dosis. So stellt sich nach 10—15 g Benommenheit mit Neigung zum Schlaf ein, die Empfindlichkeit für Schmerzeindrücke ist bedeutend abgestumpft, und man kann den Pharynx oder die Cornea berühren, ohne Reflexe auszulösen, obgleich die Berührungsempfindung intakt geblieben ist. — Bald tritt auch ein ataktischer Zustand ein, der den Gang schwankend macht. Das Herz schlägt schwach, und die Körperwärme sinkt um einige Zehntelgrade.

Wir sehen dieselben Symptome von Adynamie und Depression auftreten, wenn ein Individuum zu lange und ohne Unterbrechung mittlere Dosen von Brom genommen hat. Man hat diesen Zustad als „Bromismus“ bezeichnet. Der Kranke nimmt dabei ein anämisches Aussehen an und magert sehr ab; die allgemeine Sensibilität ist herabgesetzt, das Gedächtniss abgeschwächt, die Sprache langsam und schleppend, die Intelligenz gesunken. Gleichzeitig sind die sexuellen Funktionen vermindert oder aufgehoben. Auf der Haut zeigen sich mehr oder weniger starke und ausgedehnte Exantheme (Acne etc.), besonders im Gesichte und auf der Brust. Die Schleimhäute sind gleichfalls ergriffen, was aus den verschiedenartigsten Entzündungen, Schnupfen, Bronchitis, Gastritis, Gastroenteritis zu ersehen ist. Letztgenannte Affektion ist von häufigen, flüssigen Ausleerungen begleitet, die dazu beitragen, die Kräfte des Kranken zu erschöpfen; sie sind bisweilen bei zu grosser Intensität die Todesursache.

Therapeutische Verwendung. Die sedativen Eigenschaften der Bromsalze erweisen sich nützlich bei der Behandlung von Krankheiten mit cerebro-spinaler Erregung; von besonderem Werthe sind sie bei der Epilepsie. Hier ist jedoch die heilsame Wirkung der Bromsalze von der Ätiologie der Krankheit abhängig. So ist der Erfolg sicher in den Fällen von Epilepsie, wo das Übel sich unter dem Einflusse von Furcht oder einer lebhaften Gemüthsbewegung entwickelt hat. Weniger zuverlässig ist das Mittel bei hereditärer oder inveterirter Epilepsie; aber wenn auch in diesen Fällen die Heilung sehr problematisch ist, so kann man doch mit den Brompräparaten den allgemeinen intellektuellen Zustand bessern und bis zu einem gewissen Grade den Verfall in Blödsinn verhindern. Dagegen hat dieses Mittel keinen Einfluss, wenn die Epilepsie durch eine cerebro-spinale Laesion (Kompression, Geschwulst etc.) verursacht ist.

In denjenigen Fällen von Epilepsie, deren Behandlung Bromkalium erfordert, pflegt man die Tagesgabe von 4,0—6,0 nicht zu überschreiten und dabei die Behandlung jeden Monat durch eine Ruhepause von mindestens 8 Tagen zu unterbrechen.

Bei der Hystero-Epilepsie, Chorea und Eklampsie sind dieselben Dosen zur Unterdrückung der Anfälle nothwendig, während beim Tetanus, wo Bromkalium allein wenig nützt, dasselbe in Verbindung mit Chloralhydrat gegeben wird. Seine Anwendung ist auch von bestem Erfolge, wenn es sich darum handelt, Schlaflosigkeit in Folge von Gemüthsbewegung oder übermässiger geistiger Arbeit zu behandeln.

Natrium bromatum. Bromnatrium. NaBr.

Ein krystallinisches Salz, das sich in 1,5 Theilen Wasser löst. Da die Kaliumwirkung hier nicht zu der des Brom hinzukommt, ist es 5mal weniger toxisch als das vorhergenannte Präparat. Man wird es zweckmässig in den Fällen verwenden, die grosse Bromdosen erfordern.

Ammonium bromatum. Bromammonium. NH_4Br.

Krystallinisches Salz, leicht löslich und etwas hygroskopisch. Es besitzt die gleichen sedativen Eigenschaften, wie die vorhergehenden Salze. In sehr grosser Gabe dürfte es nach Art der Ammoniaksalze wirken und tetanusartige Krämpfe mit nachfolgender Lähmung verursachen.

Neuerdings bedient man sich mit Vorliebe einer aus gleichen Theilen bestehenden Mischung dieser drei Bromsalze:

24) ℞ Kalii bromati
Natrii bromati
Ammon. bromati āā 20,0.
Aq. destill. 300,0.
M. D. S. Esslöffelweise (1 Esslöffel = 3 g Bromsalze).

Es sind noch viele andere Bromsalze empfohlen worden, doch die praktische Erfahrung hat ihren Werth nicht bestätigt. Wir nennen hier u. A. das Rubidium bromatum, Lithium bromatum, Calcium bromatum, dann Ferrum bromatum, Cadmium bromatum,

Bromnickel. Dasselbe kann auch vom Bromkampfer, Camphora monobromata gesagt werden.

† Herba Cannabis indicae. Indischer Hanf.

Diese Droge bildet die blühenden Zweigspitzen der weiblichen Pflanze von verschiedenen, in Indien kultivirten Varietäten von Cannabis sativa (Cannabinee). In morphologischer Hinsicht unterscheiden sich diese Pflanzen in nichts von den in unserer gemässigten Zone vorkommenden, aber sie enthalten narkotische Bestandtheile, die sich nur in den tropischen Gegenden entwickeln. Zur Blüthezeit scheiden diese Zweigspitzen eine harzartige, narkotische Stoffe enthaltende Substanz aus. Dieselben sind chemisch noch nicht genügend bekannt oder vielmehr bisher noch nicht vollkommen rein dargestellt worden. Es sind dies Cannabin und Cannabinon.

Das Harz dient zur Bereitung des Haschisch, der bei den Völkern des Orients eine so bedeutende Rolle spielt. Die Darstellung dieser berauschenden Substanz schwankt je nach den Ländern. Gewöhnlich handelt es sich um eine Mischung der harzigen Theile des Hanfs mit verschiedenen Gewürzen, und mitunter wird sogar der Saft von Früchten und Opium beigemengt. In dieser Weise bereitet, besitzt der Haschisch berauschende und narkotische Eigenschaften. Um jedoch jene köstlichen Sensationen zu empfinden, wie sie in manchen Büchern geschildert werden, bedarf es einer gewissen Angewöhnung, wie beim Tabak und Opium.

Wirkung. In physiologischer Beziehung beobachtet man eine besondere Einwirkung auf das Gehirn mit Hallucinationen und Delirien, auf welche bei genügend starker Dosis Schlaf folgen kann. Die Erregbarkeit der Empfindungsnerven ist herabgesetzt, und eine partielle Anästhesie kann sich einstellen.

Die therapeutische Verwendung dieser Droge ist sehr beschränkt und giebt nicht bemerkenswerthe Resultate. Sie wird höchstens noch als Adjuvans in Form der Tinktur in einer Dosis von 1 oder 2 g in Mixtur beim essentiellen Asthma verordnet.

Herba Lobeliae. Herba Lobeliae inflatae. Tabac indien.

Die Lobelia inflata ist eine kleine, krautartige, in Nordamerika sehr verbreitete Pflanze, die der Familie der Lobeliaceen angehört. Sie enthält das Lobelin, einen chemisch wenig bekannten Körper (Alkaloid oder Glykosid?), der flüssig und flüchtig ist und eine dem Nicotin ähnliche Wirkung entfaltet. Lobelin wirkt hauptsächlich auf die respiratorischen Centren, die es zunächst erregt, um sie später zu lähmen. Es verursacht Erbrechen mittels centraler Wirkung. Bei Beginn der Wirkung vermehrt es die Tiefe und Frequenz der Athmung; hierzu genügt eine Dosis von 10 bis 15 Tropfen Tincturae Lobeliae. Eine stärkere Gabe (30 bis

40 Tropfen) kann Erbrechen, Pupillenerweiterung, Gefühl von Zusammenschnürung des Brustkorbes, Durchfall und Arythmie durch Vaguslähmung verursachen. Der Tod tritt in Folge Paralyse der Athmungscentren ein.

Bei manchen Fällen von Dyspnoë in Folge von Emphysem und chronischer Bronchitis und bei Asthma bronchiale kann man zu den antispasmodischen Eigenschaften dieser Pflanze seine Zuflucht nehmen. Dabei wird man gut thun, die Tagesdosis von 30 bis 40 Tropfen der Tinktur nicht zu überschreiten.

†**Lactucarium.** Giftlattichsaft.

Lactucarium ist der in verschiedenen Ländern auf verschiedene Weise gewonnene eingedickte Saft gewisser Lactucaarten (Komposite). In Deutschland stellt man ihn hauptsächlich in Zell an der Mosel aus Lactuca virosa dar; während er in Frankreich (Clermont-Ferrand) von Lactuca sativa, Var. altissima geliefert und als Thridax bezeichnet wird. Das Lactucarium stellt ein trockenes, braunes, zum Theil in Wasser lösliches Extrakt von sehr bitterem Geschmacke dar. Als sein wirksames Princip gilt das Lactucin, dem eine beruhigende, antispasmodische Wirkung zukommt, die jedoch lange nicht an die des Opiums heranreicht. Überhaupt ist das Mittel wegen seiner geringen Zuverlässigkeit ziemlich entbehrlich. Einzeldosis bis 0,3; Tagesdosis bis 1,0 in Pillen, Pulver oder Emulsion.

Aqua Amygdalarum amararum und †**Aqua Laurocerasi.**
Bittermandelwasser. Kirschlorbeerwasser.

Ersteres wird durch Destillation von bitteren Mandeln, den Samen von Prunus Amygdalus, mit Wasser, letzteres durch Destillation der Blätter von Prunus Laurocerasus mit Wasser gewonnen. Diese wässerigen Destillate enthalten Blausäure in einem Verhältnisse, das zwischen 0,05—0,1$^0/_0$ schwankt. So grosse Bedeutung diese Säure auch in toxikologischer Beziehung besitzt, so gering ist ihr Nutzen für die Therapie. Daher können die beiden Präparate nur wegen ihrer sehr geringen antispasmodischen Wirkungen empfohlen werden. Sie sind dagegen von sehr angenehmem Geschmacke und bilden ein ausgezeichnetes Korrigens und Adjuvans für Mixturen, die narkotische oder antispasmodische Substanzen mit wirksameren und zuverlässigeren Eigenschaften enthalten.

Grösste Einzelgabe 2,0! — Grösste Tagesgabe 8,0!

Nitrite:

Diese Verbindungen kennzeichnen sich durch die Gruppe NO_2 und besitzen sehr nützliche antispasmodische Eigenschaften. Die Wirkung kommt durch eine lähmende Aktion auf die glatten Muskelfasern zu Stande.

Amylium nitrosum. Amylnitrit $C_5H_{11}NO_2$.

Amylnitrit wird durch Destillation eines Gemenges von verdünntem Amylalkohol, Salpetersäure, Schwefelsäure und Kupfer etc. erhalten. Es stellt eine farblose Flüssigkeit dar und besitzt einen penetranten, fruchtartigen Geruch. Seine Löslichkeit in Wasser ist sehr gering, doch ist es in allen Verhältnissen mischbar mit Alkohol, Äther und Chloroform. Der Siedepunkt liegt bei 96°.

Unter dem Einflusse der Luft und des Lichtes zersetzt es sich und wird schnell gelb, indem es eine geringe Menge von Amylalkohol bildet. Ein derartiges Präparat ist nicht mehr brauchbar, da bei seiner Anwendung die heftigsten Kopfschmerzen eintreten können. Diese Zersetzung kann jedoch vermieden werden, wenn man einige Krystalle Kalium tartaricum in die Flasche mit Amylnitrit wirft.

Wirkung. Lässt man wenige Tropfen (10—15 Tropfen) auf einem Taschentuche inhaliren, so verursacht das Mittel zunächst durch Erregung der Kehlkopfschleimhaut kurzen, trocknen Husten; dann strömt das Blut allmählich nach dem Gesichte; eine diffuse Röthe verbreitet sich über die Brust. Setzt man die Einathmungen fort, so zieht sich diese Röthe, in marmorirten Flecken, weiter bis auf den Bauch und die Beine. Die Karotiden klopfen stark, der Puls wird voll und frequent und das betreffende Individuum empfindet eine Spannung im Kopfe und gleichzeitig ein Gefühl von Berauschung. Bei noch weiterer Verlängerung der Einwirkung wird die Athmung sehr beschleunigt und dyspnoisch in Folge einer gewissen Erschöpfung der respiratorischen Centren. Auch eine leichte allgemeine Anästhesie stellt sich ein, doch ist dieselbe niemals eine vollständige.

Die Hauptwirkung des Amylnitrits erstreckt sich vorzugsweise auf die Tunica muscularis der Blutgefässe. Ihre glatten Muskeln werden gelähmt; eine bedeutende und schnelle Dilatation, die hauptsächlich im Kapillarsystem bemerkbar wird, ist die Folge. Sie beginnt 15 Sekunden nach der Inhalation und dauert 1 bis 2 Minuten an. Hierdurch wird der Blutdruck bedeutend herabgesetzt, und so sind, trotz des kongestionirten Aussehens des Gesichtes, Gefässrupturen, wie z. B. die der Arteria fossae Sylviae, nicht zu befürchten.

Diese Wirkung des Amylnitrits geht sowohl von der Peripherie, wie vom Centrum aus (vasomotorische Centren der Medulla oblongata), denn ein vom Rückenmark getrenntes Glied kann noch unter dem direkten Einflusse dieser Substanz eine Gefässerweiterung zeigen. Die Herabsetzung des Blutdruckes ist nicht eine Folge der Schwäche des Herzmuskels, sondern beruht allein auf der allgemeinen Gefässerweiterung, und durch Kompression der Aorta kann der Druck wieder zur Norm zurückgeführt werden.

Amylnitrit übt eine toxische Wirkung auf die rothen Blutkörperchen aus und wandelt das Haemoglobin in Methämoglobin um, welches nicht mehr die Fähigkeit besitzt, den Sauerstoff zu fixiren. Das Blut, das arterielle wie das venöse, nimmt alsdann eine chokoladenartige Verfärbung an. — Bei zu langer Verabreichung kann Amylnitrit auch eine transitorische Glykosurie verursachen.

Therapeutische Verwendung. Die gefässerweiternde Aktion des Amylnitrits zeigt sich in besonders auffallender Weise bei Angina pectoris (Stenocardie). In den Anfällen, wo der Puls gespannt und vibrirend ist, sieht man ihn unter dem Einflusse dieses Mittels schnell voll und weich werden, während die Präcordialangst Neigung zur Abnahme und zum Verschwinden zeigt. Dieselben Erscheinungen können auch bei der Bleivergiftung beobachtet werden. Die Wirkung des Amylnitrits erstreckt sich hier nicht nur auf die glatten Muskeln der Gefässe, sondern auch auf die des Darmes, und man kann unter seinem Einflusse die stets so schmerzhaften Bleikoliken verschwinden sehen. Diese Wirkung ist leider eine nur vorübergehende.

In diagnostischer Beziehung kann Amylnitrit gleichfalls von grossem Nutzen sein. Dank seiner Anwendung lässt sich feststellen, ob eine Migräne oder ein Asthma thatsächlich auf einer Gefässkontraktion beruht. In diesem Falle werden die Symptome erheblich gebessert oder sogar vollständig zum Schwinden gebracht werden. Dagegen hat das Mittel auf die Pseudoangina pectoris, gastrointestinalen Ursprunges, gar keinen Einfluss.

Bei den durch Cocaïn verursachten Unglücksfällen sind einige Tropfen Amylnitrit von der günstigsten Wirkung. Daher sollte man nie lokale Cocaïn-Anästhesirungen vornehmen, ohne Amylnitrit bei der Hand zu haben. Wenn es sich um Angina pectoris oder um auf Bleivergiftung beruhende Gefässkrämpfe handelt, wirkt Amylnitrit besonders günstig in Verbindung mit Chloroform.

25) ℞ Amylii nitrosi 5,0
Chloroform. 10,0.
M. D. S. Einige Tropfen auf ein Taschentuch zu giessen und den Dampf derselben einzuathmen.

† **Nitroglycerinum.** Trinitrin. Nitroglycerin.

Wenn wir in dem Glycerin, das ein dreiatomiger Alkohol ist, die drei Atome H der Gruppe OH durch die Gruppe NO_2 ersetzen, so erhalten wir Glycerintrinitrat oder Nitroglycerin.

$$C_3H_5\begin{cases}OH\\OH\\OH\end{cases} \qquad C_3H_5\begin{cases}ONO_2\\ONO_2\\ONO_2\end{cases}$$

Glycerin — Nitroglycerin.

Diese Umwandlung vollzieht sich sehr leicht bei Mischung von Salpetersäure, Schwefelsäure und Glycerin bei niedriger Temperatur. Es trennt sich eine ölartige Flüssigkeit ab, die im reinen Zustande farblos, fettig, geruchlos und von süsslichem Geschmacke ist. Sie ist in 800 Theilen Wasser, in 4 Theilen absolutem Alkohol löslich und in allen Verhältnissen mischbar mit Äther, Chloroform, Essigsäure und fetten Ölen. In Folge eines Stosses oder bei plötzlicher Temperaturveränderung, zuweilen auch ohne scheinbare Ursache explodirt Nitroglycerin sehr leicht. Deshalb soll man es niemals im koncentrirten Zustande, sondern in Alkohol gelöst und vor Licht geschützt aufbewahren.

Physiologische Wirkung. Nitroglycerin ist ein heftiges Gift, dessen Anwendung die allergrösste Vorsicht erheischt. In toxischer Dosis erzeugt es schnell Lähmung der willkürlichen und der glatten Muskeln, sowie der Reflexe. Die Sensibilität ist aufgehoben, und der Tod tritt durch Stillstand der Athmung ein. Seine Wirkung aufs Blut gleicht der des Amylnitrits, d. h. es wandelt das Hämoglobin in Methämoglobin um.

In schwacher Dosis (0,001) verursacht es eine allgemeine Gefässdilatation, die sich besonders im Kapillarnetz bemerkbar macht. Diese Wirkung tritt nicht so schnell ein wie bei Amylnitrit, aber sie dauert viel länger an. Sie beginnt ein bis zwei Minuten nach der Aufnahme und dauert 30 bis 40 Minuten.

Therapeutische Verwendung. Nitroglycerin ist indicirt, wo man eine allgemeine Gefässerweiterung von einer gewissen Dauer, besonders bei Affektionen, die wie Angina pectoris mit Gefässkrampf einhergehen, erzielen will. In derartigen Fällen beginnt man mit Gaben von $^1/_2$ mg, die alle drei Stunden wiederholt werden können, falls der Patient nicht unangenehme Wirkungen wie Stirnkopfschmerz oder ein Gefühl von Pulsation im ganzen Körper verspürt. Diese beiden Erscheinungen kommen häufig bei Frauen und nervösen Individuen vor. — Verträgt der Kranke diese Dosis gut, und wird der Anfall dadurch etwas gemildert, so erhöht man allmählich die Nitroglycerinmenge. Im Allgemeinen genügt eine Gabe von 1 mg, die dreistündlich wiederholt wird, um die antispasmodische Wirkung beizubehalten. Durch Angewöhnung kann jedoch diese Dosis um Vieles überschritten werden.

Weniger günstig wirkt Nitroglycerin bei Gefässspasmen im Gefolge von chronischer Nephritis. Hier ruft es oft die heftigsten Kopfschmerzen hervor.

Es ist zweckmässiger, das Mittel in Lösung, als in Pastillen zu verordnen. Die in den Apotheken vorräthig gehaltenen Pastillen sind nicht ganz zuverlässig, da sie nicht immer gleich stark sind.

26) ℞ Nitroglycerini 0,01
Sirup. Cort. Aur.
Spirit. e Vino āā 25,0
Aq. dest. 100,0.
M. D. S. (1 Esslöffel = 0,001 Nitroglycerin).

† Natrium nitrosum. Natriumnitrit. $NaNO_2$.

In Wasser leicht lösliches Salz, das zu demselben Zwecke wie das vorhergehende Mittel benutzt wird. Seine Wirkung ist eine viel schneller vorübergehende als die von Nitroglycerin.

Dosis: 0,05 bis 0,1 dreimal täglich in Lösung.

Charta nitrata. Salpeterpapier. Ist den Asthmatikern gut bekannt und verdankt einen Theil seiner Wirkungen der Gruppe NO_2, die es beim Verbrennen entwickelt.

Man bereitet dasselbe durch Eintauchen von Filtrirpapier in eine Lösung von Kalium nitricum und nachherigem Trocknen an der Luft. Getrocknet brennt das Papier schnell unter Verbreitung eines Rauches, der eine gewisse Menge NO_2 neben andern gasförmigen Stoffen wie Kohlensäure, Spuren von Kohlenoxyd, Pyridin, Ammoniak etc. enthält. Werden diese Dämpfe während der Verbrennung des Papiers inhalirt, so verschaffen sie den an Asthma Leidenden zuweilen bedeutende Erleichterung.

Neurotica.

Arzneisubstanzen aus der Gruppe der Belladonna.

Belladonna, Stramonium, Hyoscyamus, Duboisia myoporoides sind Pflanzen, deren physiologische Wirkung identisch ist. Sie verursachen alle Erweiterung der Pupille und bringen die Sekretionen zum Schwinden. Nach anfänglicher Erregung der Nervencentren, besonders des Gehirns, tritt der Tod durch Lähmung der Athmungscentren ein.

In chemischer Beziehung wissen wir, dass die in diesen Pflanzen enthaltenen Alkaloide, ohne absolut identisch zu sein, doch dieselbe chemische Formel haben. So besitzen Atropin, Daturin, Hyoscyamin, Belladonnin und Duboisin die Formel $C_{17}H_{23}NO_3$.

Folia Belladonnae. Belladonna.

Die der Familie der Solaneen angehörende Belladonna (Tafelfigur 2) enthält zwei Alkaloide: Atropin und Belladonnin. Das Atropin befindet sich in allen Theilen der Pflanze, die Wurzel enthält jedoch davon mehr als die Blätter, und diese sind am gehaltvollsten zur Blüthezeit (Wurzel 0,8 %, Blätter 0,5 %).

Die wild wachsenden Sorten sind reicher an Alkaloiden als die kultivirten Pflanzen. Atropin ist eine Verbindung der Base Tropin mit Tropasäure. Wir werden sehen, dass es gelingt, die Wirkung des Atropins ein wenig zu modificiren, wenn man die letztgenannte Säure durch eine andere ersetzt.

Manche Thiere, wie die Nager (Kaninchen, Meerschweinchen, Ratten), Ziegen und Tauben können Belladonna in grossen Mengen ohne Störung verzehren, während bei den Carnivoren und namentlich beim Menschen 0,005 Atropin hinreichen, die schwersten Symptome zu erzeugen. Eine Dosis von 0,01 kann schon den Tod herbeiführen.

Physiologische Wirkung. Atropin wird sehr schnell resorbirt. Bei Aufnahme durch den Magen macht sich seine Wirkung in 5 bis 10 Minuten, nach subkutaner Einspritzung schon nach Verlauf von 2 bis 3 Minuten bemerkbar. Nach Dosen von 0,002 bis 0,003 beobachtet man zunächst eine Erweiterung der Pupille. Diese Eigenschaft war schon den römischen Damen bekannt, die eine geringe Menge Belladonna nahmen, um ihren Blick ausdrucksvoller zu machen (daher der Name „bella donna"). — Nach 0,003 bis 0,005 können schon schwere Intoxikationserscheinungen beobachtet werden. Die Absonderung des Speichels und der Schleimdrüsen ist aufgehoben. Daraus folgt ein sehr peinliches, für die Belladonnavergiftung charakteristisches Gefühl von Trockenheit im Munde und Schlunde. Der Erkrankte macht die heftigsten Anstrengungen zum Schlucken, was zuweilen zu Konvulsionen, wie bei der Hydrophobie, führt. Die Stimme ist heiser und die Bewegungen der Zunge sind erschwert. Während dieser Periode pflegt die Haut der Sitz eines Ausschlags oder eines Rash wie bei Scharlach zu sein. Auf die Konvulsionen folgt eine grosse Benommenheit, die mit einem besonderen Delirium, dem sogenannten Atropindelirium, alternirt. Letzteres ist der Vorläufer von Coma. Der Tod erfolgt durch Asphyxie.

Wenn wir diese allgemeine Wirkung des Atropins im Einzelnen prüfen, so sehen wir, dass in erster Linie die cerebralen Centren in einen Erregungszustand versetzt werden, der sich vor Allem durch lebhafte Delirien bemerkbar macht; da aber Atropin gleichzeitig das Bestreben zeigt, die motorischen Nervenendigungen zu lähmen, so nimmt dieses Delirium eine besondere Form an, in welcher der Drang zu ungeordneter Bewegung im Vereine mit Müdigkeit und einer Art von Parese vorkommt. Dieselbe erregende Wirkung, auf welche bald Depression folgt, macht sich auch am Rückenmark bemerkbar.

Schwache Atropindosen üben einen stimulirenden Einfluss auf die vasomotorischen Centren aus und bewirken auf diese Weise eine Erhöhung des Blutdruckes. Steigert man jedoch die Dosis, so beobachtet man eine brüske Abnahme des Druckes, welche theilweise durch Paralyse der vasomotorischen Centren, theilweise durch Lähmung der Muskelschicht der Gefässe veranlasst wird. — In grossen Gaben lähmt Atropin auch die Ganglien des Herzens.

Eine ähnliche Wirkung macht sich auch bezüglich der respiratorischen Centren bemerkbar; der Atropintod wird durch die Lähmung der Athmungscentren verursacht.

Atropin lähmt die sekretorischen Fasern der Corda tympani,

ohne die gefässerweiternden Fasern zu afficiren. Wenn man die Corda tympani auf direktem oder reflektorischem Wege reizt, sieht man das Blut reichlicher nach den Submaxilardrüsen strömen, ohne dass Speichel aus dem Exkretionskanal fliesst. Dieses Experiment liefert den Beweis, dass eine Vermehrung der Blutcirkulation um die Drüsen nicht ausreicht, ihre Absonderung zu steigern, sondern dass hierbei die sekretorischen Nerven betheiligt sein müssen. Es ist wahrscheinlich, dass Atropin in ähnlicher Weise auf die Schweiss-, Brust- und Verdauungsdrüsen wirkt; nur die Secretion der intestinalen Drüsen (Lauder Brunton) erleidet keine Verminderung.

In der Periode der Erhöhung des Blutdruckes ist auch die Urinausscheidung vermehrt. Später kann jedoch vollständige Harnretention in Folge Blasenlähmung eintreten.

Die Wirkung des Atropins auf das Auge kommt auf peripherischem und nicht auf centralem Wege, wie man früher annahm, zu Stande. So tritt die Pupillenerweiterung selbst noch an dem abgetrennten Auge ein; ausserdem hat v. Gräfe gezeigt, dass die Pupille nach einer subkutanen Atropininjektion sich erst zu dilatiren beginnt, wenn der Humor aqueus genügend Atropin enthält, um bei der Katze eine Pupillenerweiterung zu erzeugen, (sobald man auf die Conjunctiva derselben einige Tropfen dieses Humor aqueus instillirt). Die Pupillendilatation wird demnach durch eine Paralyse der Oculomotoriusendigungen in den glatten Muskeln der Iris verursacht.

Wenn die Atropinlösung koncentrirt ist (1 $^0/_0$), theilt sich diese lähmende Wirkung den andern Muskeln des Auges mit, und man beobachtet eine mehr oder weniger starke Paralyse der Akkommodationsfähigkeit und Ptosis des oberen Augenlides.

Diese Parese der Akkommodation schwindet schneller als die Pupillenerweiterung. Letztere hält um so länger an, je koncentriter die Lösung war. So erhält man beim Menschen mit einer Atropinlösung von 1 : 120 das Maximum der Dilatation in 10 bis 15 Minuten, und dieselbe kann 6 bis 8 Tage bestehen; mit einer Lösung von 1 : 500 muss man 20 Minuten warten, eine solche von 1 : 2000 ruft Pupillenerweiterung während ungefähr 20 Stunden hervor. Es genügt jedoch schon das Verhältniss von 1 : 28,000, um nach einer Stunde eine geringe Dilatation oder eine gewisse Parese der Iris zu erzeugen.

Atropin wird zum grössten Theil, im Allgemeinen nach Verlauf von 36 Stunden durch den Urin ausgeschieden.

Therapeutische Verwendung. Die Belladonna galt früher als das Hauptmittel bei der Behandlung der Epilepsie und Chorea (Trousseau). Hier hat sie jedoch in neuerer Zeit den Bromsalzen Platz machen müssen. — Gute Dienste leistet sie bei Reizbarkeit der Harnblase, wo das Extrakt der Belladonna in Form von Suppositorien verordnet wird.

Bei Affektionen der Respirationsorgane wird die Belladonna nur in den Fällen mit übermässiger Bronchialsekretion verabreicht, bei trockenem Husten ist sie kontraindicirt.

Beim Keuchhusten vermindert sie den Krampf; man giebt hier täglich 3 bis 4 Kaffeelöffel Sirupus Belladonnae für ein Kind von 10 Jahren. Das Mittel zeigt sich ebenfalls in manchen Fällen von Asthma wirksam.

Belladonna ist auch eines der zuverlässigsten Mittel zur Verminderung oder selbst vollständigen Unterdrückung mancher Ausscheidungen. So genügen schon ganz minimale Dosen Atropin, um die bei den Tuberkulösen so häufigen nächtlichen Schweisse zum Verschwinden zu bringen. Man beginnt hier mit der abendlichen Verabreichung von $^1/_2$ Milligramm, dann erhöht man allmählich die Dosis, doch soll man das Mittel nicht regelmässig weitergeben; es ist zweckmässiger, eine Unterbrechung von 5 bis 6 Tagen eintreten zu lassen, um es dann wieder von Neuem zu verabreichen. In der Zwischenzeit können andere Mittel angewendet werden, die geeignet sind, die übermässige Schweisssekretion zu vermindern. Man kann Essigwaschungen vornehmen oder auch zur Kampfersäure oder zum Agaricin seine Zuflucht nehmen.

Der durch Quecksilber verursachte Speichelfluss lässt auch unter dem Einflusse von 0,001 Atropin erheblich nach, ebenso die Milchsekretion. Um diese zu vermindern, kann man die Brustdrüsen mit Belladonnasalbe einreiben. Das Mittel eignet sich auch besonders in Fällen von osteocopalen Schmerzen. Daher fügt man gern bei den Knochenschmerzen der Syphilitiker Belladonnaextrakt zum Unguentum mercuriale hinzu (Ungt. hydrargyr. belladon.). Die Belladonnapflaster können ebenfalls zu diesem Zwecke nutzbar gemacht werden.

So oft man Belladonna oder Atropin verordnet, soll man wegen einer etwaigen Intoxikation mit Vorsicht zu Werke gehen und mit grosser Aufmerksamkeit auf die Erscheinungen von Intoleranz achten. Man setzt das Mittel aus oder vermindert die Dosis, sobald der Patient über Trockenheit im Halse klagt, oder sobald Hallucinationen eintreten, was häufig bei Kindern beobachtet wird.

Bei den akuten Belladonnavergiftungen hatten manche Physiologen die Anwendung des Opiums empfohlen. Dasselbe beruhigt wohl das durch Atropin hervorgerufene Delirium, aber es ist in keiner Weise ein wirkliches Antidot des Atropins. Auch eine subkutane Injektion von 0,001 bis 0,002 Muscarin wird empfohlen. Doch ist diese Substanz nicht leicht zu beschaffen. — Man erreicht auch sehr gute Erfolge, wenn man alle zwei Stunden eine Dosis von 0,01 Pilocarpin hydrochl. injicirt, um Schweiss hervorzurufen und zu unterhalten. In Ermangelung von Muscarin oder Pilocarpin wird man sich damit begnügen, heisse, aromatische, mit Alkohol versetzte Getränke zu verabreichen (Thee, Kaffee, Fliederthee etc.).

Präparate: **Extractum Belladonnae**, Belladonnaextrakt. Dunkelbraunes, in Wasser fast klar lösliches Extrakt, hergestellt aus dem in Blüthe stehenden Belladonnakraut.

Grösste Einzeldosis 0,05! — Grösste Tagesgabe 0,2!

Atropinum sulfuricum, Atropinsulfat.

ad 0,001 pro dosi! — ad 0,003 pro die!

† **Homatropin** oder Oxytoluyltropeïn wird erhalten, indem man die Base Tropin (ein Spaltungsprodukt des Atropins) mit Mandelsäure bei Gegenwart von Salzsäure erhitzt.

Homatropinum hydrobromicum ist das officinelle Salz, welches wegen seiner schneller vorübergehenden Wirkung auf die Pupille (Ladenburg) empfohlen wurde. Der Preis dieses Mittels ist jedoch viel höher als der des Atropins, daher wird es auch seltener angewandt. Die Dosis ist wie bei Atropin

ad 0,001 pro dosi! — ad 0,003 pro die!

Die Pharmacopoea helvetica (Ed. III) führt noch die folgenden Präparate an:

Extractum Belladonnae duplex oder **siccum**, bereitet aus der Belladonnawurzel.

Dosis max. simpl. 0,025! — Dosis max. pro die 0,075!

Extractum Belladonnae fluidum. Belladonna-Fluidextrakt, bereitet aus der Wurzel.

Dosis max. simpl. 0,05! — Dosis max pro die 0,15!

Tinctura Belladonnae, hergestellt aus den Blättern.

Dosis max. simpl. 0,5! — Dosis max. pro die 2,5!

† **Sirupus Belladonnae** und **Unguentum Belladonnae** sind in die neue Pharmakopöe nicht mehr aufgenommen.

Folia Stramonii. Stechapfelblätter.

Die Blätter von Datura Stramonium (Tafelfigur 3), eine der Familie der Solaneen angehörende, in Mitteleuropa vorkommende Pflanze, wohin dieselbe, wie man glaubt, zur Zeit des Einfalls der Hunnen gekommen ist. Sie stammt aus den Gegenden des Kaspischen Meeres. Die Wirkung dieser Blätter unterscheidet sich kaum von derjenigen der Folia Belladonnae. Das in ihnen enthaltene „Daturin" ist nichts weiter als ein Gemenge von Atropin und Hyoscyamin.

Therapeutische Verwendung finden die Stechapfelblätter hauptsächlich nur bei Asthma, woselbst sie in Gestalt von Cigarren verordnet werden. Es werden auch die Dämpfe der angezündeten Blätter eingeathmet.

ad 0,2 pro dosi! — ad 1,0 pro die!

Herba Hyoscyami. Bilsenkraut.

Blätter und blühende Stengel von Hyoscyamus niger (Tafelfigur 4), einer ebenfalls in Europa häufig vorkommenden Solanee. Als wirksame Bestandtheile enthält die Pflanze 2 Alkaloide (Hyoscyamin und Hyoscin), die Isomere des Atropins sind, sich jedoch in ihrer physiologischen Wirkung ein wenig unterscheiden (s. weiter unten).

Wirkung und Anwendung wie Folia Belladonnae.

ad 0,5 pro dosi! — ad 1,5 pro die!

Präparate:

Extractum Hyoscyami. Dickes Extrakt.

ad 0,2 pro dosi! — ad 1,0 pro die!

Oleum Hyoscyami. Bilsenkrautöl. Wird äusserlich, besonders in Verbindung mit Chloroform zu schmerzstillenden Einreibungen verordnet.

†**Hyoscyamin.** Dasselbe ist krystallinisch und besteht wie Atropin aus Tropin und Tropasäure. Wirkt physiologisch ähnlich wie Atropin.

†**Hyoscin** ist amorph. Es besteht aus Pseudotropin und Tropasäure. Seine beruhigende und mydriatische Wirkung ist viel bedeutender als die des Atropins. So erweitert eine Hyoscinlösung von 1 : 1000 die Pupille viel schneller und energischer als eine Atropinlösung von 1 : 500. Die sedative Aktion des Hyoscins macht sich besonders bei Aufregungszuständen, so in der akuten Manie bemerkbar, wo die Beruhigung nach Gaben von 0,001 bis 0,002 eintritt. Am besten konservirt sich das bromwasserstoffsaure Salz, Hyoscinum hydrobromicum.

ad 0,0005 pro dosi! — ad 0,002 pro die!

Da die Handelspräparate aus Scopolamin (Alkaloid aus Scopolia atropoides) bestehen, so hat der neueste Nachtrag zum deutschen Arzneibuch den Artikel Hyoscinum hydrobromicum gestrichen und durch Scopolaminum hydrobromicum ersetzt. Es gelten daher die über Hyoscin gemachten therapeutischen Angaben für das officinelle Scopolamin.

Das Hyoscin findet sich auch in der in Australien einheimishen Solanee, Duboisia myoporoides, deren wirksames Agens unter dem Namen

†Duboisin angewendet wird und mit dem Hyoscin identisch ist. Als schwefelsaures Salz (Duboisinum sulfuricum) dient es wie Hyoscin. hydrobrom. in Gaben von $^{1}/_{2}$—1 mg. (innerlich und subcutan) als Beruhigungsmittel für aufgeregte Geisteskranke.

Tubera Aconiti. Aconitum. Sturmhut.

Aconitum Napellus, (Tafelfigur 5), ist eine überall vorkommende Ranunculacee. Die Eigenschaften dieser Pflanze variiren

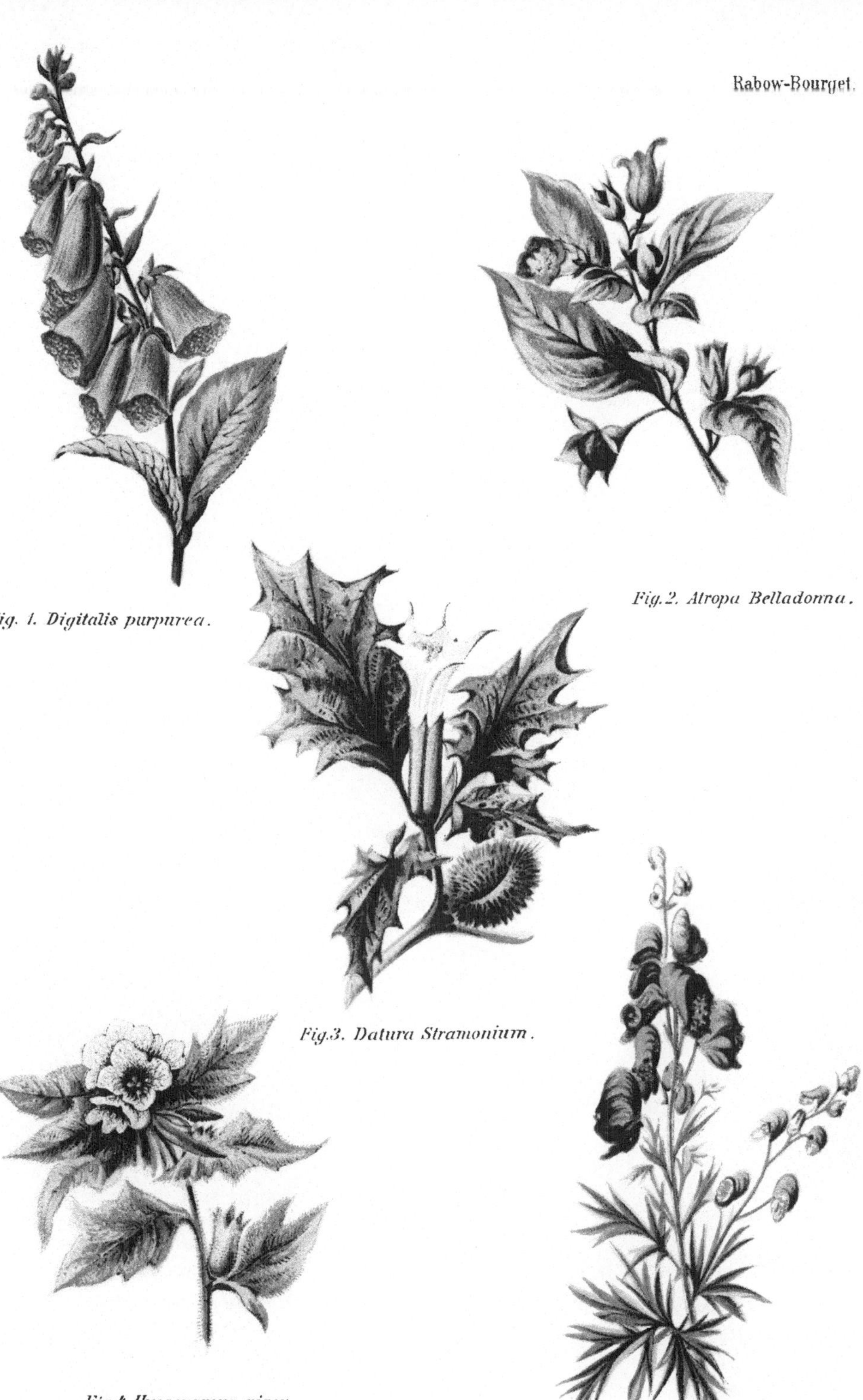

Fig. 1. Digitalis purpurea.

Fig. 2. Atropa Belladonna.

Fig. 3. Datura Stramonium.

Fig. 4. Hyoscyamus niger.

Fig. 5. Aconitum Napellus.

Verlag von Julius Springer Berlin N.

Lith Anst Julius Klinkhardt Leipzig.

bedeutend je nach dem Breitengrade, unter welchem sie angetroffen wird. Die Kultur nimmt ihr einen ganzen Theil ihrer giftigen Wirkungen. So baut man in den nördlichen Ländern, in Norwegen und besonders in Island Aconitum Napellus an, um im Frühling die jungen Triebe zu geniessen. Die in der Schweiz (Jura) geerntete Akonitknolle ist sehr viel wirksamer als die aus den Vogesen. Der Zeitpunkt der Ernte ist auch von grossem Einflusse; so ist diese Droge im Monat August dreimal so giftig wie im Oktober. Manche Akonitarten von Japan und Indien sind äusserst giftig (A. ferox) und dienen in manchen Gegenden zur Bereitung von Giften zur Vernichtung der wilden Thiere.

Das toxische Princip des Akonits ist in der ganzen Pflanze verbreitet. Im Handel kommt eine Substanz vor, die man mit Unrecht als Aconitin bezeichnet hat. Denn dieselbe ist meistens ein Gemenge verschiedener Substanzen von verschiedener chemischer Zusammensetzung und Wirkung. Die Giftigkeit dieser Aconitine variirt demnach bedeutend, und die Unkenntniss dieser Sachlage hat schon viele Unglücksfälle verursacht.

Das am meisten toxische Princip von Aconitum Napellus soll das Aconitoxin sein (das französische krystallisirte Aconitin von Duquesnel).

Physiologische Wirkung. Die so wechselnde Stärke der Wirkung der Pflanze und der Aconitine des Handels erklärt zur Genüge die geringe Übereinstimmung der meisten Physiologen bezüglich der Wirkung des Aconitins. In der That hat keine Droge zu so vielen Meinungsverschiedenheiten Anlass gegeben. Daher basirt ihre Anwendung vielmehr auf Empirie als auf wissenschaftlichen Experimenten.

Aconitin übt auf der Haut und den Schleimhäuten eine stark irritirende Wirkung aus und zeigt in dieser Beziehung eine gewisse Ähnlichkeit mit dem Veratrin. Nach der Resorption verbreitet sich das zuerst auf der Schleimhaut des Mundes wahrgenommene Gefühl von Kriebeln über den ganzen Körper. Es wird jedoch hauptsächlich an den Fingerspitzen, am Perineum und im Gesichte empfunden. Es handelt sich um eine irritative Aktion auf alle sensiblen Nerven, eine Reizwirkung, auf die alsbald eine Lähmung folgt, die sich durch eine mehr oder weniger ausgeprägte Anaesthesie offenbart.

Nach einer Dosis von 0,001 lässt sich bereits eine Verminderung der Pulsfrequenz wahrnehmen, und wegen dieser Eigenschaft wandte man früher Aconit bei fieberhaften Zuständen an. Mit einer ausreichend starken Gabe gelangt man zur Lähmung der vasomotorischen Centren mit Stillstand des Herzens in der Diastole und zur Paralyse der Athmungscentren.

Im Beginn einer Aconitvergiftung findet man die Pupille kontrahirt, aber diese Kontraktion macht bald einer Dilatation Platz.

In Fällen von Vergiftung soll man Pilocarpin und zwar

alle 4 Stunden eine subkutane Injektion von 0,01 anwenden und die Herzkraft durch Verabreichung von einem Digitalisinfus (1 g innerhalb 24 Stunden) aufrecht erhalten.

Therapeutische Verwendung. Aconit war früher ein sehr beliebtes Mittel bei der Behandlung des Fiebers, hauptsächlich des Puerperalfiebers und der Pneumonie. Selbstverständlich hat dasselbe keine specifische Wirkung bei diesen Affektionen.

Ihm wird auch ein besonders kalmirender Einfluss auf den Trigeminus zugeschrieben, und Aconit wird zur Behandlung der Gesichtsneuralgien empfohlen. Der Beweis für diese Wirkung ist durchaus nicht erbracht worden.

Die meisten Pharmakopöen der Gegenwart haben darauf verzichtet, das Aconitin als officinelles Arzneimittel aufzunehmen und die Pharmacopoea Germanica enthält nur die Tinctura Aconiti, welche aus 1 Th. grob gepulvertem Akonitknollen und 10 Th. Spirit. dil. bereitet wird. Die grösste Einzeldosis beträgt 0,5 und die grösste Tagesgabe 2,0!

Im Anschluss an Aconitin nennen wir das

Veratrin. Veratrinum.

Dasselbe kommt in den Sabadillsamen neben Sabadillin, Cevadillin etc. vor, und stellt ein weisses, lockeres Pulver oder weisse amorphe Massen dar, deren Staub heftig zum Niesen reizt. Es ist in 4 Thl. Weingeist und in 2 Thl. Chloroform löslich.

Wirkung. Veratrin ist ein intensives Gift, das lähmend auf die peripherischen Nervenendigungen und die quergestreiften Muskeln wirkt. Bereits in kleinen Dosen erzeugt es Magenschmerzen, Erbrechen, Kolik, Durchfall und Collaps.

Therapeutische Verwendung fand Veratrin früher bei Pneumonie, wo es erheblichen (auf Collaps beruhenden) Temperaturabfall bewirkte. Gegenwärtig ist die interne Verabreichung ganz verlassen, und es wird Veratrin nur noch äusserlich als schmerzstillendes Mittel zu Einreibungen (bei Neuralgien, Muskelrheumatismus etc.) verordnet.

ad 0,005 pro dosi! — ad 0,02 pro die!

†**Gelsemium nitidum.** (Gelsemium sempervirens).

Eine in Nordamerika einheimische, zu den Kletterpflanzen gehörende Loganiacee. Die Wurzel enthält zwei toxische Substanzen: die Gelseminsäure, ein Krampfgift, und das Gelsemin, ein Alkaloid, dessen sehr energische Wirkung sich etwas derjenigen des Aconitoxin nähert. Unter dem Einflusse dieser beiden Substanzen werden die sensiblen Rückenmarkfasern schon zu einer Zeit gelähmt, wo die motorischen Fasern sich noch in einem Reizungszustande befinden. Daher eine Art Ataxie mit Eingeschlafensein der Finger und Plantaranaesthesie, so dass das betreffende

Individuum auf seinen Beinen schwankt. Bald stellt sich Diplopie, dann Übelkeit und Erbrechen ein. Die motorischen Fasern selbst werden alsdann gleichfalls gelähmt und wie beim Aconit beginnt diese Paralyse bei den Hebemuskeln des Augenlides und den Muskeln der Zunge. Die Athemnoth wird stärker, und der Tod kann durch Lähmung der respiratorischen Centren erfolgen. — Die Pupille ist stark erweitert.

Therapeutische Verwendung. In Amerika wird Gelsemium als Antipyreticum angewandt. In Europa wurde es als schmerzstillendes Mittel bei der Trigeminusneuralgie empfohlen, doch hat man es als unzuverlässig und gefährlich bald aufgegeben.

†Tinctura Gelsemii. Gelsemiumtinktur (1 : 10). Klare, bräunlichgelbe Flüssigkeit, von unangenehm bitterem Geschmacke.

Dosis max. simpl. 1,0. Dos. max. pro die 5,0! (Pharm. Helv.)

Folia Nicotianae. Tabak.

Die zahlreichen Varietäten von Nicotiana tabacum, aus der Familie der Solaneen, die in der ganzen Welt kultivirt werden, enthalten sämmtlich ein äusserst giftiges Princip, das Nicotin. Dasselbe kommt im Tabak in sehr schwankendem Verhältnisse vor, je nach den Ländern oder dem Terrain des Anbaues. So enthalten z. B. die Tabaksorten von Maryland zwischen 2 bis 3 %, während in den französischen Pflanzen der Nicotingehalt bis zu 7,5 % steigen kann.

Das Nikotin ($C_{10}H_{14}N_2$) ist ein flüssiges, flüchtiges Alkaloid von gelblicher Farbe. Es löst sich leicht in Wasser, Weingeist, Äther etc. An der Luft oxydirt es sich leicht und wird dickflüssig und bräunlich. Der Geruch ist betäubend und der Geschmack ätzend und widerlich.

Neben diesem Alkaloid findet sich noch eine sauerstoffhaltige, den Kampfern ähnliche Substanz: das Nicotianin, dem die am meisten geschätzten Tabaksorten ihr mehr oder minder angenehmes Aroma verdanken.

Wirkung. In Bezug auf Giftigkeit kann das Nicotin der Blausäure an die Seite gestellt werden. Eine Dosis von 0,05 genügt bereits, ein grosses Kaninchen schnell zu tödten, und mit der minimalsten Menge bringt man einen Vogel um. Es wird mit ausserordentlicher Leichtigkeit und Schnelligkeit resorbirt, selbst die unverletzte Haut resorbirt eine hinreichende Menge, um üble Zufälle hervorzurufen. Zuerst wirkt es erregend, alsdann lähmend, und diese Wirkung macht sich zuerst am Gehirn, alsdann an den Centren der Respiration und Cirkulation, am Rückenmark, den Nervenendigungen, den Herzganglien und an gewissen Ausscheidungen bemerkbar.

Beim Menschen erzeugt eine Dosis von 0,001 bis 0,003, innerlich genommen, ein Gefühl von Brennen auf der Zunge und in der

Speiseröhre nebst momentaner Vermehrung des Speichels, alsdann ein Wärmegefühl im Magen, das sich auf die Extremitäten und den ganzen Körper ausbreitet. Bald darauf stellt sich Kopfweh, Übelkeit, Erschlaffung ein, und die Athmung wird mühsam. Nach $^1/_2$ bis $^3/_4$ Stunden zeigt sich ein starkes Schlafbedürfniss und grosses Schwächegefühl; das Gesicht ist blass, der Körper wird kalt, dabei kann Erbrechen und Bewusstseinsverlust mit Krämpfen in den Gliedern und Athmungsmuskeln auftreten.

Erst nach drei Stunden beginnen diese Symptome nachzulassen, doch macht sich ein allgemeines Unbehagen noch mehrere Tage hindurch bemerkbar.

Zum Glücke für die Raucher zersetzt sich das Nicotin zum Theil durch die Verbrennung des Tabaks hauptsächlich in zwei Basen, die keineswegs mehr die toxische Wirkung des Nicotins besitzen. Die erste von diesen Basen, das Pyridin, bildet sich hauptsächlich beim Rauchen des Tabaks in der Pfeife und übt eine irritirende Wirkung auf die Schleimhäute aus (Pharyngitis der Raucher). Die zweite, das Collidin, welches sich mit Vorliebe bei vollständigerer Verbrennung, wie beim Cigarrenrauchen, bildet, ist weit weniger reizend. Der Tabakrauch enthält jedoch noch eine gewisse Menge Nicotin. Man kann sich hiervon überzeugen durch Kondensirung dieses Rauches in einem Liebig'schen Kühlapparate. Einige Tropfen des Destillats reichen hin, einen Frosch zu tödten.

Durch Kauen des Tabaks führt man dem Organismus die grösste Menge Nicotin zu und man gelangt auf diese Weise am schnellsten zur chronischen Vergiftung, wie man sie so häufig bei den Matrosen beobachtet, die es in manchen Ländern so weit bringen, 20 bis 27 g Tabak an einem Tage zu priemen.

In dem ersten Stadium dieser chronischen Intoxikation leidet der Kranke hauptsächlich an Hallucinationen, Schlaflosigkeit, Alpdrücken; dann kommt eine zwei bis drei Wochen andauernde Periode, in der man einen Wechsel von Erregung und Verstimmung beobachtet, die später einem Zustand von Stumpfsinn mit Tremor und Unreinlichkeit Platz macht. Dieses Krankheitsbild zeigt eine grosse Ähnlichkeit mit dem der progressiven Paralyse. Ein Unterschied besteht nur darin, dass die chronische Tabakvergiftung heilbar ist.

Bei den von der Intoxikation befallenen Rauchern beobachtet man Reizung des Pharynx mit Heiserkeit, mitunter Dyspepsie und sehr oft Reizungssymptome des Plexus cardiacus, sich kundgebend durch einen besonderen Rhythmus der Herzschläge mit Palpitation (Raucherherz). Es stellen sich auch sehr lebhafte und flüchtige Schmerzen ein, die der betreffende Kranke mit Dolchstössen (ins Herz) vergleicht. Später stellen sich allmählich alle Symptome der Angina pectoris (hauptsächlich während der Nacht) ein. Wenn ein Raucher über Beschwerden seitens des Herzens klagt, ohne dass deutliche Läsionen des Klappenapparates nachzuweisen sind, so kann mit Bestimmtheit darauf gerechnet werden, dass nach vollständiger Unterdrückung des Tabakgenusses baldige Genesung eintritt.

Therapeutische Verwendung. Der Tabak wird als Arzneimittel nicht mehr angewendet. Früher verordnete man Lavements von einem Aufguss der Tabakblätter in Fällen von Darmverschluss und zur Belebung von Ertrunkenen. Diese Behandlung taugt jedoch nichts und ist zu verwerfen, da sie häufig die Ursache von Vergiftungen gewesen ist.

Die Tabakbeize dient zur Zerstörung des Ungeziefers bei den Schafen.

Die nun zu erörternde Gruppe von Arzneimitteln (Physostigmin, Pilocarpin und Muskarin) hat keine eigentliche narkotische Wirkung mehr, doch besitzen diese Stoffe noch lähmende Eigenschaften für gewisse Organe oder Organgruppen. Ausserdem sind sie Antagonisten der vorhergenannten Medikamente; ihre Wirkung ist eine ganz entgegengesetzte, sie veranlassen energische Kontraktion der Pupille und vermehren bedeutend die Schweiss- und Speichelsekretion.

†**Faba Calabarica.** Kalabarbohne. Physostigmin.

Die Kalabarbohnen sind die Früchte von Physostigma venenosum (Fig. 3), eines zu der Familie der Leguminosen gehörenden kletternden Halbstrauches mit rosenartigen Blumen. Er wächst hauptsächlich an der Mündung des Niger und an der Kalabarküste. Die Samen sind braun, nierenförmig, von der Grösse einer Bohne und enthalten zwei Hauptalkaloide: das Physostigmin, früher als Eserin bezeichnet, und das Calabarin. Letzteres hat bisher noch keine therapeutische Anwendung gefunden; seine Wirkung ist derjenigen des Strychnins ziemlich ähnlich.

Das Physostigmin ist in Wasser löslich; seine Lösung wird jedoch schnell braunroth (Rubreserin), ohne dadurch etwas von seinen Eigenschaften einzubüssen.

Fig. 3. Physostigma venenosum.

Das salicylsaure Physostigmin ist dasjenige leicht lösliche Salz, dessen Lösung sich am längsten unzersetzt hält. Aus diesem Grunde ist es auch für den therapeutischen Gebrauch angenommen worden.

Physiologische Wirkung. In kleiner Gabe (0,001) ruft Physostigmin beim Menschen eine Kontraktion der glatten Muskeln des Darmes, der Blase und im Allgemeinen aller mit glatten Muskeln versehenen Organe (Milz, Uterus, kleine Arterien etc.) hervor. Am besten lässt sich diese Wirkung am Darm wahrnehmen. Je nach der Dosis kann eine so energische tetanusartige Kontraktion entstehen, dass man die kontrahirten und starren Darmschlingen durch die Bauchwand hindurch wie feste Stränge fühlen kann. In dieser Wirkungsperiode sind alle Absonderungen, sowohl die gastrointestinalen Sekretionen, wie diejenigen der Schweiss-, der Speichel- und Thränendrüsen gesteigert. Daher sind auch die Darmkoliken von einer sehr starken Diarrhoe begleitet.

Die Respiration wird schneller und mühsam, wahrscheinlich in Folge der Zusammenziehung der glatten Muskeln des Bronchialbaumes, aber bald wird sie langsamer und oberflächlich, entsprechend der fortschreitenden Lähmung in der Medulla oblongata, und der Tod erfolgt durch Paralyse der Athmungscentren.

Auf die Cirkulation ist die Wirkung eine ziemlich ähnliche; die Zusammenziehung der kleinen Arterien erhöht am Anfang den Blutdruck, der noch durch die direkte Aktion des Physostigmins auf den Herzmuskel und durch die starke Kontraktion aller Gefässe des Abdomen gesteigert wird. — In der Lähmungsperiode sinkt der Druck schnell.

Die Wirkung auf das Auge ist zum Theil durch eine direkte Aktion auf die Muskeln der Iris veranlasst; Physostigmin ruft in 5—10 Minuten eine starke Zusammenziehung der Pupille hervor, die 16—18 Stunden andauern kann und die erst nach 2 oder 3 Tagen vollständig verschwindet. Gleichzeitig entsteht Abnahme des intraoculären Druckes. Diese Erscheinung kommt zum Theil durch eine Art von Massage des Augapfels in Folge von Kontraktionen der Muskeln zu Stande. Man beobachtet auch fibrilläre Zuckungen der Augenlider und geringe Schmerzen in der Höhe der Augenbrauenbögen.

Therapeutische Verwendung. Obgleich die excitirende Wirkung des Physostigmins auf die Darmwand sehr deutlich ist, hat man doch in der Menschentherapie bisher keinen regelmässigen Gebrauch von demselben bei der Behandlung der Obstipation gemacht. Es könnte jedoch in manchen Fällen von Atonie des Darmes gute Dienste leisten, aber man müsste dabei recht vorsichtig sein und nur mit Dosen von $^1/_2$ mg beginnen.

In der Augenheilkunde dagegen erweist es sich sehr nützlich, wenn es sich darum handelt, den intraokulären Druck herabzusetzen, wie z. B. bei Glaukom und Staphylom. — Man wendet es auch abwechselnd mit Atropin an, um die Verwachsungen zu verhindern, die sich in Folge von Iritis bilden können; mitunter gelingt es sogar, diese Adhärenzen nach ihrer Bildung loszulösen.

Man verordnet Lösungen von salicylsaurem Physostigmin zu 0,50 $^0/_0$ innerlich.

ad 0,001 pro dosi! — ad 0,003 pro die!

†Muscarin.

Gewisse toxische Principe der Pilze wie z. B. das Muscarin, das man im Agaricus muscarius findet, besitzen eine physiologische Wirkung, die derjenigen des Physostigmins sehr ähnlich ist. Dieses Muscarin hat auf synthetischem Wege durch Oxydation von Cholin dargestellt werden können. — Beim Menschen beobachtet man nach einer subcutanen Injektion von 0,001 bis 0,003 starken Speichelfluss mit Vermehrung der Pulsfrequenz, Blutandrang nach dem Kopfe, Pupillenverengerung und sehr schmerzhafte Koliken nebst Diarrhoe. Man hat schon nach einer Dosis von 0,005 tödtlichen Ausgang beobachtet. — Wir sehen dieselben Symptome bei Vergiftungen durch Pilze auftreten. Daher kann man in derartigen Fällen als Gegengift Atropin in subkutaner Injektion in einer Dosis von 0,001 anwenden und beim Erwachsenen bis zu 0,005 in 24 Stunden gehen.

Folia Jaborandi (Pilocarpin).

Wenn wir dieses Mittel als zur Calabargruppe gehörig hier nur kurz anführen, so geschieht dies im Hinblick auf seine myotische Wirkung. Da die Verwendung des Pilocarpin als Myoticum jedoch kaum in Betracht kommt und es therapeutisch hauptsächlich wegen seiner schweisstreibenden Eigenschaften gebraucht wird, erschien es uns zweckmässig, dasselbe unter „Diaphoretica“ ausführlicher abzuhandeln.

Semen Strychni. Nux vomica. Strychnin.*)

Krähenauge. Brechnuss.

Die Frucht von Strychnos nux vomica (Loganiacee) gleicht einer kleinen Orange und enthält eine Pulpa, in welcher harte, platte Samen von der Form eines Rockknopfes eingebettet sind. (Fig. 4.) In diesen Samen findet sich 1—2 % Strychnin und eine wechselnde Menge Brucin. Ein grosser Theil des im Handel vorkommenden Strychnins ist aus den St. Ignazbohnen (Strychnos Ignatii) gewonnen. Dieselben enthalten Strychnin in einem weit stärkeren Verhältnisse und nur sehr wenig Brucin. Dadurch wird die Extraktion bedeutend vereinfacht.

Das Brucin als solches findet keine therapeutische Verwendung. Es wirkt etwa wie Strychnin, aber ungefähr vierzigmal schwächer. Das Strychnin dagegen, dessen salpetersaures und schwefelsaures Salz hauptsächlich in Gebrauch ist, gehört zu

*) Für die Aufstellung dieser Gruppe ist mehr die physiologische Wirkung als die therapeutische Verwendung maassgebend gewesen.

den heftigsten Giften. Die toxische Dosis für den Erwachsenen beginnt schon mit 0,03. Sein bitterer Geschmack ist so intensiv, dass er noch in einer Lösung von 1 : 48,000 wahrgenommen wird.

Es wird sehr schnell von den Schleimhäuten resorbirt, jedoch schneller von der Mucosa des Dickdarmes als vom Magen.

Nach einer subkutanen Einspritzung findet man das Strychnin nach 9 bis 30 Minuten im Urin wieder, und eine Dosis von 0,01 erfordert zu ihrer vollständigen Elimination 3 bis 4 Tage. Diese Langsamkeit der Ausscheidung macht das Strychnin zu einem furchtbaren Gift, dessen kumulative Wirkung gleichfalls zu fürchten ist. Schon nach sehr kleinen, aber zu häufig wiederholten Gaben hat man oft beunruhigende Intoxikationserscheinungen auftreten gesehen. Denselben geht fast immer starkes Jucken der Kopfhaut voraus. Daher soll man, so oft man eine Behandlung mit Strychnin unternimmt, auf das Erscheinen dieses Symptoms besonders Acht geben.

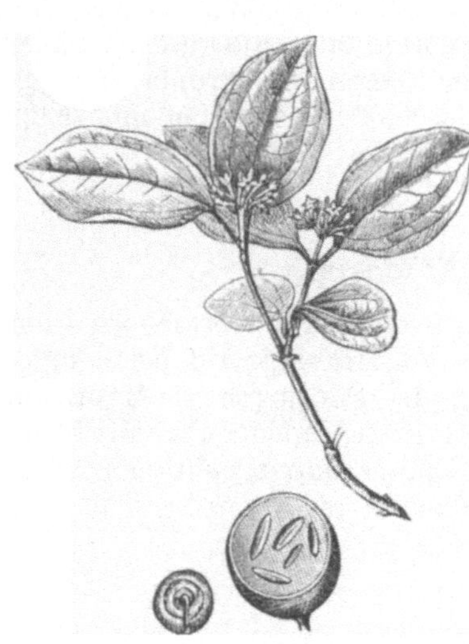

Fig. 4. Strychnos nux vomica.

Strychnin ist ein Alkaloid, das sich während der Leichenfäulniss nur wenig zersetzt. Aus diesem Grunde lässt es sich in der Leiche selbst nach einem Jahre noch nachweisen.

Physiologische Wirkung. Die Hauptwirkung des Strychnins besteht in einer bedeutenden Erhöhung der Reflexerregbarkeit des Rückenmarkes. Mit einer leicht toxischen Dosis ist diese Aktion derartig, dass die geringste Reizung eines sensiblen Nerven an Stelle einer einfachen Erhöhung der Reflexbewegung allgemeine Konvulsionen hervorruft. Die Empfindlichkeit der Sinnesnerven ist gleichfalls beträchtlich gesteigert. Das kann besonders an den Geruchs- und Sehnerven beobachtet werden. Der Geruch wird ausgezeichnet, die Sehschärfe wird verstärkt und das Sehfeld ist für einige Tage erweitert. — Die Strychninkrämpfe gehen vom Rückenmarke aus, und die Aktion lokalisiert sich aller Wahrscheinlichkeit nach in den vorderen grauen Hörnern. Das Gehirn selbst ist nicht oder nur ganz indirekt betheiligt. So wird es unter dem Einflusse der Druckerhöhung und der gesteigerten Perception der Sinnesnerven stehen. Daher bleibt das Bewusstsein bei den mit Strychnin Vergifteten bis zum Tode ungetrübt. Die graue Hirnrinde ist wenig beeinflusst; ihre Erregbarkeit dürfte eher herabgesetzt sein.

Die Wirkung des Strychnins ist eine rein centrale. Dies kann man leicht beweisen, indem man einen motorischen Nerv in der Nähe des Rückenmarkes durchschneidet. Alle von diesem Nerv versorgten Muskeln werden unversehrt bleiben und nicht von Krämpfen befallen werden, selbst wenn das Strychnin in diese Muskeln injicirt wird.

Der Blutdruck ist stark erhöht, zunächst durch eine direkte Reizung der vasomotorischen Centren, dann, zur Zeit der Krämpfe, in Folge der starken allgemeinen Muskelkontraktionen.

Nach einer Dosis von 0,03 entwickeln sich die Vergiftungserscheinungen in einem Zeitraume, der zwischen 5 Minuten und 5 Stunden schwankt. Sie beginnen mit allgemeinen Konvulsionen. Die Zähne sind aneinandergepresst, die Pupillen erweitert, das Gesicht ist cyanotisch, der Exophthalmus ist sehr ausgeprägt; der Körper befindet sich in Opisthotonosstellung und hat seinen Stützpunkt nur auf dem Kopfe und den Fersen. Die Hände sind krampfhaft zusammengepresst und die Arme fest gegen den Thorax gedrückt.

Diese tetanischen Krämpfe dauern eine halbe bis eine Minute, dann tritt ein Nachlass ein, wo die Athmung sich wieder regelt und das Gesicht blasser wird. Es genügt jedoch der geringste Reiz, wie der Eindruck eines lebhaften Lichtes oder die Empfindung eines Luftzuges, um einen erneuten Anfall hervorzurufen.

Der Kranke erliegt entweder einem Erstickungsanfalle, der hauptsächlich durch den Krampf der Athmungsmuskeln verursacht wird, oder er geht an der während der Periode der Remission eintretenden Lähmung zu Grunde.

Wenn die Dosis keine tödtliche ist, können die Vergiftungssymptome mehrere Stunden bis mehrere Tage andauern.

Die Strychninvergiftung kann einen Tetanus vortäuschen. Die differentielle Diagnose wird in Betracht zu ziehen haben: 1. die Anamnese des betreffenden Falles; 2. die Thatsache, dass die Tetanuskrämpfe tonischer Natur sind, während die Strychninkrämpfe eher einen klonischen Charakter haben; 3. beim Tetanus sind die Kiefermuskeln (Masseteren) in erster Linie ergriffen, während beim Strychnin alle Muskeln zu gleicher Zeit betheiligt sind.

Die Muskelstarre tritt sofort nach dem Tode ein, wie man dieses jedesmal beobachtet, wo ein Individuum plötzlich nach einer bedeutenden Ermüdung stirbt (wie zum Beispiel beim Soldaten, der nach einem starken Marsch erschossen wird, oder bei Thieren, die nach langer Verfolgung durch die Hunde getödtet werden).

Zur Behandlung der Strychninvergiftung werden sehr oft Ausspülung des Magens und Brechmittel empfohlen. Diese beiden Mittel können aber nicht angewandt werden; denn während des Anfalles sind die Zähne fest gegeneinander gepresst, und die Einführung der Schlundsonde ist unmöglich. Will man die Sonde in der anfallsfreien Zeit in den Mund einführen, so ruft man eine neue Attaque hervor. Andererseits giebt die durch ein Brechmittel erzeugte Reizung Anlass zu krampfhaften Zusammenziehungen des Oesophagus, die das Erbrechen unmöglich machen.

Am besten thut man, Tannin oder 10—15 Tropfen Jodtinktur in Wasser und dann subkutane Injektionen von Cocain, in 2- bis 3stündlichen Dosen von 0,01 zu verabreichen. — Auch Chloralhydrat oder Paraldehyd kann von Nutzen sein.

Therapeutische Verwendung. Als Stomachicum wird mit Vorliebe die Tinctura Strychni angewandt. Dieselbe besitzt gährungs- und fäulnisswidrige Eigenschaften und begünstigt die gastrointestinale Peristaltik. Möglicherweise übt sie auch eine stimulirende Wirkung auf die Magensekretion aus. Man verabreicht 5 bis 10 Tropfen während der Mahlzeiten und soll nicht über die Tagesdosis von 2,0 hinausgehen. Sie verbindet sich sehr gut mit anderen bitteren Mitteln.

28) ℞ Tinct. Strychni
Tinct. Gentianae
Tinct. Chinae comp. āā 10,0.
M. D. S. 20—30 Tropfen während der Mahlzeiten.

Strychnin selbst wird als salpetersaures Salz in Form von Granula (0,001) oder in subkutaner Injektion gegeben. Die letztere Applikationsweise scheint die geeignetste zu sein und wird vornehmlich bei nervösen Paresien und Paralysen angewandt, die nicht im Zusammenhange mit einer anatomischen Laesion stehen. So zeigt Strychnin sich bei Rückenmarkssklerose unwirksam, und bei den Degenerationen des Rückenmarks in Folge von Apoplexie ist sein Effekt fast Null; es darf hier erst versucht werden, nachdem alle Reizungssymptome vollständig verschwunden sind.

Die Wirkung des Strychnins ist jedoch ausgezeichnet bei paralytischen Neuritiden nach Bleivergiftung oder Diphtherie oder bei solchen, die durch Tabaks- oder Alkoholmissbrauch verursacht sind, ebenso in Fällen von Amaurose und Amblyopie. Man soll mit einer subkutanen Injektion von 0,001 täglich beginnen und damit 4 bis 5 Tage fortfahren, dann geht man allmählich bis 0,005 in die Höhe und unterbricht jeden fünften Tag die Behandlung während 24 bis 48 Stunden. Bedient man sich einer 0,2% Lösung, so enthält die volle Pravaz'sche Spritze 0,002 Strychnin. Sehr oft beobachtet man im Laufe dieser Behandlung fibrilläre Muskelzuckungen oder Krämpfe, wenn der Kranke eine rasche Bewegung ausführen will. Ausserdem geben die gereizten Sinnesnerven leicht Veranlassung zu Gehörsempfindungen, zu Flimmerskotomen, Kopfweh etc. Sobald diese Symptome sich einstellen, wird man gut thun, mit der Strychnindosis etwas herunterzugehen. Ebenso wird man recht vorsichtig bei Greisen und solchen Leuten sein, deren atheromatöse Arterien brüchiger sind.

Die interstitiellen Injektionen sind zuweilen von guter Wirkung bei Prolapsus ani. Man macht sie in die Mucosa in der Gegend des Anus.

Präparate. Semen Strychni und Strychnin werden selten angewendet. Am meisten bedient man sich des Strychninum nitricum

	ad 0,01 pro dosi!	— ad 0,02 pro die!	(Pharm. Germ. et Helv.)
	ad 0,007 „ „	ad 0,02 „ „	(Pharm. Austr.)
Subcut.	ad 0,005 „ „	ad 0,01 „ „	(Pharm. Helv.)

Extractum Strychni. (Extract. Strychni spirituosum.)
ad 0,05 pro dosi! — ad 0,15 pro die!

Tinctura Strychni. (Sem. Strychni 1. Spirit. dil. 10.)

ad 1,0 pro dosi!	— ad 2,0 pro die!	(Pharm. Germ.)
ad 1,0 „ „	ad 3,0 „ „	(Pharm. Austr.)
ad 0,5 „ „	ad 2,0 „ „	(Pharm. Helv.)

Herba Conii. Herba Conii maculati. Schierling. Fleckschierling.

Die Blätter und blühenden Spitzen von Conium maculatum, (Fig. 5) einer wildwachsenden Pflanze (Umbellifere), deren giftige Eigenschaften schon in den ältesten Zeiten bekannt waren. (Sokrates wurde zum Tode durch den Schierlingsbecher verurtheilt.)

Maximaldosis 0,5 pro dosi! — 2,0 pro die!

Als wirksamer Bestandtheil des Schierlings gilt das

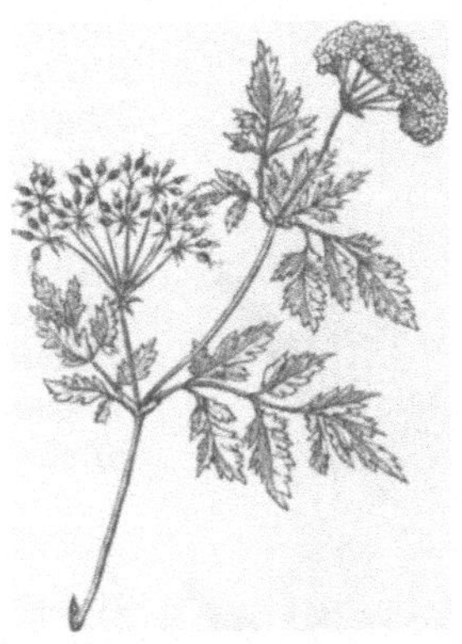

Fig. 5. Conium maculatum.

†**Coniin,** C_8H_7N, eine farblose, ölige, widerlich riechende Flüssigkeit. Wirkt vorzugsweise lähmend auf das Nervensystem; es werden zuerst die motorischen Nervenendigungen und später die Centren ergriffen. Coniin gehört zu den stärksten Giften. Ein Tropfen kann bereits die bedrohlichsten Erscheinungen hervorrufen. Aus diesem Grunde findet Herba Conii selten therapeutische Verwendung.

†**Coniinum hydrobromicum.** Farblose, nadelförmige, wasserlösliche Krystalle. Bei krampfhaften Zuständen, Keuchhusten, Asthma, Tetanus etc. in Dosen von 0,0001—0,0005 in wässeriger Lösung oder subcutaner Injection empfohlen. Erfolg unsicher.

† Curare.

Curare ist ein wässeriges Extrakt verschiedener Strychnosarten (Strychnos Castelnaeana, Str. Crevauxii, S. toxifera, S. Gubleri), das von den am Orinoco und an den Ufern des Amazonenstromes wohnenden Eingeborenen bereitet wird und ihnen dazu dient, Pfeile zu vergiften. Die Verschiedenheit der Präparate ist die Ursache, dass das Curare nicht immer denselben Werth hat. Es hat bisher therapeutisch wenig verwerthet werden können, doch leistet es den Physiologen grosse Dienste. Sein wirksames Princip ist das Curarin. Schon in sehr geringer Dosis lähmt Curare die peripherischen Endigungen der motorischen Nerven; in grösserer Gabe ergreift die Paralyse gleichfalls den Vagus und die sensiblen Nerven, und geht man mit der Dosis noch höher, so werden auch Rückenmark und Herz gelähmt. Bei Aufnahme durch den Magen hat Curare nur wenig Wirkung, weil es sehr langsam resorbirt und dagegen sehr schnell durch die Nieren ausgeschieden wird.

Secale cornutum. Mutterkorn. Seigle ergoté.

Das Mutterkorn ist das Resultat der Entwickelung eines Pilzes, Claviceps purpurea (Pyrenomycetes), dessen Mycelium durch Wind oder Insekten auf den Fruchtknoten der Gramineen gebracht, sich dort entwickelt und an die Stelle der Frucht setzt. So bildet sich statt des Roggenkornes ein schwärzlicher, 15 bis 25 mm langer Körper von fleischiger Konsistenz (im frischen Zustande). Derselbe wird jedoch später (durch Austrocknen) hart und hornartig. (Fig. 6.) Dieses Mutterkorn nimmt leicht, besonders bei Feuchtigkeit, einen widerlichen Geruch an, der wegen des frei werdenden Propylamins, an verdorbene Seefische erinnert.

Fig. 6.
Secale cornutum.

Seit Jahrhunderten ist diese Droge zur Erleichterung des Geburtsaktes angewendet worden. In historischer Beziehung ist sie noch von Interesse wegen der chronischen Vergiftungen (Ergotismus, Ignis St. Antonii, Ignis sacer), die sie verursachte, wenn in feuchten Jahren Secale cornutum sich in zu grosser Reichlichkeit entwickelte.

Wirkung. Secale cornutum enthält eine Menge organischer, meist leicht zersetzlicher Körper, wie Cholin, Isocholin, Ecbolin, Picrosclerotin, Scleroidin, Mannit, Cholestearin und Oleïn- und Palmitinglyceride. Man kann jedoch auf keine von diesen Substanzen die specifische Wirkung des Mutterkorns zurückführen. Nach Kobert scheint diese Wirkung allein den drei folgenden Substanzen zuzukommen: dem Cornutin, der Sphacelinsäure und der Ergotinsäure. — In Frankreich nimmt man das von Tanret im krystallinischen Zustande dargestellte Ergotinin als das wirksame Princip an, und für manchen Chemiker ist Cornutin nichts anderes als Ergotinin, nur weniger rein als letzteres.

Die Ergotinsäure (Hauptbestandtheil der Sclerotinsäure von Dragendorff) ist in Wasser löslich. Wie die Glykoside, zersetzt sie sich leicht in Zucker und in eine indifferente Substanz, sobald man sie mit verdünnten Säuren oder mit den Verdauungssäften behandelt. Daher ist die Ergotinsäure nicht mehr toxisch, wenn sie durch den Magen eingeführt wird, dagegen wirkt sie, in die Venen injicirt, lähmend auf Rückenmark und Gehirn. Auf den Uterus hat sie keinen Einfluss.

Die Sphacelinsäure (Sphacelotoxin von Schmiedeberg oder Spasmotin von Jacobi) ist eine harzige, in Wasser wenig lösliche Substanz. Sie bewirkt eine starke Reizung der vasomotorischen Centren, als deren Folge sich eine intensive Zusammenziehung der kleinen Gefässe einstellt. Diese Kontraktion kann sehr lange andauern und eine hyaline Thrombose verursachen, auf die bald Gangrän des von dem verstopften Gefässe abhängigen Gebietes folgt. Gerade dieser Substanz scheinen die verderblichen Wirkungen zuzukommen, wenn Mutterkorn den Cerealien beigemengt ist. In früheren Zeiten, da man das Secale cornutum nicht so leicht wie heute vom guten Korn trennen konnte, brach plötzlich eine Art von scheinbar epidemischer Krankheit aus, die man „heiliges Feuer“ oder Ignis St. Antonii nannte. Die Bewohner ganzer Landstriche wurden von lokaler Gangrän, besonders an den Extremitäten, befallen, und diese Erscheinung war häufig von einer Art Rausch, von Lähmung der Empfindungsnerven, Formication, Ataxie und selbst von epileptiformen Konvulsionen begleitet. Derartige Epidemien wurden im Mittelalter hauptsächlich in Orléanais beobachtet. Die ganze Bevölkerung flüchtete sich damals nach Paris und kampirte vor dem Dom von Notre-Dame, der im Rufe stand, dieses Leiden zu heilen. Den Priestern fiel die Aufgabe zu, diese Unglücklichen zu ernähren, welche, sobald sie nicht mehr der Vergiftung durch ihr Getreide ausgesetzt waren, in den häufigsten Fällen genasen.

Das Cornutin, ein Alkloid, das fälschlich mit dem Ergotinin von Tanret identificirt wird, löst sich ziemlich leicht in mit etwas Salzsäure angesäuertem Wasser. Es bewirkt kräftige Zusammenziehungen der glatten Muskeln, namentlich derjenigen des Uterus (des schwangeren und nicht schwangeren). Daneben beobachtet man noch Übelkeit (zuweilen von Erbrechen gefolgt), Salivation und eine starke Verminderung der Herzschläge. Beim Kaninchen genügt eine Dosis von 0,0005 pro Kilo zur Hervorrufung von Uteruskontraktionen und Ausstossung des Foetus. Bei einer Frau kann man nach dem Geburtsakt mit einer Dosis von 0,005, subkutan in die Bauchgegend injicirt, sehr energische Zusammenziehungen der Gebärmutter hervorrufen.

Demnach dürfte dieser Substanz die Hauptwirkung des Mutterkorns beim Gebärakt zuzuschreiben sein. Leider ist jedoch der Preis des Cornutin noch zu hoch, als dass es in der gewöhnlichen Praxis Verwendung finden könnte. Man muss sich daher für den Augenblick mit Präparaten des Secale cornutum begnügen, die man — übrigens mit Unrecht — Ergotine zu nennen pflegt (Ergotin Bonjean, Wiggers, Yvon etc.). Sie sind nichts anderes als wässerige oder spirituöse Extrakte und enthalten einen mehr oder minder grossen Procentsatz der wirksamen Substanzen des Mutterkorns, und dieser Umstand dient zur Erklärung der verschiedenen Wirkungsweisen, die man bei ihrer Anwendung beobachtet.

Im Allgemeinen macht diese Wirkung sich an allen glatten Muskeln des Organismus, an den Muskeln der Gefässe, des Darms, der Harnblase, der Prostata, und des Uterus bemerkbar. Letzterer wird in ganz besonderer Weise, vielleicht durch Vermittelung der uterinen Centren des Rückenmarks, beeinflusst. Wie dem nun sein möge, die Extrakte des Secale cornutum oder Secale cornutum selbst bewirken eine sehr starke Zusammenziehung der Uteruswand, aber man muss dabei stets im Auge behalten, dass diese Kontraktion nicht rhythmisch und intermittirend wie die physiologische Uteruskontraktion, sondern tetanisch ist.

Therapeutische Verwendung. Secale cornutum darf daher niemals beim Vorhandensein eines mechanischen Geburtshemmnisses angewendet werden oder wenn die Dilatation nicht vollständig ist. Ebenso ist Vorsicht geboten, wenn der Uterus noch den Foetus oder die Placenta oder Blutgerinnsel enthält. Durch Hervorrufung einer unzeitigen Kontraktion kann die Retention der Placenta begünstigt werden. Heutzutage zieht der Geburtshelfer vor, die Zange anzulegen, wenn die Uteruskontraktionen nachlassen oder wenn er ein enges Becken überwinden will. Desgleichen bewirkt die in die Gebärmutter eingeführte Hand leichter Kontraktionen und schnellere Herausbeförderung der Placenta und Blutgerinnsel als Secale cornutum, dessen Anwendung in der geburtshülflichen Praxis nun immer seltener wird. Wenn jedoch nach der Geburt, in Folge schlechter Zusammenziehungen des Uterus, kleine Haemorrhagien auftreten, können die Mutterkornpräparate gute Dienste leisten. Ist aber die Blutung durch adhärirende Placentareste verursacht, dann ist Secale cornutum kontraindicirt oder nutzlos. Hier erweist sich nur das Curettement des Uterus von Vortheil.

Man hat Secale cornutum empfohlen, um Fibromyome des Uterus zu verkleinern (Hildebrand), und will nach subkutanen Injektionen von 0,50 Ergotin Bonjean gute Resultate beobachtet haben. Im Allgemeinen sind diese Einspritzungen recht schmerzhaft; sie sind es weniger, wenn man sie in die Muskeln, namentlich in die Glutaeen applicirt.

Anwendung finden die Secalepräparate noch bei Haemoptoë

und im Allgemeinen bei inneren Haemorrhagien mit Ausnahme derjenigen, welche durch übermässige arterielle Spannung (Nephritis, Hepatitis) bedingt sind.

Gute Dienste leistet Mutterkorn auch, wo es sich darum handelt, den Gefässwänden, besonders der Kapillaren, ihren Tonus wiederzugeben, wie dieses zuweilen im Verlaufe gewisser Infektionskrankheiten, hauptsächlich beim Ileotyphus, nothwendig ist. In letzterem Falle wird man jedesmal daran denken, Secale anzuwenden, wenn das Herz Zeichen von Schwäche zeigt oder sich rothe Flecke an gewissen Stellen des Körpers (an den Wangen, in der Glutaealgegend etc.) einstellen. Letzteres ist stets ein Kennzeichen einer gewissen Parese der Kapillarwände.

Beim Prolaps des Rectums ist ein guter Erfolg vom Secale nur bei jugendlichen Individuen, hauptsächlich bei Kindern, zu erwarten. Die Injektion wird hier in das submucöse Gewebe und in der Richtung des Sphincter Ani gemacht. — Bei Aneurysmen und Hypertrophie der Prostata ist der Erfolg gleich Null.

Präparate. Die als Ergotin bezeichneten Präparate (Bonjean, Yvon, Bombelon, Wernich, Wiggers, Niehaus etc.) sind nichts anderes als alkoholische oder wässerige Extrakte mit variablem Gehalt an wirksamen Substanzen. Man kann sie in Mixtur oder in subkutaner Injektion verabreichen.

29) ℞ Ergotin. Bonjean 2,0—4,0
Sirup. Cort. Aurant. 30,0
Spirit. e Vino 20,0
Aq. font. ad 150,0.
M. D. S. Zweistündl. 1 Esslöffel.

30) ℞ Ergotin. Bonjean 10,0
Aq. chloroform. 20,0
Fiat Solutio et filtra.
D. S. Zur subkut. Injektion.
(1 Spritze = 0,30 Ergotin).

Da die Zusammensetzung dieser verschiedenen Extrakte zu sehr variirt, haben die meisten modernen Pharmakopöen ein Extractum fluidum aufgenommen, in dem das Secale mittels verdünnten Alkohols, der mit Salzsäure angesäuert ist, ausgezogen wird. Dieses Extrakt enthält namentlich Cornutin und Sphacelinsäure. Officinell sind:

Extractum Secalis cornuti fluidum. Rothbraun und klar. Innerlich zu 10—20—30 Tropfen.

Extractum Secalis cornuti. Dickes, rothbraunes Extrakt. Innerlich zu 0,1—0,5 in Pillen, Lösung oder subcutaner Injektion (2,0 : 10,0). Zur subkutanen Injektion eignet sich besser das in Wasser gut lösliche

†**Extractum Secalis cornuti dialysatum,** das in gleicher Dosis wie das officinelle Präparat verordnet wird.

†**Tinctura Secalis cornuti.**
Dosis max. simpl. 5,0 g. Dosis max. pro die 20,0 g. (Pharm. Helv.)

Secale cornutum selbst wird in Pulverform zu 0,5—1,0 mehrmals täglich oder im Infus (5,0—8,0 : 200,0 zweistündl. 1 Esslöffel) verabreicht.

Neuerdings ist der Versuch gemacht worden, eine ganze Anzahl von Pflanzen in die Therapie einzuführen, die ähnliche Eigenschaften wie Secale cornutum besitzen sollen. Dies sind u. A. Ustilago Maidis, Cortex rad. Gossypii, Hydrastis canadensis, Hamamelis virginiacea. Von diesen hat sich jedoch nur Hydrastis canadensis einen dauernden Platz im Arzneischatze erwerben können.

Rhizoma Hydrastis. Hydrastiswurzel.

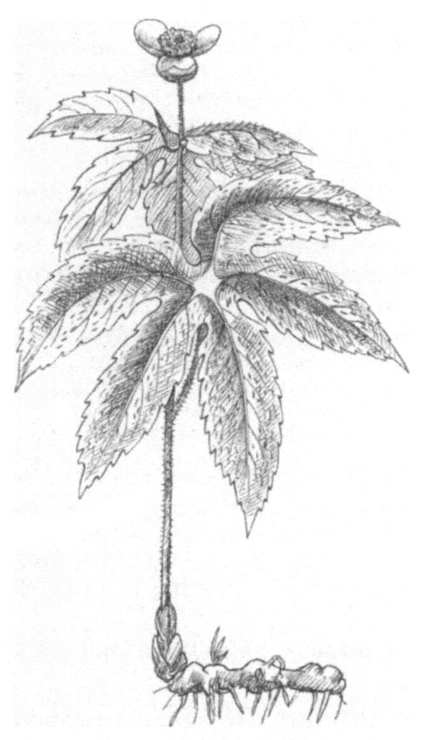

Fig. 7. Hydrastis canadensis

Die Droge ist der bewurzelte Wurzelstock von Hydrastis canadensis, einer in Nordamerika vorkommenden Ranunculacee. Das Rhizom enthält 3 Alkaloide: Berberin, Hydrastin und Canadin. Durch Oxydation von Hydrastin entsteht das Hydrastinin.

In Amerika ist diese Wurzel von Alters her gegen die verschiedenartigsten Krankheiten in Gebrauch. In Deutschland ist sie erst auf Empfehlung von Prof. Schatz (1883) bei Menstruationsstörungen und Uterusblutungen in Anwendung gekommen. Die blutstillenden Eigenschaften der Hydrastis sind zweifellos festgestellt. Die Wirkung kommt durch Gefässcontraction zu Stande.

Zur Verwendung kommen besonders:

Extractum Hydrastis fluidum. Eine dunkelbraune Flüssigkeit, die bei Blutungen, besonders bei zu starker Menstruation im kindlichen und klimakterischen Alter, ebenso bei Haemoptoë, Epistaxis, profusen Schweissen etc. zu 20—30 Tropfen 3—4 × täglich verordnet wird.

†Hydrastininum hydrochloricum. Gelbliches, bitterschmeckendes, in Wasser leicht lösliches Pulver. Wird in Pillen und Gelatineperlen zu 0,02 (4—6 × täglich) oder in subkutaner Injektion zu 0,05—0,1 ($^1/_2$—1 Spritze einer $10^0/_0$-Lösung) gegeben.

Semen Colchici. Zeitlosensamen.

Die verschiedenen Theile von Colchicum autumnale (Colchiaceae) enthalten einen sehr wirksamen Bestandtheil, das Colchicin, $C_{22}H_{25}NO_6$, dessen chemische Konstitution noch nicht genügend bekannt ist. Das Colchicin des Handels ist niemals ein reines Produkt. In den meisten Fällen enthält es nur 10 bis 11 % Colchicin, und der Rest besteht zum Theil aus einem Harze.

Wirkung. Colchicin bewirkt eine starke Entzündung des ganzen Verdauungstraktus und namentlich des unteren Theiles des Dünndarms, woselbst es förmliche Ulcerationen erzeugen kann. Als Vergiftungserscheinungen beobachtet man Erbrechen, Salivation, Pulsverlangsamung und Kollaps. Der Tod kann durch Paralyse der Athmungscentren eintreten. — Colchicin wird im Organismus sehr schwer zerstört und lässt sich in den Leichen noch mehrere Monate nach dem Tode wieder auffinden. Charakteristisch für derartige Vergiftungen ist der Umstand, dass die Symptome mehrere Tage und selbst mehrere Wochen, unter Eintritt von Perioden der Besserung, andauern können und schliesslich doch mit letalem Exitus endigen. Eine Intoxikation mit Colchicum ist immer bedenklich. Von 55 Fällen, die Falk zusammengestellt hat, verliefen 46 tödtlich.

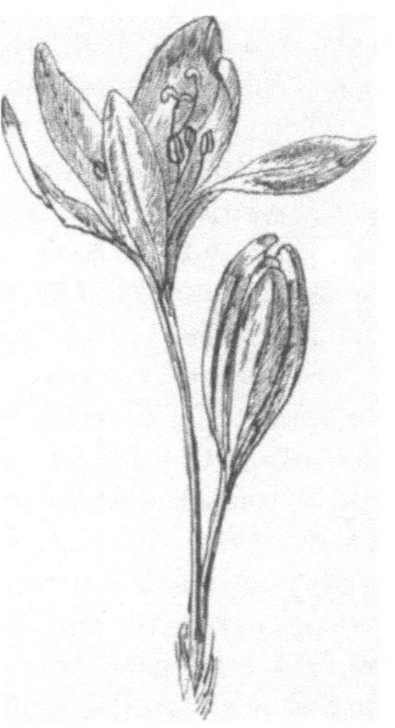

Fig. 8. Colchicum autumnale.

Die beste Behandlungsmethode derartiger Vergiftungen besteht in einer mehrtägigen Verabreichung von 20,0 bis 30,0 g Ricinusöl.

Therapeutische Verwendung. Colchicum wird fast ausschliesslich zur Bekämpfung der Gichtanfälle verordnet. Es soll mit Vorsicht bei alten Leuten und Individuen mit Nierenaffektionen gegeben werden; denn in diesen Fällen kann es eine Entzündung hervorrufen und sogar zu Haematurie führen. Ein junges und kräftiges Individuum verträgt Colchicum viel besser, und man kann mit diesem Mittel die Heftigkeit des Anfalles mildern. Es ist jedoch wenig wahrscheinlich, dass es einen wirklich heilenden Einfluss auf die gichtische Diathese ausübt.

Präparate.	Pharm. Germ.	Pharm. Austr.	Pharm. Helv.
Tinctura Colchici	ad 2,0 pro dosi! —	ad 1,5 pro dosi! —	ad 1,0 pro dosi!
Vinum Colchici	ad 5,0 pro die! —	ad 5,0 pro die! —	ad 3,0 pro die!
†Extr. fluid. Colchici	—	—	ad 0,5 pro dosi! ad 0,1 pro die!

Antiseptica.

Antiseptica sind Substanzen, denen die Fähigkeit zukommt, die Mikroorganismen und ihre Sporen in ihrer Entwickelung zu hemmen oder zu vernichten.

Da diese Stoffe diese Fähigkeit nicht in demselben Maasse besitzen, bestimmt man im Allgemeinen den Werth einer antiseptischen Substanz, indem man eine bestimmte Menge zu einer Bouillon- oder Gelatinekultur hinzusetzt, die mit diesem oder jenem Mikroorganismus beschickt worden ist. Alsdann notirt man die geringste Quantität des Antisepticums, welche erforderlich ist, die Entwickelung der Kultur zu hemmen, und darauf stellt man die Menge fest, welche zur gänzlichen Vernichtung der Mikroben und Sporen nothwendig ist. Diese Methode giebt genaue Indikationen bezüglich der mikrobiciden Macht eines Antisepticums, insofern dieses bestimmt ist, in einem flüssigen Medium zu wirken; dieses ist aber nicht mehr der Fall, sobald es sich darum handelt, es zur Desinfektion eines organischen Gewebes oder einer Flüssigkeit zu verwenden, die Eiweissstoffe oder organische Substanzen enthält, wie man solche z. B. im Urin findet. In diesen Fällen kann die antiseptische Wirkung stark herabgesetzt oder gänzlich aufgehoben sein.

So werden, wenn wir eine Wunde mit 2 % Karbolwasser behandeln, die oberflächlichen Partien der Wunde leicht desinficirt sein, aber die Mikroorganismen, welche in die Tiefe der Gewebe eingedrungen sind, werden nicht erreicht, denn es genügt der Dickendurchmesser einer Zelle, um sie vor der zerstörenden Gewalt des Antisepticums zu schützen. Derselbe Effekt wird durch coagulirtes Eiweiss erreicht, das häufig eine Art Schutzwall bildet, hinter dem die Mikroorganismen trotz der Nähe der energischsten Antiseptika sich weiter entwickeln. Ebenso würde es, wenn wir eine pleuritische Flüssigkeit, Blutserum oder Urin vor Fäulniss bewahren wollen, nichts nützen, eine Lösung von 1 oder 2 ‰ Ätzsublimat, des stärksten unserer antiseptischen Mittel, hinzuzufügen; denn diese Quecksilberverbindung wird in Gegenwart von Eiweiss oder im Urin löslicher Substanzen als unlöslicher Körper gefällt und verliert dadurch jegliche antiseptische Eigenschaft. So existiren viele Verhältnisse, welche die Wirkung unserer stärksten Antiseptica vermindern oder gänzlich aufheben. Um diesen Übelständen zu begegnen, muss man daher die chemischen Eigenschaften aller dieser Substanzen gut kennen.

Wenn die Wirksamkeit der antiseptischen Stoffe bei äusserlichem Gebrauche mancherlei Modifikationen unterworfen ist, so geschieht dies noch viel mehr bei ihrer innerlichen Verwendung. Oft werden sie durch die Verdauungsprocesse zerstört oder derartig umgewandelt, dass man nicht mehr auf ihre antiseptische Eigenschaft rechnen kann. In anderen Fällen hindert wiederum ihre Giftigkeit, diese Stoffe in der Dosis zu verabreichen, in welcher sie als Antisepticum zu wirken beginnen.

Indessen sehen wir manche von diesen Substanzen ihre specifischen, desinficirenden Eigenschaften auch im Innersten des menschlichen Organismus entfalten. Hierhin gehört die Wirkung des Quecksilbers und des Jods auf die Mikroorganismen der Syphilis, die des Chinins und Arseniks auf die der Malaria, ferner die Aktion der Salicylsäure auf die Kleinwesen des akuten Gelenkrheumatismus.

Es verdient noch hervorgehoben zu werden, dass die Wirkung der Antiseptica, je nach dem Vehikel, in dem sie sich in Lösung befinden, herabgesetzt werden kann. So sind die wässerigen Solutionen am wirksamsten, während die alkoholischen und ätherischen Lösungen weniger leisten und die in einem fetten Körper (Öl, Fett etc.) bereiteten Solutionen gänzlich wirkungslos sind.

Wenn wir die Antiseptica nach dem Grade ihrer Wirkungsweise eintheilen wollen, so geschieht dies am besten in folgender Weise:

1. Die Antifermentativa oder Antizymotica (von ζυμόω = versetze in Gährung), deren Wirkung darin besteht, die Aktion geformter Fermente (Hefe) aufzuheben oder die Vitalität der meisten Mikroben herabzusetzen. Ihre Einwirkung auf die löslichen Fermente (Pepsin, Diastase, Trypsin etc.) ist Null. Als Vorbild derartiger Substanzen dient die Borsäure. Salicylsäure und Benzoësäure haben in kleiner Dosis dieselbe Wirkung.

2. Die eigentlichen Antiseptica, welche die entwickelten Mikroorganismen leicht abtödten, die aber auf die Sporen gar nicht oder nur sehr wenig wirken. Letztere entwickeln sich nach Entfernung des Antisepticums weiter fort. Hierhin gehören die Karbolsäure, Thymol, Kreosot u. s. w.

3. Die Desinficientia, welche in zuverlässiger Weise die entwickelten Mikroorganismen und ihre Sporen vernichten. Diese Agentien sind ziemlich zahlreich: die Hitze, das Chlor, die koncentrirten Mineralsäuren, die löslichen Quecksilbersalze.

Wie man sieht, hat die Natur eines dieser wirksamsten Desinfektionsmittel, die Salzsäure, in den Anfangstheil des Digestionstraktus placirt. Die Salzsäure des Magensaftes hat nicht nur den Zweck, dem Pepsin bei der Verdauung der Eiweissstoffe behülflich zu sein, sondern ihr fällt auch noch die Aufgabe zu, die eingeführten Nahrungsmittel zu desinficiren. Leider reicht die Koncentration, in der sie im Magen vorkommt (0,2 bis 0,3 $^0/_0$) nur grade aus, gewisse entwickelte Mikroben zu zerstören, ohne ihre Sporen zu vernichten, wie sie es im koncentrirten Zustande thut.

Manche Substanzen werden als Desinficientia bezeichnet, weil sie die Eigenschaft besitzen, die unangenehmen Gerüche zu verdecken oder zu vernichten. Es sind dies Ozonwasser, Tereben, Kohle etc. Sie sollten indessen Desodorantia genannt werden, denn sie haben eine Wirkung auf die flüchtigen Produkte der Fäulniss, sind aber ohne Einfluss auf die Ursachen dieser Fäulniss.

Beim weiteren Studium der Antiseptica werden wir dieser Eintheilung, die doch nur eine relative ist, nicht folgen und dafür eine andere annehmen, die als historische bezeichnet werden könnte. Sie bietet den doppelten Vortheil, die Stoffe nach ihrer Provenienz zu gruppiren und uns zu gestatten, die Entwickelung der Anwendung der Antiseptica zu studiren.

Wir werden sehen, dass die Antiseptica zu allen Zeiten den Ärzten zur Behandlung der Wunden gedient haben. Aber diese empirische Methode ist seit ungefähr 30 Jahren unter dem Impuls der Arbeiten Pasteur's eine wissenschaftliche geworden.

Schon im Alterthume dienten die aus den Vegetabilien gewonnenen empyreumatischen oder aromatischen Stoffe zur Anfertigung von Wundbalsamen. Hierhin gehören z. B. der Holztheer, aus dem man in dem Maasse, wie die chemische Wissenschaft vorwärts schreitet, Acidum pyrolignosum, Kreosot, Guajakol darstellt. Der Steinkohlentheer liefert der Antisepsis bemerkenswerthe Produkte wie Karbolsäure, Naphthalin, Naphthol. (Diesen Stoffen können wir das Ichthyol, eine schwefelhaltige, bituminöse Substanz, anreihen.)

Die Balsame können als Theerarten oder als aromatische Terpentine betrachtet werden. Als solche sind zu nennen: Terpentinöl und seine Abkömmlinge, der Perubalsam, (Balsamum peruvianum), der Tolubalsam (Balsamum tolutanum), Styrax (Balsam. Styracis), als dessen antiseptisches Princip Benzoësäure und Zimmtsäure isolirt worden sind.

Die Harze, wie Galbanum, Ammoniakharz, Myrrhe wurden schon in den ältesten Zeiten zur Bereitung von Wundsalben und Pflastern benutzt. Heutzutage weiss man, dass die antiseptischen Eigenschaften dieser Harze auf den in ihnen enthaltenen Substanzen aus der Phenolgruppe (Resorcin, Hydrochinon) beruhen.

Fast alle aromatische Pflanzen enthalten antiseptische Stoffe. In Europa kennt man die Spiraea ulmaria (Rosacee), die eine erhebliche Menge Salicylsäure enthält. Ebenso findet sich in der Weidenrinde (Cortex Salicis) Salicin, ein Körper, der sich im Organismus in Acidum salicylicum umwandelt. Letztere Substanz wird in einem noch viel stärkeren Verhältnisse in mehreren Pflanzen Nordamerikas angetroffen, namentlich in der Gaultheria procumbens (Ericacee), deren ätherisches Öl, bekannt unter dem Namen Wintergrünöl, 90% Salicylsäure-Methylester enthält. Beiläufig sei noch hervorgehoben, dass diese Pflanzen bereits in früheren Zeiten zur Behandlung des Gelenkrheumatismus empfohlen worden sind, und dies geschah schon lange, bevor man noch die Salicylsäure und ihre specifische Einwirkung auf diese Infektionskrankheit kannte.

Seitdem die Salicylsäure auf synthetischem Wege (Kolbe) dargestellt worden, begnügt man sich nicht mehr mit der einfachen Salicylsäure, sondern bereitet aus ihr komplicirtere Körper, wie Salol, Salacetol etc.

Die zu der Familie der Labiaten gehörenden Pflanzen enthalten fast sämmtlich flüchtige, antiseptische Bestandtheile. So Thymol (aus Thymus vulgaris), Menthol (in Mentha piperita), Salviol (Folia Salviae) etc. Auch Eucalyptus verdient hier genannt zu werden, von dem das in letzter Zeit so sehr in Aufnahme gekommene Eucalyptol stammt.

Das Mineralreich liefert die energischsten Antiseptica, wie die halogenen Körper (Chlor, Brom, Jod, Fluor), Kalium permanganicum, Acidum boricum, Wismuthverbindungen und endlich die Desinficientia par excellence, die löslichen Quecksilbersalze.

Alle diese antiseptischen Substanzen haben besondere, ihnen eigene Indikationen. Ihre Anwendung darf daher nicht allein dem Zufall der augenblicklichen Eingebung überlassen werden. Sollen sie mit Vortheil gebraucht werden, so ist eine genügende Kenntniss ihrer physikalischen, chemischen und physiologischen Eigenschaften unerlässlich.

Der Theer und seine Derivate.

Theer ist eine durch trockene Destillation von Holz verschiedener Coniferen oder von Steinkohlen gewonnene zähe Flüssigkeit von eigenthümlichem Geruche. Je nach dem zur Darstellung verwendeten Rohmaterial unterscheidet man

1. Holztheere.
   a) Pix liquida (Fichtentheer).
   b) Buchenholztheer.
2. Steinkohlentheer.

1. Holztheer.

a) Pix liquida. Fichtentheer.

Derselbe wird als Nebenprodukt bei der Holzkohlenbereitung (aus Fichtenholz) gewonnen und stellt eine dickflüssige, braunschwarze, öl- und harzartige Masse von intensivem Geruche dar. Er ist ein Gemenge von Harz und Phenol. Neben diesen Substanzen finden wir aber noch viele andere, die sämmtlich antiseptische und irritirende Wirkungen haben. Hierher gehören Toluol, Xylol, Acetum pyrolignosum, Acidum formicum etc., welche eine specifische, toxische Wirkung auf die Parasiten der Haut haben. Daher wird Pix liquida zur Behandlung gewisser Hautkrankheiten, besonders der parasitären Affektionen wie Scabies und gewisser Formen von Psoriasis und Ekzem angewendet. In diesen Fällen sollen die Theerpräparate nur gebraucht werden, wenn die Affektion einen chronischen Charakter angenommen hat. Bei frischer Erkrankung sind sie kontraindicirt, da ihre Anwendung die kongestiven Erscheinungen nur vermehren würden. So wird der Theer bei Ekzemen erst verordnet werden, wenn sich nicht mehr Bläschen oder Knötchen entwickeln. Gewöhnlich bedient man sich hierbei einer Salbe, die aus einem Gemisch von Holztheer und Fett im Verhältniss von 1 : 5 oder 1 : 10 besteht.

Die meisten wirksamen Substanzen des Theers und namentlich Toluol und Kreosot werden durch die Bronchien und den Urin ausgeschieden. Daher wendet man die verschiedenen Theerpräparate häufig zur Bekämpfung der Bronchialaffektionen, besonders der Bronchiektasien mit Bronchorrhoe, und gegen Blasenkatarrh an. — Dosis 0,1—0,5 mehrmals täglich in Pillen oder Kapseln.

Präparate:

Aqua Picis. Theerwasser.

Klare, gelbliche Flüssigkeit, vom Geruch und Geschmack des Theers. Wird äusserlich zu desinficirenden Umschlägen bei schlecht eiternden Wunden und Hautausschlägen angewendet (unverdünnt), ferner zu Einspritzungen (mit Aqua āā) in die Blase bei Cystitis und zu Inhalationen (20—100 : 100) bei chronischen Bronchialaffektionen. — Innerlich (selten) esslöffelweise bei Lungengangrän und putrider Bronchitis.

Acetum pyrolignosum oder Acidum pyrolignosum crudum. Holzessig. Scheidet sich nach der Destillation vom Theer ab und bildet eine gelbliche, sehr saure Flüssigkeit von empyreumatischem Geruche. Der Holzessig enthält ungefähr dieselben Substanzen in wässeriger Lösung wie der Theer und etwa 6 bis 8% Essigsäure und 1% Methylalkohol.

Diese verschiedenen flüchtigen Substanzen spielen auch bei der Räucherung des Fleisches die Hauptrolle. Indem sie in dasselbe eindringen, schützen sie es vor Fäulniss und sichern seine Konservirung.

b) Buchenholztheer.

Der Buchenholztheer ist ärmer an harzigen Bestandteilen, aber reicher an Phenolen als der Fichtentheer. Er ist besonders reich (bis 5%) an Kreosot, wird selbst wenig zu medicinischen Zwecken benützt, dient aber zur Darstellung des Kreosots.

Kreosotum. Kreosot.

Das Kreosot wurde von Reichenbach (1830) aus dem Holzessig, dann aus Buchenholztheer dargestellt. Er empfahl dasselbe für die Konservirung von Leichen. Seit 1836 behandelt man auch damit die Lungenschwindsucht. Es wird durch fraktionirte Destillation aus dem Buchenholztheer gewonnen und besteht hauptsächlich aus einem Gemenge von Kreosol und Guajakol. Daneben findet man noch Phenol, Cresylol, Phlorol etc.

Das Kreosot, auch Buchenholzkreosot, Creosotun fagi genannt, stellt eine gelbliche, neutrale Flüssigkeit von durchdringendem, empyreumatischem Geruche und scharfem, brennendem Geschmacke dar. Es ist in Wasser wenig löslich, dagegen mischt es sich leicht mit Weingeist, Äther, fetten Ölen, Harzen etc.

Physiologische Wirkung. In einer Lösung von 1 : 2000 hemmt Kreosot die Entwickelung des Tuberkelbacillus, aber es kann nicht in der erforderlichen Menge in den menschlichen Organismus eingeführt werden, und wenn dies auch geschehen könnte, so würde daraus noch kein grosser Vortheil resultiren. Denn alle die Stoffe, aus denen das Kreosot besteht, werden im Körper in Stoffe umgewandelt, die weit weniger oder gar nicht antiseptisch wirken (Ätherschwefelsäuren). Immerhin hat es gewöhnlich insofern einen guten Einfluss auf das Allgemeinbefinden der Tuberkulösen, als es den Magen desinficirt und so den Appetit bessert.

Therapeutische Verwendung. Für die Behandlung der Lungentuberkulose ist es zweckmässiger, das Mittel durch die Respirationsorgane inhaliren zu lassen. Derartige Inhalationen können ohne Unterbrechung fortgesetzt werden, indem man in die Nasenlöcher etwa 3 cm lange Kautschukröhrchen einführt, welche eine kleine Rolle aus mit Kreosot durchtränktem Fliesspapier enthalten. Der Kranke respirirt auf diese Weise eine Luft, die beständig mit antiseptischen Agentien erfüllt ist.

Wenn dieses Verfahren auch keine grosse Wirkung auf den Bacillus der Tuberkulose selbst ausübt, so ist es doch recht werthvoll, indem es die durch die andern Mikroorganismen der Eiterung verursachte sekundäre Infektion zum Stillstand bringt oder vermindert.

Will man Kreosot innerlich verabreichen, so ist es wegen seiner irritirenden Eigenschaften gut, es in einem fetten, öligen Vehikel, z. B. in Leberthran oder (bei den Mahlzeiten) in Wein zu geben. Die Verordnung von Kreosotkapseln ist jedoch zu verwerfen. Dieselben verursachen fast immer eine reaktive Entzündung der Magenschleimhaut an der Stelle, wo das Kreosot sich absetzt.

Kreosot ist ungefähr dreimal weniger giftig als Karbolsäure.

Dosis: ad 0,2 pro dosi! — ad 1,0 pro die (Pharm. Germ.)
ad 0,1 „ „ ad 0,5 „ „ (Pharm. Austr.)
ad 0,5 „ „ ad 3,0 „ „ (Pharm. Helv.)

31) ℞ Kreosoti fagi 5,0—10,0
Olei Jecoris Aselli 500,0
M. D. S. 4—5 Esslöffel täglich zu nehmen.

32. ℞ Kreosoti 3,0—5,0
Tinct. Gentian. 15,0
Vini Malacens. 500,0.
M. D. S. 2 Esslöffel voll während der Mahlzeit in Wasser zu nehmen.

† Guajacolum. Gaïakol. $C_6H_4<^{OCH_3}_{OH}$.

Das Guajakol ist zu 60 bis 90% in dem Buchenholztheerkreosot enthalten und seiner chemischen Zusammensetzung nach ein Methyläther des Brenzkatechins. Es wirkt weniger irritirend als Kreosot und wird aus diesem Grunde besser vertragen (Sahli). Guajacol ist in etwa 200 Theilen Wasser löslich und wird in derselben Weise wie Kreosot verabreicht. — Es sind auch krystallinische Verbindungen dargestellt worden, die den grossen Vortheil bieten, sich erst im Darm zu lösen. Derartige Verbindungen sind Guajacolum benzoicum oder Benzosol, Guajacolum salicylicum und Guajacolum carbonicum. Dieselben sind namentlich indicirt bei Tuberkulose des Peritoneums und des Darms in Tagesgaben von 2,0—3,0 g.

2. Steinkohlentheer.

Die Steinkohle enthält mehr als 40 Substanzen, die Benzolderivate sind und zum grössten Theile antiseptische Eigenschaften besitzen. Daher hat der Steinkohlentheer zu allen Zeiten zur Darstellung von Wundmitteln gedient.

In der Industrie werden diese Stoffe durch fraktionirte Destillation gewonnen. Bis zu 150° gehen die Leichtöle wie Benzol und seine Homologen (Xylol, Toluol etc.) über; von 150 bis 210° destilliren Phenol, Kresol, Naphthalin, Chinolin, Anilin und von 210 bis 300° Anthracen.

Diese Substanzen liefern der Industrie die Grundstoffe für die Herstellung der Anilinfarben und für die Bereitung einer beträchtlichen Anzahl von antipyretischen und antiseptischen Mitteln. Wie für die Holztheere, so hat man sich am Anfange auch der Rohprodukte der Destillation bedient. Hierhin gehört der Coaltar, der eine schwarze Flüssigkeit bildet und Benzol, Toluol, Naphthalin, Phenol, Kresol, Kresylol etc. enthält. Alle diese antiseptischen Stoffe sind später isolirt und im Zustande vollkommenster Reinheit angewendet worden. Sie sind nicht sämmtlich löslich in Wasser, doch sie werden es durch Zusatz von Alkalien oder von Seifen. Dies ist der Fall beim Coaltar saponifié und bei den neueren Antisepticis Creolin und Lysol. Aber in dem Maasse, wie die antiseptische Methode sich befestigte, suchte man diese verschiedenen Stoffe zu isoliren und im reinen Zustande anzuwenden, um ihre antiseptische Eigenschaft genauer feststellen zu können.

Wir werden sie in der folgenden Anordnung prüfen, indem wir vom Benzolkern ausgehen,

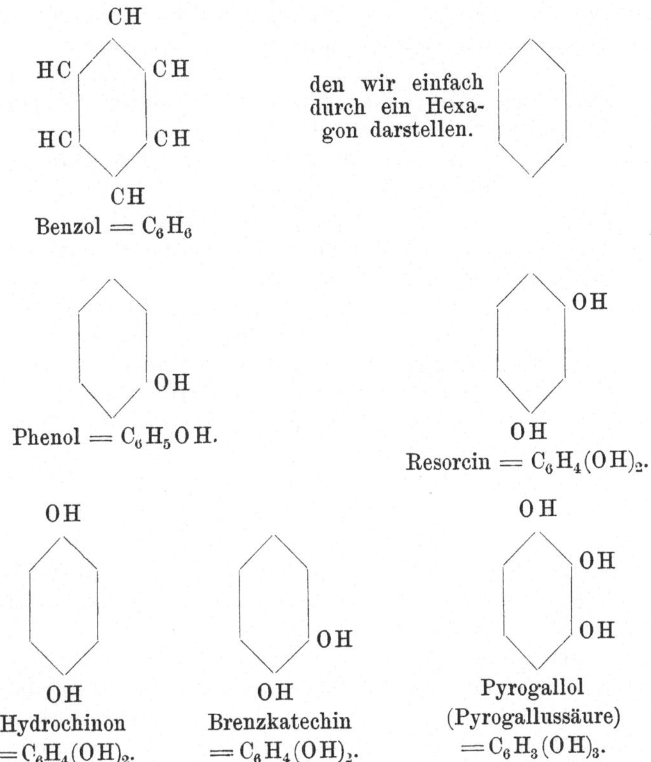

Alsdann erhalten wir durch Vereinigung von zwei Benzolkernen das Naphthalin und von diesem sich ableitend das Naphthol

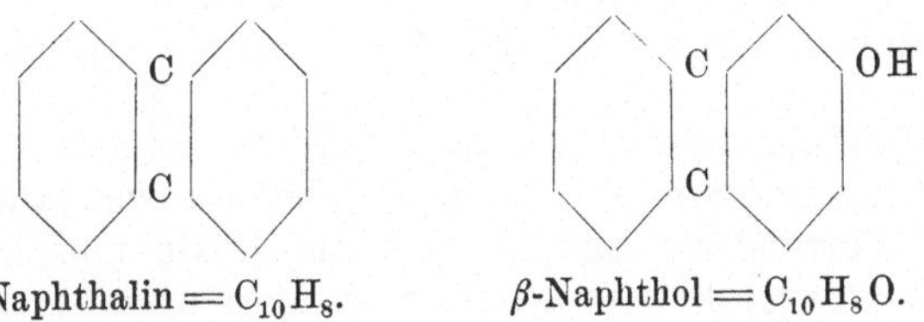

Naphthalin = $C_{10}H_8$. β-Naphthol = $C_{10}H_8O$.

Acidum carbolicum. Karbolsäure.

Acidum phenylicum. Phenol. Acide phénique. C_6H_5OH.

In chemischer Beziehung hat die Karbolsäure mehr die Eigenschaften eines Alkohols als einer Säure. Sie bildet jedoch mit Alkalien Salze, welche freilich durch die schwächsten Säuren, selbst durch Kohlensäure zersetzt werden.

Sie wurde im Jahre 1834 entdeckt, aber erst seit 1870 ist sie von den Chirurgen regelmässig angewendet worden.

Im vollkommen reinen Zustande bildet sie farblose, neutral reagirende Krystalle, deren Schmelzpunkt zwischen 37°—40° liegt. Sie ist in 20 Theilen Wasser und in jedem Verhältniss in Alkohol, Äther, Chloroform, Glycerin, Alkalien und fetten Körpern löslich. Die Krystallisirung kann durch Zusatz von 10% Wasser verhindert werden. Auf diese Weise erhält man Acidum carbolicum liquefactum, die flüssige Karbolsäure.

Physiologische Wirkung. In 5% Lösung bringt sie Eiweiss zur Gerinnung und hemmt die Entwickelung sämmtlicher Mikroorganismen. In der gleichen Lösung quellen die Muskelbündel auf und verflüssigen sich theilweise; derselbe Prozess vollzieht sich im Nervengewebe. Dasselbe wird jedoch schon durch eine 1% Lösung angegriffen, welche auch die Bewegung der Flimmerepithelien und der weissen Blutkörperchen zum Stillstand bringt. Im koncentrirten Zustande hebt sie die Wirkung der gelösten Fermente (Ptyalin, Diastase, Pepsin etc.) auf.

Auf die Haut gebracht, entzieht sie den Geweben Flüssigkeit und bildet zuerst einen weissen Fleck. Indem sie tiefer eindringt, zerstört sie die Nervenendigungen, ohne sie vorher zu reizen, und der ergriffene Theil wird unempfindlich. Dauert ihre Einwirkung eine gewisse Zeit an, so verursacht sie einen Brandschorf, und die abgestorbenen Gewebe mumificiren.

Die Karbolsäure wird sehr schnell durch die Haut und die Schleimhäute resorbirt, und ihre toxische Wirkung macht sich bald bemerkbar. Beim Menschen kann bereits eine Dosis von 1,50 g alarmirende Vergiftungserscheinungen hervorrufen: Wärmegefühl im Magen, Übelkeit, Ohrenklingen, starker Tremor und Sinken der Körperwärme um einen Grad. Bei einer stärkeren Dosis beobachtet man schnell eintretenden Verlust des Bewusstseins und Kollaps. Das Gesicht ist blass, die Haut kalt und mit klebrigem Schweisse bedeckt; der Puls ist klein und fadenförmig und die Athmung stertorös. Der Tod erfolgt durch Lähmung der Respiration.

Die Elimination des Phenols geschieht zum grössten Theile durch den Urin in Form von phenylschwefelsaurem Alkali (K oder Na). Diese Verbindung scheint sich im Darm und in der Leber zu bilden und zeigt keine toxischen Eigenschaften. Sehr oft wird der Harn der mit Karbolsäure behandelten Kranken grünlich braun. Diese Verfärbung kommt dadurch zu Stande, dass ein Theil des Phenols sich in Hydrochinon umwandelt, dessen Lösungen an der Luft eine braune Farbe annehmen.

Kinder und heruntergekommene Individuen sind gegen Karbolsäure sehr empfindlich. Bei Neugebornen hat man nach einer einfachen Umwickelung eines Gliedes mit Karbolwatte Todesfälle beobachtet.

Die beste Behandlungsmethode der Karbolsäurevergiftung besteht in sofortiger Verabreichung von Milch und Eiweiss, damit das noch im Magen vorhandene Phenol gebunden wird, alsdann giebt man einen Esslöfel voll Natrium sulfuricum, um die Transformation des toxischen Phenols in die nicht giftige und leicht eliminirbare Phenylätherschwefelsäure zu begünstigen.

Die Verabreichung von Zuckerkalk leistet gleichfalls gute Dienste.

Therapeutische Verwendung. Die Karbolsäure wurde zum ersten Male im Jahre 1864 von Lemaire bei Operationen angewendet, und seit 1867 bediente sich John Lister derselben ausschliesslich bei der antiseptischen Wundbehandlung. Anfänglich ging man entschieden zu weit; man wendete die Karbolsäure missbräuchlich und in so starker Koncentration an, dass die Gewebe, mit denen sie in Berührung kam, zerstört wurden. Auch blieben die chirurgischen Wunden lange feucht, wodurch die Vereinigung per primam intentionem verhindert wurde. — Gegenwärtig wird die Karbolsäure viel seltener zur Reinigung des Operationsfeldes und alsdann nur in schwachen Lösungen (1—2 $^0/_0$) verwendet. Man reservirt sie vielmehr für die Desinfektion der Instrumente, die nicht in Sublimatlösungen oder siedendes Wasser getaucht werden dürfen.

Innerlich hat man sich ihrer bedient, um den Darm bei gewissen Infektionskrankheiten, wie Ileotyphus und Cholera, zu desinficiren, desgleichen zur Behandlung der Lungenschwindsucht, Pneumonie, Diabetes mellitus etc. Mat hat jedoch diese Behandlungsmethode mit Recht aufgegeben, denn man kann keinen grossen Erfolg von einer antiseptischen Substanz erwarten, die man gegen die unteren Partien des Darmes zu Felde führt und die bereits im Magen und Duodenum zur Resorption gelangt. Zudem wird sie für den Menschen toxisch, ehe sie im Organismus in hinreichender Menge vorhanden ist, um die Mikroorganismen zu vernichten. Nachdem die Karbolsäure einmal in Phenylschwefelsäure übergeführt worden ist, kommen ihr übrigens keine antiseptischen Eigenschaften mehr zu.

Gegenwärtig hat man noch zu viel Vertrauen zu den Karbolsalben und Karbolölen, denn die mit fetten Körpern verbundene Karbolsäure überträgt ihre antiseptischen Eigenschaften nicht mehr auf die Gewebe, mit welchen diese Präparate in Berührung kommen.

Bei oberflächlicher Lymphangitis wirkt Phenol besser als jedes andere Antisepticum. Man braucht nur das erkrankte Glied mit einem mit 2—3 $^0/_0$ Karbolsäurelösung durchtränkten Occlusivverband zu umhüllen.

Die Maximaldosen für den innerlichen Gebrauch sind:

ad 0,1 pro dosi! — ad 0,5 pro die!

Präparate:

Acidum carbolicum liquefactum. Mischung aus 100 Th. Karbolsäure und 10 Th. Aqua dest. Klare Flüssigkeit. Dient zur

Recepturerleichterung und ist daher zweckmässig an Stelle von Acid. carbolic. zu verschreiben.

Aqua carbolisata. Mischung aus 33 Th. Acid. carbol. liquef. und 967 Th. Wasser. Als 3% Karbolwasser für den Handverkauf.

†Acidum carbolicum crudum. Rohe Karbolsäure. Enthält etwa 80% Karbolsäure und dient nur zur Desinfektion von grösseren Räumen (Latrinen etc.)

Kresole.

Cresolum crudum. Rohkresol. Gelbliche, klare, brenzlich riechende Flüssigkeit, die der Hauptmenge nach aus Ortho-, Meta- und Parakresol besteht und dem im Handel vorkommenden Präparate „Rohe Karbolsäure 100%“ entspricht. Mit gleichen Theilen Kaliseife bis zur klaren Lösung erwärmt, giebt das rohe Kresol den

Liquor Cresoli saponatus, eine klare, gelbbraune Flüssigkeit, die das Lysol und ähnliche Antiseptica ersetzen soll. Eine Mischung von Liq. Cresoli sapon. (1) und Wasser (9) ist

Aqua cresolica, Kresolwasser. Diese Desinfektionsflüssigkeit enthält 5% rohes Kresol.

†Creolin

ist gleichfalls ein Kresolpräparat. Durch Zusatz von Soda und Harzseife zum Rohkresol sind die in diesem enthaltenen Phenole in wasserlösliche Verbindungen übergeführt und die unlöslichen Bestandtheile leicht emulgirbar gemacht. Creolin bildet eine braune Flüssigkeit, die mit Wasser verdünnt, eine milchige Emulsion giebt. Es scheint weniger giftig zu sein als Karbolsäure und besitzt dieselben antiseptischen Eigenschaften; ausserdem beseitigt es schneller die schlechten Gerüche. Daher benützt man es zum Reinigen von Höhlen mit putrider Flüssigkeit (z. B. bei Ozäna) in 1—2% Lösung. Als Antisepticum für den Magen und Darm wirkt Creolin wegen seiner verhältnissmässigen Unlöslichkeit stärker als Karbolsäure.

†Lysol

ist ein dem officinellen Liquor Cresoli saponatus ähnliches Präparat. Es ist eine braune, ölige, klare, kreosotartig riechende Flüssigkeit, welche mit Wasser klare, schäumende Lösungen giebt. Wird in gleicher Weise wie Creolin angewendet.

Resorcinum. Resorcin. $C_6H_4(OH)_2$.

Diese Substanz wurde früher durch Schmelzen verschiedener Harze (Galbanum) mit Kali causticum oder durch Destillation aus Lignum campechianum gewonnen. Gegenwärtig wird Resorcin fabrikmässig dargestellt, da es zur Bereitung gewisser Farben gebraucht wird. Es krystallisirt in Form von Prismen und ist in Wasser, Alkohol und Äther leicht löslich. — Man wandte es früher als Antipyreticum an (Lichtheim), doch hat man es jetzt wegen der unangenehmen Erscheinungen, die es verursachte, wieder aufgegeben.

In Dosen von 2—3,0 g erzeugt es Symptome, die denen, welche nach einer gleichen Gabe Phenol beobachtet werden ähnlich sind, aber die Temperatur sinkt noch mehr, selbst um 3 Grade. Der Tod erfolgt durch Kollaps und Respirationslähmung. Resorcin ist ein ebenso starkes Antisepticum wie die Karbolsäure. Dasselbe koaguliert Eiweiss und kann auch als Stypticum dienen. Anwendung findet Resorcin in der Dermatotherapie bei parasitären Hautaffektionen und zur Beseitigung von Kondylomen. Letztere braucht man nur mit gepulvertem Resorcin zu bestreuen, um sie in kurzer Zeit schwinden zu sehen. Es wird auch zu Pinselungen des Pharynx bei Keuchhusten (Resorcin 1,0, Glycerin 20,0) angewendet.

†**Hydrochinon.** $C_6H_4(OH)_2$.

Diese hauptsächlich zu industriellen Zwecken dargestellte Substanz ist auch therapeutisch als antipyretisches und antiseptisches Mittel versucht, aber wieder aufgegeben wodren. Als Antisepticum scheint Hydrochinon besser zu wirken als Resorcin. In Lösung färbt es sich schnell braun. Das in manchen Pflanzen aus der Familie der Ericaceen (Heidelbeere, Bärentraube) enthaltene Arbutin wandelt sich im Organismus in Hydrochinon um.

Pyrogallol. Acidum pyrogallicum. $C_6H_3(OH)_3$.

Wirkt fäulniss- und gährungswidrig und wird äusserlich in Lösungen (1—2 : 100) und Salben (1 : 10) bei Hautkrankheiten (Psoriasis) angewendet.

Naphthalin. $C_{10}H_8$.

Es wird durch Destillation der schweren Öle des Theers (zwischen 180—250° siedend) dargestellt und bildet glänzende, eigenartig aromatisch riechende Krystallblätter. Es ist in Wasser sehr wenig löslich und löst sich in Weingeist, Chloroform und fetten Ölen. — Die sich aus dem Naphthalin bei gewöhnlicher Temperatur entwickelnden Gase sind den meisten Insekten verderblich, während sie auf höhere Thiere kaum schädlich einwirken. Wenn man jedoch diese Substanz fortgesetzt innerlich nehmen lässt, beobachtet man bald schnelle Abmagerung des Versuchsthieres, und die Sektion ergiebt eine mehr oder minder stark ausgeprägte parenchymatöse Nephritis. — Diese irritirende Wirkung des Naphthalins auf die Exkretionsorgane ist der Grund, weshalb es innerlich kaum mehr in Anwendung kommt.

Es erweist sich sehr nützlich, wenn man sich gegen Mückenstiche schützen will. Zu diesem Zwecke brauchen nur die unbedeckten Theile mit einer Lösung von Naphthalin in Vaselin (Naphthal. 1. Vaselin 10) eingerieben zu werden. — Innerlich 0,1 bis 0,3 mehrmals täglich in Pulverform.

β-Naphthol. $C_{10}H_8O$.

Dieses Hydroxylderivat des Naphthalins bildet seidenglänzende, in 1000 Theilen kaltem und in 75 Theilen heissem Wasser lösliche Krystalle. In Alkohol, Chloroform, Ölen und Alkalien ist es leicht löslich. — Auf die Haut und die Schleimhäute gebracht, wirkt es irritirend. Es wird ziemlich rasch resorbirt und durch den Urin als naphtholschwefelsaures Kali ausgeschieden. Da es auf die Nieren ebenso reizend wirkt wie Naphthalin, wird man gut thun, bezüglich der Anwendung sämmtlicher Naphtholpräparate vorsichtig zu sein.

β-Naphthol wird hauptsächlich in Salbenform (1:10) zur Behandlung parasitärer Hautaffektionen verordnet. — Als Darmantisepticum ist es nicht so zuverlässig wie Salol oder Salacetol. — Bei Ozaena ist es von grossem Nutzen. Hier wendet man es in 10%iger alkoholischer Lösung an, zu der man beim Gebrauche noch 10 bis 20% Wasser hinzusetzt, um die Nasenhöhle auszuwaschen. Der Naphtholgeruch verdeckt sehr gut den entsetzlichen Gestank der Ozaena.

β-Naphthol darf nicht verwechselt werden mit

†α-**Naphthol.** Letzteres besitzt weit stärkere irritirende und giftige Eigenschaften und unterscheidet sich von β-Naphthol nur durch die differente Stellung des OH im Molekül.

†Benzonaphthol

ist eine Verbindung von Benzoësäure und Naphthol, die sich im Darm in ihre Komponenten spaltet. Dasselbe geschieht beim

†Betol (Naphthalol),

eine Verbindung von Salicylsäure und Naphthol.

Diese zwei Substanzen sind ausgezeichnete Darmantiseptica. Sie sind jedoch da zu vermeiden, wo Verdacht auf Nephritis besteht. Dosis 2—3 g pro die.

Als Anhang mögen hier noch Ichthyol und Thiol eine kurze Erwähnung finden. Ihre Anreihung geschieht nur ihrer Wirkung wegen.

†Ichthyol.

Diese Substanz wird aus gewissen bituminösen Gesteinen erhalten, die in grosser Menge in den Bergen bei Seefeld in Tyrol vorkommen. Neben vielen andern Stoffen enthält das Ichthyol Ichthyolsulfosäure und schwefelhaltige Kohlenwasserstoffe. Und gerade auf diesen letztgenannten Körpern beruhen wahrscheinlich die therapeutischen Eigenschaften des Ichthyols. Dasselbe ist als ein löslicher Schwefel anzusehen, der seine Atome leicht abgiebt, um die Bildung von gepaarten Schwefelverbindungen, zu begünstigen, oder auch im stat. nascendi wirkt. Auf diese Weise lässt sich die desinficirende Wirkung des Ichthyols im Darm und seine Aktion bei manchen Hautkrankheiten erklären.

Es werden hauptsächlich die in Wasser löslichen Verbindungen des Ichthyols mit Natrium und Ammonium (Ammonium sulfoichthyolicum und Natrium sulfoichthyolicum) angewendet. Ihr unangenehmer Geruch erinnert an den der Merkaptane.

Äusserlich wird Ichthyol (in Salben und Pflastern) bei allen Hautaffektionen gebraucht, wo Schwefel indicirt ist, wie bei Akne, Pityriasis, Psoriasis, chronischem Ekzem und Erysipel. — Innerlich verordnet man es als Darmantisepticum in Tagesdosen von 1,0 bis 2,0 (in Kapseln).

†Thiol,

dargestellt von Jacobsen und praktisch versucht von Buzzi u. A. zeigt ähnliche Eigenschaften wie Ichthyol. Es besteht aus verschiedenen schwefelhaltigen Kohlenwasserstoffen. Ähnliche Verhältnisse zeigt **Tumenol.**

Balsame, Harze, ätherische Öle.

Die **Balsame**, welche man aus verschiedenen Pflanzen gewinnt, können als aromatische Theerarten oder als Terpentine angesehen werden. Sie werden mitunter durch trockene Destillation des Holzes erhalten, doch meistens fliessen sie von selbst aus den in die Rinde der Bäume gemachten Einschnitten. Ihr aromatischer Geruch und ihre antiseptischen Eigenschaften beruhen zum grössten Theile auf der in ihnen enthaltenen Benzoë- und Zimmtsäure.

Balsamum peruvianum. Perubalsam.

Dieser Balsam wird gewonnen, indem man den Stamm und die dicken Zweige von Myroxylon Pereirae, einem zu den Papilionaceen gehörigen, in San Salvador vorkommenden Baume, nachdem verschiedene Einschnitte gemacht worden, erwärmt (ausschweelt).

Er stellt eine dicke, bräunliche, angenehm nach Vanille riechende Flüssigkeit von bitterem, scharfem Geschmacke dar. Perubalsam löst sich vollständig in absolutem Alkohol und unvollständig in Fetten. Er enthält Cinnameïn (Zimmtsäure-Benzyläther) und ein Harz.

Örtlich hat Perubalsam eine schwach reizende Wirkung. Er eignet sich besonders zur Behandlung von Scabies bei besser situirten Leuten, da er ziemlich theuer ist. Auf den Acarus übt er eine sehr rasche toxische Wirkung aus; er tödtet ihn in 20 bis 30 Minuten. In den meisten Fällen genügt eine einmalige Einreibung mit einem Gemisch aus gleichen Theilen Olei Terbinthinae, Olei campforati und Balsami peruviani, zur Heilung der Krätze. — Diese Einreibung ist Abends beim Zubettgehen vorzunehmen, und am folgenden Tage wird eine Friktion mit grüner Seife gemacht, auf die ein warmes Bad folgt. — Der toxische Effekt auf Morpionen ist gleichfalls ein sehr rascher.

Innerlich wird Perubalsam bei Bronchialkrankheiten als Expektorans in Form von Sirup oder Pillen verabreicht; (gegenwärtig giebt man jedoch lieber Tolubalsam in derartigen Fällen). Er ist auch zur Behandlung der Lungentuberkulose (Landerer) mittels intravenöser Injektion einer Emulsion aus Perubalsam empfohlen worden. — Er dient zur Darstellung der Mixtura oleoso-balsamica (Hoffmannscher Lebensbalsam), die äusserlich zu Einreibungen angewandt wird.

Styrax liquidus. Balsamum Styracis. Storax.

Dieser Balsam wird gewonnen, indem man die Rinde von Liquidambar orientalis mit Meerwasser kocht. Es ist dies ein grosser Baum aus der Familie der Hamamelideen, welcher namentlich an der Küste Kleinasiens vorkommt. Styrax stellt eine graue, halbflüssige, in Alkohol und fetten Ölen lösliche Masse dar. Er enthält ebenfalls Ester der Zimmt- und Benzoësäure und besitzt dieselben antiparasitären Eigenschaften wie Perubalsam. Dabei hat er den Vorzug, viel billiger zu sein. Die alten Chirurgen bedienten sich häufig einer Styraxsalbe zum Verbinden der Wunden, und auch jetzt noch ist dieselbe ein ausgezeichnetes Mittel, die Granulationen bei schlaffen Wunden anzuregen.

Linimentum Styracis ist (nach Pharm. Helv.) eine Mischung aus gleichen Theilen Leinöl und Styrax.

Balsamum tolutanum. Tolubalsam. Baume de Tolu.

Dieser Balsam fliesst spontan aus den angeschnittenen Stämmen von Toluifera Balsamum, eines in Venezuela und Neu-Granada einheimischen, der Familie der Papilionaceen angehörenden, schönen Baumes. Tolubalsam ist ein bedeutender Handelsartikel im Hafen Tolu am Magdalenenstrom. Sein sehr angenehmer Geruch ist dem des Perubalsams ähnlich. Anfangs flüssig, wird er durch Verharzung fest; er schmilzt zwischen 60 und 65^{0} und löst sich vollständig in Alkohol, Chloroform, kaustischen Alkalien etc.

Er enthält Benzoësäure und Zimmtsäure, ausserdem einen flüssigen Kohlenwasserstoff: Tolen. Diese verschiedenen Substanzen werden theilweise durch die Lungen ausgeschieden und können in denselben eine antiseptische Wirkung ausüben.

Man bereitet einen Sirup durch Aufgiessen von heissem Wasser auf Tolubalsam und Zusatz von Zucker. Dieser

†Sirupus Balsami tolutani dient als Korrigens und Adjuvans, indem man ihn Mixturen zusetzt, die zur Behandlung von Bronchialaffektionen verwendet werden. — Die übliche Verordnung von Pillen aus Tolubalsam ist nicht rationell, denn solche Pillen lösen sich sehr häufig im Darm gar nicht auf.

Gewisse **Harze** enthalten beträchtliche Mengen von Benzoësäure. Besonders reich an dieser Säure ist

Benzoë,

ein Harz, welches spontan oder aus Einschnitten von Styrax-Benzoin, einem auf den Inseln des indischen Archipels vorkommenden Baume, aus der Familie der Styraceen, ausfliesst. Die besseren Sorten von Benzoë (Benzoë in lacrymis) enthalten bis 20% Benzoësäure. Zu allen Zeiten ist das Benzoëharz zur Bereitung von Wundbalsamen benützt worden; unter diesen ist der bekannteste der Balsamum Commendatoris, Kommandeurbalsam, eine alkoholische Lösung von Benzoë, Aloë, Perubalsam und verschiedener Harze.

Benzoë wird auch in Verbindung mit Adstringentien (China, Ratanhia etc.) als Pulver zur Behandlung von Decubitus, torpiden Ulcerationen etc. verordnet. Auch bereitet man daraus Mischungen, die während einer Keuchhustenepidemie in den Zimmern angezündet werden (Candelae fumales). Pharmaceutisch wird es benutzt, um das Ranzigwerden der Fette zu verhüten (Adeps benzoinatus). Man bereitet auch eine Lösung von Benzoë 1 in Weingeist 5 (Tinctura Benzoës), die mit Wasser vermischt eine milchige Flüssigkeit giebt und Jungfernmilch, Lac Virginis, genannt wird.

Unter den antiseptischen, aromatischen Harzen verdienen noch genannt zu werden:

Myrrha, das Gummiharz von Balsamodendron Myrrha (Burseracee). Man bereitet daraus eine Tinctura Myrrhae.

†**Olibanum,** der eingetrocknete Saft von Boswellia Carteri (Burseracee).

†**Mastix,** der Harzsaft von Pistacia Lentiscus.

†**Elemi,** Harz von Canarium commune (Burseracee).

Acidum benzoicum. Benzoësäure. C_6H_5COOH.

Die zu medicinischem Gebrauche verwendete Benzoësäure soll aus Benzoëharz bereitet werden. Zu diesem Zwecke mischt man letzteres mit etwas Sand und erhitzt mässig bis auf 160—180°. Bei dieser Temperatur verflüchtigt sich die Benzoësäure, und man fängt sie in einem Recipienten auf. Auf diese Weise dargestellt, bildet sie weisse, seidenglänzende, in 370 Theilen kaltem und 15 Theilen siedendem Wasser lösliche Nadeln. In Alkohol und Äther löst sie sich sehr leicht. Ihr Geruch erinnert an den des Benzoëharzes, während chemisch reine Benzoësäure keinen Geruch besitzt, ebenso wenig wie die aus Hippursäure bereitete, welche man in grosser Menge im Pferde- und Kuhharn findet.

Die antiseptische Wirkung der Benzoësäure scheint diejenige der Karbolsäure und Salicylsäure zu übertreffen. Es soll schon 1% dieser Substanz genügen, um die Entwickelung der meisten Bakterien zu hemmen (Buchholtz). Sie hat auch schwach irritirende Eigenschaften und erzeugt leicht Niesen und Husten. Durch die Haut wird sie ziemlich leicht und durch die Magen- und

Darmschleimhaut rasch resorbirt. Im Organismus bildet sie sich in Hippursäure um, welche keine antiseptischen Eigenschaften mehr besitzt. Diese Transformation scheint bereits in der Darmmucosa zu beginnen und in der Leber und namentlich in den Nieren ihren Fortgang zu nehmen. Aller Wahrscheinlichkeit nach spielen hierbei die Epithelien der Harnkanälchen die Hauptrolle, denn man beobachtet, dass je normaler die Niere, desto vollständiger ist auch die Transformation von verhältnissmässig starken Dosen Benzoësäure (4,0—5,0 g). Dagegen wird in Fällen von Nierenatrophie die Benzoësäure zum Theil als solche eliminirt. Die Bronchialschleimhaut spielt gleichfalls eine gewisse Rolle bei der Ausscheidung dieser Säure, welche alsdann eine mässige Irritation nebst Vermehrung der Sekretion verursacht. Und dank dieser Eigenschaft wird Acidum benzoicum als ein Expektorans angesehen. Benzoësäure vermag auch den Eiweisszerfall zu vermehren und steigert in Folge dessen die Ausscheidung des Harnstoffes. Aus diesem Grunde wird man von dem Mittel bei Fiebernden und namentlich bei Tuberkulösen, deren Kräfteverfall so rasch vor sich geht, keinen allzu grossen Gebrauch machen.

Therapeutische Verwendung. Acidum benzoicum ist innerlich häufig bei Gonorrhoe gegeben worden. Hierbei ist man von dem Gesichtspunkte ausgegangen, eine antiseptische Substanz in den Urin übergehen zu lassen, die im Stande ist, die Entwickelung von Gonokokken zu hemmen. Vorher ist jedoch bereits hervorgehoben worden, dass die Benzoësäure sich innerhalb des Organismus in Hippursäure umwandelt, der keine antiseptischen Eigenschaften mehr zukommen. Man muss daher auf diese Behandlungsmethode der Gonorrhoe verzichten. Bei chronischer Bronchitis, mit Bronchiektasie kann Natrium benzoicum oder auch Ammonium benzoicum in Tagesdosen von 5,0—6,0 g, in einhüllenden Mixturen verordnet werden.

Eine gewisse Gruppe von Pflanzen, die zu allen Zeiten Verwendung bei der Behandlung des Rheumatismus gefunden hat, verdankt ihre Wirkung der in ihnen enthaltenen Salicylsäure.

†**Flores Spiraeae ulmariae.** Fleurs de reine des prés.

Die Spiraea ulmaria, aus der Familie der Rosaceen, wächst an etwas feuchten Orten, wo sie im Juli und August blüht. Ihre prächtigen Rispen von weissen Blüthen riechen sehr angenehm und enthalten Salicylsäure in Form von Ester. Auf dem Lande kann man sich dieser Blüthen mit Vortheil bei Rheumatismus oder Blasenkatarrh bedienen. Sie werden im Aufguss angewendet.

†**Cortex Salicis.** Weidenrinde. Écorce de Saule.

Diese Rinde wird von mehreren Weidenarten (Salix alba, S. fragilis, S. caprea etc.) aus der Familie der Saliceneen gesammelt. — Vor der Entdeckung der Salicylsäure wurde die Weidenrinde häufig zur

Behandlung des Rheumatismus und als Fiebermittel angewendet. Sie enthält das †**Salicin**, ein krystallisirbares, sehr bitter schmeckendes Glykorid, das sich im Organismus in Salicylsäure umwandelt. Wird in derselben Weise und zu gleichen Zwecken wie das vorhergenannte Mittel verwendet.

†Oleum Gantheriae. Wintergrünöl.

Dieses ätherische Öl wird durch Destillation der Gaultheria procumbens, aus der Familie der Ericaceen, welche reichlich in Nordamerika vorkommt, gewonnen, ebenso durch Destillation gewisser Birken (Betula lenta), die man im Grossen, namentlich im Staate Illinois exploitirt.

Das sehr angenehm riechende Öl enthält 90% Salicylsäure-Methylester $C_6H_4<^{OH}_{COOCH_3}$. Es ist in Wasser wenig, jedoch ausreichend löslich, um ihm antiseptische Eigenschaften mitzutheilen, die denen des Karbolwassers gleichkommen; dabei hat es den grossen Vorzug, sehr wenig giftig und irritirend zu wirken. In Amerika wird es noch heute, wie in früheren Zeiten bei den verschiedensten Affektionen, und hauptsächlich gegen Rheumatismus gebraucht. Es wird auch, wie die Salicylsäure auf synthetischem Wege dargestellt. Seine Verwendung ist in Europa eine verhältnissmässig geringe, weil die Salicylsäure erheblich billiger als das Wintergrünöl ist.

Salicylsäure findet sich auch noch in andern Pflanzen, wie Viola tricolor etc.

Acidum salicylicum. Salicylsäure. $C_6H_4<^{OH}_{COOH}$.

Die Salicylsäure wurde zuerst aus dem Wintergrünöl gewonnen. Seit 1874 wird sie jedoch auf synthetischem Wege (Kolbe) durch Erhitzen von Phenolnatrium in Gegenwart von Kohlensäure dargestellt. Hierbei bildet sich Natriumsalicylat, das man in Wasser löst und mittels Salzsäure zerlegt.

Salicylsäure stellt weisse, seidenglänzende prismatische Nadeln von süsslichem und ein wenig kratzendem Geschmacke dar. Sie ist in 500 Theilen kaltem und in 15 Theilen siedendem Wasser löslich. Die wässerige Lösung wird durch Eisenchlorid violett gefärbt. In Alkohol, Äther, Terpentinöl und in fetten Körpern löst sich Salicylsäure sehr leicht.

Wirkung. Salzsäure, Phosphorsäure und Milchsäure schlagen die Salicylsäure in flockiger Form nieder, sobald man diese Säuren zu einer wässerigen Lösung von salicylsaurem Natron hinzusetzt. Kohlensäure, Weinsäure, Essig- und Oxalsäure setzen sie ebenfalls in Freiheit, ohne sie jedoch zu präcipitiren, d. h., die Salicylsäure bleibt in der Flüssigkeit gelöst, aus der sie mittels Äther extrahirt werden kann. Die Kenntniss dieses Verhaltens ist von Wichtigkeit für das Verständniss der antiseptischen Wirkung der Salicylsäure.

Letztere besitzt im freien Zustande und in Lösung zu 2 $^0/_{00}$ eine antiseptische Wirkung, die der von einer Phenollösung von derselben Stärke gleichkommt. Dieses ist jedoch nicht mehr der Fall, wenn sie an ein Alkali gebunden ist. So haben Natrium oder Kalium salicylicum keine antibakterielle Wirkung. Nun bildet aber Salicylsäure, nach Zusatz zu einer Flüssigkeit, die Karbonate oder Phosphate enthält, sehr leicht alkalische Salze und verliert in Folge dessen ihre antiseptischen Eigenschaften. Aus diesem Grunde verhindert diese Säure, z. B. nach Zusatz zum Urin, dessen Fermentation nur während sehr kurzer Zeit. Um diesem Übelstande zu begegnen, braucht man nur eine geringe Menge von einer der oben erwähnten Säuren hinzuzufügen. Man nimmt gewöhnlich an, ohne dass endgültige Beweise dafür erbracht sind, dass die im Blute als alkalisches Salicylat cirkulirende Salicylsäure durch den Einfluss der Kohlensäure in Freiheit gesetzt wird.

Eine Lösung von 2 $^0/_{00}$ Salicylsäure hemmt die Entwickelung der meisten Mikroorganismen, aber ihre Aktion auf ihre Sporen ist schwächer als diejenige der Karbolsäure. Sie wirkt demnach weniger desinficirend als die letztere. Ausserdem verliert wie diese die Salicylsäure in Alkohol, Glycerin oder fetten Körpern gelöst, ihre antibakteriellen Eigenschaften.

Auf die Haut applicirt, verursacht sie eine ziemlich starke Reizung und löst dabei die Epidermisschicht theilweise auf. Daher wird sie auch auffallend schnell resorbirt. Nach 15 bis 20 Minuten finden sich bereits die ersten Spuren im Urin. Die Schnelligkeit und Bedeutung dieser Resorption hängt jedoch von der Substanz ab, welcher die Salicylsäure einverleibt worden ist. So ist sie fast Null, wenn letztere mit Vaselin oder Glycerin vermengt war, während sie sehr rasch vor sich geht, wenn die Salicylsäure einem Fette inkorporirt worden ist, das einen Zusatz von $^1/_{10}$ Olei Terebinthinae oder Chloroform erhalten hat. — Die Haut junger Individuen scheint mehr davon zu resorbiren als diejenige von alten Leuten.

Nach Einführung in den Verdauungstraktus wird Acidum salicylicum gleichfalls sehr rasch resorbirt. Eine grosse Dosis von 3,0—4,0 g vermag bereits ein wenig Congestion des Gesichtes, Vermehrung der Pulsfrequenz, Ohrensausen mit nachfolgender Schwerhörigkeit und Kopfweh hervorzurufen. In sehr starken Gaben (10,0—15,0 g) setzt Salicylsäure den Blutdruck herab und kann den Tod durch Lähmung der Athmung herbeiführen. Beim gesunden Menschen sind indessen diese äussersten Zufälle nicht zu befürchten, denn die Elimination des Mittels geht hinreichend schnell von statten, um die Gefahr zu beseitigen. Bei Fiebernden können unangenehme Zustände in Folge zu raschen Sinkens der Körperwärme eintreten. Dieselbe kann um 2 bis 3^0 fallen und auf diese Weise Kollaps verursachen. Bei gesunden Individuen sinkt die Temperatur nur um 1 oder 2 Zehntel Grade. — Ziemlich oft erzeugt Salicylsäure, selbst in mittlerer Dosis, ein starkes, scharlachartiges Exanthem. Demselben geht zuweilen starker Schweissausbruch voran.

Die antipyretische Wirkung der Salicylsäure tritt in besonders auffallender Weise bei rheumatischem Fieber zu Tage. Es handelt sich hierbei wahrscheinlich um eine antiparasitäre Wirkung, die derjenigen zu vergleichen ist, die wir nach Chinin bei den Sumpffiebern beobachten.

Die Ausscheidung dieses Mittels erfolgt hauptsächlich durch den Urin; man findet es jedoch in allen Se- und Exkreten des Organismus wieder. Die Nieren eliminiren es der Hauptmenge nach in Form von Salicylursäure. Bei normalem Drüsenapparate der Niere geht die Ausscheidung schnell von statten, d. h. sie kann, je nach der Dosis, 24 bis 48 Stunden andauern. Sie ist viel rascher bei den Vegetarianern als bei den Fleischessern. Ist irgend eine krankhafte Veränderung der Niere vorhanden, so dauert diese Elimination viel länger an.

Therapeutische Verwendung. Während der ersten Jahre nach ihrer Darstellung auf synthetischem Wege wurde die Salicylsäure bei den verschiedensten Affektionen angewendet. Gegenwärtig begnügt man sich damit, sie bei Gelenkrheumatismus und hauptsächlich bei den akuten Formen dieses Leidens zu verordnen. Hier hat sie sich als ein Specificum und souveränes Mittel bewährt. Sie zeigt sich ebenso gut bei äusserlicher wie bei innerlicher Applikation wirksam.

Äusserliche Behandlungsmethode. Auf die grösseren Gelenke werden Salben oder Linimente mit einem Gehalte von 5 bis 10% Salicylsäure nach folgenden Formeln aufgetragen:

33) ℞ Acid. salicylici 5,0—10,0
Olei Terebinth.
Lanolini āā 10,0
Axung. porci 80,0.
M. f. ungt.

34) ℞ Acid. salicylici 5,0—10,0
Olei Terebinth.
Chloroform. āā 10,0
Olei Olivar. 80,0
M. f. Liniment.

Das Verhältniss der Salicylsäure soll zwischen 5 und 10%, je nach der Zartheit und Empfindlichkeit der Haut, variiren, denn 2 oder 3 Tage nach der Applikation dieses Mittels löst sich die gelockerte Epidermis in grossen Fetzen ab. Mit dem Zusatz von Lanolin, Terpentinöl und Chloroform bezwecken wir, den Durchtritt der Salicylsäure durch die Haut zu begünstigen. In den Linimenten kann das Olivenöl auch durch Leberthran ersetzt werden, dem eine ganz besondere Fähigkeit zukommt, die Haut zu durchdringen. Mischungen mit Öl und Alkohol sind durchaus zu verwerfen. Der alkoholische Zusatz verhindert die Resorption der Salicylsäure und ruft, wenn die resorbirte Alkoholdosis etwas stark ist, sehr leicht eine Kongestion nach den Nieren hervor. — Es wurde bereits erwähnt, dass Glycerin und Vaselin den Durchtritt der Salicylsäure durch die Haut hemmen; daher ist kein Verlass auf die Wirkung von Salicylsalben, die aus diesen beiden Vehikeln bereitet sind.

Nachdem das Mittel auf die Gelenke aufgetragen worden, werden dieselben mit Watte und Flanellbinden umwickelt. Hierbei darf man sich aber nicht damit begnügen, nur die erkrankten Gelenke zu behandeln, sondern man muss die meisten der umwickelbaren Gelenke in Angriff nehmen, denn die Resorption der Salicylsäure ist besonders sehr energisch im Niveau der Kniee, der Ellenbogen- und der Handgelenke.

Die Wirkung dieser äusserlichen Behandlung ist häufig auffallend. Der Schmerz schwindet nach 2 bis 3 Stunden, alsdann nimmt die Anschwellung ab, während gleichzeitig das Fieber allmählich fällt, um nach durchschnittlich 4 bis 5 Tagen zur Norm zurückzukehren. Mit dieser Behandlungsweise allein kann man dahin gelangen, einen akuten Gelenkrheumatismus zu heilen. Dabei ist es von Vortheil, der Magen- und Darmschleimhaut die zuweilen irritirende Einwirkung der Salicylsäure zu ersparen, und man ist vor den unangenehmen Nebenerscheinungen dieses Mittels, wie Ohrensausen, Schwerhörigkeit etc., geschützt.

Die äusserliche Behandlung kann mit der innerlichen verbunden werden, und letztere erheischt alsdann die Verabreichung einer mässigen Dosis von salicylsaurem Natron (Natrium salicylicum). Da dieses Salz leicht löslich ist, kann es in Solution zu 1,0 g 5 bis 6 mal täglich gegeben werden. Es ist unzweckmässig, starke Dosen nehmen zu lassen; man thut besser, kleinere (à 1,0) zu verabfolgen und häufiger zu wiederholen. Es sind bis 15,0 und 20,0 g innerhalb 24 Stunden verordnet worden. Unseres Erachtens sind dies Gaben, die den Kranken in nutzloser Weise angreifen. 8,0 g dürften die maximale Tagesdosis ausmachen.

In den Fällen, wo das Herz träge funktionirt und der Puls schwach und klein ist, muss die Dosis um die Hälfte herabgesetzt werden.

Die anderen Formen von Rheumatismus: chronischer Rheumatismus, Muskelrheumatismus, Lumbago, Ischias werden weniger günstig durch die Salicylbehandlung beeinflusst. Immerhin können die Salicylsalben mit Vortheil zur Unterstützung der Massage bei diesen Affektionen angewandt werden. Dagegen ist die Wirkung der Salicylsäure durchaus Null beim Tripperrheumatismus.

Bei fieberhaften Affektionen, wie Pneumonie, Variola, Scarlatina, Ileotyphus, wird dieses Mittel nicht mehr verordnet, ebenso wenig bei Diabetes mellitus, wo es ohne Nutzen versucht worden ist.

Es ist auch bei Gährungszuständen des Magens verabreicht worden, doch ist in derartigen Fällen die Wirkung der Salzsäure viel zuverlässiger. Beim Blasenkatarrh und bei Gallensteinen kann Salicylsäure von Nutzen sein, doch ist es zweckmässiger, dieselbe in Gestalt von Salol oder Salacetol zu verabreichen. Die Wirkung dieser Mittel ist von längerer Dauer.

Mit Zusatz von Talcum (Pulvis salicylicus cum Talco) dient Salicylsäure zur Behandlung der Schweissfüsse. In der That vermindert oder beseitigt dieses Pulver den unangenehmen Geruch, der sich bei dieser Affektion entwickelt, aber die Haut wird viel empfindlicher und die Schweisssekretion nimmt nicht ab. Daher ist es in derartigen Fällen zweckmässiger, eine Mischung von 1 Th. Alaun und 10 Th. Talcum anzuwenden, welche die Gewebe mehr zusammenzieht.

Die zahlreichen Specifica, welche zur Beseitigung der Hühneraugen empfohlen worden sind, bestehen gewöhnlich aus nichts anderem als aus einer Auflösung von 1 Th. Acid. salicylicum in 10 Th. Collodium.

Salolum. Salol. $C_6H_4<^{OH}_{COOC_6H_5}$

Salol oder Phenylsalicylat ist ein krystallinisches, weisses, in Wasser unlösliches Pulver. In Alkohol, Äther und fetten Ölen ist es löslich und schmilzt zwischen 42 und 43°. Es enthält 40% Karbolsäure und 60% Salicylsäure. — Den Magen passirt es, ohne sich aufzulösen und ohne resorbirt zu werden. Sobald es aber mit dem alkalischen Darmsaft in Berührung kommt, zerlegt es sich allmählich in Salicylsäure und Phenol, welche Körper ihre desinficirende Aktion auf dem ganzen Wege durch den Darm entfalten. Diese chemischen Eigenschaften machen das Salol zu einem ausgezeichneten Darmantisepticum, das namentlich gut wirkt, wenn es in Ricinusöl gelöst (2,0 : 30,0) verabreicht wird. In dieser Form wird es auch gewöhnlich zur Behandlung der Sommerdiarrhöen, der Cholera und aller infektiösen Darmkrankheiten verordnet. Da es nur allmählich, in dem Verhältnisse, wie es sich zerlegt, zur Wirkung gelangt, so zeigt es fast niemals die unangenehmen Erscheinungen der in zu grosser Dosis verabreichten Salicylsäure. Ebenso verhält es sich mit der in ihm enthaltenen Carbolsäure, die schnell genug eliminirt wird, um nicht unangenehme Erscheinungen hervorzurufen. Immerhin thut man gut, gleichzeitig mit dem Salol dieselbe Menge Natrium sulfuricum zu verabreichen, um die Ausscheidung des Phenols in Form der nicht giftigen Phenolätherschwefelsäure zu erleichtern.

Lässt man einen Erwachsenen 4,0 bis 5,0 g Salol gebrauchen, so findet man hiervon stets eine gewisse Menge unzersetzt in den Fäcalmassen wieder. Beim gesunden Menschen erscheint es im Urin 25 bis 30 Minuten nach seiner Einführung.

Bei äusserlicher Anwendung in Salben- oder Pulverform ist seine Wirkung durchaus negativ, da Salol nur in Berührung mit einem alkalischen Medium eine wirkliche Aktion entfalten kann.

Es leistet gute Dienste bei purulenter Cystitis, bei Gonorrhoe, bei der innerlichen Behandlung des akuten Gelenkrheumatismus und bei Gallensteinen. Bei diesen Affektionen ist die Tagesdosis von 4,0 bis 5,0 g nicht zu überschreiten.

Die mit Salol bereiteten Mund- und Zahnwässer rufen oft eine Reizung der Mundwinkel hervor.

†Salacetolum. Salacetol. $C_6H_4<^{COOCH_2COCH_3}_{OH}$

Salacetol ist Salol, in welchem das Phenol durch Acetol ersetzt worden ist. Wie das Salol ist es in Wasser unlöslich, löslich in Alkohol und fetten Ölen und nur zerlegbar in Gegenwart der alkalischen Verdauungssäfte. Es bietet demnach alle Vorzüge des Salols, ohne die Schattenseiten des Phenols zu zeigen, das in dem Salacetol durch eine nicht giftige Substanz substituirt worden ist. Aus diesem Grunde wird es sich ganz besonders für Kinder eignen, die gegen Karbolsäure stets so empfindlich sind.

Es wirkt besonders günstig bei den Sommerdiarrhöen in Lösung mit Oleum Ricini. Man verordnet 2,0 g Salacetol in 30,0 g Ricinusöl und lässt einen Erwachsenen das Ganze auf einmal nehmen. Kindern giebt man hiervon esslöffelweise. Ausserdem kann man Salacetol bei allen Affektionen verordnen, bei denen die Salicylsäure innerlich angewendet wird.

Bismutum subsalicylicum. Basisch Wismuthsalicylat.

Dieses Präparat ist ebenfalls für die Behandlung der gastrointestinalen Infektionen empfohlen worden, aber es kann nur eine sehr beschränkte Wirkung ausüben. Bismutum subsalicylicum zersetzt sich nämlich schon im Magen in Salicylsäure und Wismuthoxyd. Erstere wird schnell resorbirt, ohne den Darm zu desinficiren, während das Wismuth seinen Weg fortsetzt und nur eine absorbirende Aktion auf die Schwefelwasserstoffgase ausübt. — Dosis: 0,25—1,0 mehrmals täglich in Pulverform.

Oleum Terebinthinae. Terpentinöl. Essence de térébinthine.

Das Terpentinöl wird durch Destillation von Wasser mit Terpentin dargestellt. Letzterer fliesst aus Einschnitten, die in Pinus- und Abiesarten gemacht worden sind. So gewinnt man ihn bei uns aus Pinus Laricis und Pinus Pinaster, in Amerika aus Pinus taeda und australis. Der Kanadabalsam ist ein Terpentin, der sorgfältig aus Pinus balsamea (Kanada) dargestellt wird.

Terpentin besteht aus 70—80$^0/_0$ Harz (Colophonium), gelöst in 15—20$^0/_0$ ätherischem Öle, das unser Terpentinöl darstellt. Letzteres ist eine farblose, bei 150—160^0 siedende Flüssigkeit, die sich in Wasser und verdünntem Weingeist wenig löst, in Äther, Chloroform und fetten Ölen leicht löslich ist. Terpentinöl besteht aus verschiedenen Terpenen ($C_{10}H_{16}$), die sich von einander durch ihre Polymerie unterscheiden.

Wirkung. An der Luft zieht Terpentinöl Sauerstoff an, der sich in demselben zu Ozon kondensirt. Bei innerlicher Einführung wird es ziemlich schnell theils durch die Lungen, theils durch den Harn ausgeschieden, und letzterer nimmt hierbei einen Veilchengeruch an. Bei alten Leuten verursacht es leicht Kongestion der Nieren, die zu Haematurie führen kann. Örtlich reizt Terpentinöl ziemlich stark, und als Einreibung angewendet bildet es ein ausgezeichnetes Derivans.

Therapeutische Verwenduung. Oleum Terebinthinae wurde in Verbindung mit Äther (1 : 4) zur Behandlung der Gallensteine empfohlen (Durand'sches Mittel). Die damit erhaltenen guten Resultate lassen sich zum Theil dadurch erklären, dass Terpentinöl die peristaltischen Bewegungen beschleunigt und nicht, wie manche Autoren annehmen, durch eine auflösende Wirkung auf die Gallensteine.

In Inhalation vermag es als antiseptisches Mittel bei putrider Bronchitis und Lungengangraen zu wirken. Ebenso kann es zur Reinigung der Luft der Krankenzimmer dienen, und zur Zeit von Masern-, Scharlach- und Keuchhustenepidemien bewährt es sich als ein gutes Prophylacticum. Zu diesem Zwecke braucht man nur einige Blätter Fliesspapier damit zu durchtränken und in dem Raume aufzuhängen, dessen Luft man mit Terpentindämpfen sättigen will. Hierzu empfiehlt sich namentlich das durch Destillation der Knospen von Pinus pumilio dargestellte Latschenöl, Oleum pini pumilionis, dessen lieblicher Geruch ein wahres Parfüm bildet.

Das alte (ozonisirte) Terpentinöl eignet sich zur erfolgreichen Behandlung der Phosphorvergiftung. Es wandelt den Phosphor in Phosphorsäure oder in analoge, nicht giftige und durch den Harn leicht eliminirbare Verbindungen um. — Man verabreicht alle 2—3 Stunden 15 bis 20 Tropfen in Wasser. Schüttelt man 40 bis 50 g Oleum Terebinthinae mit 2 bis 3 Liter Wasser, lässt dasselbe stehen und decantirt den wässerigen Theil, so erhält man eine Flüssigkeit, die sich besonders zur Beseitigung übler Gerüche bei Uteruscarcinom, Gangraen etc. eignet.

†**Terebenum.** Tereben.

Beim Behandeln von Terpentinöl mit koncentrirter Schwefelsäure erhält man eine gelbliche, in Öl lösliche Flüssigkeit von angenehmem Geruche. Dieselbe ist ein Gemisch von polymeren Terebenen. Nach den ersten Versuchen in England verbreitete sich ihre Anwendung sehr schnell. Dem Tereben wurden sehr energische, antiseptische Eigenschaften, doch mit Unrecht, zugeschrieben, denn Tereben ist nichts anderes als durch die Polymerie ein wenig modificirtes Terpentinöl. Es hat keine andern Eigenschaften als das letztere, und es kann insofern gute Dienste leisten, als es die schlechten Gerüche beseitigt. Demnach ist es eher ein

Desodorans als ein Antisepticum. Anzuwenden ist es bei Uteruscarcinom in Mischung mit gleichen Theilen Oleum Olivarum. Es genügt die Applikation eines mit dieser Mischung durchtränkten Tampons, um den entsetzlichen Gestank dieser Affektion zum Verschwinden zu bringen.

Terpinhydrat. Terpinum hydratum $C_{10}H_{16}3H_2O$. Wird dargestellt, indem man Oleum Terebinthinae, Alkohol und Acidum nitricum mischt. Es scheidet sich in Form schöner, farbloser, in heissem Wasser, Alkohol und Äther löslicher Krystalle ab und hat einen etwas aromatischen Geschmack.

Nach den Erfahrungen von Lépine (1885) ist Terpinhydrat ein gutes Expektorans, das gleichzeitig, wie das Terpentinöl, eine antiseptische Aktion auf die Bronchien ausübt und weniger irritirend wirkt als das letztgenannte Mittel. Es findet Anwendung in allen Fällen, in denen die Balsamica angezeigt sind z. B. bei Bronchial- und Blasenkatarrh, und wird in Pulverform oder Lösung zu 0,5 bis 1,0 mehrmals täglich verabreicht.

Wenn man diese Krystalle mit koncentrirter Schwefelsäure destillirt, erhält man eine farblose, sehr angenehm riechende, in Wasser unlösliche Flüssigkeit, die aus verschiedenen Terpenen besteht und der man den Namen

†**Terpinol** (Terpinolum) gegeben hat. Dieses besitzt die Eigenschaften des Terpentinöls, aber es wirkt weniger irritirend. Dieselben Indikationen wie für Terpinhydrat. Dosis: 0,5 bis 1,0 täglich in Mixtur, Pillen oder Kapseln zu 0,1.

Den Terpentinen nähert sich

Balsamum Copaivae. Copaivabalsam.

Copaivabalsam ist eine Art von Terpentin, der aus Einschnitten hervorquillt, die in die Stämme von verschiedenen Copaiferen, aus der Familie der Caesalpineen (C. officinalis, C. guianensis) gemacht worden sind. Diese Bäume kommen namentlich in Südamerika (Brasilien, Venezuela) vor. Der Copaivabalsam stellt eine dicke, gelbliche Flüssigkeit von eigentümlich aromatischem Geruche dar. Er enthält ein ätherisches Öl (Oleum Copaivae), das wie Terpentinöl, jedoch weniger irritirend wirkt, und ein Harz, das aus Copaivasäure besteht. Diese beiden Substanzen und namentlich die letztere werden durch die Schleimhäute eliminirt. Die Copaivasäure wird sechs Stunden nach der Aufnahme im Urin wiedergefunden, und ihre Ausscheidung dauert 36 Stunden an. Es gehen auf diese Weise etwa 13% derselben in den Urin über. Dieses Harz scheint eine specifische Wirkung auf die Mikroorganismen der Gonorrhoe auszuüben und wird mit Vortheil in der akuten Periode dieser Affektion angewendet. Aber, da Balsamum Copaivae ziemlich irritirend wirkt, kann es Gastroenteritis und einen starken Hautausschlag hervorrufen.

In England wird der Copaivabalsam auch häufig bei chronischen Bronchialleiden und Blasenkatarrh verordnet.

Man giebt ihn mit Vorliebe in Gelatinekapseln, denn die Emulsionen oder die Mischungen mit Kubeben schmecken sehr schlecht. Dosis: 3,0—4,0 g täglich.

Ähnlich wie Balsamum Copaivae wirken bei Gonorrhoe die beiden folgenden Mittel, Cubeben und Sandelöl.

Cubebae. Kubebenpfeffer. (Von Cubeba officinalis).

Sie enthalten ein ätherisches Öl und die Cubebensäure und besitzen dieselben Eigenschaften wie Bals. Copaivae. Man giebt 1,0—3,0 mehrmals täglich in Pulver oder Pillen.

†**Oleum Santali** (Sandelöl),

das von Santalum album (Santalacee) oder von Laurus Sassafras (Laurinee) herrührt. Man hat dasselbe zu einem Specificum für die Gonorrhoe stempeln wollen; es besitzt jedoch nicht stärkere antiseptische Eigenschaften als Terpentinöl. Wird zu 10—30 Tropfen (in Kapseln) gegeben.

Thymolum. Thymol. Acidum thymicum. $C_6H_3 \begin{cases} C_3H_7 \\ CH_3 \\ OH \end{cases}$

Thymol oder Thymiansäure kommt in manchen Pflanzen aus der Familie der Labiaten, die früher zur Bereitung von aromatischen antiseptischen Flüssigkeiten (Vinum aromaticum etc.) dienten, vor. Besonders das ätherische Öl des Thymians, Thymus vulgaris (Labiate), enthält viel Thymol. Gegenwärtig wird es in ziemlich grosser Menge aus den Früchten einer indischen Umbellifere, Carum Agowan, gewonnen.

Thymol bildet weisse, fettige Krystalle von aromatischem Geruche und scharfem, brennendem Geschmacke. In Wasser ist es wenig löslich (1 : 1000), durch Zusatz von Alkalien wird die Löslichkeit erhöht. In Alkohol und Äther löst es sich leicht.

Wirkung. Es besitzt antiseptische Eigenschaften wie die Karbolsäure, hat dabei jedoch den grossen Vorzug, zehnmal weniger giftig zu sein als letztere. Daher vermag Thymol bei chirurgischen Operationen der Kinder und zum Waschen und Desinficiren gewisser Höhlen, wie der Pleura-, Peritonealhöhle etc., gute Dienste zu leisten. Innerlich wirkt es in Dosen von 0,1 bis 0,2 als Antihelminthicum.

Äusserlich wird es in Lösungen von 1 : 1000 zum Verbinden gebraucht.

An Jod gebunden, bildet es das Aristol.

Mentholum. Menthol. $C_{10}H_{20}O$.

Menthol findet sich in dem ätherischen Öle von verschiedenen Arten der Gattung Mentha (M. aquatica, M. sylvatica, M. piperita) aus der Familie der Labiaten. Dieses ätherische Öl enthält bis zu 50% Menthol. In China kommen gewisse Menthaarten vor, deren ätherisches Öl fast ausschliesslich aus Menthol (Poho) besteht.

Es bildet weisse, stark nach Pfefferminz riechende Krystalle von zuerst brennendem, dann kühlendem Geschmacke. In Wasser ist es unlöslich, aber leicht löslich in Alkohol, Äther, Chloroform, in fetten und ätherischen Ölen. Menthol besitzt sehr ausgeprägte antiseptische Eigenschaften, aber seine geringe Löslichkeit in Wasser ist ein Hinderniss für seine diesbezügliche Verwendung.

Auf die Haut gebracht, erzeugt es Kältegefühl, das auf einer direkten Wirkung des Menthols auf die speciellen Nerven der Kälteempfindung beruht, und nicht, wie früher angenommen wurde, ein Effekt der raschen Verflüchtigung ist. Gleichzeitig bewirkt es eine gewisse Analgesie, daher wird es häufig in Form des Mentholstiftes (Migränestift), mit dem man die schmerzhaften Punkte bestreicht, zur Behandlung mancher Gesichtsneuralgien verwendet.

†**Folia Eucalypti.** Eucalyptol.

Eucalyptus globulus, aus der Familie der Myrthaceen, ist ein sehr grosser und schnell wachsender Baum, der in Australien einheimisch, aber gegenwärtig im südlichen Europa angepflanzt wird. Er leistet grosse Dienste, indem er manche sumpfige Gegenden assanirt. Diese Wirkung beruht in diesem Falle nicht, wie man lange Zeit geglaubt, auf dem in ihm enthaltenen ätherischen Öle mit antiseptischen Eigenschaften, sondern auf der grossen Menge Wassers, die er in Folge seines rapiden Wachsens dem Erdboden entzieht.

Unbewohnbare Landstriche von Italien, Algier und Brasilien sind, dank den ungeheuren Anpflanzungen von Eucalyptus, wieder gesund gemacht worden.

Die Blätter sind dimorph, die jungen sind herzförmig oval, die alten lang und sichelförmig. Sie enthalten ein Harz und 6% ätherisches Öl, das aus Eucalyptol oder Cineol ($C_{10}H_{18}O$) und Eucalypteïn ($C_{10}H_{16}$) besteht.

Eucalyptol besitzt antiseptische Eigenschaften, die denjenigen des Thymols gleichkommen. Es wirkt auf die weissen Blutkörperchen nach Art des Chinins, d. h. es vermindert die amoeboïden Bewegungen.

Bei innerlicher Verabreichung wirkt Oleum Eucalypti ähnlich wie Terpentinöl. Seine Elimination geschieht durch die Nieren, Haut und Lungen. Es theilt dem Urin ebenfalls einen Veilchengeruch mit.

Oleum Eucalypti oder Eucalyptol hat man bei infektiösen Lungenkrankheiten, z. B. bei Tuberkulose empfohlen; doch ist hier die Wirkung nicht zuverlässiger als diejenige von zahlreichen antiseptischen Mitteln, die bei dergleichen Fällen gerühmt wurden. Es lohnt jedoch, bei putrider Bronchitis, Cystitis, Keuchhusten davon Gebrauch zu machen. Dosis 5—15 Tropfen mehrmals täglich in Kapseln oder Elaeosaccharum.

Das in Krankenzimmern zerstäubte Eucalyptusöl beseitigt den unangenehmen Geruch.

Die Eucalyptustinktur, Tinctura Eucalypti (aus den Blättern 1 : 5 bereitet) enthält sämmtliche wirksamen Bestandtheile der Blätter. Sie wird (bei Intermittens) zu 3 bis 4 Theelöffeln täglich verabreicht.

†Myrtol,

dargestellt aus der Myrthe, Myrthus communis (Myrthacee) zeigt dieselben Eigenschaften wie Eucalyptol.

Mineralische Antiseptica.

Die halogenen Körper (Chlor, Jod, Brom und Fluor) besitzen sämmtlich sehr energische antiseptische und desinficirende Eigenschaften, besonders wenn sie sich im Status nascendi befinden. Sie reissen den Wasserstoff der organischen Stoffe begierig an sich, und der nun in Freiheit gesetzte Sauerstoff derselben wirkt oxydirend. Es geht also eine vollständige Zersetzung des organischen Moleküls vor sich. — Ihre Anwendung ist eine sehr beschränkte wegen dieser starken Zerstörung der organischen Stoffe.

Chlor. Chlorum.

Das Chlor und die Verbindungen, welche die Fähigkeit besitzen, Chlor zu entwickeln, haben in der Kriegschirurgie der Napoleonischen Armeen eine grosse Rolle gespielt. Das gasförmige Chlor ist eines der energischsten Desinfektionsmittel. Leider zerstört es nicht nur die pathogenen Keime, sondern auch die Gewebe, mit denen es in Berührung gebracht wird. Brom und Jod besitzen im gasförmigen Zustande gleichfalls zerstörende Eigenschaften, aber in weit geringerem Masse als Chlor.

Gasförmiges Chlor bewirkt eine sehr heftige Reizung der Bronchien, und in hinreichend grosser Menge führt es den Tod durch Lähmung der Athmungscentren herbei. — In den Bleichereien werden ziemlich häufig chronische Intoxikationen beobachtet. Die Arbeiter magern schnell ab; ihr Geruch schwindet und sie klagen oft über Magenschmerzen, die auf einer starken Vermehrung der Salzsäuresekretion zu beruhen scheint.

Chlor kann in Form einer wässerigen Lösung als Chlorwasser, **Aqua chlorata,** angewendet werden. Äusserlich vermag dieses Chlorwasser sich nützlich zu erweisen, um den schlechten Geruch einer Gangraen zu beseitigen. Es übt auch einen sehr wirksamen Einfluss auf die Pilze der Aktinomykose aus. Hier kann es in Kompressen oder in parenchymatösen Injektionen zur Verwendung kommen.

Der unterchlorigsaure Kalk, **Calcaria chlorata**, Calcaria hypochlorosa, gewöhnlich Chlorkalk genannt, besitzt die Eigenschaft, sein Chlor, unter dem Einflusse der Kohlensäure der Luft, allmählich frei zu machen. Diese Entwickelung kann durch Zusatz irgend einer Säure, z. B. von Essig beschleunigt werden. Vermöge dieser Eigenschaften können grössere Räume gut desinficirt werden, indem man in denselben einige Kilogramm Chlorkalk aufstellt.

† **Eau de Javelle**, Liquor Kalii hypochlorosi, wird bereitet durch Auflösen von Chlorkalk und Kaliumkarbonat in Wasser.

† **Eau de Labarracque**, Liquor Natrii hypochlorosi, wird dargestellt durch Auflösung von Natriumkarbonat und unterchlorigsaurem Kalk in Wasser. Da diese Lösung weniger kaustisch wirkt, wird sie von den Augenärzten bei der Behandlung der Conjunctivitis blennorrhagica der vorhergenannten gewöhnlich vorgezogen.

Dieses sind zuverlässige und billige Desinfektionsmittel, die mit Vorliebe bei Carcinom, diphtherischen Ulcerationen, Gangraen, Ozaena angewendet zu werden pflegen.

Kalium chloricum. Kali chloricum. $KClO_3$.

Chlorsaures Kalium wirkt ebenfalls antiseptisch. Man wendet es vorzugsweise zur Desinfektion des Mundes und Pharynx an; ebenso wird es bei Stomatitis mercurialis und diphterischen Affektionen verordnet. Es ist in 16 Theilen kalten Wassers löslich und kann in dieser Koncentration als Gurgelwasser gegeben werden.

Jodum. Jod.

Gleich dem Chlor ist Jod ein kräftiges Antisepticum und ein energisches Oxydationsmittel. Die Jodverbindungen, welche uns als Antiseptica am meisten nützen, sind ebenfalls diejenigen, welche bei ihrer langsamen Zersetzung beständig eine geringe Menge Jod im status nascendi liefern.

Die Jodtinktur, Tinctura Jodi, eine Auflösung von 1 Th. Jod in 10 Th. Alkohol, wird häufig auf die Haut applicirt behufs Vernichtung gewisser Mikroorganismen.

Jodoformium. Jodoform. CHJ_3.

Jodoform ist ein Trijodmethan, das beim Erhitzen einer Mischung von Kalium carbonicum, Alkohol und Jodkalium entsteht. Es stellt eine gelbe, pulverförmige Masse von safranartigem, durchdringendem Geruche dar. In Wasser ist es absolut unlöslich, dagegen löst es sich in 50 Theilen Alkohol und 6 Theilen Äther; ziemlich löslich ist es in Öl. In Kampferöl (6 %) und Kampferspiritus wird die Löslichkeit des Jodoforms vermehrt. Diese Lösungen werden schnell braun wegen des unter dem Einflusse von Luft und Licht frei werdenden Jods.

Wirkung. Die langsame und beständige Zerlegung des Jodoforms macht uns die antiseptische Aktion dieses Mittels begreiflich. Damit diese Dissociation sich jedoch vollziehe, ist ein feuchtes Medium nothwendig. Im Trocknen zerlegt sich Jodoform nicht und zeigt demnach keine antiseptische Wirkung, während seine Zersetzung in einem warmen, feuchten Medium und namentlich bei Gegenwart von organischen Stoffen beschleunigt wird. Das lebende Zellenprotoplasma scheint gleichfalls diese zerlegende Kraft in hohem Grade zu besitzen. Wenn man Jodoform mit Blut schüttelt und etwas Stärkemehl hinzusetzt, so beobachtet man, dass letzteres unter dem Einflusse des frei gewordenen Jods sich bläuet. Diese Blaufärbung verschwindet jedoch bald, weil das Jod sich in Folge der Alkalescenz des Blutes in Jodid umwandelt. Also wirkt Jodoform nur in solchen Medien antiseptisch, wo es sich spalten und Jod im status nascendi abgeben kann. Derartige Medien sind die Flüssigkeiten des Organismus und besonders diejenigen der Körperhöhlen. Die bakterientödtende Aktion wird durch eine andere nicht weniger nützliche vervollständigt, welche bestrebt ist, die durch die Mikroorganismen ausgeschiedenen Produkte unschädlich zu machen. In der That kombinirt sich Jod im status nascendi mit den Toxinen und bildet unlösliche Verbindungen.

Da die desinficirende Wirkung des Jodoforms erst beginnt, sobald sich freies Jod bildet und diese Spaltung eine mehr oder weniger lange Zeit erfordert, kann die Infektion einer Wunde noch während dieses Zeitraumes erfolgen. Daher schliesst die Anwendung des Jodoforms nicht diejenige eines andern sofort wirkenden Desinfektionsmittels, wie z. B. des Sublimats, aus. Sobald jedoch das Jodoform sich einmal unter den für seine Zerlegung erforderlichen Bedingungen befindet, ist seine antiseptische Aktion von sehr langer Dauer, und hierin liegt sein hauptsächlichster Vorzug.

Das frei gewordene Jod wird hauptsächlich durch den Urin als Natriumjodid (NaJ) eliminirt, welches auch sehr schnell die Speicheldrüsen passirt.

Jodoform vermag akute und chronische Intoxikationen zu erzeugen. Die Intoleranz oder die leichten Intoxikationen machen sich bemerkbar durch Unbehagen, Kopfweh, Schlaf- und Appetitlosigkeit, Vermehrung der Pulsfrequenz, besonders bei Kindern (130—140 Schläge in der Minute); dann stellt sich sehr häufig ein Hautexanthem ein, auf das ein mehr oder weniger starker Ausbruch von Akne zu folgen pflegt. Nimmt die Vergiftung einen mehr akuten Charakter an, so werden ziemlich heftige cerebrale Störungen beobachtet, die beim Kinde zuweilen einer akuten Meningitis ähnlich sehen; in manchen Fällen kommt es zu lebhaften Delirien.

In einigen Fällen trat die Vergiftung so rasch ein, dass der

Tod, trotz sofortiger Entfernung von allem in Anwendung gekommenen Jodoform, erfolgte. Eine starke Vermehrung der Pulsfrequenz ohne Temperatursteigerung ist stets von schlechter Vorbedeutung und das Zeichen einer grossen Gefahr. Sehr oft tritt jedoch der Exitus letalis nicht sogleich, sondern erst nach mehreren Tagen, am frühesten nach 4 und im allgemeinen nach 8 oder 9 Tagen ein. Es sind auch Fälle veröffentlicht worden, die erst nach 4 Wochen, nachdem sich bedeutende Herzschwäche und Lungenödem eingestellt hatten, tödtlich verliefen.

Zur Verminderung der Intoxikationsgefahr bei Einführung einer gewissen Menge von Jodoform in eine Körperhöhle, thut man gut, von Zeit zu Zeit salinische Abführmittel (Natrium sulfuricum) und kohlensaure Alkalien zu verabreichen, um auf diese Weise das frei gewordene Jod zu binden. Man will beobachtet haben, dass fein gepulvertes Jodoform viel gefährlicher ist als krystallisirtes, doch darf auch hierbei nicht vergessen werden, dass die Intoxikation vielmehr von dem betreffenden Individuum als von der Qualität und Dosis des Jodoforms abhängt.

Eine prädisponirende Ursache für diese Vergiftung findet sich besonders im Alter; die beiden Extreme des Lebens, Kindes- und Greisenalter, sind dem Jodoform gegenüber am empfindlichsten. Die Hauptrolle spielen jedoch hierbei krankhafte Veränderungen des Herzens und der Nieren.

Die unangenehmen Zufälle treten hauptsächlich nach Operationen in der Abdominalhöhle oder an den weiblichen Genitalorganen ein, wo das Jodoform sich unter den besten Bedingungen für seine Spaltung befindet.

Therapeutische Verwendung. Bei innerlicher Verabreichung hatte man sich grossen Vortheil vom Jodoform als Darmantisepticum bei Darmtuberkulose, Typhus oder andern Infektionskrankheiten versprochen. Leider hat jedoch die klinische Beobachtung niemals sehr deutliche Erfolge zu verzeichnen gehabt, und das braucht auch nicht weiter zu überraschen. Denn wenn das Jodoform sich auch im Darme unter günstigen Bedingungen befindet, Jod im status nascendi abzugeben. so wird das letztere sofort in Jodalkali (Na oder K) umgewandelt, welches keine antiseptische Wirkung mehr hat. — Man kann indessen versuchen, es in Pillen oder mit Leberthran bei Tuberkulose des Darms oder Peritoneums in einer Dosis von 0,10 drei- bis viermal täglich zu verabreichen.

35) ℞ Jodoformii 1,0
Ol. Jecor. Aselli 150,0
M. D. S. Esslöffelweise

Äusserlich wenden wir es zur Behandlung von Wunden an, wo eine Vereinigung per primam intentionem nicht absolut erforderlich ist oder wo es nicht angeht, einen genügenden Occlusivverband zu machen, z. B. für die Vagina, das Rectum, den Mund, für komplicirte Frakturen, für tuberkulöse Ulcerationen oder Vegetationen, torpide Geschwüre, weiche Schanker etc. In diesen Fällen wendet man es in Pulverform an, und es ist nutzlos, dasselbe, wie zuweilen empfohlen wird, mit einem wirkungslosen Pulver zu vermengen.

Um den unangenehmen Geruch des Jodoforms für einige Zeit zu beseitigen, mengt man ihm eine kleine Menge Cumarin bei. 1,0 g hiervon genügt zur Desodorisirung von 1 kg Jodoform. Man kann auch in das Gefäss, in welchem das Jodoform sich befindet, 2 oder 3 Tonkabohnen legen. Oleum Menthae pip., Oleum Eucalypti, Oleum Citri, Oleum Neroli, Oleum Terebinthinae, haben dieselben desodorirenden Eigenschaften, aber sobald das ätherische Öl einmal verdunstet ist, nimmt das Jodoform seinen Geruch wieder an.

Will man eine Jodoformlösung injiciren, so kann man sich einer ätherischen Lösung (1 : 6) bedienen; diese Injektionen sind übrigens sehr schmerzhaft; die Lösungen in Öl mit Äther sind es etwas weniger, während eine Auflösung von Jodoform in Ol. camphorat. (6 %) gar nicht wehe thut.

36) ℞ Jodoformii 1,0
Olei camphorati
Aetheris āā 5,0
D. S. Zur subk. Injektion.

Die Salben, Suppositorien, Bougies werden gewöhnlich im Verhältniss von 1 : 5 bereitet. Die mit Vaselin oder Axungia porci dargestellten Salben werden schnell braun wegen des frei werdenden Jod. Sie sind deshalb nicht weniger wirksam.

Jodoformgaze wird bereitet durch Imprägnirung des Stoffes mit einer Jodoformlösung oder einfach, indem man das Gewebe in eine Flüssigkeit von folgender Zusammensetzung taucht:

37) ℞ Colophonii 3
Olei Ricini 2
Spiritus ad 100.

und dasselbe dann mit Jodoform schüttelt, das an seiner Oberfläche kleben bleibt. —

Für den innerlichen Gebrauch:

Höchste Einzeldosis 0,2! höchste Tagesdosis 1,0 g!

Als Ersatzmittel für Jodoform hat man eine ganze Anzahl von organischen Jodverbindungen, wie Jodol, Sozojodol, Aristol, Europhen, Airol etc. empfohlen, die sämmtlich ihre antiseptischen Eigenschaften der geringen Menge freien Jods verdanken. Leider ist jedoch diese Spaltung nicht für alle Verbindungen so regelmässig wie beim Jodoform. Daher thut man besser, zu diesem, trotz des unangenehmen Geruches, seine Zuflucht zu nehmen.

Kalium permanganicum.

Übermangansaures Kali. $KMnO_4$.

Das übermangansaure Kali bildet schwarzgraue, in 20 Theilen Wasser lösliche Krystalle. Diese Lösung hat eine sehr intensive violettrothe Farbe und einen sehr unangenehmen Geschmack. — Die ganze antiseptische Wirkung dieses Körpers beruht auf seinen chemischen Eigenschaften. Es giebt in Gegenwart von gewissen organischen Stoffen Sauerstoff ab und ist demnach ein sehr starkes Oxydationsmittel, das im Stande ist, gewisse Mikroorganismen oder deren giftige Produkte zu zerstören. Diese oxydirende Aktion ist eine ziemlich rasche, und sobald das übermangansaure Kali die ganze Menge Sauerstoff, über die es zu verfügen vermag, abgegeben hat, besitzt es keine antiseptische Wirkung mehr. Die violette Lösung wandelt sich alsdann in eine braune Flüssigkeit um, welche einen braunen Niederschlag von unlöslichem Manganoxyd absetzt.

Wir haben also ein antiseptisches Agens vor uns, dessen Wirkung von sehr kurzer Dauer ist und dessen chemische Aktion bekannt sein muss, wenn es verständig angewandt werden soll.

Es hat den Nachtheil, die Wäsche und Gewebe schmutzig braun zu färben. In einer etwas koncentrirten Lösung wirkt es ätzend, und seine Applikation ist ziemlich schmerzhaft. Da es ausserdem das Fibrin ein wenig auflöst, begünstigt es durch Lockerung der Thrombosen, die sich an der Mündung der durchschnittenen Gefässe gebildet haben, die Entstehung von sekundären Blutungen.

Demnach darf nicht zu sehr auf seine dauernde antiseptische Wirkung gerechnet werden; doch kann es, wenn es sich um Beseitigung von schlechten Gerüchen handelt, gute Dienste leisten. Es wird in Lösungen von 1‰ bis 2‰ angewandt. Man gebraucht es auch empyrisch innerlich; doch kann es hier keine grosse Wirkung entfalten, da es sich im Magen sofort zersetzt. Nichtsdestoweniger wird es neuerdings in innerlicher Verabreichung (0,4 : 30,0, davon mehrmals 10 Tropfen) bei Opiumvergiftung gerühmt. Auch wird es in subkutaner Injektion bei Schlangenbiss empfohlen.

Acidum boricum. Borsäure. BH_3O_3.

Borsäure und Borax (letzterer ist borsaures Natrium), haben identische Eigenschaften. Sie sind in 25 Theilen Wasser und in 10 Theilen Glycerin löslich.

Wirkung. Ihre antiseptische Wirkung ist viel geringer als die der vorher genannten Agentien, aber sie besitzen den grossen Vorzug, nicht zu reizen und in jeder Concentration auf die Haut und Schleimhäute applicirt werden zu können, ohne irgend welche entzündliche Reaktion hervorzurufen. Daher leistet die Borsäure in warmer 2—4% Lösung gute Dienste, wenn es sich z. B. darum handelt, die Harnblase auszuspülen. Derartige Lösungen tödten nicht die Mikroorganismen ab; sie hemmen nur ihre Entwickelung.

Therapeutische Verwendung. Innerlich verabreicht, wirkt Borax wie die Alkalien, daher verordnet man ihn auch bei der Gicht, um die Harnsäure aufzulösen und leichter zu eliminiren. In einer Dosis von 12,0 bis 15,0 g vermehrt er die Diurese, doch vermag er auch Gastroenteritis zu verursachen. Man giebt mehrmals täglich 1,0—2,0 in Lösung.

Borsäure und Borax finden auch noch wegen ihrer nicht reizenden Eigenschaft in der Augenantisepsis Verwendung. (1 Theelöffel voll auf 1 Glas Wasser.)

Bismutum subnitricum, salpetersaures Wismuthoxyd.

Es wird zuweilen den antiseptischen Mitteln zugerechnet, besitzt aber nicht direkt antiseptische Eigenschaften. Dasselbe ist ein Adstringens, das freilich auf der Wundfläche einen schützenden Überzug bilden kann, aber ohne antibakterielle Aktion ist.

Es erübrigt nun noch, des energischsten von allen Desinficientien, des Ätzsublimats, Erwähnung zu thun. Die chemischen Eigenschaften desselben müssen uns durchaus bekannt sein, wenn wir uns seiner mit Vortheil bedienen wollen.

Hydrargyrum bichloratum.

Hydrargyrum bichloratum corrosivum. Ätzsublimat. Sublimat. Quecksilberchlorid. $HgCl_2$.

Quecksilberchlorid kann dargestellt werden durch Auflösen von Quecksilberoxyd in Salzsäure und nachheriges Auskrystallisiren. In den chemischen Fabriken gewinnt man es durch Erhitzen eines Gemisches von Quecksilbersulfat und Kochsalz. Hierbei bildet sich Quecksilberchlorid, das sublimirt und in einem besonderen Apparate gesammelt wird. Dasselbe stellt eine weisse, krystallinische, sehr schwere Masse dar, die sich in 16 Theilen kaltem, 3 Theilen siedendem Wasser, in 3 Theilen Alkohol und 4 Theilen Äther löst.

Unter dem Einflusse von Luft und Licht und namentlich in Gegenwart von organischen Stoffen wandelt es sich leicht in Quecksilberchlorür (Calomel) um. Aus diesem Grunde soll man das Verbandmaterial, wie Sublimatwatte oder Sublimatgaze, nicht lange aufbewahren. Nach einer gewissen Zeit enthält dasselbe nur noch unlösliches Calomel, dessen antiseptische Eigenschaft im trocknen Zustande gleich Null ist.

Löst man Sublimat in einem kalkhaltigen Wasser auf, so fällt es als eine unlösliche Verbindung von Quecksilber und Kalk zu Boden. Daher muss destillirtes Wasser zur Bereitung von Sublimatlösungen verwendet werden, oder man fügt zum gewöhnlichen Wasser etwas Kochsalz und Essigsäure hinzu, wodurch das Niederfallen des Sublimats verhindert wird.

Da man in der Praxis nicht immer destillirtes Wasser bei der Hand hat, kann man sich mit Vortheil der folgenden Sublimatlösung bedienen:

38) ℞ Hydrargyr. bichlorat. 50,0
Natrii chlorati
Acid. acetici conc. āā 25,0
Aquae communis ad 500,0.

So erhält man eine Lösung von 1:10, die sehr leicht zu handhaben ist und in Verdünnung mit gewöhnlichem Wasser keinen Niederschlag giebt. 10 ccm derselben genügen zur Bereitung von 1 l der gebräuchlichen Sublimatlösung (1 ‰).

Wirkung. Eine derartige Lösung, mit gleichen Theilen Blut vermischt, verhindert nicht die Zersetzung des letzteren, weil Sublimat mit dem Eiweiss des Serum einen unlöslichen Körper in Gestalt von Quecksilberalbuminat bildet, dessen antiseptische Wirkung geringer als die der Karbolsäure ist. Ebenso lässt sich nicht die Zersetzung des Urins verhindern, wenn man demselben eine Sublimatlösung hinzusetzt. — Andererseits sieht man, dass wenige Tropfen Chloroform schon genügen, die Zersetzung des Harns zu verhindern; doch soll hieraus nicht gefolgert werden, dass Chloroform stärkere antiseptische Wirkungen besitzt als Sublimat; wir schliessen daraus nur, dass letzterer alle seine bemerkenswerthen desinficirenden Eigenschaften einbüsst, sobald er von seinem löslichen Zustande in einen unlöslichen übergeht. Dieses geschieht sehr leicht auf Wunden oder in Höhlen, wo sich in Folge von Zersetzung der Eiweissstoffe Gase entwickeln, gewöhnlich schwefelwasserstoffhaltige Gase, welche Quecksilberchlorid in schwarzes, unlösliches Schwefelquecksilber umwandeln. — Da die in der chirurgischen Praxis angewandten Sublimatlösungen stets nur sehr geringe Mengen Sublimat enthalten, so genügen auch schon ganz unbedeutende Quantitäten von zersetzenden Agentien, um diese wirkungslos zu machen.

Trotz dieses von der Zersetzung des Sublimats herrührenden Übelstandes bleibt hierbei aber immer noch der Vortheil, dass man ein, in Folge der vorangegangenen Einwirkung des Sublimats, aseptisches Wasser anwendet.

Befindet sich Sublimat unter hinreichend günstigen Bedingungen, um in Lösung zu verbleiben, so bildet er das kräftigste Desinfektionsmittel, das dem Arzte zur Verfügung steht. Schon in Lösung von 1:20,000—30,000 Th. Wasser vernichtet er die Bacillen und die Sporen der meisten Mikroorganismen. In einer Lösung von 1:300,000 hemmt er die Entwickelung des Cholerabacillus. Die Wirkung einer Lösung von 1:1000 tritt augenblicklich ein.

Therapeutische Verwendung. Die desinficirende Kraft dieser Lösungen steigt mit der Temperatur. So ist eine Solution von 1 : 16,000 bei 40^{0} ebenso wirksam wie eine kalte Lösung von 1 : 1000. Eine derartige Lösung kann sehr gut für Pleura, Peritoneum, Uterus etc., ohne Reizung zu befürchten, angewendet werden, und man vermindert hierbei bedeutend die Gefahren der Intoxikation. Die Wunden, welche durch chemische Agentien nicht gereizt worden sind, zeigen eine viel grössere Neigung zur Vereinigung per primam intentionem, weil das nachfolgende Nässen geringer ist. Aus diesem Grunde sollte es als Regel dienen, stets nur sehr verdünnte und warme Sublimatlösungen anzuwenden und dieselben dafür in grösserer Menge zu gebrauchen.

Bei 70^{0} ist die desinficirende Wirkung noch stärker, doch kann man nicht mehr daran denken, diese Temperatur für die chirurgischen Wunden nutzbar zu machen.

Man kann sich der Sublimatlösungen für die Desinfektion der Hände, für die Behandlung der Panaritien und oberflächlichen Infektionen mit Vortheil bedienen und ausgezeichnete Resultate erzielen, wenn man die verletzten Theile in möglichst heissen und oft erneuerten Sublimatlösungen baden lässt.

Bei Gebrauch von koncentrirten Sublimatlösungen (1 : 1000) kommen Vergiftungen ziemlich häufig vor, denn man darf nicht vergessen, dass bereits 0,15 bis 0,20 g Sublimat den Tod eines Erwachsenen herbeizuführen vermögen.

Eines der ersten Vergiftungssymptome besteht in profuser, blutiger Diarrhoe; der Puls wird klein, die Athmung erschwert; die Temperatur sinkt, und der Tod erfolgt durch Asphyxie. Bei der Autopsie findet man brandige Ulcerationen der unteren Theile des Dünndarms und des Dickdarms.

Bei der Behandlung derartiger Vergiftungen ist vor Allem eine möglichst schnelle Elimination des Quecksilbers zu veranlassen. Zu diesem Zwecke soll ein Abführmittel verabreicht werden, und Ricinusöl wirkt am besten, indem es den Tenesmus und den Spasmus vermindert. Dies sind die schmerzhaftesten Erscheinungen der Quecksilbervergiftung. Man wird, wenn möglich, Clysmen von Schwefelwasser geben oder Schwefelwasserstoff in den Dickdarm einführen, um das Quecksilber, welches auf der Oberfläche der Darmschleimhaut ausgeschieden wird und daselbst Geschwürsbildung verursacht, in unlösliches Schwefelquecksilber überzuführen.

Nicht zu vergessen ist, dass die einzigen antiseptischen Salben diejenigen sind, welche mit Sublimat bereitet werden, weil letzterer in fetten Körpern nicht löslich ist und dort suspendirt bleibt. Gewöhnlich werden derartige Salben durch Mischung einer Lösung von 1 $^{0}/_{00}$ oder 2 $^{0}/_{00}$ mit Schweineschmalz oder Vaselin bereitet.

Man thut auch gut, den sogenannten Sublimatverbandgegenständen kein zu grosses Vertrauen zu schenken und dieselben höchstens als ein aseptisches Material zu betrachten.

Die Sublimatseifen verdienen ebenso wenig Vertrauen. Sie enthalten gewöhnlich keine Spur von Quecksilberchlorid, da letzteres vollständig in ein weisses, unlösliches und unwirksames Präcipitat umgewandelt worden ist. Daher sind allein die Sublimatlösungen und, wenn möglich, in warmem Zustande anzuwenden.

Pastilli Hydrargyri bichlorati. Sublimatpastillen. Sie sind roth gefärbt und bestehen aus gleichen Theilen Sublimat und Kochsalz. Sie wiegen 1,0 oder 2,0 und enthalten demnach 0,5 bezw. 1,0 Sublimat. Dieselben eignen sich zur raschen Bereitung von Sublimatlösungen bestimmter Stärke.

Die hauptsächlichsten Einwände, welche man gegen die Anwendung des Sublimats vorgebracht hat, beziehen sich auf seine Giftigkeit und seine reizende Wirkung. Wir haben gesehen, dass man sich gegen diese Übelstände vollständig schützen kann, wenn man stark verdünnte und warme Lösungen in Gebrauch nimmt. Eine Sublimatsolution von 1 : 20,000 ist bei einer Temperatur von 40^0 noch immer zuverlässiger antiseptisch und weniger giftig als eine 4procentige Karbolsäurelösung.

Höchste Einzelgabe 0,02 pro dosi! Höchste Tagesgabe 0,1 pro die!

Febrifuga und Antithermica.

In früheren Zeiten betrachteten die Ärzte das Fieber als eine Krankheit, während wir es gegenwärtig als ein Symptom ansehen, das aus vielfachen Ursachen entstehen kann. Am häufigsten ist die Steigerung der Körpertemperatur die Folge einer Reaktion des Organismus, der gegen den Überfall eines mikroorganischen, infectiösen Princips ankämpft. In diesen Fällen sind die fiebererzeugenden Ursachen verschieden. Zunächst kann die Phagocytose, wie jede Verdauungsarbeit für sich schon eine Temperaturerhöhung erzeugen. Im Kleinen beobachten wir diese Erscheinung gleichfalls stets da, wo eine Abscessbildung stattfindet. Hier steigt die lokale Temperatur nicht nur wegen der stärkeren Blutcirculation, sondern auch wegen der erhöhten Thätigkeit des Zellenlebens; denn es machen sich nicht bloss die weissen Blutkörperchen daran, die schädlichen Elemente zu zerstören, sondern es ist wahrscheinlich, dass alle Zellen mehr oder weniger die Rolle von Phagocyten spielen. Zur Charakterisirung dieser Arbeit pflegt man zu sagen, dass die Vorgänge der Oxydation und des Stoffwechsels gesteigert sind. — Desgleichen sind gewisse Ausscheidungsprodukte der Mikroorganismen bekannt, die fiebererzeugende Eigenschaften besitzen; möglicherweise wirken dieselben in Folge einer speciellen Aktion auf die Wärmecentren. Die Thätigkeit der letzteren ist nicht zu leugnen, doch spielen sie wahrscheinlich nur eine untergeordnete Rolle bei der Erzeugung der Fieberwärme. Das Fieber geht stets mit einem stärkeren und rascheren Zerfall der Gewebe einher, doch werden nicht alle in derselben Weise ergriffen. Es scheint, als ob jede Fieberart eine elektive und specifische Aktion auf dieses oder jenes Gewebe ausübt. So beobachten wir beim Sumpffieber und akutem Rheumatismus vorzugsweise eine Alteration der rothen Blutkörperchen, während beim Typhus die Muskulatur am ersten zu leiden hat und alsdann das Nervensystem; daher die grosse Schwäche und der so frappirende Verfall bei der typhösen Infection. Bei der Tuberkulose dagegen ist das Nervensystem fast gar nicht ergriffen, (daher bleibt gewöhnlich die Intelligenz bis zum Tode unberührt), während alle anderen Gewebe degeneriren; Alles schrumpft zusammen, selbst das Herz wird kleiner und die Gefässe werden enger. Die Schwere dieser verschiedenen Alterationen befindet sich nicht immer im Verhältniss zu der Höhe des Fiebers; wir kennen fieberhafte Krankheiten mit geringer Temperatursteigerung, welche die Gewebe mehr und schneller verbrauchen als andere, wo die Körperwärme sich bis auf 39 oder 40° erhebt. Indessen übt eine 40° übersteigende Temperatur stets einen verderblichen Einfluss, hauptsächlich auf die Verdauungsorgane aus.

Diese Temperatur von 40° (in der Achselhöhle gemessen) entspricht sicherlich einer solchen von 43 oder 44° in der Leber. Claude Bernard hat gezeigt, dass im normalen Zustande die Wärme dieses Organes zwischen 40,6 und 40,9° C. schwankt, und diese hohe Temperatur ist die Folge einer beträchtlichen und fortgesetzten chemischen Arbeit dieses Organes.

Die durch das Thermometer erhaltenen Angaben stimmen nicht immer mit den durch das Kalorimeter gewonnenen überein. In physiologischer Beziehung ist das letztere Instrument allein geeignet, uns über die von dem Organismus verausgabte genaue Wärmemenge zu informiren, doch geht es nicht gut an, sich desselben für die Klinik zu bedienen. Daher hat Grasset (Montpellier) vorgeschlagen, nicht nur dem Grade der Temperatur, sondern auch der Schnelligkeit, mit der dieser Grad erreicht worden ist, Beachtung zu schenken.

Ist der Arzt nun berechtigt, die Hyperthermie zu bekämpfen, und in welchem Maasse soll er das thun?

Zu den Zeiten, wo der Arzt das Fieber als eine Krankheit ansah, suchte er die Körpertemperatur mit allen nur möglichen Mitteln zur Norm zurückzuführen. Gegenwärtig aber, da wir die

Steigerung der Wärme als eines derjenigen Mittel betrachten, dessen die Natur sich zur Entledigung ihrer Feinde bedient, respektiren wir dieselbe bis zu einem gewissen Maasse. Wir sehen, dass die akut fieberhaften Krankheiten fast immer einen cyklischen Typus annehmen und spontan heilen, ohne dass, abgesehen von den hygienischen Maasnahmen, ein Eingreifen erforderlich ist. Dies ist z. B. der Fall bei Scharlach, Masern, Pneumonie, Typhus etc., während mehrere fieberlose Infektionskrankheiten, wie Cholera, Beriberi, meistens einen tödtlichen Verlauf nehmen, wenn sie sich selbst überlassen bleiben.

Das Fieber kann demnach dem Kranken in einem gewissen Maasse nützlich sein, indem es die Aktivität oder Fortpflanzungsfähigkeit der Mikroorganismen vermindert oder die Phagocyteneigenschaft der Zellenelemente steigert oder auch, indem es chemische Veränderungen in den organischen Flüssigkeiten herbeiführt, und aus denselben weniger geeignete Nährböden für die Entwickelung des specifischen Mikroben macht. Beiläufig sei bemerkt, dass eine Temperatur von 40 bis 41^0 hinreicht, die Recurrens-Spirillen zu vernichten. Sieht man nicht häufig in der Praxis sehr deutliche Fieberbewegungen nur einen oder zwei Tage andauern, ohne dass eine wirkliche Krankheit sich entwickelt? Wahrscheinlich hat der Organismus sich durch eine Erhöhung der Temperatur seines Gegners rasch entledigt.

In Zeiten von Typhusepidemien werden sehr oft Fälle beobachtet, die sich nicht weiter entwickeln. Man bezeichnet sie als gastrisches Fieber, Schleimfieber, fieberhafte Magenverstimmung, Febricula etc. Diese krankhaften Erscheinungen sind sehr wahrscheinlich die Kundgebung eines Sieges, den der Organismus über die ihn überfallenden Mikroben davongetragen.

Alle diese Erwägungen sollten uns zur Vorsicht bei der Anwendung der antifebrilen Mittel mahnen. Wir werden sie für die Fälle reserviren, wo das Fieber von zu langer Dauer ist oder die Temperatur 39,5 bis 40^0 übersteigt, und hier werden wir nicht versuchen, dieselbe um mehrere Grade herabzudrücken; eine Verminderung um einige Zehntelgrade genügt zuweilen schon, den Organismus unter günstigen Bedingungen zu erhalten.

Wir kennen jedoch einige Mittel, denen eine specifische Heilwirkung auf bestimmte Infektionskrankheiten zukommt. Als solche rechnen wir das Chinin für das Sumpffieber, die Salicylsäure für den akuten Gelenkrheumatismus und das Quecksilber für die Fieberfälle syphilitischen Ursprunges.

Diese Medikamente können in den angegebenen Fällen ohne Bedenken angewendet werden, da sie uns gestatten, direkt gegen die Ursache des Fiebers vorzugehen.

Die kalten Bäder ermöglichen uns ferner, dem Körper eine gewisse Wärmemenge zu entziehen. Diese, wenngleich sehr oberflächliche Wirkung, wird uns in manchen Fällen von grossem

Nutzen sein und sehr oft gestatten, jedes antipyretische Medikament bei Seite zu lassen.

Auch die Kaltwasserklystiere verdienen Beachtung; dieselben müssen möglichst hoch in den Dickdarm eingeführt werden. Ebenso gehören hierher reichliche kalte Getränke.

Die Schwitzkur entzieht ebenfalls eine gewisse Wärmemenge und entfernt gleichzeitig manche schädliche Substanzen aus dem Organismus.

Die letzten Jahre sind besonders bemerkenswerth gewesen durch die Entdeckung einer grossen Anzahl von chemischen Verbindungen, denen die Eigenschaft zukommt, die Körpertemperatur in auffallender Weise herabzusetzen. Der Ausgangspunkt dieser Entdeckungen ist die Erforschung der Synthese des Chinins gewesen, wobei man mit dem Chinolin den Anfang machte. Letzteres ist chemisch aufzufassen als Naphthalin, in welchem eine CH-Gruppe durch ein N-Atom ersetzt ist.

CH CH
HC C CH
HC C CH
CH CH

Naphthalin.

CH CH
HC C CH
HC C CH
CH N

Chinolin.

H H_2
C C
HC C $C = H_2$
HC C $C = H_2$
C N
OH C_2H_5

Kairin.

CH CH_2
CH_3OC C CH_2
HC C CH_2
CH NH

Thallin.

Chinolin besitzt schon antipyretische Wirkungen, aber dieselben sind noch viel mehr ausgesprochen bei Körpern, wie Kairin, Thallin etc.

Wir haben gesehen, dass den Antisepticis aus der Phenolgruppe im Allgemeinen die Eigenschaft innewohnt, die Körpertemperatur herabzusetzen, wie man dies nach der Aufnahme von Phenol, Resorcin, Hydrochinon, Pyrogallol etc. beobachtet. Der durch diese Substanzen verursachte Temperaturabfall ist brüsk, aber von kurzer Dauer. Durch Einführung der NH_2-Gruppe und der Radikale aus der Fettreihe, wie z. B. der Acetylgruppe (CH_3CO) in das Molekül des Phenols kann diese kurz andauernde Hypothermie verlängert werden. Wenn wir so in dem Phenolmolekül die Gruppe OH durch NH_2 ersetzen, erhalten wir das Anilin, welches wegen seiner Eigenschaft, bei hinreichender Dosis die Temperatur sehr rasch um 3 oder 4 Grade herabzusetzen, eine gefährliche Substanz ist. Diese energische Aktion des Anilins können wir beschränken und dabei die Dauer seiner antipyretischen Wirkung verlängern, wenn wir ihm die Acetylgruppe beifügen (Antifebrin).

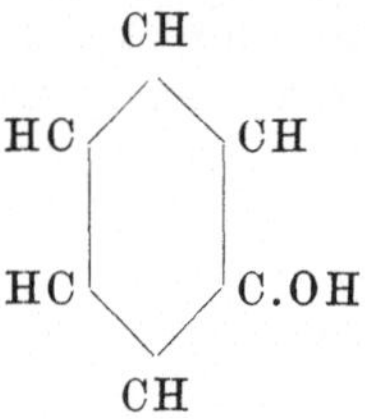

```
        CH                   CH                   CH
       /  \                 /  \                 /  \
  HC /      \ CH       HC /      \ CH       HC /      \ CH
    |        |           |        |           |        |
    |        |           |        |           |        |
  HC \      / C.OH     HC \      / C.NH2    HC \      / CNH—OC—CH3
       \  /                 \  /                 \  /
        CH                   CH                   CH
      Phenol.              Anilin.        Acetanilid oder Antifebrin.
```

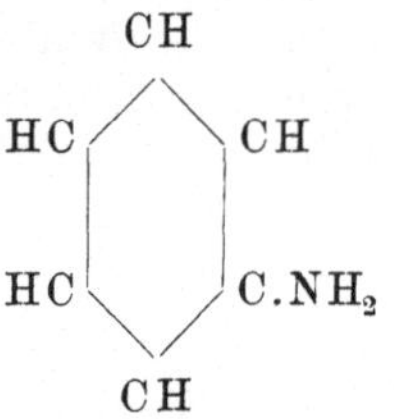

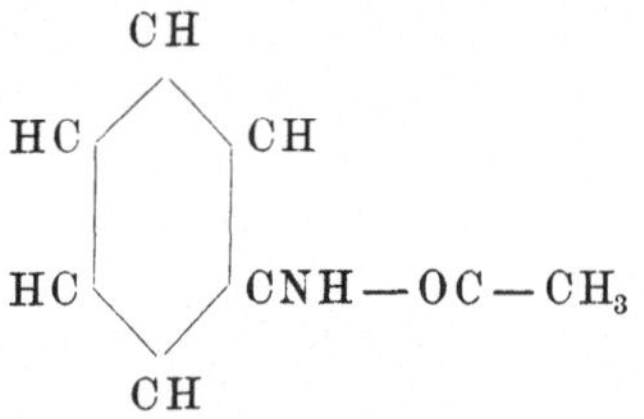

Alle diese Verbindungen sind gleichzeitig Analgetica, und die schmerzstillende Wirkung kann noch erhöht werden durch Einführung der Methyl- (CH_3) oder Äthoxylgruppe (C_2H_5O), beispielsweise in das Molekül des Antifebrins. Dies lässt sich veranschaulichen an den Verbindungen, die als Exalgin und Phenacetin bezeichnet worden sind.

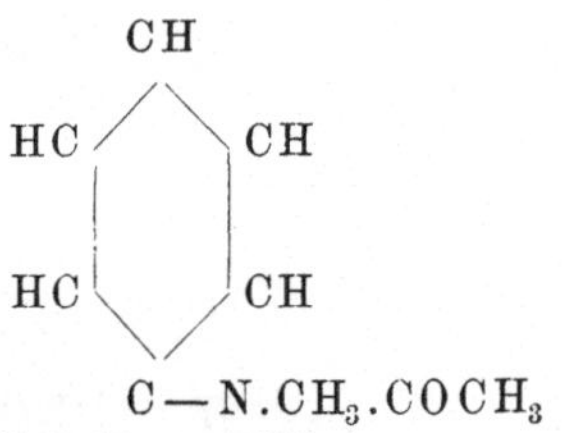

```
            CH                         COC2H5
           /  \                        /  \
      HC /      \ CH             HC /      \ CH
        |        |                 |        |
        |        |                 |        |
      HC \      / CH             HC \      / CH
           \  /                        \  /
      C—N.CH3.COCH3                CNH.CO.CH3
     Methylacetanilid              Phenacetin.
       oder Exalgin.
```

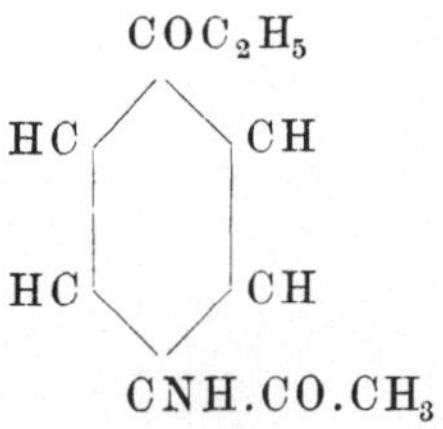

Beim Antipyrin werden wir sehen, dass das Molekül noch viel komplicirter ist, und dass seine schmerzstillenden und antipyretischen Eigenschaften noch bedeutend vermehrt sind.

Diese Erläuterungen machen uns klar, warum in den letzten Jahren eine so grosse Zahl von antipyretischen Mitteln zum Vorschein gekommen ist. In der That können den eben angeführten Beispielen noch viele andere angereiht werden. Eine stattliche Anzahl von Körpern aus der Phenolgruppe wird uns in dieser

Weise Mittel liefern, die sämmtlich antiseptische, antipyretische und analgetische Eigenschaften haben werden, wobei diese oder jene Wirkungen überwiegen und noch in Bezug auf Stärke, Schnelligkeit und Dauer variiren.

Nach einer Periode des Enthusiasmus für diese Arzneimittel ist man gegenwärtig etwas argwöhnisch geworden. Wir besitzen nur sehr geringe Kenntnisse über ihre Wirkungsweise, aber wir wissen, dass die meisten von diesen Körpern eine sehr ausgesprochene toxische Aktion auf die rothen Blutkörperchen ausüben, während andere verderblich auf den Ausscheidungsapparat der Niere wirken.

Daher soll man im Allgemeinen recht vorsichtig bei der Anwendung dieser neuen Mittel sein.

Febrifuga.

Cortex Chinae. Chinarinde. Ecorce de quinquina.
Chinin. Chininum sulfuricum.

In den Wäldern der warmen und feuchten Thäler der Anden von Peru und Bolivia werden nahezu 40 verschiedene Species der Gattung Cinchona, aus der Familie der Rubiaceen, angetroffen. Dies kommt daher, dass die verschiedenen Chinaarten sich leicht unter einander kreuzen; doch kann man diese Species auf 4 Typen zurückführen:

Fig. 9. Cinchona officinalis.

Cinchona Calisaya liefert die gelbe oder Königschinarinde in platten, breiten Stücken und ist sehr geschätzt.

Cinchona micrantha und Cinchona officinalis (Fig. 9) geben die grauen Chinarinden, welche in Gestalt kleiner Röhren aufgerollt sind.

Cinchona succirubra, deren Stamm- und Zweigrinde sich

in Form grosser, platter Stücke von rothbrauner Farbe präsentirt, war während langer Zeit die seltenste und theuerste Chinaart.

Ein Jahrhundert nach der Entdeckung Amerikas lernten die jesuitischen Missionäre die Eigenschaften der Chinarinden durch die Peruaner kennen, welche sich derselben zur Behandlung der Sumpffieber bedienten. Es wurde über die wunderbare Heilung der Gräfin Anna Cinchon, der Gattin des Vicekönigs von Peru (1638), berichtet, und zur bleibenden Erinnerung an dieses Ereigniss hat Linné (1742) diesem Baume den Namen Cinchona officinalis gegeben.

Während langer Zeit war diese Droge sehr selten und sehr kostbar. Nur die Jesuiten wandten sie unter der Bezeichnung Pulvis jesuiticus oder pulvis peruvianus an. Die grössten Ärzte der Zeit erklärten dieselbe als schädlich, und ihr Gebrauch wurde sogar für einen gewissen Zeitraum verboten. Erst in der zweiten Hälfte des 17. Jahrhunderts wendeten Ärzte wie Chifflet, Willis, Sydenham u. A. die Chinarinde an.

Im Jahre 1820 stellten Pelletier und Caventon aus der Rinde das Chinin dar, und von da an nimmt der Export der Chinarinde bedeutend zu.

Leider konnte man in Europa niemals mit Sicherheit darauf rechnen, die erforderliche Menge zu erhalten. Die häufigen Kriege, deren Schauplatz Peru und Bolivia waren, und die Schwierigkeiten, auf die die Chinahändler auf ihren Expeditionen stiessen, bewirkten sehr oft, dass die Rinde zu übermässigen Preisen stieg. Daher kam man auf den Gedanken, Kulturversuche mit den verschiedenen Cinchonaarten vorzunehmen. Die Holländer (1859) und die Engländer (1865) waren die Ersten, denen es gelang, Cinchonabäume auf ihren Kolonien in Java und auf der Insel Ceylon zu akklimatisiren. Diese Kulturen nahmen eine sehr rasche Ausdehnung, und die anfänglich gehegten Befürchtungen, dass der Chiningehalt in den Rinden der kultivirten Bäume abnehmen würde, erwiesen sich als unbegründet. Es zeigte sich sogar das Gegentheil. Die Pharmakopöen verlangten von den Chinarinden einen durchschnittlichen Alkaloidgehalt von 3 $^0/_0$. Man sah dieses Verhältniss in den angebauten Rinden bald auf 10 $^0/_0$ und sogar bis auf 20 $^0/_0$ steigen. Anstatt die wirksamen Agentien zu vermindern, vermehrte die Kultur dieselben in einem sehr beträchtlichen Maasse.

Gegenwärtig liefern die wilden Chinasorten von Peru und Bolivia fast keine Rinden mehr, und die Anpflanzungen von Java, Sumatra und Indien (Himalaya, Ceylon, Malabar) versorgen die ganze Welt mit Chinarinde.

Die Unterschiede, welche man früher zwischen den zahlreichen Varietäten der Rinden des Handels machte, haben keinen Werth mehr. Statt die Qualitäten nach der Species der Cinchona oder ihrem Ursprungslande zu bezeichnen und zu klassificiren, begnügt man sich nun damit, anzugeben, wie gross die Menge der in dieser oder jener Rinde enthaltenen Alkaloide ist. In therapeutischer Beziehung verdient diese Eintheilung den Vorzug vor der früheren.

Die Zahl der in der Chinarinde vorkommenden Alkaloide ist gross, aber Anwendung findet allein das Chinin.

Man bezeichnet als Chinoidin ein amorphes Gemenge von allen diesen Alkaloiden, von denen die hauptsächlichsten sind:

Chinin, Chinidin } $C_{20}H_{24}N_2O_2$
Cinchonin, Cinchonidin } $C_{20}H_{24}N_2O$

Es ist zu verschiedenen Malen, aber ohne Erfolg, der Versuch gemacht worden, diese drei letzten Körper in den Arzneischatz einzuführen.

Die Präparate der Chinarinde sind sehr zahlreich; sie gelten als Roborantia und Stomachica. Hierhin gehören:

Extractum Chinae aquosum. Wässeriges Chinaextrakt.

Extractum Chinae spirituosum. Weingeistiges Chinaextrakt.

Tinctura Chinae (simplex). Chinatinktur.

Tinctura Chinae composita. Zusammengesetzte Chinatinktur.

Pharmacop. Helvet. hat noch ein

China-Fluidextrakt (Extr. Cinchonae fluidum) und den Chinawein, **Vinum Cinchonae** aufgenommen. Letzterer besteht aus einer Mischung von 2 Th. China-Fluidextrakt mit 98 Th. Marsalawein.

Chininum sulfuricum. Schwefelsaures Chinin.

Chinin bildet sehr leicht mit den meisten Säuren krystallisirbare Salze; das am häufigsten angewandte ist das schwefelsaure Chinin, Chininum sulfuricum. Dieses ist als solches in gewöhnlichem Wasser nicht leicht löslich, aber mit Hülfe einer geringen Menge Schwefelsäure, Salzsäure, Weinsteinsäure etc. löst es sich sehr leicht. Es krystallisirt in seidenglänzenden Nadeln und besitzt einen sehr bitteren Geschmack.

Chininum hydrochloricum. Chininhydrochlorid.

Weisse, nadelförmige Krystalle von bitterem Geschmack, die mit 3 Th. Weingeist und mit 34 Th. Wasser farblose, neutrale Lösungen geben.

†**Chininum hydrobromicum.** Bromwasserstoffsaures Chinin.

Ist löslicher als die vorgenannten Salze und kann für die subkutanen Injektionen verwendet werden.

Wirkung. Sämmtliche Chininsalze sind giftig für die Protozoën und die Infusorien (Binz). Eine Lösung von 5 ‰ reicht aus, um die Bewegungen der Paramecien und Vorticellen, die sich so leicht im Zuckerwasser entwickeln, aufhören zu lassen. Das Chinin hat dieselbe zerstörende und zersetzende Wirkung auf die Amöben des Sumpffiebers. Die Wirkung der Hefe der Alkohol-, Buttersäure- und Milchsäuregährung wird aufgehalten, aber nicht diejenige der löslichen Fermente, wie Pepsin, Diastase, Trypsin etc.

In Lösungen von 1 : 20,000 zeigen die Bewegungen der weissen Blutkörperchen Neigung, sich zu verlangsamen, und bei stärker koncentrirten Solutionen hören sie gänzlich auf und ihre Diapedesis wird unterdrückt. Diese Wirkung tritt sowohl bei direkter Wirkung, als auch bei Einführung von Chinin in den Cirkulationsstrom ein. Dasselbe hat nur sehr wenig Einwirkung auf die Mikroorganismen der Septicaemie, und ein Blut, das dieselben enthält, verliert, wenn man es mit einer starken Dosis Chinin versetzt, nichts von seiner Virulenz.

Auf die Haut und die Schleimhäute gebracht, wirkt Chinin irritirend; bei Aufnahme durch den Magen ruft es zuweilen Erbrechen hervor.

Die Resorption geschieht durch alle Schleimhäute, und die Nieren eliminiren davon ungefähr 95 %. — Die Ausscheidung einer Dosis von 1,0 bis 2,0 g ist nach 48 Stunden beendet. Bei innerlicher Verabreichung giebt es oft Veranlassung zu einem Hautausschlag, der mit dem durch Scharlach erzeugten einige Ähnlichkeit hat. Daher soll man mit der Verordnung von Chinin bei Beginn einer fieberhaften Affektion vorsichtig sein, denn das Auftreten eines Chininexanthems könnte die Diagnose erschweren.

Auf eine Dosis von 1,0—2,0 g kann Ohrensausen mit nachfolgender temporärer Taubheit, Kopfweh und ein eigenthümlicher Zustand von Bewusstlosigkeit, Chininrausch genannt, eintreten. Alle diese Symptome schwinden, sobald man das Mittel aussetzt.

Tödtliche Vergiftungsfälle durch Chinin sind sehr selten zur Beobachtung gekommen; selbst nach Gaben von 10,0 g haben die betreffenden Individuen sich erholt, nachdem sie während einiger Tage von Taubheit und sogar von Stummheit befallen gewesen waren. Man braucht hier nur warme Getränke, Thee oder Kaffee zu verabreichen.

Fiebernde vertragen weit grössere Gaben als Nichtfiebernde.

Schwache Dosen (0,10 bis 0,20) erhöhen in mässiger Weise den Blutdruck und die Zahl der Pulsationen, während Dosen von 1,0 bis 2,0 herabsetzend wirken und gleichzeitig die allgemeinen Oxydationen vermindern. Letztere Wirkung macht sich durch eine Herabsetzung der Ausscheidung des Harnstoffs und der festen Bestandtheile des Urins bemerkbar.

Die Wirkung auf die Fiebertemperatur erreicht 8 Stunden nach der Einführung des Mittels ihren Höhepunkt. Beim gesunden Menschen besitzt es nicht die Fähigkeit, die Temperatur herabzusetzen, aber es verhindert dieselbe, unter dem Einflusse einer gesteigerten Arbeit in die Höhe zu gehen. Es hat eine nur sehr geringe antipyretische Aktion auf das Fieber des akuten Gelenkrheumatismus, der Miliartuberkulose, der Cerebrospinalmeningitis, während diese Wirkung beim Abdominaltyphus deutlich ausgesprochen ist.

Bei den Sumpffiebern und der Malaria verursacht es raschen Temperaturabfall und übt, durch Zerstörung der mikroorganischen Keime, gleichzeitig eine heilende Wirkung auf diese Affektionen aus. Unter seinem Einflusse wird die Milz kleiner. Dies beruht wahrscheinlich auf einer Kontraktion der glatten Muskelfasern und Schrumpfung der weissen Blutkörperchen.

Therapeutische Verwendung. Nachdem das Chinin beinahe gegen alle Krankheiten empfohlen und in Anwendung gekommen war, wird es gegenwärtig hauptsächlich für die Behandlung der Sumpffieber reservirt. Und hier ist es nicht nur ein zuverlässiges Specificum, sondern auch ein sehr wirksames Vorbeugungsmittel. Daher empfiehlt man denjenigen Personen, die in Malariagegenden zu leben gezwungen sind, alle Tage Chinapräparate oder Chininpillen (0,20 bis 0,50 pro die) zu gebrauchen.

Zur Behandlung der Anfälle selbst verabreicht man Chininum sulfuricum oder hydrochloricum 4 bis 5 Stunden vor dem Anfall in der Dosis von mindestens 1,0 g für einen Erwachsenen, und diese Gabe kann dreimal pro die wiederholt werden. Tritt Erbrechen oder Diarrhöe in Folge Reizung ein, so thut man gut, einige Tropfen Tinct. Opii croc. zu verabreichen. Bei Influenzaepidemien kann Chinin als Vorbeugungsmittel (in Tagesgaben von 0,25 bis 0,5) sich nützlich erweisen. In den Fällen von Malariakachexie kann man von dem Eisenchinincitrat Chininum ferrocitricum in Tagesdosen von 0,50 in Wein oder in Pillen Gebrauch machen. Diese Verbindung ist auch ein ausgezeichnetes Sparmittel für die Diabetiker.

Charcot betrachtete das schwefelsaure Chinin auch als ein Specificum gegen den Menière'schen Schwindel und empfahl 14 Tage hindurch täglich 1,0 g nehmen zu lassen, dann das Mittel 4 oder 5 Tage auszusetzen, um von Neuem seinen Gebrauch in dieser Weise 4 bis 5 Monate lang fortzusetzen.

Das gerbsaure Chinin, Chininum tannicum, scheint einen günstigen Einfluss auf das hektische Fieber und die Diarrhöe der Tuberkulösen auszuüben. Wegen seiner Unlöslichkeit gelangt es in den Dünndarm, wo es sich allmählich in Chinin und Tannin spaltet. Letzteres wirkt als Adstringens in dem Maasse, wie es den Darm passirt. Diese Verbindung erweist sich auch recht nützlich bei der Behandlung der Dysenterie, wo es zu 3,0 bis 4,0 g täglich zu verabreichen ist.

Die Verordnung des Chinins gegen Neuralgien ist seit der

Entdeckung der antipyretischen Analgetica, wie Antipyrin, Phenacetin eine viel seltenere geworden.

In der Kinderpraxis pflegt Chinin gern in Form von Salben verordnet zu werden. Dies ist jedoch nicht zweckmässig, da Chinin von der Haut aus schlecht resorbirt wird. Ebenso wenig ist die Applikation mittels Klysmen zu empfehlen, weil Chinin vom Rektum wegen des alkalischen Darmsaftes kaum resorbirt wird.

Die subkutanen Injektionen von Chinin sind sehr schmerzhaft, und bei kachektischen, schwächlichen Individuen beobachtet man zuweilen Nekrose der Haut an der Einstichsstelle.

Man giebt die Chininsalze meistens in Pulverform (Oblaten) oder in Pillen oder Lösung.

Antithermica.

Seit dem Jahre 1880 hat die aromatische Reihe eine grosse Anzahl von antithermischen Mitteln geliefert. Beispielsweise seien nur das Chinolin (1880), Kairin (1882) und Thallin (1884) angeführt, deren wärmevermindernde Wirkung von allgemeinen Störungen wie profusen Schweissen, Schüttelfrost und Cyanose begleitet war. Diese Substanzen haben eine eigenthümliche toxische Einwirkung auf die rothen Blutkörperchen; sie wandeln das Oxyhaemoglobin in Methaemoglobin um, dem nicht mehr die Fähigkeit innewohnt, den Sauerstoff zu fixiren. Dieser verderblichen Wirkung wegen hat man von dem Gebrauche dieser Stoffe gänzlich Abstand genommen. Aber auch die folgenden Mittel soll man nur mit grosser Vorsicht zu therapeutischen Zwecken verwenden.

Antifebrin. Acetanilid. $C_6H_5NH(CH_3CO)$.

Antifebrin wird durch Erhitzen von Anilin mit Eisessig dargestellt. Es bildet weisse, in 200 Th. Wasser lösliche Krystalle und ist in Weingeist und Äther leicht löslich.

Wirkung. Neben seiner antithermischen Wirkung, welche ungefähr viermal so stark wie diejenige des Antipyrins ist, besitzt Antifebrin analgetische Eigenschaften. Es wirkt durch Verminderung der Reflexerregbarkeit des Rückenmarks und der Medulla oblongata, und dies sind seine werthvollsten Eigenschaften, die bei den blitzartigen Schmerzen der Tabes dorsalis, bei Neuralgien, Ischias etc. von grossem Nutzen sein können.

Die antipyretische Wirkung beginnt ungefähr eine Stunde nach dem Einnehmen einer Gabe von 0,25; sie befindet sich nach 3 bis 5 Stunden auf ihrem Höhepunkte und kann während 3 bis 10 Stunden andauern. In dem Moment, wo die Temperatur abfällt, können profuse Schweisse mit Kollapserscheinungen eintreten; beim Wiederansteigen kommt sehr oft ein prolongirter Schüttelfrost vor. Diese unangenehmen Erscheinungen werden namentlich bei Tuberkulösen beobachtet, bei welchen zuweilen 0,10 Antifebrin genügt, die Temperatur um 1 bis 2 Grade herabzusetzen.

Schon nach einer mittleren Gabe von 0,25 bis 0,50 g kann Antifebrin eine starke Cyanose von mehrtägiger Dauer verursachen. Bei fortgesetztem Gebrauche stellt sich bald eine akute Anaemie in Folge Zerstörung des Blutfarbstoffs ein, wobei die Haut eine weisse, wachsartige Farbe annimmt. Antifebrin scheint jedoch nicht wie Antipyrin Veranlassung zur Entstehung eines Exanthems zu geben.

Therapeutische Verwendung. Es ist in kleiner, oft wiederholter Gabe (0,10) zur Behandlung des Typhus abdominalis empfohlen worden. Hierbei soll man dahin gelangen, die Temperatur in einer mässigen Grenze zu erhalten. Doch fragt es sich, ob diese nützliche Wirkung nicht durch die Anaemie, welche dieses Mittel gleichzeitig bewirkt, aufgehoben wird. Sein hauptsächlichstes Anwendungsgebiet bilden Neuralgien und Gelenkrheumatismus.

Das Antifebrin wird durch den Urin eliminirt, dem es eine röthliche, zuweilen grünliche Verfärbung mittheilt.

Grosse Vorsicht in der Anwendung dieses Mittels erscheint demnach bei Anaemischen, Kindern, Greisen und Tuberkulösen geboten. In Vergiftungsfällen sind excitirende Getränke (Thee, Kaffee, Alkohol) zu verabreichen und trockene Friktionen zu versuchen.

Bei Beginn einer Behandlung soll die Dosis von 0,25 zwei- oder dreimal täglich nicht überschritten werden. Kindern giebt man so viele Centigramme, als sie Jahre zählen.

Da Antifebrin geschmacklos ist, wird es in Pulverform verordnet.

Höchste Einzeldosis 0,5! Höchste Tagesgabe 4,0!

Dieselben Bemerkungen sind in Bezug auf das

Phenacetin und das †**Exalgin** zu machen. Beide Substanzen sind nur in geringer Weise modificirtes Antifebrin. Sie werden kaum als Antithermica, sondern nur als Antineuralgica verabreicht und zwar in annähernd gleicher Dosis wie Antifebrin.

Antipyrin. $C_{11}H_{12}N_2O$.

Es stellt weisse, in Wasser leicht lösliche Krystalle von bitterem Geschmacke dar und besitzt antizymotische und antiseptische Eigenschaften, die denen von Chinin und Salicylsäure ziemlich ähnlich sind.

Wirkung. Örtlich bewirkt es eine Reizung, die besonders an der Conjunctiva und auf der Magenschleimhaut (Erbrechen) wahrnehmbar wird. Diese Periode der Irritation ist bald von einer solchen der Analgesie gefolgt. Antipyrin wird sehr rasch von der Schleimhaut der Verdauungsorgane resorbirt und auch sehr schnell durch den Urin ausgeschieden, der eine braunrothe Farbe annimmt. Da dieses Medikament die organische Zersetzung erheblich herabsetzt, sind die fixen Principien und namentlich der Harnstoff im Urin bedeutend vermindert. Bei den Diabetikern sinkt das Verhältniss des Zuckers rasch unter dem Einflusse von Antipyrin, doch steigt es von Neuem, sobald man die Verordnung aussetzt.

Bei Fiebernden lässt eine Gabe von 1,0 g die Temperatur um 1 bis 2^{0} fallen. Die Wirkung beginnt bereits eine halbe Stunde nach der Aufnahme, und sie setzt sich fort, um nach 3 bis 5 Stunden zum Höhepunkte zu gelangen. Diese Temperaturerniedrigung währt alsdann 1 oder 2 Stunden, und dann steigt die Temperatur allmählich wieder an. — Mit dem Heruntergehen der Körperwärme nimmt auch gleichzeitig die Frequenz der Pulszahl ab.

Antipyrin zeigt die Übelstände der meisten Antithermica, jedoch in etwas geringerem Maasse. So vermag es Nausea, Erbrechen, Schmerz im Epigastrium, wegen seiner irritirenden Wirkung auf die Magenschleimhaut, zu verursachen. Die profusen Schweisse mit nachfolgendem Kollaps werden namentlich bei Tuberkulösen und bei Typhuskranken beobachtet; der Anstieg der Temperatur ist, wie beim Antifebrin, leicht von Schüttelfrost begleitet.

Von Seiten des Nervensystems beobachtet man nach zu häufig wiederholten Gaben Kopfweh, Ohrensausen mit nachfolgender Taubheit, Amaurose, Parese der Hände und Füsse, Somnolenz und in den schweren Fällen Coma; zuweilen treten auch Delirien und epileptiforme Krämpfe auf. Auch Herzklopfen, Arythmie und Cyanose können beobachtet werden; doch zu den allerhäufigsten Erscheinungen gehören die Exantheme, welche das Bild der Variola mit Gedunsensein der Haut oder das der Scarlatina oder Urticaria darbieten; sogar Purpura haemorrhagica kann sich einstellen. Im Allgemeinen dauern diese Hautausschläge nur 2 bis 3 Tage an und vergehen unter Desquamation. Die Dosis spielt in Bezug auf Entstehung dieser Nebenwirkungen keine Rolle, man hat dieselben schon nach Gaben von 0,50 g beobachten können.

Therapeutische Verwendung. Trotz der angeführten unangenehmen Nebenwirkungen scheint das Antipyrin das ungefährlichste unter den neuen antipyretischen Mitteln zu sein. Seine Wirkung muss jedoch sorgfältig überwacht werden. Es ist in den meisten fieberhaften Krankheiten entbehrlich. Wenn man aber den Entschluss gefasst hat, es anzuwenden, muss man mit einer Dosis von 1,0 g beginnen. Ist nach 2 Stunden die Temperatur um 1^{0} heruntergegangen, so giebt man alle 3 Stunden Dosen von 0,50 weiter, ohne jedoch Tagesgaben von 4,0 bis 5,0 g zu überschreiten und lange fortzureichen.

Während der letzten Jahre wurde Antipyrin häufig beim Abdominaltyphus verordnet, doch wird diese Behandlungsmethode allmählich wieder verlassen, da die kalten Bäder weit bessere Erfolge liefern.

Beim akuten Gelenkrheumatismus vermindert Antipyrin den Schmerz und die Anschwellung, doch scheint es nicht eine specifische Wirkung wie die Salicylsäure zu besitzen, und bei den Sumpffiebern hat es gar keinen Heileffekt.

Es wurde bereits hervorgehoben, dass Antipyrin bei Diabetes den Zucker im Harn zu vermindern im Stande ist, aber dieser Effekt ist nur momentan, und man wird sich hüten, dieses Mittel anzuwenden, wenn der Diabetes mit Albuminurie complicirt ist.

Von mancher Seite wird dem Antipyrin ein günstiger Einfluss auf die Chorea nachgerühmt, wenn man dasselbe zu 3,0 g in 24 Stunden etwa 20 Tage hindurch verabreicht.

Wenn auch über die Zweckmässigkeit der Verordnung von Antipyrin bei fieberhaften Affektionen gestritten werden kann, so steht es doch durchaus fest, dass das Mittel bei Migräne, Hemicranie, Neuralgie und bei den Schmerzen der Tabetiker in Tagesgaben von 2,0 bis 3,0 g vorzüglich wirkt. Es vermag auch als blutstillendes Mittel (in $5^0/_0$ Lösung) bei Epistaxis und Haemorrhagien der Harnblase gute Dienste zu leisten.

Bei Kindern ist bezüglich der Verordnung von Antipyrin Vorsicht geboten. Auch ist zu beachten, dass es, subkutan injicirt, mindestens dreimal so energisch wirkt, wie bei innerlicher Verabreichung.

Mittels Lavement wird es sehr gut resorbirt. Man nimmt hierzu 1,0—2,0 auf 1 Tassenkopf (oder 150,0—200,0) Wasser.

Tonica.

Die Eintheilung gewisser Arzneimittel in Tonica ist etwas empyrisch und unbestimmt. Eine tonisirende (*τόνος* = Spannung) Wirkung auf den Organismus kann durch alle Mittel erzielt werden, welche die Verdauung, Resorption und Ernährung zu verbessern vermögen, und es ist nicht immer nothwendig, deshalb zu den Drogen zu greifen. Eine normale Ernährung, eine hygienische Lebensweise können schon genügen, aber man findet nützliche Unterstützungsmittel in den Bittermitteln, Eisenpräparaten etc.

Es giebt jedoch ein Organ, das wir mit Hülfe bestimmter Mittel in bemerkenswerter Weise tonisiren können, nämlich das Herz. Wir vermögen seine Arbeitsleistung zu steigern mittels Digitalis, Strophanthus, Coffein und anderer Herztonica, welche alle eine besondere stimulirende Wirkung auf die cardiovasculäre Muskulatur ausüben.

Herztonica.

Folia Digitalis. Digitalis.

Die Blätter der Digitalis kommen von der Digitalis purpurea, aus der Familie der Scrophularineen. (Siehe Tafelfigur 1.) Diese Pflanze, mit schönen rothen Blüthen kann eine Höhe von $1^1/_2$ Meter erreichen. Sie wächst auf dem granithaltigen Boden der Vogesen, der Alpen, im Harze und in der Rheingegend. Man sammelt die Blätter der wildwachsenden Pflanze und zwar zu Beginn der Blüthezeit ein.

Im Jahre 1845 isolirte Homolle aus der Digitalis eine Substanz, die er Digitalin nannte und die man während langer Zeit als das einzige wirksame Princip der Pflanze betrachtete. Seither machte man die Wahrnehmung, dass, je nach der Darstellungsweise des Digitalins, verschiedene, mehr oder minder wirksame Produkte erhalten werden können. Im Jahre 1875 unterschied Schmiedeberg in der Digitalis vier wichtige wirksame Principien.

1 und 2. Zwei in Wasser und Alkohol lösliche Glykoside, Digitaleïn und Digitonin. Letzteres hat grosse Ähnlichkeit mit dem Saponin. Diese beiden Substanzen bilden den grösseren Theil des deutschen Digitalin.

3. Das Digitalin, welches leicht löslich in Alkohol und schwer löslich in Wasser ist. Es ist dies das französische Digitalin von Homolle und Quévenne oder Digitaline chloroformique.

4. Das Digitoxin, unlöslich in Wasser, löslich in heissem Weingeist, bildet den wichtigsten Bestandtheil des französischen krystallinischen Digitalin von Nativelle. Es ist sehr viel giftiger als die vorhergenannten Substanzen.

Die meisten von den andern in der Digitalis enthaltenen Stoffe sind Zersetzungsprodukte dieser verschiedenen Substanzen, welche eine von einander sehr abweichende Wirkungsweise besitzen. Alle zersetzen sich ziemlich leicht beim Aufkochen in angesäuertem Wasser, und diese Zersetzung vollzieht sich sogar mit der Zeit in dem trockenen Blatte. Daher muss der Apotheker seinen Vorrath alljährlich erneuern.

Die geringe Gleichmässigkeit in der Zusammensetzung der im Handel vorkommenden Digitalinpräparate sollte den Arzt misstrauisch und vorsichtig machen. Einige Pharmakopöen haben auch bereits das Digitalin aus der Liste ihrer officinellen Arzneien gestrichen. Man verordnet Digitalis am zweckmässigsten in Form eines Aufgusses.

Physiologische Wirkung. Die Forscher, welche die Wirkung der Digitalis prüften und sich bei ihren Experimenten des Digitalins bedienten, sind nicht zu übereinstimmenden Resultaten gekommen. Und das darf nicht überraschen, wenn man sich vergegenwärtigt, was vorher bezüglich der Verschiedenheit der

Digitalinpräparate bezüglich Dauer und Intensität der Wirkung gesagt wurde. Das Digitoxin ist das bei weitem wirksamste, aber auch das am meisten toxische Agens; man hat schon schwere Zufälle beim Menschen nach einer Dosis von 0,002 beobachtet.

Örtlich sind diese Stoffe sehr reizend. In das subkutane Bindegewebe eingeführt, bewirken sie leicht Abscesse. Sie werden von den Schleimhäuten sehr langsam resorbirt und durch die Nieren schwer ausgeschieden. In der Regel braucht der Organismus 5 bis 6 Stunden, um sich einer Dosis von 2,0 g Digitalis vollständig zu entledigen. Diese langsame Elimination erklärt die fortgesetzte Wirkung des Mittels, dessen Effekt sich 8 bis 10 Tage hindurch bemerkbar machen kann; ebenso macht sie auch die kumulative Wirkung der Digitalis im Organismus bei ununterbrochener Verabreichung verständlich, und es wird begreiflich, warum minimale, aber zu lange fortgegebene Dosen zur Intoxikation führen können. Die Beschaffenheit der Nieren spielt natürlich eine wichtige Rolle bei dieser Elimination, die um so langsamer vor sich geht, je atrophischer diese Organe sind.

Stellen wir mit einem Aufgusse von Digitalisblättern Versuche an, so machen wir zunächst die Wahrnehmung, dass die Elasticität des Herzmuskels gesteigert wird. Da das Herz sich mehr ausdehnt, wird jede Systole demnach eine beträchtlichere Menge Blut in das arterielle System senden, und letzteres wird ausserdem mit grösserer Kraft in dasselbe hinein geschleudert, denn die Kontraktilität des Muskels ist gleichfalls bedeutend erhöht. Daraus folgt eine Steigerung des arteriellen Druckes, der noch durch Vermittelung der Gefässmuskelschicht vermehrt wird; auf diese übt nämlich die Digitalis dieselbe tonisirende Wirkung aus. — Auf eine mittlere Gabe von 1,0 g tritt diese Wirkung erst nach 12 bis 20 Stunden ein. Man beobachtet alsdann beim gesunden Menschen eine Verlangsamung der Herzpulsationen, die Systole wird stärker und der tönende und trockene Schall der halbmondförmigen Klappen deutet einen starken arteriellen Druck an.

Wenn die Dosis erhöht oder die Digitalis nicht gut vertragen wird, wird der Puls immer rascher und unregelmässiger. Diese Wirkung wird theils einer Lähmung der Hemmungsnerven, theils einer Reizung der Beschleunigungsnerven zugeschrieben. Von nun an sinkt der arterielle Blutdruck allmählich in Folge Erschöpfung des Herzmuskels.

In der letzten Periode der Vergiftung ist die Unregelmässigkeit der Herzkontraktionen sehr deutlich ausgesprochen. Die Kontraktionen reichen nicht immer aus, ein Pulsiren der Radialarterie zu bewirken; der Puls ist sehr langsam und aussetzend; das Herz erlahmt und bleibt bald in der Diastole stehen.

Diese Intoxikation kann von einer zu starken Dosis oder von einer kumulativen Wirkung abhängen. In letzterem Falle geht den schweren Symptomen sehr häufig eine auffallende Abnahme der Urinausscheidung voraus. Es kann sogar vollständige Anurie, besonders bei Nephritikern eintreten, bei denen sich zuweilen im Verlaufe von 48 Stunden die ganze Scene einer akuten Vergiftung abspielt.

Beim gesunden Menschen scheint eine mittlere Gabe von 0,50 bis 1,0 g keinen besondern Einfluss auf die Diurese zu haben. Es verhält sich jedoch hiermit ganz anders bei denjenigen, die an einer Affektion des Myocards mit Kompensationsstörung, d. h. mit venöser Stauung und Hydrops leiden. In diesen Fällen begünstigt die Hebung des arteriellen Druckes die Resorption der serösen Transsudate; das Blut wird wasserreicher, und die Nieren scheiden eine beträchtliche Menge Urin aus.

Wir besitzen noch immer keine genügende Erklärung für die Wirkungsweise der Digitalis. Die Einen nehmen eine Aktion auf die motorischen Centren der Cirkulation, die Andern auf die motorischen Herzganglien oder direkt auf die Herzmuskelfaser an. Wahrscheinlich sind alle diese Einflüsse hierbei betheiligt.

Therapeutische Verwendung. Der Arzt sollte es sich zur Vorschrift machen, nur wenn der betreffende Kranke das Bett hütet, Digitalis zu verordnen. Die horizontale Lage und gleichmässige Wärme begünstigen hierbei den Übergang des Blutes aus den arteriellen Kapillaren in die Venen. Oft macht man die Wahrnehmung, dass Patienten, die Digitalis nehmen, grosse Erleichterung verspüren, so lange sie im Bette liegen. Sobald sie sich aber erheben oder eine geringe Anstrengung machen, wird der Puls, der vorher voll und langsam gewesen, wieder schnell und unregelmässig.

Viel zu oft noch wird die Indikation für die Digitalis in den Orificien des Herzens gesucht, während das Myokard allein in Betracht kommt. Die Orificien können der Sitz ausgedehnter Läsionen sein; solange das Myokard noch ausreichende Kraft bewahrt, um das hydrostatische Gleichgewicht im Cirkulationssystem zu sichern, ist die Digitalis nicht indicirt, sie kann sogar schaden, indem sie unnöthig das Herz excitirt. Sobald sich aber Kompensationsstörungen bemerkbar machen, muss Digitalis behufs Erhöhung der Kontraktilität und Elasticität des Herzmuskels verordnet werden.

Die Dosis wird sich stets nach dem Grade der Ermüdung oder Entartung der Herzmuskelfaser zu richten haben. In solchen Fällen, wo die Ermüdung des Herzens sich nur durch Unregelmässigkeit und Beschleunigung des Pulses oder Verminderung der Harnmenge ohne bemerkenswerthe äussere Symptome wie Ödem oder Cyanose kundgiebt, kann man hoffen, eine rasche tonisirende Wirkung mit einer Gabe von 0,25 Fol. Digitalis zu erzielen.

Wenn sich dagegen zu den vorgenannten Symptomen Dyspnoë, Cyanose, Ödem an den Maleolen gesellen, wodurch klar wird, dass das Myokard nicht mehr im Stande ist, das hydrostatische Gleichgewicht aufrecht zu erhalten, muss sofort mit Dosen von 0,50, 1,0 g und selbst 2,0 g in 24 Stunden vorgegangen werden.

Im Allgemeinen soll man, wenn die Maximaldosis einmal fixirt ist, dieselbe sogleich in den ersten 24 Stunden verabreichen, sie dann am folgenden Tage um den vierten Theil vermindern und in dieser Weise bis zum vierten Tage fortfahren; alsdann wird die Digitalis, welches auch ihre Wirkung gewesen, 3 bis 4 Tage fortgelassen und in dieser Zeit durch ein anderes Mittel z. B. Caffein ersetzt. Wenn der erzielte Erfolg ausreichend ist, d. h. wenn das Ödem verschwunden und der Puls wieder voll und regelmässig geworden, wartet man mit der erneuten Verabreichung der Digitalis, bis Zeichen von Herzinsufficienz sich zeigen. Man kann denselben vorbeugen oder sie mildern durch kleine, alle 3 bis 4 Tage wiederholte Dosen von 0,25 g.

Es können sich jedoch Zeichen von Intoleranz einstellen, die darauf hinweisen, dass die Digitalis nicht vertragen wird oder gar nicht indicirt ist. Dabei stellen sich als erste Symptome Übelkeit und Erbrechen ein, zu denen sich ausgesprochene Beschleunigung und Unregelmässigkeit des Pulses hinzugesellt, der doch voll und langsam sein sollte. Die Harnmenge wird zusehends geringer, und auch Gehirnsymptome wie Alpdrücken, Hallucinationen machen sich bemerkbar. (Die Abnahme der Harnmenge und selbst vollständige Anurie und Hallucinationen können auch nach Gebrauch von Morphin eintreten; man wird daher gut thun, nicht gleichzeitig Morphin und Digitalis zu verordnen.)

Natürlich brauchen nicht alle Zeichen der Intoleranz auf einmal aufzutreten, um uns zum Aussetzen der Digitalis zu veranlassen. Ein einziges reicht schon hin, uns auf die Gefahr aufmerksam zu machen und sorgfältig nach der Ursache der Intoleranz forschen zu lassen. Am häufigsten findet sich dieselbe in dem dem Blutstrome entgegengebrachten Hindernisse durch eine beständige Kontraktion der kleinen Gefässe, wie dies so häufig im Beginne der interstitiellen Nephritis beobachtet wird. In diesen Fällen haben wir eine erhöhte Spannung der Arterien vor uns, die sich an dem zuweilen metallischen Wiederhall des Schlusses der Aorten-Semilunarklappen bemerkbar macht. Der Herzmuskel wird, trotz der erneuten Energie, die ihm die Digitalis bringt, seine Kraft an dieser unüberschreitbaren Barriere sich brechen sehen, und die Ermüdung wird an den vorher angeführten Intoleranzerscheinungen zu erkennen sein. Man kann diesem Übelstande zuweilen aus dem Wege gehen durch Applicirung eines Aderlasses von 400—500 ccm. Dadurch wird das Cirkulationssystem entlastet und frei gemacht.

Wenn das Hinderniss von der Leber oder Niere herrührt, d. h. wenn man es mit einem herz- und leberkranken oder herz- und nierenkranken Menschen zu thun hat, so muss seine Leber oder seine Niere behandelt werden. Im letzteren Falle soll man sich davor hüten, die Albuminurie als eine Contraindikation zu betrachten, denn der Eiweissgehalt wird im Gegentheil unter dem Einflusse der Digitalis geringer werden. Ist das Hinderniss an der Peripherie gelegen und durch ein straffes Ödem verursacht, so müssen Skarifikationen gemacht werden; wenn die Gewebe erst einmal entspannt sind, wird die Digitalis auch da noch wirken, wo sie vorher im Stiche gelassen hatte.

Stets soll daran gedacht werden, dass Bettruhe, Milch, Purgantien oder zuweilen ein Aderlass mit Nutzen der Verabreichung der Digitalis vorangehen. Ihre Wirkung wird dadurch in bemerkenswerter Weise erleichtert (Huchard). So kann die Digitalis auch bei Krankheiten des Herzens mit übermässiger Gefässspannung, trotz der häufig entgegengesetzt lautenden Annahme, ihre Anwendung finden, wenn man die vorher genannten Vorsichtsmassregeln beobachtet.

Manche Arythmien vermögen dagegen durch die Digitalis nicht gebessert zu werden, wie z. B. die sog. „rythmes couplés ou tricouplés alternants" der Franzosen, wo die schon verlangsamte diastolische Pause nicht ohne Gefahr durch die Digitalis verlängert werden würde. Endlich kann Digitalis bei manchen sogenannten kompensatorischen Tachykardien, wo das Herz an Schnelligkeit das einzubringen scheint, was es an Kraft verliert, bei Tachykardien in Folge von Kompression des Nervus Vagus, nach Kaffee- oder Tabakmissbrauch nur schädlich sein. — Bei der Basedowschen Krankheit ist Digitalis nur angezeigt, wenn die Herzmuskelfaser übermüdet ist. Alles in Allem genommen liefert ausschliesslich der Zustand des Herzmuskels die Indikation für die Anwendung der Digitalis, und man braucht nicht anzunehmen, dass die Degeneration der Herzmuskelfaser eine Gegenanzeige bildet. Nach Huchard erhält man im Gegentheil noch ausgezeichnete Wirkungen selbst in Fällen von vorgeschrittener Sklerose des Myokards.

Es erscheint überflüssig, sich über die Wirkung der Digitalis bei fieberhaften Erkrankungen, wie Pneumonie, Pleuritis, Typhus, akutem Gelenkrheumatismus etc. auszulassen. In allen diesen Affektionen hat das Mittel nur denjenigen Werth, der aus seiner Wirkung auf das Herz resultirt.

Grösste Einzeldosis 0,2! grösste Tagesdosis 1,0!
ad infusum (Pharm. Helv.) 2,0 g.

Präparate:

Tinctura Digitalis (1 : 10 Weingeist).

Grösste Einzeldosis 1,5! grösste Tagesdosis 5,0!

†**Tinctura Digitalis aetherea.**

†**Acetum Digitalis.**

†**Extractum Digitalis.**

†**Extractum Digitalis fluidum.**

Von den zahlreichen, als Ersatz für die Digitalis vorgeschlagenen Mitteln, hat kein einziges dieselbe zu verdrängen vermocht.

Semen Strophanthi. Strophanthus.

Diese Samen stammen von Strophanthus hispidus, aus der Familie der Apocyneen, eines im tropischen Afrika, sehr verbreiteten Kletterstrauches.

Die Gattung Strophanthus war schon von Livingstone (1862) als Mittel zur Bereitung von Pfeilgiften bezeichnet worden. Die Frucht ist eine dicke Kapsel, die eine grosse Zahl von mit seideglänzenden Haaren bedeckten und am oberen Ende zugespitzten Samen einschliesst. Dieselben enthalten das Strophanthin, ein sehr bitteres, in Wasser und verdünntem Alkohol leicht lösliches Glykosid (Fraser 1870).

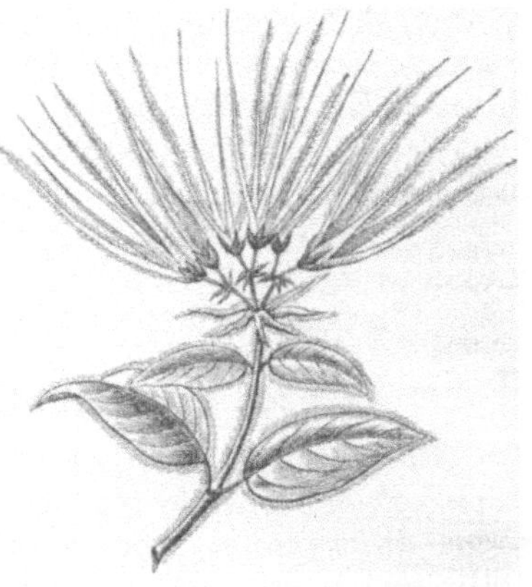

Fig. 10. Strophanthus hispidus.

Wirkung. Seine Wirkung ist derjenigen der Digitalis sehr ähnlich; es erhöht die Stärke der Systole und regulirt die Herzkontraktionen.

Das Strophanthin wird rascher resorbirt und eliminirt als Digitalin. Es erzeugt daher einen mehr unmittelbaren Effekt und lässt keine Anhäufung des Mittels im Organismus befürchten. Seine Wirkung wird jedoch auch von weit geringerer Dauer als die der Digitalis sein, die mehrere Tage hindurch anhält. — Die Wirkungsdauer des Strophanthin überschreitet nicht 24 Stunden. Wenn diese Substanz nicht Unglücksfälle in Folge kumulativer Wirkung verursacht, so ist doch die toxische Dosis nicht weniger gefährlich, denn sie erzeugt eine schnelle Erschöpfung des Herzmuskels, der ein krampfartiger Zustand vorangeht, und es tritt Herzstillstand in Systole ein.

Die Wirkung auf die Muskulatur der Gefässe ist dieselbe wie bei Digitalis.

Kurz, Strophanthus ist nicht im Stande, die Digitalis zu verdrängen, aber ihm gebührt sein Platz neben ihr. Man wird von ihm Gebrauch machen, wo es sich darum handelt, eine rasche Wirkung zu erzielen, die hinterher durch Digitalis beibehalten wird. In derartigen Fällen kann man sogar die beiden Mittel kombiniren. Einem Infus von 1,0 g Digitalis z. B. werden 2,0 g Tinct. Strophanthi hinzugesetzt. Die Wirkung der letzteren gestattet, diejenige der Digitalis abzuwarten, welche sich nicht vor

15 bis 20 Stunden einstellt; wiederholt man an den folgenden Tagen die Digitalisverabreichung, dann lässt man den Strophanthus fort.

Tinctura Strophanthi (1 Th. auf 10 Th. Weingeist)

Grösste Einzeldosis 0,5! grösste Tagesdosis 2,0!
(Pharm. Germ.)

Grösste Einzeldosis 1,0! grösste Tagesdosis 3,0!
(Pharm. Helv. et Austr.)

†**Strophanthin.** Dosis simpl. max. 0,0002; pro die 0,001.

Ähnliche Substanzen mit einer erregenden Wirkung auf die Herzmuskelfaser finden sich sehr häufig in den Pflanzen aus der Familie der Apocyneen oder benachbarter Gruppen. Hierhin gehören in Europa die Gattung Asclepias, Vinca; Laurus rosa (Nerium Oleander) z. B. enthält Neriïn, eine Substanz, die wahrscheinlich mit Digitaleïn identisch ist.

In der Familie der Papilionaceen enthält das Erythrophloeum guinense Erythroploein, das eine dem Strophanthin ziemlich ähnliche Wirkung besitzt.

†Flores Convallariae. Maiglöckchen. Muguet.

Die Blüthen von Convallaria majalis, aus der Familie der Asparagineen wurden früher empyrisch zur Behandlung der Wassersucht angewendet, und wegen ihres Parfüms und eines in ihnen enthaltenen irritirenden Stoffes dienten sie auch zur Bereitung von Niespulvern. — Die Wirkung des Maiglöckchens scheint namentlich energisch zu sein, wenn man sich der frischen Blüthen bedient, denn im trocknen Zustand büssen sie viel von ihrer Wirksamkeit ein.

Sie enthalten zwei Glykoside:

1. Das Convallarin, eine reizende, Übelkeit erregende Substanz, die eine ziemlich starke purgirende Wirkung besitzt.

2. Das Convallamarin, welches in ähnlicher Weise auf das Herz wirkt wie Digitalis, doch ist die Wirkung von sehr kurzer Dauer und sehr unregelmässig.

Die besten Präparate sind alkoholische Auszüge aus frisch gesammelten Blüthen.

Dosis: 10,0 g der getrockneten Blüthen im Aufguss innerhalb 24 Stunden zu nehmen.

Ähnliche wirksame Bestandtheile finden sich in unsern einheimischen Pflanzen, die den Familien der Smilaceen, Liliaceen, Amaryllideen angehören, wie Paris quadrifolia, die Gattungen Muscari, Ornithogalum, Amaryllis, Narcyssus, Leucojum, Fritillaria imperialis, Galanthus nivalis etc. angehören.

In der Familie der Ranunculaceen finden wir die

†Adonis vernalis,

eine schöne Pflanze mit gelben Blüthen. Sie blüht im März und April (Wallis) und enthält Adonidin, ein amorphes Glykosid. Dasselbe ist in Wasser wenig löslich, aber leicht löslich in Alkohol. Es hat eine dem Digitalin und Scillaïn ziemlich ähnliche Wirkung und ist sehr toxisch.

Die Dosis von Adonis vernalis beträgt 4,0 bis 8,0 g im Infus innerhalb 24 Stunden.

Aus der Familie der Papilionaceen enthält

†Spartium scoparium (Besenginster),

dessen schöne, gelbe Blüthen einen bitteren Geschmack und einen an Honig erinnernden Geruch besitzen, ein flüssiges Alkaloid, das Sparteïn ($C_{15}H_{26}N_2$), welches mit Säuren schöne krystallinische Salze, u. A. das

†Sparteïnum sulfuricum bildet. — Sparteïn wirkt viel mehr nach Art des Coniin und Curare. Es erhöht ein wenig den Druck mittels Kontraktion der Gefässe, aber es übt eine nur sehr geringe Wirkung auf den Herzmuskel selbst aus. Es ist ziemlich entbehrlich.

Dosis 0,2 bis 0,3 in 24 Stunden.

Scilla. Bulbus Scillae.

Diese Droge wird durch die Schalen der Meerzwiebel, Scilla maritima (Urginea maritima), einer der Familie der Liliaceen angehörenden und an dem Gestade des Mittelmeeres wachsenden Pflanze gebildet. Die Zwiebel ist sehr voluminös und zeigt eine weisse oder rothe Färbung.

Die Meerzwiebel zählt zu den ältesten zur Behandlung von Hydropsien angewandten Mitteln, und man pflegt ihre Wirkung mit derjenigen der Digitalis zu vergleichen, doch ist dies nicht richtig, da Scilla weit weniger energisch wirkt.

Sie enthält mehrere wirksame Principe, u. A. das Scillaïn, ein sehr giftiges Glykosid, das wahrscheinlich mit dem Scillitoxin (Merck) und dem Scillitin (Marais) identisch ist, ausserdem das Scillin und Scillipikrin. Diese Stoffe werden jedoch nicht als solche verwendet; man verordnet die Scilla in natura.

Wirkung. Der in der Meerzwiebel enthaltene Saft übt im frischen Zustande eine irritirende Wirkung aus und vermag auf der Haut sogar Blasenbildung hervorzurufen. Diese Eigenschaft liefert gleichzeitig eine Erklärung für die zeitweilige brechenerregende Wirkung dieser Droge. Bei ihrer Ausscheidung durch die Niere verursacht sie daselbst zuweilen entzündliche Störungen, die bei hierzu veranlagten Individuen zur Hämaturie führen können. Unter dem Einflusse dieses Mittels wird der Pulsschlag verlangsamt, doch dauert diese Wirkung nicht lange an wegen der raschen

Elimination der aktiven Principe der Scilla. Übrigens soll man dieselbe nur als Adjuvans verordnen, denn sie ist durchaus nicht im Stande, die Digitalis zu ersetzen.

Präparate: Man bereitet aus ihr (durch Maceration) einen Meerzwiebelessig, **Acetum scilliticum,** 1 : 10, von dem 4,0—5,0 täglich verordnet werden; ferner

Oxymel Scillae, Meerzwiebelsauerhonig, ein altes, schon von Dioskorides empfohlenes Präparat. Dasselbe besteht aus einer Mischung von Meerzwiebelessig (1) und Honig (2). Dosis 15,0 bis 20,0 g täglich.

Tinctura Scillae. (Bulb. Scill. 1, Spirit. dil. 5) zu 4,0 bis 5,0 g täglich.

†**Extractum Scillae;** ad 0,2 pro dosi, ad 1,0 pro die.

Coffeïn. Caffeïn. $C_5H(CH_3)_3N_4O_2 + H_2O$.

Eine gewisse Anzahl exotischer Pflanzen: die Gattung Coffea, Thea, Ilex, Paulinia, Sterculia etc., enthalten Coffeïn (Runge 1819), dessen tonisirende Wirkung auf das Herz sehr bemerkenswerth und um so werthvoller ist, als diese Substanz, selbst in ziemlich hoher Dosis, keine toxische Wirkung ausübt.

Der Kaffeebaum, Coffea arabica, ein strauchartiger Baum aus der Familie der Rubiaceen ist in Abyssinien einheimisch und durch Anbau in allen tropischen Ländern verbreitet. — Seine Frucht ist eine anfänglich grüne, dann rothviolette Beere, die zwei sehr harte Bohnen enthält, welche nach Entfernung ihrer Hülle den Kaffee bilden. Dieser enthält 0,6—2 % Caffeïn (welches sich auch in den Blättern und in der Rinde des Kaffeebaumes findet). Ausserdem gehören zu den Bestandtheilen des Kaffees Gerbsäure (Kaffeegerbsäure), Zucker und verschiedene Salze.

Durch das Rösten nimmt der Kaffee an Volumen zu und verliert ungefähr 8 % Wasser. Gleichzeitig bilden sich hierbei aromatische Produkte wie das Caffeon; aus dem Zucker bildet sich Karamel, der der gerösteten Kaffeebohne und dem aus ihr bereiteten Aufgusse die charakteristische braune Färbung verleiht. Wenn der Röstungsprocess nicht zu weit getrieben wird, geht hierbei eine nur sehr geringe Menge Coffeïn verloren. Der geröstete Kaffee giebt an kochendes Wasser ungefähr 25 % lösliche Substanzen ab, und man darf annehmen, dass eine Menge von 15,0 g Kaffee mit 150,0 kochendem Wasser übergossen ungefähr 0,25 Kaffeïn repräsentirt.

Die Blätter des Kaffeebaumes geben, wenn man sie wie Theeblätter behandelt, eine Art Thee von ziemlich angenehmem Geschmack und enthalten ungefähr 1,25 % Caffeïn.

Der Missbrauch des Kaffees kann Herzklopfen mit Präkordialangst, Blutandrang nach dem Kopfe, Tremor, Magen- und Darmstörungen verursachen.

Ein 10 procentiger Kaffeeaufguss ist ein ausgezeichnetes Erregungsmittel, das namentlich bei Vergiftungen durch narkotische Medikamente (Opium) anzuwenden ist.

Das Caffeïn, $C_5H(CH_3)_3N_4O_2+H_2O$, welches man anfänglich für ein Alkaloid gehalten, gehört in die Klasse der Harnstoffderivate; es ist das Trimethylprodukt des Xanthins (Trimethylxanthin). Mit den Mineralsäuren bildet es nur sehr wenig beständige Salze. Es löst sich in 80 Theilen Wasser, doch kann diese Löslichkeit in erheblicher Weise vermehrt werden, wenn man das Caffeïn in Gestalt von Doppelsalzen mit Natrium benzoicum oder Natrium salicylicum kombinirt.

Physiologische Wirkung. Das Caffeïn wird durch die Verdauungswege und das subkutane Zellgewebe sehr rasch resorbirt. Es findet sich eine Stunde nach seiner Einführung im Urin wieder, und nach Verlauf von 9 Stunden ist es vollständig ausgeschieden. Im Organismus wird es zum Theil umgewandelt.

Es wirkt speciell auf das Gehirn, welches es stark excitirt. Die motorischen Centren des Herzens und die Athmungscentren werden gleichfalls stimulirt. Diese Aktion ist an der grösseren Ausdehnung der Athembewegungen und an den kräftigeren Zusammenziehungen des Herzmuskels erkennbar. Die arterielle Spannung nimmt in Folge der excitirenden Einwirkung des Caffeïns auf die vasomotorischen Centren noch zu.

Es steigert ein wenig die Magen- und Darmperistaltik und besitzt wegen der Erhöhung des arteriellen Druckes und einer direkten Reizung der Epithelien der Harnkanälchen eine diuretische Aktion. Die durch Caffeïn hervorgerufene Diurese ist langsam, regelmässig und weniger reichlich als die durch Digitalis bei Herzkranken bewirkte. Sie tritt auch beim Gesunden ein und offenbart sich nicht nur durch eine reichlichere Wasserausscheidung, sondern auch durch eine viel stärkere Elimination von Harnstoff und andern festen Elementen des Urins.

In zu grossen Gaben veranlasst Caffeïn keine schweren Nebenerscheinungen. Es kann eine starke Hirnreizung und sogar Delirien erzeugen, aber unter dem Einfluss einer geringen Morphindosis (0,02) und warmer (nicht alkoholischer) Getränke tritt sehr bald wieder normales Befinden ein.

Therapeutische Verwendung. Als Herzmittel kann Caffeïn der Digitalis durchaus nicht gleichgestellt werden; letztere ist ihm weit überlegen, doch kann Caffeïn als ein sehr nützliches Adjuvans angesehen werden, wenn man die Wirkung der Digitalis aufrecht erhalten will. Wenn 2 oder 3 Tage hindurch Digitalis gegeben worden ist, so kann man ihre Wirkung im Gange erhalten, indem man an ihrer Stelle 0,50 bis 1,0 g Caffeïn innerhalb 24 Stunden verabreicht. Nachdem letzteres in dieser Weise 4 bis 5 Tage genommen worden ist, kann, falls dies noch erforderlich, wieder zur Digitalis gegriffen werden. Mittels dieser Methode wird die kumulative Wirkung der Digitalis vermieden, und man erschöpft weniger rasch ihre Wirkung auf das Myocardium.

Das Caffeïn leistet gute Dienste, sobald es darauf ankommt, eine allgemeine excitirende Wirkung zu erhalten. So wird man z. B. bei den infektiösen Krankheiten, Variola, Typhus abdominalis, Septicämie etc. Kollaps zu verhüten suchen, indem man abwechselnd subkutane Injektionen von Caffeïn (0,25) und von Äther applicirt.

Caffeïn wird namentlich gut vertragen in Verabreichung mit schwarzem Kaffee, doch kann man es auch in Pillen, Pulvern und in subkutaner Einspritzung nach folgender Formel verabfolgen:

39) ℞ Caffeïni 4,0
Natrii salicyl. 3,0
Aq. fervid. ad 10 ccm.
M. D. S. Zur subkut. Injektion.
1 Spritze = 0,40 Caffeïn.

Grösste Einzeldosis 0,5! Grösste Tagesdosis 1,5!

Am zweckmässigsten wird Caffeïn in Form seiner leicht löslichen Doppelverbindungen verordnet:

Caffeïnum natrio-benzoicum.

Ein weisses, amorphes Pulver, ohne Geruch und von bitterem Geschmacke. 0,2 entsprechen 0,1 Caffeïn. pur.

ad 1,0 pro dosi! — ad 3,0 pro die!

†**Caffeïnum natrio-cinnamylicum** und

†**Caffeïnum natrio-salicylicum.** Die beiden letzten Präparate sind ebenfalls in Wasser leicht löslich und zur subkutanen Injektion geeignet und werden in derselben Dosis gegeben wie das vorige Präparat.

†Folia Theae. Thee.

Der Thee, auch Chinathee genannt, besteht aus den getrockneten Blättern von Thea chinensis, einem kleinen Baume aus der Familie der Ternstroemiaceen, welcher in Assam und China einheimisch ist, jedoch auch in andern Ländern kultivirt wird.

Gewöhnlich unterscheidet man 2 Sorten Thee:

Der grüne Thee, welcher bereitet wird, indem man die frischen Blätter auf erhitzten Eisen- oder Kupferplatten schnell trocknet und mit der Hand aufrollt, so dass sie eine granulirte Form erhalten. Die grünen Thees sind gewöhnlich wenig aromatisch und wegen ihres starken Tanningehaltes sehr adstringirend.

Der schwarze Thee wird an der Luft getrocknet, dann in Haufen gebracht, um eine Art von Gährung durchzumachen, während welcher ein Theil des Tannins sich zersetzt und sich aromatische, angenehm schmeckende Substanzen bilden. Diese Theesorten sind wenig adstringirend.

Die verschiedenen Theesorten enthalten 2 bis 4% Caffeïn,

aber dieses Verhältniss hat nichts mit der Güte der Handelssorten zu thun. Die Qualität des Thees wird hier hauptsächlich nach seinen aromatischen Eigenschaften taxirt.

†**Maté** oder **Paraguaythee.**

Dieses Ersatzmittel des Thees stammt von den Blättern und jungen Schösslingen mehrerer Bäume und Sträucher aus der Gattung Ilex (Familie der Aquifoliaceen), die in Südamerika wachsen, und namentlich von Ilex Paraguayensis. Paraguay und Paranà liefern davon am meisten.

Die Blätter sind oval und haben eine Länge von 8 bis 10 cm. Nach dem Trocknen werden sie leicht erwärmt und mit den Händen pulverförmig zerrieben.

Das Verhältniss des Caffeïns schwankt zwischen 0,2 und 1,6 % und die Gerbsäure, welche grosse Ähnlichkeit mit der des Kaffees hat, findet sich hier zu 10 bis 16 %. Obgleich Maté einen weniger angenehmen Geschmack als Thee besitzt, kommen ihm doch dieselben stimulirenden Eigenschaften des letzteren zu.

Zuweilen sind Vergiftungen nach Aufgüssen von Maté vorgekommen, und wir hatten selber Gelegenheit, eine Intoxikation bei einer ganzen Familie nach Matégenuss zu beobachten. Die auffallendsten Symptome waren: Schwindel mit Nausea und Erbrechen, Diarrhoe nebst sehr schmerzhaften Koliken und Kollaps nach jeder Stuhlentleerung. — Die Ursache der Vergiftung fand sich in der Bereitungsweise des Matéaufgusses. Man hatte den Thee in eine kleine, aus einem feinen Drahtnetz bereitete Hohlkugel gethan, welche man in das kochende Wasser tauchte und nach beendigter Infusion wieder herausnahm. Statt nun diesen erschöpften Maté fortzuwerfen, liess man ihn in dem Drahtsieb und fügte noch jedes Mal eine kleine Menge hinzu, so oft man Thee bereiten wollte.

Im Sommer braucht man nur feuchte Matéblätter kurze Zeit in einem geschlossenen Raume stehen zu lassen, so bildet sich in Folge mikroorganischer Zersetzung eine gewisse Menge Cholin, das sich selbst in Muscarin oder analoge Substanzen umwandelt (die man bekanntlich auch bei den giftigen Pilzen findet). — Dieselbe Zersetzung kann man übrigens hervorrufen, wenn man Thee- oder Matéblätter im Wasser lässt und eine geringe Menge eines Heuaufgusses hinzufügt.

†**Guarana.** Pasta Guarana.

Diese Droge wird aus den Früchten der Paullinia sorbilis, eines in Südamerika einheimischen Kletterstrauches aus der Familie der Sapindaceen, bereitet. Diese Samen, von ovaler Form und Grösse einer Haselnuss, werden zunächst erhitzt und grob gepulvert, alsdann knetet man sie mit etwas Wasser, um eine Paste zu bilden, die man in cylindrische Stücke ausrollt und an der Sonne trocknen lässt. Letztere zeigen alsdann eine röthliche, weisslich marmorirte Farbe. Das Pulver gleicht dem Cacaopulver und hat einen bitteren Geschmack. Es enthält 3,5 bis 6,5 % Caffeïn und 6 % Tannin.

Manche südamerikanische Völkerschaften gebrauchen die Guarana als Gewürz. In Europa wurde sie zur Behandlung der Sommerdiarrhöen und der Migräne eingeführt; sie besitzt jedoch keine andern Eigenschaften als diejenigen, welche dem in ihr enthaltenen Caffeïn zukommen.

Sie wird in Einzelgaben von 0,5 bis 3,0 g und bis zu Tagesdosen von 10,0 g verabreicht.

†**Semen Kolae.** Kolanüsse. Gurunüsse.

Die Kola besteht aus den Samen der Sterculia acuminata, eines in Westafrika, hauptsächlich in Sierra Leone, einheimischen Baumes aus der Familie der Sterculiaceen. Diese Samen spielen eine sehr grosse Rolle als Luxusernährungsmittel bei den Völkern Centralafrikas. Sie enthalten ungefähr 2 % Caffeïn, etwas Theobromin, Tannin, Stärkemehl, Albumin und eine geringe Menge von fetten Körpern. Diese Zusammensetzung beweist zur Genüge, dass die Kola ein nützliches Ernährungsmittel, wie Cakao sein kann, dass sie jedoch keineswegs eine hervorragende therapeutische Rolle zu spielen vermag.

†Cacao. Theobromin.

Cacao wird aus den Samen von Theobroma Cacao, eines in Centralamerika einheimischen, der Familie der Büttneriaceen zugehörigen Baumes, welcher in den meisten tropischen Ländern kultivirt wird, bereitet. Cakao enthält durchschnittlich 1,56 % Theobromin und 35 bis 50 % Fett, welches bei gewöhnlicher Temperatur fest ist, zwischen 30 bis 32° schmilzt und unter der Bezeichnung von Cakaobutter, Butyrum Cacao Verwendung findet.

Durch Zerreiben der Kakaobohnen unter dem Einflusse der Wärme und Zusatz von Zucker wird die Chokolade dargestellt. Dieselbe bildet ein hervorragendes Ernährungsmittel.

†Das Theobromin ist ein Dimethylxanthin, welches in Gestalt von in Wasser wenig löslichen Krystallen erhalten wird. Es hat einen leicht bitteren Geschmack, und seine Wirkung ist der des Caffeïns sehr ähnlich; doch scheint es weit mehr diuretisch zu wirken als letzteres. Diese Eigenschaft beruht ebenfalls auf einer direkten Reizung des Epitheliums der Harnkanälchen. Mit Natrium salicylicum bildet es gleichfalls ein Doppelsalz,

Theobrominum natrio-salicylicum. Diuretin. Dasselbe stellt ein weisses, geruchloses, in der Hälfte seines Gewichts Wasser lösliches Pulver dar. Als Diureticum wird es mehrmals täglich zu 1,0 in Pulver oder Lösung verordnet.

ad 1,0 pro dosi! — ad 8,0 pro die!

Tonica amara.

Die Bitterstoffe üben in Folge ihrer Wirkung auf den Magen und Darmkanal eine allgemeine tonisirende Aktion aus. Unter ihrem Einflusse wird die Sekretion des Speichels, des Magen- und Pankreassaftes, sowie der Galle vermehrt. Ausserdem wird eine Zunahme der peristaltischen Bewegungen beobachtet. Da die abnormen Gährungsprocesse, namentlich die Milchsäure- und Buttersäuregährung abnehmen, besitzen die meisten Amara auch eine antiseptische Wirkung. Endlich kräftigen sie vermöge ihrer adstringirenden Eigenschaften die Gastrointestinalschleimhaut.

Die Bittermittel werden fast ausnahmslos durch das Pflanzenreich in Gestalt von Wurzeln, Rinden, Blättern, Blüthen, Früchten etc. geliefert. Die Pharmacie bereitet aus denselben Extrakte, die zur Darstellung von Pillen dienen; ferner Fluidextrakte, die den grossen Vorzug haben, alle in den Pflanzen enthaltenen bitteren und aromatischen Principien zu konserviren. Diese Extrakte, welche ein gleiches Gewicht der angewandten Roh-Droge darstellen, eignen sich besonders zur Bereitung von Sirupen, Wein, Elixiren etc. Die Tinkturen werden gewöhnlich dargestellt, indem man einen Theil der Droge in 5 Theilen verdünnten Weingeist maceriren lässt. Sie werden meistens zu 20 bis 30 Tropfen verabreicht.

Der Landarzt findet in seiner Umgebung diese bescheidenen und doch so werthvollen Arzneimittel in grosser Anzahl. Sehr oft kann er sich dieser einheimischen Bittermittel mit Vortheil bedienen. Ihre tonisirenden Eigenschaften sind denen der renommirtesten exotischen Amara mindestens gleichwerthig.

Einheimische Amara.

Radix Gentianae. Enzianwurzel.

Diese Wurzel stammt von Gentiana lutea, aus der Familie der Gentianeen. Sie enthält eine sehr bittere Substanz, das Gentiopikrin, und eine gährungsfähige Zuckerart, welche gestattet, eine alkoholische Flüssigkeit durch Fermentirung der frisch gesammelten Wurzel zu bereiten. — Die anderen Enzianarten enthalten ebenfalls ein bitteres Princip und können im Nothfalle die Gentiana lutea ersetzen. Aber diese weist in ihrer Wurzel die grösste Menge Bitterstoff auf.

Früher diente die Enzianwurzel zur Erweiterung mancher Orificien. Im trockenen Zustande vermindert sich nämlich das Volumen dieser Wurzel in erheblicher Weise, aber durch Aufnahme von Wasser nimmt sie wieder ihre ursprüngliche Gestalt an; sie kann daher bis zu einem gewissen Maasse die Laminaria ersetzen. — Die Enzianwurzel gehört zu unseren besten Bitterstoffen; sie besitzt eine ausgesprochene toxische Wirkung auf die Mikroorganismen des Magens, daher ist sie angezeigt in den Fällen von Dyspepsie in Folge von Dilatation des Magens oder von Magen- und Darmatonie. Sie wird in Form von Tinctura Gentianae zu 20 bis 30 Tropfen in Wasser während der Mahlzeiten verabreicht. Das Extrakt, Extractum Gentianae, erweist sich sehr nützlich zur Bereitung von Pillen, namentlich von Eisenpillen.

Herba Centaurii (minoris). Tausendgüldenkraut.

Erythraea Centaurium aus der Familie der Gentianeen ist eine schöne krautartige Pflanze mit kleinen rothen Blüthen. Sie kommt häufig auf den feuchten Weideplätzen des Jura vor und enthält ein bitteres und leicht purgirendes Princip (Erythrocentaurin). Plinius rühmte schon die guten Eigenschaften dieser Pflanze, welche er „Fel terrae“ nannte. — Innerlich im Infus (5,0—10,0 : 180,0) oder in Pulver zu 1,0—2,0 mehrmals täglich.

Folia Trifolii fibrini. Bitterklee.

Menyanthes trifoliata (Gentianee) wächst in grosser Menge in manchen sumpfigen Gegenden und enthält einen sehr bitteren Stoff, Menyanthin, welcher früher als Fiebermittel angesehen wurde. — Die Blätter werden in Pulver, Pillen und Species zu 0,5—2,0 mehrmals täglich angewendet.

Herba Cardui benedicti. Cardobenediktenkraut.

Von Cnicus benedictus (Composite), dessen bitteres Princip als Cnicin bezeichnet wird. — Zu 1,0—2,0 in Pulver oder im Infus (5,0—10,0 : 150,0).

Radix Taraxaci. Löwenzahn.

Von Taraxacum officinale (Composite), dessen Wurzel einen sehr bitteren Milchsaft enthält. Dieselbe stand früher in hohem Ansehen und bildet gemeinsam mit Fumaria officinalis, Cichorium, Cochlearia, Kresse etc. einen Hauptbestandtheil der Frühlingskräutersäfte. — Decoct (10,0—20,0 : 200,0).

Folia Juglandis Walnussblätter.

Die Blätter, die Rinde und die Fruchtschalen von Juglans regia (Juglandee) enthalten bittere Principien (Juglandin), eine besondere Gerbsäure und antiseptische Substanzen, die dem Hydrochinon nahe stehen. Man stellt aus ihnen ein Extrakt her, Extractum Juglandis, das eine ausgezeichnete, tonisirende Wirkung bei skrophulösen und syphilitischen Kindern auszuüben scheint. Ebenso Sirupus Juglandis, der zu 2 bis 3 Esslöffel pro die gegeben wird.

Lichen islandicus. Isländisches Moos.

Cetraria islandica, eine Flechte, kommt ziemlich reichlich im Norden von Russland, in Island, den Alpen etc vor und dient daselbst zu allen möglichen Dingen, hauptsächlich aber zur Ernährung der Thiere. Die Lappländer bereiten daraus sogar eine Art Brot, das einen gewissen Nährwerth besitzt; denn das isländische Moos besteht zum Theil aus Lichenin, einer Substanz, die eine mittlere Stellung zwischen Stärkemehl und Cellulose einnimmt. Unter der Einwirkung von heissem Wasser bläht sich dieses Lichenin auf und wird gallertartig. — Das bittere Princip ist das Cetrarin, welches in alkalischem Wasser sehr löslich ist. Lichen islandicus wird vielfach Tuberkulösen verordnet, denen es als Nahrungsmittel und Stomachicum dient. Es pflegt im Aufguss oder in Form von Gallerten verordnet zu werden. Im Infus 10,0—15,0 : 150,0; als Gallerte thee- bis esslöffelweise.

Unter den einheimischen aromatischen Bitterstoffen verdienen noch Erwähnung:

Herba Absinthii. Wermut.

Die Artemisia Absinthium (Composite) enthält ein bitteres Princip (Absinthin) und ein ätherisches Öl. Letzteres bildet einen Bestandtheil des Absinths, der nichts anderes ist, als eine alkoholische Auflösung von ätherischem Öl aus Absinth, Kümmel, Fenchel, Anis etc. Und die zuletzt genannten ätherischen Öle sind in weit stärkerem Verhältnisse darin vorhanden als das Absinthöl. Demselben hat man lange Zeit den verderblichen Einfluss zugeschrieben, der sich am Nervensystem derjenigen Individuen zeigte, die dem Absinthgenusse in übermässiger Weise ergeben sind.

Unter dem Einflusse des täglichen Absinthmissbrauches entwickelt sich eine besondere Nervenaffektion: der chronische Absinthismus. Derselbe beginnt mit fibrillären Muskelcontraktionen und Abschwächung der Intelligenz; alsdann erscheinen allmählich epileptiforme Krämpfe, die zuweilen wirkliche Epilepsie vortäuschen können. Zwischen diesen Anfällen können sich Depressionszustände oder Delirien einstellen.

Bei diesen Zufällen muss man zwischen den Erscheinungen unterscheiden, die durch den in dem Absinth enthaltenen Alkohol und die in demselben enthaltenen ätherischen Öle hervorgerufen werden. Man erhält bei einem grossen Hunde durch Einspritzung von 2,0 bis 3,0 g Ol. Absinth. leicht epileptiforme Krämpfe, aber man kann dieselben auch hervorrufen mittels geringerer Dosen von Anis- oder Fenchelöl und namentlich mit Kümmelöl. Demnach hat es den Anschein, als ob der am meisten schädliche Effekt des Absinthgetränkes durch die letztgenannten Essenzen verschuldet wird, die übrigens in demselben in einem weit stärkeren Verhältnisse vertreten sind als das Absinthöl selbst.

Das Fleisch und die Milch der Thiere, welche Wermut fressen, nimmt sehr rasch einen bitteren Geschmack an. Manche Artemisiaarten der Alpen besitzen dieselben Eigenschaften, so z. B. die Artemisia glacialis und die Artemisia mutellina, welche als Herba Genippi oder Genippkräuter eingesammelt werden.

Früher wurde der Wermut häufig als Fiebermittel und auch als Wurmmittel (Sirop de Cruveilher) angewendet. Ein als Klysma applicirter Aufguss dieser Pflanze dient noch gegenwärtig als ein vorzügliches Mittel, um das Rectum von Oxyuren zu befreien. Die ihr zugeschriebenen abortiven Eigenschaften beruhen nicht auf Wirklichkeit; doch stellt sie ein gutes Amarum und Stomachicum dar, das in Form der Tinktur (zu 20—30 Tropfen) oder des Extrakts zu 0,5—1,0 (in Pillen) verabreicht wird. — Herba Absinthii ist, mit den vorhergenannten Amaris Bestandtheil einer bitteren Tisane (Species amaricantes).

†Herba Millefolii. Schafgarbe.

Achillea Millefolium (Composite) findet sich reichlich am Rande der Wege und besitzt Eigenschaften, die denen des Absinths ziemlich ähnlich sind, doch ist diese Pflanze weniger bitter.

In den Alpen findet man noch Achillea moschata, A. atrata, A. nana, die unter der Bezeichnung „Iva“ zur Bereitung von bitteren Magenlikören dienen.

Rhizoma Calami. Kalmuswurzel.

Die Wurzel von Acorus Calamus (Aroidee) enthält ein bitteres Princip (Acorin) und ein sehr aromatisches ätherisches Öl (Oleum Calami). Sie gehört zu unseren besten aromatischen Bittermitteln und wird als Tinktur und Extrakt angewendet.

Cortex Aurantii Fructus. Pomeranzenschale.

Die Schale der Frucht von Citrus vulgaris (Aurantiee) enthält verhältnissmässig viel aromatisches Öl (Oleum Aurantii Corticis), das durch einfaches Ausdrücken aus den Drüschen heraustritt. Dieses ätherische Öl besitzt irritirende Eigenschaften, und die bei seiner Darstellung beschäftigten Arbeiter leiden fast ausnahmslos an Hautaffektionen der Hände und der Unterarme. Nicht selten kann man bei ihnen auch Störungen des Nervensystems, Tremor und zuweilen sogar epileptiforme Krämpfe beobachten. — Ausser diesem aromatischen Princip finden wir in der Droge noch zwei bittere Stoffe, Aurantiin und Hesperidin

Die Pomeranzenschale bildet einen Bestandtheil von fast allen bitteren und aromatischen Präparaten. Sie ist ein vorzügliches tonisches Arzneimittel und ein gutes Korrigens.

Sie wird angewendet in Tinktur (Tinctura Aurantii) als Sirup (Sirupus Aurantii Corticis), ferner als Elixir Aurantiorum compositum oder Elixir viscerale Hoffmanni, welches alle die anderen Amara nebst Zimmt (in Xereswein macerirt) enthält. Letzteres wird zwei bis dreimal täglich kaffeelöffelweise verabreicht.

†**Glandulae Lupuli.** Lupulin. Hopfenmehl.

Das Lupulin wird durch kleine drüsige Organe gebildet, die an der Basis der Schuppen der Hopfenzapfen (Humulus Lupulus) entstehen. Es stellt ein gelbliches, harzartiges Pulver von stark aromatischem Geruche und bitterem Geschmacke dar. Dasselbe nimmt nach einiger Zeit, dank der Gegenwart einer gewissen Menge von Baldriansäure, den Geruch von altem Käse an.

Dem Lupulin verdankt das Bier sein Aroma und seinen bitteren Geschmack. Ausserdem wirkt Lupulin leicht narkotisch und steht im Rufe als Anaphrodisiacum. Es wird auch in Fällen von akuter Blennorrhagie zur Beruhigung der schmerzhaften Erektionen verordnet.

Dosis 0,3 bis 1,0 g zwei- bis dreimal täglich in Pulver oder Pillen.

Exotische Armara.

Lignum Quassiae. Quassiaholz.

Das Quassiaholz besteht aus den dicken Ästen von Quassia amara und Quassia excelsa, grossen Bäumen aus der Familie der Rutaceen, die in Jamaika und auf den Antillen vorkommen. Dieses Holz enthält einen äusserst bitteren Stoff, das Quassin, welches ein Gift für Insekten und Mikroorganismen ist. — In ihrer Heimat wird diese Droge zur Behandlung des Fiebers verwendet. Sie wird im Aufguss verabreicht, aber man formt auch aus diesem Holze Becher, in welchen man Wasser oder Wein stehen lässt, welche allmählich den bitteren Stoff aufnehmen. Es genügt hierzu eine so geringe Menge Quassin, dass ein derartiger Quassiabecher sehr lange Zeit vorhalten kann, ohne sich zu erschöpfen. —

Das Quassiaholz kann als ein vorzügliches Amarum angesehen werden, dessen Wirkung man mit der von Rad. Gentianae vergleichen darf. Anwendung findet auch die

†Tinctura Quassiae zu 20 bis 30 Tropfen.

Cortex Condurango. Condurangorinde.

Diese Droge ist die getrocknete Rinde des Stammes und der Äste von Gonolobus Condurango, eines Schlinggewächses aus der Familie der Asclepiaceen, das namentlich in den Anden von Peru wächst. Im frischen Zustande enthält diese Rinde einen sehr bitteren und etwas aromatischen Milchsaft.

Die gewöhnlich als Condurangin bezeichnete Substanz besteht aus mindestens drei verschiedenen Glykosiden, die sich sämmtlich sehr leicht in der Wärme zersetzen. Aus diesem Grunde erscheint es zweckmässiger, aus der Condurangorinde Macerationen und nicht Dekokte zu bereiten. Diese Glykoside wirken ein wenig nach Art des Strychnins, d. h. sie üben eine sehr deutliche excitirende Wirkung auf das centrale Nervensystem aus.

Als die Condurangorinde in Europa therapeutische Aufnahme fand, wurde sie vor allem wegen ihrer Heilwirkung bei Magenkrebs gerühmt (Friedreich 1874). Es ist jedoch anzunehmen, dass die sogenannten geheilten Magencarcinome nichts anderes als chronische runde Geschwüre waren, um welche sich ein verhärtetes Gewebe gebildet hatte, das einen Scirrhus vortäuschte. Gegenwärtig hält man jedoch Condurango für eines der besten Bittermittel für den Magen und glaubt, dass die Rinde einen bemerkenswerthen heilenden Einfluss auf alle geschwürigen Processe der Magenschleimhaut (ulcus rotund.) ausübt. Condurango wirkt in diesen Fällen wie ein Stypticum und Antisepticum. Daher hat es bei ulcerirenden Carcinomen insofern einen günstigen Einfluss, als es die Neigung zu Blutungen und Erbrechen vermindert und den Gährungsprocessen einen Damm entgegensetzt.

Das Mittel wird in einer 10 % Maceration mit Wein oder Wasser zu 3 Esslöffeln täglich verabreicht. Man thut jedoch besser, das flüssige Extrakt, Extractum Condurango fluidum zu 20 bis 30 Tropfen bei den Mahlzeiten zu geben.

†Cortex Quebracho.

Diese Droge besteht aus der Rinde des Stammes und der dicken Zweige von Aspidosperma Quebracho, eines der Familie der Apocyneen zugehörigen, in der Republik Argentinien sehr verbreiteten Baumes.

Sie enthält mehrere bittere Alkaloïde, welche auch eine Wirkung auf die Athmungscentren ausüben, indem sie dieselben zuerst stimuliren, dann lähmen. Ausserdem sollen sie auch eine Wirkung hervorrufen, die der des Apomorphin ziemlich ähnlich ist. Quebracho kann Asthmatikern, Emphysematikern und manchen Tuberkulösen als Amarum gegeben werden. Es ist auch die Beobachtung gemacht worden (Penzoldt), dass das Blut sich unter dem Einflusse von Quebracho mehr mit Sauerstoff zu beladen scheint; das asphyktische Blut soll eine röthere Färbung annehmen.

Die Rinde wird in Form der Tinktur ($^1/_5$) in Dosen von 2 bis 3 Kaffeelöffeln verabreicht.

Radix Colombo. Colombowurzel.

Jateorrhiza Calumba, aus der Familie der Menispermen, ist ein in den Wäldern Centralafrikas einheimischer Klimmstrauch, der auch auf der Insel Ceylon (bei Colombo) und in Indien kultivirt wird. Seine Wurzeln sind dick und fleischig; man schneidet dieselben in runde Scheiben, um sie trocknen zu lassen und dann zu versenden. Sie enthalten eine gewisse Menge Stärkemehl und mehrere Bitterstoffe, von denen die hauptsächlichsten als Berberin und Columbin bezeichnet werden.

Diese Droge ist als ein schleimiges Amarum anzusehen, das besonders bei mit Diarrhoe verbundenen Affektionen des Magens und Darms am Platze ist.

Sie wird gewöhnlich im Dekokt (10,0—15,0 : 150,0) verordnet.

Cortex Cascarillae. Cascarillrinde.

Croton Eluteria, aus der Familie der Euphorbiaceen ist ein kleiner auf den Inseln des indischen Oceans und auf den Bahama-Inseln sehr verbreiteter Baum. Seine Rinde enthält einen Bitterstoff, Cascarillin, und ein aromatisches ätherisches Öl. — Früher wurde diese Rinde häufig als Fiebermittel angewendet; gegenwärtig macht man von ihr, selbst als Tonicum, nur noch geringen Gebrauch. In der Industrie dient sie zum Parfümiren gewisser Tabakssorten, deren Rauch einen leichten, moschusartigen Geruch annimmt. — Sie bildet auch einen Bestandtheil des Elixir Aurantiorum compositum.

Dosis: 0,5—2,0 mehrmals täglich; 5,0—15,0 : 150,0 im Infus oder Dekokt.

Verdauungsfermente.

Pepsinum. Pepsin.

Das Pepsin wird von den Drüsen der Magenschleimhaut des Menschen und der Thiere abgesondert. Je mehr dieselben zu den Fleischessern gehören, desto reichlicher wird das Pepsin vom Drüsensystem secernirt. Man stellt es aus den Mägen des Kalbes und Schweines dar, indem man die zerkleinerte Magenschleimhaut mit durch Salzsäure angesäuertem Wasser infundirt und alsdann diesen Aufguss mittels einer grossen Menge Alkohol präcipitirt. Da das Pepsin in letzterer Flüssigkeit unlöslich ist, scheidet es sich in Gestalt eines flockigen Niederschlages ab, den man sammelt und bei einer 40° nicht übersteigenden Temperatur trocknet. — Es existiren noch andere Bereitungsweisen, die sich die Aufgabe stellen, das Pepsin in mehr oder weniger reinem Zustande zu erhalten. So findet man im Handel granulirtes Pepsin, krystallinisches Pepsin, Pepsin in Stäbchenform etc., welche nichts weiter sind, als Pepsine, die aus koncentrirten Lösungen gewonnen und in dünnen Schichten auf Glasplatten ausgebreitet und getrocknet worden sind. Andere Pepsinsorten sind mit Dextrin (französisches Pepsin) oder mit Milchzucker vermengt. Alle diese Produkte haben ungefähr denselben Verdauungswerth.

Da Pepsin niemals im vollkommen reinen Zustande hat hergestellt werden können, kennt man seine atomistische Zusammensetzung nicht. Vermuthlich gehört es zu den albuminoïden Substanzen.

Wirkung. Ebensowenig ist seine Wirkungsweise genügend bekannt; es wandelt mit Hülfe der Chlorwasserstoffsäure die Eiweissstoffe in Peptone um. Seine Wirkung scheint nicht im Verhältnisse zu seiner Menge zu stehen, und es erschöpft sich nur sehr wenig. Eine minimale Quantität Pepsin genügt bereits, um eine grosse Menge Eiweiss in Pepton zu verwandeln, und diese Wirkung würde weder schneller noch energischer mit der doppelten oder dreifachen Menge Pepsin vor sich gehen. Die Intensität der Verdauungsarbeit scheint vielmehr von der gleichzeitig neben dem Pepsin vorhandenen Salzsäure abzuhängen. — Der menschliche Magensaft enthält zwischen 0,5—1 % Pepsin, und nur sehr selten wird ein Magensaft angetroffen, in dem dasselbe gänzlich fehlt. Selbst in der letzten Periode des Magencarcinoms ist die Pepsinmenge noch ausreichend, um die Verdauung zu sichern, aber sehr häufig fehlt die Salzsäure, und ihre Abwesenheit macht das Pepsin überflüssig. In den meisten Affektionen, die man als Gastritis, Dyspepsie etc. bezeichnet, enthält der Magensaft eine grosse Menge Pepsin; daher ist es durchaus unnöthig, dasselbe in Gestalt von Medikamenten einzuführen. Übrigens begünstigt das Pepsin des Handels, wenn man es dem Magensafte zusetzt, keineswegs die Umwandlung der Eiweissstoffe in Peptone, eher findet das Gegentheil statt. Aus von uns angestellten Experimenten lässt sich folgern, dass der Zusatz von 1,0 Pepsin zu 100 ccm Magensaft ausreicht, um die Verdauungskraft des letzteren sich um die Hälfte verringern zu sehen.

Obgleich die therapeutische Wirkung des Pepsins sehr problematisch ist, wird es doch in einer Dosis von 0,50 bis 1,0 g während der Mahlzeiten verabreicht.

Die zahlreichen Pepsinweine, Pepsinelixire und -Sirupe haben keinen nützlichen Einfluss auf den Verdauungsprocess; daher wird man gut thun, dieselben nicht zu verordnen.

Es existiren Pflanzen, die lösliche Fermente enthalten und gleich dem Pepsin und Pankreatin fähig sind, Eiweisskörper in Peptone umzuwandeln. So kennen wir gewisse Feigenarten (Ficus doliaria) und namentlich einen Baum der Tropen, Carica Papaya (Papayacee), dessen Früchte einen Milchsaft enthalten, der Fibrin, Albumin und selbst Fleisch zu verdauen vermag. Man hat das Ferment unter der Bezeichnung

†Papain oder **Papayotin**

isolirt und dasselbe bei manchen Dyspepsien empfohlen. Diese Thatsachen sind in wissenschaftlicher Hinsicht sehr interessant, doch ohne besondere Bedeutung für die Therapie.

Man hat auch den Versuch gemacht, nach demselben Verfahren, das man zur Gewinnung des Pepsins anwendet, die Fermente des Pankreas darzustellen. Das

†Pankreatin

des Handels ist eine pulverförmige Substanz, die dem Pepsin ähnlich sieht, deren verdauende Eigenschaften jedoch durchaus nicht derjenigen von einem Aufguss der Bauchspeicheldrüse gleichkommt. Daher ist diese Droge von keinem besonderen Nutzen.

Eisenhaltige Tonica.

Das Eisen ist das einzige von den schweren Metallen, welches einen wesentlichen Bestandtheil der menschlichen Gewebe ausmacht. Der Körper eines Mannes von 70 kg enthält davon eine Gesammtmenge von 3,1 bis 3,3 g. Hiervon befinden sich 2,4 bis 2,7 in der Blutmasse. Bei Anaemie und Chlorose kann diese Menge fast um die Hälfte abnehmen. Das Eisen bildet einen Bestandtheil des Haemoglobins. Die Fähigkeit des Haemoglobins, den Sauerstoff zu binden, scheint der in ihm enthaltenen Eisenmenge proportional zu sein. So findet man ein weit grösseres Verhältniss von Eisen in dem Haemoglobin der Thiere mit sehr rascher Athmung, wie z. B. bei den Vögeln. Das Asthma der Anaemischen rührt zum grossen Theile von diesem Mangel an Eisen in dem Molekül des Haemoglobins her, das in diesen Fällen den Geweben nicht mehr die erforderliche Menge Sauerstoff liefern kann.

Die Eisenmenge (0,05), welche der Organismus jeden Tag für den Wiederaufbau seines Haemoglobins verlangt, wird ihm durch bestimmte Nahrungsmittel, die dieses Metall in Gestalt von sehr komplicirten organischen Verbindungen enthalten, zugeführt. So finden wir z. B. in manchen vollkommenen Nahrungsmitteln (in der Milch, in den Eiern) Verbindungen, welche ausser Phosphor noch Eisen in einem Verhältnisse aufweisen, das dem in dem Haemoglobin enthaltenen ziemlich nahe kommt. Diese leicht resorbirbaren organischen Eisenverbindungen finden sich auch in den Cerealien. Der Hafer enthält bis 0,013 % und die Linsen 0,002 %

der Roggen, der Weizen besitzen ebenfalls Eisen, aber in geringerer Menge. Indessen ist diese Quantität immer ausreichend für die Bedürfnisse des Organismus, wenn die Resorption mittels der Verdauungswege regelrecht vor sich geht. Thatsächlich genügen 0,05 Eisen in 24 Stunden, um den Stoffwechsel im Gleichgewicht zu erhalten.

Wie verhält sich nun das Eisen, das wir als Arzneimittel in den Organismus einführen? Alle Ärzte sind in der Annahme einig, dass dem Eisen eine wunderbare Heilwirkung bei der Chlorose und Anaemie zukommt; aber die Meinungen gehen auseinander, sobald es darauf ankommt, diese Wirkung zu erklären. Die Einen glauben, dass das Eisen einfach resorbirt und für den Aufbau des Haemoglobins nutzbar gemacht werde; Andere, wie Claude Bernard, Trousseau etc. nahmen dagegen an, dass die Resorption gleich Null sei, und dass die Martialia ein wenig nach Art der Amara, d. h. durch Reizung der Verdauungsschleimhäute und Verbesserung der gastrointestinalen Digestion wirken.

Man hat zahlreiche Experimente angestellt, um den Beweis für die Resorption der Eisenpräparate durch die Verdauungswege zu erbringen, doch hat man niemals dafür positive Beweise liefern können, da das durch den Harn ausgeschiedene Eisen stets in nur ganz minimaler Menge aufzufinden war.

Wenn man eine Eisenverbindung unter die Haut oder besser in den venösen Strom injicirt und dabei die Gerinnung des Blutes zu vermeiden sucht, so sieht man, wie sich, je nach der injicirten Dosis, mehr oder minder schwere Intoxikationserscheinungen entwickeln. In erster Linie tritt eine sehr lebhafte Injektion der Darmschleimhaut auf, an deren Oberfläche sich alsbald zahlreiche und ausgedehnte Ulcerationen bilden. Mittels geeigneter Reagentien kann man sich überzeugen, dass die injicirte Eisenverbindung sich reichlich im Niveau dieser Geschwüre ausscheidet. Das gleiche Vorkommniss wird bei noch giftigeren Körpern, wie Quecksilber, Antimon, Mangan etc. beobachtet. Seitens der Nieren nehmen wir dieselbe reaktive Entzündungsthätigkeit wahr, die sich häufig durch eine mehr oder minder starke Haematurie zu erkennen giebt. Es hat den Anschein, als ob der Organismus die äusserste Anstrengung macht, um sich von dem in den Cirkulationsstrom eingeführten Eisen zu befreien.

Wir vermögen durch den Magen eine weit grössere Menge von Eisenverbindungen einzuführen, ohne die geringste Störung zu verursachen. Dieses Eisen passirt den ganzen Verdauungskanal, und wir finden es in toto in den Faeces wieder. Diese Thatsache dürfte eher dafür sprechen, dass das arzneilich verabreichte Eisen nicht in die Blutcirkulation übergeht, sondern vielmehr durch die Darmmucosa zurückgehalten wird. In der That, wenn man einem Thiere eine grosse Dosis Eisen beigebracht hat, und dann seine Organe prüft, so enthalten diese nicht mehr Eisen als im normalen Zustande, dagegen findet man dasselbe in der Darmschleimhaut in beträchtlicher Weise vermehrt.

Es ist jedoch gar nicht nothwendig, dass das Eisen resorbirt werde, um bei der Behandlung der Chlorose und Anaemie nützlich zu sein. Seine desinficirende Aktion auf den Darmtraktus vermag zum grossen Theil seine günstige Wirkung zu erklären. Im Darmkanal kann die Verdauung, d. h. die Auflösung der Nahrungsmittel sich in zweierlei Weise vollziehen: 1. durch die Thätigkeit des Verdauungssaftes, 2. durch mikroorganische Zersetzung. In dem ersten Falle werden die unlöslichen Eiweisskörper in lösliche übergeführt, die man als Peptone bezeichnet und die für den Organismus direkt nutzbar sind. Diese Peptone haben ungefähr dieselbe chemische Konstitution wie das Albumin. In dem zweiten Falle dagegen erleidet das Eiweissmolekül eine viel vollständigere Zersetzung, und seine Dissociation durch die Arbeit der Mikroorganismen führt zu der Bildung einer grossen Anzahl von Körpern aus der aromatischen Reihe (Indol, Skatol, Kresol, Phenol etc. etc.). Der in dem Eiweissmolekül enthaltene Schwefel geht in Schwefelwasserstoff oder Schwefelammonium über, aber der grösste Theil der durch die Eiweisszersetzung gebildeten Stoffe ist uns noch unbekannt. Wir wissen nur, dass sie sämmtlich mehr oder weniger toxisch sind (Ptomaïne, Toxine, Toxipeptone etc.). Selbst im normalen Zustande sind diese Zersetzungen des Albumins unvermeidlich, und sie gehen namentlich im Darm vor sich. Wir werden hierdurch nicht übermässig behelligt, weil die Leber es übernimmt, eine Kontrolle über alle aus dem Darm dem Blutkreislauf zugeführten Substanzen abzuhalten. Sie zerstört nach und nach die schädlichen Substanzen oder wandelt sie in nicht giftige, durch die Nieren leicht eliminirbare Verbindungen um. So lange die Leber dieser Aufgabe gewachsen ist, ist der Organismus gegen die Autointoxikation gefeit. Wenn aber dieses Organ aus dem einen oder anderen Grunde nicht mehr auf der Höhe seiner Aufgabe bleibt, sehen wir alsbald den Organismus darunter leiden. Da die meisten toxischen Stoffe, die sich der Überwachung der Leber entzogen, besonders schädlich auf die rothen Blutkörperchen einwirken, entwickelt sich eine mehr oder weniger intensive Anaemie oder Haemoglobinaemie. So sehen wir einen derartigen akuten Fall in der Anaemia perniciosa, die von einer akuten Leberdegeneration abhängt. Ehe man jedoch zu dieser letzten Periode gelangt, lassen sich alle Stufen von Insufficienz der Leber beobachten, welche sich durch einen leidenden Zustand der rothen Blutkörperchen dokumentirt.

Um diesen Übelständen vorzubeugen und das Risiko einer Infektion zu vermindern, hat der Mensch gelernt, seine Nahrungsmittel zu kochen. Dadurch werden dieselben gleichzeitig verdaulicher gemacht. Aber die Natur selber hat auch bei der

Passage der Nahrungsmittel einen Vorraum eingerichtet, in dem sie einer allgemeinen Desinfektion unterliegen, ehe sie in den Darm eintreten, um daselbst die letzte Verdauung durchzumachen, die allein im Stande ist, sie in direkt assimilirbare Substanzen umzuwandeln. In der That ist der Magen, der in seinem Magensaft 0,2 bis 0,3 % Salzsäure enthält, vor Allem ein Desinfektionsapparat, dem die Aufgabe zufällt, die Mikroorganismen bei ihrem Durchgange aufzuhalten. Ihr Wuchern im Darmkanal würde zu einer Gefahr für den Organismus werden. Diese Desinfektion wird daher um so vollständiger sein, je normaler die chemischen und mechanischen Funktionen des Magens vor sich gehen. Indessen kann niemals die Rede von einer vollkommenen Desinfektion sein, und der Darm ist stets der Sitz eines mehr oder weniger intensiven mikroorganischen Lebens, welches jedoch, wenn es sich in bestimmten Grenzen bewegt, keine Gefahren für den Organismus bedingt.

Bei der Chlorose und Anaemie finden wir fast immer, dass die Menge der in dem Magensafte enthaltenen freien Salzsäure ungenügend ist, die Desinfektion der Nahrungsmittel zu sichern, oder dass die mechanische Funktionirung des Magens mangelhaft ist. Hieraus resultirt eine Stagnirung des Ernährungsbreies, der erst in den Darmkanal übertreten wird, nachdem er bereits eine erste Zersetzung durchgemacht, und der so alle Keime der Zersetzung der Eiweissstoffe in den Darm einführen wird. Demnach scheint die Annahme berechtigt, dass die Chlorose zum grossen Theile auf einer Autointoxikation beruht. Diese Auffassung wird durch zahlreiche klinische Beobachtungen unterstützt. So kann man dahin gelangen, die Chlorose und Anaemie durch eine regelmässige Desinfektion des Verdauungskanals durch Salzsäure oder durch Verabreichung von Nahrungsmitteln, die von mikroorganischen Keimen frei sind (sterilisirte Milch) zu heilen. Dabei kann man gleichzeitig durch alle möglichen Mittel den regelmässigen Übertritt des Speisebreies aus dem Magen in den Darm erleichtern. Ruhe und hygienische Lebensweise sind noch nützliche Unterstützungsmittel dieser Behandlungsmethode, welche eine ebenso rasche und zuverlässige Heilung der Anaemie herbeiführt, wie die Verabreichung von Eisenpräparaten. Und selbst wenn diese letztgenannte Methode positive und unbestreitbare Resultate ergiebt, so verdankt sie dieselben vielmehr einer desinficirenden Wirkung der medicinalen Eisenpräparate, als ihrer sogen. direkten Aktion auf das Haemoglobin. Auch dafür giebt die klinische Beobachtung ausreichende Erklärungen. Alle Ärzte, die Untersuchungen über die Anwendung der Eisenmittel bei der Anaemie angestellt haben, sind darin einig, dass das Eisen in grossen Dosen besonders gut wirkt. Nun haben wir weiter oben gesehen, dass unser Organismus nur die geringe Menge von 0,05 innerhalb 24 Stunden braucht, um das in demselben Zeitraume eliminirte

Eisen zu ersetzen. Wenn das Eisen durch Resorption wirkte, würde es wohl recht nutzlos sein, davon hundertmal mehr zu nehmen, als man nöthig hat. Dagegen muss diese Menge, um als Antisepticum auf dem ganzen Wege des Darmes zu wirken, ziemlich beträchtlich sein.

Wir haben nun auch noch gesehen, dass die in unseren Speisen enthaltenen Eisenverbindungen reichlich den Bedürfnissen des Stoffwechsels unseres Organismus entsprechen. Thatsächlich führt eine gute Ernährung täglich bis 0,10 Eisen in einer Form zu, die direkt assimilirbar zu sein scheint. Damit jedoch dieses Eisen direkt zur Bildung von Haemoglobin dienen kann, darf das organische Molekül, in dem es enthalten ist, keine Zersetzung durch Mikroorganismen erleiden. In diesem Falle würde das weniger gut gebundene Eisen von dem Schicksale der gewöhnlichen Eisenpräparate betroffen werden, d. h. es würde in Folge der Gegenwart von Schwefelammonium in Schwefeleisen umgewandelt werden; selbst der längere Kontakt des Schwefelammoniums genügt zum Theil, um das Eisen von seinem organischen Molekül in Gestalt von nicht resorbirbarem Schwefeleisen abzuspalten.

Indem wir arzneiliches Eisen in den Darm bringen, führen wir eine Substanz ein, welche die Fähigkeit besitzt, die Schwefelwasserstoffgase und Schwefelalkalien zu absorbiren, und dadurch schützen wir das organische Eisen, welches als solches aufgesogen wird (Bunge). Diese Auffassung erklärt uns, warum manche wenig lösliche oder selbst unlösliche Eisensalze eine zuverlässigere Heilwirkung als andere lösliche, sogenannte assimilirbare Verbindungen besitzen. In der That werden die letzteren nach ihrem Eintritt in den Darm ziemlich rasch zersetzt und in Schwefelverbindungen übergeführt. Sie werden demnach nur auf einem kleinen Wege des Verdauungskanals eine nützliche Rolle spielen, während unlösliche Verbindungen, wie z. B. oxalsaures Eisen, im Stande sind, den ganzen Darm zu passiren und die Absorption der Schwefelwasserstoffs beständig fortzusetzen.

Welches sind nun die besten unter den zahlreichen Eisenpräparaten? Zunächst soll die Anwendung derjenigen vermieden werden, die zu irritirend auf die Magenschleimhaut wirken, wie dies häufig bei den flüssigen Präparaten der Fall ist.

Was die Pulver, Pillen etc. anlangt, so werden sie im Allgemeinen besser vertragen, und sie erleiden im Verdauungstraktus ungefähr die gleichen Umwandlungen. In Gegenwart des Magensaftes bildet sich Eisenchlorür oder Eisenchlorid, das nach Übertritt in den Darm in kohlensaures Eisenoxydul verwandelt wird. Letzteres bleibt im Darmsafte in Folge der Anwesenheit der organischen Stoffe und der Kohlensäure theilweise gelöst, bis die Schwefelalkalien es endgültig in Schwefelverbindungen überführen.

Da alle Eisenpräparate nach ihrer Aufnahme dieselbe Umwandlung durchmachen, ist es von keiner grossen Wichtigkeit, ob man diese oder jene besonders bevorzugt; man soll jedoch diejenigen vermeiden, die irritirend wirken (Tinkturen, Ferrum dialys.; Liquor Ferri etc. etc.).

Bei Behandlung der Anämie wird man vor Allem den Kranken unter gute hygienische Bedingungen versetzen. Die Funktionirung des Verdauungsapparates soll Gegenstand ganz besonderer Fürsorge sein; alsdann beginnt man Nahrungsmittel zu verabreichen, welche jene organischen Eisenverbindungen enthalten, von denen oben die Rede war, wie Hafermehl, Linsen etc. Der Aufenthalt in der frischen Luft oder Einathmung von Sauerstoff bilden ein mächtiges Unterstützungsmittel der Eisenwirkung. Ebenso verhält es sich mit den Arsenikpräparaten, die, wie wir später sehen werden, den Organismus stimuliren und den Stoffwechsel erleichtern. Stets wird es zweckmässig sein, die Eisenpräparate mit Bittermitteln zu verbinden.

Es giebt jedoch auch einige Gegenanzeigen für den Gebrauch des Eisens. So wird man dasselbe bei Magen- und Darmkatarrh und bei febrilen Zuständen vermeiden. Bei Phthisikern scheint es das Auftreten von Haemoptoë zu begünstigen.

Man soll die Eisenmedikation während der Menses einstellen. Auch soll Eisen niemals in subkutaner Injektion verwendet werden.

Eisenpräparate.

Ferrum pulveratum. Limatura Ferri.

Das Eisenpulver löst sich leicht in Säuren, daher bedient man sich desselben zuweilen zur Bereitung der eisenhaltigen Weine (Vinum ferratum); man wendet es auch in Pillenform an.

Ferrum reductum,

das reducirte Eisen ist ebenfalls ein metallisches Eisen, aber in einem molekulären Zustande. Es wird durch Erhitzen von Eisenoxalat im Wasserstoffstrome dargestellt und besitzt alle Eigenschaften des vorher genannten Präparates, aber es ist noch viel leichter löslich in Säuren, selbst in schwachen. Dosis 0,1—0,2 in Pillenform.

Ferrum oxydatum saccharatum (solubile). Eisenzucker.

Es wird dargestellt, indem man eine Eisenchloridlösung mittels Natronlauge in Gegenwart von Zucker präcipitirt. Der Niederschlag wird gesammelt und mit einer bestimmten Menge Zucker getrocknet. Dieses Arzneimittel ist demnach ein Gemenge von Zucker, einem Ferrumsaccharat und Natron. Es enthält ungefähr 3% Eisen und ist ein ausgezeichnetes, in 5 Th. Wasser lösliches Präparat, das keinen unangenehmen Geschmack besitzt und sich sehr gut im Verdauungssaft auflöst. Es wird zu 2,0 bis 3,0 g pro die bei den Mahlzeiten (2 bis 3mal täglich eine Messerspitze voll) gegeben.

Ferrum carbonicum saccharatum.

Dieses Präparat, das mit dem vorhergenannten grosse Ähnlichkeit besitzt, wird erhalten, indem man Ferrosulfat mit Natrium bicarbonicum fällt. Der gesammelte Niederschlag wird mit Zucker zur Trockene eingedampft. Das Präparat enthält ungefähr 10% Eisen und wird in derselben Dosis wie Ferrum oxydat. saccharat. solubile verordnet.

†Ferrum carbonicum effervescens
(Pulvis effervescens ferratus)

wird dargestellt, indem man trockenes Ferrosulfat (3) Acidum tartaricum (27), Natrium bicarbon. (30) und Zucker (40) mischt. Auf diese Weise entsteht ein Pulver, das sich in Wasser vollständig löst und eine grosse Menge Kohlensäure entwickelt, die ausreicht, das gebildete kohlensaure Eisen in Lösung zu erhalten. Die gleiche Dosis wie das vorhergehende Präparat.

Die als Valletsche Pillen bezeichneten Eisenpillen enthalten ungefähr 0,10 Ferrum carbonicum. Sie werden aus Ferrum sulfuricum und Natriumcarbonat bereitet, während in den Blaudschen Pillen das Letztere durch Kaliumcarbonat ersetzt wird. Diesen beiden Pillenmassen können bittere Extrakte wie Extr. Gentianae, Extr. Absinthii etc. zugesetzt werden.

Ferrum sesquichloratum. Eisenchlorid, $Fe_2Cl_6 + 12 H_2O$.

Im festen Zustande stellt es eine braune, sehr hygroskopische Masse dar.

Liquor ferri sesquichlorati. Derselbe besteht aus ungefähr gleichen Theilen Ferrum sesquichloratum und Wasser.

Diese Lösung besitzt eine ätzende und besonders sehr energische coagulirende Wirkung. Ein Tropfen davon reicht aus, um 100 ccm Blut zum Gerinnen zu bringen. Daher wird sie häufig als Haemostaticum verwendet. Hierbei darf jedoch nicht ausser Acht gelassen werden, dass diese Wirkung sich ziemlich weit durch die Gewebe hindurch fortsetzen kann. Daher soll man vorsichtig sein, wenn es sich darum handelt, Liquor Ferri sesquichl. in der Nähe der grossen Gefässe anzuwenden. Ebenso muss man sich nach Kräften bemühen, die Gerinnung unmittelbar am Ausgange der durchschnittenen Gefässe hervorzurufen, so dass der Koagulationspfropf sie direkt schliesst. Zu diesem Zwecke muss das Blut sorgfältig mit einem Schwamme aufgesogen werden, dann ist ein mit Liquor Ferri sesquichl. durchtränkter Tampon rasch auf die Stelle der Haemorrhagie zu appliciren.

Liquor Ferri sesquichl. leistet ausgezeichnete Dienste bei Blutungen in Folge runden Magengeschwüres oder Varicen des Oesophagus. Hier darf man nicht davor zurückschrecken, die

Kranken auf einmal 100 bis 150 ccm einer 1 procentigen Lösung, d. h. 15 bis 20 Tropfen Liquor Ferri sesquichl. in einem Glase Wasser trinken zu lassen. — Auch bei Diphtherie leistet diese Lösung, zweistündlich innerlich genommen, oder äusserlich aufgepinselt, gute Dienste.

Was den Nutzen dieses Mittels bei Haemoptoë, Metrorrhagie etc. anlangt, so ist derselbe gleich Null. — Man hat dasselbe auch in intravenöser Injektion angewandt, um die varicösen Venen zur vollständigen Obliteration zu bringen. Dies ist aber ein gefährliches Verfahren, das in den sehr weit von der Injektionsstelle gelegenen Gefässen leicht Thrombosen und in allen Fällen eine sehr starke örtliche reaktive Entzündung erzeugen kann; desgleichen kann eine Congestion der Nieren und der Darmschleimhaut entstehen.

Vermischt man einen Theil Liq. Ferri sesquichl. mit 2 Th. Äther und 7 Th. Weingeist, so erhält man die Tinctura Ferri chlorata aetherea oder Tinctura tonica-nervina Bestuscheffii, welche in manchen Ländern sehr häufig bei der Behandlung der Anaemie angewendet wird, aber durchaus entbehrlich ist.

Dasselbe lässt sich vom sogenannten dialysirten Eisen,

Liquor Ferri dialysati sagen, welches nichts weiter als eine Auflösung von Eisenhydroxyd in Liquor Ferri sesquichlorati ist und eine dunkelbraune Solution mit ungefähr 4 % Eisengehalt bildet. Dieselbe wird zu 10 bis 15 Tropfen verabreicht.

†Ferrum jodatum. Jodeisen, FeJ_2.

Wird durch Verreiben von Jod und Eisenpulver bei Gegenwart von Wasser dargestellt. Man erhält so eine Auflösung von Jodeisen, die konservirt wird, indem man sie mit Sirupus Sacchari vermischt, Sirupus Ferri jodati. Dieser Jodeisensirup ist besonders in Fällen von Anaemie bei Syphilitischen und bei Kindern mit hereditärer Syphilis indicirt. Wird in Gaben von 2 Kaffeelöffeln pro die verabreicht.

Die als Blancard'sche Pillen bezeichneten Jodeisenpillen sollen stets frisch bereitet werden, da sie sich leicht zersetzen. Sie enthalten 0,10 bis 0,20 Ferrum jodatum. Man giebt täglich 2 bis 3 Pillen.

Organische Eisenverbindungen.

Ferrum aceticum solutum. Liquor Ferri acetici.

Es wird durch Auflösen von Eisenhydroxyd in verdünnter Essigsäure dargestellt. Man erhält auf diese Weise eine rothbraune Flüssigkeit, die 5 % Eisen enthält und grosse Ähnlichkeit mit dem dialysirten Eisen besitzt. Die Mischung von 8 Theilen dieser Flüssigkeit mit 1 Th. Weingeist und 1 Th. Essigäther führt die Bezeichnung Tinctura Ferri acetici aetherea und wird zu 20 bis 60 Tropfen verabreicht (Klaproth. Rademacher). Entbehrlich.

†Ferrum citricum ammoniatum.

Citronensaures Eisenoxyd-Ammonium.

Das Eisenoxyd löst sich sehr leicht in Citronen- und Weinsäure, um Citrate und Tartrate zu bilden. Diese letzteren geben mit Ammonium citricum in Wasser leicht lösliche Doppelsalze und sind von nur sehr wenig irritirender Wirkung. Daher werden sie mit Vortheil bei Frauen und Kindern in Form von eisenhaltigen Weinen und Sirupen (zu 1%) angewendet, auch in Pillen (0,20) in Verbindung mit Bitterstoffextrakten.

In derselben Weise wird das **Ferrum pyrophosphoricum cum Ammonio citrico**, pyrophosphorsaures Eisenoxyd mit citronensaurem Ammonium angewendet. Dasselbe besitzt dieselben Eigenschaften.

Extractum Ferri pomatum.

Eisenextrakt. Apfelsaures Eisenextrakt.

Man bereitet dieses Extrakt, indem man 50 Theile reife, saure Äpfel zerquetscht, den ausgepressten Saft mit 1 Theil gepulvertem Eisen vermischt und die Mischung auf dem Wasserbade erwärmt, so lange Gasentwickelung stattfindet. Die nach dem Verdünnen mit Wasser filtrirte Flüssigkeit wird zu einem dicken Extrakte eingedampft. Dieses Extrakt enthält ungefähr 7% Eisen in Form des apfelsauren und weinsauren Salzes; es ist leicht löslich und von nicht zu unangenehmem Geschmacke. Es wird aus ihm eine Tinktur, Tinctura Ferri pomata, apfelsaure Eisentinktur, durch Auflösen von 1 Th. des Extrakts in 9 Th. Aqua Cinnamomi bereitet. Dosis 20 bis 30 Tropfen. Mischt man dieses Präparat mit Sirup. Cort. Aurant. und Sirup. Rhei, so erhält sie die Bezeichnung: †Sirupus magistralis oder Sirupus Ferri pomati compositus. Hiervon giebt man 1 Esslöffel voll während der Mahlzeit.

Ferrum lacticum. Milchsaures Eisenoxydul.

Es entsteht durch Auflösen von Eisenpulver in Acidum lacticum und bildet ein gelbliches, in 40 Theilen Wasser lösliches Pulver. Gehört wegen seiner wenig irritirenden und im Darmkanale lang andauernden Wirkung zu den besten Eisenpräparaten. Wird in Pulvern und Pillen zu 0,20 vier- bis fünfmal täglich verabreicht.

†Ferrum oxalicum.

Gelbes, in Wasser fast unlösliches Pulver, das bei Anaemie von sehr günstiger Wirkung zu sein scheint. Es wird in Pulverform zu 0,50 dreimal täglich gegeben.

Liquor Ferri albuminati.

Wird dargestellt, indem man eine frische Eiweisslösung mittels einer Solution von Eisenoxychlorid fällt. Der gesammelte Niederschlag wird in einer sehr geringen Menge Atznatron aufgelöst. Alsdann werden aromatische Substanzen, Zimmet etc. hinzugefügt. — Im Magen zersetzen sich diese Eisenalbuminate sehr rasch. Das Eiweiss wird in Pepton umgewandelt und das Eisen macht alle die Modifikationen durch, die wir vorher für die übrigen Präparate angedeutet haben.

Diese Verbindungen, welche in den letzten Jahren in immer grösserer Anzahl auftauchen und als Specialitäten mit prunkhaften Bezeichnungen verkauft werden, zeichnen sich durch nichts vor den gewöhnlichen Präparaten aus. — Dosis: zweimal täglich 1 bis 2 Kaffeelöffel.

Das

†Ferratin,

welches von Schmiedeberg in der Schweineleber aufgefunden wurde, ist ein Eisenalbuminat, das zu der Gruppe derjenigen organischen Eisenverbindungen gehören dürfte, die von Bunge als direkt assimilirbar bezeichnet worden sind. In letzter Zeit ist es gelungen, dasselbe künstlich darzustellen, und es hat gute Resultate bei Chlorose und Anaemie ergeben. Dosis 0,50 dreimal täglich.

Das

†Haemol und Haemogallol (Kobert)

dürfte dieselben Eigenschaften besitzen. Dosis 0,1—0,5 dreimal tägl. in Pulverform.

Eisenhaltige Mineralwässer.

Im Allgemeinen wird das Eisen im Wasser durch die freie Kohlensäure in Lösung erhalten. Es findet sich daselbst in dem Verhältniss von 0,01 bis 0,08 im Liter. Manche Quellen enthalten das Eisen in Form von Sulfaten in Verbindung mit schwefelsauren Alkalien. Diese Quellen dienen eher zu Badekuren als zu innerlichem Gebrauche. Es seien nur angeführt in

Deutschland: Pyrmont, Cudowa, Elster, Schwalbach, Alexisbad, Rippoldsau etc.

Österreich: Franzensbad, Levico und Roncegno (in Tirol).

Frankreich: Rennes (51 ^{0}).

Schweiz: Saint Moritz, Morgin, Gimel.

Belgien: Spaa.

---

† Mangan.

Mangan wurde für die Behandlung mancher Fälle von Chlorose und Anaemie empfohlen, die der Eisenmedikation trotzten. Mangan, ein naher Verwandter des Eisens, wirkt wahrscheinlich wie letzteres, indem es den Darm desinficirt und die in demselben vorhandenen Schwefelalkalien fixirt. In anderer Weise könnte man kaum seine Wirkung erklären, denn im menschlichen Organismus wird es nur spurenweise aufgefunden. Unter die Haut, in Form eines löslichen Salzes (Citrat) applicirt, verhält es sich wie Eisen; es ist jedoch fünfmal so toxisch wie letzteres (Kobert). Dagegen erzeugt es bei innerlicher Aufnahme in ziemlich beträchtlicher Dosis (15,0 g) mit Ausnahme von einer geringen Gastroenteritis (wenn zu lange fortgegeben) keine unangenehmen Symptome.

Es kann in Verbindung mit Eisen als Manganum carbonicum in Form von Pillen verabreicht werden.

40) ℞ Ferri carbon. 0,15
Mangan. carbon. 0,05
Extr. Absinth. q. s.
ut f. pilul. No. 100.
S. 6—10 Pillen täglich.

Antidyskrasica.

Diese Gruppe von Arzneimitteln, die den Antisepticis und Tonicis ziemlich nahe steht, hat zur Zeit der humoralen Theorien eine sehr wichtige Rolle gespielt. Man bezeichnete sie auch als Alterantia oder Resolventia und hielt sie für fähig, die Konstitution der Gewebe und Flüssigkeiten des Organismus zu verändern oder zu verbessern. Wenn heutzutage die Giftwirkung des Arseniks, Phosphors, Quecksilbers etc. genügend bekannt ist, so ist dieses nicht bezüglich der therapeutischen Wirkung der Fall. Und um letztere zu erklären, müssen wir noch wie in früheren Zeiten eine günstige Einwirkung auf die Konstitution des Blutes und die Ernährung der Gewebe annehmen, obgleich derartige vage Vermuthungen nicht als wissenschaftliche Erklärung dienen können.

Der wunderbare Effekt des Quecksilbers und Jods bei den syphilitischen Affektionen könnte sich durch eine direkte Einwirkung auf die noch unbekannten Mikroorganismen der Syphilis erklären lassen. Man könnte auch eine Wirkung auf die noch so wenig gekannten löslichen Fermente oder auf die Toxine, welche man bis jetzt nur vermuthet, annehmen.

Wie dem auch sei, die Heilwirkung dieser Arzneimittel liegt klar zu Tage. Wir bilden aus ihnen eine Gruppe, die aus dem

Arsenik, Phosphor, Quecksilber, Jod und einigen pflanzlichen Drogen besteht. Letztere verdanken ihre antidyskrasische oder reinigende Wirkung wahrscheinlich ihren schweisstreibenden Eigenschaften. Zu ihnen rechnen wir die Radix Sarsaparillae, Lignum Sassafras, Lignum Guajaci etc.

Acidum arsenicosum.

Arsenige Säure. Weisser Arsenik, As_2O_3.

Die zu Heilzwecken unter der Bezeichnung Arsenik angewandte Substanz ist eigentlich ein Arsenigsäure-Anhydrid.

Dasselbe wird fabrikmässig durch Rösten von Arsenikkies (Mispickel), einem aus Arsenik und Schwefeleisen bestehenden Mineral dargestellt, indem man die Dämpfe in Kondensationskammern auffängt. Zum medicinischen Gebrauche reinigt man die arsenige Säure auf verschiedene Weise und erhält so ein weisses, schweres Pulver, von süsslichem, metallischem Geschmacke, das in Wasser sehr wenig löslich ist, aber mit Alkalien leicht lösliche Salze (Arsenite) bildet.

Wirkung. Wird Arsenik auf Kohle erhitzt, so entwickelt sich ein sehr unangenehmer und für die Arsenikverbindungen charakteristischer Knoblauchsgeruch. Bei Gegenwart von nascirendem Wasserstoff bildet sich ein äusserst giftiges Gas, der Arsenwasserstoff. Wir benutzen dieses Verhalten, um mittels des Marsh'schen Apparates die geringsten Spuren Arsenik aufzufinden. Letztere Substanz ist nicht nur ein sehr energisches Gift für den Menschen, sondern auch für niedere Thiere, namentlich für Insekten und ihre Larven.

Was die Mikroorganismen betrifft, so übt arsenige Säure, je nach den Arten, eine sehr verschiedene Wirkung aus. Sie hemmt nur sehr wenig die Entwickelung derjenigen kleinen Lebewesen, die Eiweiss zersetzen. Daher ist das Verfahren der Leichenkonservirung mittels Arsenik nur insofern von Nutzen, als es den Kadaver vor Zerstörung durch die grosse Anzahl von Insektenarten, die über denselben herfällt, schützt. Damit die Einbalsamirung in jeder Beziehung wirksam sei, müssen dem Arsenik andere antiseptische Stoffe zugesetzt werden, die speciell gegen die Mikroorganismen der Fäulniss gerichtet sind (Karbolsäure, Chloral etc.).

Die Arsenikverbindungen werden um so schneller resorbirt, je löslicher sie sind. So gehen die Arsenite sehr leicht ins Blut über, aber nicht in Gestalt von Eiweissverbindungen, wie man dieses bei den metallischen Salzen wahrnimmt, sondern in Form von arsenigsaurem Natron oder Kalk. In dieser Weise in den Organismus aufgenommen, setzt der Arsenik sich in allen Organen ab. Am meisten enthalten davon die Leber, die Milz, die Nieren und die Knochen. In letzteren fixirt er sich viel stärker, und man kann ihn noch in denselben zu einer Zeit nachweisen, da er bereits aus allen anderen Organen verschwunden ist.

Die Elimination des Arseniks vollzieht sich durch sämmtliche Ausgangspforten des Organismus. Man findet ihn daher in allen Se- und Exkretionen; aber der grösste Theil wird durch die Galle, den Darm und die Nieren ausgeschieden. Eine geringe Menge geht auch in die Milch über, und selbst die Eier von Vögeln, die Arsenik bekommen haben, enthalten dasselbe. — Im Urin kann man Arsenik noch 10 bis 20 Tage nach seiner Aufnahme nachweisen.

Bei äusserlicher Applikation wirken die löslichen Arsenikverbindungen ätzend, aber nicht durch Koagulirung des Eiweisses, sondern in Folge direkter Reizung der Gewebe.

Nach innerlichen Gaben von 0,001 bis 0,005 stellt sich eine Steigerung des Appetits und eine erhöhte Energie aller organischen Funktionen ein. Man beobachtet eine allgemeine Stimulirung, deutlich erkennbar an der Erhöhung des Stoffwechsels. Das Körpergewicht steigt gewöhnlich, und das Aussehen des Individuums bessert sich. Die Haut nimmt eine gesundere Färbung an, das Auge blickt klarer, die Athmung wird leichter, und ebenso geht die geistige Arbeit besser von statten. Diese bemerkenswerthen Eigenschaften des Arsens haben die Pferdehändler schon seit lange auszunützen verstanden. Sie verabreichen nämlich den Thieren, deren Fettpolster sie momentan vermehren wollen, täglich 0,50 bis 1,0 Arsenik. Dabei bekommen die Pferde sehr bald eine schön abgerundete Form und ein glänzenderes Fell. Übrigens beobachtet man auch in manchen Gegenden, in denen man mit der Darstellung der Arsenikalien beschäftigt ist, dass die betreffenden Arbeiter sich daran gewöhnen, täglich verhältnissmässig grosse Dosen Arsenik zu geniessen, um die Strapazen ihres Berufes besser zu ertragen. Knapp (1875) berichtet auch von gewissen Bergbewohnern Steiermarks, die durch regelmässigen Arsenikgenuss ihre Kräfte aufzufrischen suchen.

Wenn die Dosis des Arseniks zu hoch ist oder schlecht vertragen wird, beobachtet man sehr bald Symptome von Gastroenteritis: Verlust des Appetits, starken Durst, Gefühl von Druck im Epigastrium, Nausea, Erbrechen und mehr oder minder starke Diarrhoe. Das Zahnfleisch wird livid und blutet leicht; die Kehle wird trocken und die Stimme heiser. Ziemlich oft entsteht auch Conjunktivitis nebst Schwellung der Augenlider.

Seitens des Nervensystems stellt sich Kopfweh und Schlaflosigkeit ein, ausserdem Ohrensausen, Jucken am ganzen Körper, namentlich an den Beinen und Füssen und eine ganz besondere Empfindlichkeit gegen Kälte. — Der Puls ist unregelmässig und beschleunigt.

Auf diese Periode der Reizung folgt ein Zustand von Depression. Der Teint wird fahl, kachektisch; an den Händen und Füssen stellen sich Tremor oder Krämpfe ein; die Cirkulation ist verlangsamt und die Athmung unregelmässig. Von Seiten der Haut beobachtet man Jucken, Röthe, Urticaria und sogar bläschen- oder knötchenartige Ausschläge.

Alle diese Symptome können sich entwickeln, wenn man die Arsenikbehandlung zu lange fortsetzt oder zu grosse Dosen verordnet. Gewöhnlich braucht man nur das Mittel auszusetzen, damit Alles nach kurzer Zeit wieder ins normale Geleise gelangt. Diese Art von chronischer Vergiftung kommt namentlich häufig in den Fabriken zur Beobachtung, wo man mit Arsenikverbindungen zu thun hat. Sie ist auch bei Leuten konstatirt worden, die Zimmer mit arsenikhaltigen Tapeten (Schweinfurter Grün) bewohnen.

Ausser den oben angeführten Erscheinungen wird zuweilen eine broncеartige Verfärbung der Haut bemerkt, die als Addisson'sche Krankheit imponiren könnte. Derartige Individuen sind sehr leicht geneigt, Lungentuberkulose zu acqueriren. Im späteren Verlaufe stellen sich auch Lähmungen, namentlich an den unteren Extremitäten, selten an den oberen, wie bei der Bleilähmung ein.

Die akute Vergiftung kann zwei Formen zeigen, je nachdem Arsenik als wenig lösliches Pulver (arsenige Säure) oder in Lösung (Solutio Fowleri) gegeben worden ist. Ausserdem hängt die Schnelligkeit und Energie der Wirkung auch von dem Zustande (der Leere oder Völle) des Magens ab. So hat man Individuen am Leben erhalten können, die bis 30 g arsenige Säure genommen hatten, dieselbe aber fast vollständig mit der im Magen enthaltenen Nahrung erbrochen hatten. Daher sollen, sobald Verdacht auf Arsenikvergiftung vorliegt, die erbrochenen Massen stets aufgehoben und untersucht werden.

Ist die arsenige Säure in Pulverform gegeben worden, so werden wir nach Verlauf einer halben Stunde oder selbst nach 4 bis 5 Stunden die Symptome einer sehr heftigen Gastroenteritis auftreten sehen. Sie beginnen stets mit wiederholtem und sehr schmerzhaftem Erbrechen von Speisebestandtheilen oder sanguinolenten Schleimmassen. Damit ist ein Gefühl von Brennen und schmerzhaftem Zusammenziehen im Ösophagus und Pharynx verbunden. Der Durst wird intensiv. Die Entzündung pflanzt sich auf den Darm fort, und es entstehen profuse, schleimig- blutige Diarrhöen mit sehr schmerzhaften Koliken und Wadenkrämpfen. Die Stimme wird klanglos, die Haut kalt und klebrig, der Puls klein und rapid, die Athmung kurz und mühsam.

Die Haltung des Patienten, der die Beine gegen das Abdomen heranzieht, vervollständigt das Bild der akuten Vergiftung mittels Arsenik in Pulverform, und nach Dosen von 0,10 bis 0,30 g kann der Tod in 1 bis 3 Tagen unter fürchterlichen Leiden eintreten. Dieses Krankheitsbild hat eine so grosse Ähnlichkeit mit demjenigen der Cholera, dass Verwechselungen nicht selten vorkommen.

Wenn Arsenik in Form der Lösung (z. B. der Solutio Fowleri), in den Organismus eingeführt worden ist, zeigen sich die ersten Symptome nach 10 bis 20 Minuten. Sie beginnen mit Erbrechen, aber diese gastro-intestinalen Erscheinungen sind zuweilen fast Null und durch sehr heftige cerebrospinale Störungen ersetzt, die den Tod nach Verlauf einer halben Stunde bis 10 Stunden herbeiführen. Zuerst stellen sich sehr intensive Kopfschmerzen ein, alsdann Taubheit und Parese der unteren Extremitäten nebst Krämpfen. Bald kommt Lähmung hinzu, die allmählich die oberen Extremitäten ergreift, während die Reflexe nach einander verschwinden.

Am häufigsten kombiniren sich diese beiden Vergiftungsformen. Die reine nervöse Form wird nur dann beobachtet, wenn die Arseniklösung schnell genug in die Cirkulation eingeführt worden ist, um den Tod herbeizuführen, bevor noch die lokalen Reizungssymptome sich entwickeln konnten.

Bei der Autopsie findet man eine starke Hyperaemie der Schleimhaut des Magens und Darms, nebst Ecchymosen und Ulcerationen, in welchen sehr häufig Reste von nicht resorbirter arseniger Säure vorhanden sind. Im Darme sind die Peyer'schen Plaques stark geschwollen und mit fibrinösen Pseudomembranen bedeckt. Die Nieren und die Leber zeigen eine starke fettige Degeneration. Aus der Leber kann das Glykogen vollständig verschwunden sein. (Bei mit Arsenik vergifteten Thieren kann nicht mehr Diabetes durch die Piqure des vierten Ventrikels hervorgerufen werden.)

Individuen, welche dem Tode nach einer derartigen Vergiftung entgangen sind, zeigen noch lange Zeit manche krankhaften Erscheinungen, welche im Zusammenhange mit der fettigen Entartung der verschiedenen Organe stehen. So beobachtet man Dyspepsien, Hautanästhesie mit Lähmung bestimmter Muskelgruppen, hauptsächlich der Extensoren der Beine und eine Art von Ataxie und cerebraler Depression.

Die Behandlung der akuten Vergiftungen muss so schnell wie möglich eingeleitet werden. Vor Allem wird man Magenspülungen mit lauwarmem Wasser machen und sich hüten, Emetica zu verabreichen, um nicht die Ursachen der Reizung und Entartung zu vermehren.

So schnell wie möglich verabreicht man 2 bis 3 Esslöffel Antidotum Arsenici. (Dasselbe besteht aus einer Mischung von Liq. Ferri sulf. oxyd. 100 mit Aq. dest. 250. Dieser Flüssigkeit wird unter Umschütteln eine Mischung aus Magnes. ust. 15 und Aq. dest. 250 hinzugefügt. Es ist jedesmal frisch zum Gebrauche zu bereiten). Dieses Gegengift hat den Zweck, die arsenige Säure als einen unlöslichen Körper zu fällen. Kann man sich diese Mixtur nicht schnell genug verschaffen, so begnüge man sich damit, 5,0 bis 10,0 g Liquor Ferri sesquichlorati mit 250,0 g Wasser zu vermischen und 10,0 g Magnesia usta hinzuzusetzen. — Nach dem Antidot sind 50,0 bis 60,0 g Olei Ricini zu geben.

Therapeutische Verwendung. An die Verordnung des Arseniks kann stets gedacht werden, wenn man einen geschwächten Organismus vor sich hat, dessen vitale Funktionen einer gewissen Anregung bedürfen. So bei der Chlorose und Anaemie. Hier ist es zweckmässig, von Zeit zu Zeit die Eisenbehandlung zu unterbrechen und während 2 bis 3 Wochen durch Arsenikpräparate zu ersetzen. Anaemische Personen und Kinder vertragen im Allgemeinen diese Medikation sehr gut; bei plethorischen Individuen ist dies weniger der Fall. Man giebt hier Arsenik in Form von †Natrium arsenicicum, während der Mahlzeiten in einer Dosis von 0,002 bis 0,004 g, zweimal täglich, entweder in Granulis oder in bitterem Wein gelöst.

41) ℞ Natrii arsenicici 0,06
Tinct. Gentianae
Tinct. Chinae comp. āā 15,0
Vini generosi alb. 600,0.
M. D. S. Zweimal täglich 2 Esslöffel.
(1 Esslöffel von diesem Wein = 0,0015 Natr. arsenic.).

Dieselbe Medikation eignet sich für Skrophulöse und Tuberkulöse.

Billroth hat mehrere Fälle von malignen Lymphomen und Lymphosarcomen unter dem Einflusse von Arsenik heilen sehen. In den Fällen von chronischen Malariainfektionen, wo Chinin keine Wirkung mehr zeigt, nimmt man oft mit Vortheil zu den Arsenpräparaten (Sol. Fowleri) seine Zuflucht. Dieselben haben eine sehr günstige Einwirkung auf die nach inveterirter Malaria sich entwickelnde Kachexie.

Bei Hautaffektionen bringt Arsenik unleugbaren Nutzen, doch darf es nur in den chronischen Fällen Anwendung finden, bei akuten und selbst subakuten kann seine reizende Aktion sehr schädlich sein. Es wird besonders gegen Psoriasis und chronisches Ekzem verordnet. Seine Heilwirkung tritt erst nach mehrwöchentlicher Behandlung zu Tage. Man beginnt mit der Verabreichung von 5 Tropfen Sol. Fowleri während der beiden Hauptmahlzeiten und steigert die Dosis täglich um 2 Tropfen, bis man auf 30 bis 40 Tropfen (!) täglich gekommen ist. Bei dieser Dosis bleibt der Kranke, bis die Haut sich gut gereinigt hat, dann geht er allmählich herunter, um 2 bis 3 Monate lang 4 bis 6 Tropfen täglich zu nehmen. Auf die sogenannten Symptome der Intoleranz wird man sein Augenmerk richten und das Mittel aussetzen oder die Dosis verringern, sobald Störungen der Verdauung oder Trockenheit der Kehle beobachtet werden.

Äusserlich wurde arsenige Säure früher häufig als Ätzmittel in Form von Pulvern, Pasten oder Salben angewendet. So kann man bei Lupus damit die afficirten Partien bestreuen. Die Wirkung dieses Ätzmittels ist schmerzhaft, aber es scheint nur auf das kranke Gewebe einzuwirken und die gesunde Haut unversehrt zu lassen. Immerhin hat man es hierbei (wegen der Möglichkeit der Resorption) mit einem gefährlichen Mittel zu thun.

Das Schwefelarsen (Auripigment) wird zuweilen in Verbindung mit Atzkalk als Depilatorium angewandt.

Bei manchen, hauptsächlich bei Kindern vorkommenden Hautkrankheiten kann Natrium arsenicicum in Bädern, zu 5,0—10,0 g für ein Bad verwendet werden.

Präparate: Vorzugsweise kommt Arsenik in Form der **Solutio Fowleri** (Liquor Kalii arsenicosi) in Anwendung. Diese Flüssigkeit wird durch Auflösen von 1,0 arseniger Säure und 1,0 Kaliumcarbonat in 100,0 g Wasser dargestellt. Es bildet sich so arsenigsaures Kalium, und 1,0 g (20 Tropfen) dieser Flüssigkeit, entspricht 0,01 arseniger Säure, 2 Tropfen kommen 0,001 Acid. arsenic. gleich.

Grösste Einzelgabe 0,5! grösste Tagesgabe 2,0!

†**Natrium arsenicicum** ist ein gut krystallisirtes, in Wasser leicht lösliches Salz, das in derselben Dosis wie Acidum arsenicosum verschrieben wird. Man stellt daraus eine Lösung von 1 : 500 dar, die den Namen Pearson'sche Lösung, Liquor Pearsoni, führt. (Pharm. Helv.) Dieselbe Lösung der Pharmocopée française ist etwas schwächer (1 : 600).

Die arsenige Säure bildet den Hauptbestandtheil der asiatischen Pillen (0,005) und der Granules de Dioscorides (0,001). Diese Pillen haben eine örtlich leicht reizende Wirkung.

Von Acidum arsenicosum ist die

grösste Einzelgabe 0,005! die grösste Tagesgabe 0,02!

Den andern Arsenikpräparaten kommt kein besonderer Vorzug vor den vorhergenannten zu.

Arsenikhaltige Mineralwässer.

Am meisten Arsenik führen die Eisenwässer von Levico (die schwache Quelle 0,0009 As_2O_3 im Liter, die starke 0,0086) und von Roncegno (0,0067 im Liter) in Südtirol.

Deutschland: Baden-Baden (0,000254 im Liter).

Frankreich: La Bourboule (Auvergne) enthält Natr. bicarbon. und Natrium arsenicicum. Die Quelle Perière enthält bis 0,0285 Natrii arsenicici im Liter. — Mont Dore (Puy de Dôme) 0,001 im Liter.

Plombières, Royat, La Malou enthalten nur Spuren von Arsenik.

Phosphorus. Phosphor.

Der zuerst von Brand (1669) aus dem Urin und hundert Jahre später von Scheele aus den Knochen gewonnene Phosphor stellt gelblich-weisse, durchscheinende, leicht schneidbare cylindrische Stücke dar. Er ist in Wasser unlöslich, leicht löslich in Schwefelkohlenstoff. In Weingeist und Äther löst er sich wenig, etwas besser in Öl (in 50 Thl.). Da er sich an der Luft spontan entzünden kann, muss er unter Wasser aufbewahrt werden.

Wirkung. Phosphor wirkt in ähnlicher Weise wie Arsenik. Wie letzterer und sogar noch in erhöhtem Maasse erzeugt er eine starke fettige Entartung aller Organe, vornehmlich der Leber und des Herzens. Seine Wirkung ist um so stärker, je feiner vertheilt er eingeführt wird. So ist dieselbe in dem Zustande, in welchem er sich in der für die Phosphorschwefelzündhölzchen bestimmten Masse befindet, eine sehr energische. Die letale Dosis für einen Erwachsenen schwankt zwischen 0,05 bis 0,10, eine Menge, welche ungefähr 100 Streichhölzchen repräsentiren. Für ein Kind genügen bereits 0,007 bis 0,015, um den Tod herbeizuführen.

Die ersten Symptome treten gewöhnlich erst einige Stunden nach der Einführung auf. Zuerst stellt sich Erbrechen ein und bald darauf Icterus, der allmählich stärker wird und den Charakter des schweren Icterus annimmt. — Der Tod tritt in den meisten Fällen erst nach 7 oder 8 Tagen in Folge fettiger Degeneration der Lebensorgane ein.

Die beste Behandlungsmethode der akuten Phosphorvergiftung besteht in Ausspülung des Magens mit lauwarmem Wasser und in zeitweiser Verabreichung einiger Tropfen alten Terpentinöls. Letzteres trägt dazu bei, den Phosphor durch Oxydation in eine ungiftige Verbindung umzuwandeln. Man kann auch Cuprum sulfuricum zu 0,20 bis 0,30 verordnen. Die Verabreichung von Ricinusöl oder Milch soll jedoch vermieden werden, weil diese Mittel den Phosphor auflösen und so noch leichter resorptionsfähig machen könnten.

Die chronische Vergiftung wird namentlich bei den Arbeitern der Zündhölzchenfabriken beobachtet. Sie ist durch eine Nekrose gekennzeichnet, die mit Vorliebe am Unterkiefer beginnt. Individuen mit einem schlechten Gebisse werden viel schneller befallen, als diejenigen, deren Zähne sich im guten Zustande befinden. Nach den Experimenten von Wegner erzeugen namentlich die Phosphordämpfe diese Kiefer-Periostitis. Es gelingt niemals, dieselbe bei innerer Verabreichung von Phosphor hervorzurufen, und man erhält nur eine Vermehrung der Dichtigkeit des Knochengewebes.

Verwendung. Binz giebt an, dass der längere Zeit in täglicher Gabe von 0,001 verabreichte Phosphor die beste Behandlungsmethode der Rachitis und Osteomalacie bildet. Phosphor kann in Leberthran gelöst (0,01 : 100,0) zu 2 Kaffeelöffel täglich für den Erwachsenen und 1 Kaffeelöffel für ein Kind verordnet werden.

Grösste Einzelgabe 0,001! grösste Tagesgabe 0,005!

In Frankreich wird der Phosphor gern durch Phosphorzink, Zincum phosphoratum, ersetzt. Dieses Präparat entwickelt durch die Salzsäure des Magens Phosphorwasserstoff und wirkt in derselben Weise wie Phosphor. Das Phosphorzink ist ein krystallinisches und leicht handliches Präparat, von welchem 0,008 etwa 0,001 Phosphor entsprechen. Man bereitet daraus Granules zu 0,008, welche bei Tabes dorsalis und Dementia paralytica, jedoch ohne besonderen Erfolg, versucht worden sind.

Da die innerliche Verabreichung des Phosphors nicht ungefährlich ist, giebt man statt seiner auch die phosphorsauren und unterphosphorigsauren Salze. Denselben darf jedoch keine übertriebene Bedeutung bei der Behandlung der Rachitis und Osteomalacie eingeräumt werden; denn es ist leicht möglich, dass die einzigen, wirklich nützlichen Phosphate diejenigen sind, welche sich im Zustande von organischen Verbindungen in den Nahrungsmitteln finden. Es existirt hier eine gewisse Analogie mit den Eisenpräparaten.

Calcium phosphoricum. Phosphorsaurer Kalk. Weisses, in Wasser unlösliches Pulver, wird in Tagesdosen von 3,0—4,0 g während der Mahlzeiten verabreicht.

†**Calcium biphosphoricum.** In Wasser lösliches Salz. Dieselbe Dosis wie das vorige Präparat.

†**Calcium chlorhydrophosphoricum.** Wird durch Auflösen von Calcaria phosphorica in einer ausreichenden Menge von verdünnter Salzsäure dargestellt. — Dieselbe Dosis.

†**Calcium lactophosphoricum.** In Wasser löslich. Dosis: 1,0—2,0 g pro die.

Natrium phosphoricum. In Wasser lösliches Salz. Kann in Fällen von Phosphaturie und als Tonicum gute Dienste leisten. Dosis: 1,0—2,0 täglich.

†**Natrium hypophosphorosum.** In Wasser lösliches Salz, welches als Stärkungsmittel in Tagesgaben von 0,50 g gegeben werden kann.

Hydrargyrum. Quecksilber und seine Verbindungen.

Die Quecksilberverbindungen wirken in sehr verschiedener Weise, je nachdem sie löslich oder unlöslich sind oder je nach der Leichtigkeit, mit der sie sich mit dem Eiweiss vereinigen. Die löslichen Salze, wie das Quecksilberchlorid (Sublimat) fällen Eiweiss unter Bildung von Albuminaten; dadurch werden sie ätzend und sehr toxisch. Die meisten unlöslichen Salze sind weniger giftig; sind sie es, so hängt ihre Toxicität und Ätzwirkung ebenfalls von der Art und Weise ab, wie sie sich mit dem Eiweiss verbinden. So werden das Quecksilberoxyd und die Jodverbindungen bei Applikation auf die Haut oder eine Schleimhaut daselbst eine mehr oder weniger starke Entzündung erzeugen, indem sie gleichzeitig die Hülle der Zellen, mit denen sie in direkte Berührung kommen, zerstören. — Diese Wirkung wird um so stärker hervortreten, je intensiver die Affinität der Quecksilberverbindung zum Zelleneiweiss ist. Das Quecksilberchlorür (Calomel), das sich nur sehr langsam mit den Eiweissstoffen verbindet, kann zu mehreren Grammen in den Magen eingeführt werden, ohne anders als abführend zu wirken.

Die Choralkalien spielen eine sehr grosse Rolle bei der Resorption der Merkurialien. Sie sind es, die die Quecksilberalbuminate lösen und in die allgemeine Cirkulation bringen.

Die Resorption erfolgt durch die Haut und alle Schleimhäute. Die Dämpfe des metallischen Quecksilbers werden hauptsächlich durch die Bronchialschleimhaut resorbirt; man braucht sie nur kurze Zeit einzuathmen, so findet man schon Spuren von Quecksilber im Urin. Sobald letzteres erst einmal im Blutkreislauf vorhanden, findet es sich auch in allen Organen und Flüssigkeiten des Körpers; der grösste Theil wird jedoch durch die Leber zurückgehalten.

Die Elimination geht in Form von Albuminaten vor sich, und der grösste Theil des Quecksilbers findet sich in den Exkrementen wieder. Dies erklärt sich dadurch, dass die Leber sich dieses Stoffes entledigt, indem sie ihn durch die Galle ausscheidet. Die Darmschleimhaut eliminirt auch eine gewisse Menge, welche durch den Schwefelwasserstoff in eine Schwefelverbindung umgewandelt und durch die Faeces hinausgeschafft wird. — Die Nieren scheiden es gleichfalls beständig, aber in geringer Menge aus. Sie scheinen sich dieser Aufgabe nur mit grosser Mühe zu entledigen, und zur Zeit des Maximums der Ausscheidung, d. h. 14—15 Tage nach Beginn einer Quecksilberbehandlung, finden sich nur 0,002 bis 0,003 in der 24stündigen Harnmenge. In denjenigen Fällen, in denen Hg in Form von Sublimat und auf subkutanem Wege einverleibt worden ist, enthält der Urin bis 0,012, aber die Nieren zeigen alsdann Reizungssymptome, und es wird Albuminurie und zuweilen sogar Haematurie beobachtet. Gleichzeitig nimmt das Verhältniss der Erdphosphate, des phosphorsauren Kalkes und Magnesiums im Harn bedeutend zu. Man kann sogar auf diese Weise bei Thieren eine experimentelle Rachitis mit Verkalkung der Nierenglomeruli erzeugen (Salkowski, Prévost).

Nach einer starken Quecksilberkur können Spuren von Hg im Urin während 4, 6 und sogar 12 Monate nachgewiesen werden.

Trotz der durch das Quecksilber verursachten starken Salivation scheint dieses nicht durch die Speicheldrüsen ausgeschieden zu werden. Das reine Sekret der Parotis ist frei davon, dagegen findet man Spuren in dem gemischten Speichel, und es ist wahrscheinlich, dass diese von den Schleimdrüsen herrühren.

Das Quecksilber geht auch in die Milch über, und man hat Quecksilber in dem Urin von Säuglingen auffinden können, deren Mütter eine merkurielle Behandlung durchmachten (Welander

1883). — Die Ausscheidung durch die Darmschleimhaut kann ziemlich lange andauern; so findet man Quecksilber in den Faeces noch mehrere Wochen nach vollständigem Aussetzen des Mittels.

Wenn dieses Metall nicht gut eliminirt oder in zu grosser Dosis gereicht wird, erzeugt es charakteristische Vergiftungssymptome. Dieser chronische Hydrargyrismus wird namentlich bei Arbeitern beobachtet, die wie die Spiegelarbeiter, Thermometerfabrikanten etc. direkt mit Quecksilber zu manipuliren haben.

Die ersten Erscheinungen bestehen in einer Entzündung der Mundschleimhaut (Stomatitis mercurialis) und einer übermässigen Speichelabsonderung (Ptyalismus mercurialis). Letztere kann sehr stark sein; man hat bis 8 Liter Speichel in 24 Stunden ausscheiden gesehen, und 4 bis 5 Liter werden nicht selten abgesondert. Die Entzündung der Mundschleimhaut kann mehr oder weniger intensiv sein und bis zur gangränösen Stomatitis führen.

Der Athem wird immer mehr übelriechend, und wenn es nicht gelingt, die Intoxikation zum Stillstand zu bringen, lösen sich die Zähne allmählich von ihrem Periost ab und können sogar durch eine übermässige Bildung von Zahnweinstein ausfallen. Wegen Schwellung der Speicheldrüsen und Hypertrophie der Lymphdrüsen des Halses ist das Schlucken sehr schmerzhaft, und der Kranke spricht nur mit Schwierigkeit. Diese Stomatitis kann 12 bis 14 Tage andauern.

Seitens der Verdauungsorgane beobachtet man dieselben Entzündungserscheinungen. Sie beginnen mit einem Gefühl von Schwere im Epigastrium, nebst Appetitverlust, Erbrechen und Diarrhöen, welche mit Verstopfung abwechseln. Derartige Symptome können selbst nach der Verabreichung des Quecksilbers auf subkutanem Wege auftreten, und wenn die Dosis stark genug ist, entwickeln sich stets Ulcerationen im unteren Theile des Dünndarmes und im Dickdarm. Diese Geschwüre zeigen den Charakter der dysenterischen Ulcerationen; sie sind von Pseudomembranen und blutigen Gerinnseln bedeckt und gehen mit sehr schmerzhaftem Tenesmus einher.

Von Seiten der Haut bemerkt man ziemlich häufig Erythem und Ekzem, viel seltener Bläschen, Pusteln oder Geschwüre, die alsdann mit syphilitischen Ulcerationen Ähnlichkeit haben.

Die Menge der rothen Blutkörperchen ist vermindert, und bei Frauen wird ziemlich häufig ein vollständiges Cessiren der Menses konstatirt. Abort ist häufig.

Störungen des Nervensystems können sich bei allen chronischen Vergiftungen durch Quecksilber finden, aber sie werden besonders beobachtet, wenn letzteres in kleiner Dosis und während sehr langer Zeit genommen worden ist. Dieselben beginnen mit einem eigenthümlichen Zustand von Verwirrtheit und Furchtsamkeit. Der Kranke verliert den Schlaf, an dessen Stelle sich Alpdrücken und Hallucinationen einfinden. Allmälich zeigt sich Tremor, der an den Händen beginnt und sich alsbald über den ganzen Körper verbreitet. Die Sprache wird anstossend und skandirend. Patient schwankt auf den Beinen und nimmt einen Gang an, wie man ihn bei Tabeskranken beobachtet. Selbst epileptiforme Krämpfe mit nachfolgenden maniakalischen Anfällen können sich einstellen.

Dieser cerebrale Hydragyrismus kann eine Paralysis agitans, eine Sklerose en plaques oder selbst den Beginn einer allgemeinen progressiven Paralyse vortäuschen. Daher müssen wir stets an diese Vergiftungsform denken, um sie nicht mit den erwähnten Affektionen zu verwechseln. Eine derartige Verwechselung ist um so leichter möglich, als die Syphilis sehr häufig als die Ursache dieser Krankheiten angesehen wird.

Derartige Individuen gerathen, wenn sie nicht rechtzeitig in Behandlung kommen, und wenn die Einwirkung des Quecksilbers fortdauert, in einen Zustand von schwerer Kachexie und fallen auch leicht der Tuberkulose zum Opfer, während die von ihnen in dieser Intoxikationsperiode erzeugten Kinder rachitisch, skrofulös oder tuberkulös werden.

Bei der merkuriellen Behandlung der Syphilis ist es zuweilen bezüglich der auftretenden Erscheinungen gar nicht leicht zu entscheiden, welche Symptome auf das Konto der Infektion und welche auf das des Heilmittels selbst zu setzen sind. Daher soll man es sich zur Regel machen, eine Quecksilberkur nicht länger als 4 bis 5 Wochen hintereinander fortzusetzen. Während 2 bis 3 Wochen wird dann das Mittel ausgesetzt und durch Jodkalium ersetzt. Gleichzeitig können Schwefelbäder und ab und zu etwas Ricinusöl verordnet werden.

Während der ganzen Dauer der merkuriellen Behandlung soll der Patient eine regelmässige Reinigung der Mundhöhle vornehmen und die Zähne nach jeder Mahlzeit putzen. In den Werkstätten, wo mit Quecksilber manipulirt wird, muss der Fussboden häufig mit Ammoniakflüssigkeit besprengt werden.

Die therapeutische Verwendung des Quecksilbers datirt seit Paracelsus, der es gegen Syphilis anwendete. Und gerade die glänzenden mit dieser Behandlungsmethode erzielten Erfolge begründeten den grossen Ruf dieses Arztes. Leider wurde lange Zeit hindurch ein gewaltiger Missbrauch mit den Quecksilberpräparaten getrieben, indem sie zur Behandlung fast aller Krankheiten verordnet wurden. So musste man nothgedrungen auch auf die unliebsamen Erscheinungen der chronischen und akuten Intoxikation stossen, die das Mittel in Misskredit brachten und es bald als ein Gift ansehen liessen, das mehr Schaden als Nutzen stiftet.

Heutzutage dient es hauptsächlich zur Behandlung der syphilitischen Infektion, und hier darf es als das einzige Mittel betrachtet werden, das im Stande ist, diese Krankheit zu heilen.

Es ist wahrscheinlich, dass seine Aktion sich direkt auf die specifischen Mikroorganismen der Syphilis oder auf ihre deletären Produkte (Toxine, Ptomaïne etc.) erstreckt.

Das Quecksilber darf in allen Perioden der Krankheit zur Anwendung gelangen, denn es allein besitzt heilende Eigenschaften, während das Jodkalium, wie später hervorgehoben werden soll, nur als Unterstützungsmittel der merkuriellen Behandlung von Nutzen ist. — Bei der jedesmaligen methodischen Applikation dieser Kur muss dem Patienten empfohlen werden, die grösste Sorgfalt auf die Zähne und den Mund zu verwenden, der nach jeder Mahlzeit mit lauwarmem Wasser, dem 20 bis 30 Tropfen einer Mischung von Guajaktinktur und Spirit. Cochleariae (Tinct. Guajaci, Spirit. Cochleariae āā 30,0) zugesetzt werden, auszuspülen ist. Ebenso müssen allwöchentlich Bäder nebst Reinigung der behaarten Kopfhaut mittels Bürste verordnet werden. Ausserdem ist alle 8 bis 14 Tage eine geringe Menge Ricinusöl zu verabreichen. Bei Befolgung dieser Vorsichtsmassregeln hat man die beste Aussicht, sich vor den unangenehmen Folgen der Quecksilberbehandlung zu schützen.

Hydrargyrum. Mercurius vivus. Metallisches Quecksilber.

Das metallische Quecksilber wird nur in sehr fein zertheiltem Zustande, in Verreibung mit einem indifferenten Pulver (Kreide, Magnesia, Gummi etc.) oder mit einem fetten Körper (Unguent. mercuriale) angewendet. Das so fein zertheilte Quecksilber verliert seinen metallischen Glanz und erscheint in Form eines grauen Pulvers (Mercurius extinctus) oder in Gestalt einer graublauen Salbe.

Therapeutische Verwendung. In England werden häufig als Abführmittel Pillen verordnet, die 0,06 fein zertheiltes Quecksilber (Mercurius extinctus) enthalten (Blue pills. Pilulae coeruleae).

Das metallische Quecksilber kommt mitunter bei der Behandlung von Ileus in Dosen von 100 bis 300 g in Anwendung und wird (um den Eintritt von Quecksilber in die Luftwege zu verhüten), mittels Schlundsonde in den Magen eingeführt. Das Mittel wirkt hierbei vermöge seiner Schwere, und diese Behandlung bietet keine Intoxikationsgefahr. Man hat Fälle beobachtet, wo mehrere Hundert Gramm Quecksilber ohne Erfolg in den Verdauungskanal eingeführt worden waren, und wo man einige Tage nach diesem Verfahren zur Laparotomie schreiten musste. Das Quecksilber war vor der Stelle des Hindernisses liegen geblieben, ohne jedoch Salivation oder Unbehagen zu verursachen. Man wird daher zu diesem Mittel zur Freimachung der Wege greifen, wenn man nicht in der Lage ist, eine zweckmässigere Radikaloperation vornehmen zu können.

Präparate: **Unguentum Hydrargyri cinereum.** Graue Quecksilbersalbe (Unguentum cinereum. Unguentum Neapolitanum). Wird durch sorgfältige Verreibung von 10 Th. Quecksilber mit einer bei gelinder Wärme zusammengeschmolzenen Masse von 13 Th. Schweineschmalz und 7 Th. Hammeltalg dargestellt und bildet eine bläulichgraue Salbe. Dieselbe enthält $^1/_3$ Hg und dient zur äusserlichen Behandlung der Syphilis, zur Schmierkur, die man früher als das „grosse Mittel" bezeichnete.

Diese Methode liefert ausgezeichnete Resultate, aber sie setzt das Individuum, bei Ausserachtlassung der vorher angegebenen Vorsichtsmassregeln, leicht der Salivation aus. Es ist überflüssig und gefährlich mehr als 2,0 g grauer Salbe für jede Einreibung zu verwenden. Letztere wird Abends vorgenommen und dabei darauf gesehen, dass mit den Körperregionen täglich gewechselt wird. So beginnt man mit den Beinen, geht dann auf den Unterleib, später auf die Brust und die oberen Extremitäten über. Die Einreibung soll 5 bis 10 Minuten dauern; dann werden die behandelten Partieen wieder bedeckt oder mit Leinwand oder Flanell umhüllt. Das so applicirte Hg wird theilweise durch die Talgdrüsen und theilweise durch die Kontinuitätstrennungen, die sich während der Einreibung in der Schicht der Hautepithelien bilden, resorbirt. Vermuthlich treten auch die sich unter dem Einflusse der Bettwärme entwickelnden Quecksilberdämpfe theils durch die Hautperspiration, theils durch die Lungenathmung in den Organismus ein. — Jede Kur darf nicht länger als 3 Wochen dauern, aber nach einem Intervall von 14 Tagen, während welchem Jodkalium zu verabreichen ist, kann dieselbe, wenn der Zustand des Kranken es erfordert, von Neuem begonnen werden.

Wenn die antisyphilitische Behandlung geheim gehalten werden muss, kann man die Salbe auf Flanellstreifen auftragen und damit während des Tages diese oder jene Körperpartie umwickeln. Man kann auch zu wollenen Bruststücken greifen, die man mit einer Mischung von gleichen Theilen Unguent. Hydrargyri und Oleum Terebinthin. imbibirt. Diese Bruststücke (Plastron der Franzosen) werden Tag und Nacht getragen, und ist darauf zu achten, dass dieselben sich bald auf der Brust, bald auf dem Rücken befinden. Es ist dieses ein ausgezeichnetes Mittel, täglich in den Organismus eine kleine Menge Quecksilber einzuführen. Dieselbe reicht indessen nur für die Behandlung der leichten Formen der Syphilis aus (Merget). Jeden Monat trägt man eine neue Dosis der Salbenmischung auf. — Nach 2 bis 3tägiger Behandlung enthält der Harn Spuren von Quecksilber.

Man hat die graue Quecksilbersalbe in Mischung mit der vierfachen Gewichtsmenge Oliven- oder Mandelöl (Oleum cinereum) in subkutaner oder intramuskulärer Injektion (in die Glutaeen) angewendet. Trotz der mit ihr erzielten guten Heilerfolge ist diese Methode nicht zu empfehlen, denn bei vorkommender Stomatitis oder allgemeiner Intoxikation ist es nicht möglich, die Ursache der Vergiftung so schnell zu beseitigen, wie dies z. B. bei sofortiger Einstellung der Einreibungen der Fall ist.

Die Quecksilbersalbe leistet vorzügliche Dienste, wenn es gilt, eine akute oder chronische lymphangitische Infektion (angeschwollene Drüsen, Panaritien etc.) zu behandeln; desgleichen ist sie von Nutzen, wenn man sie bei Variola auf das Gesicht applicirt. Trägt man sie schon bei Beginn der Krankheit auf, so wird eine zu starke Eruption verhindert und die Narben sind weniger tief. Zu diesem Zwecke empfiehlt es sich, die Salbe durch Zusatz derselben Menge Fett und ihres zehnten Gewichtstheiles Seifenpulvers zu modificiren.

Gegen die osteokopalen Schmerzen setzt man der Quecksilbersalbe gern den zehnten Gewichtstheil Extract. Belladonnae zu. (Unguent. Hydrarg. Belladon.)

Emplastrum Hydrargyri. Quecksilberpflaster. Dasselbe besteht aus einer Mischung von Quecksilber (2 Th.) mit Bleipflaster (6 Th.), Terpentin (1 Th.) und Wachs (1 Th.). Die von den harzigen Substanzen eingehüllten Quecksilberkügelchen werden schwer durch die Haut resorbirt. Daher haben diese Pflaster nur geringe Wirkung. Dieses ist jedoch nicht bei solchen Pflastern der Fall, die einfach aus Talg (Unna) bereitet sind, deren Quecksilber ebenso in den Merkurialseifen, leicht resorbirbar bleibt.

a) Quecksilberoxydulverbindungen.

Hydrargyrum chloratum. Quecksilberchlorür. Calomel.
Hg_2Cl_2.

Der Calomel wird durch Erhitzen eines Gemenges von Sublimat und metallischem Quecksilber dargestellt; er sublimirt. Um ihn als sehr fein zertheiltes Pulver zu erhalten, fängt man seine Dämpfe in einem Strom von Wasserdämpfen auf, daher die Bezeichnung: Calomel à la vapeur oder vapore paratum. Dieses Präparat ist seiner feineren Vertheilung wegen viel wirksamer als der einfach gepulverte Calomel. Letzterer erscheint in Form eines weissen, leicht gelblichen Pulvers, das in Wasser, Alkohol und Äther unlöslich ist.

Wirkung. Innerlich in kleiner Dosis (0,05) mehrere Tage hindurch genommen, erzeugt das Mittel leicht Ptyalismus und Stomatitis. Seine Wirkung auf die Sekretion der Darmschleimhaut ist fast Null. Dagegen ruft es in einer Gabe von 1,0—2,0 g eine ziemlich starke Darmsekretion nebst reichlicher, nicht schmerzhafter Ausleerung hervor. Diese Wirkung hat grosse Ähnlichkeit mit der des Ricinusöls, und wie letzteres kann Calomel sogar selbst im Verlaufe der akuten Darmaffektionen verabreicht werden. — Die Ausleerungen enthalten eine erhebliche Menge von Peptonen, Leucin und Tyrosin, was auf eine beträchtliche Sekretion des pankreatischen Saftes hinweist. — Es werden in denselben auch noch nicht in Hydrobilirubin umgewandelte Gallenfarbstoffe aufgefunden. Diese Stühle zeigen eine charakteristische grüne Färbung, welche man im Allgemeinen auf eine Vermengung der schwarzen Farbe des Schwefelquecksilbers mit der gelben der Exkremente (Hydrobilirubin) zurückführt. Doch dies ist nicht die einzige Ursache für die Grünfärbung, denn wenn man Calomel direkt mit Galle versetzt, färbt er dieselbe in Folge Bildung von Biliverdin grün.

Dieses Arzneimittel kann als das stärkste Desinficiens des Darmtraktus angesehen werden. Unter seiner Einwirkung hören die Zersetzungsprocesse durch Mikroorganismen fast vollständig in dem Ernährungsbrei auf, und der üble Geruch der Exkremente nimmt bedeutend ab. Es hemmt beinahe vollständig die Bildung von Indol und Skatol, Körper, die von der Zersetzung der Eiweissstoffe durch die Mikroorganismen herrühren. Um jedoch diese Wirkung zu erzielen, müssen durchaus grosse Gaben, etwa 1,0—2,0 g für den Erwachsenen und 0,20—0,30 für ein Kind, vom vierten Lebensjahre ab gegeben werden.

Therapeutische Verwendung. Calomel ist als Abführmittel bei Beginn aller Infektionskrankheiten und namentlich bei denjenigen, die ihren Sitz im Darm haben, indicirt. So genügt die Verabreichung dieses Mittels bei Typhus abdominalis (im Beginne der Krankheit, oder im späteren Verlaufe), bei Sommerdiarrhöen (Cholera nostras), um in den meisten Fällen das Fortschreiten der Infektion schnell zu hemmen. Es ist irrationell, Calomel mit Opium zu vermengen, wie dies sehr oft geschieht. Opium setzt der Elimination des Calomels einen Widerstand entgegen und begünstigt so die Quecksilberintoxikation.

Als Diureticum wirkt Calomel bisweilen in bemerkenswerther Weise bei Hydrops in Folge von Herzaffektionen. Diese Eigenschaft, welche in den letzten Jahren von Neuem entdeckt worden ist, war schon den früheren Ärzten bekannt. So empfiehlt Michael Doering im Jahre 1612 Calomel als ein „specificum purgans in hydrope". — In manchen Fällen kann die Diurese 2 oder 3 Tage nach der täglichen Einführung von 1,0 g Calomel (in Einzeldosen von 0,2 gegeben) 4 bis 5 Liter in 24 Stunden betragen, und sie kann 3 bis 10 Tage nach dem Aussetzen des Mittels fortbestehen.

Diese Medikation ist nicht absolut zuverlässig, aber sie ist lohnend in 2/3 der Fälle. Dagegen ist sie Null oder sogar schädlich bei der Wassersucht des Morbus Brightii. Sie ist auch zuweilen von Erfolg bei Ascites in Folge von Leberkrankheiten.

Die Verabreichung von Calomel muss eingestellt werden, sobald der Eintritt der Diurese sich bemerkbar macht, d. h. nach 2 oder 3 Tagen (1,0 g pro die). Giebt man das Mittel zu lange fort, so kann man Vermehrung oder Auftreten von Eiweiss in Folge Überanstrengung der Nieren beobachten.

Beim Gesunden hat Calomel keine diuretische Wirkung, und in

den pathologischen Fällen kann man sich seine Wirkung nur durch einen direkten Reiz auf das Epithel der Harnkanälchen erklären, denn Calomel hat keine direkte Wirkung auf das Herz.

Besonders gute Resultate giebt er, wenn er in Verbindung mit Digitalis und Caffeïn verabreicht wird.

Äusserlich kann Calomel verwendet werden, allein oder vermengt mit Jodoform, zum Bepudern der Kondylome und Schanker oder zum Auftragen auf die Hornhaut bei skrofulöser, phlyktaenulöser oder ulceröser Keratitis. Alsdann muss man sich aber hüten, dem Kranken gleichzeitig Jodkalium innerlich zu verabreichen, denn letzteres scheidet sich in geringer Menge durch die Thränensekretion aus und kann den Calomel in stark ätzendes Quecksilberjodid umwandeln.

Auch soll vermieden werden, Calomel gleichzeitig mit Ammoniumchlorid zu verordnen, welches ihn ebenso wie Chlorwasser allmählich in Hydrargyrum bichloratum umwandelt. — Die Flüssigkeiten, welche Acidum hydrocyanicum enthalten, wie Aqua Amygdalarum amarum oder Aqua Laurocerasi, begünstigen gleichfalls die Bildung eines sehr ätzenden Quecksilbercyanids. Ebenso soll man daran denken, dass Calomel, gleichzeitig mit Früchten gegeben, sehr heftige Koliken verursacht.

Die subkutanen Injektionen von Calomel setzen die Patienten denselben unangenehmen Zufällen aus, die bei Oleum cinereum eintreten können. Übrigens ist Calomel bei der Behandlung der Syphilis kaum mehr gebräuchlich.

†**Hydrargyrum jodatum flavum.** Quecksilberjodür. Hg_2J_2.

Zur Darstellung werden 8 Th. Quecksilber und 5 Th. Jod mit etwas Alkohol verrieben, bis die Quecksilberkügelchen nicht mehr sichtbar sind. Es bildet sich so ein gelblich-grünes, in Wasser unlösliches Pulver. Dasselbe ist bereits viel toxischer als Calomel, weil es sich leichter in Quecksilberoxydverbindungen umwandelt. Daher verordnet man innerlich als Einzelgabe höchstens 0,05 und übersteigt niemals die Tagesgabe von 0,2. — Die antisyphilitischen Pillen von Ricord enthalten 0,05 pro Stück. — In Salbenform (0,2—1,0 : 10,0) wirkt das Mittel gut bei syphilitischen und tuberkulösen Geschwüren.

Hydrargyrum praecipitatum album. Weisses Quecksilberpräcipitat. NH_2HgCl.

Wird erhalten durch Präcipitiren einer Quecksilberchloridlösung mittels Ammoniakflüssigkeit und bildet ein weisses, in Wasser unlösliches Pulver. Es findet Anwendung bei manchen parasitären Hautkrankheiten, in Salbenform (0,1—0,2 : 10,0).

†**Hydrargyrum tannicum oxydulatum.** Gerbsaures Quecksilberoxydul.

Grünliches Pulver, das von Lustgarten (1887) gegen die Erscheinungen der sekundären Syphilis in Dosen von 0,05—0,10 dreimal täglich empfohlen worden ist. Es soll besonders von Frauen und Kindern gut vertragen werden.

b) Quecksilberoxydverbindungen.

Hydrargyrum oxydatum. Quecksilberoxyd. HgO.

Zu therapeutischen Zwecken werden zwei Modifikationen von Quecksilberoxyd verwendet; beide haben dieselbe chemische Formel, zeigen jedoch ein sehr verschiedenes Aussehen.

Das rothe Oxyd, Hydrargyrum oxydatum (rubrum) wird durch Erhitzen an der Luft von metallischem Quecksilber erhalten. Letzteres bedeckt sich allmählich mit Oxyd in Form von rothem krystallinischem Pulver.

Grösste Einzelgabe 0,02! grösste Tagesgabe 0,1 g!

Das gelbe Oxyd, Hydrargyrum oxydatum via humida paratum, wird durch Fällung einer Sublimatlösung mittels verdünnter Natronlauge dargestellt. Dieser Niederschlag ist ein sehr feines, amorphes Pulver von hellgelber Farbe.

Grösste Einzelgabe 0,02! grösste Tagesgabe 0,1 g!

Diese beiden Oxyde, welche ziemlich toxisch sind, wurden früher zur Behandlung der Syphilis verwendet. Heutzutage dienen sie nur noch für den äusserlichen Gebrauch. Sie besitzen eine sehr milde und oberflächliche Ätzwirkung und leisten besonders in der augenärztlichen Praxis (bei Keratitis etc.), gute Dienste. Früher empfahlen die Ophthalmologen, das Quecksilberoxyd vor der Vermischung mit Vaselin sorgfältig zu feinstem Pulver zu verreiben; gegenwärtig ist man jedoch von dieser Methode zurückgekommen, und man zieht es vor, die Salben mit einem nicht porphyrisirten HgO zu bereiten, weil die sehr harten Krystalle sich an den Geschwürsflächen festsetzen und durch direkte Reizung viel leichter eine heilsame Zellenproliferation verursachen. Die in der augenärztlichen Praxis angewendeten Salben bestehen gewöhnlich aus weissem Vaselin, dem 1 bis 2% Hydrargyrum oxydatum einverleibt werden. Dieses Mittel ist auch in subkutaner Form, in Verbindung mit Ol. Amygdalarum dulcium applicirt worden. Es ist dies jedoch ein bedenkliches Verfahren, aus denselben Gründen, die für das graue Öl (Oleum cinereum), angegeben worden sind.

Hydrargyrum bijodatum (rubrum). Quecksilberjodid. HgJ_2. Das Quecksilberjodid wird durch Fällen einer Lösung von Sublimat mit einer bestimmten Menge von Jodkalium dargestellt. Es bildet sich hierbei ein lebhaft rother Niederschlag, der sich in einem Überschusse von Jodkalium oder Sublimat wieder auflöst und eine ganz farblose Lösung giebt.

Quecksilberjodid ist wegen seiner toxischen und ätzenden Eigenschaften ein ebenso gefährliches Salz wie das Quecksilberchlorid (Sublimat). Daher wird es auch in derselben Dosis (ad

0,02 pro dosi! ad 0,1 g pro die!) verordnet. Man giebt es auch gern in einer Jodkaliumlösung; so ist der in Frankreich häufig verwendete Sirop de Gibert zusammengesetzt aus 0,1 Hydrarg. bijodat 5,0, Kalii jodati und 100,0 Sirup. simpl. Ein Esslöffel dieses Sirups enthält demnach 0,015 Hydrarg. bijodat.

Quecksilberjodid wird auch in Salbenform (1 : 50) bei syphilitischen Geschwüren in Anwendung gebracht.

Hydrargyrum bichloratum (corrosivum). Quecksilberchlorid. Sublimat. $HgCl_2$.

Von der Darstellungsweise des Sublimats und von seinen chemischen und desinficirenden Eigenschaften ist bereits in den vorhergehenden Abschnitten die Rede gewesen. An dieser Stelle soll nur noch seine antisyphilitische Wirkung eine kurze Besprechung finden.

Der Ätzsublimat ist das giftigste von allen Quecksilbersalzen. Er ist sehr kaustisch und vermag so tiefe Brandschorfe zu erzeugen, wie eine koncentrirte Mineralsäure. — Schon sehr schwache Dosen (0,02—0,03 g) können nach Einführung in einen leeren Magen heftiges Erbrechen in Folge direkter Reizung der Magenschleimhaut herbeiführen. Dies geschieht jedoch niemals, wenn der Magen Nahrung enthält. Man soll Sublimat, wie dies so oft geschieht, nicht in Pillen verabreichen, denn das Mittel ist zu ätzend, um in dieser Form gegeben zu werden. Im Allgemeinen soll es in möglichst verdünnten Lösungen verabreicht werden. So kann Sublimat in wässerigen oder alkoholischen Solutionen, die 1,0 auf 1000,0 Flüssigkeit enthalten (Liquor van Swieten) gegeben werden. Zuerst giebt man jeden Morgen einen Esslöffel voll (0,015) in einer Tasse Milch, dann erhöht man nach 2 oder 3 Tagen die Dosis, um allmählich bis auf 3 Esslöffel innerhalb 24 Stunden zu gelangen. In dieser Weise genommen, scheint der Sublimat dasjenige Mittel zu sein, welches den Patienten am wenigsten der Gefahr der Quecksilbervergiftung aussetzt. Ausserdem ist dies die billigste Behandlungsweise.

Grösste Einzeldosis 0,02! grösste Tagesdosis 0,1!

Die subkutanen Sublimatinjektionen sind sehr schmerzhaft; sie sind es jedoch weniger, wenn man den Sublimat mit Peptonen verbindet. Man bezeichnet derartige Lösungen als „Quecksilberpeptonate“, obgleich in chemischer Beziehung keine wirkliche Verbindung dieser Substanzen vorliegt.

Die subkutane Methode soll zur Anwendung gelangen, wo es darauf ankommt, rasch einzugreifen, wenn es z. B. sich darum handelt, eine syphilitische Iritis zu behandeln. Aber in solchen Fällen muss stets auf die Nieren geachtet und der Urin untersucht werden. Die grösste Einzeldosis für eine subkutane Injektion beträgt 0,005 bis 0,01 und die grösste Tagesgabe 0,02.

Lösung von Quecksilberpepton:

42) ℞ Hydrargyr. bichlorat. 0,25
Ammon. hydrochl.
Pepton. sic. āā 0,35
Glycerini 20,0
Aq. dest. ad 50 ccm
M. f. solut.
(1 Pravaz'sche Spritze = 0,005 Sublimat).

Jodum. Jod.

Das im Jahre 1811 von Courtois dargestellte Jod findet sich in ziemlich beträchtlicher Menge im Meerwasser, aus dem es in die im Meere vorhandenen Pflanzen übergeht. Es wird gewonnen, indem man gewisse Algen einäschert und diese Asche mit Schwefelsäure und Braunstein destillirt. Nach der erfolgten Reinigung, die auf verschiedene Weise vorgenommen wird, erscheint das Jod in Gestalt von stahlgrauen Blättchen, die schon bei gewöhnlicher Temperatur Dämpfe ausstossen und sich bei 186° unter Bildung von violetten Dämpfen vollständig verflüchtigen. Es löst sich in 5000 Theilen Wasser und ist in Alkohol, Äther und Chloroform sehr leicht löslich.

Wirkung. Jod verbindet sich mit dem Eiweiss, um eine wenig beständige Verbindung, die noch nicht hat isolirt werden können, zu bilden. Dieselbe spielt jedoch bei der Resorption des Jodes eine Hauptrolle. So können 100 ccm Milch davon bis 0,17 binden. Die Milch dürfte demnach das beste Gegengift für Jod sein.

Auf die Haut als Jodtinktur applicirt, verursacht Jod eine ziemlich lebhafte Reizung, die um so tiefer geht, je koncentrirter die Lösung ist. So kann man mit der sogenannten Lugol'schen Lösung (Jodi 1,0 Kalii jodati, Aq. dest. āā 2,0 g) sogar Blasenbildung hervorrufen. Bereits 2½ Stunden nach dieser Applikation erscheint Jod im Urin.

Bei innerlicher Aufnahme von Gaben von 0,10—0,15 g, ruft Jod eine Reizung des Magens und Darms hervor, die sich zuweilen durch Erbrechen und Durchfälle zu erkennen giebt.

Im freien Zustande ist Jod ein mächtiges Antisepticum, aber seine alkalischen Salze besitzen diese Eigenschaft nicht mehr.

Es wird namentlich in Form der Jodtinktur,

Tinctura Jodi, angewendet, die eine Auflösung von 1 Th. Jod in 10 Th. Spiritus darstellt. Dieselbe bildet eine braune Flüssigkeit, welche die Haut stark gelb färbt. — Man bereitet auch eine farblose Jodtinktur, Tinctura Jodi decolorata, unter Zusatz von Natrium subsulfurosum, aber dieses Präparat besitzt durchaus nicht mehr die Eigenschaften der gewöhnlichen Jodtinktur, denn das Jod ist in demselben nicht mehr im freien Zustande, sondern gebunden, enthalten.

Therapeutische Verwendung. Die Pinselungen mit Jodtinktur bewirken eine ableitende Reizung, die in Fällen von tiefer gelegenen Entzündungen, wie bei trockener Pleuritis, Pericarditis, Tendinitis etc. sehr nützlich sein können. Bei akutem Gelenkrheumatismus zeigt Jod sich weniger wirksam als Salicylsäure, aber es ist von günstigem Einflusse beim chronischen Rheumatismus.

Vortheilhafte Anwendung findet es auch bei Drüsenanschwellungen und bei der Behandlung von Struma. In letzterem Falle bedient man sich der Jodtinktur oder der Jodsalbe (Unguent. jodatum); aber der Gebrauch von Jod ist durchaus kontraindicirt beim Struma exophthalm., wo die geringste Menge (0,02—0,03) schon ernste Störungen der Herzfunktion, wie z. B. Delirium cordis, hervorrufen kann. Diese Wirkung beruht wahrscheinlich auf einer Aktion der Vasokonstriktoren, die bei dieser Affection gegen Jod sehr empfindlich sind.

Die Einspritzungen von Jod in kystische Hohlräume ist nicht ungefährlich, daher wendet man dieselben nicht mehr an. Innerlich wird Jod auch gegen hartnäckiges Erbrechen bei Schwangerschaft und Addison'scher Krankheit verabreicht.

Grösste Einzelgabe 0,02 g! grösste Tagesgabe 0,1 g!

Kalium jodatum. Jodkalium. KJ.

Jodkalium wird durch Sättigen einer Lösung von Kalilauge mit Jod dargestellt. Neben dem Jod bildet sich eine geringe Menge Jodat, welches toxische Eigenschaften hat; daher muss es in Jodid umgewandelt werden. Dies geschieht durch Glühen des Verdampfungsrückstandes mit einer gewissen Menge Holzkohlenpulver.

Die Jodalkalien sind sämmtlich in Wasser leicht löslich und besitzen dieselben therapeutischen Eigenschaften. Sie werden sehr leicht von allen Schleimhäuten resorbirt und erscheinen wenige Minuten später im Urin, Speichel und in den meisten Körperflüssigkeiten wieder.

Bei normalen Nieren passiren drei Viertheile des resorbirten Jods durch dieselben; sind sie degenerirt, so vollzieht sich die Ausscheidung zum grössten Theile durch die Speicheldrüsen. Auch die Thränendrüsen eliminiren eine gewisse Menge; dies muss beachtet werden, damit nicht Kalomel auf die Conjunctiva bei gleichzeitiger innerlicher Verabreichung von Jodkalium applicirt wird, denn es kann sich hierbei das stark ätzende Quecksilberjodid bilden.

Wirkung. Bei innerlicher Aufnahme kann Jodkalium eine starke Entzündung der Athmungsschleimhaut erzeugen. Dieselbe beginnt mit der Nasenschleimhaut (Jodschnupfen) und breitet sich allmählich auf den Bronchialbaum aus. Es entsteht eine starke Absonderung von Nasenschleim, zu der sich heftige Stirnkopfschmerzen gesellen, welche wahrscheinlich durch eine Entzündung der Stirnhöhlen hervorgerufen sind. Der Husten und die Athmungsbeschwerden sind um so stärker, je tiefer die Entzündung sich auf die kleinen Bronchien ausbreitet.

Diese Erscheinungen von Intoleranz machen sich besonders bei Tuberkulösen mit Lungenkavernen und bei Individuen mit Bronchiektasien bemerkbar. Daher nimmt man an, dass das in diese putriden Medien ausgeschiedene Jodkalium durch Mikroorganismen zersetzt wird und dass sich eine geringe Menge freien Jodes bildet, welches nun wie ein örtliches Reizmittel auf die Nervenenden des Trigeminus wirkt; daher das Thränenträufeln, das Ödem der Augenlider, Kopfweh, Schlaflosigkeit etc.

Wenn Geschwüre der Stimmbänder vorhanden sind, kann bei Jodgebrauch zuweilen Glottisödem auftreten.

Dieselben Reizungserscheinungen können sich auch auf der Oberfläche der Haut einstellen und sich durch einen Ausbruch von Akne bemerkbar machen, deren Ausgangspunkt in den Talg- und Schweissdrüsen gelegen ist. Wahrscheinlich erleidet das durch diese Drüsen ausgeschiedene Jodkalium ebenfalls eine Zersetzung, und das frei gewordene Jod wird die Ursache der Hautentzündung.

Die Jodalkalien scheinen keinen nennenswerthen Einfluss auf den Eiweiss-Stoffwechsel zu haben. Sie vermehren weder die Menge des Urins, noch das Verhältniss des Harnstoffs. Dagegen verursachen sie eine Abnahme des Fettgewebes und der Lymphdrüsen. Sie üben auch eine bemerkenswerthe Wirkung auf die Elimination der im Organismus fixirten Metalle (Quecksilber und Blei) aus, welche man durch Verabreichung kleiner Jodkalidosen leichter hinauszuschaffen vermag. Wahrscheinlich ersetzt das Jod diese schweren Metalle in ihren Verbindungen mit dem Eiweiss; auf diese Weise werden sie in die Cirkulation aufgenommen und ausgeschieden.

Es ist die Beobachtung gemacht worden, dass Jodkalium, wenn es vor Eintritt der Regel oder während derselben genommen wird, die Menses hervorruft oder vermehrt; dagegen vermindert es (bei Verabreichung während der Laktation) die Produktion der Milch.

Die Intoxikationen durch Jodmittel waren in früheren Zeiten, wo man einen weit stärkeren Gebrauch von Präparaten mit freiem Jod machte, viel häufiger als gegenwärtig. Wir haben gesehen, dass sie namentlich nach der Anwendung von Jodoform eintreten, während die Jodalkalien in beträchtlichen Dosen (20,0 bis 30,0 g pro die) und während einer mehr oder weniger langen Zeit (mehrere Wochen) vertragen werden, ohne Vergiftungserscheinungen hervorzurufen. Die unangenehmen Zufälle hängen viel mehr von der Art und Weise, wie der Organismus das Jod eliminirt, als von der Dosis ab. So hat man Intoleranz eintreten gesehen nach einer Gabe von 1,0--2,0 g bei Individuen, die an chronischer Nephritis erkrankt waren. Daher wird man vorsichtig sein müssen, wenn Gründe für die Annahme vorliegen, dass die Nieren nicht gut funktioniren. Gewöhnlich verschwinden jedoch alle beunruhigenden Symptome, sobald das Mittel ausgesetzt wird. Wenn es aber nothwendig wird, die Intoxikation so schnell wie möglich zu beseitigen, so verabreicht man Natrium bicarbonicum zweimal täglich in Gaben von 3,0—4,0 g.

Therapeutische Verwendung. Die hauptsächlichste Indikation für die Anwendung der Jodalkalien liefert die Syphilis. Früher glaubte man, dass Jodkalium nur bei sekundären und tertiären Zuständen specifisch wirke. Es liegt etwas Wahres in dieser Annahme, aber das Mittel ist an sich kein Specificum der Lues. Wie vorher angedeutet wurde, besitzt es die Eigenschaft, das in den Geweben befindliche Quecksilber wieder in die Cirkulation zu bringen und von Neuem wirksam zu machen. So erklärt sich die Erfolglosigkeit der Jodpräparate bei den im Beginne der Syphilis auftretenden Erscheinungen, wo im Inneren des Organismus noch nicht viel Quecksilber aufgespeichert worden ist. Dagegen wird das Jod in späterer Zeit, je mehr man sich der tertiären Periode nähert, wo das betreffende Individuum bereits viel Quecksilber absorbirt und fixirt hat, eine um so grössere Wirkung erzielen.

Jodkalium wird zwischen jeder Quecksilberkur in Gaben von 2,0—3,0 täglich verabreicht. Heutzutage gilt die Ansicht, dass die grossen Dosen nutzlos sind. Übrigens werden die Jodmittel gegen alle Erscheinungen der sekundären und tertiären Syphilis, wo auch ihr Sitz sei, verordnet. — Bei der Bleivergiftung erleichtern sie in denselben Dosen die Ausscheidung des Bleies.

Neuerdings wurde Jodkalium in Tagesgaben von 1,0—1,5 g warm empfohlen zur Begünstigung der Granulationsbildung in den Hohlräumen (bei Osteomyelitis, purulenter Pleuritis etc.); unter seinem Einflusse vollzieht sich der Restitutionsprocess viel schneller.

Die Jodalkalien leisten auch noch gute Dienste bei übermässiger Spannung der Blutgefässe, wie man sie im Beginne der Arteriosklerose beobachtet. Nach Huchard eignen sie sich besonders zur prophylaktischen Arzneibehandlung der Herzläsionen, bei Individuen mit Arteriosklerose, den Kandidaten der chronischen Nephritis. — Wir sehen auch ausgezeichnete Wirkungen von diesem Mittel in manchen Fällen von Asthma und bei Angina pectoris. Bei derartigen cardio-vasculären Erkrankungen muss es regelmässig, in Tagesdosen von 1,0 bis 2,0 g mehrere Monate hindurch, mit Pausen von einigen Tagen angewendet werden. Hierbei werden die Arterien geschmeidiger und die Spannung der Tunica muscularis lässt nach.

Äusserlich wird Jodkalium in Salben (Unguentum Kalii jodati) verordnet. Es zeigt sich in dieser Form sehr wirksam bei Hypertrophien der Schilddrüse, obgleich manche Autoren versichern, dass das Jod in Salbenform durch die Haut nicht resorbirt wird. Hierbei sei jedoch bemerkt, dass aus Vaselin hergestellte Jodsalben dem Jod den Durchtritt durch die Haut nicht gestatten, dass aber die Absorption, wenn die Salbe aus Schweineschmalz, namentlich unter Zusatz von $^1/_{10}$ Lanolin bereitet ist, nach dreistündiger Applikation deutlich nachgewiesen werden kann.

Die Wahl des Alkalisalzes scheint ziemlich gleichgültig. Bei Syphilis wird man dem Jodkalium den Vorzug einräumen, während Jodnatrium oder Jodammonium bei der Behandlung der Arteriosklerose verordnet zu werden pflegen.

Jodhaltige Mineralwässer.

Kreuznach (Preussische Rheinprovinz) enthält im Liter 0,0004 Natrium jodatum und 0,231 Natrium bromatum. Die Mutterlauge enthält 0,8 Kalium jodatum und 3,89 Kalium bromatum im Liter.

Salzburg (Siebenbürgen) hat 0,25 Natrium jodatum im Liter.

Heilbrunn (Adelheidsquelle) in Bayern, 5,0 Natrium chlorat., 0,028 Natrium jodatum und 0,05 Natrium bromatum im Liter.

Saxon (Kanton Wallis, Schweiz) = 0,165 Calcium jodatum.

Wildegg (Kanton Aargau, Schweiz).

Im Mittelalter, wo die Syphilis die grössten Verheerungen anrichtete, liess man eine grosse Zahl von Pflanzen, die im Rufe standen, die Lustseuche zu heilen, für schweres Geld aus Amerika kommen. Hierzu gehörten die Sarsaparille, das Guajakholz, das Sassafrasholz etc. Diese Drogen standen in so hohem Ansehen, dass manche Städte, die besonders unter der Syphilis zu leiden hatten, wie Strassburg, Magdeburg etc., grosse Mengen kommen liessen und unter die Armen vertheilten.

Die Verwendung dieser Pflanzen ist bis auf unsere Zeit beibehalten worden, doch schenkt man ihnen nicht mehr so grosses Vertrauen wie ehemals. Wir halten sie nicht mehr für specifische Mittel gegen Syphilis, doch nehmen wir an, dass sie wegen ihrer schweisstreibenden und diuretischen Eigenschaften gewissermaassen eine reinigende Wirkung auszuüben vermögen.

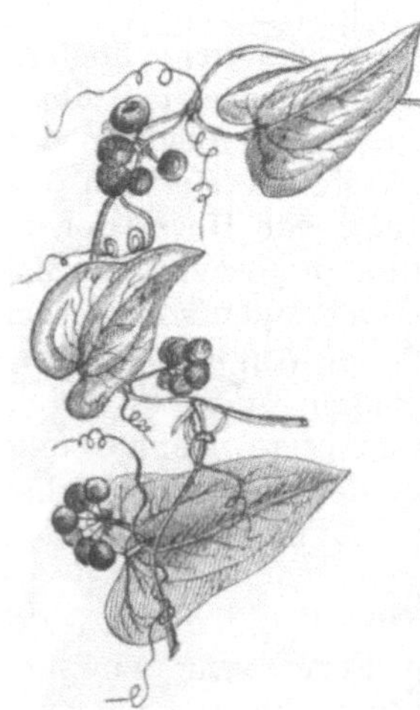
Fig. 11. Smilax officinalis.

Radix Sarsaparillae. Sarsaparille.

Die Sassaparillwurzel (aus dem Spanischen Zarsa parilla, Strauchiges Schlinggewächs) stammt von mehreren Arten der Gattung Smilax (Asparagineen oder Smilaceen) und wächst in den Urwäldern Centralamerikas bis Peru. Es sind Schlingpflanzen, mit knotigen, zarten Wurzeln, die sich weithin ausbreiten. Diese Wurzeln werden mit grosser Mühe herausgezogen, von der ihnen anhaftenden Erde gereinigt, ausgesondert, zu Packeten zusammengelegt und an die Häfen der Küste befördert.

Sie sind gewöhnlich von der Dicke eines Bleistiftes, längsstreifig, mit einer sich leicht ablösenden Epidermis. Sie enthalten ein Glykosid, Parillin, das dem Saponin gleicht. Ausserdem findet sich in ihnen ziemlich viel Stärkemehl.

Nach ihrer Abstammung unterscheiden wir:

1. die Honduras-Sarsaparille, die zum grössten Theil von Smilax officinalis (Fig. 11) herkommt, und

2. die Sarsaparille von Vera Cruz oder Jamaica, die namentlich von Smilax medica abstammt und hauptsächlich am Fusse der Kordilleren von Mexico wächst.

Dem Sarsaparilledecoct wohnen schweisstreibende Eigenschaften inne, und dadurch vermag es vielleicht das syphilitische Virus hinauszuschaffen. Doch soll man der Droge keine zu grosse Bedeutung bei der Behandlung der Syphilis zuschreiben. Sie kann höchstens als ein Unterstützungsmittel der Quecksilber- oder Jodbehandlung angesehen werden.

Aus der Sarsaparille wird auch ein zusammengesetzter Sirup:

†Sirupus Sarsaparillae compositus dargestellt, der u. a. Lign. Sassafras, Lign. Guajac., Senna etc. enthält.

Früher wandte man sehr gern eine Abkochung der Sarsaparillwurzel an, die als Zittmann'sches Decoct bezeichnet wurde (Zittmann war zu Beginn des 18. Jahrhunderts Arzt am sächsischen Hofe). Dieselbe wurde in der Weise bereitet, dass man Sarsaparille, Anis-, und Fenchelsamen, Süssholzwurzel, Sennablätter, Citronenschalen, Zimmt und Cardamom mit Wasser kochen liess, und dann Alaun, Kalomel und Zinnober hinzusetzte. Dieses sonderbare Mittel enthielt Spuren von Quecksilber, ungefähr 1 milligr. auf 1 Liter; es hatte abführende Wirkung. Dosis: 2 Gläser pro die.

Gegenwärtig ist bei uns noch ein

Decoctum Sarsaparillae compositum officinell; dasselbe enthält kein Quecksilber.

Lignum Guajaci. Guajakholz.

Dieses Holz, das auch Lignum sanctum oder Franzosenholz heisst, stammt von Guajacum officinale, einem schönen, immergrünen, ungefähr 3 Meter hohen, zur Familie der Zygophyleen (Rutaceen) gehörenden Baume. Derselbe wächst in allen tropischen Gebieten Amerikas, und sein Holz ist ein bedeutender Exportartikel; es wird hauptsächlich für Mosaikarbeiten verwendet. — Im 16. Jahrhundert war es das am häufigsten gegen Syphilis verordnete Mittel. Gegenwärtig schreibt man ihm nur schweisstreibende und antiseptische Eigenschaften zu, welche es einem aromatisch riechenden Harze verdankt. Dieses Harz kommt im Guajakholz zu 20 % vor und enthält zum Theil Guajaksäure, die chemisch der Benzoësäure sehr nahe steht. Dieses dürfte zur Erklärung für seine antiseptischen Eigenschaften dienen. Es wird durch Ozon oder oxydirende Stoffe blau gefärbt und nimmt in Berührung mit reducirenden Agentien seine normale Färbung wieder an. Dieses Harz wurde, ebenso wie das Guajakholz, gegen rheumatische und gichtische Affektionen, bei chronischen Hautkrankheiten und in Pinselung gegen die verschiedenartigsten Anginen angewandt. Die Guajaktinktur, Tinctura Guajaci (Lign. Guajaci 1. Spirit. dil. 5) giebt in Verbindung mit Wasser ein gutes Mundwasser.

Lignum Sassafras. Sassafrasholz.

Das Sassafrasholz kommt von Laurus Sassafras, einem schönen, den Laurineen zugehörigen Baume, der in Nordamerika einheimisch ist. In den Vereinigten Staaten gewinnt man aus ihm ein ätherisches Öl, Oleum Sassafras, das zum Parfümiren von Seifen, zur Darstellung von Flüssigkeiten und zum medicinischen Gebrauch häufig verwendet wird. Im letzteren Falle dient es zur Behandlung von blennorrhagischen Affektionen der Urethra und der Harnblase, denn es hat antiseptische Eigenschaften, die denen des Terpentinöls und des Copaivbalsams sehr ähnlich sind. Der Aufguss des Sassafrasholzes wirkt schweisstreibend, und gerade dieser Eigenschaft verdankt das Holz wahrscheinlich seinen Ruf als Reinigungsmittel.

Die meisten Pharmakopöen haben unter der Bezeichnung von Holzthee, **Species Lignorum**, eine Mischung von Guajakholz, Sassafrasholz, Süssholz, Sassaparille etc. aufgenommen. — Setzt man diesem Holzthee noch 25 % Sennesblätter zu, so erhält man einen abführenden und reinigenden Thee, der den meisten „blutreinigenden Tränken“ gleicht, welche unter den verschiedensten Namen auf dem Specialitätenmarkte angeboten werden.

Evacuantia. Ausleerende Mittel.

Unter der Bezeichnung „Evacuantia“ wollen wir eine ganze Reihe von Arzneimitteln besprechen, die die Eigenschaft besitzen, die Elimination von Stoffen, welche für den Lebensprocess nichts mehr taugen, zu begünstigen und zu vermehren. Zu dieser Gruppe gehören die Purgantien, die Vomitiva, Expectorantia, Diaphoretica und die Diuretica.

Purgantia. Abführmittel.

Der Darm verfügt über ein besonderes Nervensystem, das für sich allein im Stande ist, die peristaltischen Bewegungen und die Absonderung der Eingeweidedrüsen zu sichern. So finden wir zwischen den Längs- und Ringfasern der Tunica muscularis des Darms den Auerbach'schen Plexus, dem die Aufgabe zufällt, die rhythmischen Kontraktionen zu leiten, während der in der submukösen Schicht gelegene Meissner'sche Plexus seinen Einfluss auf die Sekretion der Darmdrüsen ausübt. Diese beiden Geflechte sind mit den cerebrospinalen Centren durch den Nervus splanchnicus und Nervus pneumogastricus verbunden; die hauptsächlichste Funktion dieser Nerven besteht darin, den Zufluss des Blutes zu reguliren und die Bewegungen und Sekretionen des Darmes mit den Bedürfnissen des Organismus in Einklang zu bringen. Aber diese Funktion ist äusserst komplicirt, und bisher ist es noch nicht möglich gewesen, eine vollständige und definitive Erklärung für die Wirkungsweise der Abführmittel beizubringen. Indessen ist die Annahme gestattet, dass sie theilweise durch eine peripherische, theilweise durch eine centrale Aktion wirken, indem sie die Peristaltik beschleunigen und die Darmsekretion vermehren. Gewöhnlich stehen diese beiden Wirkungen im Konnex; sie können je nach dem zur Anwendung gelangenden Purgans mehr oder weniger stark sein. So wird z. B. Ricinusöl nur leichte peristaltische Bewegungen ohne Koliken unter starker Vermehrung der Sekretionen bewirken, während Senna und in noch höherem Maasse die Drastica, wie Crotonöl, Coloquinthen etc. ihre irritirende Aktion namentlich auf den Auerbach'schen Plexus ausüben; dadurch kommt eine sehr energische Kontraktion der Tunica muscularis zu Stande, die sich sogar zum schmerzhaften Krampf (Kolik) steigert. Bei den Drasticis beschränkt sich diese Aktion auf die glatten Muskelfasern nicht bloss auf den Darm, sie kann sich auf die Muskulatur des Uterus (besonders wenn derselbe sich im schwangeren Zustand befindet) fortsetzen und Kontraktionen erzeugen, die die Ausstossung der Frucht zur Folge haben.

Früher war man zu der Annahme geneigt (Poisseuille, Liebig), dass die Erscheinungen der Endo- und Exosmose bei der Abführwirkung der neutralen Salze eine grosse Rolle spielen. Diese Theorie, welche sich auf Experimente stützt, die mit todten Membranen angestellt wurden, ist nicht mehr stichhaltig. Thatsächlich können die Gesetze der Endo- und Exosmose für letztere gelten, aber anders liegen die Verhältnisse, sobald wir uns einer lebenden Membran gegenüber befinden. In diesem Falle werden die Erscheinungen der Transsudation durch das Nervensystem regulirt, oder sie sind von der Art der Epithelbekleidung, sowie von dem Blutdruck abhängig. Schmiedeberg glaubt, dass die neutralen

Salze ihre abführende Wirkung dem Umstande verdanken, dass sie die Resorption der in den Darm ergossenen Flüssigkeit verhindern; sie retardiren auf diese Weise die Eindickung des Darminhaltes, der nun in flüssiger Form herausbefördert werden kann. Diese inaktive Rolle ist nicht ohne weiteres zulässig, denn wenn diese Erklärung richtig wäre, würde die Frage der Behandlung der habituellen Verstopfung gelöst sein. In diesem Falle brauchte man nur Natrium sulfuricum zu verabreichen, um eine Affektion zu heilen oder zu bessern, welche am häufigsten dieser Art von Abführmittel Widerstand leistet und an welches der Darm sich zu leicht gewöhnt, als dass es fortgesetzt genommen werden könnte.

Übrigens sind, abgesehen von der Theorie, noch praktische Erwägungen vorhanden, deren Kenntniss von grösster Bedeutung bei der Auswahl eines Abführmittels ist. In der That sehen wir, dass die Wirkung der Purgantien mehr oder weniger rasch erfolgt, dass die einen schon bei ihrem Austritt aus dem Magen wirken, während andere erst in den unteren Partien des Dünndarms ihre Aktion entfalten. Wenn wir so die beiden Extreme nehmen, sehen wir, dass die neutralen Salze vom Duodenum an wirken, den Darm von oben bis unten reinigen und sämmtliche für die Darmverdauung bestimmten Säfte mit sich fortführen. Die filtrirte Flüssigkeit enthält alle gastrointestinalen Verdauungsfermente. Diese Abführwirkung ist nun in zwei bis drei Stunden erzielt worden, während eine solche bei Anwendung von Aloë erst nach acht bis zwölf Stunden zu Stande kommt. Und in den hierbei erhaltenen Stuhlentleerungen sind die Verdauungsfermente nicht mehr zu finden, weil die Aktion der Aloë erst in den unteren Theilen des Darms zu einer Zeit erfolgt, wo die meisten Verdauungssäfte bereits resorbirt worden sind. — Zwischen diesen beiden Extremen giebt es Abführmittel, die eine Mittelstellung einnehmen, wie das Ricinusöl, welches vor seiner Aktion einen Verseifungsprocess durch den Pankreassaft und die Galle erleiden muss. Diese nothwendige Zersetzung dürfte ihm erst von dem mittleren Theile des Darmes ab gestatten, seine Wirkung zu entfalten.

Die Anwendung der Abführmittel ist indicirt, wo es nützlich erscheint, den Darminhalt rasch zu entleeren. Diese Evacuation wird nothwendig, wenn die Zersetzungsprocesse im Darm sich steigern oder die Fäkalmassen sich nicht fortbewegen und sich in diesem Organ anhäufen. Es ist jedoch merkwürdig, zu beobachten, mit welcher Toleranz der Darm die Fäkalmassen aufzuspeichern vermag. Nicht selten kommen Fälle von mehrtägiger und selbst mehrwöchentlicher vollständiger Verstopfung vor, ohne dass schwere Zufälle eintreten, während eine Darmverschlingung von einigen Stunden genügt, um die alarmirendsten Intoxikationserscheinungen herbeizuführen.

Das Leben der Mikroorganismen im Darme ist mehr oder weniger intensiv je nach dem Zustande des Individuums oder der eingeführten Nahrung. Wenn der Magen normal funktionirt und die Sekretion der Salzsäure ausreicht, die Nahrungsmittel vor ihrem Übertritt in den Darm gut zu desinficiren, ist die Zersetzung des Nahrungsbreies während seiner Passage durch den Verdauungskanal auf sein Minimum reducirt. Im normalen Zustande ist das mikroorganische Leben im Anfangstheile des Dünndarmes sehr wenig entwickelt, aber es nimmt sehr rasch in demselben Maasse zu, wie die Verdauungssäfte mehr alkalisch werden. Gewöhnlich erreicht es in dem unteren Theile des Dünndarms seinen Höhepunkt, um allmählich im Dickdarm, in dem Maasse, wie die Fäkalmassen fester werden, wieder abzunehmen. Die Zersetzung der Eiweissstoffe durch diese Mikroorganismen erzeugt sehr verschiedene Substanzen, aber fast alle sind von einem mehr oder minder widerlichen und für die Fäkalmassen charakteristischen Geruche. Neben den Schwefelalkalien und dem Schwefelwasserstoff findet man Indol, Skatol, Parakresol etc.

Einige von diesen Produkten sind toxisch, und ihre Resorption erzeugt sehr leicht Vergiftungserscheinungen, wie Kopf schmerz, Nausea, Erbrechen etc. — Aber im normalen Zustande, d. h. wenn diese Stoffe sich in nicht zu grosser Menge bilden, übernimmt die Leber die Aufgabe, dieselben zu vernichten oder in ungiftige und durch den Harn leicht eliminirbare Verbindungen umzuwandeln. So werden Indol, Skatol, Parakresol und im Allgemeinen alle Körper aus der Phenolreihe mit Schwefelalkalien kombinirt, um Salze zu bilden, die als gepaarte Schwefelverbindungen bezeichnet werden und leicht löslich und nicht toxisch sind. Wenn sich aber diese giftigen Substanzen in allzu grosser Menge bilden, so dass die Leber ihrer Aufgabe, dieselben zu zerstören und umzuwandeln, nicht mehr gewachsen ist, so zeigt sich ihre toxische Einwirkung auf den Organismus, und wir beobachten jenen Zustand des Unbehagens, der das betreffende Individuum instinktiv nach einem Abführmittel greifen lässt. Wir sehen sogar manche Thiere (z. B. den Hund) von Zeit zu Zeit bestimmte abführende Kräuter aufsuchen und fressen.

Es giebt jedoch Gifte, welche die Leber nicht aufzuhalten vermag, wie z. B. diejenigen, welche sich bei der Cholera und beim Typhus abdominalis etc. bilden. Diese noch so wenig bekannten Toxine scheinen um so aktiver zu sein, je schneller sie resorbirt werden.

Was die Exkremente selbst betrifft, so können sie, je nach der eingeführten Nahrung, von sehr verschiedenem Aussehen sein. So sind sie bei einer rein pflanzlichen Ernährung sehr reichlich und wenig gefärbt, während sie bei einer ausschliesslichen Fleischkost wenig kopiös und schwarz gefärbt sind. Diese dunkle Färbung ist dem Haematin und Schwefeleisen zuzuschreiben. Die normale braune Färbung kommt zum grossen Theil vom Hydrobilirubin, welches von der Reduktion der Gallenfarbstoffe herrührt.

Diese Reduktion vollzieht sich allmählich und in dem Maasse, wie die Exkremente im Darme vorrücken.

Gewöhnlich werden die Abführmittel nach der Stärke ihrer Wirkung eingetheilt. Natürlich ist eine derartige Eintheilung ziemlich willkürlich. So unterscheidet man: die Laxantia (Früchte, gewisse fette Öle, Honig, Manna, Tamarinden), ferner die Cathartica (Oleum Ricini, neutrale Salze, Cremor Tartari, Senna, Rhabarber etc.) und die Drastica (Koloquinthen, Gutti, Oleum Crotonis etc.).

Abgesehen von den Fällen, in denen wir den Darm von seinem Inhalte befreien müssen, wenden wir noch die verschiedenen Abführmittel an, um die Nieren bei ihrer Eliminationsarbeit zu entlasten. So ist es bei chronischer Nephritis geboten, eine Menge von Stoffen durch den Darm hinauszuschaffen, die unter normalen Verhältnissen zum Theil durch die Nieren ausgeschieden werden.

Die Purgantia finden ausserdem noch ihre Anzeige, wenn der Blutdruck herabgesetzt werden soll. — Vorsichtig soll man mit der Anwendung dieser Arzneimittel bei Schwangerschaft und während der Menstruation sein. Auch wird man sich derselben, wenn keine besondere Indikation vorliegt, bei ulceröser Entzündung des Darms und bei akuter Peritonitis enthalten.

Laxantia. — Cathartica.

Manna.

Manna ist der eingedickte Saft, welcher aus Einschnitten in die Rinde von Fraxinus Ornus, einem in Sicilien kultivirten Baume, aus der Familie der Oleaceen, gewonnen wird. Man sammelt die Droge während der sehr heissen Sommertage und theilt sie nach ihrem Aussehen in verschiedene Sorten ein. Die beste Sorte besteht aus mehr oder weniger langen, flachen, halbröhrenförmigen Stücken von gelblicher Farbe (Manna cannulata oder cannellata), während die zweite Qualität bräunlich gefärbt ist und sich aus kleinen Stücken oder Körnern etc. zusammensetzt, denen mehr oder minder fremde Bestandtheile beigemengt sind. — Die abführenden Eigenschaften der Manna sind dem Mannit, einem krystallisirbaren Zucker zu verdanken. Derselbe ist in ihr zu 60 bis 80 % enthalten.

Dieses Mittel ist wegen seines angenehmen Geschmackes ein vorzügliches Purgans für Kinder. Es wird für ein zehnjähriges Kind zu 20,0 bis 30,0 g verordnet und löst sich in Milch sehr leicht auf. Man bereitet aus Manna Sirup, Sirupus Mannae, dem auch Senna zugesetzt werden kann (Sirupus Sennae cum Manna).

Die Manna der Juden war wahrscheinlich der eingedickte Saft

von Tamarix gallica, wie man ihn noch in der Nähe des Berges Sinai antrifft. Ein Insekt, Coccus manniparus sticht in die Zweige dieses baumartigen Strauches, und aus den Stichöffnungen quillt der Saft, welcher alsbald eintrocknet und kleine Klumpen mit einem Gehalt von 75 % Zucker und 20 % Dextrin bildet.

Kalium bitartaricum.

Cremor Tartari. Weinstein. $KC_4H_5O_6$.

Der Weinstein findet sich in vielen Früchten, denen er mehr oder weniger ausgesprochene abführende Eigenschaften mittheilt. Man gewinnt dieses Salz, indem man den in den Weinfässern sich absetzenden Weinstein sammelt. Dieser rohe Weinstein besteht aus Calciumtartrat, Kalium bitartaricum und Farbstoffen. Nach seiner Reinigung erscheint er als ein weisses, schweres, in Wasser wenig lösliches Pulver, das einen etwas säuerlichen Geschmack und leicht purgirende Eigenschaften besitzt. Im Organismus wandelt sich das Kalium bitartaricum in Carbonat um, und in dieser Form wird es auch durch die Nieren ausgeschieden. Die abführende Dosis für einen Erwachsenen beträgt 10,0 bis 15,0 g.

Die Weintraubenkur wirkt zum Theil durch die weinsauren Salze und theilweise durch die Glukose, welche in den Trauben enthalten sind. Ihre Wirkung nähert sich ein wenig der der alkalischen Wässer.

Die neutralen Salze der Weinsäure sind leichter löslich und besitzen dieselbe Purgirwirkung. Hierher gehören: Kalium tartaricum ebenso wie die Doppelsalze Kalio-Natrium tartaricum (Seignettesalz) oder Kalium tartaricum boraxatum (Tartarus boraxatus). Diesen Mitteln kommt gleichzeitig eine diuretische Wirkung zu. Abführdosis 15,0—30,0 g; Diuretische Dosis 2,0 bis 3,0 g.

Pulpa Tamarindorum cruda. Fructus Tamarindorum.

Tamarindus indica ist ein grosser und schöner, besonders in Indien wachsender Baum aus der Familie der Leguminosen. Seine Frucht besteht aus einer Pulpa (Pulpa Tamarindorum), welche Pflanzensäuren, namentlich Citronensäure und Weinsteinsäure (an Kalium gebunden) enthält. Es ist dies ein mildes Abführmittel, das einen angenehm säuerlichen Geschmack hat und in Gaben von 20,0—30,0 g genommen wird. Die Purgirwirkung kann erhöht werden durch Zusatz von Pulvis Sennae, wie dies im Electuarium lenitivum, oder durch Zusatz von Podophyllin (0,05 pro dosi), wie dies beim „Tamar indien“ der Franzosen der Fall ist.

Man verwendet auch als Abführmittel die Pulpa Cassiae fistulae, deren Wirkung jedoch weniger energisch ist.

Natrium sulfuricum. Glaubersalz. $Na_2SO_4 + 10H_2O$.

Das Glaubersalz (benannt nach dem Arzte R. Glauber, gest. 1688 in Amsterdam) stellt weisse, in 3 Theilen kaltem Wasser lösliche Krystalle von bitterem Geschmack dar. An der trockenen Luft verliert das Natriumsulfat sein Krystallwasser und wandelt sich in ein weisses, amorphes Pulver um (Natrium sulfuricum siccum oder dilapsum). Es bildet den wirksamen Bestandtheil der meisten mineralischen Abführwässer (Püllna, Saidschütz, Friedrichshall, Kissingen, Marienbad, Hunyadi-János, Tarasp, Karlsbad).

Gegenwärtig neigt man mehr zu der Annahme, dass die Wirkung durch eine geringe Steigerung der Darmsekretion und Peristaltik zu Stande kommt, im Gegensatz zu der Ansicht von Liebig und Poisseuille, welche die Abführwirkung dieses Salzes durch ein Phänomen der Exosmose erklären, indem die Blutflüssigkeit zu dem in den Darm eingeführten Natriumsulfat hingezogen wird. Vorher ist bereits angedeutet worden, dass diese Erscheinungen der Endo- und Exosmose an einer todten thierischen Membran vor sich gehen, niemals jedoch an einer solchen, die noch ihre Vitalität besitzt. Die hauptsächlichste Wirkung des Glaubersalzes besteht jedoch, abgesehen von seiner Abführwirkung, darin, dass es die erforderlichen Materialien für die Begünstigung der Elimination von Stoffen, wie Indol, Skatol etc. liefert, indem sich nicht toxische, leicht lösliche und daher durch die Nieren leicht ausscheidbare Verbindungen bilden. Das schwefelsaure Salz übt in dieser Weise eine wahrhaft reinigende Wirkung auf den ganzen Organismus aus, und so erklären sich die vortrefflichen Erfolge derartiger Mineralwasserkuren. Dabei verdient auch noch der günstige Umstand Beachtung, dass der tägliche Gebrauch dieses Mittels den Sauerstoffkonsum durch den Organismus um 10 bis 15 % steigert.

Die Abführdosis beträgt 20,0—30,0 g, während man zur Erzielung einer reinigenden Wirkung tägliche Gaben von 2,0—3,0 10 bis 14 Tage lang, am besten nüchtern am Morgen in warmem Wasser oder in einem leicht aromatischen Aufguss (von Kamillen, Wachholder, Anis etc.) verabreichen kann.

Das Karlsbader Salz (künstliches oder natürliches) leistet in denjenigen Fällen von Magen- und Darmaffektionen gute Dienste, die gemeinhin als Gastrointestinal-Katarrh bezeichnet werden. Es wird zu einem Kaffeelöffel bis Esslöffel (in Wasser) morgens nüchtern gegeben.

Das künstliche Karlsbader Salz, Sal Carolinum factitium, hat folgende Zusammensetzung:

43)	℞	Natrii sulfurici sic.	22,0
		Natrii bicarbonici	18,0
		Natrii chlorati	9,0
		Kalii sulfurici	1,0.

Diesem salinischen Pulver können nach Bedarf Bittermittel, wie Pulvis Rhei, Gentianae, Quassiae in dem Verhältniss von 10—20% beigemengt werden.

Magnesium sulfuricum. Bittersalz. $MgSO_4 + 7$ Aqua.

Dieses Salz, das auch als Engliches Salz oder Epsomsalz bezeichnet wird, löst sich in 4 Theilen Wasser und wirkt in derselben Weise und in derselben Dosis wie das vorhergenannte. Es findet sich auch in fast allen mineralischen Abführwässern, die Natrium sulfuricum enthalten (Püllna, Hunyadi-János, Saidschütz, Birmenstorf). Dosis: 10,0—30,0 in Wasser.

†Magnesium citricum.

Das citronensaure Magnesium dient zur Bereitung von abführenden Limonaden. Man nimmt 45,0 von diesem Salz auf ½ Liter Wasser und setzt 50,0 Citronensirup, Sirupus Citri, hinzu. Der angenehme Geschmack dieser Mischung macht sie zu einem beliebten Mittel für Frauen und Kinder.

Magnesium carbonicum.

Ein weisses, sehr leichtes Pulver, das verordnet wird, wenn es darauf ankommt, die Säure des Magens zu neutralisiren und gleichzeitig eine abführende Wirkung zu erlangen. Dieser Effekt tritt noch viel energischer bei der gebrannten Magnesia,

Magnesia usta,

hervor. Dieselbe wird durch Erhitzen von Magnesium carbonicum dargestellt. Die calcinirte Magnesia besitzt ein grosses Absorptionsvermögen für Kohlensäure, so dass 1 g Magnesia usta 1000 ccm von diesem Gase absorbirt. Sie neutralisirt auch sehr energisch die Säuren des Magens und ist in einer Dosis von 2,0—3,0 g ein vorzügliches Abführmittel für Kinder. Man setzt ihr alsdann gern ein wenig Rhabarber hinzu. Das officinelle Kinderpulver oder

Pulvis Magnesiae cum Rheo hat folgende Zusammensetzung:

44) ℞ Magnesii carbonici 12,0
Elaeosacchar. Foeniculi 8,0
Rad. Rhei 3,0.

Von diesem Pulver wird eine Messerspitze bis 1 Kaffeelöffel voll verabreicht.

Oleum Ricini. Ricinusöl. Huile de ricin.

Ricinusöl wird durch Pressen der enthülsten Samen von Ricinus communis gewonnen. Diese der Familie der Euphorbiaceen angehörende Pflanze aus dem äussersten Osten wird gegenwärtig in allen Ländern der gemässigten Zone kultivirt. Die äussere Umhüllung des schwarzbraun marmorirten Samens enthält ein sehr giftiges Princip, das Ricin, welches von Stillmark (1890) isolirt worden ist. Dieses Ricin, das zu der Gruppe der Phytalbumosen gehört, löst sich sehr leicht in mit $^2/_3$ Wasser verdünntem Glycerin, das mit etwas Kochsalz versetzt ist. Man isolirt es alsdann, indem man es aus dieser Lösung mittels Alkohol fällt.

Dieser Körper zeigt alle Charaktere der löslichen Fermente (Enzyme). Er konservirt sich gut in trockenem Zustande, wird jedoch durch Aufkochen zerstört. In der Hülle des Ricinussamens kommt er bis zu 3 % vor. Schon in sehr kleiner Dosis bringt er Blut zum Gerinnen. Bei Einführung in den Verdauungskanal ruft das Ricin eine starke Hyperaemie der Schleimhaut des Magens und Darms hervor, die sich bis zur Haemorrhagie steigern kann.

Das Vorhandensein dieses Princips wurde schon seit langer Zeit vermuthet, denn in der Literatur finden sich Berichte über eine ganze Anzahl von Vergiftungen durch diese Samen. Orfila führt u. A. den Fall eines jungen Mädchens an, bei dem der Tod 24 Stunden nach Verschlucken von 12 Ricinussamen eintrat. 4 bis 5 solcher Samen genügen schon, um schwere Zufälle zu veranlassen.

Ausser der Stearin-, und Palmitinsäure enthält das Ricinusöl noch in Gestalt von Triglycerid die Ricinolsäure (Ricinoleïn), welcher man speciell die abführenden Eigenschaften dieses Öls zuschreibt. Um wirken zu können, muss es unter dem Einfluss der Galle und des Pankreassaftes verseift werden. Die Aktion des Ricinusöls beginnt daher, sobald es mit den Verdauungssäften der Eingeweide in Kontakt geräth, und die Abführwirkung macht sich schon im ersten Drittel des Dünndarms bemerkbar.

Der grösste Effekt wird mit einer Dosis von 50,0 bis 60,0 g erzielt; mehr zu geben, ist unnütz, denn der Überschuss wird mit den Stühlen, ohne die Verseifung durchgemacht zu haben, herausbefördert. In Gaben von 20,0—30,0 g ist Ricinusöl eines unserer besten Abführmittel. Seine Wirkung ist sehr milde, und es kann sogar bei akuten Entzündungen des Darmes oder des Bauchfells und bei Gravidität gereicht werden, d. h. bei Zuständen, bei denen die anderen Abführmittel kontraindicirt sind.

Bei Darminfektionen und besonders bei Sommerdiarrhöen kann Ricinusöl, in dem etwas Salol oder Salacetol aufgelöst worden, mit grossem Nutzen gegeben werden. Es ist das sicherste Mittel, den Darm zu desinficiren und schnell zu entleeren. Für einen Erwachsenen kann man sich der folgenden Verschreibungsweise bedienen:

45) ℞ Saloli 2,0
Olei Ricini 25,0
Solve.

Der Nutzen dieses Mittels ist unbestritten bei Bleikolik, wo es den Tenesmus vermindert, und bei Hydrargyrismus.

Die Milch ist das beste Vehikel für die Verabreichung des Ricinusöls. Man braucht nur letzteres mit einem Glase lauwarmer Milch tüchtig zu schütteln, um eine ziemlich gleichmässige und leicht zu nehmende Mischung zu erhalten.

Radix Rhei. Rhabarberwurzel. Racine de rhubarbe.

Die Rhabarberwurzel stammt von Rheum palmatum und Rheum officinale, Pflanzen aus der Familie der Polygoneen, die in den gebirgigen Gegenden des Centrums und Nordens von China wachsen. Dieser Rhabarber wurde in früheren Zeiten von Karawanen bis nach Moskau gebracht (Moskowitischer Rhabarber). Gegenwärtig gelangt er durch den englischen Handel von den Häfen von Kanton und Shanghai nach Europa. Es ist auch der Versuch gemacht worden, den Rhabarber in Österreich und in Ungarn zu kultiviren, doch sind hierbei nicht befriedigende Resultate gewonnen worden, denn der österreichische Rhabarber enthält nicht dieselben Stoffe wie der chinesische. Letzterer stellt breite, platte oder cylinderförmige, harte, schwere Stücke von lebhaft gelber Farbe dar. Er enthält ein Glykosid, das Chrysophan, das sich unter der Einwirkung der Verdauungssäfte in Zucker und Chrysophansäure zersetzt. Früher schrieb man der letzteren die abführende Wirkung des Rhabarbers zu, doch ist dieselbe in viel zu geringer Menge vorhanden, um diesen Effekt hervorzubringen. Sie ist weit eher als ein Desinficiens anzusehen, welches die gastrointestinalen Gährungsvorgänge zu vermindern vermag. Die abführende Wirkung beruht auf der Cathartinsäure, welche auch in den Sennesblättern angetroffen wird. Diese beiden Stoffe gehen in den Harn über und verleihen demselben eine mehr oder weniger dunkelgelbe Färbung. Unter dem Einflusse der Alkalien (Ammoniak, Natron- oder Kalilauge) geht diese Farbe in lebhaftes Roth über, und dies geschieht zuweilen auch spontan, wenn der Harn die ammoniakalische Gährung erleidet.

Der Schweiss und die übrigen Körperflüssigkeiten können sich gleichfalls unter der Einwirkung des Rhabarbers gelb färben; daher der Volksglaube, dass dieses Mittel ein Cholagogum ist. — Im Rhabarber findet sich noch eine besondere Gerbsäure, die Rheumgerbsäure und eine beträchtliche Menge Kalkoxalat.

In der Dosis von 0,2—0,3 wirkt Rhabarber wie ein bitteres Stomachicum. Er wird erst in Gaben von 2,0—3,0 zum Abführmittel, und ist von besonders günstigem Effekt, wenn die Verstopfung von einer Atonie des Magens und Darms herrührt.

Präparate: **Extractum Rhei.** Rhabarberextrakt. Trockenes, gelbbraunes, in Wasser lösliches Extrakt. Wird als Tonicum und

Stomachicum zu 0,1—0,2, als Abführmittel zu 0,5—1,0 mehrmals täglich in Pulvern oder Pillen gegeben.

Extractum Rhei compositum. Dieses Extrakt enthält neben den löslichen Stoffen des Rhabarbers, noch eine kleine Menge Aloë, Resina Jalapae und Sapo medicat. Es ist dieses ein recht brauchbares Präparat für die Bereitung von Abführpillen. Dieselben enthalten ungefähr 0,2, und sind Abends 1 bis 2 Pillen zu nehmen.

Tinctura Rhei aquosa. Wässerige Rhabarbertinktur. Ein schlechtes Präparat, das nur wenig von den wirksamen Bestandtheilen des Rhabarbers enthält. Wird theelöffelweise verabreicht.

Tinctura Rhei vinosa. Weinige Rhabarbertinktur. Wird durch Marceration von 8 Th. Rhabarberwurzel mit 100 Th. Xereswein unter Zusatz von aromatischen Substanzen (2 Th. Pomeranzenschalen und 1 Th. Kardamomen) bereitet. Wird je nach der beabsichtigten Wirkung in Gaben von 5,0—10,0 verabreicht und zeigt sich besonders bei alten Leuten sehr nützlich.

Pulvis Magnesiae cum Rheo. Siehe Magnesia.

Sirupus Rhei. Rhabarbersirup. Wird bereitet durch Aufkochen von Rhabarber und Zimmt mit durch Kaliumcarbonat alkalisch gemachtem Wasser. Dieser Sirup eignet sich namentlich für Kinder in Gaben von 1 Kaffee- bis 1 Esslöffel. Sehr oft wird demselben noch Sirupus Mannae zugemischt.

Folia Sennae. Sennesblätter. Feuilles de séné.

Diese Blätter stammen von verschiedenen Cassia-Arten (Cassia acutifolia, C. angustifolia) aus der Familie der Leguminosen. Es sind dies im Süden von Ägypten, in Nubien, Sudan, Kordofan etc. sehr verbreitete Sträucher. Von dort werden sie nach Alexandrien (als Alexandrinische oder Palt-Senna) expedirt. Gegenwärtig kommt Senna zum grössten Theil aus Indien, unter der Bezeichnung von Tinnevelly-Senna, in den Handel.

Fig 12. Cassia acutifolia.

Die abführende Wirkung der Senna beruht auf der Cathartinsäure, welche in derselben Weise wie beim Rhabarber wirkt; aber die irritirende Wirkung der Senna auf die Darmmuskulatur ist viel stärker als die des Rhabarbers. Sie erzeugt gewöhnlich heftige Koliken, und die Kontraktion der glatten Muskeln kann sich auf die Gebärmutter fortsetzen. Daher sollen Sennesblätter während der Schwangerschaft und Menstruation nicht verordnet werden.

Die Abführwirkung tritt bereits nach einer Dosis von 2,0 (im Infus) ungefähr 5 Stunden nach der Aufnahme ein.

Präparate: **Infusum Sennae compositum.** Wiener Trank. 1 Th. Sennesblätter wird mit 7 Th. heissem Wasser infundirt, und in der erkalteten Flüssigkeit werden 1 Th. Tartarus natronatus und 3 Th. Manna gelöst. — 50,0—100,0 g dieser braunen Flüssigkeit, auf einmal genommen, wirken stark abführend. Man bedient sich dieses Präparates namentlich bei Nephritis, wenn es darauf ankommt, eine kräftige Ableitung auf den Darm hervorzurufen.

Pulvis Liquiritiae compositus. Brustpulver (Kurella). Besteht aus einer Mischung von Fenchel (1), gereinigtem Schwefel (1), gepulverten Sennesblättern (2), Süssholz (2) und Zucker (6). Wirkt sehr gut bei habitueller Stuhlverstopfung. Dosis für den Erwachsenen 1 Kaffeelöffel, für ein Kind eine Messerspitze voll.

Species laxantes. Abführender Thee. Der abführende Thee, auch Saint Germainthee genannt, besteht aus Sennesblättern (160), Holunderblüthen (100), Fenchel und Anis (je 50), Kaliumtartrat (25), Weinsäure (16). — Dosis: 1—2 Theelöffel voll auf 1 Tasse Wasser.

Senna bildet einen Bestandtheil sämmtlicher purgirender Thees, die unter den verschiedensten Bezeichnungen auf dem Markte der pharmaceutischen Specialitäten angepriesen werden.

Electuarium e Senna. Sennalatwerge. Electuaire lenitif. Zusammengesetzt aus Fol. Sennae (1), Sirup. simpl. (4), Pulp. Tamarind. (5). — Man giebt Morgens 1 Kaffeelöffel.

Sirupus Sennae. Sennasirup. Ist braun. Theelöffelweise.

†**Sirupus Sennae cum Manna** besteht aus einer Mischung aus gleichen Theilen Senna- und Mannasirup. Er wird besonders Kindern (kaffeelöffelweise) gegeben.

Man kann auch **Abführfrüchte** bereiten durch Abkochen von Pflaumen, Birnen, Äpfeln etc. mit einem 5% Senna-Infus, dem Zucker, Zimmt oder andere Aromatica zugesetzt werden.

†Cascara Sagrada.

Unter der Bezeichnung von Cascara Sagrada wendet man ein Fluid-Extrakt an, das aus der Rinde von Rhamnus Purshiana (Rhamnacee), einem in gebirgigen Gegenden Nordamerikas häufig vorkommenden Strauche, dargestellt wird. Die abführende Dosis beträgt 4,0—5,0 g (1 Kaffeelöffel). Diese Droge zeigt nicht hervorragendere Eigenschaften als die vorher genannten, und die wirksamen Agentien sind dieselben, welche wir in verschiedenen Species der in Europa wachsenden Gattung Rhamnus finden. So enthält die Rinde von Rhamnus Frangula,

Cortex Frangulae. Faulbaumrinde.
Cathartinsäure (Frangulasäure).

Man kann aus ihr ein Fluid-Extrakt, Extractum Frangulae fluidum bereiten, dem dieselben Eigenschaften des vorhergenannten Präparates zukommen. Dosis 25—40 Tropfen.

Die kugeligen Früchte von Rhamnus cathartica,

Fructus Rhamni catharticae, Kreuzdornbeeren,

enthalten ein abführendes Princip (Rhamnocathartin) und dienen zur Bereitung eines Sirupes, Sirupus Rhamni catharticae, Kreuzdornbeerensirup. Sirop de nerprun. Derselbe wirkt in Gaben von 20,0 bis 30,0 g abführend.

Drastica.

Aloë.

Aloë wird gewonnen, indem man den in den fleischigen Blättern der verschiedenen Aloë-Arten (Aloë vulgaris, A. spicata, A. ferox etc.) enthaltenen Saft zur Trockene eindampft. Diese Pflanze gehört zu der Familie der Liliaceen und ist in Südafrika (Cap, Natal) sehr verbreitet.

Je nach der Bereitungsweise erhält man durchscheinende Aloë mit glasigem Bruche und braunrother Farbe (Aloë lucida) oder undurchsichtige Aloë, auch Leberaloë (Aloë hepatica) genannt (wegen ihres an die Leber erinnernden Aussehens). Diese verschiedenen Aloëarten haben sämmtlich dieselben bitteren und abführenden Eigenschaften. In allen findet sich Aloïn (ein Derivat des Anthracens), das man im reinen Zustande zu verwenden versucht hat; man hat jedoch gefunden, dass es keine stärkere abführende Wirkung als Aloë selbst besitzt. Letztere ist in siedendem Wasser löslich; nach dem Erkalten setzt sich eine harzartige Masse ab, die sich in Weingeist vollständig löst. — Die purgirende Dosis der Aloë beträgt 0,2 bis 0,5. Bei Aufnahme durch den Mund vergehen 8 bis 10 Stunden, ehe die Wirkung eintritt. Diese Langsamkeit lässt sich dadurch erklären, dass Aloë, um wirken zu können, erst längere Zeit mit der Galle und den alkalischen Darmsäften in Berührung sein muss. Zur Beschleunigung dieser Wirkung pflegt man bei Bereitung von Aloëpillen denselben etwas Seife oder Ochsengalle (Fel tauri) hinzuzusetzen. — Diese Droge besitzt die unangenehme Eigenschaft, die Organe des kleinen Beckens zu kongestioniren, und man kann beobachten, wie sich unter ihrem Einflusse Haemorrhoiden bilden. Daher wird man Leuten, die zu dieser Affektion prädisponiren und ebenso Schwangeren dieses Mittel nicht verschreiben; dagegen verordnet man es gern in Verbindung mit Eisen, um den normalen

Menstrualfluss wieder herbeizuführen. Bei Nephritis gebietet die Anwendung der Aloë grösste Vorsicht. Sie eignet sich besonders für die Behandlung der habituellen Obstipation, da ihre Wirkung sich erst im unteren Theile des Dünndarms und im Dickdarm entfaltet. Ihr kommt nicht der Übelstand zu, Verdauungssäfte fortzuführen, daher findet sich Aloë in allen den zahlreichen Abführpillen, welche auf dem Wege der Reklame angekündigt und empfohlen werden.

Dosis: 0,10—0,20 für jede Pille, häufig in Verbindung mit Rheum, Jalape etc. Gewöhnlich lässt man die Pillen Abends nehmen.

Präparate: **Extractum Aloës** hat keinen besonderen Vorzug vor Aloë selbst. Dieselbe Dosis

Tinctura Aloës (1 Th. Aloë, 5 Th. Spirit. dil). Zu 5 bis 20 Tropfen als Stomachicum.

Tinctura Aloës composita. Elixir ad longam vitam. Wird bereitet aus Aloë (6), Rhabarberwurzel (1), Enzianwurzel (1), Zitwerwurzel (1), Safran (1), Spirit. dil. (200). Diese rothbraune Tinktur ist gleichzeitig ein excitirendes Stomachicum und Abführmittel und bei älteren Leuten sehr beliebt. Dosis $^1/_2$—1 Kaffeelöffel in etwas Zuckerwasser mehrmals täglich.

Tubera Jalapae.

Radix Jalapae. Jalapenknollen.

Diese knollige Wurzel rührt her von Ipomea Purga, einer Kletterpflanze aus der Familie der Convolvulaceen, die in Mexico (Orizaba. Xalappa) einheimisch ist. Die Droge ist im frischen Zustande dick und fleischig; eingetrocknet bildet sie eine rundliche, braunschwärzliche, schwere Masse.

Fig. 13. Ipomea purga.

Sie enthält eine erhebliche Menge Harz (Resina Jalapae), das dieselben Eigenschaften wie Aloë besitzt, d. h. zu seiner Wirkung durchaus der Mithülfe der Galle und der Darmsäfte bedarf. Das wirksame Princip ist das Convolvulin (Jalapin), welches sich in einer grossen Anzahl der Familie der Convolvulaceen zugehörenden Pflanzen vorfindet. Diese Substanz hat eine rein örtliche Wirkung, und ihre Wirkung ist Null, wenn man sie auf subkutanem Wege beibringt oder in die venöse Blutbahn injicirt.

Es wird auch häufig das Harz, **Resina Jalapae,** in denselben Gaben und unter denselben Bedingungen wie Aloë (0,3—0,5) verordnet. Die Dosis der pulverisirten Wurzel beträgt 1,0—2,0 g.

†**Tinctura Jalapae composita,** Eau de vie allemande, besteht (nach Pharm. Helv.) aus 3 Abführmitteln aus der Familie der Convolvulaceen. Jalapenknolle (8), Scammonium (2), Turpethwurzel (1) und Weingeist (96). Dieses Präparat wird häufig als Abführmittel bei Nierenkranken, und unserer Meinung nach mit Unrecht, verordnet, denn diese Substanzen können eine ziemlich intensive Kongestion der Nieren hervorrufen. Dosis 15,0—20,0.

Eine Mischung von Jalapenharz und medicinischer Seife führt die Bezeichnung Jalapenseife, **Sapo jalapinus** und wird zur Bereitung von Abführpillen verwendet. Mehrmals täglich 1 Pille zu 0,1.

†Scammonium,

ein dem Jalapenharz ähnliches Harz, stammt von der Wurzel von Convolvulus Scammonia (Syrien und Kleinasien). Man wendet die Droge unter der Bezeichnung von Scammonium in denselben Gaben (0,2—0,5) wie das vorhergenannte Mittel an.

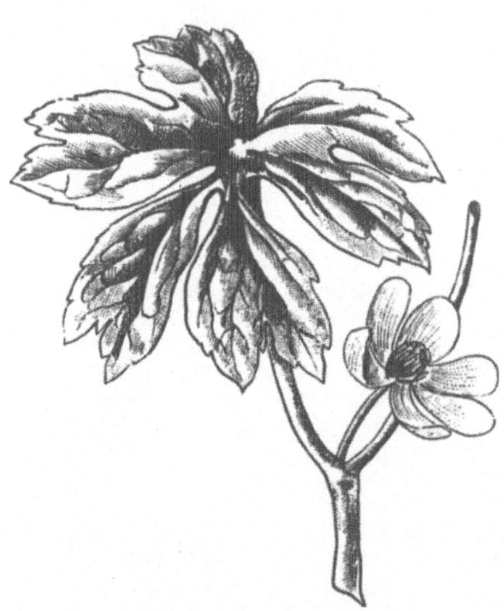

Fig. 14. Podophyllum peltatum.

Podophyllinum, Resina Podophylli.

Dieses Harz ist aus der Wurzel von Podophyllum peltatum, einer in Nordamerika einheimischen Berberidee, gewonnen. Es enthält verschiedene mehr oder weniger energische Principe (Podophyllotoxin, Pikropodophyllin), die ungefähr wie Convolvulin wirken. Podophyllin erweist sich von Nutzen bei der Behandlung der Stuhlverstopfung und wird in Pillen, in Gaben von 0,05 bis 0,10 und bis zu 0,2 pro die verordnet. Man setzt es auch anderen Purgantien, wie z. B. der Pulpa Tamarindorum in dem Verhältnisse von 1% hinzu, um ihre Wirkung zu erhöhen.

Die Anwendung der übrigen Drastica wird wegen ihrer all zu energischen Aktion immer mehr verlassen. Hierhin gehören:

Fructus Colocynthidis, Koloquinthen,

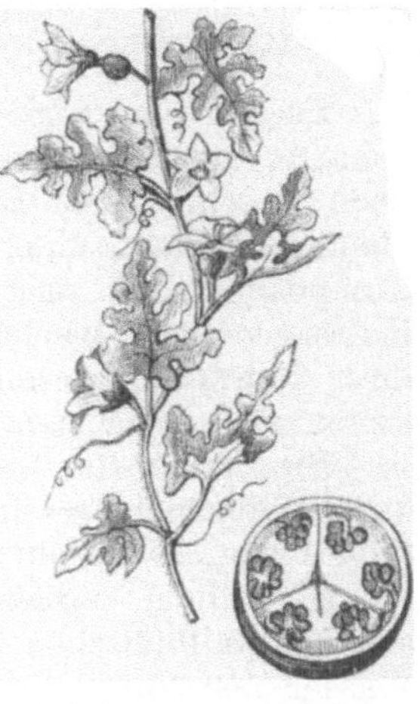
Fig. 15. Citrullus Colocynthis.

die Frucht einer Cucurbitacee, Citrullus Colocynthis, welche in Spanien einheimisch ist. Wird in Pulvern und Pillen zu 0,05—0,1 oder als

Extractum Colocynthidis ad 0,05 pro dosi — ad 0,2 pro die verordnet. Ebenso als

Tinctura Colocynthidis ad 1,0 pro dosi! — ad 5,0 pro die!

Gutti oder Gummigutt.

Es ist der getrocknete Milchsaft von mehreren Garcinia-Arten (Garcinia Morella. G. pictoria), Pflanzen aus der Familie der Guttiferen, die in Indien und China vorkommen.

In Pulvern oder Pillen ad 0,5 pro dosi! — ad 1,0 pro die!

Oleum Crotonis. Krotonöl.

Wird aus den Samenkernen von Croton Tiglium, einer Euphorbiacee Indiens und der Malayischen Inseln gewonnen. Es enthält in Form von Glyceriden Krotonsäure (Krotonöl), welcher eine stark reizende Wirkung zukommt. — Auf die Haut gebracht, ruft dieses Öl eine heftige Entzündung mit Pustelbildung hervor; daher wird es häufig als Ableitungsmittel angewendet.

Es vermag auch nach einfacher Applikation auf die Haut des Abdomens Stuhlentleerung zu bewirken.

Innerlich genommen, übt es eine ausserordentlich irritirende Aktion auf die ganze Schleimhaut des Verdauungstractus aus; es kann zur Verschwärung und Nekrose der Mucosa führen, die sich alsdann in Fetzen loslöst. — 1 oder 2 Tropfen zu 20,0 bis 30,0 Oliven- oder Mandelöl hinzugesetzt, erzielen eine ähnliche Abführwirkung wie 50,0 Ricinusöl. Wird selten angewandt.

Grösste Einzelgabe 0,05 g; grösste Tagesgabe 0,1 g!

Zu den ausleerenden Mitteln (Evacuantia) kann man auch die

Vermifuga (Anthelminthica)

zählen, welche den Darm von den in ihm lebenden Parasiten befreien. Hierhin gehört das Santonin, das speciell die Askariden hinausbefördert, während die Farnwurzel (Rhizoma Filicis), die Granatrinde (Cort. Granati), Kousso, Kamala zur Bekämpfung der

Cestoden, wie Taenia, Bothriocephalus, oder auch zur Behandlung von Anchylostomum duodenale verwendet werden.

Flores Cinae. Semen contra. Zittwersamen. Santonin.

Diese Droge wird mit Unrecht Zittwersamen oder Wurmsamen genannt, denn es handelt sich nicht um Samen, sondern um die noch geschlossenen Blüthen von Artemisia maritima (Variet. Stechmanniana), einer krautartigen Pflanze aus der Familie der Kompositen, die fast ausschliesslich in Turkestan und in den Kirgisensteppen wächst. Diese Blüthen werden kurze Zeit vor ihrer Entfaltung gesammelt, denn gerade in diesem Moment enthalten sie am meisten von ihrem wirksamen Princip.

Sie haben das Aussehen eines kleinen, grünlichen Samenkorns (Semenzina = kleiner Samen; italienisch), und einen eigenthümlichen, von einem ätherischen Öle herrührenden Geruch. Das eigentliche wirksame Princip ist das Santonin, eine weisse, aus Krystallblättchen bestehende Substanz. Dieselbe ist in kaltem Wasser fast unlöslich, löst sich dagegen in 250 Theilen siedendem Wasser und mischt sich auch mit Alkohol, Chloroform und fetten Ölen etc. Es scheint jedoch auch das ätherische Öl nicht ohne Wirkung auf die Würmer zu sein. — Santonin wird gegenwärtig fast ausschliesslich angewendet. Dasselbe wird vermöge seiner allgemeinen physiologischen Eigenschaften den Giften des Nervensystems beigezählt.

Nach Einführung in den Verdauungskanal wandelt es sich in santonsaures Natrium um, das zum Theil durch den Urin eliminirt wird. Letzterer nimmt hierbei eine grünlichgelbe Farbe an, die nach Zusatz eines Alkalis in Roth übergeht. Diese Reaktion unterscheidet sich von der des Rhabarbers und der Senna insofern, als der rothe Farbstoff in Amylalkohol löslich ist.

Wirkung. Unter der Einwirkung einer Gabe von 0,10 bis 0,15, und schon nach geringeren Dosen kann bei Kindern Gelbsehen eintreten. Früher nahm man an, dass dies von einer gelben Verfärbung der brechenden Medien des Auges herrühre; doch ist dies nicht der Fall. Denn diesem Phänomen geht fast immer eine intensivere Perception von Violett und zuweilen von Roth voraus, die allmählich verschwindet, und nur den Eindruck von Gelb zurücklässt. In einigen Fällen ist sogar vollständige, aber vorübergehende Blindheit beobachtet worden. Diese Xanthopsie beruht wahrscheinlich auf einer direkten Einwirkung auf die Sehcentren oder den Nervus Opticus. Es handelt sich zuerst um eine Reizwirkung, und dann um eine Lähmungserscheinung, in deren Folge die Perception für Violett verschwindet; es bleibt alsdann nur noch ein undeutliches Spectrum, in welchem das Gelb vorherrscht. Hierbei können auch Convulsionen und Hallucinationen des Gehörs und noch häufiger des Geruchs auftreten. Besonders bei nervösen Kindern treten derartige Erscheinungen häufiger und in auffallenderer Weise auf, aber — trotz ihrer Intensität — sind diese Symptome meistens nicht gefährlich, und alles kehrt wieder in das normale Geleise zurück, sobald das Santonin einmal durch den Urin oder die Faeces eliminirt worden ist.

Santonin übt eine besondere lähmende Wirkung, hauptsächlich auf Ascaris lumbricoides, Oxyuris vermicularis und Anchylostomum duoden. aus. Auf die Taenien und Bothriocephalus wirkt es weit weniger.

Kindern von 4—10 Jahren kann man 0,025 bis 0,05, Erwachsenen bis 0,25 in 24 Stunden geben. Es ist nutzlos, grössere Dosen zu verschreiben, und zweckmässiger, das Mittel mehrere Tage hintereinander zu geben und von Zeit zu Zeit ein Abführmittel wie Calomel oder Ricinusöl zu verabreichen. Für Kinder werden Santoninzeltchen, Trochisci Santonini aus Zucker oder Chokolade bereitet. Jedes Zeltchen enthält gewöhnlich 0,025 Santonin. Handelt es sich darum, gegen Oxyuris vermicularis vorzugehen, der sich mit Vorliebe in der Rektalhöhle aufhält, so verschreibt man das Santonin in Klystierform:

46) ℞ Santonini 0,10
Olei Ricini 30,0
f. emulsio cum vitell. ovi I
adde Aqua destill. 150,0.
S. zum Klystier.

Grösste Einzelgabe 0,1! grösste Tagesgabe 0,5!

Andere einheimische Artemisia-Arten, wie A. absinthium, A. vulgaris besitzen gleichfalls wurmtreibende Eigenschaften. Sie werden im Aufguss (10,0—15,0 g) oder Sirup (Sirop de Cruveilher) verordnet.

Als einheimisches Anthelminthicum können zuweilen die Kürbiskerne, (Cucurbita Pepo. Cucurbitacee) mit Nutzen verordnet werden. Man hat hierbei darauf zu achten, dass hauptsächlich die grüne Hülle, welche das Perisperm bildet, gegeben wird. Zur Erreichung der gewünschten Wirkung sind 60 bis 80 Kürbissamen erforderlich.

Rhizoma Filicis. Radix Filicis maris. Farnwurzel.

Mehrere Farnkräuter besitzen anthelminthische Eigenschaften, und unter ihnen ist der Wurzelstock von Polystichum Filix mas (Aspidium Filix mas) am wirksamsten. Im frischen Zustande zeigt dieser Wurzelstock eine grüne Färbung, die von einer harzartigen Substanz herrührt. Letztere ist in Äther löslich, und in ihr findet sich das wirksame Princip, über das man noch nicht genügend orientirt ist. Manche Forscher nehmen an, dass allein die in ihr enthaltene Filixsäure anthelminthische Eigenschaften besitzt. Doch ist dies kaum wahrscheinlich, da man stets bessere Resultate erzielt hat bei Verabreichung des ätherischen Farnwurzelextrakts als mit der Filixsäure im Zustande der vollkommensten Reinheit. Gegenwärtig wendet man das Pulver der Farnwurzel kaum mehr an (weil es schnell unwirksam wird), sondern einzig den ätherischen Auszug.

Extractum Filicis (aethereum). Dasselbe stellt eine grüne, halbflüssige, in Wasser unlösliche, in Weingeist unvollkommen lösliche Masse dar. In ihm findet sich Chlorophyll, ein Harz und Filixsäure.

Dieses Extrakt ist zweifellos eines unserer besten Bandwurmmittel. Seine Wirkung ist viel zuverlässiger als diejenige aller in- und ausländischen Anthelminthica. Es ist durchaus unnütz, und häufig sogar schädlich, davon zu grosse Gaben zu verabfolgen. Beim Erwachsenen sollen 4,0 g nicht überschritten werden. Falls erforderlich, kann diese Dosis noch einmal wiederholt werden. — Am besten verabreicht man das Mittel in flüssiger Form, doch wegen seines unangenehmen Geschmackes kann es auch in Pillen oder Gallertkapseln verordnet werden.

Vor Beginn der Kur ist es zweckmässig, den Kranken etwas vorzubereiten. Dies geschieht am besten, indem man den Patienten Abends vorher eine dem Parasiten unangenehme Nahrung nehmen lässt; so z. B. Heringssalat, der mit etwas Knoblauch angerichtet und mit einem Glase Rothwein übergossen ist. Am folgenden Morgen giebt man alsdann die erforderliche Dosis Extractum Filicis. Wenn man nicht den unangenehmen Geschmack des Mittels fürchtet, so ist folgende Verabreichungsform die geeignetste:

47) ℞ Extr. Filicis (äther.) 4,0
Sirup. Aetheris 15,0
Cognac 10,0
Aq. dest. 35,0.
M. D. S. Umzuschütteln und auf einmal zu nehmen.

Gewöhnlich geht der Parasit, und namentlich der Bothriocephalus nach 2 oder 3 Stunden ab; er tritt aufgerollt als ein Packet heraus; aber man thut gut, seine vollständige Austreibung dadurch zu befördern, dass man zwei Stunden nach dem Farnwurzelextrakt noch 20,0—30,0 g Ricinusöl verabreicht.

Eine gewisse Anzahl von anderen einheimischen (Aspidium spinulosum) und exotischen (Aspidium athamanticum. Radix Pannae) Farnkräutern enthalten dieselben wurmtreibenden Principe, aber ihre anthelminthischen Eigenschaften sind nicht hervorragender, sondern viel geringer als diejenigen von Rhizoma Filicis.

Cortex Granati. Granatrinde. Ecorce de grenadier.

Die Wurzelrinde des Granatbaumes (Punica Granatum), Familie der Myrtaceen, enthält wurmtreibende Stoffe, die sich auch in der Rinde des Stammes, aber in weit geringerer Menge, finden. Diese Substanzen nehmen durch Austrocknen und mit der Zeit bedeutend ab. Die beiden Hauptbestandtheile sind das Pelletierin und das Isopelletierin, flüssige Alkaloïde, die mit den Säuren Salze bilden. Man wendet vorzugsweise das †Pelletierinum tannicum zu 0,4—0,5 an.

In der gewöhnlichen Praxis und besonders wenn man sich frische Granatrinde verschaffen kann, lässt man 40,0—50,0 g derselben während 24 Stunden maceriren, dann rasch aufkochen, durchseihen und mit etwas Sirup. Aetheris versetzen. Man lässt diese Dosis in zwei Malen, in halbstündigem Intervall nehmen. Alsdann verabfolgt man, wie nach Extr. Filicis, ein Abführmittel. Es verdient jedoch hervorgehoben zu werden, dass die Wirkung der Granatrinde nicht so zuverlässig wie die der Farnwurzel ist.

Flores Koso. Kossoblüthen.

Es sind dies die weiblichen Blüthen von Brayera anthelminthica (Rosacee. Spiracee), eines schönen Baumes aus den Gebirgen Abyssiniens. Sie gelangen zu uns in comprimirten Päckchen, haben eine röthliche Farbe und enthalten Kussin, das eine sehr toxische Wirkung auf alle Darmparasiten und hauptsächlich auf die Tänien ausübt.

Leider sind diese Blüthen nicht immer gut konservirt, und ihre Wirkung ist sehr variabel. — Sie werden zu 15,0—20,0, vorzugsweise mit Pulpa Tamarindorum oder Sirup oder Quittengelee vermischt, gegeben. Die Dosis des Kussins beträgt 1,0—2,0.

Kamala.

Diese Droge, ein rothes Pulver, besteht aus den Drüsen und Haaren, welche die Frucht von Mallotus philippinensis, einem grossen Baume aus der Familie der Euphorbiaceen, überziehen. Dieser Baum kommt in englisch Indien und auf den Sunda-Inseln vor. Dort bedient man sich hauptsächlich der Kamala, um die Seide gelb zu färben. Kamala enthält einen Farbstoff, Rottlerin, und besitzt dieselben Eigenschaften wie Koso. Man verabreicht Kamala in derselben Weise zu 4,0—10,0 g.

Fassen wir das Gesagte kurz zusammen, so müssen wir vor Allem hervorheben, dass für die europäischen Länder das Extractum Filicis (äther.) das zuverlässigste Bandwurmmittel ist. Es zeigt die wenigsten Übelstände, wenn es darauf ankommt, Tänien, Bothriocephalen oder Anchylostomum duodenale aus dem Darm auszutreiben.

Emetica. Vomitiva. Brechmittel.

Das Erbrechen, welches man sich früher durch die einfache Kontraktion des Magens zu erklären suchte, ist ein Akt, zu dessen Zustandekommen die Hülfe und Mitwirkung mehrerer Muskelgruppen erforderlich ist. In erster Linie müssen sich die glatten Längsfasern des Oesophagus energisch zusammenziehen, so dass sie den Magen gegen die Speiseröhre hinaufziehen und dabei gleichzeitig die Cardia weit öffnen. Alsdann schliesst sich nach einer kräftigen Inspiration die Stimmritze, und das Diaphragma fixirt sich. Darauf kontrahiren sich die Bauchmuskeln krampfhaft, und der zusammengezogene und zwischen dem Zwerchfell und den Bauchmuskeln komprimirte Magen entledigt sich nun seines Inhaltes.

Wenn die Erweiterung der Cardia nicht gleichzeitig mit der Kompression des Magens eintritt, findet keine Herausbeförderung statt, und Alles beschränkt sich auf einen Brechreiz und Anstrengungen zum Brechen, wie man dies so häufig bei Individuen beobachtet, deren Magen tief hinuntergestiegen oder bei denen die Muskulatur dieses Organs degenerirt oder atrophirt ist.

Das nervöse Centrum für den Brechakt ist in der Medulla oblongata und wahrscheinlich in der nächsten Nähe des Athmungscentrums gelegen. Dies scheint durch die Thatsache bewiesen, dass Alles, was zum Brechen reizt, auch die respiratorischen Bewegungen beschleunigt. Andererseits ist es bekannt, dass die Narcotica, welche die Erregbarkeit der Athmungscentren herabsetzen, auch das Erbrechen stillen. Der von den Respirations- und Brechcentren ausgehende motorische Impuls gelangt durch Vermittelung der Nervi Vagi, Phrenici und Intercostales zum Oesophagus, Magen, Diaphragma und zu den Bauchmuskeln. Durchschneidung der Vagi beseitigt sehr häufig (obschon nicht immer) die Fähigkeit zu erbrechen, durch Aufhebung der Coordination, welche zwischen den Bewegungen der Cardia und des Magens einerseits, und des Diaphragma und der Bauchmuskeln andererseits vorhanden sein muss. Es kann wohl Brechneigung eintreten, aber eine Herausbeförderung des Mageninhalts findet nicht statt.

Erbrechen kann durch Reize der verschiedensten Art hervorgerufen werden. Zu seiner Erzeugung genügt ein Geruch oder einfach die Erinnerung an einen ekelhaften Geruch oder ein widerlicher Anblick. Ebenso können manche reflektorische Vorgänge, die vom Darm (Incarcerirte Hernie) oder vom Bauchfell (Peritonitis), von den Hirnhäuten (Meningitis tuberculosa), vom Uterus (Schwangerschaft) etc. ausgehen, Erbrechen erregen.

Bestimmte brechenerregende Substanzen wirken nur durch direkte Reizung der peripherischen Nervenendigungen des Magens, wie dies z. B. beim Tartarus stibiatus, bei Ipecacuanha, Cuprum sulfuricum der Fall ist, während andere Mittel, wie Apomorphin einzig durch Aktion auf die Centren wirken.

In früheren Zeiten machten die Ärzte von den Brechmitteln den ausgiebigsten Gebrauch. Sie hofften dadurch aus dem Körper die bösen Säfte hinauszuschaffen, welche die Ursache aller Leiden waren. Und zur Zeit der phlogistischen Lehre verordnete man die Vomitiva als Gegenreize, um das Fieber herabzusetzen. Gegenwärtig sieht man die Brechmittel nur als Agentien an, die dazu dienen, den Magen von seinem lästigen oder gefährlichen Inhalte zu befreien. Und auch in derartigen Fällen wird von ihnen nur Gebrauch gemacht, wenn man sich nicht der Magensonde bedienen kann. Die Anwendung der letzteren verdient, wo dies nur thunlich, stets den Vorzug; denn bei dieser Procedur ist die Reinigung des Magens eine schnellere und vollständigere.

Die Vomitiva werden mit Vorliebe bei Larynxcroup verordnet. Unter ihrer Einwirkung steigert sich die Sekretion des Bronchialbaumes, und die flüssiger gemachten Pseudomembranen werden viel leichter expektorirt. Man muss indessen vorsichtig sein und sich dieser Mittel bei Kindern, die schon durch das Ringen nach Luft erschöpft sind, und in allen Fällen, wo die Emetica nichts weiter als Steigerung der bereits vorhandenen Prostration hervorrufen, enthalten.

Die Vomitiva sind auch kontraindicirt bei Individuen mit Aneurysma oder vorgeschrittenem Atherom.

Tartarus stibiatus. Brechweinstein. Tartre stibié.

Der Tartarus stibiatus, auch Tartarus emeticus genannt, ist weinsaures Kaliumantimonoxyd. Seine Darstellung geschieht durch Aufkochen von Tartarus depuratus mit Antimonoxyd. Er bildet kleine, harte Krystalle, die in 17 Theilen kaltem und in 3 Theilen siedendem Wasser löslich sind. Man soll den Brechweinstein wegen seiner leichten Zersetzlichkeit ohne Zusatz von andern Substanzen und nur in destillirtem Wasser gelöst verschreiben. Ein etwas kalkhaltiges Wasser schlägt bereits einen Theil des Antimons nieder, und die doppelte Zersetzung erfolgt sehr rasch mit allen Alkalien, mit Gerbsäure, Schwefel, Säuren, Alkaloïden etc.

Dieses Mittel stand in früheren Zeiten in höchstem Ansehen (Mynsicht. Paracelsus). Während ein Theil der Ärzte dasselbe in den Himmel hob, wurde es jedoch von anderen verdammt. Es wurde sogar Gegenstand eines besonderen Erlasses des Parlaments von Paris, der auf Betreiben der Akademie der Medicin seine Anwendung verbot. Hundert Jahre später erfolgte unter Ludwig XIV., dem sein Gebrauch gut that, ein neues Edikt des Parlaments, das den Tartarus stibiatus wieder rehabilitirte. — Heutzutage wird er gewöhnlich nur noch als Brechmittel verordnet.

Wirkung. Direkt auf die Haut gebracht, erzeugt Tartarus stibiatus innerhalb 24 bis 48 Stunden eine sehr starke Hautentzündung mit nachfolgendem pustulösem Ausschlag. Die Pusteln zeigen grosse Ähnlichkeit mit der Variolapustel. Sie enthalten ein blutiges Serum und zeigen, sobald ihr Inhalt purulent wird, eine nabelförmige Einziehung. Befinden sich mehrere Pusteln nebeneinander, so können sie, ganz wie bei Variola, konfluirend werden. Sie trocknen unter Bildung einer röthlichen Kruste ein, die nach ihrem Abfallen einer bleibenden Narbe Platz macht.

Diese örtlich reizenden Eigenschaften hat man sich häufig zu Nutze gemacht, um durch Applikation von Brechweinstein (in Salben-, oder Pflasterform) eine Ableitung hervorzurufen. Hierbei darf jedoch nicht unbeachtet bleiben, dass auch derartige Anwendungsweisen Erbrechen verursachen können.

Bei innerlicher Aufnahme von 0,005—0,01 stellt sich geringer Schmerz in der Magengegend ein, der Speichel fliesst reichlicher, die Athmungsbewegungen zeigen sich ein wenig beschleunigt. Gleichzeitig macht sich ein vorübergehendes Gefühl von Übelkeit und allgemeines Unbehagen bemerkbar.

Um bestimmt Erbrechen hervorzurufen, ist mindestens eine Dosis von 0,05 erforderlich. Dem Erbrechen geht eine tiefe Muskeldepression voraus. Der Blutdruck ist bedeutend herabgesetzt, und der Puls zeigt in Folge der Erschlaffung der Gefässwände nur geringe Spannung. Schweiss und Bronchialsekretion sind gesteigert.

Tartarus stibiatus wirkt durch direkte Reizung der Vagusendigungen im Magen und nicht durch Beeinflussung des Brechcentrums. Als Beweis dafür gilt der Umstand, dass das Mittel bei direkter Einführung in die Venen oder unter die Haut mehr Zeit bis zum Eintritt der Wirkung braucht, als wenn es innerlich gegeben wird. Ausserdem ruft die intravenöse Injektion nur Erbrechen hervor, wenn die eingespritzte Dosis grösser ist als diejenige, welche bei innerlicher Verabreichung denselben Effekt hervorbringen würde. Ebenso kann nachgewiesen werden, dass der intravenös oder subkutan beigebrachte Brechweinstein nur Erbrechen bewirkt, wenn er sich auf die Magenschleimhaut auszuscheiden beginnt; ein grosser Theil des auf diese Weise in den Organismus eingeführten Mittels wird in den erbrochenen Massen wiedergefunden.

Magendie hatte nachzuweisen versucht, dass dieses Mittel durch direkte Reizung der Centren wirke. Zu diesem Zwecke ersetzte er beim Hunde den Magen durch eine Harnblase und verabreichte alsdann eine starke Dosis Tartarus emeticus, worauf Erbrechen eintrat. Indessen ist dieses Experiment nicht beweiskräftig, denn Tartarus stibiatus bewirkt ebenso gut Erbrechen durch direkte Irritation der Oesophagusnerven und der Nervenendigungen des Duodenums, wie durch direkte Aktion auf die Schleimhaut des Magens.

In grossen Dosen (1,0—2,0 g) erzeugt Tartarus stibiatus eine sehr heftige, akute Gastroenteritis mit blutigem Erbrechen und reichlichen flüssigen Stuhlentleerungen. Dieser Zustand ist als Brechweinstein-Cholera bezeichnet worden. Sehr leicht stellt sich hierbei Kollaps ein, und sogar Todesfälle durch Herzlähmung sind bekannt geworden. Dieser fatale Ausgang ist jedoch selten, da ein grosser Theil des Emeticums durch den Brechakt entleert und der Rest während seines Durchgangs durch den Darm, in Folge der Einwirkung der Alkalien oder durch den Schwefelwasserstoff zersetzt wird. Wie die andern metallischen Verbindungen derselben chemischen Gruppe (P. As. Bi. Sb.) kann Tartarus stibiatus fettige Entartung der Leber verursachen.

In Vergiftungsfällen soll viel lauwarmes Wasser mit Natrium bicarbonicum oder Milch gereicht werden; Tannin und Schwefelpräparate können gleichfalls in Anwendung kommen.

Man kann nach kurzer Zeit dahin gelangen, bedeutende Dosen Brechweinstein zu vertragen. Nachdem 3 bis 5 Tage lang Gaben von 0,50 genommen worden, vermag der Magen, bis 1,0 zu toleriren, ohne dass (und zwar in Folge Erschöpfung der nervösen Reizbarkeit) Erbrechen eintritt. Die Muskelerschlaffung ist jedoch bedeutend, der Puls wird langsam, und die Temperatur sinkt.

Therapeutische Verwendung. Zu der Zeit, da man die akuten Krankheiten durch die sogenannten Gegenreize (Contrastimulantia) zu bekämpfen suchte, wurde der Brechweinstein in grossen Dosen gegeben (Rasori). So behaupteten die Anhänger dieser Methode, dass bei der Pneumonie die Brechbewegungen die Cirkulation in den Lungen beschleunigen, während die Abführwirkung gleichsam wie ein starkes Ableitungsmittel den Blutandrang nach den Lungen mässige. — Leider wird diese vielleicht günstige Wirkung durch die unheilvolle Aktion des Tartarus stibiatus auf das Herz aufgewogen, und gerade zu einer Zeit, wo seine Kräfte die grösste Schonung verlangen. Übrigens haben die heutigen Anschauungen über die akuten Krankheiten und besonders über die Pneumonie dieses Mittel gänzlich bei Seite geworfen.

Tartarus stibiatus ist auch in grossen Dosen bei Chorea, (wegen seiner deprimirenden Aktion auf die nervöse Erregbarkeit), verabreicht worden; doch wegen der vorher angegebenen Übelstände hat man auch hier darauf verzichtet.

Alles in Allem kann Tartarus stibiatus uns nur noch als Brechmittel in Gaben von 0,05—0,10 dienen, aber bei Croup und bei schon geschwächten Individuen, desgleichen bei Vergiftungen durch Narcotica wird seine Anwendung zu vermeiden sein.

ad 0,2 pro dosi! — ad 0,5 pro die!

Präparate: **Unguentum Tartari stibiati.** Brechweinsteinsalbe. Pockensalbe. Wird bereitet aus 2 Th. Brechweinstein und 8 Th. Paraffinsalbe. Eine weisse Salbe, die stark reizt und Pusteln erzeugt.

Vinum stibiatum. Brechwein. — Stellt eine Auflösung von 1 Th. Brechweinstein in 250 Th. Xereswein dar. Ein schlechtes und überflüssiges Präparat. Alle 10—15 Minuten 1 Theelöffel, bis zur Brechwirkung.

Radix Ipecacuanhae. Brechwurzel.

Diese Droge rührt von Cephaëlis Ipecacuanha, einer Pflanze aus der Familie der Rubiaceen her, die namentlich in der Provinz Matto Grosso in Brasilien vorkommt. Sie präsentirt sich in der Gestalt einer kleinen, geringelten braunen Wurzel von der Dicke einer Gänsefeder. Ihre wirksame Substanz ist das Emetin, welches sich ausschliesslich in dem Rindentheile der Wurzel befindet.

Fig. 16. Cephaëlis Ipecacuanha.

In die Praxis wurde die Droge (1680) durch Helvetius zur Behandlung der Dysenterie eingeführt. Sie verdankt diese letzteren Eigenschaften der Ipecacuanhasäure, einer sehr bitteren und adstringirenden Substanz, während das Emetin ein reines Brechmittel ist.

Wie Tartarus stibiatus kann Ipecacuanhapulver eine starke örtliche Entzündung hervorrufen; hierbei bilden sich jedoch keine Pusteln. — Bei innerlichem Gebrauche bewirken Gaben von 0,5 bis 1,0 g nach 10 bis 15 Minuten bestimmt Erbrechen. Dasselbe ist gleichfalls die Folge einer direkten Reizung der Nervenendigungen, aber ihm geht nicht ein so starkes Unbehagen voraus wie bei Tartarus stibiatus; desgleichen ist auch die allgemeine Depression viel geringer. Daher wird Ipecacuanha vorzugsweise bei Frauen und Kindern verordnet.

In nicht brechenerregender Dosis (0,05—0,10) vermehrt Ipecacuanha die Bronchialsekretion, welche sie gleichzeitig flüssiger macht. In dieser Weise erleichtert sie die Expektoration und ist in allen Fällen von Bronchitis von Nutzen.

Die Ipecacuanhawurzel ist auch ein geschätztes Mittel bei

Dysenterie. Hier wird sie in Abkochung zu 5,0—10,0 g innerhalb 24 Stunden (in Klystier oder innerlich) verabreicht. Dabei sucht man die Empfindlichkeit des Magens durch einige Tropfen Tinct. Opii crocata abzustumpfen, um Erbrechen zu verhindern.

48) ℞ Decoct. rad. Ipecacuanhae 5,0 : 150,0
Sirup. Opii 30,0.
M. D. S. In 24 Stunden zu nehmen.

Präparate: **Pulvis Ipecacuanhae opiatus.** Dover'sches Pulver. Mischung von Opium (1), Ipecacuanha (1) und Milchzucker (8). — Dosis 0,25—0,50.

Sirupus Ipecacuanhae. Wird als Zusatz für expektorirende und brechenerregende Mixturen verordnet.

Vinum Ipecacuanhae (Macerat aus 1 Th. Rad. Ipecac. mit 10 Th. Xereswein). Theelöffelweisse als Brechmittel. Überflüssig.

Die Pharmak. Helv. enthält noch eine

Tinctura Ipecacuanhae ($^1/_{10}$) mit

Dosis max. simpl.: 0,5 g. Dosis max. pro die: 2,5 g. Ferner

Extractum Ipecacuanhae fluidum mit

Dosis max. simpl.: 0,05 g. Dosis max. pro die 0,25 g!

Letzeres kann zur Bereitung von Ipecacuanha-Infusen und Decocten dienen. Man braucht nur eine Dosis, welche derjenigen der Wurzel entspricht, mit destillirtem Wasser zu versetzen. Zur Bereitung von Sirupus Ipecacuanhae ist 1,0 g dieses Extrakts mit 100,0 g Sirup. simpl. zu vermischen.

Pastilli Ipecacuanhae cum Opio. Pastilles de Vignier. Gemenge von Ipecacuanha, Opium, Safran, Süssholzsaft und Zucker. Jede Pastille enthält 0,002 Ipecacuanha und ebensoviel Opium.

Apomorphinum. Apomorphinum hydrochloricum.

Apomorphin wird erhalten, wenn man ein Gemisch von Morphin und Salzsäure im zugeschmolzenen Glasrohr auf 150° erhitzt. Dieses Verfahren spaltet aus dem Morphin ($C_{17}H_{19}NO_3$) ein Molekül Wasser (H_2O) ab und wandelt es in Apomorphin = $C_{17}H_{17}NO_2$ um. Letzteres kann sich auch in geringer Menge durch Einwirkung von Mikroorganismen in den alten Morphiumlösungen bilden. Und dies ist sehr häufig die Ursache des Erbrechens, das nach Injektionen mit zu alten Morphiumlösungen beobachtet wird.

Man wendet vorzugsweise das salzsaure Apomorphin,

Apomorphinum hydrochloricum ($C_{17}H_{17}NO_2 . HCl$)

an. Dasselbe ist ein krystallinisches, leicht lösliches Pulver, dessen anfangs farblose Lösung nach einiger Zeit grün wird, ohne deshalb etwas von seinen physiologischen Eigenschaften einzubüssen.

Im Gegensatz zu den anderen Brechmitteln kommt dem Apomorphin keine äussere irritirende Aktion zu, und es wirkt nur durch Vermittelung der dem Brechakt vorstehenden Centren. In subkutaner Injektion entfaltet es eine viel raschere und intensivere Wirkung als innerlich genommen. In der That genügt eine hypodermatische Einspritzung von 0,01 Apomorphin, um beim Erwachsenen nach 4 bis 5 Minuten Erbrechen hervorzurufen, während eine intern verabreichte Dosis von 0,05 bis 0,10 nur etwas Übelkeit erzeugt.

Dem Erbrechen gehen Wärmegefühl mit Ausbruch von Schweiss und Salivation voraus. Nach dem Erbrechen beobachtet man eine grosse Neigung zur Apathie und zum Schlaf. Werden Gaben verwendet, die nicht ausreichen, um Erbrechen zu bewirken, dann tritt, besonders bei Kindern, leicht Kollaps ein. Alsdann genügt die Verordnung eines leichten Reizmittels (Wein, Cognac, Äether), eine trockene Friktion oder Kompression des Abdomen, um alsbald das normale Befinden wieder herzustellen.

Apomorphin setzt die Kontraktionsfähigkeit der Muskeln im Allgemeinen herab, ganz besonders aber diejenige des Herzmuskels. Daher ist bezüglich seiner Anwendung Vorsicht geboten bei schwächlichen Personen, Kindern und Greisen. Man braucht jedoch keine übertriebene Furcht vor dem Kollaps zu haben. Derselbe kann übrigens vermieden werden, wenn gleich die richtige brechenerregende Dosis in Anwendung kommt, und er wird bekämpft in der vorher angedeuteten Weise. Morphium und Chloralhydrat bringen das durch dieses Mittel hervorgerufene Erbrechen gewöhnlich zum sofortigen Stillstand.

Eine nicht minder schätzenswerthe Eigenschaft des Apormorphins ist, dass es die Bronchialsekretion vermehrt, ohne dabei Hyperämie zu verursachen. Auf diese Weise erfolgt die Expektoration viel leichter. Diese expektorirende Wirkung wird am besten (und ohne Erbrechen zu erregen) erhalten, wenn man das Mittel innerlich in Gaben von 0,05 bis 0,10 pro die für den Erwachsenen verordnet.

49)	℞	Apomorphin. hydrochl.	0,05—0,10
		Sirup. tolutan.	30,0
		Spiritus e Vino (Cognac)	20,0
		Aq. destill.	100,0.

M. D. S. 2stündlich 1 Esslöffel.

Als Brechmittel ist das Apomorphin indicirt, wenn es darauf ankommt, rasch Erbrechen hervorzurufen, und wenn es nicht angeht, eine Magenspülung mit der Sonde vorzunehmen. In allen Fällen von Vergiftung durch Narcotica wird man jedoch von der Anwendung dieses Mittels Abstand nehmen.

Dasselbe ist auch mit günstigem Erfolge als Beruhigungs- und Schlafmittel bei aufgeregten, zerstörungssüchtigen Geisteskranken in subkutaner Injektion mit Erfolg angewendet worden (Rabow).

Grösste Einzelgabe 0,02! grösste Tagesgabe 0,10!

Dosis max. simpl. ad injekt. subkut.: 0,005 g } Pharm. Helvet.
Dosis max. pro die ad injekt. subkut.: 0,015 g }

Für die subkutanen Injektionen pflegen 1procentige Lösungen verwendet zu werden, und die Dosis hängt von dem Kräftezustande des zu behandelnden Individuums ab. Beim Erwachsenen mit kräftiger Muskulatur kann man bis 0,01 für eine Einspritzung gehen, während bei Frauen Dosen von 0,005 und bei kleinen Kindern 0,0005 nicht zu überschreiten sind. Bei Letzteren werden wir bis zum Ende des ersten Lebensjahres innerlich $^1/_2$ mg verschreiben und für jedes weitere Jahr die Gabe um $^1/_2$ mg erhöhen.

Cuprum sulfuricum. Kupfersulfat, $CuSO_4 + 5H_2O$.

Blaue, in Wasser leicht lösliche, in Alkohol unlösliche Krystalle. Bewirkt durch reflektorische Reizung vom Magen her Erbrechen. War früher besonders in der Kinderpraxis bei Croup und Diphtherie als Emeticum sehr beliebt. Man giebt 0,2 bis 0,5 alle 15 Minuten, bis Erbrechen erfolgt.

Grösste Einzelgabe 1,0!

Expectorantia.

Im normalen Zustande ist die Schleimhaut der Athmungsorgane beständig mit einer dünnen Schicht von mehr oder minder dünnem Schleim bedeckt, welchem die Aufgabe zufällt, die mit der eingeathmeten Luft eindringenden festen Partikelchen bei ihrem Passiren anzuhalten. Dank der Bewegung der Flimmerepithelien steigt diese Mucinschicht mit den ihr anhaftenden Fremdkörperchen fortwährend zu den oberen Orificien der Athmung empor. Sobald sie an den Eingang des Kehlkopfes gelangt, wird sie durch das Hinunterschlucken des Speichels angezogen und gelangt in die Speiseröhre, oder diese Schleimmassen werden, wenn die Menge stark genug ist, einen Reflexakt der Stimmritze auszulösen, durch einen Hustenstoss hinausbefördert.

Die Absonderungen der Bronchialschleimhaut, wie die Sekretionen im Allgemeinen stehen in einem Abhängigkeitsverhältnisse zu der Cirkulation und den Sekretionszellen selbst. — Unter normalen Verhältnissen fällt eine Vermehrung der Absonderung mit der Kongestion der Respirationsschleimhaut zusammen, aber eine reichliche Sekretion kann ebenfalls von einer anämischen Mucosa herrühren und umgekehrt, eine kongestionirte Schleimhaut kann völlig trocken sein. Dieses beobachtet man in der That bei manchen Affektionen der Bronchien, des Kehlkopfes und bei der Atropinvergiftung (Brunton).

Die Cirkulation der Respirationsschleimhaut erleidet auf reflektorischem Wege, in Folge gewisser entfernter Reizungen, sehr ausgesprochene Veränderungen. Wenn man z. B. einige Minuten lang einen warmen Breiumschlag auf den Leib eines Thieres applicirt,so sieht man die Kehlkopfschleimhaut des in Beobachtung befindlichen Thieres blass und blutleer werden. Ersetzt man das Kataplasma durch Eis, so bemerkt man dagegen, dass diese Schleimhaut ziemlich rasch rosafarben, dann lebhaft roth wird, und in dem Maasse, wie die Kongestion zunimmt, steigert sich auch die Menge des Schleimes.

Dieses Experiment giebt uns einen Begriff von der Empfindlichkeit der Athmungsschleimhaut für die reflektorischen Reizungen durch die Kälte und Wärme und erklärt uns, weshalb ein kalter Luftzug, kalte Füsse oder ein kalter Trunk u. s. w. eine Entzündung der Respirationsorgane bewirken können (Brunton).

Wir haben bereits sehr wirksame Arzneimittel besprochen, welche wie das Pilokarpin, die Ipecacuanhawurzel, und namentlich das Apomorphin neben anderen Eigenschaften, auch die Fähigkeit besitzen, die Sekretion der Bronchialschleimhaut erheblich zu vermehren. In denselben besitzen wir demnach Expectorantia ersten Ranges, aber sie dürfen wegen ihrer sehr starken Wirkung nicht zur Unzeit angewendet werden.

Es giebt noch manche weniger gefährlich zu handhabende Substanzen, welche, allerdings in einem geringeren Grade, expektorirende Eigenschaften haben. Hierhin gehören die verschiedenen Ammoniaksalze, die unlöslichen Antimonverbindungen, die Senegawurzel u. s. w.

Ammoniaksalze.

Diese Verbindungen haben die Eigenschaft, den Schleim zu lösen oder flüssiger zu machen, und da sie zum Theil durch die Respirationsschleimhaut ausgeschieden werden, können sie die Expektoration der Schleimmassen, die sich alsdann bequemer loslösen, erleichtern. Man soll sich der Verordnung der Ammoniakalien enthalten bei allen Individuen, deren Bronchialabsonderung bereits vermehrt ist, wie bei Bronchiektasie und bei Tuberkulösen, ebenso bei Vorhandensein von Fieber, denn diese Salze steigern den Zerfall der Eiweisskörper und die Abnutzung der Gewebe. Ihre Anwendung ist auf den akuten Bronchialkatarrh und auf das Lösungsstadium der Pneumonie zu beschränken.

Ammonium chloratum. Salmiak, NH_4Cl.

Farblose, in 3 Theilen Wasser lösliche Krystalle von salzigem Geschmacke. Wird in Tagesgaben von 4,0 bis 5,0 in Verbindung mit Extr. Liquiritiae verordnet.

Neben seinen antiseptischen Eigenschaften zeigt

† **Ammonium benzoïcum**

dieselben Wirkungen.

Ammonium carbonicum. Hirschhornsalz.

Weisse in 5 Theilen Wasser lösliche Masse. Ausser seinen expektorirenden Eigenschaften hat dieses Mittel auch noch im hohen Maasse diejenigen des flüssigen Ammoniaks, d. h. es ist ein kräftiges Stimulans der medullären und namentlich der vasomotorischen Centren. Unter seiner Einwirkung entsteht eine Zusammenziehung der kleinen Gefässe, als deren Folge eine Steigerung des Blutdruckes resultirt. Aus diesem Grunde wird dieses Salz gern bei manchen Pneumonien oder adynamischen Bronchopneumonien verordnet.

Dosis: 2,0 g täglich in Lösung.

† Ammonium aceticum. Liquor Ammonii acetici.

Dieses Salz ist so hygroskopisch, dass es nicht im trockenen Zustande konservirt werden kann. Es wird daher in Form einer wässerigen Lösung (Liquor Ammonii acetici), die 15 % Ammoniumacetat enthält, verwendet. Auch dieses Mittel ist ein Stimulans, Expektorans und Diaphoreticum, das in denselben Fällen wie das vorhergehende verordnet wird. Dosis: 8,0 bis 10,0 täglich in Mixtur.

Liquor Ammonii anisatus

besteht aus Anisöl (1), Ammoniakflüssigkeit (5) und Weingeist (24). Man giebt dieses Präparat gern in Verbindung mit Ammonium chloratum oder Ammonium benzoïcum zu 30 bis 40 Tropfen (in Mixtur). Es ist indicirt beim trockenen Katarrh der Greise, in der Dosis von 10 bis 12 Tropfen (in Zuckerwasser).

Unlösliche Antimonpräparate.

Den unlöslichen Verbindungen des Antimon kommen gleichfalls expektorirende und diaphoretische Eigenschaften zu. Wahrscheinlich sind diese Salze, welche zu unlöslich sind, um Erbrechen zu bewirken, noch löslich genug, um eine geringe Erregung der Respirationscentren herbeizuführen und eine leichte Vermehrung der Bronchialsekretion, die dem Brechakt vorangeht, zu erzeugen. Die Schwefelverbindungen des Antimon wirken entweder durch das in ihnen enthaltene Antimon oder mittels des Schwefelwasserstoffs, den sie entwickeln, sobald sie mit dem sauren Magensaft in Berührung kommen. Man hat in der That beobachtet, dass die Schwefelverbindungen eine deutliche Aktion auf die Sekretion der Bronchien ausüben.

†**Stibium oxydatum album.** Antimonoxyd.

Wird namentlich bei Kindern, in Dosen von 0,50 bis 1,0 pro die, in Mixtur gegeben. Ist in Wasser gänzlich unlöslich.

†**Kermes minerale** oder Stibium sulfuratum rubeum.

Ist ein Gemenge von Antimontrisulfid und Antimonoxyd. Es hat eine braune Farbe und wird in Mixtur zu 0,50 täglich verordnet. Auch bereitet man daraus Pastillen mit Succus Liquiritiae und etwas Opium.

Stibium sulfuratum aurantiacum. Goldschwefel, Sb_2S_5.

Orangegelbes, unlösliches Pulver. Wird in derselben Dosis wie das vorhergehende angewendet.

Radix Senegae. Senegawurzel.

Diese Wurzel stammt von Polygala Senega, einer Pflanze aus der Familie der Polygaleen, welche besonders in Nordamerika wächst, und dort häufig gegen Schlangenbiss verwendet wird. Sie wurde in Europa wegen ihrer expektorirenden Eigenschaften eingeführt. Letztere beruhen auf einer anregenden Wirkung auf das Respirationscentrum. Diese Wurzel vermag in grosser Dosis Erbrechen hervorzurufen. Das wirksame Princip scheint allein das Senegin zu sein, das in der Wurzel zu 2% enthalten ist. Dasselbe ist ein Glykosid, das grosse Ähnlichkeit mit dem Saponin hat und auch dessen irritirende Eigenschaften auf die Nasenschleimhaut besitzt.

Diese Wurzel kommt hauptsächlich im Infus oder Decoct zu 5,0 täglich, in denselben Fällen wie die anderen Expektorantien, zur Verwendung. Es wird aus ihr ein Sirup, Sirupus Senegae, bereitet, der als Unterstützungsmittel (20,0 bis 30,0) in Mixturen aus Antimon- oder Ammoniakpräparaten verordnet wird.

Radix Ipecacuanhae.

Siehe unter Emetica.

Diaphoretica.

Zu dieser Gruppe gehören diejenigen Arzneimittel, welche die Sekretion der Schweissdrüsen und die Hautperspiration steigern. Die Diaphoretica haben in früheren Zeiten eine grosse Rolle in der Therapie gespielt. Die Ärzte waren grosse Freunde der Schwitzkur und des Aderlasses. Sie machten davon häufigen Gebrauch (zur Zeit der humoralen Theorie), um aus dem Organismus die schädlichen Stoffe zu entfernen, welche sie als die Materia peccans bezeichneten. Nachdem die moderne Medicin diese Behandlung als unnütz und gefährlich aufgegeben hatte, kehrt sie seit der Entdeckung der Toxine wieder zu ihr zurück, besonders seitdem man weiss, dass diese Stoffe, welche die „schädlichen Säfte" der Alten ersetzt haben, hauptsächlich durch den Schweiss und den Urin ausgeschieden werden.

Die Physiologie lehrt uns, dass das Blut wie jedes andere Gewebe ausgelaugt werden kann, d. h. man kann ihm durch Behandlung mit Wasser alle in ihm enthaltenen Stoffe entziehen, die nicht zu seiner normalen Zusammensetzung gehören.

So beobachtet man, wenn man langsam Salzwasser in das Venensystem eines Hundes injicirt, nach Einführung einer Menge, die dem Volum des Blutes des Thieres gleich ist, dass die Elimination der eingespritzten Flüssigkeit mit Regelmässigkeit durch die Nieren vor sich geht, und es tritt aus dem Organismus eine Menge Wasser aus, die derjenigen gleichkommt, welche in denselben eingetreten war. Anfangs ist der Urin mit den verschiedenen, dem Blute entnommenen Stoffen (Harnstoff, Harnsäure, Salze, Extraktivstoffe) beladen; allmählich nehmen diese Substanzen ab und verschwinden schliesslich ganz und gar. Das Blut giebt, nachdem es sich aller Stoffe, die eliminirt werden sollten, entledigt hat, nichts mehr an das Wasser ab, welches in derselben Zusammensetzung aus dem Organismus austritt, die es bei seinem Eintritte hatte (Dastres).

In neuerer Zeit hat man den Versuch gemacht, sich dieser Auswaschungen bei der Behandlung gewisser Infektionskrankheiten zu bedienen, um die während dieser Krankheiten sich im Blute anhäufenden Toxine möglichst schnell zu entfernen. Voraussichtlich werden diese Methoden sich immer mehr vervollkommnen, um auch in der gewöhnlichen Praxis Anwendung finden zu können. Inzwischen kann man eine ähnliche, wenn auch weniger vollständige Wirkung durch verständige Anwendung der Diuretica und Schweissmittel erzielen. Unter den letzteren verdienen vor Allem die Jaborandiblätter und das aus ihnen gewonnene Pilocarpin die grösste Beachtung. Letzteres ist das Diaphoreticum par excellence. Schweissbildung kann ausserdem hervorgerufen werden durch Dampfbäder, reichliches Trinken warmer Flüssigkeiten, besonders aber von Thees, die aus Kamillen-, Flieder- oder Lindenblüthen bereitet sind. Bei gewissen konstitutionellen Krankheiten (z. B. Syphilis) sind Sassaparilla, Sassafras, Guajak und Species lignorum besonders beliebt zur Bereitung von schweisstreibenden Thees. (Siehe Antidyscrasica.) — Auch Pulvis Doweri und Liquor Ammonii acetici kommen zuweilen ihrer diaphoretischen Eigenschaften wegen in Anwendung.

Folia Jaborandi. Pilocarpin. Pilocarpinum hydrochloricum.

Pilocarpus pennatifolius (Fig. 17) ist ein in Brasilien einheimischer, zur Familie der Rutaceen gehörender Strauch, der gegenwärtig in den südlichen Theilen Europas seiner Blätter wegen kultivirt wird. Diese enthalten zwei Alkaloide, das

Pilocarpin

und das Jaborin. Letzteres wird therapeutisch nicht angewandt, obgleich es eine dem Atropin ähnliche, aber schwächere Wirkung besitzt. Es ruft ausserdem leicht Erbrechen hervor. Und gerade wegen seines Gehaltes an Jaborin tritt das Erbrechen auf, das wir nach Verabreichung eines Jaborandiaufgusses beobachten. Übrigens liegt kein Grund mehr für diese Verabreichungsform des Medikaments vor, da allein dem Pilocarpin eine nützliche Wirkung zukommt. Die Blätter enthalten dasselbe zu etwa 0,5 %, und man stellt ein salzsaures, in Wasser leicht lösliches Salz, Pilocarpinum hydrochloricum dar.

Fig. 17. Pilocarpus pennatifolius.

Physiologische Wirkung. Die Wirkung des Pilocarpins erstreckt sich vor Allem auf das Drüsensystem. Nach einer Dosis von 0,02 bis 0,03 entsteht ein sehr starker Speichelfluss und ebenso profuser Schweissausbruch. Bald überwiegt die eine, bald die andere Sekretion. — Das Schwitzen dauert gewöhnlich 2 bis 3 Stunden an und tritt so stark auf, dass das Körpergewicht $^1/_2$ bis 1 kg abnehmen kann. Die Menge des ausgeschiedenen Schweisses und Speichels kann sogar bis auf 4 kg steigen.

Auch alle anderen Sekretionen, wie die der Nasenschleimhaut, der Bronchien, des gastrointestinalen Tractus und die der Thränendrüsen erfahren eine Vermehrung. Nach einer kleinen Dosis (0,01) steigt auch die Urinausscheidung. Nur die Gallensekretion scheint nicht zuzunehmen, und doch wird die Galle dünnflüssiger. — Was die Cirkulation anlangt, so beobachtet man zuerst eine allgemeine Gefässerweiterung mit Vermehrung der Pulsfrequenz. Die Körperwärme kann um einen halben Grad steigen und das betreffende Individuum empfindet ein Wärmegefühl im ganzen Körper, doch in dem Augenblick, wo der Schweissausbruch beginnt, tritt Frösteln ein und die Temperatur sinkt.

Die Respiration verändert sich nur nach einer starken Dosis Pilocarpin; es kann alsdann heftige Athemnoth eintreten. Aber die reichliche Absonderung der Bronchialschleimhaut und das Lungenödem tragen ihrerseits zur Entstehung dieser Dyspnoë bei.

Ausserdem bewirkt das Pilocarpin Kontraktion der Pupille und der glatten Muskeln des Uterus, der Blase, des Darmes und der Milz.

Es wird unzersetzt und ziemlich schnell durch den Harn eliminirt, daher ist es kein gefährliches Gift. Übrigens reicht eine Injektion von $^1/_2$ mg Atropin hin, um die Wirkung des Pilocarpins zum Verschwinden zu bringen.

Anwendung. Pilocarpin wird bei gewissen Infektionskrankheiten und bei Blutvergiftungen (Septicaemie, puerperalen Infektionen, Diphtherie, Scharlachnephritis, Uraemie etc.) angewandt. Auch bei manchen Affektionen des Ohres (bei Exsudaten in Paukenhöhle und Labyrinth) erweist es sich von Nutzen.

Einem Erwachsenen verabreicht man eine mittlere Dosis von 0,06 innerhalb 24 Stunden.

50) ℞ Pilocarpin. hydrochl. 0,06
Sirup. Cort. Aurant. 30,0
Spirit. e. Vino (Cognac) 20,0
Aq. fontan. 100,0.
M. D. S. Zweistündlich 1 Esslöffel voll zu nehmen.

Da dem Organismus die durch die Transpiration ausgeschiedene Flüssigkeit wieder ersetzt werden muss, wird man gleichzeitig mit dieser Mixtur warme, leicht excitirende Getränke, wie schweisstreibende Thees (von Holunder, Kamillen, Wachholder etc.) verabreichen.

Bei der Diphtherie wirkt Pilocarpin einerseits dadurch, dass es die Pseudomembranen lockert, andererseits dadurch, dass es die Elimination des diphtherischen Giftes begünstigt.

Es existiren keine besonders deutlich ausgesprochenen Kontraindikationen für die Anwendung des Pilocarpins. Man wird jedoch damit vorsichtig sein bei Individuen mit fettiger Entartung des Herzens oder mit schlechter Lungencirkulation in Folge Herzerkrankung, weil Lungenödem eintreten könnte. Andererseits braucht man nicht zu ängstlich zu sein, da mit einer subkutanen Injektion von $^1/_2$ bis 1 mg Atropin alle unangenehmen Erscheinungen, die auftreten könnten, zu beseitigen sind. — Die früher gerühmte Wirkung des Pilocarpins auf die Entwickelung des Haarwuchses ist problematisch. Äusserlich wird es zuweilen von den Augenärzten zur Erzielung einer Kontraktion der Pupille angewendet.

Die höchste Einzeldosis: 0,02! höchste Tagesgabe: 0,05!

Flores Sambuci. Holunderblüthen. Fliederblumen.

Die Blüthenstände von Sambucus nigra (Caprifoliacee). Dieselben enthalten ein ätherisches Öl und sind seit lange als populäres, schweisstreibendes Mittel bekannt. Sie werden gewöhnlich bei den sogenannten Erkältungskrankheiten in Form von Thee genommen. Man verordnet 1—2 Theelöffel auf 1 Tasse Thee oder ein Infus von 5,0—15,0 : 150,0.

Flores Tiliae. Lindenblüthen.

Die Trugdolden von Tilia parvifolia und Tilia grandifolia (Tiliacee). Die Lindenblüthen enthalten ein ätherisches Öl und sind wie die Holunderblüthen ein beliebtes Diaphoreticum beim Volke. Sie werden in derselben Weise und Dosis genommen.

Diuretica.

Die diuretischen Mittel besitzen die Eigenschaft, die Urinausscheidung zu vermehren. —

„Die Nieren haben die Aufgabe, die Zusammensetzung des Blutes konstant zu erhalten, alles aus dem Blute zu entfernen,

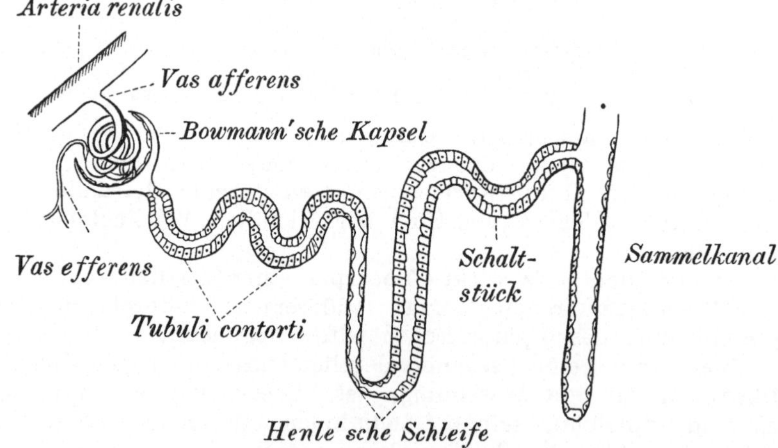

Fig. 18. Schematische Zeichnung des excretorischen Nierenapparates.

was nicht zur normalen Zusammensetzung des Blutes gehört, jeden abnormen Bestandtheil und jeden normalen, sobald seine Menge die Norm übersteigt" (Bunge). Auf diese Weise wird das dem Organismus als Getränk oder durch direkte Einspritzung in das Venensystem im Überschuss zugeführte Wasser schnell durch die Nieren hinausbefördert werden, bis das Blut seine normale Dichte wieder erlangt hat. Wir wissen, dass sich im Blute 0,16 bis 0,19 ‰

Zucker findet; steigt dieser Procentsatz, so geht der Zucker sofort in den Harn über.

Die meisten Arzneimittel spielen nach ihrer Aufnahme in den Blutkreislauf (falls sie in demselben keine chemische Zersetzung erlitten), die Rolle eines Fremdkörpers. Sie werden alsdann durch die Nieren zurückgehalten und durch den Urin eliminirt. Dieser Process vollzieht sich in der drüsigen Substanz der Niere, woselbst sich ein System von Röhren befindet, das mit den Extraktionsapparaten unserer Laboratorien verglichen werden kann. (Fig. 18.)

Das Blut gelangt zu einer kugelförmigen Ausbuchtung, der Bowmann'schen Kapsel, woselbst das zuleitende Gefäss (Vas afferens) sich zu einem kleinen Gefässknäuel — Glomerulus — aufrollt; alsdann tritt es in Gestalt des Vas efferens aus der Kapsel heraus, um sich zu einem engmaschigen Kapillarnetz aufzulösen und über die ganze Rindensubstanz auszubreiten. — Das zuführende Gefäss hat ein erheblich weiteres Kaliber als das Vas efferens, daher steht der Glomerulus Malpighi unter einem stärkeren Drucke als die übrigen Capillaren.

Dieser Glomerulus hat die Aufgabe, den wässerigen Theil des Urins hindurchzulassen. Durch ihn entledigt sich das Blut des überschüssigen Wassers. Dieser wässerige Theil passirt darauf die gewundenen Harnkanälchen, die unmittelbar aus dem Glomerulus hervorgehen, und löst nach und nach die festen Stoffe auf, welche durch die die Wände der Harnkanälchen auskleidenden Epithelzellen aus dem Blute extrahirt worden sind. (Bowmann 1844; Heidenhain 1875).

Es verdient noch hervorgehoben zu werden, dass diese Eliminationsarbeit durch die Nierenzellen sich unabhängig von den Gesetzen der Diffusion, der Endosmose und der Löslichkeitsverhältnisse vollzieht. Diese Zellen scheiden ohne Unterschied Krystalloïd- und Kolloïdkörper, lösliche oder unlösliche, alkalische oder saure Stoffe aus (Bunge).

Zur Entfernung eines Stoffes aus dem Blute genügt schon der Umstand, dass derselbe keinen Bestandtheil der normalen Zusammensetzung der Ernährungsflüssigkeit bildet oder in abnormer Menge vorhanden ist.

Welche Rolle das Nervensystem bei diesen verschiedenen Vorgängen spielt, ist noch nicht zur Genüge bekannt. Man weiss nur, dass die den Glomerulus Malpighianus bildenden Gefässe unter dem Einfluss der vasomotorischen Nerven stehen, die bald ihre Dilatation, bald ihre Kontraktion veranlassen. In den gewundenen Harnkanälchen sind sekretorische Nerven noch nicht entdeckt worden, und es muss zunächst angenommen werden, dass der Anstoss zur gesteigerten Thätigkeit dieser Epithelialzellen von Stoffen ausgeht, die dem Blute fremdartig sind, oder von dem Überschusse seiner normalen Bestandtheile, welche zu entfernen die Aufgabe der Nierenthätigkeit ist. (Bunge.) — Die Niere ist demnach das erste Organ, in welchem wir eine direkte Wirkung der chemischen Substanzen auf die Funktionen der Zellen vermuthen können.

Aus diesen physiologischen Betrachtungen ergiebt sich die Annahme von dem Vorhandensein der mechanischen und der epithelialen Diuretica. (G. Sée.)

In Wirklichkeit liegen die Verhältnisse nicht so einfach, denn zahlreiche diuretische Mittel üben eine gemischte Wirkung aus; so wirken manche aromatische Infusionen auf den Glomerulus vermöge der eingeführten Wassermenge und durch Reizung der Epithelialzellen mittels ihres aromatischen Princips (ätherisches Öl, Benzoësäure, Zimmetsäure etc.).

Mechanische Diuretica.

In dieser Gruppe treffen wir die als Herztonica bezeichneten Mittel an, deren hauptsächlichste Eigenschaft darin besteht, die Herzkontraktionen zu kräftigen und auf diese Weise den Blutdruck zu erhöhen. Es möge hier der kurze Hinweis genügen, dass diese Mittel als Diuretica nur bei Individuen am Platze sind, deren arterieller Druck wegen der vorhandenen Herzinsufficienz darniederliegt. Sie sind kontraindicirt, wo die Urinausscheidung in Folge einer aktiven Kongestion der Niere oder einer Nierensklerose behindert oder vermindert ist.

Folia Digitalis. (Siehe Seite 144.)

Dosis als Diureticum 0,50—1,0 in 24 Stunden.

Semen Strophanthi. (Siehe Seite 149.)

†Adonis vernalis. (Seite 151.)

†Convallaria majalis. (Seite 150.)

†Spartium scoparium. Sparteïn. (Seite 151.)

Gemischte Diuretica.

Caffeïn. (Seite 152.)

Dosis 0,25—0,50.

Theobromin. natrio-salicylicnm. (Diuretin.) (Seite 156.)

Dosis 3,0—4,0 in 24 Stunden.

Oleum Terebinthinae. (Seite 116.)

Balsamum Copaivae. (Seite 118.)

Fructus Cubebarum. (Seite 119.)

Fructus Juniperi.

†Flores Spiraeae ulmariae. Rosaceae. (Seite 110.)

Wirkt diuretisch wegen der in den Blüthen enthaltenen geringen Menge von Salicylsäure.

Die Pharmakopoëa germanica und die Pharmakop. helvetica geben die Vorschrift für ein diuretisches Theegemisch:

Species diureticae bestehend aus:

	Pharm. German.:		Pharm. Helvet.:		
℞	Rad. Oonidis		Rad. Levistici		
	Rad. Levist.		Rad. Liquiritiae		
	Rad. Liquirit.		Rad. Ononidis		
	Fruct. Juniperi	āā	Fruct. Juniperi	āā	20,0
			Herb. Viol. tricol.		10,0
			Fruct. Petroselini		
			Fruct. Anisi vulg.	āā	5,0

Diese Pflanzen enthalten sämmtlich ein aromatisches Princip, das einen excitirenden Einfluss auf die Nierenzelle ausübt. — Dosis: 1 Kinderlöffel voll auf 1 Tasse kochenden Wassers.

Epitheliale Diuretica.

Calomel (Hydrargyrum chloratum, Seite 189)

besitzt in Tagesgaben von 1—2 g neben seiner abführenden Wirkung noch eine diuretische, hervorgerufen durch direkte Beeinflussung des Nierenepitheliums, ohne Erhöhung des Blutdruckes.

Folia Uvae Ursi. Bärentraubenblätter.

Blätter von Arctostaphylos Uvae Ursi (Ericaceae). Kleiner Strauch, dessen Blätter ein Glykosid, Arbutin, enthalten; dasselbe ist leicht löslich in Wasser. Im Organismus spaltet sich diese Substanz; sie wird durch die Nieren ausgeschieden in Form von Hydrochinon und Brenzkatechin. Diese zwei Körper besitzen antiseptische Eigenschaften und nützen, indem sie die Niere desinficiren und gleichzeitig die Diurese vermehren.

Die Blätter werden in Form von Thee in Gaben von 10,0 bis 50,0, das Arbutin in Tagesdosen von 1,0—2,0 verabreicht.

Eine bestimmte Anzahl von Pflanzen enthält noch das Nierenepithel reizende Substanzen, so

Bulbus Scillae (Scilla maritima, Liliacee) (Seite 151),

aus der Oxymel Scillae bereitet wird. Dosis 20,0—30,0 täglich.

Ferner alle Pflanzen, die Saponin enthalten, wie Radix Sarsaparillae, Rad. Polygalae Senegae, Rad. Saponariae, Lignum panamae.

Spargel enthält gleichfalls ein diuretisches Princip.

Die

Canthariden (Lytta vesicatoria)

üben eine äusserst energische Wirkung auf das Nierenepithelium aus, doch wagt man nicht, dieselben als Diureticum anzuwenden.

Die **Kalisalze**, besonders Kali aceticum und Kali nitricum sind harntreibende Mittel in Dosen von 3—4 g pro die.

†**Radix Graminis** (Triticum repens, Graminee) wirkt vermöge der in ihr enthaltenen Kalisalze neben Triticin (8%).

Saccharum lactis. Laktose, Milchzucker, $C_{12}H_{22}O_{11} + H_2O$, in der Molke zu 4—5% enthalten, ist ganz besonders als Diureticum (G. Sée) empfohlen worden. Es müssen jedoch sehr grosse Dosen, 60—100 g täglich, gegeben werden. — Verabfolgt man 200 g, so findet sich eine geringe Menge nicht transformirter Laktose im Urin. —

Die Molke und auch die Buttermilch wirkt zum grossen Theil durch den in ihr enthaltenen Milchzucker.

Revulsiva. — Derivantia.

Rubefacientia. Vesicantia. Caustica.

Rubefacientia (Hautröthende Mittel).

Die hauptsächlichste Eigenschaft der dieser Gruppe angehörenden Mittel besteht in einer mehr oder minder intensiven und andauernden Erweiterung der Kapillargefässe der Gegend, auf welche sie applicirt worden sind. Zu demselben Zwecke können auch mechanische Mittel in Anwendung kommen, wie: das Frottiren, die trockenen Schröpfköpfe, die Wärme und die Elektricität (in Gestalt des elektrischen Pinsels).

Unter den medikamentösen Stoffen vertritt der schwarze Senf den Typus der hautröthenden Mittel, doch können alle oder fast alle aromatischen Substanzen als Rubefacientia angesehen werden. Besonders haben die ätherischen Öle der Coniferen (Oleum Terebinthinae, Ol. Pini, Ol. Juniperi etc.), der Labiaten (Lavendel, Rosmarin, Pfefferminz etc.) eine ausgesprochene gefässerweiternde Wirkung auf die Hautkapillaren. Aus diesem Grunde haben sie stets einen Bestandtheil der zahlreichen, zu ableitenden Zwecken verordneten Linimente oder aromatischen Salben gebildet.

Semen Sinapis (nigrae). Senfsamen.

Wird von Brassica nigra, einer in Deutschland und Russland im Grossen kultivirten Crucifere, gewonnen. Die kleinen schwärzlich-braunen Samen enthalten myronsaures Kali und ein lösliches Ferment, das Myrosin. Diese beiden Substanzen können in dem Samen unzersetzt bleiben. Sobald jedoch der zerkleinerte Senf mit warmem Wasser behandelt wird, zerlegt das in Wasser leicht lösliche Myrosin unverzüglich das myronsaure Kali in Allyl-Senföl, Zucker und saures schwefelsaures Kalium.

$$\underset{\text{Myronsaures Kalium}}{C_{10}H_{18}KNS_2O_{10}} = \underset{\text{Senfol}}{C_4H_5NS} + \underset{\text{Zucker}}{C_6H_{12}O_6} + \underset{\text{Kal. bisulfuric.}}{KHSO_4}$$

Will man eine möglichst vollständige Reaktion haben, so darf das Wasser nicht über 40^0 erhitzt werden. Kaltes Wasser vermindert die Intensität der Reaktion und heisses ($90-100^0$) zersetzt das Myrosin und macht es unwirksam.

Das Senföl kann auch künstlich dargestellt werden durch Allyljodür und Kalium sulfocyanatum.

Der Senfsamen enthält noch ein fettes Öl (30 $^0/_0$), das leicht ranzig wird, und in Folge dieses Ranzigwerdens wird ein Theil des Myrosins vernichtet und so die Wirkung des Medikaments vermindert. Daher ist für Entfernung dieses fetten Öles zu sorgen, wenn die Eigenschaften des Senfmehls lange erhalten bleiben sollen. Bei der Bereitung des Senfpapiers verwendet man pulverisirten Senf, dem das fette Öl mittels Schwefelkohlenstoff entzogen worden ist. So vor dem Ranzigwerden geschützt, wird das Pulver mittels eines Kautschuküberzuges auf Blättern von Löschpapier fixirt. Eintauchen dieses Senfpapiers in lauwarmes Wasser bewirkt nun sofortige Bildung von Senföl. Dieses übt eine direkte, sehr energische Wirkung auf die Wände der kleinen Gefässe aus, welche es stark erweitert. — Selbst in sehr starker Verdünnung auf die Oberfläche einer Schleimhaut applicirt, ruft es dort eine sehr lebhafte Röthung und Vermehrung der Sekretion hervor (Wirkung des Tafelsenf oder Mostrich).

Angewandt wird der Senf zu Bädern (150,0—200,0), zu Fussbädern (20,0—30,0 auf den Liter Wasser), ferner zu Kataplasmen, doch werden letztere zweckmässig durch Senfpapier ersetzt.

Das **Senföl.** Oleum Sinapis auf die Haut gepinselt, erzeugt sehr intensive Blasenbildung und kann sogar zu oberflächlicher Gangraen der Haut führen.

Senfspiritus, Spiritus Sinapis ist eine einfache Lösung von Senföl (1 Th.) in Weingeist (49 Th.). Wird nur äusserlich (10 bis 20 Tropfen) zu Einreibungen gebraucht.

Liquor Ammonii caustici. Ammoniak. Ammoniakflüssigkeit. Salmiakgeist. Alcali volatil.

Eine klare farblose Flüssigkeit, hergestellt durch Einleiten von $10^0/_0$ reinem Ammoniakgas (NH_3) in destillirtes Wasser. Diese

Lösung übt eine sehr lebhafte Wirkung auf die Haut aus; sie reizt dieselbe stark und kann sogar eine partielle Nekrose erzeugen. — Wegen dieser zu energischen Wirkung wird der Salmiakgeist nicht rein, sondern in Mischung mit andern Flüssigkeiten, besonders mit öligen angewandt. Mit diesen bildet er flüssige Seifen, Linimente genannt. So ist das Linimentum ammoniato-camphoratum eine Mischung von 3 Th. Kampferöl, 1 Th. Mohnöl und 1 Th. Ammoniakflüssigkeit.

Die zusammengesetzten, unter dem Namen Opodeldoc bekannten Mittel (Linimentum saponato-camphoratum) bestehen aus einer Auflösung von Kampfer und Seife in Weingeist, unter Hinzufügung von Thymianöl, Rosmarinöl und Ammoniakflüssigkeit. Je nach Menge und Eigenschaft der anzuwendenden Seife stellt man flüssigen und festen Opodeldoc her.

Zwischen die einfachen Rubefacientia und die Vesicantia können wir die Wurzel der

†Thapsia garganica,

eine in Algier, Sicilien und Spanien wachsende Umbellifere, stellen. Diese Wurzel enthält eine gelbe, harzige Substanz mit sehr ausgesprochenen reizenden Eigenschaften. Pinselt man damit, selbst in starker Verdünnung, die Haut, so entsteht eine sehr starke Hyperämie, die alsbald von einem vesikulären Ausschlag und heftigem Hautjucken gefolgt ist.

In Frankreich benutzt man dieses Thapsiaharz häufig in Pflasterform. Es wird bei Bronchitis als Derivans auf die Brust gelegt. Diese Behandlungsmethode ist diskutirbar, und sehr vorsichtig muss man mit der Applikation derartiger Topica bei Frauen und besonders bei Kindern sein. Es kommt nämlich recht oft vor, dass diese bei Eintritt des Hautjuckens sich energisch kratzen und dabei die Finger mit diesem irritirenden Harz imprägniren. Wenn sie nun später sich das Gesicht und die Augenlider reiben, sieht man bald darauf eine zuweilen recht bedeutende Schwellung und Gedunsenheit des Gesichts auftreten, die ein Erysipel oder irgend eine andere erythematöse Affektion vortäuschen könnte.

Oleum Crotonis, Resina Euphorbii, Radix Ipecacuanhae, Tartarus stibiatus rufen gleichfalls wie Thapsia garganica eine mehr oder weniger intensive hautröthende Wirkung hervor.

Vesicantia (Blasenziehende Mittel).

Die blasenziehenden Insekten sind ziemlich zahlreich, sie enthalten alle Cantharidin. Die grössten Mengen enthalten die Käfer aus den Gattungen Mylabris und Meloë, welche bis 1,2% geben, während die gewöhnliche Cantharide niemals mehr als 0,5 bis 0,6% enthält.

Cantharides. Spanische Fliege. Cantharidin.

Die Cantharide (Lytta vesicatoria) ist ein in Schwärmen auf verschiedenen Sträuchern (Oleaceen, Fraxinus, Syringa, Liguster) vorkommender Käfer. In heissen Jahren kommen die spanischen Fliegen im Sommer bis nach Mitteleuropa. Sie werden früh am Morgen eingesammelt, indem man sie von den Bäumen auf Tücher schüttelt. Alsdann werden sie in Gefässe gethan und mittels Äther, Schwefelkohlenstoff oder Oleum Terebinthinae getödtet. Die Canthariden sind $1^1/_2$—2 cm lang und haben eine schöne, glänzend grüne Farbe. Das Männchen ist kleiner als das Weibchen. Die Canthariden werden hauptsächlich in Spanien, Italien und Südfrankreich eingesammelt.

Der wirksame, blasenziehende Bestandtheil ist das Cantharidin, welches nach den neueren Untersuchungen hauptsächlich in den Geschlechtstheilen des Insekts (Ovidukt, Ovarium) enthalten zu sein scheint. Beim Männchen befindet es sich vornehmlich im dritten Paare der Samenbläschen, mit Ausschluss der übrigen Theile des Geschlechtsapparates (Beauregard). Im Allgemeinen gelangt die Cantharidinmenge während der Periode der sexuellen Thätigkeit auf ihren Höhepunkt.

Die chemisische Constitution des Cantharidin ($C_{10}H_{12}O_4$) ist nicht genau bekannt. Erhitzt man es mit Alkalien, so bindet es ein Molekül Wasser und wandelt sich in Cantharidinsäure ($C_{10}H_{14}O_5$) um, deren Kalisalz neuerdings von Liebreich zur Behandlung von Lupus und Tuberkulose angewendet worden ist.

Wirkung. Bestreicht man die Oberfläche der Haut mit einer öligen, alkoholischen oder ätherischen Cantharidinlösung, so tritt nach 3 bis 4 Stunden Blasenbildung ein. Die Blase enthält eine gelbliche, mehr oder weniger reichliche seröse Flüssigkeit. Die Gefässe der Haut strotzen voll Blut, aber weiter in der Tiefe sind die Gewebe eher anaemisch.

So ruft eine derartige Pinselung auf den abgeschorenen Thorax eines Thieres einen gewissen Grad von Blutleere in der entsprechenden Pleura hervor.

Innerlich genommen hat Cantharidin eine sehr energische irritirende Wirkung. Es wird als solches durch die Nieren ausgeschieden und ruft überall sehr heftige, entzündliche Erscheinungen hervor: akute Nephritis, Cystitis mit sehr starkem Tenesmus, Urethritis mit hartnäckigem Jucken. Dieser letztere Effekt kann wohl Erektion der Genitalorgane verursachen, aber nicht die Potentia virilis erhöhen.

Therapeutische Verwendung. Cantharidin wird kaum zum inneren Gebrauch verordnet werden. In Fällen von Vergiftung muss der Magen mit grossen Mengen lauwarmen Wassers ausgespült werden.

Für den äusserlichen Gebrauch bereitet man Pflaster, die Vesicatore (Mouches de Milan etc.), genannt werden.

Die Behandlung der Lungenkrankheiten mit Vesicatoren kommt nun immer mehr aus der Gewohnheit. Ohne dieselbe ganz und gar verwerfen zu wollen, empfehlen wir grösste Vorsicht bezüglich der Anwendung dieses Ableitungsmittels bei akuter oder chronischer Affektion des Urogenitalapparates, ebenso bei Diabetikern, Delirirenden und Fieberkranken und ganz besonders bei Greisen, Kindern und bei Diphtherie.

Präparate: **Emplastrum Cantharidum ordinarium.** Spanischfliegenpflaster. Gemisch von $^1/_3$ Cantharidenpulver mit $^2/_3$ Pflastermasse, bestehend aus gelbem Wachs, Olivenöl und Terpentin. 5 bis 10 Stunden nach der Applikation bildet sich die Blase. Diese Wirkung tritt schneller ein, wenn man die betreffende Hautstelle vorher mit einer Mischung von Öl und Äther bestreicht, um die Lösung des Cantharidin zu erleichtern.

Emplastrum Cantharidum perpetuum. Zugpflaster. (Mouche de Milan). Stellt ein ähnliches Pflaster dar, enthält jedoch weniger Canthariden ($^1/_{10}$ Th.) und eine geringe Menge Euphorbiumharz.

Unguentum Cantharidum. Spanischfliegensalbe. Unguentum epispasticum. Wird bereitet aus 3 Theilen Spanischfliegenöl und 2 Theilen gelbem Wachs. Man trägt sie auf die durch Vesicatore erzeugte wunde Hautstelle auf, um die Eiterung länger zu unterhalten.

Collodium cantharidatum. Spanischfliegen-Collodium. Mischung eines ätherischen Auszugs von Canthariden mit Collodium. An Stelle des Emplastrum Cantharidum mit Pinsel aufzutragen.

Tinctura Cantharidum. Spanischfliegentinktur. 1 : 10 Spiritus. Zuweilen als Zusatz zu aromatischen Haarwassermitteln angewandt, um das Wachsthum der Haare anzuregen. Diese Wirkung ist jedoch sehr zweifelhaft. — ad 0,5 pro dosi! — ad 1,5 pro die!

Caustica (Ätzmittel).

Mit dem Namen „Caustica“ bezeichnen wir eine bestimmte Anzahl von Arzneimitteln, denen die Fähigkeit zukommt, die Gewebe, auf welche sie applicirt werden, mehr oder weniger tief zu verändern oder zu zerstören. Kein einziges von diesen Mitteln besitzt die charakteristische Wirkung des Glüheisens, daher vermögen sie den Thermokauter nicht zu ersetzen, sobald es sich darum handelt, ein Gewebe in bestimmten Grenzen zu zerstören.

Die

Mineralsäuren (im koncentrirten Zustande)

zerstören sehr schnell die Gewebe.

Acidum sulfuricum. Schwefelsäure, H_2SO_4, wirkt, auf die Haut gebracht, indem sie zuerst sich schnell mit dem in den Geweben befindlichen Wasser verbindet und dann die Eiweissstoffe (durch Verkohlung) zerstört. Ihre Wirkung erstreckt sich mehr auf die Oberfläche als auf die Tiefe.

Acidum nitricum fumans. Rauchende Salpetersäure, HNO_3, zerstört gleichfalls die Eiweissstoffe der Gewebe, jedoch in anderer Weise wie Schwefelsäure. Sie verwandelt dieselben hauptsächlich in Xanthoproteïnsäure und bewirkt eine gelbe Verfärbung, die überall auf der Haut, wo dieselbe mit der Salpetersäure in Kontakt gekommen ist, sichtbar wird.

Acidum hydrochloricum. Salzsäure, HCl, wirkt weniger intensiv und etwa in der Weise wie Chlor. Sie bildet mit Eiweisskörpern mehr oder minder lösliche Körper. Ihre Wirkung ist eine sehr oberflächliche.

Acidum chromicum. Chromsäure, CrO_3, bildet kleine, braunrothe, hygroskopische Krystalle. Sie coagulirt Albumin und zerstört dasselbe durch Oxydationsprocesse. Der Ätzschorf bildet sich ohne grossen Schmerz, stösst sich ziemlich schnell ab und hinterlässt eine granulirende Oberfläche mit Tendenz zu rascher Vernarbung. — Damit diese kaustische Wirkung ihren ganzen Effekt hervorbringe, ist es zweckmässig, die Chromsäure in Substanz anzuwenden; in Lösung ist sie weit weniger energisch und viel eher ein adstringirendes Mittel.

Ihre Anwendung ist übrigens eine sehr beschränkte. Man bedient sich der Chromsäure im Allgemeinen zur Kauterisation der Stiele von soeben entfernten Nasenpolypen, zum Zerstören der Kondylome (Resorcin wirkt hier besser) und besonders zum Behandeln der Ulcerationen der Mundhöhle, sofern sie nicht syphilitischer Natur sind (Aphthen, Tuberkulose, Diphtherie etc). Zu diesem Zwecke kann man sich derselben in koncentrirter Lösung mit gleichen Theilen Wasser bedienen, oder noch besser, indem man bei mässiger Wärme krystallisirte Chromsäure um einen Silberdraht schmelzen lässt. Auf diese Weise bildet sich an dem Ende desselben eine kleine Perle von Chromsäure, mit der man die zu kauterisirende Stelle betupft.

Es darf nicht ausser Acht gelassen werden, dass Acidum chromicum eine giftige Substanz ist, und falls ein Kranker davon etwas heruntergeschluckt hat, muss er sofort Kalkwasser oder Milch hinterher trinken. Übrigens ist es auch zweckmässig, einige Minuten nach jedesmaliger Applikation von Chromsäure im Innern der Nasenhöhlen oder des Mundes eine Ausspülung mit Aqua Calcis vornehmen zu lassen.

Die organischen Säuren

haben weit weniger kaustische Eigenschaften als die Mineralsäuren.

Acidum aceticum concentratum, CH_3COOH.

Die Essigsäure kann nicht einmal als ein wahres Causticum angesehen werden, da sie keinen Ätzschorf producirt. Sie koagulirt Albumin, lässt es aber alsbald aufquellen und übt dadurch eine Art auflösende Wirkung auf das Epidermis- oder Horngewebe aus.

Acidum trichloraceticum. Trichloressigsäure, CCl_3COOH,

besitzt diese Eigenschaften in weit höherem Grade. Sie bildet eine krystallinische, an der Luft leicht zerfliessende Masse. Man kann sich ihrer bedienen zum Touchiren von Warzen, Hühneraugen, schwammiger Gewebe etc.

Acidum lacticum. Milchsäure, $C_3H_6O_3$,

bildet sich besonders durch Gährung des Milchzuckers und ist eine farblose, sirupöse Flüssigkeit. Dieselbe wirkt wenig auf die Epidermis ein, falls sie nicht wiederholt und intensiv applicirt wird. Ihr fast ausschliessliches Anwendungsgebiet liefern die tuberkulösen Ulcerationen. Sie wird in 50% Lösung verordnet und sogar unverdünnt, wenn es sich um Geschwüre der Haut handelt. Innerlich kommt sie (in 2% Lösung) bei Diarrhoe, besonders bei Kinderdiarrhoe, in Anwendung.

Die basischen Ätzmittel, Caustica alcalina,

wirken auf die Gewebe fast ebenso wie die koncentrirten Mineralsäuren, d. h. sie ziehen begierig Wasser an; gleichzeitig lösen sie jedoch theilweise die animalischen Zellen und ihren Inhalt auf. Sie bilden so einen hornartigen, leicht transparenten Ätzschorf.

Kali causticum fusum. Ätzkali, KOH,

ist das wirksamste der basischen Ätzmittel. Die fabrikmässige Darstellung geschieht durch Kochen einer Lösung von kohlensaurem Kali mit gelöschtem Kalk. Nach Filtration erhält man eine Flüssigkeit, die früher als Kalilauge oder Seifensiederlauge bezeichnet wurde.

Durch Verdampfen erhält man festes Ätzkali, das geschmolzen und in Stangenform gebracht werden kann. Dasselbe wird nicht mehr rein angewandt; am häufigsten mischt man es mit gleichen Theilen gebranntem Kalk (Calcaria usta) zur Bereitung der Wiener Ätzpaste (Pulvis causticus Viennensis). Dieses Pulver soll in ganz trockenen und gut verkorkten Gläsern aufbewahrt werden.

Doch wenn es zu ermöglichen ist, wird man besser thun, ein wenig Kali causticum und Calcaria usta zur Zeit des Gebrauchs in einem kleinen Porzellanmörser zu pulverisiren und zu mischen. Fügt man alsdann etwas starken Weingeist hinzu, so erhält man eine mehr oder weniger dicke Paste, die auf die zu zerstörende Partie aufgetragen wird. Dabei muss Acht gegeben werden, dass das Wirkungsgebiet durch Heftpflaster begrenzt und die Umgebung geschützt wird. Dieses Mittels kann man sich bedienen, um eine Eiterung anzulegen, ein Ableitungsverfahren, das früher häufig angewandt wurde und noch gegenwärtig gewisse Dienste zu leisten vermag. Falls es sich darum handeln sollte, bei Tuberkulösen Pointes de feu auf einen bestimmten Theil des Thorax zu appliciren, kann man in ein Stück Heftpflaster eine bestimmte Anzahl Öffnungen machen, entsprechend der verlangten Zahl von Pointes de feu. Dieses durchlöcherte Heftpflaster legt man nun auf den Thorax auf die angegebene Stelle und streicht alsdann mit einem Spatel die Ätzpaste darüber. Nach Verlauf von 3 bis 4 Minuten wird der Schmerz immer heftiger und nach durchschnittlich 10 bis 15 Minuten ist die Haut vollständig nekrotisirt. Man reinigt mit Wasser und beseitigt das Heftpflaster. Die afficirten Stellen erscheinen wie kleine Flecke, hornartig, durchscheinend und lassen das Gefässnetz bläulich durchschimmern. Allmählich wird der Ätzschorf schwärzlich und stösst sich ohne Schmerz ab, indem er eine granulirende Fläche zurücklässt, die man zur Eiterung anregen kann durch Bestreichen mit reizenden Substanzen, z. B. mit Ungt. Cantharidum. Auf diese Weise kann man die Eiterung sehr lange unterhalten und eine andauernde Ableitung hervorrufen, bei der sich manche Tuberkulöse sehr gut befinden.

Zincum chloratum. Chlorzink, $ZnCl_2$.

Ein weisses, in Wasser leicht lösliches Pulver; wird von den Chirurgen wegen seiner kaustischen und desinficirenden Eigenschaften sehr häufig in Anwendung gezogen (Canquoïn'sche Paste). Zuweilen bereitet man aus Chlorzink kleine, konische Stäbchen, die in das zu zerstörende Gewebe eingeführt werden. Es wird auch zu Einspritzungen (in 1 $^0/_0$ Lösung) gebraucht, besonders bei tuberkulösen Vegetationen. Es darf nicht vergessen werden, dass dieses Ätzmittel äusserst schmerzhaft ist.

Adstringentia.

Die adstringirenden Substanzen sind in der Natur sehr verbreitet. Viele Vegetabilien enthalten mehr oder weniger davon in Form von Gerbsäuren, die sich von einander durch gewisse chemische Eigenschaften unterscheiden, jedoch sämmtlich dieselben physiologischen Wirkungen haben. Auf thierische Gewebe gebracht, verursachen sie an der Oberfläche eine gewisse Retraktion der zelligen Elemente. Man kann sich von dieser Erscheinung einen Begriff machen, wenn man eine geringe Menge von diesen adstringirenden Stoffen auf die Zunge bringt. Hierbei macht sich zuerst ein mehr oder weniger starkes Gefühl von Brennen bemerkbar; auf dasselbe folgt bald eine Empfindung von Trockenheit und Zusammenziehen, welche allmählich die ganze Schleimhaut des Mundes und Pharynx einnimmt. Man hat den Eindruck einer allgemeinen Gefässzusammenziehung, die eine mehr oder weniger ausgesprochene Blutleere verursacht. Lassen wir ein Adstringens auf eine transparente Membran einwirken, die unter dem Mikroskope beobachtet werden kann, so finden wir, dass dasselbe sich in sehr verschiedener Weise, je nach der Koncentration der zur Verwendung gekommenen Lösungen verhält. So erzeugt der Alaun, wenn er in Substanz auf das Mesenterium des Frosches applicirt wird, eine lebhafte Hyperaemie desselben, während eine $^1/_2$procentige wässerige Lösung, zu demselben Versuche verwendet, eine allgemeine Kontraktion derselben Gefässe verursacht (Heintz). Dieses lässt sich leicht erklären, da die Adstringentia im koncentrirten Zustande reizend, ja sogar ätzend wirken, während in Verdünnung sich ihre Wirkung nur noch an dem Zellenprotoplasma bemerkbar macht; letzteres zieht sich zusammen, und diese Zusammenziehung führt eine Verminderung des Kalibers der Gefässe herbei. — Bei der Applikation der adstringirenden Mittel soll an diese Erscheinungen gedacht und nicht vergessen werden, dass behufs Erzielung einer adstringirenden d. h. zusammenziehenden Wirkung auf die Gewebe sehr verdünnte Lösungen und zwar reichlich und häufig angewendet werden müssen.

Acidum tannicum. Tannin. $C_{14}H_{10}O_9$.

Tannin findet sich in sehr vielen Vegetabilien, hauptsächlich in der Rinde, in den Früchten, Blättern etc. Obgleich die verschiedenen Gerbsäuren eine ähnliche chemische Formel besitzen, differiren sie dennoch ein wenig, je nach den Pflanzen, aus denen sie dargestellt werden. So geben die einen mit den Eisensalzen einen rein schwarzen, andere einen bläulich schwarzen, röthlichen oder grünlichen Niederschlag. — In physiologischer Beziehung zeigen sie keine von einander verschiedenen Eigenschaften.

Tannin wird hauptsächlich aus den Galläpfeln, welche 60 bis 70% davon enthalten, und aus der Eichenrinde gewonnen. Je nach der Darstellungsweise bildet es ein schwach gelbliches, leichtes (leichtes Tannin) oder graues, schweres (schweres Tannin) Pulver. — Es ist leicht löslich in einer Mischung von Wasser (1) und Alkohol (2) oder in einer Mischung von Äther (4) und Alkohol (1), während es in absolutem Alkohol und Äther fast unlöslich ist. Es löst sich ferner in 8 Theilen Glycerin und in 10 Theilen Wasser. — Die wässerige Lösung trübt sich sehr schnell unter Bildung von zahlreichen Schimmelpilzen und Mikroorganismen. Das Tannin wird gefällt durch die Mineralsäuren, durch Ammonium chloratum und Natrium chloratum. Es bildet unlösliche Tannate mit den Blei- und Antimonsalzen und mit fast allen Alkaloiden. Mit den Eisensalzen giebt es einen Niederschlag von verschiedenen Nüancen, der, im Wasser mittels Gummi arabicum suspendirt erhalten, die Schreibtinte bildet.

Wirkung. Tannin besitzt die Eigenschaft, Eiweiss und Leim zu einer plastischen, in Mineralsäuren unlöslichen Masse zu koaguliren; dieselbe ist ein wenig löslich in Alkalien und widersteht der Fäulniss. Die Gerbsäure hat eine so starke Affinität zum Leim, dass ein in verdünnte Tanninlösung getauchtes Stückchen leimhaltiges Gewebe letztere in einigen Stunden absorbirt. Der Process des Gerbens beruht auf diesen Eigenschaften.

Seine zusammenziehende Aktion auf die Gefässe wird mit Lösungen von 0,05—0,25% Tannin wahrgenommen, während es in einer Koncentration von 5% bereits reizt, aber es besitzt stets die Wirkung, die Oberfläche der Haut und Schleimhaut, auf welche es applicirt wird, dichter zu machen.

Innerlich eingeführt, wird es zum Theil in Form von Eiweiss- und Peptonverbindungen resorbirt und ziemlich rasch in Gallussäure verwandelt und als solche durch den Harn ausgeschieden. Tannin geht nur dann durch die Nieren hindurch, wenn es in Dosen von mehreren Grammen verabreicht worden ist. In dieser Menge kann es jedoch Magenschmerzen und Verdauungsbeschwerden verursachen. Es vermindert auch die Menge der durch den Darm secernirten Säfte, wodurch die Faecalstoffe härter werden.

Therapeutische Verwendung. Bei äusserlichem Gebrauche ist Tannin ein ausgezeichnetes Mittel zur Verminderung der Sekretion, namentlich bei Entzündung der Schleimhäute (der Vagina, Nase, des Pharynx, der Urethra etc.) Dabei wird es in Form von nicht stärkeren als 0,5% Lösungen verordnet.

Um eine wirkliche adstringirende Aktion zu erlangen, ist es erforderlich, die Oberfläche, auf welche das Tannin einwirken soll, vorher mit lauwarmem Wasser zu reinigen. So sind bei Fluor albus oder Gonorrhoe zunächst Injektionen mit lauwarmem Wasser zu machen.

Tannin hat den Übelstand, gelbliche Flecke auf der Wäsche zurückzulassen.

Seine Wirkung bei Haemoptoë ist sehr zweifelhaft. Es kann in Wirklichkeit auf die Blutungen nur dann einen Einfluss ausüben, wenn es mit den blutenden Gefässen in direkte Berührung kommt. In diesem Falle schlägt es das Serumalbumin nieder, welches alsdann Propfen bildet, die dem Ende der durchrissenen Gefässe fest anhaften.

Da Tannin die meisten Alkaloide, in Form von unlöslichen Tannaten fällt, bildet es ein vorzügliches Antidot bei Vergiftungen mit diesen Substanzen.

Seine Verwendung bei parenchymatöser Nephritis (v. Frerichs) hat insofern gute Resultate ergeben, als es Verminderung der Eiweissausscheidung bewirkt. Es ist jedoch besser, Natrium tannicum zu verabfolgen.

In neuerer Zeit hat man dieses Mittel auch häufig gegen akute Miliartuberkulose empfohlen; doch sind die erzielten Erfolge nicht sehr ermuthigend.

Innerlich ist Tannin in Dosen von 0,10—0,40 zu geben und die Tagesgabe von 1,5 nicht zu überschreiten, wenn es nicht Verdauungsstörungen verursachen soll.

†Natrium tannicum

ist eine sehr leicht zersetzliche Verbindung, besitzt aber vor dem Tannin den grossen Vorzug, dass es durch die Nieren zum grössten Theile in Gestalt von Gerbsäure ausgeschieden wird. Daher wird man bei der Behandlung der parenchymatösen Nephritis mit einem Adstringens zum Natrium tannicum greifen, das ausserdem auch weit weniger Verdauungsstörungen bewirkt. Dosis 1,0 zwei- bis dreimal täglich.

†Acidum gallicum (Gallussäure)

besitzt dieselben adstringirenden Eigenschaften wie Tannin, aber es präcipitirt weder Eiweiss, noch Leim, noch die Alkaloide. Es scheint besser vertragen zu werden als Tannin und ist an dessen Stelle zum innerlichen Gebrauche, vorzugsweise bei parenchymatöser Nephritis empfohlen worden. Man kann hiervon 0,5—1,0 (in Pillen oder Pulver) auf einmal geben und bis zu 4,0 pro die gehen. Acid. gallicum löst sich in 100 Theilen kaltem Wasser.

Eine grosse Anzahl von zu therapeutischen Zwecken verwendeten pflanzlichen Produkten verdankt ihre Wirkung der in ihnen in mehr oder minder reichlichem Maasse enthaltenen Gerbsäure.

Cortex Quercus. Eichenrinde.

Von Quercus Robur, (Cupulifere). Enthält 7—10% Tannin.

Gallae. Galläpfel.

Es sind die Auswüchse auf den Blättern von verschiedenen Eichenarten des Orients (Quercus lusitanica, Quercus infectoria etc.), hervorgerufen durch den Stich eines kleinen Insekts, Cyneps infectoria, welches daselbst seine Eier versteckt. Der sich hierbei bildende Auswuchs entwickelt sich weiter, bis die Larve zum vollständigen Insekt geworden. Dieses schlüpft alsdann aus, indem es den Gallapfel durchbohrt. Die Galläpfel gelangen hauptsächlich aus Syrien zu uns und enthalten bis zu 70% Tannin. Aus denselben wird eine Tinktur,

Tinctura Gallarum (Gallae 1, Spirit. dil. 5) bereitet, die zuweilen zu Jodtinktur hinzugesetzt wird, um deren Ätzwirkung zu vermindern.

Radix Rathanhiae.

Von Krameria triandra (Polygalee). Wächst namentlich auf den sandigen Abhängen von Peru und Chili und enthält bis zu 20% einer besonderen Gerbsäure (Ratanhagerbsäure), welche sehr häufig zur Behandlung der Dysenterie und von Mundaffektionen verwendet wird. Aus der Wurzel wird ein trockenes Extrakt bereitet,

†**Extractum Ratanhiae**, das sich in Wasser, mit dunkelbraunrother Farbe löst. Es ist ein gutes Unterstützungsmittel zur Behandlung der Diarrhöen und wird in Tagesdosen von 2,0—3,0 in Verbindung mit Wismuth, Opiaten oder aromatischen Excitantien verordnet. Ausserdem existirt noch ein **Sirupus** und eine

Tinctura Ratanhiae (1:5). Letztere bildet, mit gleichen Theilen Tinctura Guajaci, ein vorzügliches Mundwasser:

51) ℞ Tinct. Ratanhiae.
Tinct. Guajaci āā 50,0.
M. D. S. Äusserlich 1 Kaffeelöffel auf 1 Glas lauwarmes Wasser.

Catechu

ist ein Adstringens, das bei den Völkern des äussersten Ostens eine grosse Rolle spielt. Dort werden bedeutende Mengen davon in Form von Betel konsumirt, das ein in einem Blatte Betelpfeffer eingehülltes Gemenge von Catechu und Kalk darstellt. Wird dasselbe gekaut, so ruft es anhaltende Salivation und Steigerung des Appetits hervor.

Catechu präsentirt sich unter verschiedenem Aussehen und enthält, je nach seinem Herkommen, eine mehr oder weniger grosse Menge Tannin.

Am meisten geschätzt ist die aus den Blättern einer Rubiacee, Uncaria Gambir, und aus den Früchten einer Palme, Areca Catechu, gewonnene Droge, während die in Europa angewendete ein wässeriges Extrakt aus dem Holze einer indischen Leguminose, Acacia Catechu (A. Suma) darstellt.

Dasselbe bildet ein trockenes Extrakt, von schwärzlicher Farbe, das zum Theil in Wasser löslich ist. Aus ihm wird ein Sirup, Sirupus Catechu bereitet, der wie Sirupus Ratanhiae verordnet wird und eine Tinktur,

Tinctura Catechu (Catechu 1, Spirit. dil. 5), die sehr adstringirend wirkt. Die Indikationen sind dieselben wie für Extractum Ratanhiae. Dosis: mehrmals täglich 20—30 Tropfen.

†Sanguis Draconis. Drachenblut.

Ist ein adstringirendes Harz, das früher häufig in Pulverform zur Stillung von Blutungen angewendet wurde. Dieses Harz findet sich an der Frucht von Calamus Draco, einer grossen indischen Palme.

†Kino

ist ebenfalls ein sehr adstringirendes Harz, das von einer indischen Leguminose, Pterocarpus Marsupium, herrührt.

Von den zahlreichen einheimischen Adstringentien seien noch angeführt:

†Fructus Myrtilli. Heidelbeeren.

Von Vaccinium Myrtillus (Vaccinieae), Volksmittel gegen Sommerdiarrhoe. Ausser einer adstringirenden Substanz enthalten diese Beeren noch eine geringe Menge Arbutin, welches antiseptisch wirkt.

Die Blätter sind neuerdings gegen Diabetis mellitus empfohlen worden.

Folia Juglandis. Walnussblätter.

Von Juglans regia (Juglandee). Sie enthalten eine besondere Gerbsäure, die auch in der Rinde und Hülle der Früchte vorkommt; daneben finden sich in ihnen antiseptische Substanzen (Hydrochinon). Man hat die Wahrnehmung gemacht, dass die aus Nussblättern bereiteten Arzneien, wie Sirupus Juglandis, Extractun foliorum Juglandis bei skrophulösen Kindern sehr günstige Wirkungen zeigen. — Ein Infus der Blätter wird auch zur Behandlung von Fluor albus verwendet.

Folia Salviae. Salbeiblätter.

Von Salvia officinalis (Labiate). Dieselben enthalten adstringirende, antiseptische und aromatische Stoffe und eignen sich vorzüglich zur Bereitung von Mund- und Gurgelwässern. Dosis: 10,0 bis 20,0 : 200,0 im Aufguss.

Die wegen ihrer adstringirenden Eigenschaften verwendbaren Pflanzen sind zu zahlreich, um in ihrer Gesammtheit angeführt werden zu können. Es seien hier nur noch erwähnt: **Folia Rubi fruticosi, Flores Rosarum, Radix Tormentillae** etc.

Metallische Adstringentien.

Argentum nitricum. Silbernitrat, Höllenstein, $AgNO_3$.

Der Höllenstein wird häufig zu den Ätzmitteln gerechnet, aber man bedient sich viel mehr seiner adstringirenden, als seiner kaustischen Eigenschaften, die verhältnissmässig wenig energisch sind. — Die Darstellung von Argentum nitricum geschieht durch Auflösen von metallischem Silber in Salpetersäure. Es krystallisirt in hexagonalen Tafeln; unter dem Einflusse der Hitze können diese Krystalle ohne Zersetzung geschmolzen und in die leichter zu handhabende Form von Stäbchen gebracht werden.

Durch Zusammenschmelzen von Argentum nitricum (1 Th.) und Kalium nitricum (2 Th.) erhält man den gemilderten Höllenstein, Lapis infernalis mitigatus, dessen ätzende Eigenschaften abgeschwächt sind. Er dient zum Touchiren der Cornea und Conjunctiva.

Argentum nitricum ist in Wasser leicht löslich. Diese Lösung kann sich sehr gut im Tageslichte unzersetzt erhalten, wenn sie nicht mit organischen Stoffen (Staub) in Berührung kommt, denn in Gegenwart von Letzteren, selbst in sehr geringer Menge, fällt das Silber in Form eines schwarzen Pulvers nieder. Vor Licht geschützt oder in gelben oder schwarzen Gläsern verschlossen, konservirt sich die Höllensteinlösung sehr lange. Derartige Lösungen dürfen nur mit destillirtem Wasser bereitet werden.

Wirkung. Die Affinität des Silbernitrats zum Eiweiss ist sehr gross. Selbst in Gegenwart von Natrium chloratum, mit dem es sehr leicht eine unlösliche Verbindung (Chlorsilber) eingeht, tritt das Silbernitrat zuerst an das Eiweiss heran, um ein Silberalbuminat zu bilden. Diese Erscheinung kann man beobachten, wenn man eine Schleimhaut oder Granulationen mit Höllenstein bestreicht; es entsteht alsdann ein weisser Fleck, der sich auf alle Theile ausbreitet, die mit dem Mittel in Kontakt gewesen sind. Das Silbernitrat ist zunächst mit dem Albumin der Zellen oder der sie umspülenden Flüssigkeiten, dann mit dem Chlornatrium in Verbindung getreten. Diese beiden Verbindungen von Silberalbuminat und Chlorsilber sind weiss, aber sie zersetzen sich bald und werden durch Reduktion zu metallischem Silber schwarz.

Wegen dieser raschen Fällung geht die Wirkung des Höllensteins niemals sehr in die Tiefe. Die zerstörten Zellen stossen sich schnell in Form eines sehr dünnen Schorfes ab, und die darunter liegende Parthie, welche wegen der adstringirenden und antiseptischen Wirkungen des Silbernitrats keine Neigung zur Eiterung zeigt, erscheint wie vernarbt.

Die antiseptische Wirkung dieser Substanz ist sehr stark und kann sogar dem Sublimat an die Seite gestellt werden; aber diese Eigenschaft erhält sich bei Gegenwart von organischen Stoffen nicht lange wegen der raschen Reduktion des Silbernitrats.

Bei Einführung in den Magen wandelt es sich ebenfalls in Silberalbuminat und Chlorsilber um und wird als solches resorbirt. Es setzt sich, mit Ausnahme einer geringen, durch die Nieren und die Leber eliminirten Menge, in den verschiedenen Geweben des menschlichen Körpers ab. Nach einem längeren Gebrauche dieses Mittels finden sich Ablagerungen von metallischen Silberpartikelchen in dem Bindegewebe aller Organe, aber hauptsächlich in der Leber, Milz, in den Hirnhäuten, in den Nieren etc. Die Haut nimmt dabei einen aschgrauen Teint an, welcher der unter dem Namen „Argyria“ bekannten Affektion eigen ist.

In den Vergiftungsfällen mit Argentum nitricum ist es zweckmässig, sofort das Weisse vom Ei mit Wasser verrührt und mit Kochsalz versetzt zu verabreichen. Darauf wird der Magen ausgespült oder ein Brechmittel gegeben.

Therapeutische Verwendung. Äusserlich angewendet, leistet Argentum nitricum als leichtes und oberflächliches Ätzmittel gute Dienste, wenn es sich darum handelt, die Wucherung von Granulationen, Kondylomen etc. zu vermindern und gewisse Quellen der Eiterung in der Harnröhre, Vagina etc. versiegen zu machen. Früher bediente man sich bei der Gonorrhoe gern einer Behandlungsmethode, Abortivbehandlung genannt, die darin bestand, dass man in den Harnröhrenkanal eine Lösung von Argentum nitricum (1 : 20) injicirte. Dieselbe bewirkte einen leichten Brandschorf an der Oberfläche der ganzen Schleimhaut, welche sich allmählich oder en bloc nach einer kurzen Periode der Reaktion loslöste. Diese rohe Methode verdient keine Empfehlung, denn sie hat häufig ausgedehnte Strikturen zur Folge. Dagegen sind Instillationen von Argentum nitricum in die Urethra posterior bei chronischer Blennorrhagie von grossem Nutzen, wenn dieselben mit den erforderlichen Vorsichtsmassregeln vorgenommen werden. In diesen Fällen thut man immer gut, etwas Urin in der Blase zurückzulassen, damit das Silbernitrat, das allmählich in dieselbe gelangen könnte, neutralisirt werde.

Bei manchen Hautkrankheiten, namentlich beim akuten und chronischen Ekzem, werden mit etwa alle 5 Tage vorgenommenen Bepinselungen mit Argentum nitricum (1 : 10) sehr häufig recht günstige Erfolge erzielt. Dieselbe Behandlung ist gegen Erysipelas, Lupus etc. empfohlen worden.

Dank der raschen Fällung des Albumins und der Kohäsion dieses Niederschlages ist das Silbernitrat ein ausgezeichnetes Hämostaticum, besonders bei kapillären Blutungen.

Die Fälle, in denen die Anwendung des Argentum nitricum indicirt erscheint, sind zu zahlreich, um hier insgesammt angeführt werden zu können. Es mag nur hervorgehoben werden, dass wir in dieser Substanz das beste antiseptische Adstringens besitzen, welches im Bedürfnissfalle leicht ätzen kann. Es ist jedoch nothwendig, dass man den Koncentrationsgrad der Lösungen, je nach der beabsichtigten Wirkung, abzumessen versteht. Selbst mit koncentrirten Lösungen kann man eine oberflächliche Aktion bewirken; man braucht nur auf die Applikation von Argentum nitricum eine Pinselung mit einer Kochsalzlösung folgen zu lassen, welche den Effekt sofort (durch Bildung von unwirksamem Chlorsilber) neutralisirt. Je nach der Zeit, die man zwischen der Applikation von Argentum nitricum und der Kochsalzpinselung verfliessen lässt, erhält man alle zwischen einer leicht adstringirenden und einer wirklich ätzenden Wirkung befindlichen Stufen.

Die rein adstringirenden Lösungen werden mit 0,1—0,5 % Silbernitrat bereitet. Sie werden für die Augen, die Urethra, den Dickdarm, die Vagina etc. verwendet; die kaustischen Injektionen (Instillationen) zu 2—4 %; die ätzenden Pinselungen (Erysipel, Lupus, Ekzema) 1—2 : 10. Die Lösungen zu Verbänden (1—2 %).

Innerlich wird Argentum nitricum bei der Behandlung des runden Magengeschwürs verordnet. Es wird gewöhnlich in Pillen verabreicht, die aus einer anorganischen Substanz (behufs Vermeidung der Zersetzung dieses Salzes) zu bereiten sind.

52) ℞ Argent. nitric. 0,05
Argillae 0,10.
Misce ut f. pilula.
Dent. tal. dos. No. XX.
S. 3mal täglich 1 Pille zu nehmen.

Es ist jedoch zweckmässiger, sich einer 1procentigen wässerigen Lösung von Argentum nitricum zu bedienen. Nach Entleerung und Ausspülung des Magens mit lauwarmem Wasser, führt man 100 g dieser Lösung ein und lässt sie 2 bis 3 Minuten lang daselbst verweilen, dann wieder heraustreten, um eine neue Spülung des Magens mit einer 1procentigen Kochsalzlösung vorzunehmen. Diese Manipulation wird, wenn erforderlich, alle zwei Tage wiederholt; es kommt jedoch selten vor, dass man gezwungen ist, auf sie mehr als zwei oder drei Male zurückzukommen.

Vor der Einführung des Bromkaliums wurde Argentum nitricum oft gegen Epilepsie verordnet. Gegenwärtig hat man auf letzteres fast vollständig verzichtet, doch bedient man sich desselben noch zur Behandlung anderer nervöser Affektionen, wie der Tabes dorsalis. Es ist aber ziemlich schwierig, die Wirkung dieses Mittels bei dieser Rückenmarkskrankheit, wo man so häufig auch ohne bemerkbare Ursache und ohne Behandlung Besserungen von mehr oder weniger langer Dauer beobachtet, richtig abzuschätzen. Immerhin kann Silbernitrat versucht werden in allen Fällen, wo die Seitenstränge unversehrt sind, und wenn weder permanente Contrakturen noch Rigiditäten der Extremitäten vorhanden sind (Charcot). Dabei bleibt indessen noch zu erwägen, dass gerade in Folge der Behandlung dieser Krankheiten mit Argentum nitricum die vorher erwähnten Fälle von Argyria zur Beobachtung gekommen sind. Im Allgemeinen soll dieses Arzneimittel nicht länger als drei Wochen nach einander verabreicht werden. Alsdann muss es während 14 Tagen ausgesetzt werden, um, wenn dieses nothwendig erscheint, wieder von Neuem verabfolgt zu werden. Es wird in Pillen zu 0,02 verschrieben, von denen man täglich 4 bis 5 nehmen lässt.

Grösste Einzelgabe 0,03! Grösste Tagesgabe 0,2 g!

Plumbum aceticum. Bleiacetat. Bleizucker, Pb $(C_2H_3O_2)_2$.

Alle löslichen Salze des Bleis sind Adstringentia, aber das essigsaure Blei wird vorzugsweise verwendet. Dasselbe wird durch Auflösen von Plumbum carbonicum in Essigsäure und Auskrystallisiren erhalten. — Es ist in 3 Theilen Wasser und in 29 Theilen Weingeist löslich und hat einen süsslichen (daher Bleizucker) und metallischen Geschmack.

Wirkung. Bringt man Bleiacetat auf die Haut oder auf die Schleimhäute, so besitzt es in sehr verdünnter Lösung (0,1—1 $^0/_0$) dieselben adstringirenden Eigenschaften wie Argentum nitricum. In erheblich stärkerer Koncentration (5 $^0/_0$) wird es irritirend, aber es hat fast keine ätzende Wirkung. Mit Eiweissstoffen bildet es gleichfalls eine unlösliche Verbindung.

Die Resorption der Bleisalze, ob löslich oder unlöslich, kann durch die Haut und durch alle Schleimhäute erfolgen.

Wird eine starke Dosis (2,0—3,0) in den Magen eingeführt, so entsteht eine mehr oder weniger intensive Gastroenteritis, doch ist keine ernste Vergiftungsgefahr vorhanden. Denn einmal in den Darm gelangt, wird daraus unlösliches kohlensaures Blei, das durch die Darmgase bald in Schwefelblei übergeführt und alsdann mit dem Stuhlgang hinausbefördert wird.

Kleinere, oft wiederholte Gaben führen dagegen nach einer gewissen Zeit unvermeidlich zur chronischen Vergiftung. Diese Beobachtung macht man bei Arbeitern, die mit Blei oder seinen Salzen zu thun haben. Die langsame Resorption durch die Haut oder die Schleimhäute der Athmungsorgane erzeugt nach einigen Wochen oder Monaten eine hartnäckige, chronische Intoxikation, die mit dem Namen „chronischer Saturnismus" bezeichnet worden ist.

Das resorbirte Blei kreist im Organismus, nicht gelöst im Serum, sondern fixirt an die rothen Blutkörperchen; von hier geht es in die Zellen der verschiedenen Organe, besonders in die Knochen, die Nieren, die Leber und die Nervencentren über.

Nach seiner Fixirung bleibt das Blei gern an diesen Orten, und es tritt ein Zeitpunkt ein, wo der Urin nur noch Spuren davon enthält. Doch braucht man nur einige Gramm Jodkalium zu verabreichen, um das Blei aus seiner organischen Verbindung zu verdrängen und wieder in den Blutkreislauf zu bringen. Alsdann bemächtigt sich der Exkretionsapparat der Niere desselben, und der Urin scheidet 10 Mal so viel Blei aus wie zuvor.

Auch der Galle und dem Speichel fällt zum Theil die Aufgabe zu, den Organismus von dem eingeführten Blei zu befreien.

Auf das Nervensystem übt das Blei die verderblichste Wirkung aus. Es erzeugt daselbst zunächst eine lebhafte Reizung, auf die alsbald Zellenwucherung mit Bildung von interstitiellem Gewebe folgt. Dadurch entsteht eine Kompression der nervösen Elemente mit nachfolgender Paralyse.

Die Reizungssymptome offenbaren sich besonders durch krampfhafte Zusammenziehungen der glatten Darmmuskulatur mit starken Koliken (Bleikolik).

Die Tunica muscularis der Gefässe befindet sich in beständiger Kontraktion, daher ist der Puls klein, hart und langsam. Dieser Spasmus kann dadurch überwunden werden, dass man den Kranken Amylnitrit inhaliren lässt. Schon nach wenigen Minuten wird alsdann der Puls weiter und rascher; aber er nimmt den Charakter des Bleipulses wieder an, sobald die dilatirende Wirkung des Amylnitrits sich nicht mehr fühlbar macht.

Während der Reizungsperiode können sich sehr heftige Gelenkschmerzen ohne Schwellung und Röthung einstellen; dieselben koincidiren mit einer unregelmässig vertheilten Hyperästhesie der Haut. — Seitens des Gehirns können Delirien, epileptiforme Krämpfe und zuweilen auch Coma beobachtet werden. — Nach einiger Zeit bekommt der Patient ein kachektisches Aussehen und das Zahnfleisch umrandet sich mit einem bläulichen Saume. Es treten Muskellähmungen auf, die gewöhnlich an den Extensoren der Hand und der Finger beginnen.

Gelingt es, derartige Individuen dem Einflusse des Bleies zu entziehen und letzteres mittels Jodkalium und Schwefelbäder aus dem Organismus zu entfernen, dann können diese verschiedenen Erscheinungen noch zum Verschwinden gebracht werden; die vollständige Genesung ist jedoch nur sehr langsam zu erzielen.

Als prophylaktisches Mittel lässt man die Arbeiter in den Bleiweissfabriken eine Limonade trinken, welche aus 10 bis 15 Tropfen Schwefelsäure auf ein Liter Wasser mit etwas Sirupus Citri besteht. Die Schwefelsäure besitzt die Eigenschaft, Bleisalze zu fällen und unlöslich zu machen (Plumbum sulfuricum).

Therapeutische Verwendung. Plumbum aceticum ist innerlich häufig verabreicht worden. Früher glaubte man, dass es bei internen Blutungen wegen seiner gefässzusammenziehenden Wirkung und bei Diarrhöen und intestinalen Blutungen wegen seiner adstringirenden Eigenschaften von Nutzen sein könnte. Heutzutage wird es innerlich nicht mehr so häufig verordnet, und man hat Recht, einem Mittel zu misstrauen, das auf das Nervensystem so schädlich wirkt.

Bei Tuberkulösen, die gleichzeitig an Diarrhoe und nächtlichen Schweissen leiden, kann Plumbum aceticum (0,05) in Verbindung mit Opium (0,01) in Pulver- oder Pillenform gegeben werden. In derartigen Fällen verdient jedoch die Anwendung der Darmdesinficientia und Atropin den Vorzug.

Wenn die interne Verwendung des essigsauren Bleies gewöhnlich überflüssig und schädlich ist, so ist dieses nicht bezüglich der äusserlichen Medikation der Fall. Hier leisten die Bleisalze ausgezeichnete Dienste als Adstringentia bei oberflächlichen Ulcerationen, bei manchen Entzündungen der Schleimhäute, der Conjunctiva etc.

Grösste Einzelgabe 0,1! grösste Tagesgabe 0,5!

Präparate: **Liquor Plumbi subacetici.** Diese Lösung, welche auch als Extractum Saturni oder Bleiessig bezeichnet wird, erhält man durch Auflösen von Plumb. acet. (3) und Plumb. oxydat. (1) in Aq. dest. (10). Sie wird in starker, wässeriger Verdünnung (1—2 $^0/_0$) in Gestalt von Kompressen oder Waschungen verwendet.

Aqua Plumbi (Aqua Goulardi) ist eine Mischung von 1 Th. Bleiessig mit 49 Th. Wasser. Die milchweisse Farbe des Bleiwassers beruht auf dem kohlensauren Blei, das sich unter dem Einflusse der in dem Wasser enthaltenen Kohlensäure niederschlägt. Dient zu kühlenden und adstringirenden Umschlägen.

Uguentum Plumbi oder Unguentum Goulardi, Bleisalbe. Wird aus 2 Th. Bleiessig (die auf dem Wasserbade auf 1 Th. eingeengt) mit 19 Th. Paraffinsalbe bereitet. Durch Zusatz von Tannin (1 Th.) erhält man

Uguentum Plumbi tannici, Tannin-Bleisalbe. Beide Salben werden namentlich zum Verbinden von varikösen Geschwüren verwendet.

†**Uguentum Plumbi jodati** ist ein Gemisch von Plumb. jodat. (1) und Axungia (9). (Pharm. Helv.)

Emplastrum Lithargyri sive Emplastrum Plumbi simplex. Bleipflaster wird dargestellt aus Bleioxyd (Lithargyrum), Schweineschmalz und Olivenöl. Es dient zur Bereitung des

Emplastrum Lithargyri compositum oder Emplastrum Plumbi compositum, Gummipflaster, indem man Wachs, Terpentin, Ammoniakgummi und Galbanum hinzufügt.

Zincum sulfuricum. Zinksulfat, $ZnSO_4$.

Wird durch direkte Auflösung von metallischem Zink in Schwefelsäure dargestellt und bildet farblose, in gleichen Theilen

Wasser lösliche Krystalle. Die löslichen Zinksalze zeigen in ihrer Wirkung eine grosse Analogie mit den Bleisalzen. Innerlich genommen, verursachen sie Erbrechen und Diarrhoe, und bei äusserlicher Anwendung sind sie Adstringentia; einige Verbindungen sind sogar Ätzmittel (Zincum chloratum, Zincum aceticum).

Die chronische Intoxikation, welche viel seltener ist, als die durch Blei hervorgerufene, zeigt jedoch einen ziemlich ähnlichen Charakter.

Das schwefelsaure Zink ist das am leichtesten zu handhabende Salz und wird mit Vorliebe zu Einspritzungen in die Harnröhre bei Gonorrhoe, in wässeriger Lösung zu 0,5 % oder 1 % und als Augenwasser zu 0,2 % verordnet.

Grösste Einzelgabe 1,0!

Die unlöslichen Zinkpräparate, wie

Zincum oxydatum, (Flores Zinci), Zinkoxyd, haben ebenfalls leicht adstringirende Eigenschaften. Letzteres wird in Salben oder Pulverform, besonders in der Kinderpraxis, wegen seiner Unschädlichkeit, angewendet. Innerlich zu 0,05—0,3 mehrmals täglich in Pulver oder Pillen. Äusserlich 1,0—3,0 : 10,0 in Salben.

Cuprum sulfuricum. Kupfersulfat, $CuSO_4$.

Es wird durch Auflösen von metallischem Kupfer in Schwefelsäure gewonnen und stellt schöne, blaue, in 4 Theilen Wasser lösliche, in Weingeist unlösliche Krystalle dar.

Bei innerer Einführung erzeugt Cuprum sulfuricum schon in Dosen von 0,20 bis 0,30 Erbrechen. Stärkere Gaben können eine heftige Gastroenteritis hervorrufen. Der Mensch vermag jedoch bedeutende Mengen zu vertragen (40,0 bis 50,0), ohne dass der Tod eintritt. Ein Theil des in den Magen eingeführten Kupfersulfats wird durch den Brechakt hinausbefördert und der in den Darm übertretende Rest wird in unlösliche Schwefelverbindungen umgewandelt.

Bei den Kupferarbeitern wird häufig ein chronischer Vergiftungszustand wahrgenommen; derselbe ist jedoch weniger beschwerlich und gefährlich als die durch Blei verursachte Intoxikation. — Das Kupfer wird zum grossen Theil durch die Leber und die Knochen zurückgehalten; die letzteren können eine ganz bedeutende Menge davon enthalten. So hat man auf den Kirchhöfen von Gegenden, wo die Bewohner sich ausschliesslich mit Kupfergeschirrarbeiten beschäftigen, beobachtet, dass die Knochen nach einigen Jahren eine grünlich-blaue Färbung aufweisen, welche auf das in ihnen enthaltenen Kupfer zurückzuführen ist.

Äusserlich wirken die Kupfersalze wie die Zinksalze; in Lösung von 0,1 oder 0,2 % sind sie reine Adstringentia; zu 5 % oder 10 %

wirken sie leicht ätzend. In Bezug auf seine Anwendung bietet das Kupfersulfat dieselben Indikationen wie Zinksulfat.

Durch Zusammenschmelzen von Alaun, Kalium nitricum, Cuprum sulfuricum und etwas Kampfer erhält man eine bläuliche Masse, die als

Cuprum aluminatum. Kupferalaun, Lapis divinus oder „Pierre divine“

früher sehr häufig zur Behandlung der Bindehautentzündungen (0,5 bis 1,0%) angewendet wurde.

Alumen. Alaun, Kali-Alaun.

Der zu medicinischen Zwecken verwendete Alaun ist eine Doppelverbindung von schwefelsaurer Thonerde und schwefelsaurem Kali $(SO_4)_2 AlK + 12 H_2O$. Er bildet farblose, durchscheinende Krystalle. Beim Glühen dieser Krystalle wird das Krystallwasser verdrängt und der gebrannte Alaun, **Alumen ustum**, erhalten, dessen adstringirende Eigenschaften sehr energisch sind. Derselbe kann sogar zur Zerströrung weicher Gewebe, wie Granulationen, Kondylome etc. dienen.

Alaun ist in 11 Theilen kaltem und in 1 Theile siedendem Wasser löslich. Er besitzt antiseptische Eigenschaften, daher ist der Vorschlag gemacht worden, ihn zum Desinficiren und Klären der Brackwässer zu verwenden. Man braucht in der That nur 0,2 bis 0,5 Alaun pro Liter zuzusetzen, um derartige Wässer klar zu machen und von ihrem unangenehmen Geschmack zu befreien.

In grosser Dosis wirkt er auf das gastrointestinale System wie die Kupfer- und Zinksalze, d. h. er erzeugt Erbrechen und Durchfall.

Bei äusserlichem Gebrauche ist Alaun das bequemste und gleichzeitig billigste Adstringens. Man bedient sich desselben in 0,5 und 1procentiger Lösung zu Einspritzungen bei Fluor albus oder auch zu Pinselungen bei Mandelentzündungen, wo Lösungen von 1 auf 10 Glycerin verordnet werden. Mit indifferenten Pulvern gemengt (Alumen 1, Talcum 10), dient er zum Kräftigen der Haut und zum Schutz derselben vor Ulcerationen durch Decubitus. Er erweist sich auch nützlich bei Schweissfüssen, wo man nur die Strümpfe mit dem Pulver zu bestreuen braucht. Ebenso wirkt er blutstillend, und wenn kein anderes Mittel zur Hand ist, kann man ihn zur Stillung einer Hämorrhagie benutzen, indem man die Oberfläche der Wunde mit einer dicken Schicht Alaun bestreut. Früher wurde er häufig in Pulver oder in flüssiger Form als Stypticum verwendet. So stand der Liquor haemostaticus Pagliari im Ansehen, welcher durch Erwärmen einer Lösung von Alaun und Benzoë bereitet wurde. Wenn man bei Epistaxis keine Tamponade anwenden kann, wird man sich des Liquor Pagliari (lauwarm) mit Nutzen bedienen.

†Alumnol,

eine Verbindung von Alaun und Naphtol, welche in Wasser und Glycerin löslich ist, besitzt bemerkenswerthe adstringirende und antiseptische Eigenschaften und kann wie Alaun angewendet werden. Bei Gonorrhoe kommen 1—2 $^0/_0$ wässerige Lösungen zur Einspritzung in die Urethra in Anwendung.

Bismutum subnitricum. Basisches Wismutnitrat.

Die löslichen Salze des Wismut (essigsaures, weinsaures Wismut) sind toxisch wie die löslichen Antimonsalze. Die unlöslichen Salze sind leicht adstringirend und besitzen ausserdem die Fähigkeit, manche Gase, besonders Schwefelwasserstoff, zu absorbiren. Wegen dieser Eigenschaften wendet man das Wismutnitrat, ein weisses, unlösliches Pulver, gegen Diarrhoe an, wo es jedoch nur das Verdienst hat, die Wirkungen und nicht die Ursache zu bekämpfen, denn die antiseptischen Eigenschaften des Wismuts sind Null. — Dosis 0,25—1,0 mehrmals täglich in Pulver.

†Dermatol

ist eine Verbindung von Wismut und Gallussäure. Letztgenannter Substanz verdankt Dermatol seine adstringirenden Eigenschaften. Es ist in Wasser unlöslich und wird als Streupulver und in Salbenform (10 $^0/_0$) angewendet.

Emollientia.

Im Gegensatz zu den adstringirenden Mitteln, welche die Gewebe verengen und die Gefässe zur Zusammenziehung bringen, machen die Emollientia dieselben geschmeidig und locker. Sie erweisen sich sehr nützlich, wenn in Folge einer örtlichen Entzündung die angeschwollenen und turgescirenden Gewebe durch Reizung oder Kompression der peripherischen Nerven schmerzhaft werden. In diesen Fällen beruhigen die in Form von Breiumschlägen applicirten Emollientia, welche entweder durch ihre speciellen Eigenschaften oder durch die feuchte Wärme wirken, den Schmerz durch Verminderung der Blutspannung in der erkrankten Parthie.

Die meisten Pharmakopöen haben die verschiedenen erweichenden Pflanzen unter der Bezeichnung „**Species emollientes**“ vereinigt. Dieselben bestehen aus:

Fol. Althaeae, Fol. Malv., Herb. Melilot., Flor. Chamomil. und Sem. Lini āā. Und ebenso kommt als Brustthee oder Species pectorales folgende Mischung vor: Rad. Althaeae (8), Rad. Liquirit. (3), Rhiz. Iridis (1), Fol. Farfarae(4), Flor. Verbasci (2) und Fruct. Anisi (2).

Semen Lini. Leinsamen.

Die Samen von Linum usitatissimum (Linee) bilden das beste Erweichungsmittel, weil sie ausser einer schleimigen, in Wasser löslichen Substanz (Mucin) gleichzeitig ein Öl (Oleum Lini) enthalten, das leicht in die Gewebe eindringt. Sie werden in Pulverform (Farina lini, Leinmehl) angewendet. Die Kataplasmen aus Leinmehl können bei einer Temperatur von 50^0 vertragen werden. Bei dieser Temperatur begünstigen sie sehr die Diapedesis der weissen Blutkörperchen.

Tubera Salep. Salep.

Diese Droge stammt von den kugeligen Knollen verschiedener Orchideen (Orchis Morio, O. militaris etc.), welche Schleimstoff, Eiweiss, Stärkemehl, Zucker etc. enthalten. Durch Mischen von 1 Th. Salep mit 100 Th. siedendem Wasser wird ein dicker Schleim, Mucilago Salep, erhalten, der thee- bis esslöffelweise als einhüllendes Mittel Anwendung findet.

Radix Althaeae. Eibischwurzel.

Die Pflanzen aus der Familie der Malvaceen enthalten fast alle schleimige Stoffe, wie man sie in den Blüthen und Blättern von Malva sylvestris und in der Wurzel von Althaea officinalis findet.

†**Semen Cydoniae.** Quittensamen.

Die Samen von Cydonia vulgaris (Pomacee) enthalten eine grosse Menge Schleimstoff, welcher sich in kaltem Wasser sehr gut auflöst und damit Mucilago Cydoniae giebt, der früher von den Augenärzten als mildernder Zusatz zu Augenwässern bei Conjunctivitis verordnet wurde.

Lichen islandicus. Isländisches Moos.

Die Flechte Cetraria islandica (Lichenee), welche namentlich im Norden und in den Alpengegenden wächst, enthält einen schleimigen Stoff (Lichenin) und eine bittere Substanz (Cetrarin). Man bereitet aus ihr mit Zucker und Gummi arab. Pasten, die bei Bronchitis und Entzündungen des Halses Verwendung finden. Wird auch im Decoct (10,0—15,0 : 200,0) bei Phthisis genommen. In den Polargegenden wird eine Art Brod aus Lichen islandicus dargestellt, das als Nahrung für Menschen und Thiere dient.

Mehrere Algen enthalten ebenfalls gallertartige Substanzen, die heutzutage mehr zum Kultiviren von Mikroorganismen als zu therapeutischen Zwecken verwendet werden. Hierhin gehören Gigartina mammillosa (Carrageen), Gracilaria lichenoides, Eucheuma spinosum (Agar-Agar).

Gummi arabicum.

Arabisches Gummi ist der getrocknete Saft mehrerer Acacia-Arten (Acacia Verek, A. Senegal etc.), die in Central-Afrika vorkommen. Es besteht zum grossen Theil aus arabinsaurem Kalk und löst sich in 2 Theilen kaltem Wasser. Aus ihm wird ein Gummischleim, Mucilago Gummi arabici, ferner Pulvis gummosus, zusammengesetztes Gummipulver und Sirupus gummosus bereitet. Auch dient es zur Darstellung fast sämmtlicher Pektoral-Pasten.

Unter den **fetten Substanzen** benutzen wir

Oleum Olivarum.

Das Olivenöl wird zur Bereitung der meisten medicinalen Öle und einer grossen Anzahl von Salben gebraucht. Dasselbe wird durch Auspressen der Früchte von Olea europaea (Oleacee) gewonnen und besteht aus Palmitin und Oleïn.

Innerlich wird es in einmaligen Dosen von 100—200 g zur Bekämpfung der Leberkoliken verabreicht.

Oleum Amygdalarum. Mandelöl.

Wird aus den Früchten von Prunus Amygdalus (Amygdalee) ausgepresst und mit Gummi arabicum zur Bereitung von Emulsionen (Emulsio oleosa) gebraucht.

Oleum Cacao. Kakaobutter, Butyrum Cacao.

Aus den Samen von Theobroma Cacao (Büttneriacee) gewonnenes Fett, das zum grössten Theil aus Stearin besteht und bei einer Temperatur von 30—32° schmilzt. Vermöge seiner festen Konsistenz kann es in die verschiedensten Formen (Suppositorien, Bougies, Pessarien etc.) gebracht und so in das Rektum, in die Urethra, Vagina etc. eingeführt werden. Es schmilzt unter dem Einflusse der Körperwärme, und die medikamentösen Stoffe, welche der Kakaobutter einverleibt worden sind, werden alsdann von der Schleimhaut resorbirt.

Cetaceum. Walrat.

Ist gleichfalls ein festes Fett, das erst zwischen 45 und 50° schmilzt. Dasselbe wird aus dem Schädel des Pottfisches (Physeter macrocephalus) gewonnen. Mit Öl vermischt, bildet es sehr geschmeidige Salben (Cold cream, Unguentum leniens).

Oleum Nucistae. Muskatbutter.

Wird aus den Muskatnüssen (Myristica fragrans) gewonnen und ist von bräunlicher Farbe, sehr aromatischem Geruche und fester Konsistenz. Es schmilzt zwischen 45 und 51°. Man wendet es in Mischung mit verschiedenen Essenzen zu excitirenden Einreibungen an.

Die verschiedenen Salben können aus Schweinefett, Lanolin oder Vaselin bereitet werden. Dabei ist es jedoch nicht gleichgültig, welche von diesen Substanzen zur Verwendung kommt. Die Wahl ist je nach der beabsichtigten Wirkung zu treffen. So wird man, wenn das einer Salbe einverleibte Arzneimittel, wie z. B. Jodkalium oder Acid. salicylic. etc. durch die Haut resorbirt werden soll, diese Salbe aus Schweinefett, dem zur Begünstigung der Resorption noch ein wenig Lanolin zugesetzt ist, herstellen. Wenn wir dagegen von einer Arzneisubstanz nur eine örtliche und oberflächliche Wirkung (wie z. B. bei Jodoform, Borsäure, den Adstringentien etc.) verlangen, so inkorporiren wir sie dem Vaselin, das eine schützende Hülle bildet, aber niemals die Gewebe durchdringt.

Adeps suillus. Axungia porci, Schweineschmalz.

Das Schweineschmalz hat den Nachtheil, ziemlich leicht, besonders im Sommer, ranzig zu werden. Vor dieser Zersetzung kann es dadurch geschützt werden, dass man es vorher mit Benzoë (1 %) erhitzt. Auf diese Weise wird

Adeps benzoatus, Benzoëschmalz,

eine beliebte Salbengrundlage, erhalten.

†**Lanolinum.** Wollfett.

Es ist kein eigentliches Fett, sondern es besteht zum grossen Theile aus Cholestearinestern. Ovid führt es schon in seinen „Cosmetica" unter der Bezeichnung Oesypus an. Es wird aus der Schafwolle, die davon sehr viel enthält, gewonnen. Lanolin hat den grossen Vorzug, nicht ranzig zu werden und sich mit seinem gleichen Gewichte Wasser zu einer Art Emulsion zu mischen. Es beschleunigt bedeutend die Resorption mancher Stoffe durch die Haut. Wie jedoch bereits hervorgehoben wurde, zeigt es diese Eigenschaft in weit höherem Maasse bei Vermischung mit Adeps suillus ($^1/_5$ oder $^1/_{10}$) als bei reiner Anwendung.

Vaselinum. Unguentum Paraffini.

Wird bereitet aus festem Paraffin (1) und flüssigem Paraffin (4). Letztere Stoffe werden entweder aus dem Petroleum (Nordamerika) oder aus Ozokerit (einer bituminösen Masse, Galizien) gewonnen. — Das Vaselin kann weiss oder gelb sein; es schmilzt zwischen 38 und 40^0 und besitzt den Vorzug, nicht ranzig zu werden. In Wasser und Glycerin ist es unlöslich, löslich in Äther, Chloroform und Kohlenwasserstoff. Es löst Jod, Brom, die Alkaloide und auch in geringem Maasse die Karbolsäure auf. Aber — trotzdem dass diese Stoffe sich in seiner Masse aufgelöst befinden, verhindert das Vaselin ihre Resorption durch die Haut. Wir können uns hiervon bei der Salicylsäure überzeugen, die so leicht resorbirbar ist, wenn sie einem Fette inkorporirt ist, und welche bei Vermischung mit Vaselin nur in minimaler Menge aufgesogen wird.

Glycerinum. Ölsüss. $C_3H_5(OH)_3$.

Das Glycerin ist ein dreiwerthiger Alkohol, der bei der Verseifung der Fette erhalten wird. Es stellt eine sirupartige schwere, farblose Flüssigkeit von süsslichem Geschmacke dar. Dieselbe mischt sich mit Wasser und Weingeist in jedem Verhältnisse, ist aber in Fetten, in Äther und Chloroform unlöslich.

Wirkung. Bringt man Glycerin auf die Darmschleimhaut oder unter die Haut, so erzeugt es dadurch eine starke Irritation, dass es das Wasser der Gewebe aus der Umgebung lebhaft an sich zieht. So ruft es z. B. im Rectum peristaltische Bewegungen des Dickdarms hervor, welche die Herausbeförderung der Fäkalien bedeutend erleichtern.

Verwendung. Bei Applikation auf die Haut macht es dieselbe geschmeidig und verhindert ihr zu rasches Trockenwerden, daher ist Glycerin ein werthvolles Mittel gegen die in Folge von Kälte entstandenen Hautschrunden.

Man hat dasselbe auch bei Tuberkulösen als Ersatzmittel des Leberthrans empfohlen, doch kommt dem Glycerin die ernährende Wirkung des letzteren keineswegs zu.

Glycerin übt eine deutlich ausgesprochene toxische Wirkung auf die Trichine aus, und Binz hat dasselbe daher in einer Gabe von 150,0 innerhalb 24 Stunden (wenn der Parasit sich noch im Darm befindet) zur Behandlung der Trichinose empfohlen.

Auch gegen Verstopfung kann das Mittel, entweder per os zu einem Esslöffel in einem halben Glase Wasser, am Morgen nüchtern oder in Form von Klystier verdünnt ($^1/_{10}$) oder koncentrirt zu 4,0—5,0 ins Rectum eingeführt, verordnet werden. Desgleichen giebt man es in Stuhlzäpfchen. Wegen seiner irritirenden Wirkung darf jedoch kein zu langer Gebrauch vom Glycerin gemacht werden.

Zur äusseren Verwendung dient **Unguentum Glycerini**, Glycerinsalbe. Seit Einführung des Vaselins wird diese Salbe jedoch viel seltener als früher angewendet.

Acida. Säuren.

Die meisten Säuren, mit denen wir uns noch zu beschäftigen haben, zeigen eine gewisse Ähnlichkeit in ihrer Wirkungsweise, wenn sie in geringer Dosis oder solcher Verdünnung verabreicht werden, dass sie keine örtlich reizende oder ätzende Aktion verursachen.

Als säuerliches Getränk genommen, stillen sie das Durstgefühl und verlangsamen die Herzkontraktionen. Daher verordnete man sie in früherer Zeit oft bei fieberhaften Zuständen. Aber trotzdem dass die Säuren manche Symptome der febrilen Affektionen mildern, dürfen sie doch nicht als wirkliche Antipyretica betrachtet werden, denn sie setzen die Körpertemperatur nur sehr wenig herab.

Manche organische Säuren, wie die Milchsäure und die in den Früchten vorhandenen Säuren, wie Weinsäure, Citronensäure, Äpfelsäure etc. wandeln sich im Darm in milchsaures, weinsteinsaures, citronensaures, äpfelsaures etc. Natrium oder Kalium um. Alsdann gehen diese Salze durch Oxydation in Karbonate über, und in dieser Form werden sie schliesslich durch den Urin und die andern Ausführungswege eliminirt. — So haben die Kuren mit Früchten, und besonders die Weintraubenkuren eine grosse Ähnlichkeit in der Wirkung mit manchen alkalinischen Mineralwasserkuren. Den Früchten kommt zudem noch die Eigenschaft zu, einen ziemlich energischen Reiz auf die verschiedenen Darmausscheidungen und namentlich auf die Sekretion des Pankreas auszuüben. Unter ihrer Einwirkung werden die peristaltischen Darmbewegungen vermehrt, und die Ausleerungen reichlicher und dünnflüssiger.

Organische Säuren.

Acidum tartariaum. Weinsäure. $C_4 H_6 O_6$.

Die Weinsäure wird aus dem Weinstein gewonnen, der sich an den Fässern in Folge der Gährung des Weines absetzt. Dieser rohe Weinstein besteht aus doppeltweinsteinsaurem Kalium, Calcium, Magnesium etc. und Farbstoffen. Nach vorgenommener Reinigung erscheint die Weinsäure in Gestalt von grossen, durchsichtigen, in Wasser sehr leicht löslichen Krystallen. — In Verbindung mit Natrium bicarbonicum dient die Weinsteinsäure zur Darstellung der Brausepulver. — Dosis 0,5—1,0 mehrmals täglich in Pulver oder Lösung.

Acidum citricum. Citronensäure. $C_6 H_8 O_7$.

Die Citronensäure findet sich in den meisten Früchten und wird namentlich aus dem Citronensafte dargestellt. Sie bildet durchscheinende, in Wasser leicht lösliche Krystalle und gehört zu denjenigen organischen Säuren, die sich im Organismus am leichtesten oxydiren und dabei in Carbonate umwandeln. Citronensäure dient zur Bereitung des Sirupus citri, der wegen seines säuerlichen und aromatischen Geschmackes von Fiebernden gern genommen wird.

Die meisten Fruchtsirupe verdanken ihren angenehmen Geschmack der Citronensäure und ihren Wohlgeruch den verschiedenen Äthern, die für jede Fruchtart charakteristisch sind.

Hierher gehören der Himbeersirup, Sirupus Rubi Idaei, der aus dem Safte der Frucht von Rubus Idaeus bereitet wird; ferner der Johannisbeersirup, Sirupus Ribium, aus den Früchten von Ribes rubrum etc. Alle diese Sirupe können als Corrigentia verwendet werden, indem man sie den verschiedenen Mixturen zu 10 bis 20 $^0/_0$ hinzusetzt.

Acidum lacticum. Milchsäure. $C_3H_6O_3$.

Im koncentrirten Zustande erscheint diese Säure als eine sirupartige, farblose Flüssigkeit mit ätzenden Eigenschaften. In Verdünnung wirkt sie wie die vorhergenannten Säuren. In 2 $^0/_0$ Lösungen ist sie zur Behandlung der Kinderdiarrhöen verwendet worden.

Mineralsäuren.

Acidum sulfuricum. Schwefelsäure. H_2SO_4.

Diese Säure wurde früher, in starker Verdünnung, häufig zur Behandlung des Fiebers verwendet. Man gab sie vorzugsweise in Form der Mixtura sulfurica acida (Elixir acidum Halleri), welche ein Gemisch aus koncentrirter Schwefelsäure (1) und Weingeist (3) ist. Von derselben werden bei fieberhaften Zuständen mehrmals täglich 5—10 Tropfen in etwas Zuckerwasser verabreicht. Diese Mixtur scheint auch gute Wirkungen bei zu reichlicher Menstruation zu entfalten.

Acidum phosphoricum. Phosphorsäure. PO_4H_3.

Wirkt in derselben Weise und wird in derselben Dosis wie die vorhergenannte Säure verabreicht.

Acidum hydrochloricum. Salzsäure. HCl.

Die Salzsäure spielt eine hervorragende Rolle bei der Verdauung der Eiweissstoffe durch den Magensaft. Sie wird als solche durch die Magenschleimhaut abgesondert, und ein normaler Magensaft enthält 0,2 bis 0,3 $^0/_0$ HCl. In dieser Koncentration ist sie ein ausgezeichnetes Desinfektionsmittel, und der Magen kann in erster Linie als ein Apparat angesehen werden, in welchem die

Nahrungsmittel einer Desinfektion unterworfen werden, ehe sie in den Darm übergehen, dessen Säfte die im Magen unter der Einwirkung der Salzsäure und des Pepsins begonnene Verdauung vollenden.

Wenn die Salzsäure bei der Behandlung der Magenaffektionen nicht das geleistet hat, was man (nach ihren physiologischen Eigenschaften) von ihr erwartete, so liegt dies zum Theil daran, dass sie häufig in Fällen angewendet wird, wo sie überhaupt nicht am Platze ist. Über die Nothwendigkeit der Verabreichung dieser Säure kann man erst nach einer Analyse des Magensaftes Gewissheit erlangen. Alsdann ist man erst über die Dosis im Klaren, welche dem Verdauungssafte zugeführt werden muss.

Die Salzsäure erweist sich besonders nützlich, wenn der dilatirte Magen unfähig ist, einen Saft mit einem Salzsäuregehalt zu liefern, der ausreicht, die abnormen Gährungsvorgänge zu unterdrücken. In diesen Fällen wird Acidum hydrochloricum dilutum zu 15—20 Tropfen in einem Glase Zuckerwasser, während und nach der Mahlzeit verabreicht.

In England wird in solchen Fällen (und auch als Cholagogum) die Aqua regia, eine Mischung aus Salzsäure und Salpetersäure, häufig verordnet.

Alkalien.

Natrium bicarbonicum. Natriumbicarbonat. $NaHCO_3$.

Das doppeltkohlensaure Natrium stellt ein weisses, in 12 Theilen Wasser lösliches Pulver dar.

Obgleich die alkalische Wirkung dieses Salzes geringer ist, als diejenige des Natriumkarbonats, zieht man es doch bei der therapeutischen Verwendung dem letzteren vor. Abgesehen davon, dass Natrium bicarbonicum die Schleimhäute im Allgemeinen weniger reizt, schmeckt es auch angenehmer als das Natriumkarbonat.

Die allgemeine Wirkung, welche die Alkalien auf den Organismus ausüben, ist sehr verschieden erklärt worden, und es herrschen bezüglich dieses Punktes die widersprechendsten Ansichten. Am meisten festzustehen scheint die Steigerung der allgemeinen Oxydationsprozesse, die sich durch eine Vermehrung der durch den Harn ausgeschiedenen Harnstoffmenge zu erkennen giebt. Aber die Elimination des Stickstoffes durch die Nieren ist nicht immer vermehrt, und aus diesem Grunde haben manche Forscher die stimulirende Wirkung der Behandlung mit Alkalien in Abrede gestellt. Wenn wir jedoch die durch die Nieren und den Darm ausgeschiedenen N.-haltigen Mengen zu einander fügen, finden wir, dass diese Menge stets grösser ist, als die unter normalen Verhältnissen eliminirte. Und wegen dieser Eigenschaften sind das doppeltkohlensaure Natron und die alkalischen Wässer bei der Behandlung der sogenannten diathesischen Krankheiten, wie Rheumatismus, Gicht, Diabetes u. s. w. in Anwendung gekommen.

Indessen die nützlichste therapeutische Wirkung ist diejenige, welche das Natrium bicarbonicum direkt auf die Schleimhaut des Verdauungskanales ausübt. — Es besitzt nämlich die Eigenschaft, die Schleimmassen, welche die Mucosa bei katarrhalischen Zuständen bedecken, zu verflüssigen. Auf diese Weise gereinigt, kann die Drüsenschicht wieder normaler funktioniren. Und da dem Natrium bicarbonicum zudem noch die Fähigkeit zukommt, bis zu einem gewissen Grade die peristaltischen Bewegungen des Magens anzuregen, besitzen wir in ihm ein Mittel, das sich in bemerkenswerther Weise dazu eignet, sowohl in Bezug auf die chemischen als auch auf die mechanischen Vorgänge, die Magenverdauung zu verbessern. Was den Sekretionsprocess anlangt, so wirkt das doppeltkohlensaure Natron nicht immer in derselben Weise, und es ist ein Unterschied zu machen zwischen der unmittelbaren Wirkung einer Gabe von 0,50 bis 1,0, und derjenigen, welche man nach einer längere Zeit fortgegebenen Dosis von 3,0 bis 4,0 und darüber beobachtet. In dem ersten Falle entsteht eine Reizung der Magensekretion, die an der Vermehrung der Salzsäure erkennbar ist. In dem zweiten Falle dagegen beobachtet man eine Herabsetzung der Magensaftsekretion mit Verminderung der Salzsäure. Diese entfernte Aktion hängt wahrscheinlich von der Alkalisirung des Blutes ab. In der Praxis soll man, um die excitirende Wirkung zu erlangen und dieselbe nicht zu überschreiten, zu mässigen Dosen greifen, dieselben am besten zwischen den Mahlzeiten und nicht zu lange (14 bis 20 Tage) geben. Handelt es sich um die sedative Aktion, so wird man grosse Dosen, am zweckmässigsten während und nach den Mahlzeiten längere Zeit fortgeben (Linossier und Lemoine).

Die neutralisirende Wirkung des Natrium bicarbonicum macht sich so gut an den Säuren des Magens bemerkbar, wie an denjenigen, welche von der Darmgährung (Milchsäure, Buttersäure, Essigsäure, Kapronsäure etc.) herrühren. Es darf jedoch nicht vergessen werden, dass man über die zu verabreichende Gabe erst Gewissheit erlangen kann nach erfolgter Feststellung des Säuregehaltes des Magensaftes in dem Augenblicke, wo die Verdauung sich auf ihrem Höhepunkt befindet, und nachdem man die Gesammtmenge der zu dieser Zeit in dem Magen befindlichen Säure berechnet hat. — Es darf angenommen werden, dass 1,0 Natrium bicarbonicum 0,50 theoretische Salzsäure neutralisirt.

Man hat den Alkalien den Vorwurf gemacht, dass sie nach einer gewissen Zeit eine Art von allgemeiner Depression und

Anaemie erzeugen. Dies ist jedoch nur der Fall, wenn sie in ganz unmässiger und unpassender Weise verabreicht werden. Denn sehr hohe Gaben von Natrium bicarbonicum (20 und 30 g) werden Wochen und selbst Monate lang von Individuen mit Hyperchlorhydrie gut vertragen. — Es giebt daher für dieses Mittel nicht starke und schwache Dosen; sie sind dies nur mit Rücksicht auf den Zustand der Magensekretion.

Die alkalischen Mineralwässer

sind sehr zahlreich. In Deutschland sind die bekanntesten: Ems, Selters, Neuenahr, Fachingen, Wildungen, Salzbrunn. In Böhmen: Bilin, Giesshübel.

In Frankreich verdienen genannt zu werden: Vichy (Allier), dessen Quellen im Mittel 0,5 % Natrium bicarbonicum enthalten (Temperatur 12—45° C.). Vals (Dep. Ardèche) enthält 4,0—9,0 doppeltkohlensaures Natron in 1 Liter (Temp. 13—16°).

Excitantia.

Zu dieser Klasse werden diejenigen Substanzen gerechnet, die die Eigenschaft besitzen, das centrale Nervensystem anzuregen und zu stimuliren. Einer grossen Zahl von Arzneimitteln kommt eine solche excitirende Wirkung zu, aber wegen ihrer besonderen therapeutischen Eigenschaften sind sie, wie der Äther, das Strychnin etc., in andere Gruppen untergebracht worden. An dieser Stelle bleiben uns nur noch der Kampfer und einige aromatische Substanzen, der Alkohol und Moschus zur Besprechung übrig.

Fig. 19. Cinnamomum Camphora.

Camphora.

Kampfer. $C_{10}H_{16}O$.

Der Kampfer ist ein Stearopten, aus dem Holze von Cinnamomum Camphora (Laurus Camphora oder Camphora officinarum), eines schönen Baumes aus der Familie der Laurineen, der in China und Japan einheimisch ist. Man beutet ihn besonders auf der Insel Formosa aus, indem man das Holz des Kampferbaumes, in welchem der Kampfer sich in einem ätherischen Öl (Oleum camphorae) aufgelöst befindet, der Destillation mit Wasser unterwirft.

Es giebt noch einen anderen Kampfer, der dieselben therapeutischen, aber andere chemische und physikalische Eigenschaften besitzt als der vorhergenannte. Es ist dies der Borneo-Kampfer (Borneol $C_{10}H_{18}O$), der von Dryobalanops Camphora, einem Baume aus der Familie der Dypterocarpeen, gewonnen wird, welcher auf den Sunda-Inseln und hauptsächlich auf Borneo häufig vorkommt. Dieser Kampfer scheint in Europa lange vor dem japanischen Kampfer bekannt gewesen zu sein, denn er wurde schon von den arabischen Ärzten des 6. Jahrhunderts verordnet, während der Japan-Kampfer erst im Jahre 1641 durch die Holländer in Europa eingeführt worden ist. Gegenwärtig wird letzterer allein zu therapeutischen Zwecken verwendet.

Nach seiner Reinigung bildet er eine weisse, krystallinische, eigenthümlich riechende, durchscheinende Masse, welche sich vollständig, wenngleich langsam, bei gewöhnlicher Temperatur und sehr rasch beim Erhitzen auf 80^0 oder 100^0 verflüchtigt. Kampfer brennt mit einer russenden Flamme und ist leicht löslich in Alkohol, Äther, Chloroform und fetten Ölen; in Wasser löst er sich sehr wenig ($1^0/_{00}$).

Er bildet flüssige Mischungen, wenn man ihn mit Naphtol, Chloralhydrat, Menthol, Thymol und Phenol verreibt.

Vor etwa 50 Jahren hat der Kampfer eine grosse Rolle in der Therapie gespielt (Raspail). Man machte aus ihm eine Panacee.

Wenn auch gegenwärtig das Vertrauen zu seinen wunderbaren Heilwirkungen nicht mehr so stark ist, so ist doch seine excitirende und antiseptische Wirkung in vielen Fällen von grossem Nutzen.

Wirkung. Der Kampfer wird durch die Haut und die Schleimhäute resorbirt. Ein geringer Theil wird im Körper zersetzt, während die grösste Menge durch die Lunge, die Haut und namentlich durch die Nieren eliminirt wird.

Bei innerlicher Einnahme von 1,0 verursacht er eine allgemeine Excitation, die sich durch Wärme und Röthe des Gesichtes und einen stärkeren, volleren Puls erkennbar macht; auch die Athemgrösse erscheint vermehrt. Diese Symptome verschwinden in Folge der Flüchtigkeit des Stoffes ziemlich schnell; zuweilen machen sie, und besonders bei zu starker Dosis, einer mehr oder weniger ausgesprochenen Depression Platz.

Der Kampfer scheint nur auf Gehirn, Kleinhirn und Medulla oblongata zu wirken; der Tremor und die Muskelkrämpfe, welche nach grossen Dosen beobachtet werden, hängen von diesen Centren und nicht, wie bei Strychnin, vom Rückenmark ab.

Kampfer ist für viele Insekten ein Gift, und seine antiseptische Wirkung steht unzweifelhaft fest. Er kann uns als leichtes Darmdesinficiens gute Dienste leisten. Unter seiner Einwirkung (0,50) beobachtet man eine Abnahme des Indican im Urin; die Darmperistaltik wird vermehrt und der Geruch der Fäkalien weniger stark.

Die antiseptische Wirkung des Kampfers tritt besonders deutlich beim Gesichtserysipel zu Tage, wo unter dem Einflusse der Applikation von Oleum camphoratum Abnahme der Röthung und Schwellung und gleichzeitiger Temperaturabfall beobachtet wird. Man kann sich in der That auf experimentellem Wege davon überzeugen, dass der Kampfer die Auswanderungsfähigkeit der weissen Blutkörperchen herabsetzt. Er scheint auch die Sekretion der Brustdrüsen zu vermindern.

Wir wenden den Kampfer äusserlich in Form von Einreibungen an, wenn es sich darum handelt, eine leichte Ableitung oder eine örtliche Reizung hervorzurufen, wie z. B. bei Muskelrheumatismus, Lumbago, Ischias u. s. w.

Er wird hauptsächlich in subkutaner Injektion zu 0,1—0,5 verabreicht, wenn eine kräftige Excitirung der nervösen Centren erzeugt werden soll. So z. B. bei Vergiftung durch Narcotica oder, wo aus der einen oder andern Ursache sich Collaps einstellt. In diesen Fällen hat die Kampferinjektion eine viel länger andauernde Wirkung als eine Einspritzung von reinem Äther oder Moschus.

53) ℞ Camphorae 1,0
Aether. 2,0
Ol. Amygdal. 8,0.
M. D. S. Äusserlich zur subkut. Injektion.
(1 Spritze = 0,10 Kampfer).

Präparate: **Spiritus camphoratus.** Kampferspiritus. Eine Auflösung von Kampfer in verdünntem Weingeist (Kampfer 1. Weingeist 7. Wasser 2.). Äusserlich zu Einreibungen.

Oleum camphoratum. Kampferöl. Eine filtrirte Auflösung von 1 Th. Kampfer in 9 Th. Olivenöl. Nach Zumischung von $^1/_4$ Ammoniakflüssigkeit und etwas Mohnöl wird das Kampferöl zu einem dicken, milchigen Fluidum (Seife), welches das

Linimentum ammoniato-camphoratum darstellt.

† **Uguentum camphoratum.** Nach Pharmakop. Helv. eine Mischung von Kampfer (2), weissem Wachs (1) und Schweinefett (7).

Vinum camphoratum. Kampferwein (Kampfer [1], Spirit [1], Gummischleim [3] und Weisswein [45]). Äusserlich zu Umschlägen.

Früher stellte man noch Acetum camphoratum, Julapium Camphorae, Aqua camphorata u. s. w. dar; doch braucht man nur ein wenig Kampferspiritus dem Essig, Wasser u. s. w. hinzuzufügen, um diese verschiedenen Präparate zu erhalten.

Acidum camphoricum. Kampfersäure. $C_{10}H_{16}O_4$.

Wird durch Oxydation vom Kampfer mittels Acidum nitricum gewonnen. Die Kampfersäure bildet farblose, in ungefähr 140 Th. kaltem, in 8 Th. siedendem Wasser und in 1,3 Th. Weingeist lösliche Krystalle. Sie übt dieselben antiseptischen Wirkungen, zumal auf den Darm, aus, wie Kampfer, aber sie ist weniger excitirend.

Von besonders gutem Einflusse zeigt das Mittel sich gegen die nächtlichen Schweisse der Phthisiker.

Die Dosis beträgt 1,0—4,0 g für 24 Stunden. (In Pulverform.)

Aromatische Pflanzen.

Der excitirenden Wirkung des Kampfers kann diejenige der meisten aromatischen Pflanzen angereiht werden. Dieselben enthalten stets ein flüchtiges oder ätherisches Oel, das einen flüssigen Theil (Terpen $C_{10}H_{16}$) enthält, in welchem sich ein sauerstoffhaltiger, gewöhnlich krystallisirbarer Stoff in Lösung befindet. Letzterer besitzt einen charakteristischen Geruch und eine dem Kampfer ziemlich analoge Zusammensetzung, so dass man diese Stoffe häufig Kampfer nennt, und z. B. Menthol als Mentha-Kampfer, Anisol als Anis-Kampfer etc. bezeichnet. Die erregende Wirkung der verschiedenen Essenzen beruht demnach zum grossen Theil auf diesen Kampfer-Arten, die wir besonders in den ätherischen Ölen bestimmter botanischer Familien: der Labiaten, Umbelliferen, Kompositen etc. auffinden.

Die Wirkung dieser aromatischen Pflanzen charakterisirt man gern dadurch, dass man sie als Aperitiva, Antispasmodica und Carminativa bezeichnet.

Wenn wir auch in diesen Pflanzen keine heroischen Mittel besitzen, so erweisen sie sich doch in der Praxis von grossem Nutzen. Indem sie die Endigungen der Geschmacks- oder Geruchsnerven in angenehmer Weise erregen, steigern sie den Appetit, und während sie denselben Reiz auf die Speicheldrüsen und die gastrointestinalen Verdauungsdrüsen ausüben, vermehren sie die Sekretion der Verdauungssäfte.

Unter carminativer Wirkung stellt man sich vor, dass diese aromatischen Stoffe die Eigenschaft besitzen, die Darmzotten anzuregen (carminare = Wolle krämpeln), und deren sekretorische oder resorbirende Funktionen zu steigern. So werden die Darmgase rascher absorbirt oder hinausbefördert durch die Verstärkung der peristaltischen Darmbewegungen. Ausserdem beschränken alle diese aromatischen Substanzen (indem sie gewisse antiseptische Eigenschaften besitzen), ein wenig die Gährungs- und Zersetzungsprocesse, welche Veranlassung zur Bildung der Magen- und Darmgase geben.

Die in ihnen enthaltenen ätherischen Öle werden sehr rasch durch die Haut und die Schleimhäute resorbirt und nicht minder schnell durch die verschiedenen Ausfuhrkanäle, Haut, Lunge, Nieren eliminirt.

Im Allgemeinen dienen die aromatischen Pflanzen dem Apotheker zur Bereitung von destillirten Wässern, aromatischem Spiritus und Sirupen.

Die destillirten Wässer werden durch Destillation der aromatischen pflanzlichen Substanz mit Wasser dargestellt. Das ätherische Öl geht gleichzeitig mit dem Wasserdampf über und verdichtet sich zu einer Flüssigkeit, welche dadurch, dass eine kleine Menge von dem ätherischen Öle im Wasser gelöst geblieben ist, denselben Geruch der Pflanze besitzt, die zu ihrer Bereitung gedient hat. — Dieselben Wässer können auch extempore dargestellt werden durch Schütteln von 5—10 Tropfen ätherisches Öl mit 1 Liter Wasser und Filtriren.

Aromatischer Spiritus (Alcoholat) wird in gleicher Weise wie destillirtes Wasser dargestellt; es wird hierbei nur das Wasser durch Weingeist ersetzt.

Sirup (Sirupus) wird durch Infusion der aromatischen Pflanzen und durch Auflösen einer bestimmten Menge von Zucker in der filtrirten Flüssigkeit bereitet.

Durch Mischen von 2,0 g Zucker mit 1 Tropfen ätherischen Öles (Anis-, Fenchel-, Pfefferminzöl etc.), erhält man Ölzucker (Elaeosaccharum).

Die verschiedenen Pharmakopöen haben einen Theil dieser aromatischen Pflanzen unter der Bezeichnung

Species aromaticae, gewürzhafte Kräuter, vereinigt. So z. B.

Pharmakop. Germanica:		Pharmakop. Helvetica:	
Pfefferminzblätter	2 Th.	Gewürznelken	von jedem 1 Th.
Quendel	2 Th.	Lavendelblüthen	
Thymian	2 Th.	Majoran	von jedem 2 Th.
Lavendelblüthen	2 Th.	Minzenblatt	
Gewürznelken	1 Th.	Quendel	
Kubeben	1 Th.	Salbeiblatt	

Aus der Familie der **Labiaten** sind bemerkenswerth:

Mentha piperita. Folia Menthae piperitae. Pfefferminzblätter.

Stammt von einer Varietät der Mentha sylvestris, die in England und Amerika im Grossen kultivirt wird. Das in ihr enthaltene ätherische Öl wirkt stark excitirend; sie enthält auch ziemlich viel Menthol, eine erregende und antiseptische Substanz.

Präparate. **Aqua Menthae piperitae.** Pfefferminzwasser, ist ein gutes Vehikel zur Verdeckung des Geschmackes mancher Arzneistoffe und kann auch als Adjuvans für manche excitirende Mixturen verwendet werden.

Spiritus Menthae piperitae. Pfefferminzspiritus, wird durch Destillation oder besser durch Auflösen von 1 Th. Pfefferminzöl in 9 Th. Weingeist bereitet. — Dosis 5—10 Tropfen in etwas Zuckerwasser.

Sirupus Menthae. Pfefferminzsirup. Dient als Corrigens und Adjuvans in Dosen von 20,0—30,0 für eine Mixtur von 150,0.

Folia Melissae. Melissenblätter. Von Melissa officinalis.

Besitzt dieselben Eigenschaften wie die vorhergenannte Pflanze. Dieselbe Anwendung und dieselben Präparate.

Herba Thymi. Thymian. Von Thymus vulgaris.

†**Folia Rosmarini.** Von Rosmarinus officinalis.

Folia Salviae. Von Salvia officinalis.

Flores Lavandulae. Von Lavandula vera.

In der Familie der **Umbelliferen** finden sich die aromatischen ätherischen Öle fast ausschliesslich in den Früchten. Dieselben dienen zur Bereitung zahlreicher alkoholischer Flüssigkeiten, der sogenannten Aperitiva (Absinth, Anisette, Chartreuse, Kümmel, Carmelitergeist etc.). Es darf angenommen werden, dass, ganz abgesehen von der Wirkung des Alkohols, der schädliche Effekt dieser Liköre diesen ätherischen Ölen zuzuschreiben ist. Dieses ist besonders der Fall für den **Absinth**, in dem das ätherische Anisöl und Fenchelöl in weit grösserem Verhältnisse vertreten sind als Absinthöl.

Die nach Absinthmissbrauch auftretenden Zufälle unterscheiden sich ein wenig von den beim reinen Alkoholismus beobachteten Erscheinungen. Es tritt nach einer akuten Intoxikation, die sich durch eine weit stärkere cerebrale Erregung bemerkbar macht, als nach jedem anderen alkoholischen Getränke, eine bedeutende Depression ein, welche zuweilen durch eine unverkennbare Demenz unterbrochen wird. — Beim chronischen Absinthismus werden zahlreiche Störungen der Sensibilität beobachtet. Es zeigt sich namentlich eine Art von Hyperaesthesie der unteren Extremitäten, die bei der geringsten Berührung ins Zittern gerathen. Auf diese Periode der Reizung folgt bald eine solche der Anaesthesie; der Patellarreflex ist herabgesetzt, zuweilen sogar aufgehoben. Handelt es sich um eine noch stärkere Intoxikation, so kommt es zu Krämpfen und epileptiformen Anfällen (Absinthepilepsie) mit Coordinationsstörungen.

Fructus Anisi. Anis. Von Pimpinella Anisum.

Diese Samen enthalten ein ätherisches Öl, das bei + 10° krystallisirt. Es stellt den Typus der Carminativa dar und bildet einen Bestandtheil von einer Anzahl zusammengesetzter Arzneien, wie

Liquor Ammonii anisatus. Anisölhaltige Ammoniakflüssigkeit. Stellt ein Gemisch von Anisöl (1), Weingeist (24) und Ammoniakflüssigkeit (5) dar, und wird zu 5—10 Tropfen in Zuckerwasser zur Erleichterung der Expektoration und zum Neutralisiren der Säuren des Magens verordnet.

Ein ähnliches ätherisches Öl findet sich in den Früchten von Illicium verum, einem in China vorkommenden, der Familie der Magnoliaceen zugehörenden Baume. Die Früchte zeigen eine Sternform und sind bekannt unter der Bezeichnung

†**Fructus Anisi stellati** oder Badiani, Sternanis.

Fructus Foeniculi. Fenchel. Von Foeniculum capillaceum.

Fructus Carvi. Kümmel. Von Carum Carvi.

†**Fructus Coriandri.** Coriander. Von Coriandrum sativum.

In der Familie der **Compositen** finden wir:

Flores Chamomillae (vulgaris). Kamillen.
Von Matricaria Chamomilla (Fig. 20).

Blüht auf den Feldern nach der Ernte (Elsass, Sachsen etc.). Diese sehr aromatischen Blüthen enthalten ein blaues ätherisches Öl. Die Kamille ist ein beliebtes Volksmittel und besitzt sehr nützliche, erregende Eigenschaften. Besonders in Fällen von Indigestion leistet sie gute Dienste. Ein warmer Aufguss erleichtert oder bewirkt rhythmische Bewegungen des Magens.

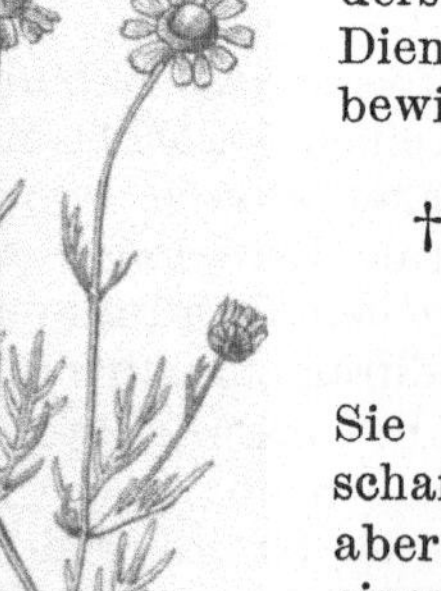

Fig. 20. Matricaria Chamomilla.

†**Flores Chamomillae Romanae.**
Römische Kamille.

Die Blüthen von Anthemis nobilis. Sie besitzen ungefähr dieselben Eigenschaften wie die vorhergenannte Droge, sind aber weniger aromatisch und vermögen in einem etwas koncentrirten Aufguss Erbrechen hervorzurufen.

Unter den aromatischen Substanzen, die auch als

Gewürze

verwendet werden, seien genannt:

Cortex Cinnamomi. Chinesischer Zimmt.

Die Rinde kommt von einem kleinen, in China kultivirten Baume, Cinnamomum Cassia (Laurinee) und enthält ein sehr aromatisch ätherisches Öl, das zum grössten Theil aus Zimmtaldehyd besteht. Zimmt wird zur Bereitung der meisten aromatischen Präparate verwendet.

Caryophylli. Gewürznelken.

Dieselben bestehen aus der noch nicht geöffneten Blüthe von Caryophyllus aromatica (Myrtacee), welche in den meisten tropischen Ländern kultivirt wird.

Crocus. Safran.

Die Droge besteht aus den Narben von Crocus sativus, einer in Frankreich und Spanien kultivirten Iridee. Sie dient zur Darstellung von Laudanum (Tinctura Opii crocata), welchem dadurch die gelbe Farbe und der eigenthümliche Geruch mitgetheilt wird.

Fructus Vanillae. Vanille.

Von Vanilla planifolia (Orchidee). Die Früchte der Schoten der Vanille enthalten Zimmtsäure und Vanillin.

Aus den vom

Thierreiche gelieferten Excitantien

verdienen Erwähnung:

Moschus.

Derselbe findet sich in einer Art von Beutel im Praeputium von Moschus moschiferus, einem kleinen Thiere aus den gebirgigen Gegenden von Tibet und China. Moschus stellt eine bräunliche, krümelige Masse von stark penetrantem und lange haftendem Geruche dar. Seine excitirenden Eigenschaften können nicht in Abrede gestellt werden, doch zeigen sich dieselben erst nach einer grossen Dosis (0,5—1,0). Dieselben haben indessen nichts vor denjenigen des Kampfers voraus, der schon wegen seines sehr niedrigen Preises vorzugsweise angewendet wird.

Aus Moschus bereitet man eine

Tinctura Moschi (Moschus [1], Spirit. dil [25] und Aq. [25]).

Dieselbe wird bei Collaps in subkutaner Injektion verabreicht. Doch ist dies ein unzweckmässiges Verfahren, denn die in den Organismus eingeführte Menge Moschus ist nicht gross genug, um die beabsichtigte Wirkung hervorrufen zu können.

†**Castoreum.** Bibergeil.

Kommt aus den in der Nähe der Geschlechtstheile von Castor Fiber oder americanus gelegenen Drüsen und stellt eine braune, eigenthümlich riechende Masse dar.

Die therapeutischen Eigenschaften dieses Mittels sind sehr problematisch. Dosis 0,1—0,5 mehrmals täglich in Pillen.

†**Tirctura Castorei** (Castor. canad. 1. Spirit. 10.) war früher bei hysterischen Beschwerden (zu 20—30 Tropfen mehrmals mit Tinct. Valerian.) sehr beliebt.

Äthylalkohol. Spiritus Vini. $C_2H_5.OH$.

Der Alkohol war schon den arabischen Ärzten bekannt, die ihn zu therapeutischen Zwecken verwendeten (das arabische Wort kohol bedeutet fein, subtil). Seine chemische Natur wurde von Lavoisier und von de Saussure erkannt, und die Bildungsweise des Alkohols aus zuckerhaltigen Stoffen bei Gegenwart der Hefepilze entdeckten gleichzeitig Schwann und Cagniard. Gegenwärtig wissen wir, dass der Äthylalkohol sich aus Glukose unter der Einwirkung einer grossen Anzahl Mikroorganismen bilden kann. Vor allem besitzen die Hefepilze (Saccharomyceten) diese Eigenschaft in hohem Grade, dann kommen gewisse Schimmelpilze wie Penicillium glaucum, Aspergillus glaucus, Mucor racemosus, Mucor mucedo etc.

Neben dem Alkohol entstehen dabei verschiedene Nebenprodukte wie Glycerin, Bernsteinsäure, dann homologe Alkohole und selbst Aldehyde. Diese Stoffe tragen dazu bei, den verschiedenen Gährungsprodukten den ihnen eigenen Geschmack zu verleihen.

Der absolute oder wasserfreie Alkohol enthält niemals mehr als 99 bis 99,5 % reinen Alkohol und stellt eine durchsichtige, bewegliche, begierig Wasser anziehende Flüssigkeit dar. — Als starken oder koncentrirten Alkohol (Spiritus Vini rectificatissimus) verwendet der Apotheker einen Alkohol, der 90—92 % reinen Alkohol enthält, während der Spiritus dilutus, verdünnter Weingeist, eine Mischung aus 7 Th. koncentrirtem Alkohol und 3 Th. Wasser darstellt.

Der Alkohol siedet bei 78—79° und wird bei —130° fest. Er gehört zu den besten Lösungsmitteln und dient zur Darstellung (mittels Maceration) der Tinkturen von einer grossen Anzahl pflanzlicher Drogen, deren aktive Principien, wie Alkaloide, Harze, ätherische Öle, Gerbsäure, Farbstoffe etc. er rasch auflöst.

Wirkung. Wie Äther, so versetzt auch der Alkohol zunächst die nervösen Centren und hauptsächlich das Gehirn in einen starken Erregungszustand. Aber diese Erregung hält viel länger an. Bei ausreichender Dosis stellt sich eine mehr oder weniger vollständige Anästhesie ein. In früheren Zeiten bediente man sich in der Kriegschirurgie der anästhesirenden Eigenschaften des Alkohols zur Ausführung der schmerzhaftesten Operationen.

Nach einer mässigen Alkoholgabe werden die Herzpulsationen rascher und kräftiger, was sich im Anfange durch eine Steigerung des Blutdruckes kundgiebt. Dieser sinkt jedoch bald wieder in Folge der Erweiterung der peripherischen Gefässe, die bei erneuter Zuführung von Alkohol eintritt. Gerade auf dieser Gefässdilatation beruht das Gefühl von Wärme, das man nach jedem spirituösen Getränke empfindet. Diese Sensation entspricht nicht der Wirklichkeit, denn der Alkohol erwärmt den Organismus nicht; er lässt ihn im Gegentheil in der Zeiteinheit mehr Calorien verlieren, als einen anderen Organismus, der sich in denselben Bedingungen befindet und der Einwirkung des Alkohols nicht ausgesetzt ist. Bei angetrunkenen Individuen fällt die Körpertemperatur sehr rasch, und man hat bei Trunkenbolden, die im Winter in der Strasse aufgefunden worden, eine bis auf 24^0 herabgehende Rektaltemperatur (Reincke) konstatirt. Durch Erwärmen hat man jedoch solche Leute wieder ins Leben zurückrufen können. In den Fällen von akuter Trunkenheit ist die Gesichtsfarbe stets leicht cyanotisch, weil das Blut unter dem Einflusse von Alkohol eine dunklere Farbe annimmt. Dies kann recht deutlich beim Hahn beobachtet werden; wenn man demselben etwas Alkohol giebt, wird sein lebhaft rothgefärbter Kamm bald schwärzlich.

Im Allgemeinen darf man sagen, dass der Alkohol in schwacher Dosis (30,0—40,0) alle Funktionen anregt, aber auf diese Excitation folgt alsbald eine Depression, die um so stärker auftritt, je grösser die Alkoholgabe war.

Man hat die Behauptung aufgestellt, dass der Alkohol ein Sparmittel sei. Das ist jedoch nicht der Fall. Aber man darf annehmen, dass er das im Organismus am leichtesten zu oxydirende Nährmittel ist, und aus diesem Grunde vermag er bei der Ernährung eine Rolle zu spielen, obgleich er für sich allein den Organismus nicht lange aufrecht erhalten kann.

Der grösste Theil des in den Organismus eingeführten Alkohols wird in Kohlensäure und Wasser umgewandelt, während nur ein kleiner Theil ($3^0/_0$) als solcher durch die Lungen, die Nieren und auch ein wenig durch die Haut eliminirt wird.

Die chronische Alkoholintoxikation ruft in fast sämmtlichen Organen Störungen entzündlicher Natur hervor. Unter der Einwirkung einer zu häufig wiederholten Irritation bildet sich hauptsächlich in den drüsigen Organen Bindegewebe, das die nützlichen Elemente allmählich erdrückt. So beobachtet man schliesslich die Entwickelung einer Cirrhose der Leber, der Nieren, des Magens etc.

Die Leber wird auch sehr oft von einer fettigen Entartung ergriffen. Das Nervensystem zeigt sich derartig alterirt, dass nach einer akuten Erregungsperiode (Delirium tremens) eine mehr oder weniger tiefe Verstimmung mit Tremor und raschem Verfall der Intelligenz und des Willens eintritt. — Seitens des Circulationssystems beobachtet man Gefässerweiterung (Akne rosacea; Pachymeningitis), allgemeine Atheromatose und sehr oft Aortitis, desgleichen eine mehr oder weniger vorgeschrittene fettige Degeneration des Herzens.

Es verdient hervorgehoben zu werden, dass alle soeben genannten Erscheinungen und Läsionen viel schneller unter der Einwirkung anderer Alkohole (Propylalkohol, Butylalkohol, Amylalkohol), die sich häufig in den schlechten Branntweinsorten vorfinden, als nach Äthylalkohol auftreten.

Therapeutische Verwendung. In mässiger Dosis und verdünnt verabreichen wir den Alkohol, wo ein Anregungsmittel nothwendig ist. Doch hüten wir uns, denselben bei jeder Gelegenheit zu verordnen, und seien wir namentlich damit sehr vorsichtig in der Kinderpraxis.

Er kann sich recht nützlich erweisen bei den septischen Fiebern, wo er die Elimination oder Zerstörung der toxischen Stoffe begünstigt. Man verordnet ihn in Form von Wein oder Kognak, Rum, mit Wasser verdünnt. Was die Dosis anlangt, so variirt dieselbe nach dem Geschlecht, Alter und der Konstitution des Kranken.

Man macht hauptsächlich von den Weinen Gebrauch, die (je nach ihrer Herkunft) mehr oder weniger Alkohol enthalten. So finden sich in den Rheinweinen und Bordeauxweinen 8—12 %; Portwein, Madeira, Malaga, Marsala, welche man als die Medicinalweine par excellence betrachtet, enthalten 18—20 %.

Die Champagnerweine excitiren am meisten, sie haben 10 bis 12 %, während der Alkoholgehalt der gewöhnlichen Weine zwischen 5 und 7 % schwankt.

Die verschiedenen Biersorten enthalten durchschnittlich 3 bis 5 % Alkohol; es finden sich aber in ihnen ausserdem noch Eiweissstoffe und Salze, welche ihren Nährwerth erheblich erhöhen.

Die Branntweine weisen 40—60 % Alkohol auf.

Organotherapie.

Organextrakte.

Seit einiger Zeit ist der Arzneischatz um eine beträchtliche Anzahl von Heilmitteln vermehrt worden, die aus verschiedenen thierischen Organen (Hoden, Schilddrüse, Rückenmark, Gehirn,

Nieren, Knochenmark, Ovarien etc.) dargestellt worden sind und deren Glycerin-Extrakt unter die Haut injicirt wird. Brown-Séquard, der diese neue Methode begründet hat, hatte diese Organextrakte durch Maceriren des betreffenden Organs in verdünntem Glycerin bereitet. d'Arsonval hat diese Extrakte in einem besonderen Apparat sterilisirt, der gleichzeitig zum Filtriren der Flüssigkeit unter einem Druck von 50—60 Atmosphären Kohlensäure dient. Die so von den Mikroorganismen befreiten Flüssigkeiten werden alsdann in sterilisirten Fläschchen aufbewahrt.

Nachdem wir uns eine Zeit lang der Instrumente und Methode von Brown-Séquard und d'Arsonval zur Darstellung der Organflüssigkeiten bedient hatten, konnten wir uns davon überzeugen, dass die Desinfektion unter Kohlensäuredruck durchaus überflüssig war und dass die Glycerin-Extrakte der thierischen Gewebe sich auch ohne dieses Verfahren sehr gut konserviren.

Wir sind bei folgender Bereitungsweise geblieben: 100 Gramm des auszuziehenden Organs werden klein gehackt und in 200 Gramm Glycerin, welches mit $^1/_3$ seines Gewichtes Aqua destillata verdünnt ist, bei 38^0 macerirt. Nach 48stündiger Maceration wird durch Papier filtrirt. Im Bedürfnissfalle wird das Präparat auch im Vacuumapparate bereitet.

Trotz einer beträchtlichen Anzahl von subkutanen Injektionen, die mit den in dieser Weise bereiteten Flüssigkeiten vorgenommen wurden, hatten wir niemals einen unangenehmen Fall von Infektion zu beklagen. Im Augenblick des Gebrauches wird das Glycerin-Extrakt mit der gleichen Menge Wasser verdünnt.

Diese Behandlungsmethode ist noch zu frischen Datums und zu empyrisch, als dass es schon gestattet wäre, ein endgültiges Urtheil über sie zu fällen. Wir müssen noch warten, bis eine grössere Versuchsreihe uns die Berechtigung giebt, ernste Schlüsse zu ziehen. Und es liegt die Annahme nahe, dass es nicht möglich sein wird, zu diesen Schlüssen zu gelangen, ehe es nicht gelungen ist, die wirksamen Substanzen selbst zu isoliren.

Das **Extractum testiculare** (Séquardin) wird als allgemeines Stimulans bei der Behandlung der Tabes dorsalis angewendet.

Das **Extrakt der Schilddrüse** hat vorzügliche Erfolge bei Myxödem und Cretinismus ergeben. Als das wirksame Agens hat Baumann neuerdings in der Schilddrüse eine Jodverbindung, Thyrojodin, aufgefunden.

Das **Extrakt der Ovarien (Ovarin)** wird neuerdings als Mittel gegen Dysmenorrhoe und alle möglichen Leiden des weiblichen Genitalapparates angewandt.

Das **Extrakt des Knochenmarks** dient zur Behandlung der Pseudoleukämie.

Das **Extrakt der Rückenmarks- und der Gehirnsubstanz (Cerebrin)** wendet sich gegen die Neurasthenie.

Das **Nierenextrakt** scheint als Diureticum in manchen Fällen von Nephritis zu wirken.

Alle diese Extrakte werden mit gleichen Theilen Wasser verdünnt in subkutaner Injektion zu $^1/_2$ ccm alle 2 Stunden verabreicht. Man steigert die Dosis allmählich bis zu 1 oder 2 ccm. Die Injektion wird vorzugsweise im Rücken, zwischen den Schulterblättern, gemacht. — Neuerdings werden die Organextrakte gewöhnlich in Form der im Handel vorkommenden Pastillen verordnet.

Tuberkulin.

Das Tuberkulin, mit dessen Bekanntgabe Robert Koch eine neue Ära für die Therapie der Infektionskrankheiten, besonders der Tuberkulose angebahnt hat, ist ein Glycerinextrakt aus den Bouillonkulturen der Tuberkelbacillen. Wenn man diese Lösung von Extraktivstoffen unter die Haut von Phthisikern spritzt, so ruft dieselbe schon in minimalster Dosis ($^1/_{10}$ mg) in der Umgebung tuberkulöser Herde eine entzündliche Reaktion hervor mit Erhöhung der Körpertemperatur und Störung des Allgemeinbefindens. Koch hatte geglaubt, dass dieses Tuberkulin Heilwirkungen bei der Tuberkulose entfalte; doch die klinische Erfahrung hat diese Annahme nicht bestätigen können. — Wo es sich um rein diagnostische Zwecke handelt, hat die eben angeführte Tuberkulinreaktion sich bereits häufig mit Nutzen verwerthen lassen. Und in der thierärztlichen Praxis leistet sie ausgezeichnete Dienste. Die Thierärzte bedienen sich des Mittels, um Tuberkulose beim Vieh nachzuweisen. Nach seiner subkutanen Injektion steigt die Temperatur um 2 bis 3^0, wenn irgendwo im Körper ein tuberkulöser Herd vorhanden ist.

Serumtherapie.

Diese neue Behandlungsmethode ist unter dem Impuls der Pasteur'schen Entdeckungen bezüglich der Behandlung der Tollwuth entstanden.

Behring und Kitasato (1890) fanden, dass das Serum der gegen Diphtherie immun gemachten Thiere gewisse Principien (Antitoxine) enthalte, welche im Stande sind, das von dem Löffler-schen Bacillus producirte Gift (Toxin) zu neutralisiren. In neuester

Zeit wendet man zur Behandlung der Diphtherie subkutane Injektionen des von immunisirten Pferden nach verschiedenen Methoden (von Behring, Roux, Aronson) dargestellten Heilserums an.

Bis jetzt hat man noch wenige Kenntnisse über die Natur des wirksamen Princips, und die Dosirung des Mittels ist noch empirisch.

Das Mittel wird gegenwärtig überall praktisch versucht, und es unterliegt keinem Zweifel mehr, dass wir es mit einer vielversprechenden Heilmethode zu thun haben. Über den wahren Werth derselben lässt sich jedoch ein abschliessendes Urtheil noch nicht fällen. Es liegen bereits zahlreiche, günstige Berichte über die Wirkung des Heilserum bei Diphtherie vor, doch fehlt es auch nicht an Beobachtern, die demselben jeden Werth absprechen.

III. Die officinellen Heilmittel

(nach Pharm. German.) nebst deren Verschreibungsweisen in alphabetischer Anordnung.

Acetanilidum. Antifebrin. Acétanilide. Antifébrine (franz.). Antifebrin (engl.). Antifebbrina (ital.). $C_6H_5NH.CH_3CO$.

Wird durch längeres Erhitzen gleicher Theile Anilin und Essigsäure (Acidum aceticum glaciale) und darauffolgende Destillation erhalten.

Das schon lange bekannte, von Gerhardt zuerst dargestellte Anilinderivat erlangte 1887 praktische Bedeutung, als Cahn und Hepp nach eingehenden Versuchen in der Strassburger medicinischen Klinik seine Temperatur herabsetzende Wirkung bei Fiebernden dargethan und ihm deshalb den Namen Antifebrin beigelegt hatten.

Dasselbe stellt farb- und geruchlose Krystallblättchen dar, die beim Erhitzen auf 113—114° C zu einer klaren, fast farblosen Flüssigkeit schmelzen und bei 295° C sieden. Acetanilid löst sich schwer (in etwa 200 Th.) kaltem, leichter (in 18 Th.) siedendem Wasser. In Alkohol, Äther und Chloroform ist es leicht löslich.

Die augenfälligste Wirkung des Mittels besteht darin, dass bereits minimale Dosen Fiebertemperaturen herabsetzen, während die normale Körperwärme unbeeinflusst bleibt. Das Sinken des Fiebers macht sich schon nach einer Stunde bemerkbar, erreicht sein Maximum nach 2 bis 4 Stunden und kann, je nach der Grösse der verabreichten Gaben, 6 bis 8 Stunden anhalten. Gleichzeitig mit der Temperaturabnahme beobachtet man gewöhnlich: Besserung des subjektiven Befindens, Sinken der Pulsfrequenz, Erhöhung der Arterienspannung, Röthung der Haut und Schweissbildung. Selten ist der Wiederanstieg der Temperatur mit Schüttelfrost verbunden. Nach grösseren (1,0) oder längere Zeit fortgegebenen kleineren (0,25) Dosen tritt häufig Cyanose der Extremitäten und des Gesichtes ein, die nach Aussetzen des Mittels bald wieder verschwindet. — Bedrohliche Vergiftungserscheinungen sind beim Menschen nach einmaliger Aufnahme von 2,0 bis 6,0 beobachtet worden. Dabei zeigten sich vor Allem intensive Cyanose und schwere nervöse Störungen. Im Blute fand sich reichlicher Methaemoglobingehalt. — Von Kindern wird Antifebrin weniger gut vertragen als von Erwachsenen. Schon nach kleinen Gaben sah man bei denselben Diarrhoe, Erbrechen und Collaps auftreten. Daher Vorsicht bei Kindern. Auch Anaemische und Tuberkulöse reagiren zuweilen schlecht auf Antifebrin.

Neben der antipyretischen Wirkung hat Antifebrin, wie Lépine zuerst gefunden, auch einen deutlichen Einfluss auf das Nervensystem. Es wirkt in mittleren Dosen (0,25—0,5) beruhigend, schmerzstillend und ruft Neigung zum Schlaf hervor.

Therapeutische Verwendung. Als Antipyreticum wird Antifebrin weit seltener verordnet als Antipyrin, weil letzteres besser vertragen wird und nicht so bedenkliche Nebenwirkungen verursacht wie Antifebrin. Es wird innerlich bei Typhus, Pneumonie, Erysipel, Lungentuberkulose, akutem Gelenkrheumatismus etc. gegeben. Beim Typhus abdom. und Fieber der Phthisiker sind häufige kleinere Dosen (stündlich 0,05—0,1) empfohlen worden (kontinuirliche Antifebrinisation). Ausgezeichnete Dienste leistet es oft bei Angina tonsillaris (Sahli), wo ein- bis zweimalige Verabreichung eines Pulvers von 0,25 schnelle Besserung bewirkt. Als Antirheumaticum ist es zuweilen ebenso wirksam wie Natrium salicylicum. Auch gegen Epilepsie ist es empfohlen worden, doch hat es sich hier nicht bewährt; dagegen werden Neuralgien, die spastische Form der Migräne, die lancirenden Schmerzen der Tabiker durch 0,25—0,5 Antifebrin häufig zum Schwinden gebracht. — Eine Angewöhnung an das Mittel kommt nicht häufig vor. Es können jedoch Neurastheniker (wie wir beobachtet haben) dasselbe missbräuchlich nehmen und förmliche Antifebrinisten werden.

Äusserlich ist Antifebrin in der Chirurgie als Streupulver zu antiseptischen Verbänden versucht, aber wieder aufgegeben worden.

Die Dosis für den Erwachsenen ist 0,25—0,5 ein- bis dreimal täglich, in Pulver oder Pillen

Grösste Einzelgabe 0,5! — Grösste Tagesgabe 4,0!

Bei kleinen Kindern ist Antifebrin möglichst ganz zu vermeiden und durch Antipyrin zu ersetzen, bei grösseren giebt man so viele Centigramme, wie das Kind Jahre zählt.

Beachtung verdient, dass 0,25 Antifebrin in der Wirkung etwa 1,0 Antipyrin entsprechen und dass der Preis des Antifebrins ein sehr niedriger ist.

54) ℞ Antifebrini 0,2—0,3
Sacch. alb. 0,5.
M. f. pulv. D. t. dos. X.
S. 2—4 × tägl. 1 Pulver.

55) ℞ Antifebrini 0,25
Pulv. Doweri 0,15
M. f. pulv. D. t. dos. No. X.
S. 3 × tägl. 1 Pulver. Influenza (Grätzer).

56) ℞ Antifebrini 2,0
Sacch. alb.
Gum. arab. āā 1,0.
Fiant. pilul. XX.
S. 2—4 × tägl. 2 Pillen.

57) ℞ Antifebrini 2,0
Vini rubri 150,0.
M. D. S. 3stündl. 1 Esslöffel.

Acetum. Acetum crudum. Acetum Vini. Essig. Weinessig. Vinaigre. Vinegar.

Ist ein Gemisch von Wasser und Acidum aceticum (6%) nebst geringen Beimengungen von organischen und unorganischen Bestandtheilen und stellt eine klare, farblose oder gelbliche Flüssigkeit von saurem Geschmack und dem eigenthümlichen Geruch der Essigsäure dar.

Die Herstellung geschieht fabrikmässig aus verdünntem Spiritus (Schnellessigfabrikation), Bier, Wein, Malz etc. Je nach der Flüssigkeit, aus der er gewonnen wird, erhält der Essig seinen Namen und seine Farbe (Bieressig etc.).

In kleinen Dosen unterstützt der Essig die Verdauung, bei übermässigem Gebrauch treten Verdauungsstörungen, Magenkatarrh, Durchfälle, Anaemie ein.

Therapeutisch dient der Essig innerlich zu kühlenden Getränken, Limonaden und Saturationen, ferner als Antidot bei Vergiftungen mit kaustischen Alkalien und Kalk. Bei Postpartumblutungen wird er (in England) esslöffelweise gegeben. — Äusserlich kommt in erster Linie seine adstringirende und styptische Wirkung in Betracht. Bei Epistaxis wird er verdünnt in die Nase aufgezogen. Desgleichen wird er zu kühlenden Umschlägen (Kopfweh) und Waschungen verwandt. Essigwaschungen sind bei Scharlach- und Typhuskranken beliebt, wo sie günstig wirken und vor Ansteckung schützen sollen. Sie finden allgemeine Verwendung bei profusen Schweissen, Hautjucken (Urticaria) und beginnendem Decubitus.

Als Ableitungs- und Reizmittel wird Essig in Form von Klystieren bei Kopfkongestionen wie überhaupt bei vielen Affektionen des centralen Nervensystems gebraucht. Essigklystiere werden auch gegen Oxyuris angewandt. Ebenso wird der Essig als Desinfektionsmittel (Desodorans), zu Räucherungen, Gurgel- und Mundwässern verwendet, ist aber hier nicht zweckmässig.

Kontraindikation für längeren Gebrauch: Anaemie, Chlorose, Laktation.

Dosis: Innerlich zu 25,0—50,0 : 150,0 für Limonaden, Saturationen. Zu 100,0 auf 1 Liter Wasser oder Haferschleim mit Zusatz von Zucker oder Honig (als sogenannter Oxykrat) bei fieberhaften Erkrankungen.

Äusserlich zu Umschlägen und Waschungen: 1 Th. Acet. auf 1—4 Th. Wasser. Für Mund- und Gurgelwasser 2—5 Esslöffel auf $^1/_4$ Liter Wasser. Zum Klystier: 2—5 Esslöffel auf 200,0 Wasser oder Kamillenthee.

58) ℞ Aceti 25,0
Aq. fontan. 1000,0.
M. D. S. Zum Getränk (Fieber).

59) ℞ Decoct. Hordei 200,0
Mel. rosat. 50,0
Aceti 20,0
M. D. S. Zum Gurgeln (bei Hals- und Rachenentzündungen).

Acetum aromaticum. Acetum pestilentiale. Acetum prophylacticum. Acetum quatuor latronum. Aromatischer Essig. Vierräuberessig. Vinaigre aromatique. Vinaigre de quatre voleurs.

Bereitung: Ol. Cinnamom., Ol. Juniperi, Ol. Lavand., Ol. Menth. pip., Ol. Rosmarin., āā 1, Ol. Citri und Ol. Caryophyll., āā 2 werden in Weingeist 450 gelöst, dieser Lösung werden hinzugesetzt Acid. acet. dil. 650 und Aq. destill. 1900. Die trübe Mischung bleibt 8 Tage stehen und wird filtrirt.

Klare, farblose Flüssigkeit von aromatischem und saurem Geruch, mit Wasser in allen Verhältnissen klar mischbar.

Wirkung wie Essigsäure und gering desinficirend.

Wird äusserlich angewendet als Riechmittel bei Ohnmachten und zu Räucherungen von Krankenzimmern, ferner zu Waschungen des Körpers bei fieberhaften Krankheiten, und verdünnt zum Ausspülen des Mundes bei Scorbut.

Innerlich (kaum mehr gebräuchlich) zu 10,0—15,0 mehrmals täglich mit Zuckerwasser, in Saturation oder als Zusatz zu Mixturen (15,0—25,0 : 150,0).

Acetum pyrolignosum crudum. Acetum lignorum. Acetum pyrolignosum. Roher Holzessig. Rohe Holzsäure. Acide pyroligneux. Pyroligneous Acid. Aceto di ligno.

Entsteht durch trockene Destillation von Holz und besteht u. A. aus Essigsäure (6—8 $^0/_0$), Methylalkohol (1 $^0/_0$), Brenzkatechin, Kreosot, Phenol etc. in wechselnder Menge.

Braune, saure, nach Theer riechende Flüssigkeit, die in 100 Th. mindestens 6 Th. Essigsäure enthält und aus welcher beim Aufbewahren theerartige Substanzen sich absetzen.

Wirkt desinficirend und adstringirend, in grösseren Dosen toxisch.

Verwendet wird der rohe Holzessig (hauptsächlich seines billigen Preises wegen) nur äusserlich zu desinficirenden Waschungen und Umschlägen, zu Einspritzungen in die Vagina (bei Fluor albus), zu Pinselungen (bei Pharyngitis chronica). Man verordnet zu desinficirenden Waschungen und Umschlägen 1,5—5,0 : 100,0 Wasser; zu Scheideneinspritzungen bei Fluor albus 2 Esslöffel auf

1 Irrigator Wasser; zu Pinselungen bei Pharyngitis chronica rein oder mit gleichen Theilen Glycerin verdünnt (zweimal in der Woche).

Acidum pyrolignosum rectificatum. Gereinigter Holzessig.

Durch Destillation des rohen Holzessig gewonnen. — Gelbliche Flüssigkeit von brenzlichem und saurem Geruche und Geschmacke, in 100 Th. mindestens 5 Th. Essigsäure enthaltend. Eignet sich besser als der rohe Holzessig für Mund- und Gurgelwässer und wird auch (selten) innerlich (bei Noma) zu 10—20 Tropfen in Aq. Menth. pip. gegeben. Wenige Gramm können schon Vergiftungserscheinungen, Schwindel, Ohnmacht und Konvulsionen erzeugen.

60) ℞ Acid. pyrolignos. crud.
Aq. dest. āā 50,0.
M. D. S. Zum Bepinseln und Verband bei juckenden Wunden und Geschwüren.

61) ℞ Acid. pyrolignos. rectif. 10,0
Aq. Menth. pip. 50,0
Mel. dep. 25,0.
M. D. S. Mit 1—2 Theelöffel Wasser vermischt als Mund- oder Gurgelwasser.

Acetum saturninum sive plumbicum. Siehe Liquor Plumbi subacetici.

Acetum Scillae. Acetum scilliticum. Meerzwiebelessig. Vinaigre de scille. Aceto scillitico.

5 Th. Bulb. Scillae, 5 Th. Spirit., 9 Th. verdünnte Essigsäure und 36 Th. Wasser werden in 1 Flasche 3 Tage lang stehen gelassen, durchgeseiht und nach 24stündigem Stehen filtrirt.

Klare, gelbe Flüssigkeit von bitterem und saurem Geschmack.

Wirkt diuretisch (siehe Bulb. Scillae) und wird äusserlich zu Einreibungen, Gurgelwässern und Klystieren, innerlich bei Hydrops angewandt und zwar innerlich zu 1,0—5,0 mehrmals täglich in Tropfen mit Zuckerwasser, in Mixturen und Saturation. Äusserlich zu antiscorbutischen Mundwässern 10,0—15,0 : 200,0; zu Klystieren 10,0 bis 15,0 in einem schleimigen Vehikel.

62) ℞ Acet. Scillae 30,0
Kalii carb. q. s.
ad saturationem.
Aq. Petroselin. 150,0
Sirup. spl. ad 200,0.
M. D. S. 2stündl. 1 Esslöffel.
(Hydrops.)

63) ℞ Saturat. acet. scillit.
20,0—40,0: 180,0
Roob Juniperi 20,0.
M. D. S. 3stündl. 1 Esslöffel.

64) ℞ Acet. Scillae 25,0
Kalii carbon. q. s.
ad saturat. perf.
Aq. Petroselin. 150,0
Spirit. Aether. nitr. 5,0
Elaeosacch. Juniperi 20,0
M. D. S. 2—3stündl. 1 Esslöffel.

65) ℞ Acet. Scillae 10,0
Kal. carbon. q. s.
ut f. saturat.
c. Aq. dest. 100,0
Sirup. simpl. 20,0.
M. D. S. 2stündl. 1 Kinderlöffel (für herzkranke Kinder mit Hydrops).

Acidum aceticum. Acidum aceticum concentratum. Acetum glaciale. Essigsäure. Eisessigsäure. Acide acétique. Acetic Acid. Glacial acetic Acid.

Essigsäure $C_2H_4O_2$; CH_3—COOH .ist eine klare, farblose, stechend sauer riechende, ätzende Flüssigkeit, die bei niederer Temperatur zu einer eisähnlichen Masse (daher Eisessig) erstarrt. Sie ist mit Wasser, Weingeist, Äther, Glycerin, Chloroform mischbar und soll in 100 Th. mindestens 96 Th. Essigsäure enthalten.

In koncentrirter Form wirkt Essigsäure innerlich ätzend auf die Schleimhäute und erzeugt schwere Gastroenteritis, oedematöse Schwellung des Pharynx und Larynx und Collaps. — Verdünnt und in geringer Menge eingeführt, regt sie den Appetit an und setzt die Pulsfrequenz und Körpertemperatur herab. Äusserlich ätzt sie die Haut und hinterlässt weissliche Schorfe.

Therapeutische Verwendung findet sie nur zu äusserlichen Zwecken als Riechmittel bei Ohnmacht, als Reizmittel (Rubefaciens) der Haut und zur Zerstörung des Horngewebes bei Hühneraugen und Warzen.

Präparate: **Acidum aceticum dil., Acetum, Acetum aromaticum.**

Acidum aceticum dilutum. Acetum concentratum. Verdünnte Essigsäure. Koncentrirter Essig.

Klare, farblose, flüchtige Flüssigkeit von saurem Geschmack, die in 100 Theilen 30 Theile Essigsäure enthält.

Innerliche Verwendung selten, dagegen äusserlich zu kühlenden Umschlägen, als Verbandwasser und auch als blutstillendes Mittel gebraucht.

66) ℞ Acid. acet. dil. 50,0
Spiritus 250,0
Aq. fontan. 200,0.
M. D. S. Äusserlich zum Verband.

67) ℞ Acid. acet. dil. 2,0
Glycerin. 3,0
Boli alb. 4,0.
M. f. pasta. D. S. Abends aufzulegen.
Bei Comedonen (Unna).

Acidum arsenicosum. Arsenicum album. Arsenige Säure. Arsenigsäureanhydrid. Weisser Arsenik. Acide arsénieux. Oxyde blanc d'arsénic. Arsénic blanc. Arsenioux oxyde. White arsenic. — Acido arsenicoso. As_2O_3.

Wird gewöhnlich durch Rösten von Arsenkies gewonnen. — (Das zuerst von Schroeder 1694 aus dem Arsenik dargestellte Element nennt man Arsen (As). Wenn von Arsenik die Rede ist, so ist damit nur das therapeutischen Zwecken dienende Anhydrid As_2O_3 oder eines seiner Salze gemeint.)

Stellt ein weisses Pulver oder durchsichtige harte Stücke von süsslichem Geschmack dar, die allmählich porcellanartig werden. Im Glasrohre vorsichtig erhitzt, verflüchtigt sich die arsenige Säure allmählich und setzt sich in glänzenden Oktaëdern oder Tetraëdern an den Wänden ab. Durch Erhitzen mit Kohle wird sie unter Verbreitung eines knoblauchartig riechenden Dampfes, der sich als ein brauner, metallglänzender Spiegel absetzt, zu Arsen reducirt. — In kaltem Wasser schwer löslich; 1 Th. löst sich langsam in 15 Th. siedendem Wasser auf, leichter löslich in Ammoniakflüssigkeit, Salzsäure und Glycerin.

Wirkung. Die arsenige Säure entfaltet schon in geringen Gaben sehr intensive Wirkungen und ist häufige Ursache von akuten und chronischen Vergiftungen. In minimalen Dosen ($^1/_2$—1 mg) regt sie den Appetit an, fördert den Fettansatz und beeinflusst in günstiger Weise die Blutbildung. Daher wird sie auch zu den antidyskrasischen Mitteln gerechnet. Sie ist ein schwaches Ätzmittel für gesunde, ein stärkeres für krankhaft veränderte Gewebe und besitzt bis zu einem gewissen Grade fäulnisswidrige Eigenschaften. Die allgemein verbreitete Annahme, dass die Leichen, wenn der Tod durch Arsenikvergiftung herbeigeführt worden, nicht verwesen, ist durchaus nicht für alle Fälle zutreffend. Die Mumificirung hängt vor Allem von der Bodenbeschaffenheit und nicht von dem in der Leiche befindlichen Arsenik ab. — Die wiederholt gemachte Erfahrung, dass kleine Gaben, unter das Futter gemischt, den Pferden gut thun, ihnen ein besseres Aussehen, eine glänzende Haut und grössere Kraft verleihen, hat auch die Menschen in manchen Gegenden zu dem gewohnheitsmässigen Genuss der arsenigen Säure geführt. So trifft man besonders in Steiermark Arsenikesser, die, bei allmählicher Steigerung der Dosis, den Tag über 0,4—0,5 g von diesem Gift ungestraft verzehren können. In der Mehrzahl fühlen sie sich wohl (nur beim Aussetzen des Mittels matt und angegriffen); sie können besser arbeiten, leichter steigen und erreichen zuweilen ein hohes Alter.

Vergiftungen mit Arsenik kommen sehr häufig vor. Sie können acut oder chronisch auftreten. Ein Decigramm kann schon tödtlich wirken.

Die Symptome der akuten Vergiftung machen sich gewöhnlich $^1/_2$—1 Stunde nach der Aufnahme bemerkbar und weisen vor Allem auf ein Ergriffensein des Gastrointestinaltractus und des Nervensystems hin. Man beobachtet ein Gefühl von Trockenheit und Zusammenziehen im Halse, Schlingbeschwerden, Erbrechen, heftige Leibschmerzen, choleraartige Durchfälle, Verminderung der Harnsekretion, Tenesmus und Wadenkrämpfe. Dazu gesellen sich Kopfweh, Gliederschmerzen, frequenter, unregelmässiger Puls, Athembeschwerden, und unter Bewusstseinsverlust und Konvulsionen tritt häufig nach Verlauf von wenigen Stunden Exitus letalis ein. Zuweilen (namentlich wenn grosse Dosen Solutio Fowleri genommen worden sind) können die an Cholera erinnernden Durchfälle fehlen, und unter Erbrechen, Kopfschmerz, Schwindel Krämpfen tritt der Tod sehr rasch ein.

Die Sektion ergiebt entzündliche Veränderungen im Magen und Dünndarm, sowie fettige Entartung der Leber, Nieren und des Herzens. Arsen ist in allen Organen nachweisbar.

Die chronische Vergiftung (veranlasst durch fortgesetzte kleine, medicinale Gaben, durch Tragen arsenikhaltiger Kleiderstoffe oder Aufenthalt in Zimmern mit arsenikhaltigen Tapeten etc.) macht sich erkennbar durch Entzündung der Conjunctiva, Trockenheit des Schlundes, Verdauungsbeschwerden (Appetitmangel, Magenschmerzen, Durchfälle), Mattigkeit, Kopfweh, Ausfallen der Haare, Neuralgien, Lähmungen, hektisches Fieber, Abmagerung, und unter hydropischen Erscheinungen geht schliesslich der Kranke zu Grunde.

Bei der akuten Vergiftung muss zunächst das noch im Magen befindliche Gift durch die Magenpumpe herausgeschafft werden. Alsdann kommt die Verabreichung eines Gegengiftes in Betracht. Hierzu dient das Antidotum arsenici (S. d.). Dasselbe muss frisch bereitet sein und ist zu 2—4 Esslöffeln (warm) alle 10 Minuten bis zum Nachlasse der örtlichen Erscheinungen zu geben. Ebenso empfiehlt sich, Magnesia usta in der 20fachen Menge Wasser viertelstündlich 4—6 Esslöffel zu verabreichen. Desgleichen Milch oder Eiweiss.

Die chronische Vergiftung erheischt ein rein symptomatisches Behandlungsverfahren.

Mit Hülfe bekannter chemischer Methoden (Marsh'scher Apparat) lässt sich Arsen stets und noch nach vielen Jahren in Leichen nachweisen.

Angewandt wird die arsenige Säure innerlich bei chronischen Hautkrankheiten (besonders bei Psoriasis, Ekzem und Lichen ruber), ferner bei Malariakachexie, Leukaemie, perniciöser Anaemie, bei Chlorose, Diabetes, Lyssa, bei verschiedenen Nervenaffektionen, wie Chorea, Paralysis agitans und Neuralgien. Besonders empfohlen bei Tuberkulose (Buchner), hat der Arsenik den gehegten Erwartungen nicht entsprochen, dagegen leistet er (subkutan und intern) zuweilen gute Dienste bei malignen Lymphomen.

Äusserlich als Ätzmittel zur Zerstörung von Neoplasmen (Lupus, Carcinom) früher häufiger im Gebrauch als in der Gegenwart. In der Zahnheilkunde zur Zerstörung der freiliegenden Zahnpulpa.

Dosis: Innerlich zu 0,001—0,005 mehrmals täglich.

Grösste Einzelgabe 0,005! — Grösste Tagesgabe 0,02! in Pillen (in Form der asiatischen Pillen Cod. Franç.), in Granules oder in wässeriger Lösung.

Äusserlich zu Zahnpasten (in Verbindung mit Kreosot und Morphin), zu Waschungen bei Hautkrankheiten (0,05—0,1 : 100,0); zu Verbandsalben bei Krebs (1,0 : 25,0); zur subkutanen und parenchymatösen Injektion (0,02—0,03 : 10,0).

Kontraindicirt sind die Arsenpräparate bei Verdauungsstörungen. Man thut gut, mit kleinen Dosen zu beginnen und allmählich zu steigern. Das Mittel ist nicht bei leerem Magen, sondern nach dem Essen zu geben und bei kleinen Kindern und Greisen möglichst zu vermeiden. Ferner ist zu beachten, dass auch bei äusserlicher Applikation (durch Resorption) Vergiftungserscheinungen eintreten können.

Präparate: **Liquor Kalii arsenicosi** (Solutio Fowleri).

†**Liquor Natrii arsenicosi** (Pearson'sche Flüssigkeit).

†**Unguentum arsenicale Hellmundi.**

†**Pulvis arsenicalis Cosmi.**

Arsenhaltige Quellen: Roncegno, Levico, Srebrenica etc.

68) ℞ Acid. arsenicosi 0,5
Piper. nigri 5,0
Gum. arab. 1,0
Aq. destil. q. s.
ut f. pilul. No. 100.
D. S. Morgens u. Abends 2 (!) Pillen.
(Jede Pille = 0,005 Acid. ars.).
Pilulae asiaticae (Intermittens, Chorea, Psoriasis, Lichen ruber).

69) ℞ Acid. arsenic. 0,1
F. pulv. misce cum Sacch. lact. 5,0
Tragacanth. 0,06.
M. f. cum aq. massa, e qua form. Granula 100.

70) ℞ Acid. arsenicos. 0,3
Chinin. hydrochlorici 5,0
Pulv. Liquirit. 4,0
ut f. pilul. No. 100.
Consperge.
M. D. S. 3 × täglich (nach jeder Mahlzeit) 2 Pillen.

71) ℞ Acid. arsenicos.
Morphin. mur. āā 0,2.
Kreosot. q. s.
ut f. Pasta.
Eine Stecknadelkopfgrosse Menge auf Watte in den hohlen Zahn zu legen und denselben mit Wachs oder Zahnkitt zu verschliessen.

72) ℞ Acid. arsenicos.
Sulf. dep. āā 4,0
Ungt. cerei 30,0.
M. f. ungt.
D. S. Messerrückendick auf Leinwand gestrichen aufzulegen.
(Zerstörungssalbe.)
(Astley Cooper.)

73) ℞ Acid. arsenicos.
Morphin. mur. āā 0,25
Hydrarg. chlorat. 2,0
Gum. arab. 12,0.
M. f. pulv. D. S. Streupulver.
Täglich bis 1/2 Theelöffel voll auf die Geschwüre zu streuen. — Desinficirend-ätzendes Streupulver gegen Carcinom.
(Esmarch-Tholen.)

Acidum benzoicum. Acidum benzoicum sublimatum. Benzoësäure. Acide benzoïque. Acide de benjoin. Benzoic Acid. Flowers of benzoin. Acido benzoico. $C_6H_5.COOH$.

Wird aus Resina Benzoë, dem Harze eines ostindischen Baumes, dargestellt und bildet weisse, resp. gelbliche Blättchen oder Nadeln von seidenartigem Glanze. Löslich in etwa 370 Th. kaltem und in 15 Th. siedendem Wasser, leicht löslich in Alkohol, Äther und Chloroform. Mit Wasserdämpfen ist Benzoësäure flüchtig.

Wirkung. Eingeathmet reizt Benzoësäure die Schleimhaut und erzeugt Husten und Niesen. Ausser der ihr zukommenden stimulirenden und expektorirenden Wirkung besitzt sie gährungs- und fäulnisswidrige Eigenschaften. Sie vermag auch die erhöhte Körpertemperatur herabzusetzen. Dabei ist sie nur schwach giftig, und Tagesdosen von 5,0—10,0 werden meist gut vertragen. Grössere Dosen erzeugen Übelkeit, Kopfweh, Schwindel, Ohrensausen und Vermehrung der Pulsfrequenz. Nach ihrer Aufnahme verbindet sich die Benzoësäure mit Glycocoll und erscheint im Harn als Hippursäure.

Anwendung. Äusserlich wird Benzoësäure gleich den anderen Antisepticis zur Imprägnirung von Verbandstoffen (3,0—10%), zu desinficirenden Salben (10%) und zu Einblasungen in die Nase angewendet. (Da sie in Substanz stark zum Husten reizt, wird von ihr in der chirurgischen Praxis wenig Gebrauch gemacht.) Innerlich ist sie als excitirendes Expektorans bei Schwächezuständen, bei Bronchitis und Pneumonie mit stockendem Auswurf, bei drohendem Lungenoedem beliebt. Bei urämischen Zuständen wurde sie früher (v. Frerichs) angewendet.

Dosis. Innerlich als Expektorans und Excitans 0,1—0,5 mehrmals täglich in Pulver oder Pillen. Für Kinder 0,03—0,06 in Schüttelmixtur oder Pulverform. Bei Cystitis 0,2—0,3 mehrmals täglich in Pulver. — Äusserlich zu antiseptischen Injektionen in Urethra und Vagina in 1—2% alkoholisch wässerigen Lösungen; zu desinficirenden Salben (10%), zu Einblasungen in die Nase (rein oder in Verbindung mit anderen Antisepticis) bei Keuchhusten.

74) ℞ Acid. benzoici 0,03—0,5
Sacch. alb. 0,3.
M. f. pulv. D. tal. dos. X.
S. 1—2stündl. 1 Pulver.

75) ℞ Acid. benzoic.
Camphor. trit. āā 0,1
Sacch. alb. 0,5.
M. f. pulv. D. tal. dos. X.
S. 1—2stündl. 1 Pulver.

76) ℞ Acid. benzoic. 0,25
Rad. Ipecac. 0,03
Sacch. alb. 0,3.
M. f. pulv. D. t. dos. X.
S. 3 × täglich 1. Pulver.
Asthenische Pneumonie und Bronchitis.

77) ℞ Acid. benzoic. 1,0—2,0
Pulv. et Succ. Liquir. q. s.
ut f. pilul. No. 30.
Consp. Lycopod.
D. S. 3 × täglich 1—2 Pillen.
Asthenische Pneumonie und Bronchitis.

78) ℞ Acid. benzoic. 0,5
Liq. Ammon. anis. 2,0
Sirup. Senegae
Sirup. simpl. āā 25,0.
M. D. S. Umgeschüttelt. Alle 2 Stunden 1 Theelöffel voll zu nehmen.
(Bronchitis der Kinder.)
(Seifert.)

79) ℞ Acid. benzoic.
Bismuth. salicyl. āā 5,0
Chinin. sulf. 1,0.
M. D. S. 2 × tägl. in die Nase einzublasen.
(Keuchhusten.)

80) ℞ Acid. benzoic. 2,5
Balsam. peruv. 5,0
Ungt. cerei 25,0.
M. f. ungt. Zum Bestreichen der Kinn- oder Bartflechte.
(Hager.)

81) ℞ Acid. benzoic.
Camphorae āā 1,0
Spirit. Vini 10,0.
M. D. S. Zur subkutanen Injektion. Mehrmals 1 Spritze.
(Excitans.)

Acidum boricum. Acidum boracicum. Sal sedativum Hombergii. Borsäure. Boraxsäure. Acide borique. Boracic Acid. Boric Acid. Acido borico. BH_3O_3.

Zur Darstellung löst man 10 Th. Borax in 30 Th. kochendem Wasser und setzt 11 Th. Acid. nitricum hinzu. Die nach dem Erkalten ausgeschiedenen Krystalle werden durch nochmaliges Umkrystallisiren aus Wasser gereinigt.

Die Borsäure bildet farblose, glänzende, schuppenförmige, fettig anzufühlende Krystalle. Sie löst sich in 25 Th. kaltem, in 3 Th. siedendem Wasser, in 15 Th. Weingeist und ist auch in Glycerin ziemlich löslich. (Als Boroglycerin oder Boroglycerid wird eine gesättigte Lösung der Borsäure in Glycerin, von gallertartiger Consistenz, bezeichnet.)

Borsäure wirkt hemmend auf die Entwickelung der Mikroorganismen und gilt als mildes Antisepticum. Schimmelpilze lässt sie unbeeinflusst.

Kleinere Dosen (0,1—0,5) werden längere Zeit gut vertragen, grössere erzeugen Magen- und Darmstörungen, Übelkeit und Erbrechen.

Innerlich wird Borsäure (selten) bei Cystitis, abnormen Gährungsvorgängen des Magens und bei Gicht gebraucht.

Äusserlich findet sie als mildes und ungefährliches Ersatzmittel der Carbolsäure und des Sublimat zu antiseptischen Verbänden Verwendung. Ebenso dienen wässerige Lösungen als Mund- und Gurgelwasser, zu Spülungen des Magens und der Blase (Cystitis), auch zu Pinselungen des Rachens und zu Einspritzungen in Nase und Ohr.

In Pulverform wird Borsäure zu Insufflationen ins Ohr (Otitis), desgleichen zu Einblasungen in Nase (Ozaena) und Kehlkopf (Pertussis) verwendet. — Sie dient auch als ungefährliches Konservirungsmittel für Fleisch und Milch.

Dosis. Innerlich. Bei Cystitis, Pyelonephritis, Gährungsvorgängen im Magen 0,3—0,5 täglich 1—2mal in Zuckerwasser, bei Gicht 1,0—2,0 3mal täglich.

Äusserlich: Zu Verband-, Augen-, Mund- und Gurgelwasser 2—4 %, zu Blasenspülungen 2 %, für Magenspülungen 1—2 % wässerige Lösungen. Bei Otitis externa und Ozaena Ausspritzungen mit 4 % wässerigen Lösungen. In Pulverform, zu Einblasungen in die Nase (2mal täglich) bei Pertussis, ins Ohr (Otorrhoe) und in den Kehlkopf. Ferner in Salbenform (1,0 : 10,0) bei Verbrennungen, Erfrierungen und Ekzem.

Zur Imprägnirung von Lint (Borlint) und anderen Verbandstoffen werden Gaze, Watte etc. mit heisser Borsäurelösung getränkt.

Präparat: **Unguentum Acidi borici** (Acid. boric. 1, Unguent. Paraffin. 9).

82) ℞ Acid. borici 5,0
Lanolin. 20,0
Ungt. Paraffin. ad 50,0.
M. f. Unguentum.
D. S. Verbandsalbe bei Verbrennung und Ekzem.

83) ℞ Acid. borici
Sulf. praecip. āā 1,0
Ungt. Paraffin. 48,0.
M. f. ungt. D. S. 2 × täglich (nach vorheriger Abseifung des Kopfes) einzureiben.
(Herpes tonsurans.)
(Besnir.)

84) ℞ Acid. borici
Coffeae tost. āā 5,0.
D. S. 2 × tägl. in die Nase einzublassen.
(Pertussis.)
(Seifert.)

85) ℞ Acid. borici pulv. 20,0.
D. S. Zum Einblasen ins Ohr.
(Otorrhoe.)

85a) ℞ Acid. borici 6,0
Aq. dest. ad 200,0.
D. S. Zu Umschlägen aufs Auge.

86) ℞ Acid. borici 5,0
Glycerin.
Aq. destill. āā 10,0
M. D. S. Zum Pinseln.
(Diphtherie.)

87) ℞ Acid. borici 10,0
Aq. destill. ad 500,0.
D. S. Äusserlich zur Ausspülung des Magens und der Harnblasse.

88) ℞ Acid. borici 1,0
Resorcini 0,5
Aq. Amygd. amar. 3,0
Aq. destill. ad 100,0.
M. D. S. Mehrmals täglich 5 Minuten zu inhaliren.
(Laryngitis acuta.)
(Seifert.)

Acidum camphoricum. Acidum camphoratum. Kampfersäure. $C_{10}H_{16}O_4$.

Ist das Oxydationsprodukt des Kampfers und wird durch Behandeln von Kampfer mit Salpetersäure gewonnen. — Stellt farblose, bitter schmeckende, geruchlose, in kaltem Wasser schwer, in heissem Wasser, Alkohol und Äther leicht lösliche Krystalle dar.

Wirkt leicht adstringirend und desinficirend und wird in ziemlich grossen Dosen (bis zu Tagesgaben von 6,0) innerlich gut vertragen.

Therapeutische Verwendung findet Kampfersäure äusserlich bei entzündlichen Erkrankungen der Nase, des Rachens, des Kehlkopfes, der Bronchien und der Harnblase.

Innerlich gegen colliquative Schweisse, besonders gegen die Schweisse der Phthisiker.

Dosis: $^1/_2$—2 $^0/_0$ Lösungen für Gurgelwässer oder zum Inhaliren. Innerlich zu 1,0—2,0 in Pulverform (Oblaten) oder in alkoholisch-wässerigen Lösungen bei Nachtschweissen der Phthisiker (Abends zu nehmen).

89) ℞ Acid. camphoric. 1,0—2,0.
D. t. dos. X.
S. Abends 1—2 Pulver (in Oblaten).
(Schweisse der Phthisiker.)

90) ℞ Acid. camphoric. 2,0
Spirit. vini 20,0
Aq. destill. ad 200,0.
D. S. Äusserlich, zum Gurgeln und Inhaliren.
(Pharyngitis, Bronchitis.)

Acidum carbolicum. Acidum carbolicum crystallisatum. Acidum phenylicum. Karbolsäure. Karbol. Phenol. Phenylsäure. Phenylalkohol. Acide phénique. Acide carbolique. Carbolic acid. Acido fenico. $C_6H_5.HO$.

In chemischer Beziehung ist Karbolsäure $C_6H_5.HO$ ein Benzol (C_6H_6), in dem ein H durch die Hydroxylgruppe (HO) ersetzt ist. Sie wird fabrikmässig aus Steinkohlentheer dargestellt. Die Bennenung Karbolsäure erhielt sie 1834 von Runge, ihrem Entdecker. In der medicinischen Praxis wurde sie lange mit dem 1832 von Reichenbach dargestellten Kreosot verwechselt. Mit der segensreichen Einführung der methodischen antiseptischen Wundbehandlung durch Lister (1867) ist die Karbolsäure eine der volksthümlichsten und gebräuchlichsten Arzneisubstanzen geworden. Ihr massenhafter Konsum hat jedoch in den letzten Jahren in Folge der zahllos auftauchenden neuen Antiseptica eine erhebliche Einbusse erlitten.

Die Karbolsäure bildet eine farblose, aus dünnen langen, zugespitzten Krystallen bestehende Masse von eigenthümlichem Geruch. Sie schmilzt bei 40—42°, siedet bei etwa 178—182° und löst sich in 15 Th. Wasser zu einer klaren, neutralen Flüssigkeit auf. In Weingeist, Äther, Chloroform, Glycerin, Schwefelkohlenstoff und Natronlauge ist sie leicht löslich. — Wässerige Karbolsäurelösungen geben mit Eisenchlorid eine violette Färbung; bei Gegenwart von Alkohol tritt eine schmutziggrüne Färbung ein, die jedoch bei reichlicher Verdünnung mit Wasser in violett übergeht.

Karbollösungen in wässerigem Ammoniak färben sich durch Einwirkung von Bromdämpfen schön blau. — Brom erzeugt in wässerigen Karbolsäurelösungen (noch bei Verdünnungen von 1 : 50,000) einen weissen, flockigen Niederschlag von Tribromphenol.

In flüssigen und festen Gemengen organischer Stoffe verhindert und unterdrüekt Karbolsäure Gährungs- und Fäulnissvorgänge. Für niedrige Organismen ist sie ein tödtliches Gift. Schimmelhefe und Spaltpilze werden durch sie schnell vernichtet, daher kommt ihr als fäulnisswidriges, antiseptisches Mittel eine grosse Bedeutung zu. — Sie coagulirt (durch Wasserentziehung) Eiweiss und wirkt in koncentrirtem Zustande stark ätzend auf Haut, Schleimhäute und Wunden. Auf der Haut entsteht (nach Gefühl von leichtem Brennen) ein weisser Fleck, der eintrocknet und sich später abstösst. — Verdünnte (5 %) Lösungen rufen die Empfindung von Taubsein hervor, und stärkere Koncentrationen machen die Haut vorübergehend total anästhetisch. Bei anhaltender Einwirkung ist selbst nach ganz dünnen Lösungen Gangrän der Haut, der Finger und der Zehen beobachtet worden. Ebenso ist die Anwendung auf grossen Flächen (z. B. zu intrauterinen Ausspülungen und zu Klysmen) wegen der leichten Resorbirbarkeit der Karbolsäure gefährlich. — Ist Jemand zufällig mit koncentrirter Karbolsäure bespritzt worden, so sind die afficirten Stellen schnell mit Weingeist abzuwaschen.

Innerlich genommen, rufen kleine medicinale Dosen (0,1—0,5) keine nennenswerthen Erscheinungen hervor; nach grösseren tritt Vergiftung ein; die letale Dosis scheint bei 10,0 zu liegen. Eines der ersten Anzeichen der Intoxikation ist die Verfärbung des Urins. Derselbe wird dunkel, grünschwarz. Es machen sich alsbald andere Symptome bemerkbar, die auf eine Betheiligung des centralen Nervensystems hindeuten, wie Schwindelgefühl, Blässe, Kopfschmerz, Schweissausbruch, kleiner frequenter Puls, beschleunigte Athmung, Benommenheit, Delirien, Bewusstseinsverlust und Coma. Krämpfe kommen bei Thieren gewöhnlich, bei Menschen nur ganz ausnahmsweise vor. Zu den häufigsten Leichenbefunden zählen Ödem der weichen Hirnhaut und fettige Degeneration der Nierenepithelien.

Die Behandlung der Karbolsäurevergiftung erfordert vor Allem Entleerung der noch im Magen befindlichen Massen durch die Magenpumpe. Alsdann ist innerlich eine wässerige Lösung von Natrium sulfuricum (10,0—20,0) auf einmal oder Calcaria saccharata, flüssiges Eiweis, Milch zu reichen. Bei drohendem Kollaps Excitantia.

Die Ausscheidung der Karbolsäure erfolgt zum grössten Theile in Form von ätherschwefelsauren Salzen, ein Theil wird gepaart mit Glycuronsäure, ein anderer, zu Hydrochinon oxydirt, gleichfalls als Ätherschwefelsäure ausgeschieden. Von dem Gehalte des Harns an Hydrochinon hängt die dunkelgrüne Farbe desselben ab.

Neben Acidum carbolicum (crystallisatum) existiren noch folgende Präparate:

†**Acidum carbolicum crudum.** Rohe Karbolsäure. Gelbbraune, unangenehm riechende Flüssigkeit. Wird nur zur Desinfektion grösserer Räume, Ställe, Latrinen, Rinnsteine etc. verwendet.

Acidum carbolicum liquefactum. Verflüssigte Karbolsäure. Klare, farblose, nach Karbolsäure riechende Flüssigkeit, von 1,068—1,069 spec. Gew. Durch Mischung von 100 Th. Acid. carbolicum und 10 Th. Aq. dest. bereitet. Dient zur bequemeren Dispensation von Karbolsäurelösungen und ist (weil billiger) an Stelle von Acid. carbol. cryst. zu verschreiben. Dabei ist zu beachten, dass 11 Th. Acid. carbol. liquef. = 10 Th. Acid. carbol. crystallisatum sind.

Aqua carbolisata. Karbolwasser. Erhalten durch Mischen von 33 Th. Acid. carbol. liquef. mit 967 Th. Aq. dest. Klare, 3 % Karbolsäure enthaltende Flüssigkeit.

†**Synthetische Karbolsäure.** Farblose Krystalle, löslich in 15 Th. Wasser. Durch Schmelzen von Benzosulfosäure mit Natronhydrat gewonnen. Riecht weniger und reizt die Haut weniger als Acid. carbol. cryst.

Wegen seiner Beziehungen zur Karbolsäure sei hier noch genannt das

Salol (bestehend aus 40 % Phenol und 60 % Salicylsäure). Siehe Salol.

Cresolum crudum. Unter diesem Namen hat das Arzneibuch für das deutsche Reich neuerdings die besseren Sorten der rohen sogenannten hundertprocentigen Karbolsäure aufgenommen. Das Kresol soll, mit Kaliseife gemischt, dazu dienen, das Lysol und andere Antiseptica zu ersetzen.

Im Handel kommen 2,0 Karbolsäure und etwas Borsäure enthaltende, in Wasser leicht lösliche Pastillen vor, die zur schnellen Anfertigung von Karbollösungen für die Praxis sehr geeignet sind. Lösungen von Karbol (5—10 %) in Öl oder Vaselin wirken nicht desinficirend, sind jedoch aseptisch.

Industriell wird Karbolsäure im grossen Maassstabe zur Anfertigung antiseptischer Verbandstoffe verwendet. Hierzu gehören vorzüglich die Karbolgaze, Katgut, Karboljute, Karbolsäure-Lint, Karbolwatte und Silk protective.

Therapeutisch kommt Karbolsäure innerlich nicht oft in Anwendung. Bei Lungengangrän (Leyden), Diabetes mellitus (Ebstein) und manchen chronischen Hautaffektionen (Hebra) wurde sie zuweilen in Lösung und in Pillenform gegeben.

Dagegen wird noch immer ein ziemlich ausgedehnter Gebrauch von der äusserlichen Applikation gemacht. Vor Allem kommt sie hier als Desinficiens zur Vernichtung von Krankheitserregern in Betracht (Desinfektion von Wunden, Krankenzimmern, Instrumenten, Aufbewahrung des Nähmaterials etc.) Bei parasitären Hautaffektionen und Hautjucken ist sie oft wirksam, desgleichen bei übelriechenden Ausflüssen aus den weiblichen Genitalien, bei Cystitis etc. In wässeriger Lösung wird sie zu Inhalationen bei Diphtherie, Croup, Lungengangrän und Keuchhusten verordnet. Auch Pinselungen mit Karbolsäure sind bei Diphtherie üblich. Subkutane und parenchymatöse Injektionen kommen bei infektiösen Erkrankungen, Typhus, akutem Gelenkrheumatismus, Erysipel, Scharlachdiphtherie, Karbunkel, Spondylitis, Gelenkentzündungen und bei Hämorrhoidalknoten zuweilen in Anwendung. Für die Behandlung der letzteren empfiehlt von Neuem Roux (Lausanne), eine mit 50—80 % Karbolglycerin gefüllte Pravaz'sche Spritze von der Margo ani her in die Basis der Knoten einzustechen und 2 Tropfen einzuspritzen. — Auch bei Zahnweh in Folge von Karies der Zähne ist die äusserliche Applikation von Karbolsäure gebräuchlich.

Die Dosis bei innerlicher Anwendung schwankt von 0,01 bis 0,05 mehrmals täglich in Lösung oder Pillen.

Grösste Einzelgabe 0,1! grösste Tagesgabe 0,5!

Innere Anwendung bei:

Lungengangrän und putrider Bronchitis	Diabetes mellitus	Hautaffektionen (Psoriasis, Pruritus)
0,5—1 : 200,0. 2stündl. 1 Esslöffel.	5,0 : 300,0. 2—4stündl. 1 Theelöffel.	Acid. carbol. 3,0 Ungt. Glycerin. Pulv. rad. Althae. āā q. s. ut f. pilul. No. 60. 3 × tägl. 2 Pillen.

Äusserlich:

Desinfektion von Krankenzimmern, Besprengungen und Zerstaubungen	Desinfektion der Instrumente und Nähmaterialien	Zum Spray	Mundwasser	Hautjucken
1,0—2,0 : 100,0 Aqua	5,0 : 100,0 Aqua	1—3%	Acid. carbol. 2,0 Spirit. Lavand. 60,0 Einige Tropfen auf 1 Glas Wasser.	Acid. carbol. 1,0 Glycerin. Aq. dest. āā 50,0 zum Betupfen.

Injektion in Blase und Harnrohre	Inhalation bei Croup, Diphtherie, Keuchhusten, Lungengangran	Pinselungen bei Croup, Diphtherie
0,1—0,5 : 100,0 Aqua	0,5 : 2,0 : 100,0	1,0—2,0 : 10,0 Aq. oder 1 : 1 Spiritus

Subkutane Injektion bei Typhus, akuten Gelenkrheumatismus, Erysipel	Parenchymatose Injektion bei Scharlachdiphtherie	Bei Haemorrhoidalknoten
0,2 : 10,0 ½—1 Spritze täglich	Acid. carbol. liq. 0,3 : 10,0 ½—1 Spritze 1—2 × tägl. in jede Tonsille zu injiciren	Acid. carbol. liq. 2,0 Glycerin. 1,0 Davon 3 Tropfen zu injiciren

91) ℞ Acid. carbol. liq. 0,5—1,0(!)
Aq. destill. 180,0
Mucil. Salep ad 200,0.
M. D. S. 2stündl. 1 Esslöffel.
(Lungengangrän.)
(Leyden.)

92) ℞ Acid. carbol. liq. 5,0
Aq. destill. 150,0
Aq. Menth. pip. ad 200,0.
M. D. S. 2—4 × tägl. 1 Theelöffel.
(Diabetes mellitus.)
(Ebstein.)

93) ℞ Acid. carbol. liq. 0,5
Gumm. arab. 15,0
Aq. Menth. pip. 30,0
Aq. destill. ad 200,0.
M. D. S. 2stündl. 1 Esslöffel.

94) ℞ Acid. carbol. 0,2
Mucil. Gum. arab.
Sirup. simpl. āā 50,0
Vitell. ovi unius.
F. l. a. Emulsio.
D. S. 3 × tägl. 1 Theelöffel.
(Pruritus im kind. Alter) Hertel.

95) ℞ Acid. carbol. liq. 3,0
Ungt. Glycerin.
Pulv. rad. Althae. āā q. s.
ut f. pilul. No. 60.
D. S. 3 × täglich 2 Pillen.
(Psoriasis, Pruritus).

96) ℞ Acid. carbol. liq. 0,5
Boli alb. 3,0.
Aq. dest. q. s.
ut f. pilul. No. 30.
D. S. 3 × tägl. 2 Pillen.

97) ℞ Acid. carbol. liq. 2,0
Spirit. Lavandul. 60,0
Ol. Menth. pip. 1,0.
M. D. S. Mundwasser.
Einige Tropfen auf 1 Glas Wasser zum Mundausspülen.

98) ℞ Acid. carbol. liq. 2,0
Tinct. Chinae
Tinct. Myrrhae āā 5,0
Spirit. 100,0
Ol. Menth. pip. 1,0.
M. D. S. Mundwasser.
Einige Tropfen auf 1 Glas Wasser.

99) ℞ Acid. carbol. 20,0
Spirit. vin. rectif. 40,0.
D. S. Zur Inhalation mittels Gesichtsmaske.
(Tuberkulose.) (Curschmann.)

100) ℞ Acid. carbol. liq. 1,0
Kalii bromat. 2,5
Aq. destill. ad 500,0.
D. S. Zur Inhalation.
(Laryngo-Pharyngitis).

101) ℞ Acid. carbol. liq. 1,0—2,0
Olei Terebinth. 30,0.
M. D. S. Äusserlich 2—3stündl. zum Pinseln.
(Diphtherie, Erysipelas).

102) ℞ Acid. carbol. liq. 2,0
Glycerin.
Aq. dest. āā 50,0
M. D. S. Bei Vaccine-Erysipel u. Prurigo zu pinseln.

103) ℞ Acid. carbol. liq. 1,0
Zinci oxyd. 10,0
Talci 30,0.
M. f. pulv. D. S. Puder.
(Hautjucken).

104) ℞ Acid. carbol. liq. 1,0
Chloroformii 5,0.
M. D. S. 1 Tropfen auf Watte in den hohlen Zahn zu bringen.

105) ℞ Acid. carbol. liq. 1,0
Adip. suill. 1,0
Lanolin. 18,0.
M. f. unguent.
D. S. Verbandsalbe.

106) ℞ Acid. carbol. 10,0
Olei Terebinth. 5,0
Spiritus 20,0
Liq. Ammon. caust. 12,0.
M. D. S. Olfactorium anticatarrhoicum desinficiens. Die Mischung wird in ein mit Asbest gefülltes Stöpselglas gethan.
(Hager.)

107) ℞ Acid. carbol. liq. 0,2
Aq. destill, 10,0.
D. S. Zur subkut. Injection.
$^1/_2$—2 Spritzen täglich.
(Akuter Gelenkrheumatismus, Erysipelas).

108) ℞ Acid. carbol. liq. 0,3
Aq. destill. 10,0.
M. D. S. 2 × tägl. $^1/_2$ Spritze in jede Tonsille zu injiciren.
(Scharlachdiphtherie.)

Acidum chromicum. Chromsäure. Chromsäureanhydrid. Chromtrioxyd. Acide chromique. Cromic acid. Acido cromico. CrO_3.

Wird durch Mischen einer gesättigten Kaliumdichromatlösung mit dem anderthalbfachen Volumen concentrirter Schwefelsäure dargestellt. Bildet dunkelbraunrothe Krystalle oder eine helle rothgefärbte wollige Masse von saurem Geschmack. Löst sich leicht in Wasser und Alkohol mit orangerother Farbe.

Besitzt stark eiweisscoagulirende und oxydirende Eigenschaften, wirkt daher ätzend, adstringirend und desinficirend. Nach innerlicher Verabreichung entsteht heftige Gastroenteritis und Kollaps; 0,2—0,6 können bereits den Tod herbeiführen. Gegenmittel bei Vergiftung: Schleunige Entleerung des Magens, Magnesium carbonicum, Natrium bicarbonicum, Kalkwasser, Milch, Eiweiss. Äusserlich in Substanz oder koncentrirter wässeriger Lösung ist die Chromsäure ein starkes, nicht sehr schmerzendes Ätzmittel; bei grösserer Verdünnung (1 : 10—20) fehlt die kaustische Wirkung, und diese Lösungen entfalten mehr adstringirende und erhärtende Eigenschaften, daher ihre Verwendung in der mikroskopischen Technik zum Erhärten und Konserviren anatomischer Präparate.

Die Chromsäure findet nur äusserlich Verwendung als Ätzmittel bei Kondylomen, Warzen, Teleangiectasien, luetischen Affektionen des Mundes, des Rachens und der Nase, in Substanz oder in koncentrirter Lösung.

In verdünnter Lösung findet Chromsäure Verwendung zu Pinselungen bei Diphtherie und zu Waschungen gegen Fussschweisse.

Zu den lokalen Ätzungen wird Acid. chromicum in Substanz oder in 10—50% wässeriger Lösung mittels Glasstäbchen oder Asbestpinsel aufgetragen. Zum Touchiren der Schleimhaut des Mundes, der Nase und des Rachens eignet sich die an einen Silberdraht angeschmolzene Chromsäure. Verdünnte Lösungen (1,0—3,0 : 100,0) kommen zu Pinselungen bei Diphtherie und (1,0 : 1000,0) zu Waschungen bei Ekzem und Pityriasis versicolor und auch örtlich bei Gonorrhoe und Ozaena in Anwendung. Bei Fussschweissen werden die vorher gereinigten und getrockneten Füsse mit einer 5% wässerigen Lösung abends gepinselt, und diese Procedur wird eventuell nach 8—14 Tagen wiederholt.

Bei der äusseren Verwendung ist Vorsicht geboten, da bei längerem Gebrauche und Applikation auf grössere Flächen Resorption und Allgemeinerscheinungen (Nephritis u. s. w.) auftreten können. Desgleichen sind bei Verordnung der Chromsäure alle organischen Substanzen und besonders ätherische Öle, Glycerin, Äther und Alkohol wegen Explosionsgefahr zu vermeiden.

109) ℞ Acid. chromici
Aq. destill. āā 5,0.
Da in lagunula epistomio vitreo clausa.
S. Täglich einmal einzupinseln (Kondylome, Warzen etc.).

Acidum citricum. Citronensäure. Acid. citrique. Citric acid. Acido citrico. $C_6H_8O_7 + H_2O$.

Kommt im Saft der Citronen, Johannisbeeren, Preisselbeeren, Erdbeeren, Kirschen u. s. w. vor und wird aus dem Safte der Citronen dargestellt, indem man denselben aufkocht, filtrirt und in der Siedhitze mit Kreide sättigt. Der sich hierbei abscheidende citronensaure Kalk wird durch Schwefelsäure zersetzt. Aus der vom abgeschiedenen Gips abfiltrirten Flüssigkeit krystallisiert die Citronensäure aus. — Dieselbe bildet grosse, farb- und geruchlose, bei geringer Wärme verwitternde, angenehm sauer schmeckende

Krystalle, welche sich in 0,54 Wasser, in 1 Th. Weingeist und in etwa 50 Th. Äther lösen.

Die Citronensäure wird im Magen leicht resorbirt. Sie wirkt kühlend, durststillend, gelind diaphoretisch, antiseptisch und verlangsamt die Herzaktion. Erst bei lange fortgesetztem Gebrauch und hohen Dosen (über 30,0) treten Verdauungsstörungen und Intoxikationserscheinungen auf.

Therapeutische Verwendung. Innerlich zur Herstellung kühlender, erfrischender Limonaden, Brausemischungen, Saturationen bei fieberhaften Erkrankungen, Magenkatarrh, Gelenkrheumatismus, Skorbut und (in Gestalt des leicht zugänglichen Citronensaftes) als Antidot bei Akalivergiftungen,

Äusserlich zu Pinselungen und Gurgelungen bei Diphtherie, Waschungen bei Ephelides und drohendem Decubitus.

Dosis: Zu Limonaden 5,0 : 1000,0 Wasser mit Zusatz von Zucker, Brausemischungen und Saturationen (Potio Riveri), in Pastillen (0,05 mit 1,25 Zucker). Bei Vergiftungen mit ätzenden Alkalien sind die in den meisten Haushaltungen vorräthigen Citronen verwendbar. (2,5 Acid. citricum entsprechen ungefähr dem Säuregehalt einer Citrone, deren Saftmenge etwa 30 g beträgt.) — Äusserlich zu Waschungen bei Ephelides und beginnendem Decubitus (10 : 200,0); zu Gurgelungen (1,0—2,0 : 200,0) und Pinselungen (1,0 : 10,0) bei Diphtherie.

Präparate: **Magnesium citricum effervescens.**

Potio Riveri.

†**Pulvis ad Limonadam.** (Acid. citric. 10,0 Sacch. 120,0 Ol. Citri gtt. I).

†**Sirupus Citri.**

†**Succus Citri.**

110) ℞ Natrii bicarbon. 5,0
Sirup. Cort. Aurant. 30,0
Aq. Menth. pip. 150,0.
M. f. l. a. Saturatio cum
Acid. citrici 4,0.
M. D. S. 1—2stündl. 1 Esslöffel.

111) ℞ Acid. citric. 5,0
Sacch. alb. 150,0
Ol. Citr. aeth. 0,5
M. f. pulv. D. ad vitr.
S. 1 Theel. bis 1 Esslöffel auf 1 Glas Wasser. Limonadenpulver.

112) ℞ Acid. citric. 1,0
Aq. dest. 2,0
Sirup. spl. 97,0.
M. D. S. 1 Esslöffel auf 1 Glas Wasser zum Getränk.
(Pharm. franc.).

113) ℞ Acid. citric. 2,0
Sacch. alb. 25,0
Ol. Citri 0,05.
M. D. S. 1 Kaffeelöffel auf 1 Weinglas Wasser.

Acidum formicicum. Acidum formicum. Acidum formylicum. Ameisensäure. Formylsäure. Acide formique. Acido formico. — CH_2O_2. = H.COOH.

Kommt in den Ameisen (Formica rufa), Brennnesseln und in den Nadeln der Coniferen vor. Wurde früher aus den Ameisen gewonnen, wird aber gegenwärtig durch Destillation von Oxalsäure mit Glycerin dargestellt und ist eine klare, farblose, flüchtige, stechend sauer riechende Flüssigkeit von 1,060—1,063 spec. Gewicht.

Erzeugt in unverdünntem Zustand Brennen und Blasen auf der Haut, innerlich heftige Gastroenteritis und Nierenreizung. — Findet innerlich keine Anwendung, äusserlich bei rheumatischen Affektionen und Lähmungen (in Form von Spiritus Formicarum) als hautröthendes Mittel.

Präparat: **Spiritus Formicarum** (besteht aus einer Mischung von 2 Th. Ameisensäure, 13 Th. Wasser und 35 Th. Weingeist).

Acidum hydrobromicum. Bromwasserstoffsäure. HBr.

Wird dargestellt aus Baryumbromid und verdünnter Schwefelsäure und ist eine klare, farblose, in der Wärme flüchtige Flüssigkeit von 1,208 spec. Gewicht, in 100 Th. 25 Th. Bromwasserstoff enthaltend. Ist vorsichtig und vor Licht geschützt aufzubewahren.

Die koncentrirte Säure wirkt ätzend. Innerlich in Verdünnung verabreicht, zeigt sie die beruhigenden Eigenschaften der Bromsalze. Daher bedient man sich ihrer zuweilen als Ersatzmittel des Bromkaliums bei nervösen Aufregungszuständen, Epilepsie, Chorea und (stark verdünnt) auch bei Ohrensausen.

Dosis: Innerlich 15—30 Tropfen auf 1 Glas Zuckerwasser zwei- bis dreimal täglich nach der Mahlzeit zu nehmen. — Äusserlich: unverdünnt zu Ätzungen.

Acidum hydrochloricum. Acidum muriaticum. Salzsäure. Chlorwasserstoffsäure. Acide chlorhydrique. Acide muriatique. Hydrochloric acid. Muriatic acid. Acido chloridico. HCl.

Durch Einwirkung von Schwefelsäure auf Kochsalz wird die wasserfreie Salzsäure oder das Chlorwasserstoffgas gewonnen. Eine wässerige Lösung der gasförmigen Chlorwasserstoffsäure stellt die officinelle Salzsäure dar.

Dieselbe ist eine klare, farblose, beim Erhitzen flüchtige Flüssigkeit von saurem Geschmack und 1,124 spec. Gewicht. Sie enthält in 100 Th. 25 Th. Chlorwasserstoff (ist mithin 25 $^0/_0$ig). Mit Argentum nitricum giebt sie einen weissen, käsigen Niederschlag von Chlorsilber, der in Ammoniakflüssigkeit löslich ist. Mit Braunstein (Mangansuperoxyd) erwärmt, entwickelt die Salzsäure Chlor.

Sie ist ein zur Verdauung der Albuminate nothwendiger Bestandtheil des Magensaftes, in dem sie sich bald nach Aufnahme der Mahlzeit in einer Verdünnung von 2—3 $^0/_0$ befindet. Ihre Zufuhr wirkt daher bei ungenügendem Salzsäuregehalt verdauungsbefördernd. Sie besitzt, selbst in starker Verdünnung, gährungs- und fäulnisswidrige Eigenschaften. In koncentrirtem Zustande ätzt sie energisch. — Der Genuss einer grösseren Menge in koncentrirter

Form bewirkt Anätzung der Schleimhaut des Mundes, Ösophagus und Magens und heftige Gastroenterites, Haematurie und Kollaps. Die Ätzschorfe an den Lippen und im Munde zeigen eine weisslich graue Farbe (ähnlich diphtherischen Belägen). Als Antidot bei Vergiftungen mit Salzsäure verordnet man Magnesia usta, Seife, Milch, Eiweiss. Kohlensaure Alkalien sind (wegen starker Kohlensäureentwickelung) unzweckmässig. Nach Beseitigung der Lebensgefahr ist an die Möglichkeit der sich bildenden narbigen Stenosen des Ösophagus zu denken.

Therapeutische Verwendung findet die Salzsäure bei Dyspepsien, Pyrosis, Diarrhöen und Gährungsvorgängen im Magen, bei Magenaffektionen, beruhend auf mangelndem HClgehalt des Magensaftes, ferner bei Cholera (zu Eingiessungen in den Darm), bei fieberhaften Affektionen (Typhus, biliöser Pneumonie etc.). Äusserlich als Ätzmittel in der zahnärztlichen Praxis, zu Fussbädern und Frostsalben.

Dosis: Innerlich 5 Tropfen in einem Weinglase Wasser nach der Mahlzeit und 1 Stunde später dieselbe Dosis noch einmal zu nehmen (bei Magenkatarrh mit Säuremangel). Auch in Form der Mixtur (2,0 : 200,0) nach jeder Mahlzeit 1 Esslöffel voll zu nehmen oder zweistündlich 1 Esslöffel (bei Typhus, Pneumonie etc). Da das Einnehmen der Säure den Zahnschmelz angreift, empfiehlt sich auch die Verordnung in Form von Pillen oder Dragées, sowie nach dem Gebrauch des Mittels das Ausspülen des Mundes mit einer Lösung von Natrium bicarbonicum.

Äusserlich in 10—20 $^0/_0$ Lösung (davon wenige Tropfen) zur Reinigung der Zähne (Beseitigung des sogenannten Weinsteins). In Salbenform (2,0 : 30,0) gegen Frostbeulen. Zum Fussbad 25,0—50,0 bei Leber- und Milztumoren (20—45 Minuten Dauer). Als Pinselsaft (bei Aphthen 1,0—2,0 : 25,0 Honig).

114) ℞ Sol. Acid. hydrochl. 1,0 : 180,0
Sirup. Rub. Idaei ad 200,0
M. D. S. 2stündl. 1 Esslöffel.
(Dyspepsie, Fieber etc.)

115) ℞ Acid. hydrochlor.
Tinct. Opii spl. āā 2,0
Aq. dest. 130,0
Sirup. Rub. Idaei 20,0.
M. D. S. 2stündl. 1 Esslöffel.
(Magen-Darmkatarrh.)

116) ℞ Acid. hydrochl. 3,0
Tinct. Chinae 15,0
Aq. Menth. pip. 75,0.
M. D. S. 4 × tägl. $^1/_2$ Theelöffel auf 1 Weinglas Wasser.
(Bei Säuremangel des Magens.)

117) ℞ Acid. hydrochl. dil. 10,0
Sirup. Rub. Idaei 20,0.
M. D. S. Nach jeder Mahlzeit 20 Tropfen auf 1 Weinglas Zuckerwasser.
(Dyspepsie.)

118) ℞ Acid. hydrochl. 5,0
Tinct. Rhei vinos. 10,0
Elix. amar. 15,0.
M. D. S. 3 × tägl. 3—15 Tropfen je nach dem Alter.
(Bei Dyspepsie anämischer Kinder.)
(Biedert.)

119) ℞ Acid. hydrochl. 5,0
Tinct. amarae 25,0.
D. S. 3 × tägl. 15 Tropfen.
Tinctura amara acida.
(Form. magistr Berolin.)

120) ℞ Acid. hydrochl.
Extr. Colomb.
Pulv. rad. Colomb. āā 2,5
Pulv. Tub. Salep 9,0.
ut f. pilul. No. 50.
Consp. Cort. Cinnam.
S. 3 × tägl. 4—5 Pillen.
(Bei colliquativen Durchfällen.)

121) ℞ Sol. Acid. hydrochl.
0,5—1,0 : 500,0.
D. S. Zu Einspritzungen in die Blase. (Cystitis.)

122) ℞ Camphor. trit. 3,0
Axung. porci 30,0
Acid. hydrochl 2,0
M. f. ungt.
S. Abends einzureiben.
(Gegen Frostbeulen.)

Acidum hydrochloricum dilutum. Verdünnte Salzsäure besteht aus gleichen Theilen Salzsäure und Aqua destillata. Wird wie Acid. hydrochloricum, jedoch in doppelt so grosser Gabe angewandt.

Acidum lacticum. Milchsäure. Acide lactique. Lactic acid. Acido lattico. CH_3—CH(OH)—COOH.

Milchsäure ist in der sauren Milch, in sauren Gurken, im Sauerkraut, im Magensaft enthalten und wird aus Zucker durch die sogenannte Milchsäuregährung dargestellt. Letztere wird durch Mikroorganismen (Bacillus Acidi lactici) bei einer Temperatur von 35 bis 40° veranlasst. Milchsäure ist eine klare, farblose oder schwach gelbe, sirupöse, sauer schmeckende Flüssigkeit von spec. Gewicht 1,21—1,22. (Acid. lacticum der Pharmakopoe enthält etwa 75 % Milchsäure und 25 % Wasser.) Mit Wasser, Weingeist und Äther in allen Verhältnissen klar mischbar.

Coagulirt schon in geringen Mengen Hühnereiweiss und Caseïn und wirkt deshalb in koncentrirter Form ätzend, verdünnt und in kleinen Dosen befördert sie die Verdauung, in grösseren Gaben erzeugt sie Ermüdungsgefühl, Schlaf und Durchfall. Besitzt ein gewisses Lösungsvermögen für Croupmembranen.

Anwendung findet die Milchsäure innerlich bei Diarrhoe der Säuglinge und Erwachsener, selbst bei Cholera ist sie neuerdings empfohlen worden. Äusserlich bei tuberkulösen Kehlkopfgeschwüren (Krause) und Lupus (Rafin); zu Inhalationen bei Croup und Diphtherie und auch als Zusatz zu Zahnpulvern. —

Innerlich bei Kinderdiarrhoe in 2 % Lösung 5—10 Theelöffel täglich; bei Diarrhoe Erwachsener und Cholera 10,0—15,0 in Mixtur oder Limonade.

Äusserlich zu Kehlkopfpinselungen bei tuberkulösen Geschwüren mit 20 % beginnend und allmählig auf 80 % steigend. Zu Inhalationen (15—20 Tropfen auf 15,0 Wasser); Zusatz zu Zahnpulvern (1,0 : 10,0).

123) ℞ Acid. lactici 2,0
Aq. destill. 80,0
Sirup. simpl. 20,0.
M. D. S. ½stündl. 1 Kaffeelöffel.
(Diarrhoe der Säuglinge u. Brechdurchfall.)

124) ℞ Acid. lactici 15,0
Aq. dest. 200,0
Sirup. smpl. 100,0.
M. D. S. 3 × hintereinander halbstündl. 2 Esslöffel.
(Diarrhoe Erwachsener u. Cholera.)

125) ℞ Acid. lactic. 10,0—15,0
Aq. destill. 800,0
Sirup. simpl. ad 1000,0.
M. D. S. Wasserglasweise in 24 Stunden zu verbrauchen.
(Diarrhoe Erwachsener u. Cholera.)

126) ℞ Acid. lactici
Glycerini āā 10,0.
M. D. S. Zum Pinseln bei tuberkulösen Geschwüren.

127) ℞ Acid. lactici 5,0
Aq. destill. 95,0.
M. D. S. $^1/_2$—1stündl. zu inhaliren.
(Croup u. Diphtherie.)

128) ℞ Acid. lactici 1,0
Rhiz. Iridis pulv. 5,0
Talci 10,0.
M. f. Pulvis.
D. S. Zahnpulver.

Acidum nitricum. Acidum nitricum purum. Salpetersäure. Acide azotique. Nitric-acid. Acido nitrico. HNO_3.

Wird durch Destillation von Natrium nitricum (Natronsalpeter) mit Schwefelsäure dargestellt und ist eine klare, farblose, stark sauer reagirende, in der Hitze vollkommen flüchtige Flüssigkeit. Spec. Gewicht 1,153, entsprechend einem Gehalt von 25% Salpetersäurehydrat. Coagulirt Eiweiss schon bei sehr geringer Verdünnung und greift stickstoffhaltige Substanzen (Haut, Federn, Nägel) unter Gelbfärbung durch Bildung von Xanthoproteïnsäure an.

Erzeugt auf der Haut einen gelben, ziemlich tief gehenden Ätzschorf. Innerlich ruft sie heftige Gastroënteritis hervor. Pathognomonisch für die Vergiftung mit Salpetersäure sind die gelben Schorfe an den Lippen und die gelbe Farbe des Erbrochenen.

Antidot: Milch, Eiweiss, Magnesia usta.

Anwendung findet Salpetersäure gewöhnlich nur äusserlich, in Form von Acidum nitricum fumans zum Ätzen bei Warzen, Kondylomen und phagedänischen Geschwüren, ferner zu ableitenden Fussbädern bei Hepatitis und zu Umschlägen bei Frostbeulen. Innerlich wurde sie früher (stark verdünnt) bei Leberaffektionen, Ikterus, Morbus Brigthii und juckenden Hautexanthemen gegeben.

Dosis: Äusserlich bei Warzen und Schwielen unverdünnt mit Holzspahn oder Glasstab aufzutragen. Zum Fussbade 20,0 bis 50,0).

Innerlich bei Hepatitis, Icterus catarrhalis in Mixtur (1,0:200; zweistündlich 1 Esslöffel).

Präparate: **Acidum nitricum crudum.** Rohe Salpetersäure. Spec. Gewicht 1,38—1,40. In 100 Th. mindestens 61 Th. Salpetersäure.

†**Acidum nitricum dilutum.** Verdünnte Salpetersäure.

Nach Pharm. Helvet. III. von 1,056 spec. Gewicht in 100 Th. 10 Th. Salpetersäure enthaltend.

Maximaldosis: ad 1,0 pro dosi! — ad 3,0 pro die!

Acidum nitricum fumans. Rauchende Salpetersäure. Klare, rothbraune Flüssigkeit von 1,45—1,50 spec. Gewicht. An der Luft gelbrote, erstickende Dämpfe ausstossend.

129) ℞ Acid. nitrici 1,0
Acid. hydrochl. 2,0
Aq. dest. 150,0
Sirup. spl. 25,0.
M. D. S. 3—4 × tägl. 1 Esslöffel.
(Bei chronischem Icterus.)
(v. Frerichs.)

130) ℞ Acid. nitrici crud.
Acid. hydrochl. āā 25,0.
M. D. S. Dem Fussbade zuzusetzen.
(Dysmenorrhoe u. chron. Hepatitis.)

131) ℞ Acid. nitric. dil.
Aq. Cinnamom. āā 10,0.
M. D. S. Zum Aufstreichen bei Frostbeulen.

132) ℞ Acid. nitric. fumant. 10,0.
D. S. Mit Holzspahen oder Glasstab auftupfen.
(Warzen, Hühneraugen, Schwielen.)

Acidum phosphoricum. Phosphorsäure. Orthophosphorsäure. Acide phosphorique. Phosphoric acid. Acido phosphorico. PO_4H_3. Wird durch Oxydation von Phosphor mit Salpetersäure dargestellt. Klare, farb- und geruchlose, stark saure Flüssigkeit von 1,154 spec. Gewicht, in 100 Th. 25 Th. Phosphorsäure enthaltend.

Wirkt in etwa 2% Lösung weniger reizend auf die Magenschleimhaut als andere Säuren und ist, da sie Temperatur und Pulsfrequenz etwas herabsetzt, als mildes Antipyreticum bei fieberhaften Zuständen gebräuchlich. Wird längere Zeit hindurch gut vertragen und wegen des angenehmen Geschmacks gern genommen. Die Acidität des Harns nimmt zu. Grosse Dosen wirken toxisch.

Therapeutische Verwendung findet Acid. phosphoricum bei akut fieberhaften Affektionen als mildes und erfrischendes Antipyreticum. Auch bei Blutungen, Knochenaffektionen, Diabetes etc. wird das Mittel zuweilen verordnet.

Dosis: Innerlich 1,0—2,0 täglich als sehr mildes Antipyreticum in Mixtur (1,0—2,0 : 200,0) oder in Tropfenform zweibis dreistündlich 10—20 Tropfen in Zuckerwasser. Bei Verordnung in Pillenform findet Verwendung:

†**Acidum phosphoricum siccum oder glaciale,** (erhalten durch Abdampfen der officinellen Säure).

133) ℞ Acid. phosphorici 2,0
Sirup. Rub. Idaei 20,0
Aq. destill. ad 200,0.
M. D. S. 2stündl. 1 Esslöffel.
(Typhus, Fieber etc.)

134) ℞ Acid. phosphorici 2,0
Decoct. rad. Althae. 15,0 : 150,0
Sirup. simpl. 30,0.
M. D. S. 2stündl. 1 Esslöffel.

135) ℞ Acid. phosphoric. 5,0
Tinct. Cinnamom. 10,0
Mucil. Salep 50,0.
M. D. S. ½stündl. 1 Theelöffel in Zuckerwasser zu nehmen.
(Metrorrhagie.)

136) ℞ Acid. phosphoric. 1,0
Aq. destill. 100,0
Sirup. Rub. Idaei 20,0.
M. D. S. Stündl. 1 Kaffeelöffel.
(Scarlatina, Morbilli etc.)

Acidum salicylicum, Salicylsäure. Spirsäure. Acide salicylique. Salicylic acid. Acido salicilico. = Orthooxybenzoësäure $C_6H_4<^{OH}_{COOH}$.

Findet sich im Pflanzenreiche in den Blättern der Spiraea ulmaris und in einigen Veilchenarten. Kommt auch als Salicylsäuremethyläther im ätherischen Öl der Gaultheria procumbens (Wintergreenöl) vor.

Entdeckt von Bertagnini hat die Salicylsäure erst 1874 praktische Bedeutung erlangt, nachdem der Leipziger Chemiker Kolbe sie künstlich dargestellt und ihre antiseptischen Eigenschaften erkannt und Prof. Thiersch sie als gutes Ersatzmittel der Karbolsäure in der Wundbehandlung erprobt hatte. Bald darauf wurde auch ihre antipyretische Wirkung erkannt, und sie gewann erhöhte therapeutische Bedeutung, als Buss und Stricker (1876) sie als ausgezeichnetes Mittel gegen akuten Gelenkrheumatismus empfahlen, bei welcher Affektion sie sich als ein zuverlässiges Specificum bewährt hat.

Salicylsäure wird fabrikmässig aus Phenol (durch Einwirkung von Kohlensäure auf Phenolnatrium) dargestellt und bildet weisse nadelförmige Krystalle oder ein weisses krystallinisches, geruchloses Pulver von kratzendem Geschmack, ist in ungefähr 500 Th. kaltem und in 15 Th. siedendem Wasser, leicht in Weingeist und Äther löslich. Schmilzt bei etwa 157°. Die wässerige Lösung wird durch Eisenchlorid blauviolett, in starker Verdünnung violettroth gefärbt; sie zerfällt bei starkem Erhitzen in Phenol und Kohlensäure.

Salicylsäure wirkt auf Schleimhäute reizend und erzeugt schon in geringer Menge Niesen und Husten. Sie wird von der Haut, den Schleimhäuten und Wunden leicht resorbirt und wirkt gährungs- und fäulnisswidrig. Sie erweicht die obersten Hautschichten und ist wegen dieser keratolytischen Wirkung ein wichtiges dermatologisches Arzneimittel. — Innerlich genommen, rufen einmalige Dosen von 1,0—1,5 keine nennenswerthen Erscheinungen hervor; nach 3,0—4,0 beobachtet man Druck in der Magengegend, Steigerung der Pulsfrequenz, Wärme des Kopfes, Nausea, Erbrechen, Ohrensausen, Schwerhörigkeit, Temperaturherabsetzung und Schweissausbruch. Zuweilen rufen längere Zeit fortgegebene Dosen Vermehrung der Harnmenge, Kongestion des Uterus und Hautausschläge (Erythem, Urticaria) hervor. Nach sehr grossen Dosen 15,0—20,0 tritt unter Erscheinung von Delirien, Dyspnoë, und Kollaps der Tod ein. Die Salicylsäure wird verhältnissmässig rasch durch den Harn wieder ausgeschieden (zum Theil als Salicylursäure).

Angewandt wird Salicylsäure äusserlich zur Behandlung des akuten Gelenkrheumatismus, zur Wundbehandlung, als Streupulver in Verbindung mit indifferenten Substanzen bei foetiden Schweissen, zur Beseitigung hornartiger Hautgebilde (Hühneraugen, Warzen); zur antiseptischen Behandlung der Schleimhaut des Rachens (Diphtherie), der Nase, des Kehlkopfes, der Blase und Vagina. Sie dient zur Imprägnirung von Verbandstoffen. Als Zusatz zu Zahnpulvern ist Salicylsäure beliebt, aber nicht zweckmässig, weil das Mittel den Schmelz der Zähne angreift. Während sich für den äusserlichen Gebrauch die freie Säure eignet, empfiehlt es sich, innerlich ihr leicht lösliches und örtlich wenig reizendes Natriumsalz anzuwenden. Innerlich wird sie hauptsächlich bei akutem Gelenkrheumatismus und seröser Pleuritis gegeben, wo sie gewöhnlich ausgezeichnet wirkt; ferner bei Gicht, chronischem Rheumatismus, Neuralgien, Ischias, Lumbago. Als Antipyreticum bei den verschiedensten fieberhaften Erkrankungen (Pneumonie, Typhus, Masern, Scharlach) wird sie gegenwärtig weniger angewandt, weil eine ungünstige Wirkung auf das Herz gefürchtet wird. Ebenso ist die Salicylsäure als Mittel bei Diabetes mellitus nicht mehr gebräuchlich; dagegen kommt sie noch bei Gährungsvorgängen im Magen und bei eitriger Cystitis in Form der freien Säure in kleinen Dosen in Anwendung.

Dosirung: Äusserlich in Substanz als Verbandpulver, als Streupulver (in Verbindung mit Talcum und Amylum). Zu Ausspülungen des Magens und der Blase (1 : 300—1000). In Salben bei akutem Gelenkrheumatismus (5 : 10—100). — Zu antiseptischen Gazebinden und Watte 4—10 %ig.

Innerlich bei akutem Gelenkrheumatismns 0,5—1,0 (in Pulver, Oblate) bis 4,0—6,0 pro die (am besten durch Natrium salicylicum zu ersetzen). Als Antipyreticum Morgens und Abends 2,0. — Bei Gährungsvorgängen im Magen und eitriger Cystitis 0,1—0,5 in Pulverform oder Mixtur 2—3stündlich (in Haferschleim oder Milch). Vorsicht bei Gravidität!

Präparate und Verbindungen: **Pulvis salicylicus cum Talco** (Acid. salicyl. 3, Amyl. 10, Talcum 87).

Natrium salicylicum.

Salol (Salicylsäure — Phenyläther).

†**Salacetol** (Salicylsäure + Acetol).

†**Salophen** (Salicylsäure — Acetparamidophenolester).

†**Salipyrin** (Salicylsäure + Antipyrin).

†**Tolysal** (Salicylsaures Tolypyrin).

†**Agathin** (Salicyl-α-Methylphenylhydrazon).

†**Malakin** (Salicylaldehyd-p-Phenetidin).

†**Betol** (Salicylsäure-β-Naphthyläther.)

137) ℞ Acid. salicyl. 0,5—1,0
Sacch. alb. 0,5.
M. f. pulv. D. tal. dos. X.
S. 2stündl. 1 Pulver (in Oblate) zu nehmen.
(Akuter Gelenkrheumatismus.)

138) ℞ Acid. salicyl. 0,1—0,2
Sacch. alb. 0,3.
M. f. pulv. D. tal. dos. X.
S. 2—3stündl. 1 Pulv. in Milch oder Haferschleim.
(Bei Magenkatarrh mit Gährung u. bei Cystitis.)

139) ℞ Acid. salicyl. 1,0
Amyli 3,0
Talci 30,0.
M. f. Pulv. D. S. Äusserlich. Zum Einpudern.
(Nachtschweisse.)

140) ℞ Acid. salicyl.
Aluminis
Amyli Oryzae āā 5,0.
M. f. pulv. D. S. Streupuder.
(Fussschweisse.)

141) ℞ Lycopodii 90,0
Acid. salicyl. 1,0
Rhiz. Iridis 9,0.
M. f. pulv. D. in. scatula.
S. Streupulver.
(Ekzem.)

142) ℞ Acid. salicyl. 2,0
Lanolin. 30,0
Adip. suill. 10,0.
M. f. ungt. D. S. Äusserlich.
(Kopfekzem.)

143) ℞ Acid. salicyl. 5,0
Collodii 20,0.
M. D. S. Mit Pinsel aufzutragen.
(Warzen u. Hühneraugen.)

144) ℞ Acid. salicyl. 1,0
Spirit. vini 50,0.
M. D. S. Zum Pinseln.
(Diphtherie.)

145) ℞ Acid. salicyl.
Acid. borici 5,0
Aq. fervid. ad 1000,0.
M. D. S. Zum Ausspülen der Harnblase.
(Eitrige Cystitis.)

146) ℞ Acid. salicyl.
Lanolin.
Ol. Terebinth. āā 10,0
Axung. porci 70,0.
M. f. ungt. Abends einzureiben. Darüber Flanellbinde.
(Akuter Gelenkrheumatismus.)
(Bourget.)

147) ℞ Acid. salicyl. 2,0
Zinc. oxyd. crud.
Amyl. āā 25,0
Ungt. Paraffin. 48,0
M. f. pasta.
D. ad ollam griseam (Akne rosacea).
(Lassar's Zinkpaste.)

148) ℞ Acid. salicyl. 0,5
Acid. boric. pulv. 5,0
Zinci oxydat. 10,0
Vaselin. americ. ad 50,0.
D. S. Äusserlich.
Pasta aseptica.
(Form. magistr. Berol.)

149) ℞ Acid. salicyl. 1,0
Amyl. Tritici
Zinc. oxydat. āā 12,0
Vaselin. americ. ad 50,0
Pasta salicylata.
(Form. magistr. Berol.)

Acidum sulfuricum. Acidum sulfuricum concentratum. Oleum Vitrioli depuratum. Schwefelsäure. Acide sulfurique. Sulfuric acid. Acido solforico. SO_4H_2.

Wird aus der rohen Schwefelsäure dargestellt und ist eine ölartige, farb- und geruchlose Flüssigkeit, von 1,836 bis 1,840 spec. Gewicht, in 100 Th. 94 bis 98 Schwefelsäure enthaltend. Ist eine der stärksten Säuren und röthet selbst nach dem Verdünnen mit ihrem tausendfachen Volumen Wasser Lackmus noch ganz deutlich. Nach Verdünnung mit Wasser wird in ihr durch Baryumnitrat ein weisser, in Säuren unlöslicher Niederschlag erzeugt. Mischt sich mit Wasser unter starkem Erhitzen. Zieht begierig Wasser an und wirkt deshalb auf viele organische Stoffe verkohlend.

Wirkt stark ätzend und veranlasst häufig Vergiftung. Dieselbe verläuft unter dem Bilde einer schweren Gastroenteritis mit heftigen Schmerzen und blutigem Erbrechen. Charakteristisch sind hierbei die braunen Flecken an den Lippen und im Munde, starke

Salivation und Depression der Herzthätigkeit. Die Urinausscheidung ist vermindert und der Urin enthält Eiweiss und Blut. — Zuweilen genügen einige Gramme Schwefelsäure, um Exitus letalis herbeizuführen; doch sind auch schon Genesungen nach Einführung von 90 gr. beobachtet worden. Bei der Autopsie erscheint der Magen eines an Schwefelsäure-Intoxikation zu Grunde gegangenen Individuums verschorft, dunkelbraun oder zu einer schwarzen Masse verwandelt (verkohlt). Die Magenwand ist zuweilen perforirt und in der Peritonealhöhle ein schwarzbrauner, blutiger, stark saurer Erguss.

Die Behandlung der Vergiftung erfordert vor allem schleunigste Neutralisirung und Verdünnung der Schwefelsäure durch Magnesia usta oder carbonica in Schüttelmixtur mit Wasser, Kreide, Milch, Seifenwasser, alsdann Eis, Excitantia und eventuell auch Linderungsmittel gegen die Schmerzen. — Gelingt es, den Vergifteten am Leben zu erhalten, so muss bezüglich der weiteren Behandlung an die häufig vorkommende Bildung von Strikturen im Osophagus und Magen gedacht werden.

Therapeutisch wird die Schwefelsäure nur noch zur Desinfektion von Auswurfstoffen verwendet. Als Ätzmittel zieht man gegenwärtig die Salpetersäure oder Chromsäure vor. Zur innerlichen Verwendung bei Blutungen (Haemoptoë und Metrorrhagie) und Nachtschweissen der Phthisiker bedient man sich der verdünnten Schwefelsäure (Acid. sulf. dilut.) oder der Mixtura sulfurica acida.

Präparate: **Acidum sulfuricum dilutum.** Verdünnte Schwefelsäure. Mischung von 5 Th. Wasser und 1 Th. Schwefelsäure. (Nach Pharm. Helv. in 100 Th. 10 Th. Schwefelsäure enthaltend). Klare, farblose Flüssigkeit. Anwendung wie Acidum phosphoricum oder Acidum hydrochloricum. Maximaldosis (nach Pharm. Helvet. III):

Grösste Einzelgabe 1,5! — Grösste Tagesgabe 5,0!

Mixtura sulfurica acida. Elixir acidum Halleri. Hallersches Sauer. Elixir de Haller. Klare, farblose Flüssigkeit, bestehend aus 1 Th. Schwefelsäure und 3 Th. Weingeist. — Innerlich zu 5—15 Tropfen in Zuckerwasser oder Haferschleim mehrmals täglich.

Acidum sulfuricum crudum. Acid. sulfuric anglicum. Oleum Vitrioli. Rohe Schwefelsäure. Englische Schwefelsäure. Vitriolöl. Klare, farblose bis bräunliche, ölartige Flüssigkeit, in 100 Th. mindestens 91 Th. Schwefelsäure enthaltend. Spec. Gewicht nicht unter 1,830.

Wird nur äusserlich als Ätzmittel bei Teleangiectasien und Hauthypertrophien sowie als Desinficiens für Stuhlentleerungen angewandt.

†Acidum sulfuricum fumans. Oleum Vitrioli nordhusianium. Rauchende Schwefelsäure. Nordhäuser Vitriolöl.

Farblose, bräunliche, an der Luft rauchende, ölige Flüssigkeit.

Therapeutisch nicht in Anwendung.

150) ℞ Acid. sulfuric. dil. 5,0
Tinct. Opii spl. 3,0
Aq. Cinnamom. 50,0
Aq. destill. ad 200,0.
M. D. S. 2stündl. 1 Esslöffel.
(Metrorrhagie, Schweisse d. Phthisiker.)

151) ℞ Decoct.Cort.Chinae 10,0:150,0
Acid. sulfur. dil. 5,0
Sirup. Cort. Aurant. 20,0.
M. D. S. 2stündl. 1 Esslöffel.
(Morbus maculos. Werlhofii.)

152) ℞ Acid. sulf. dil. 25,0
Ol. Terebinth. rectif.
Spiritus āā 10,0.
M. D. In vitro bene clauso.
S. Stündl. 40 Tropfen in Zuckerwasser.
(Bei Metrorrhagie u. Haemoptoë.)

153) ℞ Acid. sulf. dil. 5,0
Sirup. Rub. Idaei 20,0
M. D. S. 2stündl. 1 Kaffeelöffel in 1 Glas Wasser.

154) ℞ Acid. sulf. dil. 2,0
Aq. dest. 150,0
Sirup Rubi Idaei 30,0.
M. S. S. 2stündl. 1 Esslöffel.
(Scarlatina.)

Acidum tannicum. Tanninum. Gerbsäure. Tannin. Gallusgerbsäure. Acide tannique. Tannic acid. Acido tannico. $C_{14}H_{10}O_9$.

Findet sich in kleiner Menge in manchen (rothen) Weinen, in Kaffee, Thee u. s. w. und zu 50—60% in den Galläpfeln, welche in den Blättern der Eichen durch den Stich der Gallwespe (Cynips Gallae tinctoriae) entstehen.

Wird gewöhnlich aus den chinesischen Galläpfeln dargestellt, indem dieselben nach vorangegangener Zerkleinerung mit einem Gemisch von Alkohol und Äther ausgezogen werden. Das Extrakt wird alsdann mit Wasser geschüttelt (wodurch die Fette im Äther gelöst bleiben) und die alkoholisch wässerige Lösung zur Trockene verdampft.

Schwach gelbliches Pulver, leicht löslich in Wasser, Alkohol und Glycerin, unlöslich in absolutem Äther. Die wässerigen Lösungen reagiren sauer und geben mit Eisenchlorid einen blauschwarzen Niederschlag von Ferritannat, der durch Zusatz von koncentrirter Salzsäure entfärbt und gelöst wird. Tannin fällt Leim und Eiweisskörper aus ihren Lösungen und bildet mit vielen Alkaloiden unlösliche Verbindungen. Wässerige Lösungen schimmeln leicht.

Tannin gehört zu den bekanntesten und erprobtesten adstringirenden und styptischen Mitteln, da es austrocknend und blutstillend auf Schleimhäute und geschwürige Flächen wirkt. Vermöge seiner grossen Affinität zum Eiweiss bildet es mit demselben sowie mit Leim und Schleim feste Verbindungen und schützt die Gewebe vor Fäulniss. Hierauf beruht auch der Process des Gerbens. — Seine Wirkung ist in erster Linie eine lokale, örtliche. Ob es auch Fernwirkungen entfaltet, indem es vom Blute aus styptisch auf geborstene Gefässe oder adstringirend auf stark secernirende Schleimhäute zu wirken vermag, ist nicht genügend festgestellt und zweifelhaft.

Innerlich genommen, rufen kleine Gaben von 0,2—0,5 keine auffallenden Erscheinungen hervor. Grössere Dosen erzeugen Magendrücken, Appetitlosigkeit und Verstopfung. Bei leerem Magen können sehr grosse Gaben die Magenschleimhaut anätzen. Ein Theil des genossenen Tannins wird resorbirt und erscheint im Urin als Gallussäure. Die Harnmenge zeigt sich vermindert.

Anwendung findet Tannin äusserlich in Substanz bei Blutungen der verschiedensten Art; als Streu- und Schnupfpulver (Coryza und Epistaxis) und zum Einblasen in die Nase (Pertussis), in Watte eingestäubt zu Vaginaltampons. In wässeriger Lösung zu Mund- und Gurgelwässern, Pinselungen und Inhalationen (bei Laryngitis und Bronchitis chron.), ferner zu Einspritzungen in die Urethra (Gonorrhoe), Vagina und Uterus; ebenso zu Clysmen (Diarrhoe) und Darmeingiessungen (Enteroklyse) bei Cholera. In Salbenform (Frostbeulen).

Innerlich bei Diarrhoe, Albuminurie, bei Magen-, Darm- Nieren- und Blasenblutungen; Morbus Brightii, Pyelitis. Als Antidot bei Alkaloid-, Metall- und Brechweinsteinvergiftung.

Dosis und Verabreichungsform. Äusserlich auf secernirende Geschwürsflächen und bei Blutungen in Substanz. Als Schnupfpulver und zu Einblasungen in Nase und Kehlkopf 1:1—10 Zucker. Zu Mund- und Gurgelwasser 1% wässerige Lösungen, zu Inhalationen (1—2%); Einspritzungen in Urethra, Vagina und Uterus (0,5—1%); zu Pinselungen bei Pharyngitis (10—20%). Zu Eingiessungen in den Darm bei Cholera (Enteroklyse) 5,0—20,0 auf $1^1/_2$—2 Liter warmen Wassers (38°—40°) oder Kamillenthee (unter Zusatz von 20—30 Tropfen Tinct. Opii (Cantani) mehrmals täglich. In Salbenform (Frostbeulen) 1:10.

Innerlich zu 0,05—0,5 mehrmals täglich, bis zu Tagesgaben von 1,5 in Pulver, Pillen und Solution. (Für den innerlichen Gebrauch verdienen Tannigen und Tannalbin (siehe neuere Arzneimittel) vorgezogen zu werden.)

155) ℞ Acid. tannici 1,0
Vini rubri ad 100,0
oder
Aq. destill. ad 200,0.
M. D. S. Zur Einspritzung.
(Gonorrhoe u. Fluor albus.)

156) ℞ Acid. tannic. 5,0
Glycerini 20,0
M. D. S. Äusserlich.
Zur Durchtränkung von Vaginaltampons.
(Fluor albus.)

157) ℞ Acid. tannic. 0,5
Lanolin. 15,0.
M. f unguentum.
(Frostsalbe.)

158) ℞ Acid. tannici
Sacch. alb. āā 5,0.
M. f. pulv. D. S. Zum Einblasen in den Kehlkopf.
(Laryngitis chron.)

159) ℞ Acid. tannic. 2,0
Aq. dest. ad 200,0.
M. D. S. Zum Inhaliren.

160) ℞ Acid. tannic. 1,0
Aq. destill. ad 100,0.
M. D. S. Zu 3 Klystieren für ein ½jähriges Kind mit chron. Darmkatarrh.

161) ℞ Acid. tannici 0,05
Sacch. alb. 0,5
M. f. pulv. D. tal. Dos. X.
S. 2stündl. 1 Pulver.
(Magenblutung, Nierenblutung, Nephritis, Pyelitis etc.)

162) ℞ Acid. tannici 0,1
Opii puri 0,01
Sacch. alb. 0,5.
M. f. pulv. D. t. dos. X.
S. ½stündl. 1 Pulver.
(Diarrhoe.)

163) ℞ Acid. tannic. 2,5
Aq. destill. 120,0
Sirup. spl. 30,0.
M. D. S. 2—3stündl. 1 Esslöffel.
(Chron. Diarrhoe.)

164) ℞ Acid. tannic. 3,0
Opii puri 0,3
Succ. Liquirit. q. s.
ut f. pilul. No. XXX.
D. S. 3 × tägl. 1—2 Pillen.

165) ℞ Acid. tannici
Extr. Catechu āā 1,5.
Pulv. et Succ. Liquir. q. s.
ut f. pilul. No. 30.
D. S. 3 × tägl. 2—3 Pillen.

Acidum tartaricum. Acidum Tartari. Sal essentiale Tartari. Weinsäure. Rechtsweinsäure. Weinsteinsäure. Acide tartarique. Tartaric Acid. Acido tartarico. $C_4O_6H_6 = \begin{array}{l} CH(OH).COOH. \\ | \\ CH(OH).COOH. \end{array}$

Kommt im Pflanzenreiche frei oder gebunden an Kali oder Kalk (besonders in den Weintrauben und anderen saftreichen Früchten) vor.

Aus dem Traubensaft scheidet sich bei der Gährung weinsteinsaures Kalium und Calcium ab und inkrustirt die Fässer. Diese Krusten stellen den rohen Weinstein dar, und aus dem gereinigten wird die Weinsäure fabrikmässig gewonnen. — Sie krystallisirt in grossen, farblosen, säulenförmigen, oft in Krusten zusammenhängenden, luftbeständigen Prismen, die beim Erhitzen einen karamelartigen Geruch verbreiten. Löslich in 0,8 Th. Wasser und in 2,5 Th. Weingeist, fast unlöslich in Äther und Chloroform.

Die koncentrirte Säure erzeugt auf der Haut leichtes Brennen. Innerlich genommen, wirken kleine Gaben kühlend, durstlöschend, leicht diuretisch und purgirend, auch setzen sie die Pulsfrequenz herab. Grosse Dosen (25,0—30,0) können Intoxikationserscheinungen hervorrufen. Nach 30 g ist in einem Falle Exitus letalis beobachtet worden.

Antidot: Magnesia usta oder Aqua Calcis.

Therapeutische Anwendung findet die Säure innerlich als erfrischendes, durststillendes Mittel in Form von Limonaden- oder Brausepulver; äusserlich zum Pinseln bei Diphtherie oder als Streupulver bei übelriechenden Fussschweissen.

Dosis. Als kühlendes, durststillendes Mittel zu 0,2—0,5 pro dosi, bis 10,0 pro die in Pulver, Pastillen, in stark verdünnter wässeriger Lösung statt Limonade (5,0 : 1000,0 mit Sirup. Rubi Idaei); ferner zu Brausepulvern und Saturationen. Äusserlich zum Pinseln bei Diphtherie in 10%—20% wässeriger Lösung; als Streupulver (zum Einstreuen in die Strümpfe) bei übelriechenden Fussschweissen.

166) ℞ Acid. tartarici 5,0
Elaeosacch. Citri 1,0
Sacch. alb. ad 100,0.
M. f. pulv. D. ad vitr.
S. Limonadenpulver, 1 Theelöffel auf 1 Glas Wasser.

167) ℞ Acid. tartaric. 8,0
Elaeosacch. Citri 12,0.
M. f. pulv.
D. S. Limonadenpulver. In das Trinkwasser bis zur angenehmen Säure.

168) ℞ Decoct. Hordei 5,0 : 150,0
Acid. tartaric. 2,0
Sirup. simpl. 20,0.
M. D. S. 2stündl. 1 Esslöffel.

169) ℞ Natrii bicarbon. 4,0
Aq. Menth. pip. 100,0
Adde: Acid. tartaric. q. s. ad perfect. saturation.
Sirup. Cort. Aur. 20,0.
M. D. S. 2stündl. 1 Esslöffel.

170) ℞ Acid. tartaric. 2,0
Aq. fontan. 470,0
Sirup. Rub. Idaei ad 500,0.
M. D. S. Zum kühlenden Getränk.

Acidum trichloraceticum. Trichloressigsäure. CCl_3CO_2H. Wird durch Oxydation von Chloralhydrat mit rauchender Salpetersäure dargestellt.

Weisse leicht zerfliessliche, in Wasser, Weingeist und Äther lösliche Krystalle, die bei 55° schmelzen, bei 195° sieden. Mit überschüssigem Natriumkarbonat erwärmt, entwickeln sie Chloroform.

In Substanz ist die Trichloressigsäure ein starkes Ätzmittel. Die Ätzwirkung bleibt lokalisirt, ohne besondere entzündliche Reaktion; der Schorf haftet lange. In verdünnter Lösung ist die Wirkung eine adstringirende.

Anwendung findet sie äusserlich als Ätzmittel bei Warzen, Hühneraugen und besonders bei gewissen Schleimhautaffektionen der Nase und des Rachens. Innerlich eignet sie sich, den Urin sauer zu machen.

Dosis und Verabreichungsform. Bei chronischer Pharyngitis in 1% wässeriger Lösung zur adstringirenden Pinselung. Als Ätzmittel in Substanz oder in concentrirter Lösung bei hypertrophischer Rhinitis, Mandel- und Zäpfchenhypertrophie. Man applicirt die Trichloressigsäure vermittels Wattebäuschen oder am besten mit einer Metallsonde, in deren ausgehöhlten Knopf die Krystalle eingelegt werden.

Innerlich nur in starker Verdünung 0,1—0,2.

171) ℞ Acid trichloracetici 0,5
Jodi puri 0,15
Kalii jodati 0,2
Glycerini 30,0.
M. D. S. Zum Pinseln bei Pharyngitis chronica.
(Ehrmann.)

172) ℞ Acid. trichloracet. 9,0
Spirit. vini 1,0.
M. D. S. Täglich einmal auf die Warze zu appliciren.
(Palm.)

173) ℞ Acid. trichloracet. 2,0
Aq. destill. 8,0.
M. D. S. 3 × tägl. 8—10 Tropfen in Zuckerwasser.
(Bei chron. Cystitis, zur Beseitigung des alkalischen Urins.)
(Posner.)

Adeps benzoatus. Adeps benzoinatus. Benzoëschmalz. Benzoinirtes Schweinefett. Axonge benzoïnée. Adipe benzoinato.

Ein Theil Benzoësäure wird in 99 Th. Schweineschmalz, welche im Dampfbade geschmolzen sind, gelöst. — Die Pharmakopoea Helvetica lässt beim Ausschmelzen des Schweinefettes auf 100 Theile des fetthaltigen Zellgewebes 2 Theile Benzoë verwenden. Das Benzoëpulver wird in ein Säckchen gebunden und in das schmelzende Fett gehängt. — Durch Zusatz von Benzoësäure soll das Ranzigwerden des Schweineschmalzes verzögert werden.

Verwendung findet Adeps benzoatus als Salbengrundlage an Stelle von Adeps suillus, auch als Heilsalbe bei Intertrigo und Decubitus.

Adeps suillus. Axungia. Schweineschmalz. Schweinefett. Axonge. Lard. Adipe.

Das aus dem frischen, ungesalzenen Zellgewebe des Netzes und der Nierenumhüllung des gesunden Schweines ausgeschmolzene, gewaschene und von Wasser befreite Fett.

Es ist weiss, von schwachem, eigenartigem Geruche, von gleichmässiger, weicher Beschaffenheit, bei 36—42° zu einer klaren Flüssigkeit schmelzend. Es wird leicht ranzig, d. h. es spaltet sich unter Wasseraufnahme in freie Fettsäuren und in Glycerin.

Dient als billigste Salbengrundlage, wird jedoch zweckmässig durch Adeps benzoatus oder Lanolin ersetzt.

Äther. Äther sulfuricus. Äthyläther. Schwefeläther. Äther. Ether. Pure Ether. Etere. $C_4H_{10}O = \begin{matrix} C_2H_5 \\ C_2H_5 \end{matrix} > O$.

Der Äther wurde von Valerius Cordus im Jahre 1540 entdeckt. Er wird durch Destillation einer Mischung von 9 Th. koncentrirter Schwefelsäure und 5 Th. Alkohol (von 96 %) dargestellt und ist eine klare, farblose, leicht bewegliche, sehr flüchtige und entzündliche Flüssigkeit von eigentümlichem Geruch und 0,72 spec. Gewicht. Siedet bei 35° und ist mit Weingeist, fetten Ölen, Chloroform und Benzoë in jedem Verhältniss mischbar. Für viele Substanzen ist Äther ein ausgezeichnetes Lösungsmittel. Er löst Fette, Öle, Harze, Wachs, Paraffin, Phosphor, Schwefel, Kautschuk und viele Alkaloide auf.

Auf die Haut gebracht, erzeugt Äther durch Verdunstung intensive Kälte und Gefühllosigkeit; daher seine Verwendung in zerstäubter Form (Ätherspray) als lokales Anästheticum. Bei gehinderter Verdunstung reizt er die Haut und bewirkt Röthung und Blasenbildung. — Innerlich wirkt er in geringer Menge gleichfalls als Reizmittel auf die Magenschleimhaut und daher belebend bei gewissen Schwächezuständen. In grossen Dosen kann er durch zu schnelle Überführung in Dampfform den Magen stark aufblähen und so die Athmung erheblich beeinträchtigen. — Eingeathmet in Dämpfen, wirkt Äther ähnlich dem Chloroform, indem er nach kurzem Erregungsstadium zu vollständiger Bewusst- und Empfindungslosigkeit führt. Kurze Zeit das einzige Anästheticum (1846 durch Jackson und Morton eingeführt), wurde der Äther sehr bald durch das von Simpson empfohlene Chloroform ersetzt. In neuerer Zeit macht sich wiederum eine rückläufige Strömung zu Gunsten des Äthers bemerkbar und liegt der Grund hierfür in der grösseren Gefährlichkeit des Chloroforms. Die Erfahrungen zahlreicher Chirurgen stimmen darin überein, dass Äther langsamer wirkt, aber weniger gefährlich ist. Todesfälle kommen auch bei der Äthernarkose vor, aber seltener als bei Chloroform. Zwischenfälle treten nicht so plötzlich auf wie beim Chloroform und sind einer erfolgreichen Behandlung eher zugänglich (Koerte).

Anwendung. Innerlich in kleinen Dosen bei Erbrechen, Singultus, Cardialgie, Hysterie, Ohnmacht, Asthma und Gallensteinkolik.

Äusserlich als Riechmittel bei Ohnmacht, zu belebenden Klystieren bei Asphyxie, als lokales Anästhetikum, zum Auftröpfeln auf's Abdomen bei Chloroformasphyxie und Applikation auf den locus affectus bei eingeklemmten Hernien. Als Excitans bei plötzlich eintretenden Schwäche- und Kollapszuständen in subkutaner Injection. Ferner als Inhalationsanästheticum bei chirurgischen Operationen wie Chloroform, vor welchem er besonders bei Vorhandensein von Herzleiden den Vorzug verdient.

Dosis. Innerlich zu 5—15 Tropfen auf Zucker oder in Gelatinekapseln (Perles d'Ether) bei Erbrechen, Cardialgie, Hysterie etc. Bei Gallensteinkolik in Verbindung mit Ol. Terebinthinae zu 8—15 Tropfen.

Äusserlich als Reizmittel unverdünnt; zu Klystieren bei Asphyktischen 1,0—2,0:100,0 Aqua. Zur Inhalation 5,0—20,0 und darüber. Zur subkutanen Injektion eine volle Pravaz'sche Spritze in viertelstündlichen Zwischenräumen 2—3—4 mal zu applicieren.

Wegen der leichten Entzündlichkeit des Äthers Vorsicht!

Präparat: **Spiritus aethereus.** Hoffmann's Tropfen. Besteht aus einer Mischung von 1 Th. Äther und 3 Th. Spiritus. Innerlich zu 10—30 Tropfen auf Zucker bei Magenkrampf und äusserlich als Riechmittel.

174) ℞ Aether. 2,0
Tinct. Opii croc. 0,5
Aq. Menth. pip. 100,0
Aq. Tiliae ad 150,0.
M. D. S. Stündl. 1 Esslöffel.
(Colica flatulenta.)

175) ℞ Aether. 2,0
Mixt. gummos. 100,0
Aq. Cinnamom.
Sirup. spl. āā 5,0.
M. D. S. Stündl. 1 Kaffeelöffel.
(Brechdurchfall.)

176) ℞ Aether. 20,0
Ol. Terebinth. 8,0.
D. S. Mehrmals täglich 15—20 Tropfen.
(Gallensteinkolik.)
(Durand.)

177) ℞ Aether. 1,0—2,0
Aq. dest. ad 100,0.
D. S. Äusserlich.
Zum Klysma.
(Bei Asphyxie.)

Äther aceticus. Naphtha Aceti. Äthylacetat. Essigsäure-Äthyläther. Essigäther. Ether acétique. Acetic Ether. Etere acetico. $CH_3COO-C_2H_5$.

Die Darstellung geschieht gewöhnlich durch Destillation von entwässertem Natriumacetat und Äthylschwefelsäure.

Klare, farblose, neutrale, flüchtige, leicht entzündliche Flüssigkeit, von eigenthümlichem, erfrischendem Geruche; mit Weingeist, Äther und Chloroform in jedem Verhältnisse mischbar. Bei 74 bis 76° siedend, spec. Gewicht 0,900—0,904.

Wirkt ähnlich wie Äther. Innerlich genommen erzeugt der Essigäther ein angenehmes Wärmegefühl; subkutan applicirt ruft er einen rasch vorübergehenden, gelinden Schmerz hervor, im Gegensatz zu Äther, der stärkere, länger andauernde Schmerzen bereitet. Aus diesem Grunde wird Essigäther neuerdings (von Krautwig) subkutan als erregendes Mittel empfohlen. Inhalirt bewirkt er ebenfalls einen gewissen Grad von Benommenheit, aber niemals die nach Äther beobachtete Anästhesie.

Anwendung. Innerlich als belebendes und krampfstillendes Mittel bei Schwächezuständen, Ohnmacht, nervösem Erbrechen, Hysterie.

Äusserlich als Riechmittel bei Ohnmacht, Kopfweh, zu Einreibungen bei rheumatischen Schmerzen, Neuralgien, Kopfweh und in subkutaner Injektion als Erregungsmittel.

Dosis. Innerlich zu 5—20 Tropfen mehrmals täglich in Zuckerwasser, auch als Zusatz (5 : 100) zu diuretischen oder bitteren Mixturen. Subkutan als Excitans 0,5 mehrmals täglich.

178) ℞ Inf. Flor. Arnicae 5,0 : 150,0
Aetheris acetici 2,0
Sirup. Cort. Aurant. 20,0.
M. D. S. Stündl. 1 Esslöffel.
(Analepticum bei Collapszuständen).

179) ℞ Aether. acet.
Tinct. Valerian. āā 4,0
Tinct. Opii spl. 1,5.
M. D. S. 2stündl. 10—15 Tropfen.
(Nervös. Erbrechen, Vomitus gravidarum.)

Aether bromatus. Aethylum bromatum. Äthylbromid. Bromäthyl. Monobromaethan. Bromure d'éthyle. Bromide of Ethyl. Hydrobromic ether. Bromuro d'etile. B_2H_5Br.

Wird bereitet durch Destillation eines Gemisches von Schwefelsäure, Weingeist und Bromkalium:

1) $H_2SO_4 + C_2H_5.OH = H_2O + SO_4H.C_2H_5$
Schwefelsäure — Weingeist — Äthylschwefelsäure.

2) $SO_4H.C_2H_5 + BrK = SO_4KH + C_2H_5Br$
Äthylschwefelsäure — Kaliumbromid — Kaliumbisulfat — Äthylbromid.

Klare, farblose, flüchtige, eigenthümlich ätherisch riechende, neutrale, in Wasser unlösliche, in Weingeist und Äther lösliche bei 38—40° siedende Flüssigkeit, von 1,455—1,457 spec. Gewicht. Dieselbe zersetzt sich allmählig bei Einwirkung von Luft und Licht, daher vor Licht geschützt (in gelben Gefässen mit Glasstöpsel) aufzubewahren. Zusatz von 1% Alkohol macht das Präparat haltbarer.

Eingeathmet in Dampfform bewirkt Bromäthyl in Dosen von 5—20 g schnell eintretende und schnell vorübergehende Anästhesie. Das Bewusstsein ist hierbei nicht immer aufgehoben. Während die Schmerzen nicht empfunden werden, sind die Tasteindrücke zuweilen erhalten. Muskelspannung und Reflexe (Cornealreflexe) bleiben unverändert. Puls und Athmung sind anfangs beschleunigt, dann verlangsamt. Die exhalierte Luft riecht noch ein bis zwei Tage nach Knoblauch. Nach Bromäthyl beobachtete unangenehme Erscheinungen und Todesfälle dürften unreinen Präparaten zuzuschreiben sein. Bei Alkoholikern erzeugt das Mittel oft starke Aufregung.

Man benutzt Bromäthyl als Inhalationsanästheticum bei kleinen chirurgischen Operationen, deren Ausführung nur sehr kurze Zeit erfordert: bei Zahnextraktionen, Incisionen, Exstirpation kleiner Geschwülste, Paracentese des Trommelfells u. s. w. Bei Lungen- Herz- und Nierenkranken, sowie bei Potatoren wird man die Anwendung desselben am besten ganz vermeiden; auch wird man sich vor Verwechselungen mit dem sehr giftigen Bromäthylen ($C_2H_4Br_2$) hüten.

Was die Anwendungsweise anlangt, so wird (wie beim Chloroformiren) eine Maske vor Nase und Mund gehalten und mehrmals mit Bromäthyl übergossen. Gewöhnlich genügen 10—20 g. — Innerlich als Antineuralgicum bei Cardialgie zu 5—10 Tropfen auf Zucker oder in Gelatinekapseln.

Agaricin. Acidum agaricinicum. Agaricinsäure. Acidum agaricicum. Acide agaricique. Acido agaricico.

$$C_{14}H_{27}(OH) < \begin{matrix} COOH \\ COOH \end{matrix} + H_2O.$$

Wird aus Agaricus albus, dem Lärchenschwamm, durch Extraktion mit Alkohol gewonnen.

Weisses krystallinisches, nahezu geruch- und geschmackloses Pulver, gegen 140° zu einer gelblichen Flüssigkeit schmelzend. Löst sich wenig in kaltem Wasser; löst sich in 130 Th. kaltem und 10 Th. heissem Weingeist, leichter löslich in heisser Essigsäure.

Agaricin wirkt in kleinen Dosen (0,01—0,05) durch Beeinflussung der peripherischen Nerven hemmend auf die Schweisssekretion, und dieser Effekt macht sich gewöhnlich 5 bis 7 Stunden nach Aufnahme des Mittels bemerkbar. Grössere Gaben (0,5—1,0) bewirken Durchfälle und Erbrechen und bei Thieren Narkose und Lähmung des respiratorischen Centrums. 0,2 pro Kilo Kaninchen fand Penzoldt noch unschädlich.

Anwendung findet Agaricin hauptsächlich gegen die Nachtschweisse der Phthisiker. Hierbei ist zu beachten, dass bald Gewöhnung an das Mittel stattfindet und dass dasselbe stets 5 bis 6 Stunden vor dem gewöhnlichen Eintritt der Schweisse zu verabreichen ist. Bei Kopfschweissen rachitischer Kinder pflegt dasselbe auch mit Vortheil gegeben zu werden.

Die gewöhnliche Dosis schwankt zwischen 0,01—0,05.

Grösste Einzelgabe 0,1!

Die Verabreichung geschieht in Pulvern und Pillen (gewöhnlich unter Zusatz von Opium zur Vermeidung von Durchfall). Subkutane Injektionen sind schmerzhaft und geben leicht Abscesse.

180) ℞ Agaricin. 0,2
Pulv. Doweri 2,0.
Pulv. et Succ. Liquirit.
q. s. ut f. pilul. No. 20.
S. Abends 1—2 Pillen.
(Nachtschweisse der Phthisiker.)

181) ℞ Agaricin. 0,005
Pulv. Doweri 0,2.
M. f. pulv. D. tal. Dos. X.
S. Morgens u. Abends 1 Pulver.
(Nachtschweisse der Phthisiker.)

182) ℞ Agaricin. 0,01
Sacch. alb. 5,0.
M. f. pulv. Divid. in part. aeq. X.
S. 2—3 Pulver täglich zu geben.
(Kopfschweisse rachitischer Kinder.)
(Seifert.)

Albumen Ovi siccum. Trockenes Hühnereiweiss.

Dient zur Bereitung des Liquor Ferri albuminati.

Aloë. Aloë lucida. Aloë. Aloès.

Man versteht unter der Bezeichnung Aloë den zur festen Konsistenz eingekochten Saft der fleischigen Blätter verschiedener Aloë-Arten des Kaplandes, namentlich von Aloë ferox nnd Aloë africana (Liliaceae). — Im Handel kommen verschiedene Sorten vor, und der in Deutschland gebräuchlichen Aloë lucida oder Kap-Aloë stehen die sogenannten Leberaloën (Aloë hepatica) gegenüber. Zu letzterer gehört die in Frankreich und England officinelle aus Barbados eingeführte Aloë Barbadensis oder Aloès de la Jamaïque.

Das officinelle Präparat stellt eine dunkelbraune Masse von eigenthümlichem Geruche und bitterem Geschmacke dar. Auf dem Wasserbade erweicht es, ohne zusammenzufliessen. Ausgetrocknet und zerrieben, giebt es ein gelbes Pulver. — 5 Th. Aloë geben mit 10 Th. siedendem Wasser eine fast klare Lösung, aus der sich nach dem Erkalten ungefähr 3 Theile wieder abscheiden. Eine Lösung in 5 Theilen Weingeist bleibt auch in der Kälte klar. Als wirksame Bestandtheile finden sich in den verschiedenen Aloë-Arten das Aloïn, ferner eine amorphe Modifikation des Aloïn genannt Aloëtin, Aloëharz und Spuren eines ätherischen Öles.

Diese Bestandtheile sind an der abführenden Wirkung der Aloëpräparate betheiligt. Dosen von 0,2—0,5 rufen nach 6—10 Stunden eine breiige Ausleerung (ohne Kolik) hervor. Verstopfung pflegt nicht zu folgen. Beim Fehlen der Galle (Icterus) bleibt die abführende Wirkung aus. Aloë erzeugt Hyperaemien des Darms, der Nieren und der Beckenorgane, daher die Anwendung bei Neigung zu Blutungen und namentlich bei Gravidität nicht statthaft ist. — In kleinen Dosen von 0,05—0,10 gilt Aloë wie alle bitteren Mittel als Stomachicum.

Aloë und seine Präparate werden mit Vorliebe bei chronischer Stuhlverstopfung älterer Individuen verabreicht. Auch als menstruationsbeförderndes Mittel bei Chlorose mit Amenorrhoe kommt Aloë in kleinen Gaben (in Verbindung mit Eisen und Rheum) in Anwendung.

Bei Gravidität, Menstruation, Congestionen und Entzündungszuständen der Nieren und des Darms, Hämorrhoiden etc. ist Aloë zu vermeiden.

Dosis: Als mildes Abführmittel 0,05—0,2 in Pillen (am besten Abends). Als appetitreizendes Amarum zu 0,02—0,05 mehrmals täglich. Als Drasticum 0,3—1,0.

Präparate: **Extractum Aloës.** Gelbbraunes Pulver. Dosis wie Aloë.

Tinctura Aloës (Aloë 1, Spirit. dil. 5). Zu 5—20 Tropfen.

Tinctura Aloës composita. (Aloë 6, Rad. Rhei, Rad. Gentian., Rhiz. Zedoariae, Croci āā 1., Spirit. dil. 200). Als Laxans und Stomachicum $^1/_2$—1 Theelöffel mehrmals täglich.

Pilulae aloëticae ferratae. Italienische Pillen (Ferrum sulf. sicc. und Aloë pulv. āā werden gemischt und mit Spirit sapon. zu einer Pillenmasse verarbeitet, aus der 0,1 g schwere Pillen geformt werden. Dosis 1—5 Pillen bei Chlorose, Verstopfung und Amenorrhoe.

183) ℞ Aloës pulv.
Sapon. med. āā 4,0.
M. f. pilul. No. 60.
S. Abends 1—3 Pillen zu nehmen.
(Laxans.)

184) ℞ Aloës pulv.
Rad. Rhei āā 4,0
Ferri pulv. 8,0
Succ. Liquir. q. s.
ut f. pilul. No. 120.
D. S. 2 × tägl. 2 Pillen.
(Chlorose u. Amenorrhoe.)

185) ℞ Aloës
Tub. Jalap.
Sapon. med. āā 3,0.
M. f. pilul. No. 60.
D. S. Abends 1—3 Pillen.
(Chron. Verstopfung.)

186) ℞ Extr. Aloës 6,0
Extr. Rhei comp. 3,0
Extr. Colocynth. comp.
Ferri pulv. āā 1,5.
M. f. pilul. No. 100.
D. S. Abends 1—2—3 Pillen.
(Strahl'sche Pillen.)

187) ℞ Extr. Aloës
Fel. tauri inspiss. āā 3,0.
M. f. pilul. No. 50.
Consp. cort. Cinnamom.
D. S. 3 × tägl. 2 Pillen.

188) ℞ Aloës 3,0
Sapon. jalapin. 2,0.
Spirit. q. s.
M. f. pilul. No. 30.
D. S. Täglich 3—6 Pillen.
Pilulae aloëticae.
(Form. magistr. Berolin.)

Alumen. Alaun. Kali-Alaun. Alun. Alun potassique. Alum. Allume di potassa.

Der Alaun ist ein Doppelsalz, bestehend aus schwefelsaurer Thonerde und schwefelsaurem Kali und Wasser. $Al_2(SO_4)_3 + K_2SO_4 + 24H_2O = Al_2K_2(SO_4)_4 + 24H_2O$.

Er wird durch Rösten des Alaunschiefers, eines hauptsächlich aus Aluminiumsilikat und Schwefeleisen bestehenden Minerals dargestellt und bildet farblose, durchscheinende, oktaëdrische Krystalle, die in 10,5 Th. kaltem, in 0,25 Th. siedendem Wasser löslich, in Weingeist unlöslich sind. Die wässerige Lösung reagirt sauer und schmeckt süsslich zusammenziehend.

Alaun coagulirt Eiweiss, Caseïn und Leim bei Gegenwart von Alkali. Er wirkt koncentrirt leicht ätzend, in verdünnter Lösung adstringirend und blutstillend. Auch eine antiseptische Wirkung ist ihm eigen, da Zusatz von 0,2—0,5 zu 1 Liter schlechten Wassers dasselbe in wenigen Minuten klar und trinkbar machen. Längere Zeit fortgesetzte kleinere Dosen verringern den Appetit und erzeugen Obstipation. Grosse Gaben (30,0 – 60,0) können die Erscheinungen einer intensiven Gastroenteritis hervorrufen.

Alaun wird innerlich wegen seiner ungünstigen Beeinflussung des Appetits seltener verordnet als äusserlich. Er kommt bei verschiedenen Darmaffektionen (Blutungen, Diarrhoe), Haemoptoë, Bleikolik, Dysenterie etc. in Anwendung. — Äusserlich wird er zu Gurgelwässern bei Angina und zu Ausspülungen der Vagina bei Fluor albus, zu Inhalationen und Einblasungen bei Kehlkopfsaffektionen, zu Injektionen bei Gonorrhoe und als Streupulver bei Blutungen, Geschwüren und Fussschweissen verordnet.

Die Gabe bei innerlicher Verabreichung schwankt von 0,05—0,5 mehrmals täglich in Pulver, Pillen oder Solution. Man verabreicht auch Alaun in Gestalt der Alaunmolken (Serum lactis aluminatum), die durch Zusatz von 1,0 Alaun zu 100,0 g. bis zum Aufkochen erhitzter Milch bereitet und zu 1—3 Becher täglich (bei chronischer Diarrhoe, Haemoptoë etc.) verabreicht werden.

Äusserlich in Pulverform zum Einblasen in den Kehlkopf, als Streupulver bei Blutungen, Geschwüren und Schweissfüssen rein oder in Verbindung mit Talcum (Alaun 1, Talc. 5). In Lösung zu Gurgelungen, Inhalationen und Injektion in die Urethra (1,0 : 100,0), Ausspülungen der Vagina 3,0—5,0 : 100,0.

189) ℞ Alumin. 0,1—0,5
Sacch. alb. 0,5
M. f. pulv. D. t. dos. X.
Mehrmals tägl. 1 Pulver.
(Darmblutung, Diarrhoe.)

190) ℞ Alumin. 0,5
Aq. Foeniculi ad 100,0.
M. D. S. 2stündl. 1 Kaffeelöffel.
(Chron. Darmkatarrh der Kinder.)
(Seifert.)

191) ℞ Alumin. 5,0
Aq. Salviae ad 200,0.
D. S. Äusserlich. Gurgelwasser.
(Angina.)

192) ℞ Alumin. pulv.
Amyl. āā 10,0.
D. S. Streupulver.
(Schweissfüsse.)

193) ℞ Alumin. 5,0—10,0
Aq. destill. ad 200,0.
D. S. Äusserlich.
Zu Waschungen und zum Gurgeln, auch zu Ausspülungen der Vagina.

194) ℞ Alumin. 5,0—10,0
Aq. dest. ad 200,0.
D. S. Bei Blutungen in Blase und Harnröhre zu injiciren.

195) ℞ Alumin. 20,0.
D. S. 1—2 Theelöffel voll auf 1 Schoppen Wasser gelöst zum Gurgeln.

196) ℞ Alumin.
Zinc. sulfocarbol. āā 0,5—2,0
Aq. destill. ad 200,0.
D. S. Zu Injektionen in Blase und Urethra.

Alumen ustum. Gebrannter Kali-Alaun. Gebrannter Alaun. Alun calciné. Dried Alum. Allume usto.

Wird gewonnen, indem man Alaun durch Austrocknen und Glühen seines Krystallwassers beraubt, ist daher entwässerter Alaun $= Al_2K_2(SO_4)_4$ und stellt ein weisses Pulver dar, das sich in 30 Th. Wasser langsam aber vollständig löst. Er wirkt wie Alumen, aber stärker zusammenziehend und leicht ätzend und wird äusserlich zum Bestreuen wunder, schlecht heilender Stellen als mildes Ätzmittel benutzt.

197) ℞ Alumin. usti 25,0
Croci 0,5
Sacch. alb. 5,0.
M. f. pulv. D. S. Zum Einblasen mittels einer Federspule.
(Angina tonsillaris.)

198) ℞ Alumin. usti
Natrii biboracici āā 2,0
Medull. bovinae 30,0.
Ol. Bergamottae VI.
M. f. ungt. S. Haarpomade bei Abschilfern der Kopfhaut.
(Fricke.)

Aluminium sulfuricum. Aluminiumsulfat. Schwefelsaure Thonerde. Sulfate d'aluminium. Sulfate of alumina. Sulfato d'aluminio. $Al_2(SO_4)^3 + 18H_2O$.

Die fabrikmässige Darstellung geschieht aus dem Kryolith. Es bildet weisse krystallinische Massen, die in 1,2 Wasser löslich, in Weingeist unlöslich sind. Die wässerige Lösung schmeckt sauer und zusammenziehend.

Wirkt wie Alaun, wird therapeutisch jedoch selten verwendet und dient hauptsächlich zur Bereitung des

Liquor Aluminii acetici. Siehe daselbst.

Ammoniacum. Gummi resina Ammoniaci. Ammoniakgummi. Gomme ammoniaque. Gommo-resina ammoniaco.

Ist das von dem Stengel einer in Persien vorkommenden Umbellifere, Peucedanum (Dorema) Ammoniacum ausgeschiedene Gummiharz.

Es besteht aus losen oder zusammenhängenden Körnern (Ammoniacum in granis s. lacrymis) oder grösseren Klumpen von bräunlicher, auf dem frischen Bruche trübweisslicher Farbe (A. in placentis s. massis). In der Kälte ist es spröde, in der Wärme erweicht es. Der Geruch ist eigenthümlich und der Geschmack unangenehm gewürzhaft, bitterlich scharf. Mit Wasser lässt es sich leicht emulgiren. 1 Th. Ammoniacum mit 3 Th. Wasser verrieben, bildet eine weisse Emulsion, die durch Natronlauge gelb, dann braun wird.

Es ist ein Gemenge von Harz (etwa 70 %), Gummi (etwa 23 %), Wasser (6 %) und Spuren von ätherischen Ölen.

Der einzig wirksame Bestandtheil scheint das ätherische Öl zu bilden.

Innerlich wird Ammoniacum selbst in Dosen von 10 bis 15,0 g. gut vertragen. Ihm selbst werden sekretionsbefördernde, expektorirende und emmenagoge Wirkungen zugeschrieben. — Ausserlich angewendet wirkt es irritirend.

Es wurde früher als Expektorans bei Bronchitis älterer Leute angewandt, gegenwärtig kaum mehr im Gebrauch. Äusserlich zu erweichenden Pflastern bei Abscessen, Hühneraugen etc.

Dosis 0,5—1,0 mehrmals täglich in Pillen oder Emulsion.

Präparate: **Emplastrum Lithargyri compositum.** Gummipflaster (Empl. Litharg. 24 Th., Cera flava 3 Th., Ammoniac., Galban., Terebinth. āā 2 Th.)

†**Emplastrum Ammoniaci.**

†**Emplastrum foetidum.**

199) ℞ Ammoniaci
Extr. Helenii āā 8,0.
Pulv. Rad. Liquirit. q. s.
ut f. pilul. No. 120.
Consp.
S. 3 × tägl. 5—8 Pillen.
(Phoebus.)

200) ℞ Ammoniaci 8,0
Vitellum ovi unius
Aq. Foeniculi 150,0
Liq. Ammon. anis. 12,0
Vini stibiat. 8,0
Sirup. Althaeae 15,0.
M. S. 2stündl. 1 Esslöffel.
(Stockender Auswurf, Asthma.)

201) ℞ Ammoniaci 10,0.
Terebinth. laricin. q. s.
ut f. emplastrum.
D. S. Erweichendes Pflaster.

Ammonium bromatum. Ammoniumbromid. Bromure d'ammonium. Bromhydrate d'ammoniaque. Bromide of Ammonium. Bromuro d'ammonio. NH_4Br.

Wird durch Sättigen von Ammoniak mit wässeriger Bromwasserstoffsäure dargestellt.

Es ist ein weisses, in Wasser leicht, in Weingeist fast unlösliches krystallinisches Pulver, das salzigen Geschmack besitzt und beim Glühen ohne Rückstand flüchtig ist.

Wirkt wie Bromkalium, ohne dass ihm die von mancher Seite gefürchteten Nebenwirkungen des Kaliums anhaften.

Findet dieselbe Verwendung wie Kalium bromatum bei Epilepsie, Nervenkrankheiten, Pertussis, Laryngismus stridulus, Eklampsie etc.

Die Verabreichung geschieht zu 0,5—1,0 mehrmals täglich in Pulver oder wässeriger Lösung, gewöhnlich in Verbindung mit Kalium bromatum und Natrium bromatum. Ist Bestandtheil des Bromwassers von Dr. A. Erlenmeyer. Bei Keuchhusten: Säuglingen 0,15 und grösseren Kindern 0,25—0,4 mehrmals täglich.

202) ℞ Ammon. bromat.
Natrii bromat. āā 1,0
Kalii bromat. 0,5.
M. f. pulv. D. t. dos. X.
S. 2—3 × tägl. 1 Pulver.
(Epilepsie.)

203) ℞ Chloral. hydr. 0,25
Ammon. bromat. 1,0
Aq. dest. 100,0
Sirup. spl. 20,0.
M. D. S. $^1/_2$stündl. 1 Kaffeelöffel.
(Eklampsia infantum.)

Ammonium carbonicum. Alcali volatile. Ammoniumkarbonat. Hirschhornsalz. Flüchtiges Laugensalz. Riechsalz. Carbonate d'ammonium. Carbonate of Ammonia. Carbonato d'ammonio.

Dieses Salz wird durch Sublimation eines Gemisches von Salmiak oder Ammoniumsulfat mit Kreide dargestellt. Es bildet farblose, faserig-krystallinische Massen von stark ammoniakalischem Geruche, welche mit Säuren aufbrausen, an der Luft verwittern und beim Erhitzen flüchtig sind. Löslich in 5 Theilen Wasser.

Das Mittel wurde früher häufiger als gegenwärtig als Excitans bei Schwächezuständen und als Expectorans und Antispasmodicum in Anwendung gebracht.

Äusserlich wird es zuweilen als hautreizendes Mittel und als Riechmittel bei Ohnmachten gebraucht, ebenso zu Inhalationen bei Laryngitis und Bronchitis.

Es wird zu 0,2—0,5 mehrmals täglich in Lösung oder Saturation verabreicht. Bei Kindern als Expektorans oder Diaphoreticum zu 0,02—0,05—0,10 mehrmals täglich. Zu Inhalationen bei Bronchitis acuta und Laryngitis in 0,5 % Lösung.

Eine Lösung von 1 Th. Ammon. carbon. in 5 Th. Wasser war früher officinell als

†Liquor Ammonii carbonici.

204) ℞ Inf. Rad. Ipecac. 0,3 : 80,0
Ammon. carbon. 0,5—1,0
Sirup. simpl. ad 100,0.
M. D. S. 2stündl. 1 Theelöffel.
(Pneumonie der Kinder.)

205) ℞ Ammon. carbon. 1,0—2,0
Aq. destill. 100,0
Sirup. Althae. 20,0.
M. D. S. 2stündl. 1 Kinderlöffel.
(Bronchitis chron. der Kinder.)

206) ℞ Ammon. carbon. 2,0
Acet. q. s. ad saturat.
Vini stib. 2,0
Aq. Petroselin. 100,0
Sirup. simpl. 25,0.
M. D. S. Stündl. 1 Kinderlöffel.
(Diaphoreticum.)

207) ℞ Ammon. carbon. 10.0
D. ad vitr. bene clausum.
S. Riechmittel (bei Ohnmacht.)

Ammonium chloratum. Ammonium muriaticum. Sal Ammoniacum. Ammoniumchlorid. Salmiak. Chlorure d'ammonium. Chloride of Ammonium. Cloruro d'ammonio. NH_4Cl.

Dieses Salz kam früher unter dem Namen Sal armeniacum von Egypten, wo es aus dem Kameelmist gewonnen wurde, nach Europa. Mit der Zeit ist die Bezeichnung sal armeniacum in sal ammoniacum umgewandelt worden. — Gegenwärtig wird es fabrikmässig aus dem sogenannten bei der trocknen Destillation von Steinkohlen (behufs Darstellung des Leuchtgases) erhaltenen Gaswasser gewonnen.

Es stellt ein weisses, geruchloses, krystallinisches Pulver dar, das beim Erhitzen flüchtig ist, sich in 3 Theilen kaltem und in 1 Theile siedendem Wasser löst, in Weingeist fast unlöslich ist.

Salmiak vermag Mucin aufzulösen und die Epithelialzellen der Schleimhäute zu lockern. In Folge dessen wirkt er sekretionsbefördernd und expektorirend. Kleinere Gaben von 0,2—0,5 rufen keine störenden Erscheinungen hervor, längere Zeit fortgesetzt bewirken sie, wie einmalige grössere Dosen, Störungen des Appetits, Kopfweh, Harndrang u. s. w. Nach 5,0—15,0 tritt bei Kaninchen und Hunden Exitus letalis unter Convulsionen ein. Menschen vertragen verhältnissmässig grosse Gaben.

Salmiak wird hauptsächlich innerlich bei fieberlosen Katarrhen der Luftwege mit zähem Schleim verordnet. Früher kam er auch äusserlich zur Vertheilung von geschwollenen verhärteten Drüsen in Anwendung. Beliebt ist das Mittel ferner noch als Zusatz zu Kältemischungen.

Dosis. Wird gewöhnlich zu 0,2—1,0 zwei- oder dreistündlich in wässeriger Lösung mit Succus Liquirit. oder in Form von Pastillen verordnet. Äusserlich zu Inhalationen in 1—2% wässeriger Lösung oder in Substanz über der Spirituslampe verdampft.

208) R Sol. Ammon. chlorat. 5,0 : 180,0
Succ. Liquirit. 15,0.
M. D. S. 2stündl. 1 Esslöffel.
(Mixtura solvens.)

209) R Decoct. rad. Althaeae 180,0
Ammon. chlorat. 3,0
Sirup. Liquirit. 15,0
M. D. S. 2stündl. 1 Esslöffel.
(Catarrhus bronchialis.)

210) R Ammon. chlorat. 1,0
Aq. dest. 100,0
Sirup. spl. 10,0.
M. D. S. 2stündl. 1 Kinderlöffel.
(Bronchitis der Kinder.)

211) R Ammon. chlorat. 30,0.
D. S. 3—4 × tägl. 1 Messerspitze
in einem Glas Wasser.
(Bronchialkatarrh.)

Ammonium chloratum ferratum. Eisensalmiak. Chlorure de fer et d'ammonium.

32 Theile Ammoniumchlorid werden mit 9 Theilen Eisenchloridlösung gemischt und im Dampfbade zur Trockene verdampft.

Ist ein rothgelbes, krystallinisches, an der Luft feucht werdendes, in Wasser leicht lösliches Pulver, das ungefähr 2,5 % Eisen enthält.

Da dieses Präparat die Wirkungen des Salmiaks und des Eisens zu vereinigen scheint, wendet man es bei anämischen, kachektischen Zuständen mit gleichzeitig vorhandenem Bronchialkatarrh, bei Amenorrhoe Chlorotischer etc. an.

Innerlich zu 0,3—0,5—1,0 mehrmals täglich in Lösung oder Pillen.

212) ℞ Ammon. chlorat. ferrat. 2,0-3,0
Aq. destill. 140,0
Succi Liquirit. 3,0
M. D. S. 2—3stündl. 1 Kaffeelöffel.
(Bronchialkatarrh u. Chlorose.)

213) ℞ Ammon. chlorat. ferrat. 2,0
Chinin. sulf. 2,5
Extr. Aloës 1,2
Succi Liquirit. q. s.
ut f. pilul. No. 60.
D. S. 3 × tägl. 4—6 Pillen.
(Frerichs.)

Amygdalae amarae. Bittere Mandeln. Amandes amères. Die Samen von Prunus Amygdalus. Sie dienen zur Bereitung von

Aqua Amygdalarum amararum. Siehe daselbst.

Amygdalae dulces. Süsse Mandeln. Amandes douces. Die Samen von Prunus Amygdalus. Man bedient sich derselben zur Bereitung der Emulsio Amygdalarum und des officinellen

Sirupus Amygdalarum. Siehe daselbst.

Amylenum hydratum. Amylenhydrat. Dimethylaethylcarbinol. Tertiärer Amylalkohol. $(CH_3)_2 . C_2H_5 . COH = C_5H_{12}O$.

Zur Darstellung wird Amylen (C_5H_{10}) mit conc. Schwefelsäure behandelt und die gebildete Amylenschwefelsäure ($C_5H_{11}SO_4H$) der Destillation mit Natronlauge unterworfen. Es entsteht dabei Natriumbisulfat und tertiärer Amylalkohol.

$$C_5H_{11}\boxed{SO_4H + Na}OH = \underset{\text{Natriumbisulfat}}{NaHSO_4} + \underset{\text{Amylenhydrat.}}{C_5H_{11} . OH.}$$

Stellt eine klare, farblose, ölige Flüssigkeit dar von eigenthümlichem, pfefferminzartigem Geruch und brennendem Geschmack. Löslich in 8 Theilen Wasser; mit Weingeist, Äther, Chloroform, Glycerin und fetten Oelen klar mischbar. Siedet bei 99—103° und erstarrt bei —12,5° zu Krystallen. Spec. Gewicht 0,815 bis 0,820. Ist vorsichtig und vor Licht geschützt aufzubewahren.

Das durch v. Mering im Jahre 1887 als Schlafmittel empfohlene Amylenhydrat steht bezüglich seiner Wirkung in der Mitte zwischen Chloralhydrat und Paraldehyd, indem 2,0 g Amylenhydrat etwa 1,0 Chloralhydrat und 3,0 Paraldehyd entsprechen. Etwa $^1/_2$ Stunde nach Aufnahme von 2,0—4,0 pflegt beim Menschen ruhiger, 6 bis 8 Stunden andauernder Schlaf einzutreten. — Was die physiologische Wirkung anlangt, so lähmt es nach neueren Untersuchungen von Harnack und Meyer gleich dem Alkohol successive alle Theile des centralen Nervensystems nach vorhergehender Erregung einzelner Gebiete. — Bei Pflanzenfressern tritt ruhiger Schlaf ein, bei Hunden und Katzen stehen Erregungszustände und schwere Intoxicationserscheinungen im Vordergrunde. Tödtliche Gaben sind: pro Kilo Katze ca 1,0, pro Kilo Kaninchen ca 1,5 und pro Kilo Hund ca 2,0. Die Temperatur wird bei kleineren Warmblütern durch mittlere Dosen um 4—5°, durch grosse Dosen um 10—12° herabgesetzt. — Die Respiration erfährt zuerst eine Verstärkung der Athemzüge an Zahl und Tiefe, dann eine allmähliche Schwächung bis zur Lähmung des Respirationscentrums. — Der Blutdruck sinkt bei Warmblütern langsam und gleichmässig bis zum Tode.

Vom Magen eingeführt vermindert Amylenhydrat die Harnstoffausscheidung. Die Ausscheidung erfolgt nach v. Mering bei Kaninchen in Gestalt einer gepaarten Glycuronsäure, bei Hunden und Menschen wird es dagegen zum grössten Theil zu Kohlensäure und Wasser verbrannt.

Subkutane Injektionen führen zu intensiver örtlicher Reizung des Zellgewebes. — Beim Einhalten der üblichen Dosen sind Nebenwirkungen selten.

Angewandt wird Amylenhydrat als Schlafmittel bei nervöser Insomnie. Als solches hat es sich auch bei Geisteskrankheiten bewährt, ebenso bei Delirium tremens. Zweifelhaft scheint aber noch die Wirkung bei Epilepsie zu sein, gegen die es von Wildermuth empfohlen worden ist.

Man giebt es zu 2,0—4,0

Grösste Einzelgabe 4,0! — Grösste Tagesgabe 8,0!

in Wein, Bier oder wässeriger Lösung. Bei seiner schweren Löslichkeit ist aber darauf zu achten, dass genügend Wasser verordnet wird bis zur vollständigen Auflösung, weil im entgegengesetzen Falle der Patient mit dem letzten Theile der Arznei zu viel (ungelöstes) Amylenhydrat erhält. Wird auch in Kapseln à 1,0 verordnet, zuweilen auch in Klystier (mit Mucil. Gumm. arab.)

214) ℞ Amylen. hydrat. 6,0
Aq. destill. 50,0
Sirup. Flor. Aurant. 30,0.
M. D. S. Abends die Hälfte zu nehmen.

215) ℞ Amylen. hydrat. 3,0—5,0
Aq. destill. 50,0
Mucil. Gum. arab. 20,0.
M. D. S. Zum Klystier.

216) ℞ Amylen. hydrat. 20,0.
D. S. Abends 1 Theelöffel (4—5 ccm) in einem kleinen Glase Bier zu nehmen.

217) ℞ Amylen. hydrat. 5,0—10,0
Aq. destill. 100,0
M. D. S. Tägl. 2—3 Esslöffel. (Epilepsie.)

Amylium nitrosum. Amylum nitrosum. Amylnitrit. Nitrite d'amyle. Nitrous Amylether. Nitrito d'amyle. $C_5 H_{11} NO_2$.

Wird dargestellt durch Sättigung von salpetriger Säure und Amylalkohohl und bildet eine klare, gelbliche, flüchtige Flüssigkeit von fruchtartigem Geruche und gewürzhaftem Geschmack. Kaum löslich in Wasser, mischt sich jedoch in allen Verhältnissen mit Weingeist und Äther. Siedet bei 97—99^0 und verbrennt, angezündet, mit gelber, leuchtender und russender Flamme. Spec. Gewicht 0,87—0,88. Zersetzt sich leicht, muss daher vorsichtig und vor Licht geschützt aufbewahrt werden.

Einathmung weniger Tropfen Amylnitrit ruft beim Menschen sehr rasch Röthung des Gesichts und Halses, Klopfen der Carotiden, Steigerung der Herzaktion und Pulsfrequenz hervor. Dazu gesellt sich gewöhnlich Eingenommenheit des Kopfes, Hitze und Angstgefühl. Versuche an Thieren lassen ein starkes Sinken des Blutdrucks erkennen, herrührend von der Erschlaffung der Arterien des Gesichts und der obern Körperhälfte. Man hat lange darüber gestritten, ob diese Wirkung des Amylnitrits centralen oder peripherischen Ursprungs sei. Es scheint, dass sie gleichzeitig durch centrale und durch peripherische Ursache (durch Lähmung des Centrums für die Vasoconstriktoren und Lähmung der peripherischen Gefässnerven) zu Stande kommt. — Bei grösseren vergiftenden Gaben findet eine Umwandlung des Blutfarbstoffes in Methaemoglobin statt, und man beobachtet Dyspnoë und Convulsionen, zuweilen auch Melliturie.

Angewendet wird das Mittel bei derjenigen Form von Hemicranie, die mit Blässe der betreffenden Kopfhälfte einhergeht und als Hemicrania angiospastica bezeichnet wird. Ferner bei Angina pectoris, Asthma, Epilepsie, Bleikolik, Neuralgie und akuter Cocainvergiftung. Bei Melancholie hat es sich nicht bewährt.

Wird fast ausschliesslich in Inhalation verordnet, indem 1—3 Tropfen auf Löschpapier, Watte oder ein Taschentuch gegossen und eingeathmet werden. Im Handel kommen auch recht zweckmässige Kapillarröhrchen mit 1—3 Tropfen Amylnitrit vor. Dieselben werden in einem Taschentuch zerbrochen und ihr Inhalt eingeathmet. Nach Pharmak. Helvet. ist die

Dosis max. spl. ad inhalationem 0,25 = gtt. V.
„ „ pro die „ 1,0 = gtt. XX.

218) ℞ Amylii nitrosi 2,0
Chloroformii 5,0.

219) ℞ Amylii nitrosi.
Spirit. aether. nitros. āā 5,0.

M. D. S. Bei jedem Anfall 5 Tropfen auf 1 Taschentuch getröpfelt einzuathmen (Asthma, Angina pectoris etc.).

220) ℞ Amylii nitrosi 2,0
Spirit. vin. rectif. 8,0.
M. D. S. 2—5 Tropfen auf Zucker zu nehmen.
(Cardialgie etc.)

Amylum Tritici. Weizenstärke. Amidon de blé. Starch. Amido di frumento. — Das Stärkemehl der Früchte von Triticum vulgare. Weisses, sehr feines Pulver, das, bei 150 Vergrösserung betrachtet, aus kleineren oder grösseren kreisrunden Scheiben besteht. Mit 50 Th. Wasser gekocht, entsteht ein dünnflüssiger, trüber Schleim. Durch Speichel, Diastase und Kochen mit verdünnten Mineralsäuren wird Stärke in Zucker umgewandelt. Mit Jod entsteht eine blaue Verbindung. — Wird vielfach als reizmilderndes und deckendes Streupulver bei Ekzem und Intertrigo und zu stopfenden Klystieren (1—2 Theelöffel auf 1 Tasse kochenden Wassers) verwendet.

221) ℞ Amyli tritici 5,0
Aq. fervid. 250,0.
D. S. Zum Klystier.

222) ℞ Decoct. Amyl. trit. 5,0 : 100,0
Tinct. Opii smpl. 1,0.
M. D. S. Zum Klystier.

Antipyrinum. Antipyrin. Analgesin. Anodynin. Parodyn. Phenazon. Oxydimethylchinizin. Dimethylphenylpyrazolon. Phenylon. Sedatin. $C_{11} H_{12} N_2 O$.

Das Antipyrin wurde (1884) von Knorr dargestellt und von Filehne als Antipyreticum empfohlen. Als solches ist es bisher von keinem andern Mittel übertroffen worden. Die (durch Patent geschützte) Darstellung geschieht durch die chem. Fabrik von Meister, Lucius & Brüning in Höchst a. M.

100 g Phenylhydrazin werden mit 125 g Acetessigäther gemischt und 2 Stunden im Wasserbade erhitzt. Die noch warme, flüssige Masse wird unter Umrühren in wenig Äther eingegossen, die sich abscheidende Krystallmasse wird durch Erhitzen mit gleichen Gewichtstheilen Jodmethyl und Aethylalkohol im geschlossenen Rohre auf 100° C. in das Antipyrin übergeführt. Dasselbe stellt tafelförmige, farb- und geruchlose Krystalle dar, die etwas bitter schmecken und bei 113° schmelzen. Antipyrin ist in Wasser leicht löslich. 1 Th. löst sich schon in weniger als dem gleichen Gewicht kalten Wassers auf und ist auch in etwa 1 Th. Weingeist, in 1 Th. Chloroform und in etwa 50 Th. Äther löslich.

2 ccm einer 1 procentigen wässerigen Antipyrinlösung werden durch 2 Tropfen rauchender Salpetersäure grün (durch Bildung von Isonitrosoantipyrin) und durch einen dritten nach dem Sieden zugesetzten Tropfen derselben Säure roth gefärbt.

2 ccm einer Antipyrinlösung in 1000 Th. Wasser geben mit einem Tropfen Eisenchloridlösung eine tiefrothe Färbung, die nach Zusatz von 10 Tropfen Schwefelsäure in hellgelb übergeht.

Antipyrin wirkt, wie schon sein Name (hergeleitet von *ἀντί* gegen und *πῦρ* Feuer, Hitze) andeutet, in erster Linie fieberwidrig, ausserdem schmerzlindernd (antineuralgisch), und ein antiputrider und blutstillender Einfluss ist ihm gleichfalls eigen. Nebenher beeinflusst es den Krankheitsverlauf verschiedener Affektionen, wie akuter Gelenkrheumatismus, Influenza, Keuchhusten und Chorea, in so günstiger Weise, dass es hier von mancher Seite als Specificum gerühmt wird. Dank diesen eben angeführten Eigenschaften und dem Umstande, dass es auch in verhältnissmässig grossen Gaben nicht so gefährliche Erscheinungen wie andere Antipyretica hervorruft, gehört Antipyrin gegenwärtig zu den beliebtesten und am meisten angewandten Mitteln unseres Arzneischatzes.

Bezüglich der physiologischen Wirkung beobachtete Demme bei Fröschen (von 0,03 an) und bei Kaninchen (von 0,5 an) zuerst Reizungs-, dann Lähmungserscheinungen des centralen Nervensystems. Nach grossen einmaligen Gaben trat bei Fröschen nach 0,35, bei Kaninchen nach 1,0 Tod durch Herzlähmung ein. Beim Hunde machen sich erst nach 0,5—1,0 pro Kilo Hund gefährliche Symptome bemerkbar. Vom Menschen sind schon 25,0 gr an einem Tage (Falkenheim) ohne Schaden vertragen worden.

Die Beeinflussung der Körpertemperatur kann als die hervorstechendste Wirkung des Antipyrins angesehen werden. Während dieselbe bei Nichtfiebernden nicht einzutreten pflegt, macht sie sich bei Fiebernden in deutlicher Weise bemerkbar. Bereits 15 Minuten nach Einnahme von 1,0—2,0 beginnt die Fiebertemperatur, unter Zunahme der Arterienspannung und Abnahme der Pulsfrequenz, zu sinken und nach Verlauf von einer Stunde ist sie bereits um 1 bis 2^0 gefallen. Durch erneute Verabreichung einer entsprechenden Antipyrindosis gelingt es, die Körperwärme noch weiter herabzusetzen und allmählich zur Norm zurückzuführen. Dieser Zustand dauert einige Stunden an, und allmählich steigt dann die Temperatur (gewöhnlich ohne Frost) an. Während der Apyrexie pflegt völliges Wohlbehagen zu bestehen. 4,0—6,0 pro die genügen, Entfieberung herbeizuführen. In welcher Weise diese Wirkung sich vollzieht, ist noch nicht mit Sicherheit festgestellt, wahrscheinlich kommt sie durch direkte Beeinflussung des Wärmeregulirungscentrums zu Stande.

Erwähnung verdient, dass manche Individuen Antipyrin nicht vertragen, eine förmliche Idiosynkrasie dagegen besitzen, und es treten zuweilen schon nach Gaben von 0,5—1,0 unangenehme Nebenerscheinungen auf. Vor allem muss hier ein Exanthem genannt werden, das schon zu Verwechslungen mit Masern, Scharlach, Variola, Urticaria etc. geführt hat. Ausserdem beobachtet man Übelkeit, Erbrechen, Anschwellung der Augenlider, Schweissausbruch, Kopfweh, Ohnmachten, auch Temperatursteigerung (konträre Wirkung) etc. Alle diese Symptome treten nach Aussetzen des Mittels schnell zurück. Man thut aber auf jeden Fall gut, bei erstmaliger Verordnung mit einer kleinen Gabe (Probedosis) zu beginnen.

Antipyrin wird rasch resorbirt und ist schon nach einer Stunde unverändert im Harn nachzuweisen. Derselbe färbt sich nach Zusatz von Eisenchlorid tiefroth. Die Ausscheidung erreicht nach 3 bis 4 Stunden ihren Höhepunkt und ist nach 12 Stunden beendet. Auf die Stickstoffausscheidung hat Antipyrin einen herabsetzenden Einfluss.

Anwendung findet Antipyrin zunächst bei den meisten mit Fieber einhergehenden Affektionen, wie Typhus, Pneumonie, Pleuritis, Cerebrospinalmeningitis, Tuberkulose, akutem Gelenkrheumatismus, Influenza etc., bei denen es nicht nur die Temperatur herabsetzt, sondern auch das Allgemeinbefinden günstig beeinflusst, das Sensorium freier macht, Schlaf bewirkt etc. Ferner wird es vielfach als Antineuralgicum und Nervinum verordnet bei Neuralgien, Migräne, Kopfweh, auch zur Linderung der Geburtswehen. Bei Diabetes insipidus kehrt die vermehrte Urinmenge nach Antipyrin häufig zur Norm zurück; bei Diabetes mellitus ist der Erfolg nur vorübergehend und zweifelhaft, ebenso bei Epilepsie unsicher. In der Kinderpraxis bei Chorea und Pertussis, Laryngismus stridulus, Enuresis nocturna und Angina häufig verordnet, ebenso (äusserlich) bei Blutungen (Epistaxis) und zur Anregung von Granulationen bei Unterschenkelgeschwüren.

Dosis und Verabreichungsweise: Für Erwachsene als Antipyreticum 4,0—6,0 in 24 Stunden, und zwar 3—4mal 1,0—1,5 in stündlichen Zwischenräumen in Pulver oder Lösung; für Kinder 3mal nach einander von Stunde zu Stunde so viel Decigramme wie das Kind Jahre zählt. — Bei Migräne und Neuralgie 1—2mal 1,0 in Pulverform. Bei Keuchhusten 3mal täglich so viel Decigramme wie das Kind Jahre zählt (bis zum 5. Jahre, von da an nicht höher zu gehen) und jüngeren Kindern etwa 2mal täglich so viel Centigramme wie sie Monate zählen. Bei Chorea, Laryngismus und Angina 0,3—0,5 täglich.

Äusserlich: In Lavements 2,0 auf 1 Tassenkopf Wasser und in subkutaner Injektion 0,5—1,0: 1,0 Aq. destill. (warm zu bereiten). Pharmak. Helvet. bestimmt als

Dosis max. simpl. 2,0! — Dosis max. pro die 6,0!

Antipyrinverbindungen: †Salipyrin (erhalten durch Vereinigung von Antipyrin und Salicylsäure).

†Jodopyrin (Jodantipyrin).

†Ferripyrin (Eisenchlorid und Antipyrin).

†Hypnal (Chloral-Antipyrin) Schlafmittel.

†Migraenin (Antipyrin + Coffein und Citronensäure).

†Tussol (Antipyrinum amygdalinicum).

223) ℞ Antipyrin. 5,0.
Divide in part. V.
D. S. In den Nachmittagsstunden
1—3 Pulver.
(Typhus etc.)

224) ℞ Antipyrin 1,0.
D. tal. dos. VI.
S. 1—2 Pulver.
(Antineuralgicum.)

225) ℞ Antipyrin.
Ammon. bromat. āā 0,5
Coffein. citrici 0,01
Cocain. valerian. 0,02.
M. f. pulv. D. t. dos. VI.
S. 1 Pulver während des Schmerzanfalles.
(Migräne u. Neuralgie der Diabetiker.)

226) ℞ Antipyrin. 2,5
Phenacetin. 1,0
Antifebrin. 0,5.
M. f. pulv. Divid. in part. aeq. VIII.
S. 3—4 × tägl. 1 Pulver.
(Influenza.)

227) ℞ Antipyrin. 5,0
Aq. destill. 50,0
Sir. Cort. Aur. 25,0.
M. D. S. 1—2stündl. 1 Esslöffel.
(1 Essl. = 1,0 Antipyrin.)

228) ℞ Antipyrin. 4,0
Aq. dest. 75,0
Sir. Cinnam. ad 100,0.
M. D. S. 2stündl. 1 Kaffeelöffel.
(Antifebrile für Kinder.)

229) ℞ Antipyrin. 0,5—1,0
Vini Tokayens.
Aq. dest. āā 25,0
Sir. Flor. Aurant. 50,0.
M. D. S. 2stündl. 1 Esslöffel.
(Keuchhusten.)

230) ℞ Antipyrin. 0,5—1,0
Aq. destill.
Sirup. simpl. āā 50,0.
M. D. S. 1—2stündl. 1 Kaffeelöffel.
(Kinderdiarrhoe.)

231) ℞ Antipyrin.
Aq. dest. āā 5,0.
D. S. Zur subkut. Injektion.
(1—2 Spritzen in die Nähe des schmerzhaften Gelenkes bei Rheumatismus zu injiciren.)

Apomorphinum hydrochloricum. Apomorphinhydrochlorid. Salzsaures Apomorphin. Chlorhydrate d'apomorphine. Hydrochlorate of Apomorphia. Chloridrato d'apomorfina. $C_{17}H_{17}NO_2 . HCl$.

Wurde 1869 von Matthiessen und Wright entdeckt. Es wird erhalten durch Erhitzen von Morphin mit Salzsäure. Apomorphin ist der chemischen Zusammensetzung nach = Morphin weniger 1 Mol. Wasser.

$$\underset{\text{Morphin}}{C_{17}H_{19}NO_3} - \underset{\text{Wasser}}{H_2O} = \underset{\text{Apomorphin.}}{C_{17}H_{17}NO_2}$$

Weisse oder grauweisse Krystallnadeln, die mit etwa 40 Theilen Wasser oder Weingeist neutrale, farblose Lösungen geben, in Äther und Chloroform fast unlöslich sind. An feuchter Luft, besonders unter Mitwirkung der Luft, färbt sich das Salz bald grün. Bei anfänglicher Ansäuerung mit Salzsäure bleibt die Lösung längere Zeit unverändert. Salpetersäure löst das Apomorphinsalz mit blutrother Farbe.

Apomorphin zählt zu den beliebtesten Brechmitteln und Expektorantien. Es zeichnet sich vor den anderen Emeticis dadurch aus, dass es subkutan beigebracht werden kann, dass es schnell wirkt und dass der Wiedereintritt des Wohlbefindens nicht lange auf sich warten lässt. Erbrechen tritt beim Erwachsenen nach subkutaner Injektion von 0,003—0,01 schon nach wenigen Minuten ein. Zur Erreichung desselben Effekts mittels interner Verabreichung bedarf es der 4—10fachen Dosis, weil der Brechakt nach

Apomorphin nicht vom Magen, sondern durch direkte Erregung des in der Medulla oblongata gelegenen Brechcentrums ausgelöst wird. — Eine weitere Eigenthümlichkeit dieses Mittels besteht darin, dass es eine Vermehrung gewisser Sekretionen, wie die des Speichels und Magensaftes, vornehmlich aber des Schleims in der Trachea und in den Bronchien bewirkt, daher seine Verwendung als Expektorans bei gewissen katarrhalischen Zuständen mit zähem, stockendem Auswurf.

Von unangenehmen Nebenerscheinungen verdient zunächst auf die zuerst von Harnack beobachtete Muskellähmung aufmerksam gemacht zu werden. Es tritt zuweilen schon nach subkutaner Injektion von 0,01 ein heftiger Muskelkollaps ein, so dass das betreffende Individuum, ohne sich rühren zu können, hilflos zusammensinkt. Auch sehr starke Blässe des Gesichts und Ohnmachtsanfälle mit bedrohlichem Charakter sind mitunter, besonders bei geschwächten Individuen, sehr jungen Kindern und Greisen beobachtet worden. Entsprechend seiner nahen Verwandtschaft mit dem Morphin, kommen dem Apomorphin zuweilen auch dessen narkotische Wirkungen zu. Die Patienten gähnen und schlafen nicht selten nach Applikation des Mittels. Rabow hat bei Geisteskranken nach längere Zeit fortgesetzter regelmässiger Anwendung von Apomorphin Ausbleiben des Erbrechens und dafür Eintritt eines mehrstündigen, ruhigen Schlafes beobachtet.

Anwendung findet Apomorphin als Brechmittel bei Vergiftungen verschiedenster Art, zur Herausbeförderung von Fremdkörpern im Oesophagus, bei Croup und Bronchitis, desgleichen bei einzelnen Formen von Geisteskrankheit und bei Epilepsie, wo es sich um Hemmung der Anfälle handelt. Als Expektorans bei Bronchitis und Pneumonia catarrhalis mit zähem Auswurf.

Dosis. Als Emeticum: für den Erwachsenen subkutan (am zweckmässigsten) und innerlich 0,005—0,01.

Grösste Einzelgabe 0,02! — Grösste Tagesgabe 0,1!

Für Kinder 0,0005—0,001—0,003 und zwar:

Kinder bis 3 Monate 0,0005—0,0008,
„ von 3 Monaten bis 1 Jahr 0,0008—0,0015,
„ „ 1 Jahr „ 5 Jahren 0,0015—0,003,
„ „ 5 Jahren „ 10 Jahren 0,003—0,005,
„ „ 10 „ „ 15 „ 0,005—0,01.

Als Expektorans bei Erwachsenen innerlich zu 0,001—0,005 pro dosi; Kindern 0,0003—0,0005 in Lösung oder Pulvern.

Die Lösungen färben sich bald grün, bleiben aber lange wirksam.

232) ℞ Apomorphin. hydrochl. 0,1
Aq. destill. 10,0.
D. In vitro nigro.
S. Zur subkut. Injektion $^1/_2$—1 Spritze; Kindern bis $^1/_4$ Spritze.

233) ℞ Apomorphin. hydrochl. 0,01
Sacch. alb. 0,3.
M. f. pulv. D. tal. dos. V.
S. $^1/_4$stündl. 1 Pulver, bis Erbrechen erfolgt.

234) ℞ Apomorphin. hydrochl. 0,04
Acid. hydrochl. 0,5
Aq. destill. 150,0.
M. D. S. 2stündl. 1 Esslöffel in Zuckerwasser.
(Expektorans.)

235) ℞ Apomorphin. hydrochl. 0,05
Morphin. mur. 0,03
Acid. mur. 0,5
Aq. destill. 150,0.
M. D. S. 2—4stündl. 1 Esslöffel.
(Expektorans.)

Aqua Amygdalarum amararum. Bittermandelwasser. Eau d'amande. Bitter Almond Water. Acqua di mandorla.

12 Theile grob gepulverte bittere Mandeln werden durch starkes Pressen von ihrem Öle befreit, dann in ein mittelfeines Pulver verwandelt. Dieses wird mit 20 Theilen gewöhnlichem Wasser gemischt, in eine Destillirblase gebracht, welche so eingerichtet ist, dass Wasserdämpfe hindurchstreichen können. Hierauf werden bei sorgfältiger Abkühlung 9 Theile in eine Vorlage abdestillirt, welche 3 Theile Weingeist enthält. Das Destillat wird auf seinen Gehalt auf Cyanwasserstoff geprüft und mit soviel von einer Mischung aus 1 Theil Weingeist mit 3 Theilen Wasser verdünnt, dass in 1000 Theilen 1 Theil Cyanwasserstoff enthalten ist. Die bittern Mandeln enthalten neben fettem Öle etwa 3 % Amygdalin und u. A. noch einen fermentartigen Körper „Emulsin". Bei der eben erwähnten Darstellung spaltet sich durch Einwirkung des Emulsins das Amygdalin in Blausäure (Cyanwasserstoff) und Bittermandelöl (Benzaldehyd).

$$\underset{\text{Amygdalin}}{C_{20}H_{27}NO_{11}} + 2\,H_2O = 2\,\underset{\text{Zucker}}{C_6H_{12}O_6} + \underset{\text{Blausäure}}{CNH} + \underset{\text{Benzaldehyd.}}{C_6H_5\,.\,COH}$$

Bei Abwesenheit von Wasser wirken Emulsin und Amygdalin aufeinander nicht ein; die Spaltung erfolgt nur, wenn Wasser hinzutritt[1]). (Die süssen Mandeln enthalten nur Emulsin.) Demnach ist Aqua Amygdalarum amararum eine Auflösung von Blausäure und Bittermandelöl (Benzaldehyd) in stark verdünntem Alkohol. Es enthält 0,1 % Blausäure und stellt eine klare, oder etwas trübe, nach Blausäure und Bittermandel riechende Flüssigkeit dar. Spec. Gew. 0,970—0,980.

In kleinen, medicinalen Dosen erzeugt Blausäure bitteren Geschmack, Kratzen im Halse und Vermehrung der Speichelsekretion; in grösseren ist sie eines der stärksten Gifte. 0,05—0,06 können bereits als letate Dosen bezeichnet werden. Es treten danach Husten, Erbrechen, Kopfschmerz, mühsame Athmung, Verlangsamung der Herzaktion, Pupillenerweiterung, Bewusstlosigkeit, Konvulsionen und Kollaps ein. Nach starken Dosen stürzt der Vergiftete sofort bewusstlos zusammen, und der Tod erfolgt nach 2—5 Minuten. Die Wirkung des Giftes richtet sich vorwiegend

[1]) Die Blätter von Prunus Laurocerasus enthalten Laurocerasin und geben daher bei der Destillation Wässer ähnlicher Zusammensetzung (Aqua Lauro-Cerasi). Für Aqua Lauro-Cerasi darf Aqua Amygd. amar. abgegeben werden.

auf das verlängerte Mark. Nach vorübergehender Reizung der Medulla oblongata lähmt es das gesammte Nervensystem.

Als Gegenmittel sind Excitantien, Kampfer- oder Ätherinjektionen, kalte Begiessungen des Kopfes und künstliche Respiration empfohlen. Als chemische Antidote pflegt man Eisenoxydhydrat mit Magnesia, auch Atropin, gewöhnlich jedoch ohne Erfolg anzuwenden.

In der starken Verdünnung, in der die Blausäure in Gestalt der Aqua amygdalarum amararum therapeutische Anwendung findet, sind Intoxikationserscheinungen selten. Man giebt sie, da sie die Sensibilität und Reflexerregbarkeit herabsetzt, zur Linderung des Hustenreizes bei trockenem, krampfhaftem Husten, bei Bronchitis, Laryngitis, Pneumonie, Pertussis, Spasmus glottidis, bei Cardialgie und Erbrechen.

Man verordnet die Bittermandeltropfen innerlich zu 0,5—2,0 (10—20—30 Tropfen)

Grösste Einzelgabe 2,0! — Grösste Tagesgabe 8,0!

in Tropfenform, oder mit Wasser und Sirup verdünnt, oder als Zusatz zu andern Mixturen. Kindern pflegt man so viele Tropfen zu geben, wie sie Jahre zählen. Vielfache Verwendung findet eine Lösung von Morphin. hydrochl. in Aq. Amygd. am. Es empfiehlt sich die Verordnung in vitro nigro, da Tageslicht zersetzend wirkt. Zu vermeiden sind Alkalien, Chlorwasser, Salpetersäure, Metallsalze.

Präparat: †**Aqua Amygdalarum amararum diluta.** Verdünntes Bittermandelwasser. Wird dargestellt durch Mischen von 1 Th. Aq. Amygdal. am. mit 19 Th. Aq. destill. und theelöffelweise verordnet.

236) ℞ Emuls. Amygdal. 100,0
Aq. Amygd. am. 5,0
Sirup. smpl. 20,0.
M. D. S. 1—2stündl. 1 Esslöffel.
(Cardialgie, Krämpfe, Erbrechen etc.)

237) ℞ Morphin. hydrochl. 0,1
Aq. Amygd. am. ad 15,0.
M. D. S. 3 × tägl. 15 Tropfen.
(Cardialgie, Krämpfe, Erbrechen etc.)

238) ℞ Aq. Amygd. am. 10,0
Tinct. Strychn. 1,0.
M. D. S. Morgens und Abends 10 Tropfen auf Zucker.
(Erbrechen der Schwangeren.)

239) ℞ Dec. Rad. Althaeae 120,0
Aq. Amygd. am. 3,0
Aq. Flor. Aurant.
Sirup. smpl. āā 20,0.
M. D. S. 2stündl. 1 Esslöffel.
(Bronchitis.)

240) ℞ Aq. Amygd. am. 2,0
Sirup. Althae. 60,0.
M. D. S. 2stündl. 1 Theelöffel.
(Reizhusten, Pertussis.)

241) ℞ Aq. Amygd. am.
Aq. Goulardi āā 50,0
Aq. Rosae 100,0.
M. D. S. Äusserlich zu Waschungen bei Hautjucken u. Schmerzen.
(Hufeland.)

Aqua Calcariae. Aqua Calcis. Kalkwasser. Eau de chaux. Solution of Lime.

1 Theil gebrannter Kalk wird mit 4 Th. Wasser gelöscht und unter Umrühren mit 50 Th. Wasser gemischt. Nach einigen

Stunden giesst man die Flüssigkeit fort und vermischt den Bodensatz mit weiteren 50 Th. Wasser. Zum Gebrauch muss filtrirt werden.

Aqua Calcariae ist eine Lösung von Kalkhydrat = $Ca(HO)_2$ in Wasser und stellt eine klare, farb- und geruchlose Flüssigkeit von herbem, etwas erdigem Geschmack dar. Dieselbe reagirt alkalisch und trübt sich durch Erwärmen oder Einblasen von Luft (durch Bildung von Calciumcarbonat).

Dem Kalkwasser kommt eine gelind adstringirende und desinficirende Wirkung zu. Auf Geschwürsflächen erzeugt es ausserdem eine schützende Decke, die zunächst aus der mit den Fetten des Geschwürsbelags gebildeten Seife besteht, später aber unter dem Einfluss von Kohlensäure durch Präcipitation von fein vertheiltem Calciumcarbonat trockner und fester wird (Husemann). Ferner wird dem Kalkwasser die Fähigkeit zugeschrieben, zähschleimige Sekrete zu verflüssigen und Croup- und Diphtheriemembranen zu lösen. Es besitzt gleichfalls eine säuretilgende Wirkung, indem es die Hyperacidität des Magensaftes herabsetzt und bei Diarrhöen mit sauren Ausleerungen die Peristaltik hemmt. Bei längere Zeit fortgesetztem innerlichen Gebrauch ruft Kalkwasser Appetitlosigkeit und Verstopfung hervor.

Anwendung findet Kalkwasser äusserlich zu Mund- und Gurgelwässern, Inhalationen, Pinselungen und Verbandwässern bei Angina, Diphtherie, Croup, Erysipelas, Pruritus, nässenden Ekzemen, Verbrennungen, auch zu Einspritzungen bei Gonorrhoe.

Innerlich wird es bei Hyperacidität des Magensaftes, bei Pyrosis, als Zusatz zur Kuhmilch (für Säuglinge), ferner bei Sommerdiarrhöen, Ulcus ventriculi, Pyelitis, chronischem Magenkatarrh, zuweilen auch noch bei Rachitis und Osteomalacie gegeben.

Dosis. Innerlich wird das Mittel zu 50—100 g mehrmals täglich mit Milch, Molken oder Fleischbrühe verdünnt verabreicht.

Äusserlich zu Gurgelungen oder Inhalationen rein oder in Verdünnung mit 2—3 Theilen Wasser. Bei Verbrennungen in Verbindung mit gleichen Theilen Leinöl (als Stahl'sche Brandsalbe). Zur Injektion bei Gonorrhoe (1:1—5 Wasser). Zu Umschlägen und Waschungen unverdünnt.

242) ℞ Aq. Calcariae 60,0
Sacch. alb. 10,0.
M. D. S. 3 × tägl. 1 Kinderlöffel.
(Dyspepsie mit Durchfall.)

243) Aq. Calcariae 100,0.
D. S. 1 Esslöffel voll auf 10 Esslöffel Milch zu geben.
(Rachitis.)
(Seifert.)

244) ℞ Aq. Calcariae
Olei Lini āā 100,0.
(Thymoli 0,1).
M. D. S. Äusserlich.
(Verbrennungen u. Ekzem.)

245) ℞ Aq. Calcariae 100,0.
S. 3 × tägl. 1 Esslöffel in 1 Glas warmer Milch.
(Pyelitis.)

Aqua carbolisata. Karbolwasser. Eau phénolée.

Eine Mischung aus 33 Theilen Acid. carbolicum liquefactum und 967 Theilen Aq. destill. Stellt eine klare, in 100 Theilen 3 Theile Karbolsäure enthaltende Flüssigkeit dar, die als Verbandwasser dient. Siehe Acidum carbolicum. Eau phénolée.

Aqua chlorata. Aqua Chlori. Liquor Chlori. Chlorwasser. Wird durch Einleiten von Chlorgas in destillirtes Wasser (bis zur Sättigung des letzteren) erhalten. Es stellt eine klare, gelbgrüne, beim Erwärmen flüchtige Flüssigkeit von erstickendem Geruche dar, die in 1000 Theilen mindestens 4 Theile Chlor enthalten soll und Lackmuspapier sofort bleicht. Da das Wasser durch Chlor in direktem Lichte unter Bildung von Salzsäure und Sauerstoff zersetzt wird, ist das Chlorwasser in dunklen Flaschen vor Licht geschützt aufzubewahren. — Wirkt desinficirend wie Chlor. — Wurde früher bei manchen Infektionskrankheiten, namentlich bei Typhus in wässeriger Verdünnung gereicht, findet gegenwärtig aber nur äusserliche Verwendung zu desinficirenden Augen- und Mundwässern, zu Pinselungen bei Diphtherie und zu Umschlägen bei übelriechenden Wunden und Geschwüren. — Die innerliche Verordnung geschah früher zu 2,0—5,0 pro dosi mit der 5- bis 10fachen Menge Wasser verdünnt und bis zu 15,0 pro die. — Äusserlich zu Waschungen und Pinselungen verdünnt man es mit der Hälfte Wasser. Zusätze von Sirup oder anderen organischen Stoffen sind wegen Zersetzlichkeit zu vermeiden.

Aqua Cinnamomi. Zimmtwasser. Eau de cannelle. Acqua di cannella.

1 Th. Zimmt wird mit 1 Th. Weingeist und der nöthigen Menge Wasser übergossen, nach 12 Stunden werden 10 Theile abdestillirt. Zimmtwasser ist eine milchig trübe, allmählich sich klärende Flüssigkeit von angenehmem Geruch und Geschmack. Es wird theelöffelweise bei Magenkrampf, Kolik und Diarrhoe gegeben und dient auch als geschmacksverbessernder Zusatz zu bitteren Mixturen, besonders für Chininlösungen.

Aqua cresolica. Kresolwasser.

Eine Mischung aus 1 Th. Kresolseifenlösung mit 9 Th. Wasser.

Für Heilzwecke ist destillirtes, für Desinfektionszwecke gewöhnliches Wasser zu nehmen. Mit gewöhnlichem Wasser bereitet, eine etwas trübe Flüssigkeit, welche Öltropfen nicht abscheiden darf. Mit Aq. destill. hergestellt, soll die Flüssigkeit hellgelb und klar sein. Sie enthält in 100 Theilen 5 Theile rohes Kresol.

Anwendung an Stelle von Karbolsäure, unverdünnt oder in Mischung mit 2—4 Theilen Wasser.

Aqua destillata. Destillirtes Wasser, Eau distillée, Distilled water. Acqua distillate.

Klare, ohne Rückstand verdampfende Flüssigkeit, ohne Farbe, Geruch und Geschmack, d. h. ein von allen Beimengungen freies Wasser. Ist als Lösungs- oder Auszugsmittel der verschiedenen Arzneiformen überall zu verwenden, auch da, wo die Pharmakopöe nur „Wasser" vorschreibt.

Aqua Foeniculi. Fenchelwasser. Eau de fenouil. Fennel Water. Acqua di finocchio.

1 Th. Fenchel wird mit der nöthigen Menge Wasser übergossen, davon werden 30 Th. abdestillirt. — Ist zuerst trübe und wird später klar. — Innerlich als Carminativum besonders in der Kinderpraxis beliebt; wird theelöffelweise bei Koliken verordnet; auch als Zusatz für expektorirende Mixturen. — Äusserlich als Augenwasser.

Aqua Menthae piperitae. Pfefferminzwasser. Eau de Menthe poivrée. Peppermint Water. Acqua di menta.

Wässeriges Destillat der Blätter von Mentha piperita (1 : 10). Etwas trübe Flüssigkeit. Dient als aromatisches Vehikel für Mixturen und ist auch beliebt als Geschmackskorrigens für Lösungen von Alkalikarbonaten, Jodkalium etc.

Aqua Picis. Theerwasser. Aqua picea. Eau de goudron. Acqua di catrame.

1 Th. Theer wird mit 3 Th. gepulvertem Bimstein gemischt. Von dieser Mischung werden 2 Th. mit 5 Th. Wasser 5 Minuten lang geschüttelt und dann filtrirt. Stellt eine klare, bräunliche Flüssigkeit dar, die den Geruch und Geschmack des Theers besitzt. Wird innerlich (selten) bei putrider Bronchitis, Lungenschwindsucht und chronischen Hautaffektionen gegeben. Häufiger ist die äussere Verwendung als Verbandwasser bei schlecht eiternden Wunden, Waschwasser bei Prurigo, Ekzem und Psoriasis, zu Injektionen bei Gonorrhoe und Cystitis und zu Inhalationen bei chronischer Bronchitis mit starker Sekretion, bei Keuchhusten und Diphtherie.

Innerlich wird Theerwasser esslöffel- bis tassenweise verordnet; äusserlich zu Umschlägen, Verbänden und Injektionen mit der gleichen Menge Wasser verdünnt; zu Inhalationen 20 bis 100 bis 200 : 200.

Aqua Plumbi. Aqua saturnina. Bleiwasser. Eau blanche. Lead-Water. Acqua di piombo.

Besteht aus einer Mischung von 1 Th. Bleiessig mit 49 Th. Wasser und bildet eine milchige Flüssigkeit, die auf Schleimhäuten und Wunden Bleialbuminat und andere Niederschläge erzeugt. Dieselbe dient zu entzündungsmildernden und kühlenden Umschlägen und Waschungen bei Urticaria, Geschwüren, Blennorrhoe der Augen etc.

Aqua Rosae. Rosenwasser. Eau de Rose. Acqua di Rosa. 4 Tropfen Rosenöl werden mit 1 l lauwarmem Wasser geschüttelt und die Mischung filtrirt. Geruchs- und Geschmackskorrigens. Constituens von Augenwässern und kosmetischen Waschungen.

Argentum foliatum. Blattsilber.

Zarte Blättchen von reinem Silberglanze. Dienen zum Versilbern von Pillen.

Argentum nitricum. Lapis infernalis. Silbernitrat. Silbersalpeter. Höllenstein. Nitrate d'argent. Fused Nitrate of Silver. Nitrato d'argento. $Ag\,NO_3$.

Wird dargestellt durch Lösen von Silber in Salpetersäure. Das gewonnene Silbernitrat wird geschmolzen und in Formen eingegossen.

Es stellt weisse, glänzende Stäbchen mit krystallinisch strahligem Bruche dar, ist in 0,6 Theilen Wasser, in etwa 10 Th. Weingeist und in Ammoniakflüssigkeit klar und farblos löslich. Die wässerige Lösung ist neutral; Salzsäure fällt daraus weisse Flocken. Silbernitrat coagulirt Eiweisslösung und färbt sich am Sonnenlicht und unter dem Einfluss organischer Stoffe durch Reduktion violettschwarz. Ist daher vorsichtig, in dunklen Gefässen aufzubewahren.

Argentum nitricum besitzt eine grosse Affinität zu den Eiweissstoffen, die es unter Bildung von Silberalbuminat zur Coagulirung bringt. In Berührung mit Schleimhäuten, Wunden und Geschwürsflächen bildet es weisse, sich bald schwarz färbende Ätzschorfe, die aus unlöslichem Silberalbuminat bestehen und sich daher weder in die Fläche noch in die Tiefe ausbreiten können. So erklärt es sich, warum Höllenstein nur ein lokales, oberflächlich wirkendes Ätzmittel ist. — Demselben ist, bei lokaler Anwendung, auch noch eine adstringirende und antiphlogistische Wirkung eigen, indem verdünnte Lösungen eine Verengerung der Gefässe bedingen. Nach Applikation einer 0,5—1 % wässerigen Lösung kontrahiren sich die Gefässe, und entzündete, stark vaskularisirte, eiternde Schleimhäute blassen und schwellen ab und secerniren weniger.

Bei innerer Verabreichung erzeugt Höllenstein in kleinen Dosen einen metallisch-zusammenziehenden Geschmack. Im Magen findet alsbaldige Umwandlung in Chlorsilber und Albuminat statt. Schädliche Einwirkungen, die auf eine Anätzung der Magenschleimhaut hindeuten, kommen erst nach Einführung grösserer Dosen vor.

Bei lange fortgesetztem Gebrauch beobachtet man nicht selten Appetitmangel, Mattigkeit, Abmagerung und eine auffallende graue bis grauschwärzliche Verfärbung der Haut. Dieser Zustand wird als Argyria bezeichnet und kommt durch Resorption und Ablagerung des zu feinen Körnchen reducirten Silbers zu Stande.

Akute Vergiftungen mit Argentum nitricum können durch Verschlucken eines beim Touchiren im Halse abgebrochenen Höllensteinstiftes entstehen. Es sind jedoch Fälle bekannt, wo derartige Stücke von mehr als 2,0 g Gewicht keinen Schaden anrichteten. Als bestes Antidot ist zuerst Kochsalz (zur Bildung von unlöslichem Chlorsilber) und eiweisshaltige Flüssigkeit (Milch) zur Bildung von Silberalbuminat zu verabreichen. Alsdann Magenspülung oder Brechmittel.

Interne Verwendung findet das Mittel bei Ulcus ventriculi, chronischem Magenkatarrh, Cardialgie und bei katarrhalischen Affektionen der Darmschleimhaut mit Diarrhoe. Auch bei einigen Rückenmarks- und Nervenkrankheiten, wie Tabes dorsalis, Chorea, Paralysis agitans, Epilepsie wird es (mit zweifelhaftem Erfolge) angewandt. — Die äusserliche Applikation bildet das Hauptgebiet der Höllensteinbehandlung. Sie kommt zu adstringirenden, blutstillenden und ätzenden Zwecken in Anwendung, bei katarrhalischen Affektionen des Pharynx, Larynx, der Conjunctiva, der Urethra und Vagina; ferner bei Augenentzündung der Neugebornen und Granulationen der Conjunctiva, bei schlecht eiternden Hautwunden, Erosionen und Geschwüren, sowie Brandwunden und ulcerativen Processen im Dickdarm (als Klysma).

Dosis. Innerlich zu 0,005—0,02,

Grösste Einzelgabe 0,03! — Grösste Tagesgabe 0,2!

mehrmals täglich in Pillen (mit Bolus alba) oder wässeriger Lösung. Die Lösung ist ohne sirupöse Zusätze und in dunklen Gläsern zu verordnen.

Äusserlich als Ätzmittel in Substanz, zu adstringirenden Pinselungen in Mund, Larynx und Pharynx (0,2—1,0 : 10,0), zu Augenpinselungen (0,05—0,2 : 10,0), zu Einspritzungen in die Urethra (0,1 : 200,0), zu Klysmen (0,1 : 200,0); in Salbenform (0,1 : 10,0); zu Einblasungen in die Nase bei Keuchhusten (1,0:30,0 Alumen ustum).

Höllensteinflecke auf Haut und Wäsche werden durch Betupfen mit Jodtinktur und nachfolgender Behandlung mit einer wässerigen Lösung von unterschwefligsaurem Natrium oder mit Cyankalium entfernt.

246) ℞ Argent. nitrici 0,1
Aq. destill. ad 150,0.
M. D. in vitr. nigr.
S. Nüchtern 1—2 Esslöffel.
(Ulcus ventriculi.)
(Gerhardt.)

247) ℞ Argent. nitrici 0,05—0,2
Aq. destill. 120,0.
M. D. In vitro nigro.
S. 2stündl. 1 Theelöffel für $^1/_2$jähr. Kind.
(für 1jähr. Kind 0,1 u. für 2jähriges 0,2 : 120,0).
(Chron. Diarrhoe.)

248) ℞ Argent. nitr. 0,2—0,5
Bol. alb. 5,0.
Aq. dest. q. s.
ut f. pilul. No. 50
Consperg.
D. S. 3 × tägl. 1—2 Pillen.
(Tabes dors., Epilepsie, Chorea etc.)

249) ℞ Argent. nitr. 0,1
Aq. dest. ad 15,0.
D. In vitro nigro.
S. Zu Pinselungen b. Blennorrhoea neonator. und Conjunctivitis.

250) ℞ Argent. nitr. 0,5
Aq. dest. 25,0.
D. In vitro nigro.
S. Äusserlich zum Bepinseln von Hämorrhoiden (Schmey) und des Nabelschnurrestes (Schliep).

251) ℞ Argent. nitric. 0,1
Aq. destill. ad 150,0.
M. S. ad vitr. nigr.
S. Zu Einspritzungen in die Harnröhre.
(Gonorrhoe.)

252) ℞ Argent. nitr. 0,15—0,3
Aq. dest. 150,0.
Zu 2 oder 3 Klysmen.
(Chron. Diarrhoe, Dysenterie.)

253) ℞ Argent. nitr. 0,1—0,3
Alumin. ust. 5,0.
M. f. pulv. D. S. Zum Einblasen.
(Geschwüre im Pharynx u. Larynx.)

254) ℞ Argent. nitr. 1,0
Ungt. Paraffin. 30,0.
M. f. ungt. D. ad ollam.
S. Verbandsalbe bei Frostbeulen u. schlecht granulirenden Wunden.

Argentum nitricum cum Kalio nitrico. Lapis infernalis mitigatus. Salpeterhaltiger Höllenstein. Azotate d'argent mitigé. Diluted Nitrate of Silver. Nitrato d'argento mitigato.

Wird erhalten, indem man 1 Th. Silbernitrat und 2 Th. Kaliumnitrat in einem Porzellanschälchen allmählich bis zum Schmelzen erhitzt und dann in Stangenform giesst.

Weisse, oder grauweisse, cylindrische Stäbchen, die nicht wie reiner Höllenstein durchscheinend, sondern porzellanartig, auch härter und dem Schwarzwerden leichter ausgesetzt sind als das reine Argentum nitricum.

Wirkt wie Argentum nitricum, nur weit milder.

Wird wie Argentum nitricum, aber nur äusserlich zu milderen Ätzungen verwendet. Da es härter als gewöhnlicher Höllensteinstift ist, lässt es sich gut schaben, fein spitzen und bequem zu Ätzungen im Rachen, in der Harnröhre etc. anwenden.

Asa foetida. Gummi-resina Asae foetidae. Asant. Stinkasant. Teufelsdreck. Ase fétide. Assa fetida.

Das nach Anschneiden der Wurzel ausfliessende, an der Luft erhärtete Gummiharz asiatischer Peucedanum-(Ferula-)Arten, namentlich des Peucedanum Scorodosma und Peucedanum Narthex. (Umbellifere).

Es bildet lose oder verklebte Körner oder Klumpen von grauer oder brauner Oberfläche. Riecht knoblauchartig und schmeckt widerlich bitter. 1 Th. der Droge giebt, mit 3 Th. Wasser verrieben, eine weissliche Emulsion. Besteht aus Gummi, Harz und einem flüchtigen ätherischen Öl.

Asa foetida wird in grossen Dosen vertragen und bewirkt ausser knoblauchartigem Aufstossen keine nennenswerthen Erscheinungen. Die dem Mittel von Alters her zugeschriebene krampfstillende Wirkung ist mindestens zweifelhaft.

Anwendung findet Asa foetida vor allem bei Hysterie, ferner bei Flatulenz. Auch bei Amenorrhoe, Koliken, Laryngismus stridulus, Asthma und Keuchhusten wird sie zuweilen gegeben.

Die Verabreichung geschieht gewöhnlich in Form von Pillen zu 0,2—1,0 mehrmals täglich (die Pillen sind nicht mit Silber zu überziehen, sondern mit Gelatine), oder in Emulsion. Äusserlich zum Klystier mit Eigelb.

Präparate: †**Tinctura Asae foetidae.** (1 : 5 Spirit.).

†**Aqua foetida antihysterica.**

†**Emplastrum foetidum.**

255) ℞ Asae foetid.
Rad. Valerian. āā 5,0.
Mucil. Gummi arab. q. s.
ut f. pilul. No. 50.
Obduc. Gelatin.
D. S. 3 × tägl. 3—5 Pillen.
(Hysterie, Chorea.)

256) ℞ Aq. foetid. antihyst. 50,0
Aq. Melisae 140,0
Aether. acet. 2,5
Elaeos. Menth. q. s. ad 200,0.
M. D. S. 2—4tägl. 1 Esslöffel.
(Hysterie, Nervosität.)

257) ℞ Asae foetid. 1,0
Vitell. ovi unius.
Inf. Flor. Chamom.
emulsio 100,0.
D. S. Zum Klystier.
(Stimmritzenkrampf der Kinder.)
(Bamberger.)

Atropinum sulfuricum. Atropinsulfat. Sulfate d'atropine. Sulphate of Atropia. Solfato d'atropina. $(C_{17}H_{23}NO_3)_2.H_2SO_4$.

In den verschiedenen Theilen der Tollkirsche, Atropa Belladonna, sowie in Datura Stramonium, Hyoscyamus niger, Scopolia japonica kommt neben anderen Alkaloiden das Atropin $(C_{17}H_{23}NO_3)$ vor. Dasselbe wurde 1832 entdeckt und wird durch Extraktion mit Alkohol und sein schwefelsaures Salz durch Eintragen von Atropin in eine erwärmte Mischung von 1 Th. Schwefelsäure und 3 Th. Alkohol bis zur vollständigen Neutralisation erhalten. Dasselbe ist ein weisses, krystallinisches, bei 183° schmelzendes Pulver, das mit gleichen Theilen Wasser, sowie mit 3 Theilen Weingeist eine farblose, neutrale Lösung giebt. In Äther oder Chloroform ist es fast unlöslich. Die Lösungen besitzen einen bitteren, kratzenden Geschmack.

Bei Applikation von minimalen Mengen von Atropin aufs Auge tritt Pupillenerweiterung (Mydriasis) ein. Dieselbe ist nicht centralen, sondern peripherischen Ursprunges, denn sie zeigt sich noch beim ausgeschnittenen Katzenauge und kommt durch Lähmung der Ocumolotoriusendigungen zu Stande. Die ferner nach Atropin eintretende Beschleunigung der Pulsfrequenz und Abnahme der meisten Sekretionen lässt sich ebenfalls durch

Lähmung des peripherischen Herzvagus und der sekretorischen Nervenendigungen erklären. — Das von allen Applikationsstellen rasch resorbirte Atropin bewirkt zunächst Trockenheit im Munde und Halse, Schlingbeschwerden, Trockenheit der Haut, Sehstörungen, Pupillenerweiterung, Accomodationslähmung, beschleunigte Puls- und Athmungsfrequenz. Nach grösseren Gaben beobachtet man Kopfschmerz, Schwindel, Hallucinationen und bis zur Tobsucht sich steigernde Aufregungszustände. Unter darauf folgenden Lähmungserscheinungen und Koma kann exitus letalis eintreten.

Bei einer akuten Vergiftung ist vor allem Entfernung des Giftes durch die Magenpumpe indicirt. Als zuverlässigstes Antidot gilt Muscarin. Ist dies nicht zu beschaffen, dann muss sofort eine subcutane Injection von 0.01 Pilocarpin gemacht werden. Auch Morphium kann versucht werden. Die letale Dosis ist eine sehr schwankende. Manche Thiere (Kaninchen) können bis 1,0 ungestraft nehmen, während 0,01 beim Menschen den Tod herbeiführen kann.

Bei subkutaner Applikation bedingt Atropin Herabsetzung der Sensibilität. Örtlich auf Schleimhäute, Cornea etc. angewendet, hat es gleichfalls eine schwach lokal-anästhesirende Wirkung. Ausserdem wirkt es entzündungswidrig, indem es die amoeboide Bewegung der Leukocyten aufhebt und durch Erweiterung der Arterien mit gleichzeitiger Beschleunigung des Kreislaufes in Venen und Capillaren den Austritt der weissen Blutkörperchen in die Gewebe beschränkt (Husemann).

Im Organismus wird es nicht zersetzt; man kann es im Blut, in verschiedenen Organen und im Urin unverändert nachweisen. Es gelingt oft durch Eintröpfeln von Urin Atropinvergifteter ins Auge einer Katze Pupillenerweiterung zu erzielen.

Die hauptsächlichste Verwendung findet Atropin. sulf. in der Augenheilkunde und zwar zunächst in allen denjenigen Fällen, die eine Erweiterung der Pupille erheischen, ferner bei Iritis zur Verhütung von Irisvorfall und -Einklemmung; zur Lösung von vorhandenen Verklebungen des Irisrandes mit der Linsenkapsel (hintere Synechie) und zur Verhütung des Zustandekommens von Synechien. Bei oberflächlichen Hornhautentzündungen und -Geschwüren, bei Ciliarneuralgien etc. Erhöhter intraocularer Druck und Glaukom contraindiciren die Anwendung des Atropins wegen seiner drucksteigernden Wirkung. Auch bei alten Leuten ist es nur mit Vorsicht anzuwenden, Es sei noch bemerkt, dass die durch Eintröpfeln von Atropinlösung hervorgerufene Mydriasis und Störung der Accommodation etwa 5 bis 8 Tage andauert. Die eben genannten Erscheinungen verschwinden viel schneller bei Gebrauch des ähnlich wirkenden Homatropin (s. d.).

Ein weiteres Anwendungsgebiet des Atropins bildet die übermässige Secretion der Drüsen. Es wird bei den lästigen Schweissen der Phthisiker, bei Ptyalismus, Spermatorrhoe und zur Beschränkung der Milchabsonderung verordnet. — Wegen seiner Wirkung auf die Endigungen der sensiblen Nerven ist Atropin (resp. Belladonna) bei manchen schmerzhaften Affektionen, wie Cardialgie, Kolik, Neuralgien, Tenesmus etc. beliebt. Auch bei Haemoptoë (Hausmann) hat es sich vielfach bewährt. Weniger sicher ist der Erfolg seiner Anwendung bei Epilepsie, Chorea, Lyssa, Migräne Asthma nervosum und Pertussis. — Dagegen verdient es Beachtung als Gegenmittel bei Vergiftung mit Morphin, Pilocarpin, Physostigmin und vor allem bei Vergiftungen mit dem rothen Fliegenpilz. Die durch das in demselben enthaltene Muscarin hervorgerufenen Intoxikationserscheinungen werden, wie Thierexperimente zeigen, durch eine subkutane Atropininjektion schnell beseitigt. — Das bei manchen Individuen nach Morphin auftretende lästige Erbrechen wird durch Zusatz einer minimalen Atropindosis verhütet.

Dosis. Man verordnet es innerlich zu 0,0005—0,001

Grösste Einzelgabe 0,001! — Grösste Tagesgabe 0,003!

in Pillen, Granules, Lösung; äusserlich als Augentropfen, in subkutaner Injektion, in Salbenform und Suppositorien.

Zur Erweiterung der Pupille bei Iritis und Keratitis 0,01—1,0 : 10,0; zu Augensalben 0,1 : 10,0.

In subkutaner Injektion 0,0005—0,001 (Epilepsie, Lyssa, Fliegenpilz- und akute Morphinvergiftung), bei Haemoptoë 0,0002—0,0003 ein- oder mehrmals täglich.

Es werden auch Gelatinelamellen angefertigt, von denen jedes Quadrat eine genau bestimmte Menge Atropin enthält. Dieselben eignen sich sowohl zum äusseren wie innerlichen Gebrauche.

258) ℞ Atropin. sulf. 0,005.
Extr. Gentian q. s.
ut f. pilul. No. 10.
Consperg. Lycopd.
D. S. Abends 1—2 (!) Pillen.
(Schweisse der Phthisiker.)

259) ℞ Atropin. sulf. 0,01
Morphin. sulf. 0,3.
Mass. pilul. q. s.
ut f. pilul. 20.
D. S. 2—3 × tägl. 2 Pillen.
(Bleikolik, Kolik.)

260) ℞ Atropin. sulf. 0,05.
Pulv. Rad. Liquir.
Succ. Liquirit. āā q. s.
ut f. pilul. No. 50.
D. S. Jeden Morgen 1 Pille.
(Epilepsie.)

261) ℞ Atropin. sulf. 0,02
Ergotin. 2,0.
Pulv. Rad. Liquirit. q. s.
ut f. pilul. No. 30.
D. S. 3 × tägl. 1 Pille.
(Paralysis agitans.)

262) ℞ Atropin. sulf. 0,06
Aq. destill. 30,0.
M. D. S. 1 Tropfen Nachmittags 4 Uhr u. Abends 7 Uhr zu nehmen.
Enuresis nocturna.
Je 1 Tropfen für jedes Altersjahr.
(Seifert.)

263) ℞ Atropin. sulf. 0,003
Cocain. hydrochl. 0,05
Aq. Amygd. am. 20,0.
M. D. S. Stündlich soviel Tropfen wie das Kind Jahre zählt.
(Diphtherie.)
(Elsaesser.)

264) ℞ Atropini sulf. 0,01—0,05
(Acid. boric. 0,3)
Aq. destill. 10,0.
M. D. S. Äusserlich. Augentropfwasser. Vorsicht!
(Zur Erweiterung der Pupille, Iritis, Keratitis etc.)

265) ℞ Atropin. sulf. 0,05
Aq. destill. 10,0.
D. S. Äusserlich. Zum Einträufeln mit Tropfglas.
(Augentropfwasser zur Zerstörung von Synechien).

266) ℞ Atropin. sulf. 0,05
Ungt. Paraffin. 10,0.
M. f. ungt.
D. S. Augensalbe.
Linsengross mit 1 Glasstabe in den Conjunctivalsack zu streichen.

267) ℞ Atropin. sulf. 0,001
Butyr. Cacao 2,0.
M. f. Suppositorium.
D. tal. dos. III.
(Tenesmus.)

268) ℞ Atropin. sulf. 0,01
Aq. destill. 10,0.
D. S. Zur subkutanen Injektion.
($^1/_4$—1 Spritze = $^1/_4$—1 mg.)
(Epilepsie, Lyssa, Morphin- u. Pilzvergiftung; bei Hämoptoë bis zu $^1/_3$ Spritze.)

Auro-Natrium chloratum. Natriumgoldchlorid. Chloro-aurate de sodium. Chloride of Gold and Sodium. Cloruro d'oro e di sodio. $NaAuCl_4 + 2H_2O$.

13 Th. reines Gold werden unter Erwärmen in einer Mischung von 16 Th. Salpetersäure und 48 Th. Salzsäure gelöst; alsdann werden in der mit 40 Th. Wasser verdünnten Flüssigkeit 20 Th. reines, getrocknetes Kochsalz gelöst. Die klare Flüssigkeit wird auf dem Wasserbade zur Trockne eingedampft. Der Rückstand stellt ein goldgelbes Pulver dar, von salzig metallischem Geschmack. Dasselbe löst sich in 2 Th. Wasser vollständig auf. In Alkohol ist es nur theilweise löslich, da Alkohol nur das Goldchlorid löst und das Kochsalz ungelöst zurückbleibt. Es wird durch organische Substanzen leicht reducirt. Das Salz enthält 30% metallisches Gold.

Natriumgoldchlorid färbt die Haut gelb und wirkt leicht ätzend. Kleine Mengen werden ohne Beschwerden vertragen, nach grösseren Dosen treten Reizungen des Verdauungstractus und Speichelfluss ein.

Wurde früher vielfach bei Syphilis und Nervenleiden (Chorea, Epilepsie) angewandt, auch bei Rheumatismus, Carcinom, Hautleiden und Skrophulose, gegenwärtig nur sehr selten im Gebrauch.

Gegeben wird es am zweckmässigsten in Pillen (mit Bolus) oder in Lösung zu 0,003—0,05.

Grösste Einzelgabe 0,05! — Grösste Tagesgabe 0,2!

Die Lösungen sind in dunklen Gläsern zu verabreichen.

269) ℞ Auro-natrii chlorat. 0,15
Aq. destill. 15,0.
M. D. In vitro nigro.
S. 3 × tägl. 15 Tropfen.
(Chorea u. Epilepsie.)

270) ℞ Auro-natrii chlorat. 0,04.
Amyli
Pulv. gum. arab.
Aq. dest. āā q. s.
ut f. pilul. No. XX.
Consperg. Lycopod.
D. S. 3 × tägl. 1 Pille.

Balsamum Copaivae. Copaivabalsam. Baume de Copahu. Copaiva. Balsamo copaive.

Der aus den angeschnittenen Stämmen verschiedener südamerikanischer Copaifera-Arten, vorzüglich der Copaifera officinalis und der Copaiva guianensis (Leguminose) ausfliessende Harzsaft, von dem schon ein einziger Baum in wenigen Stunden mehrere Kilogramm zu liefern vermag. Derselbe besteht aus einem Gemenge von sauren Harzen (Copaivasäure) und ätherischen Ölen. Copaivabalsam bildet eine klare, gelb bis gelbbraun gefärbte, sirupöse, aromatisch riechende und bitterlich scharf schmeckende Flüssigkeit von 0,96 bis 0,99 spec. Gewicht, welche mit Chloroform, Petroläther, Amylalkohol und absolutem Alkohol eine klare oder leicht opalescirende Lösung abgiebt.

Mehrere Tage lang gereichte kleine Gaben von 0,5—1,0 beeinträchtigen den Appetit und vermehren die Harnausscheidung. Grosse Dosen (5,0—10,0) verursachen Magenbeschwerden, Aufstossen, Übelkeit, Erbrechen, Durchfall; dabei kann es auch zu Nierenreizungen mit Albuminurie und Blutharn kommen.

Der Urin nimmt den Geruch des Copaivabalsams an und färbt sich beim Kochen mit Salzsäure roth. Auf Zusatz von Salpetersäure tritt ein Niederschlag von Copaivaharz ein, der (zum Unterschied von Albumen) in Alkohol löslich ist.

Zuweilen wird das Auftreten eines urticaria- oder roseolaartigen Hautausschlages beobachtet. Die Wirkung des Copaivabalsams ist hauptsächlich als eine antiblennorrhagische anzusehen, die im Ganzen der des Terpentinöls ähnlich ist.

Das hauptsächlichste Anwendungsgebiet des Copaivabalsams bildet die Gonorrhoe. Bei chron. Cystitis, Pyelitis, Haemoptoë und Bronchoblennorrhoe wird er gegenwärtig viel seltener angewendet als in früheren Zeiten. Ebenso ist die äusserliche Verordnung zu Einreibungen bei Scabies kaum mehr gebräuchlich. Das Mittel wird bei Gonorrhoe in Einzelgaben von 0,5—2,0 und in Tagesgaben von 4,0—6,0 am besten in Gallertkapseln (häufig in Verbindung mit der gleichen Dosis Extr. Cubebarum) verabreicht. Man giebt es auch in Form von Tropfen (mehrmals 10—30 Tropfen in Portwein oder schwarzem Kaffee) oder in Pillen (bereitet mit Wachs und Cubebenpulver), Electuarien und Emulsion. Die äusserliche Applikationsform bei Tripper in Injektion, Klystier und Suppositorien wird gegenwärtig nicht mehr oft angewandt.

271) ℞ Balsam. Copaivae 0,5.
D. t. dos. No. XXX in capsulis gelat.
S. 3 × tägl. 1 Kapsel zu nehmen.
(Gonorrhoe.)

272) ℞ Balsam. Copaivae 30,0.
D. S. 3 × tägl. 20—30 Tropfen in Portwein zu nehmen.
(Gonorrhoe.)

273) ℞ Cerae flavae 2,0
leni calore liq. adde
Balsam. Copaivae 8,0
refrigerat. admisce
Cubeb. pulv. 8,0.
M. f. pilul. No. 100.
Consp. Cinnam.
S. 3 × tägl. 5—10 Pillen.

274) ℞ Pulv. Cubeb. 15,0
Bals. Copaiv. 30,0
Pulp. tamarind. 60,0.
M. f. electuarium.
D. S. 3 × tägl. 1 Theelöffel.
(Gonorrhoe.)
(Penzoldt.)

275) ℞ Balsam. Copaivae 15,0
Gummi mimos. 7,5
Aq. destill. 120,0
Sirup. simpl. 20,0.
M. f. emulsio.
D. S. 2stündl. 1 Esslöffel.

276) ℞ Bals. Copaivae
Sirup. balsam.
Aq. Menth. pip.
Spirit. vini āā 30,0
Spirit. nitrico-aether. 4,0.
M. D. S. 2—3 × tägl. 1 Esslöffel.
(Potio Choparti.)
(Gonorrhoe und Hämoptoë.)

277) ℞ Balsam. Copaivae 20,0
Vitell. ovi unius.
Extr. Opii 0,05
Aq. destill. ad 200,0.
M. f. emulsio. D. S. Zum Klystier.
(Bei Gonorrhoe.)
(Ricord.)

278) ℞ Bals. Copaivae 1,0
Aq. destill. 120,0
Vitelli ovi 0,5.
M. f. emulsio. S. Zur Injektion in der Harnröhre.

279) ℞ Balsam. Copaivae
Ol. Cacao āā 5,0
Cerae flavae 1,0
Extr. Opii 0,02.
M. f. suppositor. No. VI.
S. 2×tägl. 1 Zäpfchen einzuführen.
(Bei Gonorrhoe).
(Colombat.)

Balsamum Nucistae. Ceratum Myristicae. Muskatbalsam. Baume de Muscade. Balm of nutmeg.

1 Th. gelber Wachs, 2 Th. Olivenöl und 6 Th. Muskatbutter (Ol. Nucistae) werden im Dampfbade zusammen geschmolzen, durchgeseiht und in Kapseln gegossen.

Der Muskatbalsam ist von bräunlichgelber Farbe und aromatischem Geruche.

Kommt nur äusserlich in Salbenform zu krampf- und schmerzstillenden Einreibungen in Anwendung, bei Kolikschmerzen, Cardialgien und Diarrhöen der Kinder.

Balsamum peruvianum. Balsamum indicum nigrum. Perubalsam. Baume de Pérou. Balsam of Peru. Balsamo del Perù.

Der durch Anschwelen der Rinde der Toluifera Pereirae (einer in Centralamerika vorkommenden Papilionacee) gewonnene Harzsaft. Er bildet eine dunkelbraune, theerartige, in dünner Schicht klare, nicht fadenziehende Flüssigkeit von angenehmem Geruche und kratzendem, bitterlichem Geschmacke. Er trocknet an der Luft nicht ein, reagirt sauer und hat ein spec. Gewicht von 1,135 bis 1,145. In Alkohol und Chloroform löst er sich vollständig. Bezüglich der chemischen Zusammensetzung ist bekannt, dass der Perubalsam aus Cinnameïn (Zimmtsäure-Benzyläther), Zimmtsäure, Benzoësäure und Harz besteht. — Das im Handel vorkommende Präparat ist nicht selten unrein und verfälscht.

Während Epizoën, besonders die Krätzmilbe (Acarus scabiei) nach kurzer Berührung mit Perubalsam zu Grunde gehen, ist seine deletäre Beeinflussung anderer pathogener Mikroorganismen nicht bedeutend. In Emulsionsform ist seine Wirkung auf Entwickelung und Wachsthum von Spaltpilzen gleich Null. — In kleinen Dosen subkutan und parenchymatös eingespritzt, ruft Perubalsam keine auffälligen Symptome hervor, während nach äusserlicher Applikation zuweilen die Erscheinungen einer akuten Nierenentzündung beobachtet worden sind.

Innerlich vermindern kleine Gaben die Schleimhautsekretion und regen den Appetit an, während grosse Dosen Übelkeit, Erbrechen, Koliken und Diarrhöen verursachen.

Bei der Behandlung der Scabies gilt der Perubalsam als das bequemste und zuverlässigste Mittel. Seine örtliche Anwendung ist auch bei manchen juckenden Hautaffektionen (Prurigo, Pruritus) und bei Lupus empfohlen, desgleichen (bei Leukoplakia) zum Bepinseln der Zunge (Rosenberg). Auch bei Ozaena leisten mit Perubalsam getränkte Wattetampons gute Dienste. Perubalsam wird zuweilen noch als Zusatz zu leicht reizenden Verbandsalben bei atonischen Geschwüren, ebenso bei Frostbeulen und wunden Brustwarzen, auch zur Bereitung wohlriechender Haarmittel verwendet.

Man hat den Versuch gemacht, das Mittel bei Lungentuberkulose (Landerer) in Emulsionsform auf dem Wege intramuskulärer und intravenöser Injektion dem kranken Organismus einzuverleiben. Doch ist an Stelle des Perubalsams neuerdings die in demselben enthaltene Zimmtsäure in gleicher Weisse verwendet worden. Welche Bedeutung dieser Behandlungsmethode zukommt, lässt sich zunächst noch nicht feststellen.

Innerliche Verwendung findet Perubalsam bei Bronchoblennorrhoe und bei chronischer Gonorrhoe. Als Expektorans pflegt ihm Tolubalsam vorgezogen zu werden.

Dosirung. Äusserlich bei Scabies sind 10,0—15,0 über den ganzen Körper (mit Ausnahme des Kopfes, wo Krätzmilben nicht vorkommen) zu verreiben. Erst nach 1—2 Tagen ist ein Reinigungsbad zu nehmen und 3 Tage später nochmalige Einreibung mit 10,0—15,0 erforderlich. Als Zusatz zu Salben 1,0 : 3,0, zu Haarpomaden 2,0—3,0 : 30,0—50,0 Medull. oss. bov.

Innerlich zu 0,2—1,0 in Pillen, Emulsion, Gelatinekapseln und alkoholischer Lösung.

Präparate: **Mixtura oleosa balsamica,** Lebensbalsam. Baume de vie de Hoffmann. Mistura oleobalsamica.

†**Sirupus Balsami peruvianus** s. Sirupus balsamicus.

280) ℞ Balsam. peruvian. 5,0—10,0
Gum. arab. 5,0
Aq. destill. 150,0
Sirup. balsam. 20,0.
M. D. S. 2stündl. 1 Esslöffel.
(Bronchoblennorrhoe.)

281) ℞ Balsam. peruv. 20,0
Ol. Terebinth. 2,0.
M. D. S. 3 × tägl. 10 Tropfen in Wasser.
(Tuberkulose pulm. mit starker Sekretion.)

282) ℞ Bals. peruv. 6,0
Myrrhae pulv. 12,0
Extr. Opii 2,0
M. f. pilul. No. 150,0.
Consp. pulv. Irid. flor.
S. 2stündl. 2—4 Pillen.
(Chron. Blennorrhoe.)
(Marcus.)

283) ℞ Bals. peruvian.
Boracis āā 5,0
Vitell. ovi unius
Ol. Amygdal. dulc. 30,0.
M. f. liniment. D. S. Zum Bestreichen wunder Brustwarzen.
(Harless.)

284) ℞ Bals. peruv. 3,0
Plumb. acet. 0,5
Ungt. Paraffin. 30,0.
M. f. unguent.
D. S. Äusserlich bei Frostbeulen.

285) ℞ Bals. peruvian.
Acid. carbol. liq.
Spirit. Lavand. āā 5,0
Spirit. vini gall. 300,0.
D. S. Zu Waschungen (mittels Schwämmchen) der Kopfhaut.
(Gegen Kopfschuppen.)

286) ℞ Bals. peruvian. 5,0
Glycerin. 10,0.
D. S. Zum Einpinseln.
(Urticaria, Prurigo.)

287) ℞ Balsam. peruvian. 15,0
Spirit. 35,0.
D. S. Äusserlich.
(Spiritus peruvianus.)

Balsamum tolutanum. Tolubalsam. Baume de Tolu. Balsam of Tolu. Balsamo del Tolù.

Ist der aus den angeschnittenen Stämmen von Toluifera Balsamum ausfliessende und später erhärtete Harzsaft, dessen Bestandtheile der Hauptsache nach Zimmtsäure, Harze und ätherisches Öl sind.

Derselbe bildet eine braunrothe, krystallinische, leicht zu gelblichem Pulver zerreibliche Masse von angenehmem Geruch und etwas kratzendem aromatischem Geschmack. Er löst sich in Weingeist, Chloroform und Kalilauge; in Schwefelkohlenstoff und Petroleumbenzin ist er unlöslich.

Wirkt wie der ähnlich zusammengesetzte Perubalsam, vor dem er sich durch angenehmeren Geschmack auszeichnet.

Wird als Expektorans bei chronischem Bronchialkatarrh zuweilen angewandt. Die häufigste Verwendung findet er jedoch bei Lungenphthise als Bestandtheil der von Sommerbrodt eingeführten Kreosotkapseln. Sehr viele Geheimmittel gegen Lungenkatarrh enthalten Tolubalsam. Derselbe ist auch Bestandtheil einiger officineller Präparate fremdländischer Pharmakopöen. — Äusserlich bedient man sich seiner zum Pinseln von tuberkulösen Kehlkopfgeschwüren, auch als Zusatz zu Parfüms und zum Überziehen von Pillen.

Wird zu 0,2—1,0 mehrmals täglich in Pillen, Emulsion oder in Form von Pastillen verabreicht.

Präparate: †**Aqua Balsami tolutani.**
†**Sirupus Balsami tolutani.** Sirop de Tolu.
†**Tinctura tolutana.**
†**Tinctura tolutana aetherea.**
†**Trochisci Balsami tolutani.**

288) ℞ Balsam. tolutan. 6,0
Styracis 5,0.
Magnes. carb. q. s.
ut f. pilul. No. 30.
Consp. Lycopod.
3 × tägl. 2 Pillen.
(Incontin. urinae.)

289) ℞ Balsam. tolutan. 5,0
Gummi Ammoniaci 2,0
Extr. Hyoscyami 0,5
Sapon. medic. q. s.
ut f. pilul. 100.
D. S. 4—10 Pillen tägl. zu nehmen.
(Bei Katarrhen.)

Benzinum Petroleï. Petrolbenzin. Benzin.

Wird als Nebenprodukt bei der Destillation des Petroleum gewonnen und bildet eine klare, farblose, leicht flüchtige und leicht entzündliche Flüssigkeit von starkem, nicht unangenehmem Geruch. Das Petrolbenzin löst Fette, Wachs und Gutta Percha und hat ein spec. Gewicht von 0,64—0,67.

Es wird innerlich (selten) bei Gährungsvorgängen im Magen, äusserlich zu antiparasitären Einreibungen, zur Vertilgung von Ungeziefer und zum Entfernen von Fettflecken verwendet. Vorsicht mit Licht, wegen Feuersgefahr!

Innerlich zu 0,2—0,5 mehrmals am Tage in Kapseln; äusserlich rein oder in Salbenform 1 : 2—5 Adeps. — Zu Klystieren bei Oxyuris verm. ($^1/_2$ Esslöffel auf 1 L. Wasser).

Benzoë. Resina Benzoë. Benzoëharz. Asa dulcis. Benjoin. Benzoino.

Der aus Styrax Benzoin Dryander (Styraceae) ausfliessende Harzsaft gelangt in getrocknetem Zustande aus Siam zu uns. Er besteht aus einem Gemenge verschiedener Harzarten, Benzoësäure (14—18^0) und Zimmtsäure.

Die Benzoë besteht aus flachen oder rundlichen, braunen, innen weissen Stücken, welche, im Wasserbade erwärmt, einen sehr angenehmen Geruch, bei stärkerem Erhitzen stechende Dämpfe abgeben. Sie löst sich bei gelinder Wärme in 5 Th. Weingeist. Die alkoholische Lösung giebt bei Vermischung mit der fünffachen Menge Wasser eine wohlriechende milchweisse Emulsion von saurer Reaktion.

Das angenehm schmeckende Benzoëharz bewirkt mässige Reizung der Schleimhaut des Mundes und des Rachens. In Pulverform in die Nase gebracht, ruft es heftiges Niesen hervor. Ebenso ist eine irritirende Wirkung der Benzoëdämpfe auf die Bronchialschleimhaut bekannt.

Therapeutisch wird Benzoë nicht oft verwerthet. Das Harz erfreut sich jedoch einer gewissen Beliebtheit als kosmetisches Mittel bei Sommersprossen, Leberflecken etc. Es wird auch als Zusatz zu Mund- und Zahnwässern verordnet, desgleichen dient es als Räuchermittel (Benzoë bildet den Hauptbestandtheil der gebräuchlichen Räucherkerzen). Die innerliche Verwendung bei chron. Katarrh ist obsolet.

Dosis. Als Cosmeticum in Emulsion (2,5 : 100,0) oder in alkoholischer Lösung; zu Zahnpulvern (1 Th. : 10—20 Th.) In der Kinderpraxis dient Benzoë zuweilen zu Einblasungen in die Nase (Pertussis).

Präparat: **Tinctura Benzoës** (Benzoë 1, Spiritus 5).

290) ℞ Benzoës 5,0
Sapon. Cocos pulv. 10,0
Furfur. Amygd. subt. pulv.
Rhiz. Irid. flor. pulv. āā 15,0
Ol. Flor. Aurant. 0,2.
M. f. pulv. D. S. Waschpulver.

291) ℞ Benzoës 5,0
Tartar. dep. 10,0
Rhiz. Irid. flor. 50,0
Conchar. praep. 10,0
Ol. Menth. pip. 0,2
M. f. pulv. D. S. Zahnpulver.

Bismutum subnitricum. Magisterium Bismuti. Bismuthum hydrico-nitricum. Bismuthum album. Basisches Wismutnitrat. Sous-azotate de bismuth. Subnitrate of Bismuth. Nitrato basico di bismuto.

Wird durch Einwirkung von zuvor auf 75—90° erhitzter Salpetersäure auf grob gepulvertes Wismut dargestellt. Das officinelle Präparat ist ein Gemenge zweier basischer Nitrate des Wismuts:

$$NO_3BiO + H_2O \text{ und } NO_3BiO + BiO(OH).$$

Es ist ein weisses, geruchloses, in Wasser und Alkohol unlösliches, in Salpetersäure lösliches Pulver, das, unter dem Mikroskop betrachtet, aus kleinen Krystallen besteht.

Innerlich kann Bismutum subn. bis zu 20 g und darüber vertragen werden. Doch verdient der Umstand Beachtung, dass es durch Arsenik verunreinigt sein und dadurch schädliche Erscheinungen hervorrufen kann. In Dosen von 0,5—1,0 gilt es als milde adstringirendes, die Empfindlichkeit des Magens und Darmkanals herabsetzendes Mittel. Dabei wirkt es auch verstopfend und verlässt den Darm unter Dunkelfärbung der Faeces als Schwefelwismut. Auf der intakten Haut verhält es sich indifferent; auf Geschwürsflächen bildet es eine schützende Decke und entfaltet adstringirende und antiseptische Eigenschaften.

Anwendung. Innerlich wird es häufig bei schmerzhaften Magenaffektionen (mit oder ohne Ulcus ventriculi) gereicht, und bleibt es zweifelhaft, ob hierbei das Wismutnitrat oder das gewöhnlich gleichzeitig verabfolgte Morphin oder Belladonnaextrakt wirkt. Ferner wird es gegen Diarrhoe (bes. durch Ulcerationen bedingt), Brechdurchfall und Dysenterie verordnet.

Äusserlich kommt es als adstringirendes oder desinficirendes Streupulver in Anwendung bei der Wundbehandlung; ebenso zu Einblasungen in den Kehlkopf und in die Nase. In Wasser suspendirt, dient es zu Injektionen in die Urethra bei Gonorrhoe.

Man giebt das Präparat bei Cardialgie, Ulcus ventriculi (bei letzterer Affektion neuerdings in sehr grossen Dosen bis 10 g täglich längere Zeit gegeben), Diarrhoe in Pulverform zu 0,2—1,0, 3—4 mal täglich für Erwachsene, Kindern 0,2—0,3. — Äusserlich zu Injektion in die Urethra als Schüttelmixtur (5,0 : 100,0). Zu Einblasungen in den Kehlkopf (1,0 : 1,0—4,0 Zucker), in Salben 1,0—2,0 : 10,0 Lanolin.

292) ℞ Bismuti subnitr. 0,25—1,0
Morphin. hydroch. 0,01
oder Extr. Belladon. 0,01
Sacch. alb. 0,3.
M. f. pulv. D. t. dos. X.
S. 3 × tägl. 1 Pulver.
(Cardialgie, Ulcus ventriculi etc.)

293) ℞ Bismut. subnitr. 1,0
Muc. Gum. arab. 20,0
Aq. destill. 60,0
Sirup. spl. ad 100,0.
M. D. S. Umgeschüttelt stündl. 1 Theelöffel.
(Brechdurchfall.)

294) ℞ Bismut. subnitr.
Rad. Rhei pulv. āā 5,0
Natrii bicarbon. 20,0.
M. f. pulv.
D. S. 3 × tägl. eine Bohne gross zu nehmen.
(Pulvis stomachicus.)
(Form. magistr. Berolin.)

295) ℞ Aq. Foeniculi 75,0
Aq. Calcar. 6,0
Bismut. subnitr. 3,0
Sir. Aur. Flor. 15,0.
M. D. S. 2stündl. 1 Kaffeelöffel.
(Kinderdiarrhoe.)
(Zinnis.)

296) ℞ Bismut. subnitr. 5,0
Sacch. alb. 45,0.
Mucil. Tragacanth. q. s.
M. f. trochisci q. s.
D. S. 3—4 × tägl. 2 Pastillen zu nehmen.

297) ℞ Bismut. subnitr. 5,0
Aq. destill. ad 200,0.
M. D. S. Gut umgeschüttelt einzuspritzen.
(Bei Gonorrhoe.)

Bismutum subsalicylicum. Bismutum salicylicum. Basisches Wismutsalicylat. Salicylate basique de bismuth. Salicylato basico di bismuto. $C_6H_4<{O \atop COO}>Bi—OH$.

Wismutnitrat wird in eine durch Natronlauge schwach alkalisch gemachte Lösung von Natriumsalicylat eingetragen. Der erhaltene Niederschlag wird ausgewaschen und getrocknet.

Gelblich weisses, amorphes, in Wasser und Alkohol lösliches geschmack- und geruchloses Pulver. Sein alkoholischer oder ätherischer Auszug darf durch Eisenchlorid nicht violett gefärbt werden, doch muss eine violette Färbung entstehen, wenn das Präparat in verdünntes Eisenchlorid eingetragen wird — Es enthält ungefähr 64% Wismutoxyd und 36% Acid. salicylicum.

Wirkt wie Bismutum subnitricum und setzt nach Vulpian bei Typhus die Körpertemperatur herab.

Es wird innerlich bei Diarrhoe (bes. der Phthisiker), bei chronischen Magen- und Darmaffektionen, Ileotyphus etc. verordnet.

Man giebt es zu 0,25—1,0 mehrmals täglich in Pulverform; bei Typhus (Vulpian) zu 1,0—2,0 in Oblaten 3 bis 4stündlich. Bei leerem Magen oder bei bestehender Stuhlverstopfung ist das Mittel zu vermeiden.

298) ℞ Bismut. subsalicyl. 0,5
(Opii puri 0,05)
Sacch. lact. 0,3.
M. f. pulv. D. tal. dos. X.
S. 3—4stündl. 1 Pulver.
(Diarrhoe der Phthisiker.)

299) ℞ Bismut. subsalicyl. 3,0
Mucil. Salep 80,0
Sir. simpl. ad 100,0.
M. D. S. Gut umzuschütteln.
2stündl. 1 Theelöffel.
(Diarrhoe der Kinder.)

Bolus alba. Argilla. Weisser Thon. Argile. Argilia.

Eine natürlich vorkommende, aus Thonerde-Silikaten bestehende erdige Substanz, welche eine weissliche, zerreibliche, abfärbende, durchfeuchtet, etwas zähe, im Wasser zerfallende, aber nicht lösliche Masse bildet.

Während Bolus (durch Verwitterung von Feldspath entstandene Erde) im Alterthume als pestwidriges Mittel in Ansehen stand, wird er gegenwärtig nur noch zu äusseren Zwecken verwendet. Er dient als Streupulver bei Intertrigo und zur Bereitung von Pillen aus leicht zersetzlichen organischen Substanzen (Argentum nitricum, Hydrargyr. bichlorat. etc.) Er wird auch zu Zahnpulvern, zu Injektionen bei Gonorrhoe und als Zusatz für Bäder verordnet.

Dosis: Bei Gonorrhoe zu Einspritzungen in Schüttelmixtur 5,0 : 200,0 (Zeissl). Auch als Zusatz zu Bädern wurde von Romberg gegen Hyperaesthesie $^1/_4$—$^1/_2$ Pfund auf 1 Bad verordnet.

Borax. Natrium biboracicum. Natriumborat. Borate of Sodium. Borace. $Na_2B_4O_7 . 10H_2O$.

Wird entweder durch Reinigung des natürlich (in Tibet und Indien) vorkommenden Borax (unter dem Namen Tinkal) oder durch Sättigen der Borsäure mit Natriumkarbonat gewonnen.

Er bildet weisse, harte, an der Luft verwitternde Krystalle, von süsslichem, mild kühlendem Geschmack, die sich in 17 Th. kaltem, 0,5 Th. siedendem Wasser und reichlich in Glycerin lösen, in Weingeist aber unlöslich sind.

Borax wird innerlich in grossen Dosen ohne Schaden vertragen, dabei kommen ihm deutlich antiseptische Eigenschaften und ein starkes Lösungsvermögen für harnsaure Salze zu. Er wirkt schwach diuretisch und geht unverändert in den Harn über. Die ihm zugeschriebene Aktion auf den Uterus als Emmenagogum ist zweifelhaft.

Innerlich wird Borax bei harnsaurer Diathese (Nieren- und Blasensteinen) und neuerdings auch gegen Epilepsie (aber nur bei nächtlich auftretenden Anfällen) verordnet.

Äusserlich kommt er zu desinficirenden Waschungen, Augen-, Mund- und Gurgelwässern und ganz besonders zu Pinselungen bei Aphthen und Soor in Anwendung.

Dosis und Darreichungsform. Innerlich zu 0,5—2,0 2—3mal täglich (bei Nephrolithiasis) etc. in Pulver, Pastillen oder Lösung.

Äusserlich als Verbandwasser und zu Waschungen 1,0 bis 5,0 : 100,0; zu Pinselungen im Munde 1,0 : 10,0—20,0 Honig oder Glycerin, zu Salben 5—10%.

300) ℞ Boracis 5,0
Glycerini
oder
Mel. rosat. 25,0.
M. D. S. Zur Pinselung.
(Aphthen, Soor etc.)

301) ℞ Boracis 5,0
Inf. Fol. Salviae 150,0
Mel. dep. 25,0.
M. D. S. Gurgelwasser bei schmerzhafter Angina.

302) ℞ Boracis 15,0
Aq. coloniensis 20,0
Aq. destill. ad 200,0.
M. D. S. 1—2 × tägl. das Gesicht einzureiben.
(Sommersprossen.)

303) ℞ Boracis 5,0
Acid. salicyl. 0,5
Aq. destill. ad 200,0.
M. D. S. Zum Inhaliren.
(Laryngitis acuta.)

304) ℞ Natrii biboracici 0,2—0,8
Aq. destill. 20,0.
D. S. Augentropfen.

305) ℞ Natrii biborac. 4,0
Aq. destill. ad 200,0.
D. S. Augenwasser.

Bromum. Brom. Brome. Bromo.

Das 1826 von Balard entdeckte Brom kommt nicht im freien Zustande, sondern gebunden an Kalium, Natrium und Magnesium vor. Es bildet einen Bestandtheil des Meerwassers und findet sich in vielen Salzquellen und Salinen (Kreuznach, Kissingen, Stassfurt).

Zur Darstellung des Broms werden die Mutterlaugen von bromhaltigen Salzquellen eingedampft und der Rückstand mit Braunstein und Schwefelsäure destillirt.

Es stellt eine rothbraune, flüchtige Flüssigkeit von erstickendem Geruche dar. Die braunen Dämpfe reizen heftig zum Husten. Brom hat ein spec. Gewicht von 2,9 bis 3 und löst sich in 30 Th. Wasser; in Weingeist, Äther, Schwefelkohlenstoff und Chloroform ist es leicht löslich mit tiefrothbrauner Farbe.

Analog dem ihm nahe stehenden Chlor wirkt Brom deletär auf Mikroorganismen und ist deshalb ein starkes Antiseptikum und Desinficiens. Es coagulirt Eiweiss, wirkt irritirend und kaustisch und färbt die Haut gelb. Bromdämpfe veranlassen heftigste Reizung der Respirationsschleimhaut und Eingenommenheit des Kopfes. Innerlich genommen, bewirkt Brom Magenentzündung und Erbrechen. Als Antidot gegen innerlich genommenes freies Brom werden Stärkekleister und Eiweisslösungen empfohlen.

Anwendung findet Brom hauptsächlich zu Desinfektionszwecken, namentlich wenn es sich um Desinfektion grosser, geschlossener Räume handelt. Es findet auch äusserlich Verwendung in Form von Inhalation bei Croup, Diphtherie und Asthma. Bei jauchenden Wunden, Hospitalgangrän, Erysipelas und

Puerperalprocessen war es früher ein äusserlich oft angewandtes Mittel.

Dosirung und Verabreichungsform. Zur Desinfektion von Wohnräumen bedient man sich zweckmässig des Bromum solidificatum (nach Dr. Frank). Dasselbe besteht aus Cylindern aus Kieselguhr (Infusorienerde), die mit Brom getränkt sind und dasselbe (beim Öffnen des sie umschliessenden Gefässes) entweichen lassen. Die betreffenden Räume sind hierbei 24 Stunden lang fest geschlossen zu halten und hinterher gut zu lüften.

Zum Pinseln bei Diphtherie verordnet man Brom mit Kali brom. āā 0,5 : 10,0 Glycerin. Zur Inhalation Lösungen von Brom und Kalium bromat. āā 0,5:250,0 Aq. dest. Ein mit dieser Mischung durchfeuchteter Schwamm wird in einer Düte vor Mund und Nase gehalten und damit (bei Croup und Diphtherie) mehrmals täglich 2—5 Minuten lang inhalirt.

Die Bromlösungen sind, da sie sich im Lichte zersetzen, in dunklen Flaschen aufzubewahren. Da Brom Metalle angreift, ist die Verabreichung in silbernen Löffeln unzweckmässig.

306) ℞ Bromi
Kalii bromati āā 0,2
Aq. destill. 100,0.
M. D. In vitro nigro.
S. Zum Inhaliren (auf einen Schwamm aufgeträufelt) 1—2-stündl. 3—5 Minuten lang.
(Croup, Diphtherie, Asthma.)

307) ℞ Bromi
Kalii bromati āā 0,3
Glycerini 10,0.
M. D. In vitro nigro.
S. Zum Pinseln.
(Diphtherie.)

Bulbus Scillae. Scilla. Meerzwiebel. Scille. Squill. Bulbo di scilla.

Aus den mittleren Schalen der Zwiebel von Urginea maritima (Scilla maritima), Liliaceae, geschnittene Streifen von durchschnittlich 3 mm Dicke.

Sie sind gelblichweiss, durchscheinend, von starken Gefässbündeln durchzogen und schmecken widerlich bitter.

In der Meerzwiebel, eines der ältesten Mittel des Arzneischatzes, finden sich neben schleim- und zuckergebenden Substanzen verschiedene mehr oder minder toxisch wirkende Bestandtheile (Scillipicrin, Scillitoxin, Scillaïn etc.). — Im frischen (jedoch nicht im getrockneten) Zustande kommt der Droge eine örtlich reizende Wirkung zu. In kleinen Gaben wirkt Scilla diuretisch, indem sie nach Art der Digitalis den Blutdruck steigert und die Pulsfrequenz herabsetzt. (Nach Penzoldt beruht die diuretische Wirkung wahrscheinlich auf Nierenreizung). — Ferner wirkt Scilla brechenerregend und wie alle Emetica in kleinen Dosen expektorirend. (Von den wirksamen Principien der Scilla ist das Scillitoxin das am meisten toxische; dasselbe ist ein intensives Herzgift.)

Scilla findet besonders Anwendung bei Hydropsie wie Digitalis, vor der sie noch den Vorzug besitzt, dass sie längere Zeit fortgegeben werden kann wegen des Fehlens kumulativer Wirkungen. Sie findet ferner Verwendung als Expektorans bei Bronchitis und Emphysem. Als Brechmittel wird sie fast nur bei Kindern in Form von Oxymel Scillae verordnet.

Dosis. Innerlich zu 0,05—0,3 mehrmals täglich in Pulver, Pillen Infus und Dekokt.

Präparate: **Acetum Scillae** zu 20—30 Tropfen mehrmals täglich.

Oxymel Scillae (Acet. Scillae 1. Mel. dep. 2) 1 Theelöffel als Brechmittel.

Tinctura Scillae (Bulb. Scill. 1. Spirit. dil. 5). 10—20 Tropfen mehrmals täglich.

†**Extractum Scillae.** Dickes Extrakt, zu 0,03—0,2 mehrmals in Pillen.

†**Tinctura Scillae kalinae** (Bulb. Scill. 8. Kal. caust. 1. Spirit. dil. 50). Zu 10—20 Tropfen mehrmals täglich.

308) ℞ Inf. Bulb. Scillae 3,0-6,0:180,0
Sirup. simpl. 20,0.
M. D. S. 2stündl. 1 Esslöffel.

309) ℞ Saturat. Acet. scill.
20,0—40,0:180,0
Roob Juniperi 20,0.
M. D. S. 2stündl. 1 Esslöffel.

310) ℞ Acet. Scillae 25,0
Kalii carb. q. s.
ad saturat., cui adde
Aq. Petroselini 150,0
Elaeosacch. Junip. 20,0
Spirit. Aether. nitr. 5,0.
M. D. S. 2—3stündl. 1 Esslöffel.
(Phoebus.)

311) ℞ Bulb. Scillae
Fol. Digital. āā 1,5.
Pulv. Althae. q. s.
ut f. pilul. No. 30.
D. S. 3 × tägl. 2—3 Pillen.

312) ℞ Oxymel. Scill. 5,0
Sirup. Senegae 25,0.
M. D. S. 2stündl. 1 Theelöffel.
(Bronchitis der Kinder.)

Calcaria chlorata. Calcaria hypochlorosa. Chlorkalk. Bleichkalk. Chlorure de chaux. Chlorinated Lime. Cloruro di calci.

Besteht aus einem Gemenge von Calciumhypochlorit, Chlorcalcium und Calciumhydroxyd und wird dargestellt, indem man Chlorgas über gelöschten Kalk leitet.

Weisses, trockenes, nach Chlor riechendes, in Wasser nur theilweise lösliches Pulver, das auf Zusatz von Säuren Chlor entweichen lässt. (100 Th. Chlorkalk sollen mindestens 25 Th. wirksames Chlor enthalten.) Beim Stehen an der Luft wird durch den Einfluss der Kohlensäure Chlor frei. Der Chlorkalk ist daher in gut verschlossenen Gefässen und möglichst vor Licht geschützt aufzubewahren.

Die Wirkung des Mittels setzt sich zusammen aus der des Chlorgases und der des Kalkes. Es hat stark desinficirende und gleichzeitig austrocknende, adstringirende und ätzende Eigenschaften. Innerlich machen kleine Dosen keine nennenswerthen Erscheinungen, grössere ätzen und erzeugen Magenschmerzen, Erbrechen und Diarrhoe.

Ausgedehnte Anwendung findet Chlorkalk zur Desinfektion für inficirte Räume, Krankenzimmer und Aborte. Auch wird er äusserlich zu Überschlägen und Verbänden schlecht heilender und übelriechender Wunden und Geschwüre, ferner zu Waschungen oder Einspritzungen bei blennorrhoïschen Erkrankungen der Vagina, Urethra und der Conjunctiva verordnet. Für die interne Anwendung eignet sich Chlorkalk nicht

Dosirung und Darreichungsform. Zu Mund- und Gurgelwässern 5,0—10,0 : 200,0; zu Verbandwässern 10,0—20,0 : 500,0; zu Injektionen in die Harnröhre bei Gonorrhoe 0,05—0,1 : 150,0 bis 200,0. Die Lösungen sind zu filtriren. Zur Desinfektion von Krankenzimmern stellt man Chlorkalk mit Wasser zu einem Brei angerührt in Schalen auf und übergiesst ihn mit Essig oder verdünnter Salzsäure.

313) ℞ Calcariae chlorat. 5,0
Aq. destill. 200,0.
filtra.
D. S. Äusserlich. Zu Umschlägen bei Geschwüren und Wunden.

Calcaria usta. Calcium oxydatum. Calcaria caustica. Gebrannter Kalk. Ätzkalk. Ungelöschter Kalk. Chaux vive. Lime. Calice caustica. Ca O.

Wird durch Glühen (Brennen) von kohlensaurem Kalk (Kalkstein, Marmor) erhalten, wobei die Kohlensäure entweicht.

$$\underset{\text{Calciumcarbonat}}{CaCO_3} = CO_2 + \underset{\text{Calciumoxyd.}}{CaO}$$

Der Ätzkalk des Handels enthält gewöhnlich Verunreinigungen von Eisen, Thonerde, Magnesia und Kaliumverbindungen.

Er bildet weisse, ätzend und alkalisch schmeckende Stücke, die, mit der Hälfte ihres Gewichtes Wasser befeuchtet, sich unter Aufblähen stark erhitzen und in Pulver zerfallen (gelöschter Kalk), mit 3 bis 4 Theilen Wasser sich in eine breiartige Masse (Kalkmilch) verwandeln. Beim Stehen an der Luft zieht der Ätzkalk Kohlensäure an; er ist daher in festgeschlossenen Gefässen aufzubewahren.

Wie schon der Name andeutet, wirkt der Ätzkalk ätzend. Die Wirkung ist eine rein örtliche und keine tiefgehende. Sie kommt durch die Wasserentziehung in loco affecto zu Stande.

Calcaria usta war früher als Ätzmittel, jedoch nur in Verbindung mit Kali causticum unter der Bezeichnung: „Wiener Atzpaste“ sehr beliebt zur Zerstörung von Neoplasmen und Eröffnung von Abscesshöhlen. Ein Gemenge von 6 Th. Calcar. usta und 5 Th. Kali caust. sicc. bildet, nachdem es in Pulverform auf die betreffende Hautstelle aufgestreut worden, durch Aufnahme von Feuchtigkeit eine Paste. Dieselbe ruft schon nach wenigen Minuten heftigen Schmerz, Entzündung und Brandschorf hervor. Nach Abstossung des letzteren entleert sich der Abscess. Diese schmerzhafte Procedur findet kaum mehr Anwendung.

314) ℞ Calcar. ust. 6,0
Kali caust. sic. 5,0.
M. f. pulv.
D. S. Wiener Ätzpaste.

315) ℞ Calcar. ust. 30,0
Sulf. dep. 60,0
Aq. fervid. 360,0.
M. D. S. Äusserlich.
Solutio Vlemingkx.
(Bei Psoriasis wird mit dieser Mischung täglich nach einem Bade der Körper eingepinselt.)

Calcium carbonicum praecipitatum. Calcaria carbonica praecipitata. Calciumkarbonat. Gefällter kohlensaurer Kalk. Carbonate de calcium. Carbonate de chaux. Carbonate of lime. Carbonato di calcio.

Kohlensaurer Kalk $= CaCO_3$ kommt in der Natur frei vor als Doppelspath, Kalkspath, Aragonit, Marmor, Kreide, Muschelkalk und Kalkstein. Das von der Pharmakopöe aufgenommene Calcium carbonicum praecipitatum wird durch Fällen einer klaren und erwärmten Chlorcalciumlösung mit einer Lösung von Natriumkarbonat dargestellt. Dasselbe bildet ein weisses, aus kleinen mikroskopischen Krystallen bestehendes, in Wasser fast unlösliches Pulver. In den Säuren löst es sich unter Aufbrausen (Entweichen von Kohlensäure).

Dasselbe wirkt vor Allem säuretilgend, indem es die Säure des Magens (unter Entweichen der Kohlensäure) neutralisirt. Im Blute wandelt es sich wahrscheinlich in Calciumphosphat um, als welches es im Urin aufgefunden wird. Im Überschuss in den Magen eingeführt, geht es unverändert mit den Fäces ab.

Anwendung. Innerlich wird der kohlensaure Kalk vielfach bei Pyrosis gegeben, und in Gestalt der in jedem Haushalt vorräthigen Kreide ist er ein werthvolles Mittel bei Vergiftungen mit Säuren. Ferner wird er bei chronischer Diarrhoe, Rachitis, überhaupt bei Knochenerkrankungen und zuweilen auch noch bei Tuberkulose verordnet. Man stellte sich früher vor, dass die Verkalkung der Tuberkeln und die Kallusbildung bei Frakturen durch Darreichung von Calciumpräparaten befördert würde.

Äusserlich bedient man sich des Calciumkarbonats vielfach zur Bereitung von Zahnpulvern, bisweilen auch zu Streupulvern bei Verbrennungen, Geschwüren und nässenden Ekzemen.

Dosis. Innerlich zu 0,5—2,0 mehrmals täglich in Pulver, Pastillen oder Schüttelmixturen.

Äusserlich rein oder unter Zusatz von Kohle, Alaun, Kampfer etc.

316) ℞ Calcii carbon. praecip.
Elaeasacch. Calami ãã 10,0.
Mehrmals täglich eine Messerspitze zu nehmen.
(Pyrosis.)

317) ℞ Calcii carbon. praecip. 5,0
Aq. Foeniculi 100,0
Sirup. Althae. 15,0.
M. M. S. Umzuschütteln. Kinderlöffelweise.

318) ℞ Calc. carbon. praecip. 10,0
Ferr. carbon. sacch. 5,0
Sacch. Lact. 10,0
Elaeosacch. Foeniculi 5,0.
M. f. pulv. D. in Scatula.
S. 3 × tägl. 1 Messerspitze voll.
(Rachitis der Kinder.)

319) ℞ Calcii carbon. praecip. 90,0
Camphorae tritae 10,0.
M. f. pulv. D. S. Englisches Zahnpulver.

Calcium phosphoricum. Calcaria phosphorica. Calciumphosphat. Phosphorsaure Kalkerde. Phosphate de calcium. Phosphate de chaux. Phosphate of Lime. Fosfato di Calcio. $CaHPO_4 + 2H_2O$.

Eine durch Auflösen von 20 Th. Calciumkarbonat (Marmor) in Salzsäure gewonnene Chlorcalciumlösung wird mit 1 Th. Phosphorsäure angesäuert und mit 61 Th. Natriumphosphat gefällt, der entstehende Niederschlag ausgewaschen. getrocknet und fein gepulvert.

$$\underset{\text{Calciumchlorid}}{Ca\,Cl_2} + \underset{\text{Natriumphosphat}}{Na_2HPO_4} = \underset{\text{Natriumchlorid}}{2\,NaCl} + \underset{\text{Calciumphosphat}}{CaHPO_4}$$

Dasselbe stellt ein weisses, krystallinisches, in Wasser unlösliches Pulver dar. Es löst sich leicht und ohne Aufbrausen in Säuren.

Für das Wachsthum und die Erhaltung des Organismus ist der phosphorsaure Kalk unentbehrlich. Er bildet einen wichtigen Bestandtheil des Skelettes und in Folge seiner Entziehung wird die Entwickelung der Knochen des im Wachsen begriffenen Individuums erheblich gehemmt. Seine Bedeutung für den Haushalt des Organismus geht schon daraus hervor, dass der Mensch täglich etwa 3,0 Calciumphosphat eliminirt. Thiere, denen der Kalk in der Nahrung entzogen wird, magern ab, bekommen brüchige Knochen und gehen schliesslich zu Grunde. Daher findet der phosphorsaure Kalk Verwendung bei allen Affektionen des Knochensystems (bes. Rachitis und Osteomalacie), denen ein Mangel von Kalksalzen zu Grunde zu liegen scheint. Auch bei Caries der Wirbelsäule, Skrophulose, Chlorose ist seine Verabreichung üblich.

Dosirung. Innerlich zu 0,5—2,0 für Erwachsene, 0,2 bis 0,5—1,0 für Kinder mehrmals täglich in Pulvern, Pastillen oder Pillen nach dem Essen zu nehmen.

320) ℞ Calcii phosphorici
Calcii carbon. ãã 4,0
Sacch. Lact. 10,0.
M. f. pulvis.
S. 2 × tägl. 1 Messerspitze.
(Rachitis.)

321) ℞ Calcii phosphor. 10,0
Calcii carbon. 20,0
(Ferri lact. 3,0.)
M. f. pulv. D. S. 3 × täglich 1 Theelöffel voll dem Essen beizumengen.

322) ℞ Calcii carbon. praecip. 32,0
Calcii phosphoric. 15,0
Ferri lactici 3,0
Sacch. lactis 50,0.
M. f. pulv. D. S. Eine Messerspitze auf ½ Liter Milch.
(Pulvis antirachiticus.)

Calcium sulfuricum ustum. Calcaria sulfurica usta. Gebrannter Gips. Plâtre cuit. Gesso calcinato. $CaSO_4$.

Wird das in der Natur als Gips, Alabaster etc. vorkommende Calciumsulfat ($CaSO_4 + 2H_2O$) auf 160° erhitzt, so verliert es alles Wasser und bildet den gebrannten Gips. Derselbe stellt ein weisses Pulver dar, das die Eigenschaft besitzt, mit der Hälfte seines Gewichts Wasser vermischt, einen Brei zu geben, der innerhalb 5 Minuten erhärtet. Derselbe ist trocken, in gut verschlossenen Gefässen aufzubewahren, wenn er seine erhärtenden Eigenschaften bewahren soll.

Die therapeutische Verwendung ist eine nur äusserliche zu Gipsverbänden.

Camphora. Kampfer. Camphre. Camphor. Canfora. $C_{10}H_{16}O$

Der Kampfer, ein aus dem ätherischen Kampferöl sich ausscheidender fester Körper (Stearopten), findet sich in allen Theilen des in China und Japan einheimischen Kampferbaumes, Cinnamomum Camphora (Laurinee), aus dem er durch Destillatien gewonnen wird.

Er bildet weisse, krystallinische Massen von eigenartigem Geruch und brennendem bitteren Geschmack. In Wasser ist er fast unlöslich, dagegen in Alkohol, Äther, Chloroform und Öl leicht löslich. Beim Reiben oder Stossen ballt er sich zusammen; das Pulvern gelingt nur, wenn man ihn in einer Schale mit etwas Alkohol sanft verreibt (Camphora trita). An der Luft verflüchtigt er sich allmählich. Er lässt sich leicht entzünden und brennt mit russender Flamme.

Bei äusserer Applikation in Substanz oder Lösung bedingt Kampfer starke Reizung der Haut und der Schleimhäute. Ihm kommt auch eine gewisse antiparasitäre Bedeutung zu; er hemmt Fäulniss und Gährung und tödtet Insekten.

Nach Aufnahme kleiner Dosen von etwa 0,03—0,1 zeigt sich vermehrtes Wärmegefühl im Magen, Steigerung der Pulsfrequenz und Schweisssekretion. Eine belebende Beeinflussung der Funktionen der Centralorgane des Nervensystems und des Herzens ist unverkennbar. — Grosse Gaben (1,0—2,0—3,0) können stürmische Allgemeinerscheinungen, heftige psychische Erregung, Hallucinationen, Delirien, Tremor, Krämpfe, Bewusstlosigkeit und Coma mit Exitus letalis verursachen. Der Kampfer wird von der Haut und den Schleimhäuten resorbirt. Er wird im Körper theilweise zu

Kampferglykuronsäure umgewandelt und zum grössten Theil unverändert durch Lunge, Haut und Nieren eliminirt.

Therapeutische Verwendung. Wegen seiner belebenden Wirkung auf die gesunkene Cirkulations- und Respirationsthätigkeit ist der Kampfer eines der wirksamsten und gebräuchlichsten Excitantien, das in neuerer Zeit den weniger zuverlässigen und sehr theuren Moschus verdrängt hat. Er wird vor Allem bei Kollapszuständen jeder Art und bei Vergiftungen mit narkotischen Substanzen (Opium, Belladonna, Alkohol, Chloralhydrat) angewandt. Da er die Sekretion der Bronchialschleimhaut vermehrt, ist er auch bei Bronchitis und Pneumonie mit stockendem Auswurf, namentlich bei alten Leuten (zuweilen in Verbindung mit andern Expektorantien) in Gebrauch. Seine sedative Wirkung auf das Nervensystem bei Epilepsie, Chorea, Delirium tremens, sowie sein beruhigender Einfluss auf die Sexualorgane ist sehr zweifelhaft.

Äusserlich wird er zu ableitenden Einreibungen bei Rheumatismus, Ischias, Lumbago, ferner bei Kontusionen, Frostbeulen etc. und vor Allem (subkutan) als Excitans bei Collapszuständen verordnet.

Dosis und Verabreichungsweise. Innerlich zu 0,03—0,2 mehrmals täglich in Pulver, Emulsion und Pillen. Ausserlich in subkutaner Injektion 1,0 : 10,0 Äther oder Ol. Olivar. (1—2 Spritzen); in Salben und Linimenten 1,0 : 5,0—10,0 Fett.

Präparate: **Camphora trita** (mit Alkohol zu Pulver verrieben).

Emplastrum fuscum camphoratum. Mutterpflaster.

Emplastrum saponatum. Seifenpflaster.

Linimentum ammoniato-camphoratum.

Linimentum saponato-camphoratum.

Oleum camphoratum (Camph. 1 Th., Ol. Olivar. 9 Th.).

Spiritus camphoratus (Camphor. 1 Th., Spiritus 7 Th., Aq. 2 Th.).

Unguentum Cerussae camphoratum (Unguent. Cerussae 19 Th. Camphor. 1 Th.).

Vinum camphoratum (Camph. 1. Spirit. 1. Gummi arab. 3. Vin. alb. 45).

323) ℞ Camphorae trit. 0,5
Gummi arab. 10,0
f. c. Aq. dest. 150,0
Emulsio. Adde
Sacch. alb. 10,0.
M. D. S. 2stündl. 1 Esslöffel.

324) ℞ Camphorae trit. 0,03—0,2
Sacch. alb. 0,5.
M. f. pulv. D. (in chart. cerata)
t. dos. X.
S. 1—2stündl. 1 Pulver.

325) ℞ Camphor. trit.
Moschi āā 0,03—0,2
Sacch. alb. 0,3.
M. f. pulv. D. (in chart. cerata)
t. dos. X. S. 2stündl. 1 Pulv.

326) ℞ Camphorae 5,0
Ol. Terebinth. 20,0.
D. S. Äusserlich.
(Frostbeulen.)

327) ℞ Camphor. trit. 2,0
Aether. 4,0
Ol. Olivar. 6,0.
M. D. S. Zur subkut. Injektion.
1—2 Spritzen.
(Excitans).

328) ℞ Camphor. trit. 1,0
Ol. Amygdal. dulc. 9,0.
M. D. S. Zur subkut. Injektion.
1—2 Spritzen.
(Excitans.)

329) ℞ Camphor. tritae
Acid. benzoic. āā 0,015
Sacch. alb. 0,5.
M. f. pulv. D. (in chart. cerata)
t. dos. VI.
S. 2stündl. 1 Pulver.
(Katarrhal. Pneumonie der Kinder.)

330) ℞ Camphor. 2,0
Liq. Ammon. caust.
Olei Terebinth. āā 10,0.
M. D. S. Äusserlich. Zum Einreiben.
(Rheumatismus.)

Cantharides. Muscae Hispanicae. Spanische Fliegen. Pflasterkäfer. Cantharide. Cantaride.

Lytta vesicatoria, ein 1,5 bis 3 cm langer und 6—8 mm breiter Käfer von glänzend grüner Farbe und starkem unangenehmem Geruche. Die spanische Fliege kommt nicht nur in Spanien, sondern auch in anderen Ländern vor und findet sich in Schwärmen auf Eschen, Syringen und Ligustersträuchen. Zu medicinischen Zwecken wird das Insekt in gepulvertem Zustande verwandt, und erfordert das Pulverisiren Vorsicht, da der Cantharidenstaub heftige Entzündung der Schleimhäute verursacht. Diese Wirkung beruht auf dem in sämmtlichen Theilen vorhandenen Cantharidin (S. d.), dessen Gehalt zwischen 0,2—0,6 $^0/_0$ schwankt. Wird die Haut mit Canthariden in Berührung gebracht, so schwillt sie unter Röthung an der betreffenden Stelle an; es zeigen sich mehrere mit Serum gefüllte Bläschen, die alsbald confluiren und eine grosse Blase bilden. In dem serösen Inhalte derselben findet sich Cantharidin, das von der Haut aus resorbirt werden und leicht zu bedenklichen Intoxikationserscheinungen führen kann. Allgemein bekannt ist die reizende Wirkung der Canthariden (gleichgültig ob äusserlich oder innerlich applicirt) auf die Organe des Urogenitalapparates. Man beobachtet Schmerz in der Nierengegend, quälenden Harndrang, eiweiss- und bluthaltigen Urin, kurz die Symptome einer akuten Nephritis und Cystitis und daneben schmerzhafte Erektionen. Bei Einführung per os treten noch die Erscheinungen einer akuten Gastroenteritis hinzu und unter blutigem Erbrechen, heftigem Durst, Krämpfen und Coma tritt der Tod ein. Die letale Dosis beträgt 1,5 Cantharidenpulver, 30 g der Tinktur und 15 g des Pflasters. Vom Cantharidin können schon 10 mg tödten.

Die Behandlung erfordert, wenn noch möglich, die Entfernung des Giftes durch Magenpumpe oder Emetica. Ferner gebietet die Reizung der Harnwege und des Darms die Anwendung von Opium und schleimigen Mitteln (Leinsamendecoct, Mixtura gummosa, Eiweisswasser). Auch sind Schröpfköpfe auf die Nierengegend und warme Sitzbäder indicirt. Ölige oder alkoholische Flüssigkeiten dürfen, weil sie die Löslichkeit befördern, nicht gegeben werden.

Verwendung. Innerlich werden die Canthariden kaum mehr angewandt. In früheren Zeiten erfreuten sie sich als Aphrodisiacum eines grossen Rufes und bildeten den Hauptbestandtheil der sogenannten „Liebestränke". Auch bei Hydrophobie, Blasenlähmung und als diuretisches Mittel sind sie nicht mehr in Gebrauch. In externer Applikation bedient man sich ihrer noch häufig, um Hautröthung und Blasenbildung hervorzurufen. Sie spielen eine grosse Rolle in der ableitenden Behandlungsmethode, bei Entzündung seröser Häute, (Pleuritis, Pericarditis acuta und chron. Gelenkrheumatismus). Auch bei manchen Gehirnaffektionen (Meningitis), Neuralgien, Ischias, Zahnweh. Bei Augen- und Ohrenleiden sind die Cantharidenpflaster und -salben häufig angewandte Mittel.

Die maximale Dosis beträgt

Grösste Einzelgabe 0,05! grösste Tagesgabe 0,15!

In Anwendung kommen eigentlich nur die officinellen Präparate:

Collodium cantharidatum. Vesicans. Olivengrüne, sirupöse Flüssigkeit. Zweckmässig, um Blasen von bestimmter Grösse zu erzeugen.

Emplastrum Cantharidum ordinarium. Spanischfliegenpflaster oder Vesicatorium ordinarium.

Emplastrum Cantharidum perpetuum. Zugpflaster. Immerwährendes Spanischfliegenpflaster. Schwächeres Vesicans, das mehrere Tage hinter dem Ohre liegen kann.

Oleum cantharidatum. (3 Th. Spanische Fliegen mit 10 Th. Olivenöl digerirt, dann gepresst und filtrirt.) In Einreibung als Rubefaciens.

Tinctura Chantharidum. (1 Th. Cantharid., 10 Th. Spirit.) Innerlich (selten) zu 2—4 Tropfen 3mal täglich (Blasenlähmung, Impotenz) in schleimigem Vehikel.

Äusserlich zu Salben und (stark verdünnt) Einreibungen. Vorsicht wegen Albumininurie!

Grösste Einzelgabe 0,5! grösste Tagesgabe 1,5!

Unguentum Cantharidum (bereitet aus 3 Th. Ol. cantharid. und 2 Th. Cera flava.) Eine gelbe Salbe zum Verbinden von wunden Flächen, die längere Zeit in Eiterung gehalten werden sollen (Frostsalbe).

†Cantharidinum. Cantharidin. $C_{10}H_{12}O_4$.

Wird durch Extraktion von gepulverten Canthariden mit Äther oder Chloroform erhalten.

Es stellt farblose Krystalle dar, die in Wasser unlöslich, in Äther und Chloroform leicht löslich sind. In Verbindung mit Alkalien giebt Cantharidin lösliche Salze.

Cantharidin ist das wirksame Agens der spanischen Fliegen. Auf die Haut gebracht, zeigt es stark blasenziehende Eigenschaften. In minimalen Dosen subkutan beigebracht, kommt es nach Liebreichs neuesten Untersuchungen zu Austritt von Serum aus den Capillaren, die sich in einem Entzündungsherde befinden. Das ausgeschiedene Serum soll nun einestheils als Nährmaterial und andererseits als bakterienfeindliches Agens ein mächtiger Heilfaktor sein. Aus diesem Grunde wird von Liebreich das Cantharidin in Form seiner Kalium- oder Natriumverbindung gegen Lupus, Kehlkopf- und Lungentuberkulose empfohlen. — Über Darreichungsweise siehe unter Neuere Arzneimittel.

Carbo Ligni pulveratus. Carbo pulveratus. Carbo Ligni. Carbo vegetabilis depuratus. Gepulverte Holzkohle. Gereinigte Holzkohle. Charbon végétal. Wood charcoal. Carbone di legno.

Holzkohle wird in geschlossenem Gefässe erhitzt, bis keine Dämpfe mehr entweichen, und nach dem Erkalten sofort fein gepulvert und wohlverschlossen aufbewahrt.

Ein schwarzes, geruchloses Pulver, das unter dem Mikroskope betrachtet aus splitterartigen, zackig spitzen Stücken besteht. Auf Platinblech erhitzt, muss es bis auf eine geringe Menge Asche ohne Flamme verbrennen.

Im trocknen Zustande besitzt die Kohle die Eigenschaft, Gase zu absorbiren und auch Farb- und Riechstoffe, so wie Alkaloide aufzusaugen. Sie wirkt desodorirend und desinficirend.

Innerlich wird die Holzkohle zuweilen bei abnormen Gährungsvorgängen und Gasanhäufung im Magen und Darm gegeben, doch ist ihr Nutzen hier mehr als fraglich, weil die Kohle im Magen feucht wird und in diesem Zustande nur geringe Absorptionsfähigkeit besitzt.

Äusserlich dient sie als Desodorans und Desinficiens, als Zusatz zu Zahnpulvern und als Streupulver bei Wunden.

Dosirung. Innerlich zu 0,5—2,0 mehrmals täglich in Pulver (Oblaten); am besten in comprimirten Tabletten.

Äusserlich ist es zweckmässig, das Kohlenpulver zwischen Watte gestreut anzuwenden.

331) ℞ Carbon. Lign. pulv. 20,0
Ligni Quassiae
Magnes. carbon. āā 5,0.
M. f. pulv. D. ad vitrum.
S. Mehrmals tägl. 1 Theelöffel.
(Pyrosis in Folge abnormer Magengährung).
(Heim.)

332) ℞ Carbon. Ligni pulv. 10,0
Pulv. Cort. Chin. 5,0.
Ol. Menth. pip. gtt. II.
M. f. pulv. D. S. Zahnpulver.

333) ℞ Carbon. Ligni pulv. 20,0
Magnes. carbon. 1,0.
Ol. Menth. pip. gtt. II.
M. f. pulv. D. S. Zahnpulver.

Carrageen. Caragaheen. Irländisches Moos. Perlmoos. Mousse perlée. Mousse d'Irlande. Irish Moss. Carragheen.

Die Droge besteht der Hauptsache nach aus dem getrockneten Thallus von Chondrus crispus (Fucus crispus) und Gigartina mammillosa. Sie enthält reichlich Schleim (über 70%) und wie die gewöhnlichen Meeresalgen die Salze des Meerwassers.

Eigenschaften. Handgrosser, laubartiger, in schmälere oder breitere Lappen getheilter Thallus. Mit kaltem Wasser übergossen, wird Carrageen schlüpfrig weich und quillt auf; beim Kochen mit 30 Theilen Wasser giebt es einen fade schmeckenden, dicklichen Schleim, der durch Jod nicht blau gefärbt wird.

Die Droge soll ernährende Kraft besitzen und wird von der ärmeren Volksklasse in manchen Gegenden (England und Irland) als Nahrungsmittel benutzt. — Wegen ihres Schleimgehaltes wirken Abkochungen reizmildernd und einhüllend.

Wird bei katarrhalischen Affektionen der Luftwege, besonders bei Phthisis pulmonum, Skrophulose und auch bei atrophischen Kindern verordnet.

Dosis. Innerlich zu 2,0—4,0 : 200,0—400,0 im Dekokt, gewöhnlich jedoch in der früher als Gelatina Carrageen officinellen Gallerte zu verordnen. Zweckmässig lässt sich auch Carrageen mit Milch (5 : 100) zu einer Gallerte verkocht, thee- bis esslöffelweise reichen.

Präparat: †**Gelatina Carrageen.** Irländische Moosgallerte. Gelée de Carragheen. (1 Th. Carrageen und 2 Th. Zucker zu 10 Th. Gallerte). Theelöffelweise mit Milch, Wein oder Fleischbrühe zu geben.

334) ℞ Carrageen
Lichen. island.
Rad. Liquirit.
Semin. Foenicul. āā 20,0.
M. f. species.
D. S. 1 Esslöffel voll mit 3 Tassen Wasser auf 2 Tassen Thee einzukochen und im Laufe des Tages zu trinken.
(Phthisis pulmon.)

335) ℞ Carrageen 8,0
Coque cum Lacte 350,0
ad consist. gelatinae.
Sacch. alb. 30,0
Aq. Amygdal. amar. 4,0.
M. S. Täglich zu verbrauchen.
(Hufeland.)

Caryophylli. Gewürznelken. Girofles. Cloves. Garofani.

Die noch nicht entfalteten, getrockneten Blüthen der Eugenia caryophyllata (Caryophyllus aromatica), einer auf den Antillen und in Südamerika kultivirten Myrtacee. In ihnen ist als Hauptbestandtheil ein ätherisches Oel (Nelkenöl) enthalten, dessen eigenthümlicher Geruch durch die Nelkensäure (Eugenol) bedingt ist.

Der gerundete, vierkantige, 10—15 mm lange, 4 mm dicke braune Fruchtknoten breitet sich in 4 Kelchlappen aus, über welche sich die 4, kugelig zusammenschliessenden, helleren Blumenblätter erheben. Auf dem Querbruche erkennt man mit der Lupe am Rande grosse Ölzellen, aus denselben ergiessen sich Tropfen des ätherischen Öles, wenn man Längsschnitte der Gewürznelken auf Löschpapier drückt. Gewürznelken sind von brennendem Geschmacke und kräftigem Geruche.

In kleinen Dosen regen die Gewürznelken die Speichelsekretion an und befördern den Appetit. Sie wirken fäulniss- und gährungswidrig und verhüten die Schimmelbildung.

Sie werden innerlich zuweilen verordnet zur Anregung des Appetits bei atonischer Verdauungsstörung. Äusserlich als Zusatz zu Zahnpulvern und Zahntinkturen, auch als Kaumittel bei foetor ex ore und bei Zahnschmerzen.

Die Verabreichung geschieht zu 0,2—0,5 mehrmals täglich in Pulver oder im Infus (4,0—10,0 : 150,0), gewöhnlich in Combination mit andern Mitteln oder in Form der officin. Präparate.

Präparate: **Oleum Caryophyllorum.** Nelkenöl.

Spiritus Melissae compositus.

Tinctura aromatica.

336) ℞ Pulv. Caryophyll. 15,0
Magnes. carbon. 7,5
M. f. pulv. S. 4 × tägl. 1 gestrichenen Theelöffel voll zu nehmen.
(Dyspepsie.)

337) ℞ Ol. Caryophyll. 1,5
Tinct. Opii
Aetheris āā 2,0.
M. D. S. Einige Tropfen auf Watte in den hohlen Zahn zu bringen.
(Bei Zahnweh.)

Catechu. Terra japonica. Katechu. Cachou. Catecù.

Das in Ostindien sowohl aus den Blättern von Uncaria (Ourouparia) Gambir, als auch aus dem Holze der Acacia Catechu bereitete Extrakt. In demselben finden sich eine eigenthümliche Gerbsäure, die Catechugerbsäure und ein als Catechusäure bezeichneter Stoff.

Es bildet eine dunkelbraune, zerreibliche, zuweilen poröse Masse, von grossmuschligem, schwach glänzendem Bruch und besitzt einen zusammenziehenden, zugleich bitterlich süssen Geschmack. Mit Glycerin angerieben, erscheint Catechu bei 200maliger Vergrösserung krystallinisch, und die stark verdünnte weingeistige Lösung nimmt auf Zusatz von Eisenchlorid eine grüne Färbung an. In kaltem Wasser wenig löslich.

Besitzt ähnlich der Gerbsäure adstringirende Eigenschaften.

Innerliche Verwendung findet Catechu bei chronischer Diarrhoe, Dysenterie und chronischer Pharyngitis.

Äusserlich zu Mund- und Gurgelwässern bei Angina, zu Pinselungen des Zahnfleisches bei Skorbut, auch zu Klysmen (bei Dysenterie und Diarrhoe), sowie zu Einspritzungen bei Gonorrhoe.

Dosis: Innerlich zu 0,5—2,0 in Pulvern, Pastillen oder Pillen mehrmals täglich. Äusserlich zu Injektionen und Klystieren 10,0 : 100,0.

Präparate: **Tinctura Catechu** (Catechu 1, Spirit. dil. 5). Zu 20—30 Tropfen mehrmals täglich.

†**Sirupus Catechu.** Sirop de Cachou. (Pharm. Fr.). (25 Th. Catechu, 975 Th. Sirup).

338) ℞ Catechu 0,5 —1,0
Opii puri 0,01—0,02
Sacch. alb. 0,3.
M. f. pulv. D. t. dos. X.
S. 2—3stündl. 1 Pulver.
(Chron. Diarrhoe.)

339) ℞ Catechu 10,0
solve in
Aq. bullient. ad
Colatur. 180,0
Tinct. Opii spl. 2,0
Sirup. Cinnam. ad 200,0.
M. D. S. 2stündl. 1 Esslöffel.
(Dysenterie.)

340) ℞ Catechu 3,0
Opii 0,3.
Extr. Gentian. q. s.
ut f. pilul. No. 30.
D. S. 3 × tägl. 1—2 Pillen.

341) ℞ Decoct. Althae. 120,0
Catechu 2,0—3,0.
M. D. S. 2stündl. 1 Theelöffel.
(Chron. Diarrhoe der Kinder.)

Cera alba. Weisses Wachs. Cire blanche. White Wax. Cera bianca.

Das an der Sonne gebleichte Bienenwachs stellt weisse, durchscheinende, harte, gewöhnlich in Tafeln oder Scheiben vorkommende Stücke dar, die bei etwa 64° zu einer farblosen Flüssigkeit schmelzen. — Als Arzneimittel diente es früher auch innerlich in fein vertheiltem Zustande als Wachsemulsion, als einhüllendes Mittel bei Diarrhoe und Dysenterie. Jetzt wird es ausschliesslich zu äusseren Zwecken, zur Bereitung von Salben, Pflastern, Ceraten, Suppositorien und zur Anfertigung von Pillen aus Bals. Copaivae benutzt.

Präparat: **Unguentum leniens.** Cold-Cream, angenehm riechende, reizmildernde Salbe.

Cera flava. Gelbes Wachs. Cire jaune. Yellow Wax. Cera gialla.

Das durch sorgfältiges Ausschmelzen der entleerten Honigwabe erhaltene Bienenwachs. Es stellt eine gelbe Masse dar, die in der Kälte mit körniger, matter, nicht krystallinischer Oberfläche bricht und bei 63—64° zu einer klaren, angenehm riechenden, rötlich gelben Flüssigkeit schmilzt, nach dem Erkalten unter dem Mikroskope krystallinische Struktur zeigt.

Anwendung wie Cera alba.

Präparat: **Unguentum cereum.** Wachssalbe (Cerae flav. 3, Ol. olivar. 7). Als reizmilderndes Deckmittel für wunde Hautstellen und als Salbengrundlage.

Cerussa. Plumbum carbonicum. Bleiweiss. Kohlensaures Bleioxyd. Céruse. Carbonate de plomb. Carbonate of Lead. Cerussa. $2PbCO_3.Pb(OH)_2$.

Wird durch Überführen von basischem Bleiacetat in basisches Bleikarbonat nach verschiedenen Methoden dargestellt.

Es stellt ein weisses, schweres, stark abfärbendes und in Wasser unlösliches Pulver dar, das sich in Essigsäure und verdünnter Salpetersäure unter Aufbrausen auflöst. — Durch Erhitzen geht es in Bleioxyd über.

Wird wie alle Bleipräparate leicht resorbirt, und da es von Malern viel gebraucht wird, führt es bei diesen sehr oft (durch Einathmung etc.) zur Bleivergiftung.

Therapeutisch wird es nur äusserlich als austrocknendes Mittel in Salben und Pflastern gebraucht, in Gestalt seiner officinellen Präparate:

Emplastrum Cerussae. Bleiweisspflaster. Ein weisses Pflaster bestehend aus 7 Th. Bleiweiss, 2 Th. Olivenöl und 12 Th. geschmolzenem Bleipflaster. Dient als mildes Deckmittel bei Hautexcoriationen, Ekzem, Decubitus etc.

Unguentum Cerussae. Bleiweisssalbe. (Cerussa 3 Th., Ungt. Paraffin 7 Th.). Weisse, austrocknende Salbe bei Geschwüren und Verbrennungen.

Unguentum Cerussae camphoratum. Kampferhaltige Bleiweisssalbe. Eine weisse, nach Kampfer riechende Salbe, bereitet aus 19 Th. Ungt. Cerussae und 1 Th. fein zerriebenem Kampfer. Dient als reizende Verbandsalbe, wird bei Frostbeulen und auch bei nässenden und schlecht eiternden Geschwüren angewandt.

Cetaceum. Sperma Ceti. Walrat. Blanc de baleine. Cetina.

Kommt im Körper der Potwale, vorzüglich des Physeter makrocephalus vor. Es ist ein festes Fett, dass sich in Öl (Walratöl) gelöst in verschiedenen Höhlen des Körpers, besonders aber am Kopfe des Thieres befindet. Der durch Pressen und Umkrystallisiren vom flüssigen Walratöl befreite feste Antheil ist officinel und besteht grösstentheils aus Palmitinsäure-Cetyläther.

Er bildet eine weisse, glänzende, feste, grobkrystallinische Masse von 0,943 spec. Gewicht, die zwischen 45 und 50^0 zu einer farblosen, klaren Flüssigkeit schmilzt. Der Walrat ist mit Hülfe einiger Tropfen Weingeist leicht pulverisirbar und in Äther, Chloroform, Schwefelkohlenstoff und kochendem, nicht aber in kaltem Weingeist löslich.

Neuerdings ist Cetaceum wieder an Stelle von Fetten von Senator bei kachektischen Krankheiten der Kinder empfohlen, früher wurde es als reizmilderndes Mittel bei Angina, Heiserkeit und Diarrhoe gegeben.

Äusserlich dient es zur Bereitung von Pflastern und reizmildernden Salben.

Dosirung. Bei Zehrkrankheiten fein gepulvert mit Zucker oder Elaeosacch. Citri āā täglich 10,0—30,0; für Kinder 2,0 bis 3,0 in Pulverform.

Präparat: **Unguentum leniens.** Coldcream (Cera alb. 4, Cetac. 5, Ol. amygd. 32, Aq. dest. 16, Ol. Rosae gtt. 1). Angenehm riechende, reizmildernde Salbe.

Charta nitrata. Salpeterpapier. Papier nitré. Carta nitrata.

Weisses Filtrirpapier wird mit einer Auflösung von 1 Th. Kaliumnitrat in 5 Th. Wasser getränkt und getrocknet.

Findet ausschliesslich Verwendung bei Asthma, indem man die aus dem verglimmenden Salpeterpapier aufsteigenden Dämpfe bei Beginn eines Anfalls einathmen lässt. Zum Gebrauch zerschneidet man das Papier in Stücke von der Grösse einer halben Spielkarte und legt sie nach dem Anzünden auf einen Teller.

Charta sinapisata. Senfpapier. Moutardes en feuilles.

Mit entöltem Senfpulver überzogenes Papier. Der Überzug darf nicht ranzig riechen und muss, mit Wasser befeuchtet, einen starken Geruch nach Senföl zeigen.

Es wird an Stelle des Senfteiges als Rubefaciens bei Rheumatismen, Pleuritis, Lumbago, Bronchitis etc. angewandt. Man verordnet es blattweise, indem man das Papier, mit lauwarmem Wasser befeuchtet, auf die betreffende Stelle legt und mit einem Tuche befestigt. Nach 10—15 Minuten ist es zu entfernen.

Chininum ferro-citricum. Eisenchinincitrat. Citronensaures Eisen-Chinin. Citrate de fer et de quinine. Citrate of Iron and Quinine. Citrato di ferro et di chinina.

Dieses Doppelsalz, das in 100 Th. etwa 10 Th. Chinin und 30—32 % Eisenoxyd enthält, bildet dünne glänzende, gelb- bis rothbraune Blättchen, von bitterem, eisenartigem Geschmack, die in kaltem Wasser langsam, in warmem Wasser vollständig und in jedem Verhältniss, in Weingeist sehr wenig löslich sind.

Die sehr zweckmässige Kombination von Chinin und Eisen zeigt die Wirkung seiner Componenten und wird bei anämischen Zuständen, Chlorose, bei manchen Neurosen, auch bei Schwächezuständen, in der Rekonvalescenz nach schweren fieberhaften Krankheiten als Tonicum verordnet.

Dosirung. Innerlich zu 0,1—0,5 mehrmals täglich in Pulver, Pillen oder in Wein gelöst. Für Kinder 0,05—0,1—0,2 mehrmals täglich.

342) ℞ Chinin. ferro-citric. 1,0 solve in Vin. hispanic. 250,0. M. S. Mehrmals tägl. 1 Esslöffel.	343) ℞ Chinin. ferro-citric. 0,1 Sacch. alb. 0,4. M. f. pulv. D. tal. dos. No. X. S. 3 × tägl. 1 Pulver.

(Anämie, Chlorose, Rekonvalescenz etc.)

Chininum hydrochloricum. Chininum muriaticum. Chininhydrochlorid. Salzsaures Chinin. Chlorhydrate de quinine. Hydrochlorate of Quinine. Cloridrato di chinina. $C_{20}H_{24}N_2O_2.HCl + 2H_2O$.

Als wirksames Princip ist in der Chinarinde neben anderen Alkaloiden das im Jahre 1820 von Pelletier und Caventou isolirte Chinin enthalten, dem (in Form seiner verschiedenen Salze) die grösste praktische Bedeutung zukommt. Chininum hydrochloricum wird durch Auflösen von Chinin in Salzsäure oder durch Umsetzen von reinem Chininsulfat mit Baryumchlorid erhalten.

Dasselbe stellt weisse, nadelförmige Krystalle von sehr bitterem Geschmacke dar, die mit 3 Theilen Weingeist und mit 34 Theilen Wasser farblose, neutrale Lösungen geben. Es löst sich auch ziemlich leicht in heissem Glycerin. (Vor Chininum sulfuricum hat das salzsaure Chinin den Vorzug der leichteren Löslichkeit, ausserdem ist es reicher an Chinin und wird besser vom Magen vertragen.)

Chinin ist (auch in Form seiner Salze) schon in geringer Menge ein starkes Gift für alle niederen thierischen Organismen, daher ein Antisepticum. Schimmelbildung verhindert es jedoch nicht, und Schimmel wird oft in Chininsalzlösungen gefunden. Als Protoplasmagift beeinflusst es die Bewegung von Amöben und weissen Blutkörperchen. Binz hat nachgewiesen, dass es letztere im Blute vermindert und ihre Auswanderung bei entzündlichen Reizen hemmt. Am längsten und besten gekannt ist die specifische Wirkung des Chinins bei Wechselfieber; dieselbe ist bisher noch von keinem andern Mittel erreicht worden. — Unter seinem Gebrauch verkleinert sich die Milz und wird der Uterus zu Kontraktionen angeregt. — Kleine Gaben wirken, wie alle bitteren Mittel, appetiterregend; ebenso erhöhen sie ein wenig die Pulsfrequenz und den Blutdruck. Bei längerer Darreichung wird jedoch die Verdauung gestört und Völle und Unbehagen im Magen erzeugt. — Die Körpertemperatur wird nach 0,2—1,0 Chinin bei Gesunden nur unbedeutend, dagegen bei Fiebernden erheblich, zuweilen um 3 bis 4 Grade herabgesetzt. — Nicht selten sieht man nach Chinin einen eigenthümlichen Hautausschlag (rothe Flecke und Quaddeln) auftreten. Je nach der Empfindlichkeit des Individuums ruft es mitunter schon in Dosen unter 1 g Erbrechen, Schwindel und Ohrensausen hervor und nach grösseren Gaben kann es zu beunruhigenden Erscheinungen von Kopfweh, Verdunkelung des Gesichtes, Pupillenerweiterung, Schwerhörigkeit, Muskelschwäche etc. kommen. Nach sehr hohen Dosen von 2,0 bis 5,0 tritt eine Zunahme der eben geschilderten Symptome ein, zu denen sich noch Konvulsionen und Coma gesellen, und in Folge Lähmung des centralen Nervensystems und des Herzens kann Exitus letalis erfolgen. Doch sind Todesfälle nach Chinin nur sehr selten beobachtet worden.

Chinin wird von den verschiedenen Schleimhäuten und dem subkutanen Bindegewebe aus resorbirt. Seine Ausscheidung durch den Urin erfolgt theilweise im unveränderten Zustande, theilweise nach Oxydation als Dihydroxylchinin. Nachzuweisen ist das Chinin, indem man zu einer Lösung desselben Chlorwasser und ein wenig Ammoniak hinzusetzt; dadurch entsteht eine smaragdgrüne Färbung (Thalleiochinreaktion).

Das Hauptanwendungsgebiet des Chinins und seiner Salze bilden Malaria und die mit derselben in direkter Beziehung stehenden Affektionen, intermittirende Krankheitsformen und Neuralgien jeder Art. — Als Antipyreticum bei Typhus, Pneumonie und anderen fieberhaften Krankheiten wird es seit Einführung des Antipyrins seltener angewandt; ebenso hat es beim akuten Gelenkrheumatismus dem prompter wirkenden salicylsauren Natron den Platz räumen müssen. Von Nutzen erweist es sich bei Influenza, wo ihm sogar ein prophylaktischer Einfluss zugeschrieben werden kann. Ebenso hat man Erfolg gesehen bei Keuchhusten, Leukämie und bei den verschiedensten Neurosen und Neuralgien, Migräne, Ischias, Chorea, Menière'schem Schwindel etc. Als Tonicum in der Rekonvalescenz von erschöpfenden Krankheiten, wo es noch zuweilen in kleinen Gaben in Verbindung mit Eisen gegeben wird, ist sein Werth zweifelhaft, ebenso wie seine Verwendung zu Haarwassern und Pomaden.

Wegen der Uteruskontraktionen bewirkenden Eigenschaften des Chinins gebietet die Vorsicht, dasselbe bei Schwangeren zu vermeiden.

Dosirung und Verabreichungsform: Innerlich bei Intermittens in der fieberfreien Zeit (etwa 4—8 Stunden vor dem zu erwartenden Anfalle) 2—3mal 0,5 in Pulver (Oblatenkapseln) und Kindern bis zu 8 Jahren etwa die Hälfte der Dosis zu geben. Als Antipyreticum bei Typhus, Influenza und anderen fieberhaften Krankheiten 0,5—1,5 auf einmal (in Pulver), am besten Abends, Erwachsenen zu geben, Kindern so viele Decigramme, wie sie Jahre zählen. — Bei

Keuchhusten:	Säuglingen	0,04—0,07	3 × täglich zu geben. (Seifert.)
	Kind von 2 Jahren	0,07—0,1	
	„ „ 3—4 „	0,1 —0,15	
	„ „ 4—6 „	0,15—0,2	
	„ „ 6—8 „	0,2 —0,25	
	älteres Kind . .	0,5.	

Als Antipyreticum:

Kind von	0—1	Jahre	=	0,1 —0,5
„ „	0—2	Jahren	=	0,4 —0,8
„ „	2—6	„	=	0,5 —1,0
„ „	6—10	„	=	0,6 —1,25
„ „	10—14	„	=	0,75—1,5.

Bei Neuralgien 0,1—0,2 mehrmals täglich in Pulver oder Pillen. Als Prophylacticum bei Influenza alle 2—3 Tage 0,5. Äusserlich zu Einblasungen in die Nase bei Keuchhusten, zu Inhalationen (0,5—1,0 : 100,0). Zur subkut. Injektion (die subkut. Injektionen sind schmerzhaft und geben leicht Abscesse) empfiehlt Köbner 0,5—1,0 in Wasser und Glycerin āā 2,0 gelöst, ohne Säurezusatz lauwarm zu injiciren. — Zu Collyrien bei septischer Conjunctivitis und Keratitis wässerige Lösungen von 1 : 100 (ohne Säurezusatz!) — Per anum ist Chinin nur ausnahmsweise anzuwenden, weil es auf diesem Wege wegen des alkalischen Darmsaftes schlecht resorbirt wird.

344) ℞ Chinin. mur. 0,5.
D. t. dos. No. X.
in caps. amyl.
S. 1—4 Stück täglich.
(Intermittens, Neuralgien, Influenza, akuter Gelenkrheumatismus etc.)

345) ℞ Chinin. sulf. 0,5—1,0
Acid. sulf. dil. 2,0
Aq. Cinnamom. 50,0
Aq. dest. ad 150,0.
M. D. S. 2stündl. 1 Theelöffel.
(Keuchhusten etc.)

346) ℞ Chinin. hydrochl. 2,0
Sacch. alb.
Gumm. arab. āā 1,0.
M. f. c. Aq. dest.
pilul. No. XX.
D. S. 2× tägl. 5 Pillen zu nehmen.
(Neuralgien, Menièrischer Schwindel etc.)

347) ℞ Chinin. sulf. 1,5
Ferri reduct. 5,0
Rad. Gentian. pulv. 0,5
Extr. Gentian. 2,5.
M. f. pilul. No. 60.
D. S. 3× tägl. 2 Pillen.
Pilulae Chinini cum Ferro.
(Form. magistr. Berolin.)

348) ℞ Chinin. sulf. 4,0
Ergotin. 2,0.
M. f. pilul. No. 40.
D. S. 2—4× tägl. 2 Pillen.
(Hämoptoë.)
(Eklund.)

349) ℞ Chinin. hydrochl. 1,0
Kal. bromat. 4,0.
M. f. pulv.
D. S. Zum Einblasen in die Nase (2× täglich).
(Keuchhusten.)

350) ℞ Chinin. hydrochl. 0,5
Glycerin.
Aq. dest. āā 2,5.
(Disp. sine acido.)
D. S. Zur subkutanen Injektion. Lauwarm zu injiciren.
(Köbner.)

Chininum sulfuricum. Chininsulfat. Neutrales schwefelsaures Chinin. Sulfate de quinine. Sulfate of Quinine. Sulfato de chinina. $(C_{20}H_{24}N_2O_2)_2 H_2SO_4 + 8H_2O$.

Wird durch Neutralisation des aus der Chinarinde abgeschiedenen Alkaloids Chinin mit verdünnter Schwefelsäure gewonnen.

Dasselbe bildet nadelförmige, weisse Krystalle von bitterem Geschmack, die sich in 800 Theilen kaltem, in 25 Theilen siedendem Wasser, sowie in 6 Theilen siedendem Weingeiste lösen. Die wässerige Lösung reagirt neutral und zeigt auf Zusatz eines Tropfens verdünnter Schwefelsäure bläuliche Fluorescenz.

Wirkung, Anwendung und Dosirung wie Chininum hydrochloricum.

Chininum tannicum. Chinintannat. Gerbsaures Chinin. Tannate of quinin. Tannato di chinina.

Das gerbsaure Chinin wird durch Fällen von Chininlösungen mit Tannin dargestellt und enthält in 100 Theilen 30 bis 32 Theile Chinin.

Es stellt ein amorphes, gelblichweises, geruchloses Pulver von sehr schwach bitterem und kaum zusammenziehendem Geschmacke dar. In Wasser ist es nur wenig, in Weingeist etwas mehr löslich. Diese Lösungen werden durch Eisenchlorid blauschwarz gefärbt.

Wegen seiner schweren Löslichkeit wirkt Chininum tannicum schwächer und langsamer als die anderen Chininsalze.

Es wird als Adstringens und Roborans bei Diarrhoe und Schweissen der Phthisiker, bei Dysenterie und namentlich in der Kinderpraxis bei Typhus und Keuchhusten angewandt und zwar zu 0,1—1,0 mehrmals täglich in Pulvern oder Pillen; bei Kindern zu 0,05—0,25. Bei Keuchhusten 3mal täglich so viel Decigramme, wie das Kind Jahre zählt, zu geben.

351) ℞ Chinin. tannic. 0,1.
D. tal. Dos. No. X.
S. 2 × tägl. 1 Pulver.
(1 jähriges Kind mit Keuchhusten.)

352) ℞ Chinin. tannic. 2,0
Sacch. alb. 8,0.
M. f. Trochisci No. 10.
D. S. 4—5 × tägl. 1 Pastille.
(Für 2—3jähriges Kind.)

353) ℞ Chinin. tannici 0,1
Pulv. rad. Liquirit. 0,5.
M. f. pulv. D. tal. dos. X.
S. 3 × tägl. 1 Pulver.
(2jähriges Kind mit Enterit. follicularis.)

Chloralum formamidatum. Chloralformamid. Chloralamid. $CCl_3CHO.HCONH_2$.

Man mischt 147 Th. wasserfreies Chloral mit 45 Th. Formamid. Beide Flüssigkeiten vereinigen sich zu festem Chloralformamid, das aus Wasser, dessen Wärmegrad nicht 60° C. übersteigen darf, umkrystallisirt wird.

Es stellt weisse, glänzende, geruchlose Krystalle von bitterem Geschmacke dar, die in etwa 20 Th. kaltem Wasser, sowie in 1,5 Th. Weingeist löslich sind und bei 114—115° schmelzen. Beim Erhitzen über 60° wird die wässerige Lösung in ihre beiden Bestandtheile (Chloral und Formamid) gespalten.

Das im Jahre 1889 durch v. Mering in die Praxis eingeführte Chloralformamid hat sich als Schlafmittel bewährt. Nach Dosen von 2,0—4,0 tritt der Schlaf ein, nicht ganz so schnell wie nach Chloralhydrat, aber schneller als nach Sulfonal und dauert 2 bis 8 Stunden an. Die hypnotische Wirkung kommt wahrscheinlich dadurch zu Stande, dass das in dem alkalischen Blute kreisende Mittel in seine Komponenten Formamid und Chloral gespalten wird.

Die Verdauung erleidet keine Beeinträchtigung, das Cirkulationssystem wird dagegen in ähnlicher Weise, wenn auch etwas weniger ungünstig beeinflusst (Sinken des Blutdruckes), wie nach Chloralgebrauch. Unliebsame Nebenwirkungen kommen zuweilen auch vor. 3,0 Chloralformamid entsprechen der Wirkung von 2,0 Chloralhydrat.

Anwendung findet dasselbe wie Chloralhydrat bei Schlaflosigkeit und bei Geisteskrankheiten. Vorsicht bei Herzkrankheiten. — Wird zu 2,0—3,0

Grösste Einzelgabe 4,0! — Grösste Tagesgabe 8,0!

in Pulvern, Wein, Bier oder Thee, auch in Form von Klysmen gegeben. Die wässerigen Lösungen sind nicht über 60^0 zu erhitzen (weil alsdann Zersetzung eintritt).

354) ℞ Chloral. formamidat. 5,0
Aq. destill. 120,0
Sirup. Cort. Aurant. ad 150,0.
M. D. S. Abends 2—3—5 Esslöffel zu nehmen.

355) ℞ Chloral. formamid. 2,0
Elaeosacch. Foenic. 1,0.
M. f. pulv. D. tal. Dos. III.
S. 1 Stunde vor dem Schlafengehen zu nehmen.

356) ℞ Chloral. formamidat. 3,0
Acid. hydrochl. dil. gtt. II.
Spirit. vini 1,0
Aq. dest. ad 100,0.
M. D. S. Als Klystier.

Chloralum hydratum. Chloralhydrat. Hydras chlorali. Chloral. Chloral hydraté. Hydrate de Chloral. Hydrate of Chloral. Chloralo idrato. $CCl_3COH.H_2O$.

Das im Jahre 1831 von Liebig entdeckte Chloralhydrat hat erst 1869 eine grosse praktische Bedeutung erlangt, als O. Liebreich seine schlafmachende Wirkung erkannt hatte. Ausgehend von der Beobachtung, dass bei Gegenwart geringer Mengen von freien Alkalien sich das Chloral in Chloroform und Ameisensäure spaltet, glaubte Liebreich, dass das im alkalischen Blute cirkulirende Chloral dieselbe Zerlegung erfahren und dass das abgespaltene Chloroform Schlaf erzeugen müsse. Während die hypnotische Wirkung des Chloralhydrats sich in der That aufs Glänzendste bewährt hat, ist die von Liebreich abgegebene Erklärung für das Zustandekommen dieser Wirkung von den meisten Pharmakologen abfällig beurtheilt und zurückgewiesen worden.

Die Darstellung geschieht, indem man trockenes Chlorgas in absoluten Alkohol einleitet, das entstehende Chloralalkoholat mit koncentrirter Schwefelsäure schüttelt und abdestillirt. Bringt man das so gewonnene Chloral mit Wasser zusammen, so verbindet es sich mit demselben zu Chloralhydrat.

Dasselbe stellt farblose, durchsichtige, trockene, bei 58^0 schmelzende Krystalle von stechendem Geruche und schwach bitterem, ätzendem Geschmacke dar. Dieselben sind in Wasser, Weingeist, Äther und Glycerin leicht löslich, weniger löslich in fetten und ätherischen Ölen, Schwefelkohlenstoff, Chloroform und verflüssigen sich beim Mischen mit Kampfer oder Karbolsäure. Durch kaustische Alkalien wird Chloralhydrat in Chloroform und Ameisensäure zerlegt.

Chloralhydrat ist ein Schlafmittel, das in Bezug auf Zuverlässigkeit und Schnelligkeit der Wirkung bisher noch von keinem andern Hypnoticum übertroffen worden ist. Gaben von 1,0—2,0 führen bereits nach 10 bis 20 Minuten mehrstündigen ruhigen Schlaf herbei. Nach dem Erwachen pflegen unangenehme Nebenerscheinungen nicht vorzukommen. Wie die hypnotische Wirkung zu Stande kommt, ist noch immer nicht genügend aufgeklärt. Die Sensibilität ist gewöhnlich etwas herabgesetzt und die Pupillen sind mässig verengt. Grössere Dosen wirken lähmend auf das vasomotorische Centrum; man beobachtet schon nach 3,0—5,0 Sinken des Blutdrucks und der Körpertemperatur, Verlangsamung der Respiration, Erlöschen der Reflexerregbarkeit, und der Tod kann in Folge von Herzlähmung eintreten.

Örtlich wirkt Chloralhydrat, in Substanz oder koncentrirter Lösung auf Schleimhäute gebracht, ätzend. Auch besitzt es stark fäulnisswidrige Eigenschaften. Anatomische Präparate konserviren sich ausgezeichnet in Chorallösungen. — Es wird von allen Schleimhäuten und vom Unterhautzellgewebe resorbirt und erscheint im Urin als Urochloralsäure.

Zuweilen tritt schon nach geringen Gaben, gewöhnlich aber erst bei lange fortgesetztem Gebrauch ein eigenthümlicher Hautausschlag (Erythem oder Quaddeln), auch Erbrechen, Röthung des Gesichts und Conjunctivitis auf.

Lange fortgesetzter Gebrauch führt zur chronischen Vergiftung (Chloralismus chronicus) mit geistigem und körperlichem Verfalle. Doch kommt es häufiger in Folge Verwechselung oder unrichtiger Anwendung zur akuten Vergiftung. Dieselbe kann unter Magenschmerzen, Icterus, Dyspnoë, Unregelmässigkeit des Pulses und Kollaps langsamer oder unter raschem Sinken der Herzthätigkeit und im Coma sehr rasch zum Tode führen.

Während die chronische Vergiftung Anstaltsbehandlung erfordert, sind bei der akuten vor Allem excitirende Mittel, künstliche Respiration, Ausspülen des Magens nothwendig. Auch verdienen subkutane Strychnininjektionen Beachtung.

Anwendung findet Chloralhydrat in allen Fällen von sogen. nervöser Schlaflosigkeit. (Bei durch Schmerzen oder Husten verursachter Insomnie verdient die Anwendung des Morphin den Vorzug.) Gute Dienste leistet es bei psychischen Aufregungszuständen, in den verschiedenen Zuständen von Manie, und besonders bei Delirium tremens, wo der Eintritt von Schlaf bereits als Beginn der Besserung angesehen wird. Ferner bedient man sich dieses Mittels bei Eklampsie, Lyssa, Tetanus, Trismus, Strychninvergiftung Auch bei Cardialgie, chron. Chorea, Keuchhusten, Singultus und Asthma nervos. findet es Verwendung.

Äusserlich wird es zuweilen (in Verbindung mit Kampfer) bei Zahnschmerzen zum Einlegen in den kariösen Zahn und auch bei Pityriasis zum Waschen der Kopfhaut verordnet.

Bei Herzkrankheiten thut man gut, Chloralhydrat nicht und bei ulcerativen Processen des Magens nur per Klysma anzuwenden.

Dosis. Innerlich als Schlafmittel zu 1,0—2,0

Grösste Einzelgabe 3,0! — Grösste Tagesgabe 6,0!

am besten in wässeriger Lösung oder in Form der 0,25 Chloralhydrat enthaltenden Chloralperlen, für Kinder bis 8 Jahren 0,1—0,5 (etwa 0,1 für jedes Lebensjahr). Bei Delirium tremens sind grössere Dosen (3,0—4,0) erforderlich. Wenn bei Einnehmen per os Ekelgefühl eintritt, ist Verabreichung in Klysma (1,0—2,0 mit Mucil. Salep 60,0) zu empfehlen. Äusserlich in subkutaner Applikation unzweckmässig, weil reizend und schmerzhaft. Zu Waschungen der Kopfhaut (5,0 : 200,0).

Chloralderivate:

†**Chloralformamid.**

†**Chloralose.**

†**Hypnal** (Chloralhydrat und Antipyrin).

†**Somnal** (Aethylchloral-Urethan).

357) ℞ Chloral. hydrat. 4,0
Aq. dest.
Sir. Cort. Aurant. āā 40,0
M. D. S. 1—2 Essl. (1 Essl = 1,0.)
(Schlaflosigkeit, Manie, Delirium tremens etc.)

358) ℞ Chloral. hydrat. 6,0
Mucil. Salep 150,0
Sir. Rub. Id. 30,0.
M. D. S. Abends 1—2 Esslöffel (= 0,5—1,0).
(Habituelle Schlaflosigkeit, Reizhusten, Eklampsie.)

359) ℞ Chloral. hydr. 5,0
Aq. dest. 10,0.
M. D. S. 1 Theelöffel in 1 Glas Wein, Bier oder Limonade.
(Liebreich.)

360) ℞ Chloral. hydr.
Aq. dest. āā 5,0.
D. S. Zur subkutanen Injektion. (2 Spritzen und darüber; giebt leicht Abscesse!)

361) ℞ Chloral. hydr. 3,0
Aq. destill. 100,0
Aq. Menth. pip. ad 200,0.
M. D. E. 2stündl. 1 Esslöffel.
(Cardialgie.)

362) ℞ Chloral. hydr.
Camphor. trit. āā 2,0.
M. D. S. Auf Watte in den hohlen Zahn zu legen.

Für die Kinderpraxis sind folgende Formeln zu empfehlen:

363) ℞ Chlor. hydrat. 1,0 : 30,0
Aq. Valerian. 10,0
Sirup. simpl. 20,0.
M. D. S. Von Zeit zu Zeit ein Theelöffel.

364) ℞ Chloral. hydr. 0,1—0,5
Mucil. Salep 50,0.
D. S. Zu 2 Klystieren.
(Krampfzustände etc.)

366) ℞ Chloral. hydr. 1,0
Natrii brom. 4,0
Aq. destill. 100,0
Succ. Liquirit. 3,0.
M. D. S. Stündlich 1 Theelöffel.
(Keuchhusten.)

366) ℞ Chloral. hydrat. 3,0
Aq. dest. 12,0.
M. D. S. Morgens und Mittags je 1, Abends 2 Kaffeelöffel voll zu geben (jeden Löffel voll der Mixtur m. Himbeergelée mischen.)
(Chorea — 5 Jahre altes Kind.)
(Seifert.)

Chloroformium. Chloroformum. Formychlorid. Trichlormethan. Chloroforme. Cloroformo. $CH\,Cl_3$.

Das im Jahre 1847 durch Simpson, Professor der Geburtshilfe in Edinburg, als Anästheticum in die Praxis eingeführte Chloroform ist 1831 fast gleichzeitig von Liebig in Giessen (bei der Zersetzung von Chloral durch Kalilauge) und von Soubeiran in Paris (bei der Destillation von Chlorkalklösung mit Weingeist) entdeckt worden.

Die fabrikmässige Darstellung geschieht gewöhnlich, indem man verdünnten Alkohol der Destillation mit Chlorkalk unterwirft. Im Handel kommen verschiedene Sorten Chloroform vor. So das englische Chloroform (Chlorof. usu anglico). Ferner Chloroformum e Chloralo hydrato (aus Chloral durch Zerlegen von Chloral mittels Alkali bereitet). Ausserdem das Chloroform Pictet, das durch Gefrierenlassen des gewöhnlichen Chloroforms zu Krystallen die grösste Reinheit besitzen soll.

Chloroform stellt eine klare, farblose, stark lichtbrechende, nicht entzündliche, eigenthümlich süsslich riechende und schmeckende flüchtige Flüssigkeit von 1,485—1,489 spec. Gewicht dar. Dieselbe ist in Wasser sehr wenig löslich, mit Weingeist, Äther, Benzin, fetten und ätherischen Ölen in allen Verhältnissen mischbar und siedet bei 60—62°. — Von erstickendem, zu Husten reizendem Geruche (Phosgengas) soll Chloroform frei sein und Filtrirpapier, mit Chloroform getränkt, darf nach dem Verdunsten des letzteren keinen Geruch mehr abgeben. Unter dem Einfluss von Licht und Luft zersetzt es sich leicht; es tritt ein Geruch nach Chlor oder Phosgen auf, das Chloroform nimmt dabei saure Reaktion an. Ein kleiner Zusatz von Alkohol (0,5 %) vermag diese Veränderungen zu verhindern.

Bei örtlicher Applikation bewirkt Chloroform Reizungserscheinungen, zunächst Gefühl von Wärme und Brennen, dann Entzündung und Herabsetzung der Sensibilität. — Auf Mikroorganismen wirkt es zerstörend; mit Chloroform versetztes Wasser hat ausgesprochene antiseptische Eigenschaften.

Wird Chloroformdampf bei ungehindertem Luftzutritt eingeathmet, so tritt sehr bald ein sogenanntes „Erregungsstadium“ ein, dessen Dauer und Intensität den grössten Variationen unterworfen ist. Bei Säufern ist diese Periode besonders stark ausgeprägt; es kann hier zu den heftigsten maniakalischen Ausbrüchen kommen. — Das Aufregungsstadium geht allmählich in das „Betäubungsstadium" über. In demselben sinkt die anfänglich gesteigerte Pulsfrequenz immer mehr, das vorher geröthete Gesicht wird blass, die Schmerzempfindung und Reflexthätigkeit erlischt, die Muskeln erschlaffen und es tritt vollständige Narkose ein. Die Pupillen sind verengt. Durch fortgesetzte Zuführung von Chloroform kann die Narkose mehrere Stunden lang unterhalten werden. Bei Unterbrechung der Chloroformzuführung tritt alsbald allmähliches Erwachen ein. Oft wird bei Beginn der Narkose und nach dem Erwachen Erbrechen beobachtet. — Bei zu lange fortgesetzter und unvorsichtiger Einathmung wird die Respiration oberflächlich, der Puls klein und unregelmässig und der Tod tritt durch Lähmung des Respirationscentrums und des Herzens ein. Es sind auch Fälle vorgekommen, wo Tod durch Herzparalyse schon beim Beginn der Chloroformirung eingetreten ist. Im Durchschnitt kommt auf 4000 Narkosen ein Todesfall. Als Ursache nimmt man theils Herzschwäche (Klappenfehler, Fettherz), theils reflektorische Erregung der Herzhemmungsnerven an. Auch kann zu geringer Luftzutritt zur Chloroformmaske, oder eine gewisse Idiosynkrasie gegen das Mittel als Todesursache angesehen werden.

Beim Chloroformiren sind folgende Regeln zu beobachten. Der Patient ist vor der Narkose zu untersuchen auf Herz- oder Lungenkrankheit. — Es ist für möglichst freien Zutritt der Luft zu den Lungen und Reinheit des Chloroforms Sorge zu tragen, Puls und Athmung sind beständig genau zu überwachen und bei eintretender Unregelmässigkeit ist mit der Narkose aufzuhören. Ist Asphyxie wirklich eingetreten, so ist, falls die Zunge zurückgefallen, durch Hervorziehen derselben das mechanische Hinderniss zu beseitigen. Sind andere mechanische Ursachen nicht vorhanden, so sind die Fenster zu öffnen, Besprengungen mit kaltem Wasser, Frottirungen vorzunehmen. Ferner dienen Einblasen von Luft, künstliche Respiration, die elektrische Reizung des Nervus phrenicus, selbst Elektropunktur des Herzens zur Wiederbelebung.

Ausgedehnte Anwendung findet das Mittel vor allem in der Chirurgie als Inhalationsanästheticum bei Operationen, sowie in der geburtshülflichen Praxis.

Innerlich wird es als schmerz- und krampfstillendes Mittel verordnet. Es wird bei Erbrechen der Schwangern, bei Singultus, Gallenstein- und Bleikolik, Bandwurm, auch bei asthmatischen Anfällen empfohlen.

Äusserlich kommt es zu reizenden und schmerzstillenden Einreibungen bei Rheumatismus und Neuralgien zur Verwendung.

Dosis und Verabreichungsweise: Innerlich zu 2 bis 10 Tropfen auf Zucker oder in schleimigem Vehikel (bei hartnäckigem Erbrechen).

Grösste Einzelgabe 0,5! — Grösste Tagesgabe 1,0!

Äusserlich zu Inhalationen 5,0—20,0 und darüber. Über Chloroformirung ist Seite 49 alles Nähere angegeben. In Form von Salben, Linimenten (1 : 2 oder āā mit Ol. Olivar.). In Klysma 5 bis 10 Tropfen mit Eidotter verrieben.

367) ℞ Chloroform. opt.
e Chloralo parat. 100,0
D. ad vitr. nigrum.
S. Zu Händen des Arztes.
Zum Inhaliren.

368) ℞ Chloroform. 10,0
Olei Hyoscyam. 20,0.
M. f. liniment. D. S. Äusserlich.
Zum Einreiben.
(Rheumatismus, Pleuritis.)

369) ℞ Chloroformii 20,0
Olei Rapae 80,0.
D. S. Äusserlich.
Oleum Chloroformii.
(Form. magistr. Berolinen.)

370) ℞ Adip. suill. 40,0
Chloroform. 15,0
Mixt. oleo-balsam. 5,0.
M. f. liniment. D. ad vitrum.
3 × tägl. 1 Theelöffel voll einzureiben.

Mit 0,75 % Chloroform geschütteltes Wasser kommt als †**Aqua chloroformata** zu desinficirenden Mundwässern und auch als Menstruum für subkutane Injektionen in Anwendung.

Chrysarobinum. Chrysarobin. Araroba depurata. Chrysarobine. Crisarobina. $C_{30}H_{26}O_7$.

Wird erhalten durch Reinigung der in den Stammhöhlungen der Andira Araroba (Leguminose) ausgeschiedenen Masse (des sogenannten Goa-Pulvers).

Es stellt ein gelbes, krystallinisches Pulver dar, das in Wasser sich nur sehr wenig löst; in 150 Theilen heissem Weingeist, in warmem Chloroform und in Schwefelkohlenstoff muss es sich bis auf einen geringen Rückstand auflösen. — Kalkwasser färbt sich nach dem Schütteln mit Chrysarobin im Laufe eines Tages violettroth.

Innerlich genommen, bewirkt Chrysarobin schon in geringen Gaben von 0,2 Reizung des Magens und Darmes mit Erbrechen und Diarrhoe, ebenso beobachtet man darnach Albuminurie und Nephritis. — Bei äusserlicher Anwendung wirkt es irritirend auf Haut und Schleimhäute, wo es Röthung und Schwellung verursacht. Die Haut wird braun gefärbt. Es wird bei jeder Art der Applikation resorbirt und zum Theil als Chrysophansäure ausgeschieden.

Chrysarobin wird bei verschiedenen Hautleiden, ganz besonders aber bei Psoriasis angewandt. Auch bei Herpes tonsurans, Pityriasis versicolor, Lichen ruber etc. ist es wirksam befunden worden.

Man verordnet Chrysarobin nur äusserlich in Form von Salben (1,0 : 10,0), Linimenten, auch in Kollodium, Traumaticin oder Chloroform (1 : 10) gelöst. — Die Augen sind bei Anwendung von Chrysarobin zu schützen; dasselbe soll nicht auf den Kopf, auch nicht auf die Hände applicirt werden.

371) ℞ Chrysarobin. 1,0—2,0
Ungt. Paraffin. 20,0.
M. f. ungt. D. S. Mit einem Pinsel 2× tägl. auf die erkrankte Stelle aufzutragen.
(Psoriasis.)

372) ℞ Chrysarobin. 5,0
Collod. elastic. 25,0.
M. D. S. Äusserlich. Zum Aufpinseln.
(Pityriasis, Herpes tonsurans etc.)

373) ℞ Chrysarobin. 3,0
Traumaticin. 30,0.
M. D. S. Zum Aufpinseln.
(Pityriasis, Herpes tonsurans etc.)

Cocaïnum hydrochloricum. Cocaïnum muriaticum. Cocaïnhydrochlorid. Chlorhydrate de cocaïne. Hydrochlorate of Cocaine. Cloridrato di cocaina. $C_{17}H_{21}NO_4HCl$.

Das Alkaloid Cocaïn ist neben andern Bestandtheilen in den Blättern von Erythroxylon Coca, eines in Peru, Bolivia und Brasilien einheimischen Strauches, vorhanden. Aus denselben ist es zuerst 1860 von Niemann isolirt worden. Das aus den gepulverten Blättern gewonnene Cocaïn wird mit Salzsäure neutralisirt und mit Alkohol versetzt, aus dem das salzsaure Cocaïn herauskrystallisirt. Letzteres bildet farb- und geruchlose, kleine, durchscheinende Krystalle, die in Wasser und Weingeist leicht löslich sind. Die Lösungen besitzen bitteren Geschmack und verursachen auf der Zunge vorübergehende Unempfindlichkeit. Die Lösungen reagiren neutral.

Die Thatsache, dass die Peru-Indianer stets Coca-Blätter bei sich führen und kauen, um Hunger- und Ermüdungsgefühl zu unterdrücken und Strapazen leichter zu ertragen, ist schon seit lange allgemein bekannt. Auch hatte v. Schroff bereits 1862 gefunden, dass das aus den Cocablättern gewonnene Cocaïn bei lokaler Applikation die Zungenschleimhaut unempfindlich mache. Doch erst seit 1884 ist Cocaïn ein wichtiger, fast unentbehrlicher Bestandtheil des Arzneischatzes geworden, nachdem Koller in Wien seine anästhetische Wirkung aufs Auge demonstrirt und praktisch verwerthet hatte. Das Mittel besitzt vor Allem die Eigenschaft, die Endigungen der sensiblen Nerven vorübergehend zu lähmen. Einträufelung einer 2 % Lösung in den Conjunctivalsack rufen alsbald eine 5 bis 10 Minuten andauernde Empfindungslosigkeit der Conjunctiva und Cornea, sowie Pupillenerweiterung hervor. Neben der Anästhesie ruft es auch Anaemie und Verminderung der Schleimhautsekretion hervor. — Innerlich genommen in kleinen Gaben von 0,05—0,1, erzeugt Cocaïn ein gewisses Wohlbehagen und beseitigt Hungergefühl und Schlafbedürfniss; nach grösseren Dosen können bedrohliche Allgemeinerscheinungen eintreten wie Blässe, Kälte- und Schwächegefühl, Übelkeit, Schwindel, Ohrensausen, Pupillenerweiterung, Pulsbeschleunigung und rauschähnlicher Zustand. Bei sehr grossen Dosen (1,0 und darüber) erfolgt unter Dyspnoë, Betäubung und

Konvulsionen der Tod durch Lähmung des Respirationscentrums. Als Antidot bei der akuten Cocaïnvergiftung werden Inhalationen von Amylnitrit empfohlen; gegen die Krämpfe soll Chloralhydrat nützen. — Missbräuchlicher gewohnheitsmässiger Genuss des Cocaïn führt zum chronischen Cocaïnismus, der noch verderblicher ist als der Morphinismus, da er schneller zu körperlichem und geistigem Verfall führt und mit quälenden Hallucinationen und Verfolgungsideen einherzugehen pflegt. Der Antagonismus, der zwischen Cocaïn und Morphin bestehen soll, ist zum mindesten zweifelhaft.

Die Resorption erfolgt ziemlich schnell von allen Schleimhäuten. Sowohl nach interner Verabreichung wie nach subkutaner Injektion ist Cocaïn im Harn und in den Fäces nachzuweisen.

Als örtlich anästhesirendes Mittel findet Cocaïn ausgedehnte Anwendung bei Vornahme kleiner chirurgischer Operationen, namentlich bei operativen Eingriffen in der Mundhöhle, bei Affektionen der Nase, des Kehlkopfes und Rachens, bei Augenleiden, desgleichen bei Operationen des Urogenitalapparates etc. Innerliche Anwendung findet es bei Cardialgie, Erbrechen, Keuchhusten, Strychninvergiftung, Seekrankheit und (mit zweifelhaftem Nutzen) bei der Morphinentziehung.

Dosis und Verabreichungsweise: Innerlich zu 0,01 bis 0,05 in wässeriger Lösung (0,1—0,15 : 10,0 3mal täglich 15 bis 20 Tropfen).

Grösste Einzelgabe 0,05! — Grösste Tagesgabe 0,15!

Äusserlich zu Einträufelungen in das Auge einige Tropfen einer 2 $^0/_0$ Lösung; für Nasen-, Rachen- und Kehlkopfschleimhaut 5—20 $^0/_0$ Lösungen. (In einem 5 Tropfen einer 20 $^0/_0$ Lösung fassenden Pinsel würde 0,05 Cocaïn enthalten sein.) — Zur subkutanen Injektion (0,1—1,0 : 10,0) $^1/_2$—1 Spritze. (Die Lösungen schimmeln leicht, daher Zusatz von Sublimat oder Acid. carbol. zu empfehlen). Zu Suppositorien (0,03—0,05 : 2,0 Butyr. Cacao).

374) ℞ Cocaïn. hydrochl. 0,3
Aq. destill. 150,0
Aq. Cinnam. ad 200,0.
M. D. S. 2—3stündl. 1 Esslöffel.
(Cardialgie, Erbrechen der Schwangeren, Seekrankheit.)

375) ℞ Cocaïn. hydrochl. 0,1
Aq. Amgyd. amar. 10,0.
M. D. S. Mehrmals täglich 10—15 Tropfen.
(Cardialgie, Erbrechen, Keuchhusten.)

376) ℞ Cocaïn. hydrochl. 0,2
Aq. destill. 10,0.
M. S. Äusserlich für die Conjunctiva und zur Injektion in die Urethra u. Vagina.

377) ℞ Menthol. 0,2
Cacaïn mur. 0,1
Coffeae tost.
Sacch. alb. āā 5,0.
M. f. pulv. D. in scatul.
S. Schnupfpulver.

378) ℞ Cocaïn. mur. 0,2—0,4
Sol Hydrarg. bichlor. (1,0 : 10,000) 10,0.
M. D. S. Zur subkut. Injektion. $^1/_2$—2 Spritzen zur lokalen Anästhesie.

379) ℞ Cocaïn. hydrochl. 0,2
Acid. carbol. liq. 0,1
Aq. destill. 10,0.
M. D. S. $^1/_4$—$^1/_2$ Spritze in das Zahnfleisch zu injiciren.

380) ℞ Cocaïn. mur. 0,03—0,05
Butyr. Cacao 2,0.
M. f. supposit. D. tal. Dos. V.
(Tenesmus und Blasenkrampf.)

381) ℞ Cocaïn. mur. 0,5
Lanolin. 18,0
Ol. Olivar. 2,0.
M. f. ungt. D. S. Äusserlich.
Pruritus ani.

Codeïnum phosphoricum. Kodeïnphosphat. Phosphorsaures Kodeïn. Phosphate de codéine. Fosfato di codeina.

$$C_{18}H_{21}NO_3 . H_3PO_4 + 2H_2O.$$

Das neben anderen Alkaloiden im Opium zu 0,5—0,75 % vorkommende Codeïn wird durch Sättigung mit Phosphorsäure und Fällung der koncentrirten Lösung mit Alkohol in das phosphorsaure Salz übergeführt. — Dasselbe stellt weisse, bitter schmeckende Krystalle dar, die sich leicht in Wasser, schwer in Weingeist lösen. Die schwach sauer reagirende wässerige Lösung (1 = 20) gibt mit Kalilauge einen weissen, mit Silbernitrat einen gelblichen Niederschlag.

Das im Jahre 1832 von Robiquet im Opium entdeckte Codeïn (von *κώδη*: Mohnkopf) wirkt wie Morphin, doch in schwächerer Weise. Morphin wirkt etwa dreimal so stark wie Codeïn; daher entsprechen einer Morphindosis von 0,01 etwa 0,025—0,03 Codeïn. Neben dem ihm zukommenden narkotischen Effekt besitzt Codeïn noch die Eigenschaft, gewisse Krampfcentren zu erregen und Konvulsionen zu erzeugen. Eine obstipirende Aktion kommt ihm nicht zu. Vergiftungserscheinungen können schon nach 0,06 auftreten (Pollak).

Therapeutisch wird das Mittel vielfach als passender Ersatz für Morphin verordnet, besonders in chronischen Fällen, weil eine Angewöhnung an Codeïn weniger zu befürchten ist als an Morphin. Beliebt ist es bei chronischen Affektionen der Respirationsorgane und des Darmkanals, bei Pertussis, bei Schmerzen im Abdomen, in den Ovarien, und auch bei Diabetes insipidus. Bei Psychosen und Neuralgien leistet es nichts. Innerlich zu 0,02—0,05

Grösste Einzeldosis 0,1! — Grösste Tagesdosis 0,4!

in Pillen, Pulver und Lösung, auch in subkut. Injektion. Ganz kleinen Kindern empfiehlt Seifert 0,0002 pro dosi, bis zu 4 Jahren 0,01 pro die; bis zu 6 Jahren 0,02 pro die, bis zu 8 Jahren 0,04 pro die, bis zu 12 Jahren 0,1 pro die zu geben.

382) ℞ Codeïn. phosphor. 0,3
Pulv. Rad. Gent. 1,0.
Extr. Gentian. q. s.
ut f. pilul. No. XXX.
D. S. 3 × tägl. 1—2 Pillen.

383) ℞ Codeïn phosphor. 0,2
Sirup. smpl. 30,0.
M. D. S. 3 × tägl. 1 Kaffeelöffel.
(Diabet. insipid. bei 10jährigem Kinde.)
(Seifert.)

384) ℞ Codeïn. phosphor. 0,2
Aq. Cinnamom. 60,0.
M. D. S. 3 × tägl. 1 Kaffeelöffel.

385) ℞ Codeïn. phosphoric. 0,5
Aq. destill. 10,0
(Acid. carbol. 0,01.)
M. D. S. Zur subkut. Injektion.
1—2 Spritzen zu nehmen.

Coffeïnum. Caffeïna. Guaranin. Koffeïn. Theïn. Caféine.

Das Coffeïn kommt in den Kaffeebohnen, in den Theeblättern, in der Pasta Guarana und in der Kolanuss vor. Aus dem Theestaub, in dem es zu 2% und darüber enthalten ist, wird es mit heissem Wasser extrahirt. Seiner chemischen Zusammensetzung nach ist es als Trimethylxanthin $C_5H(CH_3)_3N_4O_2 + H_2O$ aufzufassen.

Es stellt weisse, sehr leichte und biegsame, nadelförmige Krystalle von seidenartigem Glanze dar, die mit 80 Theilen Wasser eine farblose, neutrale, schwach bitter schmeckende Lösung geben. (Die Löslichkeit in Wasser wird durch gewisse Salze wie Natrium benzoicum, salicylicum erhöht.) 1 Th. Coffeïn wird von 2 Th. siedendem Wasser zu einer Flüssigkeit gelöst, die beim Erkalten zu einem Krystallbrei erstarrt. Coffeïn löst sich in nahezu 50 Th. Weingeist und in 9 Th. Chloroform, in Äther ist es wenig löslich. Es schmilzt bei 230,5°, beginnt jedoch schon bei wenig über 100° sich in geringer Menge zu verflüchtigen und bereits bei 180° ohne Rückstand zu sublimiren.

In kleinen Gaben von 0,1—0,2 wirkt Coffeïn erregend; die Pulsfrequenz ist (je nach dem Individuum) bald beschleunigt, bald verlangsamt. (Eine Tasse Kaffee oder Thee präsentirt einen Gehalt von etwa 0,1 Coffeïn.) — Nach grössern Dosen (0,5 und darüber) sieht man Zittern, Unruhe, Schwindel, Herzklopfen, Schlaflosigkeit, zuweilen sogar Delirien auftreten. Der Blutdruck ist dabei gewöhnlich gesteigert und die Pulsfrequenz vermehrt. — Auf die Urinausscheidung hat Coffeïn einen direkten Einfluss, indem es die Diurese steigert. Diese Wirkung kommt durch Blutdrucksteigerung und durch direkte Reizung der Nierenepithelien zu Stande. — Lokal (bei subkutaner Applikation) wirkt es herabsetzend auf die Empfindungsnerven. — Für Thiere ist Coffeïn ein Krampfgift, indem es die Reflexerregbarkeit des Rückenmarks steigert.

Anwendung. Coffeïn wird in neuerer Zeit vielfach als Diureticum bei Hydrops in Folge von Herz- oder Nierenkrankheiten verordnet und kann namentlich in Fällen, wo Digitalis nicht vertragen wird, als Ersatzmittel derselben dienen. Die Wirkung tritt schneller ein, ist aber nicht so nachhaltig wie bei Digitalis. Auch als Analepticum leistet es gute Dienste bei Herzschwäche. Ebenso wendet man es seit lange bei Kopfschmerzen, besonders bei Hemicranie an. Auch als Antidot bei Morphinvergiftung und andern narkotischen Vergiftungen, ferner bei Curarevergiftung wird es von Langgaard empfohlen.

Dosis. Innerlich zu 0,05—0,5 mehrmals täglich in Pulver, Pillen oder Pastillen.

Grösste Einzeldosis 0,5! — Grösste Tagesdosis 1,5!

Bei Herzkranken mit Hydrops sind grössere Gaben Coffeïn. natrio-benzoicum bis 2,0 erforderlich. Am zweckmässigsten wird

Coffeïn in Form seiner leicht löslichen Doppelverbindungen verschrieben:

Coffeïnum natrio-benzoicum.
†Coffeïnum natrio-cinnamylicum.
†Coffeïnum natrio-salicylicum.

(Von diesen drei Doppelverbindungen enthalten die erste etwa 50 %, die letzteren 60 % Coffeïn.)

386) ℞ Coffeïn. 0,1
Sacch. alb. 0,5.
M. f. pulv. D. tal. Dos. II.
S. 2stündl. 1 Pulver.
(Migräne.)

387) ℞ Coffeïn. 1,0.
Extr. Gramin. q. s.
ut f. pilul. No. 20.
D. S. 2stündl. 1 Pille.

388) ℞ Coffeïn. 4,0
Natr. salicyl. 3,0
Aq fervid. ad ccm 10,0.
M. S. Zur subkut. Injektion.
(1 Spritze = 0,4 Coffeïn.)

†Coffeïnsulfosäure und deren Salze:

Coffeïnsulfosaures Natron oder Symphorol N.
Coffeïnsulfosaures Lithium oder Symphorol L.
Coffeïnsulfosaures Strontium oder Symphorol S.

Die Coffeïnsulfosäure nebst ihren vorstehenden Salzen sind (nach Liebrecht und Heinz) ein vorzügliches Diureticum. Sie wirken direkt auf die Nierenepithelien ohne (wie Coffeïn) gleichzeitig die Gefässe zu verengen. — Der Geschmack ist bitter. Wird am besten in Pulvern von 1,0 g 4 bis 6mal täglich verordnet.

Coffeïnum natrio-benzoicum. Coffeïn-Natriumbenzoat.

Wird durch Eindampfen einer wässerigen Lösung gleicher Theile Coffeïn und Natrium benzoicum gewonnen und stellt ein weisses, amorphes Pulver oder eine weisse, körnige Masse, ohne Geruch und von bitterem Geschmacke dar. Liefert mit 2 Th. Wasser, sowie mit 40 Th. Weingeist eine farblose, Lackmuspapier nicht verändernde Lösung.

Bezüglich der Wirkung, Anwendung und Dosirung gilt das für Coffeïn Gesagte.

Grösste Einzelgabe 1,0! — Grösste Tagesgabe 3,0!

389) ℞ Coffeïni natrio-benzoici 0,2-0,3
Sacch. alb. 0,3.
M. f. pulv. D. tal. dos. X.
S. 3 × tägl. 1 Pulver.

390) ℞ Coffeïn. natrio-benzoic. 2,0
Aq. destill. 10,0
M. D. S. Zur subkut. Injektion.
½—1 Spritze zu nehmen.

(Herzschwäche, Hydrops, Migräne.)

Collodium. Kollodium. Collodion. Collodio.

400 Theile rohe Salpetersäure werden vorsichtig mit 1000 Th. roher Schwefelsäure gemischt; nachdem die Mischung bis auf 20° abgekühlt ist, werden in dieselbe 55 Theile gereinigte Baumwolle eingetragen und das Gemisch 24 Stunden bei 15 bis 20° hingestellt. Hierauf wird es in einen Trichter gebracht und 24 Stunden lang zum Abtropfen des überflüssigen Säuregemisches stehen gelassen. Die zurückbleibende Kollodiumwolle wird mit Wasser so lange ausgewaschen, bis die Säure vollständig entfernt ist, dann ausgedrückt und bei 25° getrocknet. — Von dieser Kollodiumwolle werden 2 Th. mit 6 Th. Weingeist durchfeuchtet, mit 42 Th. Äther versetzt und häufig umgeschüttelt; die Lösung wird alsdann der Ruhe überlassen und klar abgegossen.

Kollodium stellt eine farblose oder schwach gelblich gefärbte, neutrale sirupdicke Flüssigkeit dar, welche nach dem Verdunsten in dünner Schicht ein farbloses, zusammenhängendes Häutchen hinterläset.

Man bedient sich des Kollodiums, wo neben einer schützenden Decke gleichzeitig auch Zusammenziehung der Haut oder ein Druck erzielt werden soll. So leistet es bei kleinen Schnittwunden gute Dienste, indem man die Wunde mit Gaze bedeckt, die Wundränder an einander zieht und dann darüber Collodium mittels Pinsel aufträgt. — Auch bei Blutungen erweist es sich brauchbar, ebenso zu Kompressivverbänden (bei Anschwellungen der Hoden etc.) Es wird auch häufig als Vehikel für andere äusserlich zu verwendende Medikamente (Jod, Sublimat etc.) benutzt und dient zum Überziehen von Pillen.

Präparate: **Collodium cantharidatum** und **Collodium elasticum.**

391) ℞ Collodii
Olei Ricini āā 15,0.
M. D. S. Mittels Pinsel aufzutragen bei kleinen Brandwunden.

392) ℞ Collodii 25,0
Liq. Ferr. sesquichl. 5,0.
M. D. S. Collod. stypticum.
(Zum Aufpinseln bei Flächenblutungen.)

393) ℞ Jodi 0,5—1,0
Collodii 25,0.
M. D. S. Zum Bepinseln bei Drüsengeschwülsten und Exanthemen.

Collodium cantharidatum. Collodium vesicans. Spanischfliegen-Kollodium. Collodion cantharidé. Collodio cantaridato.

1 Th. grob gepulverte Kanthariden wird mit der erforderlichen Menge Äther erschöpft; der klare Auszug wird in gelinder Wärme zur Sirupdickte eingedampft und mit so viel Kollodium gemischt, dass das Gesammtgewicht 1 Th. beträgt.

Es stellt eine sirupdicke, olivengrüne, klare Flüssigkeit von schwach saurer Reaktion dar. Nach dem Verdunsten bleibt ein grünes, fest zusammenhängendes, blasenziehendes Häutchen zurück.

Wird an Stelle des Emplastr. cantharid. zur Erzeugung von Blasen zweckmässig verwendet. Die Grösse der Blase entspricht dem Umfange der bestrichenen Hautfläche.

Collodium elasticum. Elastisches Kollodium. Collodion élastique. Flexibile Collodion. Collodio elastico.

Ist eine Mischung von 1 Th. Ricinusöl, 5 Th. Terpentin und 94 Th. Kollodium. Nach der Pharmac. helvet. besteht es aus 98 Th. Kollod. und 2 Th. Ricinusöl.

Während das gew. Kollodium eine sich kontrahirende Membran bildet, hat das elastische die Eigenschaft, eine Membran zu erzeugen, die sich nicht zusammenzieht, und längere Zeit unversehrt auf der Haut haften bleibt. Es eignet sich daher als Deckmittel bei Narben, Excoriationen, Ulcerationen und Verbrennungen, so wie überall, wo man nur decken, und nicht Druck oder Zusammenziehung hervorrufen will. Auch als Vehikel für Medikamente brauchbar.

394) ℞ Acid. salicylici 1,0 Collodii 10,0.	395) ℞ Hydrarg. bichlorat. 0,01 Collodii 10,0.

M. D. S. Zum Bestreichen bei Insektenstich.

Colophonium. Resina. Kolophonium. Geigerharz. Colophane.

Das von Terpentinöl befreite Harz verschiedener Coniferen, besonders der Pinus australis, Pinus Taeda und Pinus Pinaster. Als Rückstand gewonnen bei der Destillation des Terpentinöls aus Terpentin. Es stellt glasartige, durchsichtige, grossmuschelige, meist bestäubte, amorphe Stücke dar. Dieselben sind von gelber oder röthlichbrauner Farbe und schmelzen im Wasserbade zu einer zähen klaren Flüssigkeit. 1 Th. Kolophonium löst sich in 1 Th. Weingeist und in 1 Th. Essigsäure. Dasselbe lässt sich mit Wachs, Fetten, Pflastern zusammenschmelzen.

Wird nur zur Bereitung von Pflastermassen angewendet.

Emplastrum adhaesivum. Heftpflaster (Emplastr. Lithargyr. 100, Cera flava 10, Resin. Dam. 10, Colophon. 10, Terebinthin 1).

Emplastrum Cantharidum perpetuum.

†**Emplastrum Mezerei cantharidatum.**

†**Emplastrum oxycroceum.**

Cortex Aurantii Fructus. Cortex Aurantii. Flavedo Aurantii. Pomeranzenschale. Ecorce d'orange amère. Bitter Orange Peel.

Die Schale der ausgewachsenen Früchte von Citrus vulgaris (Aurantiacee), in Längsvierteln von den rothgelben bitteren Früchten abgezogen. Nach dem Trocknen zeigen sie eine höckerige, bräunliche Oberfläche, unter welcher zahlreiche Ölräume in das weisse innere Gewebe hineinragen. — Der Geruch ist aromatisch, der Geschmack gewürzhaft bitter.

Vor dem Gebrauche sind sie vom grössten Theile ihres weissen Gewebes zu befreien, da zu medicinischen Zwecken nur die äussere, gelbe, als Flavedo Corticis Aurantii, bezeichnete Partie gebraucht wird. In derselben ist ein ätherisches Öl, ein Bitterstoff (Aurantiin) und ein nicht bitteres Glykosid (Hesperidin) enthalten. — Kleine Dosen regen den Appetit an, grössere können Kongestionen, Kopfschmerz und Erbrechen verursachen.

Anwendung. Innerlich bei Verdauungsschwäche und als Geschmackskorrigens.

Dosis. 0,5—1,0 in Pulver, Pillen und Aufguss.

Präparate: **Elixir Aurantiorum compositum.** Hoffmann'scher Magenelixir. Allein oder mit Tinct. Rhei vinosa. Zu 30—50 Tropfen mehrmals täglich.

Sirupus Aurantii Corticis. Geschmackskorrigens.

Tinctura Aurantii (Cort. Aurant. Fruct. 1, Spirit. dil. 5). Zu 20—50 Tropfen.

396) ℞ Cort. Fruct. Aurantii 30,0
Herb. Menth. pip.
Flor. Chamomill. āā 10,0.
M. f. species. S. Zum Thee.

397) ℞ Cort. Aurantii Fruct.
Rad. Rhei
Kalii tartarici āā 4,0.
M. f. pulv. D. S. Tägl. 1—2 Theelöffel voll zu nehmen.

(Verdauungsschwäche.)

398) ℞ Elixir Aurantii comp. 20,0
Tinct. Rhei vinos. 10,0.
M. D. S. 3 × tägl. 1 Theelöffel.
(Dyspepsie.)

Cortex Cascarillae. Cascarilla. Cascarillrinde. Ecorce de Cascarille. Cascarilla Bark. Corteccia di cascarilla.

Die Rinde von Croton Eluteria (Euphorb.), einem Strauch der westindischen Inseln.

Sie besteht aus Röhren oder rinnenförmigen Stücken von 1 dm Länge und 1 cm Durchmesser, die theilweise von einer aschgrauen Korkschicht bedeckt sind. Die Cascarillrinde besitzt einen aromatischen Geruch und einen gewürzhaft bitterlichen Geschmack.

Sie enthält einen Bitterstoff (Cascarillin), ein ätherisches Öl und Harz. In kleinen Gaben wirkt Cascarillin Appetit anregend und beschränkend auf die Darmsekretion; doch ruft sie schon in mässigen Dosen Übelkeit, Erbrechen und Schlaflosigkeit hervor. Man schrieb ihr früher auch antifebrile Wirkung zu.

Cascarilla wird zuweilen bei Dyspepsien mit gleichzeitiger Diarrhoe (namentlich bei kleinen Kindern), ebenso bei Magenschwäche Chlorotischer und nach Dysenterie verordnet.

Äusserlich auch als Schnupfpulver.

Dosis. Innerlich zu 0,5—1,0 mehrmals täglich in Pulver, oder im Infus (5,0—10,0 : 180,0).

Extractum Cascarillae. Dickes, in Wasser lösliches Extrakt zu 0,5—1,0 mehrmals täglich in Pillen und Mixturen.

†**Tinctura Cascarillae.** (Cort. Cascar. 1, Spirit. dil. 5.) 15 bis 20 Tropfen mehrmals täglich.

399) ℞ Cort. Cascarill. 0,5
Opii
Pulv. Rad. Ipecacuanhae
ää 0,03.
M. f. pulv. D. tal. dos. VI.
S. 3 × tägl. 1 Pulver.
(Diarrhoe.)

400) ℞ Inf. Cort. Cascarill. (8,0) 120,0
Spirit. aether. nitros. 5,0
Sirup. Cort. Aurant. 15,0.
M. D. S. 2stündl. 1 Esslöffel.
(Dyspepsie.)

401) ℞ Extr. Cascarill. 0,05
Pulv. Rad. Rhei 0,4
Sacch. alb. 2,5.
M. f. pulv. Divide in part. aeq. V.
D. S. 3 × tägl. 1 Pulv.
(Dyspeptische Diarrhoe kleiner Kinder.)

402) ℞ Extr. Cort. Cascarill.
Pulv. Cort. Cascarill. ää 5,0.
M. f. pilul. No. 100.
S. 4 × tägl. 6—8 Pillen.
(Magenschwäche und Durchfall.)

Cortex Chinae. Cortex Cinchonae. Chinarinde. Quinquina. Ecorce de quina. Cinchona Bark. Corteccia di china.

Die Rinde verschiedener, in Vorderindien, Ceylon und Java kultivirter Bäume, Cinchonen (Rubiacee), vorzugsweise der Cinchona succirubra. — Den Namen China führt die Droge, weil Quina Rinde heissen soll, und Cinchona wurde sie genannt, weil die Gräfin Cinchon, nachdem sie im Jahre 1638 durch diese Rinde von einem schweren Wechselfieber befreit worden, dieselbe nach Spanien brachte und zuerst auf ihre heilkräftige Wirkung aufmerksam gemacht hat.

Die Rinde stellt lange Röhren oder Halbröhren von 2 bis 5 mm Dicke dar, die auf der Aussenfläche graubräunlicher Kork mit groben Längsrunzeln und kurzen Querrissen bedeckt. Die Innenfläche ist braunroth, faserig. Mit dem Mikroskope erkennt man im Gewebe spindelförmige Bastfasern. Beim Erhitzen von 0,1 g der Rinde im Probirglase entsteht ein purpurrother Theer. Die gepulverte trockene Rinde soll 5 % Alkaloide enthalten.

Die Wirkung der Chinarinde beruht auf ihrem Gehalte an Alkaloiden, von denen dem Chinin und seinen Salzen (s. d.) die grösste Bedeutung zukommt. Die beiden Alkaloide Chinin und Cinchonin wurden zuerst von Pelletier und Caventou im Jahre 1820 dargestellt. Später wurden in der Rinde noch andere Alkaloide wie Chinidin, Cinchonidin und ein glykosider Stoff Chinovin, sowie die Chinagerbsäure gefunden. — Neben ihrer antitypischen und antipyretischen Wirkung besitzt die Rinde tonisirende und roborirende Eigenschaften. Sie wird deshalb in der Rekonvalescenz nach erschöpfenden fieberhaften Krankheiten, bei Anämie, Chlorose, Skrophulose verordnet und den Alkaloiden vorgezogen in allen Fällen, die durch Darniederliegen der Ernährung und Neigung zu Zersetzung charakterisirt sind.

Verwendung. Äusserlich zu Mund- und Gurgelwässern, besonders bei Skorbut und fauligen Zersetzungen im Munde. Ferner in Pulverform als Zusatz zu Zahnpulvern etc.

Verabreichung. Innerlich hauptsächlich in Form des Decocts (10,0—15,0:200,0 2—3stündl. 1 Esslöffel). Behufs besserer Extraktion der Alkaloide lässt man das Decoct gewöhnlich mit 1,0 g verdünnter Schwefelsäure bereiten. Ferner in Pulvern und Pillen zu 0,3—1,0 mehrmals täglich.

Äusserlich als Zusatz zu Zahnpulvern und Streupulvern, ferner zu Gurgelwässern und Klystier (Decoct. 20,0 : 200,0).

Präparate: **Extractum Chinae aquosum.** Innerlich zu 0,5 bis 1,0 mehrmals täglich in Pillen, Mixturen oder Wein.

Extractum Chinae spirituosum, dieselbe Dosis wie oben.

Tinctura Chinae. (Cort. Chin. 1, Spirit dil. 5). Zu 20 Tropfen bis 1/2 Theelöffel mehrmals täglich in Wasser oder in Wein (Stomachicum).

Tinctura Chinae composita. (Cort. Chin., Rad. Gentian., Cort. Aurant., Cort. Ciunam., Spirit dil.) Dosis wie oben.

†Vinum Chinae. Wird hergestellt durch Übergiessen von 50 g Chinarinde mit 1 Flasche Rothwein und mehrtägigem Digeriren. Mehrmals täglich 1 Esslöffel.

403) ℞ Decoct.Cort.Chinae 10,0:150,0
Acid. sulf. dil. 1,0
Sirup. Cort. Aurant. ad 200,0.
M. D. S. 2stündl. 1 Esslöffel.
(Für Erwachsene.)

404) ℞ Decoct. Cort. Chinae 5,0:120,0
Acid. sulf. dil. 1,0
Sirup. Aurant. Cort. ad 150,0.
M. D. S. 3stündl. 1 Kinderlöffel.
(Für Kinder.)

405) ℞ Cort. Chinae pulv. 25,0
Cort. Cinnamom. 5,0.
M. f. pulv. D. S. 3 × täglich 1/2 Theelöffel in Wasser oder Rothwein.
(Roborans.)

406) ℞ Cort. Chinae
Ferr. carb. sacch.
Sacch. alb. āā 5,0.
M. D. S. 3—4 × tägl. 1 Messerspitze voll zu geben.

407) ℞ Cort. Chinae pulv. 15,0
Tart. dep. 5,0.
M. f. pulv. D. S. Theelöffelweise.
(Colica flatulens.)

408) ℞ Tinct. Chinae comp.
Tinct. Rhei vinos. āā 20,0.
M. D. S. 3 × tägl. (1/4 Stunde vor der Mahlzeit) 1/2—1 Theelöffel.
(Stomachicum.)

409) ℞ Tinct. Chinae comp. 30,0
Tinct. Nuc. vomic. 3,0.
M. D. S. 3 × tägl. 20—30 Tropfen.
(Stomachicum.)

Cortex Cinnamomi. Cortex Cinnamomi chinensis. Cortex Cinnamomi Cassiae. Chinesischer Zimmt. Caneel. Cannelle de Chine. Cassia Bark. Cannella di China,

Die Rinde des in Südchina kultivirten Cinnamomum Cassia (C. aromaticum), (Laurinee).

Sie bildet röhrenförmige Stücke von ungefähr $^1/_2$ m Länge, $^1/_2$—3 cm Durchmesser und 1—3 mm Dicke. Die Rinde ist stellenweise mit dem graubraunen Kork bedeckt, auf der Innenfläche braun. — Der Geschmack ist aromatisch und leicht zusammenziehend.

Der wesentliche Bestandtheil der Rinde ist das Zimmtöl, daneben enthält sie noch Zucker, Mannit, Stärke, Schleim und Gerbstoff. — Sie regt, wie alle Aromatica, den Appetit und die Verdauung an und soll auch die Uteruskontraktionen befördern.

Verwendung. Wird hauptsächlich als Stomachicum und zuweilen auch bei Wehenschwäche und Uterusblutungen angewandt. Dient vielfach als Geschmackskorrigens für Pulver, Species und zum Bestreuen von Pillen.

Dosis. Innerlich zu 0,5—2,0 in Pulverform oder als Thee 2,0—5,0 auf eine Tasse.

Präparate: **Aqua Cinnamomi.** (Bereitet durch Destillation von 1 Th. Zimmt mit 1 Th. Weingeist und 10 Th. Wasser). Theelöffelweise bei Magen- und Darmkatarrh, Kolik etc.

Oleum Cinnamomi. Als Korrigens tropfenweise, als Stomachicum und Carminativum, am besten in Ölzucker.

Sirupus Cinnamomi. Korrigens für bittere Mixturen.

Tinctura Cinnamomi. (Cort. Cinnam. 1, Spirit. dil. 5). Als Stomachicum zu 20—30 Tropfen auf Zucker oder in Wein mehrmals täglich. Als blutstillendes Mittel bei Metrorrhagie 20—40 Tropfen viertel- bis halbstündlich. Äusserlich als Zusatz zu Mundwässern.

410) ℞ Cort. Cinnamom.
Rhizom. Zingib.
Fruct. Cardamom. āā 10,0.
M. f. pulv. D. S. 3 × tägl. eine Messerspitze voll zu nehmen.
(Bei Verdauungsschwäche.)
(Br. Ph.)

411) ℞ Ol. Cinnamom. gtt. X.
Aetheris 4,0.
M. D. S. In kurzen Zwischenräumen 10—15 Tropfen zu geben.
(Bei gefahrdrohenden Uterusblutungen.)
(Thilenius.)

Cortex Citri Fructus. Cortex Limoni. Citronenschale. Ecorce de citron. Écorce de limon. Lemon Peel. Scorza di limone.

Die in Form von Spiralbändern abgelöste und getrocknete äussere Schicht der reifen Früchte von Citrus Limonum (Aurantiacee).

Die Aussenfläche ist bräunlich gelb und höckerig grubig. Unter der Oberfläche liegen sehr zahlreiche Ölräume und ein weisses Gewebe von geringer Mächtigkeit. Citronenschalen haben einen aromatischen, schwach bitteren Geschmack.

Sie enthalten das ätherische Citronenöl und dienen als Geschmackskorrigens, sowie zur Darstellung von Spiritus Melissae compositus und Eau de Cologne.

Cortex Condurango. Condurangorinde. Ecorce de Condurango. Condurango Bark. Cortezzia di Condurango.

Die wahrscheinlich von Gonolobus Condurango Triana (Asklepiadee) abstammende Rinde, welche ungefähr 1 dm lange und 1—7 mm dicke verbogene Röhren oder rinnenförmige Stücke darstellt. Die bräunliche oder graubraune Aussenfläche ist unregelmässig, längsrunzelig und uneben, die Innenfläche hell graubraun, grob längsstreifig. Der Querschnitt zeigt ein gleichmässiges, weissliches, schlängelig-strahliges Gewebe mit grossen braunen Steinzellen und reichlichen Mengen Stärkemehl. — Die Rinde ist leicht schneidbar. Der Geruch derselben ist eigenthümlich schwach aromatisch, der Geschmack etwas kratzend, bitterlich. Der kalt bereitete, klare, wässerige Auszug (1 : 5) der Rinde trübt sich stark beim Erhitzen und wird beim Erkalten wieder klar.

Die Droge enthält mehrere Glykoside (Condurangin), Harz, Gerbstoff und Amylum. Versuche an Thieren haben gezeigt (Kobert), dass Condurangin vor allem auf Gehirn und Med. oblong. wirken und in grösserer Gabe Krämpfe und Lähmungen verursachen. Auf Friederich's erste Empfehlung wurde die Condurangorinde als Mittel bei Magenkrebs schnell bekannt und vielfach angewandt. Wenn sich auch die specifische Wirkung als Krebsmittel nicht bestätigt hat, so wird doch die Rinde (desgl. ihre Präparate) immer noch bei Carcinoma ventriculi verordnet, weil eine günstige Beeinflussung des begleitenden Magenkatarrhs und eine Hebung des Appetits oft beobachtet wird. Sie verdient Beachtung als Stomachicum.

Verabreichungsform. Innerlich zu 15,0—20,0 : 200,0 im Macerationsdecoct. Kobert widerräth, die Rinde zu kochen, da das wirksame Princip beim Kochen sich ausscheidet (in Form von Gallerte).

Zu empfehlen sind die Präparate:

Extractum Condurango fluidum. Zu 20—50 Tropfen 3 bis 4mal täglich.

Vinum Condurango. 2—3mal täglich 1 Esslöffel.

412) ℞ Cort. Condurang. 15,0
Macera per horas XII
cum Aqua dest. 300,0
Coq. ad reman. 180,0
Sirup. Cort. Aurant. 20,0.
M. D. S 2—3× tägl. 1—2 Esslöffel.

413) ℞ Cort. Condurango 50,0
Rhiz. Zingiber. 10,0.
C. c. f. Species. D. ad scat.
Die Hälfte mit einer Flasche Wein einen Tag im warmen Zimmer stehen lassen, dann abgiessen und weinglasweise zu trinken.

414) ℞ Extr. Condurango fluid. 2,0
Chloral. hydrat. 0,5—2,0
Aq. dest. 130,0
Sirup. Cort. Aur. ad 200,0.
M. D. S. 2—3stündl. 1 Esslöffel nehmen.

Cortex Frangulae. Cortex Rhamni Frangulae. Faulbaumrinde. Ecorce de bourdaine. Black alder Bark. Corteccia di frangola.

Die Rinde von dem Stamme und den dickeren Zweigen von Rhamnus Frangula, eines bei uns einheimischen Strauches (Rhamnee).

Bis 3 dm lange und 1,5 mm dicke Röhren von mattbrauner oder grauer Aussenfläche, die mit zahlreichen, weisslichen Korkwarzen besetzt ist. Die Innenfläche ist braun, der Bruch faserig; der Geschmack leicht bitterlich. In Kalkwasser gelegt, färbt sich die Rinde auf der Innenseite schön roth. Der gelbröthliche oder bräunliche Aufguss der Rinde wird durch Eisenchlorid tiefbraun gefärbt.

Als wirksames Agens findet sich in der Rinde eine noch nicht genügend studirte, der Cathartinsäure ähnliche Substanz, die Frangulasäure. Dieselbe wirkt schon in Dosen von 0,5 abführend. Ausserdem enthält die Rinde ein in gelben Nadeln krystallisirendes Glykosid, das Frangulin oder Rhamnoxanthin, das ohne purgirende Wirkung ist. — Cortex Frangulae färbt den Speichel gelb und bewirkt in mässigen Gaben Stuhlentleerung, ähnlich wie Senna. Der frischen Droge kommen unangenehme Nebenwirkungen, wie Erbrechen, Kolikschmerzen u. s. w., zu. Wahrscheinlich beruhen dieselben auf der Anwesenheit eines Bestandtheils, der bei längerer Aufbewahrung zerstört wird. Daher soll die Rinde erst verwendet werden, wenn nach ihrer Einsammlung mindestens 1 Jahr verflossen ist.

Anwendung. Bei habitueller Verstopfung zu längerem Gebrauch; auch bei Unterleibsstockungen und Hämorrhoïden, sowie als billiges Volksmittel beliebt.

Verabreichung. Wird gewöhnlich im Decoct 15,0 bis 30,0 : 200,0 (2stündl. 1 Esslöffel) verordnet oder als Species: 1 Esslöffel voll auf 3 Tassen Wasser auf 2 Tassen einzukochen und Morgens und Abends 1 Tasse zu nehmen.

Präparate: **Extractum Frangulae fluidum.** Morgens und Abends 20 Tropfen zu nehmen.

415) ℞ Decoct. Cort. Frangul. 25,0 : 150,0
Natrii sulf. 20,0.
M. D. S. Früh u. Abends 1 Weinglas voll zu nehmen.

416) ℞ Cort. Frangul. conc.
Fol. Sennae conc.
Herb. Millefol. conc.
Rhiz. Graminis conc. āā 25,0.
M. D. S. Einen Esslöffel auf eine Tasse Thee.
Species gynaecologicae Martin.
(Form. magistr. Berolin.)

417) ℞ Cort. Frangul. 25,0
Coq. cum Aqua ad
Colat. 150,0
inspiss. ad 25,0
Spirit. vini dil. 20,0.
D. S. Abends 1 Theelöffel auf 1 Glas Zuckerwasser.

418) ℞ Cort. Frangul. 200,0.
D S. 1 Esslöffel voll mit 3 Tassen Wasser auf 2 Tassen Wasser einkochen.
Morgens u. Abends 1 Tasse.
(Habituelle Verstopfung.)

Cortex Granati. Cortex Radicis Granati. Granatrinde. Ecorce de grenadier. Ecorce de grenade. Pomegranate. Corteccia di melograno.

Die Rinde der Wurzel und des Stammes von Punica Granatum (Myrtacee).

Die Stammrinde bildet rinnen- oder röhrenförmige, oft verbogene 1—3 mm dicke und ungefähr 5 cm lange Stücke. Die Aussenfläche ist mattgrau bis bräunlich, von hellen Korkleistchen der Länge nach durchzogen und oft mit verschiedenen, schwärzlichen Flechten besetzt. Das innere Rindengewebe ist gelblich, die Innenfläche mehr bräunlich. Der Geschmack ist sehr herb und wenig bitter.

Die Granatrinde war schon im Alterthume als wurmfeindliches Mittel von Celsus gekannt und empfohlen worden. Sie enthält neben reichlicher Menge Gerbstoff (20—25 %) 4 von Tanret isolirte Alkaloide, von denen das Pelletierin und das Isopelletierin (beide flüssig und flüchtig) das wirksame Agens darstellen. — Küchenmeister sah Tänien in einem Decoct von Cortex Granati nach etwa 3 Stunden sterben. Beim Menschen geht nach einer aus frischer Rinde bereiteten Abkochung der Bandwurm nebst Kopf mit ziemlicher Sicherheit ab, doch beobachtet man hierbei gar nicht selten unangenehme Nebenerscheinungen wie Übelkeit, Erbrechen, Durchfall und zuweilen auch ohnmachtartige Zufälle, Schwindel, Wadenkrämpfe und auch Convulsionen. (Das Erbrechen kann durch Rückenlage mit geschlossenen Augen und durch Verschlucken von Eispillen unterdrückt werden).

Verwendung. Die Granatrinde ist für alle Tänien ein tödtliches Gift, daher zu allen Bandwurmkuren verwendbar.

Dosis. Man giebt sie zu 30,0—60,0 im Macerationsdecoct (und achtet darauf, dass die Rinde frisch sei).

Kindern unter 6 Jahren empfiehlt Seifert 10,0—12,0
„ von 6—10 „ „ „ 20,0—30,0
„ „ 10—15 „ „ „ 30,0—40,0 zu reichen.

419) ℞ Cort. Granat. 30,0
Macera c. aqua frig. 200,0
per diem I; dein. coque ad
remanent. colat. 150,0
adde Extr. Filicis 2,0
Sirup. Zingib. 20,0.
M. D. S. Morgens (in $^1/_2$stünd. Pausen) in 3 Portionen zu nehmen.

420) ℞ Cort. Granati 20,0
Macer. c. Aqua 200,0
per. horas XII.
Coq. ad reman. colat. 100,0
Sirup. Zingib. 30,0.
M. D. S. Auf 3 mal (innerhalb 1 Stunde) zu nehmen (Kind von 5—10 Jahren).

Cortex Quercus. Eichenrinde. Ecorce de chêne. Oak Bark. Corteccia di quercia.

Die Rinde der jüngern Zweige und Wurzelschösslinge von Quercus Robur (Cupulifere).

Röhren von 1—3 cm Durchmesser und 1—3 mm Dicke, mit grauer, seidenglänzender oder bräunlicher Aussenfläche, auf der Innenseite braun oder faserig gestreift. Der Geschmack ist stark adstringirend. 100 Th. Wasser mit 1 Th. der kleingeschnittenen Rinde geschüttelt, geben einen bräunlichen Auszug, in dem durch wenige Tropfen Eisenchlorid ein schwarzblauer Niederschlag hervorgerufen wird.

Die Wirkung der im Frühling gesammelten Rinde beruht auf ihrem Gehalte an Gerbsäure (4—20%).

Wird innerlich kaum angewandt, sondern zweckmässig durch Tannin ersetzt.

Äusserlich zu adstringirenden Mund- und Gurgelwässern, Einspritzungen bei Gonorrhoe und Fluor albus, Waschungen (bei Fussschweissen) und Bädern; gewöhnlich im Decoct 1 : 10. Zur Bereitung von Bädern pflegt man $^1/_4$—$^1/_2$ Kg der Rinde mit 2 l Wasser abzukochen und dem Bade zuzusetzen.

421) ℞ Decoct. Cort. Quercus (30,0) 300,0
Aluminis 15,0.
M. D. S. Zu Einspritzungen.
Bei Blutflüssen und Leukorrhoe.
(A. Cooper.)

422) ℞ Cort. Quercus 30,0
Coq. cum Aqua 1000,0
ad rem. colatur. 350,0
adde
Aluminis 2,0
Spirit. vini rectf. 50,0.
M. D. S. Mundwasser.
(Angina.)

Cortex Quillajae. Quillajarinde. Seifenrinde. Panamarinde. Ecorce de Quillaia. Soap bark.

Die innere Rinde von Quillaja Saponaria, eines in Südamerika einheimischen Baumes (Spiraeacee).

Sie stellt vorwiegend flache, oft 1 dm breite und gegen 1 m lange, bis 1 cm dicke, oder beinahe rinnenförmige Stücke von ziemlich rein weisser Farbe dar, abgesehen von Überresten des abgeschälten, rothen, äusseren Rindengewebes. Seifenrinde bricht zähe und splitterig und zeigt unter der Lupe überall glänzende Prismen von Calciumoxalat.

In der Cortex Quillajae finden sich die Quillajasäure und das Sapotoxin als die hauptsächlich wirksamen Bestandtheile. — Der Geschmack der Rinde ist schleimig und kratzend; das Pulver reizt zum Husten. Wurde 1886 von Kobert als Ersatzmittel für Radix Senegae empfohlen und hat sich seither als Expektorans bewährt.

Die Rinde findet Anwendung als Expektorans bei Katarrhen der Luftwege mit spärlichem, zähem Auswurf; sie reizt zum

Husten und verflüssigt das Sekret. — Bei Geschwüren im Magen und Darm und sehr starkem Hustenreiz, sowie Gefühl von Wundsein im Halse ist das Mittel contraindiciert.

Dosis. Innerlich im Decoct zu 5,0 : 200,0 oder in Pulverform zu 0,1 (mit Pulv. Doweri) 2mal täglich 1 Pulver.

423) ℞ Decoct.Cort.Quillaj.(5,0) 180,0
Tinct. Opii simpl. 2,0.
M. D. S. 3ständl. 1 Esslöffel (in heissem Zuckerwasser).
(Bronchitis.)

424) ℞ Decoct. Quillaj. 1,0 : 100,0
Sirup. Foeniculi 20,0.
M. D. S. 2stündl. 1 Kaffeelöffel.
(Bronchitis der Kinder.)

425) ℞ Pulv. Cort. Quillaj. 0,1
Pulv. Ipecac. opiat. 0,2.
M. f. pulv. D. tal. dos. VI.
S. 3 × tägl. 1 Pulv. in heisser Milch.

426) ℞ Calc. carbon. praec. 25,0
Camphorae trit. 3,0
Pulv. Cort. Quillaj. 1,0.
M. f. pulv. D. ad scatul.
S. Pulvis dentifric. anglicus.

Cresolum crudum. Rohes Kresol.

Unter dieser Bezeichnung hat der Nachtrag des Arzneibuches für das deutsche Reich die besseren Sorten der rohen, sog. hundertprocentigen Karbolsäure aufgenommen.

Cresolum crudum wird aus den bei der Bereitung verschiedener Theerstoffe zurückbleibenden Massen dargestellt. Ist eine gelbliche bis gelbbraune, klare, brenzlich riechende, neutrale, in Wasser nicht völlig, leicht in Weingeist und Äther lösliche Flüssigkeit, schwerer als Wasser.

Das Kresol soll, mit Kaliseife gemischt, das Lysol und ähnliche Antiseptica ersetzen. Es dient zur Bereitung von **Liquor Cresoli saponatus.**

Crocus. Stigmata Croci. Safran. Saffron. Zafferano.

Die getrockneten Narben von Crocus sativus, einer im Mittelmeergebiete kultivirten Iridee.

Die Droge ist dreitheilig, von braunrother Farbe, von starkem Geruche und gewürzhaftem Geschmacke. Aufgeweicht, zeigt sie am oberen Ende einen gekerbten und seitlich aufgeschlitzten Rand. 100,000 Th. Wasser werden beim Schütteln mit 1 Th. Safran rein und deutlich gelb gefärbt.

Crocus enthält einen gelben Farbstoff Crocin oder Polychroit und ein ätherisches Öl (etwa 7—9%). In kleinen Gaben regt er den Appetit an, in grossen Dosen werden ihm narkotische und abortive Eigenschaften zugeschrieben.

Anwendung findet Crocus innerlich nur noch selten bei schmerzhafter und unterdrückter Menstruation; äusserlich dient er als Färbemittel und als Zusatz zu reizenden Pflastern. Früher wurde er auch als schmerzstillender Zusatz zu Kataplasmen auf die Augen bei Hordeolum gebraucht.

Man giebt Crocus innerlich zu 0,2—0,5—1,0 mehrmals täglich in Pulvern und Pillen.

Er ist Bestandtheil folgender Präparate:

†**Tinctura Croci** (Crocus 1, Spirit dil. 10). Zu 20—30 Tropfen mehrmals täglich (Stomachicum).

†**Sirupus Croci.** Safransirup.

Tinctura Opii crocata.

†**Emplastrum Galbani crocatum.** (Cera flava, Galban., Terebinth., Croc.).

†**Emplastrum oxycroceum.**

427) ℞ Croci pulverat.
Myrrhae
Sulfur. dep. ää 4,0.
Fel. Tauri inspiss. q. s.
ut f. pilul. No. 150. Consp.
D. S. 1—2 × tägl. 12 Stück.
Bei unterdrückter Menstruation.
(Richter.)

428) ℞ Micae panis alb. 120,0
Coq. cum Aqua q. s. ad
Consist. cataplasm.
Sub finem adde
Croci pulverat. 2,0
M. D. S. Warm zwischen einem feinen Tuche auf die Augen zu legen.
(Bei Hordeolum.)

Cubebae. Baccae Cubebae. Fructus Cubebae. Piper Cubebae. Kubeben. Kubebenpfeffer. Cubèbe. Poivre à queue. Cubebe.

Die nicht vollständig reife Frucht, der auf Java, Borneo und Sumatra einheimischen Cubeba officinalis (Piperacee).

Sie ist kugelig und hat einen Durchmesser von nicht über 5 mm. Die dunkelgraubraune, dünne, netzartig runzelige Fruchtschale ist in einen dünnen 4—10 mm langen Stiel verlängert. Im Innern findet sich ein einziger, nur am Grunde befestigter Same. Der Geschmack der Kubeben ist aromatisch und schwach bitter, nicht brennend.

In den Kubeben ist u. A. ein ätherisches Öl (Cubeben), ein Harz und Cubebensäure enthalten. Der therapeutische Effekt scheint auf der zu etwa 3% vorkommenden Cubebensäure zu beruhen. — In kleinen Gaben wirken die Cubeben wie der gewöhnliche Pfeffer, appetitanregend, längere Zeit oder in grossen Dosen verabreicht, beeinträchtigen sie die Verdauung, reizen sie das Nierenparenchym und verursachen zuweilen auch Hautausschläge. — Eine besonders günstige Wirkung entfalten sie bei entzündlicher Harnröhren- und Blasenaffektion, indem sie hier die chronische Sekretion beseitigen.

Die Cubeben sind besonders bei Gonorrhoe und Blasenkatarrh (vornehmlioh im chron. Stadium) im Gebrauch; früher wurden sie auch bei Lungenkatarrh älterer Leute, sowie bei Croup und Diphtherie angewandt.

Dosis. Innerlich zu 1,0—2,0—3,0 in Pulvern (Oblaten), Bolis oder Elektuarien, mehrmals täglich am besten in Verbindung mit Bals. Copaivae. — Cave bei Magen- und Darmkatarrh.

Extractum Cubebarum. Dünnes in Wasser unlösliches Extrakt von brauner Farbe. Zu 0,5—2,0 mehrmals täglich in Pillen, Elektuarien oder Gelatinekapseln (zu 0,6).

429) ℞ Pulv. Cubebarum 50,0
Pulv. Tub. Jalapae 5,0.
M. f. pulv. D. S. 3 × tägl. $^1/_2$—2 Theelöffel (in Oblate) zu nehmen.

430) ℞ Pulv. Cubebar. 60,0
Bals. Copaiv. 20,0.
M. f. electuar.
D. S. 3 × tägl. 1 Theelöffel. (Gonorrhoe).

431) ℞ Pulv. Cubebar. 30,0
Infunde cum Aq. fervid. 500,0.
Filtra. D. S. Zur Injektion bei Gonorrhoe.

Cuprum aluminatum. Lapis divinus. Kupferalaun. Sulfate de cuivre alumineux. Sulfato di rame con alume.

Alaun, Kaliumnitrat und Kupfersulfat āā 16 Th. werden, in gepulvertem Zustande gemischt, durch allmähliches Erhitzen in einer Porzellanschale zum Schmelzen gebracht, dann wird unter beständigem Umrühren ein Gemisch von fein gepulvertem Alaun und Kampfer āā 1 Th. eingetragen, sodann auf eine kalte Platte oder in eine Stangenform ausgegossen.

Die nach Kampfer riechenden, hellgrünlichblauen Stücke oder Stäbchen sind in 16 Theilen Wasser (bis auf einen geringen Rückstand von Kampfer) löslich.

Kupferalaun findet hauptsächlich in der Augenheilkunde als mildes Ätzmittel und Adstringens Verwendung. Auch zu Einspritzungen bei Gonorrhoe.

Dosis. Als Ätzmittel in Form von Stiften; zu Augenwässern 0,2—0,5 : 100,0 und zu Injektionen bei Gonorrhoe 0,5—1,0 : 100,0. (Die Lösungen sind vor dem Gebrauche zu filtriren).

432) ℞ Cupri aluminati 0,05—0,15
Aq. destill. ad 15,0.
D. S. Augenwasser.
(Bei chron. Blennorrhoe oder Hornhaut-Geschwüren.)

433) ℞ Cupri aluminati 1,0
Aq. destill. 120,0
Tinct. Opii 3,0.
D. S. Zum Einspritzen.
(Bei Gonorrhoe.)

Cuprum sulfuricum. Kupfersulfat. Schwefelsaures Kupferoxyd. Sulfate de cuivre. Sulphate of copper. Solfato di rame. $CuSO_4$.

Kupfersulfat wird durch Auflösen reinen Kupfers in heisser Schwefelsäure gewonnen und stellt blaue, durchsichtige, geruchlose, unangenehm metallisch schmeckende Krystalle dar, die an der Luft etwas verwittern und in 3,5 Th. kaltem und 1 Th. siedendem Wasser löslich, in Weingeist unlöslich sind. Die wässerige Lösung reagirt sauer und giebt mit Baryumchlorid einen weissen Niederschlag von Baryumsulfat. Kupfersulfat coagulirt Eiweiss.

In verdünnter wässeriger Lösung wirkt Cuprum sulf. adstringirend; auf Wunden und Schleimhäuten bedingt es Verengerung der Gefässe und Blässe. In concentrirter Lösung oder in Substanz ätzt es unter Bildung einer unlöslichen Eiweissverbindung. Innerlich in Dosen von 0,2—0,3 genommen, ruft es in wenigen Minuten Erbrechen hervor, das wahrscheinlich auf reflektorischem Wege erfolgt und gewöhnlich nicht mit Neigung zu Collaps verbunden ist. — Nach grossen Mengen (20—30 g.) kann Anätzung des Magens, heftige Gastroenteritis und Exitus letalis eintreten. — Von dem nicht wieder durch Erbrechen entfernten Kupfersulfat wird der grösste Theil durch die Faeces (welche dunkelbraun gefärbt werden) ausgeschieden, ein geringer Theil wird als Albuminat ins Blut aufgenommen und in der Leber deponirt, wo es lange verweilt und allmählich durch die Galle eliminirt wird.

Innerliche Verwendung findet Cuprum sulfuricum vor Allem als schnell wirkendes Brechmittel bei Croup und Pseudocroup, sowie bei Laryngitis diphtheritica. Desgleichen bei verschiedenen Vergiftungen, besonders aber bei Phosphorvergiftung, wo es abgesehen von der schnellen Herausbeförderung des Phosphors gleichzeitig als Gegengift dient, da es durch Phosphor reducirt wird und indem es denselben mit einer Schicht von metallischem Kupfer überzieht, dessen Resorption verzögert. — Bei Epilepsie, Chorea, Intermittens, Lyssa, sowie als Prophylacticum gegen Cholera findet es kaum mehr Verwendung.

Äusserlich als reinigendes und adstringirendes Verbandwasser bei Geschwüren, besonders aber als gelindes Ätzmittel in der Augenheilkunde bei Granulationen, Blennorrhoe, Pannus etc.

Als Brechmittel giebt man Cuprum sulf. bei Erwachsenen zu 0,2—0,3—0,5,

ad 1,0 pro dosi!

Kindern 0,05—0,1—0,15

viertelstündlich in wässeriger Lösung oder Pulver bis zum Eintritt der Wirkung. Äusserlich in Form eines Stiftes als Ätzmittel. Zu adstringirenden Verbandwässern und Injektionen 1,0 : 100,0—200,0. Zu Einspritzungen in die Harnröhre zu 0,2—0,5 : 100,0; zu Augentropfwässern 0,05—0,1 : 30,0.

434) ℞ Cupri sulf. 0,5—1,0
Aq. dest. 40,0
Sirup. simpl. 20,0.
M. D. S. Alle 5—10 Minuten 1 Theelöffel, bis Erbrechen erfolgt.
(Croup, Diphtherie, Phosphorvergiftung.)

435) ℞ Cupri sulf. 1,0
Pulv. gummos. 3,0.
M. f. pulv.
Divide in part. aeq. V.
D. S. Brechpulver.
Alle 10 Minuten 1 Pulver, bis Erbrechen erfolgt.

436) ℞ Bacill. Cupri sulf. No. 1.
D. S. Ätzstift.
Zum Bestreichen d. Granulationen bei Trachoma.

437) ℞ Cupri sulf. 0,1
Aq. destill. 25,0
Tinct. Opii spl. 5,0.
M. D. S. Zum Einträufeln ins Auge bei Granulation der Conjunctiva.

438) ℞ Cupri sulf. 0,1
Ungt. Glycerin. 5,0.
M. f. ungt. D. S. Zwischen die Augenlider zu streichen.
(Bei Conjunctivitis.)
(v. Gräfe.)

439) ℞ Cupri sulf. 0,1
Aq. destill. 20,0.
M. D. S. Augentropfwasser.

440) ℞ Cupri sulf. 0,5
Aq. destill. ad 100,0.
M.D.S. Äusserlich. Zum Verbande.
(Ulcus specific.)

Cuprum sulfuricum crudum. Vitriolum Cupri. Rohes Kupfersulfat. Kupfervitriol. Blauer Gallizenstein. Blaustein. Vitriol bleu. Sulphate of Copper.

Blaue, meist grosse durchsichtige Krystalle oder krystallinische Krusten, wenig verwitternd. Die Lösung reagirt sauer und giebt mit überschüssiger Ammoniakflüssigkeit eine tiefblaue, klare oder fast klare Flüssigkeit.

Der im Handel vorkommende rohe Kupfervitriol wird zur Darstellung des reinen Kupfersulfats verwendet. Zu äusserlichen Zwecken wird er wie Cuprum sulfuricum benutzt.

Decoctum Sarsaparillae compositum. Decoctum Zittmanni. Sarsaparill-Abkochung. Zittmann'sches Decoct.

20 Th. mittelfeine zerschnittene Sarsaparille werden mit 520 Th. Wasser 24 Stunden bei 35 bis 40^0 stehen gelassen und nach Hinzufügung von 1 Th. Zucker und 1 Th. Kali-Alaun in einem bedeckten Gefässe unter wiederholtem Umrühren 3 Stunden lang der Wärme des siedenden Wasserbades ausgesetzt. Die Mischung wird darauf unter Zusatz von 1 Th. gequetschtem Anis, 1 Th. gequetschtem Fenchel, 5 Th. mittelfein zerschnittenen Sennesblättern und 2 Th. grob zerschnittenem Süssholz noch eine Viertelstunde im Dampfbade gelassen und die Flüssigkeit dann durch Pressen abgeschieden. — Nach dem Absetzen und Abgiessen wird das Gewicht durch Wasserzusatz auf 500 Th. gebracht. (Pharm. Germ. Ed. III).

Das ursprüngliche Zittmann'sche Decoct enthielt noch geringe Quantitäten Quecksilber, davon herrührend, dass man bei der Bereitung während des Kochens mit dem Alaun und Zucker noch 0,8 Calomel und 0,2 Hydrargyr. sulfurat. rubr. in einem leinenen Säckchen in die Flüssigkeit hineinhängte.

Bezüglich der Wirkung vergleiche Radix Sarsaparillae.

Dies Decoct wird bei inveterirter Syphilis 3—4 Wochen lang kurgemäss gebraucht. Morgens $^1/_2$ Liter warm, Abends dieselbe Menge kalt zu trinken.

Bei der sogen. Zittmann'schen Kur war neben dem eben angeführten Präparat, dem Decoctum Sarsaparillae compositum fortius, noch ein milderes

†Decoctum Sarsaparillae compositum mitius, oder Decoctum Zittmanni mitius in Gebrauch. Dasselbe enthielt nur die halbe Menge Sarsaparilla, keine Sennesblätter und bestand ausserdem aus Citronenschalen, Zimmt, Cardamom und Süssholz.

Die Zittmann'sche Kur bestand darin, dass man bei knapper reizloser Diät 3—4 Wochen lang abwechselnd die beiden Decocte trinken liess. Zum Beginn nahm man ein Abführmittel (Calomel und Jalape), dann Morgens im Bett 500,0 von dem starken Decoct warm (um zu schwitzen), Abends dieselbe Menge vom schwachen Decoct, kalt und ausserhalb des Bettes. Am 6. Tage kam alsdann wieder ein Abführmittel an die Reihe u. s. w.

Diuretin. Siehe Theobrominum natrio—salicylicum.

Electuarium e Senna. Electuarium lenitivum. Sennalatwerge. Electuaire lénitif. Elettuario lenitivo.

1 Th. fein gepulverter Sennesblätter wird mit 5 Th. Sirup smpl. und 6 Th. Pulpa Tamarindorum gemischt und auf dem Dampfbade erwärmt.

Die grünlich braune Sennalatwerge wirkt abführend. Sie wird zu $^1/_2$—1—2 Theelöffel bei habitueller Verstopfung (namentlich bei Kindern) verordnet.

Elixir amarum. Bitteres Elixir.

2 Th. Wermutextrakt und 1 Th. Pfefferminz-Ölzucker werden mit 5 Th. Wasser verrieben und der Mischung 1 Th. Tinct. aromatica und 1 Th. Tinct. amara zugesetzt. Man erhält so eine etwas trübe, dunkelbraune Flüssigkeit von bitterem Geschmack.

Wird innerlich zu 30—50 Tropfen 3 bis 4mal täglich als magenstärkendes Mittel verordnet.

Elixir Aurantiorum compositum. Pomeranzenelixir. Hoffmann'sches Magenelixir.

20 Th. Cort. Fruct. Aurant., 4 Th. Cort. Cinnam., 1 Th. Kalium carb. werden, mit 100 Th. Xereswein übergossen, 8 Tage macerirt. In der abgepressten Flüssigkeit, die durch Zusatz von Xereswein auf 92 Th. zu bringen ist, werden gelöst: 2 Th. Extr. Gentian., 2 Th. Extr. Absinth., 2 Th. Extr. Trifolii und 2 Th. Extr. Cascarillae. Nach dem Absetzen wird die Mischung filtrirt.

Stellt eine klare, braune, aromatisch und bitter schmeckende Flüssigkeit dar, die als Stomachicum bei Dyspepsie zu 20 bis 30 Tropfen in Wein oder mit anderen Bittermitteln 3 bis 4mal täglich gegeben wird.

441) ℞ Elixir. Aurant. comp. 10,0
Tinct. Valerian. aeth.
Tinct. aromat. āā 5,0
Aether. acet. 2,5.
M. D. S. 3—4 × tägl. 15—30 Tropfen.
(Catarrh. gastricus u. Kolik.)

442) ℞ Elixir. Aurant. comp. 20,0
Tinct. Rhei vinos. 10,0.
M. D. S. 3 × tägl. 1 Theelöffel.
(Dyspepsie u. Darmkatarrh.)

Elixir e Succo Liquiritiae. Brustelixir. Ringelmann'sches Elixir. Elixir regis Daniae. Elixir pectoral. Elisire di liquirizia.

1 Th. Succus Liquirit. dep. wird in 30 Th. Fenchelwasser gelöst und 1 Th. Liquor Ammonii anisatus hinzugemischt. Nach sechstägigem Stehen wird die Flüssigkeit filtrirt.

Die klare, braune Flüssigkeit ist ein beliebtes Expektorans. Wird zu 10—30 Tropfen mehrmals täglich in heissem Zuckerwasser oder Brustthee bei Bronchitis etc. verordnet.

443) ℞ Elix. e Succ. Liquirit. 50,0
Extr. Opii 0,2.
M. D. S. 3 × tägl. 20 Tropfen in heissem Zuckerwasser.
(Bronchitis.)

444) ℞ Inf. Rad. Ipecac. 0,5 : 150,0
Elix. e Succ. Liquir. 5,0
Sirup. Althaeae 25,0.
M. D. S. 2stündl. 1 Kinderlöffel in heisser Milch.

Emplastrum adhaesivum. Heftpflaster. Emplâtre adhésif.

100 Th. Bleipflaster werden mit 10 Th. gelbem Wachs zusammengeschmolzen; dann wird eine geschmolzene Mischung von 10 Th. Dammarharz, 10 Th. Kolophonium und 1 Th. Terpentin hinzugefügt.

Das bräunliche Pflaster besitzt starke Klebekraft und dient, auf Leinwand gestrichen, als Deckmittel bei Hautaffektionen und Geschwüren, als Verbandmittel zur Vereinigung von Wundrändern, auch zu Druckverbänden bei Orchitis etc.

Emplastrum Cantharidum ordinarium. Emplastrum vesicatorum ordinarium. Emplastrum Cantharidis. Spanischfliegenpflaster. Blasenpflaster. Emplâtre vésicatoire. Sparadrap vésicant. Blistering Plaster. Cerotto vesicatorio.

2 Th. gepulverte Spanische Fliegen werden mit 1 Th. Olivenöl im Dampfbade 2 Stunden erwärmt, dann 4 Th. gelbes Wachs und 1 Th. Terpentin hinzugefügt, nach dem Schmelzen vom Dampfbade entfernt und bis zum Erkalten gerührt.

Es ist ein weiches, fettig anzufühlendes, mit grünen Punkten durchsetztes Pflaster, das schlecht klebt. Es wird gewöhnlich auf Taffet oder besser auf Heftpflaster gestrichen; dabei lässt man einen Rand frei, mit dem es an die zu applicirende Hautstelle befestigt wird. Nach $1^1/_2$—2 Stunden erfolgt Röthung und nach 6—8 Stunden Blasenbildung. Bestreichen des Pflasters mit einigen Tropfen Olivenöl beschleunigt den Eintritt der Wirkung, ebenso vorherige Application von Senfspiritus auf die betreffende Hautstelle. Hat sich die Blase entwickelt, so entleert man sie durch Einstechen und verbindet mit Salicylwatte. Soll der Hautreiz andauern, so trägt man die Epidermis ab und verbindet mit einer Reizsalbe (Ungt. basilicum). Sehr beliebt war früher die Anwendung der fliegenden Vesicatore (Vesicatoria volantia), d. h. eine Reihe von Pflastern, die nach einander in 24stündigen Pausen, z. B. dem Verlaufe des Ischiadicus entsprechend, gelegt wurden.

Auch bei akutem Gelenkrheumatismus wurden (Davies'sche Methode) früher Vesicatorstreifen oberhalb und unterhalb der erkrankten Gelenke gelegt. Bei Anwendung der Vesicatore ist der Urin stets auf Eiweiss zu prüfen!

Emplastrum Cantharidum perpetuum. Emplastrum Euphorbii. Emplastrum mediolanense. Emplastrum vesicatorum perpetuum. Immerwährendes Spanischfliegenpflaster. Zugpflaster. Emplâtre à mouche de Milan. Cerotto vesicatorio indolente.

14 Th. Kolophonium werden im Dampfbade mit 7 Th. Terpentin zusammengeschmolzen, dann 10 Th. gelbes Wachs, 4 Th. Talg hinzufügt, und die geschmolzene Masse wird mit 4 Th. fein gepulverten spanischen Fliegen und 1 Th. mittelfein gepulvertem Euphorbium gemischt.

Es bildet eine grünlichschwarze Masse und wirkt in ähnlicher Weise, doch schwächer und langsamer als Emplastr. cantharid. ordin., so dass es mehrere Tage liegen kann.

Es eignet sich zum Legen hinter die Ohren bei rheumatischen Zahnschmerzen, Ohren- und Augenaffektionen. Wird auch vielfach als Derivans bei Neuralgien, Kopfweh und Rheumatismus angewandt.

Emplastrum Cerussae. Bleiweisspflaster.

7 Th. fein gepulvertes Bleiweiss werden mit 2 Th. Olivenöl angerieben und darauf 12 Th. geschmolzenes Bleipflaster zugemischt. Das Gemisch wird unter Umrühren und Wasserzusatz bis zur Pflasterkonsistenz gekocht. Es bildet eine weisse, harte, wenig klebende Masse und dient als indifferentes Pflaster und Deckmittel. Wird besonders bei Decubitus benutzt.

Emplastrum fuscum camphoratum. Emplastrum Minii fuscum. Empl. domesticum. Empl. Matris. Empl. Noricum. Empl. universale. Mutterpflaster. Universalpflaster. Hamburger Pflaster. Nürnberger Pflaster. Onguent de la mère. Cerotto de la madre.

30 Th. gepulverte Mennige werden mit 60 Th. Olivenöl unter Umrühren gekocht, bis die Masse eine schwarzbraune Farbe angenommen hat. Alsdann werden 15 Th. gelbes Wachs und 1 Th. Kampfer, mit 1 Th. Olivenöl verrieben, hinzugefügt.

Es stellt eine schwarzbraune, zähe, nach Kampfer riechende, gut klebende Masse dar.

Das Pflaster wirkt reizend und zertheilend und wird vom Publikum vielfach bei Panaritien und Furunkeln benutzt, auch bei Abscessen, die es schneller zum Reifen bringt.

Emplastrum Hydrargyri. Emplastrum mercuriale. Quecksilberpflaster. Emplâtre mercuriel. Cerotto mercuriale.

2 Th. Quecksilber werden mit 1 Th. Terpentin und etwas

Terpentinöl verrieben und in einer durch Schmelzung erhaltenen, halb erkalteten Mischung von 6 Th. Bleipflaster und 1 Th. gelbem Wachs gleichmässig vertheilt.

Das Pflaster ist von grauer Farbe und lässt mit blossen Augen Quecksilberkügelchen nicht erkennen. Es kommt zur Anwendung als zertheilendes Mittel bei Drüsenanschwellungen, zur Reifung von Abscessen, bei Hautausschlägen, Geschwüren und Anschwellungen syphilitischen Charakters.

Emplastrum Lithargyri. Emplastrum diachylon simplex. Emplastrum Plumbi simplex. Emplastrum simplex. Bleipflaster. Emplâtre simple. Cerotto simplice.

Wird durch Zusammenschmelzen von gleichen Theilen Olivenöl, Schweineschmalz und feingepulverter Bleiglätte unter Wasserzusatz bereitet. Es bildet ein gelblichweisses. zähes, nicht klebendes Pflaster, das selbst keine Wirkung ausübt und nur als Grundlage zahlreicher anderer Pflaster dient (z. B. Empl. adhaes., Empl. Cerussae, Empl. Hydrargyri etc.).

Emplastrum Lithargyri compositum. Emplastrum diachylon compositum. Empl. Plumbi comp. Emplastrum gummosum. Gummipflaster. Zugpflaster. Emplâtre diachylon composé. Cerotto diachylon con gomma.

24 Th. Bleipflaster und 3 Th. gelbes Wachs werden geschmolzen und der halb erkalteten Masse 2 Th. Ammoniakgummi, 2 Th. Galbanum und 2 Th. Terpentin hinzugesetzt.

Es ist gelblich, dunkelt mit der Zeit nach, zäh und klebt gut. Wird als erweichendes Pflaster bei Furunkeln und Abscessen benutzt. Wurde auch von Hebra gegen Fussschweisse und starke Schweissabsonderung an den Genitalien empfohlen.

445) ℞ Emplastr. Lithargyr. comp.
Ol. Lini āā 15,0.
Liquefact. S. Auf Leder zu streichen.

Gegen Fussschweisse. Das Pflaster wird auf den schwitzenden Fuss gelegt und jeden 3. Tag erneuert. Der Fuss wird nach 8—10 Tagen getrocknet, aber nicht eher gewaschen, als bis die folgende Abschuppung vorüber ist.

(Hebra.)

Emplastrum saponatum. Seifenpflaster. Emplâtre de savon. Cerotto di sapone.

10 Th. Bleipflaster werden mit 10 Th. gelbem Wachs geschmolzen. Der halb erkalteten Masse werden hinzugesetzt 5 Th. gepulverte med. Seife und 1 Th. Kampfer mit 1 Th. Olivenöl verrieben. Das gelblichweisse, schwach nach Kampfer riechende Pflaster dient als Deckmittel bei entzündeter Haut, Hühneraugen, Geschwüren und Decubitus.

Euphorbium. Gummi oder Resina Euphorbii. Euphorbe.

Der in Folge von Einschnitten ausgetretene, zu einem Gummiharze erhärtete Milchsaft von Euphorbia resinifera Berg, einer cactusähnlichen, afrikanischen Euphorbiacee.

Schmutzig gelbliche, zerreibliche Körner, theils hohle, dreikantig kugelige oder kantig cylindrische, theils krustenförmige Stückchen bildend. Das Euphorbium des Handels ist vielfach mit Stengelresten, Blüthentheilen und Erde verunreinigt. Es besitzt einen brennend scharfen Geschmack, riecht beim Erwärmen schwach aromatisch und löst sich theilweise in Wasser, Alkohol und Äther.

In dem Harze befindet sich ein Gemenge von scharf wirkenden und indifferenten Substanzen. Es erzeugt beim Pulvern heftiges Niesen und wirkt örtlich auf Haut, Schleimhaut und Wunden stark irritirend und entzündungserregend. Innerlich genommen, erzeugen schon geringe Dosen Brennen im Munde, Reizung des Magens, Brechdurchfall, Schwindel, Ohnmacht, Delirien und Konvulsionen.

Innerlich kommt Euphorbium nicht in Anwendung. In früheren Zeiten bediente man sich desselben als Drasticum.

Äusserlich wird es als Zusatz zu reizenden und ableitenden Mitteln bei torpiden Geschwüren, Neuralgien etc. in Salbenform (1,0 : 30,0) oder in Gestalt seiner Präparate verordnet:

†**Emplastrum Picis irritans** (Resin. Pin. 32, Cera flav. Terebinthin. āā 12 geschmolzen und Euphorb. 3 hinzugefügt).

†**Tinctura Euphorbii** (Euphorb. 1, Spirit. 10).

†**Unguentum acre.** Eitererregende Salbe. (Cera flav., Colophon., Terebinth., Cantharid., Euphorb.).

Euphorbium ist auch Bestandtheil von

Emplastrum Cantharid. perpetuum.

Extractum Absinthii. Wermutextrakt. Extrait d'absinthe.

2 Th. Herb. Absinth. werden mit 2 Th. Weingeist mit 8 Th. Wasser 24 Stunden stehen gelassen. Die abgepresste Flüssigkeit wird zu einem dicken Extrakt eingedampft.

Es ist grünlichbraun, von aromatischem, stark bitterem Geschmack und in Wasser trübe löslich.

Wirkt in kleinen Gaben anregend auf den Appetit, grössere Dosen können Bewusstlosigkeit und Konvulsionen erzeugen. Wird zuweilen bei Dyspepsie in Mixtur oder Pillen zu 0,5—1,0 mehrmals täglich verordnet. Ist Bestandtheil von

Elixir amarum und

Elixir Aurant. comp.

446) ℞ Extr. Absinthii 15,0
Tinct. Aurantii 8,0
Aq. Menth. pip. 120,0.
M. D. S. 2—3 × tägl. 1 Esslöffel.
(Gegen Verdauungsschwäche.)

Extractum Aloës. Aloëextrakt. Extrait d'aloès. Estratto d'aloe.

1 Th. Aloë wird in 5 Th. siedendem Wasser gelöst. Die erkaltete Lösung wird nach 2 Tagen von dem ausgeschiedenen Harze abgegossen, filtrirt und zu einem trockenen Extrakte eingedampft.

Aloëextrakt ist von gelbbrauner Farbe, stark bitter und in Wasser trübe löslich. Es lässt sich zerreiben und giebt mit Mucil. Gum. arab. eine Pillenmasse.

In kleinen Dosen von 0,01—0,05 wirkt es als appetitanregendes Bittermittel. zu 0,05—0,3 als mildes Abführmittel, in stärkeren Dosen 0,5—1,0 als Drasticum.

Da es Kongestionen in den Organen des kleinen Beckens verursacht, ist das Aloëextrat bei Gravidität zu vermeiden.

447) ℞ Extr. Aloës
Extr. Rhei comp. ää 1,5.
Pulv. Rad. Liquir.
Succ. Liquirit. q. s.
ut f. pilul. No. 30.
D. S. Morgens oder Abends 1—2 Pillen zu nehmen.

448) ℞ Extr. Aloës
Fel. Tauri inspiss. ää 3,0.
M. f. pilul. No. 50.
Consp. Cort. Cinnam.
D. S. 3 × tägl. 3 Pillen.

449) ℞ Extr. Aloës 5,0
Extr. Rhei comp. 3,0
Extr. Colocynth. comp.
Ferr. pulv. ää 1,5.
M f. pilul. No. 100.
D. S. 1—2—3 Pillen zu nehmen.
(Stahl'sche Abführpillen.)

450) ℞ Extr. Aloës
Sapon. medic. ää 2,0.
M. f. pilul. No. 30.
D. S. Abends 1—2 Pillen zu nehmen.

Extractum Belladonnae. Belladonnaextrakt. Tollkirschenextrakt. Extrait de belladone. Estratto di belladonna.

20 Th. frisches Belladonnakraut werden mit 1 Th. Wasser besprengt, zerstossen und ausgepresst und dasselbe Verfahren mit 3 Th. Wasser wiederholt. Die gemischten Flüssigkeiten werden bis auf 80° erwärmt, durchgeseiht, bis auf 2 Th. eingedampft und 2 Th. Weingeist zugefügt. Die Mischung wird nach 24 Stunden durchgeseiht. Der hierbei erhaltene Rückstand wird mit 1 Th. verdünntem Weingeiste in einem geschlossenen Gefässe etwas erwärmt und umgeschüttelt. Die nach dem Absetzen klar abgegossene Flüssigkeit wird der früher erhaltenen hinzugefügt, die gesammte Mischung filtrirt und zu einem dicken Extrakte eingedampft. Man erhält so ein dickes, dunkelbraunes, in Wasser fast klar lösliches Extrakt.

Wie bei allen anderen Belladonna-Präparaten beruht auch die Wirkung des Extractum Belladonnae auf seinem Gehalte an

Atropin. Daher verweisen wir bezüglich der Wirkung und therapeutischen Verwendung auf das bei Atropin Gesagte.

Dosis. Innerlich zu 0,01—0,05 mehrmals täglich,

Grösste Einzelgabe 0,05! — Grösste Tagesgabe 0,2!

in Pulvern, Pillen, Lössung und Tropfenform.

(Kindern 0,001—0,005—0,01 pro dosi und 0,1 pro die.)

Äusserlich in Collyrien 0,2—0,5 in 10 0 Aqua gelöst, zu Augensalben 1,0 : 10,0 Lanolin; zu Klysmen 0,02—0,05 : 100,0; Stuhlzäpfchen (0,02—0,05 : 2,0); Kindern von 1 bis 5 Jahren Suppositorien von 0,01—0,02 auf 2,0 Ol. Cacao).

451) ℞ Extr. Belladon. 0,03—0,1
Aq. Amygd. amar. 3,0
Aq. dest. 40,0
Sirup. Althae. 20,0.
M. D. S. 2—3 × tägl. 1 Theel.
(Keuchhusten.)

452) ℞ Extr. Belladon. 0,05
Aq. Amygd. amar. 10,0.
M. D. S. 3 × täglich so viel Tropfen, wie das Kind Jahre zählt.
(Keuchhusten.)

453) ℞ Extr. Belladon. 0,2
Extr. Strychni 0,1
Extr. Opii 0,2.
Pulv. Rad. et Succ. Liq. q. s. ut f. pilul. No. 20.
D. S. 2—3 × tägl. 1 Pille.
(Kolik u. Bleikolik.)

454) ℞ Extr. Belladon. 0,2
Aq. Amygd. amar. ad 15,0.
M. D. S. 3 × tägl. 20—30 Tr.
(Hustenreiz u. Cardialgie.)

455) ℞ Extr Belladon. 0,03
Ferr. carbon. sacch. 1,0
Sacch. Lact. 2,0.
M. f. pulv. Divide in partes aeq. X.
S. Abends 1 Pulver.
Für 3—5jähriges Kind.
(Enuresis nocturna.)

456) ℞ Extr. Belladon. 0,5
Ungt. Hydrarg. 10,0.
M. f. ungt. D. S. Äusserlich.
(Augensalbe.)

457) ℞ Extr. Belladon. 0,01—0,05
Butyr. Cacao 2,0.
M. f. supposit. D. t. dos. X.
(Tenesmus, Blasenkrampf Menstruatio diff.)

Extractum Calami. Kalmusextrakt. Wässerig spirituöses, dickes Extrakt, von rothbrauner Farbe, in Wasser trübe löslich. Wird zu 0,5—1,0 mehrmals täglich als Tonicum und Stomachicum bei Dyspepsie in Pillen und Solution, auch als Pillenkonstituens benutzt.

Extractum Cardui benedicti. Cardobenedictenextrakt. Extrait de chardon bénit. Estratto di cardo santo.

Wird dargestellt aus Herb. Cardui benedicti, indem 1 Th. mit 10 Th. kochendem Wasser digerirt und die Colatur zu einem dicken Extrakt eingedampft wird.

Es ist braun, sehr bitter und in Wasser trübe löslich. Wirkt wie die übrigen Amara antiseptisch und war früher auch bei Katarrh der Phthisiker beliebt. Wird zu 0,5—1,0 mehrmals täglich in Pillen oder Lösung gegeben.

458) ℞ Extr. Cardui benedict. 5,0
Extr. Dulcamarae 1,5
Aq. Foeniculi 30,0
Aq. Laurocerasi 5,0.
M. D. S. 4 × tägl. 60 Tropfen.
(Elixir anticatarrhale.)
(Hufeland.)

459) ℞ Extr. Cardui bened. 5,0
Aq. Amygd. amar. 25,0.
M. D. S. 3 × tägl. 20—30 Tropfen.

Extractum Cascarillae. Cascarillextrakt. Extrait de cascarille. Estratto di cascarilla.

Aus der grob gepulverten Cascarillrinde durch Extraction mit kochendem Wasser hergestellt. Es ist ein dickes Extrakt, von dunkelbrauner Farbe und aromatisch bitterem Geschmack, in Wasser trübe löslich.

Wirkt in kleinen Dosen appetitanregend und wird bei Dyspepsie und Diarrhöe (bes. bei kleinen Kindern) verordnet.

Innerlich zu 0,5—1,0 mehrmals täglich in Pillen und Mixturen.

460) ℞ Extr. Cascarill.
Extr. Trifol. fibrin. āā 2,0—3,0
Aq. destill. 180,0
Sirup. Cort. Aurant. ad 200,0.
M. D. S. Vor jeder Mahlzeit 1 Esslöffel voll zu nehmen.
(Bei Appetitlosigkeit.)
(v. Bamberger.)

461) ℞ Extr. Cascarillae 0,06
Pulv. Rad. Rhei 0,4
Sacch. alb. 2,5.
M. f. pulv. Divide in part. aeq. VI.
D. S. 3 × tägl. 1 Pulver.
(Bei dyspeptischer Diarrhoe kleiner Kinder.)
(Mayr.)

Extractum Chinae aquosum. Wässeriges Chinaextrakt. Cort. Chin. 1 Th. wird mit 10 Th. Wasser 48 Stunden stehen gelassen. Der nach dem Abpressen bleibende Rückstand wird nochmals mit 10 Th. Wasser 48 Stunden macerirt. Die abgepressten Flüssigkeiten werden auf 2 Th. verdampft, nach dem Erkalten filtrirt, und daraus ein dünnes Extrakt hergestellt.

Dasselbe ist rothbraun, von bitterem zusammenziehendem Geschmacke und in Wasser trübe löslich. Dies Präparat enthält nur Spuren von ausziehbaren Chinaalkaloiden, dagegen reichlich Chinagerbsäure.

Wird zu 0,5—2,0 mehrmals täglich in Pillen und Mixturen als Tonicum angewandt.

Extractum Chinae spirituosum. Weingeistiges Chinaextrakt. Cort. Chinae 1 Th. wird mit Spirit. dil. 6 Tage lang stehen gelassen. Der nach dem Abpressen bleibende Rückstand wird nochmals mit 5 Th. Spirit. dil. 3 Tage lang macerirt. Die abgepressten Flüssigkeiten werden gemischt und zu einem trockenen Extrakt eingedampft. — Dasselbe ist von braunrother Farbe, sehr bitterem Geschmack, in Wasser trübe löslich. Wird ebenfalls als Tonicum und Roborans zu 0,5—1,5 mehrmals täglich in Pillen, Mixturen oder Wein angewandt.

Äusserlich zuweilen als Zusatz zu den Haarwuchs befördernden Pommaden (1,0 : 10,0).

Extractum Colocynthidis. Koloquinthenextrakt. Extrait de coloquinte.

2 Th. grob zerschnittene Koloquinthen mit den Samen werden mit 15 Th. Spirit. dil. 6 Tage stehen gelassen. Der nach dem Abpressen verbleibende Rückstand wird nochmals mit Spirit. dil. und Wasser āā 5 Th. 3 Tage macerirt. Die abgepressten Flüssigkeiten werden zu einem trockenen Extrakte eingedampft. Es ist braungelb, schmeckt sehr bitter und löst sich trübe in Wasser. Als wirksames Princip mit drastischen Eigenschaften ist das Glykosid Colocynthin zu betrachten.

Wird als energisches Abführmittel, besonders wo gleichzeitig ableitend auf den Darmkanal gewirkt werden soll, bei hydropischen Zuständen verordnet. Man giebt es zu 0,005—0,05,

Höchste Einzelgabe 0,05! — höchste Tagesgabe 0,2!

in Pillenform, gewöhnlich in Verbindung mit anderen Abführmitteln und (zur Vermeidung von Leibweh) mit Extr. Belladonna oder Extr. Hyoscyami.

462) ℞ Extr. Colocynth. 1,0
Extr. Aloës 2,0
Extr. Hyoscyam. 0,5
M. f. pilul. No. 30.
D. S. Abends 1 Pille.
(Bei habitueller Obstipation.)

463) ℞ Extr. Colocynthid.
Extr. Rhei
Extr. Aloës āā 1,0
Mucil. Gummi arab. q. s.
ut f. pilul. No. 20.
D. S. Abends 1 Pille.

464) ℞ Extr. Colocynth.
Aloës āā 1,5
Ferri pulv. 1,0.
Mucil. Gummi Mimos. q. s.
ut f. pilul. No. 40.
S. Abends 1—2 Pille.
(Stahl'sche Abführpillen.)

Extractum Condurango fluidum. Condurango-Fluidextrakt.

Wird aus Cort. Condurango durch Perkolation mittels eines Gemisches von Weingeist, Wasser und Glycerin hergestellt. Ist eine klare, rothbraune Flüssigkeit von kräftigem Geruche und Geschmacke nach Condurangorinde. Wird als Stomachicum (bes. bei Carcinoma ventriculi) zu 20 bis 30 Tropfen 3—4mal täglich gegeben.

Extractum Cubebarum. Kubebenextrakt. Extrait de cubèbe.

2 Th. gepulverte Kubeben werden mit einem Gemisch von 3 Th. Weingeist und 3 Th. Äther 3 Tage stehen gelassen. Der nach dem Abpressen bleibende Rückstand wird nochmals mit 2 Th. Äther und 2 Th. Weingeist 3 Tage macerirt. Die abge-

pressten Flüssigkeiten werden gemischt und zu einem dünnen Extrakte eingedampft.

Braunes, in Wasser unlösliches, dünnes Extrakt, das beim Stehen Kubebin absetzt. Wird bei Gonorrhoe zu 0,3—1,5 mehrmals täglich in Pillen, Bissen, Elektuarien, auch in Gelatinekapseln (à 0,6) in Verbindung mit Bals. Copaivae verordnet.

465 ℞ Extr. Cubebar.
Bals. Copaiv.
Cerae alb. āā 4,0
Pulv. Cubebar. 12,0.
M. f. pilul. No. 100.
Consp. Cinnam.
D. S. 2stündl. 5 Pillen.

466) ℞ Extr. Cubeb. 4,0
Gummi arab. 2,0
Aq. dest. 4,0
Magnes. carb. 6,0.
M. f. pilul. No. 90.
Consp. Lycopod.
D. S. 3 × tägl. 10 Pillen.
(Bei Nachtripper.)
(Hausmann.)

Extractum Ferri pomatum. Eisenextrakt. Extrait de malate de fer.

50 Th. reife, saure Äpfel werden in einen Brei verwandelt und ausgepresst. Der Flüssigkeit wird 1 Th. gepulvertes Eisen hinzugesetzt und die Mischung auf dem Wasserbade erwärmt, bis die Gasentwickelung aufgehört hat. Die mit Wasser auf 50 Th. verdünnte Flüssigkeit wird mehrere Tage bei Seite gestellt, filtrirt und zu einem dicken Extrakte eingedampft.

Es bildet eine schwarzgrüne, in Wasser klar lösliche Masse und ist von süsslich eisenartigem, aber keineswegs scharfem Geschmacke. Sein Gehalt an metallischem Eisen schwankt zwischen 7—8%. Als milde wirkendes und leicht verdauliches Eisenpräparat wird es bei Anämie und Chlorose zu 0,1—0,5 mehrmals täglich in Pillen oder Lösung (Malagawein) gegeben.

Präparat: **Tinct. Ferri pomata.** (1 Th. Extract. Ferri pomat. in 9 Th. Aqua Cinnam. gelöst).

467) ℞ Extr. Ferri pomat. 5,0
Vini Malacens. 100,0.
M. D. S. 2 × tägl. 1 Esslöffel.
(Chlorose.)

468) ℞ Extr. Ferri pomat.
Pulv. Cort. Chinae āā 4,0.
M. f. pilul. No. 60.
D. S. 3 × tägl. 3—5 Pillen.

469) ℞ Extr. Ferri pomat. 5,0
Aq. Foeniculi 20,0.
M. D. S. 3 × tägl. 10—15 Tropfen in Zuckerwasser.

Extractum Filicis. Farnextrakt. Wurmfarnextrakt. Extrait de fougère mâle. Estratto di felce maschio.

1 Th. Rhizoma Filicis wird mit 3 Th. Äther 3 Tage stehen gelassen. Nach dem Abgiessen der Flüssigkeit wird der Rückstand nochmals mit 2 Th. Äther 3 Tage macerirt und ausgepresst. Die vereinigten Flüssigkeiten werden filtrit und zu einem dünnen Extrakte eingedampft.

Ist grünlich, in Wasser nicht löslich und von scharf bitterem Geschmack. Enthält als wirksamen Bestandtheil die Filixsäure (eine krystallinische Substanz), ausserdem Öl, Harz und Gerbstoffe.

Ist ein gut bewährtes Mittel zur Beseitigung aller Arten Bandwürmer und Ankylostoma duod. Während jedoch zu kleine Dosen oft erfolglos sind, treten nach grösseren leicht Nebenwirkungen (Übelkeit, Erbrechen, Diarrhoe etc.) ein und bei Kindern hat man schon nach 8,0 tödtlichen Ausgang beobachtet. Daher giebt man das Mittel am liebsten in kleinen Gaben, verbunden mit andern Antihelminthicis. Besondere Beachtung verdient der Umstand, dass das Mittel je nach Alter und Abstammung sehr verschieden wirkt. Am stärksten ist das russische, am schwächsten das französische Präparat.

Dosis. Man giebt es (nachdem eine sogen. Vorbereitungskur vorhergegangen) zu 2,0—8,0 in 2—3 Portionen in Milch, in Mixturen, Pillen, Bissen, Latwergen oder Gallertkapseln am Morgen und einige Stunden später lässt man ein Abführmittel (Ol. Ricini) folgen. Zu beachten ist, dass vom französischen Extr. Filicis 15,0, vom deutschen 8,0 und vom baltischen (Extr. Filicis Wolmarense) 1,0—2,0 zu geben sind.

470) ℞ Extr. Filicis 5,0
Gummi arab. 2,5
Aq. dest. 5,0
Sirup. spl. 20,0.
M. D. S. Innerhalb $^1/_2$ Stunde in 2 Portionen zu nehmen. 1 Stunde später 1—2 Esslöffel Ricinusöl.

471) ℞ Extr. Filicis 8,0
Olei Ricini 20,0.
M. D. S. In 2 Portionen innerhalb 1 Stunde zu nehmen.
Für 8—1(jähriges Kind die Hälfte der angegebenen Dosis.

472) ℞ Capsulae elasticae
Extr. Filicis replet 1,0.
S. No. VIII.
Morgens 4 Kapseln, und $^1/_2$ Stunde später wiederum 4 Kapseln zu nehmen und dann 1 Esslöffel Ricinusöl.

473) ℞ Extr. Filicis 8,0
Hydrarg. chlorat. 0,8.
Divide in part. aeq. XVI.
D. in caps. S. Alle 10 Minuten 2 Kapseln zu nehmen.

474) ℞ Extr. Filicis
Rhizom. Filicis pulv. ãã 7,0
M. f. boli No. XXX.
D. S. $^1/_4$stündl. 10 Stück zu nehmen.

475) ℞ Extr. Filicis
Pulp. Tamarind. dep. ãã 10,0.
M. f. elect. D. S. Innerhalb 1 Stunde zu nehmen.

Extractum Frangulae fluidum. Faulbaum-Fluidextrakt.

Wird aus Cort. Frangulae durch Perkolation mittels eines Gemisches von Wasser und Weingeist hergestellt. Die dunkelbraune Flüssigkeit wird zu 20—30 Tropfen (bis theelöffelweise) Morgens und Abends bei habitueller Verstopfung gegeben.

Extractum Gentianae. Enzianextrakt. Extrait de gentiane.

1 Th. Rad. Gentian. wird mit 5 Th. Wasser 48 Stunden macerirt, der abgepresste Rückstand nochmals mit 5 Th. Wasser 12

Stunden ausgezogen. Die abgepressten Flüssigkeiten werden gemischt, aufgekocht, abgegossen und bis auf 2 Theile eingedampft. Der Rückstand wird mit Wasser verdünnt, filtrirt und zu einem dicken Extrakte eingedampft.

Ist gelbbraun bis rothbraun, in Wasser klar löslich und von bitterem Geschmacke. — Wirkt als Amarum appetit- und verdauungsanregend und wird zu 0,5—2,0 mehrmals täglich in Pillen oder Lösung gegeben. Dient auch als Pillenkonstituens und ist Bestandtheil des Elixir Aurantii compositum.

Extractum Hydrastis fluidum. Hydrastis-Fluidextrakt. Extrait fluide d'hydrastis. Fluid Extract Golden-seal.

Aus 100 Th. mittelfein gepulv. Hydrastiswurzel und einem Gemische von 7 Th. Weingeist und 3 Th. Wasser durch Perkolation bereitet.

Ist eine dunkelbraune Flüssigkeit von bitterem Geschmacke. Wirkt blutstillend und wird bei Blutungen, besonders bei zu starker Menstruation im jugendlichen und klimakterischen Alter, auch bei Epistaxis, Haemoptoë und profusen Schweissen zu 20—30 Tropfen 3—4mal täglich verabreicht.

476) ℞ Extr. Hydrast. fluid.
Tinct. aromat. āā 20,0.
D. S. 3—4 × tägl. 20—30 Tropfen.

477) ℞ Extr. Hydrast. fluid.
Vini Malacens. āā 50,0
Sirup. Cinnamom. 15,0.
M. D. S. 2—4stündl. 1 Theelöffel.
(Bei starker Menorrhagie.)

478) ℞ Extr. Hydrast. fluid. 2,0—3,0
Fol. Sennae pulv. 6,0.
M. f. pilul. No. 30.
S. 1 Pille nach jeder Mahlzeit.

Extractum Hyoscyami. Bilsenkrautextract. Extrait de jusquiame.

Wird aus 20 Th. frischem, in Blüthe stehendem Bilsenkraut mit Wasser und Weingeist genau wie Extract. Belladon. bereitet.

Es ist ein grünlichbraunes, in Wasser trübe lösliches Extrakt.

In der Wirkung und Anwendung ähnlich wie Extr. Belladonnae.

Wird innerlich zu 0,01—0,2,

Höchste Einzelgabe 0,2! — Höchste Tagesgabe 1,0!

in Pulvern, Pillen oder Lösung gegeben, auch andern narkotischen Hustenmixturen zugesetzt.

Äusserlich zu Salben (0,5—1,0 : 10,0).

479) ℞ Extr. Hyoscyam. 0,25—0,5
Morphini acet. 0,03
Aq. Amygd. amar. ad 15,0.
M. D. S. Zur Zeit 10—20 Tr.
(Hustenreiz.)

480) ℞ Extr. Hyoscyam. 0,5
Aq. Amygd. amar. 10,0.
M. D. S. 3—4 × tägl. 15 Tropfen in Brustthee.

Extractum Opii. Extractum Opii aquosum s. gummosum. Extractum thebaicum aquosum. Opium depuratum. Opiumextrakt. Extrait d'Opium. Estratto d'oppio.

2 Th. mittelfein gepulvertes Opium werden mit 10 Th. Wasser 24 Stunden unter bisweiligem Umschütteln macerirt, dann ausgepresst. Der Rückstand wird nochmals mit 5 Th. Wasser in gleicher Weise behandelt. Die abgepressten Flüssigkeiten werden filtrirt und zu einem trocknen Extrakte eingedampft.

Es stellt ein rothbraunes, in Wasser trübe lösliches Pulver dar. Dasselbe wirkt wie Opium, aber erheblich stärker als letzteres wegen seines beträchtlicheren Morphingehaltes (11—17 %). Wegen seiner leichteren Löslichkeit wird es besonders da angewandt, wo Opium in wässeriger Lösung verordnet werden soll (Injektionen, Collyrien etc.).

Man giebt es zu 0,005—0,05—0,15,

Grösste Einzelgabe 0,15! — Grösste Tagesgabe 0,5!

mehrmals täglich in Pulvern, Pillen, Trochiscen, Mixturen.

Äusserlich in Salben 0,5—1,0 : 10,0, Suppositorien 0,05 bis 0,1 und Injektionen 0,2—1,0 : 100.0.

481) ℞ Extr. Opii 0,1—0,2
Elixir e Succ. Liquirit. 30,0
Aq. Foeniculi 50,0.
M. D. S. 3×tägl. ½—1 Theelöffel.
(Bronchialkatarrh.)

482) ℞ Extr. Opii 0,2
Emuls. Amygd. 120,0
Sirup. spl. 20,0.
M. D. S. 2—3stündl. Esslöffel.
(Gastrointestinalkatarrh.)

483) ℞ Extr. Opii 0,03—0,1
Butyr. Cacao 2,0.
F. suppositor. D. t. dos. V.
(Blasenkrampf.)

Extractum Rhei. Rhabarberextrakt. Extrait de rhubarbe. Estratto di rabarbaro.

2 Th. Rhabarberwurzel, 4 Th. Weingeist, 6 Th. Wasser werden 24 Stunden unter bisweiligem Schütteln macerirt, dann ausgepresst. Der Rückstand wird mit einer Mischung von 2 Th. Weingeist und 3 Th. Wasser ebenso behandelt. Die Flüssigkeiten werden zu einem trockenen Extrakt eingedampft.

Es ist ein gelblich braunes und in Wasser trübe lösliches Pulver. Wird innerlich als Stomachicum zu 0,1—0,3 und in grossen Dosen (0,5—1,0) als Abführmittel in Pillen, Pulver oder Mixtur gegeben.

484) ℞ Extr. Rhei
Extr. Aloës āā 2,0
Sapon. med. 1,0.
Pulv. et Succ. Liq. q. s.
ut f. pilul. No. 30.
D. S. Abends 1—2 Pillen.

485) ℞ Extr. Rhei
Fel. Tauri inspiss. āā 3,0.
M. f. pilul. No. 50.
Consp. Cinnamom.
D. S. 3×tägl. 3 Pillen.

Extractum Rhei compositum. Extractum catholicum. Extr. panchymagogum. Extrait de rhubarbe composé.

6 Th. Rhabarberextrakt, 2 Th. Aloëextrakt, 1 Th. Jalapenharz, 4 Th. med. Seife werden fein zerrieben und gemischt. — Ein braunes, in Wasser trübe lösliches Pulver. Wird als Abführmittel zu 0,2—1,0 in Pillenform verordnet.

486) ℞ Extr. Rhei comp. 3,0
Extr. Colocynth. 0,5.
Mucil. Gum. arab. q. s.
M. f. pilul. No. 30.
D. S. Abends 1—2 Pillen.

487) ℞ Extr. Rhei comp. 2,0
Aloës 1,5
Ferr. pulv. 0,5.
F. pilul. No. 30.
D. S. Morgens u. Abends 1—2 Pillen.

Extractum Secalis cornuti. Mutterkornextrakt. Ergotinum. Extrait d'ergot de seigle. Estratto di segala cornuta.

2 Th. Secal. corn. werden mit 4 Th. Wasser 6 Stunden stehen gelassen, und der nach dem Abpressen verbleibende Rückstand wird nochmals in derselben Weise behandelt. Die Flüssigkeiten werden gemischt, durchgeseiht und bis auf 1 Th. eingedampft. Dieser Auszug wird mit 1 Th. Spirit. dil. gemischt, 3 Tage stehen gelassen, filtrirt und zu einem dicken Extrakte eingedampft. Ist rothbraun und in Wasser klar löslich, riecht eigenthümlich und schmeckt widerlich bitter. Bezüglich der Wirkung siehe Secale cornutum. Es wird vielfach als blutstillendes Mittel bei Blutungen aller Art angewandt. Ausserdem hat es praktische Bedeutung erlangt bei Uterusfibromen, Prostatahypertrophie, Aneurysmen, Varicen, Blasenlähmung, Migräne, Herzaffektion etc.

Man giebt es innerlich als Hämostaticum zu 0,05—0,5 mehrmals täglich in Lösung oder Pillen; am häufigsten wird es jedoch äusserlich in subkutaner Injektion angewandt zu 0,1—0,3 (in wässeriger Lösung mit Glycerin und Weingeist.) In Suppositorien zu 0,25—0,5.

488) ℞ Extr. Secal. corn. 1,0—2,0
Tinct. Cinnamomi 10,0.
M. D. S. 2stündl. 20 Tropfen.
(Uterusblutung.)

489) ℞ Extr. Secal. corn. 2,0
Aq. Cinnam. 180,0.
M. D. S. 2stündl. 1 Esslöffel.
Migräne (mit Gefässerweiterung), Purpura haemorrhagica.

490) ℞ Extr. Secal. corn. 3,0
Pulv. Fol. Digital. 2,0.
Rad. et Extr. Gentian. q. s.
ut f. pilul. No. 50.
D. S. 2stündl. 2—3 Pillen.
(Aorteninsuff., Arteriosklerose.)
(Rosenbach.)

491) ℞ Extr. Secal. corn. 3,0.
Pulv. Rad. Liquir. q. s.
ut f. pilul. No. 30.
D. S. 3—4 × tägl. 1 Pille.
(Hämoptoë, Metrorrhagie.)

492) ℞ Extract. Secal. corn. 1,0
Aq. dest. 10,0
Acid. carbol. liq. 0,1.
M. D. S. Zur subkut. Injektion.
(Blutungen, Aneurysma, Blasenschwäche mit Hypertrophie der Prostata.)

493) ℞ Extr. Secal. corn. 3,0
Spirit. dil.
Glycerini
Aq. destill. āā 5,0.
M. D. S. Zur subkut. Injektion.
1—2 Spritzen (in die Glutaealgegend).
(Blutungen, Aneurysma, Blasenschwäche mit Hypertrophie der Prostata.)

494) ℞ Extr. Secal. corn. 0,1
Ol. Cacao 0,2.
M. f. supposit. D. tal. dos. III.
S. Tägl. 1 Stück einzuführen.
(Mastdarmvorfall.)

495) ℞ Extr. Secal. corn. 1,0
Glycerini
Aq. destill. āā 5,0.
Tägl. 1/2 Spritze voll in die Nähe des Anus einzuspritzen.
(Mastdarmvorfall.)

Extractum Secalis cornuti fluidum. Mutterkorn. — Fluidextrakt.

Aus 100 Th. Secal. corn. mit 2 Th. Weingeist und 8 Th. Wasser unter Zusatz verdünnter Salzsäure bereitetes Fluid-Extrakt. Es stellt eine rothbraune, klare Flüssigkeit dar, die mit Wasser klare, mit Weingeist trübe Mischungen giebt.

Wirkung und Anwendung wie Extr. Secal. cornut., zu 0,3—1,0 in aromatischen Mixturen.

Extractum Strychni. Extr. Strychni spirituosum. Brechnussextrakt. Extrait de noix vomique. Estratto di nuce vomica.

10 Th. Semen Strychni werden mit 20 Th. Spirit. dil. 24 Stunden ausgezogen. Der nach dem Auspressen verbleibende Rückstand wird nochmals mit 15 Th. Spirit. dil. ebenso behandelt. Die abgepressten Flüssigkeiten werden gemischt, mehrere Tage stehen gelassen und zu einem trockenen Extrakte eingedampft.

Es ist ein braunes, in Wasser trübe lösliches Pulver von sehr bitterem Geschmacke.

Wirkung und Anwendung wie die des Strychnin.

Innerlich zu 0,01—0,03—0,05,

Grösste Einzelgabe 0,05! — Grösste Tagesgabe 0,15!

in Pulverform oder Pillen (bei Lähmungen, Nervosität, Incontinentia urinae etc.).

Äusserlich in Salben zu 0,02—0,5 : 10,0—15,0 Lanolin (Amblyopie und Amaurose).

496) ℞ Extr. Strychni 0,01
Bismut. subnitr.
Magnes. carbon. āā 0,5
Sacch. alb. 0,5.
M. f. pulv. D. t. dos. X.
S. 2stündl. 1 Pulver.
(Cardialgie.)

497) ℞ Extr. Strychni 0,5
Ergotin. 2,5
Extr. Cannab. ind. 0,5.
F. pilul. No. 30.
D. S. Morgens u. Abends 1 Pille.
(Impotenz u. Spermatorrhoe.)

498) ℞ Extr. Strychni 0,003
Ferr. carbon. sacch. 0,1
Sacch. alb. 0,3.
M. f. pulv. D. t. dos. X.
S. Vor dem Schlafengehen 1 Pulver zu nehmen.
(Enuresis nocturn.)

499) ℞ Extr. Strychni 0,15
Pulv. Rad. Rhei 1,5
Pulv. aromat. 3,0.
Mucil. Gummi arab. q. s.
ut f. pilul. No. 30.
D. S. 3 × tägl. zu 2 Pillen.
(Dyspepsie.)

Extractum Taraxaci. Löwenzahnextrakt. Extrait de dent de lion.

1 Th. im Frühjahr gesammelter und getrockneter, mittelfein zerschnittener Löwenzahn wird mit Wasser genau wie Extract. Gentianae bereitet.

Es ist ein dickes, braunes, in Wasser klar lösliches Extrakt von bittersüsslichem Geschmacke. Dasselbe wird innerlich als Amarum bei Verdauungsschwäche und äusserlich als Pillenkonstituens für trockene Medikamente angewandt.

Man giebt es zu 0,5—1,0—1,5 mehrmals täglich in Pillen oder Mixtur.

Extractum Trifolii fibrini. Bitterkleeextrakt. Fieberkleeextrakt.

1 Th. mittelfein zerschnittener Bitterklee wird mit kochendem Wasser wie Extr. Cardui benedicti bereitet.

Es ist ein dickes, schwarzbraunes, in Wasser klar lösliches Extrakt. Dasselbe galt früher als Volksmittel bei Intermittens, wird gegenwärtig nur noch als billiges Amarum bei Appetitlosigkeit zu 0,5—2,0 mehrmals täglich in Pillen oder Lösung angewandt.

Ferrum carbonicum saccharatum. Zuckerhaltiges Ferrokarbonat. Carbonate de fer sucré. Saccharated Carbonate of Iron. Carbonato di ferro saccarato.

Man fällt 5 Th. Ferrosulfat in wässeriger Lösung mit 3,5 Th. Natriumkarbonat, wäscht den Niederschlag von Ferrokarbonat aus, dampft ihn mit 1 Th. Milchzucker und 3 Th. Rohrzucker zur Trockene und vermischt den Rückstand mit Zuckerpulver bis auf 100 Th. Gesammtgewicht.

Ist ein grünlichgraues, geruchloses Pulver, von süssem, schwach adstringirendem Eisengeschmacke, das in 100 Th. 10 Th. Eisen enthält. Dasselbe löst sich nur theilweise in Wasser, jedoch vollkommen und unter lebhafter Kohlensäureentwickelung in verdünnter Salzsäure zu einer grünlichgelben Flüssigkeit auf. Die mit Wasser verdünnte Lösung giebt sowohl mit Kaliumferrocyanidlösung als auch mit Kaliumferricyanidlösung einen blauen Niederschlag.

Wird als milde wirkendes Eisenpräparat als Tonicum bei Anämie und Chlorose und besonders in der Kinderpraxis vielfach verordnet.

Innerlich zu 0,2—1,0 mehrmals täglich in Pulver, Pillen, Pastillen; Kindern 0,03—0,1 in Pulver mehrmals täglich.

500) ℞ Ferri carbon. sacch. 10,0
Cort. Chin. pulv. 5,0.
M. f. pulv. D. ad scat.
S. 3 × täglich 1 Messerspitze in Wein zu nehmen.

501) ℞ Ferri carbon. sacch. 4,0.
Pulv. et Succ. Liquir. q. s.
ut f. pilul. No. 30.
D. S. 3 × tägl. 2 Pillen zu nehmen.

502) ℞ Ferri carbon. sacch. 0,05
Sacch. alb. 0,5
M. f. pulv. D. t. dos. XX.
D. S. 2—3 × tägl. 1 Pulver.
(Tonicum für anämische Kinder.)

Ferrum citricum oxydatum. Ferrum citricum. Ferricitrat. Eisencitrat. Citronensaures Eisenoxyd. Citrate de fer. Citrate of iron.

Wird durch Fällen von Eisenchloridlösung mit Ammoniak und Eintragen des Niederschlages in Citronensäurelösung, Eindampfen des Filtrats und Eintrocknen auf Glasplatten erhalten.

Es bildet dünne, durchscheinende Blättchen von rubinrother Farbe und schwachem Eisengeschmacke, die sich leicht in siedendem Wasser, langsam aber vollständig in kaltem Wasser lösen. Der Gehalt an Eisen beträgt 19—20%.

Mildes Eisenpräparat, das gleichzeitig etwas diuretisch wirkt. Deshalb bei Anämie und Hydrops vielfach in Gebrauch.

Innerlich zu 0,1—0,5 mehrmals täglich in Pulver, Pillen und Pastillen. Eignet sich auch zur subkutanen Injektion (1,0:10,0, davon 1 Spritze = 0,1 Ferr. citr. oxyd).

503) ℞ Ferri citrici 5,0
Vini Malacens. ad 200,0.
M. D. S. 3 × tägl. 1 Esslöffel.
(Roborans.)

504) ℞ Ferri citrici 6,0
Sirup. spl. 1,0.
Pulv. Rad. Althae. q. s.
ut f. pilul. No. 100.
D. S. 3 × tägl. 2—3 Pillen.

505) ℞ Ferri citrici 10,0
Sacch. alb. 20,0.
M. f. pulv. D. S. 3 × tägl. 1 Messerspitze.

Ferrum lacticum. Ferrolaktat. Milchsaures Eisenoxydul. Lactate de fer. — Lactate of iron. — Lattato di ferro.

Das bei der Milchsäuregährung durch Sättigen der Milchsäure mit Calciumkarbonat erhaltene Calciumlaktat wird nach Umkrystallisiren aus Wasser in koncentrirter Lösung mit der entsprechenden Menge Ferrochlorid versetzt.

Es bildet ein grünlichweisses, süsslich nach Eisen schmeckendes, schwach sauer reagirendes, krystallinisches Pulver oder aus kleinen, nadelförmigen Krystallen bestehende Krusten, die sich langsam in 40 Th. kaltem, in 12 Th. siedendem Wasser, kaum in Weingeist lösen. Die Eisenbestimmung soll mindestens 27% Eisenoxyd ergeben.

Findet als milde wirkendes und leichtverdauliches Präparat überall Verwendung, wo Eisen indicirt ist.

Dosis. Innerlich zu 0,1—0,5, mehrmals täglich in Pulver, Pillen und Pastillen. Für Kinder 0,01—0,1, dreimal täglich in Pulverform.

506) ℞ Ferri lactici 0,3
Sacch. alb. 0,5.
M. f. pulv. D. t. dos. X.
D. S. 3 × tägl. 1 Pulver.

507) ℞ Ferri lact. 0,05
Calc. phosphor. 0,1
Sacch. alb. 0,4.
M. f. pulv. D. t. dos. X.
S. Nach jeder Mahlzeit 1 Pulver
(Rachitis u. Skrophulose.)

508) ℞ Ferri lact. 3,0.
Succi Liquirit. q. s.
M. f. pilul. No. 60.
Consp. Lycopod.
D. S. 3 × tägl. 2—4 Pillen.
(Chlorose.)

509) ℞ Ferri lactici 1,0
Sacch. lact. 10,0.
M. f. pulv. D. S. 3 × täglich
1 Messerspitze voll zu geben.
Für Kinder.
(Seifert.)

Ferrum oxydatum saccharatum. Eisenzucker. Ferrum oxydatum saccharatum solubile. Oxyde de fer sucré.

Eisenchloridlösung (30 : 150) wird mit Natriumkarbonatlösung (26 : 150) gefällt, der erhaltene und wiederholt ausgewaschene Niederschlag sodann mit Zuckerpulver (50) und Natronlauge (5) zur Trockene verdampft, zu mittelfeinem Pulver zerrieben. Alsdann wird soviel Zuckerpulver zugemischt, dass das Gewicht der Gesammtmenge 100 beträgt.

Rothbraunes, süss und schwach nach Eisen schmeckendes Pulver. Dasselbe giebt mit 20 Th. heissem Wasser eine völlig klare, rothbraune, kaum alkalisch reagirende Lösung, die durch Ferrocyankalium allein nicht verändert, auf Zusatz von Salzsäure aber zuerst schmutzig grün, dann blau gefärbt wird. Es soll mindestens 2,8 % Eisen enthalten.

Wegen seines angenehmen Geschmacks und seiner milden Wirkung in der Kinderpraxis beliebtes Eisenpräparat. Wird auch, da es mit arseniger Säure eine unlösliche Verbindung eingeht, als Antidot bei Arsenikvergiftung verordnet.

Dosis. Innerlich zu 0,5—1,0 in Pulver und Pillen mehrmals täglich, auch einfach als Pulver den Speisen (besonders bei Kindern) zugesetzt. Bei Arsenikvergiftung theelöffelweise, anfangs viertelstündlich, später seltener zu nehmen.

Präparate: **Sirupus Ferri oxydati.** Eisenzuckersirup. Eine Mischung aus gleichen Theilen Ferrum oxyd. saccharatum, Wasser und weissem Sirup, in 100 Th. 1 Th. Eisen enthaltend. Ist dunkelrothbraun und wird mehrmals täglich theelöffelweise genommen.

510) ℞ Ferri oxydat. sacch. 10,0
Pulv. Cort. Cinnamom.
Sacch. alb. āā 25,0.
M. f. pulv. D. ad scat.
S. 3 × tägl. 1 Messerspitze voll.
(Chlorose, Anämie etc.)

511) ℞ Ferri oxydat. sacch. 10,0
Pulv. Rad. Gentian. 5,0.
Extr. Gentian. q. s.
ut f. pilul. No. 100.
Consp. Cinnam.
S. 3 × tägl. 3—6 Pillen.

Ferrum pulveratum. Limatura Ferri. Gepulvertes Eisen. Eisenfeile. Fer porphyrisé. Limaille de fer préparé. Ferro porfirizzato.

Wird durch Feilen und Zerreiben reinen Schmiedeeisens dargestellt. Das reinste Eisenpulver liefern gefeilte Klaviersaiten.

Es ist ein feines, schweres, etwas metallisch glänzendes, grauschwarzes Pulver, das vom Magneten angezogen wird und durch verdünnte Schwefelsäure oder Salzsäure unter Wasserstoffentwickelung gelöst wird. Diese Lösung giebt auch bei grosser Verdünnung mit Ferricyankalium einen blauen Niederschlag. — Das Präparat soll mindestens 98 % Eisen enthalten.

Der Vortheil des Ferr. pulv. vor anderen Eisenpräparaten besteht darin, dass es keinen unangenehmen tintenartigen Geschmack besitzt und dass es im Magen sehr leicht in Chlorür umgewandelt wird.

Wird innerlich zu 0,05—0,3 mehrmals täglich in Pulvern oder Pillen für sich oder mit bitteren oder aromatischen Mitteln (Cort. Cinnam.) verordnet.

512) ℞ Ferri pulv.
Cort. Chin. pulv.
Sacch. alb. āā 0,2
M. f. pulv. D. tal. Dos. XX.
S. 3 × tägl. 1 Pulver.
(Rachitis.)

513) ℞ Ferri pulv. 10,0
Pulv. Rad. Liquir. 5,0.
Succ. Liquirit. q. s.
ut f. pilul. No. 100.
Consp. Cinnam.
S. 3—4 × tägl. 2 Pillen.

514) ℞ Ferri pulverat.
Rad. Rhei āā 0,3
Sacch. alb. 0,5.
M. f. pulv. D. tal. dos. X.
S. 1—2 × tägl. 1 Pulver.

Ferrum reductum. Reducirtes Eisen. Fer réduit. Ferro ridotto.

Zur Darstellung füllt man ein Verbrennungsrohr mit reinem Eisenoxyd, leitet einen konstanten Strom von Wasserstoffgas darüber und erhitzt längere Zeit.

Ferrum reductum ist ein graues, glanzloses Pulver, das vom Magneten angezogen wird und beim Erhitzen unter Verglimmen in schwarzes Eisenoxyduloxyd übergeht. In verdünnter Salzsäure oder Schwefelsäure löst es sich vollständig oder bis auf einen sehr geringen Rückstand. Es soll mindestens 90 % metallisches Eisen enthalten.

Es wird wie Ferrum pulveratum, dessen gute Eigenschaften und Wirkungen es theilt, angewandt.

Dosis. Innerlich zu 0,05—0,3 mehrmals täglich in Pulverform, Pillen oder Pastillen. Kindern zu 0,005—0,05 mehrmals täglich (Anaemie und Rachitis).

515) ℞ Ferri reduct. 7,5
Extr. Chin. spirit. 2,0.
Mucil. Gummi arab. q. s.
ut f. pilul. No. 40.
Consp. Cinnam.
D. S. 3 × tägl. 2 Pillen.
(Chlorose). (Jürgensen.)

516) ℞ Ferri reduct. 10,0
Magnes. carbon.
Succ. Liquirit. āā 4,0.
Glycerini q. s.
ut f. pilul. No. 100.
D. S. 3 × tägl. nach der Mahlzeit 2—3 Pillen zu nehmen.

517) ℞ Ferri reduct. 3,0
Acid. arsenicos. 0,06
Piper. nigri pulv.
Rad. Liquir. pulv. āā 1,5.
Mucil. Gum. arab. q. s.
M. f. pilulae No. 60.
D. S. 3 × tägl. 2 Pillen.
Pilulae Ferri arsenicosi.
(Form. magistr. Berolin.)

518) ℞ Ferri reduct. 0,5
Magnes. carbon. 2,0
Sacch. lactis 10,0.
M. f. pulv. D. S. 2—3 × tägl.
1 Messerspitze voll.
(Rachitis.)

519) ℞ Ferr. reduct. 0,025
Cort. Chin. pulv. 0,1
Elaeosacch. Citri 0,3.
M. f. pulv. D. tal. dos. X.
S. 2 × tägl. 1 Pulver.
(Anämie.) (Seifert.)

Ferrum sesquichloratum. Eisenchlorid. Perchlorure de fer. Perchloride of Iron. Percloruro di ferro. $Fe_2 Cl_6 . 12 H_2 O$.

1000 Th. des officinellen Liquor Ferri sesquichl. werden auf dem Wasserbade auf 483 Th. eingedampft; der Rückstand wird in einer bedeckten Schale, kühl aufbewahrt, bis er vollständig erstarrt ist.

Gelbe, krystallinische, trockene, an der Luft zerfliessende, in gelinder Wärme schmelzende Masse, die in Wasser, Weingeist und Äther leicht löslich ist.

Ferrum sesquichloratum wirkt in Substanz oder in koncentriter Lösung ätzend. Die kaustische Wirkung ist keine tiefgehende. In verdünnter Lösung ist es ein adstringirendes und blutstillendes Mittel.

Das Präparat kommt als solches wegen seines leichten Zerfliessens kaum zur Anwendung. Es wird in Form des Liquor Ferri sesquichl. (s. d.) äusserlich und innerlich als ausgezeichnetes Hämostaticum verordnet. Äusserlich bedient man sich der Eisenchloridstifte in der gynäkologischen Praxis. Sie werden mittels Chiarischen Ätzmittelträgers eingeführt. Zuweilen kommt es auch in Collodium gelöst als Haemostaticum in Anwendung.

520) ℞ Ferri sesquichlorati 1,0
Collodii 9,0.
M. D. S. Äusserlich.
(Collodium stypticum.)

Ferrum sulfuricum. Ferrosulfat. Schwefelsaures Eisenoxydul. Reines Eisenvitriol. Sulfate ferreux. Sulfate of Iron. Solfato ferroso. $Fe SO_4 + 7 H_2 O$.

2 Th. Eisendraht werden in einer Mischung von 3 Th. Schwefelsäure und 8 Th. Wasser gelöst. Die erhaltene Lösung wird noch warm in 4 Th. Weingeist filtrirt, welches das Ferrosulfat unlöslich niederschlägt. Das Krystallpulver wird mit Weingeist nachgewaschen und auf Filtrirpapier getrocknet.

Es stellt ein krystallinisches, grünlichweisses, an trockener Luft verwitterndes Pulver dar, das sich in 1,8 Th. Wasser mit grünlichblauer Farbe löst. Die wässerige Lösung reagirt schwach sauer und giebt mit Ferricyankalium einen blauen, mit Baryumnitrat einen weissen, in Salzsäure unlöslichen Niederschlag.

Ferrum sulfuricum gehört der Gruppe der starke Wirkungen entfaltenden Eisensalze an. Örtlich ätzt es; schon kleine Dosen erzeugen Magenbeschwerden, grössere können bedenkliche Erscheinungen hervorrufen. Daher wird es innerlich nicht häufig gegeben. In der beliebten Form der Blaud'schen Pillen, in denen es vorkommt, dient es zur Bildung von kohlensaurem Eisenoxydul.

Anwendung. Innerlich (in Form der Blaud'schen Pillen) bei Chlorose zu 0,03—0,2 mehrmals täglich.

Äusserlich als Causticum und Blutstillungsmittel in Streupulvern, Injektionen (1,0 : 50,0—100,0); zu adstringirenden Umschlägen (5,0 : 100,0). Auch zu Bädern (30,0—50,0 auf ein Vollbad). — Cave: Gerbsäurehaltige Mittel.

Präparate: **Ferrum sulfuricum siccum.** Getrocknetes Ferrosulfat. Weisses, in Wasser lösliches Pulver.

Pilulae Ferri carbonici. Vallet'sche Pillen. 2—3 Pillen 3mal täglich.

521) ℞ Ferri sulfurici
Kalii carbon. ää 9,0
Tragacanth. pulv. 1,2.
Aq. dest. q. s.
ut f. pilul. No. 60.
D. S. 3 × tägl. 2 Pillen.
Blaud'sche Eisenpillen.
(Form. Magist. Berol.)

522) ℞ Ferri sulfurici
Sacch. alb. ää 10,0
Kal. carbon. 5,0
Magnes. ustae 0,5
Pulv. Rad. Althae. 0,5.
Glycerini q. s. ut f.
Massa, e qua forma Pil. No. 150.
D. S. 3 × tägl. 2—3 Pillen.

523) ℞ Ferri sulf. 0,5
Aq. destill. 70,0
Glycerini 15,0.
M. D. S. 1—2stündl. 1 Theelöffel.
(Bei akutem Magenkatarrh der Kinder.)
(Seifert.)

524) ℞ Ferri sulfurici.
Aluminis
Kino ää 5,0
Gummi arab. 10,0.
M. f. pulv. D. S. Streupulver.
(Bei Blutungen.)

Ferrum sulfuricum crudum. Eisenvitriol. Sulfate de fer vénal. Sulfate of Iron. Solfato di ferro venale.

Wird durch Rösten des natürlich vorkommenden Schwefeleisens und Auslaugen mit Wasser gewonnen.

Stellt grüne Krystalle dar, die mit 2 Th. Wasser eine etwas trübe, sauer reagirende Flüssigkeit von zusammenziehendem tintenartigem Geschmacke geben.

Das mit Eisenoxyd, Kupfersulfat, Zinksulfat und Thonerdeverbindungen verunreinigte Präparat findet nur äusserliche Verwendung zu Desinfektionszwecken und zu Bädern.

Dosis. Als Zusatz zu Bädern 30,0—50,0 für 1 Bad. Zur Desinfektion von Faekalmassen bedient man sich einer Lösung von 0,5 kg Eisenvitriol auf 2 kg Wasser.

Ferrum sulfuricum siccum. Entwässertes Ferrosulfat.

Ferrum sulfuricum wird in einer Porzellanschale allmählich so lange auf dem Wasserbade erwärmt, bis der Gewichtsverlust 35—36 % beträgt.

Es ist ein weisses, in Wasser langsam, aber völlig lösliches Pulver.

Dasselbe wird wie Ferrum sulfuricum in Pillen oder Pulver zu 0.03 bis 0,2 mehrmels täglich angewandt. Dient zur Bereitung der

Pilulae aloëticae ferratae. Eisenhaltige Aloëpillen. Ferrum sulf. sicc. und Aloë werden zu gleichen Theilen gemischt und mit Spiritus saponatus zu einer Pillenmasse verarbeitet, aus welcher 0,1 gr schwere Pillen geformt werden. Dieselben werden zu 2 bis 4 Stück mehrmals täglich bei Chlorose und Verstopfung gegeben.

Flores Arnicae. Arnikablüthen. Wohlverleiblüthen. Fallkrautblumen. Fleurs d'arnica. Arnica Flowers. Fiori d'arnica.

Die vom Kelche und Blüthentrauben befreiten Blüthenkörbchen von Arnica montana, einer häufig vorkommenden Komposite.

Der Geruch der Arnikablüthen ist schwach aromatisch und der Geschmack bitter. Sie enthalten ein ätherisches Öl, ein scharfes Harz und einen noch nicht genügend untersuchten Bitterstoff (Arnicin). Auf der Haut erzeugt Arnica Reizerscheinungen, Jucken, Brennen und geringe Röthung. Innerlich genommen, reizt sie die Magen- und Darmschleimhaut, excitirt das Nervensystem und vermehrt die Harn- und Schweissausscheidung. Nach grossen Dosen kann es zu Vergiftungserscheinungen kommen, die eine Betheiligung des centralen Nervensystems vermuthen lassen (Schwindel, Betäubung, Konvulsionen, Mydriasis etc.).

Als Volksmittel stand Arnica früher in hohem Ansehen gegen viele innere Krankheiten. Sie wurde bei Typhus, Malaria und allen möglichen Gehirn- und Nervenkrankheiten angewandt. Sie galt als Mittel zur Beförderung der Resorption nach Blutergüssen und wird daher noch gegenwärtig häufig nach apoplektischen Anfällen und äusserlich als Tinktur bei Quetschungen etc. vielfach gebraucht.

Dosis. Innerlich im Aufguss (5,0—10,0 : 150,0 2stündlich 1 Esslöffel) oder zu 0,3—1,0 in Pillen oder Pulverform.

Äusserlich als Niespulver, und bei Wunden und Quetschungen als

Tinctura Arnicae (Flor. Arnic. 1, Spirt. 10). Bräunlich gelbe Flüssigkeit, die in Verdünnung mit Wasser, Bleiwasser etc. angewendet wird.

525) ℞ Inf. Flor. Arnicae
5,0—10,0 : 180,0
Liq. Ammon. anis. 3,0—5,0
Sirup. spl. ad 200,0.
M. D. S. Bei soporösen u. comatösen Zuständen, Apoplexia cerebri, Oedem. pulm.

526) ℞ Inf. Flor. Arnicae 200,0
Aceti plumbi 50,0.
M. D. S. Zu Umschlägen.
(Bei Kontusionen.)

527) ℞ Tinct. Arnicae 30,0
Spirit. Serpylli
oder
Spirit. formicar. 70,0.
M. D. S. Zum Einreiben.
(Nach Kontusionen oder Verrenkungen.)

Flores Chamomillae. Flores Chamomillae vulgaris. Kamillen. Gemeine Kamillen. Chamomilles. Camomille.

Die getrockneten Blüthenköpfchen von Matricaria Chamomilla (Composite).

Sie besitzen wenig zahlreiche weisse Rand- und viele gelbe Scheibenblüthen, die auf einem kegelförmigen, nackten und hohlen Blüthenboden stehen.

Kamillen riechen kräftig aromatisch und schmecken bitterlich. Als wirksamer Bestandtheil lässt sich in ihnen ein ätherisches Öl und ein Bitterstoff nachweisen. Daneben findet sich noch Gummi und Eiweiss. Kamillen wirken beruhigend, krampf- und schmerzstillend und vermehren (wahrscheinlich in Folge der mit ihnen gleichzeitig eingeführten reichlichen Menge von warmem Wasser) die Schweissausscheidung.

Sie kommen als eines der beliebtesten Hausmittel bei Magen- und Leibschmerzen, besonders aber bei Koliken und Diarrhoe von Kindern und Säuglingen in Anwendung. Ebenso bedient man sich ihrer als Thee zur Beförderung der Diaphorese bei manchen sogenannten Erkältungskrankheiten, desgleichen zur Beschleunigung der Wirkung von Brechmitteln. — Auch die äussere Applikation in Form von krampfstillenden Klystieren, beruhigenden Kräuterkissen oder Kataplasmen, Gargarismen, Bädern ist sehr gebräuchlich.

Dosis. Innerlich im Infus 10,0 : 150,0. Zur Bereitung von Kamillenthee rechnet man 1 Theelöffel voll auf 1 Tasse kochendes Wasser. Zu einem Kamillenbad werden 250,0 g Kamillen genommen.

Präparate: †**Aqua Chamomillae.** Als Konstituens für Mixturen.

†**Extractum Chamomillae.** In Wasser trübe löslich. Zu 0,5 bis 1,0 in Pillen oder Mixtur.

†**Oleum Chamomillae aethereum.** Innerlich zu $^1/_2$—1 Tropfen auf Zucker. Sehr theuer.

†**Oleum Chamomillae infusum.** Fettes Kamillenöl. Äusserlich zu Linimenten und Salben.

528) ℞ Flor. Chamomill. 20,0
Fol. Althaeae 40,0
Sem. Lini 10,0.
C. C. f. species. S. 1 Esslöffel mit 1 Tassenkopf kochenden Wassers zu übergiessen u. zum Klystier zu verwenden.

529) ℞ Inf. Flor. Chamomill. 25,0 : 150,0
Vitellum Ovi 1.
Asae foetidae 5,0.
M. f. emulsio.
D. S. Zum Klystier.

Flores Cinae. Semen Cinae. Semen Zedoariae. Wurmsamen. Zitterwersamen. Semen contra. Semencine. Wormseed. Santonico.

Die Blüthenköpfchen der turkestanischen Form der Artemisia maritima (Composite). Dieselben bestehen aus 12 bis 18 kahlen, eiförmigen Hüllblättchen von schwach glänzend grüner, nach längerer Aufbewahrung bräunlicher Farbe. Beim Zerreiben riechen sie sehr eigenartig aromatisch; der Geschmack ist widerlich bitter und kühlend gewürzhaft.

Als den eigentlichen wirksamen (anthelminthischen) Bestandtheil enthalten die Flores Cinae das Santonin, welches seit 1830 bekannt ist und sich zu etwa 2% in denselben befindet. Daneben kommt ein ätherisches Öl (etwa $2^1/_2$%) vor, das der Droge den widerlichen Geruch und Geschmack verleiht. Ausserdem findet sich in derselben Harz, Fett, Zucker etc. Flores Cinae sind ein sicher wirkendes Mittel gegen Spulwürmer, denen es den Aufenthalt im Darme verleidet, indem es sie betäubt und krank macht. Lange fortgesetzter Gebrauch von Wurmsamen oder Einführung zu grosser Dosen können beim Menschen Vergiftungserscheinungen hervorrufen. Sie erzeugen Gelbsehen (Xanthopsie), Erbrechen, Benommenheit, Mydriasis und Krämpfe. Dabei wird ein grünlich gelber Harn entleert, der sich auf Zusatz von Alkali roth färbt. Bei derartigen Vergiftungen sind Abführmittel, eventuell Brechmittel und bei Vorhandensein von Krämpfen Chloralhydrat zu geben.

Als Anthelminthicum, besonders bei Spulwürmern der Kinder, finden Flores Cinae noch häufige Verwendung, sie werden jedoch seltener verordnet als das angenehmer zu nehmende Santonin. Es ist zweckmässig, die Droge in Verbindung mit einem Abführmittel zu geben oder kurz nach ihrer Verabreichung Oleum Ricini zu verordnen.

Dosis und Form. Innerlich bei Kindern 0,5—2,0 Morgens an 2 oder 3 aufeinanderfolgenden Tagen in Pulvern, Latwergen, mit Honig oder Sirup, auf Brod gestreut, mit Chokolade etc. zu geben. Für Erwachsene bis 10,0 pro die.

Präparate: **Santoninum.** ad 0,1 pro dosi! ad 0,5 pro die! Siehe daselbst.

†Extractum Cinae. In Wasser unlöslich. Für Kinder 0,15 bis 0,3 in Latwerge.

530) ℞ Flor. Cinae 5,0
Tub. Jalapae 1,0
Mellis rosati 25,0.
M. f. electuarium.
D. S. Auf 3 Mal zu nehmen.

531) ℞ Flor. Cinae 2,0
Pulv. Tub. Jalap. 1,0.
M. f. pulv. Divid. in part. III.
S. Morgens 1 Pulver zu nehmen.

532) ℞ Flor. Cinae pulv. 6,0
Sirup. smpl. 60,0.
M. D. S. 3 × tägl. 1 Kinderlöffel voll zu nehmen.

533) ℞ Flor. Cinae 1,0
Elect. e Senna
Mel. desp. āā 5,0.
M. f. elect. D. S. an 3 auf einander folgenden Tagen Morgens 1 Theelöffel voll zu nehmen.

Flores Koso. Flores Kusso. Flores Brayerae anthelminthicae. Kosoblüthen. Fleurs de cousso. Fiori di cosso.

Die nach dem Verblühen gesammelten und getrockneten weiblichen Blüthen oder die vielverzweigten Blüthenrispen der Hagenia abyssinica oder Brayera anthelminthica, einer in Abessinien sehr verbreiteten baumartigen Rosaceae.

Die 4 oder 5, bis gegen 1 cm langen, aderigen, am Grunde borstigen Blätter des äusseren Kelches sind von dunkelrother, nach längerer Aufbewahrung mehr bräunlicher Farbe. Die Kosoblüthen riechen schwach holunderartig und schmecken unangenehm bitter, zusammenziehend und kratzend.

Die Wirkung der Kosoblüthen beruht in erster Linie auf dem in ihm enthaltenen Kussin. Dasselbe wurde zuerst von Bedall isolirt und stellt ein harzartiges, krystallinisches, in Wasser schwer, in Alkohol leichter lösliches Pulver dar. Daneben kommt reichlich Gerbstoff vor (bis $24^0/_0$). In Abyssinien bediente man sich der Flores Koso schon im vorigen Jahrhundert als Bandwurmmittel. Koso treibt, wenn das Präparat frisch und gut ist, alle Arten von Bandwürmern mit Sicherheit ab. Doch das Mittel erzeugt oft Übelkeit, Erbrechen, Leibweh und Diarrhoe.

Koso wird gegen alle 3 Arten Bandwürmer angewendet. Man thut gut, eine Vorkur vorangehen zu lassen, indem man den Wurm (durch Hungern, Häringssalat und Zwiebel) zunächst krank macht. 2 Stunden nach Verabreichung des Mittels giebt man 1 Dosis Ricinusöl und bei Erbrechen Citronensaft, Eispillen, schwarzen Kaffee, dabei Rückenlage.

Dosis und Form. Man giebt das Mittel bei Erwachsenen Morgens nüchtern zu 15,0—25,0 in 2 bis 3 Portionen und viertelbis halbstündlichen Zwischenräumen entweder als Elektuarium oder in komprimirten Tabletten zu 1,0, ebenso auch mit Zuckerwasser zu einem Schütteltrank, oder mit Sirupus simpl. zu einer Latwerge angerührt. Für Kinder, je nach dem Alter zu 2,0 bis 5,0 und 10,0 in Latwerge.

†**Kossin** wird zu 1,0—2,0 (Oblate) Morgens in Zwischenräumen von $^1/_2$—1 Stunde gegeben.

534) ℞ Flor. Koso
Mel. despum. āā 20,0.
M. f. electuar.
D. S. Zu 2 Portionen innerhalb
1 Stunde Morgens zu nehmen.

535) ℞ Pulv. Flor. Koso 20,0
Pulv. Gummi arab. 2,0.
M. f. pulv. Divide in part. X.
Comprim.
S. Morgens auf 2 mal innerhalb
1 Stunde zu nehmen.

536) ℞ Flor. Koso 5,0
Elect. e Senna
Mel. despum. āā 5,0.
M. f. elect. D. S. Morgens nüchtern in
2 Portionen zu geben.
(Für 5jähriges Kind.)

Flores Lavandulae. Lavendelblüthen. Fleurs de lavande. Lavender. Fiores di lavanda.

Die Blüthen von Lavandula vera, einer bei uns kultivirten Labiate. Der angenehme Geruch dieser Blüthen rührt von einem in ihnen enthaltenen ätherischen Öle her, von dem sie 1—2% enthalten. Dieses Öl wirkt lokal reizend und tödtet Epizoën wie Krätzmilben und Filzläuse. Innerlich soll es zu 1—2 Tropfen stimulirend und antispasmodisch, in grossen Dosen toxisch wirken. Gaben von 4,0 tödten ein Kaninchen unter Konvulsionen. Die Droge selbst findet nur äusserliche Anwendung zur Bereitung von Kräuterkissen, Kataplasmen und Bädern ($^1/_2$—1 kg für 1 Bad). Häufiger gebraucht man das aus ihr bereitete

Oleum Lavandulae, das durch Destillation aus Lavendelblüthen gewonnen wird. Dasselbe wird als Zusatz zu reizenden Einreibungen und als Geruchs- und Geschmackskorrigens verordnet.

Spiritus Lavandulae (Lavendelblüthen 5, Spirit. 15, Aq. 15, werden 24 Stunden macerirt und 20 Th. abdestillirt). Dient äusserlich zu Waschungen und Einreibungen für sich oder in Verbindung mit anderen spirituösen Flüssigkeiten.

Flores Malvae. Malvenblüthen. Fleures de mauve. Fiori di Malva.

Die ganze Blüthe von Malva silvestris (Malvaceae), mit blauvioletter Blumenkrone. Sie enthalten Pflanzenschleim und werden innerlich als reizmildernd in Species oder Decoct (5,0—15,0 : 150,0) bei Katarrh der Luftwege und äusserlich zu erweichenden Umschlägen verordnet, auch zu Mund- und Gurgelwässern.

Flores Rosae. Rosenblätter. Fleurs de rose. Fiori di rosa.

Die Blumenblätter der Rosa centifolia (Rosaceae). In denselben ist ein ätherisches Öl, Gerbstoff und Schleim enthalten. Sie werden äusserlich im Aufguss als schwach adstringirendes Mittel vom Volke bei Aphthen, Geschwüren der Mund- und Rachenschleimhaut, auch bei Augenaffektionen angewendet.

Flores Sambuci. Holunderblüthen. Fliederblumen. Fleurs de sureau. Elder Flowers. Fiori di sambuco.

Die stielfreien Blüthen von Sambucus nigra, einer in Europa häufig vorkommenden Caprifoliacee. Sie enthalten als wirksames Princip ein ätherisches Öl, Harz und Baldriansäure und sind als schweisstreibendes Mittel bei Erkältungskrankheiten sehr beliebt. Man bereitet zu diesem Zwecke einen Thee von 1—2 Theelöffel Flor. Samb. auf 1 Tasse heissen Wassers oder verschreibt ein Infusum von 5,0—15,0 : 150,0.

Äusserlich kommen sie zuweilen (im Infus) zu Gurgelwässern und Bähungen in Anwendung. Sie bilden einen Bestandtheil der officinellen Species laxantes.

537) ℞ Infus. Flor. Sambuci 15,0 : 150,0
Liq. Ammon. acet. 15,0
Sirup. spl. 30,0.
M. D. S. 2stündl. 1 Esslöffel.
(Bei katarrh. rheumat. Leiden.)

538) ℞ Flor. Sambuci 60,0
Fruct. Anisi vulg. 5,0.
Conc. Cont. M. f. species.
Diaphoretischer Thee.
(Bei Erkältung.)

Flores Tiliae. Lindenblüthen. Fleurs de tilleul. Linden-tree Blossom.

Die Trugdolden der Lindenbäume, Tilia parvifolia und Tilia grandifolia. Die gelblichbraunen Blüthen haben einen süsslichen Geschmack und riechen angenehm. Sie enthalten ein ätherisches Öl und eine geringe Menge Gerbstoff. Lindenblüthenthee ist ein beliebtes Volksmittel zur Hervorrufung von Diaphorese bei allen möglichen Erkältungskrankheiten. Man verabreicht sie im Aufguss (5,0—15,0 : 150,0) oder als Thee (1—2 Theelöffel auf 1 Tasse Wasser); auch zu adstringirenden Mund- und Gurgelwässern und als Zusatz zu Bädern $^1/_2$ kg auf 1 Vollbad.

Flores Verbasci. Flores Thapsi barbati. Wollblumen. Königskerzenblumen. Bouillon blanc. Pelty-mullen-flowers. Fiori di verbasco.

Die goldgelbe Blumenkrone von Verbascum phlomoides oder Verbascum thapsiforme (Scrophularinee). Dieselben haben einen kräftigen Geruch und süsslich schleimigen Geschmack. Sie enthalten Pflanzenschleim und Zucker und werden als Volksmittel bei Katarrhen der Respirationsorgane als Thee, auch als Zusatz zu reizmildernden Klystieren benutzt. Im Infus (5,0—15,0 : 150,0). Sie sind Bestandtheil der officinellen und bei Bronchialkatarrh oft verordneten

Species pectorales (1 Esslöffel auf 2—3 Tassen Brustthee).

Folia Althaeae. Herba Althaeae. Eibischblätter. Feuilles de guimauve. Marshmallow-leaves. Foglia d'altea.

Die Blätter von Althaea officinalis, einer wild wachsenden Malvacee. Dieselben sind rundlich-elliptisch, drei- bis fünflappig,

8 cm lang und 3—6 cm breit mit gerade abgeschnittenem, herz- oder keilförmigem Grunde und gekerbtem oder gesägtem Rande Sie sind von derber, brüchiger Beschaffenheit, auf beiden Flächen durch grosse Sternhaare graufilzig und enthalten Pflanzenschleim und Amylum. Sie dienen daher als einhüllendes und erweichendes Mittel.

Anwendung. Man benutzt dieselben mehr äusserlich (zum inneren Gebrauche wird die Radix Althaeae bevorzugt) zu erweichenden Kataplasmen und in Form von Mund- und Gurgelwässern bei Angina und zu reizmildernden Klystieren.

Dosis. Äusserlich zu 10,0—15,0:150,0 im Dekokt zu Mund- und Gurgelwässern und Umschlägen.

Sie bilden auch einen Bestandtheil der officinellen

Species emollientes (Fol. Althae., Fol. Malv., Herb. Melliot., Flor Chamomill., Semen Lini, āā). Dieselben dienen mit Wasser zu Brei angerührt zu erweichenden Umschlägen.

539) ℞ Fol. Althaeae 40,0
Flor. Chamomill. 20,0
Sem. Lini 10,0
C. C. f. species. D. ad scat. ord.
S. 1 Esslöffel mit 1 Tassenkopf kochendem Wasser zu übergiessen und zum Klystier zu verwenden. (Kolik.)

Folia Belladonnae. Herba Belladonae. Belladonnablätter. Tollkraut. Tollkirschenblätter. Feuilles de belladone. Belladonna Leaves. Foglie di belladonna.

Die Blätter von Atropa Belladonna (Solanee). Dieselben sind höchstens 2 dm lang, 1 dm breit, spitz elliptisch, ganzrandig, oberseits grünbräunlich, unterseits mehr grau, auf beiden Flächen mit weissen Pünktchen besetzt. Ihr Geruch ist schwach narkotisch, der Geschmack unangenehm bitter. Sie enthalten als wirksamen Bestandtheil Atropin und etwas Hyoscyamin. Der Atropingehalt schwankt zwischen 0,4—0,8 $^0/_0$ und ist am stärksten während der Blüthezeit der wildwachsenden Pflanzen.

Da die Wirkung der Belladonnablätter mit derjenigen des in ihnen enthaltenen Atropin genau übereinstimmt, so verweisen wir auf das hierüber bei Atropin Erwähnte.

Verwendung. Innerlich werden die Blätter (gewöhnlich das Extrakt) bei Keuchhusten, Asthma, Neuralgien, Bleikolik, Epilepsie,

Äusserlich zu schmerzstillenden Kataplasmen, Klystieren bei eingeklemmten Hernien und als Rauchmittel bei Asthma angewandt.

Dosis. Innerlich in Pulver und Pillen zu 0,03—0,2.

Grösste Einzelgabe 0,2! — Grösste Tagesgabe 1,0!

Kindern 0,003—0,005 pro Lebensjahr 2mal täglich bei Keuchhusten in Pulverform oder Infus.

Äusserlich als Rauchmittel in Verbindung mit Stramonium oder Opium. Zu Kataplasmen 1:10 Semen Lini.

Präparate: **Extractum Belladonnae.** Dickes, in Wasser lösliches Extrakt. Innerlich in Pulvern, Pillen, Tropfen zu 0,01—0,05.

Grösste Einzelgabe 0,05! — Grösste Tagesgabe 0,2!

Äusserlich zu Salben (1,0:10,0) und Suppositorien (0,01 bis 0,03:1,0).

†**Tinctura Belladonnae** (Fol. Bellad. 5, Spirit. 6). Innerlich zu 5—20 Tropfen.

540) ℞ Inf. Fol. Belladon. 0,2 : 60,0
Aq. Amygd. amar. 2,0
Sirup. Ipecac. 20,0.
M. D. S. 4—6 × tägl. 1 Kinderlöffel.
6—8jähr. Kind mit Keuchhusten.

541) ℞ Pulv. Fol. Belladon. 0,005
Chinin. hydrochl. 0,05
Sacch. alb. 0,5.
M. f. pulv. D. tal. dos. X.
S. 2 × tägl. 1 Pulver.
3jähr. Kind mit Keuchhusten.

542) ℞ Extr. Bellad. 0,05—0,2
Aq. Amygd. amar. 3,0
Aq. dest.
Sirup. Althaeae āā 30,0.
M. D. S. 2—3 × tägl. 1 Theel.
(Keuchhusten.)

543) ℞ Extr. Belladonnae 0,2
Extr. Strychni 0,1
Extr. Opii 0,2.
Pulv. et Succ. Liq. q. s.
ut f. pilul. No. 20—30.
D. S. 2—3 × tägl. 1 Pille.
(Kolik und Bleikolik.)

544) ℞ Extr. Bellad. 0,003—0,03
Butyr. Cacao 2,5
M. f. supposit. D. t. dos. IV.
(Tenesmus, Blasenkrampf, Menstruatio diff.)

Folia Digitalis. Herba Digitalis purpurea. Fingerhutblätter. Feuilles de digitale. Foxglove Leaves. Foglie di digitale.

Die Blätter der Digitalis purpurea, des rothen Fingerhutes, einer in Europa wildwachsenden krautartigen Scrophularinee. Sie sind dünn, unregelmässig gekerbt, von länglich eiförmigem Umrisse, höchstens 3 dm lang und 15 cm breit. Das reich verzweigte Adernetz ist besonders unterseits stark ausgeprägt und trägt hier einen Filz von nicht verästelten, weichen Haaren. Die meisten Pharmakopöen verlangen alljährliche Erneuerung der Blätter, deren Gehalt an wirksamen Bestandtheilen sich mit dem Standorte verändert. Man hat aus ihnen ein amorphes, gelbliches, bitteres Pulver, das Digitalin, isolirt, welches jedoch keine reine Substanz ist und in seiner Zusammensetzung grossen Schwankungen unterliegt. Schmiedeberg hat dasselbe genau untersucht und daraus folgende Körper isolirt. 1) Digitoxin, 2) Digitalin, 3) Digitalëin und 4) Digitonin. Die drei zuerst genannten Substanzen besitzen die charakteristischen Eigenschaften der Digitalis und sind starke Herzgifte; am stärksten wirkt das Digitoxin, das schon in Dosen von 1—2 mg heftige Vergiftungserscheinungen hervorrufen kann.

Seit Ende des vorigen Jahrhunderts gehört die Digitalis (der Name Digitalis soll der Blume im 16ten Jahrhundert von Leonhard Fuschsius, Professor in Tübingen, beigelegt worden sein) zu den häufig angewandten und am besten studirten Pflanzen. Ihre Beeinflussung der Herzaction und Pulsfrequenz springt schon nach geringen Dosen in die Augen. Es tritt zunächst eine Verstärkung der Herzkontraktionen mit Steigerung des Blutdrucks und Pulsverlangsamung ein. Die Erhöhung des Blutdruckes ist, wie experimentell nachgewiesen, durch unmittelbare Einwirkung der Digitalis auf das Herz selbst, und zum Theil auch durch die in Folge von Reizung des Gefässcentrums hervorgerufene Zusammenziehung der peripherischen Gefässe bedingt. Dagegen kommt die Pulsverlangsamung durch Reizung des Vagus zu Stande, sie bleibt aus, wenn die Endigungen dieser Nerven zuvor durch Atropin gelähmt worden sind. Bei weiterer längerer Einwirkung der Digitalis geht die Reizung in Lähmung des Herzmuskels und des Vagus über. Dabei sinkt der Blutdruck, und die Pulsfrequenz wird beschleunigt. Schliesslich wird der Puls immer schneller, kleiner und unregelmässiger, der Blutdruck fällt tief unter die Norm, bis es zum Herzstillstand kommt. Eine in therapeutischer Beziehung wichtige Wirkung kommt der Digitalis als Diureticum zu. Sie vermehrt die Harnausscheidung jedoch nur in ganz bestimmten Fällen von Hydrops bei Herzfehlern (indem sie hier den Druck in den Nierenarterien steigert; auf das Nierenparenchym selbst übt sie keinen Reiz aus). Beim Gesunden tritt keine Vermehrung, vielmehr eine Verminderung der Urinsekretion ein. — Die Körpertemperatur wird durch grössere Gaben herabgesetzt. Besondere Beachtung verdient die sogenannte kumulative Wirkung der Digitalis, die bei fortgesetzter Verabreichung medicinaler Dosen selbst nach dem Aussetzen des Mittels sich durch gewisse Vergiftungserscheinungen wie Appetitlosigkeit, Übelkeit, Flimmern vor den Augen, Kopfschmerz, Erbrechen zu erkennen giebt. Bei weiterer Intoxikation beobachtet man Pulsverlangsamung (und später beschleunigten, unregelmässigen Puls), Herzklopfen, Schwächegefühl, Schwindel, Hallucinationen, Pupillenerweiterung, Durchfall, Kältegefühl, Zittern, und unter Konvulsionen kann Exitus letalis eintreten. — Als Antidot sind Tannin und excitirende Mittel anzuwenden.

Bei der Behandlung der Herzaffektionen hat sich die Digitalis als das wirksamste Mittel bewährt. Nur darf sie nicht planlos bei jedem Herzleiden und zu jeder Zeit gereicht werden. Bei falschem Gebrauche kann sie Unheil anrichten, dagegen wird, wie Murri treffend hervorhebt, der Arzt, der sich ihrer richtig zu bedienen versteht, seinem an einem organischen Herzübel leidenden Patienten mehrere Jahre des Lebens einbringen und viele Leiden ersparen. Das hauptsächlichste Anwendungsgebiet der Digitalis liefern die Herzklappenfehler (gleichgültig ob sie die Mitral- oder Aortenklappen betreffen) im Stadium der gestörten oder noch nicht eingetretenen Kompensation. Hier ist die Wirkung oft zauberhaft, indem schon nach einer kleinen Gabe die Herzthätigkeit regelmässig, der Puls kräftiger und langsamer werden, Cyanose und Dyspnoë und die vorhandenen hydropischen Anschwellungen unter reichlicher Diurese schwinden. Bei schon eingetretener Kompensation erscheint die Digitalis überflüssig und schädlich, ebenso bei hochgradiger Hypertrophie des Herzmuskels. Dagegen leistet sie gute Dienste bei Schwächezuständen des Herzens (ohne Klappenfehler) und deren Folgen, indem sie nach Art eines Tonicums die Arbeitsleistung des Herzmuskels erhöht und seine Ernährung fördert. Bei einfachem nervösen Herzklopfen ist der Nutzen gering, und bei Epilepsie, Psychosen und Delirium tremens gleich Null. — Als antifebriles Mittel wurde Digitalis früher bei Typhus und den verschiedensten Lungenaffektionen häufiger angewandt als gegenwärtig. Bei Pneumonie ist ihr Gebrauch von Neuem in grossen Dosen empfohlen worden, doch ist ihr Werth hier nicht sichergestellt. Ebenso ist ihr Nutzen bei Haemoptoë zweifelhaft, und Leyden widerräth, bei Lungenblutungen Digitalis anzuwenden.

Sobald die ersten Erscheinungen der kumulativen Wirkung eintreten, ist Digitalis auszusetzen. Nach einigen Tagen kann das Mittel von Neuem gereicht werden.

Man verabreicht Folia Digitalis am zweckmässigsten im Infus oder in Pulverform, zuweilen auch in Pillen mehrmals täglich zu 0,03—0,2.

Grösste Einzelgabe 0,2! — Grösste Tagesgabe 1,0!

Bei Herzklappenfehler mit Kompensationsstörung, wo es gilt die Kraft des Herzmuskels zu heben und seine Thätigkeit zu regeln, wird gewöhnlich ein Infus von 0,5—1,5 . 180,0, davon 2stündl. 1 Esslöffel gereicht.

Kindern	giebt	man	von	1—2	Jahren	0,02	pro	dosi	0,1	pro	die
„	„	„	„	3—4	„	0,02	„	„	0,12	„	„
„	„	„	„	5—10	„	0,03	„	„	0,2	„	„
„	„	„	„	10—15	„	0,04	„	„	0,3—0,5	„	„

Präparate: **Tinctura Digitalis** (Fol. Digit. 1, Spirit. dil. 10). Von dunkelgrüner Farbe und bitterem Geschmacke; mehrmals täglich zu 10—15 Tropfen.

Grösste Einzelgabe 1,5! — Grösste Tagesgabe 5,0!

†**Tinctura Digitalis aetherea** (Fol. Digit. 1, Spirit. aeth. 10). Ist bedeutend stärker als die vorhergehende Tinktur und nicht officinell. Wird zu 5—10 Tropfen angewandt.

†**Extractum Digitalis.** Dickes, in Wasser trübe lösliches, braunes Extrakt. Innerlich zu 0,03—0,1 in Pillen oder Lösung (selten) angewandt.

†**Acetum Digitalis** (Fol. Digital. 5, Spirit. 5, Acid. acet. dil. 9, Aq. 36). Bräunlichgelbe, klare, bittere Flüssigkeit. Innerlich zu 10—30 Tropfen mehrmals täglich.

†**Digitalinum crystallisatum** (Nativelle). Zu $^1/_4$—$^1/_2$ mg täglich in Pillen.

545) ℞ Inf. Fol. Digitalis
0,6—1.5 : 150,0
(Tinct. Strophanthi 3,0)
Liquor. Kalii acet.
Sirup. simpl. āā 20,0.
M. D. S. 2stündl. 1 Esslöffel.
Bei Herzaffektion mit gestörter Kompensation, Nierenschrumpfung etc.
(Als antifebriles Mittel und bei Hämoptoë contraindicirt.)

546) ℞ Inf. Fol. Digital. 1,5 : 180,0
Ergotin. 2,0.
M. D. S. 2stündl. 1 Esslöffel.
(Aorten-Insuff. — Arteriosklerose.)
(Rosenbach.)

547) ℞ Inf. Fol. Digital. 1,0—2,0 : 180,0
Sirup. simpl. 20,0.
M. D. S. 3stündl. 1 Esslöffel.

548) ℞ Fol. Digital. pulv.
Plumb. accet. āā 0,02
Morphin. hydrochl. 0,0075
Sacch. alb. 0,5.
M. f. pulv. D. t. dos. VIII.
S. 1—2stündl. 1 Pulver.
(Hämoptoë.)

549) ℞ Pulv. Fol. Digitalis 0,05—0,1
Sacch. alb. 0,5.
M. f. pulv. D. t. dos. X.
S. 1—2stündl. 1 Pulver.

550) ℞ Inf. Fol. Digital. (0,2) 75,0
Natrii sulf.
oder
Natrii nitrici 3,0
Sirup. Foenic. 20,0.
M. D. S. 2stündl. 1 Kinderlöffel.
(Kind von 5—6 Jahren.)

551) ℞ Pulv. Fol. Digital. 1,5—3,0.
Pulv. et Succ. Liq. q. s.
ut f. pilul. No. 30.
D. S. 2stündl. 2 Pillen zu nehmen.

552) ℞ Pulv. Fol. Digital. 0,02
Tart. dep. 0,1
Sacch. alb. 0,4.
M. f. pulv. D. t. dos. X.
S. 2stündl. 1 Pulv.
(Pericarditis bei Kind von 4 Jahren.)
(Seifert.)

553) ℞ Acet. Digital. 10,0
Aq. destill. 100,0
Sirup. spl. 20,0.
M. D. S. 3—4stündl. 1 Esslöffel.

554) ℞ Acet. Digital. 10,0.
D. S. 3 × tägl. 10 Tropfen in Zuckerwasser.
(Kind von 10 Jahren.)

555) ℞ Tinct. Digital. 3,0
Tinct. Valerian. 9,0.
M. D. S. 3 × tägl. 20 Tropfen.

556) ℞ Tinct. Digital. 5,0
Aq. Amygd. amar. 10,0.
M. D. S. 3 × tägl. 15 Tropfen.
(Gegen Herzklopfen bei Herzaffektion.)

557) ℞ Tinct. Digital.
Tinct. Scillae āā 7,5.
M. D. S. 3 × tägl. 20—30 Tr.
(Hydrops.)

558) ℞ Digitalini cryst. (Nativelle)
0,01.
Pulv. et Succ. Liquirit. q. s.
ut f. pilul. No. 20.
D. S. 2 × tägl. 1 Pille (à $^1/_2$ mg.)

559) ℞ Digitalini cryst. (Nativelle)
0,01.
Pulv. et Succ. Liquirit. q. s.
ut f. pilul. No. 40.
D. S. 3 × tägl. 1 Pille (à $^1/_4$ mg.)

Folia Farfarae. Herba Tussilaginis. Huflattichblätter. Herbe de tussilage. Coltsfood Leaves.

Die Blätter von Tussilago Farfara, einer bei uns wild wachsenden Komposite.

Die grundständigen, an einem langen Stiel sitzenden, handgrossen Blätter sind etwa 1 dm lang und ebenso breit. Die obere Seite ist dunkelgrün und kahl, die untere durch lange Haare weissfilzig.

Sie enthalten Schleim, einen Bitterstoff und Tannin und werden nur noch als Hausmittel bei Hustenreiz und Bronchialkatarrh zu 5,0—10,0 : 150,0 im Infus (2stündl. 1 Esslöffel) verordnet. In der Volksmedicin spielen sie eine Rolle als Specificum gegen Tuberkulose und Skrophulose. Sie bilden einen Bestandtheil der Species pectorales.

560) ℞ Fol. Farfarae 45,0
Rad. Althae. 15,0
Fruct. Foenicul.
Fruct. Anisi āā 7,5.
C. C. M. f. Species.
D. S. Brustthee.

Folia Jaborandi. Jaborandiblätter. Feuilles de jaborandi.

Die langgestielten, meist ganz kahlen Blätter von Pilocarpus pennatifolius, eines in Pernambuco einheimischen, bis 3 m hohen Strauches (Rutaceae).

Die Blättchen sind lanzettlich oder oval, vorn stumpf oder ausgerandet, bis 16 cm lang und 4—7 cm breit. Das Blattgewebe lässt zahlreiche, durchsichtige Öldrüsen erkennen. Die Blätter schmecken scharf aromatisch. Sie enthalten ein ätherisches Öl und mehrere Alkaloide, unter denen dem Pilokarpin eine grosse Bedeutung zukommt.

Nach Einnehmen eines Aufgusses von 3,0—5,0 Jaborandiblätter tritt eine auffallende Vermehrung der Schweiss- und Speichelsekretion ein. Dieselbe stellt sich gewöhnlch mit Übelkeit, Brechneigung, Herzklopfen, Harndrang und Diarrhoe ein. Auf diese diaphoretische und sialagoge Wirkung wurde man in Europa erst vor etwa 20 Jahren aufmerksam. Seither wurde das wirksame Princip (Pilokarpin) isolirt, dem die letztgenannten unangenehmen Nebenwirkungen in weit geringerem Maasse eigen sind.

Deshalb wird therapeutisch fast ausschliesslich Pilocarpinum hydrochloricum (s. d.) angewendet bei Hydrops, Rheumatismus, Urämie, Eklampsie, Pertussis und überall, wo es sich darum handelt, starke Schweiss- und Speichelsekretion zu erzielen.

Will man noch die Jaborandiblätter selbst anwenden, so giebt man sie im Aufguss, indem man 4,0—6,0 mit einer Tasse kochenden Wassers übergiessen und auf einmal trinken lässt. Durch Maceration mit Weisswein und Zusatz von Zucker hat man auch einen nicht officinellen

†**Sirupus Jaborandi** hergestellt, von dem man Erwachsenen 2—3 Esslöffel, Kindern 1—2 Kinderlöffel als Diaphoreticum bei Prurigo reicht.

561) ℞ Inf. Fol. Jaborandi 15,0 : 150,0
Sirup. simpl. 50,0.
M. D. S. 1 Kinder- oder Esslöffel 1/4stündl. bis zum Schweissausbruch.
(Bei Prurigo.)
(Lassar.)

Folia Juglandis. Walnussblätter. Feuilles de noyer. Walnut Leaves. Foglie di noce.

Die Blätter des Walnussbaumes, Juglans regia. Die einzelnen Blätter werden höchstens 15 cm lang und 5 cm breit, sind derb, eiförmig, ganzrandig und kahl. Sie besitzen im getrockneten Zustande nur Spuren des Geruches, der den frischen Blättern eigen ist, und einen etwas kratzenden, kaum aromatischen Geschmack. Die im Juni zu sammelnden und zu trocknenden Blätter müssen von grüner Farbe, nicht schwärzlich sein.

Als wirksamen Bestandtheil enthalten sie Gerbstoff und einen bitteren Extraktivstoff. Daher kommen ihnen adstringirende Eigenschaften zu.

Abkochungen von Walnussblättern waren früher bei Hautkrankheiten und Syphilis ein beliebtes Mittel. Sie werden auch gegenwärtig noch bei Skrophulosis und deren Begleiterscheinungen zuweilen angewandt.

Verordnung. Man verordnet sie innerlich im Dekokt 10,0—15,0 : 200,0 oder als Thee 1 Theelöffel auf 1 Tasse bei Skrophulose.

Äusserlich zu adstringirenden Bädern (1/2—1 kg zum Bad); zu Injektionen in die Vagina im Dekokt von 100,0 : 1000,0.

562) ℞ Fol. Jugland. 120,0
„ Sennae
„ Menth. pip. āā 30,0.
M. f. species. Zum Thee 1 Theelöffel auf 1 Tasse.
(Skrophulose.)

563) ℞ Fol. Jugland. 15,0
Coq. c. Aq. q. s. ad
Colat. 250,0
in qua solve
Kalii jodat. 5,0.
M. D. S. 3 × tägl. 1 Kinder- bis Esslöffel voll.

Folia Malvae. Malvenblätter. Feuilles de mauve. Mallow Leaves. Foglie di malva.

Die Blätter von Malva vulgaris und Malva silvestris. Dieselben sind von schleimigem Geschmack und enthalten Pflanzenschleim. Sie werden im Infus (10,0—20,0 : 150,0) innerlich als schleimiges Getränk bei katarrhalischen Affektionen und äusserlich zu erweichenden Kataplasmen verwendet. Sie bilden auch einen Bestandtheil der Species emollientes.

Folia Melissae. Melissenblätter. Feuilles de mélisse. Balm Leaves. Foglia de cedronella.

Die breit eiförmigen, kerbig gezähnten, dünnen Blätter von Melissa officinalis, einer bei uns in Gärten kultivirten Labiate. Dieselben haben einen angenehmen, kräftigen Geruch, der von einem in ihnen enthaltenen ätherischen Öle ($^1/_{10}$—$^1/_4$ %) herrührt. Therapeutisch kommen sie als Carminativum bei Cardialgie und Kolik, Flatulenz und Diarrhoe, auch als leichtes Stimulans und Diaphoreticum in Anwendung.

Äusserlich zu aromatischen Bädern und Waschungen. Man verordnet sie zu 5,0—15,0 : 150,0 im Infus oder als Thee; auch in Form der Präparate:

Spiritus Melissae compositus. Karmelitergeist. Dient als Erregungsmittel des Nervensystems bei Krämpfen, Koliken, Diarrhöen. Wird innerlich zu 20—30 Tropfen auf Zucker mehrmals täglich gegeben.

Äusserlich zu aromatischen Einreibungen und Waschungen, auch als Riechmittel.

†**Aqua Melissae.** Dient als Vehikel für krampfstillende Mixturen.

564) ℞ Inf. Fol. Melissae 10,0 : 150,0
Tinct. Opii croc. 2,0
Sirup. simpl. 15,0.
M. D. S. 2stündl. 1 Esslöffel.
(Diarrhoe.)

565) ℞ Fol. Melissae.
Fol. Menth. pip.
Flor. Chamomill. vulg. āā 20,0.
M. f. species.
D. S. Zum Theeaufguss.

Folia Menthae piperitae. Pfefferminzblätter. Feuilles de menthe. Peppermint Leaves. Foglie di menta.

Die getrockneten Blätter von Mentha piperita, einer bei uns einheimischen Labiate. Die spitz eiförmigen, kurzgestielten, bis 7 cm langen, gegen die Spitze hin scharf gesägten Blätter besitzen einen starken gewürzigen Geruch und brennend gewürzhaften, hinterher kühlenden Geschmack. Derselbe rührt von einem in den Blättern zu etwa 1 % enthaltenen ätherischen Öle, Oleum Menthae piperitae, her.

Die Pfefferminze ist von Alters her ein beliebtes Mittel bei schwacher Verdauung, Magenkrämpfen, Flatulenz, Koliken, Erbrechen, Durchfall und bei allen krampfartigen hysterischen Beschwerden. Sie gehört in die Gruppe der Carminativa und Antispasmodica.

Man verordnet dieselbe als Thee ($^1/_2$—1 Esslöffel auf eine Tasse); im Infus 5,0—15,0 : 150,0.

Äusserlich zu Klysmen, auch als Zusatz zu aromatischen Bädern.

Präparate: **Aqua Menthae piperitae.** (Von 1 Th. Blätter werden 10 Th. Wasser abdestillirt.) Wird als Konstituens und Zusatz für schlecht schmeckende Mittel (bes. Kal. jodat.), auch allein als Carminativum verordnet.

Oleum Menthae piperitae. Klares, ätherisches Öl. Wird innerlich zu 1—3 Tropfen (mit Tinct. Valerian.) mehrmals täglich bei Magenkrämpfen und Koliken, auch als Geschmackskorrigens (Eleosaccharum) gegeben; äusserlich als Zusatz zu Mundwässern und schmerzstillenden Einreibungen (in Spiritus gelöst).

Rotulae Menthae piperitae. Pfefferminzplätzchen. Beliebt bei Dyspepsie und als Geschmackskorrigens nach Oleum Ricini und Oleum Jecoris Aselli etc.

Spiritus Menthae piperitae. Innerlich zu 15—30 Tropfen auf Zucker oder in Thee (bei Cardialgien, Kolik, Flatulenz).

Sirupus Menthae. Von grünlichbrauner Farbe. Geschmackskorrigens.

566) ℞ Fol. Menth. pip. 60,0
„ Trifolii 25,0
Rad. Valerian. 15,0.
M. f. species. D. S. Zum Theeaufguss.
(Species nervinae.)

567) ℞ Fol. Menth. pip.
Rhiz. Calami ää 30,0
Fruct. Juniperi 15,0
Fol. Sennae 12,0.
C. c. M. f. species. D. S. Zum Theeaufguss bei Hydrops nach Morbus Brightii.
(Frerichs.)

568) ℞ Olei Menth. gtt. X.
Tinct. Valerian. 10,0.
M. D. S. 20 Tropfen auf Zucker zu nehmen.
(Magenkrämpfe.)

Folia Nicotianae. Tabaksblätter. Feuilles de nicotiane. Tobacco leaves. Foglie di nicotiana.

Die an der Luft ohne weitere Behandlung getrockneten Blätter von Nicotiana Tabacum (Solanee). Sie sind braun, spitz lanzettlich oder elliptisch, ganzrandig und besitzen einen eigenthümlichen Geruch und scharfen, widerlichen Geschmack.

Die Blätter enthalten ein flüchtiges Alkaloid, das Nikotin, welches 1828 von Reimann und Posselt zuerst dargestellt wurde. (Die Bezeichnung Nicotin rührt von Jean Nicot her, der den Tabak in Frankreich einführte). Seine Menge in einzelnen Tabakssorten wechselt sehr (von 1—7 %). Daneben kommt in den Blättern noch Nicotianin oder Tabakskampfer, ein aromatisch riechender Körper vor. Die Wirkung der Tabaksblätter beruht ausschliesslich auf dem Gehalte an Nicotin. Dasselbe gehört zu den am schnellsten und intensivsten wirkenden Giften, und wenige Milligramme rufen beim Menschen die schwersten Symptome hervor. Als solche beobachtet man Würgen, Erbrechen, Durchfall, Speichelfluss, kühle schweissbedeckte Haut, Schwächegefühl, behinderte Athmung, Tremor, Benommenheit bis zu völligem Verlust des Bewusstseins, klonische Konvulsionen mit folgender Lähmung. Der Puls ist zuerst verlangsamt, dann beschleunigt und unregelmässig, die Pupille meist verengt. Die Resorption erfolgt von allen Schleimhäuten und auch von der Haut, besonders schnell aber von der Zunge, dem Auge und dem Rectum, weniger schnell vom Magen aus. Die Behandlung der Tabaksvergiftung erfordert Excitantien, kalte Begiessungen des Kopfes, Hautreize, schwarzen Kaffee, Wein und event. künstliche Respiration.

Innerlich werden Tabaksblätter wegen ihrer giftigen Wirkung kaum mehr angewendet und auch ihre äusserliche Applikation bei Volvulus, eingeklemmten Hernien, hartnäckiger Stuhlverstopfung und Blasenkrampf (in Form eines Aufgusses per Klysma) geschieht nur noch selten und erfordert grösste Vorsicht. Zuweilen wird das Rauchen der Blätter bei Asthma mit Erfolg verordnet. Tabaksklystiere gegen Darmparasiten (Oxyuris) sind gefährlich und zu vermeiden.

Dosis. Äusserlich zum Klysma 0,5—1,0 : 150,0—200,0 im Infus.

569) ℞ Fol. Nicotian. 1,0—2,0
Inf. Aq. fervid. q. s.
ad rem. colat. 200,0
adde
Olei Lini 30,0.
M. D. S. Zu 2 Klystieren.
(Bei eingeklemmten Hernien, Ileus etc.)

Folia Salviae. Herba Salviae. Salbeiblätter. Feuilles de sauge. Foglie di salvia.

Die Blätter der kultivirten und wildwachsenden Salvia officinalis (Labiate). Sie sind meist von eiförmigem Umrisse, gestielt, bis fast 10 cm lang und 5 cm breit oder auch viel kleiner. Sie zeichnen sich durch einen stark aromatischen Geruch und einen zusammenziehenden, bitteren Geschmack aus und enthalten ein ätherisches Öl, Salbeiöl (etwa $^1/_4\,^0/_0$), ausserdem Gerbsäure und Harz.

Wegen ihres Gerbstoffgehaltes kommt den Salbeiblättern eine adstringirende Wirkung zu. Sie werden daher mit Vorliebe bei übermässigen Absonderungen, vornehmlich bei den profusen Schweissen der Phthisiker angewandt, auch bei übermässiger Milchabsonderung und zu starker Menstruation. Äusserlich dienen die Blätter zu Mund- und Gurgelwässern gegen Angina, Aphthen, Speichelfluss und Anschwellungen des Zahnfleisches.

Dosis. Innerlich zu 10,0—15,0 : 200,0 im Aufguss und zu Species, auch in Pulverform zu 0,5—1,0 mehrmals täglich.

Äusserlich im Infus (mit Zusatz von Honig und Alaun); auch als Zusatz zu Zahnpulvern.

†**Aqua Salviae.** Als Constituens für Mund- und Gurgelwässer. Entbehrlich.

570) ℞ Inf. Fol. Salviae
10,0—15,0 : 180,0
Sirup. spl. 20,0.
M. D. S. 2stündl. 1 Esslöffel.
(Schweisse der Phthisiker.)

571) ℞ Inf. Fol. Salviae 15,0 : 180,0
Spirit. Cochlear. 20,0.
M. D. S. Gurgelwasser.
(Bei Skorbut.)

572) ℞ Inf. Fol. Salviae 15,0 : 150,0
Boracis 5,0
Oxymelis 30,0.
M. D. S. Gurgelwasser.

573) ℞ Inf. Fol. Salviae 15,0 : 180,0
Alumin. 5,0.
M. D. S. Gurgelwasser.
(Angina.)

Folia Sennae. Sennesblätter. Feuilles de séné. Senna Leaves. Foglie di sena.

Die grünen Fiederblättchen von Cassia angustifolia und Cassia acutifolia, Sträuchern (Caesalpineae), die in wärmeren Zonen (Indien, Asien, Afrika) vorkommen.

Die von Cassia angustifolia abstammende Sorte, die indischen Blätter aus Tinnevelly, besteht ohne alle Beimengung aus den unbeschädigten, lanzettlichen, bis 6 cm langen und bis 2 cm breiten Fiederblättchen.

Die Blätter der zweiten Sorte (von Cassia acutifolia), der alexandrinischen, sind durchschnittlich kleiner und gewöhnlich begleitet von anderen Theilen der C. acutifolia und den höckerigen Blättchen des Cynanchum Arghel, welche auch an dem kurzen Haarbesatze kenntlich sind. Letztere Beimengung, sowie diejenige anderer Theile, darf (nach Pharm. Helv.) nicht über $10^0/_0$ der Waare betragen. Sennesblätter dürfen nicht bräunlich oder gelblich aussehen. Ihr Geschmack ist schleimig, süsslich und nachträglich etwas bitter und kratzend; der Geruch schwach und eigenthümlich.

Als wirksamen Bestandtheil enthalten die Sennesblätter die Cathartinsäure, eine glykosidische Säure, die schon in Gaben von 0,1 abführt Ausserdem finden sich in den Blättern noch Stoffe, die die purgirende Wirkung der Cathartinsäure vermehren wie weinsaure Salze und ein der Chrysophansäure ähnlicher Körper. Letzterer ist die Ursache der grünlichen Verfärbung des Urins, die nach Sennagenuss eintritt. — Gaben von 2,0—4,0 rufen beim Menschen nach einigen Stunden Stuhlentleerungen mit geringen Kolikschmerzen hervor. Nach grossen Dosen werden die Entleerungen wässerig, die Leibschmerzen intensiver, und es kommt auch dabei zu Übelkeit und Erbrechen. Desgleichen findet auch eine gewisse Einwirkung auf den Uterus statt, weshalb Senna bei Gravidität vermieden zu werden pflegt.

Die Droge und ihre Präparate sind seit lange ein beliebtes Mittel gegen alle Fälle von Obstipation, und es wird ihr als ein besonderer Vorzug angerechnet, dass sie prompt wirkt und keine Neigung zu Verstopfung hinterlässt. Man kann sie überall anwenden und wird sie nur bei entzündlichen Zuständen des Darmes (die durch Senna gesteigert werden können) und bei Gravidität vermeiden.

Sennesblätter werden gewöhnlich im Infus 5,0—15,0 : 150,0 zweistündlich 1 Esslöffel oder am besten gegeben, indem man 1 Esslöffel voll mit einer Tasse kalten Wassers über Nacht stehen lässt, abgiesst und Morgens trinken lässt. Hierbei tritt kein Leibweh ein, dasselbe wird auch vermieden, wenn man dem Theeaufguss 1 Theelöffel voll Fenchel- oder Kümmelthee hinzusetzt. — Die Dosis als gelinde abführendes Mittel beträgt 1,0—2,0, als stark abführendes Mittel 2,0—4,0 im Infus. Bei Kindern 0,3 bis 1,0 bis 2,0 pro dosi.

Äusserlich zum Klystier giebt man Erwachsenen ein Infus von 10,0—15,0 : 180,0.

Beliebt ist die Verordnung der officinellen Präparate:

Electuarium e Senna. Sennalatwerge (Fol. Sennae 10, Sirup. spl. 40, Fol. Tamarind. 50). Grünlichbraune, leicht in Gährung übergehende Latwerge. Wird theelöffelweise bei chronischer Verstopfung gegeben, Kindern $^1/_2$—1 Theelöffel.

Infusum Sennae compositum. Wiener Trank (Fol. Senn. 1, Tart. natron. 1, Manna 3, Aqua 7, Colat. 10). Zu 1—2 Esslöffel, Kindern 1 Kinderlöffel 2—3 stündlich.

Pulvis Liquiritae compositus. Theelöffelweise, Kindern messerspitzweise mit Wasser angefeuchtet mehrmals täglich.

Sirupus Sennae. Theelöffelweise bei kleinen Kindern.

Species laxantes. St. Germain Thee. Abführender Thee (Sennesblätter 160, Flor. Sambuci 100, Fenchel 50, Anis 50, Tart. dep. 15, Acid. tartar. 16). 1—2 Theelöffel auf 1 Tasse Thee im Hause (kalt oder warm) zu bereiten oder als Infus 5,0—10,0 : 150,0 zu verschreiben.

†**Folia Sennae Spiritu extracta.** Sennesblätter werden mit der 4fachen Menge Spiritus 2 Tage lang macerirt. Sie sollen weniger Leibweh verursachen.

†**Sirupus Sennae cum Manna** (besteht aus Sirup. Sennae und Sirup. Mannae āā).

574) ℞ Inf. Fol. Sennae 7,5 : 75,0
Magnes. sulf. 20,0.
M. D. S. Stündl. 1 Esslöffel.

575) ℞ Fol. Sennae 15,0
Fruct. Carvi 5,0.
M. f. species. D. S. $^1/_2$—1 Theelöffel auf 1 Tasse Wasser 12 Stunden macerirt als kalter Thee zu trinken.

576) ℞ Inf. Sennae comp.
Sirup. spl. ää 30,0
Aq. Amygd. amar. 2,0.
M. D. S. 2stündl. 1 Kinderlöffel voll zu geben bis zur Wirkung.
(Für Kind von 2 Jahren.)

577) ℞ Inf. Sennae 150,0
Glycerini 5,0.
M. D. S. Zum Klystier.

Folia Stramonii. Herba Stramonii. Stechapfelblätter. Feuilles de stramoine. Stramonium Leaves. Foglie di stramonio.

Die zur Blüthezeit gesammelten und getrockneten Blätter von Datura Stramonium, einer bei uns als Unkraut vorkommenden Solanee. Dieselben sind spitz eiförmig, buchtig gezähnt, bis 2 dm lang und 1 dm breit und gehen keilförmig oder fast herzförmig in den bis 1 dm langen, 1—2 mm dicken Blattstiel über. Beim Trocknen verlieren die Blätter ihren narkotischen Geruch; sie schmecken unangenehm bitter und salzig. Aus der Luft ziehen sie leicht Feuchtigkeit an und verderben.

Das in diesen Blättern als wirksames Agens vorkommende Alkaloid, das man bisher als Daturin bezeichnete, ist, wie neuere Untersuchungen ergeben haben, kein einfaches Alkaloid, sondern ein Gemenge von Atropin und Hyoscyamin. Daher unterscheiden sich Stechapfelblätter in ihrer Wirkung gar nicht von Folia Belladonnae resp. Atropin.

Medicinische Verwendung finden sie bei Asthma, wo sie mehr als alle anderen Mittel zu leisten scheinen. Sonst werden sie, wie früher bei psychischen Affektionen mit Hallucinationen, kaum mehr verordnet.

Innerlich (sehr selten) zu 0,02—0,1 mehrmals täglich,

Grösste Einzelgabe 0,2! Grösste Tagesgabe 1,0!

in Pulver, Pillen oder Aufguss. Äusserlich als Rauchmittel und zur Bereitung von Asthmacigarren, die wie gewöhnliche Cigarren aus 4,0 Fol. Stramonii als Einlage mit einem Deckblatte aus gewöhnlichem Tabak angefertigt werden. Beim Rauchen (zu Anfang nur wenige Züge) ist Vorsicht wegen Eintritts von Intoxikationserscheinungen geboten.

†**Tinctura Stramonii** (Semen Stramon. 1, Spirit. dil. 10). Innerlich zu 5—15 Tropfen mehrmals täglich.

578) ℞ Fol. Stramon.
Nitri dep. ää 30,0.
M. f. pulv. subtiliss.
S. 1 Theelöffel voll auf 1 Porzellanschale zu verbrennen und den Rauch einzuathmen.
(Asthma.)
(v. Ziemssen.)

579) ℞ Tinct. Opii smpl.
Tinct. Stramonii
Liq. Ammon. anis. ää 5,0.
M. D. S. 3 × tägl. 5—10—15 Tropfen in heissem Zuckerwasser zu nehmen.
(Asthma und Emphysem.)

Folia Trifolii fibrini. Bitterklee. Fieberklee. Feuilles de menianthe. Buckbean Leaves.

Die dreitheiligen, von einem bis 10 cm langen und 5 mm dicken Stiele getragenen Blätter von Menyanthes trifoliata, einer im nördlichen Europa auf Sumpfwiesen wachsenden Gentianee. Dieselben werden von der blühenden Pflanze gesammelt, sind geruchlos und sehr bitter.

Sie enthalten das Menyanthin, einen glykosidischen Bitterstoff, der beim Erhitzen mit verdünnter Schwefelsäure in Zucker und ein flüchtiges Öl und Wasser zerfällt. — Wie alle Amara regt Bitterklee in kleinen Dosen den Appetit an und befördert die Verdauung. In grossen Gaben kann er Erbrechen und Durchfall verursachen.

Bitterklee wird nur noch als billiges Stomachicum verordnet. Früher war er bei Wechselfieber sehr volksthümlich, daher der Name „Fieberklee". Er wird auch noch zuweilen als Pillenkonstituens verwendet.

Dosis. Innerlich zu 0,5—1,5 mehrmals täglich in Pulverform, Pillen, Species und Infus (5,0—10,0 : 150,0 2stündlich einen Esslöffel).

Extractum Trifolii fibrini. Dickes, in Wasser klar lösliches, schwarzbraunes Extrakt. Wird innerlich zu 0,5—1,0 mehrmals täglich in Pillen oder Lösung gegeben als Tonicum und Stomachicum.

580) ℞ Inf. Fol. Trifolii fibrin.
10,0 : 150,0
Sirup. Cinnam. 30,0.
M. D. S. 2stündl. 1 Esslöffel.

581) ℞ Fol. Trifol. fibrin.
Fol. Menth. pip.
Rad. Valerian. āā 30,0.
Conc. Cont. M. f. species.
D. S. Zum Theeaufguss 1 Esslöffel auf 1 Tasse Thee.
(Species nervinae.)

582) ℞ Extr. Trifol. fibr.
Pulv. Rad. Althaeae āā 6,0.
ut f. pilul. No. 30.
D. S. Morgens und Abends 2 Pillen.
(Catarrhus gastricus.)

Folia Uvae Ursi. Herba Uvae Ursi. Folia Arctostaphyli. Bärentraubenblätter. Busserole. Bearberry Leaves. Uva ursina.

Die Blätter von Arctostaphylos Uva Ursi, einer in Nordeuropa sehr verbreiteten Ericacee. Dieselben sind stark lederartig, höchstens 2 cm lang und bis 8 mm breit, ganzrandig oder durch Zurückbiegung der abgestumpften Spitze ausgerandet. Sie sind geruchlos und von herbem, etwas bitterlichem Geschmacke. Der kalte wässerige Auszug derselben (1 : 50) erzeugt mit einem Körnchen Ferrosulfat einen violetten Niederschlag.

In den Blättern findet sich neben Harz- und Gerbsäure als Hauptbestandtheil ein krystallinisches weisses, in Wasser lösliches Glykosid, das Arbutin (s. d.), über dessen Wirkung man noch nicht ganz im Klaren ist. Den Blättern kommen auf jeden Fall adstringirende Eigenschaften zu und gelten dieselben fast als Specificum bei katarrhalischen Leiden der Harnorgane, besonders bei Cystitis, Blasen- und Nierenblutungen.

Man verordnet die Droge innerlich bei Blasenkatarrh, Nephritis, Haematurie, auch bei Harngries und Harnsteinen und äusserlich im Aufguss zu Injektionen in die Harnblase. Sie wird gewöhnlich im Dekokt und zwar 10,0—20,0 : 200,0 oder als Thee (1 Esslöffel auf 1 Tasse) verabreicht.

583) ℞ Decoct. Fol. Uvae Ursi
10,0—15,0 : 180,0
(Morphin. hydroch. 0,02)
Sirup. simpl. ad 200,0.
M. D. S. 2stündl. 1 Esslöffel.
(Cystitis, Pyelitis, Blasenblutung.)

584) ℞ Inf. Fol. Uvae Ursi 15,0:180,0
Tinct. Catechu
Tinct. Zingiber. āā 10,0.
M. D. S. 2stündl. 1 Esslöffel.
(Chron. Gonorrhoe und Cystitis.)

Formaldehydum solutum. Formaldehydlösung. Formalin. Formol. $C{=}O\,(H)_2$

Das zuerst 1868 von Hofman dargestellte Formaldehyd bildet sich beim Leiten der Dämpfe von Methylalkohol über glühende Coke. Die neuerdings officinell gewordene Formaldehydlösung stellt eine klare, farblose, stechend riechende, neutral oder doch nur sehr schwach sauer reagirende Flüssigkeit vom spec. Gew. 1,079—1,081 dar und enthält in 100 Th. etwa 35 Th. Formaldehyd. Mit Wasser und mit Weingeist mischt sich dieselbe in jedem Mengenverhältnisse, nicht dagegen mit Äther. Soll vorsichtig und vor Licht geschützt aufbewahrt werden.

Ist ein in geringen Dosen stark antiseptisch wirkendes Mittel. $^1/_2$—2procentige Lösungen genügen zum Desinficiren von Kleidern, Wohnräumen und Fäkalien.

†**Formalith** ist mit Formalin getränkter Kieselguhr; kommt in Stücken und Pulverform in den Handel und dient zur Desinfektion von Wohnräumen und Herstellung von Verbandsstoffen.

Fructus Anisi. Semen Anisi vulgaris. Anis. Anis vert. Anice.

Die Früchte von Pimpinella Anisum (Umbellifere).

Dieselben sind bis 5 mm lang, am Grunde bis 2 mm dick, gegen die Spitze zu stark verschmälert, von matter, grünlichgrauer Farbe, von 10 helleren, glatten Rippen durchzogen und borstig behaart. Sie besitzen einen eigenthümlich süsslichen und aromatischen Geruch und Geschmack.

Als wirksames Princip enthält Anis bis zu 2 % ätherisches Öl, das Anisöl, das die Eigenschaften anderer ätherischer Öle besitzt, zu 1—2 Tropfen als Expektorans und Carminativum gegeben wird, äusserlich für Epizoën (Krätzmilben, Läuse etc.) stark giftig ist. Es befördert die Milchsekretion und wirkt auch emmenagog.

Fructus Anisi wird innerlich als Carminativum, besonders bei Flatulenz der Säuglinge verordnet; früher als Expektorans beliebt und noch gegenwärtig Bestandtheil der Species pectorales. Dient als Gewürz, auch als Geschmacks- und Geruchskorrigens.

Wird innerlich zu 0,5—1,5 in Pulvern, Latwergen oder im Infus (5,0—15,0 : 150,0) verordnet.

Präparate: Anis ist Bestandtheil von **Species laxantes** und **Species pectorales.**

Oleum Anisi. Klare, aromatische Flüssigkeit.

Innerlich zu 1—2 Tropfen mehrmals täglich als Elaeosaccharum, als Carminativum, auch als Korrigens für Pulvermischungen.

Äusserlich (von stark hautreizender Wirkung) in Salben oder Öl zur Vertilgung von Kopfläusen (1,0 : 10,0 Lanolin).

Fructus Aurantii immaturi. Poma Aurantii. Unreife Pomeranzen. Orangette. Petit grain.

Die unreifen, besonders in Südfrankreich gesammelten Früchte des Pomeranzenbaumes, Citrus vulgaris (Aurantiaceae). Dieselben sind kugelförmig, von 0,5—1,5 cm Durchmesser und runzeliger Oberfläche. Der durch ihre untere Hälfte horizontal geführte Querschnitt zeigt dicht unter der Oberfläche zahlreiche Ölräume, sowie 10 oder 8, seltener 12 in der Mittelsäule zusammentreffende Fächer. Ihr Geruch ist gewürzhaft und der Geschmack aromatisch und bitter.

Sie enthalten einen Bitterstoff (Aurantiin), ein ätherisches Öl und Hesperidin (nicht bitteres Glykosid). Wie alle anderen Bitterstoffe haben sie eine appetitanregende Wirkung und werden daher bei atonischer Dyspepsie als Stomachicum verordnet. Sie sind Bestandtheil vieler Tinkturen und Elixire. Die unreifen Pomeranzen wurden früher auch als Fontanellkugeln benutzt.

Dosis. Innerlich zu 1,0—2,0 mehrmals täglich in Pulvern, Latwergen oder spirituösen Auszügen.

In der Tinctura amara bilden sie den Hauptbestandtheil.

Fructus Capsici. Piper Hispanicum. Spanischer Pfeffer. Paprika. Poivre d'Espagne. Piment des jardins. Poivre de Guinée. African Pepper. Peperone.

Die Frucht von Capsicum annuum und Capsicum longum, (Solaneen). Sie ist kegelförmig, 5—10 cm lang, oben hohl und schliesst in ihrer untern Hälfte zahlreiche, scheibenförmige, gelbliche Samen von ungefähr 5 mm Durchmesser ein. Die dünnwandige

Oberfläche der Frucht ist glänzend glatt, hell- bis braunroth. Der Geschmack ist brennend scharf.

Man hat als wirksames Princip der Droge das Capsicol, eine rothbraune, dicklichölige Substanz isolirt. Nach Köhler u. A. beruht die Wirkuug des spanischen Pfeffers auf dem in ihm enthaltenen scharfen Harze, Capsicin. — Innerlich genommen bewirkt er in kleinen Dosen Vermehrung der Speichelsekretion, Brennen im Halse und Magen, Pulsbeschleunigung; grosse Gaben verursachen Erbrechen, Koliken und Diarrhoe. Die Früchte üben auch einen irritirenden Einfluss auf die Nieren aus und steigern die Diurese, sie sollen auch den Geschlechtstrieb erregen. — Äusserlich auf die Haut gebracht und befeuchtet, verursacht Capsicum Hautröthung, Brennen und bei langer Einwirkung Blasenbildung.

Capsicum findet mehr Verwendung als Gewürz denn als Heilmittel. Als Stomachicum soll es nur bei intakter Magenschleimhaut gegeben werden. In manchen Gegenden erfreut es sich einer gewissen Beliebtheit gegen Intermittens; auch gegen Delirium tremens und Seekrankheit wird es gerühmt. Westindische Ärzte wenden es bei Angina scarlatinosa und Tonsillitis an in Form eines Gurgelwassers.

Dosis. Innerlich zu 0,05—0,3 in Pulver oder Aufguss zu 0,5—1,0 : 200,0 esslöffelweise.

Äusserlich zu Gurgelwasser im Infus (1,0 : 200,0).

Tinctura Capsici (Fruct. Capsic. 1, Spirit. 10). Röthlichgelbe Flüssigkeit, von brennendem Geschmack. Innerlich zu 10 bis 20 Tropfen mehrmals täglich (in schleimigem Vehikel); äusserlich als Zusatz zu Mund- und Gurgelwässern (1,0—5,0 : 100,0), auch zu Einreibungen.

585) ℞ Tinct. Capsici 8,0
Inf. Fol. Salviae 190,0
Spirit. Aether. nitr. 2,0.
M. D. S. Gurgelwasser.
(Angina.)

586) ℞ Tinct. Capsici 10,0
Spirit. Camphor. 70,0
Mixt. oleos. bals. 20,0.
M. D. S. Zum Einreiben.
(Frostballen.)

Fructus Cardamomi. Cardamomum malabaricum. Kardamome. Malabarische Kardamomen. Cardamome. Cardamomo.

Die getrockneten Früchte von Elatteria Cardamomum, einer besonders in Vorderindien häufig vorkommenden Zingiberacee.

Die gerundet dreikantige, kahle, hellgelbgraue, 10—20 mm lange und halb so dicke Fruchtkapsel enthält gegen 20 aneinanderhaftende braune, runzelige, unregelmässig kantige Samen, denen ein kräftiger aromatischer, kampferartiger Geruch und Geschmack eigen ist.

Diese Samen enthalten ein ätherisches Öl und dienen als Stomachicum und Carminativum. Gewöhnlich werden sie als Gewürz und als aromatischer Zusatz zu anderen Mitteln und zur

Bereitung von Tinkturen benutzt. Sie wirken auch sehr günstig bei Diarrhoe (Rabow).

Dosis. Innerlich zu 0,25—1,0 in Pulverform mehrmals täglich. Bei Diarrhoe ist es zweckmässig, die Samen von 1 oder 2 Kapseln zerkauen und verschlucken zu lassen.

Präparate: **Tinctura aromatica.** Zu 20—30 Tropfen mehrmals täglich.

Tinctura Rhei vinosa. Zu $^1/_2$—1 Theelöffel mehrmals täglich.

†**Pulvis aromaticus** (Cort. Cinnam. Cass. 5, Fruct. Cardamom. 3, Rhiz. Zingib. 2). Zu 0,15—1,0 in Pulverform oder messerspitzweise.

587) ℞ Fruct. Cardam. pulv.
Elaeosacch. Menth. pip. āā 0,25.
M. f. pulv. D. t. dos. VI.
(ad chart. cerat.)
S. 3 × tägl. 1 Pulver.

588) ℞ Fruct. Cardam. pulv.
Cort. Cinnamom.
Rhiz. Zingib. pulv. āā 10,0.
D. ad scatul.
S. 3 × tgl. 1 Messerspitze voll zu nehmen.

(Dyspepsie.)

Fructus Carvi. Semen Carvi. Kümmel. Cumin des prés. Caraway. Frutto di carvi.

Die Frucht des Wiesenkümmels, Carum Carvi, einer bei uns einheimischen Umbellifere.

Die meist in ihre beiden Hälften getrennten braunen Spaltfrüchte sind fast sichelförmig, bis 5 mm lang und 1 mm dick, in jedem der 4, von 5 hellen, feinen Rippen eingefassten Thälchen mit einem Ölgange versehen. Der Geruch und Geschmack ist sehr kräftig und eigenartig.

Die Früchte enthalten 4—6 $^0/_0$ ätherisches Öl (Oleum Carvi), das als wirksamer Bestandtheil in Betracht kommt. Ihm wird eine karminative und digestive Wirkung nachgerühmt. Der Kümmel ist ein häufig angewandtes Gewürz. Er wird gewöhnlich bei Blähungen und Kolik, oft in Verbindung mit anderen Mitteln (Valeriana, Pfefferminz, Fenchel etc.) angewandt.

Dosis. Innerlich zu 0,5—1,0 mehrmals täglich in Pulverform oder Species, auch im Infus (5,0—15,0 : 100,0).

Oleum Carvi. Farblose oder blassgelbliche Flüssigkeit.

Innerlich zu 1—3 Tropfen mehrmals täglich als Elaeosaccharum oder in spirituöser Lösung bei Cardialgie, Kolik und Flatulenz.

Äusserlich als Zusatz zu Einreibungen und Zahntropfen.

589) ℞ Fruct. Carvi 50,0
Flor. Chamomill. 30,0
Rad. Valerian. 20,0.
C. c. F. species. D. S. 1 Essl. voll mit 2 Tassen Wasser aufzubrühen.

590) ℞ Olei Carvi 1,0
Tinct. Valer. aeth. 9,0.
M. D. S. 30—30 Tropfen auf Zucker oder in Kamillenthee zu nehmen.

(Kardialgie, Kolik etc.)

Fructus Colocynthidis. Poma Colocynthidis. Koloquinthen. Coloquinte. Colocynth Pulp. Coloquintide.

Die geschälte, kugelige Frucht von Citrullus Colocynthis (Cucumis Colocynthis), einer in südlichen Ländern kultivirten Gurkenart.

Die von ihrer dünnen Schale befreiten und getrockneten Früchte stellen leichte Kugeln von der Grösse eines Apfels dar mit weissem, schwammigem, leichtem Zellgewebe. Dasselbe besitzt einen sehr bitteren Geschmack und lässt sich in 3 Längstheile zerbrechen, die die zahlreichen Samen bergen. Diesen Samen kommt eine nur sehr geringe Wirkung zu. — Das zähe Fruchtgewebe der Koloquinthe lässt sich schwer pulvern.

Als den wirksamen, purgirenden Bestandtheil der Koloquinthen hat man das Colocynthin, ein in Wasser lösliches Glykosid, zu betrachten. Dasselbe spaltet sich durch verdünnte Mineralsäuren in Colocyntheïn und Traubenzucker. Sowohl Colocynthin, als auch Colocyntheïn wirken schon in kleinen Dosen (0,01—0,02) stark drastisch. Daneben kommt in den Koloquinten noch Citrullin vor, das gleichfalls abführt.

Der Angriffspunkt der (unter Vermehrung der Darmperistaltik des ganzen Darmrohrs und unter heftiger Kolik) wässerige Stuhlentleerungen hervorrufenden Koloquinthen ist das Colon. Hier wie in den benachbart liegenden Nieren kommt es auch zu starker Hyperämie. Aus diesem Grunde bewirken Koloquinthen auch in grösseren Gaben blutige Stuhlentleerungen.

Angewandt werden Koloquinthen und ihre Präparate bei habitueller Stuhlverstopfung, wo andere Abführmittel im Stiche lassen. Besonderer Beliebtheit erfreuen sie sich bei hydropischen Processen, wo eine ableitende Wirkung auf den Darm beabsichtigt wird. Man schreibt ihnen auch eine emmenagoge und anthelminthische Wirkung zu, wendet sie aber kaum mehr in dieser Richtung an. Auf jeden Fall gebietet die Vorsicht, das Mittel bei Gravidität und bei Entzündungserscheinungen oder Ulcerationen im Magen und Darm zu vermeiden.

Dosis. Innerlich mehrmals täglich in Pulver oder Pillen zu 0,03—0,2.

Höchste Einzelgabe: 0,5! höchste Tagesgabe: 1,5!

Gewöhnlich verordnet man die Präparate:

Extractum Colocynthidis. Ein gelbbraunes, trockenes, in Wasser trübe lösliches Extrakt.

Innerlich zu 0,01—0,03 mehrmals täglich in Pillen (kombinirt mit anderen Abführmitteln).

Grösste Einzelgabe 0,05! grösste Tagesgabe 0,2!

Tinctura Colocynthidis (Coloquinth. 1, Spirit. 10). Gelbe, sehr bitter schmeckende Flüssigkeit.

Innerlich zu 5—15 Tropfen mehrmals täglich.

Grösste Einzelgabe 1,0! grösste Tagesgabe 5,0!

†**Fructus Colocynthidis praeparati.** Feines gelbliches Pulver, erhalten durch Pulverisirung einer Paste, welche man durch Anstossen von 5 Th. Fructus Colocynthidis ohne Samen mit 1 Th. Gummi arabicum und Wasser und Austrocknen hergestellt hat. Dosis und Form wie Fruct. Colocynth.; doch ist dies Präparat bei Verordnung von Pulvern und Pillen vorzuziehen.

591) ℞ Extract. Colocynthid. 1,0
Aloës 2,0
Extr. Hyoscyam. 0,5.
M. f. pilul. No. 30.
Consp. Lycopod.
D. S. Abends 1 Pille.

592) ℞ Extr. Colocynthid.
Aloës
Sapon. med. āā 1,0.
M. cum spiritu ut f. pilul. No. 30.
Consp. Lycopod.
D. S. Abends 1—2 Pillen.

593) ℞ Fruct. Colocynth. praep. 0,05—0,1
Sacch. alb. 0,5.
M. f pulv. D. t. dos. VI.
S. stündl. 1 Pulv.
(Gegen Obstipation und Hydrops.)

594) ℞ Extr. Colocynth.
Extr. Rhei āā 0,5.
Succ. Liquirit. q. s.
ut f. pilul. No. 30.
D. S. Abends 1—2 Pillen.
(Gegen Obstipation und Hydrops.)

Fructus Foeniculi. Semen Foeniculi. Fenchel. Fenouil. Fennel Fruit. Finocchio.

Die getrockneten Früchte von Foeniculum capillaceum, einer bei uns kultivirten Umbellifere.

Dieselben sind etwa 8 mm lang und 2—3 mm dick, grau- bis braungrün und zeigen zwischen den helleren, stark hervortretenden Rippen die dunkleren Streifen der Ölgänge. Gewöhnlich ist die Spaltfrucht in die beiden Hälften zerfallen. Ihren aromatischen Geruch und Geschmack verdankt sie einem ätherischen Öle — Oleum Foeniculi —, von dem sie etwa 3 % enthält und das auch der wirksame Bestandtheil ist. Der Fenchelsamen regt den Appetit an und soll die Schweiss- und Urinausscheidung vermehren und bei stillenden Frauen die Milchsekretion anregen; ebenso wird ihm eine leicht expektorirende Wirkung zugeschrieben.

Der Fenchel wird therapeutisch als Carminativum bei abnormer Gasentwickelung im Magen und Darm verwendet, desgleichen zur Anregung der Milchsekretion. Grosser Beliebtheit erfreut er sich in der Kinderpraxis, wo Fenchelthee als Beruhigungsmittel, bei Leibweh, Husten etc. dient. Äusserlich wird er im Aufguss zu adstringirenden Augenwässern und aromatischen Waschungen verordnet.

Dosis. Innerlich als Carminativum und Stomachicum zu 0,5—2,0 mehrmals täglich in Pulver, Aufguss (5,0—15,0 : 150,0), Species (2—3 Theelöffel auf 2 Tassen Wasser).

Äusserlich: im Infus (20,0 : 200,0), zu Gurgel-, Augen- und Waschwässern.

Aqua Foeniculi. Fenchelwasser (auf 1 Th. Fenchel werden 30 Th. Wasser abdestillirt). Thee- bis esslöffelweise, oder als Zusatz für Mixturen bei Katarrhen der Verdauungs- und Athmungsorgane der Kinder.

Äusserlich als Augenwasser.

Oleum Foeniculi. Zu 1—3 Tropfen, meistens als Elaeosaccharum (messerspitzenweise) als Carminativum und Korrigens.

Ferner ist Fenchel ein Bestandtheil von Pulvis Liquiritiae compositus, Sirupus Sennae, Species laxantes und †Sirupus Foeniculi und †Sirupus Sennae c. Manna.

595) ℞ Fruct. Foenicul. pulv.
Cort. Fruct. Aurant. āā 5,0
Magnes. carb. 40,0
Sacch. alb. 10,0.
M. D. S. Theelöffelweise zu nehmen.

Fructus Juniperi. Baccae Juniperi. Wachholderbeeren. Baies de genièvre. Juniper Berries. Bacca di ginepro.

Die reifen, getrockneten Früchte des Wachholderstrauchs, Juniperus communis (Conifere).

Der kugelige, beerenartige, etwa erbsengrosse Fruchtstand mit glänzender schwarzbrauner Oberfläche. Das kräftig aromatisch, süss und zugleich etwas bitter schmeckende Fruchtfleisch schliesst 3 aufrechte harte und kantige Samen ein, welche einige Ölschläuche tragen.

In den Wachholderbeeren findet sich ein ätherisches Öl, Oleum Juniperi, zu 1 % bis 3 %. Demselben ist die Hauptwirkung der Droge zuzuschreiben. Daneben kommt in ihr noch vor Traubenzucker, Harz und Gummi. — Wachholder wirkt durch direkte Reizung des Nierenparenchyms diuretisch. In grossen Gaben kann es daher zu Nephritis und Nierenblutungen kommen. Wie nach dem ihm ähnlich wirkenden Ol. Terebinthin. riecht der Urin bei Wachholdergebrauch veilchenartig. — Äusserlich kommt den Wachholderpräparaten, namentlich dem Oleum Juniperi eine irritirende Wirkung zu.

Fructus Juniperi dient als Diuretium bei hydropischen Zuständen, muss jedoch bei akut entzündlichen Affektionen der Nieren (z. B. Scharlachnephritis) vermieden werden. Bei Hydrops in Folge von Lungen- oder chronischen Herzleiden leistet der Wachholderthee oft gute Dienste. Auch äusserlich wird die Droge bei schmerzhaften und ödematösen Anschwellungen, Rheumatismus etc. benutzt, besonders in Form von Räucherungen.

Dosis. Innerlich im Infus 10,0—20,0; 100,0; am besten als Thee (1 Esslöffel auf 2 Tassen den Tag über zu verbrauchen).

Äusserlich zu Räucherungen 2,0—5,0 auf glühende Kohlen oder heisse eiserne Platten gestreut.

Präparate: **Oleum Juniperi.** Innerlich als Diureticum 2—3 Tropfen mehrmals täglich. Äusserlich als Rubefaciens, bei Neuralgien und rheumatischen Schmerzen.

Spiritus Angelicae compositus. Zu Einreibungen.

Spiritus Juniperi. Zu Einreibungen.

Succus Juniperi inspissatus (Roob. Juniperi). Wachholdermus. Theelöffelweise 3—4mal täglich; auch als Zusatz zu diuretischen Mixturen (20—30 : 200).

596) ℞ Inf. Fruct. Juniperi
10,0—20,0 : 170,0
Liquor. Kalii acet.
Oxymel. Scill. ãã 15,0.
M. D. S. 2stündl. 1 Esslöffel.
(Diureticum.)

597) ℞ Fruct. Juniperi
Rad. Ononidis
Rad. Levistici
Rad. Liquir. ãã 15,0.
M. f. species. 2 Theelöffel voll zum Theeaufguss.

598) ℞ Ol. Juniperi 2,0
Spirit. Aether. nitros.
Tinct. Digital. ãã 10,0.
M. D. S. 3stündl. 10—30 Tropfen.
(Tinctura diuretica.)
(Hufeland.)

Fructus Lauri. Baccae Lauri. Lorbeeren. Baies de laurier. Bay Berries.

Die getrockneten Früchte des in südlichen Ländern kultivirten Lorbeerbaumes, Laurus nobilis (Laurinee). Es sind länglichrunde oder kugelige Beeren von aromatischem Geruche und bitterem und herbem Geschmacke. Sie enthalten neben etwa 1 % ätherischem, 30 % fettes Öl, Zucker und Gummi. — Die Lorbeeren werden innerlich (zu 0,5—1,0 mehrmals täglich in Pulver) oder im Infus (5,0—10,0 : 150,0) als Stomachicum kaum mehr angewendet. Dagegen wird das aus ihnen dargestellte

Oleum Lauri wegen seiner örtlich reizenden Wirkung zu ableitenden Einreibungen bei Rheumatismus, Contusionen etc. für sich oder in Salben mit gleichen Theilen Wachs benutzt.

Fructus Papaveris immaturi. Capita Papaveris. Unreife Mohnköpfe. Capsules de pavot. Poppy head. Testa di papavero.

Die vor der Reife gesammelten und getrockneten Früchte von Papaver somniferum. (Papaveracee).

Fast kugelige, graugrünliche Früchte, die 3—3,5 cm im Durchmesser gross, ohne den Samen 3 bis 4 g schwer sind. Ihr eigenthümlicher Geruch geht beim Trocknen fast ganz verloren; der Geschmack ist bitter. Sie enthalten Opium, dessen Gehalt jedoch gering und schwankend ist. Aus diesem Grunde werden sie zu innerlichem Gebrauche kaum angewendet. Äusserlich dienen sie zu schmerzstillenden Kataplasmen (in Verbindung mit Semen Lini). Man bereitet aus ihnen den

Sirupus Papaveris oder Sirupus Diacodii. Derselbe ist bräunlichgelb und hat schwach narkotische Eigenschaften. Er wird thee- bis esslöffelweise als Beruhigungsmittel bei Husten verordnet und ist auch als Zusatz zu anderen Mixturen in der Kinderpraxis sehr beliebt.

599) ℞ Sirup. Papaveris
Sirup. Croci āā 10,0.
M. D. S. 2 × tägl. 1 Theelöffel.
(Für Kinder.)

Fructus Rhamni Catharticae. Baccae Rhamni catharticae. Baccae Spinae cervinae. Kreuzdornbeeren. Baies de nerprun. Bruckthorn Berries.

Die reifen Früchte von Rhamnus cathartica, einem in Europa wild wachsenden Strauche (Rhamnene). Die kugeligen, etwa erbsengrossen Beeren sind am Grunde von einer kleinen, achtstrahligen Kelchscheibe gestützt. Im frischen Zustande liefern sie einen violettgrünen, sauer reagirenden Saft von widrigem, süsslich bitterem Geschmacke. Dieser Saft wird durch Alkalien grünlichgelb, durch Säuren roth.

In den Früchten ist ein Bitterstoff, Rhamnocatharthin enthalten. Dieser wirkt abführend in Dosen von 0,5. Schon 20 Beeren genügen, Stuhlentleerung hervorzurufen, in grösserer Menge entfalten sie stark drastische Wirkungen nebst Übelkeit, Kolik und Erbrechen. Die Droge wird kaum mehr als Abführmittel angewandt. Sie dient vornehmlich zur Bereitung des

Sirupus Rhamni catharticae. Kreuzdornbeerensirup. Sirupus domesticus. Sirop de nerprun. Derselbe ist violettroth und wird durch Alkalien grün. Er wird Erwachsenen esslöffelweise als Abführmittel gegeben; Kindern theelöffelweise. Auch als Zusatz zu drastischen Mixturen (10,0—20,0 auf 100,0).

Fructus Vanillae. Vanille. Vaniglia.

Die vor der Reife gesammelten Früchte von Vanilla planifolia, einer in tropischen Ländern kultivirten Orchidee. Sie bildet längsfurchige, nicht geöffnete Schoten von 2 bis 3 dm Länge und 1 cm Dicke. Die glänzende schwarzbraune Oberfläche ist häufig mit weissen Kryställchen (Vanillin) besetzt. In das sehr wohlriechende, schwarze, schmierige Fruchtmus sind zahlreiche, höchstens 0,25 mm messende Samen eingebettet. Der wirksame Bestandtheil ist das Vanilin (1,5—3,0%).

Neben der Verwendung, die Vanille als feines Gewürz und Parfüm findet, wird sie auch als Carminativum und zuweilen bei hysterischen Zuständen verordnet. Ihre Wirkung als Aphrodisiacum ist nicht erwiesen.

Man giebt die Vanille zu 0,2—0,5 mehrmals täglich in Pulver oder Pillen, gewöhnlich in Form der nicht officinellen Präparate:

†**Vanilla saccharata** (1 Th. Fructus Vanillae mit 9 Th. Zucker verrieben). Beliebtes Geschmackskorrigens.

†**Tinctura Vanillae.** (Fruct. Vanill. 1, Spirit. dil. 5). Wird zu 20 bis 30 Tropfen mehrmals täglich innerlich gegeben. Äusserlich als Zusatz zu Mundwässern.

Fungus Chirurgorum. Fungus ignarius. Boletus sive Agaricus Chirurgorum. Wundschwamm.

Von Polypus fomentarius, einem an alten Eichen und Buchen wachsenden, schmutzig gelben Pilze. Es ist die weichste, lockerste Gewebschicht, die sich aus dem Hute des Pilzes als zusammenhängender, brauner Lappen herausschneiden lässt.

Wundschwamm imbibirt sich leicht; 1 Th. muss 2 Th. Wasser rasch aufsaugen. Auf blutende Stellen gelegt, bringt er das Blut bald zum Coaguliren und dient deshalb als Haemostaticum, besonders nach Blutegelstichen und bei kleineren äusseren Blutungen.

Mit Salpeter imprägnirter Wundschwamm bildet den sogen. Feuerschwamm oder Zunder.

Galbanum. Gummi resina Galbanum. Mutterharz.

Das Gummiharz von persischen Umbelliferen, namentlich des Peucedanum galbanifluum (Ferula galbaniflua), an denen es am unteren Theile des Stengels und an den Blattscheiden ausschwitzt.

Es bildet bräunlich gelbe, oft leicht grünliche, meist verklebte Körner oder bräunliche, leicht erweichende Massen von stark aromatischem Geruche und bitterlichem Geschmacke.

Galbanum besteht aus einem ätherischen, dem Terpentinöl isomeren Öl, von dem es gegen 7 % enthält, ferner aus einem schwefelhaltigen Harze und Gummi. Nach älteren Angaben soll Galbanum den Blutgehalt der Uteringefässe vermehren, und von dieser besonderen Einwirkung auf den Uterus rührt auch die Bezeichnung Mutterharz her. Es besitzt stark hautreizeude Eigenschaften und findet gegenwärtig nur noch äusserliche Verwendung zu Pflastermassen. Früher wurde es innerlich bei Amenorrhoe, und auch bei chronischen Katarrhen der Luftwege als Expektorans verordnet.

Präparate: **Emplastrum Lithargyri compositum.** Zugpflaster. (Empl. Litharg. 24, Cera flava 3, Ammon. Galban., Terebinth. āā 2). Reizendes, zertheilendes Pflaster bei Abscessen und Furunkeln.

†**Aqua foetida antihysterica.** (Rad. Valerian., Rhiz. Zedoar. āā 16, Asa foetid., Fol. Menth. pip. āā 12, Galbani, Flor. Chamom., Hrb. Serpylli āā 8, Myrrh. 6, Rad. Angelic. 4, Castor.

canad. 1 werden mit Spiritus 150 macerirt. Darauf 300 Aqua hinzugefügt und 300 Th. abdestillirt. Trübe Flüssigkeit, die theelöffelweise bei Hysterie verordnet wird.

†**Emplastrum Galbani crocatum** (Cera flava, Galban., Tereb., Croc.). Reizendes, ableitendes Pflaster.

†**Emplastrum oxycroceum.** Safranpflaster. (Cera flava, Colophon. Resinae Pini, Ammoniac., Galban., Terebinth., Mastix, Myrrha, Oliban., Crocus). Zertheilendes und reifendes Pflaster.

Gallae. Gallae Halepenses. Galläpfel. Noix de galle. Galle de chêne. Nutgall. Noce di galla.

Die an jungen Zweigen von Quercus lusitanica, einer kleinasiatischen, strauchartigen Eichenart, durch den Stich der Gallwespe (Cynips Gallae tinctoriae) hervorgerufenen Auswüchse.

Es sind kugelige, zuweilen birnenförmige Gebilde von 20 bis höchstens 25 mm Durchmesser, von schmutziggelber oder graugrünlicher Farbe. Die höckerige Oberfläche zeigt in der untern Hälfte nicht selten das ungefähr 3 mm weite Flugloch. Das innere Gewebe ist sehr dicht, weisslich bis braun; der Geschmack herbe und schwach säuerlich.

Die Galläpfel enthalten 60—70% Tannin, daher erklärt sich ihre adstringirende und styptische Wirkung. Sie dienen zur Darstellung von Acid. tannicum und werden wie dieses, nur seltener, angewandt.

Dosis. Innerlich (sehr selten). 0,3—1,0 in Pulverform oder Infus (10,0—15,0 : 150,0).

Äusserlich als Streupulver, in Salben (1,0:5,0—10,0 Lanolin).

Tinctura Gallarum (1 Th. Galläpfel und 5 Th. Spirit. dil.). Dient zu Pinselungen und adstringirendem Verbande leicht blutender atonischer Geschwüre. Beliebt als mildernder Zusatz zu Tinctura Jodi.

600) ℞ Gallarum
Gummi Kino āā 15,0
Alumin. 7,5.
M. f. pulv.
D. S. Streupulver.
(Bei parenchymatösen Blutungen.)

601) ℞ Tinct. Gallar.
Tinct. Jodi āā 10,0.
M. D. S. Äusserlich.
Zum Pinseln bei Epididymitis.
(Beginnende Angina.)

Glycerinum. Glycerin. Ölsüss. Glycérine. Glicerina. $C_3H_5(OH)_3$.

Glycerin bildet an Fettsäuren gebunden den Hauptbestandtheil der Fette, aus denen es bei der Verseifung gewonnen wird.

Es stellt eine klare, farb- und geruchlose Flüssigkeit dar, welche in jedem Verhältnisse in Wasser, Weingeist und Ätherweingeist, nicht aber in Äther, Chloroform, Schwefelkohlenstoff, Benzol und fetten Ölen löslich ist. Spec. Gewicht 1,225 bis 1,235. Stark abgekühlt, erstarrt reines Glycerin zuweilen zu einer Krystallmasse. Es zieht aus der Luft und den thierischen Geweben Feuchtigkeit an und ist ein gutes Lösungsmittel für Alkaloide, Extrakte, Metallsalze, Carbol- und Salicylsäure etc.

Auf der verletzten Haut und auf Schleimhäuten wirkt unverdünntes Glycerin in Folge seiner hygroskopischen Eigenschaften reizend und verursacht lästiges Brennen. Es imbibirt die Haut und erhält sie geschmeidig und feucht. — Da es den Geweben Wasser entzieht, wirkt es auch fäulnisswidrig und dient als Konservirungsmittel. In kleiner Menge in den Mastdarm gebracht, ruft es Stuhlgang hervor. Subkutane Injektionen sind schmerzhaft und können Haemoglobinurie zur Folge haben.

Innerlich genommen, wird es in grossen Dosen (bis 300,0) gewöhnlich gut vertragen; in kleinen wie in grossen Gaben wirkt es abführend.

Es wurde früher als Ernährungsmittel und Ersatz für Leberthran bei Tuberkulose, Skrophulose und auch bei Diabetes mellitus in grossen Dosen innerlich gegeben. Gegenwärtig wird die innerliche Darreichung nur noch bei Trichinosis versucht. Äusserlich dient es als Lösungsmittel und Vehikel zahlreicher Medikamente, zum Einreiben der spröden Haut, zum Erweichen von erhärtetem Ohrenschmalz, zu Pinselungen des Rachens und der Nase, vor Allem zu abführenden Klysmen und Suppositorien.

Dosis. Innerlich thee- bis esslöffelweise bis zu 200,0 (Trichinose); Äusserlich 1 Kaffeelöffel auf 1 Klystier, zu Inhalationen 3,0—5,0 : 100,0.

Unguentum Glycerini. Reizmildernde Salbe und gutes Salbenkonstituens.

602) ℞ Glycerini
Aq. dest. āā 20,0.
M. D. S. Zum Einpinseln bei aufgesprungener Haut.

603) ℞ Glycerini 10,0
Butyr. Cacao 15,0.
ut f. supposit. V
D. S. Stuhlzäpfchen.

604) ℞ Glycerin. 20,0—50,0
Acid. citrici 5,0
Aq. font. ad 1000,0.
M. D. S. Im Laufe des Tages zu trinken.
(Diabetes mellitus.)
(Schultzen.)

Gossypium depuratum. Gereinigte Baumwolle. Coton. Cottonwool. Cottone.

Stellt die weissen, entfetteten Samenhaare mehrerer Gossypiumarten, Gossypium herbaceum, Gossypium arboreum (Malvacee) dar. Durch Kochen in Sodalösung, Waschen und Pressen wird die officinelle gereinigte Baumwolle erhalten. Dieselbe soll weiss, von Beimengungen und Fett frei sein, nicht mehr als 0,3 % Asche hinterlassen. Feuchtes Lackmuspapier darf sie nicht verändern und in Wasser soll sie sofort untersinken.

Sowohl Gossypium dep. als auch die Baumwollenpräparate wie Mull, Shirting, Kaliko, Gaze, Lint, Perkal, Molton finden häufige Verwendung in der chirurgischen Praxis als Verbandmittel, als Träger von Arzneistoffen (5 % Karbolwatte, 5 % Salicylwatte, 0,25 % Sublimatwatte etc.). Auch zur Blutstillung wird Eisenchloridwatte, die durch ihren Gehalt von 25 % Ferrum sesquichloratum blutkoagulirend wirkt, verwandt, ebenso die Penghawarwatte, welche aus gleichen Theilen Wundwatte und Penghawar Djambi besteht.

Gummi arabicum. Gummi Acaciae. Gummi Mimosae. Arabisches Gummi. Gomme arabique. Gum Arabic. Gumma arabica.

Der aus den Stämmen und Zweigen verschiedener, in den Gebieten des obern Nils und des Senegals vorkommenden Mimosen, hauptsächlich der Acacia Senegal (Acacia Verek) ausfliessende, an der Luft erhärtete Saft.

Derselbe stellt rundliche, weissliche oder gelbe Stücke von verschiedener Grösse dar, die ohne Geruch und von fadem Geschmacke sind. In dem doppelten Gewichte Wasser löst es sich langsam zu einem klebenden gelblichen Schleim von saurer Reaktion auf. Durch Weingeist und durch Eisenchloridlösung wird der Gummischleim zu einer steifen Gallerte verdickt.

Gummi arabicum ist im wesentlichen das saure Kalksalz eines als Arabin oder Arabinsäure bezeichneten Kohlenhydrats. Es wirkt wie alle schleimigen Mittel reizmildernd und einhüllend.

Es findet Anwendung bei katarrhalischen Affektionen des Kehlkopfs, der Bronchien, des Magens und Darmkanals. Hauptsächlich bedient man sich seiner, um feinvertheilte, in Wasser unlösliche Substanzen (Öle, Harze etc.) suspendirt zu erhalten, also zur Bereitung von Emulsionen, auch als Zusatz zu Pastillen und zum Anfertigen von Pillen.

Dosis. Innerlich zu 1,0—2,0 mehrmals täglich in Pulvern, Lösung oder Emulsion.

Äusserlich zu Klystieren (1 Th. auf 3 Th. Wasser).

Präparate: **Pulvis gummosus.** (Gum. arab. 3, Rad. Liq. 2, Sacch. 1).

Mucilago Gummi arabici (Aq. 1 Th. Gummi arab. 2 Th.).

†**Mixtura gummosa.** (Gum. arab., Sacch. āā 15,0, Aq. dest. 170,0).

†**Sirupus gummosus.** (Mucil. Gummi arab. 1, Sirup. spl. 3).

605) ℞ Gummi arab.
Sirup. spl. āā 20,0
Aq. dest. 160,0.
M. D. S. 2stündl. 1 Esslöffel.
(Mixtura gummosa.)

606) ℞ Mixtur. gummos. 180,0
Tinct. Opii spl. 2,0.
M. D. S. 2stündl. 1 Esslöffel.
(Diarrhoe etc.)

Gutta percha. Guttapercha. Guttaperca.

Der eingetrocknete Milchsaft von Bäumen aus der Familie der Sapotaceen, vorzüglich Arten von Dichopsis, Isonandra und Payena.

Bildet eine dunkelbraune, in heissem Wasser erweichende und dann knetbare, nach dem Erkalten wieder erhärtende Masse. In warmem Chloroform ist Guttapercha bis auf einen geringen Rückstand löslich, und eine Auflösung von 1 auf 10 Chloroform führt die Bezeichnung Traumaticin.

Zum medicinischen Gebrauche dient sie nur im gereinigten Zustande als Gutta Percha depurata und zwar zu Fixationsverbänden bei Frakturen. In der zahnärztlichen Praxis wird sie zum Ausfüllen hohler Zähne verwandt. Das aus gereinigtem Guttapercha sehr dünn ausgewalzte Guttaperchapapier, Percha lamellata, ist rothbraun, durchscheinend und klebt nicht. Es wird als impermeable Bedeckung zur Abhaltung der Nässe und zur Verhinderung der Verdunstung bei feuchten Kompressen benutzt (Priessnitz'scher Verband). Auch bei Rheumatismus, Frostbeulen und verschiedenen Hautkrankheiten findet es Verwendung. Das Präparat

Traumaticin (Guttapercha 1 in 10 Chloroform gelöst) dient als Ersatzmittel für Collodium.

Gutti. Gummi-resina Gutti. Gummigutt. Gomme gutte. Gamboge. Gommagotta.

Das Gummiharz der ostasiatischen Garcinia Morella (Clusiacee).

Es stellt bis gegen 7 cm dicke stangenförmige oder unregelmässige Klumpen von grünlichgelber Farbe dar, die leicht in gelblichrothe, flachmuschelige, undurchsichtige Splitter brechen. Dieselben geben, mit dem doppelten Gewichte Wasser zerrieben, eine schön gelbe Emulsion von brennend scharfem Geschmacke. Mit Alkohol und Äther giebt Gutti rubinrothe Lösungen.

Gutti besteht der Hauptsache nach aus Gambogiasäure, Gummi und Wasser und ruft schon in kleinen Gaben von 0,1—0,3 reichliche, dünnflüssige Stuhlentleerungen hervor. Nach grösseren Dosen können Übelkeit, Erbrechen, Leibweh und heftige Diarrhoe auftreten. Es gehört zu den drastischen Abführmitteln und ist in manchen Universalmitteln, z. B. den Morrison'schen Pillen enthalten.

Da Gummigutt flüssige Stuhlentleerungen bewirkt, also Wasser entzieht, wird es gern als ableitendes Mittel bei hydropischen Zuständen verordnet (gewöhnlich in Verbindung mit andern Drasticis). Wegen seiner intensiven Wirkung wird es nicht mehr häufig angewandt. Früher wurde es den meisten Bandwurmmitteln zugesetzt.

Dosis. Innerlich zu 0,05—0,2 mehrmals täglich, Grösste Einzelgabe 0,5! grösste Tagesgabe 1,0! in Pillen, Pulvern oder Emulsion.

607) ℞ Gutti
Extr. Colocynth.
Sapon. jalapin āā 1,0.
Mucil. Gummi arab. q. s. ut f. pilul. No. 30.
Consp. Lycopod.
D. S. Morgens 1—2 Pillen.

608) ℞ Gutti pulv.
Fol. Digital. pulv.
Bulb. Scill. pulv.
Stibii sulf. aurant.
Extr. Pimpinell. āā 0,7.
Mucil. Gummi arab. q. s.
M. f. pilul. No. 30.
D. S. 3 × tägl. 1 Pille.
(Pilulae hydrogogae Heimii.)
(Formul. Magistr. Berolin.)

Herba Absinthii. Wermut. Absinthe. Wormwood. Assenzio. Die Blätter und blühenden Spitzen der wild wachsenden oder kultivirten Artemisia vulgaris (Composite). Die Blätter und Stengel sind, besonders bei dem wild wachsenden Wermut, mit weisshaarigem Filze bedeckt, in welchem zahlreiche Öldrüsen enthalten sind. In ihnen ist ein Bitterstoff (Absinthin) und ein ätherisches Öl enthalten. Der Geschmack ist intensiv bitter. In geringer Dosis regt Wermut den Appetit an, in grossen Gaben erzeugt er Kopfweh und Schwindel, und bei lange Zeit fortgesetztem Gebrauch kann er (nach den Beobachtungen von Magnan und Challand) zu Epilepsie führen.

Man wendet Herba Absinthii als Bittermittel bei Dyspepsie in Pulverform zu 1,0—2,0 mehrmals täglich oder als Infus (5,0 bis 10,0 : 150,0), zweistündlich 1 Esslöffel, oder in Form der Präparate an:

Extractum Absinthii. Ein dickes Extrakt. (Bestandtheil des Elixir amarum und Elixir Aurant. comp.) In Pillenform zu 0,5—1,0 mehrmals täglich (bei Dyspepsie).

Tinctura Absinthii. Mehrmals täglich zu 20—30 Tropfen.

609) ℞ Inf. Herb. Absinthii 10,0:180,0.
D. S. 2stündl. 1 Esslöffel.

Herba Cardui benedicti. Folia Cardui benedicti. Cardobenediktenkraut. Chardon bénit. Blessed Thistle. Cardo santo.

Die Blätter und blühenden Zweige der Spinnendistel, Cnicus benedictus (Carbenia benedicta), einer in Gärten kultivirten Composite.

Die beinahe 3 cm langen, bodenständigen Blätter sind buchtig fiedertheilig, stachelig gezähnt und stark behaart. Die Blüthenköpfchen sind von spinnwebig behaarten Deckblättern umhüllt und in den stacheligen Hüllkelch eingeschlossen.

Die Droge enthält einen in heissem Wasser löslichen Bitterstoff, Cnicin, und gehört ihres bitteren Geschmackes wegen zu den appetitreizenden Amara. Früher galt sie als Heilmittel gegen die Pest. In grossen Gaben kann sie Erbrechen verursachen.

Wird innerlich als Stomachicum zu 1,0—2,0 mehrmals täglich in Pulver, Pillen, auch im Infus oder Dekokt (5,0—10,0 : 150,0) verordnet; gewöhnlich kommt zur Anwendung das officinelle

Extract. Cardui benedicti zu 0,5—1,0 mehrmals täglich in Pillen oder Lösung (bei Dyspepsie).

Herba Centaurii. Herba Centaurii minoris. Tausendgüldenkraut. Petite centaurée. Centaurea minore.

Die zur Blüthezeit gesammelten, oberirdischen Theile der Erythraea Centaurium (Gentianacee).

Enthält als wirksamen Bestandtheil einen Bitterstoff und wird als Amarum bei Dyspepsie und, da es auch leicht abführend wirkt, bei schlechtem Appetit und Verstopfung verordnet.

Man giebt es zu 1,0—2,0 in Pulvern oder in Species und Aufguss (5,0—10,0 : 150,0).

Es ist Bestandtheil der

Tinctura amara. (Rad. Gent., Herb. Cent. āā 3, Cort. Aurant. 2, Fruct. Aurant. immat., Rhiz. Zedoar. āā 1 und Spirit. dil. 50.)

†**Extractum Centaurii.** Dickes, rothbraunes in Wasser lösliches Extrakt. Als Amarum zu 0,5—2,0 mehrmals täglich in Pillen oder Lösung verordnet.

Herba Cochleariae. Löffelkraut. Herbe aux cuillers. Scurvy-Grass. Coclearia.

Das zur Blüthezeit gesammelte Kraut, sowie die Blätter der noch nicht zur Blüthe gelangten Cochlearia officinalis (Crucifere).

Das frische Löffelkraut riecht beim Zerquetschen scharf, senfartig und schmeckt scharf und salzig, beim Trocknen verliert es Geruch und Geschmack. Der scharfe Geschmack rührt von einem ätherischen schwefelhaltigen Öle, Schwefelcyanbutyl $= C_4 H_9 CSN$ her, das durch Fermentwirkung entsteht und beim Trocknen schwindet. Ausserdem enthält das Kraut noch reichlich Kali- und Natronsalze.

Frisches Löffelkraut wirkt wegen seines ätherischen Öles örtlich reizend, in ähnlicher aber viel schwächerer Weise wie Meerrettig oder Senf. Es steht seit lange als Heilmittel gegen Skorbut beim Volke in grossem Ansehen. Hierbei bedient man sich desselben als Gemüse oder Salat oder in Form des frisch ausgepressten Saftes, auch im Infus (20,0—30,0 : 150,0). Äusserlich bedient man sich gewöhnlich des

Spiritus Cochleariae, der aus 8 Th. frischem, blühendem Löffelkraut durch Destillation mit 3 Th. Weingeist und 3 Th. Wasser bereitet wird. Man verordnet denselben zur Pinselung des Zahnfleisches und der Mundschleimhaut bei skorbutischen Affektionen. Ferner zu Mund- und Gurgelwässern (1 Theelöffel auf 1 Glas Wasser). Beliebt ist der Zusatz von 30,0—50,0 zu einem Salbeiinfus von 200,0.

610) ℞ Herb. Cochlear. rec. conc. 60,0
Semin. Sinap. cort. 15,0
Vini gallici albi 360,0
Macera per biduum, col. adde
Spirit. Aetheris chlorat. 8,0.
M. D. S. 3× tägl. 1/2 Weinglas voll zu nehmen.
(Gegen Skorbut.)
(Sundlin.)

611) ℞ Tinct. Myrrhae
" Cinnamom. āā 5,0
" Guajaci 8,0
Spirit. Cochlear. 32,0.
M. D. S. Mit Wasser verdünnt. Zum Ausspülen des Mundes.
(Bei skorbutischem Zahnfleisch.)
(Rust.)

612) ℞ Spirit. Cochleariae 50,0
Inf. Fol. Salviae (e 25,0) 200,0.
D. S. Gurgelwasser.

Herba Conii. Herba Conii maculati. Herba Cicutae. Schierling. Feuilles de grande ciguë. Hemlock Leaves. Conio maculato.

Die Blätter und blühenden Spitzen von Conium maculatum, einer in Europa wild wachsenden Umbellifere.

Die bodenständigen Blätter, von breit eiförmigem Umrisse sind dreifach gefiedert, die letzten schmalen Theilungen und Sägezähne abgerundet und in ein sehr kurzes, trockenhäutiges Spitzchen ausgezogen. Stengel und Blätter sind mattgrün, völlig kahl. Sie riechen beim Zerreiben unangenehm und schmecken widerlich salzig, bitter und scharf.

Seine Wirkung verdankt der Schierling vor allem seinem Gehalte an Coniin, einem 1830 von Geiger zuerst dargestellten flüchtigen Alkaloid von der Formel $C_8 H_{17} N$. Dasselbe kommt in allen Theilen der Pflanze vor, am reichlichsten jedoch in den nicht ganz reifen Früchten; beim Trocknen und Aufbewahren der Blätter nimmt der Coniingehalt immer mehr ab bis zum völligen Verschwinden. — Neben Coniin enthält die Pflanze noch einen krystallinischen Körper das Conhydrin und Methylconiin. — Die Wirkungsweise erinnert an die des Curare. Es werden zuerst die peripherischen Endigungen der motorischen Nerven, später auch die Centren gelähmt, und der Tod tritt in Folge Paralyse der Respirationsmuskeln ein. — Die nach Schierlingaufnahme (welche häufig durch Verwechselung mit ähnlichen Pflanzen [z. B. Petersilie] erfolgt) beobachteten Symptome sind Speichelfluss, Übelkeit, Erbrechen, Betäubung, Pupillenerweiterung, Muskelschwäche, klonische Konvulsionen etc. — Die Behandlung der Vergiftung erfordert Brechmittel, Tannin, Excitantien, Coffein, künstliche Athmung etc.

Die Droge selbst wird innerlich nur noch sehr selten als Antispasmodicum bei Asthma, Chorea, Tetanus und äusserlich zuweilen zu schmerzstillenden Kataplasmen und Pflastern angewandt. Sie wird zweckmässig ersetzt durch Coniin.

Innerlich zu 0,05—0,3 mehrmals täglich,

Grösste Einzelgabe 0,5! grösste Tagesgabe 2,0!

in Pulver, Pillen etc., äusserlich zu Kataplasmen mit Semen Lini oder mit Fol. Hyoscyami āā.

613) ℞ Pulv. Herb. Conii
Ferri carbon.
Extr. Gentian. āā 1,0.
M. f. pilul. No. XXX.
Consp. Lycopod.
D. S. Abends 2—3 Pillen zu nehmen.
(Hustenreiz.)

614) ℞ Herb. Conii
Herb. Hyoscyami āā 12,0
Flor. Chamomill.
Flor. Sambuc. āā 24,0
Farin. Semin. Lini 40,0.
M. f. species. S. Zum Umschlag.
(Als Kataplasma bei schmerzhaften Abscessbildungen.)
(Carus.)

Herba Hyoscyami. Folia Hyoscyami. Bilsenkraut. Feuilles de jusquiame. Henbane Leaves.

Die Blätter und blühenden Stengel des in Europa wild wachsenden Bilsenkrautes, Hyoscyamus niger (Solanee). Dieselben sind länglich eiförmig, grobgezähnt.

Die blassgelbliche, violett geaderte Blumenkrone ist fünflappig; die trockenhäutige, zweifächerige Fruchtkapsel öffnet sich mit einem ringsum abspringenden Deckel. Stengel und Blattnerven der unteren Fläche sind reichlicher mit weichen Haaren besetzt, als die oft beinahe kahle Blattspreite. Getrocknet riecht Bilsenkraut kaum, es schmeckt etwas bitter und salzig.

Die Wirkung des Bilsenkrauts beruht auf seinem Gehalt an Hyoscyamin und Hyoscin, 2 dem Atropin isomere Alkaloide, und ist im Wesentlichen der der Belladonna gleich. Daher ist auch die Anwendung eine ähnliche. Es wird besonders bei Hustenreiz, Asthma, Keuchhusten innerlich und als schmerzenlinderndes Mittel äusserlich verordnet.

Dosis. Innerlich zu 0,05—0,1—0,3 in Pulvern, Pillen und Infus mehrmals täglich.

Grösste Einzelgabe 0,5! grösste Tagesgabe 1,5!

(selten angewandt, gewöhnlich das Extract. Hyoscyami).

Äusserlich als Rauchmittel, zu schmerzlindernden Kataplasmen mit Semen Lini (1 : 5).

Präparate: **Extractum Hyoscyami.** Dickes, grünlichbraunes, in Wasser trübe lösliches Extrakt.

Innerlich zu 0,02—0,1 mehrmals täglich in Pulver, Pillen, Mixturen, Tropfen.

Grösste Einzelgabe 0,2! grösste Tagesgabe 1,0!

Äusserlich zu Salben (0,5—1,0 : 10,0) und Suppositorien (0,05 bis 0,2).

Oleum Hyoscyami (Bilsenkraut 4, Weingeist 4, Olivenöl 40). Bräunlichgrünes, fettes Öl. Wird äusserlich zu schmerzstillenden Einreibungen benutzt, gewöhnlich in Verbindung mit Chloroform.

615) ℞ Herb. Hyoscyam. pulv.
Extr. Hyoscyam. āā 1,5.
M. f. pilul. No. XXX.
Consp. Lycopod.
D. S. 3 × tägl. 1 Pille.
(Bei Hustenreiz.)

616) ℞ Extr. Hyoscyam. 1,0
Aq. Amygdal. amar. ad 15,0.
D. S. 3 × tägl. 15—20 Tropfen in Brustthee.

617) ℞ Extr. Hyoscyam. 0,2
Ol. Cacao 20,0
M. f. supposit. No. 6.
D. S. Morgens u. Abends 1 Stuhlzäpfchen einzulegen.
(Bei schmerzhaftem Harndrang der Gonorrhoiker.)

618) ℞ Olei Hyoscyam. 30,0
Chloroform. 20,0.
M. D. S. Äusserlich.
Zum Einreiben.

Herba Lobeliae. Herba Lobeliae inflatae. Lobelienkraut. Tabac indien. Indian Tobacco. Lobelia.

Die zur Blüthezeit geschnittene und getrocknete, gewöhnlich in Backsteinform gepresste Lobelia inflata, eine in Nordamerika vorkommende Lobeliacee.

Die ungestielten, eiförmigen, etwas gekerbten Blätter sind wie die Stengel mit Drüsen und Börstchen besetzt. Die weisslichen, zweilippigen Blüthen sind von eiförmigen Deckblättern gestützt. Die bauchigen Kapseln enthalten viele, kaum 5 mm grosse Samen, die wie das Kraut einen unangenehm scharfen und kratzenden Geschmack besitzen.

Das wirksame Princip der Lobelia ist das Lobelin, ein flüchtiges, flüssiges Alkaloid, das sehr heftig, dem Nikotin ähnlich wirkt, in kleinen Gaben die Athmungsthätigkeit anregt und in grössern das Respirationscentrum lähmt. Ausserdem ruft es auch Erbrechen hervor. Es sind schon tödtliche Vergiftungen mit Lobelia vorgekommen.

Während Lobelia früher als Brechmittel Anwendung fand, wird es nunmehr ausschliesslich als Antiasthmaticum verordnet. Man giebt es auch bei Dyspnoë, in Folge der verschiedensten Ursachen (chron. Bronchitis, Herzaffektion etc.), Angina pectoris.

Innerlich zu 0,1—0,3 mehrmals täglich in Pulver, Pillen und Infus. Selten angewandt, dafür

Tinctura Lobeliae (Herb. Lobel. 1, Spirit. dil. 10). Braungrün, von widerlich kratzendem Geschmacke.

Innerlich zu 10—20 Tropfen 3—4mal täglich.

Grösste Einzelgabe 1,0! grösste Tagesgabe 5,0!

619) ℞ Tinct. Lobeliae 1,0
Aq. dest. 120,0.
M. D. S. Stündl. 1 Esslöffel.
(Asthma.)

620) ℞ Tinct. Lobel.
Tinct. Opii benz. āā 5,0.
2stündl. 15 Tropfen.
(Asthma.)

621) ℞ Tinct. Lobel.
Tinct. Digital. āā 5,0
Aq. Amygd. am. 10,0.
D. S. Stündl. 10—15 Tropfen.
(Asthma.)

Herba Meliloti. Summitates Meliloti. Steinklee. Mélilot. Blätter und blühende Zweige von Melilotus officinalis und Melilotus altissimus (Papilionacee).

Steinklee besitzt einen kräftigen, angenehmen Geruch, der auf seinem Gehalte an Cumarin, einem flüchtigen, indifferenten Stoff und Melilotsäure beruht. — Findet nur äusserliche Verwendung als Zusatz zu übelriechenden Kräuterumschlägen und zu zertheilenden Salben und Pflastern. Ist Bestandtheil der

Species emollientes (1 Th. Eibischbl., 1 Th. Malvenbl., 1 Th. Steinklee, 1 Th. Kamillen, 1 Th. Leinsamen). Mit heissem Wasser zum erweichenden Kataplasma angerührt.

Herba Serpylli. Quendel. Wilder Thymian. Feldkümmelkraut. Serpolet. Wild thyme. Serpillo.

Die beblätterten, blühenden, 1 mm starken Zweige von Thymus Serpyllum (Labiate). Die rundlich eiförmigen, drüsenreichen Blätter, höchstens 1 cm lang und 7 mm breit, verschmälern sich in das bis 3 mm lange Blattstielchen. Quendel hat einen stark aromatischen Geruch, der von einem ätherischen Öle herstammt. — Wird nur äusserlich zur Bereitung von aromatischen Kräuterkissen angewandt. Serpolet. Ist Bestandtheil von

Species aromaticae und †**Spiritus Serpylli.**

Herba Thymi. Thymian. Gartenthymian. Thym. Thyme. Timo.

Das blühende Kraut von Thymus vulgaris (Labiate).

Die dicklichen, bis 9 mm langen, höchstens 3 mm breiten Blätter sind sitzend oder kurz gestielt, am Rande umgerollt und fast stumpf nadelförmig, mit grossen Öldrüsen versehen und behaart. Der Geruch ist sehr aromatisch und verdankt seine Entstehung dem im Thymian enthaltenen Oleum Thymi und Thymol. Die Anwendung wie Herba Serpylli zu armomatischen Kräuterkissen; dient auch zur Bereitung von:

Oleum Thymi, einem ätherischen, farblosen Öle,

Thymol (s. daselbst) und

Species aromaticae.

Herba Violae tricoloris. Herba Iaceae. Stiefmütterchen. Freisamkraut. Pensée sauvage. Hearts-Ease. Viola tricolore.

Das blühende Kraut der wildwachsenden Viola tricolor (Violaceae). Es enthält neben einer geringen Menge Salicylsäure noch ein Alkaloid Violin, dem brechenerregende Wirkungen zukommen. Beim Volke ist der Stiefmütterchenthee als blutreinigendes Mittel bei skrophulösen Hautaffektionen (Ekzema, Hordeolum etc.) sehr beliebt. Er hat eine gelind diuretische Wirkung und wird innerlich mehrmals täglich in Abkochung (10,0 : 150,0) und als Species verordnet.

622) ℞ Herb. Violae tricol.
Fol. Jugland. ää 20,0
Fol. Sennae 5,0
Rad. Liquirit. 10,0.
Conc. M. f. species. D. S. Zum Thee, aus 1 Esslöffel 4 Tassen.
(Bei skrophul. Hautausschlag d. Kinder.)

623) ℞ Herb. Violae tricol.
Stipit. Dulcam. ää 10,0
Spec. pectoral. 20,0.
Conc. M. f. species zum Thee.

Homatropinum hydrobromicum. Homatropinhydrobromid. Bromwasserstoffsaures Homatropin. Bromhydrate d'homatropine. Bromidrato d'omatropina. $C_{16}H_{21}NO_3HBr$.

Wird erhalten, indem man mandelsaures Atropin mehrere Tage auf dem Wasserbade mit verdünnter Salzsäure erwärmt. Das aus seiner Lösung durch Kaliumkarbonat gefällte Homatropin wird in wässeriger Bromwasserstoffsäure gelöst, aus der es als ein weisses, geruchloses, in Wasser leicht lösliches Pulver auskrystallisirt.

Wirkt wie Atropin, doch in milderer Weise. Die bei Applikation auf die Conjunctiva nach $^1/_4$—$^1/_2$ Stunde eintretende Pupillenerweiterung erreicht nach etwa 1 Stunde ihr Maximum und schwindet nach ungefähr 6 Stunden. Die Lähmung der Akkomodation geht noch früher vorüber.

Wird fast ausschliesslich in der augenärztlichen Praxis an Stelle des Atropins zur Erweiterung der Pupille angewandt. In Verbindung mit Ephedrin (siehe: Mydrin unter neue Arzneimittel).

Äusserlich in $^1/_2$—1 % wässeriger Lösung. Innerlich oder subkutan

Grösste Einzelgabe 0,001! — Grösste Tagesgabe 0,003!

624) ℞ Homatropin. hydrobrom. 0,025—0,05
Aq. destill. 5,0.
D. S. Äusserlich. Zum Einträufeln ins Auge.
(Zur Erweiterung der Pupille.)

625) ℞ Ephedrini hydroch. 1,0
Homatropin. hydrobrom. 0,01
Aq. destill. 10,0.
M. D. S. Äusserlich. Zur Erweiterung der Pupille 2—3 Tropfen in den Konjunktivalsack einzuträufeln.
(Groenow-Geppert.)

Hydrargyrum. Mercurius vivus. Quecksilber. Mercure. Quicksilver. Mercurio. Hg.

Das Quecksilber findet sich selten gediegen, sondern gewöhnlich in Form von Zinnober (Schwefelquecksilber HgS). Seine

Hauptfundstellen sind: Almaden in Spanien, Idria in Illyrien, Mexiko, Kalifornien, China, Japan.

Es wird gewonnen, indem Zinnober bei Luftzutritt in Flammöfen geröstet wird. Hierbei verbrennt der Schwefel zu Schwefelsäureanhydrid und das sich verflüchtigende Quecksilber wird in Kammern aufgefangen und verdichtet. Das käufliche Quecksilber ist nicht frei von Beimischungen (Zinn, Blei, Kupfer). Es wird durch Schütteln mit Salpetersäure gereinigt.

Bei gewöhnlicher Temperatur ist es ein flüssiges, stark glänzendes, silberweises Metall, dessen spec. Gewicht $13{,}5^0$ beträgt. Bei $-39{,}4^0$ erstarrt es zu einer schneidbaren, zinnweissen Masse. Bei 360^0 siedet es und verwandelt sich in einen farblosen Dampf. Es verdampft aber auch schon bei gewöhnlicher Temperatur in nicht unerheblichem Grade. In Tröpfchen auf Papier hin- und herlaufend, bewahrt es die Kugelform und hinterlässt keine färbende Spur. In Salpetersäure löst es sich ohne Rückstand auf. Durch Schütteln mit verschiedenen Flüssigkeiten (Wasser, Terpenthinöl) oder Reiben mit Kreide, Zucker, Gummi, Fett lässt Quecksilber sich in eine aus sehr kleinen Quecksilberkügelchen bestehende Masse (getödtetes oder extinguirtes Quecksilber) verwandeln.

Bringt man metallisches Quecksilber in grosser Menge in den Magen, so passirt dasselbe gewöhnlich unverändert den Magen und Darmkanal. Zur Resorption und allgemeinen Wirkung gelangen Quecksilber und seine Präparate nur dadurch, dass sie sich mit den Albuminaten des Organismus, zu im Überschuss von gelöstem Eiweiss und Kochsalz leicht löslichen Quecksilberalbuminaten verbinden. Die Resorption kann von den Schleimhäuten aus, von der Haut, vom subkutanen Gewebe und von den Lungen stattfinden. Die Elimination erfolgt mit den meisten Se- und Exkreten (Urin, Faeces, Speichel, Milch etc.). Die durch lösliche wie unlösliche Quecksilberpräparate hervorgerufenen allgemeinen Erscheinungen zeigen denselben Charakter. Die löslichen wirken ausserdem noch ätzend, am stärksten das Sublimat.

Die bei fortgesetztem Gebrauch von Quecksilber beobachteten Erscheinungen sind folgende: Speichelfluss, Röthung und Empfindlichkeit des Zahnfleisches, Foetor ex ore, Stomatitis bis zur Bildung von Geschwüren, Ausfallen der Zähne. Dabei kommt es zuweilen zu Periostitis und Nekrose der Kieferknochen, die Patienten fiebern, magern ab, leiden an Schwindel, Schlaflosigkeit, Tremor und Gliederschmerzen. Auch Lähmungen und alle möglichen Hautausschläge stellen sich ein, und bei schwangeren Frauen zeigt sich Neigung zum Abort. — Gegen diesen als chronischen Mercurialismus bezeichneten Zustand verordnet man gute Ernährung, Aufenthalt in frischer Luft, Schwefelbäder und innerlich Jodkalium, das die Ausscheidung des Quecksilbers aus dem Körper befördert. — Nach grossen Gaben löslicher Verbindungen, also bei der akuten Quecksilberintoxkation beobachtet man schwere Gastroënteritis mit dysenterischen Erscheinungen. Hier ist vor Allem der Magen zu entleeren und Milch als Getränk zu reichen. Als Antidot wird Schwefeleisen empfohlen; daneben Excitantien.

Innerlich wird metallisches Quecksilber noch zuweilen (früher geschah dies häufig) in grossen Dosen zu 1—2 Esslöffel, 100,0 bis 200,0 und darüber in verzweifelten Fällen von Ileus gegeben. Man nahm an, dass das Mittel mechanisch vermöge seiner Schwere wirke und das den Darm verschliessende Hinderniss überwinde. Doch wurde in einem Falle, der zur Autopsie gelangte, fast die ganze Menge des gereichten Hg. im Magen wiedergefunden. Daher liegt die Annahme nahe, dass in den verschiedenen mit günstigem Ausgange beobachteten Fällen die Wirkung vom Magen aus zu Stande kam, indem auf reflektorischem Wege die Darmperistaltik von hier aus angeregt wurde.

Äusserlich wird es vielfach verwendet, aber nur in Form seiner Präparate:

Unguentum Hydrargyri cinereum. Unguentum neapolitanum. Unguentum mercuriale. Graue Quecksilbersalbe.

Eine bläulich graue Salbe. (13 Th. Schweineschmalz, 7 Th. Hammeltalg, 10 Th. Quecksilber.) Ausserlich zu Einreibungen bei Drüsenanschwellungen, Diphtherie, Peritonitis, Hautparasiten. — Zur Inunktions- oder Schmierkur bei Syphilis werden täglich 2,0 bis 5,0 an verschiedenen Körperstellen, mit Ausnahme des Gesichts und der Kopfhaut, verrieben. Sobald nach Verlauf von 5 oder 6 Tagen die ganze Haut eingerieben worden, ist ein Reinigungsbad zu nehmen. Diese Procedur ist 4—5mal zu wiederholen, bis im ganzen etwa 100,0 verrieben worden sind. Während der Kur ist der Mund, behufs Vermeidung von Salivation, häufig mit Kali chloricum-Lösung auszuspülen.

Emplastrum Hydrargyri. Quecksilberpflaster (Quecksilber 2, Terpentin 1, Bleipflaster 6, gelb. Wachs 1). Wird bei Drüsenanschwellungen und Abscessen als zertheilendes Pflaster, auch bei Hautausschlägen und Geschwüren syphilitischen Charakters angewandt.

†**Oleum cinereum.** Graues Öl. Von Lang empfohlenes Quecksilberpräparat. Zur Herstellung desselben wird aus Quecksilber und Lanolin āā (bis zur vollständigen Extinktion des Metalles) eine Salbe bereitet. Derselben werden alsdann 6,0 entnommen und mit 4,0 Ol. Olivarum verrieben. Vor ihrer Anwendung wird die (salbenartige) Masse über der Spiritusflamme erwärmt. Zur Behandlung der Syphilis genügen anfänglich 0,2—0,4, später 0,1 Kubikcentimeter, am Rücken oder an den Nates subkutan zu injiciren.

626) ℞ Ung. Hydrarg. cin. 2,0—4,0.
D. t. dos. No. X.
S. Tägl. 1 Portion zu verbrauchen.
(Syphilis.)

627) ℞ Ungt. Hydrarg. cin.
Adip. suil. āā 0,5
M. f. ungt. D. in chart. cer. t. dos. XX.
S. Täglich 1 Päckchen einzureiben.
(Syphilis der Kinder.)

628) ℞ Ungt. Hydrarg. cin. 10,0
Extr. Belladon. 0,5.
M. D. S. Augensalbe.

629) ℞ Emplast. Hydrargyr. extens. super linteum 10 qcm.
D. S. Zum Verband luetischer Geschwüre.

Hydrargyrum bichloratum. Hydrargyrum sublimatum corrosivum. Quecksilberchlorid. Ätzsublimat. Sublimat. Chlorure mercurique. Sublimé corrosif. Bichlorure de mercure. Perchloride of Mercury. Cloruro mercurico. $HgCl_2$.

Wird durch Sublimation eines Gemenges von Quecksilbersulfat und Kochsalz dargestellt.

Bildet weisse, durchscheinende, strahlig krystallinische Stücke, welche beim Zerreiben ein weisses, schweres Pulver geben, beim Erhitzen schmelzen und sich verflüchtigen. Sublimat ist löslich in 16 Theilen kaltem, 3 Theilen siedendem Wasser, 3 Th. Weingeist, 4 Th. Äther und 13,5 Th. Glycerin. Die wässerige Lösung reagirt sauer, wird aber auf Zusatz von Natriumchlorid neutral. Mit Eiweiss giebt Sublimat eine unlösliche Verbindung, die jedoch in Kochsalz löslich ist. (Daher ist rohes Eiweiss als Gegenmittel gegen Sublimat zweckmässig).

Es giebt kaum ein Mittel mit so ausgesprochener fäulnisswidriger Wirkung wie Sublimat. Dasselbe vermag in sehr starker Verdünnung (1 : 20,000) die Entwickelung niederer Organismen zu hemmen und in einer Lösung von 1 : 1000—5000 die nachhaltigsten antiseptischen Eigenschaften zu entfalten[1]). Seine allgemeine Anwendung als Antisepticum in der chirurgischen und gynäkologischen Praxis erleidet jedoch in Folge seiner intensiven Giftwirkung und des Angreifens der metallenen Instrumente eine gewisse Beschränkung. In mässiger Concentration auf die Haut oder Schleimhäute gebracht, wirkt es reizend und entzündungserregend, in starker Concentration oder Substanz sogar ätzend.

Innerlich werden kleine, medicinale Dosen gewöhnlich gut vertragen und rufen zuweilen Hebung des Körpergewichts hervor; Speichelfluss und die bekannten Erscheinungen der resorptiven Wirkungen treten später auf als nach anderen Quecksilberpräparaten. Nach grösseren Gaben beobachtet man die Symptome der Magenätzung, mit schwerster, gewöhnlich tödtlich endender Gastroenteritis. Als Antidot soll bei einer akuten Vergiftung Eiweiss,

[1]) Durch Zusatz von Säure (Weinsäure) wird die antiseptische Wirkung der Sublimatlösung noch erhöht.

Milch, Ferrum pulveratum oder reductum gegeben und vor Allem die Magenpumpe in Anwendung gebracht werden.

Innerlich wird Sublimat noch gegeben in Fällen von Syphilis, wo Injektions- oder Schmierkuren nicht vorgenommen werden können. Gegen Syphilis wird es auch äusserlich in Form von Bädern und vor Allem in subkutaner Injektion angewandt. Als Desinfektionsmittel hat es bei der Wundbehandlung die grösste Bedeutung erlangt. Ebenso wird es bei parasitären Affektionen der Haut (Pityriasis versicolor u. A.) benutzt. Es dient auch zu Inhalationen bei Angina und Pharyngitis syphilitica und zu Pinselungen bei Rachengeschwüren. Bei Gonorrhoe hat man Einspritzungen mit verdünnten Lösungen in Urethra und Vagina vorgenommen.

Dosis. Innerlich als Antisyphiliticum wird es am besten in Pillenform zu 0,005—0,02 ein- bis zweimal täglich,

Grösste Einzelgabe 0,02! — Grösste Tagesgabe 0,1!

nach der Mahlzeit gegeben. Äusserlich zur subkutanen Injektion empfehlen sich 1 $^0/_0$ Lösungen: 0,1 : 10,0 dest. Wasser und 1,0 Natr. chlorat.; hiervon täglich 1—2 Einspritzungen. Subconjunktivale Sublimatinjektionen (Darier) werden neuerdings in der augenärztlichen Praxis häufiger gemacht. Das Verfahren besteht darin, dass man mit einer Pravaz'schen Spritze 1—5 Tropfen einer Lösung von Sublimat (1 : 1000) etwa 7 mm vom Hornhautrande entfernt, unter die vorher cocainisirte Conjunctiva spritzt. Bei Iritis und Chorio-Retinitis verspricht diese Behandlung (nach Schmidt-Rimpler) Erfolg. Zu Sublimatbädern, die nur in Holzwannen bereitet werden dürfen, verschreibt man 2,0—10,0 in 50,0—200,0 Aqua dest. gelöst und setzt diese Lösung dem Bade zu.

Zu Desinfektionszwecken genügen wässerige Lösungen von 1 : 1000—5000, denen zweckmässig noch 5 $^0/_0$ Weinsäure zugesetzt werden können. Zur raschen Bereitung von Sublimatlösung dienen die (1,0 und 2,0 enthaltenden) Angerer'schen Pastillen, die aus gleichen Theilen Sublimat und Kochsalz bestehen. (1 Pastille auf 1 l Wasser). Zu Inhalationen 0,1 : 200,0, zu Einspritzungen in die Urethra 0,01 : 200,0 bei Gonorrhoe. Zu Pinselungen des Rachens, Kehlkopfes und der Nase, bei syphilitischen Geschwüren 0,05 : 10,0 Glycerin. In Salbenform 0,5—1,0 : 30,0 Lanolin.

Bei Kindern zu Bädern 0,5—1,0—2,0 auf das Bad (bei Syphilis und Furunkulose). Innerlich zu 0,0001—0,0003 bei Syphilis und Diphtherie.

Die im Handel vorkommenden Sublimat-Verbandstoffe enthalten gewöhnlich 0,25 $^0/_0$ Sublimat. Quecksilberchlorid dient zur Bereitung von:

Hydrargyrum bijodatum.

Hydrargyrum oxydatum via humida praeparatum.

Hydrargyrum praecipitatum album.

Pastilli Hydrargyri bichlorati à 1,0 und 2,0.

630) ℞ Hydrargyr. bichlor. 0,5
Argill.
Aq. dest. q. s.
ut f. pilul. No. 100.
D. S. Anfangs 2 × tägl., später 3 × tägl. 2 Pillen.
(Nur nach der Mahlzeit zu nehmen.)
(Lues.)

631) ℞ Hydrarg. bichlor. 0,005
Natrii chlorat. 2,0
Aq. destill. ad 100,0.
M. D. S. 3—4 × tägl. 1 Kinderlöffel voll zu geben.
(Syphilis der Kinder.)

632) ℞ Hydrarg. bichlor. 0,1
Natrii chlorat. 1,0
Aq. destill. 10,0.
M. D. S. Zur subkut. Injektion. 1/2—1 Spritze tägl. zu injiciren.

633) ℞ Hydrarg. bichlor. 10,0
Natrii chlorat. 20,0
Acid. tartar. 50,0
Aq. destill. ad 200,0.
M. D. S. Sub. signo veneni.
S. Koncentrirte Sublimatlösung zur Herstellung von Sublimatlösungen (20 ccm enthalten 1,0 Sublimat.)

634) ℞ Hydrarg. bichlor. 0,05—0,1
Aq. destill. 100,0
(Tinct. Opii 1,0).
(Zur Einspritzung bei Gonorrhoe.)

635) ℞ Hydrarg. bichlor. 0,5
Spirit. camphorat. 20,0
Aq. destill. ad 200,0.
M. D. S. Zum Waschen.
(1—2 × tägl.)
(Pruritus vulvae.)

636) ℞ Hydrargyr. bichlor. 0,1
Natrii chlorat. 1,0
Aq. destill. ad 200,0.
M. D. S. Äusserlich.
(Hautleiden. Sommersprossen.)

637) ℞ Hydrargyr. bichlor. 0,04
Tinct. Opii croc. 1,0
Aq. Rosae ad 200,0.
M. D. S. Augenwasser.
(Bei syphilit. Augenentzündung.)

638) ℞ Hydrarg. bichlor. 0,1
Glycerin. 10,0.
M. D. S. Zum Pinseln syphilitischer Rachengeschwüre.

639) ℞ Hydrargyr. bichlor. 1,0
Collodii elast. ad 10,0.
M. D. S. Äusserlich zum Ätzen.

640) ℞ Hydrarg. bichlor. 0,1
Aq. destill. ad 200,0.
D. S. Zum Inhaliren.
(Diphtherie, Angina und Pharyngitis syphilitica.)

Hydrargyrum bijodatum. Hydrargyrum bijodatum rubrum. Quecksilberjodid. Rothes Jodquecksilber. Iodure mercurique. Red Jodide of Mercury. Joduro mercurico. HgJ_2.

Eine Lösung von 4 Th. Quecksilberchlorid in 8 Th. Wasser wird mit einer Lösung von 5 Th. Kal. jodat. in 15 Th. Wasser gemischt und der hierbei entstandene Niederschlag bei 100° getrocknet.

Quecksilberjodid bildet ein scharlachrothes, in Wasser unlösliches Pulver. Es ist in 130 kaltem und 20 Theilen siedendem Weingeiste löslich. Die weingeistige Lösung ist farblos. Durch Einwirkung des Lichtes verändert es seine Farbe. Es ist daher vor Licht geschützt aufzubewahren. Beim Erhitzen in der Glasröhre wird es gelb.

Es steht dem Sublimat in jeder Beziehung nahe und besitzt wie dieses örtlich irritirende und kaustische Eigenschaften; auch wirkt es wie dieses stark antiseptisch. Im Magen wird es unter dem Einflusse der Chloride in ein lösliches Doppelsalz übergeführt.

Wie Sublimat wird es innerlich bei Syphilis verordnet, wobei man von der Annahme ausgeht, dass das Präparat die heilsamen Wirkungen von Quecksilber und Jod in sich vereinigt. Besonders bei gummösen Geschwüren und anderen hartnäckigen syphilitischen Hautaffektionen, desgleichen bei Skrophulose und Diphtherie leistet es gute Dienste. Auch als Antisepticum ist es verwendbar.

Dosis. Innerlich zu 0,005—0,02 mehrmals täglich in Pillen oder wässeriger Lösung (mit Hülfe von Jodkalium).

Grösste Einzelgabe 0,02! — Grösste Tagesgabe 0,1!

Kindern zu 0,001—0,002 pro dosi bei Diphtherie.

Äusserlich in Salbenform 0,1—0,5 : 10,0 Lanolin. Zu Pinselungen von syphilitischen Rachengeschwüren 0,05—0,1 : 10 Aqua und 1 Kal. jod. Als antiseptische Flüssigkeit: 1 Th. : 2 Th. Kal. jod. : 40 Glycerin und 300 Wasser.

641) ℞ Hydrarg. bijodat. 0,1
Kalii jodat.
Aq. destill. āā 5,0
Sirup. simpl. 240,0.
M. D. S. 2 × tägl. 1/2 Theelöffel bei Neugeborenen, 1 Theelöffel für 2—4jähriges Kind, 2 × tägl. 1 Theelöffel für 4—6jähr. Kind.
(Gilbert's Sirup.)
(Heredit. Syphilis.)

642) ℞ Hydrarg. bijodat. 0,5
Pulv. rad. Althae.
Sacch. alb. 5,0.
Mucil. Gummi arab. q. s.
ut f. pilul. No. 100.
D. S. 3 × tägl. 1 Pille.

643) ℞ Hydrarg. bijodat. 0,01
Kalii jodat. 0,3
Aq. destill. 80,0
Sirup. Rubi Idaei 20,0.
M. D. S. Stündl. 1 Theelöffel.
(Diphtherie.)

Hydrargyrum chloratum. Hydrargyrum chloratum mite. Quecksilberchlorür. Calomel. Chlorure mercureux. Mercure doux. Subchloride of Mercury. Cloruro mercuroso. Hg_2Cl_2.

Wird dargestellt durch Sublimation eines innigen Gemenges von Sublimat und Quecksilber:

$$\underset{\text{Sublimat}}{HgCl_2} + \underset{\text{Quecksilber}}{Hg} = \underset{\text{Calomel.}}{Hg_2Cl_2}$$

Es ist ein gelblichweisses, schweres, in Wasser und Weingeist unlösliches Pulver, das sich beim Erhitzen im Glasrohre, ohne zu schmelzen, verflüchtigt. Unter dem Einfluss des Lichtes zersetzt es sich leicht in Sublimat und Quecksilber, es muss daher vor Licht geschützt aufbewahrt werden.

Calomel geht als eine lösliche Verbindung (Quecksilberchlorid-Chlornatrium) in die Bahnen des Körpers über und erzeugt die

Symptome allgemeiner Quecksilberwirkung. Vor allen anderen Mercurialien ruft es schon in geringen Dosen von 0,05 häufige Stuhlentleerungen hervor, die eine eigenthümliche, dunkelgrüne Verfärbung zeigen. In diesen sogen. Calomelstühlen kann man Schwefelquecksilber, unveränderte Galle und Calomel nachweisen. Speichelfluss wird sehr bald nach Aufnahme von Calomel beobachtet, ebenso eine Vermehrung der Harnausscheidung, die beim gesunden Individuum weniger ausgesprochen ist als beim herzkranken. Diese diuretische Wirkung kommt in Folge direkter Reizung der Nierenepithelien zu Stande.

Örtlich auf Schleimhäuten und Geschwüren wirkt Calomel irritirend, selbst leicht ätzend.

Als Antisyphiliticum findet Calomel gegenwärtig vorzugsweise Verwendung bei Kindern, die es besser und in verhältnissmässig grösseren Dosen vertragen als Erwachsene. Besonders beliebt ist es von jeher als Antiphlogisticum bei den verschiedensten entzündlichen Affektionen (Hepatitis, Meningitis, Pleuritis, Pneumonie). Als Laxans zur Erzielung reichlicher Entleerung pflegt man eine einmalige grössere Dosis zu geben, wo es sich jedoch um faulige Zersetzungsprodukte im Darm handelt, bei Brechdurchfall, Sommerdiarrhoe, Dysenterie verordnet man wiederholte kleinere Gaben. Früher galt Calomel als Abortivmittel bei Ileotyphus; auch jetzt giebt man dasselbe noch hier und da, aber nur in der ersten Woche des Typhus. Wegen seiner diuretischen Wirkung wird das Mittel vielfach bei hydropischen Zuständen, namentlich bei wassersüchtigen Herzkranken, angewendet. Es leistet auch zuweilen gute Dienste bei Lebercirrhose, exsudativen Prozessen (Pleuritis etc.). Ausserlich dient es als Streupulver bei syphilitischen Ulcerationen, bei granulöser Augenentzündung, alten Hornhauttrübungen, bei breiten Condylomen etc. Es wurde auch in subkutaner Injektion zur methodischen Syphiliskur empfohlen, doch scheint diese Behandlungsmethode nicht gefahrlos zu sein.

Dosis. Innerlich als Antisyphiliticum zu 0,02—0,05 mehrmals täglich in Pulvern und Pillen; als Laxans 0,2 bis 0,5 bis 1,0 bei Erwachsenen, Kindern 0,01—0,1 (etwa 1 Centigramm pro Lebensjahr des Kindes). Bei Typhus 0,5 2 bis 4mal täglich, (nur im Beginn der Krankheit). Als Diureticum bei cardialem Hydrops 0,2 in Pulver 3mal täglich während 3 bis 4 Tagen. Zur subkut. Injektion Calomel 1,0 : 10,0 Glycerin oder Ol. Olivarum.

Cave: Säuren, kaustische und kohlensaure Alkalien, Schwefelverbindungen, salzige und saure Speisen. Besonders zu vermeiden ist die Applikation von Calomel aufs Auge bei gleichzeitiger innerer Darreichung von Jodkalium wegen Bildung von ätzendem Quecksilberjodid.

644) ℞ Calomelan. 0,0075—0,015
Sacch. lact. 0,3.
M. f. pulv. D. t. dos. X.
S. 2—3stündl. 1 Pulv.
(Durchfall u. Brechdurchfall d. Kinder.)

645) ℞ Calomel. 0,2
Sacch. lact. 0,5.
M. f. pulv. D. t. dos. X.
S. 4 × tägl. 1 Pulv. (3—4 Tage lang.)
(Bei Herzaffektion als Diureticum.)

646) ℞ Calomelan. 0,06
Tub. Jalapae 0,3
Sacch. alb. 0,5.
M. f. pulv. D. tal. dos. VI.
S. 2stündl. 1 Pulv.
(Laxans.)

647) ℞ Calomel.
Stibii sulf. aurant. āā 0,01
Sacch. alb. 0,3.
M. f. pulv. D. tal. dos. VI.
S. 2stündl. 1 Pulver.

648) ℞ Calomelan. 0,002—0,01
Sacch. lact. 0,3.
M. f. pulv. D. tal. dos. X.
S. 2—3 × tägl. 1 Pulver.
(Syphilis der Kinder.)

649) ℞ Calomel. 0,015
Pulv. Magn. cum Rheo
oder
Natrii bicarb. 0,15
Sacch. alb. 0,3.
M. f. pulv. D. t. dos. VI.
S. 2stündl. 1 Pulver.

650) ℞ Calomel. (vap. parat.)
Natrii chlorat. āā 1,0
Aq. dest. 10,0.
D. S. Zur subkut. Injektion.
(Alle 6 Tage 1 Spritze in die Glutaealgegend zu injiciren.)

651) ℞ Calomel. vap. par. 1,0
Olei Olivar. 9,0.
D. S. Zur subkut. Injektion.

Hydrargyrum chloratum vapore paratum. Durch Dampf bereitetes Quecksilberchlorür. Dampfcalomel. Calomel à la vapeur. Calomelano a vapore.

Durch schnelles Erkalten des Calomeldampfes gewonnen. Es ist ein feines, weisses, beim Reiben gelblich werdendes Pulver, das in Wasser unlöslich ist und sich im übrigen wie Hydrargyrum chloratum verhält. Es wirkt jedoch ungefähr doppelt so stark wie Calomel und wird vorzugsweise äusserlich zur subkutanen Injektion (1 : 10) alle 5—6 Tage 1 Spritze bei Syphilis und als Streupulver bei Ekzem der Conjunctiva und Cornea angewendet. Pharmacopöa Helvet. schreibt als höchste Einzelgabe 0,1 und als höchste Tagesgabe 0,5 vor.

Hydrargyrum cyanatum. Hydrargyrum hydrcoyanicum. Quecksilbercyanid. Cyanure de mercure. Cyanide of Mercury. $Hg(CN)_2$.

Zur Darstellung schüttelt man wässerige Blausäure mit rothem Quecksilberoxyd, bis der Geruch nach Blausäure vollkommen verschwindet. Darauf wird die filtrirte Lösung zur Krystallisation gebracht.

Es stellt farblose, durchscheinende, säulenförmige Krystalle dar, die sich in 12,8 Th. kaltem, 3 Th. siedendem Wasser und 14,5 Th. Weingeist lösen, in Äther jedoch unlöslich sind.

Die Wirkung ist ähnlich der des Sublimats. In grösseren Gaben würde noch der Effekt, der sich unter dem Einfluss der Salzsäure des Magens bildenden Blausäure hinzukommen. Die

Menge derselben ist jedoch in den medicinal zur Verwendung kommenden Dosen so gering, dass sie nicht schaden kann.

Anwendung fand dieses Präparat früher häufiger bei Syphilis, während gegenwärtig sein Gebrauch mehr bei Diphtherie beliebt ist.

Innerlich zu 0,005—0,01 mehrmals täglich,

Grösste Einzelgabe 0,02! — Grösste Tagesgabe 0,1!

in Lösung. Bei Syphilis gewöhnlich in subkut. Injektion 0,1 : 10,0 Aqua $^1/_2$—1 Spritze. Gegen Diphtherie der Kinder innerlich zu 0,0005—0,003 mehrmals täglich.

Äusserlich zum Gurgeln(0,02 : 200,0 Aq. Menth. pip.)

652) ℞ Hydrarg. cyanat. 0,01
Aquae dest. 10,0
Sirup. spl. 90,0.
M. D. S. 1—2stündl. 1 Theelöffel
(= 0,005 Hydrarg. cyan.)
(Diphtherie kleiner Kinder.)

653) ℞ Hydrarg. cyanat. 0,02
Aq. destill. ad 200,0.
D. S. Zum Gurgeln.
(Diphtherie.)

Hydrargyrum oxydatum. Hydrargyrum praecipitatum rubrum. Quecksilberoxyd. Oxyde de mercure. Red Mercure Oxide. Ossido di mercurio. HgO.

Wird erhalten durch Erhitzen von Quecksilberoxydnitrat und stellt ein gelblichrothes, krystallinisches, feinst geschlemmtes Pulver dar. In Wasser ist es fast unlöslich, in verdünnter Salz- oder Salpetersäure leicht löslich. Im Probirrohre erhitzt, verflüchtigt es sich unter Abscheidung von Quecksilber.

Gehört zu den milden Ätzmitteln. Innerlich genommen, wird es in Sublimat übergeführt und verursacht leicht Gastroenteritis. Früher viel innerlich bei Syphilis gegeben, findet es fast nur noch äusserliche Verwendung als mildes Ätzmittel bei torpiden und syphilitischen Geschwüren, als Streupulver und Augensalbe bei Blepharitis und Cornealgeschwüren.

Dosis. Innerlich (selten) zu 0,01—0,02 zwei- bis dreimal täglich in Pillen oder Pulver.

Grösste Einzelgabe 0,02! — Grösste Tagesgabe 0,1!

Äusserlich in Salben 0,3—1,0 : 10,0 Lanolin.

Präparat: **Unguentum Hydrargyri rubrum.** Rothe Quecksilbersalbe (Hydrarg. oxyd. 1, Ungt. Paraffin. 9).

Wird bei schlecht eiternden, luetischen Geschwüren und auch in der Augenheilkunde angewandt. Doch eignet sich zu Augensalben weit besser Hydrarg. oxydat. via humida paratum.

654) ℞ Hydrarg. oxyd. rubri 1,0
Unguent. rosat. ad 15,0.
M. f. unguent. D. S. Äusserlich.
(Cod. franç.)

Hydrargyrum oxydatum via humida paratum. Hydrargyrum oxydatum flavum. Hydrargyrum praecipitatum flavum. Gelbes Quecksilberoxyd. Oxyde de mercure jaune. Yellow Oxyde of Mercury. Ossido di mercurio giallo.

Hydrarg. bichl. 2 werden in 20 warmem Wasser gelöst und in eine kalte Mischung von 6 Th. Natronlauge und 10 Th. Wasser unter Umrühren langsam eingegossen. Diese Mischung wird 1 Stunde lang stehen gelassen, alsdann wird der Niederschlag gesammelt, ausgewaschen und getrocknet.

Man erhält so ein gelbes, amorphes, sehr feines, schweres, in Wasser fast ganz unlösliches, in verdünnter Salz- oder Salpetersäure leicht lösliches Pulver. Spec. Gewicht 11,0.

Gleicht in der Wirkung dem Hydrargyrum oxydatum, doch wird ihm zur Bereitung von Augensalben, sowie bei Behandlung der Syphilis auf subkutanem Wege, da es ein feineres Pulver ist, der Vorzug gegeben.

Dosis. Innerlich wie Hydrargyr. oxydat.,
ad 0,02 pro dosi! — ad 0,1 pro die!

Äusserlich für Augensalben 0,1—0,2 : 10,0 Lanolin. Bei Syphilis zur intramuskulären Injektion 0,5 : 10,0 Paraff. liquid. alle 5 Tage 1 Spritze in die Glutaealgegend.

655) ℞ Hydrarg. oxyd. flav. 0,1
Lanolini ad 10,0.
M. f. ungt. D. S. Tägl. 1 × ins Auge einzustreichen (mittels eines Glasstäbchens).
(Conjunctivitis phlyctaenulosa.)

656) ℞ Hydrarg. oxyd. flav. 1,0
Paraffin. liquid. 20,0.
M. D. S. Nach dem Umschütteln alle 5 Tage 1 Spritze in die Glutaealgegend zu injiciren.
(Syphilis, zur intramusculären Injektion.)

Hydrargyrum praecipitatum album. Hydrargyrum amidatobichloratum. Weisser Quecksilberpräcipitat. Mercure précipité blanc. White Precipitate. Mercurio praecipitato bianco. NH_2HgCl.

Hydrarg. bichl. 2 werden in warmem Wasser 40 gelöst und nach dem Erkalten Liq. Ammonii caust. 3 zugegossen. Der Niederschlag wird auf einem Filter gesammelt, mit 18 Th. Wasser ausgewaschen und getrocknet. So erhält man ein weisses, amorphes, in Wasser unlösliches, in Salpetersäure lösliches Pulver.

Beim Erhitzen mit Natronlauge scheidet sich unter Ammoniakentwickelung gelbes Quecksilberoxyd ab.

Wirkt ähnlich wie Sublimat und wird innerlich nicht angewendet. Äusserlich bei Hautkrankheiten (früher bei Scabies) und besonders zu Augensalben, bei Iritis etc. gebraucht.

Dosis. Äusserlich zu Augensalben 0,1—0,2 : 10,0 Lanolin. Bei Hautaffektionen in Form des off. Präparates:

Unguentum Hydrargyri album. Weisse Quecksilbersalbe (Hydrarg. praecip. alb. 1, Ungt. Paraff. 9). Bei syphilitischen Geschwüren, Iritis, Ekzem etc.

657) ℞ Hydrarg. praecip. alb.
Bismut. subn. āā 1,5
Ungt. Glycerin. 10,0.
M. f. ungt. D. S. Abends aufzustreichen bei Sommersprossen und Leberflecken.

658) ℞ Hydrarg. praecip. alb. 0,2
Vaselini 10,0.
M. f. ungt. D. S. Äusserlich.
(Nasenekzem.)

659) ℞ Hydrarg. praecip. alb. 1,0
Bals. peruvian. 3,0
Vaselini ad 30,0.
M. f. ungt. D. S. Äusserlich.
(Ekzem.)

†**Hyoscinum hydrobromicum.** Hyoscinhydrobromid. Bromwasserstoffsaures Hyoscin. Bromhydrate d'hyoscine. Bromidratro d'ioscina.

Ist nach der neusten Ausgabe der Pharmacopoea germ. nunmehr als Scopolaminum hydrochloricum zu bezeichnen (s. d.). Hyoscin kommt neben Hyoscyamin und Atropin in verschiedenen Solaneen, besonders im Bilsenkrautsamen vor. Es ist zuerst von Ladenburg im Jahre 1880 aus Hyoscyamus und der bei der Hyoscyaminbereitung zurückbleibenden Mutterlauge dargestellt worden. Durch Neutralisiren von Hyoscin mit Bromwasserstoffsäure wird das Hyoscinum hydrobromicum $C_{17}H_{23}NO_3 . HBr . H_2O$ erhalten.

Dasselbe bildet farblose, rhombische Krystalle, die sich in Wasser und Weingeist leicht zu einer farblosen Flüssigkeit von bitterem, kratzendem Geschmack auflösen. In Äther und Chloroform ist Hyoscinum hydrobrom. nur wenig löslich.

In physiologischer Beziehung nähert sich das Hyoscin in seiner Wirkung dem Atropin. Wie letzteres wirkt es erweiternd auf die Pupille und vermindert die Schweiss- und Speichelsekretion. Es lähmt die Hemmungsnerven im Herzen. Das Rückenmark beeinflusst es nicht besonders, ebensowenig die elektrische Erregbarkeit der motorischen Zone des normalen Hundegehirns. In kleinen Dosen ($^1/_2$—1 mg) innerlich genommen, wirkt es narkotisch. Als Nebenerscheinungen beobachtet man Trockenheit im Halse, Durstgefühl, Leibweh, Mydriasis und zuweilen auch Blässe und Schwindelgefühl.

Verwendung findet es bei aufgeregten, unruhigen Geisteskranken, wo es schnelle Beruhigung und mehrstündigen Schlaf bewirkt. Ebenso leistet es (nach Erb) gute Dienste gegen den Tremor bei Paralyis agitans.

Innerlich zu 0,0002—0,0005 in wässeriger Lösung,

Grösste Einzelgabe 0,0005! — Grösste Tagesgabe 0,002!

Ebenso auch äusserlich in subkut. Injektion.

Dosis max. simpl ad inject. 0,0002 } (Pharm.
Dosis max. pro die! ad inject. 0,001. } Helv.)

Zu Einträufelungen ins Auge 0,005—0,05 : 5,0.

660) ℞ Hyoscin. hydrobrom. 0,01
Aq. destill. 10,0.
M. D. S. Hiervon 12—15—25 Tropfen in Wasser, Wein oder Milch. Auch zur subkut. Injekt. ($^1/_2$-1 Spritze = $^1/_2$-1 mg Hyoscin).

661) ℞ Hyoscin. hydrobrom. 0,01
Aq. destill. 70,0
Sirup. Cort. Aurant. 30,0.
M. D. S. 1—2 × tägl. 1 Theelöffel (1 Theelöffel = $^1/_2$—1 mg Hyoscin.)

(Manie, Delir. tremens, Tremor bei Paralysis agitans.)

Infusum Sennae compositum. Infusum Sennae viennense. Aqua laxativa viennensis. Wiener Trank. Infusion de Vienne.

Fol. Sennae conc. 1. werden mit heissem Wasser 7 übergossen und 5 Minuten im Dampfbade erwärmt. Dem Aufgusse werden nach dem Erkalten und Coliren hinzugesetzt: Tartarus natronatus 1 und Manna 3. Die erhaltene Flüssigkeit soll nach dem Absetzen und Durchseihen 10 Theile betragen.

Stellt eine klare, braune Flüssigkeit dar, die abführend wirkt. Bei ihrer Verordnung thut man gut, Säuren und saure Salze zu vermeiden, da durch dieselben eine Ausscheidung von Weinstein bedingt wird.

Dosis. Innerlich 1—2 Esslöffel auf einmal zu nehmen als starkes Laxans; Kindern 2—3 stündlich 1 Thee- bis Kinderlöffel.

662) ℞ Inf. Sennae comp.
Sirup. smpl. āā 30,0
Aq. Amygd. am. 2,0.
M. D. S. 2stündl. 1 Kinderlöffel voll zu geben (bis zur Wirkung).
(Bei Obstipatio eines Kindes von 2 Jahren.)

Jodoformium. Jodoform. Formyltrijodid. Trijodmethan. CHI_3. Das Jodoform ist im Jahre 1822 von Sérullas entdeckt und seine chemische Zusammensetzung 1834 von Dumas erkannt worden. Bald darauf fand es in Frankreich und andern Ländern medicinische Verwendung. In Deutschland wurde ihm erst Beachtung zu Theil nach den Veröffentlichungen von Binz (1877) und Moleschott (1878) und hauptsächlich, nachdem Mosetig von Moorhof (1880) auf die ausgezeichnete Wirkung des Jodoforms bei der Wundbehandlung aufmerksam gemacht hatte.

Jodoform wird dargestellt, indem man Jod in Verbindung mit Alkalien auf Alkohol (unter Erwärmen) einwirken lässt. — Es wird auch durch elektrolytische Zerlegung einer Weingeist enthaltenden wässerigen Jodkaliumlösung erhalten.

Es stellt kleine, glänzende, fettig anzufühlende, hexagonale Blättchen oder Tafeln oder ein krystallinisches Pulver von citronengelber Farbe und durchdringendem, etwas safranartigem Geruche dar. Es ist in Wasser fast unlöslich, löslich in 50 Theilen kaltem und 10 Theilen siedendem Weingeiste und in 5,2 Theilen Äther; ebenfalls löslich in Chloroform, Schwefelkohlenstoff, fetten und ätherischen Ölen. Jodoform verflüchtigt sich bei gewöhnlicher Temperatur und schmilzt bei 120°.

Auf Wundflächen gebracht, verhindert Jodoforms die Eiterung und beschleunigt die Heilung. Diese Wirkung beruht zum grössten Teile auf seinem hohen Jodgehalt (96,7 %) und kommt wahrscheinlich dadurch zu Stande, dass das Jodoform auf der Wundfläche das zu seiner Lösung erforderliche Fett findet und Jod abspaltet. Das frei gewordene Jod entwickelt nun seinen bakterienfeindlichen Einfluss und beschränkt die Auswanderung der Leukocyten. — Örtlich wirkt es nicht irritirend, sondern gelinde anästhesirend durch günstige Beeinflussung der blossliegenden Nervenendigungen. Bei äusserer Applikation wird zuweilen das Auftreten eines Ekzems, einer Jodoformdermatitis, beobachtet.

Innerlich genommen rufen kleine Dosen (etwa bis 0,5) keine nennenswerthen Symptome hervor, grössere können die bedenklichsten Intoxikationserscheinungen verursachen. Letztere werden jedoch häufiger nach äusserlicher Applikation und Resorption von Wundflächen aus beobachtet. Bei einer solchen Jodoformvergiftung treten vor allem Symptome seitens des Centralnervensystems auf, wie Kopfweh, Verstimmung, Schlaflosigkeit, Amblyopie und in schwereren Fällen kommt es zu Sinnestäuschungen, Delirien und heftigsten Aufregungszuständen. Dabei kleiner frequenter, unregelmässiger Puls, Sinken der Temperatur und Abmagerung. Bei der Sektion findet man fettige Entartung des Herzens, der Nieren und der Leber.

Die Behandlung der Jodoformvergiftung erfordert sofortiges Aufhören erneuter Zuführung und Entfernung des Jodoforms von der Wundfläche. Ausserdem Kochsalzinfusion und Verabreichung von Alkalien (zur Bindung des Jods). — Die Ausscheidung erfolgt durch den Urin theils als jodsaures Salz, theils als Jodkali.

Die Hauptverwendung findet Jodoform in der chirurgischen Praxis zur Wundbehandlung und zwar in den verschiedensten Formen. Ebenso ist es ein beliebtes Mittel bei tuberkulösen Knochen- und Gelenkerkrankungen, sowie skrophulösen Affektionen, da ihm neben seiner antiseptischen Wirkung auch eine antituberkulöse zuerkannt wird. Bei schlecht granulirenden Geschwüren aller Art, Brandwunden und weichen Schankern leistet Auftragung von Jodoformpulver gute Dienste, ebenso bewähren sich Injektionen bei Struma und kalten Abscessen. Auch bei verschiedenen Affektionen der Nase (Ozaena), des Kehlkopfes und der Ohren werden Einblasungen von Jodoform mit Erfolg vorgenommen. Bei Gonorrhoe (in Stäbchen), ebenso bei Fisteln und Cervicalkatarrh wird Jodoform gleichfalls verordnet.

Innerlich ist es (allerdings nicht häufig) bei Syphilis (statt Jodkalium), bei Skrophulose, Diabetes, Tuberkulose und Haemoptoë gereicht worden.

Dosis. Innerlich 0,02—0,1—0,2 mehrmals täglich in Pulver, Pillen, Granules, Perlen, ätherischer Lösung,

Grösste Einzelgabe 0,2! — Grösste Tagesgabe 1,0!

Äusserlich (als Streupulver) nicht über 10,0 auf Wunden zu streuen. In Salbenform (1,0 : 5,0—10,0 Lanolin oder Vaselin) zu Suppositorien 0,5—1,0 mit gleichen Theilen Ol. Cacao. Zur Injektion bei Struma (Jodof. 1,0, Äther 5,0, Ol. Olivar. 9,0), auch 1,0—2,0 : 10,0 Glycerin oder Öl wöchentlich 1 Spritze voll in die Nähe der tuberkulösen Knochenaffektion subkutan zu injiciren, ebenso zur Injektion in Abscesshöhlen. — Ferner als Jodoformkollodium (1,0 :15,0—30,0) zum Bedecken kleiner Wunden.

Zur Bereitung der viel gebrauchten Jodoformgaze (10—20 %). Der unangenehme Geruch des Jodoforms wird zum Theil beseitigt durch die Toncabohne (1 Toncabohne desodorirt etwa 100,0 Jodoform) oder Cumarin (0,05 : 10,0), Menthol, Balsam. peruvian., Terpentinöl, gerösteten Kaffee. Durch Theerzusatz hat man ein geruchloses Präparat das Jodoformium bituminatum hergestellt.

663) ℞ Jodoformii 1,0.
Extr. Gentian.
Pulv. Rad. Gentian. q. s.
ut f. pilul. No. 20.
D. In vitro bene clauso.
S. 2 × tägl. 1 Pille (allmählich bis auf 4 Pillen und darüber zu steigern).
(Lues, Skrophulose, Hämoptoë, Diabetes.)

664) ℞ Jodoformii 1,0
Glycerin. 5,0
Aq. destill. 100,0.
D. S. Zur Ausspritzung der Blase.
(Chron. Blasenkatarrh.)

665) ℞ Olei Ligni Sassafras gtt. II
Jodoformii ad 10,0.
D. S. Äusserlich.
(Jodoformium desodoratum.)

666) ℞ Jodoformii 1,0
Vaselini ad 10,0.
M. f. ungt. D. S. Äusserlich.
(Bei Verbrennung.)

667) ℞ Jodoformii 1,0
Olei Menth. pip. 0,5
Collod. elast. ad 15,0.
M. D. S. Äusserlich.
(Drüsengeschwülste etc.)

668) ℞ Jodoformii
Ol. Cacao āā 1,0.
M. f. bacilli crassitud. 5 mm.
D. t. Bacilli No. X.
S. Zum Einführen in die Harnröhre.

669) ℞ Jodoform. 10,0
Glycerini 100,0.
D. S. Zum Tränken von Scheidentampons.

670) ℞ Jodoformii 0,02
(Extr. Belladon. 0,01)
Butyr. Cacao 2,0.
Glycerin. q. s. ut f. supposit.
D. tal. dos. No. 5.
S. Stuhlzäpfchen bei Hämorrhoiden.

671) ℞ Jodoformii 1,0
Aetheris 5,0
Ol. Olivar. 9,0.
M. D. ad vitrum nigrum.
S. Zu Injektion bei Struma.

Jodum. Jodinum. Jod. Jode (frz.). Jodine (engl.). Jodo (ital.).

Das 1812 von Courtois entdeckte und 1820 zum ersten Male von Coindet in Genf gegen Kropf medicinisch verwendete Jod findet sich, an Alkali- und Erdmetalle gebunden, im Meerwasser und in vielen im Meere lebenden Thieren und Pflanzen. Es kommt auch in manchen Salzlagern und Mineralquellen (Aachen, Weilbach, Tölz, Elster etc.) vor und wird aus der Asche verschiedener Meeresalgen (Kelp oder Varech) durch Auslaugen mit Wasser und Verdampfen gewonnen.

Dasselbe stellt schwarzgraue, graphitartige, metallisch glänzende, rhombische Tafeln oder Blättchen von eigenthümlichem Geruche dar. Dieselben bilden beim Erhitzen violette Dämpfe (daher die Benennung Jod, von ἰώδης, dem Veilchen [ἴον] ähnlich). Jod färbt Stärkelösung blau und ist in etwa 5000 Theilen Wasser, sowie in 10 Theilen Weingeist mit brauner Farbe löslich. Von Äther wird es mit brauner, von Chloroform mit violetter Farbe reichlich gelöst. — Wässerige Lösungen von Kalium jodatum vermögen Jod in grosser Menge (unter dunkelbrauner Färbung) aufzunehmen. Derartige Jodkalilösungen bezeichnet man als Lugol'sche Lösungen. — Eiweiss wird durch Jod gefällt.

Wird Jod in festem, gelöstem oder dampfförmigem Zustande auf die Haut gebracht, so färbt es dieselbe zunächst gelb und bei längerer Einwirkung braun. Dabei reizt es ziemlich intensiv und verursacht das Gefühl von Brennen und Schmerzen. Die Haut wird alsbald pergamentartig, runzelig und die Epidermis stöst sich nach einigen Tagen in Fetzen ab. Eine noch stärkere Reaktion macht sich bemerkbar, wenn Jod mit Schleimhäuten oder Wunden in Berührung kommt. Jod wird leicht resorbirt und ist bald nach seiner Aufnahme im Urin und in den meisten Sekreten nachzuweisen. Im Blute und in den Geweben scheint das resorbirte Jod als Jodalkali (Jodnatrium) zu cirkuliren. — Bei innerlicher Darreichung zeigen sich bei manchen Menschen schon nach ganz kleinen Gaben katarrhalische Symptome, Schnupfen, Husten, Angina, Augenthränen, Erbrechen, Kopfweh und Hautausschlag; bei andern treten diese Erscheinungen erst nach grösseren Dosen oder bei lange fortgesetztem Gebrauche auf. Gewöhnlich rufen aber Jod und seine Präparate, in starker Koncentration oder grosser Menge in den Magen oder andere Körpertheile eingeführt, alsbald die heftigsten Intoxikationserscheinungen hervor (Erbrechen, profuse blutige Durchfälle, Sehstörungen, unregelmässige Herzaktion, Cyanose, Albuminurie und Somnolenz). Gegen diesen akuten Jodismus wendet man u. A. Eiweiss, Milch, Stärkemehl und grosse Dosen von Natrium bicarbonicum an. Vor allem sucht man aber das etwa noch im Magen befindliche Gift durch den Brechakt zu entfernen.

Der nach längerem Gebrauch eintretende chronische Jodismus charakterisirt sich durch allgemeine Körperschwäche, Abmagerung, eigenartiges Exanthem, nervöse Beschwerden, Schlaflosigkeit, Angstzustände, Neigung zu Durchfällen und Blutungen der verschiedensten Art (Haemoptoë, Abort etc.).

Das freie Jod ist für alle niederen Organismen ein starkes

Gift, daher wirkt es auch fäulnisswidrig. Es lösst die Blutkörperchen auf und veranlasst hierdurch Thrombosen und Haematurie. Man schreibt ihm und seinen Verbindungen eine resorbirende Wirkung auf pathologische Produkte der verschiedensten Art zu, und unter seinem Gebrauche hat man Verkleinerung gewisser drüssiger Organe (weibliche Brustdrüse, Schilddrüse etc.) beobachtet. — Eine fast specifische Wirkung entfaltet es in Gestalt von Jodkali bei Syphilis.

Jod wird in Form der Tinktur äusserlich zu Pinselungen benutzt, um Entzündung, Schmerz und Schwellung oberflächlich gelegener Theile zum Schwinden zu bringen und die Resorption tiefer gelegener Flüssigkeitsansammlungen (Exsudate) zu befördern. Ebenso erweist es sich nützlich, wo es sich darum handelt, hypertrophische Drüsen (Struma, Prostata) und Geschwülste zu verkleinern. Es werden auch Einspritzungen von Jod (Tinktur) gemacht, um adhäsive Entzündung bei Abscesshöhlen, bei Hydrocele, Ovarialcysten etc. hervorzurufen. Die äusserliche Anwendung ist auch beliebt bei Erysipelas, Frostbeulen und bei den verschiedensten Hautaffektionen. — Innerlich wird Jod selbst selten gebraucht, höchstens als Zusatz zu Leberthran (bei Skrophulose). Bei hartnäckigem Erbrechen pflegt Tinctura Jodi, bei Asthma, Syphilis und chronischen Metallvergiftungen (Quecksilber, Blei etc.) Jodkalium gereicht zu werden.

Dosis. Innerlich

Grösste Einzelgabe 0,02! — Grösste Tagesgabe 0,1!

in Lösung mit jodkalihaltigem Wasser oder Leberthran, doch besser als Tinctura Jodi oder Kalium jodatum anzuwenden.

Äusserlich zu hautreizenden und ableitenden Einpinselungen als Tinctura Jodi, rein oder mit Tinct. Gallarum āā. — Als Zusatz zu resorbirenden Salben in Verbindung mit Kalium jodat. Zu Einspritzungen bei Hydrocele (Jod 2,0, Kalii jodat. 4,0, Aq. 100,0).

Tinctura Jodi. Dunkelrothbraune Flüssigkeit, die aus 1 Jod und 10 Spirit. besteht. Äusserlich zu Pinselungen, rein oder zur Hälfte verdünnt mit Tinct. Gallarum oder Glycerin. Innerlich zu 2—3 Tropfen mehrmals (in schleimigem Vehikel).

Grösste Einzelgabe 0,2! — Grösste Tagesgabe 1,0!

672) ℞ Jodi 0,2
Olei Jecoris Aselli ad 100,0.
D. S. Morgens u. Abends 1—2 Theelöffel.
(Bei skrophulösen Syphilitikern.)

673) ℞ Jodi 0,05
Kalii jodat. 1,0
Aq. dest. 10,0.
M. D. S. 3 × tägl. 10 Tropfen.
(Syphilis der Kinder.)

674) ℞ Jodi 0,02—0,05
Kalii jodat. 0,5 —1,0
Aq. dest. 250,0.
M. D. S. Zur Inhalation.
(Syphilitische Pharynx- und Larynxaffektion.)

675) ℞ Jodi 0,2
Kalii jodat. 2,0
Aq. dest. 50,0.
M. D. S. Äusserlich zur Injekt.
(Hydrocele etc.)

676) ℞ Tinct. Jodi gtt. VI
Kalii jodat. 6,0
Aq. dest. 120,0.
M. D. S. 3 × tägl. 1 Esslöffel.
(Bei anhaltendem Erbrechen der Schwangeren.)

677) ℞ Tinct. Jodi 0,5
Sir. Cort. Aurant. 50,0.
M. D. S. 3 × tägl. 1 Theelöffel voll in 1 Glas Wasser.

678) ℞ Jodi
Acid. carbol. āā 0,1
Kalii jodat. 0,2
Glycerini 25,0.
M. D. S. Zum Pinseln bei chron. Pharyngitis.

679) ℞ Jodi 0,3
Collodii 30,0.
M. S. Zum Bestreichen der Frostbeulen.

680) ℞ Tinct. Jodi
Tinct. Gallar. āā 10,0.
M. D. S. Zum Einpinseln bei Struma, Frostbeulen, Epididymitis etc.

681) ℞ Tinct. Jodi 5,0
Kalii jodat. 0,5
Aq. dest. ad 200,0.
M. D. S. Gurgelwasser.
(Gegen syphil. Angina u. Pharynxgeschwüre.)
(Ricord.)

Kali causticum fusum. Kalium hydricum. Kaliumhydroxyd. Ätzkali. Kalihydrat. Potasse caustique. Hydrate of Potasse. Potassa caustica. KOH.

Wird hergestellt durch Kochen einer Lösung von Kaliumkarbonat mit gelöschtem Kalk. Hierbei scheidet sich unlösliches Calciumkarbonat ab und Kaliumhydroxyd bleibt in Lösung. Letztere wird eingedampft und in Stäbchenform gebracht.

Es bildet trockene, weisse, schwer zerbrechliche, an der Luft feucht werdende Stücke oder Stäbchen mit krystallinischem Bruche. An der Luft zerfliesst es und absorbirt Kohlensäure (daher in gut verschlossenen Gefässen aufzubewahren). Es löst sich unter Erwärmung in 0,5 Th. Wasser unter Bildung einer sehr ätzenden, Flüssigkeit.

Das Ätzkali ist ein schnelles und energisches Ätzmittel. Es dringt ziemlich in die Tiefe, breitet sich aber auch über die Berührungsstelle hinweg in die Fläche aus und verursacht heftige Schmerzen. Die Gewebsbestandtheile werden aufgelöst und die Fette verseift. — Innerlich eingeführt, verursacht Ätzkali Ätzung der Verdauungsorgane und die Symptome schwerster Gastroenteritis mit tödtlichem Ausgange. Bei einer Vergiftung mit Ätzkali (oder Kalilauge) wird man, wenn man noch rechtzeitig den Magen ausgespült hat, schleunigst saure Getränke, Essig, Citronensäure oder Weinsäure und dann Ölemulsionen und brechen- und schmerzstillende Mittel reichen.

Atzkali wird nur noch angewandt, wenn man, wie nach Biss von tollen Hunden, vergifteten Wunden, möglichst tief ätzen will. Man bediente sich früher auch desselben zum Öffnen von Abscessen (als Wiener Ätzpaste). In Verdünnung (Liquor Kali caustici) wird es bei Hautaffektionen (veralteten Ekzemen und Wucherungen) und zu erweichenden Waschungen und Bädern verordnet.

Äusserlich als Ätzmittel in Form von Stäbchen (die Umgebung ist durch Pflaster vor dem zerfliessenden Ätzmittel zu schützen). Zu Waschungen (10,0 : 500,0); zu Bädern (30,0—60,0 auf 1 Bad).

Liquor Kali caustici (15 % Kalium caustic. fus. enthaltend).

682) ℞ Kal. caust. fus. 10,0
Calcar. ust. 12,0.
M. terendo f. pulv.
D. in olla. S. Zum Bestreuen.
(Lupus, Ulcus rodens) Wiener Ätzpaste.

683) ℞ Kali caustic. fus. 3,0
Aq. destill. 300,0.
D. S. Zu Umschlägen.
Bei nässendem Ekzem, bes. im Gesicht.
(Hebra.)

Kalium aceticum. Kali aceticum. Kaliumacetat. Essigsaures Kali. Acétate de potassium. Acetate of potassium. Acetato di potassio.

Kalium aceticum ($KC_2H_3O_2$) wird durch Sättigen von Kaliumkarbonat mit Essigsäure und Eindampfen der Lösung erhalten.

Es bildet ein weisses, an der Luft zerfliessendes Salz, das in Nadeln oder sich fettig anfühlenden Blättchen krystallisirt und in 0,36 Th. Wasser und in 1,4 Th. Weingeist löslich ist.

Dem Kalium aceticum kommt eine harntreibende Wirkung zu, die wahrscheinlich auf direkter Beeinflussung des Nierenparenchyms beruht. Den Urin macht es neutral oder alkalisch. Es wird vom Magen gut vertragen und stört nur in grösseren Dosen, in denen es abführt, oder bei lange fortgesetztem Gebrauche die Verdauung. Im Organismus wandelt es sich in kohlensaures Kali um.

Als harntreibendes Mittel wird Kalium aceticum bei hydropischen Ergüssen in Folge von Nieren- und Herzkrankheiten, auch bei peritonitischen und pleuritischen Exsudaten (nach Ablauf der entzündlichen Symptome) verordnet. Ebenso kommt es auch bei Gicht, Rheumatismus und Lithiasis in Anwendung.

Dosis. Innerlich als Dureticum zu 1,0—3,0 pro dosi bis 10,0 pro die in Lösung, meist in Verbindung mit andern harntreibenden Mitteln oder in Form von

Liquor Kalii acetici, einer wässerigen Lösung, die auf 3 Th. 1 Th. Kaliumacetat enthält. Dieselbe ist klar und farblos und wird zu 2,0—5,0 mehrmals täglich, gewöhnlich als Zusatz zu diuretischen Mixturen gegeben.

684) ℞ Kalii acet. 5,0
Aq. Petroselin. 125,0
Oxymel. scill.
Sacch. alb. āā 15,0.
M. D. S. 2stündl. 1 Esslöffel.
(Bei Hydropsien.)
(Oesterlein.)

685) ℞ Kalii acet. 20,0
Decoct. Gramin. ad 1000,0
M. D. S. Tassenweise zu trinken.
(Bei Ascites.)

686) ℞ Kalii acet. 30,0
Inf. Bulb. Scill. 5,0 : 150,0
Sirup. spl. 20,0.
M. D. S. 2 stündl. 1 Esslöffel.
(Hydrops.)

687) ℞ Inf. Fol. Digital. 1,0 : 120,0
Oxym. Scill.
Liq. Kalii acet. āā 20,0.
M. D. S. 2stündl. 1 Esslöffel.
(Cardialer Hydrops.)

Kalium bicarbonicum. Kali bicarbonicum. Kaliumbicarbonat. Saures kohlensaures Kalium. Doppeltkohlensaures Kali. Bicarbonate de potassium. Bicarbonate of Potash. Bicarbonato di potassio.

Es bildet farblose, an der Luft unveränderliche, in 4 Theilen Wasser lösliche, in Weingeist unlösliche Krystalle. Die wässerige Lösung bläut rothes Lackumspapier; beim Aufkochen entwickelt sie Kohlensäure.

In verdünnter Lösung in den Magen eingeführt, tritt Zerlegung ein und wird Kohlensäure frei. Die Urinausscheidung wird vermehrt und der Urin alkalisch.

Wird innerlich (bei überschüssiger Magensäure) nur selten angewandt. Gewöhnlich bedient man sich in der Praxis des entsprechenden Natriumsalzes, Natrium bicarbonicum.

Dosis. Innerlich zu 0,5—1,0 mehrmals täglich in Pulver, Lösung oder Brausemischung.

688) ℞ Kalii bicarbon. 0,5
Cort. Aurantii 0,3
M. f. pulv. D. tal. dos. X.
D. S. 3 × tägl. 1 Pulver in Zuckerwasser zu nehmen.
(Magensäure.)

689) ℞ Kalii bicarbon.
Elaeosacch. Citri āā 4,0
Aq. destill. 60,0.
M. D. S Mehrmals tägl. 1 Essl. voll zu nehmen, zugleich mit 3—4 Theelöffel Citronensaft in Zuckerwasser.
(Brausemischung.)

Kalium bromatum. Kaliumbromid. Bromkalium. Bromure de potassium. Bromide of potassium. Bromiro di potassio KBr.

Bald nach der Entdeckung des Broms (1826) kam man auch auf den Gedanken, sein Kaliumsalz bei verschiedenen Krankheiten (Syphilis, Skrophulose, Struma etc.) an Stelle des Jods anzuwenden. Als souveränes Mittel gegen Epilepsie ist es jedoch erst seit Mitte der 60er Jahre in allgemeinen Gebrauch gekommen. Bromkalium findet sich in geringen Mengen im Meerwasser und in einigen Mineralquellen (Kreuznach, Adelheidsquelle, Bex etc.). Seine Darstellung geschieht in folgender Weise:

In verdünnte Kalilauge lässt man Brom in geringer Menge eintreten, bis die Flüssigkeit blassgelblich gefärbt ist, dampft zur Trockene, setzt etwas feines Holzkohlenpulver hinzu und glüht das Gemisch. Der Glührückstand wird alsdann in Wasser gelöst, filtrirt und krystallisirt. Man erhält so weisse, würfelförmige, an der Luft unveränderliche Krystalle, die in 2 Th. Wasser und in etwa 200 Th. Weingeist löslich sind und unangenehm und salzig schmecken. Die wässerige Lösung mit ein wenig Chlorwasser versetzt und mit Äther oder Chloroform geschüttelt, färbt letztere (durch ausgeschiedenes Brom) rothgelb.

Bromkalium wird von den Schleimheiten resorbirt und durch die Nieren, Milch-, Thränen- und Schweissdrüsen eliminirt. Es setzt die Erregbarkeit der nervösen Centralorgane herab und vermindert die Reflexthätigkeit und Sensibilität. In kleinen einmaligen Gaben von 1,0—2,0 macht es keine nennenswerthen Erscheinungen, in grösseren (und besonders in starker Concentration) reizt es die Verdauungsorgane, erzeugt Aufstossen, Appetitlosigkeit, Druck in der Magengegend, Ermüdung und Schlaf. Dabei beobachtet man gleichzeitig Anaesthesie der Rachengebilde; Kitzeln der Uvula und der Epiglottis löst keine Bewegungen aus.

Bei längerem Fortgebrauch von grösseren Dosen machen sich Intoxikationserscheinungen, die man als Bromismus bezeichnet, bemerkbar. Dieselben bestehen in fortschreitendem körperlichem und geistigem Verfall. Der Kranke wird matt, schläfrig, gedächtnissschwach, hat schlechten Appetit, Foetor ex ore, magert immer mehr ab, leidet an Katarrhen der Luftwege, Coryza und Conjunctivitis. Nicht selten macht er den Eindruck eines Paralytikers. Dabei treten gewöhnlich auch Hautexantheme (Acne, Urticaria etc.) auf, die einen bedeutenden Umfang annehmen können. Bei sofortigem Aussetzen des Bromkaliums pflegen alle diese Symptome zurückzugehen. Seine Hauptwirkung entfaltet das Mittel bei Epilepsie, deren Anfälle es, wenn auch nicht immer gänzlich beseitigt, doch gewöhnlich vermindert und mildert. Die Frage, welcher Komponent, ob Kalium oder Brom, hierbei in Aktion tritt, ist gegenwärtig dahin entschieden, dass die günstige Wirkung des Bromkaliums bei Epilepsie allein dem Brom zuzuschreiben ist.

Seine Hauptverwendung findet das Mittel bei der Behandlung der Epilepsie, und erzielt man bei richtiger, methodischer Verabreichung und genügender Dosirung befriedigende Erfolge. Auch als Beruhigungs- und Schlafmittel bei Nervosität, Hysterie und Psychosen ist Bromkalium ein viel gebrauchtes Mittel. Bei Erbrechen der Schwangeren und Cephalalgie, ebenso bei Krampfzuständen kleiner Kinder, Chorea, Pertussis, Angina pectoris, Asthma, nervösem Herzklopfen etc. leistet es zuweilen gute Dienste.

Äusserlich wird Bromkalium zu Inhalationen und Pinselungen des Rachens, auch als Suppositorium bei Krampf des Sphincter ani verordnet.

Dosis. Innerlich zu 0,5—1,0 mehrmals täglich in Pulver oder in wässeriger Lösung. Bei Epilepsie thut man gut, 6,0 pro die in zwei bis drei getheilten Gaben (nach der Mahlzeit und in starker Verdünnung) zu geben. Man kann bei allmählicher Steigerung bis 10,0 und darüber hinausgehen. Die neuste von Flechsig vorgeschlagene Epilepsiebehandlung besteht in einer Verbindung der Bromtherapie mit dem Opium dergestalt, dass zuerst ausschliesslich Opium, später ausschliesslich Bromkalium in Anwendung kommt. Man beginnt mit kleinen Dosen Pulv. oder Extr. Opii (2—3mal täglich 0,05) und steigt allmählich bis auf 1,0 pro die. Nach etwa 6 Wochen wird die Opiumdarreichung plötzlich eingestellt und dafür Bromkalium in grossen Dosen (7,5 täglich) gegeben. Nachdem diese Bromdosen 2 Monate lang gebraucht worden sind, wird allmählich bis auf 2,0 pro die herabgegangen. Diese kombinirte Darreichung hat in einigen schweren Fällen sehr gute Dienste geleistet. Für Kinder beträgt die durchschnittliche Einzeldosis so viele Decigramme, wie sie Lebensjahre zählen.

Äusserlich zu Inhalationen (bei Keuchhusten) 2,0—4,0:100,0; zu Pinselungen des Pharynx 1,0:5,0 Glycerin, zu Klysmen 5,0:100,0.

Neuerdings ist die Kombination von Bromkalium, Bromnatrium und Bromammonium sehr beliebt und zwar (nach Erlenmeyer) in dem Verhältniss der 3 Salze von 1:1:$^1/_2$. — Beachtung verdient das Bromwasser von Dr. A. Erlenmeyer. Dasselbe enthält 10,0 Bromsalze in 750 ccm kohlensäurehaltigem Wasser und ist ein sehr zweckmässiges Präparat. Einzelgabe 1 Weinglas; Tagesgabe $^1/_2$ Flasche. Auch ein brausendes Bromsalz kommt im Handel vor.

690) ℞ Sol. Kalii bromat.
10,0—25,0 : 200,0.
D. S. 3 × tägl. 1 Esslöffel (in Wasser oder Baldrianthee).
(Epilepsie.)

691) ℞ Kalii bromat.
Natrii bromat. ää 8,0
Ammon. bromat. 4,0
Aq. dest. ad 200,0.
M. D. S. 2 × tägl. 1 Esslöffel auf $^1/_2$ Glas Selterwasser.
(Epilepsie, Chorea, Nervöse Schlaflosigkeit.)

692) ℞ Kalii bromat. 10,0
Aq. dest. 20,0.
D. S. 3 × tägl. 20 Tropfen (in Zuckerwasser).

693) ℞ Kalii bromati 4,0
Aq. destill. 50,0
Sirup. spl. 20,0.
M. D. S. 3 × tägl. 1 Kinderlöffel.
(Enuresis nocturna.)
(Für 6jähriges Kind.)

694) ℞ Kalii bromat. 0,05—0,1
Sacch. alb. 0,4.
M. f. pulv. D. t. dos. VI.
S. 2—3stündl. 1 Pulver in Zuckerwasser.
(Unruhe u. Schlaflosigkeit beim Zahnen.)

695) ℞ Kalii bromat.
Gland. Lupuli
Sacch. alb. ää 10,0.
M. f. pulv. D. ad scatul.
S. Abends 1 Kaffeelöffel voll zu nehmen.
(Erregung der sexuellen Sphäre.)

696) ℞ Kalii bromat. 1,0 —2,0
(Castor. canad. 0,05—0,1)
Sacch. alb. 0,5.
M. f. pulv. D. (in chart. cerat.) t. dos. X.
S 3 × tägl. 1 Pulver.
(Epilepsie, Chorea, Nervöse Schlaflosigkeit.)

Kalium carbonicum. Kalium carbonicum purum. Kaliumkarbonat. Kohlensaures Kali. Reine Potasche. Carbonate de potassium pur. Carbonate of potassium. Carbonato di potassio puro. K_2CO_3.

Kommt als Hauptbestandtheil in der Asche aller Landpflanzen

vor und wurde früher durch Auslaugen derselben gewonnen; gegenwärtig wird es durch Glühen von reinem doppeltkohlensaurem Kali dargestellt.

Es ist ein weisses, in 1 Th. Wasser klar lösliches, alkalisch reagirendes Salz. Die wässerige Lösung braust, mit Weinsäurelösung übersättigt, auf und giebt einen weissen krystallinischen Niederschlag von saurem weinsaurem Kalium.

In starker Koncentration wirken Lösungen ätzend, in Verdünnung reizend und erweichend. Bei Aufnahme kleiner Dosen wird der Harn alkalisch und die Urinmenge vermehrt. Ebenso beobachtet man eine Verflüssigung der Schleimhautsekrete der Athmungsorgane.

Wird innerlich bei harnsaurer Diathese (Gicht, Harnsteinen), Bronchialkatarrh, Rheumatismus, Diphtherie, äusserlich zu Inhalationen bei Diphtherie und zu erweichenden Ohrtropfen (bei Ohrpfröpfen) angewandt.

Dosis. Innerlich zu 0,1—1,0 mehrmals täglich in Lösung oder Saturation; Kindern 0,1—0,3 in stark verdünnter Lösung.

Äusserlich zu Inhalationen (0,1—0,5 : 100,0).

Präparat: **Liquor Kalii carbonici.** Wässerige Lösung von Kalium carbonicum, von dem es $33^1/_3\,^0/_0$ enthält. Wird wie dieses zu 0,5—2,0 in Saturation, oder stark verdünnten schleimigen Vehikeln verordnet.

697) ℞ Kalii carbon. 5,0
Acet.
Aq. dest. āā 90,0
Sirup. spl. 15,0.
M. D. S. 2stündl. 1 Esslöffel.
(Saturat. communis.)

698) ℞ Kalii carbon. 2,0
Aq. destill. ad 100,0.
M. D. S. 2stündl. 1 Theelöffel in Zuckerwasser zu geben.
(Diphtherie.)

699) ℞ Kalii carbon. 15,0
Tinct. Benzoës 1,5
Aq. Rosarum
Aq. Flor. Aurantii āā 60,0.
M. D. S. Äusserlich. Waschmittel bei Pityriasis.

Kalium carbonicum crudum. Pottasche.

Soll in 100 Th. mindestens 9 Th. Kaliumcarbonat enthalten. Findet nur äusserliche Verwendung zu erweichenden Bädern und Waschungen bei chronischen Hautkrankheiten (Pityriasis, Ekzem, Psoriasis, Pruritus etc.

Zu Bädern 100,0—700,0 zum Vollbad; zu lokalen Waschungen 5,0—10,0: 50,0 Wasser; zum Fussbad 100,0—150,0. Zu Waschungen der Kopfhaut 2,0—5,0: 100,0.

Kalium chloricum. Kali chloricum. Kaliumchlorat. Chlorsaures Kali. Chlorate de potassium. Chlorate of Potash. Clorato di potassio. $KClO_3$.

Wird fabrikmässig durch Einleiten von Chlorgas in heisse Kalilauge dargestellt:

$$\underset{\text{Kalium-hydroxyd}}{6\,KOH} + 3\,Cl_2 = \underset{\text{Kalium-chlorat.}}{KClO_3} + \underset{\text{Kalium-chlorid}}{5KCl} + 3\,H_2O$$

Bildet farblose, glänzende, in 16 Th. kaltem, in 3 Th. siedendem Wasser und in 130 Th. Weingeist lösliche Krystalle. Die wässerige Lösung färbt sich beim Erwärmen mit Salzsäure grün und entwickelt reichlich Chlor.

Kalium chloricum ist ein energisches Oxydationsmittel. Wird es mit entzündlichen Körpern, wie Schwefel, Schwefelantimon, Kohle, Zucker, Stärke, Harz etc. verrieben oder mit einem Tropfen Schwefelsäure in Berührung gebracht, so erfolgt Explosion.

Kalium chloricum wird rasch resorbirt und lässt sich sehr bald im Urin und Speichel nachweisen. Wie alle oxydirenden Körper wirkt es antiseptisch, doch ist es als Desinfektionsmittel ohne grössere Bedeutung. In kleinen Gaben (0,5—1,0) innerlich genommen, macht es keine besonderen Erscheinungen, während grössere Dosen (10,0—30,0) zu tödtlichen Vergiftungen führen können. Der Tod tritt plötzlich ein oder erst nach einigen Tagen, währenddem ein dunkelbrauner, zahlreiche zersetzte Blutkörperchen führender Harn abgesondert wird, indem das Salz einen Theil seines Sauerstoffes an Haemoglobin abgiebt, und Methaemoglobin sich bildet. Dabei quellen die Blutkörperchen auf, werden auch zum Theil gelöst, ballen sich zu Klümpchen zusammen und bedingen so Verstopfung der Nierencapillaren und Harnkanälchen (F. Marchand). Diese verderbliche Einwirkung des chlorsauren Kali auf das Blut kann man schon nachweisen, indem man dasselbe im Reagenzglase zusetzt. Das Blut wird schon auf geringen Zusatz braun, indem sich das Oxyhaemoglobin in Methaemoglobin umwandelt. Eine schon bestehende Nephritis steigert die Vergiftungsgefahr bei innerer Verabreichung von Kalium chloricum. Es sind Fälle bekannt, und wir haben selbst solche beobachtet, wo 30,0 und darüber ohne jeden Schaden vertragen worden sind. Die Vergiftung selbst wird man mit excitirenden Mitteln (Wein etc.) und Diureticis behandeln; bei drohendem Kollaps kann Kochsalztransfusion versucht werden.

Während das Salz früher vielfach bei Diphtherie, Zersetzungsvorgängen im Magen, Cystitis etc. innerlich gegeben wurde, wird es, seitdem zahlreiche Vergiftungsfälle bei dieser Applikation bekannt geworden, hauptsächlich nur zum äusseren Gebrauche verordnet. Besonders häufige Verwendung findet es als Mund- und Gurgelwasser bei Bildung von Geschwüren im Munde und Rachen, bei Angina, Diphtherie, Soor, Apthen, Noma. Bei Stomatitis mercurialis leistet es ausgezeichnete Dienste; man giebt es auch bei Quecksilberkuren prophylaktisch zum Gurgeln, um Eintritt von Speichelfluss zu verhindern. Bei übelriechenden Ulcerationen und

Krebsgeschwüren wird es auch als Streupulver und bei Zahnschmerzen zum Einlegen in die kariöse Zahnhöhle benutzt.

Dosis. Innerlich bei Cystitis zu 0,1—0,3 mehrmals täglich in wässeriger Lösung oder Pastillenform. Nicht bei leerem Magen zu nehmen. Pharmac. Helv. giebt als höchste Einzeldosis 1,0 und als höchste Tagesdosis 5,0 an.

Äusserlich als Mund- und Gurgelwasser (2,0—5,0 : 100,0). Man verschreibe Kalium chloricum als Pulver nicht in Verbindung mit andern organischen Stoffen (wegen Explosionsgefahr). Auch vermeide man es mit Säuren, Schwefelverbindungen und Jodkalium zu geben. Desgleichen hüte man sich vor der beliebten Abkürzung Kal. chlor., wegen Verwechselung mit Kalium chloratum.

700) ℞ Kalii chlorici 5,0—10,0
Aq. destill. ad 200,0.
M. D. S. Zum Gurgeln.
(Angina, Diphtherie, Stomatitis.)

701) ℞ Kalii chlorici 2,0
Aq. destill. ad 100,0.
M. D. S. 2stündl. 1 Theelöffel.
(Cystitis, Soor, Diphtherie.)

702) ℞ Kalii chlorici 10,0
Sacch. alb. 90,0
Tragacanthae 1,0
Tinct. Bals. tolut. 9,0.
F. trochisci No. 100.
Pastillen von Kalium chloricum.
(Cod. franç.)

Kalium dichromicum. Kali bichromicum. Kaliumbichromat. Doppeltchromsaures Kali. Bichromate de potassium. Bichromate of potash. Bichromato di potassio. $K_2Cr_2O_7$.

Wird aus dem Chromeisenstein durch Glühen mit Kaliumcarbonat und Salpeter, Auslaugen mit Wasser und Behandlung der Lösung mit Salpetersäure gewonnen.

Bildet dunkelgelbrothe, grosse, in 10 Th. Wasser lösliche, in Weingeist unlösliche Krystalle. Die wässerige Lösung färbt sich bei Gegenwart von Salzsäure und Weingeist in der Wärme grün.

Kaliumbichromat koagulirt Eiweiss und wirkt in koncentrirter Lösung ätzend, in verdünnter fäulnisswidrig, adstringirend und erhärtend. Innerlich genommen ist es ein intensives Gift, das schon in wenigen Grammen den Tod unter den Erscheinungen der Gastroenteritis und Nephritis herbeiführen kann. Bei einer derartigen akuten Vergiftung giebt man Magnesium carbonicum, Natrium bicarbonicum und Plumbum aceticum. Letzteres soll zur Bildung von unlöslichem Bleichromat Anlass geben. Der Magen ist natürlich durch die Magenpumpe zu entleeren.

Innerlich wurde das Mittel früher in kleinen Dosen (0,005 bis 0,01) gegen Syphilis, jedoch mit zweifelhaftem Erfolge angewandt. Äusserlich bedient man sich desselben als Ätzmittel bei Condylomen, Warzen, Nasenpolypen etc. Vielfach gebraucht wird es zur Herstellung von Flüssigkeiten (Müller'sche Flüssigkeit), die zur Erhärtung anatomischer Präparate dienen.

Dosis. Äusserlich als Ätzmittel in Substanz oder in 10—20% wässeriger Lösung.

Innerlich zu 0,005—0,01 in Lösung oder Pillen, kaum mehr angewandt.

Kalium jodatum. Kaliumjodid. Jodkalium. Jodure de potassium. Jodide of potassium. Joduro di potassio. KJ.

In heisse Kalilauge wird so viel Jod eingetragen, dass die Flüssigkeit hellgelb gefärbt ist. Darauf setzt man Holzkohlenpulver zu, dampft die Lösung zur Trockene ein, glüht den Rückstand in einem bedeckten Tiegel, dann zieht man mit Wasser aus und lässt kystallisiren.

Weisse würfelförmige, an der Luft nicht zerfliessende Krystalle, von unangenehm bitterem Geschmacke, in 0,75 Th. Wasser, in 12 Th. Weingeist löslich. Wird die wässerige Lösung mit etwas Chlorwasser versetzt und mit Chloroform geschüttelt, so färbt letzteres sich durch Aufnahme von Jod violett. Mit Weinsäurelösung versetzt, giebt die wässerige Lösung einen weissen krystallinischen Niederschlag von saurem weinsaurem Kalium.

Bezüglich der Wirkung des Jodkaliums, die auf seinem Jodgehalte beruht, sei auf das bei Jod Gesagte verwiesen. Das Salz wird sehr rasch resorbirt und kann schon wenige Minuten nach der Aufnahme durch den Magen im Urin und Speichel nachgewiesen werden. Durch die unversehrte Haut wird es kaum aufgenommen.

Seitdem Jodkalium vor etwa 60 Jahren durch Wallace in Dublin zur Behandlung der Syphilis empfohlen worden ist, gehört es überhaupt zu den am häufigsten angewandten Jodpräparaten. Am meisten leistet es in den Spätformen der Syphilis mit Gummabildung und Knochenaffektionen. Ebenso hat es sich bei innerlicher Darreichung gegen Quecksilber- und Bleivergiftung bewährt. Auch bei Hyperplasien (Strumen), chronischem Gelenkrheumatismus, Skrophulose und verschiedenen Hautaffektionen leistet es gute Dienste, ebenso bei bronchialem Asthma und Neuralgien.

Dosis. Innerlich zu 0,1—0,5 mehrmals täglich in Lösung mit Aq. Menthae oder Milch; Kindern so viel Decigramme pro die, wie sie Jahre zählen. (Es giebt Patienten, die schon nach der kleinsten Dosis von Schnupfen und anderen Symptomen des Jodismus befallen werden; andere können wiederum bis 40,0 g und darüber fängere Zeit ohne Nebenerscheinungen vertragen.)

Äusserlich zu Mund- und Gurgelwässern (1,0—3,0 : 100,0); zu Salben (1,0 : 10,0—20,0); zu Inhalationen (0,1—0,5 : 100,0). Auch in Form von Klystier (0,5—1,0 : 70,0—120,0 lauwarmes Wasser oder Milch) wird Jodkalium empfohlen (Köbner), wo es vom Magen aus schlecht vertragen wird. Ebenso kann es auch zweckmässig in Suppositorien gegeben werden.

Beim Verordnen von Jodkalium soll man gleichzeitige Anwendung von Säuren, Metallsalzen und Kalium chloricum vermeiden.

Präparat: **Unguentum Kalii jodati.** Jodkaliumsalbe (Kal. jod. 20, Natrii thiosulfuric. 0,25, Aq. 15, Adipis 165). Eine weisse, später gelb werdende Salbe. Äusserlich zur Vertheilung von Drüsengeschwülsten (Struma etc.) 2 bis 3 mal täglich einzureiben.

703) ℞ Kalii jodat. 5,0—10,0
Aq. dest. ad 200,0.
M. D. S 3 × tägl. 1 Esslöffel (in Milch) zu nehmen.
(Lues, Asthma, Lähmungen, Rheumatismus, Psorisis.)

704) ℞ Kalii jodat. 3,0
Kalii bromat. 5,0
Aq. dest. 10,0.
M. D. S. 3 × tägl. 20 Tropfen in Wasser oder Milch.
(Kopfweh, Neurosen, Bronchialasthma.)

705) ℞ Kalii jodat. 0,5
Ap. destill. 80,0
Sirup. Zingib. 20,0.
M. D. S. 2 stündl. 1 Kinderlöffel.
(Für 4jähriges Kind.)

706) ℞ Kalii jodat. 5,0
Ferri sulfurici 1,2
Sirup. spl. ad 200,0.
M. D. S. 2 × tägl. 1/2 Theelöffel bis 1/2 Esslöffel.
(Syphilis der Kinder.)
(Biedert.)

707) ℞ Kalii jodat.
Kalii bromat. āā 0,25
Ol. Cacao 1,5.
M. f. supposit. D. t. dos. X.
Tägl. 1 Zäpfchen angewendet.
(Köbner.)

708) ℞ Kalii jodat. 3,0
Kalii bromat. 2,5—3,0
Aq. dest. ad 200,0.
M. D. S. 20 g der Lösung mit 50—100 g lauwarmem Wasser verdünnt, anfangs 1 ×, später 2 × tägl. zum Klystier anzuwenden.
(Köbner.)

Kalium nitricum. Kali nitricum. Nitrum depuratum. Kaliumnitrat. Kalisalpeter. Salpeter. Salpetersaures Kali. Azotate de potassium. Nitrate of Potassium. Nitrato di potassio. KNO_3. Findet sich in kleineren Mengen im Ackerboden und wird in den sogenannten Salpeterplantagen gewonnen. Die Hauptmasse aber wird fabrikmässig aus dem Chilisalpeter oder Natriumnitrat durch Umsetzung mit Chlorkalium dargestellt.

Kaliumnitrat bildet farblose, prismatische Krystalle oder ein weisses krystallinisches Pulver, welches in 4 Th. kaltem und weniger als 0,5 Th. siedendem Wasser löslich, in Weingeist fast unlöslich ist. Die wässerige Lösung giebt mit Weinsäurelösung einen weissen krystallinischen Niederschlag von saurem weinsaurem Kalium.

Bei fortgesetztem Gebrauch kleiner Dosen von 0,3—1,0 wird die Diurese vermehrt, der Puls verlangsamt und die Temperatur ein wenig herabgesetzt. Grosse und koncentrirte Gaben verursachen Trockenheit im Halse, Aufstossen, Durstgefühl, Erbrechen und können zu tödtlichem Ausgang führen.

Kalium nitricum wird zuweilen bei akut entzündlichen, febrilen Affektionen (Bronchitis, Pneumonie, Pleuritis, Pericarditis), auch bei akutem Gelenkrheumatismus als Antipyreticum und bei hydropischen Ergüssen in Folge Morbus Brightii oder Hydraemie als Diureticum verordnet. (Bei akut entzündlichen Zuständen des Magens, Darms und der Nieren ist die Anwendung zu vermeiden).

Dosis. Innerlich zu 0,3—1,0 mehrmals täglich in Pulver oder Lösung.

Äusserlich als Mund- und Gurgelwasser (bei Angina 1,0 bis 5,0 : 100,0) und in Gestalt der

Charta nitrata. Salpeterpapier (Fliesspapier, das mit einer Lösung von 1 Kaliumnitrat in 5 Wasser getränkt und getrocknet ist). Dasselbe wird angezündet und die Dämpfe werden eingeathmet (bei Asthma).

709) ℞ Kalii nitrici 2,0
Tartar. dep. 6,0
Sacch. alb. 12,0.
M. f. pulv. D. in scatul.
S. Mehrmals tägl. 1—2 Theelöffel in Wasser gelöst.
(Pulvis temp.)

710) ℞ Inf. Fol. Digital. 1,0 : 175,0
Kalii nitr. 5,0—10,0
Sirup. spl. ad 200,0.
M. D. S. 2stündl. 1 Esslöffel.
(Diureticum bei Herzaffektion.)

711) ℞ Kalii nitric. 5,0—10,0
Aq. dest. 180,0
Sirup. spl. ad 200,0.
M. D. S. 2stündl. 1 Esslöffel.

712) ℞ Kalii nitric. 1,0
Aq. dest. 80,0
Sirup. Rub. Idaei ad 100,0.
M. D. S. 2stündl. 1 Kinderlöffel voll zu geben.
(Pneumonie etc.)

Kalium permanganicum. Kali hypermanganicum crystallisatum. Kaliumpermanganat. Übermangansaures Kali. Permanganate de potassium. Permanganate of potassium. Permaganato di potassio. $KMnO_4$.

Wird aus dem rohen Kaliummanganat ($KMnO_4$), das sich durch Zusammenschmelzen von Braunstein mit Ätzkali unter Zusatz von Kaliumchlorat oder Salpeter bildet, gewonnen, indem man dessen Lösung durch Abdampfen zur Krystallisation bringt.

Es stellt dunkelviolette, fast schwarze Prismen von stahlblauem Glanze dar, welche mit 20,5 Theilen Wasser eine blaurothe Lösung geben. Dieselbe wird durch Reduktionsmittel resp. leicht oxydirbare Körper wie Ferrosalze, schweflige Säure, Oxalsäure, Weingeist u. a. entfärbt. Viele leicht verbrennliche Substanzen entzünden sich beim Zusammenreiben mit dem trockenen Salze unter Explosion. Die wässerige Lösung wird auch Chamäleonlösung genannt.

Kalium permanganicum, das sehr reich an Sauerstoff ist, giebt denselben leicht an oxydirbare Körper ab und vermag auf diese Weise Farb- und Riechstoffe zu vernichten, Gährungs- und Fäulnissprozesse zu unterdrücken. Seine zerstörende Wirkung auf Spaltpilze steht jedoch anderen antiseptischen Mitteln (Karbolsäure, Sublimat etc.) sehr nach. Auf der Haut und den Schleimhäuten wirken stark koncentrirte Lösungen ätzend, in Verdünnung auf

Wunden gebracht, reinigt es dieselben und befördert den Heilungsprocess. Innerlich in Substanz oder koncentrirter Lösung genommen, kann es in grösserer Menge Anätzung der Magenschleimhaut bewirken; in starker Verdünnung und geringer Menge macht es keine Erscheinungen.

Wird hauptsächlich zur Beseitigung übelriechender Zersetzungsprodukte an Haut, Schleimhäuten und Geschwüren, zu Einspritzungen bei foetiden Absonderungen aus den Geschlechtstheilen, zu Mundwässern bei Foetor ex ore, zum Einziehen in die Nase bei Ozaena verordnet. Auch zur Zerstörung des Schlangengiftes ist es (von Lacerda) bei Schlangenbiss in parenchymatöser Injektion empfohlen worden.

Innerlich ist es gegen ungenügende Menstruation und Opiumvergiftung zu 0,1 mehrmals täglich gerühmt worden.

Äusserlich als Desinficiens in wässeriger Lösung (0,5—1,0 : 200,0) als Mundwasser (0,1%); als Injektion bei Gonorrhoe 0,05% Lösungen. Zur subkutanen Injektion bei Schlangenbissen in deren nächster Nähe 1/2 Pravaz'sche Spritze einer 1% Lösung mehrmals einzuspritzen.

713) ℞ Sol. Kalii permang.
0,5—2,0 : 200,0.
D. S. Äusserlich.
(Als Desinficiens, Gurgelwasser etc.)

714) ℞ Kalii permangan. 0,1
Aq. dest. ad 200,0.
D. S. Zur Einspritzung in die Harnröhre.
(Gonorrhoe.)

715) ℞ Kalii permangan. 3,0
Aq. dest. ad 200,0.
M. D. S. 1 Theelöffel auf 1 Glas Wasser. Zum Ausspülen des Mundes.

716) ℞ Kalii permangan. 0,2
Aq. dest. 50,0.
D. S. Zum Pinseln.
(Soor.)

Kalium sulfuratum. Hepar Sulfuris. Schwefelleber. Kaliumsulfid. Sulfure de potassium. Sulphurated Potash. Sulfuro di potassio.

1 Th. Schwefel mit 2 Th. Pottasche werden gemischt und über gelindem Feuer erhitzt, bis eine Probe sich ohne Abscheidung von Schwefel in Wasser löst. Alsdann giesst man die Masse aus und bricht sie nach dem Erstarren in Stücke. Dieselben sind röthlichbraun, später gelblichgrün, riechen schwach nach Schwefelwasserstoff, zerfliessen an feuchter Luft und lösen sich in 2 Th. Wasser zu einer alkalischen, gelbgrünen, etwas trüben Flüssigkeit.

Schwefelleber wirkt in stark koncentrirter Lösung entzündungserregend und ätzend. Bei Einführung in den Magen kommt noch, da sich daselbst Schwefelwasserstoff bildet, die nachtheilige Wirkung dieses Gases hinzu. Nach einer genügend grossen Dosis können heftige Gastroenteritis, Bewusstlosigkeit, Convulsionen und Exitus letalis eintreten. Als Gegengift giebt man Ferrum oxydatum oder Ferrum oxydatum saccharatum.

Innerlich (gegenwärtig seltener angewandt als früher) bei chronischen Metallvergiftungen, Hautkrankheiten und Rheumatismus. Gegen die ebengenannten Affektionen wird das Mittel gewöhnlich äusserlich in Form von Bädern (sogen. Schwefelbäder) benutzt.

Dosis. Innerlich zu 0,1—0,2 mehrmals täglich in Pillen mit Bolus alb. oder in wässeriger Lösung.

Äusserlich zu Bädern 50,0—100,0 auf ein Bad (wobei Metallwannen zu vermeiden). Der beliebte Zusatz von Schwefelsäure zur Entwickelung von Schwefelwasserstoff ist am besten zu unterlassen. Zu Waschungen bei Hautkrankheiten (5,0 : 100,0); Salben (1,0—3,0 : 10,0 Lanolin).

717) ℞ Kalii sulfurat. 5,0
Sapon. medicat. 10,0
Aq. dest. ad 300,0.
M. D. S. Äusserlich zu Umschlägen bei Prurigo.

718) ℞ Kalii sulfurat. 3,0
Lapid. Pumic. 3,0
Adip. suill. 50,0
Olei Cadini 3,0.
M. f. ungt. D. S. Äusserlich.
(Prurigo.)

Kalium sulfuricum. Kaliumsulfat. Schwefelsaures Kali. Sulfate de potassium. Sulfate of potassium. Solfato di potassio. K_2SO_4.

Kaliumsulfat kommt in einigen Mineralwässern (Karlsbad) vor. Es wird durch Neutralisiren von kohlensaurem Kalium mit verdünnter Schwefelsäure erhalten.

Dasselbe stellt weisse, harte Krystalle dar, die in 10 Th. kaltem und 4 Th. siedendem Wasser löslich, in Weingeist aber unlöslich sind.

Wirkt in kleinen Gaben (1,0—3,0) abführend und stört bei längerer Verabreichung die Verdauung. Bei Anwendung grosser Dosen können bedenkliche Symptome (Kollaps etc.) eintreten.

Als Abführmittel wird es selten allein, sondern als Zusatz zu anderen Salzmischungen, oder in Verbindung mit Rheum und Jalape verordnet.

Dosis. Innerlich zu 1,0—2,0 in Pulver oder Solution mehrmals täglich. Es ist ein Bestandtheil des officinellen

Sal Carolinum factitium. Künstliches Karlbader Salz (22 Th. Natriumsulfat, 1 Th. Kaliumsulfat, 9 Th. Natriumchlorid, 18 Th. Natriumbicarbonat).

Es ist ein weisses, trockenes Pulver, von dem 6 g in 1 l Wasser gelöst, ein dem Karlsbader ähnliches Wasser geben.

719) ℞ Kalii sulfurici
Kalii nitrici āā 10,0
Tart. dep. 15,0.
M. f. pulv. D. S. 2stündl. 1 Theelöffel.
Pulv. antiphlogisticus.
(Hufeland.)

720) ℞ Kalii sulfurici
Pulv. Rad. Rhei āā 10,0
Sacch. alb. 20,0.
M. f. pulv. 2 × tägl. 1 Theelöffel voll zu nehmen.
(Abführmittel.)

Kalium tartaricum. Tartarus tartarisatus. Kaliumtartrat. Neutrales weinsaures Kali. Tartrate de potassium. Sel végétal. Tartrate of potassium. Tartrato di potassio. $C_4H_4O_6K_2$.

Wird durch Neutralisation von Weinsäure oder Weinstein mit Kaliumcarbonat erhalten.

Stellt ein farbloses, krystallinisches Pulver von salzig bitterlichem Geschmacke dar, das in 0,7 Theilen Wasser löslich, in Weingeist nur wenig löslich ist. Beim Erhitzen verkohlt es unter Entwickelung von Caramelgeruch.

Dasselbe wirkt in kleinen Dosen (1,0—2,0) schwach diuretisch, in grösseren milde abführend. Wird selten allein, sondern in Verbindung mit anderen diuretischen und abführenden Mitteln verordnet.

Dosis. Innerlich zu 1,0—2,0 mehrmals täglich in Pulver oder Lösung.

721) ℞ Kalii tartar. 10,0
Aq. fontan. 180,0
Sirup. spl. 10,0.
M. D. S. 1—2stündl. 1 Esslöffel.

722) ℞ Kalii tartar.
Pulv. Rad. Rhei
Flav. Aurant. Cort. ää 10,0.
M. f. pulv. D. in scatula.
S. 3 × tägl. 1 Messerspitze voll zu nehmen.

Kamala. Glandulae Rottlerae.

Die etwa erbsengrossen Früchte von Mallotus philippensis (Rottlera tinctoria), einer asiatischen, baumartigen Euphorbiacee, besitzen einen drüsig haarigen Überzug. Dieser wird abgelöst und stellt ein leichtes, geruch- und geschmackloses, nicht klebendes Pulver von braunrother Farbe dar. Es besteht aus unregelmässig kugeligen Drüsen, die 40—60 mikroskopische, strahlig geordnete, keulenförmige Zellen einschliessen.

Kamala besteht zum grössten Theile aus Harz (Kamalaroth); aus demselben lässt sich ein krystallinischer Farbstoff, Rottlerin, darstellen. Schon seit den ältesten Zeiten wird die Kamala im Orient zum Gelbfärben der Seide benutzt. Sie wird daselbst auch als Heilmittel gegen Bandwürmer und Hautkrankheiten angewandt. In Europa wurde erst vor etwa 30 Jahren die Aufmerksamkeit auf die anthelminthischen Eigenschaften der Droge gelenkt. Sie besitzt dabei den Vorzug, neben milder Wirkung, frei von unangenehmen Nebenwirkungen zu sein und gleichzeitig abführend zu wirken. Der Wurm geht in der Regel todt ab.

Kamala wird gegen Bandwurm, besonders gern bei schwächlichen Individuen und bei Kindern angewandt, da sie besser als Koso und andere Mittel vertragen wird und nachherige Verabreichung von Abführmitteln nicht erforderlich ist.

Dosis. Innerlich zu 8,0—10,0 in 2 Malen zu nehmen. Man bringt das Pulver trocken in den Mund und spült es mit Wasser herunter. Auch in komprimirten Tabletten oder als Electuarium verordnet man 1,5—3,0.

723) ℞ Kamalae 10,0.
Divide in partes II.
D. Morgens in ½stündlichen Zwischenraume zu nehmen.
(Gegen Bandwurm.)

724) ℞ Kamalae
Pulp. Tamarind.
Sirup. Citri āā 10,0.
M. f. elect. D. S. Auf 3 Mal zu nehmen.
(Gegen Bandwurm.)

725) ℞ Kamalae 3,0
Pulp. Tamarind. 20,0.
M. f. electuar. Morgens nüchtern innerhalb ½ Stunde in 2 Portionen zu nehmen.
(Taenia bei Kindern.)

726) ℞ Kamalae 3,0.
D. S. In Zuckerwasser innerhalb 1 Stunde zu verbrauchen.
(Bandwurm bei Kindern.)

Keratinum. Hornstoff. Kératine.

Aus geschabten Federspulen, nach Behandeln mit Äther, Weingeist, Pepsin, Salzsäure, Wasser und Essigsäure hergestelltes bräunlichgelbes Pulver, das beim Erhitzen nach verbranntem Horn riecht.

Keratin ist in den gewöhnlichen Lösungsmitteln und verdünnten Säuren unlöslich, dagegen in Alkalien und Ammoniakflüssigkeit, sowie in koncentrirter Essigsäure löslich. Es dient zum Überziehen von Pillen, die sich nicht im Magen, sondern erst in dem alkalisch reagirenden Dünndarm lösen und dort zur Wirkung oder Resorption kommen sollen.

Der praktische Werth dieser von Unna zuerst empfohlenen keratinirten Pillen (Dünndarmpillen) ist zweifelhaft, da dieselben nicht nur den Magen, sondern häufig auch den Darm ungelöst passiren.

Kreosotum. Kreosot. Créosote. Creasote. Creosoto.

Kreosot (hergeleitet von *κρέας* Fleisch und *σώζειν* bewahren, konserviren) wurde 1832 von Reichenbach aus Buchholztheer dargestellt und als fäulnisswidrig erkannt. Gegenwärtig versteht man darunter ein Gemenge phenolartiger Körper (Guajakol, Kreosol, Methylkreosol etc.), das durch Rektifikation des Buchholztheers gewonnen wird.

Es ist eine klare, schwach gelbliche und stark lichtbrechende, ölige Flüssigkeit von durchdringendem, rauchartigem Geruche und brennendem Geschmacke; das spec. Gewicht darf nicht unter 1,07 liegen; der Siedepunkt liegt zwischen 205 und 220°. Es mischt sich mit Äther, Weingeist und Schwefelkohlenstoff zu einer klaren Flüssigkeit, giebt aber erst mit 120 Th. heissem Wasser eine klare Lösung, die sich beim Erkalten milchig trübt und allmählig wieder (unter Abscheidung von Öltropfen) klar wird. Das klare wässerige Filtrat wird durch Bromwasser rothbraun gefärbt. Kreosot wirkt ähnlich, wie die ihm nahe stehende Karbolsäure, ist jedoch, trotz stärkerer antiseptischer Wirkung, weniger toxisch als diese. Äusserlich (koncentrirt) ätzt es die Haut unter Bildung weisser Flecken und innerlich in grösserer Menge unverdünnt genommen, führt es zu toxischer Gastroenteritis. Es tödtet Thiere unter Dyspnoë und Lähmungen, aber nicht wie Karbolsäure, unter Konvulsionen. Kreosot bringt Schleim und Eiweiss zur Gerinnung und erhöht die Gerinnungsfähigkeit des Blutes.

Ausgedehnte Anwendung findet Kreosot bei Lungentuberkulose, und wenn es sich auch nicht als Specificum bewährt hat, so wird es doch in grossen Dosen gut vertragen und leistet oft vortreffliche Dienste. Es wird ausserdem bei Gährungsvorgängen im Magen und Darm, Erbrechen, Diarrhoe, auch gegen Pertussis gegeben.

Äusserlich findet es als Haemostaticum bei capillären Blutungen, als Inhalationsmittel bei Bronchitis putrida und Lungengagrän, sowie bei Caries der Zähne Anwendung.

Dosis. Innerlich in wässeriger Lösung mit Wein und Leberthran, in Pillen oder Gelatinekapseln zu 0,03—0,2 mehrmals täglich.

Grösste Einzelgabe 0,2! — Grösste Tagesgabe 1,0!

Für den längeren Gebrauch bei Tuberkulose sind die Gelatinekapseln à 0,05 Kreosot mit etwas Olivenöl (Sommerbrodt'sche Kapseln) zweckmässig, von denen man (stets nach der Mahlzeit) bei allmähliger Steigerung Monate lang bis 10 und darüber nehmen kann.

Äusserlich zu Inhalationen 0,5—1,0 : 100,0 (bei putrider Bronchitis). Als Haemostaticum (1,0 : 100,0). Bei Zahnschmerzen wird Kreosot pur oder in spirituöser Verdünnung auf Watte in die kariöse Zahnhöhle gelegt.

Präparate: **Pilulae Kreosoti** à 0,05. Siehe daselbst.

†**Aqua Kreosoti.** (Kreosot. 1, Aqua 100). Innerlich zu 5,0—10,0 mit Sirupus. Äusserlich 1,0—10,0 : 100,0 zum Inhaliren. Zum Verbande: unverdünnt.

†**Kohlensaures Kreosotwasser** (nach J. Rosenthal) mit 1/6 Flasche (= 0,2 Kreosot) täglich zu beginnen und allmählig höher zu gehen.

727) ℞ Kreosoti 0,05
Spirit. vin. 0,25
Mucil. Salep 120,0.
M. D. S. 2stündl. 1/2—1 Theel.
(Brechdurchfall der Kinder.)

728) ℞ Kreosoti 0,1—0,2
Aq. Menth. pip. 180,0
Mucil. Salep ad 200,0.
M. D. S. 2stündl. 1 Esslöffel.
(Gegen Erbrechen.)

729) ℞ Kreosoti 1,0
Pulv. Rad. Althaeae
Succi Liquirit. āā 1,5.
Aq. dest. q. s.
ut f. pilul. No. 30. Obduc. Gelatina.
S. 3 × tägl. 1—2 Pillen.
(Carcinoma ventriculi.)

730) ℞ Kreosoti 13,5
Tinct. Gentian. 30,0
Spirit. vini rectif. 250,0
Vin. Xerens. q. s. ad 1000,0.
M. D. S. 2 × tägl. 1 Esslöffel in 1 Weinglase Wasser.

731) ℞ Kreosoti 0,05—0,1
Bals. tolut. 0,25.
D. ad capsul. gelat. t. dos. XX.
S. 3 × tägl. 1 Kapsel.

732) ℞ Kreosoti 2,5
Saccharini 0,1
Ol. Jecor. Aselli ad 100,0.
M. D. S. 2—3 × tägl. 1 Kaffee- bis Esslöffel voll zu nehmen.
(Seitz.)

733) ℞ Kreosoti 1,0
Tinct. Gentian. 2,5
Spirit. vini rectif. 25,0
Vini Xerens. ad 100,0.
M. D. S. 3 × tägl. 1 Theelöffel in 1 Weinglas Wasser.

734) ℞ Kreosoti 6,0
Tinct. Gent. 24,0.
D. S. 3 × tägl. 5 Tropfen.
(5 Tropfen = 0,05 Kreosot.)
(Tinctura Kreosoti.)

735) ℞ Kreosoti 0,25
Sulfonal. 0,2
Sirup. tolut. ad 150,0.
M. D. S. 2stündl. 1 Kinderlöffel voll.
(Schüttelmixtur gegen Keuchhusten.)

736) ℞ Kreosoti 1,0
Ol. Jecoris Aselli ad 100,0.
M. D. S. 2 × tägl. 1 Theelöffel.
(Tuberkulose der Kinder.)

737) ℞ Kreosoti 2,0
Spirit Vini gallici ad 100,0.
D. S. Theelöffelweise zu geben.
(Theelöffel = 0,1 Kreosot)
Spiritus Kreosoti.
(Formul. magistr. Berolin.)

Lichen islandicus. Cetraria. Isländisches Moos. Lichen d'Islande. Iceland Moss. Lichen islandico.

Von Cetraria islandica, einer auch in Deutschland vorkommenden Flechte. Die Droge besteht aus dem ganzen Thallus mit blattartiger, höchstens 0,5 mm dicker, handgrosser Fläche, welche in breitere oder schmälere, oft rinnenförmig gebogene oder krause, grob gewimperte Lappen getheilt ist. Der im trockenen Zustande steife, zerbrechliche und geruchlose Thallus wird mit Wasser befeuchtet weich, lederartig, schlüpfrig und schleimig. Eine mit 20 Theilen Wasser dargestellte Abkochung bildet nach dem Erkalten eine steife Gallerte von bitterem Geschmacke.

Neben sehr reichlichem Gehalt an Stärke findet sich im isländischen Moos Cetrarin, ein krystallinischer, sich leicht zersetzender Körper. Derselbe ist die Ursache des bitteren Geschmacks; er befördert auch (nach Kobert) die Peristaltik, vermehrt die Blutfülle und wirkt anregend auf die Gehirnfunktionen. Durch Maceriren mit alkalischen Wasser kann man den Bitterstoff entfernen (Lichen islandicus ab amaritie liberatus). Alsdann wirkt es als einfaches Mucilaginosum bei Diarrhoe.

Es wird hauptsächlich bei Phthisis pulmonum mit Auswurf und Abmagerung in Form des Dekokts verordnet. Auch bei chronischer Verdauungsschwäche mit mangelndem Appetit leistet ein Infus gute Dienste.

Dosis. Innerlich zu 15,0—30,0 im Dekokt oder in Verbindung mit anderen expektorirenden oder stärkenden Thees 1 Esslöffel auf 2 Tassen Wasser, Morgens und Abends zu trinken.

†Gelatina Lichenis islandici. Isländisch Moos-Gallerte.

(Lichen island. 30, Aq. 1000, Sacch. 30. Die Colatur auf 100 Th. eingedickt.) Wird täglich zu 20,0—30,0 als Amarum und Expektorans bei Tuberkulose gegeben.

738) ℞ Lich. island.
Stipit. Dulcam. āā 30,0
Herb. Cardui bened.
Herb. Centaur. minor. āā 20,0.
M. f. species. Divide in part. X.
D. S. Tägl. 1 Päckchen zu verbrauchen.
(Auf 1 Päckchen 3 Tassen Wasser aufgiessen, auf 2 zusammenkochen lassen und dann Morgens und Abends 1 Tasse trinken.)

739) ℞ Lich. island.
Carrageen.
Rad. Liquirit.
Sem. Foenicul. āā 20,0.
M. f. species.
D. S. 1 Esslöffel voll mit 3 Tassen Wasser auf 2 Tassen Thee zu kochen und im Laufe des Tages zu trinken.
(Phthisis pulm.)

Lignum Guajaci. Lignum sanctum. Guajakholz. Pockholz. Bois de gayac. Guajacum Wood. Legno di guajaco.

Das zerkleinerte Holz des Stammes von Guajacum officinale, eines auf den Antillen wachsenden Baumes (Zygophyllee). Es sinkt im Wasser unter, lässt sich nicht gerade spalten und leicht schneiden. Beim Erwärmen riecht es leicht aromatisch; der Geschmack ist etwas kratzend. Mit dem Holze geschüttelter Spiritus hinterlässt nach dem Verdunsten einen gelbbräunlichen Rückstand, der mit einer Auflösung von Eisenchlorid in 100 Th. Spiritus benetzt, vorübergehend eine schöne blaue Farbe annimmt.

Als wirksames Princip der Droge wird das in ihr enthaltene Harz angesehen, das wiederum aus drei Säuren, einem indifferenten Harze und einem Farbstoffe besteht. Seit dem 16ten Jahrhundert ist Guajakholz als Mittel gegen Syphilis bekannt und besonders durch Ulrich v. Hutten, der die Droge an sich versuchte und ihre Wirkungen rühmte, populär geworden. Sie wurde auch früher gegen Rheumatismus, Gicht, Skrophulose und Hautkrankheiten verordnet, hat jedoch gegenwärtig keine besondere Bedeutung mehr.

Dosis. Innerlich zu 15,0—30,0:200,0 im Dekokt, oder in Verbindung mit Rad. Sassaparillae oder Lignum Sassafras.

Präparat: **Species Lignorum.** Holzthee. (Lign. Guaj. 5, Rad. Onon. 3, Rad. Liquirit. 1, Lign. Sassafras 1). 25,0—50,0 : 500,0 im Dekokt bei Hautkrankheiten und Syphilis.

740) ℞ Lign. Guajaci 100,0
Rad. Sarsaparill.
Cass. Cinnamom. āā 15,0.
M. f. species. S. 2 Essl. auf 1 l Wasser auf die Hälfte eingekocht täglich zu verbrauchen.

741) ℞ Ligni Guajaci 50,0
Ligni Juniperi 35,0
Rad. Saponariae 10,0
Rad. Liquirit. 5,0.
C. c. m. f. species. D. S. Holzthee.
(Species ad Decoct. Lignorum. Pharm. Suet.)

Lignum Quassiae. Quassiaholz. Bitterholz. Bois de quassia. Quassia Wood. Legno de quassia.

Zerkleinertes Holz und Rindenstücke von Quassia amara und Picraena excelsa, in Südamerika und Westindien vorkommende Bäume (Simarubee). Das Holz ist weisslich, leicht, gut spaltbar, mit deutlich durch die Lupe erkennbaren Jahresringen und Markstrahlen versehen und von sehr bitterem Geschmacke.

In dem Holze findet sich als wirksamer Bestandtheil ein krystallinischer Bitterstoff, Quasiin ($C_{10}H_{12}O_3$), der in kleinen Dosen appetitanregend und verdauungsbefördernd wirkt. In grossen Dosen kommen ihm narkotische Eigenschaften zu. Wird wie andere Amara bei Verdauungsschwäche und zuweilen auch äusserlich (im Klysma) gegen Ascariden und Oxyuris angewandt.

Dosis. Innerlich zu 1,0—2,0 mehrmals täglich am besten im Infus (5,0—10,0 : 150,0) oder in Maceration mit Wein (3,0—5,0 : 100,0). Früher war eine beliebte Verabreichungsweise, Wasser oder Wein in aus Quassiaholz gefertigtem Becher einige Stunden lang stehen und dann das bitter gewordene Getränk trinken zu lassen.

†**Extractum Quassiae.** Innerlich zu 0,1—0,5 mehrmals täglich in Pillen oder Lösung.

742) ℞ Ligni Quassiae 2,0
Cort. Aurant. 8,0
Vini generos. alb. 500,0.
Digere per horas XXIV.
Colat. S. 3 × tägl. 1 Weinglas voll zu nehmen.
(Roborans.)

743) ℞ Extr. Quassiae 10,0
Vini hispan. 200,0.
M. D. S. 3 × tägl. 1 Esslöffel voll zu nehmen.

Lignum Sassafras. Sassafrasholz, Fenchelholz.

Das zerkleinerte Holz der Wurzel von Sassafras officinalis, einem in Nordamerika vorkommenden Baume (Laurinee). Das leichte, lockere, fast schwammige, gut spaltbare Holz ist von bräunlicher Farbe mit eigenthümlich süsslichem, fenchelartigen Geruche und Geschmacke. Letzterer rührt von dem in der Rinde zu etwa 2 % enthaltenen ätherischen Öl her. Seit Jahrhunderten ist Sassafrasholz ein Volksmittel gegen Syphilis. Es findet auch als Schweissmittel Anwendung bei Rheumatismus und chronischen Hautaffektionen und ist Bestandtheil der officinellen Species Lignorum.

Man verordnet es zu 5,0—10,0 : 150,0 oder in Form von Tisanen.

Linimentum ammoniato-camphoratum. Linimentum volatile camphoratum. Flüchtiges Kampferliniment. Liniment volatil camphré. Linimente ammoniacale canforato.

Ol. camphorat. 3, Ol. Papav. und Liq. Ammon. caust. āā 1, werden durch Schütteln zu einem gleichmässigen Liniment vereinigt. Dasselbe ist weiss, dickflüssig und darf sich selbst nach längerem Stehen nicht in zwei Schichten trennen.

Auf die Haut applicirt, wirkt es local reizend und wird zu ableitenden Einreibungen bei Rheumatismus, Lähmungen und Neuralgien verwendet.

Linimentum ammoniatum. Linimentum volatile. Flüchtiges Liniment. Liniment volatil. Linimento ammoniale.

Ol. Olivar. 3, Ol. Papaver. und Liq. Ammon. caust. āā 1, werden durch Schütteln zu einem gleichmässigen Liniment vereinigt. Dasselbe ist weiss, dickflüssig und soll sich selbst nach längerem Stehen nicht in zwei Schichten trennen.

Wirkung und Anwendung wie das vorgenannte Liniment.

Linimentum saponato-camphoratum. Opodeldoc.

Sapon. med. 40, Kampfer 10 werden bei gelinder Wärme in Spirit. 420 gelöst. Nach Filtrirung der noch warmen Lösung werden Ol. Thymi 2, Ol. Rosmarini 3 und Liq. Ammon. caust. 25 hinzugefügt und das Gemenge schnell abgekühlt.

Opodeldoc soll farblos sein und durch die Wärme der Haut schnell schmelzen.

Ist ein allgemein beliebtes Hausmittel zu Einreibungen bei Muskelrheumatismus, Pleuritis sicca, Distorsionen etc.

Liquor Aluminii acetici. Aluminium aceticum solutum. Aluminiumacetatlösung. Solution d'acétate d'aluminium.

Es ist eine klare, farblose, schwach nach Essigsäure riechende Flüssigkeit, von 1,044—1,046 spec. Gewicht. Dieselbe reagirt sauer, hat einen süsslich zusammenziehenden Geschmack und enthält 7,5—8 % Aluminiumacetat.

Das Präparat besitzt, ohne giftig zu sein, fäulnisswidrige Eigenschaften, auf die zuerst von dem Königsberger Chirurgen Burow 1857 aufmerksam gemacht worden ist.

Seither wird es äusserlich zu antiseptischen Verbänden und Waschungen, sowie zu Mund- und Gurgelwässern vielfach angewendet. Es dient auch zum Einbalsamiren von Leichen. Innerlich findet es Verwendung bei Dysenterie und Enteritis follicularis der Kinder.

Dosis. Äusserlich zu Verbänden 5—10 %, zu Mund- und Gurgelwässern 4,0—10,0 : 200,0.

Innerlich bei Dysenterie 0,5—1,0 mehrmals täglich.

744) ℞ Liq. Alumin. acet. 4,0—6,0
Aq. dest. ad 200,0.
M. D. S. Gurgelwasser.
(Angina, Foetor ex ore.)

745) ℞ Liq. Alumin. acet. 30,0
Aq. dest. 80,0
Sirup. spl. 20,0.
M. D. S. 2stündl. 1 Theelöffel voll zu geben.
(Dysenterie der Kinder.)

Liquor Ammonii acetici. Ammonium aceticum solutum. Ammoniumacetatlösung. Spiritus Mindereri. Solution d'acétate d'ammonium. Solution of Acetate of Ammonium.

Wird bereitet durch Mischen von 5 Th. Liq. Ammon. caust. mit 6 Th. verdünnter Essigsäure in der Siedhitze. Nach dem Erkalten wird die Mischung mit Ammoniak neutralisirt, filtrirt und mit Wasser verdünnt bis zum spec. Gewicht von 1,032—1,034. Man erhält auf diese Weise eine klare, farblose, vollkommen flüchtige neutrale oder kaum saure Flüssigkeit, die 15 % Ammoniumacetat enthält.

Im Organismus wird das Ammoniumacetat zu kohlensaurem Ammoniak verbrannt. Es wird innerlich in ziemlich grossen Dosen vertragen und wirkt schweisstreibend. Auf der Haut ruft es bei wiederholter Einwirkung Röthung und Entzündung hervor.

Innerlich giebt man das Präparat zu 3,0—5,0 mehrmals täglich allein, oder mit anderen Diaphoreticis bei fieberhaften Katarrhen und Rheumatismus; äusserlich zu Umschlägen, Einreibungen und Gurgelwässern.

Dosis. Innerlich zu 3,0—5,0 in Mixtur oder Thee, auch in Tropfen.

Äusserlich zu Umschlägen und Einreibungen unverdünnt; zu Gurgelwässern 10,0 : 100,0.

746) ℞ Liquor. Ammon. acet.
Oxymel. simpl. āā 25,0
Aq. Flor. Sambuc. 125,0.
M. D. S. 2stündl. 1 Esslöffel.
Als schweisstreibendes Mittel.
(Radin.)

747) ℞ Liq. Ammon. acet. 30,0.
D. S. ½stündlich 2 Theelöffel in 1 Tasse Fliederthee zu nehmen.
(Nephritis, Ödeme etc.)

748) ℞ Inf. Flor. Sambuci 10,0 : 120,0
Liq. Ammon. acet. 10,0
Sirup. simpl. 20,0.
M. D. S. 2stündl. 1 Esslöffel.
(Diaphoreticum.)

Liquor Ammonii anisatus. Ammoniacum solutum anisatum. Spiritus Ammonii anisatus. Anisölhaltige Ammoniakflüssigkeit. Esprit d'ammoniaque anisé. Spirito d'ammoniaca anisato.

1 Th. Anisöl wird in 24 Th. Weingeist gelöst und 5 Th. Ammoniakflüssigkeit hinzugefügt. Man erhält eine klare, gelbliche, nach Ammoniak und Anis riechende und schmeckende Flüssigkeit, die sich auf Zusatz von Wasser milchig trübt.

Wirkt excitirend und expektorirend und wird bei fieberloser Bronchitis und Pneumonie mit stockendem Auswurf besonders bei kleinen Kindern und alten Leuten angewandt. Äusserlich wirkt es reizend. Es wird zu hautreizenden Einreibungen, und auch subkutan als Excitans bei Collapszuständen (Cholera etc.), auch als Riechmittel bei Ohnmacht benutzt.

Dosis. Innerlich zu 0,2—1,0 drei- bis viermal täglich, für Kinder 2—5 Tropfen mehrmals rein oder in Verbindung mit anderen

Excitantien. Zu subkut. Einspritzungen, in Verbindung mit Alkohol āā $^1/_2$—1 Spritze.

Bei der Darreichung sollen Säuren und saure Salze vermieden werden.

Präparat: **Elixir e Succo Liquiritiae.** Brustelixir. (Succ. Liquirit. dep., Liq. Ammon. anisat. āā 1, Aq. Foenicul. 3). 20 Tropfen bis $^1/_2$ Theelöffel 3—4mal täglich.

749) ℞ Inf. Rad. Valerian.
6,0—10,0 : 180,0
Liq. Ammon. anis. 3,0
Sirup. Althaeae ad 200,0.
M. D. S. 2stündl. 1 Esslöffel.

750) ℞ Liq. Ammon. anis. 5,0
Aq. Amygd. amar. 6,0
Sirup. Althaeae 70,0.
M. D. S. 3—4 × tägl. 1 Theelöffel.

751) ℞ Liq. Ammon. anis. 1,5
Aq. dest.
Sirup. Althaeae āā 30,0.
M. D. S. 1—2stündl. 1 Theelöffel.
(Akute Bronchitis der Kinder.)

752) ℞ Liq. Ammon. anis.
Spirit. aeth. āā 5,0.
M. D. S. $^1/_2$stündl. 3 Tropfen (in Haferschleim).
(Excitans für Kinder.)

753) ℞ Inf. Rad. Ipecac. 0,2 : 80,0
Liq. Ammon. anis. 1,0
Sirup. Seneg. ad 100,0.
M. D. S. Stündl. 1 Kinderlöffel.
(Bronchitis bei Kindern.)

754) ℞ Elixir e Succ. Liquirit. 15,0.
D. S. 3 × tägl. 20—30 Tropfen in Brustthee oder heissem Zuckerwasser.

Liquor Ammonii caustici. Ammonium hydricum solutum. Ammoniakflüssigkeit. Salmiakgeist. Ammoniaque liquide. Alcali volatil. Water of Ammonia. Ammoniaca.

Wird durch Einleiten von reinem Ammoniakgas in destillirtes Wasser gewonnen und stellt eine klare, farblose, flüchtige Flüssigkeit von eigenthümlich stechendem Geruche mit stark alkalischer Reaktion dar. Sie enthält 10% gasförmiges Ammoniak gelöst und bildet bei Annäherung von Salzsäure dichte, weisse Nebel von Chlorammonium. Das spec. Gewicht beträgt 0,900.

Wirkt örtlich stark reizend und kann auf der Haut Entzündung und bei längerer Einwirkung partielle Gangrän verursachen. Eingeathmet in starker Concentration, erzeugt Ammoniak Thränenträufeln, Niesen, Husten, Glottiskrampf, Erstickungsnoth, Bronchitis und Lungenoedem. In Verdünnung inhalirt vermehrt es die Absonderung der Bronchialschleimhaut, ebenso in kleinen Dosen verdünnt, innerlich genommen, indem es gleichzeitig excitirend wirkt und auch die Schweisssekretion vorübergehend steigert. Nach koncentrirten oder grossen innerlichen Gaben beobachtet man heftige akute Magen-Darmentzündung, Blutergüsse, starke Schmerzen, Erbrechen und zuweilen Perforationsperitonitis, an den Lippen graue Schorfe.

Äusserlich als Rubefaciens, zur Erzielung eines leichten Hautreizes (bes. in Form von Linimenten) bei chronischem Rheumatismus, Kontusionen, Neuralgien. Ferner bei Insektenstichen (Mücken, Bienen, Wespen) und Schlangenbiss. Als Riechmittel bei Ohnmachten, tiefem Alkoholrausch und narkotischen Vergiftungen.

Innerlich als Excitans bei Vergiftungen mit Narcoticis oder Schlangenbiss in Tropfenform mit Wein oder schleimigem Vehikel.

Dosis. Innerlich 0,1—0,5 mehrmals täglich in Wein oder schleimigen Mixturen.

Äusserlich zu Waschungen 5,0 : 100,0; zu Einreibungen gew. in Form der officinellen Linimente:

Linimentum ammoniatum.

Linimentum ammoniato-camphoratum.

Linimentum saponato-caphoratum.

755) ℞ Liq. Ammon. caust. 1,0—2,0
Mixt. gummos. ad 200,0.
M. D. S. Stündl. 1 Esslöffel.

756) ℞ Liq. Ammon. caust. 2,0
Decoct. Althae. 180,0.
M. D. S. Stündl. 1 Esslöffel.
(Schlangenbiss etc.)

757) ℞ Liq. Ammon. caust. 60,0
Spirit. camphor. 10,0
Natrii chlorat. 60,0
Aq. dest. 1000,0.
M. D. S. Eau sédative.
(Cod. franç.)

758) ℞ Liq. Ammon. caust. 20,0
Ol. Rapar. 80,0.
M. D. S. Äusserlich zum Einreiben.

Liquor Cresoli saponatus. Kresolseifenlösung.

Ein Theil rohes Kresol und ein Theil Kaliseife werden bis zur klaren Lösung erwärmt. Liq. Cresoli saponatus stellt eine klare, gelbbraune Flüssigkeit dar, die wie Karbolsäure, Lysol oder Creolin zu desinficirenden Zwecken benutzt wird. Zur Behandlung der Wunden nimmt man 1 Esslöffel der Flüssigkeit auf 1 l Wasser. Zur Reinigung der Instrumente 1—3 $^{0}/_{0}$ Lösungen.

Liquor Ferri acetici. Siehe Liquor Ferri subacetici.

Liquor Ferri albuminati. Ferrum albuminatum solutum. Eisenalbuminatlösung. Solution d'albuminate de fer.

35 Th. trockenes Eiweiss, gelöst in 1000 Th. Wasser, werden in eine Mischung von 120 Th. Eisenoxychlorid mit 1000 Th. Wasser unter Umrühren eingegossen. Der entstandene Niederschlag wird ausgewaschen und in verdünnter Natronlauge (3 : 50) gelöst; alsdann Zusatz von 150 Th. Weingeist, 100 Th. Zimmtwasser, 2 Th. Tinctura aromatica und Wasser bis zum Gesammtgewicht von 1000.

Das Präparat stellt eine rothbraune Flüssigkeit von schwachem Zimmtgeschmacke dar, die in 1000 Th. etwa 4 Th. Eisen enthält.

Ist als gut schmeckendes und leicht verdauliches Eisenpräparat ein häufig angewandtes Mittel.

Es wird innerlich theelöffelweise (3 bis 4 mal täglich) bei

Chlorose gegeben, Kindern 5 bis 30 Tropfen 3mal täglich unverdünnt oder in Milch (vor der Mahlzeit).

759) ℞ Liq. Ferri albumin. (Drees) 100,0.
D. S. 3 × tägl. (kurz vor der Mahlzeit)
1 Theelöffel zu nehmen.
(Anämie, Ulcus ventriculi etc.)

Liquor Ferri jodati. Eisenjodürlösung.

In eine Mischung aus Wasser 50 und Jod 41 wird so viel gepulvertes Eisen eingetragen, bis eine grünliche Lösung entstanden ist. Die gelblich grüne Flüssigkeit enthält 50% Eisenjodür. Das Präparat vereinigt Jod- und Eisenwirkung und wird bei Skrophulose, Anaemie und Syphilis zu 0,1—0,2 (5—10 Tropfen) mehrmals täglich in Wasser oder Wein oder Sirup gegeben.

760) ℞ Liq. Ferri jodat.
Vini Xerens. āā 50,0
Sirup. Cort. Aurant. 10,0.
M. D. S. 3 × tägl. 1 Theelöffel.
(Skrophulose etc.)

Liquor Ferri oxychlorati. Ferrum oxychloratum solutum. Flüssiges Eisenoxychlorid. Solution d'oxychlorure de fer.

35 Th. Eisenchlorid werden mit 160 Th. Wasser verdünnt und in eine Mischung von 35 Th. Ammoniakflüssigkeit und 320 Th. Wasser gegossen. Der entstandene Niederschlag wird ausgewaschen, abgepresst, mit 3 Th. Salzsäure versetzt, nach dreitägigem Stehen bis zur vollständigen Lösung gelinde erwärmt und diese Flüssigkeit durch Wasserzusatz auf das spec. Gewicht von 1,050 gebracht. So erhält man eine braunrothe klare, geruchlose Flüssigkeit, von wenig zusammenziehendem Geschmacke, mit einem Eisengehalt von nahezu 3,5%.

Dies leicht verdauliche Präparat wird als Tonicum innerlich bei Anaemie und Chlorose angewandt.

Äusserlich zu adstringirenden Waschungen und als Stypticum bei Blutungen.

Da das Präparat eine in der Anfertigung vereinfachte Form des neuerdings viel gebrauchten Ferrum dialysatum ist, darf der Apotheker dasselbe verabfolgen, wenn

†**Liquor Ferri oxydati dialysati** verordnet wird.

Man giebt 10 bis 20 Tropfen mehrmals täglich auf Zucker oder in Milch und Wein. Ausserlich bei Blutungen, Epistaxis etc. unverdünnt.

Liquor Ferri sesquichlorati. Ferrum sesquichloratum solutum. Eisenchloridlösung. Solution de perchlorure de fer. Solution of Perchloride of Iron. Soluzione di perchloruro di ferro.

100 Th. abgeriebener Eisendraht werden in 260 Th. Salzsäure gelöst und mit 135 Th. Salpetersäure erhitzt. Die Flüssigkeit wird alsdann abgedampft, bis das Gewicht des Rückstandes für je 100 Th. darin enthaltenes Eisen 483 beträgt, man verdünnt dann die Flüssigkeit mit Wasser bis auf 1000 Th.

Ist eine klare, tief gelbbraune Flüssigkeit von 1,280 bis 1,282 spec. Gewicht, welche nach Verdünnung mit Wasser durch Silbernitratlösung weiss und durch Kaliumferrocyanidlösung tief blau gefärbt wird.

Das Präparat wirkt wie Eisenchlorid (Fe_2Cl_6), dessen 10% wässerige Lösung es darstellt. Es ist ein häufig angewandtes Eisenmittel, das in Concentration ätzend wirkt. Die Ätzwirkung kommt theilweise durch die starke Affinität zum Eiweis, theilweise durch rasche Abgabe von Chlor zu Stande. In entsprechender Verdünnung ist es ein gutes Adstringens und Haemostaticum. Nach Rossbach erfolgt die Blutstillung durch den Reiz auf die Gefässe in ihrer Längsrichtung, nicht durch die Coagulation des Eiweisses an den klaffenden Wunden. Unverdünnt innerlich genommen, ätzt es den Magen an. In starker Verdünnung wirkt es wie andere Mittel und (nach neueren Erfahrungen) besonders günstig bei Diphtherie.

Anwendung und Dosis. Innerlich bei Magen-, Darm-, Lungen- und Harnblutungen und bei Diphtherie zu 2—10 Tropfen in Rothwein oder schleimigem Vehikel mehrmals täglich.

Äusserlich als Blutstillungsmittel in Verdünnung von 5,0 auf 150,0 Wasser oder am besten unverdünnt auf Watte, die sorgfältig ausgepresst werden muss. Zu Pinselungen und Inhalationen bei Diphtherie und Haemoptoë. Zu Ausspülungen (0,5 : 100,0) bei Epistaxis und Metrorrhagie, zu Inhalation und Verbänden (1,0 bis 2,0 : 100,0). Zu Injektionen bei Aneurysmen tropfenweise unverdünnt.

Präparate: **Tinctura Ferri chlorati aetherea.** (Liq. Ferri sesquichl. 1, Äther 2, Spirit. 7). Zu 20—30 Tropfen 3—4mal täglich.

Ammonium chloratum ferratum. (Ammon. chlorat. 32, Liq. Ferri sesquichl. 9). Zu 0,3—1,0 in Pulver oder Pillen mehrmals täglich. Expektorans.

761) ℞ Liq. Ferri sesquichl. 10,0.
D. S. 5—8 Tropfen in 1 Esslöffel Rothwein oder Haferschleim, zuerst ½stündl., dann seltener.
(Stypticum, Darmblutung.)

762) ℞ Liq. Ferri sesquichl. 3,0
Aq. Cinnamom. 12,0.
M. D S. 5—10 Tropfen in Rothwein oder Wasser.
Stündl. bis 2stündl.
(Hämatemesis, Hämoptoë, Darmblutung, Diphtherie.)

763) ℞ Liq. Ferri sesquichl. 0,25
Aq Cinnamom. 50,0.
M. D. S. 2stündl. 1 Kinderlöffel.
(Chron. Diarrhoe.)

764) ℞ Liq. Ferri sesquichl.
Glycerin. āā 10,0.
D. S. Zum Einpinseln.
(Diphtherie, Hyperhydrosis etc.)

Liquor Ferri subacetici. Basisch Ferriacetlösung.

Eisenchloridlösung 5 werden mit Wasser 25 verdünnt unter Umrühren einer Mischung von Ammoniakflüssigkeit 5 mit Wasser 100 zugefügt mit der Vorsicht, dass die Flüssigkeit alkalisch bleibt. Der Niederschlag wird mit Wasser ausgewaschen, ausgepresst und in einer Flasche mit verdünnter Essigsäure 4 an einem kühlen Orte unter öfterem Umschütteln so lange stehen gelassen, bis er sich aufgelöst hat. Alsdann wird der filtrirten Lösung so viel Wasser zugesetzt, dass ihr spec. Gewicht 1,087—1091 beträgt. Man erhält auf diese Weise eine rothbraune, schwach nach Essigsäure riechende Flüssigkeit, die 4,8—5 % Eisen enthält und beim Erhitzen einen rothbraunen Niederschlag giebt.

Das Präparat gehört zu den stark wirkenden Eisenmitteln und kommt nur äusserlich in starker Verdünnung (0,5—1,0 : 50,0) zu adstringirenden Umschlägen zur Verwendung. Es dient zur Bereitung der

Tinctura Ferri acetici aetherea. Ätherische Eisenacetatlösung. (Liq. Ferri acet. 6, Spirit 1, Äther acet. 1). Dunkelbraunrothe, klare Flüssigkeit, mit 4 % Eisengehalt. Wird mehrmals täglich zu 20—30 Tropfen in Zuckerwasser oder Wein bei Anämie und Chlorose gegeben.

Liquor Kali caustici. Kalium hydricum solutum. Kalilauge. Solution de potasse caustique. Solution of Potash.

Ist eine 15procentige Lösung von Ätzkali in Wasser und stellt eine klare, farblose oder schwach gelbliche, stark alkalisch reagirende Flüssigkeit von 1,126 bis 1,130 spec. Gewicht dar.

Wirkt wie Kalium causticum fusum ätzend und wird nur noch äusserlich als Zusatz zu Bädern und erweichenden Umschlägen benutzt. Beim Verschlucken von Kalilauge dient Essig, Citronensäure oder Weinsäure als Gegengift.

Äusserlich 100,0—200,0 auf ein Vollbad; zu Waschungen 10,0 : 100,0. Dient auch zur Bereitung von

Sapo kalinus, Kaliseife. (Ol. Lini 20, Liq. Kali caust. 27, Spirit. 2). Erweichendes Mittel bei chronischen Hautkrankheiten.

Spiritus saponatus. Seifenspiritus. (Olivenöl 6, Kalilauge 7, Weingeist 30, Wasser 17 Th.). Klare, gelbe, alkalisch reagirende Flüssigkeit. Dient zu Einreibungen bei Rheumatismus und Neuralgien, Ekzem, auch als Zusatz zu Bädern (50—100 g auf 1 Bad).

Liquor Kalii acetici. Kalium aceticum solutum. Kaliumacetatlösung. Solution d'acétate de potassium.

Man fügt zu 50 Th. verd. Essigsäure 24 Th. Kaliumbicarbonat, erhitzt zum Sieden, neutralisirt hierauf mit Kaliumbicarbonat und verdünnt die Flüssigkeit mit Wasser bis zum spec. Gewicht von 1,176—1,180. Stellt eine klare, farblose Flüssigkeit dar, die in 3 Th. 1 Th. Kaliumacetat enthält. Wirkt wie Kalium aceticum und wird wie dieses als Diureticum angewandt bei Oedemen und Ascites, sowie bei pleuritischen Exsudaten nach Ablauf der Entzündungserscheinungen.

Dosis. Innerlich zu 2,0—5,0 mehrmals täglich in Mixtur oder Tropfen, gewöhnlich als Zusatz zu anderen diuretischen Mitteln.

765) ℞ Inf. Fol. Digital. 1,0 : 120,0
Oxymel. Scill.
Liq. Kalii acet. āā 20,0.
M. D. S. 2stündl. 1 Esslöffel.
(Hydrops bei Herzaffektion.)

766) ℞ Liq. Kalii acet. 10,0
Aq. dest. 90,0
Sirup. Rubi Idaei 20,0.
M. D. S. 2stündl. 1 Kaffeelöffel voll zu nehmen.
(Nephritis bei Kindern.)

767) ℞ Liquor. Kalii acet. 30,0
Olei Petroselin. gtt. II
Aq. dest. ad 200,0.
M. D. S. 3 × tägl. 1 Esslöffel.
Mixtura diuretica.
(Formul. magistr. Berol.)

768) ℞ Liq. Kalii acet. 15,0.
D. S. 3 × tägl. 10 Tropfen in Zuckerwasser.
(Hydrops bei Kindern.)

Liquor Kalii arsenicosi. Kalium arsenicosum solutum. Solutio arsenicalis Fowleri. Fowler'sche Lösung. Solution de Fowler. Fowler's Solution. Soluzione del Fowler.

1 Th. Acid. arsenicosum, 1 Th. Kalium carbonic. werden mit 1 Th. Aq. bis zur völligen Lösung gekocht und hierauf 40 Th. Wasser hinzugefügt. Nach dem Erkalten werden 10 Th. Weingeist, 5 Th. Lavendelspiritus und so viel Wasser zugegeben, dass das Gesammtgewicht 100 beträgt.

Ist eine klare, farblose, stark alkalische Flüssigkeit, die in 100 Th. 1 Th. arsenige Säure enthält und auch deren Wirkungen entfaltet. Gehört zu den am meisten angewandten Arsenikpräparaten.

Dosis. Innerlich, am besten in Verdünnung mit Aq. Menthae pip. oder Aq. Amygd. amar. in Tropfenform, allmählich ansteigend von 2 bis auf 10 Tropfen und nach der Mahlzeit zu nehmen.

Grösste Einzelgabe 0,5! — Grösste Tagesgabe! 2,0!

Kindern von 1— 4 Jahren 1 Tropfen
„ „ 5—10 „ 2 „
„ „ 10—15 „ 3 „
} 3 × tägl. zu geben bei Chorea, Prurigo Psoriasis etc.

Zur subkutanen Injektion mit gleichen Theilen Wasser verdünnt, $^1/_4$—1 Spritze bei Nervenkrankheiten, Hautaffektionen etc., ebenso zu parenchymatösen Einspritzungen bei malignen Lymphomen.

769) ℞ Liq. Kalii arsenic.
Aq. Amygdal. amar. āā 7,5.
M. D. S. 3 × tägl. 2 Tropfen, allmählich bis auf 3 × tägl. 10 Tropfen zu steigern.
(Neuralgie, Chorea, Diabetes, Intermittens, Hautaffektionen etc.)

770) ℞ Sol. Kalii arsenic. 5,0
Aq. destill. 10,0.
D. S. Zur subkutanen Injektion ½—1 Spritze.
(Tremor, Paralysis agit., Lichen ruber, maligne Lymphome.)

771) ℞ Liq. Kalii arsenic.
Aq. Menth. pip. āā 5,0.
M. D. S. 3 × tägl. 5 Tropfen.
(Chorea der Kinder.)

772) ℞ Liq. Kalii arsenicosi 2,0
Aq. destill. 140,0
Spirit. 40,0.
M. D. S. Äusserlich. Tägl. 1 Esslöffel voll auf der Kopfhaut zu verreiben. (Bei Alopecie in Folge von Pilzbildung.)
(Pincus.)

Liquor Kalii carbonici. Kalium carbonicum solutum. Kaliumkarbonatlösung. Solution de carbonate de potassium.

11 Th. Kaliumcarbonat in 20 Th. Wasser gelöst.

Stellt eine klare, farblose Flüssigkeit mit einem Gehalt von $33\frac{1}{3}$% Kalium carbonicum dar und wird wie letzteres angewandt. Innerlich zu 0,5—2,0 (bei Lithiasis etc.) mehrmals täglich in verdünnter Lösung, schleimigen Vehikeln, Tropfen und Saturation.

Liquor Natri caustici. Natrium hydricum solutum. Natronlauge. Solution de soude caustique.

Ist eine Auflösung von Ätznatron in Wasser, die bei einem spec. Gewichte von 1,168—1,172 etwa 15% Natriumhydroxyd enthält und eine klare, schwach gelbliche, stark alkalisch reagirende Flüssigkeit darstellt. Am Platindrahte verdampft, färbt sie die Flamme gelb. Wirkt ätzend und wird nur ausnahmsweise in starker wässeriger Verdünnung als Antacidum und zu Inhalationen und Pinselungen des Pharynx (1,0 : 100,0—200,0) benutzt. Dient zur Herstellung von Sapo medicatus.

Liquor Natrii silicici. Natronwasserglaslösung.

Wird durch Zusammenschmelzen von Quarz mit wasserfreier Soda und Kohle oder durch Lösung von Kieselsäure in heisser Natronlauge unter hohem Druck gewonnen und bildet eine klare, farblose oder schwach gelblich gefärbte, alkalisch reagirende, sirupartige, in dünner Schicht an der Luft zu einer glasartigen Masse eintrocknende Flüssigkeit, welche durch Säuren gallertartig gefällt wird. Specif. Gewicht 1,30—1,40.

Besitzt desinficirende und harnsäurelösende Eigenschaften, wird aber fast ausschliesslich in der chirurgischen Praxis zur Herstellung von wasserdichten Verbänden benutzt. Das Erhärten derselben beruht auf der allmähligen Abscheidung von Kieselsäure durch die Kohlensäure der Luft. Um einen Gypsverband bei Fraktur des Vorderarms wasserdicht zu machen, sind etwa 500 g Liquor Natrii silicici erforderlich. Wird auch zu Pinselungen bei Erysipelas und nach Insektenstichen verwandt. Die Flüssigkeit ist vorsichtig in Flaschen aufzubewahren, deren sehr genau passende Stöpsel mit Paraffin bestrichen sind.

Liquor Plumbi subaceti. Plumbum subaceticum solutum. Acetum Saturni. Extractum Saturni. Bleiessig. Extrait de Saturne. Solution of subacetate of Lead. Estratto di Saturno.

Wird dargestellt aus 3 Th. Bleiacetat und 1 Th. Bleioxyd, welche mit Wasser angerieben werden. Die gut gemischte Masse wird im Dampfbade erwärmt, bis die röthliche Farbe zu verschwinden beginnt, alsdann wird noch so viel Wasser hinzugefügt, dass seine Gesammtmenge 10 Th. beträgt, zum Absetzen bei Seite gestellt und filtrirt.

Ist eine klare, farblose Flüssigkeit von süssem zusammenziehendem Geschmacke und alkalischer Reaktion. Dieselbe trübt sich an der Luft durch Aufnahme von Kohlensäure und Bildung von unlöslichem Bleikarbonat. Auf Zusatz von Eisenchlorid entsteht unter Abscheidung von Bleichlorid eine röthliche Mischung.

Bleiessig fällt Eiweisslösungen und wirkt koncentrirt wegen seiner starken Affinität zum Eiweiss ätzend. In Verdünnung trocknet er die Gewebe aus und wirkt adstringirend und kühlend. Innerlich in grösserer Menge genommen, ätzt er den Magen an und erzeugt heftige Gastroenteritis. Als Gegengift muss sofort Magnesium oder Natrium carbonicum oder sulfurium gegeben werden.

Wird nur äusserlich verwendet und zwar unverdünnt als Ätzmittel bei Condylomen, in Verdünnung zu kühlenden Umschlägen bei entzündlichen Zuständen der Haut, Contusionen, Verbrennungen; als sekretionsbeschränkendes Mittel bei torpiden Geschwüren, zu Einspritzungen bei Gonorrhoe und Fluor albus. Ferner als Mund- und Gurgelwasser bei Angina und Stomatitis mercurialis und als Augenwasser bei Conjunctivitis.

Dosis. Zu kühlenden Umschlägen 1,0—2,0 : 100,0 Aqua oder $^1/_2$ Theelöffel auf 1 Tasse Wasser. Als Mund- und Gurgelwasser 0,5—1,0— : 100,0. Zu Einspritzungen bei Gonorrhoe oder Fluor albus 2,0—5,0 : 200,0. Als Augenwasser 0,5—1,0 : 100,0. Zu Salben 0,2—1,0 : 10,0 Lanolin. Bei Verordnung des Bleiessigs sind zu vermeiden: Alkalien, kohlensaure Alkalien, Schwefelsäure und schwefelsaure Salze, Gerbsäure und schleimhaltige Stoffe, weil dadurch Zersetzung eintritt.

Präparate: **Aqua Plumbi.** Bleiwasser (Liq. Plumb. subacet. 1, Aq. 49).

Unguentum Plumbi. (Liq. Plumb. subacet 2, Ungt. Paraff. 19).

Unguentum Plumbi tannici. (Acid. tannic. 1, Bleiessig 2, Adep. suill. 17).

773) ℞ Liq. Plumb. subacet. 4,0
Aq. destill. ad 200,0.
M. D. S. Äusserlich zu Umschlägen.

774) ℞ Liq. Plumb. subacet.
Tinct. Opii spl. āā 1,0
Aq. destill. ad 100,0.
M. D. S. Zur Injektion.
(Gonorrhoe.)

775) ℞ Liq. Plumb. subacet. 30,0.
D. S. 5 Tropfen auf 1 Tasse Wasser.
(Zu Umschlägen bei Conjunktivitis etc.)

Lithargyrum. Plumbum oxydatum. Bleiglätte. Bleioxyd. Oxyde de plomb. Oxide of Lead. Protossido di piombo. PbO.

Wird durch andauerndes Erhitzen von geschmolzenem Blei an der Luft gewonnen und stellt ein schweres, rothgelbes, in Wasser und Weingeist unlösliches, in verdünnter Salpetersäure und Kalilauge lösliches Pulver dar.

Der Bleiglätte kommen dieselben Wirkungen zu, wie den übrigen Bleipräparaten. Sie ist die Ursache zahlreicher chronischer Vergiftungen bei Töpfern und Steingutarbeitern, die sich ihrer zur Glasur etc. bedienen.

Sie findet keine therapeutische Verwendung sondern dient zur Darstellung von

Emplastrum Lithargyri. Bleipflaster. (Olivenöl, Schweineschmalz, Bleiglätte āā 5 mit Wasser 1). Gelblich weisses Pflaster. Dient als Deckmittel und Grundlage für andere Pflastermischungen.

Lithium carbonicum. Lithiumkarbonat. Carbonate de lithium. Carbonate of Lithium. Carbonato di litio. Li_2CO_3.

Findet sich in geringer Menge in verschiedenen natürlichen Mineralwässern und wird aus einigen Mineralien, namentlich aus Lepidolith und Lithionglimmer fabrikmässig hergestellt. Dasselbe stellt ein weisses, beim Erhitzen schmelzendes und nach dem Erkalten zu einer Krystallmasse erstarrendes Pulver dar, das sich in 80 Th. kaltem und 140 Th. kochendem Wasser zu einer alkalischen Flüssigkeit löst, leicht in kohlensäurehaltigem Wasser löslich, aber in Weingeist unlöslich ist. Es färbt die Flamme karminroth.

Lithium carbonicum zeichnet sich durch sein starkes Lösungsvermögen für Harnsäure aus. Wenn man mit harnsaurem Natrium inkrustirte Knochenstücke in eine wässerige Lösung von Lithiumcarbonat legt (Garrod), verschwinden diese Ablagerungen in kurzer Zeit und der Knochen erhält sein normales Aussehen wieder. Ausserdem wirkt Lithium carbonicum diuretisch. Es wird leicht resorbirt und erscheint bei innerer Darreichung sehr schnell im Urin wieder.

Innerlich wird es vorwiegend bei Gicht und Harnsäurekonkrementen, zuweilen auch bei chronischem Rheumatismus angewandt; äusserlich zu Einspritzungen in die Harnblase (bei Blasensteinen) und zu Inhalationen bei Croup und Diphtherie.

Dosis. Innerlich zu 0,05—0,3 mehrmals täglich in Pulver (in Sodawasser gelöst) oder als künstliches Lithiumwasser 1,0 in 1 l Wasser gelöst im Laufe eines Tages zu trinken.

Äusserlich zu Injektionen in die Blase 1,0—2,0 : 200,0; davon 100 g auf einmal einzuspritzen. Zu Inhalationen 0,5 bis 1,0 : 100,0.

Gute Lithiumpräparate sind ferner noch:

†**Lithium carbonicum effervescens.** Davon 1/2 Theelöffel auf 1 Glas Wasser.

†**Lithium benzoicum.** Dosis 0,5—1,0 in wässeriger Lösung.

776) ℞ Lithii carbon. 5,0
Kalii carbon. 10,0.
M. f. pulv. D. ad scat.
S. 3—4 × tägl. 1 Messerspitze voll in Selterwasser zu nehmen.
(Gicht, Nephrolithiasis.)

777) ℞ Lithii carbon. 0,25
Natrii bicarb. 0,5
Kalii nitrici 1,0.
M. f. pulv. D. tal. dos. 20.
S. Morgens u. Abends 1 Pulver zu nehmen.
(Gicht.) (Binz.)

778) ℞ Lithii carbon. 1,0—2,0 : 200,0.
D. S. Zur Inhalation.
(Croup u. Diphtherie.)

Lithium salicylicum. Lithiumsalicylat.

Ist ein weisses, geruchloses, krystallinisches Pulver von süsslichem Geschmacke und in Wasser, sowie in Weingeist leicht löslich.

Wird in Einzelgaben zu 1,0 und in Tagesgaben von 4,0—5,0 g in Pulverform oder Lösung bei Gicht, subakut verlaufendem Gelenkrheumatismus und akuten rheumatischen Affektionen gegeben.

Lycopodium. Semen Lycopodii. Bärlappsamen. Hexenmehl. Lycopode. Lycopodo.

Die aus den getrockneten Ähren durch Ausklopfen und Absieben gewonnenen Sporen von Lycopodium clavatum, einer Kryptogame des nördlichen und mittleren Europas.

Sie bilden ein blassgelbes, geruch- und geschmackloses, sehr bewegliches Pulver, das in Wasser oder Chloroform beim Schütteln nichts abgiebt. Unter dem Mikroskop erscheint es als aus nahezu gleich grossen Körnern bestehend, die von drei flachen und einer gewölbten Fläche begrenzt werden.

Lycopodium enthält fettes Öl und indifferente Stoffe. Man verordnete es früher als antispasmodisches Mittel bei Reizzuständen der Harnorgane (Strangurie, Cystitis) etc. Gegenwärtig wird es innerlich selten (von den Homoeopathen dagegen sehr häufig) gebraucht. Äusserlich dient es als austrocknendes Streupulver bei nässenden Ekzemen und Intertrigo. Pharmaceutisch wird es sehr viel zum Bestreuen der Pillen, um deren Verkleben zu verhindern, verwendet.

Innerlich (selten) zu 1,0—3,0 mehrmals täglich in Pulverform oder Schüttelmixtur (5,0—10,0 : 150,0).

Äusserlich als Streupulver allein oder in Verbindung mit Amylum, Zinc. oxyd. oder Talcum.

779) ℞ Lycopodii 18,0
Zinci oxydat. 2,0.
M. f. pulv. D. S. Äusserlich.
Streupulver bei Intertrigo mit Ekzem.

780) ℞ Lycopodii 10,0
terendo misce cum
Sirup. Althaeae 40,0
Aq. dest. 60,0.
M. D. S. 2stündl. 1 Theelöffel.
Gegen Strangurie und Ischurie kleiner Kinder.
(Hufeland.)

Magnesia usta. Magnesium oxydatum. Magnesia calcinata. Gebrannte Magnesia. Magnésie calcinée. Light Magnesia. Magnesia calcinate. MgO.

Wird durch Erhitzung von Magnesium carbonicum gewonnen und stellt ein weisses, leichtes, in Wasser fast unlösliches Pulver, von bitterem Geschmacke dar. Aus der Luft nimmt dasselbe begierig Kohlensäure und Feuchtigkeit auf und verwandelt sich allmählich wieder in Magnesium carbonicum.

Magnesia usta besitzt die Eigenschaft, grosse Mengen Kohlensäure zu absorbiren. Dabei bildet sie sich im Verdauungstractus zu doppelt kohlensaurer Magnesia um und wirkt durch Vermehrung der Peristaltik abführend.

Wird als säuretilgendes Mittel bei Pyrosis und Gastralgie, ferner als mildes Abführmittel und als Antidot bei Vergiftungen mit ätzenden Säuren verordnet (besonders bei Arsenikvergiftung, da Magnesia usta mit Acidum arsenicosum im Verdauungskanale eine schwer lösliche Verbindung bildet).

Äusserlich als Streupulver bei Intertrigo und als Zusatz zu Zahnpulvern.

Dosis. Innerlich zu 0,2—1,0 mehrmals täglich in Pulver, Schüttelmixtur oder comprimirten Tabletten. Als Abführmittel für Erwachsene 2,0—10,0, für Kinder 0,5—2,0.

Äusserlich in Substanz oder in Verbindung mit Lycopodium oder Talk.

781) ℞ Magnesiae ust. 25,0
Aq. dest. ad 200,0.
M. D. S. Esslöffelweise anfangs $^1/_4$—$^1/_2$stündl., dann seltener.
(Bei Vergiftungen mit Mineralsäuren und arseniger Säure.)
(Vor dem Gebrauche umzuschütteln.)

782) ℞ Magnesiae ust. 10,0
Elaeosacch. Foeniculi 5,0.
M. f. pulv. D. ad scatul.
S. Mehrmals 1 Messerspitze voll.
(Pyrosis und Flatulenz.)

783) ℞ Magnes. ust. 10,0
Natrii bicarbon. 5,0
Aq. Menth. pip. 50,0
Aq. dest. ad 200,0.
M. D. S. 2stündl. 1 Esslöffel.
Umzuschütteln.
(Sodbrennen.)

Magnesium carbonicum. Magnesia alba. Magnesiumkarbonat. Kohlensaure Magnesia. Carbonate de magnésium. Carbonate of Magnesium. Carbonato di Magnesio. $MgCO_3$.

Eine auf 50—70° erwärmte Lösung von Magnesiumsulfat wird durch eine Lösung von kohlensaurem Natron gefällt. Dabei entsteht ein weisser Niederschlag von basischem Magnesiumkarbonat. Dasselbe stellt ein leichtes Pulver dar, ist in Wasser fast unlöslich und braust mit Säuren auf.

Bezüglich der Wirkung und Anwendung gilt das von Magnesia usta Angeführte. Nur scheint bei Vergiftungen mit Mineralsäuren die Verabreichung von Magnesia usta zweckmässiger zu sein, da Magnesiumcarbonat Kohlensäure entwickelt und die Därme auftreibt.

Dosis. Innerlich 0,5—2,0 mehrmals täglich als Antacidum; als Abführmittel 3,0—5,0 in Pulver oder comprimirten Tabletten. Kindern 0,1—0,3 mehrmals täglich. Es verdient Beachtung, dass Magnesia usta und carbonica sehr leichte, daher recht voluminöse Pulver sind; ein gehäufter Theelöffel voll wiegt kaum 0,5 (daher nicht über 10,0 zu verschreiben).

Präparate: **Pulvis Magnesiae cum Rheo.** Kinderpulver.

(Magnes. carb. 12, Elaeos. Foenic. 8, Rad. Rhei 3) Röthlichweisses, nach Fenchel riechendes Pulver. Wird mehrmals täglich messerspitzenweise bei Verdauungsstörungen kleiner Kinder angewandt. Ist ein mildes Laxans.

Magnesium citricum effervescens. Brausemagnesia.

Weisses Pulver, das sich in Wasser unter Kohlensäureentwickelung langsam auflöst. Gelindes Abführmittel; wird thee- bis esslöffelweisse gegeben.

784) ℞ Magnes. carbon. 10,0
Cort. Fruct. Aurant. pulv.
Pulv. Sem. Foeniculi
Sacch. alb. āā 2,5.
M. f. pulv. D. S. 3 × täglich
1 Messerspitze voll zu nehmen.
Zur Förderung der Milchsekretion.
(Rosenstein.)

785) ℞ Magnes. carbon.
Pulv. Ligni Quassiae āā 4,0
Carb. Ligni pulv. 25,0.
M. D. S. Mehrmals tägl. 1 Theelöffel.

Magnesium sulfuricum. Magnesiumsulfat. Bittersalz. Sulfate de magnésium. Sulphate of Magnesium. Solfato di Magnesio. $MgSO_4 . 7 H_2O$.

Findet sich gelöst im Meerwasser, sowie in manchen Mineralwässern, den sogen. Bitterwässern (Ofen, Friedrichshall, Saidschütz etc.); ferner auch in dem Stassfurter Steinsalzlager als Kieserit.

Es wird als Nebenprodukt bei der Mineralwasserfabrikation und auch aus dem bei Stassfurt vorkommenden Kieserit gewonnen und stellt kleine, farblose, prismatische, bitter schmeckende Krystalle dar. Ist in 1 Th. kaltem und 0,3 Th. siedendem Wasser löslich, in Weingeist unlöslich.

Von allen Magnesiumsalzen wirkt das Bittersalz am stärksten abführend. Nach Gaben von 10,0—30,0 treten wässerige Stuhlentleerungen (ohne erhebliche Leibschmerzen) ein. Im Darm wird dem Magnesiumsulfat durch die Kalium- und Natriumsalze ein Theil der Schwefelsäure entzogen, während die Magnesia fast ihrer ganzen Menge nach sich in den Entleerungen wiederfindet (Buchheim).

Wird zur raschen Erzielung einer Darmentleerung sowohl, als auch bei chronischer Verstopfung verordnet, besonders bei kräftigen und fettleibigen Individuen. Bei alten, heruntergekommenen Leuten und entzündlichen Zuständen des Darms ist die Anwendung des Bittersalzes zu vermeiden.

Dosis. Innerlich zu 15,0—30,0 (1—2 Esslöffel voll) in vielem Wasser gelöst (1 Essl. auf 1 Glas Wasser). Zum längeren Gebrauch eignen sich besser die natürlichen Bitterwässer (Hunyady-Janos, Friedrichshaller Bitterwasser etc).

Magnesium sulfuricum siccum. Entwässertes Magnesiumsulfat.

Magnesium sulfuricum wird auf dem Wasserbade erhitzt, bis es 35—37% seines Gewichtes verloren hat. Es bildet ein weisses, lockeres Pulver, das der Apotheker zu verwenden hat, wenn Magnesiumsulfat zu Pulvermischungen verordnet ist. Die Dosis ist entsprechend geringer.

786) ℞ Magnesii sulf. 30,0	787) ℞ Magnes. sulf. 25,0
Natrii sulf. 20,0	Acid. tartarici 0,2
Kalii sulf. 10,0	Aq. dest. 75,0
Aq. font. ad 750,0.	Aq. Cinnam. ad 100,0.
D. S. Morgens 1 Weinglas voll zu nehmen.	M. D. S. Stündl. 1 Esslöffel voll.

788) ℞ Magnes. sulf. sicc.
Natrii sulf. sicc.
Natrii chlorat. āā 30,0.
M. f. pulv. D. in scatula.
S. Morgens 1 Esslöffel voll in einem Glase Wasser zu nehmen.

Manna. Manna.

Der durch Einschnitte in die Rinde gewonnene, an der Luft erhärtete Saft von Fraxinus Ornus, einem in Süditalien wachsendem Baume (Oleacee).

Stellt flache oder etwas rinnenförmige, krystallinische Stücke von gelblichweisser Farbe und süssem Geschmacke dar. Bei der Behandlung mit dem gleichen Gewichte heissen Wassers giebt Manna eine gelbliche Lösung, die nach dem Erkalten zu einem festen Krystallbrei erstarrt.

Als Hauptbestandtheil findet sich in der Manna der Mannit ($C_6H_{14}O_6$), der durchschnittlich zu 30—45%, bisweilen bis 80% darin enthalten ist und einen krystallinischen, leicht löslichen, sehr süss schmeckenden Körper darstellt. Neben Mannit kommen in der Manna noch Gummi und Traubenzucker in wechselnder Menge vor. — In grösseren Dosen (20,0—30,0) wirkt Manna leicht abführend, ohne starke Kolikschmerzen zu verursachen. Sie wird gewöhnlich in der Kinderpraxis, wo geringere Gaben ausreichen, und als Zusatz zu andern Laxantien verordnet.

Dosis. Innerlich zu 20,0—50,0 in Lösung oder Latwerge; für Kinder 5,0—10,0 in Mixtur.

Sirupus Mannae. Mannasirup (Manna 1, Aq. 4, Sacchar. 5). Von gelblicher Farbe. Wird theelöffelweise allein oder mit andern Mixturen als gelindes Abführmittel bei kleinen Kindern gegeben.

789) ℞ Mannae
Magnes. sulf. āā 15,0
Decoct. Althae. 120,0.
D. S. Stündl.—2stündl. 1 Esslöffel.

790) ℞ Mannae 5,0
Aq. Foeniculi 30,0.
M. D. S. ½stündl. 1 Kinderlöffel.
(Abführmittel für Neugeborene.)

791) ℞ Mannae 15,0
Aq. Foeniculi 50,0
Liq. Ammon. anis. 0,5.
M. D. S. 2stündl. 1 Theelöffel.
(Bei Verstopfung u. Husten.)

792) ℞ Sirup. Mannae
Sirup. Rhei āā 15,0.
M. D. S. 2—3 × tägl. 1 Theelöffel.
(Abführmittel für kleine Kinder.)

Mel depuratum. Mel despumatum. Gereinigter Honig. Miel dépuré. Purified Honey. Miele depurato.

2 Theile Honig werden mit 3 Th. Wasser im Dampfbade eine Stunde lang erwärmt, nach dem Abkühlen auf etwa 50° durch Flanell geseiht und durch Einengen auf dem Wasserbade bis zu einem spec. Gewichte von 1,33 gebracht.

Stellt eine gelbe bis leicht bräunliche, klare Flüssigkeit von angenehmem Geruche und Geschmacke dar.

Honig besteht wesentlich aus einem Gemenge von verschiedenen Zuckerarten (Lävulose und Dextrose), geringen Mengen Kalk, Schleim, Ameisensäure. Er wirkt im Ganzen wie Zucker, ernährend und in grossen Dosen abführend.

Als Volksmittel hat Honig (mit Roggenmehl als Kataplasma verwendet) grosse Bedeutung als reifendes und heilendes Mittel bei Drüsengeschwülsten, Abscessen und Furunkeln. In der ärztlichen Praxis bedient man sich seiner hauptsächlich als Corrigens für Mund- und Gurgelwässer, sowie als Zusatz zu Pinselsäften.

Dosis. Äusserlich zu Mund- und Gurgelwässern bei Angina 20,0—30,0 : 100,0.

Präparate: **Oxymel Scillae** (Acet. Scill. 1, Mel. dep. 2). Siehe Bulbus Scillae.

†**Oxymel simplex** (Mischung von verdünnter Essigsäure mit Mel. dupurat. 40) zum kühlenden Getränk 100,0 : 1000,0.

Mel rosatum. Mel Rosae. Rosenhonig. Miel de rose. Honey of rose. Miele rosato.

1 Th. Rosenblätter wird mit 5 Th. verdünntem Weingeiste 24 Stunden stehen gelassen; die abgepresste und filtrirte Flüssigkeit dampft man mit 9 Th. gereinigtem Honig und 1 Th. Glycerin bis auf 10 Th. ein. Man erhält so eine bräunliche, klare, sirupartige, etwas nach Rosen riechende Flüssigkeit. Dieselbe enthält neben dem Honig eine Spur Rosenöl und etwas Gerbsäure. Wegen des Gerbsäuregehaltes wird der Rosenhonig zu adstringirenden Mund- und Gurgelwässern sowie zu Pinselsäften (oft in Verbindung mit Borax) bei Angina, Stomatitis, Aphthen etc. verordnet.

793) ℞ Boracis 5,0
Mel. rosati 25,0.
M. D. S. Zur Pinselung.
(Aphthen etc.)

Mentholum. Menthol. Menthakampfer. Mentolo. $C_{10}H_{19}OH$.

Pfefferminzöl scheidet beim Stehen an einem kühlen Orte ein Stearopten, das Menthol, ab. Dasselbe bildet farblose Krystalle vom Geruche und Geschmacke der Pfefferminze, bei 43° schmelzend und bei 212° siedend, in Weingeist, Äther und Chloroform reichlich, nicht in Wasser löslich, demselben jedoch sein Aroma ertheilend.

Auf die Haut und Schleimhaut applicirt, ruft Menthol Kältegefühl und Analgesie hervor. Es wirkt wahrscheinlich direkt auf die peripherischen Nervenendigungen. Die Allgemeinwirkung grosser Gaben bei Thieren besteht in motorischer, sensibler und reflektorischer Lähmung. Kleinere Dosen wirken erregend auf das Herz. Dem Menthol kommen auch antibakterielle Eigenschaften in hohem Grade zu.

Anwendung. Äusserlich als lokales Anaestheticum bei Neuralgien, Migräne (in Form des Migränestiftes), zu Waschungen der Haut bei Pruritus, als Schnupfpulver bei Coryza, zu Inhalationen (mittels des Schreiber'schen Apparates) bei Larynxtuberkulose; zum Einlegen ins Ohr bei Furunkulose des äusseren Ohres; auch zum Betupfen der Nasenschleimhaut bei Reflexneurosen, die von der Nase ausgelöst werden. Innerlich bei Cardialgie, Erbrechen der Schwangeren und Lungenphthisis.

Dosis. Äusserlich als lokales Anästheticum in 3—10 % alkoholischer Lösung; bei Zahnschmerzen wird ein Krystall in die Zahnhöhlung gebracht; zum Einlegen ins Ohr (bei Furunkulose des äusseren Ohres) in 20 % öliger Lösung auf Watte; zum Betupfen der Nasenschleimhaut in 20—50 % öliger oder ätherischer Lösung.

Innerlich zu 0,1—0,5—1,0 in Pulver (Oblaten), Pastillen, Pillen oder alkoholischer Lösung mehrmals täglich. Menthol wird bis zu 6,0 pro die gut vertragen.

794 ℞ Menthol. 2,0
Sacch. alb.
Gummi arab. āā 1,0.
Ungt. Glycerin. q. s.
ut f. pilul. XX.
Obduc. Gelatin.
(Langgaard.)

795) ℞ Menthol. 1,0
Spirit. Vini 20,0
Sirup. simpl. 30,0.
S. Stündl. 1 Theelöffel.
(Erbrechen der Schwangeren.)

796) ℞ Menthol. 0,05
Tinct. Nucis vomic. 2,0
Spirit. Vini 10,0.
D. S. ½ stündl. 10 Tropfen mit 1 Esslöffel Chloroformwasser zu nehmen (bei hartnäckigem Erbrechen).

797) ℞ Menthol. 1,5—2,5
Spirit. Vini 50,0.
D. S. Zum Betupfen.
(Pruritus.)

798) ℞ Menthol. 4,0
Spirit. 30,0
Aq. dest. 60,0
Acid. acet. 150,0.
M. D. S. Äusserlich.
Zu Waschungen. Zur Beseitigung des Juckreizes.

799) ℞ Menthol. 1,0
Ol. Olivar. 0,5
Lanolin. 10,0.
M. f. ungt.
D. S. Migränesalbe.

800) ℞ Menthol. 0,2
(Cocain. mur. 0,1.)
Coffeae tostae
Sacch. alb. āā 5,0.
M. f. pulv. D. in scat.
S. Schnupfpulver.
(Rabow.)

801) ℞ Menthol. 0,3—0,5
Chloroform. 5,0
D. S. 4—6 Tropfen auf die Hand zu giessen und vor Nase und Mund zu halten.
(Schnupfen, Influenza.)
(Wünsche.)

Minium. Mennige. Oxyde de plomb rouge. Red Lead.

Wird durch Erhitzen von metallischem Blei oder Bleiglätte dargestellt und bildet ein rothes, in Wasser unlösliches Pulver, von ungefähr 9,0 spec. Gewicht. Der chemischen Zusammensetzung nach ist Minium eine Verbindung von Bleioxyd und Bleisuperoxyd:

$$2\,PbO + PbO_2 = Pb_3O_4.$$

Es findet nur äusserliche Anwendung zur Bereitung von

Emplastrum fuscum camphoratum. Mutterpflaster. Siehe daselbst.

Mixtura oleosa-balsamica. Balsamum Vitae Hoffmanni. Hoffmann'scher Lebensbalsam. Baume de vie de Hoffmann.

Ol. Lavand., Ol. Caryophyll., Ol. Cinnam., Ol. Thym., Ol. Citri, Ol. Macidis āā 1, Bals. peruvian. 4, Spirit. 240 werden gemischt, mehrere Tage bei Seite gestellt, häufig umgeschüttelt und filtrirt. Man erhält eine klare, bräunlichgelbe Flüssigkeit, von sehr angenehmem Geruche.

Wird nur äusserlich zu aromatischen Einreibungen bei Rheumatismus und Neuralgien, auch als Zusatz zu aromatischen Bädern (25,0—100,0) verordnet.

802) ℞ Mixtur. oleos.-balsam.
Spirit. Formic. āā 25,0.
M. D. S. Äusserlich zur Einreibung.

803) ℞ Adip. suill. 40,0
Chloroform. 15,0
Mixt. oleos.-balsam. 5,0.
M. f. linim. D. ad vitrum.
S. 3 × tägl. 1 Theelöffel voll einzureiben.

Mixtura sulfurica acida. Elixir acidum Halleri. Haller'sches Sauer. Elixir de Haller. Eau de Rabel. Acido solforico con alcole.

1 Theil Schwefelsäure wird mit 3 Theilen Weingeist mit der Vorsicht gemischt, dass die Temperatur nicht über 50° steigt. Ist eine klare, farblose Flüssigkeit von 0,993—0,997 spec. Gewicht. Wird an Stelle der verdünnten Schwefelsäure innerlich bei fieberhaften Zuständen, Epistaxis und Metrorrhagie zu 5—15 Tropfen in Zuckerwasser oder schleimigem Vehikel gegeben, auch in Mixturen (1,0—2,0 : 100,0). Äusserlich zu Waschungen bei Urticaria (1,0 : 100,0).

804) ℞ Mixt. sulfuric. acid.
Tinct. Opii spl. āā 2,0
Tinct. Cinnam. 12,0.
M. D. S. Stündl. 20 Tropfen in Haferschleim.
(Metrorrhagie.)

805) ℞ Mixt. sulf. acid.
Aq. dest. āā 5,0
Sirup. Rubi Idaei 50,0.
M. D. S. 2—3stündl. 1 Theelöffel in Wasser zu nehmen.
(Bei Fieberzuständen.)

806) ℞ Mixt. sulf. acid. 10,0
Aq. Menth. pip. 90,0.
M. D. S. 2stündl. 1 Theelöffel in 1 Glas Wasser zu nehmen.
(Metrorrhagie, Schweisse der Phthisiker.)

Morphinum hydrochloricum. Morphinhydrochlorid. Morphium muriaticum. Salzsaures Morphin. Chlorhydrate de morphine. Hydrochlorate of Morphine. — Cloridrato de morfina.

Aus dem Opium wurde im Jahre 1806 als wirksamer Bestandtheil von dem Apotheker Sertürner in Hameln das Morphin isolirt. Zur Darstellung von Morphinum hydrochloricum wird reines Morphin mit der dreifachen Menge heissem Wasser übergossen und so viel Salzsäure zugefügt, wie zur genauen Neutralisation erforderlich ist. Darauf wird die heiss filtrirte Lösung bei Seite gestellt. Das so erhaltene Präparat stellt weisse, seidenglänzende, meist in Büschel vereinigte nadelförmige Krystalle oder weisse, kleine Würfel von mikrokrystallinischer Beschaffenheit dar. Das Salz löst sich in 25 Theilen Wasser, in 50 Theilen Weingeist, sowie in 20 Theilen Glycerin zu einer farblosen, neutralen, bitter schmeckenden Flüssigkeit. Beim Befeuchten mit Salpetersäure nimmt das Salz eine rothe Färbung an.

Bezüglich der Wirkung sei auf die ausführliche Besprechung des Morphins und seiner Salze im allgemeinen Theile (Seite 32) verwiesen.

Morphin wird vor allem bei schmerzhaften Zuständen innerlich und subkutan verordnet. Die hauptsächlichste Indikation für die interne Anwendung bilden: Affektionen der Schleimhäute, Bronchial- und Darmkatarrh, Magengeschwüre, Diarrhoe, Dysenterie; für die subkutane Applikation: Neuralgien, Schmerzen, die von serösen Häuten ausgehen, schmerzhafte Kontraktion der Gallenblase, des Uterus und des Darmes, ferner Geisteskrankheiten (besonders melancholische Zustände).

Besondere Vorsicht erfordert die Verordnung des Morphins bei jungen Kindern, die sehr empfindlich für dasselbe sind. Säuglingen darf es überhaupt nicht und nur mit Vorbehalt bei vorgerücktem Alter und Gravidität gegeben werden.

Bei Eintritt von Vergiftungserscheinungen: starker Kaffee, Umherführen des Kranken, Begiessungen und Waschungen und innerlich Atropin und Coffein.

Dosis. Innerlich in Pulver, Lösung, Pastillen, Pillen mehrmals täglich zu 0,005—0,03; 2—3mal täglich als schmerzstillendes Mittel, sowie bei Keuchhusten und Spasmus glottidis.

Grösste Einzelgabe 0,03! — Grösste Tagesgabe 0,1!

Bei Kindern von 3—4 Jahren	0,001	2—3 × täglich. Keuchhusten.
„ „ „ 4—6 „	0,002	
„ „ „ 6—8 „	0,003	
„ „ „ 8—10 „	0,004—0,005	

Äusserlich in subkutaner Injektion: Lösungen von 0,2 : 10,0 und mit 1/4 bis 1/2 Spritze (=0,005—0,01) zu beginnen. Ferner zu schmerzstillenden Salben (0,1—0,3 : 10,0 Lanolin); zu Suppositorien 0,01—0,02.

Es existiren ausserdem noch 2 nicht officinelle Salze:

†**Morphinum aceticum** und

†**Morphinum sulfuricum**, die von derselben Wirkung wie Morphinum hydrochloricum sind und in derselben Form und Dosis verabreicht werden. Morphinum aceticum ist weniger haltbar; Morphinum sulfuricum hat den Vorzug der leichteren Löslichkeit in Wasser (1 : 14,5). Es wird daher von manchen Ärzten zur subkutanen Injektion verordnet.

807) ℞ Morphini hydrochl. 0,01
Sacch. alb. 0,5.
M. f. pulv. D. t. dos. VI.
S. Abends 1 Pulver.

808) ℞ Morphin. hydrochl. 0,06
Rad. Ipecac. pulv. 0,2
Stibii sulfur. aurant. 0,3
Sacchar. pulv.
Rad. Liquirit. pulv. ää 1,5.
M. f. pilulae No. 30.
D. S. 3 × tägl. 1 Pille.
Pilulae contra Tussim.
(Form. magistr. Berolin.)

809) ℞ Morphin. hydrochl. 0,03
Apomorphin. hydrochl. 0,05
Acid. muriat. 0,5
Aq. dest. ad 150,0.
M. D. S. 2—4stündl. 1 Esslöffel.
(Expectorans.)

810) ℞ Morphini hydrochl. 0,05—0,1
Sirup. Althaeae 60,0.
M. D. S. 3 × tägl. 1 Theelöffel.
(Keuchhusten.)

811) ℞ Morphini. hydrochl. 0,05
Aq. dest. 1,0
Sirup. simpl. ad 100,0.
M. D. S. 1 Thee- bis 1 Esslöffel in 1 Glas Wasser zu nehmen.
(1 Theelöffel enthält 0,0025 Morphin. hydr.)
Sirupus Morphini hydroch.
(Cod. franç.)

812) ℞ Morphini hydrochlor. 0,15
Aq. Laurocer. ad 15,0.
D. S. 3 × tägl. 15 Tropfen.
(20 Tropfen enthalten 0,01 Morphinum.)

813) ℞ Morphin. hydrochl. 0,01—0,03
Ol. Cacao 1,5.
M. f. suppositor. D. tal. dos. VI.
Abends 1 Zäpfchen einzuführen.
(Bei Schmerzen im Rectum bei Gonorrhoe.)

814) ℞ Morphin. hydroch. 0,1—0,2
Lanolin. 10,0.
M. f. ungt. D. S. Zum Einreiben.
(Neuralgie.)

815) ℞ Morphin. sulf. 0,03
Atropin. sulf. 0,002
Aq. dest. 1,0.
D. S. Zur subkut. Injektion bis zu $^1/_3$ Spritze.
(Migräne.)

816) ℞ Morphini sulf. 0,2
Aq. dest. 10,0.
D. S. Zur subkut. Injektion.
(Für die ersten Injektionen genügt $^1/_4$—$^1/_2$ Spritze 0,005—0,01.)

817) ℞ Morphini sulf. 1,0
Aq. dest. 20,0.
D. S. Zur subkut. Injektion.
(Die Spritze = 0,05 Morph.)
Stärkste Lösung.

Moschus. Musc. Musk. Muschio.

Der Inhalt der in der Nähe der Genitalien befindlichen beutelförmigen Drüse des männlichen Moschusthiers (Moschus moschiferus), eines in den mittelasiatischen Hochgebirgen lebenden Wiederkäuers.

Die rundlichen oder länglich rundlichen Beutel von 3—4 cm Durchmesser werden herausgeschnitten und an der Luft getrocknet. Der getrocknete Inhalt (Moschus) stellt eine krümelige, dunkelbraune, weiche, höchst eigenthümlich riechende Masse dar. Der penetrante charakteristische Moschusgeruch tritt schon bei den geringsten Mengen auf und haftet unter Umständen viele Jahre lang. Ganz trockener Moschus riecht wenig; erst beim Befeuchten mit Wasser tritt der eigenthümliche Geruch hervor. Moschus ist sehr theuer und wird sehr oft verfälscht.

Über das wirksame Princip und die sonstigen physiologischen Eigenschaften des Moschus weiss man nichts Bestimmtes. Während Moschus lange Zeit als das stärkste und zuverlässigste Excitans galt und kein Bemittelter, ohne denselben genommen zu haben, aus dem Leben scheiden durfte, wird er, nachdem er durch den mindestens ebenso wirksamen und sehr billigen Kampfer verdrängt worden, ziemlich selten angewandt. Er wirkt wahrscheinlich nur durch seinen intensiven Geruch excitirend. Daneben hat er in kleineren Dosen auch eine gewisse beruhigende Wirkung auf das Nervensystem und wird daher als Antispasmodicum bei Asthma, Angina pectoris, Keuchhusten, Oedema glottidis und Convulsionen der Kinder empfohlen.

Dosis. Innerlich (bei plötzlichem Collaps) 0,1—0,3—0,5 in Pulvern (in Charta cerata) alle 2—3 Stunden, Kindern 0,01—0,1. Als Sedativum entsprechend kleinere Gaben.

Tinctura Moschi (Moschus 1, Spirit. dil. 25, Aq. 25). Röthlichbraune Flüssigkeit.

Dosis. Innerlich zu 20—40 Tropfen mehrmals täglich, auch als Zusatz zu andern Mixturen. Wird (bei Collaps) auch subkutan eingespritzt (1—2 Spritzen).

818) ℞ Moschi 0,05—0,3
Sacch. alb. 0,5
M. f. pulv. D. t. dos. VI.
(in Chart. cerata.)
S. 2—3stündl. 1 Pulver.

819) ℞ Moschi 1,0
Gummi arab. 10,0
Aq. Menth. pip. 150,0
Sacch. alb. 5,0.
M. f. emuls. D. S. 2stündl. 1 Esslöffel.

820) ℞ Moschi
Camphor. āā 1,0
Vitell. Ovi unius
Decoct. Sem. Lini 250,0.
M. f. emulsio.
D. S. Zum Klystier.
(Bouchardat.)

821) ℞ Moschi 0,2
Kalii brom. 1,0
Aq. Tiliae
Sirup. spl. āā 70,0.
M. D. S. $^1/_4$—$^1/_2$stündl. 1 Kaffelöffel.
(Zahnkrämpfe.)

Mucilago Gummi arabici. Gummischleim. Mucilage de gomme. Mucilage of Acacia. Mucilaggine di gomma.

1 Th. arabisches Gummi wird, mit Wasser abgewaschen, in 2 Th. Wasser gelöst und die Lösung durchgeseiht.

Wird innerlich und äusserlich wie Gummi arabicum angewendet. Innerlich als reizmilderndes Mittel bei Katarrhen der Luftwege und des Darms; wird ausserdem zur Bereitung von Pillen und Pastillen benutzt.

2) ℞ Mucilag. Gummi arab.
Sirup. smpl. āā 20,0
Aq. dest. ad 200,0.
M. D. S. 2stündl. 1 Esslöffel.
(Mixtura gummosa: Form. magistral. Berolin.)

823) ℞ Mucil. Gummi arab. 100,0.
Tinct. Opii smpl. gtt. III.
M. D. S. 2stündl. 1 Kinderlöffel.
(Für [2jähriges] Kind mit Enteritis follicularis.)

Mucilago Salep. Salepschleim. Mucilage de salep.

1 Th. gepulverter Salep wird in eine Flasche geschüttet, welche 10 Th. Wasser enthält. Nachdem das Pulver durch Schütteln

gut vertheilt ist, werden 90 Th. siedendes Wasser hinzugefügt und das Gemisch in derselben Flasche bis zum Erkalten geschüttelt. Wird als schleimiges, einhüllendes, reizmilderndes Mittel thee- bis kinderlöffelweise bei Darmkatarrh kleiner Kinder angewandt; auch als ernährender Zusatz zu Milch und Bouillon für atrophische Kinder mit Diarrhoe.

Myrrha. Gummi Resina-Myrrha. Myrrhe. Myrrh. Mirra

Das Gummiharz der Balsamea Myrrha (Balsamodendron Myrrha), eines in Südarabien wachsenden Bäumchens (Burseracee). Es besteht aus unregelmässigen, losen oder zu knolligen, durchlöcherten Massen verklebten Körnern von gelb- bis röthlichbrauner, im Innern oft weisslicher Färbung. Der Geruch ist balsamisch und der Geschmack bitter und anhaltend kratzend. Beim Zerreiben mit Wasser giebt Myrrhe eine gelbe Emulsion.

Die Myrrhe besteht fast zur Hälfte aus Gummi, einem Gemenge von Harzen und einem ätherischen Öl, das als ihr wirksames Princip zu betrachten ist. Früher hat die Myrrhe als Räuchermittel eine grosse Rolle gespielt. Man schrieb ihr auch eine günstige Wirkung auf übermässige Sekretion von Schleimhäuten zu und verordnete sie bei Bronchorrhoe und auch bei Phthisis pulmonum. Auch als Stomachicum und Emmenagogum hatte sie sich eines gewissen Rufes zu erfreuen. Gegenwärtig kommt sie nur noch äusserlich als Bestandtheil von Zahnpulvern und besonders in Form der Tinktur bei Affektionen des Zahnfleisches und Mundes zu Mund- und Gurgelwässern in Anwendung.

Zu Räucherungen streut man Myrrhe auf Kohlen. Zu Zahnpulvern in Verbindung mit andern Mitteln.

Dosis. Innerlich (selten) zu 0,2—0,5 mehrmals täglich in Pulver und Pillen oder Latwergen.

Tinctura Myrrhae (Myrrha 1, Spirit. 5). Röthlichgelb, wird durch Wasser milchig getrübt.

Wird äusserlich zu Zahntinkturen und zu Mund- und Gurgelwässern (1 : 50) verordnet.

824) ℞ Myrrhae 5,0
Pulv. Rad. Iridis
Tart. depur. ää 10,0.
Ol. Menth. pip. gtt. III.
M. D. S. Zahnpulver.

825) ℞ Tinct. Myrrhae 15,0
Tinct. Ratanh. 50,0
Spirit. Menth. pip. 5,0
Spirit. dil. 30,0.
M. D. S. Zahnwasser.
(20—40 Tropfen in 1 Glas Wasser zum Ausspülen des Mundes.)

826) ℞ Tinct. Myrrhae
Tinct. Ratanh. ää 10,0.
D. S. Äusserlich.
Zahntinktur.

827) ℞ Tinct. Myrrhae
Tinct. Cochleariae ää 25,0
Inf. Fol. Salviae 150,0.
M. D. S. Äusserlich.
Mundwasser.

Naphthalinum. Naphthalin. Naphthaline. Naftalina. $C_{10}H_8$.

Naphthalin bildet sich bei der trockenen Destillation organischer Körper und findet sich besonders reichlich (bis zu 6 %) im Steinkohlentheer, aus dem es auch dargestellt wird.

Es bildet farblose, glänzende Krystallblätter von durchdringendem Geruche und brennend aromatischem Geschmacke. Verdampft schon bei 15° langsam, schmilzt bei 80° und siedet bei 218°. Die entzündeten Dämpfe brennen mit leuchtender und russender Flamme. In Wasser ist es nicht löslich, dagegen leicht löslich in Weingeist, Äther, Chloroform und Schwefelkohlenstoff.

Für niedere Thiere ist Naphthalin ein intensives Gift; von Menschen wird es in ziemlich grossen Dosen ertragen. Es ruft erst nach mehreren Gramm Verdauungsbeschwerden (Diarrhoe) hervor; doch dürften bei lange fortgesetztem Gebrauch schädliche Folgen nicht ausbleiben; beim Kaninchen hat man Staarbildung und Veränderungen an der Niere beobachtet. Der Harn nach Naphthalingebrauch färbt sich dunkel und konservirt sich lange. Naphthalin gilt als Antisepticum und Desinficiens; die Wirkung ist jedoch von nur kurzer Dauer.

Innerlich kommt Naphthalin bei Brechdurchfall und chron. Darmkatarrh (bei Kindern) in Anwendung. Es war auch bei Blasenkatarrh und Ileotyphus eine Zeit lang versucht worden, doch hat es sich hier nicht bewährt. Ebenso macht man nicht mehr häufig von ihm Gebrauch bei Erkrankungen der Luftwege als expektorirendes Mittel. In letzter Zeit ist es gegen Spulwürmer gerühmt worden.

Äusserlich wird es in Salbenform gegen Scabies und Hautkrankheiten verordnet. Es wird vielfach gegen Motten etc. in Substanz verwendet.

Dosis. Innerlich zu 0,1—0,5 in Pulver oder Pillen mehrmals täglich, auch in Schüttelmixtur. Für Kinder bis 1 Jahr 0,05—0,1; von 2—3 Jahren 0,2 pro dosi, alle 3—4 Stunden.

Äusserlich in Salben (4—5 %), oder Linimenten (10—12 %).

828) ℞ Naphthalini 1,0
Elaeos. Menth. pip. 5,0.
M. f. pulv. D. in part. X.
S. 3stündl. 1 Pulver.
(Darmkatarrh.)

829) ℞ Naphthalini purissimi 0,1—0,2
Sacch. alb. 0,5.
M. f. pulv. D. tal. dos. X.
S. 3stündl. 1 Pulver in Zuckerwasser od. Salepschleim zu geben.
(Brechdurchfall der Kinder und Spulwürmer.)

830) ℞ Naphthalini 3,0
Ol. Lini 30,0.
D. S. Äusserlich.
(Scabies.)

831) ℞ Naphthalin. 0,3—1,0
Mucil. Gummi arab.
Aq. Cinnam. āā 40,0
M. D. S. Umgeschüttelt.
4 × tägl. 1 Kinderlöffel.
(Chron. Darmkatarrh.)

Naphtholum. Naphthol. Beta-Naphtholum. Isonaphthol.

Naphthol ($C_{10}H_8O$) ist Naphthalin ($C_{10}H_8$), in welchem ein Atom Wasserstoff durch eine Hydroxylgruppe (OH) ersetzt ist. Es wird aus dem Naphthalin gewonnen und bildet farblose, glänzende Krystallblättchen oder ein weisses krystallinisches Pulver von schwach phenolartigem Geruche und brennend scharfem Geschmacke. Der Schmelzpunkt liegt bei 122°, der Siedepunkt bei 286°. Beta-Naphthol löst sich in etwa 1000 Theilen kaltem und in 75 Theilen siedendem Wasser. In Weingeist, Äther, Chloroform, Kali- und Natronlauge ist es leicht löslich.

Beta-Naphthol hat antiseptische Eigenschaften und ist lange nicht so giftig wie das nicht officinelle α-Naphthol. Auf der Haut erzeugt es bei längerer Einwirkung Reizungserscheinungen mit nachfolgender Abschuppung. Es wird auch von der Haut aus resorbirt und kann Hämoglobinurie veranlassen. Durch den Urin wird es theils unzersetzt, theils als Naphtholschwefelsäure ausgeschieden.

Wird nur äusserlich (wie Theer) bei den verschiedensten Hautaffektionen verordnet, besonders bei Ekzem und Prurigo. Auch als billiges Krätzmittel hat es eine gewisse Bedeutung erlangt. — Wegen seiner leichten Resorbirbarkeit wird man das Mittel nicht in grosser Menge zur Einreibung grosser Hautpartien verwenden und es bei vorhandener Nephritis ganz vermeiden.

Dosis. Äusserlich in spirituöser Lösung (1,0—10.0 : 100,0) oder Salben (1,0—3,0 : 30,0), auch in 5 procentiger Seife. (Wird Naphthol verordnet, so ist darunter stets das β-Naphthol zu verstehen.)

832) ℞ Naphtholi 10,0
Cretae alb. 6,0
Sapon. virid. 30,0
Vaselin. q. s. ad 100,0.
M. f. ungt. D. S. 1—2 × einzureiben.
(Scabies.)

833) ℞ Naphtholi 0,5—1,0
Adip. suill. 1,0
Lanolin. 8,0.
M. f. ungt. D. S. Äusserlich.
(Akne.)

834) ℞ Naphthol. 3,0
Spirit. Lavand. 20,0
Sapon. virid. 100,0.
M. D. S. Äusserlich.
(Pityriasis vers., Herpes tons.)

835) ℞ Naphthol. 1,0
Ol. Olivar. ad 100,0.
D. S. Zum Einpinseln.
(Ekzem.)

836) ℞ Naphthol. 10,0
Spirit. ad 100,0.
D. S. Äusserlich.
(1 Theelöffel auf 1 Liter Wasser zum Ausspülen bei Ozaena.)

Natrium aceticum. Natriumacetat. Essigsaures Natron. Acétate de sodium. Acetate of sodium. Acetato di sodio.

$$CH_3COONa + 3H_2O.$$

Wird durch Neutralisation von verdünnter Essigsäure mit Natrium carbonicum oder aus dem Holzessig, den man mit Soda oder auch mit Kalk sättigt, gewonnen.

Stellt farblose, durchsichtige, in warmer Luft verwitternde Krystalle von bitterem und brennendem Geschmacke dar. Löst sich in 1 Th. Wasser, 23 Th. kaltem und 1 Th. siedendem Weingeiste.

Wird wie Kalium aceticum als diuretisches Mittel bei akuter und chronischer Nephritis angewandt, wirkt aber schwächer als dieses. In grossen Dosen führt es ab.

Dosis. Innerlich zu 10,0—15,0 täglich in Lösung oder in Pulverform; zu 2,0—5,0 mehrmals täglich.

Natrium bicarbonicum. Natriumbikarbonat. Doppeltkohlensaures Natron. Bicarbonate de sodium. Bicarbonate of sodium. Bicarbonato di sodio. $NaHCO_3$.

Wird erhalten, indem man in koncentrirte Lösungen von Natriumkarbonat reines Kohlensäuregas bis zur Sättigung einleitet.

Es bildet weisse, luftbeständige Krystallkrusten oder ein weisses krystallinisches Pulver von salzigem, schwach alkalischem Geschmacke, das in 12 Theilen Wasser löslich, in Weingeist unlöslich ist. Beim Erhitzen verwandelt es sich unter Abgabe von Kohlensäure und Wasser in Natriumkarbonat.

Natrium bicarbonicum neutralisirt die freie Magensäure (unter Entwickelung von Kohlensäure). In verdünnter wässeriger Lösung bewirkt es auf den verschiedenen Schleimhäuten die Ausscheidung flüssigen Schleimes und lockert und verflüssigt vorhandene zähe Schleimmassen. Kleine Dosen erhöhen gewöhnlich den Appetit, grosse wirken abführend und machen den Harn alkalisch.

Anwendung. Innerlich als säuretilgendes Mittel bei den verschiedensten Magenaffektionen, besonders bei dyspeptischen Zuständen mit Pyrosis. Bei akuten Indigestionen oder nach reichlichem Weingenuss, wo der Säureüberschuss sehr stark ist, leistet es gute Dienste. Der häufige Genuss kleiner Quantitäten nach der Mahlzeit ist nicht schädlich, wohl aber kann andauernder und übertriebener Gebrauch manche Verdauungsbeschwerden verschlimmern und anderweitige unangenehme Folgen haben. — Weitere Verwendung findet Natrium bicarbonicum bei chronischen Katarrhen der Respirationsorgane (Pharynx, Larynx, Bronchien, besonders bei geringer Sekretion), ferner bei chronischem Blasenkatarrh und Katarrh der Gallenwege und Cholelithiasis; auch bei Diabetes mellitus und bei harnsaurer Diathese (Gicht und chron. Rheumatismus) wird es (auch in Form von Mineralwässern) verordnet. Auch als Antidot bei akuten Vergiftungen mit Säuren.

Äusserlich als Streupulver bei frischen leichten Verbrennungen. Zu Mund- und Gurgelwässern bei Soor und Säurebildung, ferner zu Inhalationen bei Katarrhen der Luftwege mit zähem Schleim, zu Ausspülungen des Magens und der Blase.

Dosis. Innerlich zu 0,5—1,0 mehrmals täglich in Pulver oder wässeriger Lösung, auch in Form von Mineralwässern.

Äusserlich zu Mund- und Gurgelwässern 2,0—5,0 : 100,0. zu Inhalationen 0,5—1,0 : 100,0; zu Magen- und Blasenausspülungen 1—2% Lösungen.

Präparate: **Pulvis aërophorus.** Brausepulver (Mischung von Natrium bicarb. 10, Acid. tartar. 9 und Sacchar. alb. 19). Ist hygroskopisch, daher im Glase zu dispensiren. 1—2 Theelöffel in 1 Glase Wasser gelöst, während des Aufbrausens zu trinken.

Pulvis aërophorus anglicus. Englisches Brausepulver. Es werden Natrium bicarbon. 2,0 in gefärbter und Acid. tartaricum 1,5 in weisser Papierkapsel getrennt verabfolgt. Man löst zuerst das Natr. bicarbonic. in 1/2 Glase Wasser, fügt den Inhalt der weissen Kapsel hinzu, rührt um und trinkt während des Aufbrausens.

Pulvis aërophorus laxans. Abführendes Brausepulver. Seidlitzpulver (Tart. natron. 7,5 und Natrium bicarbon. 2,5 in einer gefärbten und Acid. tartar. pulv. 2,5 in einer weissen Papierkapsel). Milde wirkendes Abführmittel. Wird wie das vorhergehende Präparat genommen.

Natrium bicarbonicum bildet ferner einen Bestandtheil des künstlichen Karlsbader Salzes und auch von Magnesium citricum effervescens.

837) ℞ Natrii bicarb. 20,0
Elaeosacch. Menth. pip. 5,0.
M. f. pulv. D. in scat.
S. 3× tägl. 1 Messerspitze bis 1 Theelöffel.
(Katarrh. gastr., Pyrosis, Diabet., Gicht etc.)

838) ℞ Solut. Natrii bicarb. 5,0—10,0 : 180,0
Extr. Gentian. 0,5.
M. D. S. 2stündl. 1 Esslöffel.
(Katarrh. gastr., Pyrosis, Diabet., Gicht etc.)

839) ℞ Natrii bicarb.
Pulv. Rad. Rhei āā 0,25
Sacch. alb. 0,5.
M. f. pulv. D. t. dos. VI.
S. 3× tägl. 1 Pulver.
(Katarrh. gastr., Icterus.)

840) ℞ Natrii bicarbon. 5,0
Aq. dest. 80,0
Sirup. spl. ad 100,0.
M. D. S. 2stündl. 1 Theelöffel für 1 Kind v. 1 Jahr; ältere Kinder 2 Theelöffel.
(Brechdurchfall.)

Natrium bromatum. Bromnatrium. Natriumbromid. Bromure de sodium. Bromide of sodium. Bromuro di sodio. NaBr.

Wird durch Auflösen von Brom in heisser Natronlauge und Glühen des trockenen Rückstandes mit Kohle erhalten. Stellt ein weisses, krystallinisches, in 1,2 Theilen Wasser und in 5 Theilen Alkohol lösliches Pulver dar.

Bromnatrium wirkt physiologisch und therapeutisch ähnlich wie Bromkalium. Es hat jedoch vor dem letzteren den Vorzug, milder zu wirken und längere Zeit in grossen Dosen verabreicht werden zu können, da ihm die den Kaliverbindungen eigene deletäre Beeinflussung des Herzens abgeht. Zudem besitzt es grösseren Bromgehalt (während in 100 Theilen Kalium bromatum 67,1 Theile Brom enthalten sind, finden sich in 100 Theilen Bromnatrium 77,6 Theile Brom). Und Brom allein ist bekanntlich das wirksame Agens dieser Salze bei der Behandlung der Epilepsie.

Dosis. Innerlich zu 1,0—2,0 mehrmals täglich in Pulver oder Lösung. Bei Epilepsie der Erwachsenen beträgt die durchschnittliche Tagesdosis etwa 6 g.

841) ℞ Natrii bromati
Kalii bromati āā 8,0
Ammon. bromati 4,0
Aq. dest. ad 200,0.
M. D. S. 3 × tägl. 1 Esslöffel.
(Epilepsie, Chorea etc.)

842) ℞ Natrii bromati 10,0
Aq. Menth. pip. 150,0.
M. D. S. Morgens und Abends 1 Esslöffel.

Natrium carbonicum. Natriumkarbonat. Carbonate de sodium. Carbonate of sodium. Carbonato di sodio. $Na_2CO_3 + 10 H_2O$.

Wird durch Umkrystallisiren der rohen Soda aus heissem Wasser gewonnen und stellt farblose, an der Luft verwitternde Krystalle dar, die sich in 1,6 Theilen kaltem und 0,2 siedendem Wasser lösen und in Weingeist unlöslich sind. Die wässerige Lösung besitzt stark alkalische Eigenschaften und einen salzig bitteren Geschmack.

Wirkt wie Kalium carbonicum und wird äusserlich und innerlich wie dieses angewandt.

Dosis. Innerlich zu 0,5—1,0 mehrmals täglich in Lösungen (als Antacidum bei Dyspepsien) und Saturation.

Äusserlich zu Inhalationen bei Laryngitis 0,5—1,0 : 100,0.

Natrium carbonicum siccum. Entwässertes Natriumkarbonat. Wird zu 0,2—0,5 mehrmals täglich in Pulvern gegeben und ausschliesslich zu Pulvermischungen verwendet.

Äusserlich zu Zahnpulvern.

Präparate: **Potio Riveri.** River'scher Trank (Acid. citr. 4, Aq. 190, Natr. carbon. 9). Wird esslöffelweise und stündlich bei Dyspepsie gegeben.

843) ℞ Natrii carbon. sicc. 6,0
Elaeosacch. citri 8,0
Sacch. alb. 20,0.
M. f. pulv. Alle 3 Stunden 1 Theelöffel voll zu nehmen.
(Als Digestivmittel.)
(Behrends.)

844) ℞ Natr. carbon. sicc. 4,0
Aq. Menth. pip. 120,0
Tinct. Rhei aq. 1,0.
M. D. S. Äusserlich.
(Mundwasser.)

Natrium carbonicum crudum. Soda.

Wird gewöhnlich aus Chlornatrium nach dem Leblanc'schen Verfahren dargestellt und bildet farblose Krystalle oder krystallinische, an der Luft verwitternde Massen, welche mit 2 Theilen Wasser eine stark alkalische Lösung geben.

Wird nur äusserlich zu erweichenden Waschungen und Bädern bei Hautkrankheiten verwendet. Zu Waschungen 2,0 bis 5,0 : 100,0; zu Bädern: 200,0—500,0 zu einem Vollbade, 100,0 bis 200,0 zum Fussbade.

Natrium chloratum. Natriumchlorid. Chlornatrium. Kochsalz. Chlorure de sodium. Sel marin. Chloride of sodium. Cloruro di sodio. Na Cl.

Die Darstellung geschieht durch Reinigung des gewöhnlichen Kochsalzes, welches sich fest als Steinsalz in mächtigen Lagern (Stassfurt, Wieliczka und Cordova), gelöst im Meerwasser (zu 2—3 %) und in Quellen oder Salzsoolen (Salzkammergut, Reichenhall, Wittekind etc.) vorkommt.

Es bildet weisse, würfelförmige Krystalle oder ein krystallinisches Pulver, das sich in 2,7 Theilen Wasser löst, in Alkohol unlöslich ist und den bekannten salzigen Geschmack zeigt. Die wässerige Lösung giebt mit Silbernitrat einen weissen, käsigen, in Ammoniak löslichen Niederschlag von Silberchlorid.

Chlornatrium bildet bekanntlich den wichtigsten anorganischen Bestandtheil des thierischen Organismus. Die in demselben cirkulirenden Flüssigkeiten stellen eine 0,6 % Chlornatriumlösung dar. In geringer Menge innerlich genommen, befördert Kochsalz die Absonderung des Pepsins, regt den Appetit an und begünstigt die Verdauung. Es entzieht den Geweben Wasser. Dieses verlässt mit der Salzlösung den Körper durch die Nieren. Auf diese Weise wirkt es diuretisch. Die vorübergehende Wasserabgabe ruft den Durst hervor. Grosse Mengen können Durchfall, Erbrechen und Gastroenteritis erzeugen. — Von der Schleimhaut des Magens, der Luftwege und vom subkutanen Gewebe wird es rasch resorbirt, wogegen eine Aufnahme durch die Haut nicht stattfindet. Letztere wird durch koncentrirte Lösungen etwas gereizt, aber nicht durch verdünnte, welche von den Geweben besser vertragen werden als reines Wasser. Deshalb benutzt man auch $^1/_2$—1 % erwärmte Kochsalzlösungen zu reinigenden und ausleerenden Ausspülungen der verschiedenen Organe.

Innerlich wird es gewöhnlich bei Hämoptoë, bei Vergiftungen mit Höllenstein, bei Epilepsie (im Stadium der Aura) und Migräne, auch zum Tödten verschluckter Blutegel verordnet.

Vielgestaltiger ist die äusserliche Verwendung in Form von Bädern bei Skrophulose, Rheumatismus chronicus, Hautkrankheiten; zu lokalen Fussbädern bei Gehirnkongestionen und Dysmenorrhöen; zu Inhalationen bei chronischen Katarrhen des Larynx und Pharynx; zu Gurgelwässern bei chron. Rachenkatarrh und zu Injektionen in die Nase bei Ozaena, ferner als Zusatz zu Klystieren. Besondere Beachtung verdient die Anwendung in subkutaner Injektion bei Collaps, Blutungen und Cholera.

Dosis. Innerlich bei Hämoptoë 1—2 Theelöffel in ein wenig Wasser gelöst, dieselbe Dosis bei Epilepsie zur Coupirung des Anfalls und bei Migräne.

Äusserlich zu Bädern 2—5 kg für den Erwachsenen, 0,5 bis 1 kg für ein Kind. Für ein Fussbad 100,0—500,0. Zu Inhalationen und Injektionen 1,0 : 100,0. Als Zusatz zu Klystieren 1—2 Theelöffel voll.

Zur subkutanen Injektion ist 0,6 % wässerige Kochsalzlösung auf 38°—40° zu erwärmen und davon 100,0—500,0 langsam einzuspritzen; bei Kindern genügen 40,0—50,0 zur jedesmaligen Injektion.

Präparate: **Sal Carolinum factitium.** Künstliches Karlsbader Salz. (Natrium sulf. 22, Kalium sulf. 1, Natr. chlorat. 9, Natrium bicarb. 18.)

845) ℞ Natrii chlorati 5,0
Aq. dest. ad 150,0.
M. D. S. Stündl. 1 Kinderlöffel (zur Beförderung der Resorption pleurit. Exsudate bei Kindern.)

Natrium jodatum. Natriumjodid. Jodnatrium. Iodure de sodium. Iodide of sodium. Joduro di sodio. Na J.

Wird durch Zersetzen von Eisenjodürlösung mittels Natriumkarbonatlösung gewonnen und stellt ein weisses, krystallinisches, trockenes, zerfliessliches Pulver dar, das in 0,6 Theilen Wasser und 3 Theilen Weingeist löslich ist. Dasselbe wird wie Jodkalium angewandt und besser und länger vertragen, da seine Einwirkung auf Herz und Magen eine mildere ist. Dosis 0,5 bis 1,0 mehrmals täglich in Lösung.

Natrium nitricum. Natriumnitrat. Salpetersaures Natron. Natronsalpeter. Chilisalpeter. Würfelsalpeter. Azotate de sodium. Nitrate of sodium. Nitrato di sodio. $NaNO_3$.

Kommt in grossen Lagern in Peru und Chili fast unmittelbar unter der Erdoberfläche vor und wird durch mehrfaches Umkrystallisiren im reinen Zustande erhalten.

Bildet farblose, durchsichtige, rhomboëdrische Krystalle von kühlend salzigem, bitterlichem Geschmacke, welche in 1,2 Theilen Wasser und in 50 Theilen Weingeist löslich sind.

Wurde früher sehr viel bei allen entzündlichen, fieberhaften Krankheiten angewandt. Es wirkt wie Kalium nitricum und wird an seiner Stelle als leichtes Antipyreticum und Diureticum gegeben. An Stärke der Wirkung wird es jedoch vom Kalium nitricum übertroffen.

Dosis. Innerlich in Lösung (8,0—10,0 : 200,0, davon zweistündlich 1 Esslöffel).

846) ℞ Natrii nitrici 8,0
Aq. dest. ad 200,0.
D. S. 2stündl. 1 Esslöffel.
(Form. magistr. Berolin.)

Natrium phosphoricum. Natriumphosphat. Phosphate de sodium. Phosphate of sodium. Fosfato di sodio. $Na_2HPO_4 + 12H_2O$.

Wird durch Neutralisiren von Phosphorsäure mit kohlensaurem Natrium dargestellt. (Im Grossen gewinnt man es durch Digestion von Knochenasche mit verdünnter Schwefelsäure).

Es bildet farblose, durchscheinende Krystalle, welche an der Luft verwittern, sich in 5,8 Th. Wasser lösen, bei 40^0 sich verflüssigen und schwach salzig schmecken.

Besitzt gelinde abführende und harnsäurelösende Wirkung und wird als mildes Laxans bei schwächlichen Individuen und Kindern gern gegeben. Auch bei Harnsteinen, Gicht und Rheumatismus fand es früher Anwendung.

Dosis. Innerlich zu 0,5—2,0 mehrmals täglich in Lösung bei Gicht und Rheumatismus, als Laxans 20,0—40,0 für Erwachsene, für Kinder 5,0—10,0—15,0 auf 100,0.

847) ℞ Natrii phosphorici 30,0
Aq. dest. 120,0
Sirup. Rubi Idaei ad 150,0.
M. D. S. Die Hälfte auf einmal zu nehmen.
(Abführmittel für Erwachsene.)

848) ℞ Natrii phosphorici 10,0
Aq. dest. 75,0
Sirup. Rub. Idaei ad 100,0.
M. D. S. Stündlich 1 Kinderlöffel voll zu nehmen.
(Abführmittel für Kinder.)

849) ℞ Natrii phosphorici 1,0—4,0
Natrii carbon. 0,3—0,5
Aq. dest. 120,0
Spirit. Aether. nitros. 2,0.
M. D. S. 4 × tägl. 1—2 Esslöffel zu nehmen.
(Bei Gicht und Rheumatismus.)
(Böcker.)

Natrium salicylicum. Natriumsalicylat. Salicylsaures Natron. Salicylate de sodium. Salicylate de soude. Salicylate of sodium. Salicilato di sodio. $C_6H_4(OH).COONa + \frac{1}{2}H_2O$.

Wird durch Sättigung von Acidum salicylicum mit einer wässerigen Lösung von Natrium carbonicum und Verdampfen der erhaltenen filtrirten Lösung gewonnen.

Bildet ein weisses krystallinisches Pulver oder kleine schuppige Krystalle von süsssalzigem Geschmacke, die sich in 0,9 Th. Wasser und 6 Th. Weingeist lösen. Die verdünnte wässerige Lösung

(1 : 1000) wird durch Eisenchlorid violett, die koncentrirte rothbraun gefärbt.

Bezüglich der Wirkung und Anwendung verweisen wir auf das bei Acidum salicylicum Gesagte. Während Acidum salicylicum fast ausschliesslich äusserlich angewendet wird, dient Natrium salicylicum wegen seiner leichten Löslichkeit zum innerlichen Gebrauche (vor allem bei Gelenkrheumatismus, Migräne und Pleuritis). Bei Gravidität sei man vorsichtig mit der Anwendung von Salicylsäurepräparaten, da dieselben Congestionen des Uterus verursachen.

Dosis. Innerlich 0,5—1,0 mehrmals täglich in Pulver oder wässeriger Lösung; bei akutem Gelenkrheumatismus bis zu 10,0 pro die. Bei Kindern bis 1 Jahr etwa 1,0 als Tagesgabe, bis 2 Jahre 1,0—2,0, von 2—6 Jahren 3,0—5,0 pro die in Lösung oder Pulverform. (Ein geringer Zusatz von doppeltkohlensaurem Natron ist stets zweckmässig).

Äusserlich zum Klystier (4,0—8,0 : 200,0), ferner in Pulverform zum Einblasen in die Nase bei Keuchhusten.

850) ℞ Natrii salicyl. 5,0—10,0
Aq. dest. 180,0
Sirup. Liquirit. ad 200,0.
M. D. S. 1—2stündl. 1 Esslöffel.

851) ℞ Natrii salicyl. 3,0—4,0
Aq. dest. 80,0
Elix. e succ. Liquir. 5,0.
M. D. S. 2stündl. 1 Kinderlöffel.
(Für 3—5jähriges Kind.)

852) ℞ Sol. Natrii salicyl.
(5,0—10,0) 180,0
Tinct. Opii simpl. 1,0
Succi Liquir. dep. 5,0.
M. D. S. 2stündl. 1 Esslöffel.
(Akuter Gelenkrheumatismus, Dysenterie, Cystitis, Diabetes, Pleuritis, Gallensteinkolik, Diphtherie etc.)

853) ℞ Natrii salicyl.
Sacch. alb. āā 0,5.
M. f. pulv. D. t. dos. X.
S. 2—3stündl. 1 Pulver.
(Akuter Gelenkrheumatismus, Dysenterie, Cystitis, Diabetes, Pleuritis, Gallensteinkolik, Diphtherie etc.)

854) ℞ Natrii salicyl.
Natrii bicarb. āā 1,0
M. f. pulv. D. t. dos. V.
(in Capsul. oder Oblat.)
Gegen Zahnschmerzen und Kopfweh, 1—2 Pulver.

855) ℞ Natrii salicyl. 2,0
Succi Liquirit. dep.
Pulv. Rad. Liquir. āā q. s.
ut f. pilul. 30
S. 3 × tägl. 2 Pillen.
(Chron. Magenaffektion mit reichl. Gasbildung.)

856) ℞ Natrii salicylici 10,0
Tinct. Aurantii 5,0
Aq. dest. ad 200,0.
D. S. 4 × tägl. 1 Esslöffel.
Mixtura antirheumatica.
(Form. magistr. Berolin.)

857) ℞ Natrii salicyl.
Kalii bromat. āā 1,0.
M. f. pulv. D. t. dos. X.
S. 2 × tägl. $^1/_2$ Pulver in Zuckerwasser zu nehmen.
(Migräne.)

858) ℞ Natrii salicylici
Acid. benzoici āā 5,0
Chinin. sulf. 1,0.
M. f. pulvis. D. S. 2 × tägl. in die Nase einzublasen.
(Keuchhusten.)

(Seifert.)

Natrium sulfuricum. Natriumsulfat. Natrium sulfuricum depuratum. Schwefelsaures Natron. Glaubersalz. Sulfate de sodium. Sulfate de soude. Sulfate of sodium. Solfato de sodio. $Na_2SO_4 10H_2O$.

Findet sich in vielen Soolen und Mineralwässern. Wird durch Behandlung von Chlornatrium mit Schwefelsäure gewonnen und durch Umkrystallisiren gereinigt. Es stellt farblose verwitternde, leicht schmelzbare Krystalle dar, welche in 3 Th. kaltem Wasser, in 0,3 Th. Wasser von 33° und in 0,4 Th. Wasser von 100° löslich, in Weingeist aber unlöslich sind. In der wässerigen Lösung erzeugt Baryumnitrat einen weissen, in Säuren unlöslichen Niederschlag von Baryumsulfat.

Das von dem Arzte Glauber dargestellte und im Jahre 1638 als „Sal mirabile" beschriebene Salz ist in den bekannten Mineralwässern von Püllna, Saidschütz, Friedrichshall, Kissingen, Marienbad, Franzensbad, Tarasp, Bertrich, Karlsbad etc. enthalten und bewirkt, ähnlich wie Magnesium sulfuricum, wässerige Stuhlentleerungen. Es gehört zu den wichtigsten salinischen Abführmitteln und hat den Vorzug, nach erfolgter Wirkung keine Neigung zu Verstopfung zurückzulassen. Man verordnet es zu einmaligem oder längerem Gebrauch, besonders bei fettleibigen Individuen (Marienbad), auch zur Ableitung auf den Darm bei entzündlichen Affektionen der serösen Häute und des Gehirns (Meningitis, Kopfkongestionen); bei Magenaffektionen namentlich Ulcus ventriculi.

Innerlich zu 15,0—30,0 (1 Esslöffel voll in 1/4 l warmen Wassers gelöst) zu einmaliger Stuhlentleerung; zu längerem Gebrauch gewöhnlich in Form der oben genannten Mineralwässer.

Äusserlich im Klysma 10,0—30,0. Für die Verordnung in Pulverform wird das doppelt so stark wie Natrium sulfuricum wirkende

Natrium sulfuricum siccum. Entwässertes Natriumsulfat verabfolgt. Dieses entwässerte Präparat ist Bestandtheil des Sal Carolinum factitium. Siehe daselbst.

859) ℞ Magnes. sulf. 30,0
Natrii sulf. 20,0
Kalii sulf. 10,0
Aq. font. ad 750,0.
M. D. S. Morgens 1 Weinglas voll zu trinken.
(Verstopfung bei Fettleibigen etc.)

860) ℞ Natrii sulf. 100,0.
D. S. 1 Esslöffel voll in 1/4 Liter Wasser gelöst morgens nüchtern zu trinken.

861) ℞ Natrii sulf. 90,0
Natrii bicarb. 6,0
Natrii chlorat. 3,0.
M. f. pulv. D. ad scatul.
S. Morgens 1—3 Theelöffel voll auf 1 Tasse lauwarmem Wasser.
(Chronischer Magenkatarrh, Ulcus ventriculi.)

862) ℞ Natrii sulfuric. 15,0
Aq. dest. ad 150,0.
M. D. S. 1/2stündl. 1 Esslöffel.
(Bei Karbolvergiftung.)

Natrium thiosulfuricum. Natriumthiosulfat. Natrium subsulfurosum. Unterschwefligsaures Natron. Hyposulfite de soude. Hyposulfite of sodium. $Na_2S_2O_3 + 5H_2O$.

Wird erhalten durch Behandeln von Schwefelnatrium mit schwefliger Säure. Fabrikmässig wird es gewonnen aus den bei der Sodabereitung erhaltenen Rückständen. Es sind farblose Krystalle ohne Geruch und von salzigem, bitterlichem Geschmacke, die in Wasser leicht löslich sind.

Besitzt fäulniss- und gährungswidrige Eigenschaften und findet nur äusserliche Anwendung als Zusatz zu Bädern und Waschungen. Dient ausserdem zur Bereitung der officinellen Jodkalisalbe.

Dosis. Äusserlich zur Bereitung von künstlichen Schwefelbädern 50,0—150,0 zum Bade, mit einem Zusatz von 30,0—60,0 Essig, während der Kranke bereits im Bade ist.

863) ℞ Natrii thiosulfurici 30,0
Acid. carbol. 5,0
Glycerini 20,0
Aq. dest. ad 500,0.
M. D. S. Äusserlich. Mit der Lösung getränkte Tampons gegen die Analöffnung angelegt und öfter gewechselt.
(Bei Pruritus ani.)
(Penzoldt.)

Oleum Amygdalarum. Mandelöl. Huile d'amandes. Almond Oil. Olio di mandorla.

Das aus süssen oder bitteren Mandeln, den Samen von Prunus Amygdalus, gepresste fette Öl. Es ist geruchlos, hellgelb, mild schmeckend, von 0,915—0,920 spec. Gewicht und erstarrt bei 10^0 noch nicht. Dient äusserlich als reizmilderndes und erweichendes Mittel bei eingetrockneten Hautborken (Ekzem), verhärtetem Ohrenschmalz etc. Ist Bestandtheil des Unguentum leniens (Cold-Cream) und anderer kosmetischer Salben. Innerlich genommen wirkt es milde abführend und wird namentlich kleinen Kindern thee- bis esslöffelweise für sich oder mit Sirup oder in Emulsion verabreicht.

864) ℞ Ol. Amygd.
Sirup. Rhoead. āā 15,0.
M. D. S. Umgeschüttelt. 2stündl. 1 Theelöffel.

865) ℞ Ol. Amygdal. 20,0
Gummi arab. 10,0
F. c. Aq. dest. 120,0 emulsio. Adde
Sirup. spl. 30,0.
M. D. S. 2stündl. 1 Esslöffel.

Oleum Anisi. Anisöl. Huile volatile d'anis. Oil of anis. Essenza d'anise.

Ist durch Destillation der Früchte von Pimpinella Anisum (Umbellifere) mit Wasser gewonnenes ätherisches Öl. Bei mittlerer Temperatur stellt es eine farblose, stark lichtbrechende, sehr aromatische Flüssigkeit, von 0,980—0,990 spec. Gewicht dar, welche in der Kälte zu einer weissen Krystallmasse erstarrt und bei 15° zum Theil wieder schmilzt. In Weingeist ist es klar löslich. Es besteht hauptsächlich aus Anethol (80—90%) und wirkt auf die Haut gebracht irritirend.

Innerlich genommen, soll es expektorirende und carminative Eigenschaften besitzen, auch die Milchsekretion befördern.

Manche Epizoën, wie Krätzmilben, Läuse tödtet es sehr schnell.

Es wird innerlich als Expektorans oder Carminativum zu 1—5 Tropfen oder mit Zucker als Elaeosaccharum, auch in alkoholischer Lösung gegeben.

Äusserlich in Salbenform 1:10 Lanolin. Oleum Anisi ist Bestandtheil von **Liquor Ammonii anisatus** (Anisöl 1, Spirit. 24, Ammoniakfl. 5) und **Tinctura Opii benzoica.** (Opium 1, Anisöl 1, Kampfer 2, Benzoesäure 3, Spirit. dil. 192).

Oleum Cacao. Butyrum Cacao. Cacaobutter. Beurre de cacao. Oil of Theobrome. Burro di cacao.

Dieses aus den entschalten Samen von Theobroma Cacao gepresste Fett ist eine blassgelbe Masse von mildem und angenehmem cacao- oder chocoladeartigem Geruche und Geschmacke. Es ist bei 15° zerbrechlich oder spröde und schmilzt bei 31—32° zu einer klaren Flüssigkeit. Oleum Cacao enthält namentlich Stearin, Oleïn, Palmitin, Laurin und wird nicht leicht ranzig; es eignet sich daher vorzüglich zur Bereitung von Salben, Suppositorien, Bougies und Vaginalkugeln.

866) ℞ Extr. Belladon. 0,03
Butyr. Cacao. 2,5.
M. f. suppositor. D. t. dos. IV.
S. Stuhlzäpfchen.

867) ℞ Ol. Cacao 15,0
Ol. Olivar. 5,0
Ol. Rosar. 0,05.
M. f. tabulae.
S. Lippenpomade.

Oleum Calami. Calmusöl.

Das aus der Calmuswurzel (Acorus Calamus) durch Destillation gewonnene Öl. Dasselbe ist ziemlich dickflüssig, von gelbbräunlicher Farbe, sehr aromatisch, mit bitterem Beigeschmacke. Mit gleichen Theilen Weingeist verdünntes Calmusöl wird durch Eisenchlorid dunkelbräunlichroth gefärbt. Wird zuweilen innerlich als Stomachicum und Carminativum zu $\frac{1}{2}$—3 Tropfen in Ölzucker oder in Form der Rotulae Calami gegeben; äusserlich zu Einreibungen (1:200 Spiritus) bei Gicht und Rheumatismus, auch als Zusatz zu aromatischen Bädern (bei Skrophulose etc.) verordnet.

Oleum camphoratum. Kampferöl. Huile camphrée. Camphor Liniment. Olio canforato.

Dasselbe ist eine filtrirte Auflösung von 1 Th. Kampher in 9 Th. Olivenöl. Wird innerlich zu 0,5—2,0 in Emulsion, äusserlich zu Einreibungen bei Frostbeulen und besonders in subkutaner Injektion (1—2 Spritzen) bei Collapszuständen angewandt. Ist Bestandtheil des officinellen

Linimentum ammoniato-camphoratum. Flüchtiges Kampferliniment (3 Th. Kampferöl, 1 Th. Mohnöhl und 1 Th. Ammoniak).

868) ℞ Olei camphorat. 10,0
Gummi arab. 5,0
F. c. Aq. dest. q. s.
emulsio 175,0
Elaeosach. Menth. pip. 5,0.
M. D. S. 1—2stündl. 1 Esslöffel.

869) ℞ Olei camphorati
Chloroform. āā 15,0.
M. f. liniment. D. S. Äusserlich zum Einreiben.

870) ℞ Olei camphorati 0,5
Lanolin. ad 15,0.
M. D. S. Zum Einreiben bei Frostbeulen.

Oleum cantharidatum. Spanischfliegenöl.

3 Th. grob gepulverte spanische Fliegen werden mit 10 Th. Olivenöl 10 Stunden lang im Dampfbade behandelt, gepresst und filtrirt. Das grünlich gelbe Öl dient zu reizenden Salben und Einreibungen.

Oleum Carvi. Kümmelöl. Huile volatile de carvi. Oil of Carraway. Essenza di carvi.

Das durch Destillation der Früchte von Carum Carvi (Umbellifere) mit Wasserdämpfen gewonnene Öl. Es ist eine dünnflüssige farblose oder blassgelbliche, in jedem Verhältnisse mit Weingeist klar mischbare Flüssigkeit, die bei 224^0 siedet und einen feinen Kümmelgeruch besitzt. Spec. Gewicht 0,96.

Wird innerlich zu 1—3 Tropfen mehrmals täglich, am besten als Elaeosaccharum oder in alkoholischer Lösung bei Kolik, Flatulenz, Cardialgie als Carminativum verordnet.

Äusserlich als Zusatz zu Einreibungen, Klystieren, auch zu Zahntropfen.

Oleum Caryophyllorum. Nelkenöl. Huile volatile de girofles. Essence de girofles. Oil of Cloves. Essenza di garofano.

Das durch Destillation mit Wasserdämpfen gewonnene ätherische Öl der Gewürznelken, Eugenia caryophyllata (Myrtacee). Es ist gelblich bis schwach bräunlich, von scharf aromatischem Geruche und Geschmacke, mit Weingeist in jedem Verhältnisse mischbar, siedet bei 247^0, spec. Gewicht 1,06.

Dasselbe besteht zum grössten Teile aus Eugenol ($C_{10}H_{12}O_2$), das den spec. Geruch des Öles bedingt. Es besitzt antiseptische Eigenschaften, wirkt reizend auf Haut und Schleimhaut, vermehrt die Speichelabsonderung und den Appetit. Daher wird es zuweilen innerlich zu $^1/_2$—1 Tropfen (als Elaeosaccharum) bei Gährungsvorgängen im Magen als Stomachicum und Carminativum angewandt. Hauptsächlich giebt man es jedoch äusserlich bei Zahnschmerz, 1 Tropfen auf Watte in den hohlen Zahn gelegt; es dient auch als Corrigens und zu reizenden Einreibungen (mit Spiritus oder Äther). In der mikroskopischen Technik braucht man es zur Aufhellung der Präparate.

Präparate: **Acetum aromaticum** und **Mixtura oleoso-balsamica.**

871) ℞ Ol. Caryophyll. 1,5
Tinct. Opii spl.
Aetheris āā 2,0.
M. D. S. Bei cariösem Zahnschmerz einige Tropfen auf Watte in den hohlen Zahn zu bringen.

872) ℞ Olei Caryophyll. 1,0
Spirit. Cochleariae ad 30,0.
M. D. S. Zum Einreiben in die Zunge.
(Bei Glossoplegie.)

Oleum Cinnamomi. Oleum Cassiae. Zimmtöl. Huile volatile de cannelle. Essence de cassia. Oil of Cinnamom. Essenza di cannella.

Das aus der chinesischen Zimmtrinde durch Destillation gewonnene ätherische Öl. Es ist eine gelbe oder bräunliche Flüssigkeit von 1,055 bis 1,065 spec. Gewicht, die sich mit Weingeist in allen Verhältnissen klar mischt. Mit Zimmtöl geschütteltes Wasser schmeckt süss, dann brennend gewürzhaft. Wegen seines angenehmen Geschmacks wird es vielfach als Geschmackskorrigens verwendet. Es dient auch als Stomachicum und Carminativum und wird innerlich zu 1—3 Tropfen als Elaeosaccharum gegeben. Ist Bestandtheil von Mixt. oleos.-balsam.

Oleum Citri. Oleum Limonis. Citronenöl. Huile volatile de citron. Essence de citron. Oil of Lemon. Essenza di limone.

Das aus frischen Citronenschalen (Citrus Limonum) ohne Destillation dargestellte ätherische Öl. Es ist dünnflüssig, blassgelblich, von feinem Citronengeruche und dient hauptsächlich als Geruchs- und Geschmackskorrigens.

Ist Bestandtheil von Acidum aromaticum und Mixt. oleos.-balsam.

Oleum Crotonis. Oleum Tiglii. Crotonöl. Huile de croton. Croton Oil. Olio de crotontiglio.

Das aus den Samenkernen von Croton Tiglium, einer in Ostindien vorkommenden, baumartigen Euphorbiacee, durch Auspressen gewonnene, dickflüssige, fette Öl. Es ist bräunlich, riecht unangenehm und reagirt sauer.

Oleum Crotonis stellt ein Gemenge verschiedener Glyceride, fixer und flüchtiger Fettsäuren und einer eigenthümlichen scharfen Säure, der Crotonolsäure, dar. Letztere wirkt in hohem Grade reizend und scheint das wirksame Agens zu sein. Örtlich bewirkt Crotonöl auf der Haut in wenigen Minuten Brennen, Röthung und pustelförmigen Ausschlag, auf der Schleimhaut des Verdauungstraktus schon in minimalen Gaben ($^1/_2$ Tropfen) Reizungserscheinungen und dünnflüssige Stuhlentleerungen unter Leibschmerzen. Es ist das heftigste und gefährlichste Abführmittel, welches in Gaben von 10—15 Tropfen durch Gastroenteritis tödten kann.

Innerlich kommt es bei hartnäckiger Verstopfung, wenn andere Abführmittel versagen, bei Bleikolik, Darmverschluss und neuerdings auch als Bandwurmmittel in Anwendung; äusserlich zur Erzielung eines kräftigen, ableitenden Hautreizes bei Neuralgien, Rheumatismus, Larynxaffektion etc.

Dosis. Innerlich zu $^1/_2$—1 Tropfen
Grösste Einzelgabe 0,05! — Grösste Tagesgabe 0,1!
am besten in Ricinusöl, Öl oder in Emulsion.

Äusserlich als Derivans mit Öl oder Glycerin (1:5—10) verdünnt.

873) ℞ Olei Crotonis 0,1 (gtt. II)
Olei Ricini 60,0
M. D. S. 1—2stündl. 1 Esslöffel
(Bleikolik, Ileus.)

874) ℞ Ol. Croton. 0,05
Ol. Ricini 10,0
Gummi arab. 5,0
Aq. dest. 120,0
M. f. emulsio.
Adde
Sirup. Amygd. 30,0.
M. D. S. 1—2stündl. 1 Esslöffel.

875) ℞ Ol. Croton. gtt. I
Chloroform. 4,0
Glycerin. 30,0.
M. D. S. Gegen Bandwurm.

876) ℞ Ol. Croton. 1,0
Ol. Olivar.
oder
Collodii elastici 10,0.
M. D. S. Äusserlich zum Einpinseln, zu Hervorrufung eines pustulösen Ausschlages.

Oleum Foeniculi. Fenchelöl. Huile volatile de fenouil. Essence de fenouil. Fennel Oil. Essenza di finocchio.

Das durch Destillation mit Wasserdämpfen aus den Früchten des Fenchels, Foeniculum capillaceum (Umbellifere) gewonnene ätherische Öl. Es ist farblos und scheidet in der Kälte einzelne Krystallblättchen aus. Mit Weingeist lässt es sich ohne Trübung mischen. Fenchelöl besitzt einen sehr aromatischen Geruch; spec. Gewicht nicht unter 0,99. Wird innerlich als Carminativum tropfenweise (1 bis 3 Tropfen), besonders als Elaeosaccharum (messerspitzweise) gegeben.

Oleum Hyoscyami. Bilsenkrautöl. Oleum Hyoscyami infusum. Huile de jusquiame. Olio di giusquiamo.

4 Th. Herb. Hyoscam. conc. werden mit 3 Th. Spirit. befeuchtet einige Stunden stehen gelassen, alsdann 40 Th. Ol. Olivar. hinzugemischt und im Dampfbade erwärmt, bis der Weingeist verflüchtigt ist. Darauf wird ausgepresst und filtrirt. Es ist ein

bräunlichgrünes fettes Öl, das allein, oder in Verbindung mit Chloroform äusserlich häufig zu schmerzstillenden Einreibungen, auch zu Einträufelungen in den Gehörgang verordnet wird.

†**Oleum Hyoscyami compositum.** Balsamum Tranquilli. Baume Tranquille. Balsamo del Tranquillo. Besteht (nach Pharm. Helv.) aus 1000 Th. Bilsenkrautöl und je 1 Th. Lavendelöl, Minzenöl, Rosmarinöl und Thymianöl.

877) ℞ Olei Hyoscyami 40,0
Choroform. 20,0.
M. D. S. Äusserlich zum Einreiben.
(Bei schmerzhaften Affektionen.)

Oleum Jecoris Aselli. Leberthran. Huile de foie de morue. Cod-liver Oil. Olio di merluzzo.

Das aus frischen Lebern von Gadus Morrhua (Stockfisch, Kabliau, Dorsch) bei gelinder Erwärmung erhaltene Öl. Im Handel kommen verschiedene Sorten vor, von denen jedoch nur die gelben, nicht aber die gelbbraunen und braunen verwendet werden sollen. Der officinelle Leberthran stellt ein blassgelbes Öl von eigenthümlichem, nicht ranzigen Geruche dar. Nach längerem Stehen bei 0^0 darf aus ihm kein oder doch nur wenig Fett herauskrystallisiren. Er reagirt schwach sauer.

Leberthran enthält die Glyceride der Ölsäure, der Palmitinsäure, ferner Gallenbestandtheile und sehr geringe Mengen von Jod und Brom. Er wird von allen Fetten am leichtesten resorbirt und stört am wenigsten die Verdauung. Er gilt als vorzügliches Nährmittel, das sich seit den Empfehlungen von Schenk im Jahre 1822 in der Praxis eingebürgert hat.

Man wendet es vor allem zur Hebung der darniederliegenden Ernährung, besonders bei beginnender Tuberkulose, bei Skrophulose und Rachitis an. Auch bei kariösen Knochenaffektionen, chronischen Hautleiden, Ozaena etc. wird es verwendet. Äusserlich dient es zuweilen zu Einreibungen bei verschiedenen Dermatosen, auch zu Klystieren bei Ascaris lumbricoides und Oxyuris vermicularis.

Die Verabreichung von Leberthran ist kontraindicirt bei Fieber, Diarrhoe und Verdauungsstörung. Er soll nur in der kalten Jahreszeit (Oktober bis April) gegeben werden.

Dosis. Innerlich mit 2 Theelöffeln täglich zu beginnen und allmählich bis auf 2 oder 3 Esslöffel zu steigen. Zur Verbesserung des Geschmacks lässt man Pfefferminzkügelchen oder Zucker, Chokolade, Brot hinterher nehmen.

Äusserlich für 1 Klystier 15,0—30,0. Im Handel kommt auch ein wohlschmeckendes

†**Oleum Jecoris aromaticum (Standke)** vor.

878) ℞ Ol. Jecoris Asell. 100,0
Kreosot. 1,0.
M. D. S. 2—3 × tägl. 1 Theelöffel nach dem Essen zu nehmen.
(Tuberkulose.)

879) ℞ Ol. Jecoris Asell. 4,0
Mucil. Gummi arab.
Aq. dest. q. s.
ut f. emulsio 80,0
Sirup. spl. ad 100,0.
D. S. Den Tag über zu nehmen.
(Rachitis.)

880) ℞ Phosphori 0,01
Olei Jecor. Aselli ad 100,0.
M. D. S. 3 × tägl. 1 Theelöffel voll zu nehmen.
(Rachitis.)

881) ℞ Ol. Jecoris Asell. 50,0
Vitel. ovi unius.
Aq. dest. 120,0.
M. f. emulsio. Zum Klysma.
(Oxyuris vermicularis.)

Oleum Juniperi. Wachholderöl. Huile volatile de genièvre. Essence de genièvre. Oil of juniper. Essenza di ginepro.

Das aus den Früchten von Juniperus communis (Conifere) durch Destillation gewonnene ätherische Öl. Es ist farblos oder blassgelblich, in Weingeist wenig löslich, mit Schwefelkohlenstoff klar mischbar und besitzt einen eigenartigen Geruch und bitter balsamischen Geschmack. Oleum Juniperi stellt den wirksamen Bestandtheil der Fructus Juniperi dar und wird wegen seiner harntreibenden Eigenschaften angewandt. Die diuretische Wirkung kommt durch Reizung des Nierenepithels zu Stande. In grösseren Gaben kann es Nephritis und Haematurie verursachen. Auch äusserlich reizt es und erzeugt Röthung und Blasenbildung auf der Haut. Besitzt auch antiseptische Eigenschaften.

Man wendet es äusserlich als Rubefaciens bei rheumatischen Schmerzen, Neuralgien und ödematösen Anschwellungen an, innerlich bei Hydrops (doch nicht bei akuter Nephritis) und zuweilen auch als Carminativum zu 2—3 Tropfen mit Zucker. Es bildet einen Bestandtheil des officinellen

Acetum aromaticum und von **Unguentum Rosmarini compositum.**

882) ℞ Olei Juniperi 2,0
Spirit. Aether. nitros.
Tinct. Digital. āā 10,0.
M. D. S. 3×tägl. 20—30 Tropfen
(Diureticum bei Hydrops.)
(Hufeland.)

883) ℞ Olei Juniperi 2,0
Olei Terebinth. ad 30,0.
M. D. S. Äusserlich.
Zu Einreibungen.

†**Oleum Juniperi empyreumaticum.** Oleum cadinum. Kadeöl. Huile de cade. Wird aus dem Holze von Juniperis Oxycedrus gewonnen und ist eine dunkelbraune, dickflüssige Masse wie Theer. Wird nur äusserlich bei chronischen Hautkrankheiten wie Theer angewandt.

Oleum Lauri. Lorbeeröl. Huile de laurier. Olio d'alloro.

Es wird durch Auspressen der Früchte von Laurus nobilis (Laurinee) erhalten und ist ein grünes, salbenartiges, krystallinisches Gemenge von Fett und ätherischem Öle. Lorbeeröl schmilzt bei ungefähr 40° zu einer dunkelgrünen, aromatischen Flüssigkeit. Besitzt gelind reizende Eigenschaften und wird nur äusserlich zu Einreibungen bei Rheumatismus etc. benutzt.

Oleum Lavandulae. Lavendelöl. Huile volatile de lavande. Essence de lavande. Oil of Lavender. Essenza di lavando.

Ist das durch Destillation erhaltene ätherische Öl der Blüthen von Lavandula vera (Labiate), in denen es zu 1,5—2% vorkommt. Es stellt eine farblose oder schwach gelbliche Flüssigkeit von 0,885 bis 0,895 spec. Gewicht dar, die sich mit Weingeist klar mischt und angenehm riecht. Wird nur äusserlich als Zusatz zu kosmetischen Mitteln und zur Darstellung von Parfümerien benutzt. Ist auch Bestandtheil des officinellen

Acetum aromaticum und von **Mixtura oleoso-balsamica.**

884) ℞ Sapon. oleac. 50,0
Rhiz. Iridis 25,0.
Olei Bergamott.
Olei Lavand. āā gtt. XV.
M. f. pulv. D. ad scat.
S. Waschpulver.

885) ℞ Ol. Lavandulae 30,0
Ol. Bergamottae 7,5
Tinct. Ambrae 1,0
Spiritus. ad 1000,0.
M. D. S. Lavender water.

Oleum Lini. Leinöl. Huile de lin. Oil of Flaxseed. Olio di lino.

Das durch kaltes Auspressen aus den Samen von Linum usitatissimum (Linee) gewonnene fette Öl. Es ist von gelber Farbe, eigenthümlichem milden Geruche und Geschmacke, auch bei 20° noch flüssig und in dünner Schicht bald austrocknend. Spec. Gewicht 0,936—0,940. Leinöl enthält zu 80% das Glycerid der Leinölsäure (Linoleïn), der Rest besteht aus Oleïn, Palmitin, und Myrisin. Innerlich genommen, wirkt Leinöl abführend und wird daher auch zu 1—2 Esslöffeln ausleerenden Klystieren zugesetzt. Es findet hauptsächlich äussere Verwendung als ein Hautmittel mildester Art. Besonders beliebt und nützlich ist es bei Verbrennungen und Ekzemen, wo es mit gleichen Theilen Aq. Calcariae verordnet wird. Es dient zur Herstellung des officinellen Sapo kalinus.

886) ℞ Olei Lini
Aq. Calcar. āā 50,0.
M. f. liniment. D. S. Äusserlich.
(Verbrennung u. Ekzem.)

Oleum Macidis. Macisöl. Muskatblüthenöl. Huile volatile de macis.

Das ätherische Öl des Samenmantels von Myristica fragrans (Myristicee). Es ist farblos oder blassgelblich, vom Geruche der Macis und in 5 bis 6 Th. Spiritus löslich. Auf der Haut erzeugt es Brennen und Röthung, daher dient es zuweilen äusserlich zu reizenden Einreibungen. Innerlich wird es zu 1—3 Tropfen mit Zucker verrieben bei Flatulenz als Carminativum, ferner bei Hyperemesis etc. mehrmals täglich gegeben. Es ist Bestandtheil der Mixtura oleoso-balsamica.

Oleum Menthae piperitae. Pfefferminzöl. Huile volatile de menthe. Essence de menthe poivrée. Oil of peppermint. Essenza di menta.

Das ätherische Öl der Blätter und blühenden Triebe der Mentha piperita (Labiate).

Es wird durch Destillation mit Wasser gewonnen und ist farblos, dünnflüssig, vom Geruche der Pfefferminze und kühlendem, kampferartigen Geschmacke. Mit Weingeist ist es klar mischbar. Spec. Gewicht 0,90 bis 0,91. Pfefferminzöl besteht der Hauptsache nach aus dem Menthol oder Pfefferminzkampfer, einem Stearopten (siehe Menthol).

Äusserlich auf die Haut gebracht, wirkt es lokal anästhesirend.

Innerlich in kleinen Dosen beruhigend, krampfstillend und appetitbefördernd; in grossen Dosen hat es einen depressorischen Einfluss auf die Nervencentren. Es wird innerlich als Carminativum, bei Cardialgie, Kolik und als Geschmackskorrigens zu 1 bis 3 Tropfen mehrmals täglich gegeben, äusserlich als Zusatz zu Mundwässern und Zahntropfen, auch zu Einreibungen (in Spiritus gelöst). Oleum Menthae wird auch vielfach verordnet in Form seiner officinellen Präparate:

Rotulae Menthae piperitae. Pfefferminzplätzchen (200 Theile Zuckerplätzchen werden mit einer aus 1 Th. Ol. Menthae und 2 Th. Spirit. bestehenden Lösung benetzt). Dieselben dienen als angenehmes Korrigens für schlecht schmeckende Arzneien (Leberthran, Ricinusöl etc.). Auch werden sie bei Dyspepsie, Übelkeit etc. gern genommen.

Spiritus Menthae piperitae. Pfefferminzspiritus. Alcool de menthe (Ol. Menth. 1, Spirit. 9). Wird innerlich als Carminativum und Antispasmodicum zu 20—30 Tropfen auf Zucker, in Thee oder Mixtur mehrmals täglich bei Cardialgie, Kolik, Flatulenz etc. gegeben.

887) ℞ Ol. Menth. pip. 0,5
Tinct. Valer. aeth. 10,0.
M. D. S. 20 Tropfen auf Zucker zu nehmen.
(Magenkrampf.)

888) ℞ Ol. Menth.
Ol. Caryophyll.
Ol. Rosar. āā 1,0
Spirit. Vini ad 100,0.
M. D. S. Äusserlich zum Einreiben.

Oleum Nucistae. Oleum Myristicae. Butyrum Nucistae. Muskatbutter. Muskatnussöl. Beurre de muscade. Nutmeg butter. Burro di noce moscata.

Aus der Muskatnuss durch Pressen gewonnenes, rothbraunes, stellenweise weisses Gemenge von Fett, ätherischem Öle und Farbstoff. Es besitzt den aromatischen Geruch und Geschmack der Muskatnuss und schmilzt bei 45—51° zu einer braunrothen, nicht völlig klaren Flüssigkeit.

Dient zu gelinde reizenden und schmerzstillenden Einreibungen bei Kolik und Cardialgie. Wird besonders an Leibweh leidenden kleinen Kindern in die Nabelgegend eingerieben. Ist Bestandtheil von Balsamum Nucistae (1 Th. Cera, 2 Th. Ol. Olivar., 6 Th. Ol. Nucistae) und Unguentum Rosmarini compositum. Rosmarinsalbe. Siehe daselbst.

Oleum Olivarum. Olivenöl. Provenceröl. Huile d'olive. Olive oil. Olio d'oliva.

Das aus den Früchten des Ölbaumes, Olea europaea (Oleinee) ohne Anwendung von Wärme gepresste Öl. Es ist von gelber, anfangs beinahe grünlicher Farbe, eigenthümlichem, schwachem Geruche und Geschmacke. Spec. Gewicht 0,915 bis 0,918. Bei ungefähr 10° trübt es sich durch krystallinische Ausscheidungen und wird bei 0° butterartig fest.

(Das Oleum Olivarum commune oder gemeines Olivenöl ist eine minderwerthige Sorte von trübem Aussehen und ranzigem Geruche und Geschmacke. Es findet nur äusserlich und in der Thierheilkunde Verwendung).

Olivenöl besteht hauptsächlich aus Oleïn und Palmitin. Innerlich in grossen Dosen genommen, wirkt es abführend. Es wird gut vertragen und soll auch Vermehrung der Gallenabsonderung bedingen. In Amerika und neuerdings auch in Deutschland wird Olivenöl in täglichen Gaben bis 200 g bei Cholelithiasis mit gutem Erfolge gegeben. Zusatz von Menthol und Cognac erleichtern den Gebrauch, doch tritt dabei zuweilen Appetitlosigkeit auf. Es dient auch innerlich als Gegenmittel bei Vergiftungen mit kaustischen Alkalien, ebenso als mildes Abführmittel bei entzündlichen Zuständen des Digestionstraktus.

Äusserlich wird Ol. Olivar. zu reizmildernden Einreibungen, zu Klystieren, Salben und Linimenten verwendet.

Innerlich wird es esslöffelweise, mehrmals täglich (pur oder in Emulsion) bei Gallensteinkolik bis zu 200,0 pro die gegeben.

889) ℞ Olei Olivar. 100,0—200,0
Menthol. 0,5
Cognac. 20,0
Vitell. ovi. II.
M. D. S. Nach dem Umschütteln in 4—8 Portionen innerhalb 1 Stunde zu nehmen.
(Gallensteinkolik.)

890) ℞ Olei Olivar.
Sirup. Amygdal. āā 50,0.
M. D. S. 2stündl. 1 Esslöffel.

Oleum Papaveris. Mohnöl. Huile de pavot. Poppy-oil.

Das aus den Samen des Papaver somniferum durch Auspressen gewonnene fette Öl. Es ist blassgelb, fast geruchlos, von mildem und angenehmem Geschmacke. Bleibt bei 0° noch klar, in dünner Schicht der Luft ausgesetzt, verdickt es sich sehr bald und trocknet zu einem Firniss ein. Es besteht im Wesentlichen aus dem Glycerid einer Säure, welche vielleicht Leinölsäure ist. Wird nur äusserlich zu Einreibungen, ähnlich wie Olivenöl verwendet.

Oleum Ricini. Ricinusöl. Castoröl. Huile de ricin. Castor Oil. Olio di ricino.

Wird aus den enthülsten Samen von Ricinus communis, einer bei uns häufig kultivirten, zu den Euphorbiaceen gehörenden Zierpflanze gewonnen. Es ist ein klares, dickflüssiges, farbloses oder blassgelbliches Öl von eigenthümlichem Geruche und Geschmacke, von 0,95 bis 0,97 spec. Gewicht. Bei 0° trübt es sich durch Abscheidung krystallinischer Flocken und bei grösserer Kälte wird es butterartig. Mit Essigsäure und Weingeist ist es in jedem Verhältniss mischbar, wird an der Luft dickflüssiger und ranzig und trocknet in dünner Schicht langsam ein.

Ricinusöl ist hauptsächlich das Glycerid der Ricinolsäure (einer eigenthümlichen Fettsäure). Ausserdem enthält es noch Palmitin und Stearin. Im Dünndarm wird die Säure frei und entfaltet ihre Wirkung. Zu 10,0—20,0 innerlich genommen, ruft Ricinusöl nach wenigen Stunden breiige Stuhlentleerungen (ohne Leibschmerzen) hervor. Häufig verursacht es Aufstossen, Übelkeit und bei manchen Personen auch Erbrechen. (In den Samen, aus denen Ricinusöl gewonnen wird, befindet sich noch das Ricin, ein ungeformtes Ferment, das äusserst giftig wirkt, zu der abführenden Wirkung des Ricinusöl jedoch in gar keiner Beziehung steht).

Seit Anfang dieses Jahrhunderts ist das Ricinusöl als milde wirkendes Abführmittel in allgemeinem Gebrauch. Es eignet sich besonders zu einmaligem Gebrauch zur Entleerung stagnirender Kothmassen und bei entzündlichen Affektionen des Verdauungstraktus, den es, da es nicht reizt, leicht passirt. Nicht nur bei Verstopfung, sondern auch in manchen Fällen von Diarrhoe, die durch Reizung des Darms in Folge unverdaulicher Substanzen, alter Kothmassen etc. unterhalten werden, leistet Ricinusöl gute Dienste, indem es den Darm schnell reinigt. Es ist sehr beliebt bei Gravidität, im Puerperium, in der Kinderpraxis, sowie bei Dysenterie und Bleikolik.

Dosis. Man giebt mehrmals täglich 1 Esslöffel mit Rothwein, Bouillon oder Kaffee, Pfefferminzthee. Zweckmässig ist auch die Verabreichung in Emulsion oder Gelatinekapseln. Zusatz von grobem Zuckerpulver (etwa die 3fache Menge) bis zur Bildung eines knetbaren Teiges verdeckt den unangenehmen Geschmack. Kindern giebt man (nach dem Alter 1 Thee- bis 1 Esslöffel.)

†**Oleum Ricini aromaticum.** Nach Standke feinstes Ricinusöl, mit Saccharin, Zimmtaldehyd und Vanille versetzt.

891) ℞ Olei Ricini 30,0
Gummi arab. 15,0
Aq. Chamom. 150,0
f. emulsio.
Adde
Aq. Amygd. amar. 2,0.
M. D. S. 2stündl. 1 Esslöffel.

892) ℞ Olei Ricini 5,0
Sacch. alb. 10,0
Pulv. Cacao 3,0.
M. f. pasta. Divid. in part. V.
S. ½stündl. 1 Stück. (Abführmittel für kleine Kinder.)

893) ℞ Olei Ricini 60,0
D. S. Esslöffelweise bis zur Wirkung.

894) ℞ Olei Ricini 30,0
Decoct. Sem. Lini 150,0.
D. S. Äusserlich als Klystier.

Oleum Rosae. Rosenöl. Huile volatile de rose. Essence de rose. Oil of rose. Essenza di rosa.

Das ätherische Öl der Rosenblätter (Rosa damascena), die im frischen Zustand im Orient destillirt werden. Es ist eine blassgelbe Flüssigkeit, in welcher sich in der Kälte Krystallblättchen bilden, die bei 12—15° wieder verschwinden. 1 Tropfen Rosenöl mit Zucker verrieben und mit 500 ccm Wasser geschüttelt, muss diesem den reinen Geruch der Rosen mittheilen. Ist das feinste und kostbarste Parfüm; dient als Geruchskorrigens, als Zusatz zu Mundwässern und Haarmitteln und zur Bereitung der gleichfalls als Geschmacks- und Geruchskorrigens dienenden

Aqua Rosae (Rosenwasser). 4 Tropfen Ol. Rosae mit 1 l lauwarmem Wasser geschüttelt und filtrirt.

Oleum Rosmarini. Rosmarinöl. Huile volatile de rosmarin. Oil of rosmary. Essenza di rosmarino.

Das aus den Blättern von Rosmarinus officinalis (Labiate) durch Destillation gewonnene ätherische Öl. Es ist dünnflüssig, farblos oder schwach gelblich, von kampferartigem Geruche, mit gleichen Theilen Weingeist klar mischbar; spec. Gewicht 0,89 bis 0,91. — Es besteht aus einem Kohlenwasserstoff $C_{10}H_{16}$, Laurineenkampfer, Borneol und Cineol.

Rosmarinöl wirkt örtlich reizend und ist für Krätzmilben und andere niedere Thiere ein intensives Gift.

Innerlich genommen (besonders die Folia Rosmarini sind ein beliebtes Volksmittel, das gewisse abortive Wirkungen entfaltet), kann es schon in wenigen Gramm heftige Gastroenteritis, Nephritis und Exitus letalis verursachen.

Wird nur äusserlich zu Salben, Linimenten (1:20—30 Fett), als Krätzmittel (1:3 Olivenöl) und als Zusatz zu Bädern (2,0 auf 1 Bad) verordnet. Dient zur Bereitung der officinellen Präparate:

Acetum aromaticum.

Linimentum saponato-camphoratum und

Unguentum Rosmarini compositum. Unguentum nervinum. (16 Th. Adeps suill., 8 Th. Seb. ovil., 2 Th. Cera flava, 2 Th. Ol. Nucist., 1 Th. Ol. Rosmarini, 1 Th. Ol. Juniperi). Dient zu reizenden Einreibungen.

Oleum Sinapis. Senföl. Huile volatile de moutarde. Essence de moutarde. Oil of mustard. Essenza di senape.

Wird durch Destillation der in kaltem Wasser eingeweichten Samen der Brassica nigra (Conifere) gewonnen. Hierbei zerfällt das in den Samen enthaltene myronsaure Kalium in Berührung mit dem ebenfalls gelösten Myrosin des Senfsamens in Senföl, Zucker und Kaliumbisulfat.

Es ist ein dünnflüssiges, gelbliches Öl, von sehr scharfem, reizendem Geruche, das mit Weingeist oder Schwefelkohlenstoff in jedem Verhältnisse klar mischbar ist. Spec. Gewicht 1,016 bis 1,022. Senföl erzeugt auf der Haut Röthung und bei längerer Einwirkung Blasen. Ebenso kann es bei innerer Darreichung grosser Mengen die Schleimhaut des Magens afficiren und durch starke Gastroenteritis zum Tode führen. In kleinen Dosen wirkt es innerlich appetitanregend. Auch antiseptische Eigenschaften kommen ihm zu.

Oleum Sinapis findet als Rubefaciens vielfach praktische Verwendung, wo es sich darum handelt, ableitend zu wirken und als äusseres Reizmittel die Nervencentren zu erregen, wie z. B. bei Asphyxie, Ohnmacht, Coma, Vergiftungen mit Narcoticis etc. Auch bei Kongestionen und Entzündungen innerer Organe ist es ein beliebtes Ableitungsmittel.

Es wird nur äusserlich und gewöhnlich in Form des officinellen Spiritus Sinapis angewendet.

Spiritus Sinapis. Senfspiritus (Ol. Sinapis 1, Spiritus 48). Klare, farblose, nach Senföl riechende Flüssigkeit. Dient zur Einreibung (10—30 Tropfen) bei Rheumatismus, Neuralgien etc. Auch kann man 15—30 Tropfen auf Fliesspapier getröpfelt auf die betreffende Hautstelle appliciren. Dabei tritt schneller Röthung ein, als nach Auflegen eines Senfteiges.

Oleum Terebinthinae. Spiritus Terebinthinae. Terpentinöl. Essence de térébenthine. Oil of turpentine. Essenza di trementina.

Der aus der Rinde verschiedener Pinusarten ausfliessende zähe, gelbliche Saft wird Terpentin genannt, und Terpentinöl

(Oleum Terebinthinae) ist das aus den gewöhnlichen Terpentinen vorzüglich denjenigen von Pinus Pinaster, sowie von Pinus australis und Pinus Taeda (Coniferen) durch Destillation mit Wasser gewonnene ätherische Öl. Es ist aus Terpenen von der Formel $C_{10}H_{16}$ zusammengesetzt und stellt eine klare, farblose oder blassgelbliche Flüssigkeit von eigenthümlichem Geruche und scharfem, brennenden Geschmacke dar, die bei 150 bis 160^0 siedet und ein spec. Gewicht von 0,855—0,865 besitzt.

Oleum Terebinthinae rectificatum oder depuratum, gereinigtes Terpentinöl, das gleichfalls officinel ist, wird erhalten durch Destillation von Terpentinöl mit der sechsfachen Menge Kalkwasser. Dasselbe muss farblos sein und darf nach der Lösung in Weingeist, mit Wasser befeuchtetes Lackmuspapier nicht verändern.

An der Luft nimmt Terpentinöl Sauerstoff auf und ozonisirt denselben. Es hat ausgesprochene fäulnisswidrige Eigenschaften und wirkt deletär auf Mikroorganismen ein. Lokal reizt es die Haut, indem es Röthung und Entzündung macht. Die Wirkung auf die Schleimhäute äussert sich durch Beschränkung der Absonderung. In kleinen Gaben wird Terpentinöl ziemlich gut vertragen und erzeugt Wärmegefühl, Blutdrucksteigerung und vermehrte Harnausscheidung. Ein Erwachsener mit gesunden Nieren kann es esslöffelweise ohne Schaden nehmen. Nach sehr grossen toxisch wirkenden Dosen beobachtet man Übelkeit, Kopfweh, Ohrensausen, Schwindel, Benommenheit, Albuminurie und Haematurie, Convulsionen. — Bei einem 14 Monate alten Kinde, das 15 g verschluckt hatte, trat bald Coma und Tod nach 15 Stunden ein. — Schon nach ganz geringen Mengen Terpentinöl nimmt der Urin einen eigenthümlichen veilchenartigen Geruch an.

Anwendung findet Terpentinöl innerlich als sekretionsbeschränkendes Mittel bei Bronchoblennorrhoe, Phthisis, Cystitis und zur Blutstillung bei Haemoptoë, Darmblutungen, ferner bei Diphtherie und Keuchhusten, Ischias und Gallensteinen. Vor allem aber nützt es bei Phosphorvergiftung, wo es seinen Sauerstoff an den Phosphor abgiebt und ihn in die ungiftige phosphorige Säure umwandelt. Oleum Terebinthinae rectificatum, das in allen übrigen Fällen innerlich Verwendung findet, darf bei Phosphorvergiftung nicht verordnet werden, weil es keinen Sauerstoff enthält und deshalb nicht wirkt. Neuerdings wird es auch als Desodorans bei unreinlichen Geisteskranken (Bessert) mit Incontinentia urinae erfolgreich angewandt, ebenso als Anthelminthicum.

Äusserlich giebt man es zum Inhaliren bei Lungengangrän und putrider Bronchitis; ferner zum Einreiben bei Rheumatismus und Neuralgien, Erysipelas, Pernionen, Meteorismus. Auch in Form von Klysmen bei Meteorismus und Askariden. — Bei parenchymatösen Blutungen bewährt es sich oft als Haemostaticum.

Dosis. Innerlich zu 5—20 Tropfen mehrmals täglich in Milch, Gelatinekapseln, Emulsion, Mixtur, sogar esslöffelweise (!) bei Diphtherie (Bosse) und als Anthelminthicum. Kindern 0,1 bis 1,0 bis 2,0 bei Phosphorvergiftung; bei Diphtherie theelöffelweise (2mal täglich) oder in Emulsion.

Äusserlich zu Einreibungen allein oder in Verbindung mit andern reizenden Mitteln; zu Inhalationen 1 Theelöffel voll auf heisses Wasser gegossen und die Dämpfe einzuathmen, oder auch 20—30 Tropfen auf Taschentuch, Bettdecke etc. getropft.

Wegen der reizenden Wirkung auf die Magenschleimhaut und die Nieren ist Terpentinöl bei Magenaffektionen und Nephritis contraindicirt.

Präparate: **Unguentum Terebinthinae.** Terpentinsalbe. (Terebint., Cerae, Ol. Terebinth. āā 1). Eine weiche, gelbe Salbe, die zu reizenden Einreibungen bei Lähmungen mit chronischem Rheumatismus angewandt wird.

†Linimentum terebinthinatum.

†Sapo terebinthinatus.

895) ℞ Olei Terebinth. rectif.
Aether. āā 7,5.
M. D. S. 3 × tägl. 5—15 Tr.
(Ischias, Gallensteine.)
(Durand'sches Mittel.)

896) ℞ Ol. Terebinth. rect. 7,5
Gummi arab. q. s.
Aq. dest. 120,0
Sirup. smpl. ad 150,0.
M. f. emulsio. D. S. 3stündlich 1 Theelöffel voll zu geben und Milch nachtrinken zu lassen.
(Diphtherie.)

897) ℞ Olei Tereb. rectif. 5,0
Pulv. Gum. arab. q. s.
Aq. dest. ad 100,0.
M. f. emuls. D. S. Zu 2 Klysmen.
(Meteorismus, Ascaris lumbricoides.)

898) ℞ Olei Terebinth. rect. 1,0—2,0
Aq. Menth. pip. 150,0
Mucil. Salep. 30,0.
M. D. S. 2stündl. 1 Esslöffel.
(Hämoptoë.)

899) ℞ Olei Terebinthin.
Spirit. Vini āā 6,0
Aetheris 1,0.
M. D. S. Stündlich 20—50 Tr. in Hafer- oder Salepschleim.
(Phosphorvergiftung.)

900) ℞ Olei Terebinthin. in Kapseln zu 0,6.
Mehrmals tägl.
(Lungenabscess, Gangraena pulm., Bronchorrhoe etc.)

901) ℞ Olei Terebinth. 30,0
(Acid. carbol. 1,0.)
D. S. Äusserlich (zum Pinseln).
(Erysipelas.)

902) ℞ Ol. Terebinth. 30,0.
D. S. Mehrm. tägl. 1 Theelöffel auf ein Taschentuch gegossen zu inhaliren.
(Gangraena pulm., Bronchiektasie, Emphysem.)

903) ℞ Olei Terebinthin.
Linim. sapon. camphor. āā 25,0.
M. D. S. Äusserlich zu Einreibungen bei Rheumatismus.

904) ℞ Olei Terebinth. 10,0
Sirup. Althaeae 80,0.
M. D. S. 3stündl. 1 Theelöffel.
(Keuchhusten.)

Oleum Thymi. Thymianöl. Huile volatile de thym. Essence de thym. Oil of thyme. Essenza di timo.

Das durch Destillation dargestellte ätherische Öl der Blätter und blühenden Triebe von Thymus vulgaris (Labiate). Es ist farblos oder schwach röthlich, dünnflüssig, von stark aromatischem Geruche und Geschmacke, mit Weingeist klar mischbar.

Im Wesentlichen besteht Oleum Thymi aus einem Gemenge eines schwach links drehenden Kohlenwasserstoffes Thymen mit Cymen und Thymol, Es hat desinficirende und örtlich reizende Eigenschaften.

Wird nur äusserlich als Derivans zu Einreibungen und als Zusatz zu Waschmitteln verordnet. Ist Bestandtheil von Mixtura oleoso-balsamica, Linimentum saponato-camphoratum und mancher andern nicht officinellen Präparate.

Opium. Laudamum. Meconium. Mohnsaft. Oppio.

Der in Kleinasien durch Einschnitte in die unreifen Samenkapsel von Papaver somniferum, des Gartenmohns (Papaveracee) gewonnene, getrocknete Milchsaft. Derselbe bildet eine braune, zähe Masse, die in Wasser und Weingeist nur theilweise löslich ist, eigenartig riecht und einen bitteren, etwas brennend scharfen Geschmack hat. Seitdem der Apotheker Sertürner zu Anfang dieses Jahrhunderts das Morphin im Opium aufgefunden, hat man allmählig immer mehr Alkaloide in demselben entdeckt und gegenwärtig kennt man etwa 18, unter denen das Morphin die grösste praktische Bedeutung beibehalten hat. Nächst Morphin verdienen Codein, Narcotin, Thebain, Narceïn, Papaverin, Laudanin, Opianin, Metamorphin etc. Erwähnung. Die Droge enthält ausserdem noch Säuren, die Meconsäure, Thebolactinsäure und indifferente Stoffe. Brauchbares Opium muss mindestens 10% Morphin enthalten.

Entsprechend seinem bedeutenden Gehalte an Morphin unterscheidet sich auch die Wirkung des Opiums sehr wenig von der des Morphins. Eine praktisch ziemlich wichtige Differenz ist nur die direktere Einwirkung auf den Darm durch das Opium, wenn es sich darum handelt, die Peristaltik herabzusetzen. Die Allgemeinwirkungen werden auch von Opium langsamer ausgelöst als durch Morphin. Bezüglich der therapeutischen Verwendung verdient die folgende Bemerkung von Binz (Pharmak. Vorlesungen 1891, S. 53) ganz besondere Beachtung: „Wenn der Arzt Opium verordnet, dann reicht er eine komplicirte Substanz, mit Nebenwirkungen behaftet, die unkontrolirbar sind, weil sie abhängen von dem jeweiligen Gehalt des Opiums an den Nebenalkaloiden. Darum soll er dasselbe nie verordnen, wo es sich um ernste Zustände handelt und wo er rasch und bestimmt die Hauptwirkung, die im Morphin liegt, herbeiführen will.“ Bei jungen Kindern ist Opium zu vermeiden!

Dosis. Innerlich zu 0,005—0,05—0,15,

Grösste Einzelgabe 0,15! — Grösste Tagesgabe 0,5!
in Pulver, Pillen und in Form der officinellen Präparate.

Äusserlich in Suppositorien (0,05—0,1) und Salbenform (1,0 : 10,0), zu Klystieren als Zusatz zum Amylumdekokt: 0,05 bis 0,1 : 50,0—100,0.

Präparate: **Extractum Opii.** Opiumextrakt. Extrait d'opium. Trockenes, rothbraunes, in Wasses trübe lösliches Pulver. Form und Dosis wie Opium.

Grösste Einzelgabe 0,15! — Grösste Tagesgabe 0,5!

Tinctura Opii simplex. Tinctura thebaica, Einfache Opiumtinktur. Teinture d'opium simple. (1 Th. Opium, 5 Th. Spirit. dil. und 5 Th. Wasser). Röthlich braun. Enthält 10% Opium und annähernd 1% Morphin.

Innerlich zu 10—20 Tropfen ein- bis zweimal täglich.

Grösste Einzelgabe 1,5! — Grösste Tagesgabe 5,0!

Tinctura Opii crocata. Laudanum liquidum (Sydenhami). Safranhaltige Opiumtinktur. Teinture d'opium safranée. (15 Th. Opium, 5 Th. Safran, 1 Th. Gewürznelken, 1 Th Zimmt, 75 Th. Spirit. dil. und 75 Th. Wasser). Von dunkel gelbrother Farbe. Anwendung und Dosirung wie die vorhergenannte Tinktur.

Grösste Einzelgabe 1,5! — Grösste Tagesgabe 5,0!

Tinctura Opii benzoica. Benzoesäurehaltige Opiumtinktur. Elixir parégorique. (1 Th. Opium, 1 Th. Anisöl, 2 Th. Kampfer, 4 Th. Benzoësäure und 192 Th. Wasser). Ist bräunlichgelb, riecht nach Anisöl und Kampfer und enthält in 100 Th. 0,5 Opium. Innerlich zu 20—50 Tropfen mehrmals täglich, allein oder als Zusatz zu expektorirenden Mixturen; Kindern 5—15 Tropfen mehrmals täglich.

Pulvis Ipecacuanhae opiatus. Pulvis Doveri. Dover'sches Pulver. Poudre de Dover. (Opium 1, Ipecacuanh. 1, Milchzucker 8). Hellbraunes Pulver.

Innerlich zu 0,1—0,5 mehrmals täglich in Pulverform als Sedativum nnd Expektorans.

905) ℞ Opii 0,01—0,03
Sacch. alb. 0,5.
M. f. pulv. D. t. dos. X.
S. 2—3stündl. 1 Pulv.

906) ℞ Opii puri 0,01—0,02
Plumb. acet. 0,03
Sacch. alb. 0.3.
M. f. pulv. D. t. dos. X.
S. 2stündl. 1 Pulv.

907) ℞ Opii pulv. 0,3
Succi Liquirit. dep. q. s.
ut f. pilul. 30.
Consq. Lycopod.
D. S. 3mal tägl. 2 Pillen.
(Jede Pille = 0,01 Opium)

908) ℞ Opii pulv.
Rad. Ipecac. āā 0,03
Sacch. alb. 0,5.
M. f. pulv. D. t dos. X.
S. 2—3stündl. 1 Pulv.
(Statt Pulvis Doveri.)

909) ℞ Stibii sulf. aurant. 0,06
Opii puri 0,01
Sacch. alb. 0,3.
M. f. pulv. D. t. dos. X.
S. 2—3stündl. 1 Pulv.
(Catarrh. bronch., Emphysem, Asthma etc.)

910) ℞ Extr. Opii 0,1—0,2
Aq. Foeniculi 30,0
Elix. e Succ. Liqurit. 30,0.
M. D. S. 3—4 × tägl. $^1/_2$—1 Theelöffel.
(Bronchialkatarrh.)

911) ℞ Opii puri 0,005—0,05
Acid. tannic. 0,2.
M. f. pulv. D. t. dos. X.
S. 3—5 × tägl. 1 Pulv.

912) ℞ Opii puri 0,1.!
Ol. Cacao q. s.
ut. f. suppositorium.
D. t. dos. No. V.
S. Morgens u. Abends 1 Stuhlzäpfchen einzuführen.

Oxymel Scillae. Meerzwiebelhonig. Meerzwiebel-Sauerhonig. Oxymel scillitique. Ossimele scillitico.

1 Th. Meerzwiebelessig und 2 Th. gereinigter Honig werden im Dampfbade auf 2 Th. eingedampft und durchgeseiht. Die gelblichbraune, klare Flüssigkeit wirkt wie die Droge, aus der sie bereitet wird, diuretisch und brechenerregend. Sie wird namentlich in der Kinderpraxis als Emeticum oder als Zusatz zu diuretischen und expektorirenden Mixturen verordnet; auch äusserlich zu Mund- und Gurgelwässern.

Die Dosis beträgt innerlich 2,0—5,0 mehrmals täglich rein oder als Zusatz zu Mixturen. Für Kinder 5,0—10,0 : 100,0 mehrmals täglich 1 Theelöffel (als Diureticum und Expektorans); als Emeticum unverdünnt 1—2 Theelöffel pro dosi. Als Mund- und Gurgelwasser 1 : 10 Aqua.

913) ℞ Oxymel. Scill. 5,0
Sirup. Senegae 20,0.
M. D. S. 2stündl. 1 Theelöffel.
(Akute Bronchitis der Kinder.)

914) ℞ Inf. Rad. Ipecac. 1,0 : 180,0
Oxymel. Scillae 15,0.
M. D. S. $^1/_4$—$^1/_2$stündl. 1 Kinderlöffel.
(Laryngitis acuta der Kinder mit Erstickungsanfällen.)

915) ℞ Inf. Fol. Digital. 0,6 : 180,0
Spirit. aether. nitros. 2,0
Oxymel. Scill. ad 200,0.
M. D. S. 2stündl. 1 Esslöffel.
(Hydrops bei Vitium cordis.)

916) ℞ Liq. Ammon. acet. 30,0
Aq. Petroselin. 150,0
Oxymel. Scill. ad 200,0.
M. D. S. 2stündl. 1 Esslöffel.
(Hydrops.)

Paraffinum liquidum. Flüssiges Paraffin. Paraffinöl. Vaselinöl.

Eine aus dem Petroleum gewonnene klare, ölartige Flüssigkeit ohne Geruch und Geschmack, von mindestens 0,880 spec. Gewicht, welche bei 360° noch nicht siedet. Besteht aus indifferenten Kohlenwasserstoffen und dient als Grundlage zur Bereitung von Salben und vor allem als gutes Lösungsmittel für viele in Wasser unlösliche oder schwer lösliche Substanzen (Menthol, Thymol, Eucalyptol, Jodoform etc.). Derartige Stoffe können mit

Hülfe dieses Vehikels subkutan oder parenchymatös injicirt werden, ohne starke Reizerscheinungen zu verursachen.

Paraffinum solidum. Festes Paraffin. Ceresin. Paraffine.

Eine aus brennbaren Mineralien gewonnene feste, weisse mikrokrystallinische Masse, die bei 74—80° schmilzt. Paraffin löst sich nicht in Wasser, wenig in Alkohol, leicht in Äther, Benzol, Chloroform; wird von Säuren und Alkalien nicht angegriffen. Es wird nicht ranzig, ist daher eine beliebte Salbengrundlage und wird, indem man die Binden mit geschmolzenem Paraffin tränkt, zur Herstellung fester Verbände benutzt. Man bereitet auch daraus Paraffin- oder Ceresinpapier (charta paraffinata oder ceresinata), das als Ersatz für charta cerata dienen soll.

Präparate: **Unguentum Paraffini.** Paraffinsalbe. Vaselinsalbe. Dieselbe wird aus 1 Th. Paraffin. solid. und 4 Th. Paraff. liquidum bereitet und ist eine weisse Salbe, die sich zwischen 40 und 50° verflüssigt. Wird als reizmildernde, nicht ranzig werdende Salbe vielfach angewendet, ist jedoch nicht so gut wie amerikanisches Vaselin (Vaselinum americanum flavum). Ist Bestandtheil vieler officineller Salben, wie:

Unguentum Cerussae, Unguentum Hydrargyri album, Ungt. Hydrarg. rubrum, Ungt. Kalii jodati und Unguent. Tartari stibiat.

Paraldehydum. Paraldehyd. $C_6H_{12}O_3$.

Der im Jahre 1882 von Cervello als Schlafmittel empfohlene Paraldehyd wird in der Weise dargestellt, dass man in Acetaldehyd (gewöhnlichen Aldehyd C_2H_4O) bei mittlerer Temperatur Salzsäuregas einleitet. Hierbei polymerisirt sich der Aldehyd, indem je 3 Moleküle desselben zu Paraldehyd zusammentreten.

$$\underset{\text{Aldehyd}}{(C_2H_4O)_3} \text{ oder } \underset{\text{Paraldehyd.}}{C_6H_{12}O_3}$$

Derselbe bildet eine klare, farblose, neutrale Flüssigkeit von eigenthümlich ätherischem Geruche und brennend kühlendem Geschmacke. Er siedet bei 123 bis 125°. Spec. Gewicht 0,998. Bei starker Abkühlung erstarrt Paraldehyd zu einer krystallinischen, bei + 10,5° schmelzenden Masse. Er löst sich in 8,5 Th. Wasser zu einer Flüssigkeit, die sich beim Erwärmen trübt. Mit Weingeist nnd Äther mischt er sich in jedem Verhältnisse.

Ruft, in Gaben von 2,0—4,0 innerlich genommen, mehrstündigen ruhigen Schlaf hervor und hat nur die unangenehme Nebenwirkung, dass der Athem noch 24 Stunden lang unangenehm nach Paraldehyd riecht. Eine Herabsetzung des Blutdruckes, wie nach Chloralhydrat findet nicht statt. Wie Alkohol wirkt er zunächst auf das Grosshirn, bei grösseren Gaben aber auch auf das Rückenmark (Aufhebung der Reflexe) und schliesslich auch auf die Medulla oblongata (Lähmung der respiratorischen Centren). Es tritt auch Angewöhnung an Paraldehyd ein, der missbräuchlich längere Zeit hindurch bis zu 30 g täglich und darüber genommen worden ist. Dabei hat man ähnliche Schädigungen wie bei chronischem Alkoholgenuss beobachtet. Bei Thieren konnte auch eine ungünstige Veränderung des Blutes durch Methaemoglobinbildung konstatirt werden.

Das Mittel gehört zwar nicht zu den häufig angewandten Schlafmitteln, wird aber doch, wo es sich darum handelt, mit anderen Mitteln abzuwechseln, mit gutem Erfolge gegeben. Bei nervöser Insomnie nach geistiger Überanstrengung eignet es sich sehr gut. Neuerdings hat man es auch bei Asthma empfohlen. Bei Strychninvergiftung soll es ähnlich wie Chloralhydrat wirken.

Dosis. Innerlich in verdünnter Lösung zu 2,0 bis 4,0.
Grösste Einzelgabe 5,0! — Grösste Tagesgabe 10,0!
auch in Form von Klystier 3,0—5,0 mit 20,0 Mucil. Gummi arab.

917) ℞ Paraldehyd. 4,0—6,0
Aq. dest. 100,0
Sirup. spl. 10,0.
M. D. S. Die Hälfte auf einmal zu nehmen.
(Schlaflosigkeit, Asthma etc.)

918) ℞ Paraldehyd. 2,0—3,0
Sirup. Cort. Aurant. 20,0.
M. D. S. Auf einmal zu nehmen.

919) ℞ Paraldehyd. 4,0
Mucil. Salep
Sirup. Cort. Aurant. āā 20,0
Aq. dest. 100,0.
M. D. S. 2stündl. 1 Esslöffel.
(Asthma.)

920) ℞ Paraldehyd. 4,0
Aq. dest.
Mucil. Gum. arab. āā 25,0.
M. D. S. Zum Klystier.

Pastilli Hydrargyri bichlorati. Sublimatpastillen.

Eine Mischung aus gleichen Theilen feingepulvertem Quecksilberchlorid und Kochsalz wird mit einer wässerigen Lösung von rother Anilinfarbe lebhaft gefärbt und dann durch Druck in Cylinder von 1,0 oder 2,0 g Gewicht geformt, von denen jeder einzelne doppelt so lang, als dick sein muss.

Harte, walzenförmige, lebhaft rothe Stücke, in Wasser sehr leicht, in Weingeist mit Äther nur theilweise löslich. Die wässerige Lösung röthet blaues Lackmuspapier nicht. Sublimatpastillen dürfen nur in verschlossenen Glasbehältern mit der Aufschrift „Gift“ und derart abgegeben werden, das jede einzelne Pastille in schwarzes Papier eingewickelt ist, welches die Aufschrift „Gift“ in weisser Farbe trägt.

Sie sind sehr vorsichtig, vor Licht und Feuchtigkeit geschützt aufzubewahren und dienen zur raschen Herstellung von $^1/_2$ oder $1^0/_{00}$ Sublimatlösungen. (1 Pastille auf 1 l Wasser).

Pepsinum. Pepsin. Pepsine. Pepsina.

Pepsin ist ein von den Labdrüsen der Magenschleimhaut ausgeschiedenes und im Magensaft enthaltenes Ferment. Es wird aus der Magenschleimhaut des Schweines oder Rindes durch Abschaben,

Befreien von den Schleimmassen, Eintrocknen bei einer 40^0 nicht übersteigenden Temperatur und Verdünnen mit Milchzucker gewonnen und kommt, da es verschieden dargestellt wird, im Handel in verschiedener Güte vor.

Es stellt ein feines, fast weisses, nur wenig hygroskopisches Pulver von eigenthümlichem, brodartigen Geruche und süsslichem, hinterher etwas bitterlichen Geschmacke dar. 1 Th. giebt mit 100 Th. Wasser eine kaum sauer reagirende schwach trübe Lösung.

Pepsin besitzt die Fähigkeit unter Mitwirkung von Salzsäure Eiweissstoffe zu lösen (zu peptonisiren). Nach der Pharm. Germ. sollen 10,0 gekochtes, grob zerriebenes Eiweiss mit 100 ccm warmem Wasser von 50^0 und 10 Tropfen Salzsäure gemischt, durch 0,1 Pepsin gelöst (verdaut) werden, wenn man das Gemisch unter wiederholtem Durchschütteln 1 Stunde bei 45^0 stehen lässt.

Es wird in erster Linie bei Verdauungsstörungen in Folge Pepsinmangels angewandt, bei chronischem Magenkatarrh und den verschiedensten Formen von Dyspepsie. (Zusatz von Salzsäure ist stets erforderlich, da Pepsin nur in Gegenwart derselben verdaut). Äusserlich hat man auch Pinselungen von Pepsin in salzsauren Lösungen bei Diphtherie versucht, um die fibrinösen Auflagerungen zu lösen.

Dosis. Innerlich 0,2—0,5 mehrmals täglich (nach der Mahlzeit) in Pulvern, Pillen, Mixturen oder in Form von Dragées, die gleichzeitig etwas Salzsäure enthalten.

Kindern (bei Dyspepsie) Mixturen von 1:100, davon theelöffelweise.

Präparat: **Vinum Pepsini.** (Pepsin 24, Glycerin 20, Salzsäure 3 und Wasser 20 werden 8 Tage lang stehen gelassen und filtrirt. Alsdann werden dem Filtrate Sirup. spl. 92, Tinct. Aurant. cort. 2 und Xereswein 839 hinzugefügt). Klare, gelbliche Flüssigkeit von säuerlichem Geschmack, die thee- bis esslöffelweise nach der Mahlzeit genommen wird.

921) ℞ Pepsini 2,5
Sacch. lact. 7,5.
M. f. pulv.
Divid. in part. X.
D. S. Nach der Mahlzeit 1—2 Pulver zu nehmen.
(Dyspepsie.)

922) ℞ Pepsin.
Acid. hydrochl. āā 1,0
Aq. dest. 150,0
Sirup. simpl. 30,0.
M. D. S. 3 × tägl. 1 Esslöffel.

923) ℞ Pepsin. 1,0
Acid. hydrochl. dil. 0,5
Aq. dest. 120,0
Sacch. alb. 10,0.
M. D. S. 3—4 × tägl. 1 Kinderlöffel voll (nach der Mahlzeit) zu nehmen.

924) ℞ Pepsin. 2,0
Acid. hydrochl. dil. 0,5
Aq. dest. 60,0.
M. D. S. Äusserlich zum Pinseln bei Diphtherie.

Phenacetinum. p-Acetphenetidin. Oxyäthylacetanilid. Phénacétine. Fenacetina.

$$C_6H_4 < \begin{matrix} OC_2H_5 & (1) \\ NH(CH_3CO) & (4). \end{matrix}$$

Das im Jahre 1887 von Kast und Hinsberg in die Praxis eingeführte Phenacetin steht chemisch dem Acetanilid (Antifebrin) nahe. Es lässt sich als Acetanilid auffassen, in welchem ein H durch den Oxyläthylrest ($O.C_2H_5$) ersetzt ist:

$$C_6H_4 < \begin{matrix} H & (1) \\ NH(CH_3CO) & (4) \end{matrix} \qquad C_6H_4 < \begin{matrix} OC_2H_5 & (1) \\ NH(CH_3CO) & (4) \end{matrix}$$

Acetanilid. Paraoxyaethyl-Acetanilid (Phenacetin).

Es stellt farblose, glänzende Krystalle oder ein weisses krystallinisches, geruch- und geschmackloses Pulver dar. Ist in Wasser nahezu unlöslich, löslich in 16 Th. kaltem und 2 Th. siedendem Alkohol. Schmilzt bei 135°.

In ähnlicher Weise wie das ihm nahestehende Acetanilid setzt Phenacetin die Körpertemperatur herab. 1,0 wirkt in dieser Beziehung etwa wie 0,5 Acetanilid oder 2,0 Antipyrin. Ebenso besitzt es auch antineuralgische Eigenschaften. Es hat nicht die unangenehmen Nebenwirkungen des Antifebrins und wird in weit grösseren Dosen besser vertragen als dieses. In den Urin geht es anscheinend als Amidophenol über. Der Urin nimmt nach Phenacetin auf Zusatz von Eisenchlorid burgunderrothe Färbung an.

Bei fieberhaften Zuständen wird Phenacetin ähnlich wie Antipyrin und Antifebrin gegeben. Bei Migräne leistet es zuweilen noch mehr als die beiden ebengenannten Mittel. Auch bei anderen schmerzhaften Affektionen, Gelenkrheumatismus, lancinirenden Schmerzen der Tabiker wird es mit Erfolg gegeben. Ebenso hat es sich bei Influenza und Keuchhusten bewährt.

Innerlich 0,5—1,0 in Pulverform mehrmals täglich,

Grösste Einzelgabe 1,0! — Grösste Tagesgabe 5,0!

Kindern als Antipyreticum 0,1—0,3 je nach dem Alter und bei Keuchhusten 0,02—0,2 mehrmals täglich.

925) ℞ Phenacetin. 1,0.
D. tal. dos. No. VI.
S. Bei Migräne 1 Pulver u. event. nach 1 Stunde noch ein 2. Pulver zu nehmen.

926) ℞ Phenacetin. 0,3—0,5
Sacch. alb. 0,5.
M. f. pulv. D. t. dos. VI.
S. Abends 1—2 Pulver.
(Antipyreticum.)

927) ℞ Phenacetin.
Antipyrin.
Salol. āā 2,0.
M. D. S. 2× tägl. in die Nase einzublasen.
(Keuchhusten.)

928) ℞ Phenacetin. 0,3
Natrii bicarb. 1,2.
M. f. pulv. D. t. dos. XII.
S. 2stündl. 1 Pulver (in warmem Wasser).
(Schnupfen u. Influenza.)
(Bulkley.)

929) ℞ Phenacetin. 0,5
Coffein. 0,1.
M. f. pulv. D. t. Dos. VI.
S. Zur Zeit 1 Pulver zu nehmen.
(Migräne.)

Phosphorus. Phosphor. Phosphore. Fosfori.

Der Phosphor wurde zuerst im Jahre 1669 von dem Alchemisten Brand in Hamburg in den Rückständen des verdampften Harns entdeckt, und ein Jahrhundert später stellte ihn Scheele in Schweden aus den Knochen dar. Aus denselben wird er auch noch gegenwärtig gewonnen.

Er bildet weisse, oder gelbliche, wachsglänzende, durchscheinende, meist fingerdicke, runde oder dreieckige Stücke, die an der Luft rauchen und knoblauchartig riechen. Der Phosphor schmilzt unter Wasser bei 44^0, entzündet sich leicht und verbrennt mit hellleuchtender Flamme unter Verbreitung eines dicken weissen Rauches. Er leuchtet im Dunkeln. Bei längerer Aufbewahrung wird er roth, bisweilen auch schwarz. Er ist unlöslich in Wasser, leicht löslich in Schwefelkohlenstoff, schwerer in fetten und ätherischen Ölen, wenig in Weingeist und Äther. Phosphor ist sehr vorsichtig unter Wasser und vor Licht geschützt aufzubewahren.

Phosphor ist ein sehr starkes Gift, das schon in einer Dosis von 0,05 den Tod herbeiführen kann. Da auf ein gewöhnliches Zündhölzchen etwa 0,005 Phosphor kommen, so können (nach Kobert) schon 10 Zündhölzchen zur Vergiftung eines erwachsenen Menschen genügen. Die Resorption des Phosphors geschieht langsam, daher ist der Eintritt und Verlauf der Vergiftung nicht so stürmisch wie bei vielen anderen Intoxikationen. Was die Symptome anlangt, so treten gewöhnlich erst einige Stunden nach der Phosphoraufnahme Schmerzen in der Magengegend, Aufstossen und Erbrechen knoblauchartig riechender, im Dunkeln leuchtender Massen und Durchfall ein. Später, etwa am zweiten oder dritten Tage, nachdem ein Nachlass der eben genannten Erscheinungen bereits eingetreten, stellen sich Icterus, Leberschwellung, Blutungen aus den verschiedensten Organen, Albuminurie und mässiges Fieber ein, und unter Delirien und Coma geht der betreffende Kranke nach 8 bis 10 Tagen zu Grunde.

Bei der Sektion findet man allgemeinen Icterus, fettige Degeneration der Leber, Nieren und des Herzens. Die Milz ist vergrössert. Die Schleimhaut des Magens und Darms ist geschwollen und mit Ekchymosen besetzt. Mikroskopisch zeigen sich die Magendrüsen vergrössert und in gleicher Weise wie die Leberzellen mit zahlreichen Fettzellen erfüllt.

Als charakteristisches Zeichen der chronischen Phosphorvergiftung, wie man sie bei Arbeitern in Zündholzfabriken beobachtet, verdient die Periostitis des Unterkiefers (die sogen. Phosphornekrose) Erwähnung. Dieselbe geht fast ausnahmslos von kariösen Zähnen oder anderweitigen geschwürigen Affektionen des Zahnfleisches aus. Seitdem dies festgestellt worden, ist die Phosphornekrose in Folge geeigneter Massnahmen viel seltener geworden.

Während der Phosphor lange fast nur toxikologisches Interesse darbot, erlangte er auch eine gewisse therapeutische Bedeutung als Wegner im Jahre 1872 das Resultat seiner Experimente veröffentlichte. Er wies nach, dass junge Thiere die lange Zeit mit kleinen Dosen Phosphor gefüttert werden, sich dabei ganz wohl fühlten und eine kräftige Entwickelung der kompakten Knochensubstanz der langen Röhrenknochen auf Kosten der spongiösen Substanz zeigten. Die Anwendung des Phosphors bei Rachitis und ähnlichen Leiden war die unmittelbare Folge der Wegner'schen Experimente.

Die Behandlung der akuten Phosphorvergiftung erfordert zunächst die Anwendung von Cuprum sulfuricum, das von doppeltem Nutzen sein kann. Es befördert das Gift durch den Brechakt aus dem Magen und geht mit dem zurückbleibenden Phosphor eine unschädliche Verbindung ein. Ebenso kann Oleum Terebinthinae (aber nicht das rektificirte, weil diesem der Sauerstoff fehlt) theelöffelweise gegeben werden, um den Phosphor zu oxydiren und unschädlich zu machen. — Ölige Arzneien oder Speisen, sowie Milch dürfen nicht gegeben werden.

Die guten Erfolge, welche Kassowitz bei Rachitis mit der Phosphorbehandlung erzielte, sind von vielen anderen Praktikern bestätigt worden. Auch Penzoldt beobachtet bei jungen Kindern auffallende Besserung. Er sah den Laryngospasmus zugleich mit den weichen Stellen des Hinterkopfes (Craniotabes) verschwinden. Natürlich muss das Mittel lange Zeit verabreicht werden. Der Phosphor wird auch mit Erfolg bei Leukämie, Osteomalacie und Caries angewandt. Seine Wirkung bei den verschiedenen Formen von Nerven- und Geisteskrankheiten ist recht zweifelhaft.

Dosis. Innerlich zu 0,0005—0,001,

Grösste Einzelgabe 0,001! — Grösste Tagesgabe 0,005!

mehrmals täglich in Lösung (Leberthran, Lipanin), Emulsion oder Gelatinekapseln, auch in Pillen.

Äusserlich zu Einreibungen bei Lähmungen (0,1—0,2 : 30,0 Öl oder Fett).

930) ℞ Phosphori 0,01
Ol. Jecor. Asel. ad 100,0.
D. S. Früh u. Abends 1 Theelöffel.
(Rachitis u. Skrophulose.)

931) ℞ Phosphori 0,01
Ol. Olivar. 40,0
Ol. Citri 0,25.
M. D. in vitro nigro.
S. 2×tägl. 10 Tropfen (=0,0001) in Haferschleim und allmählich bis auf 2×25 Tropfen zu steigern (bei kleinen Kindern).

932) ℞ Phosphori 0,01
Ol. Amygdal. 10,0
Gummi arab. 10,0
Aq. dest. ad 100,0.
M. f. emuls. Tägl. 1 Theelöffel.
(Rachitis u. Skrophulose.)

933) ℞ Phosphori 0,05
Ol. Olivar. 50,0.
D. S. Tägl. 1 Theelöffel in Haferschleim.
(Osteomalacie bei Erwachsenen.)

934) ℞ Phosphori 0,05
Succi Liquirit. dep. 2,0
Gummi arab. 0,5.
M. f. c. pulv. Rad. Liquirit. q. s.
pilul. No. XX.
S. 3 × tägl. 1 Pille.
(Osteomalacie.)

Physostigminum salicylicum. Eserinum salicylicum. Physostigminsalicylat. Salicylate de physostigmine. Salicylate of Physostigmine. Salicylato d'eserina. $C_{15}H_{21}N_3O_2 . C_7H_6O_3$.

In der Calabarbohne (Physostigma venenosum), einer in Oberguinea vorkommenden Leguminose ist ein Alkaloid, Physostigmin oder Eserin, enthalten. Zur Darstellung des salicylsauren Salzes werden 2 Th. Physostigmin und 1 Th. Salicylsäure mit 30 Th. kochendem Wasser übergossen und die Lösung zur Krystallisation bei Seite gestellt.

Es bildet farblose oder schwach gelbliche, nadelförmige Krystalle, die in 150 Th. Wasser und in 12 Th. Alkohol löslich sind. Das trockene Salz hält sich längere Zeit auch im Lichte unverändert, wogegen sich die wässerige und alkoholische Lösung sehr bald röthlich färben. Mit Eisenchlorid giebt die wässerige Lösung eine violette Färbung und wird durch Jodlösung getrübt.

In ihrer Heimat wird die Calabarbohne zum Zwecke eines „Gottesurtheils" gegeben, daher auch ihre Bezeichnung Gottesgerichtsbohne. Wenn der Angeschuldigte die ihm vom Priester gereichte Bohne erbricht, gilt er für unschuldig, im andern Falle geht er überführt an der Physostigminwirkung zu Grunde. — Im Jahre 1864 war ein Schiff von Afrika nach Liverpool gekommen, das eine erhebliche Menge dieser Bohnen geladen hatte, 70 Kinder spielten mit den Bohnen und verzehrten einige derselben. Ein Knabe, der 6 davon genossen, starb, die übrigen zeigten sämmtlich mehr oder weniger heftige Vergiftungserscheinungen. Bei klarem Bewusstsein waren die Kinder mehrere Tage gelähmt, erbrachen, litten an Diarrhoe und heftigen Leibschmerzen etc.

Physostigmin wirkt in mehrfacher Beziehung dem Atropin entgegengesetzt. Nach Einträufelung in das Auge ruft es hochgradige Pupillenverengerung hervor; auf die Speichelabsonderung wirkt es (durch direkte Reizung des Drüsenparenchyms) erregend; die Darmperistaltik wird gesteigert. Seine Aktion auf Gehirn und Rückenmark ist eine lähmende; der Tod erfolgt durch Paralyse der respiratorischen Centren. Daher ist bei Vergiftungen vor allem die künstliche Athmung zu empfehlen; ebenso ist Verabreichung von Atropin zweckmässig.

Praktische Anwendung hat das Mittel hauptsächlich in der augenärztlichen Praxis gefunden und zwar zur Beseitigung von Mydriasis und Accomodationslähmungen. Ebenso bei Glaukom zur Verminderung des intraokulären Druckes. — Auch innerlich hat man es bei verschiedenen Krampfformen (Epilepsie, Chorea, Tetanus), bei Atonie des Darmes, sowie bei Atropin- und Strychninvergiftungen versucht.

Dosis. Innerlich zu 0,0005—0,001,

Grösste Einzelgabe 0,001! — Grösste Tagesgabe 0,003! in Lösung oder Pillen, auch in subkutaner Injektion.

Kindern (bei Trismus und Tetanus) subkutan 0,000025 bis 0,00005.

Äusserlich zum Einträufeln ins Auge 0,02—0,05 : 10,0 Aqua dest.

935) ℞ Physostigm. salicyl. 0,025
Acid. boric. 0,15
Aq. dest. 5,0.
M. D. ad vitr. nigr.
S. Zu Einträufelungen ins Auge.
(Mydriasis, Glaukom etc.)

936) ℞ Physostigm. salicyl. 0,01
Aq. dest. 10,0.
M. D. S. Zur subkut. Injektion $^1/_4$—$^1/_2$ Spritze zu injiciren.
(Chorea u. Epilepsie.)

Physostigminum sulfuricum. Physostigminsulfat.

Weisses, krystallinisches, an feuchter Luft zerfliessendes Pulver, das in Wasser und Weingeist sehr leicht löslich ist. Wirkt wie Physostigminum salicylicum, wird aber nur in der Thierheilkunde verwendet.

Pilocarpinum hydrochloricum. Pilocarpinhydrochlorid. Salzsaures Pilocarpin. Chlorhydrate de pilocarpine. $C_{11}H_{16}N_2O_2.HCl$.

Pilocarpin ist ein in den Blättern der Jaborandi (Pilocarpus pennatifolius), einer brasilianischen strauchartigen Rutacee vorkommendes Alkaloid. Zur Darstellung seines salzsauren Salzes, das seit etwa zwanzig Jahren vielfache praktische Verwendung findet, leitet man trockenen Chlorwasserstoff in die ätherische Lösung des Pilocarpins.

Es bildet weisse, an der Luft Feuchtigkeit anziehende Krystalle von schwach bitterem Geschmacke, die in Wasser und Alkohol leicht, in Äther und Chloroform wenig löslich sind.

Die auffallendste Wirkung nach Aufnahme von Pilocarpin ist die schnell eintretende reichliche Schweissabsonderung, zu der sich alsbald starker Speichelfluss gesellt. Auch die Sekretion der Thränendrüsen, der Bronchial- und Darmschleimhaut, erfährt eine erhebliche Steigerung. Die Pulsfrequenz ist beschleunigt, die Pupille verengt, Harn und Milchsekretion nicht wesentlich beeinflusst. Als unangenehme Nebenwirkungen werden zuweilen Übelkeit, Erbrechen, Diarrhoe, und collapsartige Erscheinungen beobachtet. Atropin hebt die Wirkungen des Pilocarpins auf, wie überhaupt ein gewisser Antagonismus zwischen Pilocarpin und Atropin besteht.

Das Mittel findet überall Anwendung, wo es auf Hervorrufung eines reichlichen Wasserverlustes des Organismus durch die Schweiss- und Speichelsekretion etc. ankommt, also bei hydropischen Ergüssen, zur Beförderung der Resorption wässeriger Exsudate, bei Nephritis, Urämie. Es dient auch, da es den zähen stockenden Schleim in den Luftwegen verflüssigt, als Expektorans und wird bei Bronchitis, Diphtherie und Pertussis angewandt. Auch zur Einleitung der Frühgeburt und bei Wehenschwäche wird es gegeben, da es einen direkten Einfluss auf den Uterus ausübt. Eine weitere therapeutische Verwendung findet es bei Syphilis (Schwitzkur), Prurigo, Metall- und Atropinvergiftung. Auch zur Beförderung des Haarwuchses ist es zuweilen mit Erfolg verwendet worden.

Äusserlich wird es auch zu Einträufelungen ins Auge, behufs Hervorrufung von Pupillenverengerung, (statt Eserin) gebraucht. Bei schwächlichen Individuen und Herzkranken, namentlich bei Fettherz, ist Pilocarpin zu vermeiden.

Dosis. Innerlich zu 0,01—0,02,

Grösste Einzelgabe 0,02! — Grösste Tagesgabe 0,05!

in Lösung oder besser noch in subkutaner Injektion.

Für Kinder bis 3 Jahre 0,002 in subkutaner Injektion; die doppelte Dosis bei interner Verabreichung.

Äusserlich als Augentropfwasser 0,1 : 10,0.

937) ℞ Pilocarpini hydrochl. 0,2
Aq. dest. 10,0.
M. D. S. Zur subkut. Injektion ½—1 Spritze. Scharlach-Nephritis (Leyden), Bronchitis, Wehenschwäche, Urämie, Diphtherie, Croup, Pruritus.

938) ℞ Pilocarpini hydrochl. 0,02
Cognac 5,0
Aq. dest. 70,0
Sir. Cort. Aurant. 25,0.
M. D. S. Stündl. 1 Thee- bis Kaffeelöffel für 2—4jährige Kinder mit Keuchhusten, Croup.

939) ℞ Pilocarpin. hydrochl. 0,01
Aq. Foeniculi 60,0.
D. S. Stündl. 1 Kaffeelöffel voll zu geben.
(Bei Bronchitis capill. der Kinder.)

940) ℞ Pilocarpin. hydrochl. 0,02
Pepsin. 0,6
Acid. hydrochl. dil. 0,5
Aq. dest. 80,0
Sirup. Rub. Idaei 10,0.
M. D. S. Stündl. 1 Theelöffel bis Speichelfluss eintritt.
(Diphtherie.)

941) ℞ Pilocarpin. hydrochl. 0,1
Aq. dest. 10,0.
D. S. 3 × tägl. 10 Tropfen. Kindern unter 1 Jahre die Hälfte zu geben als Prophylacticum gegen Diphtherie.
(Sziklui.)

Pilulae aloëticae ferratae, Pilulae italicae nigrae. Eisenhaltige Aloëpillen. Italienische Pillen. Pilules d'aloès et de fer. Pills of Aloës and iron. Pillole d'aloe e di ferro.

Aloë pulv. und Ferrum sulf. siccum werden zu gleichen Theilen gemischt und mit Seifenspiritus zu einer Masse verarbeitet, aus welcher Pillen von je 0,1 g Gewicht geformt werden. Denselben wird mittels Aloëtinktur ein glänzendes, schwarzes Aussehen gegeben.

Diese Pillen vereinigen die Wirkung von Aloë und Eisen. Sie werden daher bei Chlorose mit Amenorrhoe und Verstopfung verordnet. Da sie nicht selten Leibweh verursachen, thut man gut, nicht zu viele Pillen auf einmal, sondern lieber 1—2 Stück Morgens und Abends zu geben.

Pilulae Ferri carbonici. Pilulae Valetti. Eisenpillen. Vallet'sche Pillen. Pilules de Vallet. Pillole del Valet.

Dieselben werden aus frischgefälltem Eisenkarbonat, mit Zucker, Rad. Althaeae und Honig bereitet. Jede Pille enthält 0,02 Eisen. Man verordnet 2—3mal täglich 1—2 Pillen bei Anaemie und Chlorose.

Pilulae Jalapae. Jalapenpillen.

3 Th. Sapo jalapinus und 1 Th. Tubera Jalapae pulv. werden zu einer Pillenmasse verarbeitet, aus welcher man Pillen von je 0,1 g Gewicht herstellt. Dieselben sind mit Lycopodium zu bestreuen und vor der Aufbewahrung in der Wärme auszutrocknen.

Von diesen stark abführenden Pillen werden bei habitueller Stuhlverstopfung Abends 4—5 Stück verabreicht.

Pilulae Kreosoti. Kreosotpillen.

10 Th. Kreosot und 19 Th. feingepulvertes Süssholz werden mit einander verrieben und dann mit 1 Th. Glycerin zu einer Pillenmasse verarbeitet, woraus 0,15 g schwere Pillen geformt werden, welche mit Zimmt zu bestreuen sind. Jede Pille enthält 0,05 Kreosot.

Man verordnet (bei Lungentuberkulose) 3mal täglich 1—2 Pillen und steigert allmählich die Dosis.

Pix liquida. Holztheer. Theer. Goudron végétal. Tar. Catrame.

Unter der Bezeichnung Theer verstehen wir das durch trockene Destillation des Holzes von Abietinen, vorzüglich der Pinus silvestris und Larix sibirica neben flüssigen und gasförmigen Zersetzungsprodukten entstehende dickflüssige Produkt.

Dasselbe bildet eine braunschwarze, dickflüssige, meist durch mikroskopische Kryställchen krümelige Masse von höchst eigenthümlichem Geruche. Holztheer mischt sich nicht mit Wasser, verleiht jedoch demselben eine bräunlichgelbe Farbe, saure Reaktion und den theerartigen Geruch und Geschmack.

Der Theer ist ein Gemenge verschiedener, flüchtiger und nichtflüchtiger empyreumatischer Körper. Die wesentlichsten sind verschiedene Kohlenwasserstoffe der Benzolreihe, wie Toluol, Xylol, Phenol, Brenzcatechin, Guajakol, Kresol, Naphthalin u. s. w. Wie sich schon aus einer derartigen Zusammensetzung ergiebt, kommen dem Theer fäulnisswidrige Eigenschaften zu. Auf der Haut und den Schleimhäuten wirkt er reizend. In grosser Ausdehnung äusserlich applicirt oder in zu starker Dosis innerlich genommen, kann er Übelkeit, Kopfschmerz, Schwindel, Erbrechen, Durchfall, Nephritis und Konvulsionen erzeugen.

Innerlich wurde Theer früher bei abnormen Gährungsvorgängen im Magen, bei Bronchitis und Blasenkatarrh in kleinen Dosen gegeben, doch ist diese Anwendungsweise gegenwärtig verlassen worden. Man verordnet den Theer nur noch äusserlich bei chronischen Hautaffektionen, wenn es darauf ankommt, alte Processe durch Erregung einer neuen akuten Entzündung zum Schwinden zu bringen, wie z. B. bei manchen Ekzemen, bei Psoriasis; auch bei Prurigo leistet Theer gute Dienste. Da Krätzmilben durch Theer schnell getödtet werden, benutzt man ihn auch als Mittel gegen Scabies.

Bei chronischer Bronchitis dient er zu Inhalationen.

Dosis. Innerlich (selten) zu 0,1—0,5 in Pillen oder Kapseln. Äusserlich (bei trockenem Ekzem und Psoriasis) unverdünnt aufzupinseln oder in Salbenform 1:2—5 Lanolin, Liniment etc. Auch in Form von Theerseife beliebt.

Präparate: **Aqua Picis.** Theerwasser. (Gemisch von 1 Th. Theer, mit 3 Th. Bimstein, davon werden 2 Th. mit 5 Th. Wasser geschüttelt und filtrirt). Klare, gelbliche Flüssigkeit. Innerlich (selten) esslöffelweise bei putrider Bronchitis und chronischen Exanthemen. Äusserlich als Verbandwasser zu Umschlägen und Waschungen bei chronischen Hautkrankheiten und zu Inhalationen 10,0—50,0:100,0 bei chronischem Bronchialkatarrh.

†**Oleum Cadinum** sive **Oleum Juniperi empyreumaticum.** Kadeöl.

Ähnlich das aus Birken bereitete

†**Oleum Rusci.** Birkenöl. Dasselbe riecht am wenigsten unangenehm.

942) ℞ Picis liquid.
Sapon. virid.
Spirit. Vini āā 15,0.
M. f. liniment.
D. S. Äusserlich.
(Flüssige Theerseife.)
(Hautkrankheiten.)

943) ℞ Picis liquid. 5,0—10,0
Ungt. Paraffin. 15,0.
M. f. ungt. (Theersalbe).
D. S. Äusserlich.
(Flüssige Theerseife.)
(Hautkrankheiten.)

944) ℞ Picis liquid.
Ol. Olivar. āā 3,0
Lanolin. ad 30,0.
M. f. ungt. D. S. Äusserlich.
Jeden 2. Tag die afficirten Stellen einzureiben.
(Ekzem. squam., chron. Psoriasis und Prurigo bei Kindern.)

945) ℞ Picis liquid. 15,0.
D. S. Zum Inhaliren.
(Anfänglich 2 Minuten bis allmählich 4 Stunden lang tägl. zu inhaliren mittels Respirator.)
(Hausmann.)

946) ℞ Ol. Rusci
Ol. Jecoris Aselli āā 50,0.
M. D. S. Äusserlich.
Zum Einreiben bei Pruritus.

Placenta Seminis Lini. Leinkuchen. Farine de lin.

Die harten, grauen Rückstände, welche bei Gewinnung des fetten Öles der Leinsamen (Linum usitatissimum) zurückbleiben. Das Pulver, mit heissem Wasser zu einem dicken Brei angerührt, wird äusserlich zu Kataplasmen verwendet.

Plumbum aceticum. Bleiacetat. Saccharum Saturni depuratum. Acétate de plomb. Acetate of lead. Acetato di piombo.

Wird durch Auflösen von Bleioxyd in verdünnter Essigsäure gewonnen.

Bildet farblose, durchscheinende, leicht verwitternde, schwach nach Essigsäure riechende Krystalle, die sich in 2,3 Th. Wasser und in 29 Th. Weingeist lösen. Die wässerige Lösung schmeckt süsslich zusammenziehend (daher auch die Bezeichnung Bleizucker) und wird durch Schwefelwasserstoff schwarz (durch Bildung von Schwefelblei), durch Schwefelsäure weiss (Bleisulfat) und durch Kaliumjodid (Bleijodid) gelb gefällt.

In verdünnter, einprocentiger, wässeriger Lösung wirkt Plumbum aceticum adstringirend, in Koncentration (wegen seiner Affinität zum Eiweiss) ätzend.

In grosser Menge auf einmal genommen, ätzt es die Magenschleimhaut an und ruft die Erscheinungen der akuten Bleivergiftung hervor, indem nach einigen Stunden Erbrechen milchweisser Massen, Kolik, Verstopfung (zuweilen Diarrhoe), Pulsverlangsamung, Schwindel, Schmerzen in den Extremitäten, Lähmungen und Stupor eintreten. Nach 1—2 Tagen erfolgt der Tod, oder der Patient geht einer allmählichen Genesung, aber auch der Gefahr entgegen, später von der chronischen Bleivergiftung befallen zu werden. Diese wird gewöhnlich nach kleinen, lange Zeit fortgesetzten Gaben, doch seltener nach medicinischem Gebrauch, als bei Leuten, die viel mit Blei und seinen Salzen in Berührung kommen, wie Schriftsetzer, Bleiarbeiter, Töpfer, Anstreicher etc. beobachtet. Die gewöhnlichsten hierbei auftretenden Symptome sind: Verdauungsstörungen, Appetitmangel, Abmagerung, Stuhlverstopfung, Lockerung des Zahnfleisches und eine schieferige Verfärbung desselben, und besonders charakteristisch ist der bleigraue Zahnfleischrand, der „Bleisaum“, sowie die starke Spannung und Verlangsamung des Pulses. — Ausserdem kommt es zu periodisch auftretenden „Bleikoliken“ mit eingezogenem Abdomen und hartnäckiger Stuhlverstopfung, ferner zu Arthralgien, Lähmungen (die in den Streckmuskeln des Vorderarmes beginnen und zu hochgradiger Atrophie führen). Auch psychische Störungen, Bewusstseinsverlust und Konvulsionen (Encephalopathia saturnina) kommen im

Verlaufe der chronischen Bleivergiftung nicht selten vor. Polyurie und Nierenschrumpfung sind gleichfalls beobachtet worden.

Die Behandlung der akuten Vergiftung erfordert vor Allem die Entfernung der Schädligkeit (Magenpumpe). Bei nicht genügendem Erbrechen werden Emetica gereicht, ausserdem Abführmittel: Oleum Ricini oder besser noch Magnesium sulf. oder Natrium sulf., letztere dienen gleichzeitig als Gegengift, da sie unlösliches schwefelsaures Bleioxyd fällen. Milch oder Eiweiss können ausserdem noch gereicht werden.

Bei der chronischen Bleivergiftung werden warme Schwefelbäder und innerliche Verabreichung von Kalium jodat. empfohlen, wodurch die Ausscheidung des im Körper befindlichen Bleies beschleunigt werden soll. Gegen die Kolik giebt man warme Umschläge und Opium. Ausserdem nützen Inhalationen von Amylnitrit und Injektionen von Pilocarpin.

Innerlich wird Plumb. acet. seit den Empfehlungen Traube's bei Lungenblutungen, auch bei Magen- und Darmblutungen angewandt. Ebenso dient es zur Behandlung der Hypersekretion der Bronchien, von Lungenödem, übermässiger Schweissausscheidung, Diarrhoe und Dysenterie.

Äusserlich wird es als adstringirendes Augenwasser bei Conjunctivitis, ferner als sekretionsbeschränkendes Mittel bei Gonorrhoe, Fluor albus und Cystitis, auch bei Dickdarmkatarrh (als Klysma) angewandt.

Dosis. Innerlich zu 0,02—0,05 mehrmals täglich,

Grösste Einzelgabe 0,1! — Grösste Tagesgabe 0,5!

in Pulver, Pillen oder Lösung.

Kindern 0,003—0,01 mehrmals täglich.

Äusserlich zu adstringirenden Umschlägen bei Conjunctivitis 0,05—0,5 : 100,0, zu Injektiooen in die Harnröhre 0,2—0,5 : 100,0. Zum Klysma (bei Dickdarmkatarrh) 0,1—0,3 : 50,0.

Man beachte, dass Plumb. acet. sich mit den meisten organischen Substanzen leicht zersetzt.

Präparate: **Liquor Plumbi subacetici.** Acetum Plumbi. Bleiessig. (Plumb. acet. 3, Litharg 1, Aq. 10). Klare, farblose Flüssigkeit. Wird nur äusserlich als adstringirendes Mittel (1—2 : 100) verordnet.

Plumbum aceticum crudum. Rohes Bleiacetat. Wird äusserlich zu Verbandwässern (1 : 100) oder in Salben (1 : 10) gegeben.

947) ℞ Plumb. acet. 0,03—0,05
Sacch. alb. 0,5.
M. f. pulv. D. t. dos. X.
S. 1—2stündl. 1 Pulv.
(Hämoptoë.)

948) ℞ Plumb. acet. 0,03—0,05
Opii puri 0,01—0,03
Sacch. alb. 0,3.
M. f. pulv. D. t. dos. X.
S. 2—3stündl. 1 Pulv.
(Diarrhoe.)

949) ℞ Plumb. acet. 0,015
Pulv. Doveri 0,02
Sacch. alb. 0,4
M. f. pulv. D. t. dos. X.
S. 2stündl. 1 Pulv. gegen Hämoptoë bei 5jähr. Kindern.

950) ℞ Plumb. acet. 1,0
Aq. dest. ad 200,0.
M. D. S. Zur Einspritzung bei Gonorrhoe.

951) ℞ Plumb. acet. 5,0
Zinc. sulf. 2,5
Tinct. Myrrh. 1,0
Vaselin. amer. ad 50,0.
M. f. ungt. D. S. Äusserlich.
Unguent. contra Decubitum.
(Form. Magistr. Berol.)

Podophyllinum. Resina Podophylli. Podophylline.

Wird aus dem Wurzelstocke von Podophyllum peltatum, einer in Nordamerika einheimischen Berberidee, durch Extraktion mit Alkohol gewonnen und stellt ein gelbes, amorphes Pulver oder eine lockere, zerreibliche Masse von gelblicher oder bräunlichgrauer Farbe dar.

In Wasser nahezu unlöslich, löst es sich in 10 Th. Weingeist, sowie in Ammoniakflüssigkeit.

Podophyllin ist ein variables Gemenge verschiedener Substanzen, von denen zwei krystallinische Körper Podophyllotoxin und Pikropodophyllin das eigentlich wirksame Princip darstellen. Podophyllin wirkt bereits in geringen Gaben (0,05—0,1) sicher abführend. Die Entleerungen sind dünnflüssig und treten nach etwa 8—12 Stunden unter mässigen Leibschmerzen auf. Von vielen Seiten wird ihm ein günstiger Einfluss auf die Gallensekretion nachgerühmt, und als Vorzug vor andern Abführmitteln dient ihm der Umstand, dass es keine Neigung zu Verstopfung hinterlässt. Grössere Dosen (0,15—0,5) können unangenehme Nebenerscheinungen (Übelkeit, Schwindel, profuse Schweisse, Kolik etc.) erzeugen. Bei kleinen Kindern erregt es leicht Erbrechen.

Podophyllin eignet sich zu längerem Gebrauch bei chronischer Verstopfung, besonders bei nervösen Leuten. Ein geringer Zusatz von Ext. Belladonnae oder Extr. Hyoscyami genügt, Stuhlentleerungen ohne Leibschmerzen hervorzurufen. Bei Verstopfung in Verbindung mit Icterus und Gallensteinen leistet Podophyllin oft gute Dienste.

Dosis. Zum einmaligen Abführen giebt man eine etwas grössere Dosis (0,04—0,06), bei habitueller Verstopfung Morgens und Abends 0,01—0,03 in Pillen oder Pulverform. Die Pharm. Helvet. schreibt als Dosis max. simpl. 0,1 und als Dosis max. pro die 0,3! vor.

952) ℞ Podophyllini 0,01—0,03
(Extr. Belladon. 0,01)
Sacch. alb. 0,5.
M. f. pulv.
D. t. dos. VI.
S. Täglich 1—2 Pulver.

953) ℞ Podophyllini 0,3
Extr. Belladon. 0,1.
Pulv. Rad. Liquirit.
Succi Liquirit. q. s.
ut f. pilul. No. 30.
S. 1—2 Pillen zu nehmen.

(Abführmittel bei chron. Verstopfung, Gallensteinkolik, Melancholie etc.)

Potio Riveri. Potio effervescens. River'scher Trank. Potion de Rivière. Pozione del Riviere.

4 Theile Citronensäure werden in 190 Th. Wasser gelöst und 9 Th. Natriumcarbonat hinzugefügt. Diese Saturation wird bei fieberhaften Krankheiten, dyspeptischen Zuständen, Erbrechen etc. esslöffelweise, stündlich bis 2stündlich gegeben. Sodawasser leistet dasselbe und ist billiger.

Pulpa Tamarindorum cruda. Tamarindi. Tamarindenmus. Pulpe de tamarin.

In den Tropen kommt ein sehr hoher, zu den Leguminosen gehörender Baum, Tamarindus indiea, vor. Seine Hülsenfrucht enthält das Tamarindenmus. Dasselbe ist eine etwas zähe, weiche, braunschwarze Masse, welcher in geringer Menge die Samen, die pergamentartigen Samenfächer und Trümmer der spröden Rinde beigemengt sind. Es schmeckt angenehm säuerlich.

Tamarindenmus enthält Zucker, Citronensäure, Weinsäure (zum grössten Theil an Kalium gebunden), Gummi etc. und wirkt gelind abführend.

Dient als Abführmittel und wird, da es einen angenehmen, kühlenden und erfrischenden Geschmack hat, gern bei fieberhaften Erkrankungen, allein oder als Zusatz zu anderen Abführmitteln verordnet. Früher benutzte man es auch zur Bereitung von Molken (Serum Lactis tamarindinatum).

Dosis. Innerlich zu 5,0—20,0 für sich oder in Verbindung mit andern Abführmitteln (Latwergen, auch im Dekokt). Kindern zu 3,0—10,0.

Präparate: **Pulpa Tamarindorum depurata.** Gereinigtes Tamarindenmus. Wird in gleicher Weise angewendet.

Electuarum e Senna. Sennalatwerge (1 Th. Fol. Sennae pulv., 4 Th. Sirup. simpl. und 5 Th. Pulp. Tamarind. dep.). Wird theelöffelweise als Abführmittel verordnet.

954) ℞ Inf. Fol. Sennae 10,0 : 120,0
Pulp. Tamarind. 40,0
Natrii sulf. 20,0.
M. D. S. 2stündl. 1 Esslöffel.

955) ℞ Decoct. Pulp. Tamarind. 20,0 : 160,0
Magnes. citric.
Sirup. Mannae āā 20,0.
M. D. S. 2stündl. 1 Esslöffel.
(Bei Lebercirrhose zur Beförderung der Stuhlentleerung.)
(Bamberger.)

Pulvis aërophorus. Pulvis effervescens. Brausepulver. Poudre effervescente. Polvere effervescente.

10 Th. Natrium bicarbon., 9 Th. Acid. tartaricum und 19 Th. Saccharum werden in mittelfein gepulvertem und getrocknetem Zustande gemischt.

Brausepulver soll ein trockenes, in Wasser unter starkem Aufbrausen sich lösendes Pulver sein. Dabei bildet sich weinsaures Natrium und freie Kohlensäure, die entweicht.

Man benutzt es zu 1—2 Theelöffeln auf 1 Glas Wasser, indem man es während des Aufbrausens trinkt, als erfrischendes, kühlendes und beruhigendes Genussmittel. Auch bei gewissen Störungen der Magenfunktion und bei Kopfweh leistet das Brausepulver zuweilen gute Dienste, indem zu der Wirkung der Kohlensäure noch die des Alkali hinzukommt. Ebenso beobachtet man eine gelind abführende Wirkung.

Pulvis aërophorus anglicus. Pulvis effervescens anglicus. Englisches Brausepulver. Poudre effervescente anglaise. Soda powder. Polvere effervescente inglese.

Natrii bicarbonici 2,0 und Acid. tartarici 1,5 werden getrennt und zwar das Natriumbicarbonat in gefärbter und die Weinsäure in einer weissen Papierkapsel abgegeben. — Beim Gebrauch löst man zuerst das in der farbigen Kapsel enthaltene Natriumcarbonat in Zuckerwasser auf, fügt dann die Weinsäure hinzu und trinkt während des Aufbrausens.

Pulvis aërophorus laxans. Pulvis effervescens laxans. Abführendes Brausepulver. Seidlitzpulver. Poudre de Sedlitz. Seidlitz Powder. Polvere de Sedlitz.

Es werden getrennt dispensirt:

a) Tartari natronati 7,5 und
Natrii bicarbonic. 2,5
in einer gefärbten Kapsel

und

b) Acid. tartaric. 2,0
in einer weissen Papierkapsel.

Man löst zuerst den Inhalt der gefärbten Kapsel in einem Glase Wasser auf, fügt dann die Säure hinzu und trinkt während des Aufbrausens. Ist ein sehr beliebtes, milde wirkendes Abführmittel.

Pulvis gummosus. Zusammengesetztes Gummipulver. Poudre gommeuse. Polvere gommosa.

Gummi arab. 3 Th., Rad. Liquirit. 2 Th., Saccharum 1 Th. werden gepulvert und gemischt. Ist ein trockenes, gelbweisses Pulver. Dient als Vehikel für schwere Metallsalze, z. B. Cuprum sulfuricum, für Pulver mit flüssigen Zusätzen und als gutes Constituens für Pillen.

Pulvis Ipecacuanhae opiatus. Pulvis Doveri. Dover'sches Pulver. Poudre de Dover. Powder of Ipecac and Opium.

Rad. Ipecac. und Opium āā 1 Th. und Sacchar. lactis 8 Th. werden gepulvert und gemischt. (Der Cod. franc. verlangt Rad. Ipecac. und Opium āā 1 Th., Kalii sulfuric. und Kalii nitric. āā

4 Th.) Dieses von dem englischen Arzte Thomas Dover in der ersten Hälfte des vorigen Jahrhunderts in die Praxis eingeführte Pulver vereinigt die Wirkungen des Opiums und der Ipecacuanha und ist sehr beliebt als schmerzstillendes, beruhigendes und krampfwidriges Mittel.

Dosis. Man giebt es innerlich zu 0,1—0,5—1,0 mehrmals täglich in Pulverform. Die Phar. Helv. schreibt vor als

Grösste Einzelgabe 1,0! — Grösste Tagesgabe 4,0!

Bei Kindern unter 1 Jahre soll es nicht gegeben werden,
„ „ von 1—2 Jahren 0,005 }
„ „ „ 3—4 „ 0,01 } pro dosi.
„ „ „ 6—10 „ 0,02—0,03 }

956) ℞ Pulv. Doveri 0,25
Sacch. alb. 0,3.
M. f. pulv. D. t. dos. No. X.
S. 3stündl. 1 Pulver.
(Bronchitis.)

957) ℞ Pulv. Doveri 0,05
Sacch. alb. 0,5.
M. f. pulv. D. t. dos. X.
S. 3 × tägl. 1 Pulver.
(Bronch. bei 8jährigem Kinde.)

Pulvis Liquiritiae compositus. Pulvis pectoralis. Pulvis Glycyrrhizae compositus. Brustpulver. Kurella'sches Brustpulver. Poudre de réglisse composée. Compound powder of Glycyrrhiza. Polvere di liquirizia composta.

Sacch. 6 Th., Fol. Sennae, Rad. Liquirit. āā 2 Th., Fruct. Foeniculi, Sulf. dep. āā 1 Th. werden fein gepulvert und gemischt. Das trockene, grüngelbliche Pulver ist in der Mitte des vorigen Jahrhunderts von dem preussischen Arzte Kurella in die Praxis eingeführt und seither ein beliebtes, mildes Abführmittel für Kinder und besonders für Hämorrhoidarier geblieben. Man giebt das Pulver Erwachsenen theelöffelweise, Kindern messerspitzweise (mit etwas Wasser angefeuchtet).

Pulvis Magnesiae cum Rheo. Pulvis pro infantibus. Kinderpulver. Ribke's Kinderpulver. Poudre de rhubarbe composée. Polvere di magnesia composta.

Magnes. carbon. 12 Th., Elaeosacch. Foeniculi 8 Th., Rad. Rhei 3 Th. werden fein gepulvert und gemischt.

Ist ein trockenes, anfangs gelbliches, später röthlichweisses, nach Fenchel riechendes Pulver.

Wird kleinen Kindern bei Verstopfung oder Neigung zur Säurebildung mehrmals täglich messerspitzenweise in Fenchelthee oder Milch gegeben.

Pulvis salicylicus cum Talco. Salicylstreupulver.

Acid. salicylicum 3 Th., Amyl. trit. 10 Th. und Talc. 87 Th. werden zu einem feinen Pulver gemischt. Dasselbe ist ein weisses, trockenes Pulver, das mit Nutzen zum Bestreuen der Füsse bei Fussschweissen angewandt wird.

Pyrogallolum. Acidum pyrogallicum. Pyrogallussäure. Acide pyrogallique. Pyrogallic acid. Acido pyrogallico.

Pyrogallol, $C_6 H_3 (OH)_3$ ist ein Trihydroxylderivat des Benzols ($C_6 H_6$) und entsteht beim Erhitzen der Gallussäure auf 200⁰—210⁰. Es bildet sehr leichte, weisse, geruchlose, glänzende, bitter schmeckende Blättchen oder Nadeln, die sich in 1,7 Theilen Wasser, in 1 Th. Weingeist und in 1,2 Th. Äther lösen. Die anfangs farblose und neutrale wässerige Lösung nimmt an der Luft allmählich eine braune Färbung und saure Reaktion an. Schmilzt bei 131⁰. Ist vor Licht geschützt aufzubewahren.

Pyrogallol besitzt stark reducirende Eigenschaften und wirkt ähnlich wie Karbolsäure schon in 1—2% wässeriger Lösung fäulnisswidrig. Es färbt die Haut und Haare braun und kann schon in geringer Dosis innerlich genommen, sowie bei äusserlicher Applikation auf grössere Hautflächen durch Resorption bedrohliche Intoxikationserscheinungen hervorrufen. Man beobachtet hierbei Übelkeit, Erbrechen, Diarrhoe, Strangurie, dunkle Verfärbung des Urins, Sinken der Körpertemperatur, Somnolenz, und unter Schüttelfrösten und Coma kann Exitus letalis eintreten. Diese Wirkung kommt offenbar durch Auflösung der rothen Blutkörperchen zu Stande; man findet im Harn Hämoglobin und Methämoglobin.

Die innerlich empfohlene Anwendung bei Lungen- und Magenblutung zu 0,05 mehrmals täglich hat keine grössere Beachtung gefunden. Pyrogallol wird fast ausschliesslich äusserlich bei Hautaffektionen, wie Lupus, Ekzem, Psoriasis, Ozaena, syphilitischen Geschwüren, auch bei Favus etc. gebraucht.

Stets hat man darauf zu achten, dass Pyrogallol von den kranken Hautpartien resorbirt wird, daher sind grössere Strecken damit nicht auf einmal zu behandeln.

Es wird vorzugsweise in Form von Salben 1,0 : 10,0—20,0 Lanolin oder Ungt. Paraf., bei Ekzem in 2% wässeriger Lösung verordnet.

958) ℞ Pyrogallol. 2,0
Vaselini ad 20,0.
M. f. ungt.
D. S. Äusserlich.
(Psoriasis, Ekzem, Lupus etc.)

959) ℞ Pyrogallol.
Adip. suill. āā 2,0
Lanolin. 16,0.
M. f. ungt.
D. S. Äusserlich.

960) ℞ Pyrogall. 2,0
Acid. salicyl. 0,2
Tinct. Guajac. ad 20,0.
M. D. S. Zum Aufpinseln.
(Psoriasis, Ekzem. seborrh.)

961) ℞ Acid. pyrogall. 10,0
Amyl. 40,0.
M. f. pulv. (Trocken u. luftdicht aufzubewahren.)
Mit einem Kautschukballon 1—2 mm dick auf die ulcerirte Fläche zu streuen, darüber Watte. (Bei ausgebreiteten phagedänischen Geschwüren.)
(Vidal.)

Radix Althaeae. Eibischwurzel. Racine de guimauve. Root of Marshmallow. Radice d'altea.

Von den Wurzelästen der Althaea officinalis (Malvaceae), die von der missfarbig gelblichen Korkschicht befreit sind und etwa 35% Pflanzenschleim, ebensoviel Amylum, etwa 10% Zucker und 2% Aspargin enthalten.

Bis über 2 dm lange und 1,5 cm dicke Wurzeläste, an der weisslichen längswulstigen Oberfläche bräunliche Narben und dünne verfilzte Bastbündelchen zeigend. Der mit dem 10fachen Gewichte Wasser kalt bereitete Auszug der Eibischwurzeln ist schwach gelblich gefärbt, von schleimigem, faden Geschmack. — Eibischwurzel, welche aussen oder innen missfarbig oder stark verholzt ist, darf nicht zur Verwendung kommen. Auch darf die im Handel meist in kleinen quadratisch geschnittenen Stücken vorkommende Droge, in Wasser eingelegt und mit verdünnter Essigsäure übergossen, keine Gasentwickelung bewirken.

Durch ihren Schleimgehalt wirkt Althaea reizmildernd und einhüllend.

Sie wird deshalb bei Reizungs- und entzündlichen Zuständen der Schleimhäute, besonders bei Hals- und Bronchialkatarrh, ferner als Einhüllungsmittel für scharfe Substanzen, zu erweichenden Umschlägen in Anwendung gebracht. Die gepulverte Wurzel wird auch häufig als Zusatz zu Pillenmassen verwendet.

Wird gewöhnlich im Dekokt verordnet (5,0—10,0 : 100,0) zweckmässiger ist der kalte Aufguss (Maceration): 4,0—10,0 : 100,0 eine halbe bis ganze Stunde zu maceriren.

Präparate: **Sirupus Althaeae.**

Species pectorales.

962) ℞ Rad. Althaeae 20,0
Macera per horas dimid.
c. aqua dest. ad col. 190,0
Morphin. hydrochl. 0,03
oder Aq. Amygd. amar. 5,0.
M. D. S. 2—3stündl. 1 Esslöffel.
(Bronchitis etc.)

963) ℞ Decoct. Rad. Althaeae 180,0
Tinct. Opii benz. 3,0—5,0
Sirup. Liquirit. 10,0.
M. D. S. 2stündl. 1 Esslöffel.
(Bronchialkatarrh.)

964) ℞ Macerat. Althae. (e 5,0) 90,0
Ammon. chlorat. 3,0
Succ. Liquirit. 2,5.
M. D. S. 2stündl. 1 Kinderlöffel.
(Bronchitis der Kinder.)

965) ℞ Sirup. Althae. 50,0
Oxymel. Scill. 5,0
Aq. Foenicul. 25,0.
M. D. S. 1—2stündl. 1 Theelöffel.
(Hustensaft für Kinder.)

966) ℞ Sirup. Althaeae 40,0
Sirup. Ipecacuanh. 10,0
M. D. S. Stündl. 1 Theelöffel.
(Bronchitis der Kinder.)

Radix Angelicae. Angelikawurzel. Engelwurzel. Racine d'angélique. Angelica-root. Radice d'angelica.

Der mit Blattresten besetzte Wurzelstock nebst seinen zahlreichen Ästen von Archangelica officinalis (Umbellifere).

Ein kurzer, bis 5 cm dicker, mit zahlreichen bis 3 dm langen, am Ursprunge bis 1 cm dicken Ästen versehener Wurzelstock. Die Äste der in den Handel kommenden Wurzel pflegen, zu einem Zopfe vereinigt, abwärts gebogen zu sein. Sie tragen bisweilen rothbraune Harzkörner an der Oberfläche. Die Angelikawurzel ist von feinem und kräftigem Aroma, wachsartig schneidbar, nach vorherigem Trocknen von glattem Bruche.

Als wirksame Bestandtheile enthält die Angelikawurzel ätherisches Öl und Harz, sowie eine eigenthümliche Säure, die Angelikasäure. Sie wirkt ähnlich der Radix Valerianae und wurde früher häufiger als jetzt als Nervinum und Excitans und bei asthenischem Fieber, Konvulsionen und Kollapszuständen angewandt. Bei Lungenphthisis galt Angelika eine Zeit lang als Specificum. Gegenwärtig kommt sie kaum noch in Anwendung.

Dosis. Äusserlich zu Bädern 100,0—150,0 auf 1 Vollbad.

Innerlich zu 0,5—2,0 mehrmals täglich als Pulver oder im Aufguss.

Präparat: **Spiritus Angelicae compositus** (Rad. Angelic. 16 Th., Rad. Valerian. 4 Th., Fruct. Junip. 4 Th. werden mit Spirit. 75 Th. und Aq. dest. 125 Th. 24 Stunden lang macerirt, darauf werden 100 Th. abdestillirt und in dem Destillat 2 Th. Kampfer gelöst). Klare farblose Flüssigkeit, die zu Einreibungen und nervenstärkenden Bädern verwendet wird (200,0—300,0 auf ein Bad).

967) ℞ Inf. Rad. Angelicae 10,0:150,0
Spirit. aether. 3,0
Sirup. Cinnam. 20,0.
M. D. S. 2stündl. 1 Esslöffel.

968) ℞ Spirit. Angelic. comp. 120,0
Liq. Ammon. spirit. 30,0.
M. D. S. Zum Waschen der Stirn und Hände.
(Bei Kopfschmerzen und asthenischen Nervenzufällen.)
(Vogt.)

Radix Colombo. Radix Columbae. Kolombowurzel. Racine de Colombo. Columba root. Radice di Colombo.

Die in Querscheiben geschnittene Wurzel von Jateorrhiza Columba, eines in Ostindien kultivirten Klimmstrauches aus der Familie der Menispermeen.

Die Droge bildet annähernd kreisförmige, bis über 5 cm im Durchmesser und 2 cm Dicke erreichende Scheiben. Ihre ungefähr 5 mm breite Rinde, von runzeligem, braungrünlichem Korke bedeckt, wird von einer dunklen Cambiumzone abgegrenzt. Der Holzkern ist nach aussen feinstrahlig, gegen die Mitte meist vertieft und enthält wie die Rinde viele grosse Stärkekörner.

Die Droge zeichnet sich durch ihren reichlichen Gehalt an Stärkemehl (etwa 33%) aus und enthält ausserdem mehrere krystallinische Bitterstoffe wie Colombin und Berberin. Sie gehört zu den schleimig-bitteren Mitteln, die gut vertragen werden und bei Verdauungsstörungen und namentlich bei chronischer Diarrhoe von guter Wirkung sind.

Rad. Colombo findet hauptsächliche Verwendung bei Diarrhoe, namentlich bei den chronischen Durchfällen der Phthisiker, auch bei Dysenterie, ebenso als Stomachicum, sowie bei Erbrechen der Schwangeren leistet sie gute Dienste.

Dosis. Wird gewöhnlich im Dekokt 10,0—20,0:200,0 2stündl. 1 Esslöffel, oder in Pulverform zu 0,5—2,0 mehrmals täglich 1 Pulver, Kindern im Dekokt von 0,5—5,0:100,0 2stündlich 1 Thee- bis 1 Kinderlöffel verordnet.

Präparate: †**Extractum Colombo** und †**Tinctura Colombo** sind nicht officinell.

969) ℞ Decoct. Rad. Colombo 15,0 : 180,0
(Extr. Opii 0,1.)
Sirup. Cort. Aurant. ad 200,0.
M. D. S. 2stündl. 1 Esslöffel.
(Für Erwachsene.)

970) ℞ Decoct. Rad. Colomb. 3,0 : 100,0
Sirup. gummos. 20,0
M. D. S. 2stündl. 1 Kinderlöffel.
(Für Kinder.)

971) ℞ Extr. Colombo 3,0
Aq. Foeniculi ad 100,0.
M. D. S. 2stündl. 1 Kinderlöffel.
(Antidiarrhoicum.)

Radix Gentianae. Enzianwurzel. Racine de gentiane. Gentian root. Radice di genziana.

Die gewöhnlich der Länge nach gespaltenen Wurzeläste und Wurzelstöcke der Gentiana lutea, G. pannonica, G. purpurea und G. punctata. Diese Gentianeen wachsen auf den Alpenwiesen.

Die Wurzel von Gentiana lutea ist über 6 dm lang und oben über 4 cm dick, die der übrigen Arten ist weniger lang und schwächer. Alle sind braun, längsrunzelig, mehrköpfig, wenig verästelt, innen braunröthlich oder hellbraun.

Sie schmecken stark bitter. Diesen bitteren Geschmack verdankt die Wurzel dem in ihr enthaltenen Gentiopikrin, einem krystallisirbaren glykosidischen Körper. Als Amarum regt Enzianwurzel in kleinen Dosen den Appetit und die Verdauung an. Daher wird sie als Stomachicum bei atonischer Dyspepsie und den mannigfachsten Verdauungsstörungen verordnet. Beim Volke erfreut sie sich sogar eines gewissen Rufes als Heilmittel gegen Fieber und Gicht.

Dosis: Innerlich im Infus (5,0—10,0:150,0), in Maceration mit Wein, oder in Pulver und Pillen zu 0,2—1,0 mehrmals täglich. Sehr gebräuchlich sind die Präparate:

Extractum Gentianae. Dickes, braunes, in Wasser klar lösliches Extrakt. Beliebtes Amarum, wird zu 0,5—2,0 mehrmals täglich als Zusatz zu Mixturen verordnet. Ist auch ein vorzügliches Pillenconstituens.

Tinctura Gentianae (Rad. Gentian. 1, Spirit. dil. 5). Gelblichbraunrothe, stark bittere Flüssigkeit. Wird zu 20—30 Tropfen mehrmals täglich gegeben.

Ferner ist Rad. Gentianae Bestandtheil von

Tinctura amara, Tinctura Aloës comp. und **Tinctura Chinae composita.**

972) ℞ Rad. Gentian.
Cort. Aurant. Fruct. āā 4,0
Cort. Citri 8,0
infunde
Aq. fervid. 300,0.
M. D. S. 2—4 Esslöffel mehrmals täglich zu nehmen.
(Infusum Gentianae comp. Ph. Brit.)

973) ℞ Rad. Gentian.
Herb. Centaur. min. āā 20,0.
C. C. f. species. D. S. 3 × tägl. 1 Theelöffel voll mit 1 Tasse heissen Wassers aufzubrühen.

Radix Ipecacuanhae. Brechwurzel. Ruhrwurzel. Ipécacuanha. Ipecac. Ipecacuana.

Die Wurzeläste der Psychotria Ipecacuanha (Cephaëlis Ipecacuanha) eines in Brasilien einheimischen, zu den Rubiaceen gehörenden Halbstrauches. Von Brasilien ist die Droge vor etwa 200 Jahren nach Europa gekommen und seither ein wichtiger und geschätzter Bestandtheil des Arzneischatzes geblieben.

Die wurmförmig gekrümmten Wurzeläste sind bis 15 cm lang, im mittleren Theile höchstens 5 mm dick, nach beiden Enden dünner und meist unverzweigt. Die graue oder bräunlichgraue Rinde ist dicht und ziemlich regelmässig geringelt, innen weislich und umschliesst einen millimeterdicken, leicht brennbaren, hellgelblichen Hohlcylinder ohne Mark. Die Rinde riecht dumpf und schmeckt widerlich bitter.

Neben Amylum und andern indifferenten Stoffen enthält Rad. Ipecacuanhae als das eigentlich wirksame Princip ein Alkaloid, Emetin ($C_{30}H_{40}N_2O_5$), das in Wasser schwer löslich ist und schon in Gaben von 0,004 Erbrechen bewirkt.

Die gepulverte Wurzel erzeugt auf der Haut und den Schleimhäuten intensive Reizungserscheinungen. Beim Einathmen des Staubes kann es zu krampfartigem Husten und förmlichen Erstickungsanfällen kommen.

Innerlich genommen, rufen kleine Dosen von 0,01—0,05 Vermehrung der Speichel- und Schweisssekretion hervor, steigern die Expectoration und zuweilen auch den Appetit; nach grösseren Gaben von 0,3—1,0 tritt Erbrechen ein. Dasselbe ist gewöhnlich nicht von Durchfall und Kollapserscheinungen begleitet und kommt wahrscheinlich durch direkte Einwirkung auf die Magenschleimhaut zu Stande. Ipecacuanha wirkt auf jeden Fall weniger angreifend als Tartarus stibiatus, während sie vor Apomorphin als Brechmittel keine Vorzüge hat.

Ipecacuanha wird als Brechmittel bei den verschiedensten Affektionen, besonders bei Kindern angewandt. Sodann kommt Ipecacuanha vielfach als expectorirendes Mittel bei Bronchialkatarrh zur Verwendung. Als Mittel gegen Dysenterie geniesst Ipecacuanha in manchen Gegenden den Ruf eines Specificums.

Dosis. Als Brechmittel 0,2—1,0, als Pulver oder Schüttelmixtur allein oder in Verbindung mit Tart. stibiat. alle 10 bis 15 Minuten, bis Erbrechen erfolgt.

Bei Kindern bis	Alter	Dosis	
Bei Kindern bis	1 Jahr	0,05	pro dosi im Infus oder Schüttelmixtur.
„ „ „	1—4 Jahren	0,1	
„ „ „	5—10 „	0,2	
„ „ „	10—15 „	0,2—0,4	

Als Expectorans 0,01—0,05 mehrmals täglich in Pulverform, Infus, Pillen, oft in Verbindung mit Morphium oder Opium. Kindern 0,2—0,3 : 100,0 im Infus, 2stündlich 1 Thee- bis Kaffeelöffel. Bei Dysenterie pflegen grosse Dosen 4,0 und darüber im Aufguss schluckweise getrunken und — neben Abführmitteln — 3—4 Tage lang genommen zu werden.

Pharm. Helv. schreibt vor:

Dosis max. simpl. 0,1, — Dosis max. pro die 0,5!
Dosis max. ad usum emeticum 5,0, — Dosis max. pro die ad infus. 2,0!

Präparate: **Pulvis Ipecacuanhae opiatus.** Pulv. Doveri (Pulv. Rad. Ipecac. 1, Opii 1, Sacch. lact. 8). Dosis 0,25—0,5. 2—3mal täglich 1 Pulver.

Sirupus Ipecacuanhae (1 % Rad. Ipecac. enthaltend). Als Zusatz zu expektorirenden und brechenerregenden Mixturen.

Vinum Ipecacuanhae. Als Expektorans 10—30 Tropfen. Als Emeticum esslöffelweise für Erwachsene, für Kinder theelöffelweise, bis Erbrechen erfolgt.

†**Tinctura Ipecacuanhae** zu 10—20 Tropfen mehrmals täglich als Expektorans.

974) ℞ Rad. Ipecac. pulv. 2,0
Tart. stibiat. 0,1.
M. f. pulv. D. S. Brechpulver.
Die Hälfte zu nehmen, und wenn nach 10—15 Minuten kein Erbrechen erfolgt, den Rest zu geben.

975) ℞ Pulv. Rad. Ipecac. 0,5
Tartar. stibiat. 0,02
Aq. Menth. pip.
Sirup. spl. āā 30,0.
M. D. S. Umgeschüttelt.
Alle 10 Minuten 1 Theelöffel bis zum Erbrechen.
(Für Kinder.)

976) ℞ Inf. Rad. Ipecac. 0,6 : 180,0.
(Tinct. Opii simpl. 1,0.)
M. D. S. 2stündl. 1 Esslöffel.
(Expektorans, Bronchialkatarrh, Sommerdiarrhoe.)

977) ℞ Pulv. Rad. Ipecac. 1,0
Sirup. Althaeae 30,0.
M. D. S. Von 10 zu 10 Minuten 1 Theelöffel (umgeschüttelt).
(Brechmittel für Kinder.)

978) ℞ Inf. Rad. Ipecac. (0,3) 80,0
Sirup. Althaeae 20,0.
M. D. S. 2stündl. 1 Thee- bis Kinderlöffel.

979) ℞ Rad. Ipecac. pulv. 0,03
Morph. hydrochl. 0,005
Sacch. alb. 0,4.
M. f. pulv. D. t. dos. X.
S. 3stündl. 1 Pulver.

Radix Levistici. Radix Ligustici. Liebstöckelwurzel. Racine de livèche. Lovage root. Radice di levistico.

Die Wurzel von Angelica Levisticum (Levisticum officinale), einer bei uns kultivirten Umbellifere.

Meist der Länge nach gespaltene, etwa 30—40 cm lange und 4 cm dicke Stücke der hellbraungrauen, längsrunzeligen, oben quergeringelten, fast fusslangen Wurzel, welche oft mit Blattresten gekrönt ist. Ist von aromatischem Geruch und süsslichem, nachher gewürzig bitterem Geschmacke.

Die Wurzel enthält ein ätherisches Öl und Harz. Ihr kommt eine die Harnsekretion vermehrende Wirkung zu, doch wird sie selten allein, gewöhnlich in Verbindung mit andern ähnlich wirkenden Mitteln (Rad. Ononidis, Fruct. Juniperi etc.) verordnet. Sie soll auch den Auswurf befördern.

Wird gewöhnlich im Infus 10,0—15,0 : 200,0 oder einfach als Thee, 1 Theelöffel auf 1 Tasse warmem Wasser, verordnet. Ist Bestandtheil der

Species diureticae (Rad. Onon., Rad. Levistici, Rad. Liquirit. āā 1 mit Baccae Juniperi 1 gemischt). Werden esslöffelweise zum diuretischen Thee bei Hydrops gegeben.

Radix Liquiritiae. Süssholz. Racine de réglisse. Liquorice root. Radice di liquirizia.

Die einfachen, geschälten, gelben Wurzeln und ihre Ausläufer der in Südrussland einheimischen Abart von Glycyrrhiza glabra (Glycyrrhiza glandulifera), einer Papilionacee. Auf dem Querschnitte sind sie von grobstrahligem, sehr lockerem Gefüge, meist beträchtlich dicker als 1 cm, und gewöhnlich nicht über 3 dm lang.

Süssholz hat einen eigenthümlich süssen Geschmack, den es seinem Gehalt an Glycyrrhizin verdankt. Es wirkt expektorirend und wird bei Husten, Hustenreiz, Heiserkeit, Bronchialkatarrh vielfach (besonders in Gestalt seiner Präparate) gebraucht. Es dient auch wegen seines süssen Geschmackes als Corrigens für zahlreiche Species und andere Arzneiformen.

Dosis. Innerlich als Expektorans im Infus (5,0—15,0 : 200,0) oder in Pulverform.

Präparate: **Pulvis gummosus** (Rad. Liquir. 2, Gummi arab. 3, Sacch. 1). Dient als Constituens für Pillen und Pulver.

Pulvis Liquiritiae compositus. Kurella'sches Brustpulver (Sacch. 6, Fol. Sennae, Rad. Liquirit. āā 2, Fruct. Foeniculi, Sulf. dep. āā 1). Mildes Abführmittel. Für Erwachsene 1 Theelöffel, für Kinder 1—2 Messerspitzen voll zu geben.

Sirupus Liquiritiae. Von brauner Farbe. Wird als Zusatz zu expektorirenden Mixturen (10,0—15,0 : 150,0) verordnet.

Species Lignorum. Holzthee (Ligni Guajaci 5, Rad. Onon. 3, Rad. Liquirit., Lign. Sassafras āā 1). Zum Thee bei chronischen Hautkrankheiten und Syphilis.

Species pectorales. Brustthee (Rad. Althae. 8, Rad. Liquirit. 3, Rhiz. Iridis 1, Fol. Farfar. 4, Flor. Verbasci, Fruct. Anisi āā 2). 1 Esslöffel auf 2—3 Tassen heissen Wassers bei Bronchialkatarrh.

Succus Liquiritiae. Süssholzsaft. Durch Auskochen und Pressen der Rad. Liquiritiae erhaltenes Extrakt, in Form glänzend schwarzer Stangen oder Massen von sehr süssem Geschmacke. Ist ein populäres Mittel gegen Husten, dient zur Bereitung von

Succus Liquiritiae depuratus. Gereinigter Süssholzsaft. Wird erhalten, indem man Succus Liquiritiae kalt mit Wasser auszieht und die Flüssigkeit eindampft. Ist ein braunes, in Wasser klar lösliches Extrakt. Dient als Zusatz zu expektorirenden Mixturen 5,0—10,0 : 200,0 und ist auch ein beliebtes Pillenkonstituens. Succus Liquirit. dep. ist Bestandtheil von Elixir e Succo Liquiritiae.

Radix Ononidis. Hauhechelwurzel. Racine de bugrane. Radice d'ononide.

Die Wurzel von Ononis spinosa, einer bei uns wild wachsenden Papilionacee.

Die etwa 3 dm lange, 1—2 cm dicke Wurzel ist meist stark gekrümmt, der Länge nach zerklüftet und zerfasert und um ihre Achse gedreht. Die Oberfläche ist grau oder graubraun, das zähe, innere Gewebe weiss. Ihr Geruch erinnert an Süssholz, ebenso der süsslich-kratzende Geschmack.

Die Wurzel enthält einige ziemlich indifferente Körper, Ononin, Ononid, Harz etc. Sie ist seit lange als ein Mittel geschätzt, das harntreibend wirkt, ohne die Nieren zu reizen.

Man verordnet Rad. Ononidis bei Hydrops in Folge Nieren- oder Herzerkrankung, auch bei chron. Rheumatismus und Syphilis (gewöhnlich in Verbindung mit andern Diureticis).

Dosis. Innerlich gewöhnlich im Dekokt (10,0—15,0 : 200,0) zweistündlich 1 Esslöffel oder in Form von Thee 10,0—20,0 den Tag über zu verbrauchen. — Ist Bestandtheil von

Species diureticae und **Species Lignorum.**

Radix Pimpinellae. Bibernellwurzel. Racine de boucage.

Die braunen Wurzelstöcke nebst den Wurzeln von Pimpinella Saxifraga und Pimpinella magna (Umbellifere).

Die Droge bricht glatt, ist leicht schneidbar, riecht und schmeckt stark aromatisch, höchst eigenartig. Sie enthält ätherisches Öl, Zucker und Harz und regt die Sekretion der Schleimhäute an. Gilt namentlich als Expektorans und wird deshalb bei chronischem Bronchialkatarrh verordnet. Auch äusserlich wird sie als Kaumittel oder im Infus zum Gurgeln bei Angina und Heiserkeit gegeben.

Dosis. Innerlich zu 0,2—1,0 mehrmals täglich in Pulver, Pillen und Infus.

Äusserlich im Infus (10,0 : 100,0).

Präparate: **Tinctura Pimpinellae.** Bibernelltinktur (Rad. Pimpinell. 1, Spirit. dil. 5). Bräunlichgelbe Flüssigkeit von widerlichem, kratzendem Geschmacke.

Dosis. Innerlich zu 20—30 Tropfen mehrmals täglich als Expektorans oder als Zusaz zu Mixtutren.

Ausserlich zu Mund- und Gurgelwässern (10,0 : 100,0).

Radix Ratanhiae. Ratanhiawurzel. Racine de ratanhia. Rhatany root. Radice di ratania.

Die Wurzeläste von Krameria triandra, einem in Peru wachsenden Strauche aus der Familie der Polygaleen.

Die mehrere dm langen, bis ungefähr 3 cm dicken Wurzeläste sind mit einer braunrothen, kurzfaserigen, ungefähr 1 mm dicken Rinde bedeckt, welche auf Papier einen braunen Strich giebt. Dieser Rinde, nicht dem Holze, kommt ein sehr herber Geschmack zu.

Die Wurzelrinde zeichnet sich durch einen hohen Gehalt an Gerbsäure aus (40—44 $^0/_0$). Aus diesem Grunde fällt ihre Wirkung und therapeutische Verwendung so ziemlich mit der des Tannins zusammen.

Man giebt sie innerlich bei chronischer Diarrhoe und den verschiedensten Blutungen (Hämoptoë, Nierenblutung, Uterusblutung etc.).

Äusserlich als adstringirendes Mund- und Gurgelwasser, bei Angina, Zahnfleischaffektionen, als Zusatz zu Zahnpulvern; ferner zu Injektionen bei Gonorrhoe und Fluor albus.

Dosis. Innerlich im Dekokt (5,0—10,0 : 150,0), 2stündlich 1 Esslöffel oder zu 0,5—1,0 mehrmals täglich in Pillen oder Pulver.

Äusserlich zu Mundwasser, Injektionen oder Klysmen 10,0 : 100,0.

Präparate: **Tinctura Ratanhiae** (Rad. Ratanh. 1, Spirit. dil. 5). Dunkelroth, von stark zusammenziehendem Geschmacke. Zu

20—30 Tropfen (für Kinder 3—10 Tropfen) mehrmals täglich bei Diarrhoe. Zu Mund- und Gurgelwässern 1 : 10.

†**Extractum Ratanhiae** (nicht officinell). Rothbraunes, in Wasser trübe lösliches Pulver.

Innerlich zu 0,5—1,0 mehrmals täglich in Pulver oder Pillen. Äusserlich zu Mund- und Gurgelwässern 5,0—10,0 : 100,0.

†**Sirupus Ratanhiae** (Pharm. Helv.).

980) ℞ Decoct. Rad. Ratanhiae 10,0—18,0 : 180,0
Tinct. Opii spl. 1,0—2,0
Sirup. Cort. Aurant. ad 200,0.
M. D. S. 2stündl. 1 Esslöffel.
(Diarrhoe.)

981) ℞ Decoct. Salep 80,0
Tinct. Ratanhiae 1,0—2,0
Sirup. Foeniculi ad 100,0.
D. S. Stündl. 1 Kinderlöffel.
(Kinderdiarrhoe.)

982) ℞ Tinct. Ratanhiae
Tinct. Myrrhae āā 20,0.
M. D. S. 1 Theelöffel voll auf 1 Weinglas voll Wasser zum Mundwasser.

Radix Rhei. Rhabarberwurzel. Rhabarber. Rhubarbe. Rhubarb. Rabarbaro.

Die geschälten, in verschiedener Weise zugeschnittenen Wurzelstöcke von Rheum-Arten Mittelasiens, vorzüglich von Rheum officinale (Polygalee).

Die im Handel vorkommenden Stücke sind von verschiedenem Umfange (nuss- bis faustgross) und oft durchbohrt. Auf der frischen Bruchfläche erweist sich das sehr dichte Gewebe als gemischt aus einer körnigen, nicht faserigen, glänzend weissen Grundmasse und braunrothen Markstrahlen. Mit dem Mikroskope findet man neben Stärkekörnern zahlreiche Calciumoxalatdrüsen. Rhabarber hat einen eigenartigen Geruch und bitteren, herben Geschmack.

In der Wurzel werden als Hauptbestandtheile angetroffen ein noch nicht genügend untersuchter, der Cathartinsäure nahe stehender Körper, der das wirksame, purgirende Agens ist, ferner Chrysophansäure, die als Farbstoff die Ursache der gelbbraunen Verfärbung des Urins nach Rhabargergenuss ist. Ausserdem enthält Rheum Gerbsäure und Bitterstoffe.

In kleinen Dosen (0,05 — 0,2) genommen, wirkt Rhabarberwurzel (wohl in Folge seines Gehaltes an Bitterstoffen und Gerbsäure) appetitanregend und verstopfend. In grösseren Gaben (von 2,0—4,0) ruft sie breiige Stuhlentleerung hervor, die nach etwa 8—10 Stunden erfolgt und Neigung zu Verstopfung hinterlässt. Schweiss, Stuhlgang und Harn zeigen nach Rhabarber eine gelbe bis gelbbraune Farbe. Bei lange fortgesetztem Gebrauch soll es zur Ablagerung von oxalsaurem Kalk in der Blase und zur Bildung von Oxalsäuregries im Urin kommen.

Bei Störungen der Magenfunktion, Dyspepsie, Ikterus und Darmkatarrh wird Rheum in kleinen Dosen gegeben. Die Hauptverwendung findet es jedoch als milde wirkendes Abführmittel. Wegen seiner gelinden Wirkung ist es auch bei Kindern und schwächlichen Leuten, Anämischen, Rekonvalescenten zur einmaligen Entleerung des Darms geeignet. Zu längerem Gebrauche bei chronischer Obstipation eignet sich dieses Mittel weniger, da es Neigung zur Verstopfung hinterlässt. — Wegen der langsam erfolgenden Wirkung giebt man Rheum am besten Abends. Bei entzündlichen Zuständen des Darms thut man gut, das Mittel zu vermeiden. Es verdient auch der Umstand Beachtung, dass die Milch von Ammen, die Rhabarber nehmen, abführend wirkt.

Dosis. Als Abführmittel 1,0—2,0 ein- bis zweimal in Pulver, Pillen, Infus oder auch in Stücken und in Form der officinellen Präparate. Kindern zu 0,3—0,5—1,0 in Pulvern oder Infus. — Als Stomachicum 0,05—0,25 mehrmals täglich, Kindern entsprechend geringere Dosen in Pulver oder Infus.

Präparate: **Extractum Rhei.** In Wasser trübe lösliches pulverförmiges Extrakt. 0,5—1,0 als Laxans, in Pulver oder Pillen. Als Stomachicum zu 0,1—0,2 mehrmals täglich.

Extractum Rhei compositum. Pulverförmiges Extrakt, in Wasser trübe löslich, zu 0,1—0,5 als Abführmittel.

Pulvis Magnesiae cum Rheo. Kinderpulver. 3—4mal täglich 1 Messerspitze voll bei Gastricismus kleiner Kinder.

Sirupus Rhei. Theelöffelweise als Abführmittel für Kinder, auch als Zusatz zu abführenden Mixturen.

Tinctura Rhei aquosa. Theelöffelweise als Stomachicum.

Tinctura Rhei vinosa. $^1/_2$—1 Theelöffel mehrmals täglich.

Tinctura composita. $^1/_2$ Theelöffel voll mehrmals täglich.

983) ℞ Inf. Rad. Rhei 5,0—8,0:180,0
Natr. bicarb. 5,0—10,0.
Elaeosacch. Menth. pip. 2,0—5,0.
D. S. 2stündl. 1 Esslöffel.

984) ℞ Pulv. Rad. Rhei
Natrii bicarb. āā 0,25
Sacch. alb. 0,5.
M. f. pulv. D. t. dos. VI.
S. 3 × tägl. 1 Pulv.
(Catarrh. gastr., Icterus etc.)

985) ℞ Rad. Rhei
Tart. dep. āā 2,0.
M. f. pulv. D. S. Auf einmal zu nehmen.
(Laxans.)

986) ℞ Extr. Rhei
Extr. Aloës
Sapon. jalap. āā 2,0.
Pulv. et Succ. Liq. q. s.
M. f. pilul. No. 30.
D. S. Abends 1—2 Pillen.
(Abführpillen.)

987) ℞ Inf. Rad. Rhei (5,0) 80,0
Sirup. Mannae 20,0.
M. D. S. Stündl. 1 Kaffeelöffel.
(Abführmittel für Kinder.)

988) ℞ Rad. Rhei 4,0—6,0
Mucil. Gum. arab. q. s.
ut f. pilul. No. 30.
D. S. Abends 2—5 Pillen zu nehmen.
(Abführpillen.)

989) ℞ Rad. Rhei pulv. 10,0
Glycerin. 5,0.
M. f. pilul. No. 30.
D. S. Tägl. 3—5 Pillen.
Pilulae Rhei.
(Form. Magistr. Berol.)

Radix Sarsaparillae. Radix Sassaparillae. Sarsaparille. Sassaparille. Salsepareille. Salsapariglia.

Die Sarsaparilla ist schon seit Beginn des 16. Jahrhunderts in Europa als Antisyphiliticum in Ansehen. Ihr Name ist aus dem Portugiesischen hergeleitet (Salsa = Strauch und parilla = Rebe). Sie ist Hauptbestandtheil des Zittmann'schen Dekokts, eines gegen Syphilis oft angewandten Präparates.

Die im Handel als Honduras-Sarsaparille vorkommenden Wurzeln einiger in Centralamerika vorkommenden Smilax-Arten.

Die mit Ausschluss des knorrigen Wurzelstockes Anwendung findenden, ungefähr 7 dm langen und 4 mm dicken Wurzeln sind nahezu cylindrisch, zum Theil längsfurchig und von bräunlichgrauer oder gelblichrother Färbung. Der Geschmack ist schleimig und zugleich kratzend.

Ausser Amylum enthält Sarsaparilla Parillin, ein noch nicht genügend untersuchtes Glykosid, und Sarsaparin, ein starkes Blutgift. Eine antisyphilitische Wirkung scheint der Wurzel thatsächlich eigen zu sein, daneben wirkt sie auch schweiss- und harntreibend.

Sie wird besonders in veralteten Formen von Syphilis gegeben, auch bei chronischer Hautaffektion und Skrophulose.

Dosis. Zu 20,0—50,0 täglich im Dekokt oder in Form von Thee. Gewöhnlich aber in Gestalt des officinellen

Decoctum Sarsaparillae compositum. Zittmann'sches Dekokt. (Sarsap., Senna, Liquirit., Anis, Fenchel, Alaun und Zucker.) Morgens warm, Abends kalt $^1/_4$ Liter zu trinken.

†**Decoctum Sarsaparillae compositum mitius** (enthält halb so viel Sarsaparilla wie das vorige Präparat). $^1/_2$ Liter pro die. — Beide Dekokte werden zusammen genommen. Morgens $^1/_2$ Liter des starken und Nachmittags $^1/_2$ Liter des schwachen Dekokts. Dabei knappe, reizlose Diät. (Syphilis.)

990) ℞ Decoct. Sarsaparill. 15,0:150,0
Kalii jodat. 7,5
Hydrarg. bijod. rubr. 0,1
Sirup. simpl. 20,0.
M. D. S. 3 × tägl. 1 Esslöffel.
(Mixtura Ricordii.)
(Lues tertiana.)

991) ℞ Rad. Sarsaparill. 30,0
Ligni Guajac. rasp. 60,0.
coque c.
Aq. dest. q. s.
sub. fin. coction.
adde
Rad. Sassafras 10,0
Rad. Liquiritiae 20,0
Col. Colat. sit. 1000,0.
Während des Tages tassenweise zu gebrauchen.
Tisane sudorifique.
(Cod. franç.)

Radix Senegae. Radix Polygalae virginianae. Senegawurzel. Racine de sénéga. Senega root. Radice di senega.

Die getrocknete Wurzel von Polygala Senega, einer in Nordamerika einheimischen Polygalee.

Der wulstige, mit zahlreichen Stengelresten und röthlichen Blattschuppen versehene Wurzelkopf nebst der einfachen oder wenig verästelten, oft gekrümmten Wurzel, deren Rinde meist einen spiralig gekrümmten Kiel aufweist. Das Holz ist marklos. Senegawurzel enthält kein Stärkemehl, riecht etwas ranzig und schmeckt scharf kratzend.

Ihr wirksamer Bestandtheil ist ein Glykosid, Senegin. Es bewirkt schon in geringen Dosen Hustenreiz und regt die Sekretion der Schleimhäute, besonders der Bronchialschleimhaut an. Der Appetit leidet unter dem Gebrauche von Senega, und nach grösseren Gaben tritt sogar Erbrechen und Durchfall ein.

Wird verordnet bei Anhäufung von Sekreten in den Bronchien und ungenügender Herausbeförderung durch Husten, besonders bei Bronchitis älterer Leute und bei Pneumonie im Stadium der Lösung. Ist ein gutes Expektorans, soll aber bei Phthisikern und bei Störungen der Magen- und Darmfunktionen möglichst vermieden werden.

Dosis: Zu 0,5—1,0 mehrmals in Pulverform oder im Infus oder Dekokt (10,0—15,0—150,0) 2stündlich 1 Esslöffel, Kindern im Infus oder Dekokt (2,0—5,0 : 100,0).

Präparate: **Sirupus Senegae.** Von gelblicher Farbe, wird theelöffelweise oder als Zusatz zu expektorirenden Mixturen verordnet.

†**Extractum Senegae** (nicht officinell). Zu 0,2—0,5 mehrmals täglich in Pillen.

992) ℞ Inf. Rad. Seneg. 10,0 : 180,0
Liq. Ammon. anis. 5,0
Sirup. Althaeae 15,0.
M. D. S. 2stündl. 1 Esslöffel.

993) ℞ Dec. Seneg. 10,0 : 180,0
Tinct. Opii benz. 5,0
Sirup. Seneg. ad 200,0.
M. D. S. 2stündl. 1 Esslöffel.

994) ℞ Decoct. Rad. Seneg. 3,0 : 100,0
Liq. Ammon. anis. 0,5
Sirup. smpl. 25,0.
M. D. S. 2stündl. 1 Kinderlöffel.
(Bei akuter Bronchitis der Kinder, wenn das Fieber vorüber ist.)

995) ℞ Decoct. Senegae 7,5 : 150,0
Kalii jodat. 7,5
Sirup. smpl. 20,0.
M. D. S. 3 × tägl. 1 Esslöffel.
(Asthma.)

Radix Taraxaci cum herba. Löwenzahn. Löwenzahnwurzel. Racine de dent de lion. Radice di tarassaco.

Die bekannten schwertförmigen und gezähnten Blätter und Wurzeln von Taraxacum officinale (Synantheree), welche im Frühjahre vor der Blüthezeit gesammelt und getrocknet werden.

Dieselben enthalten einen Bitterstoff (Taraxacin), Harz, Gummi, Zucker und Kali- und Kalksalze. Löwenzahn hat in Folge seines Gehaltes an Bitterstoff appetitanregende und in Folge seines Salzgehaltes leicht abführende Wirkung. Der frisch ausgepresste Saft war früher ein beliebtes Volksmittel zu Frühlingskuren bei chronischen Verdauungsbeschwerden und Leberaffektionen. Gegenwärtig wird Löwenzahn nur noch ab und zu als Amarum bei Dyspepsie, und sein Extrakt als Konstituenz für Pillen angewendet.

Dosis: Innerlich im Dekokt zu 5,0—10,0 : 150,0.

Präparat: **Extractum Taraxaci.** Dickes, braunes, in Wasser klar lösliches Extrakt. Wird zu 0,5—1,0 mehrmals täglich in Pillen oder Mixturen als Amarum verordnet. Dient gewöhnlich zur Bereitung von Pillen.

Radix Valerianae. Baldrianwurzel. Racine de valériane. Valerian root. Radice di valeriana.

Die getrocknete Wurzel von Valeriana officinalis, einer bei uns häufig vorkommenden Valerianee.

Der beinahe knollige, bis 2 cm dicke und 4 cm lange Wurzelstock ist reichlich besetzt mit dünnen, graubraunen oder bräunlichgelben Wurzeln. Dieselben sind im Spätsommer an trockenen Standorten zu sammeln. Sie haben einen eigenthümlichen, stark gewürzhaften Geruch und süsslich-bitterlichen Geschmack.

In der Baldrianwurzel ist ein ätherisches Öl ($^1/_2$—1 $^0/_0$) und Baldriansäure enthalten. Auf dem Gehalte an dem ätherischen Öle beruht auch die therapeutische Wirkung der Valeriana. Es wirkt vor allem reflexvermindernd und nervenberuhigend. Es gehört auch zu den milden Excitantien und wird in grossen Gaben lange Zeit vertragen. Ausnahmsweise beobachtet man darnach Unbehagen, Kopfweh, Schwindel, Ohrensausen und Kriebeln an Händen und Füssen. Auf Katzen wirkt der blosse Geruch von Baldrian eigenthümlich aufregend.

Die Baldrianwurzel gehört zu den beliebtesten beruhigenden Mitteln bei Hysterie und nervösen Aufregungszuständen. Sie wird auch bei Epilepsie, Chorea und den verschiedensten Nervenleiden, ebenso als antispasmodisches Mittel und mildes Excitans angewandt.

Dosis. Innerlich im Aufguss (10,0—15,0 : 150,0 2stündlich 1 Esslöffel) oder als Thee, 1 Theelöffel auf 1 Tasse Thee, auch als kalter Aufguss (1 Esslöffel auf 1 Liter Wasser — 24 Stunden stehen lassen — und kalt zu trinken); ferner in Pulver und Pillen zu 0,5—1,0 mehrmals täglich.

Äusserlich zu beruhigendem Klystier im Infus 5,0—10,0 : 150,0.

Präparate: **Tinctura Valerianae** (Rad. Valer. 1, Spirit. dil. 5). Zu 20—30 Tropfen mehrmals täglich.

Tinctura Valerianae aetherea (Rad. Valer. 1, Spirit. aeth. 5). Zu 10—20 Tropfen mehrmals täglich.

†**Extractum Valerianae,** †**Oleum Valerianae,** †**Aqua Valerianae.**

996) ℞ Inf. Rad. Valerian.
10,0—15,0 : 180,0
Spirit. aether. nitros. 2,0
Sirup. smpl. ad 200,0.
M. D. S. 2stündl. 1 Esslöffel.
(Excitans, Nervinum.)

997) ℞ Rad. Valerian.
Fol. Aurantii
„ Menth. pip.
„ Trifolii ää 20,0.
M. f. species. D. S. 1 Esslöffel auf 1 Tasse Wasser.
(Heim's Thee gegen Hysterie mit nervösen Beschwerden.)

998) ℞ Rad. Valerian. 40,0
M. f. pulv. D. S. 4 × tägl. 1 Theelöffel voll zu nehmen.
(Hysterische Krämpfe.)

Resina Dammar. Dammarharz.

Von Dammara alba (Agathis alba), Dammara orientalis, Shorea micrantha, Shorea splendida und andern südindischen Bäumen (Coniferen). Stellt gelblichweisse, durchsichtige, tropfsteinartige, oft auch mehrere Centimeter grosse, theils birnenförmige, theils keulenförmige Stücke oder unförmliche Klumpen dar, die härter als Colophonium sind und dasselbe ritzen. Liefert beim Zerreiben ein weisses, geruchloses Pulver, das bei 100° nicht erweicht und in Äther, Chloroform und Schwefelkohlenstoff leicht, in Weingeist wenig löslich ist. Wird technisch zur Darstellung von Lacken und Firnissen benutzt. Medicinisch dient es nur als Zusatz zu Pflastern und zur Darstellung des officinellen

Emplastrum adhaesivum. Heftpflaster.

Resina Jalapae. Jalapenharz. Résine de jalap. Resin of jalap. Resina di gialappa.

1 Th. Tub. Jalap. grob gepulvert wird mit 4 Th. Spiritus bei 35—40° 24 Stunden stehen gelassen und gepresst. Auf den Rückstand werden nochmals 2 Th. Spiritus gegossen, und es wird wie vorher verfahren. Von den Auszügen wird der Weingeist abdestillirt, und das zurückgebliebene Harz mit warmem Wasser ausgewaschen, bis sich letzteres nicht mehr färbt. Das Harz wird alsdann im Dampfbade ausgetrocknet, bis es nach dem Erkalten zerreiblich ist.

Es ist braun, leicht zerreiblich, in Weingeist leicht, aber in Schwefelkohlenstoff nicht löslich.

Das aus den Jalapenknollen gewonnene Jalapenharz enthält als wirksamen Bestandtheil Konvolvulin ($C_{31}H_{50}O_{16}$), ein Säureanhydrid, das schon in Dosen von 0,15—0,25 abführend wirkt, doch nur bei innerlicher, nicht bei subkutaner Verabreichung. Die Wirkung ist eine rein lokale und kommt erst zu Stande, nachdem das Mittel im Darm mit der Galle in Kontakt getreten ist. Es regt alsdann die Darmperistaltik an. In grösseren Dosen ist es ein starkes Drasticum.

Anwendung. Bei habitueller Stuhlverstopfung, aber nur in kleinen Dosen, da es in grösseren Leibschmerzen verursacht. Auch als ableitendes Mittel bei cerebralen Affektionen und allgemeinem Hydrops.

Dosis. Innerlich zu 0,02—0,2—0,5 in Pillen oder Pulverform. Pharmac. Helvetica gestattet als

Dosis max. simpl. 0,5! als dos. max. pro die 1,5!

Präparate: **Sapo jalapinus.** Jalapenseife (4 Th. Resin. Jalap., 4 Th. Sapon. med. in 8 Th. Spirit. dil. gelöst und auf 9 Th. eingedampft). Von braungelber Farbe.

Dosis. Innerlich zu 0,2—1,0 mehrmals täglich in Pillen

Ist auch Bestandtheil von

Extractum Rhei compositum und

†**Tinctura Resinae Jalapae.**

999) ℞ Resin. Jalapae
Extr. Aloës
Sapon. medicat. āā 1,5
M. f. pilul. No. 30.
Consp. Lycopod.
D. S Morgens und Abends 1—2 Pillen zu nehmen.
(Habituelle Verstopfung.)

1000) ℞ Resin. Jalap. 0,1
Hydrarg. chlorat. 0,05
Sacch. lact. 0,5.
M. f. pulv. D. t. dos. V.
S. 2—3stündl. 1 Pulver.
(Laxans.)

Resorcinum. Resorcin. Résorcine. Resorcina.

Resorcin = Metadioxybenzol. $C_6H_4(OH)_2$, 1:3 wurde zuerst 1864 von Hlasiwetz und Barth durch Erhitzen von Ammoniacum, Asa foetida, Galbanum und anderen Harzen mit Kalihydrat gewonnen. Gegenwärtig wird es durch Schmelzen der Metabenzoldisulfonsäure mit Natriumhydroxyd dargestellt.

Es bildet farblose Krystalle von schwachem, eigenartigem Geruche und süsslich kratzendem Geschmacke. Ist in etwa 1 Theile Wasser, 0,5 Theilen Weingeist, ebenso in Äther, sowie in Glycerin leicht löslich, in Chloroform und Schwefelkohlenstoff schwer löslich, beim Erwärmen sich vollkommen verflüchtigend. Schmelzpunkt 110—111°. Die farblosen Resorcinlösungen werden am Lichte dunkel, sind daher vor Licht geschützt aufzubewahren.

Resorcin wirkt ähnlich wie Karbolsäure, fäulniss- und gährungswidrig, ist jedoch weniger toxisch als die letztere. Es wird leicht resorbirt und setzt in Dosen von 2,0—3,0 Pulsfrequenz und Temperatur herab, ruft dabei zuweilen störende Nebenerscheinungen (Schwindel, Ohrensausen, Tremor etc.) hervor. Nach grossen Gaben (von 8,0—10,0) hat man die schwersten Symptome: Bewusstlosigkeit, Konvulsionen, Koma und Kollaps beobachtet. Es wird zum Theil als Resorcin, zum Theil in Form von Ätherschwefelsäure durch den Harn wieder ausgeschieden. Letzterer ist dunkel gefärbt oder wird sehr bald an der Luft dunkel.

Innerlich wird Resorcin bei abnormen Gährungsvorgängen im Magen und Darm, bei chronischem Magen- und Darmkatarrh, hartnäckigem Erbrechen, Cholera nostras und Cholera infantum, Soor des Oesophagus, Diphtherie etc. empfohlen, ohne dass die innerliche Verabreichung sich bisher besonders eingebürgert hat. Dagegen spielt Resorcin, äusserlich angewandt, als sogenanntes reducirendes Mittel eine grössere Rolle.

Es wird vielfach bei Hautkrankheiten (Ekzema, Pityriasis, Sykosis), ferner bei Geschwüren und Erysipelas angewandt. Auch zu Injektionen in die Urethra bei Gonorrhoe und in die Blase (Cystitis), zu Irrigationen in den Darm (bei chronischem Darmkatarrh). sowie zu Inhalationen und Pinselungen bei Diphtherie ist es vielfach im Gebrauch.

Dosis. Innerlich bei abnormen Gährungsvorgängen im Magen zu 0,2—1,0 mehrmals täglich in Pulver (Oblaten), oder Lösung. Bei Brechdurchfall 1,0: 150,0 2stündl. 1 Esslöffel.

Äusserlich zu Einspritzungen in die Blase und Harnröhre 1—2 % Lösungen, zum Klystier und zur Inhalation $^1/_2$ % Lösungen. Bei parasitären Hautaffektionen in Salbenform (5,0 : 30,0 Lanolin). Bei der Wundbehandlung in 2 % Lösungen, sowie in Watte- und Gazeform. Die auf der Haut erzeugten braunen Resorcinflecke können durch Citronensäure entfernt werden.

1001) ℞ Sol. Resorcini 2,0 : 180,0
(Tinct. Opii smpl. 2,0)
Sirup. smpl. ad 200,0.
M. D. in vitro nigro.
S. 2stündl. 1 Esslöffel.
(Bei verschiedenen Magenaffektionen, Erbrechen d. Schwangeren.)
(Menche.)

1002) ℞ Resorcini 0,1
Inf. Flor. Chamomill. 60,0.
M. D. S. 2stündl. 1 Theelöffel für Säuglinge.
(Brechdurchfall.)
(Totenhöfer.)

1003) ℞ Resorcin. 30,0
Aq. dest. ad 1000,0.
M. D. S. Zur Magen- und Blasenspülung.

1004) ℞ Resorcin. 2,0
Aq. dest. ad 200,0.
Zu Einspritzungen in die Harnröhre.

1005) ℞ Resorcin. 5,0
Tinct. Benzoës 10,0.
M. D. S. Äusserlich.
(Erysipelas.)

1006) ℞ Resorcin. 5,0
Vaselin. 10,0.
M. f. ungt. D. S. Zur Einreibung.
(Erysipelas.)

1007) ℞ Resorcin. 5,0—10,0
Amyl.
Zinc. oxyd. āā 20,0
Ungt. Paraff. 50,0.
M. f. pasta.
D. S. Resorcinpaste.

Rhizoma Calami. Radix Calami. Kalmuswurzel. Acore vrai. Sweet Flag root. Calamo aromatico.

Der von Nebenwurzeln und Blattscheiden befreite, nicht geschälte Wurzelstock von Acorus Calamus, einer bei uns häufig in Teichen vorkommenden Acoridee.

Ein bis zwei Decimeter langes Rhizom. Auf der Oberseite ist die etwas längsrunzlige, bräunlichgelbe Rinde mit alternirenden, spitz dreieckigen Blattnarben, auf der Unterseite mit abwechselnd gerichteten Reihen dunkler Wurzelnarben besetzt und unregelmässig geringelt. — Kalmuswurzel hat ein eigenthümliches Aroma und zugleich bitteren Geschmack. In ihr befindet sich ein ätherisches Öl (Oleum Calami) und ein Bitterstoff (Acorin). Wie alle Bittermittel wird sie bei Magenkatarrh, besonders bei atonischer Dyspepsie verordnet. Man bedient sich der Kalmuswurzel auch als Zusatz zu Bädern für skrophulöse und rachitische Kinder; ebenso als Kaumittel bei Foetor ex ore und als Zusatz zu Zahnpulvern.

Dosis. Innerlich zu 0,3—2,0 mehrmals täglich in Pulver oder Infus.

Äusserlich als Zusatz zu Bädern eine Handvoll bis 500 g grobgeschnittener Wurzel dem kochenden Wasser zuzusetzen.

Präparate: **Extractum Calami.** In Wasser trübe lösliches Extrakt zu 0,5—1,0 mehrmals täglich in Pillen.

Oleum Calami. Zu 1—3 Tropfen, gewöhnlich als Elaeosacch.

Tinctura Calami (Rhiz. Calam. 1, Spirit. dil. 5). Zu 20 bis 30 Tropfen mehrmals täglich (Stomachicum).

1008) ℞ Inf. Rad. Calami
5,0—15,0 : 180,0
Sir. Cort. Aur. ad 200,0.
M. D. S. 2stündl. 1 Esslöffel.

1009) ℞ Rhiz. Calam. gr. pulv. 25,0
C. F. Species.
D. S. Mit $^1/_4$ Liter kochendem Wasser zum Thee.

Rhizoma Filicis. Radix Filicis maris. Farnwurzel. Fougère mâle. Mal Fern. Felce maschio.

Der im Herbst gesammelte unterirdische Stamm nebst den Blattresten von Aspidium Filix mas, eines in Wäldern häufig vorkommenden Farnkrauts.

Auf dem bei der frischen Droge grünlichen, mehligen Querbruche der kantigen, etwas gekrümmten Blattbasen ist ein Kreis von meist 8 scharf hervortretenden Gefässbündeln bemerkbar. Die Farnwurzel ist von süsslichem und kratzendem, etwas herbem Geschmacke und ohne besonderen Geruch.

Als wirksames Princip der Droge ist die Filixsäure bekannt. Daneben kommen in ihr noch Filixgerbsäure, fettes Öl und Zucker vor. — Farnkraut ist schon lange als anthelminthisches Mittel bekannt und in den meisten Geheimmitteln vertreten, die im vergangenen Jahrhundert von verschiedenen Regierungen als Bandwurmmittel angekauft wurden.

Rhizoma Filicis wird bei Bothriocephalus latus nach der üblichen Vorbereitungskur angewendet. Bei Taenia solium ist es weniger zuverlässig.

Dosis. Innerlich 15,0 bis 20,0 in Pulver, Latwerge oder Schüttelmixtur Morgens in 3 bis 4 Malen zu nehmen. 2 Stunden später ein Abführmittel (Ol. Ricini).

Präparat: **Extractum Filicis.** Dünnes Extrakt. Zu 2,0—8,0 auf 2—3mal in Pillen, Latwerge oder Kapseln à 1,0—2,0 und 5,0 zu nehmen. Bei Verwendung desselben ist zu beachten, dass es, je nach Alter und Abstammung, verschieden wirkt. Vom französischen Extractum Filicis dürften 10,0—15,0, vom deutschen 6,0—8,0 und vom frischen russischen (Wolmarense) 1,0—2,0 die erforderliche Gabe sein. Grössere Dosen sind gefährlich.

1010) ℞ Rhizom. Filicis 20,0.
D. S. Morgens 1/4stündl. 1 gehäuften Theelöffel voll in Sirup zu nehmen.

1011) ℞ Extr. Filicis 8,0
Hydrarg. chlorat. 0,8.
Divide in part. aeq. XVI.
D. in caps.
S. Alle 10 Minuten 2 Kapseln zu nehmen.

1012) ℞ Rhizom. Filicis
Extr. Filicis āā 7,5.
F. boli No. 30.
D. S. Morgens 1/2stündl 10 Stück zu nehmen.

Rhizoma Galangae. Galgantwurzel. Galgant. Galanga. China root.

Das Rhizom von Alpinia officinarum, einer in China vorkommenden Scitaminee.

Die Droge stellt knieförmige, bis 7 cm lange und bis 2 mm dicke, rothbraune, cylindrische, stellenweise knollig angeschwollene Stücke dar und ist von sehr gewürzhaftem Geruche und Geschmacke. Sie enthält ein ätherisches Öl und mehrere Bitterstoffe (Alpinin, Galangin und Kempferid).

Kommt als Bittermittel und Stomachicum in Anwendung, auch als Kaumittel. Wird (jedoch sehr selten) zu 0,5—1,0 mehrmals täglich in Pulver oder Aufguss gegeben. Dient eigentlich nur noch zur Darstellung der officinellen

Tinctura aromatica. Zu 15—20 Tropfen mehrmals täglich (Stomachicum).

Rhizoma Hydrastis. Hydrastiswurzel. Racine d'hydrastis. Hydraste du Canada. Golden seal. Radice d'idraste.

Das mit den Nebenwurzeln versehene Rhizom von Hydrastis canadensis, einer in Nordamerika vorkommenden Ranunculacee.

Es ist bis 4 cm lang und gegen 6 mm dick, längsrunzlig, zuweilen wulstig, kurzverzweigt und mit Stengelresten besetzt. Das innere Gewebe ist von schöner gelber Farbe, die durch eine braune, dünne Korkschicht nicht völlig verdeckt wird. Die Droge ist wachsartig schneidbar, ihr Geschmack deutlich bitter.

Während die blutstillende Eigenschaft der Hydrastis in Amerika schon lange bekannt ist, wurde in Deutschland auf dieselbe erst vor etwa 10 Jahren durch Schatz in Rostock aufmerksam gemacht. In der Droge befinden sich zwei Alkaloide, Hydrastin und Berberin, von diesen kommt nur das erstere in Betracht, indem es in kleinen Dosen Reizung des vasomotorischen Centrums und Gefässverengerung bewirkt. In grösseren Gaben setzt es den Blutdruck herab und ruft toxische Erscheinungen hervor (Arythmie etc.).

Wird (jedoch nur in Form des officinellen Fluidextrakts) bei Blutungen, besonders bei zu starker Menstruation im kindlichen und klimakterischen Alter, auch bei Hämoptoë und ebenso bei profusen Schweissen verordnet.

Präparate: **Extractum Hydrastis fluidum.** Zu 20—30 Tropfen 3—4mal täglich. Wegen des schlechten Geschmacks mit gleichen Theilen Tinct. aromat. oder Cognac zu geben.

1013) ℞ Hydrast. fluid.
Tinct. aromat. āā 20,0.
M. D. S. 3—4 × täglich 30—40 Tropfen.

1014) ℞ Extr. Hydrast fluid.
Spirit. Vini (Cognac)
āā 15,0—20,0.
M. D. S. 3stündl. 30—40 Tropfen.

†**Extractum Hydrastis siccum.** Zu 0,2—0,5 mehrmals täglich in Pillenform.

†**Hydrastininum hydrochloricum.** Oxydationsprodukt des Hydrastin. Gelbliches, in Wasser leicht lösliches, bitter schmeckendes Pulver. Bei Uterusblutungen (bedingt durch Endometritis oder Myome) in subkutaner Injektion 0,05—0,1 oder in Pillen und Gelatineperlen (4—6 täglich) zu 0,025. Theuer.

1015) ℞ Hydrastinin. hydrochl. 0,5
Pulv. et Succ. Liq. q. s.
ut f. pilul. No. 10.
D. S. 2—3 Tage 1—2 Pillen.

1016) ℞ Hydrastinin. hydrochl. 1,0
Aq. dest. 10,0.
D. S. Zur subkut. Injektion 1/2 bis 1 Spritze. (Falk.)

Rhizoma Iridis. Radix Iridis. Veilchenwurzel. Racine d'iris. Rizoma d'iride.

Die von Stengeln, Blättern, Wurzeln und der Aussenschicht befreiten Rhizome der Iris germanica, Iris pallida und Iris florentina.

Die Wurzel hat einen veilchenartigen Geruch, der von ihrem geringen Gehalt an ätherischem Öl herrührt, und einen etwas kratzenden Geschmack.

Wird als Geruchskorrigens zum Bestreuen der Pillen und als Zusatz zu Zahnpulvern verwendet und in Form eines platten

Stückes zahnenden Kindern in den Mund gegeben, damit sie darauf beissen. Hierdurch soll der Durchbruch des Zahnes erleichtert werden.

1017) ℞ Rhizom. Iridis 10,0
Calcar. carbon. praec. 20,0
Myrrh. pulv. 5,0.
Ol. Rosae gtt. II.
M. f. pulv. D. S. Zahnpulver.

Rhizoma Veratri. Radix Hellebori albi. Weisse Nieswurzel. Hellébore blanc. Elleboro bianco.

Das dunkelbraune Rhizom von Veratrum album, einer auf den Alpen wachsenden Melanthacee.

Die Droge stellt den aufrechten, bis 8 cm langen, bis 25 mm dicken Wurzelstock mit den gelblichen, höchstens 3 dm langen und ungefähr 3 mm dicken Wurzeln dar. Sie schmeckt anhaltend bitterlich scharf und erregt beim Pulvern heftiges Niesen.

Die Droge enthält nicht, wie man früher annahm, Veratrin, sondern einige andere Alkaloide, Iervin, Rubijervin, Veratroidin etc., deren Wirkungsweise noch nicht genügend bekannt ist. Bekannt ist jedoch, dass die Droge Pulsfrequenz und Körpertemperatur herabsetzt und Erbrechen und Diarrhoe verursacht.

Wird kaum mehr, wie früher, als Narcoticum bei Neuralgien, oder als Emetium und Antipyreticum verordnet. Zuweilen findet Rhiz. Veratri äussere Anwendung als Niesmittel.

Dosis. Innerlich zu 0,02—0,1 mehrmals täglich in Pulver oder Pillen.

Äusserlich (als Niesmittel) zu 1:10 Amylum oder Zucker.

Präparat: **Tinctura Veratri** (Rhiz. Veratri 1, Spirit. dil. 10). Dunkelröthliche Flüssigkeit, von bitterem, kratzendem Geschmacke. Innerlich zu 5—10 Tropfen mehrmals täglich; äusserlich zu schmerzstillenden Einreibungen bei Neuralgien.

Rhizoma Zedoariae. Zitwerwurzel. Zédoaire. Zedoary. Zedoario.

Der meist in Querscheiben, zuweilen in Längsviertel zerschnittene Wurzelstock von Curcuma Zedoaria, einer in Bengalen und Madagaskar einheimischen Scitaminee.

Ist auf den Schnittflächen von graugelber Färbung und mehliger Beschaffenheit. Hat einen an Kampfer erinnernden bitteren Geruch und Geschmack, der von seinem Gehalte an ätherischem Öl herrührt. Wird als Bittermittel bei Dyspepsie, oft in Verbindung mit andern Stomachicis verordnet und zwar zu 0,5—1,0 mehrmals täglich in Pulver, Pillen oder Infus.

Ist Bestandtheil von Tinctura amara und Tinctura Aloës composita.

Rhizoma Zingiberis. Ingwer. Gingembre. Ginger. Zenzero. Das getrocknete Rhizom von Zingiber officinale, einer in tropischen Ländern kultivirten Zingiberacee.

Das handförmig verästelte, etwas abgeplattete Rhizom besitzt kräftig aromatischen Geruch und brennend gewürzhaften Geschmack.

Ingwer enthält ein ätherisches Öl und einen dem Cardol ähnlichen, strohgelben, scharfen Stoff, das Gingerol. Letzteres ruft auf der Haut Röthung und Brennen hervor. Beim Kauen regt Ingwer die Speichelsekretion an; er wirkt wie alle Aromatica appetitbefördernd. Der Ingwerstaub reizt zum Niesen.

Man bedient sich seiner bei Dyspepsie, Flatulenz und Verdauungsschwäche. Er wird auch äusserlich zum Kauen bei Foetor ex ore gebraucht, ebenso als Mund- und Gurgelwasser. Vor allem dient aber der Ingwer auch als Geschmackskorrigens für viele schlecht schmeckende, bittere Substanzen.

Dosis. Innerlich zu 0,2—1,0 mehrmals täglich in Pulver, Pillen, Infus.

Äusserlich als Mundwasser im Aufguss von 10,0 : 100,0.

Präparate: **Tinctura Zingiberis** (Rhiz. Zingib. 1, Spirit. dil. 5). Zu 10—30 Tropfen mehrmals täglich.

†**Sirupus Zingiberis** (Tinct. Zingib. 10, Sirup. simpl. 90).

Tinctura aromatica. Zu 20—30 Tropfen mehrmals täglich.

1018) ℞ Rhizom. Zingiberis
Natrii bicarbon. ää 5,0.
M. f. pulv. D. S. 2 × täglich ½ Theelöffel bei Verdauungsschwäche und Sommerdiarrhoe.

1019) ℞ Rhizom. Zingib. pulv. 8,0
Pulv. aërophor. 20,0.
M. f. pulv. D. in scatul.
S. ½ Theelöffel zu nehmen.

Rotulae Menthae piperitae. Pfefferminzplätzchen.

200 Theile Zuckerplätzchen werden mit einer Lösung von 1 Theile Ol. Menth. pip. mit 2 Teilen Weingeist benetzt.

Rotulae Sacchari. Zuckerplätzchen werden bereitet, indem man mittelfein gepulverten Zucker mit wenig Wasser mischt und soweit erwärmt, dass eine halbflüssige, nicht durchsichtige Masse entsteht; die letztere wird alsdann in die Gestalt von Kugelabschnitten gebracht.

Saccharum. Zucker. Rohrzucker. Sucre. Sugar. Zucchero. $C_{12}H_{22}O_{11}$.

Findet sich im Zuckerrohr, Saccharum officinarum (Graminee) und in der Zuckerrübe, Beta vulgaris (Chenopodee). Aus letzterer wird er fabrikmässig dargestellt.

Zucker bildet weisse, trockene und sehr süsse krystallinische Stücke oder ein krystallinisches Pulver. Mit der Hälfte seines

Gewichtes Wasser giebt er einen farb- und geruchlosen Sirup, der sich in allen Verhältnissen mit Weingeist klar mischt. Wässerige oder weingeistige Lösungen verändern Lackmuspapier nicht.

Dient hauptsächlich als Geschmackskorrigens für unangenehm schmeckende Mixturen und als Konstituens für die meisten Pulver, ferner zur Bereitung von Sirup, Ölzucker und Pastillen.

Innerlich ist Zucker als Hausmittel bei Bronchialkatarrh zur Linderung des Hustenreizes und Erleichterung der Expektoration beliebt. Verdirbt in grosser Menge den Appetit und erzeugt Diarrhoe.

Äusserlich als Streupulver bei Caro luxurians, Stomatitis aphthosa und als Schnupfpulver bei Coryza.

Saccharum lactis. Milchzucker. Sucre de lait. Milk Sugar. Zucchero di latte. $C_{12} H_{22} O_{11} + H_2 O$.

Kommt in der Milch der Säugethiere (zu 3—7 %) vor und wird aus der in Molke übergeführten Milch der Kühe durch Verdampfen und Krystallisation gewonnen. (Molke ist Milch, der das in ihr enthaltene Fett und Casein entzogen ist).

Milchzucker bildet weissliche, krystallisirte, harte Massen oder ein weisses, krystallinisches, zwischen den Zähnen knirschendes Pulver, das sich in 7 Theilen Wasser bei 15^0 oder in 1 Theile siedendem Wasser zu einer schwach süssen, nicht sirupartigen Flüssigkeit auflöst.

Dient als Konstituens für schwer lösliche Pulver (wie Calomel) und ist auch besonders geeignet als Vehikel für leicht zerfliessliche Substanzen.

Bei kleinen Kindern wirkt Milchzucker abführend zu 1,0 bis 2,0. Bei Erwachsenen ist er gegen habituelle Stuhlverstopfung in Dosen von 10,0—15,0 zuweilen von Nutzen.

Neuerdings wird Milchzucker auch als Diureticum bei Hydrops in Folge Herzkrankheiten (in täglichen Dosen von 100,0 in 1 Liter Wasser gelöst, 8—10 Tage lang zu trinken) gerühmt.

Sal Carolinum factitium. Künstliches Karlsbader Salz. Sel de Carlsbad artificiel. Sal di Carlsbad artificiale.

Wird dargestellt, indem man

22 Th. Natrium sulfuric. sicc.,
1 „ Kalium sulfuric.,
9 „ Natrium chlorat. und
18 „ Natrium bicarbon.

in mittelfein gepulvertem Zustande mischt. Man erhält dabei ein weisses, trockenes Pulver, von dem 6 g, in 1 Liter Wasser gelöst, das künstliche Karlsbader Wasser geben.

Wird als einmaliges Abführmittel zu 5,0—15,0 (1/2—1 Esslöffel voll) auf 1 Glas Wasser gegeben. Zu längerem Kurgebrauche

1 Kaffeelöffel in etwa 200 g lauwarmen Wasser Morgens nüchtern zu nehmen und dabei Bewegung (wenn möglich im Freien) zu machen. Hauptsächliche Indikation: chronischer Magen- und Darmkatarrh, Ulcus ventriculi, Diabetes mellitus, Gallensteine etc.

Salolum. Salol. Salicylsäure-Phenyläther. Phenylsalicylat. $C_6H_4(OH)CO_2.C_6H_5$.

Wurde von Prof. v. Nencki im Jahre 1886 dargestellt und von Prof. Sahli in die Praxis eingeführt.

Die Darstellung erfolgt nach verschiedenen Methoden. Nach derjenigen von Nencki und von v. Heyden werden molekulare Mengen von salicylsaurem Natrium und Phenolnatrium bei höherer Temperatur mit Phosphoroxychlorid erhitzt. Hierbei entsteht unter Bildung von Natriummetaphosphat und Natriumchlorid Salicylsäure-Phenyläther oder Salol.

$$\underset{\text{Phenolnatrium}}{2\,C_6H_5ONa} + \underset{\text{Natrium salicylic.}}{2\,C_6H_4(OH).COONa} + \underset{\text{Phosphoroxychlorid}}{POCl_3}$$

$$= 3\,NaCl + NaPO_3 + \underset{\text{Salicylsaure-Phenylather.}}{2\,C_6H_4<^{OH}_{COO\,C_6H_5}}$$

Salol ist ein weisses, krystallinisches, schwach aromatisch riechendes und schmeckendes Pulver, das bei etwa 42^0 schmilzt und fast unlöslich in Wasser, dagegen in 10 Theilen Weingeist, sowie in 0,3 Theilen Chloroform und Äther, und in Fetten löslich ist. Die weingeistige Salollösung wird durch verdünntes Eisenchlorid (1 : 20) violett gefärbt.

Salol passirt den Magen und wird erst im Dünndarm unter der Einwirkung des pankreatischen Saftes in seine beiden Bestandtheile, Salicylsäure und Phenol zerlegt. Es wirkt wie seine Komponenten, nur milder und wird auch besser vertragen. Der Urin wird, wie nach Karbolsäure, dunkel gefärbt.

Anwendung. Innerlich als Antirheumaticum (statt Natrium salicylicum) und zwar bei akutem Gelenkrheumatismus, nicht bei atypischem Rheumatismus, ferner bei Cystitis, Dysenterie und Cholera.

Äusserlich als Antisepticum, zum Streupulver auf Geschwürsflächen, ferner zu desinficirenden Mund- und Gurgelwässern.

Dosis. Innerlich zu 1,0—2,0 mehrmals täglich, bis 4,0—8,0 als Tagesgabe in Pulver oder komprimirten Tabletten.

Pharm. Helv. gestattet als Dosis max. simpl. 2,0, pro die 8,0!

Äusserlich in Substanz oder mit Amylum (0,1—1,0 : 10,0) als Streupulver; in Salben 0,1—1,0 : 10,0 Lanolin. Als Mundwasser 2,0—3,0 : 100,0 Spiritus, davon 1 Theelöffel auf 1 Glas Wasser.

1020) ℞ Salol.
Sacch. lact. āā 1,0.
M. f. pulv. D. t. dos. No. X.
S. 2stündl. 1 Pulver.
(Gelenkrheumatismus, Cystitis etc.)

1021) ℞ Salol. 1,0.
Olei Menth. pip. q. s.
ad odorem.
M. D. t. dos. (ad chart. cerat.) No. X.
S. 2stündl. 1 Pulver.
(Gelenkrheumatismus, Cystitis etc.)

1022) ℞ Salol. 1,0
Tinct. Catechu 4,0
Spirit. Menth. ad 100,0.
M. D. S. Mundwasser.
(1/2 Kaffeelöffel auf 1/2 Glas lauwarmes Wasser.)

1023) ℞ Salol. 10,0
Aq. Calcis
Ol. Olivar. āā 45,0.
M. D. S. Äusserlich bei Verbrennungen.

1024) ℞ Salol. 0,5—5,0
Amyli 50,0.
S. Streupulver bei Geschwüren Decubitus.

1025) ℞ Salol. 5,0
Spirit. ad 100,0.
M. D. S. 1 Theel. voll auf 1 Glas warmes Wasser.
(Zum Gurgeln.)

Santoninum. Santonin. Santonine. Santonina. $C_{15}H_{18}O_3$.

Das Santonin findet sich zu 2—3% in den Blüthenköpfchen von Artemisia maritima, einer in Turkestan vorkommenden Composite. Aus denselben wird es fabrikmässig dargestellt.

Es bildet farblose, bitter schmeckende, bei 170° schmelzende Krystallblättchen, welche am Lichte eine gelbe Farbe annehmen. Santonin ist in kaltem Wasser nahezu unlöslich (etwa in 5000 Theilen), löst sich in 44 Theilen Weingeist und in 4 Theilen Chloroform.

Santonin ist ein sehr wirksames Mittel gegen Spulwürmer. Seine anthelminthische Wirkung beruht wahrscheinlich darauf, dass es die Ascariden krank macht, betäubt und in den Dickdarm hinabtreibt. Es ist kein indifferentes Mittel. Bereits nach kleinen Dosen tritt Gelbsehen und grünlichgelbliche Verfärbung des Urins ein (auf Zusatz von Alkali wird er roth). Nach fortgesetztem Gebrauch kleiner Gaben oder nach einmaliger grosser Dosis können Vergiftungserscheinungen, Erbrechen, Konvulsionen und Bewusstlosigkeit auftreten. Gegen dieselben wird man Abführmittel und künstliche Athmung (eventuell auch Chloralhydrat) versuchen.

Santonin wird ausschliesslich (an Stelle von Flores Cinae) gegen Ascariden angewandt und zwar am besten in Pulver, öliger Lösung oder in Form der officinellen Trochisci zu 0,02—0,1 ein- bis zweimal täglich,

Grösste Einzelgabe 0,1! — Grösste Tagesgabe 0,5!

Kindern von 1—2 Jahren 0,01
„ „ 3—4 „ 0,015
„ „ 5—10 „ 0,02
„ „ 10—15 „ 0,03
} pro dosi.

am besten Morgens nüchtern mit einem Abführmittel 3—4 Tage hintereinander zu geben.

Präparat: **Trochisci Santonini.** Sie enthalten 0,025 Santonin. Daher nur älteren Kindern von 5 Jahren an zu geben.

1026) ℞ Santonini 0,02—0,05
Calomel. 0,01—0,03
Sacch. alb. 0,5.
M. f. pulv. D. t. dos. VI.
S. Morgens und Abends 1 Pulver.
(Anthelminthicum, bes. bei Kindern.)

1027) ℞ Santonini 0,1—0,2
Olei Ricini 60,0.
M. D. S. 3 × tägl. 1 Thee- bis Kaffeelöffel.

Sapo jalapinus. Jalapenseife. Savon de jalap. Sapone di gialappa.

4 Theile Resina Jalapae und 4 Theile Sapo medicat. werden in 8 Theilen Spirit. dil. gelöst und im Dampfbade unter Umrühren auf 9 Theile eingedampft.

Ist von braungelber Farbe und in Weingeist löslich, giebt mit 2—3 Theilen Wasser eine trübe, mit 10—20 Theilen eine fast klare Lösung.

Wirkt stark abführend (siehe Resina Jalapae) und wird entweder allein oder in Verbindung mit andern Abführmitteln (Extr. Aloës, Extr. Rhei oder Calomel) zu 0,2—1,0 mehrmals täglich in Pillenform, gewöhnlich in Form der officinellen

Pilulae Jalapae verordnet (aus Sapo jalap. 3 und Tuber. Jalap. 1 werden Pillen von 0,1 Gewicht hergestellt). Von diesen giebt man Abends 3—5 Stück bei habitueller Stuhlverstopfung.

Sapo kalinus. Kaliseife. Savon potassique. Soft soap. Sapone di potassa.

20 Theile Leinöl werden im Dampfbade erwärmt und dann 27 Theile Kalilauge, welche mit 2 Theilen Weingeist vermischt sind, hinzugefügt. Die erhaltene Mischung wird im Dampfbade bis zur Verseifung erwärmt.

Ist eine gelbbräunliche, durchsichtige, weiche, schlüpfrige Masse von schwachem, seifenartigem Geruche, in Wasser und Weingeist löslich.

Wirkt desinficirend und erweichend. Bei fortdauernder Einwirkung auf die Haut kann Entzündung derselben eintreten. Wird bei chronischen Hautaffektionen (Ekzem, Psoriasis, Pityriasis vers., Herpes tonsurans) zu Einreibungen verordnet. Ist auch als resorbirendes Mittel bei Anschwellungen der Lymphdrüsen und andern skrophulösen Affektionen in Form einer Schmierkur (Kapesser) empfohlen worden. Auch bei Scabies wirksam.

Diese Seife ist abzugeben, wenn nicht ausdrücklich Sapo kalinus venalis verlangt wird.

Sapo kalinus venalis. Sapo viridis. Schmierseife. Schwarze Seife. Grüne Seife. Savon noir. Green soap. Sapone nero.

Gelbbraune oder grünlich gefärbte, weiche und schlüpfrige Masse von widerlichem Geruche. Ist aus schlechtesten Fett- und Thransorten durch Kochen mit Kalilauge bereitet. Wird wie das vorige Präparat, jedoch nur in der Armenpraxis verordnet.

Sapo medicatus. Medicinische Seife. Savon médicinal. Sapone medicinale.

Diese Seife wird aus Natronlauge 120, Schweineschmalz 50, Olivenöl 50, Weingeist 12, Wasser 200, bereitet.

Die Seife ist weiss, von schwach alkalischem Geschmacke, nicht ranzig, in Wasser und Weingeist löslich und wirkt wie die andern Seifen durch Anregung der Darmperistaltik abführend. Mit Spiritus oder Gummischleim giebt sie eine gute Pillenmasse. Dient auch als Zusatz zu Zahnpulvern und Zahnpasten. Wird zu Klystieren (3,0—15,0 : 150,0) und zu Suppositorien benutzt und ist Bestandtheil von

Emplastrum saponatum,

Linimentum saponato-camphoratum und

Sapo jalapinus.

Scopolaminum hydrobromicum. Scopolaminhydrobromid. Hyoscinum hydrobromicum. $C_{17}H_2NO_4 . HBr$.

Scopolamin (identisch mit Hyoscin) ist ein in der Wurzel von Scopolia atropoides vorkommendes Alkaloid. Das bromwasserstoffsaure Salz bildet ansehnliche, farblose Krystalle. In Wasser und Weingeist löst sich dasselbe leicht zu einer farblosen, blaues Lackmuspapier schwach röthenden Flüssigkeit von bitterem und zugleich kratzendem Geschmacke auf. In Äther und Chloroform ist es nur wenig löslich.

Nach neueren Untersuchungen von Raehlmann eignet sich Scopolamin in der opthalmiatrischen Praxis nicht nur als Ersatz für Atropin, Duboisin etc., sondern es ist diesem Präparate weit überlegen. Da die Hyoscinpräparate des Handels meistens aus Scopolamin bestehen, ist nach den neuesten Bestimmungen des Arzneibuchs für das Deutsche Reich die Bezeichnung Scopolaminum hydrobromicum an Stelle von Hyoscinum hydrobromicum vorgeschrieben worden.

Scopolaminum hydrobrom. wird äusserlich als Mydriaticum in Lösungen von 1—2 pro Mille verordnet, es wirkt 5mal so stark wie Atropin.

Dosis. Innerlich wird es genau so gegeben wie Hyoscin hydrobr. zu $^1/_2$—1 mg bei Aufregungszuständen von Geisteskranken, bei Tremor und Paralysis agitans. Siehe Hyoscinhydrobr.

Grösste Einzelgabe 0,0005! — Grösste Tagesgabe 0,002!

1028) ℞ Scopolamini hydrobr. 0,01
Aq. dest. 10,0.
M. D. S. Äusserlich zu Einträufelungen ins Auge.
Innerlich 12—15—20 Tropfen in Wasser, Wein oder Milch, auch subkutan.

1029) ℞ Scopolamini hydrobrom. 0,01
Aq. dest. 70,0
Sirup. Cort. Aurant. 30,0.
M. D. S. 1—2×tägl. 1 Theelöffel.
(1 Theelöffel = $^1/_2$ mg Scopolamin.)
(Chorea, Tremor, Paralysis agitans, Delirium tremens etc.)

Sebum ovile. Sebum. Hammeltalg. Talg Suif. Graisse de mouton. Prepared Suet. Sevo.

Wird aus den Fettablagerungen der Nieren und des Netzes des gesunden Schafes, Ovis Aries, gewonnen und stellt ein weisses, festes, bei ungefähr 47° klar schmelzendes Fett von besonders eigenthümlichem Geruche dar. Oxydirt sich leicht, wird ranzig und kann daher irritirend wirken. Dient zur Darstellung von Salben und Pflastern.

Sebum salicylatum. Salicyltalg.

Wird dargestellt durch Zusammenschmelzen von Acid. salicylic. 2 und Sebum ovile 98 Th. im Dampfbade. Diese weisse Masse wird nicht ranzig und wird am besten an Stelle von Sebum ovile bei Excoriationen, Decubitus, wunden Füssen, Hyperhydrosis etc. angewandt. Auf dünnes Leinen gestrichen dient es als Fusslappen für grössere Märsche.

Secale cornutum. Mutterkorn. Ergot de seigle. Ergot. Segala cornuta.

Das seit dem 16. Jahrhundert zu geburtshülflichen Zwecken benutzte Mutterkorn ist das auf dem Roggen kurz vor der Reife gesammelte Dauermycelium des Pilzes Claviceps purpurea, aus der Familie der Pyrenomyceten.

Mutterkorn ist von gerundet dreikantiger, oft gebogener Form, höchstens 40 mm lang und 6 mm dick, von derbem Gefüge. Seine dunkelvioletten oder schwarzen Flächen sind gewöhnlich bis tief in das innere, weisse oder röthliche Gewebe aufgerissen. Es hat einen faden Geschmack. Gepulvertes Mutterkorn darf nicht vorräthig gehalten werden, dasselbe ist vielmehr frisch bereitet in grobgepulvertem Zustande abzugeben.

Im Mutterkorn sind zahlreiche, mehr oder weniger wirksame Substanzen vorhanden. Unter diesen kommt aber eine grössere praktische Bedeutung (nach Kobert) nur dem Cornutin, einem Alkaloid und der Sphacelinsäure zu. Diese beiden Körper haben eine direkte Einwirkung auf das Uterusgewebe und die Vermehrung der Wehenthätigkeit. Die daneben vorkommende Ergotinsäure soll verhältnissmässig wenig wirksam sein, das Rückenmark lähmen und den Blutdruck erniedrigen.

Mutterkorn erzeugt in Dosen von 1,0—2,0 Verengerung der Blutgefässe, Steigerung des Blutdruckes und ruft im Zustande der

Schwangerschaft Kontraktionen der Gebärmutter hervor. Nach grösseren Gaben von 4,0—10,0 treten Übelkeit, Erbrechen, Schwindel, Pupillenerweiterung, Verlangsamung der Pulsfrequenz, Anästhesien und Coordinationsstörung ein, und nach sehr grossen Dosen kann der Tod in Folge Lähmung der Athmungscentren erfolgen.

Nach längerem Gebrauch kleiner Gaben, sowie nach fortgesetztem Genuss mutterkornhaltigen Mehles hat man das Auftreten des Ergotismus oder der sogenannten Kriebelkrankheit beobachtet. Die Symptome dieser Affektion, die häufig epidemischen Charakter annimmt, bestehen in Schwindel, Eingenommenheit, Ameisenkriebeln, Pelzigsein der Hände und Füsse, umherziehende Schmerzen, Krämpfe, Lähmungen und Atrophien der Extremitäten nebst Kontrakturen. Auch Anästhesien der Haut und Röthung mit folgender Gangrän der Extremitäten wird beobachtet.

Die hauptsächlichste Verwendung findet Secale cornutum in der geburtshülflichen Praxis, doch nicht mehr so häufig wie in früheren Zeiten. Es dient zur Hervorrufung der Uteruskontraktion in der Nachgeburtsperiode, zur Herausbeförderung der Placenta und zur Stillung etwaiger Blutungen bei Atonie des Uterus. In der Eröffnungsperiode des Geburtsaktes ist überall, wo es darauf ankommt, ein mechanisches Hinderniss zu überwinden, die Anwendung des Mittels kontraindicirt, da es nicht Verstärkung der Wehenthätigkeit, sondern krampfartige Zustände hervorrufen kann. Als Hämostaticum wird es bei den verschiedensten Blutungen (Hämoptoë, Hämatemesis, Metrorrhagie, Epistaxis, Nieren- und Blasenblutungen verordnet; ferner ist es bei profusen Schweissen, Uterusfibromen, Prostatahypertrophie, Prolapsus ani und manchen Herzaffektionen mit mehr oder minder gutem Erfolge versucht worden.

Dosis: Innerlich zu 0,3—1,0 mehrmals täglich in Pulverform oder im Infus 5,0—8,0 : 200,0 zweistündlich 1 Esslöffel.

Pharm. Helv. gestattet als Dosis max. spl. 1,0, Dosis max. pro die 5,0 und als Dosis max. pro die ad infusum 10,0.

Kindern 2,0—5,0 : 120,0 im Infus, stündlich 1 Theelöffel (bei Blutungen).

Präparate: **Extractum Secalis cornuti. Ergotin.** Rothbraunes, in Wasser klar lösliches, dickes Extrakt, zu 0,1—0,5 mehrmals täglich in Pillen, Lösung und subkut. Injektion.

Extractum Secalis cornuti fluidum. Rothbraune, klare Flüssigkeit, zu 10—30 Tropfen mehrmals täglich.

†**Tinctura Secalis cornuti.** Tinctura haemostyptica (1,0 der Tinktur = 0,1 Secale cornut.).

1030) ℞ Secal. cornut. 0,2—0,6
Sacch. alb. 0,3.
M. f. pulv. D. t. d. VIII.
(in charta cerata).
S. Mehrmals 1 Pulver.
(Atonie des Uterus, Blasenblutung; nächtliche Schweisse).

1031) ℞ Inf. Secal. cornut.
5,0—8,0 : 180,0
Tinct. Cinnamom. 5,0.
D. S. 2stündl. 1 Esslöffel. (Umschütteln.)
(Atonie des Uterus, Blasenblutung; nächtliche Schweisse; gegen letztere Abends 2—3 Esslöffel.)

1032) ℞ Inf. Secal. cornut.
10,0—15,0 : 150,0
(Aether. sulf. 3,0.)
M. D. S. 2stündl. 1 Esslöffel.
(Aorten-Insuff. Arteriosklerose.)
(Rosenbach.)

1033) ℞ Ergotin. 3,0
Pulv. Fol. Digital. 2,0.
Pulv. et Extr. Gentian. q. s.
ut f. pilul. No. 50.
D. S. 2stündl. 2—3 Pillen.
(Aorten-Insuff. Arteriosklerose.)
(Rosenbach.)

1034) ℞ Secal. corn. pulv. ää 5,0.
F. pilul. No. 100.
S. Täglich 6 Pillen.
(Bei Blutungen.)
(Fritsch.)

1035) ℞ Extr. Secal. corn. Denzel 2,0
Aq. Cinnamom. 180,0.
D. S. 2stündl. 1 Esslöffel.
(Migräne mit Gefässerweiterung.)
(Hirt.)

1036) ℞ Ergotini dial. 2,0
Aq. dest. 8,0.
D. S. Zur subkut. Injektion.
($^1/_2$—1 Spritze.)
(Blutungen, Aneurysmen, senile Blasenschwäche mit Hypertrophie der Prostata.)
(von Langenbeck.)

1037) ℞ Extr. Secal. corn. 1,0
Aq. dest. 5,0
Acid. carbol. 0,1.
M. D. S. 1 Spritze zu injiciren.
(Blutungen, Aneurysmen, senile Blasenschwäche mit Hypertrophie der Prostata.)
(von Langenbeck.)

Semen Arecae. Arekanuss. Betelnuss.

Die Samen der in Ostindien kultivirten Palme Areca Catechu, die u. A. ein leicht lösliches, flüssiges Alkaloid, das Arecolin $C_8 H_{13} NO_2$, enthalten, das nach Marmé sehr intensive Wirkungen entfaltet.

Kugelige oder 3 cm hoch kegelförmig gewölbte Samen mit kreisförmigem Grunde von 15—25 mm Durchmesser, Gewicht häufig 3 g, nicht selten aber auch 10 g erreichend. Das feine Pulver der Arekasamen ist braun, von schwach zusammenziehendem Geschmacke. Schüttelt man es mit Wasser, so färbt sich dieses nicht, wenn man Eisenchloridlösung zutropft, wird aber grünlichbraun, sobald man Weingeist beifügt.

Die Arekanuss besitzt anthelminthische Eigenschaften und ist daher von Thierärzten als Bandwurmmittel mit Erfolg versucht worden. Auch beim Menschen zeigt sie sich wirksam. In Indien dienen die Samen als ein beliebtes Kaumittel.

In Indien und China ist die Betelnuss vielfach als Volksmittel bei den verschiedenartigsten Magen- und Lungenaffektionen, auch als Anthelminthicum in Gebrauch. Neuerdings wird sie auch bei uns beim Menschen als Bandwurmmittel verwendet, doch tritt dabei häufig Erbrechen ein.

Dosis. Innerlich zu 4,0—6,0 in Pulver oder warmer Milch mit darauffolgender Verabreichung von Ricinusöl.

Semen Colchici. Zeitlosensamen. Semence de colchique. Colchicum seed. Seme di colchico.

Die getrockneten Samen von Colchicum autumnale, einer bei uns im Herbste auf Wiesen blühenden Colchicacee.

Die nahezu kugeligen, bis 3 mm Durchmesser erreichenden, sehr fein punktirten Samen, sind durch den Nabelwulst etwas zugespitzt. Sie sind geruchlos, sehr bitter und lassen sich wegen ihrer harten Beschaffenheit schwer pulvern.

Als wirksames Princip befindet sich in den Samen (wie in allen Theilen der Pflanze) das Colchicin $C_{22}H_{25}NO_6$, ein in Wasser und Alkohol lösliches Alkaloid mit stark giftigen Eigenschaften. Kolik, Erbrechen und Durchfall sind die ersten Vergiftungserscheinungen und unter Lähmung der Athmungscentren kann der Tod eintreten. Von Pflanzenfressern wird Colchicum besser vertragen als von Fleischfressern, und wenn Herbivoren (Ziegen) grössere Mengen davon mit dem Futter aufnehmen, kann die Milch derselben beim Menschen Vergiftungssymptome verursachen. Auch diuretische Eigenschaften werden dem Colchicum nachgerühmt, doch liegen hierfür keine Beweise vor; ebenso ist seine antirheumatische Wirkung problematisch.

Wurde früher vielfach als Mittel gegen Gicht und Rheumatismus, auch bei Blasensteinbildung und Hydrops angewandt. Ist in neuerer Zeit durch wirksamere und zuverlässigere Mittel (Natrium salicyl., Antipyrin etc.) ersetzt worden.

Dosis: Innerlich zu 0,05—0,2 in Pulver oder Pillen (nach Pharm. Helv. Dosis max. simpl. 0,2, Dosis max. pro die 1,0!). Wird gewöhnlich nur in Form der officinellen Präparate verordnet.

Präparate: **Tinctura Colchici** (Sem. Colchici 1, Spirit. 10). Zu 10—20 Tropfen,

Grösste Einzelgabe 2,0! — Grösste Tagesgabe 5,0!

Vinum Colchici (Sem. Colchici 1, Vin. xeren. 10). Ebenso

†**Acetum Colchici** zu 1,0—2,0 3mal täglich in Mixturen und Saturation.

†**Colchicinum.** Amorphes, in Wasser leicht lösliches Pulver. Innerlich zu 0,001 in Pillen oder Lösung 2—3mal täglich bei Gicht und Rheumatismus. Subkutane Injektion reizt und ist sehr schmerzhaft.

1038) ℞ Tinct. Colchici 15,0
Tinct. Opii croc. 2,0.
M. D. S. 3 × tägl. 15 Tropfen.
(Antirheumaticum u. Antineuralgicum.)

1039) ℞ Tinct. Gelsem. sempervir.
Tinct. Colchici āā 10,0.
M. D. S. 3 × tägl. 1 Tropfen.
(Neuralgie.)

1040) ℞ Colchicini 0,02
Aq. dest. 10,0.
D. S. Zur subkut. Injektion $^{1}/_{2}$—1 Spritze.
(Gegen hartnäckigen Rheumatismus u. Ischias.)

Semen Faenugraeci. Bockshornsamen. Fenugrec. Fenugreck. Fiengreco.

Die sehr harten, rautenförmigen Samen von Trigonella Faenum graecum, einer im Gebiete des Mittelländischen Meeres wild wachsenden Papilionacee. Der Geruch des zerkleinerten Samens ist eigenthümlich unangenehm, der Geschmack schleimig bitter. Bestandtheile sind Schleim, fettes Öl und harzige Stoffe.

Dosis. Wird innerlich kaum mehr, wie früher als Amarum (zu 0,2—1,0 in Pulver) und

Äusserlich (ebenfalls nur selten) zu Kataplasmen und erweichenden Pflastern und Klystieren angewandt.

Semen Lini. Leinsamen. Graine de lin. Flax seed. Seme di lino.

Die Samen des Leines oder Flachses, Linum usitatissimum (Linee). — Die gewölbten, 4—6 mm langen und 2 mm breiten Samen werden in Wasser durch Aufquellen ihres Schleimüberzuges schlüpfrig, sind geruchlos und besitzen einen milden, öligen, nicht ranzigen Geschmack. Sie enthalten 20—30% fettes Öl und 6% Schleim.

Die zerstossenen Samen bezeichnet man als Farina Seminis Lini, Leinsamenmehl und die harten, grauen Pressrückstände der Leinsamen als Placenta Seminis Lini oder Leinkuchen. Man benutzt sie, mit heissem Wasser zu einem dicken Brei angerührt, zu erweichenden Kataplasmen. Auch innerlich werden Abkochungen der Leinsamen (wegen ihres Schleimgehaltes) als Demulcens und Emolliens bei Katarrh der Respirationsorgane und der Harnwege angewandt.

Dosis. Äusserlich im Dekokt (5,0—10,0 : 150,0) zu Gurgelwässern und Klystieren. Zu Kataplasmen eignet sich am besten Placenta Seminis Lini. Innerlich im Dekokt (10,0 : 200,0).

Präparate: **Oleum Lini.**

Placenta Seminis Lini und

Species emollientes.

1041) ℞ Decoct. Semin. Lini 15,0 : 190,0
Aq. Amygdal. amar. 10,0.
M. D. S. 2—3stündl. 1 Esslöffel.
(Bronchitis, Gonorrhoe etc.)

Semen Myristicae. Nux moschata. Muskatnuss. Muscade. Nutmeg. Noce moscata.

Die Samenkerne von Myristica fragrans, des auf den Inseln des indischen Archipels vorkommenden Muskatnussbaumes (Myristicee).

Die nussartigen Samen haben einen Durchmesser von 2—3 cm und eine bräunliche, hellgrau bestäubte, runzelige Oberfläche. Sie sind von einem kräftigen aromatischem Geruche und Geschmacke.

In den Muskatnüssen findet sich ätherisches Öl und (bis 30%) fettes Öl (Oleum Nucistae). Sie regen, in kleiner Menge genommen, den Appetit an und werden als Gewürz verwerthet.

Ausserdem dienen sie als Stomachicum und Carminativum bei Dyspepsie und Flatulenz.

Dosis. Man giebt sie innerlich zu 0,5—1,0 mehrmals täglich in Pulver und Pillen.

Präparate: **Oleum Macidis.** Macisöl. Ätherisches Öl des Samenmantels der Myristica fragrans. Ist farblos oder blassgelb. Innerlich zu 1—3 Tropfen mit Zucker. Äusserlich zu Einreibungen.

Oleum Nucistae. In Salben und Linimenten zu schmerzstillenden Einreibungen bei Koliken und Cardialgie.

Spiritus Melissae compositus. Karmelitergeist. Dient ebenfalls zu reizenden Einreibungen.

Semen Papaveris. Mohnsamen. Graine de pavot.

Die Samen von Papaver somniferum, des Gartenmohns (Papaveracee). Sie sind weisslich, nierenförmig, 1 mm lang, mit hochgewölbten, zierlich netzförmig gerippten Flächen. Die dünne, zähe Samenschale schliesst das weisse, stärkemehlfreie Gewebe des Eiweisses und des Keimes ein, welches milde ölig schmeckt. Werden an Stelle der süssen Mandeln zu reizmildernden Emulsionen bei Blasen- und Nierenleiden verwendet und zwar zu 5,0 bis 10,0 : 150,0 zweistündlich 1 Esslöffel.

1042) ℞ Emuls. Papaveris 10,0 : 150,0
Morphin. hydrochl. 0,02
Sirup. simpl. 20,0.
M. D. D. 2stündl. 1 Esslöffel.
(Bronchitis, Cystitis etc.)

Semen Sinapis. Sinapis nigra. Senfsamen. Graine de moutarde noire. Mustard. Senape nera.

Die Samen von Brassica nigra, einer häufig vorkommenden Crucifere.

Die feinnetzig grubigen Samen sind annähernd kugelig, von 1 mm Durchmesser. Zerkaut schmecken sie anfangs milde ölig, schwach säuerlich, alsbald aber brennend scharf. Mit Wasser angerührt, entwickelt das Senfpulver einen kräftigen Geruch nach Senföl.

Neben 33 % fettem Öl enthalten die Senfsamen Sinigrin (Myronsaures Kalium), welches in wässeriger Lösung durch Einwirkung des frei werdenden Myrosins in Senföl und ausserdem in Kaliumbisulfat und Traubenzucker zerlegt wird. Das Senföl ist das wirksame Princip der Samen, die bei der Destillation mit Wasser bis 1 % geben. Auf der Haut erregt dasselbe Prickeln, Röthung und Schwellung, ebenso reizt es die Schleimhäute.

Innerlich regt es in geringer Menge den Appetit und die Verdauung an, in grösseren Gaben wirkt Senfpulver brechenerregend und kann zu Gastroenteritis führen.

Wird nur äusserlich in Form des Senfteiges, oder als Senfpapier, Charta sinapisata (Rigollot) als Rubefaciens oder Derivans bei lokalisirten Entzündungen innerer Organe (Pleuritis sicca), oder Neuralgien, Myositis etc. angewendet. Ebenso zu ableitenden Bädern und Fussbädern, und zur Hervorrufung reflektorischer Reize bei Asphyxie, Synkope etc.

Form und Dosis. Zu Senfteigen mit der gleichen Menge lauwarmen Wassers zu einem Brei angerührt. Besser und bequemer die schon fertig vorhandene Charta sinapisata, welche man in lauwarmes Wasser getaucht, 5—10 Minuten auf der betreffenden Stelle liegen lässt. Zu einem Fussbade 50,0—100,0; zu einem Vollbade 100,0—200,0. Die gepulverten Senfsamen werden zuvor mit lauwarmem Wasser angerührt und dann dem Bade zugesetzt.

Präparate: **Oleum Sinapis,**
Charta sinapisata und
Spiritus Sinapis.

Semen Strophanthi. Strophanthussamen. Semence de strophanthus. Seme di strofanto.

Die im Jahre 1885 von Prof. Fraser als Ersatzmittel der Folia Digitalis empfohlenen Strophanthussamen stammen aus Afrika. Strophanthus (von *στρέφω* und *ἄνθος*) ist der Gattungsname von Sträuchern und Klettergewächsen, aus der Familie der Apocyneen. Man kennt sehr viele Arten. Die officinellen Samen sind vermuthlich von Strophanthus hispidus und Stropanthus Kombé.

Sie sind 12—16 mm lang und bis 5 mm breit, lanzettlich, flach zusammengedrückt, zugespitzt, brüchig, leicht, mit seidenglänzenden, weissgelblichen bis grünlichen, einfachen Haaren besetzt. Die behaarte Samenschale lässt sich nach dem Einweichen in Wasser leicht von dem grauweissen, ölig-fleischigen Keime abziehen.

Als wirksamen Bestandtheil ist aus den Samen das Strophanthin ein weisses, krystallinisches Pulver (Glykosid) isolirt worden, das in 40 Theilen Wasser löslich ist und schon in Dosen von 0,0002 seine Wirkungen entfaltet. — Wie Fraser zuerst gezeigt hat, wirkt Strophanthin ähnlich wie Digitalis. Es regt in kleinen Gaben den Herzmuskel zu kräftigeren Zusammenziehungen an, steigert seine Arbeitskraft und den Blutdruck. Die peripherischen Gefässe scheinen dabei kaum verengert zu werden. Die Diurese wird vermehrt. Eine kumulative Wirkung wie bei Digitalis ist nicht vorhanden.

Wie Digitalis wird Strophanthus bei Herzklappenfehlern und bei kardialem Hydrops und asthmatischen Beschwerden gegeben. Man wendet es auch in Verbindung und abwechselnd mit Digitalis an. Gewöhnlich wird es in Form der officinellen Tinktur verordnet.

Präparat. **Tinctura Strophanthi** (1 Th. Sem. Strophanthi und 10 Th. Spirit. dil.). Zu 5—8 Tropfen 3—4mal täglich,

Grösste Einzelgabe 0,5! — Grösste Tagesgabe 2,0!

1043) ℞ Inf. Fol. Digital. 1,0 : 150,0
Tinct. Strophanthi 3,0
Liq. Kalii acet.
Sirup. simpl. āā 20,0.
M. D. S. 2stündl. 1 Esslöffel.

1044) ℞ Tinct. Strophanthi 1,0—2,0
Aq. dest. 60,0
Sirup. simpl. 10,0.
M. D. S. 3—4 × tägl. 1 Kinderlöffel voll.

Semen Strychni. Nux vomica. Krähenauge. Brechnuss. Noix vomique. Poison nut. Noce vomica.

Die Samen von Strychnos Nux vomica, eines ostindischen Baumes, aus der Familie der Loganiaceen.

Die Samen sind scheibenförmig, 20—25 mm breit und höchstens 5 mm dick, mit weichen glänzenden Haaren besetzt, geruchlos und schmecken sehr bitter.

Als wirksames Princip findet sich in den Samen das Strychnin und das ähnlich, aber 40mal schwächer wirkende Brucin. Die bekannte durch Semen Strychni resp. Strychnin hervorgerufene Erscheinung besteht in einer hochgradigen Steigerung der Reflexerregbarkeit durch direkte Einwirkung auf das Rückenmark. Das Nähere hierüber findet sich bei Strychnin.

Semina Strychni werden kaum angewendet, sondern nur die aus ihnen hergestellten officinellen Präparate.

Dosis. Innerlich 0,02—0,05 mehrmals täglich in Pulver oder Pillen

Grösste Einzelgabe 0,1! — Grösste Tagesgabe 0,2!

Präparate: **Extractum Strychni.** Trockenes, braunes, in Wasser trübe lösliches Extrakt. Zu 0,01—0,03 mehrmals täglich in Pulver oder Pillen,

Grösste Einzelgabe 0,05! — Grösste Tagesgabe 0,15!

bei Lähmungen, Nervosität, Alkoholismus, Incontinentia urinae etc.

Tinctura Strychni (Sem. Strychni 1, Spirit. dil. 10). Gelbe, bitter schmeckende Flüssigkeit. Zu 5 bis 10 Tropfen 3 bis 4mal täglich.

Grösste Einzelgabe 0,5! — Grösste Tagesgabe 2,0!

Strychninum nitricum. Nitrate de strychnine. Farblose, sehr bitter schmeckende Krystalle, die in Wasser schwer löslich sind. Innerlich zu 0,001—0,003 mehrmals täglich in Pillen,

Grösste Einzelgabe 0,01! — Grösste Tagesgabe 0,02!

Sirupus Althaeae. Eibischsirup. Sirop de guimauve.

Rad. Althaeae conc. 2 werden mit Wasser abgewaschen und mit Spirit. 1 und Aq. dest. 50 unter Umrühren 3 Stunden stehen gelassen. 40 Theile der ohne Pressung erhaltenen Colatur geben mit 60 Theilen Zucker 100 Theile Sirup.

Derselbe ist etwas gelblich und dient als reizmilderndes Mittel bei Katarrh der Luftwege. Er wird theelöffelweise allein oder in Verbindung mit andern Expektorantien, gewöhnlich als Zusatz zu Mixturen (20,0 : 200,0) gegeben.

1045) ℞ Sirup. Althaeae 40,0
Sirup. Ipecac. 20,0.
M. D. S. 2stündlich 1 Thee- bis Kaffeelöffel.
(Bronchitis der Kinder.)

1046) ℞ Sirup. Althae. 50,0
Oxymel. Scill. 5,0
Aq. Foeniculi 25,0.
M. D. S. 2stündl. 1 Theelöffel.
(Hustensaft für Kinder.)

Sirupus Amygdalarum. Mandelsirup.

Amygd. dulc. 15 Th., Amygd. am. 3 werden mit Wasser 40 zu einer Emulsion angestossen. 40 Theile der Kolatur geben mit 60 Th. Zucker durch einmaliges Aufkochen 100 Th. Sirup. Derselbe ist von weisslicher Farbe. Wird als reizmilderndes Mittel rein oder als Zusatz zu Emulsionen verordnet.

Sirupus Aurantii Corticis. Pomeranzenschalensirup. Sirop d'écorce d'orange.

Cort. Fruct. Aurant. 1 Th. werden mit 9 Th. Weisswein 2 Tage lang macerirt. 8 Th. der filtrirten Flüssigkeit und 12 Th. Zucker geben 20 Th. Sirup. Derselbe ist gelblich braun und von bitterem, aromatischem Geschmacke. Dient als Zusatz für bittere Mixturen (20,0 : 150,0).

Sirupus Cerasorum. Kirschensirup.

Wird aus schwarzen, sauren Kirschen bereitet. Ist dunkelpurpurroth und von angenehm säuerlichem Geschmacke. Dient in Verdünnung mit Wasser als kühlendes, erfrischendes Getränk und wird säuerlichen, aber nicht alkalischen Mixturen (weil letztere missfarbig werden) zugesetzt.

Sirupus Cinnamomi. Zimmtsirup. Sirop de cannelle.

1 Th. grobgepulverter Zimmt wird 2 Tage mit 5 Th. Zimmtwasser macerirt. 4 Th. der filtrirten Flüssigkeit geben mit 6 Th. Zucker 10 Th. Sirup, der nach dem Erkalten zu filtriren ist. Ist

klar und röthlichbraun; wird bitteren und aromatischen Mixturen zugesetzt.

Sirupus Ferri jodati. Jodeisensirup. Sirop d'iodure de fer.

In eine Mischung aus 50 Th. Wasser und 41 Th. Jod wird so viel gepulvertes Eisen nach und nach eingetragen, bis eine grünliche Lösung entstanden ist. Diese wird durch ein kleines Filter in 850 Th. weissem Sirup filtrirt. Durch Auswaschen des Filters mit Aq. dest. wird das Gewicht des Sirups auf 1000 Th. gebracht. Jodeisensirup ist farblos oder gelblich und enthält 5% Jodeisen. Er wird hauptsächlich bei Skrophulose und Syphilis zu 1,0—3,0 mehrmals täglich in Verdünnung mit Wasser oder Sirup simpl. angewandt. Kindern bis zu 5 Jahren 2 bis 10 Tropfen pro dosi.

1047) ℞ Sirup. Ferri jodati 20,0
Sirup. simpl. 80,0.
M. D. S. 3 × tägl. 1 Thee- bis 1 Esslöffel.
(Skrophulose.)

1048) ℞ Sirup. Ferri jodat. 5,0
Sirup. Cort. Aurant. 15,0.
M. D. S. 3 × tägl. 1/2 Kaffeelöffel.

Sirupus Ferri oxydati (solubilis). Eisenzuckersirup.

Eine Mischung aus gleichen Theilen Eisenzucker, Wasser und Sirupus simpl. Dieser Sirup ist dunkelrothbraun und enthält 1% Eisen. Er wird mehrmals täglich zu 1/2—1 Theelöffel und bei Arsenikvergiftung esslöffelweise verabreicht.

Sirupus Ipecacuanhae. Brechwurzelsirup. Sirop d'ipécacuanha.

1 Th. Rad. Ipecac. wird mit 5 Th. Spirit. und 40 Th. Wasser 2 Tage lang macerirt. 40 Th. der filtrirten Flüssigkeit geben mit 60 Th. Zucker 100 Th. Sirup. Derselbe ist von gelblicher Farbe und wird innerlich rein theelöffelweise oder als Zusatz zu expektorirenden und emetischen Mixturen gegeben.

Sirupus Liquiritiae. Süssholzsirup. Sirop de réglisse.

4 Th. Rad. Liquirit. werden mit 1 Th. Liq. Ammon. caust. und 20 Th. Wasser 12 Stunden lang macerirt und abgepresst. Die abgepresste Flüssigkeit wird im Dampfbade auf 2 Th. eingedampft, der Rückstand wird mit 2 Th. Spiritus versetzt. Das nach 12stündigem Stehen erhaltene Filtrat wird durch Zusatz von Sirup. simpl. auf 20 Th. gebracht. Er ist braun und dient als Zusatz zu expektorirenden Arzneien (15,0 : 150,0).

Sirupus Mannae. Mannasirup.

1 Th. Manna wird in 4 Th. Wasser gelöst, dann filtrirt. Das Filtrat giebt mit 5 Th. Zucker 10 Th. Sirup. Derselbe ist gelblich und wird theelöffelweise als gelindes Abführmittel für kleine Kinder verordnet. Er wird auch gern in Verbindung mit andern Laxantien (Sirupus Rhei etc.) verabreicht.

1049) ℞ Sirup. Mannae
Sirup. Rhei āā 15,0.
M. D. S. Morgens und Abends 1 Theelöffel.
(Verstopfung kleiner Kinder.)

Sirupus Menthae. Pfefferminzsirup.

2 Th. Fol. Menth. werden nach Durchfeuchtung mit 1 Th. Spirit. mit 12 Th. Wasser einen Tag macerirt. 8 Th. der durchgeseihten Flüssigkeit geben mit 12 Th. Zucker 20 Th. Sirup. Derselbe ist grünlichbraun und wird als Zusatz zu aromatischen Arzneien verordnet.

Sirupus Papaveris. Sirupus Diacodii. Mohnsirup.

10 Th. zerschnittener Mohnköpfe werden nach Durchfeuchtung mit 7 Th. Spiritus mit 70 Th. Wasser 24 Stunden lang macerirt. Die durch Auspressen gewonnene Flüssigkeit wird im Dampfbade auf 35 Th. eingedampft und filtrirt. Dieselben geben mit 65 Th. Zucker 100 Th. Sirup. Dieser ist bräunlichgelb. Er wird bei Kindern als schwaches Narkoticum theelöffelweise gegeben, auch als Zusatz zu beruhigenden Arzneien.

Sirupus Rhamni catharticae. Sirupus domesticus. Sirupus Spinae cervinae. Kreuzdornbeerensirup. Sirop de nerprun.

Frische Kreuzdornbeeren werden zerstossen und in einem bedeckten Gefässe stehen gelassen, bis eine abfiltrirte Probe sich mit 0,5 Raumtheilen Spiritus ohne Trübung mischen lässt. Die nach dem Abpressen erhaltene Flüssigkeit wird filtrirt. 7 Theile derselben geben mit 13 Th. Zucker 20 Th. Sirup. Derselbe ist violettroth und wirkt abführend. Für Kinder 1 Theelöffel, für Erwachsene 1—2 Esslöffel. Wird auch drastischen Mixturen zugesetzt (10,0—20,0 : 100,0).

Sirupus Rhei. Rhabarbersirup. Sirop de rhubarbe.

10 Th. in Scheiben zerschnittene Rhabarberwurzel, 1 Th. Kaliumkarbonat, 1 Th. Borax werden mit 80 Th. Wasser 12 Stunden lang stehen gelassen. Die durch gelindes Ausdrücken gewonnene Flüssigkeit wird erhitzt und nach dem Erkalten filtrirt. 60 Th. derselben geben mit 20 Th. Zimmtwasser und 120 Th. Zucker 200 Th. Sirup. Derselbe ist braunroth und wirkt abführend. Man giebt ihn theelöffelweise als Laxans für Kinder, auch als Zusatz zu abführenden Mixturen.

Sirupus Rubi Idaei. Himbeersirup. Sirop de framboise.

Frische, zerdrückte Himbeeren werden in einem bedeckten Gefässe stehen gelassen, bis eine abfiltrirte Probe mit dem halben Volumen Spiritus sich ohne Trübung mischen lässt. Die nach dem Abpressen erhaltene Flüssigkeit wird filtrirt. 7 Th. derselben geben mit 13 Th. Zucker 20 Th. Sirup. Derselbe ist von rother

Farbe und sehr angenehmem, erfrischendem Geschmacke. Er dient (mit Wasser vermengt) als kühlendes Getränk und besonders als Zusatz zu säuerlichen Arzneien (Acid. phosphoric. etc.). Er färbt Säuren hellroth und wird durch Alkalien missfarben.

Sirupus Senegae. Senegasirup. Sirop de sénéga.

1 Th. Rad. Seneg. wird mit 1 Th. Spirit. und 9 Th. Wasser 2 Tage lang macerirt. 8 Theile der abgepressten und filtrirten Flüssigkeit geben mit 12 Th. Zucker 20 Th. Sirup. Derselbe ist von gelblicher Farbe und wird theelöffelweise als Expektorans verordnet, dient auch als Zusatz zu expektorirenden Mixturen (10,0 : 100,0).

Sirupus Sennae. Sennasirup.

10 Th. mittelfein zerschnittene Sennesblätter und 1 Th. Fenchel werden nach Durchfeuchtung mit 60 Th. Wasser 12 Stunden macerirt, dann ohne Pressung durchgeseiht. Der Auszug wird zu einem einmaligen Aufkochen erhitzt und nach dem Erkalten filtrirt. 7 Th. des Filtrats geben mit 13 Th. Zucker 20 Th. Sirup. Derselbe ist braun und wird Kindern theelöffelweise als Abführmittel gegeben. Dient auch als Zusatz zu abführenden Mixturen.

Wird **Sirupus Sennae cum Manna** verordnet, so muss der Apotheker eine Mischung aus gleichen Theilen Sirupus Sennae und Sirupus Mannae verabfolgen.

Sirupus simplex. Sirupus Sacchari. Sirupus albus. Weisser Sirup. Sirop simple.

3 Th. Zucker geben mit 2 Th. Wasser 5 Th. Sirup. Derselbe ist farblos, süss und dient als Geschmackskorrigens für die verschiedensten Mixturen. Wird aber viel zu häufig missbräuchlich zugesetzt, da viele schlecht schmeckende, bittere Arzneien nach Zusatz von Sirupus simplex nur noch widerlicher schmecken.

Species aromaticae. Gewürzhafte Kräuter. Espèces aromatiques.

Fol. Menth. pip., Herb. Serpyll., Herb. Thym., Flor. Lavandul. āā 2 Th. Caryophyll. und Cubeb. āā 1 Th. werden gemischt.

Diese Species dienen vorzugsweise zur Füllung von Kräuterkissen, indem man sie in ein leinenes Säckchen packt, dasselbe erwärmt und dann auf die schmerzhafte Körperstelle (z. B. bei Zahnschmerzen auf die Backe) legt. — Ausserdem bilden sie auch einen beliebten Zusatz zu Bädern (für skrophulöse Kinder). Zu diesem Behufe werden 100,0—250,0 Species aromaticae mit 1 Liter kochendem Wasser übergossen und das Infus dem Badewasser zugesetzt.

Species diureticae. Harntreibender Thee. Espèces diurétiques.

Rad. Levistici, Rad. Ononidis, Rad. Liquirit. āā 1 Th. werden grob zerschnitten mit 1 Th. gequetschten Bacc. Juniperi gemischt. — Wird als diuretischer Thee bei hydropischen Zuständen verordnet. Man übergiesst 1 Esslöffel mit einer Tasse kochenden Wassers und lässt 10 Minuten ziehen. Täglich etwa 2 Tassen zu trinken.

Species emollientes. Erweichende Kräuter. Espèces émollientes.

Fol. Althaeae, Fol. Malvae, Herb. Meliloti, Flor. Chamomill., Sem. Lini āā 1 Th. werden grob gepulvert und gemischt.

Dienen zu erweichenden Kataplasmen. Man rührt 200,0 bis 300,0 mit kochendem Wasser zu einem dicken Brei an und legt denselben, in Leinwand gepackt, auf die zu erweichende Partie (Furunkel, Zahngeschwulst etc.).

Species laxantes. Species St. Germain. Abführender Thee. Saint Germainthee. Espèces purgatives.

160 Th. Fol. Sennae, 100 Th. Flor. Sambuc., 50 Th. Fenchel, 50 Th. Anis, 25 Th. Kal. tartar., 16 Th. Acid. tartaric.

Beliebtes Abführmittel. Man übergiesst 1 Theelöffel des Theegemisches mit 1 Tasse kochenden Wassers und trinkt es dann (eventuell unter Zusatz irgend eines Fruchtsaftes).

Species Lignorum. Species ad Decoctum Lignorum. Holzthee. Espèces ligneuses.

5 Th. Lign. Guajac., 3 Th. Rad. Ononidis, Rad. Liquirit. und Ligni Sassafras āā 1 Th. werden grob geschnitten und gemischt. Dieser Thee wird zu Schwitzkuren bei chronischen Hautkrankheiten, Syphilis, Rheumatismus und Skrophulose angewandt. Man kocht 1 Theelöffel voll mit einer Tasse Wasser ab und trinkt täglich mehrere Tassen (warm). Beliebt ist auch der Zusatz von Fol. Sennae. 2 Esslöffel Species Lignor. und 1 Theelöffel voll Fol. Sennae werden mit 6 Tassen Wasser auf 4 Tassen eingekocht und im Laufe des Tages getrunken; man kann auch die Hälfte (warm) Morgens im Bett und die Hälfte Abends nehmen lassen.

Species pectorales. Brustthee. Espèces pectorales.

8 Th. Rad. Althaeae, 3 Th. Rad. Liquirit., 1 Th. Rhiz. Iridis, 4 Th. Fol. Farfarae, 2 Th. Flores Verbasci und 2 Th. Fruct. Anisi werden zerkleinert und gemischt.

Häufig angewandter Thee bei katarrhalischen Zuständen der Respirationsorgane. Man pflegt 1 Theelöffel auf 1 Tasse Thee zu nehmen oder 1 Esslöffel auf 2—3 Tassen und davon beliebig trinken zu lassen.

Spiritus. Weingeist. Alkohol. Spiritus Vini. Spiritus Vini rectificatus. Äthylalkohol. Alcool. C_2H_5OH.

Entsteht bei der geistigen Gährung von Zucker oder Stärke und bildet den Hauptbestandtheil von Wein, Bier, Schnaps etc. Er wird in sogenannten Brennereien, gewöhnlich aus Kartoffeln producirt, deren Stärke in Zucker überführt wird. Dieser spaltet sich dann wiederum unter dem Einflusse der Hefe (Gährung) in Alkohol und Kohlensäure.

$$\underset{\text{Traubenzucker}}{C_6H_{12}O_6} = 2\,\underset{\text{Äthylalkohol}}{C_2H_5 . OH} + 2\,\underset{\text{Kohlensaure.}}{CO_2}$$

Stellt eine farblose, klare, flüchtige, leicht entzündliche Flüssigkeit von eigenthümlichem Geruche und Geschmacke dar. Das spec. Gewicht beträgt 0,830—0,834.

Spiritus entzieht den Geweben Flüssigkeit und wirkt auf diese Weise fäulnisswidrig und konservirend. Örtlich unverdünnt applicirt, erzeugt er zunächst Verdunstungskälte, dann Wärme, Röthung und Reizung der Haut und Schleimhäute. In Verdünnung beschränkt er die Schweisssekretion der Haut und die Eiterungen.

Innerlich in geringer Menge genommen, erzeugt er zunächst Gefühl von Wärme, Vermehrung der Pulsfrequenz und geringe Abnahme der Körpertemperatur; Appetit und Verdauung werden angeregt, die Stimmung gehoben und die Empfindung für unangenehme, schmerzhafte Eindrücke herabgesetzt. Der eingeführte Alkohol wird im Organismus zu Kohlensäure und Wasser verbrannt, ein kleiner Theil wird unverändert ausgeschieden. — Während kleinere Dosen erregend auf das Centralnervensystem wirken, wirken grössere lähmend und können Bewusstlosigkeit, Coma und Exitus letalis hierbeiführen. Missbräuchlicher Genuss ist die Ursache der verschiedenartigsten Erkrankungen des Magens, der Leber, der Nieren und des Herzens, vor Allem aber des Nervensystems. Das Delirium tremens und der chronische Alkoholismus sind die häufigen Folgezustände des übertriebenen Alkoholgenusses.

Innerlich wird der Alkohol (gewöhnlich in Form von Wein, Cognac, Champagner etc.) als Erregungsmittel bei den verschiedensten Schwächezuständen, Ohnmachten, Blutverlust, Kollaps etc., ferner bei manchen Erkältungskrankheiten (unter Zusatz von Zucker als Glühwein) als Diaphoreticum gegeben. Auch als Hypnoticum (besonders in Form von Münchener Bier) ist der Alkohol sehr geschätzt.

Äusserlich bedient man sich seiner zu schmerzlindernden und resorptionsbefördernden Einreibungen und Umschlägen bei Neuralgie, Rheumatismus etc.; ebenso zu reizenden Waschungen der Brustwarzen während der Gravidität und zu Waschungen des Kreuzes bei bettlägerigen Kranken zur Verhütung von Decubitus. Auch zur Injektion (zur Erzeugung adhäsiver Entzündung) bei Hydrocelen etc. Viel gebraucht wird der Spiritus zur Herstellung pharmaceutischer Präparate, von Tinkturen, Extrakten, als Lösungsmittel für ätherische Öle, Jod etc.

1050) ℞ Spiritus 40,0
Tinct. Chinae comp. 3,0
Aq. dest. ad 200,0.
M. D. S. 2stündl. 1 Esslöffel.
Mixtura alcoholica seu Aqua Vitae.
(Form. Magistr. Berol.)

1051) ℞ Spirit. 10,0
Aether. 1,0
Aq. dest. 100,0
Sirup. smpl. 20,0.
M. D. S. 2stündl. 1 Esslöffel.

1052) ℞ Spirit. Vini Cognac 100,0.
D. S. 1—2 Theelöffel für Erwachsene;
10—20—30 Tropfen für Kinder in Milch zu nehmen.
(Gegen nächtliche Schweisse.)

Spiritus aethereus. Ätherweingeist. Liquor anodynus Hoffmanni. Hoffmann's Tropfen. Ether alcoolisé. Liqueur d'Hoffmann. Spirit of ether. Spirito d'etere.

Eine Mischung aus 1 Th. Äther und 3 Th. Weingeist.

Ist eine farblose, klare, neutrale, völlig flüchtige Flüssigkeit von 0,805—0,809 spec. Gewicht.

Wird äusserlich als Riechmittel und zu Einreibungen der Schläfen bei Ohnmachten, Dyspnoe etc. angewendet.

Innerlich als Antispasmodicum bei Magenkrämpfen, Koliken etc. zu 10—30 Tropfen auf Zucker oder in Baldrianthee.

Spiritus Aetheris nitrosi. Spiritus Nitri dulcis. Versüsster Salpetergeist. Ether azoteux alcoolisé. Spirit of nitrous ether.

Eine Mischung von 3 Th. Salpetersäure mit 5 Th. Weingeist wird nach zweitägigem ruhigen Stehen in einer Glasretorte der Destillation unterworfen und das Destillat in einer Vorlage aufgefangen, welche 5 Th. Weingeist enthält. Das Destillat wird mit gebrannter Magnesia neutralisirt und nach 24 Stunden aus dem Wasserbade bei gelinder Erwärmung rektificirt, bis 8 Theile übergegangen sind. Es besteht im Wesentlichen aus Äthylnitrit ($C_2 H_5 NO_2$) und ist eine klare, farblose oder gelbliche Flüssigkeit von angenehmem, ätherischem Geruche und süsslichem, brennendem Geschmacke, völlig flüchtig und mit Wasser klar mischbar. Spec. Gewicht 0,840—0,850.

Eingeathmet erzeugt Spiritus Aetheris nitrosi Kopfweh, Muskelschwäche und Cyanose des Gesichts.

Innerlich genommen wirkt er excitirend, diuretisch und diaphoretisch.

Dosis. Man giebt ihn zu 10—30 Tropfen mehrmals täglich auf Zucker oder als Zusatz zu diuretischen Mixturen (5,0 bis 10,0 : 200,0), auch als Geschmackskorrigens für bittere Tinkturen.

Spiritus Angelicae compositus. Zusammengesetzter Angelikaspiritus.

16 Th. Rad. Angelic. con., 4 Th. Rad. Valerian., 4 Th. Fol. Junip. werden mit 75 Th. Spirit. und 125 Th. Wasser 24 Stunden hindurch macerirt; alsdann werden 100 Th. abdestillirt und in dem Destillate 2 Th. Kampfer gelöst.

Ist eine klare, farblose Flüssigkeit von 0,890—0,900 spec. Gewicht.

Dosis. Wird innerlich zu 10—20 Tropfen auf Zucker oder in Baldrianthee als erregendes und antispasmodisches Mittel verabreicht.

Äusserlich zu Einreibungen und zu Bädern (100,0—200,0).

Spiritus camphoratus. Kampherspiritus. Alcool camphré. Esprit de camphre. Spirit of Campher. Spirito canforato.

1 Th. Kampfer wird in 7 Th. Spiritus gelöst und der Lösung werden 2 Th. Wasser hinzugefügt.

Ist eine klare, farblose Flüssigkeit von starkem Geruche und Geschmacke nach Kampfer, aus welcher durch Wasser der Kampfer in Flocken gefällt werden kann. Spec. Gewicht 0,885—0,889.

Wird äusserlich zu reizenden Einreibungen bei Lähmungen, Neuralgien, Muskelrheumatismus, Frostbeulen, entweder pur oder in Verbindung mit andern spirituösen Mitteln verordnet. — Da Spiritus camphoratus eine $10^0/_0$ Kampferlösung darstellt, kann er auch an Stelle von Kampfer innerlich zu 10—20 Tropfen in Zuckerwasser gegeben werden.

Spiritus Cochleariae. Löffelkrautspiritus. Esprit de cochléaria.

8 Th. Herb. Cochleariae werden mit 3 Th. Weingeist und 3 Th. Wasser der Destillation unterworfen, bis 4 Th. übergegangen sind. Ist eine farblose, klare Flüssigkeit von eigenthümlichem Geruche und brennend scharfem Geschmacke, der von einem ätherischen Öle herrührt.

Ist ein kräftiges Reizmittel und findet nur äusserliche Anwendung bei Affektionen der Mundschleimhaut, Stomatitis, Skorbut etc. Spiritus Cochleariae wird zu Pinselungen des Zahnfleisches und zu Mund- und Gurgelwässern (1 Theelöffel voll auf $^1/_2$ Liter Wasser) oder in Verbindung mit einem Infusum Salviae verordnet (1 : 5). Siehe Fol. Salviae.

Spiritus dilutus. Verdünnter Weingeist. Alcool dilué.

Eine Mischung aus 7 Th. Weingeist und 3 Th. Wasser mit einem Alkoholgehalte von etwa 68—69 Raumtheilen oder etwa 60—61 Gewichtstheilen in 100 Th. Flüssigkeit. Er ist klar, farblos, frei von fremdartigem Geruche, von 0,892 bis 0,896 spec. Gewicht.

Spiritus e Vino. Weinbranntwein. Cognac.

Destillationsprodukt des Weines. Eine klare, gelbe Flüssigkeit von angenehmem Geruche und Geschmacke. Der Alkoholgehalt beträgt 46—50%.

Wird häufig als schweisswidriges Mittel in Milch gegeben. Erwachsenen $^1/_2$—1 Esslöffel auf 1 Glas, Kindern 20—30 Tropfen.

Spiritus Formicarum. Ameisenspiritus. Esprit de fourmis.

Eine Mischung aus Spiritus 35 Th., Wasser 13 Th. und Ameisensäure 2 Th.

Ist eine klare, farblose Flüssigkeit von saurer Reaktion und eigenthümlichem, angenehmem Geruche. Spec. Gewicht 0,894 bis 0.898. Ist ein beliebtes Volksmittel zu Einreibungen bei Muskelrheumatismus und Neuralgien; röthet die Haut.

Spiritus Juniperi. Wachholderspiritus. Esprit de genièvre. Spirit of Juniper. Spirito di ginepro.

1 Th. Fruct. Junip., 3 Th. Spirit. und 3 Th. Wasser werden 24 Stunden macerirt, alsdann werden 4 Th. durch Destillation abgezogen. Ist eine klare, farblose Flüssigkeit von kräftigem Geruche und Geschmacke.

Wird äusserlich unverdünnt zu reizenden Einreibungen und Waschungen, innerlich (selten) als Diureticum zu 20—30 Tropfen mehrmals täglich auf Zucker oder als Zusatz zu diuretischen Mixturen (10,0—20,0 : 200,0) verordnet.

Spiritus Lavandulae. Lavendelspiritus. Esprit de lavande. Spirit of lavender. Spirito di lavanda.

1 Th. Flores Lavandul. werden mit 3 Th. Spiritus und 3 Th. Wasser 24 Stunden macerirt, dann werden durch Destillation 4 Th. abgezogen. Ist eine klare, farblose Flüssigkeit von angenehmem Lavendelgeruch. Dient zu Einreibungen und Waschungen, allein oder in Verbindung mit andern Mitteln.

Spiritus Melissae compositus. Karmelitergeist.

14 Th. Fol. Melissae, 12 Th. Cort. Fruct. Citri, 6 Th. Semen Myristic, 3 Th. Cort. Cinnam. und 3 Th. Caryophyll. werden mit 150 Th. Spirit. und 250 Th. Wasser übergossen und dann durch Destillation 200 Th. abgezogen.

Ist eine klare, farblose Flüssigkeit von gewürzhaftem Geruche und Geschmacke.

Wird innerlich zu 20—30 Tropfen mehrmals täglich als Carminativum, äusserlich als Riechmittel und zu aromatischen Waschungen und Einreibungen gegeben.

Spiritus Menthae piperitae. Pfefferminzsirup. Alcool de menthe. Spirit of Peppermint. Spirito di menta.

Eine Lösung von 1 Th. Pfefferminzöl in 9 Th. Spiritus. Ist eine klare, farblose Flüssigkeit von kräftigem Pfefferminzgeruche und -geschmacke.

Wird innerlich zu 15—20 Tropfen mehrmals täglich auf Zucker oder in Thee als Carminativum, bei Cardialgien, Flatulenz, Diarrhoe verordnet; dient auch als Zusatz für Choleratropfen.

Spiritus saponato-camphoratus. Flüssiger Opodeldok.

60 Th. Kampferspiritus, 175 Th. Seifenspiritus, 12 Th. Ammoniakflüssigkeit, 1 Th. Thymianöl, 2 Th. Rosmarinöl werden gemischt und filtrirt.

Ist eine klare, gelbliche Flüssigkeit, die äusserlich zu reizenden, ableitenden Einreibungen bei Muskelrheumatismus, Neuralgien etc. dient.

Spiritus saponatus. Seifenspiritus. Esprit de savon.

6 Th. Ol. Olivar., 7 Th. Liquor Kali caust., 30 Th. Spirit. und 17 Th. Wasser.

Ist eine klare, gelbe, alkalisch reagirende, beim Schütteln mit Wasser stark schäumende Flüssigkeit. — Wirkt reizend und wird zu Einreibungen und Waschungen bei Hautaffektionen (Psoriasis, Ekzem); zu Haarwasser, auch als Zusatz zu Bädern (50,0 bis 100,0 auf 1 Bad) benützt.

1053) ℞ Spirit. saponat. 20,0
Spirit. camphor. 10,0.
M. D. S. Äusserlich zur Einreibung.

1054) ℞ Spirit. saponat.
Eau de Cologne āā 75,0
Bals. peruvian. 1,0
Tinct. Chinae 15,0.
M. D. S. Äusserlich. Haarwasser. 1/2 Theelöffel voll mittels Schwämmchen zu verreiben.
(Zur Einreibung der Kopfhaut.)

Spiritus Sinapis. Senfspiritus. Esprit de moutarde.

Eine Lösung von 1 Th. Senföl in 49 Th. Spiritus.

Ist eine klare, farblose, nach Senföl riechende Flüssigkeit. Dieselbe röthet die Haut und wird zu Einreibungen bei Lumbago, Zahnweh etc. benützt. Sie kann auch die Charta sinapisata oder den Senfteig als Ableitungsmittel ersetzen. Zu diesem Behufe tränkt man Löschpapier oder dünne Leinwand mit 10—20 Tropfen Senfspiritus, applicirt das angefeuchtete Papier oder die Leinwand auf die betreffende Stelle und deckt einen impermeablen Stoff darüber.

Stibium sulfuratum aurantiacum. Goldschwefel. Soufre doré d'antimoine. Golden sulphur. Solfo dorato d'antimonio. Sb_2O_5.

Bildet ein feines, orangegelbes, geruchloses Pulver, das in Wasser und Weingeist unlöslich ist, beim Erhitzen im Probirrohre in Schwefel und schwarzes Schwefelantimon zerfällt.

In seiner Wirkung nähert sich der Goldschwefel sehr dem Tartarus stibiatus, jedoch wirkt er weit milder und wird vom Magen und Darm besser vertragen. In kleiner Dosis kommen ihm expektorirende, in grösseren purgirende und emetische Eigenschaften zu. Man wendet ihn gegenwärtig nur noch als Expektorans bei Bronchitis und Pneumonie (nach der Krise) an.

Dosis. Innerlich zu 0,01 bis 0,05 mehrmals täglich in Pulverform.

Bei seiner Verwendung vermeide man alle Säuren, Sirupe und Metallsalze.

1055) ℞ Stibii sulf. aurant. 0,03—0,06
Opii puri 0,01—0,03
Sacch. alb. 0,3.
M. f. pulv. D. t. dos. X.
S. 2—3stündl. 1 Pulver.
(Reizhusten, Asthma, Dyspnoe.)

1056) ℞ Stibii sulf. aurant.
Calomelan. āā 0,01
Sacch. alb. 0,3.
M. f. pulv. D. t. dos. X.
S. 2—3stündl. 1 Pulver.
(Bei Kindern als Plummer'sches Pulver.)

Stibium sulfuratum nigrum. Spiessglanz. Sulfure noir d'antimoine. $Sb_2 S_3$.

Wird aus dem natürlich vorkommenden Grauspiessglanzerz gewonnen. Es bildet grauschwarze, strahlig krystallinische Stücke und findet nur in der Thierarzneikunde Verwendung.

Präparat: †**Stibium sulfuratum rubeum.** Kermes minerale. Kermes. Kermès mineral.

Ein in der Zusammensetzung wechselndes Gemenge von Spiessglanz und Antominoxyd. Ist nicht mehr officinell und wird selten angewandt. Wirkung und Dosis wie Stibium sulf. aurantiacum.

Strychninum nitricum. Salpetersaures Strychnin. Azotate de strychnine. $C_{21} H_{22} N_2 O_2 . HNO_3$.

Strychnin ist in den Samen von Strychnos Nux vomica enthalten. Das salpetersaure Strychnin wird dargestellt, indem man Strychnin mit Wasser übergiesst und so viel verdünnte Salpetersäure hinzufügt, dass die Flüssigkeit neutral reagirt.

Stellt farblose, nadelförmige Krystalle von sehr bitterem Geschmacke dar. Dieselben sind in 90 Th. kaltem und 3 Th. siedendem Weingeiste löslich. Beim Kochen eines Körnchens Strychninnitrat mit Salzsäure tritt Rothfärbung ein.

Strychnin gehört zu den stärksten Krampfgiften; es kann schon nach Dosen von 0,03 tödten. Der durch Strychnin hervorgerufene Tetanus beruht auf einer hochgradig gesteigerten Reflexerregbarkeit des Rückenmarks.

Kleine Gaben (von 0,001—0,002) regen den Appetit an und steigern die Empfindlichkeit gegen Sinneseindrücke. Nach grösseren treten die im allgemeinen Theile unter Strychnin geschilderten Erscheinungen auf.

Strychnin wird bei Lähmungen verschiedensten Ursprungs (Rückenmarksparalysen, peripherische, hysterische, diphtheritische Lähmungen) angewandt. Bei frischen Lähmungen nach Apoplexie soll es nicht, sondern erst nach Ablauf der akuten Reizungserscheinungen gegeben werden. Bei Alkoholismus ist es vielfach gerühmt worden, doch ist hier der Erfolg nicht sicher. Dagegen leistet Strychnin gute Dienste in der augenärztlichen Praxis bei Amblyopien und Amaurosen, Atrophie des Sehnerven. Es verdient auch als Antidot bei Chloral- und Chloroformvergiftung Beachtung.

Dosis. Innerlich zu 0,001—0,003—0,01,

Grösste Einzelgabe 0,01! — Grösste Tagesgabe 0,02!

in Pillen oder Granules.

Äusserlich in subkutaner Injektion nach Pharm. Helvetica:

Grösste Einzelgabe 0,005! — Grösste Tagesgabe 0,01!

Von Geisteskranken werden verhältnissmässig starke Gaben vertragen.

1057) ℞ Strychnin. nitr. 0,1
Pulv. Liquirit. 1,5.
Succ. Liquirit. q. s.
ut f. pilul. No. 30.
D. S. 2 × tägl. 1 Pille.

1058) ℞ Strychnin. nitr. 0,05
Aq. dest. 10,0.
D. S. Zur subkut. Injektion.
(Mit 1/5 Spritze [1 mg] zu beginnen und allmählich höher zu gehen.)

1059) ℞ Strychnin. nitr. 0,02
Aq. dest. 10,0.
D. S. Zur subkut. Injektion.
1/2 Spritze einzuspritzen bei diphtheritischer Lähmung.
(Kind von 5 Jahren.)

Styrax liquidus. Storax. Styrax liquide. Storax. Storace.

Eine aus der Rinde von Liquidambar orientalis, einem in Kleinasien einheimischen Baume, durch Kochen mit Meerwasser und Auspressen bereitete klebrige, vom Spatel nur langsam abfliessende, wohlriechende, graue, trübe Masse.

Styrax besteht aus einem Gemenge von Styracin (Zimmtsäure — Zimmtester), Cinnameïn (Zimmtsäure — Benzyläther), Storesin, Zimmtsäure, Styrol. Ähnlich wie Perubalsam wirkt Styrax auf Krätzmilben verderblich und wird wegen seines billigeren Preises häufiger zur Behandlung von Skabies angewandt. Ebenso wirkt er auch, innerlich genommen, wie Perubalsam expektorirend und kann er bei äusserlicher Anwendung zu Albuminurie führen.

Wird äusserlich zum Einreiben gegen Skabies; innerlich (selten) als Expektorans angewandt.

Dosis. Zu einer einmaligen Einreibung sind 15,0—20,0 erforderlich, am besten in Verbindung mit Ol. Olivarum als Liniment. Vor der Einreibung ist ein warmes Reinigungsbad zu nehmen.

Innerlich als Expektorans (selten) zu 0,5—1,0 mehrmals täglich in Pillen oder Gelatinekapseln.

1060) ℞ Bals. peruvian. 10,0
Styrac. liquid. 15,0
Spirit. 30,0.
M. D. S. In 2 Portionen an 2 Tagen (nach einem Bade mit grüner Seife) einzureiben.

1061) ℞ Styrac. liquid. 15,0
Spirit. 5,0
Olei Olivar. 30,0.
M. f. linim. Zum Einreiben bei Skabies.

1062) ℞ Styracis liquid. 50,0
Spirit.
Olei Lini āā 25,0.
D. S. Äusserlich.
Linimentum Styracis.
(Form. Magistr. Berolin.)

Succus Juniperi inspissatus. Roob Juniperi. Wachholdermus. Rob de genièvre. Rob de ginepro.

1 Th. frischer Wachholderbeeren werden zerquetscht und mit 4 Th. heissem Wasser übergossen, 12 Stunden unter öfterem Umrühren stehen gelassen, dann ausgepresst. Die durchgeseihte Flüssigkeit wird zu einem dünnen Extrakte eingedampft.

Ist eine braune Flüssigkeit von Honigkonsistenz und süss gewürzhaftem, nicht brenzlichem Geschmacke, in 1 Th. Wasser trübe löslich. — Wirkt diuretisch (wie Fructus Juniperi) und wird theelöffelweise (3—4mal täglich bei nephritischer Hydropsie der Kinder) gegeben oder zu 20,0—50,0 : 200,0 andern diuretischen Mixturen hinzugesetzt.

Succus Liquiritiae. Extractum Liquiritiae crudum. Süssholzsaft. Lackriz. Suc de réglisse. Extract of Liquorice.

Das durch Auskochen und Pressen der Wurzel von Glycyrrhiza glabra erhaltene Extrakt, in Form glänzend schwarzer, in der Wärme etwas erweichender Stangen oder Massen von sehr süssem Geschmacke.

Ist ein beliebtes Volksmittel bei Katarrh der Luftwege, gegen Heiserkeit, Halsweh und Husten und ein viel angewandtes Geschmackskorrigens für lösende Mixturen.

Succus Liquiritiae depuratus. Extractum Liquiritiae. Gereinigter Süssholzsaft. Suc de réglisse purifié.

Wird durch kaltes Ausziehen von Succus Liquiritiae mit Wasser und Eindampfen der klaren Flüssigkeit erhalten und stellt ein dunkelbraunes, in Wasser klar lösliches, dickes Extrakt von süssem Geschmacke dar. Dasselbe ist ein gutes Korrigens für schlecht schmeckende Arzneien (wie Natrium salicylicum, Chloralhydrat etc.); es ist auch ein beliebter Zusatz für expektorirende Mixturen (5,0—10,0 : 200,0) und ein gutes Pillenkonstituens. Bestandtheil von

Elixir e Succo Liquiritiae. Brustelixir.

(1 Th. Succ. Liquirit. dep., 3 Th. Aq. Foeniculi in 1 Th. Liquor. ammon. anisat) Braune, klare Flüssigkeit. Wird als Expektorans zu $^1/_2$—1 Theelöffel (in Brustthee), Kindern zu 10 bis 20 Tropfen mehrmals täglich verordnet.

Sulfonalum. Sulfonal. Solfonale. Disulfonäthyldimethylmethan.

$$\begin{matrix} CH_3 \\ CH_3 \end{matrix} > C < \begin{matrix} SO_2\,C_2\,H_5 \\ SO_2\,C_2\,H_5 \end{matrix}$$

Das Sulfonal wurde im Jahre 1885 von Baumann chemisch dargestellt und 1888 von Kast als Schlafmittel erkannt und in die Praxis eingeführt.

Die Darstellung geschieht durch Zusammenbringung von Äthyl-Mercaptan und Aceton und Einleitung von trockenem Salzsäuregas. Es entsteht dabei Mercaptol, welches durch Oxydation mit Kalium permanganicum Sulfonal liefert.

Dasselbe bildet farblose, geruch- und geschmacklose, luftbeständige, prismatische Krystalle. Dieselben sind in 500 Th. kaltem. 15 Th. siedendem Wasser, in 65 Th. kaltem und 2 Th. siedendem Alkohol löslich. Der Schmelzpunkt liegt bei 125—126°.

Sulfonal gehört gegenwärtig zu den nach Chloralhydrat am meisten angewandten Schlafmitteln. Wo nicht Schmerzen die Ursache der Insomnie sind, pflegen Dosen von 0,5—2,0 nach $^1/_2$ bis 2 Stunden mehrstündigen Schlaf zu bewirken. Bei längere Zeit fortgesetztem Gebrauche oder nach einmaliger grosser Gabe (2,0 bis 4,0) beobachtet man häufig lähmungsartige Schwäche, schwankenden Gang, Mattigkeit und Benommenheit. Nach Aussetzen des Mittels schwinden diese Symptome wieder. — In den Urin geht Sulfonal nach kleinen Gaben als solches nicht über, sondern es wird zerlegt und in Sulfosäuren übergeführt. Diese werden sehr langsam ausgeschieden. — Bei längerem Gebrauch des Mittels ist auf den Urin zu achten. Kirschensaftähnliche Verfärbung desselben (Hämatoporphinurie) ist ein gefahrdrohendes Symptom, das die Sulfonalvergiftung andeutet.

Das Hauptanwendungsgebiet für das Sulfonal bietet die nervöse Schlaflosigkeit. Man soll es jedoch nur kurze Zeit und in bescheidenen Dosen, am besten nur einen Tag um den andern, geben. Als Beruhigungsmittel bei Geisteskranken kommt ihm keine grössere Bedeutung zu; dagegen zeigt es sich schon in kleinen Gaben (0,25) wirksam gegen Nachtschweisse.

Dosis. Die zweckmässigste Verabreichung ist die Pulverform. Man giebt Abends 1—2 Stunden vor dem Schlafengehen 0,5—1,0,

Grösste Einzelgabe 2,0! — Grösste Tagesgabe 4,0!

und lässt ein Glas Wasser oder warmen Thee nachtrinken. Ehe man zu einer grösseren Dosis von 2,0 oder mehr schreitet, sollte man sehen, ob man nicht mit kleineren auskommt. Bei Kindern soll man (nach Biedert) 0,05—0,1 pro dosi und Lebensjahr verabfolgen.

Gegen die Nachtschweisse genügen einmalige Gaben von 0,25—0,5.

Neuerdings macht dem Sulfonal das ihm chemisch nahe stehende Trional den Rang streitig. Es wird wie dieses gegeben. Die Wirkung pflegt schneller einzutreten und länger anzudauern.

1063) ℞ Sulfonal. 0,5—2,0.
D. t. dos. V.
S. $^1/_2$—1 Stunde vor dem Schlafengehen 1 Pulver (in warmer Flüssigkeit) zu nehmen.

1064) ℞ Sulfonal. 0,25
Kreosot. 0,2
Sirup. tolut. ad 150,0.
M. D. S. 2stündl. 1 Kaffeelöffel.
(Keuchhusten)

Sulfur depuratum. Sulfur lotum. Gereinigter Schwefel. Soufre lavé. Fleurs de soufre lavé. Washed Sulphur. Solfo lavato.

10 Th. frisch gesiebter Schwefel werden mit 7 Th. Wasser und 1 Th. Ammoniakflüssigkeit angerührt, unter wiederholtem Durchmischen einen Tag stehen gelassen, dann vollständig ausgewaschen, getrocknet und zerrieben.

Bildet ein gelbes, trockenes Pulver, ohne Geruch und Geschmack, das in Wasser und Weingeist unlöslich ist.

Schwefel ruft keine örtliche Reizerscheinungen hervor. Im Magen wird er nicht verändert, dagegen wird er im Darm zum Theil in Schwefelwasserstoff und Schwefelalkali verwandelt. Dadurch kommt vermehrte Peristaltik und Stuhlentleerung (gewöhnlich unter Leibschmerzen) zu Stande.

Wird innerlich als mildes Laxans bei chronischer Stuhlverstopfung und Hämorrhoiden gegeben. Ist auch gegen Chlorose (Schulz und Strübing) und bei Blei- und Quecksilbervergiftung empfohlen worden.

Anwendung. Äusserlich bei Scabies, bei chronischen Hautaffektionen (Acne rosacea); zu Einblasungen bei Croup und Diphtherie.

Dosis. Innerlich als mildes Abführmittel in Pulverform zu 3,0—5,0 mehrmals täglich allein oder in Verbindung mit Magnesia usta, Fol. Sennae etc.

Äusserlich in Form von Salben (1,0—2,0 : 5,0 Vaselin oder mit Sapo kalin.).

Präparat: **Pulvis Liquiritiae compositus.** Theelöffelweise.

1065) ℞ Sulf. dep. 10,0
Sacch. lact. 20,0.
M. f. pulv. D. S. 3 × tägl. eine Messerspitze voll.
(Chlorose.)

1066) ℞ Sulf. depurat. 15,0
Sapon. kalin. 30,0.
M. D. S. Äusserlich.
(Scabies.)

1067) ℞ Sulfur. dep.
Bals. peruvian. āā 1,0
Lanolin. 8,0.
M. f. ungt. D. S. Zur Einreibung bei Ekzem.

Sulfur praecipitatum. Lac sulfuris. Schwefelmilch. Soufre précipité. Milk of Sulphur. Solfo precipitato.

Wird gewonnen durch Zerlegen von Schwefelcalcium mittels Salzsäure und stellt ein feines, gelblichweisses, nicht krystallinisches Pulver dar, das beim Erhitzen an der Luft ohne Rückstand verbrennt. Wirkt ähnlich, jedoch wegen seiner Vertheilung etwas stärker abführend wie Sulf. depurat.

Dosis. Wird innerlich zu 1,0—2,0 mehrmals täglich in Pulverform, äusserlich zu Waschungen (3,0—5,0 : 100,0) verordnet.

1068) ℞ Lact. Sulf.
Pulv. Rad. Rhei
Pulv. Liquir. comp.
Elaeosacch. Foeniculi āā 7,5.
M. f. pulv. D. in scat.
S. Morgens u. Abends 1 Theel.
(Abführmittel für Hämorrhoidarier.)

1069) ℞ Sulf. praecip.
Glycerini
Spirit. sapon. āā 10,0.
M. D. S. Äusserlich.
(Acne)

1070) ℞ Lact. Sulf. 3,0—5,0
Lanolin. 2,0
Adip. benzoinat. 30,0.
M. f. ungt. (Kopfschuppen.)

Sulfur sublimatum. Flores sulfuris. Schwefelblumen. Schwefelblüthe. Fleurs de soufre. Sublimed Sulphur. Fiori di solfo.

Wird durch Sublimation des Blockschwefels erhalten und bildet ein citronengelbes, fast geruchloses Pulver, das aus kleinen oktaëdrischen Krystallen besteht.

In der Wirkung unterscheidet sich Sulfur sublimat. wenig von den vorhergenannten Präparaten. Es findet fast nur äusserliche Verwendung bei Hautkrankheiten (Acne rosacea, Sykosis, Scabies etc.) in Salbenform (1,0—2,0 : 10,0).

1071) ℞ Acid. carbol. 1,0
Sulf. sublim. 5,0
Adip. colli equini ad 50,0.
Olei Bergam. gtt. X.
D. in oll. vitrea aperta.
S. Flüssige Pomade.
(Gegen Haarschwund.)
(Lassar.)

1072) ℞ Cretae laevigat. 5,0
Sulfur. sublim.
Olei Rusci āā 7,5
Sapon. kalin. venal.
Adipis suil. āā 15,0.
M. f. ungt. D. S. Äusserlich.
Unguent. Wilkinsonii seu contra scabiem.
(Form. Magistr. Berolin.)

Talcum. Talk. Talc. Talco.

Ist ein mineralisches, fettig anzufühlendes, geruch- und geschmackloses Pulver von weisser Farbe. Es ist in Wasser und Säuren unlöslich und verändert sich nicht bei Glühhitze im Probirrohre. Der Hauptsache nach besteht es aus Magnesiumsilikat.

Wird nur äusserlich verwendet als Streupulver bei Intertrigo und als Kosmeticum zu Schminken und Puder. Ist Bestandtheil des

Pulvis salicylicus cum Talco. Salicylstreupulver. (Acid. salicyl. 3, Amyl. 10 und Talc. 87.) Weisses, trockenes Pulver, das besonders als Streupulver bei Fussschweissen verwendbar ist.

Tartarus boraxatus. Kali tartaricum boraxatum. Boraxweinstein. Boro-tartrate de potassium. Soluble Tartar. Boro-tartrato di potassio.

2 Th. Borax werden in 15 Th. Wasser im Dampfbade gelöst, dann 5 Th. Tartar. dep. zugesetzt. Man lässt die Mischung stehen, bis sich der Weinstein gelöst hat. Die filtrirte Flüssigkeit wird zu einer zähen, nach dem Erkalten zerreiblichen Masse abgedampft, völlig ausgetrocknet und gepulvert.

Bildet ein weisses, amorphes, zerfliessliches Pulver von saurem Geschmacke, das in einem Theile Wasser löslich ist.

In kleinen Gaben von 0,5—2,0 wirkt Tartarus boraxatus diuretisch, in grösseren (3,0 mehrmals täglich) abführend.

Das hygroskopische Mittel wird am besten in wässeriger Lösung zu 0,5—2,0 mehrmals täglich als Diureticum gegeben. Als Abführmittel ist Tartarus boraxatus wegen der hohen Dosis (5,0—10,0 mehrmals täglich) und des hohen Preises nicht zweckmässig.

1073) ℞ Inf. Fol. Digital. 1,0 : 150,0
Tartari boraxati 10,0
Sirup. simpl. 20,0.
M. D. S. 2stündl. 1 Esslöffel.
(Hydrops bei Herzaffektion.)

Tartarus depuratus. Cremor Tartari. Kali bitartaricum purum. Weinstein. Crême de tartre. Cream of tartar. Cremore di tartaro. $KHC_3H_4O_6$.

Beim Lagern des Weines setzt sich an den Wänden der Fässer der rohe Weinstein ab. Durch Umkrystallisiren desselben aus kochendem Wasser wird der gereinigte Weinstein gewonnen.

Derselbe ist ein weisses, krystallinisches, zwischen den Zähnen knirschendes und säuerlich schmeckendes Pulver. Es ist in 192 Theilen kaltem und in 20 Theilen siedendem Wasser, nicht in Weingeist löslich.

Wirkt in kleinen Dosen (0,5—1,0) durstlöschend, diuretisch und macht den Urin alkalisch. In grösseren Gaben (4,0—8,0) abführend. Wird gewöhnlich in Verbindung mit andern harntreibenden und purgirenden Mitteln verordnet. Bei längerem Gebrauche treten leicht Verdauungsstörungen ein. Dient auch zur Bereitung von sauren Molken.

Dosis. Als beruhigendes, erfrischendes Mittel bei fieberhaften Zuständen zu 1,0—2,0 mehrmals täglich in Pulverform, ebenso als Diureticum. Als Abführmittel (in Verbindung mit Fol. Sennae oder Sulfur) zu 3,0—5,0 in Pulverform, Mixturen oder Lösung.

Präparate. **Tartarus boraxatus** und **Species laxantes.**

1074) ℞ Tartar. dep. 25,0
Elaeos. Menth. pip. 5,0.
M. f. pulv. D. ad scat.
S. 3—4 × tägl. 1 Theelöffel.
(Leichtes Diureticum.)

1075) ℞ Tartar. dep. 10,0
Elaeos. Citri 4,0
Aq. dest. ad 100,0.
D. S. 3 × tägl. das Ganze zu nehmen.
(Ascites bei Leberaffektion.)

1076) ℞ Tartar. dep.
Pulv. Rad. Rhei
Elaeos. Vanillae ää 10,0.
M. f. pulv.
D. S. 2 × tägl. 1 Messerspitze voll zu geben.
(Abführmittel für Kinder.)

Tartarus natronatus. Natro-Kali tartaricum. Sal Seignetti. Kaliumnatriumtartrat. Natronweinstein. Seignettesalz. Tartrate de potassium et de sodium. Sel de Seignette. Tartarated Soda. Rochelle Salt. $KNa\,C_4\,H_4\,O_6 + 4\,H_2\,O$.

Tartarus depuratus wird in heissem Wasser gelöst, mit Natrium carbonicum neutralisirt und dann die Lösung zur Krystallisation abgedampft. Das Salz (welches Seignette in Rochelle 1672 als Geheimmittel verkaufte) bildet grosse, farblose, durchsichtige rhombische Säulen von mild-salzigem Geschmacke, die sich in 1,4 Th. Wasser zu einer neutralen Flüssigkeit auflösen. In Alkohol ist Tartarus natronatus unlöslich.

Das leicht zersetzliche Salz wirkt ähnlich wie Tartarus depuratus in kleinen Dosen (0,5—2,0) diuretisch, in grösseren (5,0 bis 10,0) milde abführend. Da es nicht so unangenehm wie Kal. tartaricum schmeckt, wird es häufiger als dieses bei schwächlichen Personen und Kindern angewendet und zwar zu 0,5—2,0—5,0 in Pulver, Lösung oder Latwerge mehrmals täglich. Ist auch Bestandtheil von

Pulvis aërophorus laxans. Seidlitzpulver:

1077) ℞ Tartar. natron. pulv. 7,5
Natrii bicarbon. 2,5
und (gesondert)
Acid. tartar. 2,0.

1078) ℞ Tartari natronati 15,0
Mannae elect. 30,0
Aq. fontan. ad 150,0.
M. D. S. Stündl. 2 Esslöffel.
(Abführmittel.)

1079) ℞ Tartari natronat. 30,0
Natrii bicarbon. 10,0
Elaeosacch. Foenicul. 15,0.
M. f. pulv. D. S. Stündl. 1 Theelöffel bis zur Wirkung.
(Mildes Abführmittel.)

Tartarus stibiatus. Stibio-Kalium tartaricum. Tartarus emeticus. Brechweinstein. Tartrate de potassium et de sodium. Tartre stibié. Tartar emetic. Tartrato di patossio et di sodio.

$$C_4H_4(SbO)KO_6 + {}^1/_2 H_2O.$$

Chemisch ist Tartarus stibiatus weinsaures Antimonylkalium.

Er wird bereitet durch Erwärmen von 4 Th. Antimonoxyd und 5 Th. Tart. dep. mit 40 Th. Aq. dest. bis zur fast vollständigen Lösung. Das Filtrat wird zur Krystallisation eingedampft.

Brechweinstein bildet weisse Krystalle oder ein krystallinisches, allmählich verwitterndes Pulver. Ist in 17 Th. kaltem und 3 Th. siedendem Wasser löslich, in Weingeist unlöslich.

Der um die Mitte des 17. Jahrhunderts von Adrian von Mynsicht in Schwerin dargestellte Brechweinstein reizt bei innerer Applikation die Haut und Schleimhäute und ruft einen pustulösen Ausschlag hervor. Bei langer Einwirkung kann er tiefgehende Ulceration und Nekrose der Knochen bewirken. Er wird leicht resorbirt und erzeugt bei längerer innerlichen Anwendung kleiner Gaben (0,005—0,01) Übelkeit, Vermehrung der Sekretion seitens der Bronchial- und Darmschleimhaut, sowie der Speichel- und Schweissdrüsen. Grössere Dosen (0,03) rufen bei wiederholter Verabreichung Ekelgefühl und Erbrechen (etwa $1^1/_2$—2 Stunden nach der Aufnahme) hervor. Das Erbrechen tritt aber viel intensiver und schneller ein, wenn man 0,1—0,2 auf einmal verabreicht. Dabei ist gleichzeitig grosse Mattigkeit, Schweissausbruch und Diarrhoe zu beobachten. Es scheint festzustehen, dass der Brechakt in diesem Falle durch direkte Reizung der peripherischen Nervenendigungen im Magen zu Stande kommt. Wohl tritt auch Erbrechen nach Einspritzung von Tartarus in die Blutbahn ein, aber hierzu sind grössere Mengen erforderlich als bei innerlicher Darreichung. Nach grossen Gaben kommt es zu heftigen Vergiftungserscheinungen unter starkem Erbrechen, profuser Diarrhoe, Bewusstseinsverlust und Konvulsionen. Man hat schon nach 0,5 tödtlichen Ausgang beobachtet.

Die Behandlung einer derartigen Intoxikation erfordert vor Allem, wenn noch das Gift im Magen, Ausspülung desselben und Verabreichung von Tannin oder gerbsäurehaltiger Substanzen (Tannin geht mit Brechweinsteinlösungen eine unlösliche Verbindung ein). Ausserdem behandelt man die Symptome der bestehenden Gastroenteritis mit Eispillen, Opium etc. Machen sich Kollapssymptome bemerkbar, so ist eine excitirende Behandlung, Injektion von Kampfer und Äther etc. nothwendig.

Anwendung. Äusserlich (gewöhnlich in Form der Salbe) als Ableitungsmittel bei manchen Formen von unheilbaren Geisteskrankheiten (Paralyse der Irren) auf den vorher rasirten Scheitel einzureiben. Gegenwärtig aber weniger als früher im Gebrauch.

Innerlich in kleiner Dosis als Expektorans bei Bronchialkatarrh, Emphysem und Pneumonie. In grösserer Gabe, gewöhnlich in Verbindung mit Rad. Ipecacuanhae als Brechmittel, zur Entleerung des Magendarminhalts, des Kehlkopfes, der Trachea, der Bronchien von Giftstoffen und Fremdkörpern. Früher auch zur sogenannten Ekelkur bei Geisteskranken angewandt.

Man giebt heute den Brechweinstein seltener als früher, da er durch Apomorphin vortheilhaft ersetzt wird. Zu vermeiden ist er bei schwächlichen Individuen, Greisen, Kindern und bei Gravidität. — Bei seiner Anwendung sind Säuren, kaustische und kohlensaure Alkalien, Tannin, Alkaloide und gefärbte Sirupe zu vermeiden.

Dosis. Innerlich als Expektorans 0,005—0,01 mehrmals täglich, als Emeticum 0,03—0,05 in viertelstündlichen Zwischenräumen mehrmals in Pulver oder Lösung,

Grösste Einzelgabe 0,2! — Grösste Tagesgabe 0,5!

Ausserlich zu 1:5—10 Lanolin, gewöhnlich als

Unguentum Tartari stibiati. Pockensalbe.

(2 Th. Tartar. stib. mit 8 Th. Ungt. Paraff.) Eine weisse Salbe. Erbsen- bis bohnengross einzureiben, wenn man einen ableitenden, pustulösen Ausschlag erzeugen will. Vorsicht!

Vinum stibiatum. Brechwein.

(Tart. stibiati 1 und Xereswein 250.) Klare, braungelbe Flüssigkeit. Theelöffelweise bis zum Eintritt des Erbrechens zu geben.

1080) ℞ Tartari stibiat. 0,05
Pulv. Rad. Ipecac. 1,0.
Divide in part. II.
D. S. Brechpulver.

1081) ℞ Tart. stibiat. 0,05
Ammon. chlorat. 5,0
Succi Liquirit. dep. 2,0
Aq. dest. ad 200,0.
M. D. S. 2stündl. 1 Esslöffel.
(Mixt. solv. stibiata.)

1082) ℞ Tartari stibiati
(0,1—0,3) : 200,0.
D. S. 1—2stündl. 1 Esslöffel.
(Pneumonie.)
(Mosler.)

1083) ℞ Pulv. Rad. Ipecac. 3,0
Tartar. stib. 0,2
Aq. dest. 60,0.
Mucil. Gummi arab.
Oxym. Scill. āā 15,0.
M. D. S. Umgeschüttelt. Alle 10 Min. 1 Esslöffel bis zur Wirkung. Dabei lauwarmen Kamillenthee nachzutrinken.
(Bei Pneumonie Erwachsener, sobald Erstickung durch Schleimansammlung droht.)
(Liebermeister.)

1084) ℞ Tartar. stibiat. 0,1
Rad. Ipecac. pulv. 1,5.
M. f. pulv.
Pulvis emeticus.
(Form. magistr. Berolin.)
(Nur für Erwachsene!)

1085) ℞ Tartar. stibiat. 0,01
Pulv. Rad. Ipecac. 0,3
Sacch. alb. 0,2.
M. f. pulv. D. t. dos. III.
S. Alle 10 Minuten 1 Pulver bis zum Eintritt der Brechwirkung zu nehmen.
(Für Kinder von 6—8 Jahren.)

Terebinthina. Terpentin. Térébenthine. Turpentine. Trementina.

Der aus Abietinen, besonders von Pinus Pinaster und Pinus Laricio durch Anschneiden der Stämme gewonnene Harzsaft. Derselbe besteht aus einem Gemenge von 70—75 Th. Harz und 30 bis 15 Th. Terpentinöl.

Der Terpentin ist dickflüssig, körnig trübe, von eigenthüm lichem Geruche und bitterem Geschmacke. Der gewöhnlich die ganze Masse durchsetzende krystallinische Absatz schmilzt auf dem Wasserbade; dadurch wird das Ganze klar und gelbbräunlich gefärbt; nach dem Erkalten tritt jedoch wieder Trübung ein. Mit der 5fachen Menge Weingeist ist Terpentin fast klar löslich.

Besitzt stark irritirende Eigenschaften und wird deshalb äusserlich zu lokal reizenden Zwecken, als Zusatz für Pflaster und Salben bei Neuralgien und rheumatischen Schmerzen, atonischen Ulcerationen etc. verordnet.

Innerlich kaum mehr in Anwendung.

Dosis. Äusserlich in Substanz (auf Papier oder Leder gestrichen), als Zusatz für Pflaster und Salben (1 : 3—5 Fett). Ist Bestandtheil vieler officinellen und nicht officinellen Pflaster und Salben wie Emplastr. adhaesivum, Emplastr. cantharid., Emplastr. Hydrarg., Emplastr. Lytharg. comp., Ungt. basilic., Ungt. Terebinthin., Emplastr. Belladon., Emplastr. oxycroceum etc.

1086) ℞ Terebinth. 15,0
Cerae flav. 10,0
Bals. peruvian. 5,0.
M. f. ungt. D. S. Verbandsalbe bei atonischen Geschwüren.

1087) ℞ Terebinth.
Ol. Petrae ital.
Cerae flav. āā 10,0.
M. f. ungt. D. S. Äusserlich.
(Frostsalbe.)

Terpinum hydratum. Terpinhydrat. Terpin. Hydrate de terpine. Terpine. Idrato di terpina.

Wenn man Oleum Terebinthinae mit Wasser einige Zeit stehen lässt, bilden sich an den Wänden des Gefässes zuweilen Krystallnadeln, die nichts anderes sind als

$$\text{Terpinhydrat} = C_{10}H_{16}.2H_2O + H_2O.$$

Zur Darstellung des Terpinhydrats wird ein Gemisch von 4 Th. Ol. Terebinth. rectif., 3 Th. Alkohol und 1 Th. Salpetersäure in flachen Porzellangefässen einige Tage bei Seite gestellt (besonders in der kalten Jahreszeit). Darauf werden die abgeschiedenen Krystalle gesammelt, zwischen Papier gepresst und aus 95% Alkohol in der Kälte umkrystallisirt.

Man erhält alsdann farb- und geruchlose, glänzende, rhombische Krystalle, die bei 116° schmelzen. Terpinhydrat löst sich schwer in kaltem Wasser (etwa 250 Theilen), leichter in siedendem (32 Theilen), in 10 Theilen kaltem und 2 Theilen siedendem Weingeist.

Die ersten genauen Untersuchungen über die Wirkung dieses Mittels stammen von Lépine, der 1885 fand, dass es ähnlich wie Ol. Terebinth. auf die Respirationsorgane, die Nieren und das Nervensystem wirke. Kleine Dosen (0,2—0,6) vermehren die Bronchialsekretion und erleichtern durch Verflüssigung des Sekretes die Expektoration. Grössere Gaben (1,0 und darüber) beschränken die Sekretion. In den oben angegebenen kleinen Gaben wirkt es auch diuretisch durch direkte Beeinflussung der Nierenepithelien.

Terpinhydrat wird innerlich als Expektorans bei Bronchialkatarrh und als sekretionsbeschränkendes Mittel bei Bronchoblenorrhoe gegeben, auch bei chronischer Nephritis mit starkem Oedem zur Beförderung der Diurese. Bei Neuralgien und Keuchhusten hat es sich gleichfalls von Nutzen gezeigt.

Dosis. Zur Erzielung einer expektorirenden oder diuretischen Wirkung 0,1—0,2, 3—5mal täglich in Pillen oder wässerig alkoholischer Lösung. Als sekretionsbeschränkendes Mittel die doppelte Dosis. Bei Keuchhusten 0,5—1,0; 2mal täglich 1 Pulver.

1088) ℞ Terpin. hydrat.
Sacch. alb.
Gummi arab. āā 1,0.
M. f. pilul. No. 30.
D. S. 3× tägl. 1—3 Pillen.
(Bronchitis.)

1089) ℞ Terpin. hydrat. 3,0
Rad. Liquirit. 1,0
M. f. pilul. No. 30.
D. S. 3× tägl. 2 Pillen.
Pilulae expectorantes.
(Form. Magistr. Berol.)

1090) ℞ Terpin. hydrat. 2,0
Spirit.
Aq. dest.
Sirup. Menth. pip. āā 50,0.
M. D. S. 3× tägl. 1 Esslöffel.

1091) ℞ Terpin. hydrat. 0,5—1,0.
D. t. dos. No. X.
S. 3× tägl. 1 Pulver.
(Keuchhusten.)

Thallinum sulfuricum. Thallinsulfat. Sulfate de thalline.

$$(C_{10}H_{13}NO)_2 . H_2SO_4.$$

Das Thallin oder Tetrahydroparachinanisol, ein Chinolinderivat, wurde 1885 von Skraup dargestellt und von v. Jaksch als Antipyreticum empfohlen. Der Name Thallin ist hergeleitet von ϑαλλός = grüner Zweig, weil wässerige Lösungen dieses Körpers durch Oxydationsmittel grün gefärbt werden. Officinell ist das schwefelsaure Salz.

Dasselbe bildet ein weisses oder gelblichweisses, krystallinisches Pulver von kumarinartigem Geruche und säuerlich-salzigem, zugleich bitterlich gewürzigem Geschmacke. Es löst sich in 7 Th. kaltem und 0,5 siedendem Wasser, ebenso in etwas mehr als 100 Th. Weingeist. In Äther ist es fast unlöslich. Die verdünnte wässerige Lösung (1 : 100) wird durch Eisenchloridlösung tief grün, nach einigen Stunden tief roth gefärbt.

Schon nach geringen Gaben (0,1—0,5) zeigt Thallin deutliche antifebrile Wirkungen, ebenso kommen ihm bei äusserlicher Anwendung antiseptische Eigenschaften zu. Durch längere Zeit fortgereichte kleine Dosen gelingt es, die Körpertemperatur bei Typhus und andern fieberhaften Krankheiten niedrig zu erhalten, doch hat Thallin keine Vorzüge vor andern Antipyreticis. Nach grösseren Gaben hat man bei Thieren sogar Verfettungsvorgänge, Drüsennekrose und hämorrhagische Infarkte der Nierenpapillen beobachtet. Der Harn wird gelb- bis dunkelbraun, mit einem Stich ins Grünliche und auf Zusatz von Eisenchlorid purpurroth. Thallin wird zum Theil unverändert, zum Theil als Ätherschwefelsäure durch den Urin ausgeschieden.

Als Antipyreticum ist Thallin in der letzten Zeit durch bessere Mittel (Antipyrin, Antifebrin etc.) verdrängt worden. Hin und wieder wird es noch beim Typhus der Kinder angewendet.

Äusserlich bedient man sich desselben zur Behandlung der Gonorrhoe.

Dosis. Innerlich zu 0,1—0,5 in Pillen, Pulver (Oblaten), mit Wein,

Grösste Einzelgabe 0,5! — Grösste Tagesgabe 1,5!

Äusserlich zu Injektionen (1,0—2,0 : 100,0) in die Harnröhre bei Gonorrhoe, auch in Form von Bougies oder Antrophore (2—5 %).

1092) ℞ Thallin. sulfurici 0,03
Sacch. alb. 0,5.
M. f. pulv. D. t. dos. No. X.
S. Stündl. 1 Pulver.
(Typhus bei 8jährigem Kinde.)

1093) ℞ Thallin. sulf. 2,0—5,0
Aq. dest. ad 200,0.
D. S. Zur Injektion bei Urethritis und Cystitis.

Theobrominum natrio-salicylicum. Diuretin.

$$C_7 H_7 N_4 O_2 Na, + C_6 H_4 (OH) COO Na.$$

Das durch Lösen von Theobromin in Natronlauge entstehende Theobromin-Natrium vereinigt sich mit Natriumsalicylat zu einem Doppelsalze, das unter der Bezeichnung Diuretin im Jahre 1887 von v. Schröder und Gram zur praktischen Verwendung empfohlen wurde. Es ist ein weisses, amorphes, in Wasser lösliches Pulver, das sich als Diureticum bewährt hat. Die harntreibende Wirkung kommt durch direkte Beeinflussung des Nierenepithels zu Stande. Wird bei allgemeinem Hydrops in Folge von Herz- oder Nierenaffektionen mit Nutzen gegeben und (auch von Kindern) ziemlich gut vertragen.

Man giebt es am zweckmässigsten in wässeriger Lösung bis 6,0 pro die,

Grösste Einzelgabe 1,0! — Grösste Tagesgabe 8,0!

Bei der Verordnung in Pulverform wird Kohlensäure aus der Luft angezogen und ein Theil des Theobromins aus der Natronverbindung verdrängt und unlöslich. Kindern von 2—5 Jahren sind tägliche Gaben von 0,5—1,5, von 5—10 Jahren 1,5—3,0 zu verabreichen.

1094) ℞ Diuretini 5,0—7,0
Aq. dest. 90,0
Aq. Menth. pip. 100,0
Sirup. smpl. 10,0.
M. D. S. 1—2stündlich 1 Esslöffel voll.
(v. Schroeder.)

1095) ℞ Diuretini 1,0.
D. t. dos. VI.
S. 2stündl. 1 Pulver.
(Hydrops.)

Thymolum. Thymol. Thymiankampfer. Acidum thymicum. Timolo. $C_6H_3(OH).CH_3.C_3H_7$.

Thymol findet sich neben Cymol und Thymen in dem ätherischen Öl von Thymus vulgaris und Monarda punctata (Labiate), sowie Ptychotis Ajowan (Umbellifere).

Die betreffenden ätherischen Öle dienen zur Darstellung des Thymols, welches ansehnliche, farblose, durchsichtige, nach Thymian riechende und schmeckende Krystalle bildet. Dieselben schmelzen bei 50—51° und sieden bei 228—230°. In Wasser ist Thymol schwer löslich (in etwa 1100 Theilen), dagegen löst es sich schon in 1 Theil Weingeist, Äther und Chloroform.

Thymol besitzt starke antibakterielle Eigenschaften, und sein hemmender Einfluss auf das Wachsthum der Spaltpilze ist bedeutender als der der Karbolsäure. Dabei ist es lange nicht so giftig wie die letztere. Bei seiner schweren Löslichkeit in Wasser hat es sich jedoch in der antiseptischen Praxis nicht sehr eingebürgert. Innerlich in grossen Dosen genommen, kann es ähnliche Wirkungen wie Phenol erzeugen. Nach 1,5—2,0 können Magenschmerzen, Kopfweh, Ohrensausen etc. auftreten und noch grössere Dosen können Delirien und Kollaps zur Folge haben. Dabei sieht man auch Albuminurie und Haematurie auftreten. Äusserlich wendet man Thymol als Antisepticum zu Mund- und Gurgelwasser, Inhalationen und als Zusatz zu desinficirenden Bädern an. Innerlich bei abnormen Gährungsvorgängen im Magen, als Anthelminthicum und besonders gegen Anchylostoma duodenale.

Dosis. Innerlich zu 0,05—0,1 mehrmals täglich in wässeriger oder spirituöser Lösung und in Pillen. Bei Anchylostoma duodenale zu 2,0—4,0 (halbstündlich 1,0 in Oblate), ebenso gegen Taenien.

Äusserlich zum Wundverbande 1 : 1000. Zu Gargarismen und Inhalationen 0,5—1,0 : 1000.

1096) ℞ Thymoli 0,2
Acid. salicyl. 1,0
Solve in Spirit. q. s.
Balsam. peruvian. 0,25
Vaselin. ad 30,0.
M. f. ungt. D. S. Äusserlich.
(Decubitus, Geschwüre etc.)

1097) ℞ Thymoli 0,2
Solve in Spirit. q. s.
Aq. fervid. ad 200,0.
D. S. Zur Inhalation.
(Putride Bronchitis.)
(Leyden.)

1098) ℞ Thymoli 1,0
Spirit. ad 100,0.
D. S. Zum Einreiben.

1099) ℞ Thymoli 1,0
Resorcin. 5,0
Spirit. 250,0.
M. D. S. Haarwasser.

Tinctura Absinthii. Wermuttinktur. Teinture d'absinthe.

Wird bereitet aus 1 Th. zerschnittenem Wermut und 5 Th. Spirit. dil. Eine braune, sehr bittere Flüssigkeit. Wird zu 10 bis 20 Tropfen mehrmals täglich als Amarum bei Dyspepsie und Atonie des Magens verordnet.

Tinctura Aconiti. Tinctura Aconiti tuberis. Aconittinktur. Eisenhuttinktur. Teinture d'aconit.

Aus 1 Th. grobgepulverten Akonitknollen und 10 Th. Spirit. dil. bereitet. Ist von braungelber Farbe und bitterem, kratzendem Geschmacke. Enthält das stark wirkende Akonitin. Wird innerlich zu 3—6 Tropfen mehrmals täglich,

Grösste Einzelgabe 0,5! — Grösste Tagesgabe 2,0!

bei Neuralgien oder Rheumatismus, auch zum Coupiren von Erkältungsaffektionen verordnet.

Äusserlich in Verbindung mit andern schmerzlindernden Mitteln zu Einreibungen.

1100) ℞ Tinct. Aconiti 2,0
Aq. dest.
Sirup. Aurantii Cort. āā 24,0.
M. D. S. 3 × tägl. 1 Theelöffel voll zu nehmen.

Tinctura Aloës. Aloëtinktur. Teinture d'aloès.

Aus 1 Th. grobgepulverter Aloë mit 5 Th. Weingeist. Von dunkelgrünlichbrauner Farbe und sehr bitterem Geschmacke.

Wird als Amarum und Stomachicum zn 10—20 Tropfen mehrmals täglich verordnet.

1101) ℞ Tinct. Aloës
Tinct. Castorei āā 2,0
Tinct. Cort. Aurant. 4,0.
M. D. S. 2 × tägl. 30 Tropfen.
(Bei hysterischen Kopfschmerzen mit Erbrechen.)
(Hufeland.)

Tinctura Aloës composita. Elixir ad longam vitam. Zusammengesetzte Aloëtinktur. Lebensessenz. Teinture d'aloès composée.

Wird bereitet aus 6 Th. Aloë, 1 Th. Rad. Rhei, 1 Th. Rad, Gentian., 1 Th. Rad. Zedoariae, 1 Th. Crocus und 200 Th. Spirit. dil.

Ist von gelblich rothbrauner Farbe, aromatischem Geruche und stark bitterem Geschmacke. Mit Wasser klar mischbar Wird 2—3mal täglich zu $^1/_2$—1 Theelöffel als Stomachicum verordnet.

Tinctura amara. Bittere Tinktur.

Rad. Gentian. und Herb. Centaurii āā 3 Th., Cort. Aurantii 2 Th., Fruct. Aurant. immat. und Rhiz. Zedoariae āā 1 Th. werden mit Spirit. dil. 50 Th. versetzt.

Ist von grünlichbrauner Farbe, aromatischem Geruche und bitterem Geschmacke. Wird allein oder in Verbindung mit andern bitteren Mitteln als Stomachicum zu 10—20 Tropfen mehrmals täglich gegeben.

1102) ℞ Tinct. amar.
Tinct. Rhei aquos.
Tinct. Zingiber. āā 10,0.
D. S. 3 × tägl. 30 Tropfen.
Tinctura stomachica.
(Form. Magistr. Berol.)

Tinctura Arnicae. Arnikatinktur. Alcoolature d'arnica.

Wird bereitet aus 1 Th. Flor. Arnicae und 10 Th. Spirit. dil. Ist von bräunlichgelber Farbe und bitterlichem Geschmacke.

Wird zu Umschlägen bei äusseren Verletzungen und Kontusionen in Verbindung mit Wasser oder Bleiwasser benutzt; auch zu Einreibungen bei Lähmungen und Neuralgien.

1103) ℞ Tinct. Arnicae 30,0
Spirit. Formicar. 70,0.
M. D. S. Äusserlich.
Zum Einreiben nach Kontusionen etc.

Tinctura aromatica. Aromatische Tinktur. Teinture aromatique.

Cort. Cinnam. 5, Rhiz. Zingib. 2, Rhiz. Galang., Caryophyll., Cort. Cinnam. āā 1 und Spirit. dil. 50.

Ist von braunrother Farbe und kräftig aromatischem Geruche und Geschmacke. Wird zu 20—30 Tropfen mehrmals täglich als Stomachicum gegeben.

1104) ℞ Tinct. aromat. 0,4
Spirit. Aether. nitros. 0,5
Tinct. Ratanh. gtt. VI.
Spirit. 100,0
Aq. dest. ad 300,0.
M. D. S. Spiritus Vini gallici.
(Form. Magistr. Berol.)

Tinctura Aurantii. Pomeranzentinktur. Teinture d'orange.

Aus 1 Th. Pomeranzenschalen und 5 Th. Spirit. dil. Von röthlichgelbbrauner Farbe. Zu 15—30 Tropfen mehrmals täglich. Stomachicum.

Tinctura Benzoës. Benzoëtinktur. Teinture de benjoin.

Besteht aus 1 Th. grobgepulverter Benzoë und 5 Th. Weingeist. Ist von röthlichbrauner Farbe und benzoëartigem Geruche. Giebt mit Wasser eine milchigtrübe Mischung von stark saurer Reaktion. — Wird nur äusserlich als kühlendes und antiseptisches Mittel bei wunden Brustwarzen und leichteren Verbrennungen, ausserdem zu kosmetischen Waschungen und zu Räucheressenzen verwandt.

1105) ℞ Tinct. Benzoës 10,0
Aq. Rosarum ad 100,0.
M. D. S. 1 Esslöffel voll dem Waschwasser zuzusetzen.
(Lac virginis.)

1106) ℞ Tinct. Benzoës 10,0
Glycerini 40,0.
M. D. S. Äusserlich. Zum Bestreichen wunder Stellen.

Tinctura Calami. Kalmustinktur. Teinture d'acore vrai.

Bereitet aus 1 Th. Kalmuswurzel und 5 Th. Spirit. dil.

Ist von bräunlichgelber Farbe und bitterem, brennendem Geschmacke.

Dosis. Innerlich zu 30—50 Tropfen mehrmals täglich als Stomachicum; äusserlich als Zusatz zu Zahntinkturen.

Tinctura Cantharidum. Spanischfliegentinktur. Teinture de cantharide.

Bereitet aus 1 Th. grobgepulverten spanischen Fliegen mit 10 Th. Weingeist. Ist von grünlichgelber Farbe und brennendem Geschmacke. Wird innerlich (selten) zu 2—5 Tropfen mehrmals täglich,

Grösste Einzelgabe 0,5! — Grösste Tagesgabe 1,5!

in schleimigem Vehikel, stark verdünnt, bei Impotenz, Blasenlähmung etc. gegeben. Vorsicht wegen Albuminurie!

Dosis. Äusserlich zu Haarwasser und Pomaden (1,0:50,0) und zu Einreibungen in Salben (1:5—10).

Tinctura Capsici. Spanischpfeffertinktur. Teinture de poivre d'Espagne.

Bereitet aus 1 Th. Fruct. Capsici mit 10 Th. Spirit. dil. — Ist von röthlichgelber Farbe und brennend scharfem Geschmacke.

Wird Mund- und Gurgelwässern zugesetzt (1,0—5,0 : 100,0) und zu reizenden Einreibungen (wie Spiritus Sinapis) benutzt.

Dosis. Innerlich (selten) zu 10—20 Tropfen in schleimigem Vehikel mehrmals täglich bei Amenorrhoe.

1107) ℞ Tinct. Capsici 15,0
Aq. Rosarum 250,0
Sirup. smpl. 30,0.
M. D. S. Gurgelwasser bei Rachenbräune.
(Form. magistr. der engl. Hospitäler.)

1108) ℞ Tinct. Capsici 8,0
Spirit. camphor. 60,0
Mixt. oleos.-balsam. 4,0.
M. D. S. Zum Einreiben.
(Bei Frostbeulen.)

Tinctura Catechu. Katechutinktur. Teinture de cachou.

Bereitet aus 1 Th. Katechu mit 5 Th. Spirit. dil. Ist von dunkelrothbrauner Farbe und sehr zusammenziehendem Geschmacke und sauerer Reaktion. Adstringens.

Dosis. Innerlich zu 20—30 Tropfen mehrmals täglich oder auch als Zusatz (5,0—15,0 : 150,0) zu andern Mixturen.

Äusserlich zu adstringirenden Pinselungen und Mundwässern.

1109) ℞ Tinct. Catechu
Tinct. Cinnamomi āā 7,5.
M. D. S. 2—3stündl. 20 Tropfen.
(Diarrhoe, Metrorrhagie.)

1110) ℞ Tinct. Catechu 10,0
Aq. Menth. pip. 140,0.
M. D. S. Mundwasser.
(1 Esslöffel voll in 1 Glas Wasser.)

1111) ℞ Tinct. Catechu
Spirit. Cochlear. āā 8,0
Aq. Salviae ad 150,0.
M. D. S. Mundwasser.
1 Esslöffel voll in 1 Glase Wasser zum Ausspülen des Mundes.
(Bei gelockertem, blutendem Zahnfleisch.)
(Phoebus.)

Tinctura Chinae. Tinctura Cinchonae. Chinatinktur. Teinture de quina.

Wird aus 1 Th. grobgepulverter Chinarinde mit 5 Th. Spirit. dil. bereitet. Ist von rothbrauner Farbe und stark bitterem Geschmacke. Wird zu 20—30 Tropfen mehrmals täglich allein oder als Zusatz zu roborirenden Mitteln und als Stomachicum gegeben.

Tinctura Chinae composita. Tinctura Cinchonae composita. Elixir roborans Whyttii. Zusammengesetzte Chinatinktur. Teinture de quina composée.

Bereitet aus 6 Th. Cort. Chinae, 2 Th. Fruct. Aurantii, 2 Th. Rad. Gentian., 1 Th. Cort. Cinnamom. und 50 Th. Spirit. dil. Ist von rothbrauner Farbe und stark bitterem Geschmacke.

Wird als Tonicum und Stomachicum zu 20 Tropfen bis 1/2 Theelöffel mehrmals täglich (in Wein) gegeben.

1112) ℞ Tinct. Chin. comp. 3,0
Spirit. 40,0
Aq. dest. ad 200,0.
M. D. S. 2stündl. 1 Esslöffel.
Mixtura alcoholica seu Aqua Vitae.
(Form. Magistral. Berolin.)

1113) ℞ Tinct. Chin. comp.
Tinct. Rhei vinos. āā 20,0
M. D. S. 3 × tägl. 1/2—1 Theelöffel 1/2 Stunde vor d. Mahlzeit.
(Stomachicum.)

1114) ℞ Tinct. Chin. comp. 30,0
Tinct. Nuc. vomic. 3,0
M. D. S. 3 × täglich 20—30 Tropfen.
(Stomachicum.)

Tinctura Cinnamomi. Zimmttinktur. Tinctura Cinnamomi Cassiae. Teinture de cannelle.

Bereitet aus 1 Th. Zimmt und 5 Th. Spirit. dil. Ist von rothbrauner Farbe und süsslich gewürzhaftem, etwas herbem Zimmtgeschmacke.

Wird innerlich zu 20—30 Tropfen mehrmals täglich als Stomachicum und auch als blutstillendes Mittel (bei Uterusblutungen) auf Zucker oder in Wein verordnet.

Äusserlich als Zusatz zu Mundwässern.

Tinctura Colchici. Zeitlosentinktur. Teinture de colchique.

Bereitet aus 1 Th. Semen Colchic. und 10 Th. Spirit. dil. Ist von gelber Farbe und bitterem Geschmacke. Wird bei Gicht, Rheumatismus und Neuralgien zu 15—30 Tropfen mehrmals täglich verordnet,

Grösste Einzelgabe 2,0! — Grösste Tagesgabe 5,0!

1115) ℞ Tinct. Colchici 13,0
Tinct. Opii croc. 2,0.
M. D. S. 3 × tägl. 15 Tropfen.
(Antirheumaticum u. Antineuralgicum.)

1116) ℞ Tinct. Gelsem. sempervir.
Tinct. Colchici ää 7,5.
M. D. S. 3 × tägl. 10 Tropfen.
(Neuralgie.)

Tinctura Colocynthidis. Koloquinthentinktur. Teinture de coloquinte.

Aus 1 Th. Fruct. Colocynth. und 10 Th. Spirit. bereitete gelbe Flüssigkeit von sehr bitterem Geschmacke. Wirkt abführend und wird (allerdings selten) bei hydropischen Zuständen mit Verstopfung zu 10—20 Tropfen 2—3 mal täglich gegeben.

Grösste Einzelgabe 1,0! — Grösste Tagesgabe 5,0!

1117) ℞ Tinct. Colocynthidis 5,0
Tinct. Asae foetid. 10,0.
M. D. S. Morgens u. Abends 15 bis 20 Tropfen.
(Bei habitueller Verstopfung.)

1118) ℞ Tinct. Colocynthid.
Tinct. Scillae ää 2,5
Tinct. Croci 15,0.
M. D. S. 3 × tägl. 15 Tropfen.
(Hydrops.)

Tinctura Digitalis. Fingerhuttinktur. Teinture de digitale.

Wird aus 5 Th. zerquetschtem, frischem Fingerhutkraute mit 6 Th. Weingeist bereitet. Ist von braungrüner Farbe und bitterem Geschmacke. Wirkung siehe Folia Digitalis.

Wird innerlich zu 5—20 Tropfen mehrmals täglich gegeben.

Grösste Einzelgabe 1,5! — Grösste Tagesgabe 5,0!

1119) ℞ Tinct. Digitalis 5,0
Aq. Amygd. amar. 10,0.
M. D. S. 3 × tägl. 15 Tropfen.
(Gegen Herzklopfen bei Herzaffektion.)

1120) ℞ Tinct. Digital.
Tinct. Scillae āā 7,5.
M. D. S. 3 × tägl. 20—30 Tropfen.
(Hydrops.)

Tinctura Ferri acetici aetherea s. Martis Klaprothi. Ätherische Eisenacetattinktur. Klaproth'sche Stahltropfen. Teinture d'acétate de fer éthérée.

8 Th. Liq. Ferri acet. werden mit 1 Th. Spiritus und darauf mit 1 Th. Äther acetic. gemischt. — Ist eine klare, dunkelbraunrothe, nach Essigäther riechende Flüssigkeit von säuerlich zusammenziehendem, herbem Geschmacke, die sich mit Wasser ohne Trübung mischen lässt und 4 % Eisen enthält. Wird zu 20—30 Tropfen mehrmals täglich in Zuckerwasser bei Chlorose und Anaemie verordnet.

Tinctura Ferri chlorati atherea sive Tinctura tonico-nervina Bestucheffi, sive Tinct. aurea Lamotti. Ätherische Chloreisentinktur.

Eine Mischung aus 1 Th. Liq. Ferri sesquichlor., 2 Th. Äther und 7 Th. Spiritus wird in weissen, nicht ganz gefüllten, gut verkorkten Flaschen den Sonnenstrahlen ausgesetzt, bis sie völlig entfärbt ist. Alsdann werden die Flaschen an einen schattigen Ort gebracht und bisweilen geöffnet, bis der Inhalt wieder eine gelbe Farbe angenommen hat.

Ist eine klare, gelbe Flüssigkeit von ätherischem Geruche und brennendem, zugleich eisenartigem Geschmacke, die 1 % Eisen enthält. Wird bei Chlorose und Anaemie, besonders bei Nervenleiden auf anämischer Basis zu 20—30 Tropfen mehrmals täglich verordnet und auf Zucker oder in Wein gegeben.

Tinctura Ferri pomata. Apfelsaure Eisentinktur. Teinture de malate de fer.

Ist eine filtrirte Lösung von 1 Th. Extr. Ferri pomat. in 9 Th. Aqua Cinnamomi und stellt eine klare, schwarzbraune Flüssigkeit von Zimmtgeruch und mildem Eisengeschmacke dar. Ist mit Wasser in jedem Verhältnisse klar mischbar. Mildes Eisenpräparat, das zu 20—30 Tropfen mehrmals täglich verabreicht wird.

1121) ℞ Tinct. Ferri acet. aeth.
oder
Tinct. Ferri pomat.
Tinct. amar. āā 15,0.
M. D. S. 3 × tägl. ½—1 Theelöffel.

1122) ℞ Tinct. Ferri pomat. 30,0
Elix. Aurant. comp. 10,0.
M. D. S. 3 × tägl. 1 Theelöffel
in Wasser oder Wein.
(Anämie, Chlorose.)

Tinctura Gallarum. Galläpfeltinktur. Teinture de noix de galle.

Bereitet aus 1 Th. Galläpfel und 5 Th. Spirit dil. Ist von gelblichbrauner Farbe und stark zusammenziehendem, herbem Geschmacke. Wird durch Eisenchloridlösung blauschwarz gefärbt. Wird nur äusserlich als reizmildernder Zusatz zu Tinct. Jodi zu Einpinselungen verordnet.

1123) ℞ Tinct. Jodi
Tinct. Gallarum āā 10,0.
M. D. S. Äusserlich zur Pinselung.
(Bei Frostbeulen u. Epididymitis.)

Tinctura Gentianae. Enziantinktur. Teinture de gentiane.

Zu bereiten aus 1 Th. Rad. Gentian. mit 5 Th. Spirit. dil. Ist von gelblichbraunrother Farbe und stark bitterem Geschmacke. Wird zu 20—30 Tropfen mehrmals täglich allein oder als Zusatz zu andern Stomachicis verordnet.

Tinctura Jodi. Jodtinktnr. Teinture d'iode.

Ist eine Lösung von 1 Th. zerriebenem Jod in 10 Th. Spirit. und stellt eine dunkelrothbraune, nach Jod riechende, in der Wärme flüchtige Flüssigkeit dar.

Wird innerlich (selten) bei Erbrechen zu 2—3 Tropfen mehrmals täglich verordnet.

Grösste Einzelgabe 0,2! — Grösste Tagesgabe 1,0!

Äusserlich zu Einpinselungen (Pleuritis, Pericarditis, Neuralgien), ferner zu Einspritzungen (Struma, Hydrocele).

1124) ℞ Tinct. Jodi gtt. VI.
Kalii jod. 0,6
Aq. dest. 120,0.
M. D. S. 3 × tägl. 1 Esslöffel.
(Bei anhaltendem Erbrechen der Schwangeren.)

1125) ℞ Tinct. Jodi 0,5
Sirup. Cort. Aurant. ad 50,0.
M. D. S. 3 × tägl. 1 Theelöffel voll in 1 Glas Wasser.

1126) ℞ Tinct. Jodi
Tinct. Gallarum āā 10,0.
M. D. S. Äusserlich zum Einpinseln.
(Bei Frostbeulen, Epididymitis etc.)

1127) ℞ Tinct. Jodi 15,0.
D. S. Zur parenchymatösen Injektion.
(Bei Struma, Ischias.)
($^1/_2$—1 Spritze.)

Tinctura Lobeliae. Lobeliatinktur. Teinture de lobélie.

Bereitet aus 1 Th. Herb. Lobeliae mit 10 Th. Spirit. dil. Ist von braungrüner Farbe und widerlich kratzendem Geruche.

Dosis. Innerlich gegen Asthma zu 10—20 Tropfen mehrmals täglich

Grösste Einzelgabe 1,0! — Grösste Tagesgabe 5,0!

1128) ℞ Tinct. Lobeliae 1,0
Aq. dest. 120,0.
M. D. S. Stündl. 1 Esslöffel.

1129) ℞ Tinct. Lobeliae 5,0
Aq. Amygd. amar. 10,0.
D. S. Stündl. 10—15 Tropfen.

(Asthma bronchiale.)

Tinctura Moschi. Moschustinktur. Teinture de musc.

Bereitet aus 1 Th. Moschus, 25 Th. Spirit. dil. und 25 Th. Wasser. Der Moschus wird mit dem Wasser verrieben, alsdann der Weingeist hinzugefügt.

Ist eine röthlichbraune Flüssigkeit von kräftigem, durchdringenden Moschusgeruche, mit Wasser ohne Trübung mischbar. Kräftiges Excitans bei Kollapszuständen, auch Antispasmodicum bei Keuchhusten, Krämpfen, Trismus und Tetanus der Neugebornen. Als Stimulans 10—30 Tropfen 2—3stündlich und in subkutaner Injektion $^1/_2$—1 Spritze. Bei kleinen Kindern 3—5 Tropfen stündlich.

Tinctura Myrrhae. Myrrhentinktur. Teinture de myrrhe.

Bereitet aus 1 Th. Myrrha und 5 Th. Spiritus. Ist eine röthlichgelbe Tinktur, die brennend bitter schmeckt und durch Wasser milchig getrübt wird.

Dient als Zusatz zu Mund- und Gurgelwässern (1:50), zu Zahntinkturen (1,0:5,0—10,0) und zu Pinselungen des Zahnfleisches bei Skorbut.

1130) ℞ Tinct. Myrrhae
Tinct. Ratanhiae āā 10,0.
M. D. S. Zahntinktur.

1131) ℞ Tinct. Myrrhae 5,0
Tinct. Opii smpl.
Ol. Caryophyll. āā 1,0.
M. D. S. Zahntinktur.

1132) ℞ Tinct. Myrrhae
Tinct. Kino āā 2,0
Mel. rosat. 26,0.
M. D. S. Pinselsaft.
(Bei skorbutischer Beschaffenheit des Zahnfleisches.)

Tinctura Opii benzoica. Elixir paregoricum. Benzoesäurehaltige Opiumtinktur. Elixir parégorique. Teinture d'opium camphré. Compound tincture of Camphor. Tintura d'oppio con acido benzoico.

Wird bereitet aus 1 Th. Opium, 1 Th. Ol. Anisi, 2 Th. Kampfer, 4 Th. Acid. benzoic. mit 192 Th. Spirit. dil.

Diese Tinktur ist von bräunlichgelber Farbe, riecht nach Anisöl und Kampfer und ist von kräftig gewürzhaftem, süsslichem Geschmacke. Sie enthält in 100 g das Lösliche von 0,5 Opium oder annähernd 0,05 Morphin.

Wird hauptsächlich bei Hustenreiz, Katarrh etc. als Expektorans und wegen ihres geringen Opiumgehaltes auch in der Kinderpraxis angewandt. Zu 20—50 Tropfen mehrmals täglich allein oder als Zusatz zu expektorirenden Mixturen.

1133) ℞ Tinct. Opii benz. 3,0
Aq. Foenicul. 50,0
Sirup. smpl. 20,0.
M. D. S. 3 × tägl. 1 Theelöffel.
(Bronchitis der Kinder.)

1134) ℞ Tinct. Ipecacuanh.
Tinct. Opii benzoic. āā 10,0.
M. D. S. 3stündl. 20 Tropfen in Eibischthee.
(Bronchitis.)

1135) ℞ Tinct. Opii benzoic. 5,0—10,0
Sirup. Ipecacuanh. 60,0.
M. D. S. 3stündl. 1 Theelöffel.

Tinctura Opii crocata. Laudanum liquidum (Sydenhami). Safranhaltige Opiumtinktur. Teinture d'opium safranée. Laudanum de Sydenham. Wine of Opium. Tintura d'oppio con zofferano.

Bereitet aus 15 Th. Opium, 5 Th. Safran, 1 Th. Caryophyll., 1 Th. Zimmt mit 75 Th. Weingeist und 75 Th. Wasser. Ist eine dunkelgelbrothe Flüssigkeit, vom Geruche des Safrans und von bitterem Geschmacke. Der Opiumgehalt beträgt 10% und der Morphingehalt annähernd 1%. 1 Tropfen entspricht 0,005 Opium, mithin 20 Tropfen d. h. 1,0 = 0,1 Opium. Ein Tropfen der Tinktur färbt einen Liter Wasser deutlich gelb. Spec. Gewicht 0,980 bis 0,984. Wirkung und Anwendung siehe Opium.

Wird innerlich bei Diarrhoe zu 5—10 Tropfen mehrmals täglich gegeben, allein oder als Zusatz zu andern Mixturen; als Beruhigungs- und Schlafmittel zu 10—20 Tropfen,

Grösste Einzelgabe 1,5! — Grösste Tagesgabe 5,0!

Äusserlich zu Klysmen zu 5—15 Tropfen, zu Augenwasser 1,0—5,0 : 100,0 und zu Salben und Linimenten (10—20%).

1136) ℞ Tinct. Opii crocat.
Tinct. Valerian. aether.
Tinct. Aconit. ãã 5,0.
M. D. S. Mehrmals 15—20 Tr.

1137) ℞ Tinct. Opii croc. 1,0
Mixt. gummos. ad 150,0.
M. D. S. 2stündl. 1 Esslöffel.
(Diarrhoe,)

1138) ℞ Tinct. Opii croc. 1,0
Plumb. acet. 0,5
Aq. Rosae ad 150,0.
M. D. S. Äusserlich. Augenwasser.
(Bei Conjuntivitis chronica.)

Tinctura Opii simplex. Tinctura thebaica. Einfache Opiumtinktur. Teinture d'opium simple. Teinture thébaique. Tincture of opium. Tintura d'oppio simplice.

Zu bereiten aus 1 Th. Opium, 5 Th. Spirit. dil. und 5 Th. Wasser. Röthlichbraune Flüssigkeit vom Geruche des Opiums und von bitterem Geschmacke. Spec. Gewicht 0,974—0,978. Sie enthält (wie Tinctura Opii crocata) in 100,0 nahezu das Lösliche aus 10,0 Opium und annähernd 1,0 Morphium.

Anwendung und Dosirung wie Tinctura Opii crocata,

Grösste Einzelgabe 1,5! — Grösste Tagesgabe 5,0!

1139) ℞ Tinct. Opii smpl. 3,0
Tinct. Nuc. vom. 1,0
Tinct. Valerian. aeth. 10,0.
Ol. Menth. pip. gtt. III.
M. D. S. 15—20 Tropfen bei Choleravorboten zu nehmen.
(Russische Choleratropfen.)

1140) ℞ Tinct. Opii smpl. 0,5
Mucil. Amyli (e 5,0) 150,0.
D. S. Zum Klystier.
(Dysenterie.)

1141) ℞ Tinct. Opii smpl.
Tinct. Ipecacuanh.
Tinct. amar. āā 5,0.
M. D. S. 2stündl. 10—20 Tropfen in Pfefferminz- od. Baldrianthee.

1142) ℞ Tinct. Strychni 2,0
Tinct. Opii simpl. 3,0
Tinct. Cascarill. 10,0.
D. S. 3 × tägl. 15 Tropfen.
Tinctura antidiarrhoica.
(Form. magistr. Berolin.)

Tinctura Pimpinellae. Bibernelltinktur. Teinture de boucage. Bereitet aus Rad. Pimpinell. 1, und Spirit. dil. 5. Bräunlichgelbe Flüssigkeit vom Geruche der Bibernellwurzel und widerlichem, kratzendem Geschmacke. Wird zu 20—30 Tropfen mehrmals täglich als Expektorans und äusserlich als Zusatz zu Mund- und Gurgelwässern (10,0 : 100,0) gegeben.

Tinctura Ratanhiae. Rantanhiatinktur. Teinture de ratanhia. Aus Rad. Ratanhiae 1 und Spirit. dil. 5 bereitete dunkelweinrothe Flüssigkeit von stark zusammenziehendem, herben Geschmacke. Innerlich zu 20—30 Tropfen mehrmals täglich bei Diarrhoe, für Kinder 2—10 Tropfen.

Äusserlich zu adstringirenden Mund- und Gurgelwässern 10,0 : 100,0.

1143) ℞ Tinct. Ratanhiae
Tinct. Cinnamom. āā 10,0.
M. D. S. 2stündl. 30 Tropfen in Haferschleim.
(Bei Diarrhoe der Erwachsenen.)

1144) R Tinct. Ratanhiae 1,0
Tinct. Opii smpl. 0,1
Aq. dest. 50,0
Sirup. smpl. 20,0.
M. D. S. 2stündl. 1 Theelöffel.
(Diarrhoe der Kinder.)

1145) ℞ Tinct. Ratanhiae
Tinct. Myrrhae āā 15,0.
M. D. S. Äusserlich. Zum Mundwasser.
1 Kaffeelöffel auf 1 Weinglas Wasser.
(Stomatitis.)

Tinctura Rhei aquosa. Wässerige Rhabarbertinktur. Teinture de rhubarbe aqueuse.

Rad. Rhei 10, Borax, Kalii carbon. āā 1, Aqua 90, Aqua Cinnamomi 15 und Spirit. 90. Die Rhabarberwurzel, der Borax und das Kaliumkarbonat werden mit dem zum Sieden erhitzten Wasser übergossen und in einem verschlossenen Gefässe $^1/_4$ Stunde hingestellt, alsdann wird der Weingeist hinzugemischt. Nach 1 Stunde wird die Mischung kolirt und das Ungelöste gelinde ausgedrückt. Der so erhaltenen Flüssigkeit werden endlich auf je 85 Th. 15 Th. Zimmtwasser zugemischt.

Ist eine dunkelrothbraune, nach Rhabarberwurzel riechende und schmeckende Flüssigkeit, die sich mit Wasser ohne Trübung mischt. — Wird als Stomachicum theelöffelweise gegeben; Kindern zu 20 Tropfen bis 1 Theelöffel als gelinde wirkendes Abführmittel. Für Erwachsene als Abführmittel nicht zweckmässig, weil zu grosse Dosen hierzu erforderlich (2 Esslöffel alle 2 Stunden).

Tinctura Rhei vinosa. Tinctura Darelii. Weinige Rhababertinktur.

Aus Rad. Rhei 8, Cort. Aurantii 2, Fruct. Cardamom. 1, und Veni Xerens. 100 wird eine Tinktur bereitet, in welcher nach dem Filtriren der siebente Theil ihres Gewichtes Zucker aufzulösen ist.

Ist von gelbbrauner Farbe, vom Geruche der Kardamomen und süssem aromatischem Geschmacke. Dient als Stomachicum zu $^1/_2$—1 Theelöffel mehrmals täglich, allein oder in Verbindung mit andern Bittermitteln. Als Abführmittel unzweckmässig.

1146) ℞ Tinct. Rhei vinos.
Tinct. Chinae comp. āā 15,0.
M. D. S. 3 × tägl. vor der Mahlzeit) $^1/_2$—1 Theelöffel.
(Stomachicum.)

1147) ℞ Tinct. Rhei vinos. 20,0
Elix. Aurant. comp. 10,0.
M. D. S. 3 × tägl. 1 Theelöffel.
(Stomachicum.)

Tinctura Scillae. Meerzwiebeltinktur. Teinture de scille.

Bereitet aus 1 Th. Bulb. Scill. und 5 Th. Spirit. dil. Ist von gelber Farbe und widerlich bitterem Geschmacke. Wirkt diuretisch und wird allein oder in Verbindung mit Tinct. Digitalis āā bei Hydrops in Folge von Herzkrankheiten zu 10—20 Tropfen mehrmals täglich gegeben, Pharm. Helv. schreibt vor als:

Grösste Einzelgabe 2,5! — Grösste Tagesgabe 10,0!

Tinctura Strophanthi. Strophanthustinktur. Teinture de strophantus.

Bereitet aus 1 Th. Semen Strophanthi und 10 Th. Spirit. dil. Ist von gelbbräunlicher Farbe und sehr bitterem Geschmacke. Wird zu 4—8—10 Tropfen mehrmals täglich allein oder in Verbindung mit Digitalis bei Herzaffektionen verordnet,

Grösste Einzelgabe 0,5! — Grösste Tagesgabe 2,0!

1148) R Tinct. Strophanthi 1,0—2,0
Aq. dest. 130,0
Sirup. Cort. Aurant. ad 150,0.
M. D. S. 3—4 × tägl. 1 Esslöffel.

1149) ℞ Inf. Fol. Digital. 0,6—1,5 : 180,0
Tinct. Strophanthi 2,0
Liq. Kalii acet.
Sirup. smpl. āā 20,0.
M. D. S. 2stündl. 1 Esslöffel.

1150) ℞ Tinct. Strophanti 0,5
Aq. dest. 80,0
Sirup. Rubi Idaei 10,0.
M. D. S. 2—3stündl. 1 Kinderlöffel voll.
(Für Kinder von 10 Jahren.)

Tinctura Strychni. Brechnusstinktur. Teinture de noix vomique.

Bereitet aus 1 Th. Sem. Strychni und 10 Th. Spirit dil. Ist von gelber Farbe und sehr bitterem Geschmacke. Wirkung siehe Strychnin.

Wird innerlich als Stomachicum gegeben, auch bei den verschiedenartigsten Lähmungszuständen zu 3—5—10 Tropfen mehrmals täglich,

Grösste Einzelgabe 1,0! — Grösste Tagesgabe 2,0!

1151) ℞ Tinct. Strychni 3,0
Tinct. Chin. comp. 27,0
M. D. S. 3×tägl. 15—30 Tropfen.
(Stomachicum.)

1152) ℞ Tinct. Strychni
Tinct. Opii crocat.
Tinct. Chinae comp. āā 5,0
M. D. S. Mehrmals tägl. 10—15 Tropfen.
(Diarrhoe.)

Tinctura Valerianae. Baldriantinktur. Teinture de valériane. Bereitet aus 1 Th. Rad. Valerian. und 5 Th. Spirit. dil. Ist von röthlichbrauner Farbe und kräftigem Geruche und Geschmacke nach Baldrian. Beliebtes Beruhigungsmittel bei nervösen Aufregungszuständen und Hysterie.

Wird zu 20—30 Tropfen mehrmals allein, auf Zucker oder in Verbindung mit andern Nervinis (Tinct. Asae foetid. etc.) gegeben.

1153) ℞ Tinct. Valerian. 10,0
Spirit. aether. 3,0.
M. D. S. Mehrmals tägl. 20—30 Tropfen.
(Bei Krampfzuständen.)

1154) ℞ Tinct. Valerian.
Tinct. Asae foetid. āā 7,5.
M. D. S. 3×tägl. 15 Tropfen.
(Hysterie, Vertigo etc.)

Tinctura Valerianae aetherea. Ätherische Baldriantinktur. Teinture de valériane éthérée.

Bereitet aus 1 Th. Rad. Valerianae und 5 Th. Spirit. aether. Ist von gelber Farbe und vom Geruche und Geschmacke der Bestandtheile. Wird als Nervinum und Analepticum zu 20—30 Tropfen mehrmals täglich gegeben.

Tinctura Veratri. Nieswurzeltinktur.

Bereitet aus 1 Th. Rhiz. Veratri und 10 Th. Spirit. dil. Ist von dunkelröthlichbrauner Farbe und bitterem, kratzendem Geschmacke. Wird äusserlich zu schmerzstillenden Einreibungen bei Neuralgien, innerlich (selten) zu 5—15 Tropfen mehrmals täglich gegeben.

Tinctura Zingiberis. Ingwertinktur. Teinture de gingembre.

Wird bereitet aus 1 Th. Rhiz. Zingiber. und 5 Th. Spirit. dil. Ist von braungelber Farbe, vom Geruche der Ingwerwurzel mit brennendem Geschmacke. Wird als Stomachicum zu 10—20 Tropfen mehrmals täglich gegeben, allein oder als Zusatz zu anderen aromatischen Mitteln.

Tragacantha. Gummi Tragacantha. Traganth. Gomme adragante. Traganth. Gomma adragante.

Ist der aus verschiedenen kleinasiatischen Astragalusarten (Astragalus adscendens, A. leioclados, A. gummifer etc.) ausgetretene, erhärtete Schleim. Er kommt in Blättern und in bandartigen oder sichelförmigen Streifen vor.

Mit Wasser übergossen, quillt Traganth stark auf; mit 50 Th. Wasser giebt gepulverter Traganth einen trüben, schlüpfrigen, faden Schleim, der durch Zusatz von Jodtinktur blaue Färbung annimmt.

Die Droge besteht aus einem in Wasser löslichen Gummi, ferner aus einem in Wasser aufquellenden Körper (Bassorin) und Stärke und dient fast nur zur Bereitung von Pillen, Pastillen und Emulsionen.

Innerlich wird Tragantha nur selten bei diffuser Diarrhoe und bei Katarrh des Rachens verordnet.

Dosis. Traganthemulsionen erfordern auf 15,0 Öl nur 0,35 Traganth. Als Zusatz zu Pastillen ist auf 100,0 Pastillen nur 0,5—1,0 Traganth nothwendig. Mucilago Tragacanthae setzt sich zusammen aus 5 Trag., 15 Glycerin und 80 Wasser.

Präparat: **Unguentum Glycerini** (16 Th. Amyl. Trit., 15 Th. Aqua, 100 Th. Glycerin, 2 Th. Traganth und 5 Th. Spirit.). Reizmildernde Salbe.

Tubera Aconiti. Radix Aconiti. Akonitknollen. Eisenhutknollen. Racine d'aconit. Aconit root. Tubero d'aconito.

Die Wurzelknollen von Aconitum Napellus, einer wildwachsenden, auch in Gärten kultivirten Ranunculacee.

Die Droge stellt die rübenförmigen, von der blühenden Pflanze gesammelten und getrockneten, ungefähr 6 g schweren Wurzelknollen dar. Diese sind oben 2—3 cm dick und laufen bei 3 bis 8 cm Länge allmählich in eine einfache Spitze aus. Die graubraune Oberfläche ist mehr oder weniger längsrunzelig. Auf dem Querbruche zeigt die Knolle mehlig-körnige Beschaffenheit.

Tubera Aconiti enthalten das starkwirkende Aconitin. Als Gift ist die Droge schon seit den ältesten Zeiten bekannt; als Heilmittel aber erst seit dem vorigen Jahrhundert benutzt. Sie wurde früher vielfach als Antineuralgicum und Antirheumaticum benutzt. Gegenwärtig bedient man sich jedoch vorzüglich der aus ihr hergestellten Präparate. Siehe Aconitin etc.

Dosis. Innerlich (selten angewandt) zu 0,02—0,05 in Pillen oder Pulver,

Grösste Einzelgabe 0,1! — Grösste Tagesgabe 0,5!

Präparate: **Tinctura Aconiti** (1 Th. Tuber. Aconit. und 10 Th. Spirit. dil.). Von braungelber Farbe und bitterem, kratzendem Geschmacke.

Innerlich 5—8 Tropfen 3—4mal täglich zu nehmen, Grösste Einzelgabe 0,5! — Grösste Tagesgabe 2,0!

†**Extractum Aconiti**, das in vielen Ländern noch häufig angewendet wird, ist in Deutschland nicht mehr officinell, ebenso

†**Aconitinum.** Je nach Darstellung und Abstammung kommen verschieden stark wirkende Präparate (Acon. anglicum, Acon. gallicum, Acon. german. etc.) vor. Heftiges Gift (0,004 bereits tödtliche Dosis!) Ein in der Stärke so schwankendes und dabei so intensive Wirkungen entfaltendes Mittel sollte nur mit grösster Vorsicht angewendet werden. Das deutsche Akonitin war früher bedeutend (20—25mal) schwächer als das französische oder englische. Die neueren deutschen Präparate, besonders das

†**Aconitinum nitricum crystallisatum**, ein aus farblosen Krystallen bestehendes, in Wasser lösliches Pulver — sind jedoch von ebenso starker Wirkung wie die französischen und englischen.

Dosis. Innerlich (bei Neuralgien) in Pillen (mit $^1/_{10}$ Milligr. beginnend); äusserlich in Salbenform (0,05—0,1 : 10,0—15,0 Adeps).

1155) ℞ Aconitin. cryst. 0,002. Pulv. Rad. et Succi Liquirit. q. s. ut f. pilul. No. 20. Consp. Lycop. D. S. 2—5 Pillen täglich.	1156) ℞ Aconitini cryst. 0,15 Spirit. gtt. X Lanolin. 15,0. M. f. ungt. D. S. Zur Einreibung.

(Neuralgien des Gesichts etc.)

Tubera Jalapae. Radix Jalapae. Jalapenknollen. Jalapa. Racine de jalap. Jalap. Tubero di gialappa.

Die Wurzelknollen von Jpomoea Purga, einer in Mexiko vorkommenden Convolvulacee. Dieselben sind von birnförmiger Gestalt oder etwas länglich, meist mit einer kurzen Spitze endigend, von harter Konsistenz, im Wasser sinkend. Die graubraune Oberfläche ist höckerig und runzelig. Der Geruch ist eigenthümlich, rauchartig, der Geschmack fade und kratzend.

In der Droge findet sich als wirksamer Bestandtheil (zu mindestens 7%) das Jalapeharz, über dessen Wirkung und Anwendung bei Resina Jalapae das Erforderliche gesagt worden ist. Als Abführmittel ist Jalapa beliebt, weil neben der gelinden Wirkung bei der Anwendung keine Neigung zur Verstopfung verbleibt. Leibschmerzen pflegen nur nach grösseren Gaben aufzutreten. Bei manchen Gehirnaffektionen pflegt das Mittel als Ableitungsmittel auf den Darm verordnet zu werden.

Dosis. Innerlich als drastisches Abführmittel zu 0,5—2,0, als gelindes purgirendes Mittel zu 0,3—0,5 in Pulver, Pillen oder Elektuarien!

Für Kinder zu 0,05—0,1—0,2 pro dosi.

1157) ℞ Tub. Jalapae 0,2
Calomel. 0,05
Sacch. alb. 0,3.
M. f. pulv. D. t. dos. X.
S. 2stündl. 1 Pulv.
(Abführmittel.)

1158) ℞ Tuber. Jalap. 1,0
Tartar. dep. 20,0.
M. f. pulv. D. ad scat.
S. Morgens 1 Messerspitze voll zu nehmen.

1159) ℞ Tuber. Jalap. 0,1
Pulv. Rad. Rhei 0,2
Pulv. Cort. Cinnamom. 0,1
M. f. pulv. D. tal. dos. No. V.
S. Morgens 1 Pulver zu nehmen.
(Abführmittel für Kinder.)

Präparate: **Pilulae Jalapae.** (Aus Sap. jalap. 3 und Tub. Jalap. 1 werden Pillen von 0,1 bereitet.) 2—5 Pillen pro dosi.

Resina Jalapae. Jalapenharz. Innerlich in Pillen und Pulver zu 0,05—0,5.

Sapo jalapinus. Braungelbe, weiche Masse. Gewöhnlich in Verbindung mit Calomel, Aloë und Rheum.

Tubera Salep. Radix Salep. Salep.

Die Knollen verschiedener orientalischer und europäischer Orchideen, wie z. B. Orchis mascula, Orchis militaris, Orchis Morio, Orchis ustulata etc. Von den zur Blüthezeit oder bald nachher ausgegrabenen Knollen werden die den Stengel tragenden beseitigt, die übrigen in siedendes Wasser getaucht, abgerieben und getrocknet.

Die kugeligen oder birnförmigen Knollen sind dann 0,5 bis 2 cm dick und bis 4 cm lang, von meist etwas rauher, gelblicher Oberfläche. Das auch im Innern nicht dunkle Gewebe ist sehr hart und hornartig. Gepulvert giebt Salep, mit 50 Th. Wasser gekocht, einen nach dem Erkalten ziemlich steifen, faden Schleim, der durch Jod blau gefärbt wird.

Der Salep enthält Stärkemehl (25—30 $^0/_0$) und Pflanzenschleim. Er wird häufig als Mucilaginosum bei Darmkatarrh (besonders bei Kindern) und als einhüllendes Mittel für scharf wirkende Substanzen verordnet. Ist auch als Nährmittel für kleine Kinder beliebt (in Verbindung mit Milch, Wein, Bouillon).

Dosis. Wird oft im Dekokt (1 : 100) verordnet, doch ist weit zweckmässiger das officinelle Präparat:

Mucilago Salep. Salepschleim, zu verordnen. Derselbe wird bereitet, indem man 1 Th. Salep mit 10 Th. kaltem Wasser anrührt, dann 90 Th. siedendes Wasser hinzufügt und das Gemisch bis zum Erkalten schüttelt.

Salepschleim wird thee- bis esslöffelweise allein oder als Zusatz zur Milch, auch mit Fleischbrühe oder Wein gegeben und ist bei atrophischen Kindern mit Diarrhoe besonders beliebt.

Unguentum acidi borici. Unguentum boricum. Borsalbe. Pommade borique.

Eine weisse Salbe, die aus 1 Th. Borsäure und 9 Th. Paraffinsalbe zu bereiten ist. Dient als nicht reizende und reizmildernde, antiseptische Verband- und Heilsalbe.

Unguentum basilicum. Königssalbe. Onguent basilicum.

Eine gelbbraune Salbe, die 9 Th. Olivenöl, 3 Th. gelbes Wachs, 3 Th. Kolophonium, 3 Th. Hammeltalg und 2 Th. Terpentin enthält. Gehört zu den schwach reizenden Salben und wird allein oder als Grundsubstanz für reizende Gemische zur Erregung von Eiterung angewandt.

Unguentum Cantharidum. Spanischfliegensalbe. Unguentum irritans Pommade épispastique.

Eine gelbe Salbe, die aus 3 Th. Ol. cantharid. und 2 Th. gelbem Wachs bereitet wird. Diese Salbe, die das stark wirkende Cantharidin enthält, röthet die Haut und verursacht bei längerer Einwirkung auch Blasenbildung. Sie dient zum Verbinden von wunden Flächen, die längere Zeit in Eiterung erhalten werden sollen, zum Offenhalten von Fontanellen etc.

Unguentum Cantharidum pro usu veterinario. Spanischfliegensalbe für thierärztlichen Gebrauch.

2 Th. mittelfein gepulverte spanische Fliegen werden mit 4 Th. Olivenöl 10 Stunden erwärmt und 2 Th. Terpentin hinzugefügt.

Der geschmolzenen Masse wird 1 Th. mittelfein gepulvertes Euphorbium beigemischt und das Gemenge bis zum Erkalten gerührt. Stellt eine grünlichschwarze Salbe dar.

Unguentum cereum. Ceratum simplex. Wachssalbe. Cérat simple. Unguento semplice.

Besteht aus 7 Th. Olivenöl und 3 Th. gelbem Wachs. Eine gelbe, indifferente, reizmildernde Salbe.

Unguentum Cerussae. Bleiweisssalbe. Pommade de carbonate de plomb. Unguentum album simplex.

Zu bereiten aus 3 Th. feingepulvertem Bleiweiss und 7 Th. Paraffinsalbe. Eine sehr weisse Salbe, die als deckendes, austrocknendes Mittel vielfache Anwendung findet.

Unguentum Cerussae camphoratum. Kampferhaltige Bleiweisssalbe. Diese weisse, nach Kampfer riechende Salbe wird aus 19 Th. Ungt. Cerussae und 1 Th. fein zerriebenen Kampfer hergestellt. Ist von leicht reizender Wirkung und wird besonders gegen Frostbeulen angewandt.

Unguentum diachylon. Unguentum diachylon Hebrae. Bleipflastersalbe.

Eine fast weisse Salbe, die aus gleichen Theilen Emplastr. Lithargyri und Ol. Olivar. zusammengesetzt ist. Wird als austrocknende Salbe, besonders bei nässenden Ekzemen verordnet.

Unguentum Glycerini. Glycerinsalbe. Glycéré d'amidon.

10 Th. Weizenstärke werden mit 15 Th. Wasser angerührt, 100 Th. Glycerin zugesetzt, alsdann wird der Mischung eine Anreibung von 2 Th. gepulvertem Traganth mit 5 Th. Spiritus hinzugefügt und das Ganze unter Umrühren so lange erhitzt, bis der Weingeistgeruch verschwunden und eine durchscheinende Gallerte entstanden ist.

Ist eine weisse Salbe, die als reizmilderndes Mittel bei frischen Hautausschlägen angewandt wird. Eignet sich auch als Konstituens für alle in Glycerin löslichen Substanzen, sowie für Pflanzenpulver, die nicht in Glycerin löslich sind.

Unguentum Hydrargyri album. Unguentum praecipitati albi. Unguentum Hydrargyri amidato bichlorati. Weisse Quecksilbersalbe. Pommade de précipité blanc. Unguento mercuriale bianco.

Eine weisse Salbe, zu bereiten aus 1 Th. Hydrarg. praecipit. alb. und 9 Th. Ungt. Paraffini. Wirkt reizend, wird bei luetischen Geschwüren, Hautaffektionen, Iritis, Morpionen und Pediculi capitis verordnet.

Unguentum Hydrargyri cinereum. Unguentum mercuriale. Unguentum Neapolitanum. Graue Quecksilbersalbe. Pommade mercurielle. Unguento mercuriale.

13 Th. Adeps. suill. und 7 Th. Sebum ovil. werden zusammengeschmolzen. Nach dem Erkalten des Gemisches verreibt man 3 Th. desselben mit 10 Th. Quecksilber in einer eisernen Schale. Das Metall wird in der Weise beigemischt, dass ein neuer Zusatz immer erst erfolgt, wenn kein Quecksilber mehr sichtbar ist. Schliesslich setzt man den Rest der Fettmischung hinzu und mischt sehr sorgfältig.

Es ist eine bläulichgraue Salbe, in welcher Quecksilberkügelchen mit blossem Auge nicht zu erkennen sein dürfen. 3 Th. graue Salbe sollen nach Entfernung des Fettes durch Äther, nahezu 1 Th. Quecksilber enthalten.

Bezüglich der Wirkung kann auf das bei Quecksilber Gesagte verwiesen werden.

Die graue Salbe wird vor Allem zur Schmierkur bei Syphilis verwendet. Hier kommt es darauf an, durch längere Zeit fortgesetzte methodische Einreibungen eine genügende Menge Quecksilber zu inkorporiren, um eine Allgemeinwirkung zu erzielen.

Ferner wird die Salbe bei entzündlichen Anschwellungen drüsiger Organe (Mastitis, Parotitis, Orchitis etc.) als Antiphlogisticum und auch als resorbirendes und ableitendes Mittel bei Erkrankungen tiefer liegender Organe (Croup, Pleuritis, Phlegmonen etc.) gebraucht. — Bei Kopf- und Filzläusen ist die graue Salbe ein beliebtes und wirksames Mittel.

Dosis. Unguentum Hydrarg. ciner. wird gewöhnlich in Dosen von 1,0 oder 2,0 in Wachspapier verabfolgt. Neuerdings ist es auch als Ungt. Hydrarg. ciner. in capsulis erhältlich. Die Salbe ist in Gelatinekapseln enthalten. Beim Gebrauch sticht man die Spitze der elastischen Kapsel an und drückt den Inhalt nach und nach aus. — Bei der Inunktions- oder Schmierkur (bei Syphilis) werden täglich 2,0—5,0 an verschiedenen Körperstellen, mit Ausnahme des Gesichts und der Kopfhaut, verrieben. Sobald nach Verlauf von 5 oder 6 Tagen die ganze Haut eingerieben worden, ist ein Reinigungsbad zu nehmen. Diese Procedur ist 4—5mal zu wiederholen, bis im ganzen etwa 100,0 verrieben worden sind. Während der Kur ist der Mund, behufs Vermeidung von Salivation, häufig mit Kali chloricum-Lösung auszuspülen.

Zur Erzielung von lokalen Wirkungen 2—3mal täglich erbsen- bis bohnengross einzureiben.

Unguentum Hydrargyri rubrum. Rothe Quecksilbersalbe.

Eine rothe Salbe, bereitet aus 1 Th. rothem Quecksilberoxyd und 9 Th. Paraffinsalbe. Wird bei syphilitischen und andern torpiden Geschwüren als Verbandsalbe benützt. Als Augensalbe in 5—10facher Verdünnung.

Unguentum Kalii jodati. Kaliumjodidsalbe. Jodkaliumsalbe. Pommade d'iodure de potassium.

20 Th. Kalii jodat. und $^1/_4$ Th. Natrii thiosulf. werden unter Zusammenreiben in 15 Th. Wasser aufgelöst und alsdann 165 Th. Adipis suil. hinzugemischt. Ist eine sehr weisse Salbe.

Wird als zertheilendes und resorbirendes Mittel bei Anschwellungen, besonders bei Drüsengeschwülsten, wie Struma etc. täglich 2—3mal eingerieben.

Unguentum leniens. Cold Cream.

Eine weisse, weiche, angenehm riechende Salbe, die als indifferentes Deckmittel und Cosmeticum bei gesprungenen Lippen, Herpes labialis etc. Anwendung findet. Zu bereiten aus 4 Th. weissem Wachs, 5 Th. Walrat, 32 Th. Mandelöl, 16 Th. Wasser. Zu je 50 g dieser Salbe mischt man 1 Tropfen Rosenöl.

Unguentum Paraffini. Paraffinsalbe. Vaselin.

Eine weisse, sich zwischen 40 und 50^0 verflüssigende Salbe. Ist eine indifferente, reizmildernde Salbe, die nicht ranzig wird und daher als Grundlage für andere Salbengemische dient. Wo es auf Resorption von Arzneimitteln ankommt, verdient Lanolin den Vorzug als Salbenkonstituens.

Unguentum Plumbi. Unguentum Saturni. Bleisalbe. Bleicerat. Pommade de Saturne. Unguento di piombo.

2 Th. Bleiessig werden im Wasserbade auf 1 Th. eingeengt und dann mit 19 Th. Paraffinsalbe gemischt. Ist eine weisse, reizlose Salbe, die bei leichten Verbrennungen, Exkoriationen und Decubitus als deckendes und kühlendes Mittel Anwendung findet.

Unguentum Plumbi tannici. Unguentum ad decubitum. Tannin-Bleisalbe. Pommade de tannate de plomb.

Acid. tannici 1 Th. und Liq. Plumb. subacet. 2 Th. werden zu einem gleichmässigen Brei zerrieben, der mit Adeps suill. 17 Th. gemischt wird. Eine etwas gelbliche Salbe, die als austrocknendes Mittel bei Decubitus häufig verordnet wird.

Unguentum Rosmarini compositum. Unguentum nervinum. Rosmarinsalbe. Nervensalbe. Onguent nervin. Unguento nervino.

Bereitet aus 16 Th. Adep. suill., 8 Th. Seb. ovil., 2 Th. Cera flava und 2 Th. Ol. Nucistae. Zu dieser Mischung werden noch 1 Th. Ol. Rosmarini und 1 Th. Ol. Juniperi hinzugefügt.

Eine gelbliche Salbe, die zu reizenden Einreibungen bei Rheumatismus und Neuralgien angewendet wird.

Unguentum Tartari stibiati. Unguentum irritans Authenriethii. Unguentum stibiati. Brechweinsteinsalbe. Pockensalbe. Pommade d'Autenrieth. Unguento di tartaro emetico.

Zu bereiten aus 2 Th. Tartar. stib. und 8 Th. Ungt. Paraffini. Ist eine weisse Salbe von sehr starker Reizwirkung. Erzeugt einen pustulösen Ausschlag und bei längerer Einwirkung tief gehende Ulcerationen. Wurde früher häufig bei chronischen Geisteskrankheiten als intensives Ableitungsmittel auf den zuvor rasirten Scheitel eingerieben. Hierbei kommt es nicht selten zur Nekrose der Schädelknochen. Dosis: 1—2mal täglich erbsen- bis bohnengross einzureiben.

Unguentum Terebinthinae. Terpentinsalbe.

Eine weiche Salbe von gelber Farbe, die reizende Wirkung hat und aus 1 Th. Terpentin, 1 Th. gelbem Wachs und 1 Th. Terpentinöl besteht.

Sie wird zu Einreibungen bei Lähmungen und chronischem Rheumatismus verwandt.

Unguentum Zinci. Zinksalbe. Pommade de zinc. Unguento di zinco.

Wird bereitet aus 1 Th. Zinc. oxyd. und 9 Th. Adeps suill. (Pharm. Helvet. schreibt statt Adeps suill. weisses Vaselin vor.) Diese weisse indifferente Salbe wird vielfach als kühlendes, reizmilderndes, sekretionsbeschränkendes Mittel angewendet, so z. B. bei Intertrigo, Balanitis etc.

Veratrinum. Veratrin. Vératrine. Veratrina.

Das von dem Apotheker Meissner im Jahre 1819 dargestellte Alkaloid Veratrin wird aus der Sabadilla officinalis, einer in Mexico einheimischen Melanthacee, gewonnen. Es kommt zu etwa 2% im Samen der Sabadilla offic. vor und zu seiner Isolirung wird der gepulverter Samen wiederholt mit schwefelsäurehaltigem Wasser ausgekocht, die Kolaturen eingedampft und nach dem Absetzen und Filtriren durch Ammoniak gefällt. Das erhaltene Präparat ist ein Gemenge von zwei isomeren Verbindungen, dem Cevadin (krystallinisch) und dem Veratridin.

Veratrin ist ein weisses, lockeres Pulver oder eine weisse amorphe Masse, die beim Verstäuben heftiges Niesen erregt und angefeuchtet, rothes Lackmuspapier nach einiger Zeit bläut. In Wasser ist es fast unlöslich, es löst sich dagegen in 4 Theilen Alkohol und in 2 Theilen Chloroform, in Äther und Benzol ist es weniger leicht, jedoch vollständig löslich.

Auf der Haut erzeugt Veratrin Prickeln und Brennen. Es reizt die Schleimhäute und verursacht beim Zerstäuben anhaltendes Niesen, Conjunctivitis und konvulsivischen Husten.

Innerlich genommen, verursachen schon Gaben von 0,01 bis 0,05 scharfen, kratzenden Geschmack, Speichelfluss, Schlingbeschwerden, Durstgefühl, Wärme im Magen, Übelkeit, Erbrechen, Diarrhoe und Leibschmerzen. Dabei zeigt sich Pulsbeschleunigung, auf die bald Verlangsamung des Pulses und der Respiration und Sinken der Körperwärme folgt. Die peripherischen Nervenendigungen werden zuerst erregt, dann gelähmt. Die Einwirkung auf das Gehirn ist scheinbar gering, da das Sensorium usque ad finem ungetrübt bleibt. Der Blutdruck sinkt bedeutend, es kommt zu Konvulsionen und Kollaps, und der Tod erfolgt durch Herzlähmung.

Bei einer Veratrinvergiftung wird man zunächst das Gift aus dem Magen zu entfernen und durch Darreichung von Tannin unschädlich zu machen suchen. Nach erfolgter Resorption sind Excitantien wie Wein, Liquor Ammonii anisat., Kampfer, schwarzer Kaffee etc. zu empfehlen.

Wegen seiner Aktion auf Temperatur und Puls wurde Veratrin früher als Antipyreticum auch bei fieberhaften Krankheiten und besonders bei Pneumonie (Biermer) angewandt. Wegen seiner stürmischen Nebenwirkungen, die leicht zu Kollaps führen können, ist die innere Verabreichung gegenwärtig verlassen worden. Nur ausnahmsweise giebt man es noch zuweilen innerlich bei Neuralgien oder Tremor.

Äusserlich wird es zu schmerzstillenden Einreibungen bei Neuralgien (Ischias, Intercostalneuralgien, Gesichtsneuralgien), Rheumatismus etc. verordnet.

Dosis. Innerlich zu 0,001 bis 0,003 mehrmals täglich in Pillen,

Grösste Einzelgabe 0,005! — Grösste Tagesgabe 0,02!

Äusserlich zu Einreibungen in Alkohol oder Chloroform gelöst, in Salbenform (0,2—0,5 : 30,0).

1160) ℞ Veratrini 0,02.
Rad. Liquirit. pulv.
Succi Liquirit. ää q. s.
ut f. pilul. No. 40.
Consp. Lycopod.
D. S. Täglich 4 Pillen.
(Tremor.)
(Feris.)

1161) ℞ Veratrini 0,25
Ol. Olivar. 0,5
Adip. suill. ad 25,0.
M. f. ungt. D. S. Äusserlich.
(Form. Magistr. Berol.)

1162) ℞ Veratrini 0,3
Chloroform. 15,0
Mixt. oleos.-bals. 30,0.
M. D. S. Zum Einreiben.
(Schmerzen der Tabiker.)
(F. Müller.)

1163) ℞ Veratrini 0,3—0,5
Chloroform. 5,0
Ol. Olivar. ad 30,0.
M. D. S. Äusserlich.
Mehrmals tägl. 1—2 Theelöffel voll einzureiben.
(Rheumatismus, Neuralgie.)

Vinum. Wein.

Das durch Gährung aus dem Safte der Weintraube gewonnene, nicht verfälschte Getränk, deutschen oder ausländischen Ursprunges.

Der Gehalt des Weines an Schwefelsäure darf in 1 Liter Flüssigkeit nicht mehr betragen, als sich in 2 g Kaliumsulfat vorfindet. Südweine (Xeres, Portwein, Madeira, Marsala etc.) sollen in 1 Liter Flüssigkeit nicht weniger als 140 und nicht mehr als 200 ccm Weingeist enthalten.

Vinum camphoratum. Kampferwein.

Kampfer 1 Th. wird in Spirit. 1 Th. gelöst, dann werden nach und nach unter Umschütteln Gummischleim 3 Th. und Weisswein 45 Th. zugefügt. — Ist eine weissliche, trübe Flüssigkeit, die vor dem Gebrauche umgeschüttelt werden muss.

Wird äusserlich zu Umschlägen und Verbänden bei Decubitus und schlecht granulirenden Wunden, innerlich zu 20 Tropfen bis 1 Theelöffel 2stündlich bei Kollaps, Cholera etc. verordnet.

Vinum Colchici. Zeitlosenwein. Colchicumwein. Vin de colchique.

Ist eine Maceration von Semen Colchici 1 Th. in Xereswein 10 Th. und stellt eine klare, gelbbraune Flüssigkeit dar, die vorsichtig aufzubewahren ist. Bezüglich der Wirkung vergleiche Semen Colchici. Ist ein beliebtes Antirheumaticum und wird bei Gicht und chronischem Rheumatismus zu 10—20 Tropfen 3—4mal täglich,

Grösste Einzelgabe 2,0! — Grösste Tagesgabe 5,0!

verordnet. Da Colchicum leicht Diarrhoe verursacht, ist ein geringer Zusatz von Tinct. Opii gebräuchlich.

1164) ℞ Vini Colchici 12,0
Tinct. Opii croc. 2,0.
M. D. S. 3–4stündl. 10—20 Tropfen.
(Bei Gicht und Rheumatismus.)

1165) ℞ Vini Colchici 10,0
Extr. Aconiti 0,2.
M. D. S. 3 × tägl. 15 Tropfen.
(Inveterirter Rheumatismus.)

Vinum Condurango. Condurangowein. Vin de condurango. 1 Th. fein zerschnittener Condurangorinde wird 8 Tage lang mit 10 Th. Xereswein macerirt. Der Condurangowein stellt eine gelbrothe, klare Flüssigkeit dar, die beim Erwärmen stark nach Condurangorinde riecht.

Ist ein gutes Bittermittel und Stomachicum. Wird thee- bis esslöffelweise mehrmals täglich (vor der Mahlzeit) bei Magenleiden mit Erbrechen, Carcinoma ventriculi etc. verabreicht.

Vinum Ipecacuanhae. Ipecacuanhawein. Brechwurzelwein.

1 Th. Rad. Ipecac. wird mit 10 Th. Xereswein 8 Tage macerirt, dann ausgepresst und die Flüssigkeit filtrirt. Ist eine gelbbräunliche, klare Flüssigkeit, die die Wirkungen der Rad. Ipecac. entfaltet. Wird (namentlich bei Kindern) als Expektorans und als Brechmittel angewendet.

Als Expektorans 5—10 Tropfen mehrmals täglich auf Zucker oder in Milch; als Emeticum theelöffelweise alle 10 Minuten, bis Erbrechen erfolgt. — Zuweilen wird Vinum Ipecacuanhae auch als Zusatz zu Choleratropfen benutzt.

Vinum Pepsini. Pepsinwein. Vin de pepsine. Vino di pepsina.

24 Th. Pepsin, 20 Th. Glycerin, 3 Th. Acid. hydrochl. und 20 Th. Wasser werden gemischt, 24 Stunden stehen gelassen. Dann werden zugefügt 92 Th. Sirup. simpl., 2 Th. Tinct. Aurantii cort. und 839 Th. Xereswein. Darauf wird das Ganze gemischt, nach dem Absetzen filtrirt und das Filter mit soviel Xereswein nachgewaschen, dass das Gesamtgewicht 1000 Th. beträgt.

Die Pharm. Helvet. giebt folgende Vorschrift für die Bereitungsweise des Pepsinweins:

Pepsin und Wasser āā 50 Th., Salzsäure 5 Th., Marsalawein 900 Th. Löse und filtrire.

Pepsinwein soll klar und von gelblicher Farbe sein. Er wird bei gewissen Verdauungsbeschwerden Erwachsenen esslöffelweise, Kindern tropfen- bis theelöffelweise nach der Mahlzeit gegeben. Bei älteren, an Verstopfung leidenden Individuen regelt zuweilen ein Likörgläschen Pepsinwein am besten die Stuhlentleerung.

Vinum stibiatum. Vinum emeticum. Brechwein. Vin stibié. Antimonial Wine. Vino antimoniale.

Ist eine filtrirte Auflösung von 1 Th. Brechweinstein in 250 Th. Xereswein und stellt eine klare, braungelbe Flüssigkeit dar. Wirkt wie Tartarus stibiatus in kleinen Dosen expektorirend und diaphoretisch, in grösseren brechenerregend.

Als Expektorans für Erwachsene zu 10—30 Tropfen mehrmals täglich oder andern expektorirenden Mixturen bis zu 5,0 pro die hinzugesetzt. Als Brechmittel für Erwachsene 1 Esslöffel voll, für Kinder (am besten mit gleichen Theilen Oxymel Scillae) alle 5—10 Minuten 1 Theelöffel voll bis zur Wirkung.

Pharm. Helvet. schreibt vor:

Grösste Einzelgabe 10,0! — Grösste Tagesgabe 20,0!

1166) ℞ Vini stibiati
Oxymel. Scillae āā 15,0.
M. D. S. Alle 10 Minuten 1 Theelöffel voll zu geben, bis Erbrechen erfolgt.
(Brechmittel für ein kleines Kind.)

1167) ℞ Vini stibiat.
Tinct. Lobeliae āā 5,0
Liq. Ammon. anis. 1,0.
M. D. S. $^1/_4$stündl. 10 Tropfen.
(Bei Asthma bronchiale.)

Zincum aceticum. Zinkacetat. Essigsaures Zinkoxyd.

$$(CH_3 . COO)_2 Zn + 2 H_2 O.$$

Wird durch Auflösen von Zinkoxyd in erwärmter verdünnter Essigsäure und darauf folgender Filtration und Krystallisation gewonnen.

Es stellt weisse, glänzende Blättchen dar, die in 3 Th. kaltem, in 2 Th. heissem Wasser und in 36 Th. Weingeist löslich sind.

Die schwach saure, wässerige Lösung wird durch Eisenchlorid dunkelroth gefärbt und giebt mit Kalilauge einen weissen Niederschlag, der im Überschusse des Fällungsmittels löslich ist.

Äusserlich wirkt Zincum aceticum in verdünnter Lösung adstringirend, in koncentrirtem Zustande ätzt es, jedoch nicht so intensiv wie Zincum sulf. Wie dieses erregt es, bei innerlicher Darreichung, Erbrechen. In kleinen Dosen (0,05—0,1) wird ihm ein beruhigender Einfluss auf das Nervensystem nachgerühmt.

Anwendung. Innerlich (selten) bei Epilepsie, Chorea oder Neuralgien.

Äusserlich zu adstringirenden Augen- und Gurgelwässern bei Conjunctivis und Angina, ebenso zu Injektionen in die Urethra bei Gonorrhoe.

Dosis. Innerlich als Nervinum zu 0,05—0,1 mehrmals täglich in Pillen oder schleimiger Lösung.

Äusserlich zu Augentropfen 0,01 : 10,0 Aqua; zu Gurgelwässern und Einspritzungen in die Urethra 0,2—0,5 : 100,0 Aqua.

1168) ℞ Zinci acet. 1,0
Asae foetid. 2,0
Extr. Valerian. q. s.
ut f. pilul. No. 30.
D. S. 2—3 × tägl. 2 Pillen.
(Epilepsie.)

1169) ℞ Zinci acet. 0,5
Aq. dest. ad 200,0.
M. D. S. Zur Einspritzung.
(Chron. Gonorrhoe.)

Zincum chloratum. Zinkchlorid. Chlorzink. Chlorure de zinc. Chloride of zinc. Cloruro di zinco. $ZnCl_2$.

Wird durch Auflösen von reinem Zinkkarbonat oder Zinkoxyd in Salzsäure und Eindampfen der Lösung erhalten.

Es bildet ein weisses, an der Luft leicht zerfliessliches Pulver oder kleine weisse Stangen. Löst sich in Wasser und Weingeist mit saurer Reaktion. Beim Erhitzen schmilzt es und erstarrt nach dem Erkalten zu einer grauweissen Masse, daher kann es leicht in Formen, wie Argent. nitricum, ausgegossen werden.

Zinkchlorid coagulirt Eiweiss und wirkt in koncentrirter Lösung oder in Substanz stark ätzend. Die Ätzwirkung beschränkt sich auf den Ort der Applikation, geht aber in die Tiefe und ist mit intensiven Schmerzen verbunden.

In verdünnter Lösung hat es adstringirende und gleichzeitig desinficirende Eigenschaften.

Innerlich in starker Koncentration oder in grösserer Menge verschluckt, kann es heftige Gastroenteritis erzeugen und raschen Tod durch Kollaps verursachen. Gegenmittel: Eiweiss, kohlensaure Alkalien, auch Seifenwasser.

Chlorzink findet nur äusserliche Verwendung und vor Allem als Ätzmittel, wo es sich darum handelt, zur Zerstörung von Neubildungen mehr in die Tiefe zu gelangen, wie bei Lupus und manchen inoperablen malignen Tumoren. Dient auch zum Ätzen syphilitischer Geschwüre und (in der erforderlichen wässerigen Verdünnung) zu adstringirenden und antiseptischen Ausspülungen bei gonorrhoischer Vaginitis und Endometritis. In der Neuzeit sind auch Injektionen von Chlorzinklösungen direkt in die Gelenke bei tuberkulöser Gelenkentzündung (Lannelongue) empfohlen worden. Zum Konserviren von Leichen und anatomischen Präparaten wird es häufig angewandt.

Dosis. Als Ätzmittel in Form der Canquoin'schen Ätzpaste, von der je nach dem Mischungsverhältnisse des Zinkchlorids mit Roggenmehl oder Pulv. Rad. Althaeae verschiedene Koncentrationen beliebt sind (1 : 1, 1 : 2, 1 : 3). Diese Paste bleibt, messerspitzendick aufgetragen, etwa 5—6 Tage liegen und ätzt bei unversehrter Epidermis ungefähr so tief, wie die Paste selbst dick ist, erheblich tiefer bei fehlender Oberhaut. Zu weniger ausgedehnten und milderen Kauterisationen eignen sich die von Köbner empfohlenen Chlorzinkstifte, die durch Zusammenschmelzen von Chlorzink und Kal. nitricum in verschiedenen Verhältnissen von 1 : 1 bis 5 : 1 hergestellt werden.

Bei gonorrhoischer Vaginitis und Endometritis verschreibt Prof. Fritsch Chlorzink und Wasser zu gleichen Theilen und setzt von dieser Lösung 20,0 zu 1 Liter Wasser. Mit dieser Chlorzinklösung, auf 30^0 erwärmt, werden in liegender Stellung 2mal täglich Ausspritzungen gemacht. Zur Beseitigung des Ausflusses genügen 10 Ausspritzungen.

Zu Verbandwässern 1,0 : 100,0—500,0, Augenwasser 0,02 : 100,0, Urethralinjektion 0,05 : 100,0. Als parenchymatöse Injektion: bei tuberkulösen Gelenkerkrankungen macht Lannelongue mit einer Lösung von 1 : 10 an mehreren Stellen tiefe Einspritzungen von 2—3 Tropfen, im Ganzen 6—20 Tropfen in jeder Sitzung.

1170) ℞ Zinci chlorati
Pulv. Rad. Althae. āā 10,0.
M. f. c. Aq. dest. pauxill. pasta.
D. S. Messerrückendick aufzutragen.

1171) ℞ Zinci chlorat.
Aq. dest. āā 30,0.
Äusserlich.
M. D. S. 1 Esslöffel dieser Lösung auf 1 Liter Wasser zu Ausspritzungen der Vagina.
(Vaginitis und Endometritis gonorrhoica.)
(Fritsch.)

Zincum oxydatum. Zincum oxydatum purum. Flores Zinci. Zinkoxyd. Oxyde de zinc pur. Ossido di zinco puro. ZnO.

Wird durch Erhitzen des trockenen, gepulverten kohlensauren Zinks, bis dieses von Wasser und Kohlensäure frei ist, gewonnen.

Es stellt ein weisses, zartes, lockeres, in der Hitze gelbes Pulver dar, das unlöslich in Wasser ist, sich in verdünnter Essigsäure löst und geruch- und geschmacklos ist.

Von Alters her stand Zinkoxyd in grossem Ansehen als antepileptisches und krampfstillendes Mittel. Wie diese Wirkung zu Stande kommt, ist nicht aufgeklärt worden. Sie ist überhaupt ziemlich zweifelhaft, und seitdem Bromkalium sich seine Stellung errungen, ist das Zinkoxyd als Nervenmittel ganz in den

Hintergrund getreten. — In grossen Dosen erregt es wie die übrigen Zinkpräparate Erbrechen und Diarrhoe.

Äusserlich wirkt es adstringirend und sekretionsbeschränkend auf Schleimhäuten und geschwürigen Flächen.

Dosis. Innerlich als Antispasmodicum bei Epilepsie, Chorea, Neurosen zu 0,05—0,3 mehrmals täglich in Pillen oder Pulvern. Die Pharm. Helvet. schreibt vor als Dosis max. simpl. 0,2, Dosis max. pro die 1,0! Bei Neurosen, Konvulsionen und Keuchhusten der Kinder zu 0,005—0,02—0,05 mehrmals täglich.

Äusserlich als austrocknendes Streupulver allein oder in Verbindung mit Stärkemehl oder Lycopodium (1 : 5). In Salbenform (1 : 3—5 Fett), oder auch als Zinkleim (bei Ekzem).

1172) ℞ Zinci oxydat. 1,0—2,0
Natrii bicarb. 0,5
M. f. pulv.
Divid. in part. aeq. 3—4.
S. 3stündl. 1 Pulver.
(Chronische Diarrhoe.)

1173) ℞ Zinc. oxyd. 0,1
Rad. Valerian. 1,0
Fol. Belladonn. 0,01.
M. f. pulv. D. t. dos. X.
S. 2—3 × tägl. 1 Pulver.
(Epilepsie.)

1174) ℞ Zinci oxydat. 6,0.
Pulv. Rad. Liquirit.
Succ. Liquirit. q. s.
ut f. pilul. No. 60.
D. S. 3 × tägl. 1 Pille, allmählich auf 3 × täglich 3 Pillen zu steigern.
(Epilepsie.)

1175) ℞ Zinci oxydat. 10,0
Amyl. 20,0.
M. f. pulv. D. S. Äusserlich Streupulver bei Intertrigo.

1176) ℞ Zinci oxydat.
Gelatin. āā 15,0
Glycerin. 25,0
Aq. dest. ad 100,0.
M. D. S. Zu erwärmen und mit dem Pinsel aufzutragen bei Ekzem.
(Zinkleim.)

Zincum oxydatum crudum. Flores Zinci. Zinkweiss. Rohes Zinkoxyd. Lana philosophica. Nihilum album. Oxyde de zinc. Flowers of zinc. Ossido di zinco.

Wird fabrikmässig durch Verbrennen von Zink dargestellt. Ist ein feines, amorphes, in Wasser unlösliches Pulver, das beim Erhitzen vorübergehend gelb wird.

Dieses Präparat darf nicht, wie Zincum oxydatum, zum innerlichen Gebrauch benutzt werden und dient nur zur äusserlichen Verwendung.

Es ersetzt als weisse Anstrichfarbe das giftige Bleiweiss und wird in Verbindung mit Amylum und Farbezusatz zu Schminken benutzt. Dient auch zur Darstellung des officinellen

Unguentum Zinci. Zinksalbe. (Zinc. oxyd. crud. 1, Adip. suill. 9.) Weisse Salbe.

Wird als reizmilderndes, kühlendes und sekretionsbeschränkendes Mittel vielfach angewendet.

1177) ℞ Zinci oxyd. crudi 5,0
Adip. benzoati ad 50,0.
M. f. unguentum.
Unguentum Wilsonii.
(Form. Magistr. Berol.)

1178) ℞ Zinc. oxyd. crud.
Amyl. āā 25,0.
M. f. pulv. D. S. Äusserlich.
Streupulver.
(Intertrigo.)

Zincum sulfuricum. Vitriolum album purum. Zinksulfat. Schwefelsaures Zinkoxyd. Sulfate de zinc. Sulphate of zinc. Solfato di zinco. $ZnSO_4 + 7H_2O$.

Wird durch Lösen von 2,5 Th. zerkleinerten Zinks in einer Mischung von 3 Th. englischer Schwefelsäure mit 15 Th. Wasser dargestellt.

Es bildet farblose, durchsichtige, an trockener Luft langsam verwitternde Krystalle, die sich in 0,6 Th. Wasser mit saurer Reaktion lösen, in Weingeist aber unlöslich sind. Die wässerige Lösung besitzt einen scharfen Geschmack und giebt mit Baryumnitratlösungen einen weissen, in Salzsäure unlöslichen Niederschlag.

In Substanz und stärkerer Koncentration wirkt Zinksulfat ätzend, in verdünnter wässeriger Lösung auf die Schleimhäute gebracht, hat es adstringirende, sekretionsbeschränkende und desinficirende Eigenschaften. Es coagulirt Eiweiss. In mittleren Dosen von 0,3—0,5—1,0 innerlich genommen, ruft es sehr schnell Erbrechen hervor; kleinere Gaben wirken auf das Nervensystem wie die übrigen Zinkpräparate.

Innerlich wird es viel seltener als äusserlich angewendet. Es dient hier hauptsächlich als Brechmittel bei Croup und Diphtherie.

Äusserlich ist es besonders bei Katarrh der Bindehaut und in frischen Formen von Gonorrhoe beliebt, ebenso bei Fluor albus.

Dosis. Innerlich als Brechmittel bei Erwachsenen 0,3 bis 1,0,

Grösste Einzelgabe 1,0!

in Pulver oder Lösung, bei Kindern 0,2—0,5. Als Nervinum und Antispasmodicum in kleinen Dosen von 0,005—0,03 mehrmals täglich in Pillen, Pulver oder schleimiger Lösung. Die Pharm. Helv. gestattet als Dosis max. simpl. 0,1; als Dosis max. pro die 1,0!

Äusserlich. Zu Injektionen in die Harnröhre 0,5—1,0:100,0, zu Injektionen in die Scheide 1,0:100;0. Zu Augenwässern 0,1 bis 0,2:100,0. Zum Einträufeln ins Auge 0,02:10,0.

1179) ℞ Zinc. sulf. 1,0—2,0
Aq. dest. ad 200,0.
D. S. Äusserlich zu Einspritzungen in die Harnröhre bei Gonorrhoe.

1180) ℞ Zinci sulf.
Plumb. acet. 1,0—2,0
Aq. dest. ad 200,0.
M. D. S. Zur Einspritzung in die Harnröhre.

1181) ℞ Zinci sulf. 0,03
Aq. Foeniculi ad 15,0.
M. D. S. 2 × tägl. einige Tropfen ins Auge zu träufeln bei Conjunctivitis.

1182) ℞ Zinci sulf. 0,2
Aq. dest. 100,0
Aq. Laurocerasi 25,0.
M. D. S. Äusserlich als Augenwasser (3 × tägl. die Augen zu waschen).
(Conjunctivitis.)

1183) ℞ Zinci sulf. 0,05—0,3
Aq. dest. ad 30,0.
M. D. S. Äusserlich. Ohrtropfen.
3 × tägl. 15 Tropfen erwärmt einzuführen.

IV. Die nicht officinellen, älteren, neueren und allerneusten Arzneimittel

nebst Receptformeln.

Abrastol. Siehe Asaprol.

Acetal. Diaethylacetal. Äthylidendiaethyläther. $C_6 H_{14} O_2$.
Farblose, flüchtige, ätherisch riechende und bitter schmeckende Flüssigkeit, in 18 Volum. Wasser löslich. Entsteht bei der Oxydation des Alkohols und wirkt schlafbringend (v. Mering). Die einmalige hypnotische Dosis beträgt 6,0—12,0 in Lösung oder Emulsion. Findet kaum praktische Verwendung, da Acetal unsicher in der Wirkung, nicht frei von unangenehmen Nebenwirkungen und theuer ist.

Acetonum. Spiritus sive Aether pyro-aceticus depuratus. Aether lignosus. Aceton. Essiggeist. $C_3 H_6 O$.
Wasserhelle, ätherisch riechende, brennbare Flüssigkeit von 0,814 spec. Gewicht, in Alkohol und Äther leicht löslich, schwer löslich in Wasser. — Wird als Nebenprodukt bei der trockenen Destillation des Holzes gewonnen. — Therapeutischer Werth sehr zweifelhaft.

Dosis. Innerlich zu 0,2—0,5 (5—15 Tropfen) 3 Mal täglich auf Zucker oder in Kapseln bei Phthisis, Rheumatismus und Neuralgien angewendet.

Äusserlich zu Waschungen, Einreibungen und zu Inhalationen bei Kehlkopfs- und Lungenschwindsucht.

Acetophenon. Siehe Hypnon.

Acetum Colchici. Zeitlosenessig. Vinaigre de colchique.
1 Th. Semen Colchici und 1 Th. Spirit. und 9 Th. Acetum werden 8 Tage macerirt, dann ausgepresst und filtrirt. Klare, gelbliche Flüssigkeit, die bei Rheumatismus und Gicht zuweilen noch Anwendung findet zu 1,0—3,0 mehrmals täglich in Mixtur und Saturation.

Acetum Digitalis. Fingerhutessig. Vinaigre de digitale.
Wird dargestellt durch Maceriren von Fol. Digital. 5 Th., Spirit. 5 Th., Acid. acet. dil. 9 Th. und Aq. dest. 36 Th.; nach 8 Tagen wird ausgepresst und filtrirt. — Klare, bräunlichgelbe, bitter schmeckende Flüssigkeit. Wirkt wie Fol. Digitalis und wird in Tropfenform oder Mixtur zu 0,5—1,0 mehrmals täglich angewendet. War früher officinell und hatte eine Maximaldosis:

Grösste Einzelgabe 2,0! — Grösste Tagesgabe 10,0!

1184) ℞ Acet. Digital. 10,0.
D. S. 3 × tägl. 10 Tropfen in Zuckerwasser.
(Für Kind von 10 Jahren.)

1185) ℞ Acet. Digital. 10,0
Aq. dest. 100,0
Sirup. smpl. 20,0.
M. D. S. 3—4 × tägl. 1 Esslöffel.

Acetum Rubi Idaei. Himbeeressig. Vinaigre framboisé.

Wird durch Mischen von 1 Th. Sirup. Rubi Idaei und 2 Th. Acet. pur. erhalten. Rothe, klare und angenehm sauer schmeckende Flüssigkeit. Dient unter Zusatz von 5—10 Theilen Zuckerwasser als durstlöschendes, erfrischendes Getränk.

Acetylaethyloxyphenylurethan. Siehe Thermodin.

Acetylparaoxyphenylurethan. Siehe Neurodin.

Acidum aceticum aromaticum. Aromatische Essigsäure.

Eine klare, gelbbräunliche Flüssigkeit, die ätherische Öle, wie Ol. Caryophyll., Ol. Citri und andere Zusätze in Essigsäure gelöst enthält. Wird als Riechmittel und zu Einreibungen verwendet.

Acidum antiseptinicum. Siehe Aseptinsäure.

Acidum cinnamylicum. Zimmtsäure. Siehe Phenylacrylsäure.

Findet sich im Styrax, Peru- und Tolubalsam und stellt farblose oder gelbliche, in Wasser schwer, in Alkohol leichter lösliche Krystalle dar. Nach neueren Untersuchungen von Landerer eignet sich die Zimmtsäure zur Behandlung der Tuberkulose. Örtliche Einwirkung derselben vermag lokalisirte Tuberkulose zum Rückgange zu bringen, und die intravenöse Injektion des Mittels soll bei Lungentuberkulose gute Resultate zur Folge haben.

Für die mit Vorsicht anzuwendende intravenöse Injektion empfiehlt Landerer folgende Emulsion:

1186) ℞ Acid. cinnamylici 15,0
Ol. Amygdal. dulc. 10,0
Vitell. ovi unius
Solut. Natrii chlorat. (0,7 %) q. s.
M. f. emulsio 100,0.

Vor dem Gebrauche ist die Emulsion durch Zusatz von 7,5 % Natronlauge schwach alkalisch zu machen. Von der Flüssigkeit werden 2—3 mal wöchentlich etwa 0,1—0,2 ccm injicirt.

In Lupusknötchen sind 1—2 Tropfen der folgenden Lösung zu injiciren:

1187) ℞ Acid. cinnamylici
Cocaini muriat. āā 1,0
Spirit. Vini 18,0
D. S. Zur Injektion (1—2 Tropfen)
(In 1 Sitzung können bis 10 Injektionen gemacht werden.)

1188) ℞ Acid. cinnamylici 1,0
Glycerini 10,0—20,0.
M. D. S. Zur Injektion.
(Vor dem Gebrauche tüchtig umzuschütteln.)

Bei Tuberkulosis laryngis Pinselungen von 1 auf 20 Spiritus.

Acidum gallicum. Gallussäure. Trioxybenzoesäure. Acide gallique. Gallic Acid. Acido gallico. $C_6H_2(OH_3)$. COO H.

Ist im freien Zustande in den Galläpfeln, im Thee, in den Granatwurzeln und andern Pflanzen enthalten. Wird aus den Galläpfeln oder durch Kochen von Tannin mit verdünnter Schwefelsäure gewonnen. (Officinell in der Schweiz.)

Feine, farblose, seidenglänzende Krystalle, löslich in 100 Th. kaltem, in 3 Th. kochendem Wasser, in Alkohol leicht, in Äther schwer löslich. Die wässerige Lösung reducirt Silbernitrat und giebt mit verdünntem Eisenchlorid einen blauschwarzen Niederschlag. Wegen ihrer Eigenschaft Gold- und Silbersalze zu reduciren, bedienen sich die Photographen der Gallussäure zum Hervorrufen der Bilder.

Sie wirkt adstringirend, doch wegen der ihr fehlenden Affinität zum Eiweiss, in weit geringerem Masse als Tannin. Deshalb wird sie innerlich länger und in grösseren Dosen vertragen als Tannin.

Anwendung wie Tannin. Äusserlich zu adstringirenden Mundwässern und Pinselungen bei Aphthen, Hämorrhoiden etc.

Innerlich bei Blutungen der verschiedenen Organe, besonders bei Hämoptoë, Magenblutungen, Uterusblutungen, ferner bei Diarrhoe, Albuminurie und Nachtschweissen.

Dosis. Äusserlich zu Pinselungen bei Aphthen 5,0 : 20,0 (Glycerin), zu Mundwässern ($1^0/_0$—$5^0/_0$).

Innerlich bei Blutungen, Nephritis, Diarrhoe zu 0,05—0,3 mehrmals täglich in Pulver, Pillen und Solution.

1189) ℞ Acid. gallici 0,05—0,3
Sacch. alb. 0,5.
M. f. pulv. D. t. dos. X.
S. 2—3stündl. 1 Pulver.
(Albuminurie, Diarrhoe.)

1190) ℞ Acid. gallici
Ergotini āā 1,0
Aq. dest.
Sirup. Althaeae āā 25,0.
M. D. S. 2stündl. 1 Theelöffel.
(Hämoptoë.)
(Blaschko.)

1191) ℞ Acid. gallici 5,0
Glycerini 20,0.
M. D. S. Äusserlich. Zum Pinseln.
(Aphthen, Angina.)

Acidum gymnemicum. Siehe Gymnema silvestre.

Acidum hyperosmicum. Acidum perosmicum. Acidum osmicum. Überosmicumsäure. Osmiumsäure. Acide osmique. Osmic Acid. $Os\,O_4$.

Fein vertheiltes Osmiummetall wird bei hoher Temperatur im Luft- oder Sauerstoffstrome erhitzt und die hierbei gebildete flüchtige Überosmiumsäure in abgekühlten Vorlagen aufgefangen.

Sie bildet glänzende, durchsichtige, gelbe hygroskopische Nadeln von stechendem Geruch, die bei gelindem Erwärmen schmelzen und mit farblosen Dämpfen flüchtig sind. Leicht löslich in Wasser. Durch Zusatz von organischen Substanzen tritt Zersetzung ein. Zusatz von Glycerin zu den Lösungen macht dieselben lange Zeit haltbar. Kommt im Handel in Röhrchen von 0,5 und 1,0 Inhalt vor.

Die Dämpfe wirken stark reizend auf die Haut und die Schleimhäute (besonders der Augen). Daher Vorsicht! — Eine $1^0/_0$ Lösung tödtet Milzbrandsporen in 24 Stunden.

Anwendung findet die Osmiumsäure bei Neuralgien (Intercostalneuralgien, Ischias), Epilepsie und Geschwülsten (Sarkome, Lymphome, Struma). In der mikroskopischen Technik findet sie gleichfalls Verwendung.

Dosis. Innerlich bei Epilepsie 0,001 mehrmals täglich bis 0,015 pro die, am besten in Pillenform (mit Bolus).

Äusserlich in subkutaner und parenchymatöser Injektion in wässeriger Lösung von 0,1 : 10,0 Aqua dest., hiervon $^1/_3$—1 Spritze.

An Stelle von Acidum osmicum wird auch Kalium osmicum in gleicher Dosis gegen Epilepsie empfohlen (Wildermuth).

1192) ℞ Acid. hyperosmici 0,1
Glycerini 4,0
Aq. dest. 6,0.
M. D. S. In dunklem Glase mit Glasstöpsel.
Zur subkut. und parenchymat. Injektion.
($^1/_2$—$^1/_3$—1 Spritze.)

Acidum jodicum. Jodsäure.

Weisse, in Wasser lösliche Krystalle. Wirkt ätzend und wird in Substanz zum Ätzen von syphilitischen Ulcerationen empfohlen. Als blutstillendes Mittel in 5—10% Lösung. Auch die innerliche Anwendung bei Magenblutungen und Erbrechen ist zu 0,05—0,1 drei- bis viermal täglich in Pillenform mit Erfolg versucht worden.

Acidum picronitricum. Acidum picrinicum. Acidum picricum. Acidum trinitrophenylicum. Pikrinsäure. Acide picrique. $C_6H_2(NO_2)_3OH$.

Erhalten durch Einwirkung von Salpetersäure auf Karbolsäure. Gelbe Krystalle, schwer löslich in kaltem Wasser, leicht löslich in heissem Wasser, Alkohol und Glycerin. Färbt gelb.

Wirkt hemmend auf Fäulnissorganismen und Gährungsvorgänge. Zerstört die rothen Blutkörperchen. Bei innerer Verabreichung treten leicht Übelkeit, Erbrechen, Durchfall, Abmagerung und Gelbfärbung der Conjunctiva und aller andern Gewebe auf.

Anwendung findet die Pikrinsäure (gegenwärtig jedoch kaum mehr) bei Intermittens, Bandwürmern, Trichinen, Neuralgien. Auch zur Erhärtung mikroskopischer Präparate bedient man sich ihrer.

Ebenso verwendet man die Alkali-Verbindungen der Säure:

Ammonium picronitricum, hellgelbes, wasserlösliches Pulver und

Kalium picronitricum. In kaltem Wasser schwer lösliche Krystalle.

Innerlich zu 0,05—0,2 zwei- bis dreimal täglich in Pillen oder Lösung.

1193) ℞ Acid. picronitrici 0,1
Vini rubri ad 100,0.
M. D. S. 2—3 × tägl. 1 Esslöffel.

1194) ℞ Kalii picronitrici 2,0
Tuber. Jalap. pulv. 4,0.
Extr. Liquirit. q. s.
ut. f. pilul. No. 30.
D. S. 3 × tägl. 5 Pillen.
(Trichinen.)
(Friedreich.)

Acidum sclerotinicum. Siehe Secale cornutum S. 89.

Acidum sozojodolicum. Dijodparaphenolsulfosäure. Sozojodol. Sozojodolsäure. $C_6H_2I_2(OH)SO_3H + 3H_2O$.

Die Entdeckung der Sozojodolverbindungen rührt von dem Chemiker Ostermayer her. Paraphenolsulfonsaures Kalium wird in verdünnter Salzsäure gelöst und eine Lösung von Kaliumjodid und jodsaurem Kalium hinzugefügt. Das sich ausscheidende saure Kaliumsalz wird mit Schwefelsäure zerlegt.

Krystallisirt aus Wasser in nadelförmigen Krystallen. Geruchlos und leicht löslich in Wasser, Alkohol und Glycerin. Sozojodolsäure nebst ihren Salzen besitzt antiseptische Eigenschaften und scheint selbst in ziemlich grossen Gaben nicht besonders giftig zu wirken. Bei innerlicher Darreichung wird kein Jod im Organismus abgespalten.

Wegen ihres grossen Jodgehalts (42%) findet sie besonders als Ersatzmittel des Jodoforms in der Wundbehandlung (in 2%—3% wässeriger Lösung) Anwendung.

Sie bildet gut krystallisirende Salze, von denen besonders die folgenden praktische Verwendung finden:

1. **Kalium sozojodolicum.** Sozojodol-Kalium. „Sozojodol schwer löslich". $C_6 H_2 J_2 (OH) SO_3 K$. (55% Jod, 7% Schwefel, 20% Phenol). Farb- und geruchlose, in Wasser schwer lösliche Krystalle. Wird äusserlich als Streupulver unverdünnt oder zu gleichen Theilen mit Talcum applicirt, ferner mit Watte (1 : 10 Talk) bei Verbrennungen, auch zu Einblasungen in die Nase (5%).

2. **Natrium sozojodolicum.** Sozojodol-Natrium. „Sozojodol leicht löslich". Farblose, nadelförmige, in Wasser leicht lösliche Krystalle. — Anwendung in der Wundbehandlung in 2—3% wässeriger Lösung, oder in Salbenform (3,0 : 30,0 Lanolin); ferner zu Einblasungen in die Nasenhöhle bei Keuchhusten (mit Talcum āā). Gaze und Watte 10%.

3. **Hydrargyrum sozojodolicum.** Sozojodolquecksilber. Pomeranzengelbes, feines Pulver (31,2% Quecksilber enthaltend). Schwer löslich in Wasser. Äusserlich angewandt bei Ekzem und parasitären Hautaffektionen in 2% wässerigen Lösungen und in 1% Lanolinsalben; zu subkutanen Injektionen bei Syphilis zu 0,08 (im Ganzen etwa 6—7 mal zu appliciren). Als Streupulver 1,0 : 10,0—20,0 Amylum.

4. **Zincum sozojodolicum.** Sozojodolsaures Zink. Weisse, in 20 Th. Wasser lösliche Krystalle. — Bei Gonorrhoe in 1—2% wässerigen Lösungen empfohlen; ebenso bei katarrhalischen Affektionen der Nase mit 5—10 Th. Milchzucker oder Talk vermischt einzublasen. Bei chronischer Endometritis in 10% wässerigen Lösungen einzuspritzen.

1195) ℞ Kalii sozojodolici 10,0
Talci veneti 40,0.
M. f. pulv. D. S. Äusserlich.
Austrocknendes Pulver.

1196) ℞ Kalii sozojodol. 3,0
Adip. suill.
Lanolin. āā 13,5.
M. f. ungt. D. S. Äusserlich.
(Brandsalbe.)

1197) ℞ Zinci sozojodol. 1,0—2,0
Tinct. Opii smpl. 5,0
Aq. dest. ad 200,0.
M. D. S. Zur Injektion.
(Bei akuter Gonorrhoe.)
(Schwimmer.)

1198) ℞ Zinci sozojodolici 1,5—2,5
Bismuth. salicyl. 2,0
Aq. dest. ad 200,0.
M. D. S. Zu Injektionen.
(Bei chron. Gonorrhoe.)

1199) ℞ Zinci sozojodol. 1,0
Aq. dest.
Glycerini āā 10,0.
M. D. S. Zum Einpinseln.
(Bei Katarrh der Nasenschleimhaut.)

1200) ℞ Hydrarg. sozojodol. 0,8
Kalii jodati 1,6
Aq. dest. 10,0.
M. D. S. Zur subkut. Injektion.
Täglich 1 Spritze in die Glutaealgegend zu injiciren.
(Syphilis.)
(Schwimmer.)

Acidum sozolicum. Siehe Aseptol.

Acidum valerianicum. Baldriansäure. Acide valérianique. Valerianic Acid. Acido valerianico. $C_5 H_{20} O_2 + H_2 O$.

Gewonnen durch Destillation der Radix Valerianae mit Wasser.

Klare, farblose, unangenehm baldrianartig riechende, ölige Flüssigkeit von 0,955 spec. Gewicht. Löslich in 26 Th. Wasser, mit Weingeist und Äther in jedem Verhältnisse mischbar.

Wirkt äusserlich in koncentrirter Lösung ätzend, innerlich verdauungsstörend und in grossen Dosen toxisch.

Ist ohne Bedeutung für die Therapie und wird hauptsächlich zur Bereitung ihrer

Salze: Ammonium valerianicum,
Bismutum valerianicum und
Zincum valerianicum

verwendet, denen eine krampfstillende Wirkung zugeschrieben wird.

Aconitinum. Aconitin. Aconitine. Aconitina.

In den Wurzelknollen von Aconitum Napellus (Ranunculacee) findet sich als wirksames Princip das leicht zersetzliche Alkaloid Aconitin, dasselbe ist schwer rein darzustellen, und der Name Aconitin ist den verschiedensten Produkten (amorphen und krystallinischen) von der verschiedensten Wirkung beigelegt worden.

Bisher unterschied man ein deutsches Akonitin von dem sehr viel stärker wirkenden französischen und englischen. Gegenwärtig fällt diese Unterscheidung fort, da das deutsche Präparat dem französischen gleichkommt, es zuweilen sogar an Stärke übertrifft.

Von den verschiedenen Handelspräparaten: Aconitinum crystallisatum, Aconitinum amorphum, Pseudoaconitinum, Japaconitinum etc. verdient am meisten Beachtung und Anwendung das

Aconitinum crystallisatum $C_{33}H_{43}NO_{12}$.

Dasselbe stellt ein farbloses, bitter und scharf schmeckendes, krystallinisches Pulver dar, das in Wasser schwer löslich, in Alkohol, Äther und Chloroform leichter löslich ist und bei 184° schmilzt.

Akonitin gehört zu den intensivsten Giften, die man kennt; 0,004 können schon die tödtliche Dosis sein. Nach minimalen Dosen tritt Pulsverlangsammung, Temperaturabfall, Abnahme der Sensibilität und Reflexerregbarkeit, Vermehrung der Speichelsekretion und Diurese ein. Abgesehen von lokalen Reizungserscheinungen bedingt Akonitin heftige Reizung des centralen Nervensystems (Krämpfe, spastische Mydriasis), alsdann folgt Lähmung und Exitus letalis durch Paralyse des Respirationscentrums und der motorischen Herzganglien. Die Behandlung der Akonitinvergiftung, die durch Verwechselung der Wurzel mit essbaren Wurzeln oder durch zu grosse medicinale Dosen zu Stande kommt, erfordert Stimulantien (Kampfer, Äther, Coffein).

Akonitin wird als Antineuralgicum bei den verschiedensten Neuralgien (besonders bei denen des Trigeminus) und bei Rheumatismus und Gicht innerlich und äusserlich angewendet. — Als temperaturherabsetzendes, schweisstreibendes Mittel bei fieberhaften Affektionen wird es in Frankreich mehr als in Deutschland verordnet. Wegen seiner intensiven Wirkung und wechselnden Stärke ist Akonitin (namentlich innerlich) nur mit grösster Vorsicht zu verordnen.

Dosis. Äusserlich in Salbenform zu 0,05—0,1 : 10,0—15,0 Lanolin oder Adeps.

Innerlich zu 0,0001—0,0002 ($^1/_{10}$—$^2/_{10}$ mg) 3—4 mal täglich in Pillenform.

1201) ℞ Aconitin. cryst. 0,002.
Pulv. Rad. et Succi Liquir. q. s.
ut f. pilul. No. 20.
Consp. Lycopod.
D. S. 2—5 Pillen täglich.

1202) ℞ Aconitini cryst. 0,15
Spirit. gtt. X.
Lanolin. 15,0.
M. f. ungt.
D. S. Zur Einreibung.
(Neuralgien des Gesichts etc.)

Adeps Lanae. Alapurin. Wollfett. Suint de laine. Grasso di lana.

Ist aus der Rohwolle gewonnen und weiter nichts als ein Lanolinum anhydricum. Wegen seines unangenehmen Geruches und geringen Chlorgehaltes steht es dem Lanolin nach.

Adonidin.

Ist ein durch Extraktion mit Alkohol aus dem Kraut der Adonis vernalis dargestelltes Glykosid.

Dasselbe ist ein farbloses oder gelbliches amorphes Pulver von bitterem Geschmacke, welches in Wasser und Äther wenig, in Alkohol leicht löslich ist.

Wirkt ähnlich wie Digitalis. Nach kleinen Dosen (z. B. 0,03) sind jedoch sehr unangenehme Nebenwirkungen (Erbrechen, Durchfall, Koliken etc.) beobachtet worden.

Wird (selten) bei Hydropsie in Folge von Herzkrankheiten angewandt.

Dosis. Innerlich zu 0,01—0,02—0,05 2—3 mal täglich in Pillenform.

Adonis vernalis (Herba). Blutströpfchen, Teufelsauge.

Das Kraut der Adonis vernalis (Ranunculacee). Nach Untersuchungen von Bubnow wirkt Adonis auf Herz und Blutdruck wie Digitalis, deren kumulative Eigenschaften ihr nicht anhaften. Von Cervello wurde aus ihr das Adonidin als ihr wirksames Princip dargestellt. Übelkeit, Erbrechen und Durchfall treten leicht bei Gebrauch des bitter schmeckenden Mittels auf.

Anwendung findet Adonis besonders in Russland als Volksmittel bei Wassersucht. In Deutschland wurde dieselbe vor 15 Jahren von Altmann und Leyden, in Frankreich von Huchard als Ersatzmittel für Digitalis empfohlen.

Dosis: 5,0—10,0 : 200,0 im Aufguss.

1203) ℞ Inf. Herb. Adonis vern. 5,0—8,0 : 150,0
Sirup. Cort. Aurant. 30,0.
M. D. S. 2stündl. 1 Esslöffel.
(Vitium cordis, Nephritis, Hydrops.)

1204) ℞ Inf. Herb. Adon. vern. 2,0—4,0 : 180,0
Kalii bromati 7,5—12,0
Codein. 0,12—0,18.
M. D. S. Täglich 4—8 Esslöffel in Zuckerwasser oder Milch.
(Bei Epilepsie.)
(Bechterew.)

Aether chloratus. Aethylum chloratum. Äthylchlorid. Chloräthyl. Monochloraethan. Chlorure d'éthyle. C_2H_5Cl. Ist ein Substitutionsprodukt des Äthylalkohols (C_2H_5OH), in dem das Hydroxyl (OH) durch Chlor (Cl) ersetzt ist.

Wird durch Einwirkung von Salzsäure auf Äthylalkohol gewonnen.

Bei gewöhnlicher Temperatur gasförmig, wird Äthylchlorid leicht kondensirt und stellt eine klare, farblose Flüssigkeit von ätherischem Geruch und brennendsüssem Geschmack dar, die bei 10—12° siedet, in Wasser wenig, in Alkohol leicht löslich ist.

Wirkt wie Äther lokal anästhesirend, die Wirkung beruht auf seiner raschen Verdunstung, wodurch es dem Körper, den es benetzt, Wärme entzieht. Da es leicht entzündlich ist, muss beim Gebrauch die Nähe der Flamme vermieden werden.

Wird als lokales Anästheticum wie Äther bei kleinen chirurgischen Operationen, in der zahnärtzlichen Praxis und bei Neuralgien angewendet (in zerstäubter Form).

Kommt eingeschlossen in besonderen Glasröhrchen von 10 ccm Inhalt in den Handel. Man bricht die Spitze ab und richtet das Röhrchen mit der nach unten gerichteten Öffnung auf die zu anästhesirende Stelle; die Handwärme genügt bereits, die Zerstäubung der Flüssigkeit (durch die Spannung der eignen Dämpfe) zu bewirken. Für Incisionen, Eröffnungen von Furunkeln etc. genügt gewöhnlich der Inhalt eines halben Röhrchens. Feuergefährlich!

Aether jodatus. Äthyljodid. Jodäthyl. Iodure d'éthyle. C_2H_5J.

Farblose, eigenthümlich riechende Flüssigkeit, die bei 71° siedet. Das leicht zersetzliche und daher unzweckmässige Präparat zeigt Jodwirkung. Wird zu 5—20 Tropfen bei Asthma und Dyspnoe inhalirt.

Aethoxycoffeinum. Ethoxycaféine. $C_8H_9(O_2H_5)N_4O_2$.

Wird erhalten, indem man Coffeïn durch Eintragen in überschüssiges Brom in Coffeïnbromid umwandelt und dann mit alkoholischer Kalilauge kocht.

Farblose, nadelförmige Krystalle, die in Wasser und Alkohol schwer löslich sind und bei 140° schmelzen.

Wirkt wie Coffeïn und gleichzeitig narkotisch. Nach Gaben von 0,5—1,0 beobachtet man bei Kaninchen Konvulsionen und Muskelstarre, beim Menschen Brechreiz, Schwindelgefühl, Kopfschmerz und Kollapserscheinungen. Nach kleineren Dosen (0,2—0,5) fand Filehne eine Zunahme der arteriellen Spannung und Dujardin-Beaumetz guten Erfolg bei Migräne und Neuralgia faciei.

Anwendung (ziemlich selten) bei Migräne und Trigeminusneuralgie.

Verabfolgung am besten in Lösung mit Natrium salicylicum in Gaben von 0,20—0,25 in Pulverform (Oblaten), auch in subkutaner Injektion.

1205) ℞ Aethoxycoffein.
Natrii salicylici āā 0,25
Cocaïni hydrochl. 0,02
Aquae Tiliae 30,0
Sirup. simpl. 10,0.
M. D. S. Auf einmal zu nehmen.
(Bei Migräne.)
(Dujardin-Beaumetz.)

Aethylchlorid. Siehe Aether chloratus.

Aethylenum bromatum. Äthylenbromid. Bromure d'éthylène. $C_4H_4Br_2$. Ist eine farblose, angenehm riechende, in Wasser unlösliche, bei 21° siedende Flüssigkeit. Dieselbe wird durch Einwirken von Äthylen auf Brom gewonnen. Äthylenbromid hat sehr intensive Wirkungen, darf daher nur in sehr kleinen Dosen gegeben werden.

Therapeutisch ist es nur bei Epilepsie (Donath) versucht worden. Es wird bis zu 30 Tropfen 2—3 mal täglich (in Zuckerwasser) gegeben. Unsicher.

1206) ℞ Aethyleni bromati
Spirit. āā 5,0.
D. S. 2—3 × tägl. 5—10—15 Tropfen in
1/2 Glase Zuckerwasser zu nehmen.
(Epilepsie.)

Aethyljodid. Siehe Aether jodatus.

Agathinum. Agathin (abgeleitet von ἀγαθός gut). Salicylaldehyd-Methylphenylhydrazin.

Wurde 1892 von Roos dargestellt. Die Darstellung geschieht, indem man gleiche Molekule von Salicylaldehyd und asymmetrischem Methylphenylhdrazin auf einander einwirken lässt.

Es stellt weisse, geruch- und geschmacklose Krystallblättchen dar, die in Wasser unlöslich sind, sich in Alkohol, Äther und Benzol lösen und bei 74° schmelzen.

Wirkt bei Neuralgien und Rheumatismus schmerzlindernd, ist jedoch nicht frei von unangenehmen Nebenerscheinungen und nicht zuverlässig.

Bei Ischias, Neuralgien und rheumatischen Schmerzen (Rosenbaum) empfohlen.

Dosis. Innerlich zu 0,15—0,5 zwei bis drei Male täglich in Pulverform. — Entbehrlich.

Airol. Wismuthoxyjodidgallat. $C_6H_6BiJO_6$.

Ist ein graugrünes, geruch- und geschmackloses, unlösliches Pulver, das von Ludy zuerst dargestellt, und von der chemischen Fabrik Hoffmann, Traub & Co. in Basel als Ersatzmittel für Jodoform in den Handel gebracht wird. Airol steht in naher Beziehung zum Dermatol. Es wird angewendet wie Jodoform als Streupulver, in Salbenform (10—20%), als Airol — Collodium (10%). Für tuberkulöse Affektionen, zu Injektionen in Abscesse in Form einer 10% Emulsion (Aqua und Glycerin āā) und zu Einspritzungen bei Gonorrhoe.

1206a) ℞ Airol. 2,0
Aq. dest. 5,0
Glycerin. 15,0.
D. Z. Zur Einspritzung in die Harnröhre.
(Gonorrhoe.)

Alapurin = Adeps Lanae.

Aloin ist in den verschiedenen Aloëarten enthalten und kann aus ihnen durch Extraktion mit Wasser erhalten werden. Krystallisirt in kleinen, gelben Nadeln, ist von bitterem Geschmack, in kaltem Wasser schwer, in heissem Wasser und Alkohol leicht löslich. Wirkt wie Aloë abführend und kann auch auf subkutanem Wege beigebracht werden. Es wird innerlich zu 0,1—0,3 in Pillen oder in derselben Dosis subkutan in wässeriger Lösung gegeben. Erfolg unzuverlässig.

Aluminium salicylicum = Salumin.

Alphol. Alphanaphtholsalicylsäureester.

Ist ein weisses, in Wasser unlösliches, in Alkohol und Äther und fetten Ölen lösliches Pulver. Dasselbe steht dem Salol in seiner Wirkung nahe und wird wie dieses innerlich bei akutem Gelenkrheumatismus und Cystitis gonorrhoica zu 0,5—1,0—2,0 in Pulver gegeben.

1207) ℞ Alphol. 0,5.
D. t. dos. No. X.
S. 3 × tägl. 1 Pulver zu nehmen.

Alumnolum. Alumnol. β-Naphtholdisulfosaures Alumimum. Sulfonaphtolate d'aluminium.

Dieses Präparat, welches das Aluminiumsalz der β-Naphtholdisulfosäure ist, wurde von Heinz und Liebrecht zu antiseptischen und desinficirenden Zwecken empfohlen. Es soll sich vor ähnlichen Mitteln dadurch auszeichnen, dass es seine Wirkungen auch in tieferen Gewebsschichten entfaltet.

Alumnol ist ein weisses, nicht hygroskopisches, in kaltem Wasser und Glycerin lösliches, in Äther unlösliches Pulver. Die wässerige Lösung reagirt sauer und wird durch Eisenchlorid blau gefärbt.

Wirkt antiseptisch und adstringirend. 1% Lösungen tödten Bacillen und Sporen von Milzbrand, und 0,01% Lösungen stören die Weiterentwickelung von Typhus-. Cholera-, Milzbrand- und Staphylococcus-Kulturen.

Angewendet wurde Alumnol bisher nur äusserlich bei Haut- und Geschlechtskrankheiten (besonders Gonorrhoe), bei eiternden Flächen- und Höhlenwunden, in der gynäkologischen Praxis (bei Endometritis und zur Tamponade des Uterus), ferner zur Reinigung des Auges von Eiter etc.

Als Streupulver in Substanz oder 10—30% mit Talcum und Amylum āā. In wässeriger Lösung (0,5—2%) zum Spülen von eiternden Wunden. Zu Injektionen in die Harnröhre bei Gonorrhoe: 1—2% wässerige Lösung, davon 3—4 mal täglich 6 ccm einzuspritzen. Zur Tamponade des Uterus wird Gaze in 10—20% Lösung getaucht. Bei Endometritis 2—20% Gelatinestäbchen. Salben und Pflaster 5—10—20%.

1208) ℞ Alumnoli
Talci veneti
Amyli āā 30,0.
M. f. pulvis. D. ad scat.
S. Täglich nach dem Bade auf die getrocknete Haut zu streuen.
(Prurigo.)

1209) ℞ Alumnol. 10,0
Lanolin. anhydr. 50,0
Paraffin. liquid. 35,0
Paraffin. solid. 5,0.
M. f. ungt.
(Alumnol-Lanolinsalbe.)

Ammonium sulfo-ichthyolicum. Siehe Ichthyol.

Amygdophenin. Äthylamygdophenin.

Ein grauweisses, krystallinisches, in Wasser schwer lösliches Pulver. Dasselbe wurde zuerst von Hinsberg und Blum dargestellt. Ist ein substituirtes Paramidophenolderivat (also eine dem Phenacetin und Lactophenin verwandte Verbindung), bei welchem in der Amidogruppe an Stelle eines H ein Mandelsäurerest eingesetzt ist und der H der Hydroxylgruppe durch Äthylkarbonat vertreten wird.

Amygdophenin wurde bei Gelenkrheumatismus (Stüvel) in Gaben von 1,0 ein- oder mehrmals täglich bis zu einer Tagesgabe von 6,0 in Pulver- oder Tablettenform mit gutem Erfolge verabreicht. Als Antipyreticum und Antineuralgicum scheint es keine Vorzüge vor andern Mitteln zu haben.

1210) ℞ Amygdophenini 1,0.
D. t. dos. (ad caps. amyl.) X.)
S. Täglich 3—4 Kapseln zu nehmen.

Amylum jodatum. Jodstärkemehl. Iodure d'amidon.

2% Jod gebunden haltende Stärke. Ein blauschwarzes, in Wasser unlösliches Pulver. Ist als wenig reizendes, wirksames Jodpräparat zu innerlichem und äusserlichem Gebrauch empfohlen, aber wenig angewandt worden.

Dosis. 0,5—2,0 2—3 mal täglich in Pulverform..

1211) ℞ Amyli jodati 0,5
Elaeosacch. Menth. 0,3
Opii pulv. 0,01.
M. f. pulv. D. t. dos. X.
S. 3 × tägl. 1 Pulver.
(Infektiöse Darmerkrankung.)

1212) ℞ Amyli jodati 3,0
Lanolin. 30,0.
Ol. Calami gtt. III.
M. f. ungt.
D. S. Zu Einreibungen.
(An Stelle von Jodtinkturpinselungen.)
(Werbitzky.)

Amylum Marantae. Arrow root. Pfeilwurzelmehl.

Das Stärkemehl der Maranta arundinacea oder Maranta indica kommt hauptsächlich aus Westindien und bildet ein feines, mattweisses, geruchloses Pulver, das mit Wasser gekocht Kleister giebt.

Dient als Ernährungsmittel für schwächliche Kinder. Im Handel kommen unter der Bezeichnung Arrow root noch eine ganze Menge anderer Stärkemehlarten vor, z. B. das Tapiocamehl, Mandrocamehl, Cassavamehl, Amylum Manihot etc.

Amylum Oryzae. Reisstärke. Amidon de riz. Amido de riso.

Das Stärkemehl von Oryza sativa. Ein weisses, sehr feines, geruch- und geschmackloses Pulver, in kaltem Wasser und Weingeist unlöslich. Mit 50 Th. Wasser gekocht, giebt es nach dem Erkalten einen trüben, dünnflüssigen Schleim. (Pharm. Helv.)

Analgenum. Aethoxy-ana-Monobenzoylamidochinolin. Benzanalgen.

$$C_9H_5 . OC_2H_5 . NH . COC_6H_5 . N.$$

Diese Chinolinverbindung wurde von G. N. Vis im Jahre 1891 dargestellt, patentirt und bald darauf von Loebell zu therapeutischen Zwecken empfohlen.

Zur Darstellung wird Oxychinolin mit Ätznatron und Bromaethyl in alkoholischer Lösung erhitzt, der gebildete o-Oxychinolinaethylaether nitrirt, alsdann reducirt und das o-Oxaethylamidochinolin mit Benzoylchlorid behandelt.

Weisses, geschmackloses, in Wasser unlösliches Pulver, leichter löslich in heissem Alkohol. Der Schmelzpunkt liegt bei 208°.

Durch den Magensaft wird Analgen gelöst und zum Theil in Benzoësäure und o-Aethoxy-ana-Amidochinolin zerlegt. Bei Gebrauch desselben färbt der

Urin sich blutroth. In Gaben von 0,5—2,0 wirkt Analgen schmerzmildernd; ebenso kommen ihm antifebrile Eigenschaften zu. Der Temperaturabfall ist jedoch von Schweissen begleitet.

Angewendet wurde Analgen bisher bei Neuralgien der verschiedensten Art, bei Kopfweh, Migräne, Trigeminusneuralgie, lancinirenden Schmerzen der Tabiker, akutem Gelenkrheumatismus, Muskelrheumatismus etc.

Die Dosis beträgt 0,5 bis zu Tagesgaben von 3,0—5,0, am besten in Pulverform, aber auch in Lösung.

1213) ℞ Analgen. 0,5—1,0.
D. t. dos. VI.
D. S. 3—4 × tägl. 1 Pulver.

1214) ℞ Analgen. 10,0
Spirit. Vini rectif. 70,0
Aq. dest. 220,0.
D. S. 1 Esslöffel voll (= 0,5 Analg.).

Analgesin = Antipyrin.

Angusturae Cortex. Siehe Cortex Angusturae.

Anthrarobinum. Dioxyanthranol. Leuko-Alizarin.

$$C_6H_4 < {C(OH) \atop CH} > C_6H_2(OH)_2.$$

Anthrarobin wird aus Alizarin erhalten, dessen Reduktionsprodukt es ist. Man trägt in eine bis zum Sieden erwärmte Lösung von Alizarin in Ammoniak Zinkstaub ein, bis die violette Färbung verschwunden und in Gelb übergegangen ist. Das so gebildete Anthrarobin wird durch Salzsäure gefällt.

Es bildet ein gelblich weisses, grobkörniges, in Wasser und verdünnten Säuren unlösliches, in Alkohol leicht (1 : 5) lösliches Pulver. In verdünnten wässerigen Alkalien löst es sich unter gelbbrauner Farbe. Diese Lösungen nehmen den Sauerstoff der Luft auf und werden dadurch grün, blau und violett, indem sich dabei wieder Alizarin zurückbildet.

Gleich dem Chrysarobin und der Pyrogallussäure besitzt Anthrarobin reducirende Eigenschaften. Es wirkt etwas schwächer als Chrysarobin, aber energischer als Pyrogallussäure, doch ruft es nicht wie die beiden genannten Substanzen Hautentzündungen hervor. Ebenso ist es (nach Th. Weil) unschädlich für den Gesammtorganismus, dafür aber auch, wie Köbner nachgewiesen, ohne praktische Bedeutung. Färbt die Haare roth und die Wäsche dunkelviolett.

Angewendet wird Anthrarobin als Ersatzmittel des Chrysarobins bei verschiedenen Hautkrankheiten, bei Psoriasis, Herpes tonsurans, Erythema etc. und zwar nur äusserlich in 10% Salben oder alkoholischen Lösungen.

1215) ℞ Anthrarobin. 10,0
Ol. Olivar. 30,0
Lanolin. 60,0.
M. f. ungt. D. ad oll. alb.
S. 2 × täglich einzureiben.
(Psoriasis.)

1216) ℞ Antrarobin. 10,0
Spirit. 90,0
Solve ebulliendo.
S. 10% alkoholische Anthrarobinlösung.

Antidotum Arsenici. Arsen-Gegengift. Antidote de l'arsenic. Antidoto dell' arsenico.

Eine Mischung von 100 Th. Liq. Ferri sulfurici oxydati mit 250 Th. Wasser und eine solche von 15 Th. Magnesia usta mit 250 Th. Wasser mussten früher in den Apotheken bereitgehalten werden und bei jedesmaligem Gebrauch unter Umschütteln und Vermeidung der Erwärmung zusammengegossen werden. Es bildet sich alsdann Eisenoxydhydrat $Fe_2(OH)_6$, schwefelsaures Magnesium $MgSO_4$ und Magnesiumoxyd.

Die Wirkung des Ferrihydroxyds beruht darauf, dass sich dasselbe mit arseniger Säure zu unlöslichem arsenigsaurem Eisenoxyd, Ferriarsenit $(AsO_3)_2Fe_2$ verbindet nach der Formel

$$Fe_2(OH)_6 + As_2O_3 = 3\,H_2O + Fe_2(AsO_3)_2.$$

Die Pharm. Helvet. schreibt vor: Ferrisulfatlösung 16 Th., Wasser 45 Th. werden gemischt und unter tüchtigem Umschütteln einer Mischung aus gebrannter Magnesia 3 Th., Wasser 36 Th. zugesetzt. Nur auf Verlangen zu bereiten.

Eine braune, trübe Flüssigkeit, die als Antidot bei frischen Vergiftungen mit arseniger Säure angewendet wird und zwar gut umgeschüttelt anfänglich alle 5 Minuten 1—3 Esslöffel, später viertel-, dann halbstündlich 1 Esslöffel bis zum Nachlass der stürmischen Erscheinungen. — Selbstverständlich ist auch die Magenpumpe, eventuell ein Brechmittel anzuwenden.

Antinervin. Salicylbromanilid.

Stellt ein von Radlauer eingeführtes Gemenge von Acetanilid (50 Th.), Ammoniumbromid (25 Th.) und Salicylsäure (25 Th.) dar. Das weisse, in Wasser schwer, in Alkohol leicht lösliche Pulver wird bei Fieber, Neuralgien und Gelenkrheumatismus in Dosen von 0,5 vier- bis fünfmal täglich gegeben.

1217) ℞ Antinervin. 0,5.
D. t. dos. X.
S. 4—5 × tägl. 1 Pulver.

Antinosin. Ist das Natronsalz des Nosophen (s. d.).

Ein blaues, in Wasser leicht lösliches Pulver. Kommt in Lösungen von 1—3:1000 als Desinfektionsmittel zu Magenausspülungen in Anwendung. (Rosenheim.) Ferner als Streupulver bei Ulcus molle (unvermischt).

Antipyrinum amygdalicum (Antipyrinum phenylglycolicum). Mandelsaures Antipyrin. Tussol.

$$C_6H_5CH < {OH \atop COOH} \cdot C_{11}H_{12}N_2O.$$

Dieses von Rehm gegen Husten und besonders bei Keuchhusten empfohlene Mittel stellt ein weisses, in Wasser leicht lösliches Pulver dar.

Rehm giebt als Dosis an:

Für Kinder	bis 1 Jahr	2—3 × täglich	0,05—0,1
„ „	von 1—2 Jahren	3 × täglich	0,1
„ „	„ 2—4 „	3—4 × täglich	0,25—0,4
„ „	„ 4—5 „	und darüber 4—6 × täglich	0,5.

Bei der Verabreichung sollen weder Alkalien noch Milch (wegen leichter Zersetzlichkeit des Mittels), sondern Sirupus Rubi Idaei als Korrigens gegeben werden.

1218) ℞ Antipyrini amygdalici 2,5
Aq. dest. 80,0
Sirup. Rubi Idaei ad 100,0.
M. D. S. 1—2 Kaffeelöffel voll täglich zu nehmen.
(1 Kaffeelöffel dieser Mixtur = 0,1 Tussol.)

Antipyrinsalicylat. Siehe Salipyrin.

Antisepsin. Asepsin. Monobromphenylacetamid. Monobromacetanilid.

Entsteht durch Einwirkung von Brom auf eine Lösung von Acetanilid in Eisessig und stellt farblose, in Wasser schwer lösliche Krystalle dar. Soll innerlich in kleinen Dosen beruhigend und schmerzstillend wie Antifebrin und Brom wirken.

Dosis 0,1—0,2 in Pulver oder Pillen (nicht genügend erprobt).

Äusserlich als Antisepticum.

Antiseptol. Cinchoninum jodosulfuricum. Cinchonin-Herapathit.

Zur Darstellung versetzt man eine wässerige Lösung von Cinchoninsulfat mit einer Lösung von Jod und Kaliumjodid. Es entsteht hierbei ein rothbraunes, in Wasser unlösliches, in Alkohol lösliches Pulver, das etwa 50% Jod enthält. Wird (von Yvon) als Ersatzmittel des Jodoforms empfohlen und wie letzteres in Substanz oder in 10% Salben angewandt. Entbehrlich.

Antispasminum. Narceinumnatrium-Natriumsalicylicum.

Von E. Merck hergestelltes Narceinpräparat. Narcein wird in Natronlauge gelöst und mit so viel Natrium salicylicum eingedampft, dass auf 1 Mol. Narceinnatrium 3 Mol. salicylsaures Natrium kommen.

Dasselbe bildet ein weissliches, in Wasser sich zu einer strohgelben Flüssigkeit leicht lösendes Pulver. Es ist fast geruch- und geschmacklos und enthält etwa 50% Narcein.

Kleine Dosen bis 0,1 haben eine sedative, grössere eine hypnotische Wirkung. Das Mittel wird auch in grösseren Gaben ziemlich gut vertragen, doch tritt bald Angewöhnung ein. Da Antispasmin 40—50 mal schwächer als Morphium wirkt, ist seine Verabreichung in der Kinderpraxis (von Demme, Rabow, Frühwald, Stoos) empfohlen.

Es findet Anwendung bei chronischen Lungenaffektionen zum Abwechseln mit andern Narkoticis, desgleichen bei Asthma und Influenza. Als Schlafmittel wegen der erforderlichen grossen Dosen nicht zweckmässig. Dafür aber in der Kinderpraxis, besonders bei Keuchhusten, Bronchitis und quälendem Husten masernkranker Kinder geeignet.

Die Verabreichung geschieht am besten in Lösung oder Tropfenform zu 0,05—0,1 mehrmals täglich als Sedativum, für Kinder 0,01—0,05. Subkutane Injektionen wirken lokal irritirend.

1219) ℞ Antispasmin. 2,0
Aq. dest. 900,0
Elixir. pectoral. 98,0.
M. D. S. Kinder unter 1 Jahre 1—2 Theelöffel; Kinder bis zu 3 Jahren 2—3 Theelöffel und älteren 1—1½ Esslöffel 3—4 × tgl. zu geben (Stoos) 10,0 dieser Mixtur entsprechen = 0,02 Antispasmin.

1220) ℞ Antispasmin. 1,0
Aq. Amygdal. amar. 10,0.
M. D. S. 1—2 × tägl. 15 Tropfen in Zuckerwasser.
(Pertussis u. Stimmritzenkrampf der Kinder.)
(Demme.)

1221) ℞ Antispasmin. 1,0
Aq. dest. 100,0
Spirit. Vini Cognac
Aq. Menth. pip. āā 40,0
Glycerin. ad 200,0.
M. D. S. 2—3stündl. 1 Esslöffel.
(Influenza.)
(Rabow.)

Antithermin. Phenylhydrazin-Lävulinsäure.

Wird dargestellt durch Vermischen einer essigsauren Lösung von Phenylhydrazin mit einer wässerigen Lösung von Lävulinsäure. Antithermin bildet farblose, glänzende, fast geschmacklose Krystalle, welche in kaltem Wasser nahezu unlöslich, in siedendem Wasser und siedendem Alkohol leichter löslich sind. — Wurde von Nicot als Antipyreticum empfohlen und von Dröbner bei Lungenphthise und Nephritis in Gaben von 0,2 mehrmals täglich angewandt. Erfolg unsicher.

Antitoxin (Behring). Siehe Serum antidiphthericum. Heilserum.

Apiolum. Apiolum album crystallisatum. Petersilienkampfer. $C_{12}H_{14}O_4$.

Der eigenthümliche Geruch und Geschmack der Petersilie (Apium Petroselinum) rührt von ihrem Gehalt an einem ätherischen Öle her, das aus einem

Terpen und einem gut krystallisirenden Stearopten besteht, das als Apiol oder Petersilienkampfer bezeichnet wird.

Wird durch Extraktion der zerkleinerten Petersiliensamen mit Alkohol gewonnen und bildet lange, farblose Krystallnadeln von schwachem Petersiliengeruch, deren Schmelzpunkt bei 32° und deren Siedepunkt bei 294° liegt. In Wasser ist Apiol unlöslich, leicht löslich in Alkohol, Äther und in fetten und ätherischen Ölen.

Apiol wirkt ähnlich dem Chinin. In grösseren Gaben (2,0—4,0) ruft es Schwindel, Ohrensausen, Übelkeit, Trunkenheit, Störungen des Sehvermögens etc. hervor. In kleineren Dosen bewirkt es Gefühl von Wärme im Magen, und es wirkt fieberwidrig.

Bisher hat das Mittel, besonders in Frankreich, bei Intermittens und Dysmenorrhoe Anwendung gefunden. Die erzielten Erfolge sind unsicher. Es kommen auch verschiedene Präparate im Handel vor.

Wird in Dosen von 0,25 in Pulverform, am besten in Kapseln, verordnet (bei Dysmenorrhoe). Bei Intermittens 0,5—1,0.

Apocodeïnum hydrochloricum. $C_{18}H_{19}NO_2HCl$.

Apocodeïn ist ein Spaltungsprodukt des Codeïn, aus dem es in ähnlicher Weise dargestellt wird wie das Apomorphin aus dem Morphin. Das salzsaure Apocodeïn ist ein gelblichgrünes, in Wasser leicht lösliches Pulver. Es wirkt expektorirend, beruhigend und leicht abführend. — Wird bei Bronchitis und zur Beruhigung maniakalischer Aufregungszustände innerlich und subkutan gegeben.

Dosis 0,01—0,05 in Pillen oder 10—20 Tropfen einer 1% Lösung mehrmals täglich.

1222) ℞ Apocodeïn. hydrochl. 0,5
Aq. dest. 100,0
Sirup. Rub. Idaei 25,0.
M. D. S. ½—1 Esslöffel voll zu geben.

1223) ℞ Apocodeïn. hydrochl. 0,2
Aq. dest. 10,0.
D. S. Zur subkutanen Injektion 1 Spritze voll zu injiciren.

Apocynum cannabinum. Amerikanischer Hanf. Chanvre du Canada.

Von dieser in Nordamerika vorkommenden Pflanze (Apocynee) kommt die Wurzel zur medicinischen Verwendung. Als wirksamer Bestandtheil sind in derselben Apocynin und Apocyneïn aufzufinden.

Thierversuche ergeben, dass Apocynum cannabinum zu den Herzgiften gehört und in chemischer wie physiologischer Hinsicht der Digitalis nahe steht. Nach kleinen Gaben tritt Verlangsamung der Herzschläge ein, der Puls wird voller und kräftiger, die Diurese nimmt zu. Nach grossen Dosen tritt Erbrechen und Durchfall ein.

Anwendung findet Apocynum bei Herzkrankheiten und Hydrops. Auch gegen Skrophulose, Rheumatismus, Dyspepsie und Wurmkrankheiten wird von dem Mittel in Amerika Gebrauch gemacht.

Dosis 1,0—2,0 mehrmals täglich im Infus oder Dekokt, in Pulverform zu 0,03—0,06. Auch als

Extractum Apocyni fluidum zu 5—25 Tropfen oder ½ Theelöffel 3 mal täglich.

1224) ℞ Inf. Rad. Apocyni cannab. 4,0 : 250,0.
D. S. 3—4 × tägl. 1 Esslöffel.

Apolysin. Monophenetidincitronensäure.

Mit diesem Namen bezeichnet man eine dem Phenacetin sehr nahe stehende Verbindung. Dieselbe enthält jedoch an Stelle des Essigsäureradikals das

Citronensäureradikal, das im Paraphenetidin an Stelle des H der Amidogruppe getreten ist.

Apolysin ist ein in warmem Wasser, Alkohol und Glycerin leicht lösliches, säuerlich schmeckendes Krystallpulver. Dasselbe hat, wie die ersten Versuche von Nencki und Jaworski (1895) zeigen, antipyretische, antineuralgische und antiseptische Eigenschaften. Es ist bei Pneumonie, Typhus, Scarlatina, Influenza, Erysipel, Ischias, Migräne und Angina mit Erfolg gegeben worden.

Dosirung. Einzeldosis (in Pulver) 0,5—1,5; Tagesgabe bis 6,0.

1225) ℞ Apolysini 0,5.
D. t. dos. No. X.
S. 4—6 Pulver täglich zu nehmen.
(Influenza, Migräne etc.)

Aqua Asae foetidae. Asantwasser (1 : 16 Wasser). Thee- bis esslöffelweise bei Hysterie.

Aqua Asae foetidae composita. Siehe Aqua foetida antihysterica.

Aqua Binelli. Siehe Aqua Kreosoti.

Aqua camphorata (Camphor. 2, Aq. dest. 1000, Cod. franç.).

Aqua Coloniensis. Kölnisches Wasser. Eau de Cologne.

Wird von verschiedenen aromatischen Pflanzentheilen (hauptsächlich Citronen- und Orangeschalen u. a.) abdestillirt oder durch Maceration ätherischer Öle (Citronen- und Bergamottöl), mit Alkohol und Abdestilliren erhalten. Dient als belebendes Riechmittel, auch zu reizenden Einreibungen und Waschungen.

Aqua Florum Aurantii. Aqua Florum Naphae. Orangenblüthenwasser. Eau de fleurs d'oranger. Orange Flowers Water.

Wässeriges Destillat der Blüthen von Citrus vulgaris. Stellt eine klare, oder schwach opalisirende, farblose Flüssigkeit von angenehmem Geruch und Geschmack dar.

Wird äusserlich als Geschmackscorrigens und als Zusatz zu Waschwässern verordnet; innerlich dient es zuweilen als Schlafmittel (1—2 Theelöffel auf ein Glas Wasser).

Aqua foetida antihysterica. Aqua Asae foetidae composita. Aqua foetida Pragensis. Prager Wasser.

Eine trübe, nach Asa foetida riechende Flüssigkeit, Destillat von Baldrian, Zedoaria, Asant, Mentha pip. Galbanum, Quendel, Kamillen, Myrrhen, Angelica, Castoreum mit Weingeist und Wasser.

War früher als antihysterisches Mittel beliebt und wurde innerlich theelöffelweise (2—3 stündlich 1 Theelöffel) oder als Zusatz zu antihysterischen Mixturen, auch äusserlich in Klystieren mit der 3—4 fachen Menge Wasser verdünnt gegeben.

Aqua Goulardi. Aqua Plumbi Goulardi. Goulard's Bleiwasser. Eau de Goulard.

Trübe Flüssigkeit, dargestellt durch Mischung von 1 Th. Liq. Plumb. acet., 4 Th. Spirit. dil. und 45 Th. Aqua. Wird äusserlich wie Aqua Plumb. zu Umschlägen verwendet.

Aqua Kreosoti. Aqua Binelli. Kreosotum solutum. Kreosotwasser. Creosot Water.

1 Th. Kreosot gelöst in 100 Th. Wasser, stellt eine trübe, stark nach Kreosot riechende Flüssigkeit dar.

Wird innerlich bei Gährungsvorgängen im Magen, Erbrechen, Diarrhoe, Dysenterie, Tuberkulose gegeben, äusserlich als Mund- und Gurgelwasser, zu desinficirenden Umschlägen und Verbänden, auch zu Inhalationen bei Lungengangrän.

Dosis: 5,0—10,0 : 100,0 Aqua.

Aqua Lauro-Cerasi. Kirschlorbeerwasser. Eau de laurier-cerise. Laurel Water. Acqua di lauroceraso.

Wird dargestellt durch Destilliren der Blätter von Prunus Laurocerasus und enthält 0,1% Blausäure. Wirkung, Anwendung und Dosis wie Aqua Amygd. amar.

Aqua Melissae. Melissenwasser. Eau de mélisse.

Wird durch Destillation der Blätter von Melissa officinalis mit Wasser dargestellt und dient als Constituens krampfstillender Mixturen.

Aqua Petroselini. Petersilienwasser.

Ist ein wässeriges Destillat der Samen von Petroselinum sativum (1 zu 20 Destillat). Wird esslöffelweise als Diureticum verordnet und dient auch als Vehikel für diuretische Mixturen.

Aqua phagedaenica (Hydrarg. bichl. 0,4; Aq. calcis 120,0, Cod. franç.).

Aqua Plumbi Goulardi. Siehe Aqua Goulardi.

Aqua Rubi Idaei. Himbeerwasser.

Wässeriges Destillat des Presskuchens der Himbeeren (aus 1 Th. Himbeerkuchen 2 Th. Destillat). Innerlich als Geschmackskorrigens zu säuerlichen Mixturen.

Aqua Tiliae. Lindenblüthenwasser. Eau de fleurs de tilleul.

Wässeriges Destillat der Lindenblüthen, beliebt als Zusatz zu diaphoretischen Mixturen.

Aqua Valerianae. Baldrianwasser.

Aus der Wurzel von Valeriana officinalis destillirt, dient als Zusatz und Vehikel für krampfstillende Mixturen.

Arbutinum. Arbutin. $(C_{12}H_{16}O_7)+H_2O$.

Ein aus den Blättern der Bärentraube (Arctostaphylos officinal. Wimmer seu Arbutus Uvae Ursi L.) gewonnenes Glykosid. Die trockenen Blätter enthalten etwa 3,5% Arbutin.

Dieses wird aus denselben dargestellt durch Extraktion mit kochendem Wasser. Das Extrakt wird mit Bleiessig gefällt, das Filtrat durch Schwefelwasserstoff vom Blei befreit und nach Entfernen des Schwefelbleis eingeengt. Das Arbutin krystallisirt alsdann aus und stellt lange, farblose, seidenglänzende Krystallnadeln dar. Es löst sich in 8 Th. kaltem und in 1 Th. siedendem Wasser, auch in 16 Th. Alkohol, in Äther ist es unlöslich. Beim Erwärmen mit verdünnten Säuren wird es sehr leicht und zwar unter Aufnahme von Wasser in Zucker und Hydrochinon gespalten.

$$\underset{\text{Arbutin}}{C_{12}H_{16}O_7} + H_2O = \underset{\text{Zucker}}{C_6H_{12}O_6} + \underset{\text{Hydrochinon.}}{C_6H_6O_2}$$

Ein Theil des eingeführten Arbutins zerlegt sich im Organismus in Zucker und Hydrochinon und wird als Hydrochinonschwefelsäure durch den Urin eliminirt, ein anderer Theil wird unverändert ausgeschieden. Es scheint eine adstringirende und antiseptische Wirkung zu besitzen und ist neben seinen schwach diuretischen Eigenschaften selbst in grösseren Dosen nicht toxisch.

Wird wie Fol. Uvae ursi bei Blasen- und Nierenaffektionen angewendet, doch ist sein therapeutischer Werth zweifelhaft.

Dosis. Innerlich in Einzelgaben zu 1,0 bis zu Tagesdosen von 5,0 in Pulverform und Lösung.

1226) ℞ Arbutin. 1,0
Sacch. alb. 0,5.
M. f. pulv. D. t. dos. X.
S. 3—4 × tägl. 1 Pulver.

1227) ℞ Arbutin. 5,0
Aq. dest. ad 100,0.
M. D. S. 2stündl. 1 Esslöffel.

(Cystitis, Blasenblutung, Nephritis.)

Arecolinum hydrobromicum. Bromwasserstoffsaures Arecolin.

Arecolin ist das Alkaloid von Areca Catechu. Das bromwasserstoffsaure Salz bildet farblose, in Wasser leicht lösliche Krystalle.

Das stark wirkende Arecolin hat wegen seiner sialagogen, abführenden und anthelminthischen Eigenschaften bereits in der Veterinärpraxis Anwendung gefunden. In seiner Wirkung kommt es dem Physostigmin nahe und neuerdings ist auch auf seine pupillenverengernde Eigenschaft aufmerksam gemacht worden. 1 Tropfen einer 1% Arecolinbromhydratlösung ruft nach Einträufelung ins Auge eine schnell (nach 5 Minuten) eintretende und nicht lange (1 Stunde) anhaltende Myosis hervor. Für augenärtzliche Zwecke eignet sich folgende Verschreibungsweise:

1228) ℞ Arecolini hydrobromici 0,1
Aq. dest. 10,0.
D. S. Äusserlich. Ein Tropfen ins Auge zu träufeln.

Argentamin.

Ist eine farblose Flüssigkeit, die durch Auflösen von 10 Th. Silberphosphat oder Silbernitrat in einer 10% wässerigen Lösung von Äthylendiamin gewonnen wird.

Durch seine Verbindung mit dem Äthylendiamin büsst das Argentum nitricum seine Fähigkeit ein, mit kochsalzhaltigen Flüssigkeiten und mit Eiweiss Niederschläge zu bilden. Dabei bewahrt es jedoch seine antiseptischen und adstringirenden Eigenschaften und vermag tiefer in die Gewebe einzudringen. — Es empfiehlt sich daher bei Gonorrhoe in starker Verdünnung (1 : 1000—5000) zu Einspritzungen in die Urethra anterior; für die Urethra posterior 1 : 1000.

Argonin. Argentum-Caseïn. Caséinate d'argent.

Eine Silberverbindung, erhalten durch Fällen einer Lösung von Argentum nitricum und Caseïn-Natrium durch Alkohol.

Ist ein weisses, in kaltem Wasser schwer, in heissem Wasser leicht lösliches Pulver. Dasselbe hat, nach den Untersuchungen von Liebrecht und Jadassohn, bakterientödtende Eigenschaften wie Argentum nitricum, ohne dessen Ätzwirkung zu besitzen. Es giebt mit Eiweiss keinen Niederschlag. Als Adstringens kommt es kaum in Betracht, aber als Desinfektionsmittel zeigt es sich besonders dem Gonococcus gegenüber sehr wirksam; daher wird Argonin zur Behandlung der Gonorrhoe in 1,5% wässeriger Lösung empfohlen.

1229) ℞ Argonin. 1,5—2,0
Aq. dest. ad 100,0.
D. ad vitrum nigrum.
S. Äusserlich; zur Einspritzung.
(Gonorrhoe.)

Aristolum. Aristol. Dithymoldijodid. Annidalin. $C_{20}H_{24}O_2J_2$.

Das seit 1889 im Handel vorkommende Jodpräparat wird dargestellt durch Versetzen einer Jodjodkaliumlösung mit einer alkalischen Thymollösung.

Es ist ein hell-chocoladenfarbiges, geruch- und geschmackloses Pulver, unlöslich in Wasser und Glycerin, wenig löslich in Alkohol, in Äther und Chloroform leicht löslich. Sein Jodgehalt beträgt 45,80%.

Wirkt wie Jodoform, ohne dessen unangenehmen Geruch zu besitzen und findet als Ersatzmittel desselben Anwendung bei Hals-, Ohren- und Nasenkrankheiten, besonders bei Ozaena, auch bei Hautaffektionen (Lupus, Psoriasis etc.) und namentlich bei Brandwunden, wo es schmerzstillend und granulationsbefördernd wirkt.

Dosis. Äusserlich als Streupulver oder in Verbindung mit Sacch. lactis (1,0:10,0) zu Einblasungen in Nase und Kehlkopf; ferner in Collodium (1,0:10,0) oder in Salbenform 0,5:10,0 Lanolin. — Theuer und entbehrlich.

Die Lösungen sind kalt zu bereiten und in dunkeln Gläsern abzugeben.

1230) ℞ Aristol. 2,0
Vaselin. 20,0.
M. f. ungt.
D. S. Äusserlich.

1231) ℞ Aristol. 5,0
Ol. Olivar. 20,0
Lanolin. 75,0.
D. S. Äusserlich.
(Brandwunden.)

Artemisiae Radix. Siehe Radix Artemisiae.

Asaprolum, Asaprol. β-Naphthol-α-monosulfosaures Calcium.

Neuerdings von Stackler und Dubief empfohlenes Antisepticum. Die Benennung ist hergeleitet von σαπρός, faulig. Die Darstellung geschieht in der Weise, dass eine wässerige Lösung der freien β-Naphthol-α-monosulfosäure mit Calciumkarbonat gesättigt und die Lösung zur Krystallisation eingedampft wird. Es stellt ein farb- und geruchloses, leicht lösliches Pulver dar

Demselben werden antiseptische, antipyretische und antineuralgische Wirkungen nachgerühmt. Es wird daher bei Typhus, akutem Gelenkrheumatismus in Pulver oder Lösung zu 0,5—1,0 mehrmals täglich, auch als Gurgelwasser in 5% Lösung bei Angina empfohlen, jedoch nicht häufig angewendet.

Unter der Bezeichnung Abrastol wird neuerdings das Asaprol als Mittel zum Konserviren des Weines empfohlen. Es sollen höchstens 10 g zum Hektoliter Wein zugesetzt werden. Dasselbe eignet sich auch (Riegel) in 10% salzsaurer Lösung zum Nachweis von Albumin neben Albumosen und Peptonen. Diese geben mit dem Reagens sämmtlich einen Niederschlag; beim Kochen lösen sich aber die Pepton- und Albumosenniederschläge auf, während die Eiweissfällung bestehen bleibt.

Aseptinsäure. Acidum aseptinicum.

Eine farblose Flüssigkeit (5 g Borsäure gelöst in 1000 g Wasserstoffsuperoxyd (von 5%). Antisepticum.

Aseptol. Acidum sozolicum. Sozolsäure. Orthophenolsulfosäure

$$C_6H_4 < \begin{matrix} OH & (1) \\ SO_3H & (2). \end{matrix}$$

Durch Mischen gleicher Theile Phenol und koncentriter Schwefelsäure (bei niederer Temperatur) gewonnen.

Das Aseptol ist eine $33^1/_3$ procentige Lösung der Orthophenolsulfonsäure und stellt eine sirupöse, klare, sauer reagirende, phenolartig riechende Flüssigkeit von 1,155 spec. Gewicht dar. Mischbar mit Wasser, Alkohol und Glycerin.

Wirkt wie Karbolsäure antiseptisch und desinficirend und ist weniger toxisch. In wässeriger Lösung unter 10% nicht ätzend.

Anwendung an Stelle von Karbolsäure und Salicylsäure. Das Präparat ist nicht lange haltbar.

Dosis. Innerlich in 3% wässeriger Lösung bei Magen- und Darmkatarrh. Lösungen in Glycerin, Öl oder Alkohol sind unwirksam.

Aspidospermium.
Ein aus der zerkleinerten Rinde von Aspidosperma Quebracho dargestelltes Alkaloid. Dasselbe bildet farblose, harte Prismen oder feine Nadeln, welche in Wasser schwer, in Alkohol und Äther leichter löslich sind. Bildet mit Salzsäure und Schwefelsäure in Wasser und Alkohol lösliche Salze.

Bezüglich der Wirkung vergleiche Quebracho. Wird (selten) bei Asthma, Dyspnoe und Emphysem in Dosen von 0,001—0,002 am besten als

Aspidospermium sulfuricum angewandt.

Auramin. Siehe Pyoktaninum aureum.

Baptisin. Siehe Baptisia tinctoria.

Baptisia tinctoria.
Eine in Amerika vorkommende Pflanze (Leguminose). Dieselbe enthält als wirksame Bestandtheile

1. Baptisin, ein bitteres Glykosid,
2. Baptin, ein Glykosid mit Abführwirkung und
3. Baptitoxin, ein Alkaloid, das wie Curare wirkt.

In grösserer Dosis ist die Pflanze ein Emeto-Catharticum, in mässigeren Gaben wirkt sie abführend.

Anwendung (selten) findet das Baptisin als Chalogogum und Abführmittel bei Leberkranken.

Dosis 0,1—0,2 in Pillenform.

Benzanilid. Benzoylanilin. $C_6H_5CONH.C_6H_5$.
Entsteht durch Behandeln von Benzoylchlorid mit Anilin und stellt ein weisses, krystallinisches, in Wasser unlösliches Pulver dar. Wird als Antipyreticum in der Kinderpraxis (Cahn) empfohlen.

Dosis 0,1—0,2 mehrmals täglich.

Benzolum. Benzol. Steinkohlenbenzin. C_6H_6.

Ist im Steinkohlentheer enthalten und wird durch Destillation desselben dargestellt.

Es ist eine farblose, aromatisch riechende, bei 80,5° siedende, mit russender Flamme brennende Flüssigkeit von 0,86 spec. Gewicht. Löslich in Alkohol und Äther; unlöslich in Wasser. Gutes Lösungsmittel für Fette, Öle, Harze, Schwefel, Phosphor und Jod. Benzoldämpfe geben mit Luft explosive Gemenge.

Innerlich wird Benzol in ziemlich grossen Dosen (bis 2,0 pro die) gut vertragen. Wird im Körper zu Phenol oxydirt und als Phenolschwefelsäure durch den Harn ausgeschieden. Benzoldämpfe wirken deletär auf Mikroorganismen und betäubend auf den Menschen.

Benzol ist innerlich bei Gährungsvorgängen des Magens und bei Trichinosis empfohlen worden, ebenso als Expektorans, hat sich hierbei jedoch nicht genügend bewährt. Es ist auch äusserlich bei Skabies, Oxyuren und zu Inhalationen bei Keuchhusten versucht worden.

Dosis. Innerlich bei Magengährung und Trichinen zu 0,5—1,0 mehrmals täglich in Kapseln, schleimiger Mixtur oder Emulsion.

Äusserlich in Salbe (bei Skabies) 2,0—3,0 : 4,0—5,0 Fett; als Clysma 2,0—4,0 : 200,0.

1232) ℞ Benzol. 6,0
Gummi arab. 25,0
Succ. Liquirit. 8,0
Aq. Menth. pip. 120,0.
M. D. S. Umgeschüttelt 1—2-stündl. 1 Esslöffel.
(Trichinen.)
(Mosler.)

1233) ℞ Benzol. 5,0
Ol. Menth. pip. 1,0
Ol. Olivar. 35,0.
M. D. S. Alle 2—3 Stunden 10 bis 25 Tropfen aut Zucker.
(Expektorans bei Influenza.)

1234) ℞ Benzol. 20,0
Adip. suill. 30,0.
M. f. ungt.
D. S. Äusserlich.
(Skabies.)

1235) ℞ Benzol. 1,2
Vitell. ovi unius
Aq. dest. 120,0.
M. f. emulsio.
D. S. Zu 2 Klystieren.
(Oxyuris.)

Benzonaphtol. Benzoyl-β-Naphtol. β-Naphtolum benzoicum.

Wird dargestellt durch Einwirkung von Benzoylchlorid auf β-Naphtol in Gegenwart von Alkali.

Ist ein weisses, geruch- und geschmackloses Pulver, das in Wasser schwer, in Alkohol leicht löslich ist. Dasselbe spaltet sich im Darm in β-Naphtol und Benzoësäure und wird besonders als Darmantisepticum in Gaben von 0,5—5,0 täglich, für Kinder bis 2,0 pro die, empfohlen (Ewald, Yvon).

1236) ℞ Benzonaphtol.
Bismut. salicyl. āā 0,5
Pulv. gummos. 0,3.
M. f. pulv. D. t. dos. X.
S. 3—4 × tägl. 1 Pulver.
(Chron. Darmkatarrh.)
(Ewald.)

1237) ℞ Benzonaphtol. 5,0
Bismut. salicyl. 10,0
Extr. Opii 0,1
Sirup. Ratanhiae 30,0
Mixt. gummos. 150,0.
M. D. S. ½stündl. 1 Esslöffel.
(Darmblutungen bei Typhus.)

1238) ℞ Benzonaphtol. 0,3
Sacch. lactis. 0,2.
M. f. pulv. D. t. dos. X.
(Sommerdiarrhoe der Kinder.)

Benzosol. Benzoylguajakol. Guajacolum benzoicum.

Durch Einwirkung von Benzoylchlorid auf Guajacolnatrium dargestellt, bildet geruch- und farblose, in Wasser unlösliche, kleine Krystalle. Innerlich gegen Lungentuberkulose (Sahli) zu 0,25 3 mal täglich empfohlen (allmählich bis zu einer Tagesdosis von 2,4 zu steigen).

Berberinum sulfuricum.

Berberin ist ein in verschiedenen Pflanzen vorkommendes Alkaloid. Es wird besonders aus der Wurzelrinde der Berberis vulgaris oder Hydrastis canadensis gewonnen. Berberin. sulf. stellt in Wasser lösliche, gelbe Krystalle dar. Wird als Tonicum und Stomachicum, auch bei Malaria an Stelle von Chinin empfohlen.

Dosis 0,05—0,1 mehrmals täglich in Pulver, Pillen oder Lösung.

Betol. Naphtalol. Naphtasalol. Salinaphtol. Salicylsäureesther des Naphtols.

$$C_6H_4 < {OH \atop COO\,.\,C_{10}H_7}.$$

Durch Erhitzen von β-Naphtolnatrium und Natrium salicylicum mit Phosphoroxychlorid dargestellt. Ein weisses, glänzendes, geschmack- und geruchloses, in Wasser unlösliches Pulver. Wurde an Stelle von Salol bei Blasenkatarrh und akutem Gelenkrheumatismus zu 0,3—0,5 mehrmals (3—4 mal) täglich in Pulvern oder Pillen empfohlen.

Bismuthum loretinicum. Siehe Loretin.

Bismuthum oxyjodatum. Bismutum subjodatum. Basisches Wismuthjodid. BiOJ.

Ein ziegelrothes, schweres, in Wasser unlösliches Pulver. Dasselbe wurde von Lister und von Reynolds als gutes Antisepticum an Stelle von Jodoform für die Wundbehandlung, bei Ulcerationen, Gonorrhoe und auch innerlich bei Magengeschwüren und Typhus empfohlen.

Dosis. Bei Gonorrhoe in Suspension (1:100); innerlich zu 0,1—0,3 3 mal täglich in Pulver.

1239) ℞ Bismuti oxyjodat. 0,1—0,2
Sacch. alb. 0,5.
M. f. pulv. D. t. dos. No. X.
S. 3 × täglich 1 Pulver.
(Ulcus ventriculi, Typhus.)

1240) ℞ Bismut. oxyjodat. 1,0
Aq. dest. ad 100,0.
D. S. Äusserlich. In die Urethra zu injiciren bei Gonorrhoe.
(Vor dem Gebrauche umzuschütteln.)

Bismutum pyrogallicum. Pyrogallol-Wismuth.

Ein amorphes, gelbes, in Wasser unlösliches Pulver, dessen Gehalt an metallischem Wismuth 60% beträgt. Soll ungiftig sein und sich als Desinficiens bei Infektionen des Darmes eignen. Bisher noch nicht praktisch versucht.

Bismutum subgallicum. Siehe Dermatol.

Bismutum tribromphenolicum. Siehe Xeroform.

Bismutum valerianicum. Baldriansaures Wismuth.

Wird dargestellt, indem man Bismut. subnitr. mit einer Lösung von Natr. carb. und Acid. valerian. versetzt.

Es ist ein weisses, nach Baldrian riechendes, in Wasser unlösliches Pulver. Dasselbe war früher sehr beliebt bei nervösen Magenleiden, Cardialgie, Chorea etc.

Dosis. Innerlich zu 0,03—0,2 mehrmals täglich in Pulver und Pillen.

1241) ℞ Bismut. valerian. 2,5
Bismut. subnitr. 5,0
Extr. Belladon. 0,5.
ut f. pilul. No. 100.
Obduc. argent.
D. S. 3stündl. 2—3 Pillen.
(Cardialgie.)
(Frerichs.)

1242) ℞ Bismut. valerian. 0,05
Sacch. alb. 0,5.
M. f. pulv. D. t. dos. X.
S. 3stündl. 1 Pulver.
(Magenkrampf u. chron. nervöses Herzklopfen.)
(Righoni.)

1243) ℞ Bismut. valerian. 0,2
Morphin. mur. 0,01
Sacch. alb. 0,5.
M. f. pulv. D. t. dos. X.
S. Nach Bedarf 1 Pulver.

Blatta orientalis. Küchenschabe, Kakerlak. Tarakane. Antihydropin.

Das zu den Orthopteren gehörige Insekt Blatta wird in Russland seit lange als Volksmittel gegen Wassersucht angewandt. Man nimmt dort das getrocknete Insekt in Pulverform oder Infus. Über den wirksamen Stoff in der Blatta ist man noch im Unklaren. Wahrscheinlich ist in dem Insekt, ähnlich wie in der Lytta vesicatoria eine Substanz enthalten, die diuretisch wirkt. Bogomolow hat daraus einen krystallinischen Körper isolirt, den er Antihydropin nennt.

Genauere Untersuchungen fehlen, aber es steht fest, dass das Mittel diuretisch wirkt und die Nieren nicht reizt.

Es wird bei Hydrops aus den verschiedensten Ursachen (Vitium cordis, Nephritis, Pleuritis etc.) angewendet in Gaben von 0,1—0,5 mehrmals täglich in Pulver oder Infus. Ebenso wird es in Form einer weingeistigen Tinktur zu 10—20 Tropfen mehrmals am Tage verordnet.

1244) ℞ Blatt. oriental. 0,1—0,2 D. tal. dos. No. X. S. 2—3stündl. 1 Pulver.	1245) ℞ Decoct. Blatt. orient. 5,0—10,0 : 150,0. D. S. 3 × tägl. 1 Esslöffel.

(Hydrops.)

Boral. Aluminium borico-tartaricum.

Ist eine Doppelverbindung von Thonerde mit Borsäure und Weinsteinsäure und bildet feine, weisse, in Wasser lösliche Krystalle. Dieses von Leuchter hergestellte und von Koppel therapeutisch versuchte Präparat besitzt leicht adstringirende Eigenschaften. Es wird (5—10 % Lösung) bei eiternden Mittelohrerkrankungen in Form von Ausspritzungen und mittels Pulverbläsers, ferner als reizlose Salbe (10 %) bei Ekzemen des Gehörganges angewendet.

Borosal.

Eine Verbindung des Aluminiumtartrats mit Borsäure und Salicylsäure.

Bromalinum. Hexamethylentetraminbromaethylat.

Dieses zuerst von Bardet unter der Bezeichnung Bromäthylformin als Ersatzmittel der Bromsalze empfohlene Mittel stellt ein farbloses, krystallinisches, in Wasser leicht lösliches Pulver dar.

Bei längerem Gebrauche desselben sollen die unangenehmen Nebenerscheinungen des Bromkaliums nicht eintreten. Auch Laquer bediente sich dieses neuen Mittels mit gutem Erfolge bei Epilepsie und Neurasthenie. Die Dosis beträgt das Doppelte des Bromkaliums.

1246) ℞ Bromalini 1,0 D. t. dos. No. X. (in capsul. amylac.) S. Täglich 2—8 Pulver. (Epilepsie, Neurasthenie.)	1247) ℞ Bromalini 10,0 Solve in Aq. dest. 10,0 Sirup. Aurant. Cort. 90,0. M. D. S. Täglich 1—2 Kinderlöffel zu geben. (Für Kinder.)

Bromidia.

Ein vielfach angepriesenes Schlafmittel von nicht genau gekannter Zusammensetzung. Besteht u. A. aus Chloral, Bromkalium, Extr. Cannabis ind., Extr. Hyoscyami. Ist unzuverlässig und entbehrlich.

Bromoform. Formylum tribromatum. Tribrommethan. $CHBr_3$.

Entsteht indem man Brom auf Methyl- oder Äthylalkohol bei Gegenwart von Alkalien einwirken lässt und dann destillirt.

Das 1832 von Löwig entdeckte Bromoform stellt eine klare, farblose, chloroformähnlich riechende Flüssigkeit dar, die in Wasser sehr wenig, in Alkohol und Äther leicht löslich ist. Spec. Gewicht 2,5 und Siedepunkt 152°. Unter dem Einfluss des Lichtes zersetzt und färbt sich Bromoform; bei rother Farbe ist es unbrauchbar.

Entfaltet dem Chloroform ähnliche Wirkungen, kommt jedoch als Inhalationsanästheticum praktisch kaum in Betracht. Innerlich oder subkutan verabreicht, erzeugt es Schlaf und Anästhesie. Bei Thierversuchen konnte 0,14 pro Kilo Thier (in subkutaner Applikationsform) als letale Dosis festgestellt werden. Nach neueren Beobachtungen (Stepp) wirken schon kleine Gaben sehr günstig auf den Verlauf des Keuchhustens ein, und die innere Verabreichung des Mittels ist nunmehr eine häufigere geworden.

Dabei sind auch bereits Vergiftungen bei Kindern durch Verschlucken von Mengen von 1,0—6,0 beobachtet worden. Es traten Narkose, Anästhesie, Cyanose, Trismus, Sinken der Körpertemperatur mit beginnendem Lungenödem ein, und der Athem roch nach Bromoform. — In den leichteren Fällen genügt Zuführung guter Luft und exspektative Behandlung; bei Vergiftung mit grösseren

Dosen sind künstliche Respiration, Anwendung von Excitantien, Injektionen von Äther oder Kampfer geboten.

Praktische Anwendung findet das Mittel nur bei Keuchhusten, wo es entschieden auf die Zahl und Dauer der Anfälle günstig wirkt. — Als Beruhigungsmittel ist es bei Geisteskranken empfohlen, doch überflüssig.

Dosis. Wird am zweckmässigsten in Tropfen nach den Mahlzeiten verabfolgt und zwar bei

Kindern bis zu 1 Jahre	1—3 Tropfen	3 × täglich
„ von 2—4 Jahren	3—4 „	3—4 × täglich
„ „ 4—8 „	4—6 „	3—4 × „

Man lasse die erforderliche Tropfenzahl in einen Kaffeelöffel mit Wasser fallen. Das Bromoform sinkt, eine Perle bildend, auf den Boden des Wassers. Es ist darauf zu achten, dass diese Perle auch hinuntergeschluckt werde. Ebenso thut man gut, das Glas nicht in der Nähe der kranken Kinder stehen zu lassen, da alle bisher bekannt gewordenen Vergiftungen dadurch veranlasst wurden, dass die Kinder das Arzneiglas ergriffen und leerten (Husemann). Erwachsene können bis 0,5 2—3 mal täglich in Kapseln nehmen.

1248) ℞ Bromoform. 5,0.
D. In vitro nigro.
S. 3 × täglich 2—3 Tropfen.
(Für 1 jähriges Kind.)
(Pertussis.)

1249) ℞ Bromoform. gtt. X.
Spirit. Vini 4,0
Aq. dest. ad 100,0.
M. D. S. 1—2stündl. 1—2 Kinderlöffel.

1250) ℞ Bromoform.
Glycerini āā 5,0
Spirit. 20,0.
M. D. S. ad vitr. fusc.
S. 3 × tägl. 6—8 Tropfen.
(Keuchhusten bei 1—3jährigem Kinde.)

1251) ℞ Bromoform. 0,5.
In capsul. gelatin.
D. t. dos. 30.
S. 4—6 Kapseln tägl. zu nehmen.
(Bei fieberhafter Tuberkulose und bei Asthma.)

1252) ℞ Bromoform. gtt. XV—XXV.
Spirit. Vini 30,0
Aq. dest. 90,0
Sirup. simpl. 10,0.
M. D. S. Stündl. 1 Theelöffel.
Vor dem Gebrauche umzuschütteln.
(Bronchopneumonie der Kinder.)

Bromol. Siehe Tribromphenol.

Bursa Pastoris. Capsella bursa pastoris. Hirtentäschchen.

Häufig vorkommende Pflanze (Crucifere), die ein ätherisches Öl enthält und blutstillende Wirkungen besitzt. Bei Lungenblutungen bereitet man ein Infus (1/3 Handvoll des frischen Krautes auf 2 Tassen Thee, Morgens und Abends 2 Tassen zu trinken). Wird auch als

Extractum Bursae pastoris fluidum zu 2—3 Theelöffeln (bis zu der höchsten Gesammtdosis von 30,0 in 24 Stunden) bei Blutungen verabreicht.

Butyl-chloralum hydratum. Butylchloralhydrat. Crotonchloralhydrat. $C_4H_5Cl_3O + H_2O$.

Die früher fälschlich als „Crotonchloralhydrat" bezeichnete Verbindung entsteht durch Einleiten von Chlorgas in Aldehyd.

Weisse, glänzende, eigenthümlich würzig riechende blättrige Krystalle, die in Wasser schwer, in Alkohol, Äther und Glycerin leicht löslich sind.

Wirkt wie Chloralhydrat hypnotisch, doch sind zur Erzeugung des Schlafes grössere Dosen erforderlich. Eigenthümlich ist dem Mittel eine anästhetische Wirkung, die am Kopfe beginnt und sich in viel höherem Maasse im Gebiete der Hirnnerven (Trigeminus) als an den anderen Körpertheilen markirt. Den Blutdruck setzt es ebenso herab wie Chloralhydrat.

Wird vorzugsweise als Sedativum bei Trigeminusneuralgien, Zahnschmerzen der Schwangeren und Schmerzen bei Tabes dorsualis verordnet.

Dosis. Innerlich zu 0,2—0,5 mehrmals täglich in wässeriger Lösung (unter Zusatz von Alkohol und Glycerin), seltener in Pulver oder Pillen.

1253 ℞ Butyl-chloral. hydrat. 2,0—5,0
Spirit. Vin. rectif. 10,0
Glycerini 20,0
Aq. dest. 120,0.
M. D. S. 2—4 Esslöffel tägl.
(Gesichtsschmerz, Zahnweh etc.)

1254) ℞ Butyl-chloralhydr.
Pulv. Rad. Liq. āā 1,5.
Mucil. Gummi arab. q. s.
ut f. pilul. No. 30.
D. S. 2stündl. 2—4 Pillen.
(Gesichtsschmerz, Zahnweh etc.)

1255) ℞ Butyl-chloral. hydr. 0,1
Elaeosacch. Citri 0,4.
M. f. pulv. D. t. dos. (in chart. cerat.) No. X.
S. 2stündl. 1 Pulver.

1256) ℞ Butyl-chloral. hydr.
Acid. carbol. āā 2,0.
M. D. S. Einen mit der Mischung getränkten Wattepropf in den hohlen Zahn zu drücken bei Zahnschmerzen.
(Erichsen.)

Calcaria saccharata. Zuckerkalk. Kalksaccharat.

Ist eine Verbindung von Calciumhydroxyd mit Zucker und wird dargestellt, indem man eine Zuckerlösung mit Ätzkalk digerirt, abfiltrirt, zur Sirupkonsistenz eindickt und trocknet.

Zuckerkalk stellt ein weisses, in Wasser leicht lösliches Pulver dar. Dasselbe giebt mit Karbolsäure und Oxalsäure schwer lösliche Verbindungen und gilt daher als gutes Antidot bei Vergiftungen mit Karbol- oder Oxalsäure. Ausserdem dient das Mittel auch als Antacidum bei Rachitis und chronischer Diarrhoe.

Dosis 0,5—1,0 für Erwachsene, bei Rachitis der Kinder 0,1—0,3 in Zuckerwasser. In Frankreich ist besonders der Sirop de chaux als Ersatzmittel der Aqua Calcis zur innerlichen Verabreichung bei Rachitis und chronischer Diarrhoe beliebt.

1257) ℞ Calcar. ustae 1,0
Aq. dest. 10,0
Sirup. simpl. 100,0
Liquori filtrat. adde
Sirup. simpl. 400,0.
D. S. Mehrmals tägl. 1 Esslöffel.
Sirop de chaux.
(Trousseau.)

Calcium chloratum. Calciumchlorid. Chlorcalcium. $CaCl_2$. (Nicht zu verwechseln mit Calcaria chlorata.)

Stellt farblose, hygroskopische Krystalle dar, die leicht löslich in Wasser und Alkohol sind.

Wirkt in Substanz ätzend und in verdünnter Lösung adstringirend. Findet nur seltene Anwendung.

Calcium glycerino-phosphoricum. Glycerinphosphorsaurer Kalk. Glycérophosphate de chaux.

Weisses, krystallinisches Pulver, das in kaltem Wasser (15 Th.) löslich, in kochendem Wasser und Alkohol unlöslich ist. Wird (besonders in Frankreich, nach den Empfehlungen von Robin) bei nervösen Depressionszuständen, in der Rekonvalescenz nach erschöpfenden Krankheiten, bei Neuralgien, Ischias, Tic douloureux, Chlorose, Albuminurie, Neurasthenie angewandt. Dosis 0,1—0,3 mehrmals täglich in wässeriger Lösung oder in Form von Pastillen (auch in subkutaner Injektion).

Calcium hypophosphorosum. Calciumhypophosphit. Hypophosphite de calcium. Ipofosfito di calcio. $Ca(H_2PO_2)_2$.

An der Luft unveränderliche, prismatische, glänzende Krystalle von unangenehm, bitterem Geschmacke, löslich in Wasser, unlöslich in Alkohol. Wurde in kleinen Dosen (0,2—0,5 mehrmals täglich in wässeriger Lösung) bei Schwächezuständen, Phthisis, Chlorosis etc. empfohlen, stört jedoch bald die Verdauung und ruft bedenkliche Erscheinungen hervor.

Calcium sulfuratum. Calcaria sulfurata. Schwefelcalcium. CaS.

Ist ein grauweisses Pulver, welches an feuchter Luft nach Schwefelwasserstoff riecht und in Wasser unvollständig löslich ist. Durch Säuren wird dasselbe unter reichlicher Schwefelwasserstoffentwickelung zersetzt. — Wird äusserlich bei Hautkrankheiten, Skabies, als Enthaarungsmittel in Form von Salben und auch bei Rheumatismus in Gestalt von Bädern verwendet. In Salben zu 1,0—3,0 : 20,0—30,0 Lanolin, zu Bädern 50,0—60,0. Neuerdings auch innerlich in kleinen Gaben (0,05) als Schutzmittel gegen Influenza empfohlen (Green).

1258) ℞ Calcii sulfurat. 2,0
Terrae siliceae 0,3
Mucil. gum. Tragac. q. s.
ut f. pilul. No. 30.
Obduc. solutione gum. Sandarac.
D. ad vitrum.
S. Täglich nüchtern eine Pille zu nehmen.
(Influenza.)

Camphora monobromata. Camphora bromata. Bromkampfer. Camphre bromé. Monobromated Campfer. Canfora bromata. $C_{10}H_{15}BrO$.

Wird durch Einwirken von Brom auf gepulverten Kampfer dargestellt und bildet farblose Nadeln oder Schuppen von kampferähnlichem Geruche, die in Wasser schwer, in Äther, Chloroform und heissem Alkohol leichter löslich sind. — Wirkt im Ganzen wie Kampfer, soll jedoch bei manchen Neurosen (Epilepsie, Chorea, Hysterie) und besonders bei Aufregungszuständen im Bereiche der Genitalsphäre, wegen seines gleichzeitigen Bromgehaltes, beruhigende Eigenschaften entfalten. Nach Dosen, die 1,0 übersteigen, treten unangenehme Erscheinungen wie bei Kampfervergiftung ein. Man verordnet gewöhnlich 0,1—0,2 mehrmals täglich in Pulver oder Pillen.

1259) ℞ Camphorae monobromat. 0,1—0,2
Sacch. alb. 0,4
M. f. pulv. D. t. dos. (in chart. cerat.) No. X.
S. 3 × tägl. 1 Pulver.

1260) ℞ Camphor. bromat. 0,05
Pulv. Rad. Liquirit. 0,3.
M. f. pulv. D. t. dos. XX.
S. 2 × täglich 1 Pulver.
(Bei Chorea.)

Cannabinum tannicum. Gerbsaures Cannabin.

Das (von E. Merck dargestellte) Präparat ist im Wesentlichen eine Verbindung des in der Herb. Cannabis indicae vorkommenden Glykosides Cannabin mit Gerbsäure. Es ist ein gelblich- oder bräunlichgraues Pulver von bitterem Geschmack, das in Wasser sich kaum löst. Dasselbe ist als Schlafmittel für die leichteren Formen von Insomnie (von Fronmüller) empfohlen worden, ist jedoch in seiner Wirkung wenig zuverlässig.

Da unangenehme Nebenwirkungen bisher von diesem (etwas theuren) Mittel nicht bekannt geworden sind, kann es immerhin abwechselnd mit andern Hypnoticis gegeben werden.

Man verabreicht 0,25—0,5 in Pulverform, Abends vor dem Schlafengehen.

1261) ℞ Cannabin. tannici 1,0
Sacchari albi 2,0.
M. f. pulv. Divide in part. aeq. No. IV.
D. S. Abends vor dem Schlafengehen 1—2 Pulver zu nehmen.

Cantharidinum. Cantharidin. $C_{10}H_{12}O_4$.

Ist der blasenziehende Bestandtheil der spanischen Fliegen (Lytta vesicatoria), in denen es zu 0,2—0,6% enthalten ist und stellt farblose Krystalle dar, die in Wasser unlöslich, in Chloroform und Äther leichter löslich sind. Bezüglich der Wirkung gilt das bei Cantharides Gesagte.

Cantharidin wurde von Liebreich (1891) in subkutaner Anwendung gegen Lupus, Lungen- und Kehlkopftuberkulose empfohlen. Die erforderliche Lösung wird aus 0,2 Cantharidin + 0,4 Kalihydrat oder 0,3 Natronhydrat in etwa 20 ccm Wasser unter Erwärmen hergestellt und dann mit Aqua destillata bis zu 1 Liter verdünnt. 1 ccm der Lösung (1 Pravaz'sche Spritze) = $^2/_{10}$ mg (0,0002) Cantharidin. Anwendung: 2—3 mal wöchentlich $^1/_4$—1 Spritze in die Rückenhaut zu injiciren. Der Urin ist dabei auf Albumen zu prüfen.

Neuerdings zieht Liebreich die interne Verabreichung des reinen Cantharidins vor. Er löst 0,1 Cantharidin. cryst. in 500 ccm Tinct. Cort. Aurantii und giebt aus einer Pravaz'schen Spritze ($^1/_{10}$ Spritze = $^2/_{10}$ Decimilligram) $^1/_{10}$—$^1/_2$—1 ccm mit etwa 20—30 ccm Wasser verdünnt. Vorsicht!

1262) ℞ Cantharidin. cryst. 0,01
Tinct. Cort. Aurant. 50 ccm.
M. D. S. 1—8 Theilstriche (= 0,2—0,6 dmgr Chantharidin) einer Pravazspritze mit Wasser verdünnt, innerlich zu nehmen.
(Lupus, Tuberkulose.)
(Liebreich.)

1263) ℞ Cantharidin. cryst. pulv. 0,002.
Boli albae
Misce; f. lege artis pilul. No. XXX.
D. S. Täglich nüchtern 1 Pille zu nehmen.
(Skrophulose, Tuberkulose.)

Carniferrin.

Eine etwa 30% Eisen enthaltende Eisenverbindung der Phosphorfleischsäure des Muskels, zu deren Darstellung Fleischextrakt benützt wird. Soll auch aus Molke bereitet werden. Tagesdosis 0,2—0,5; für Kinder 0,1—0,3. Indikatio: Chlorose, Anaemie, Neurasthenie.

Cascara Sagrada (Cortex Rhamni Purshianae).

Gutes Abführmittel bei habitueller Stuhlverstopfung. In Pulverform, in Tabletten und Kapseln zu 0,25. Am besten als

Extractum Cascarae Sagradae fluidum. Zu 20—30 Tropfen 1—2 mal täglich.

1264) ℞ Extr. Casc. Sagrad. fluid.
Sirup. Cort. Aurant.
Aq. dest. āā 20,0
D. S. 2stündl. 1—2 Theelöffel.

1265) ℞ Extr. Casc. Sagrad. sicc.
Extr. Rhei āā 30,0
Succ. Liquir. q. s.
F. pilul. No. 30.
D. S. 2 × tägl. 1—2 Pillen.

(Habituelle Stuhlverstopfung und Dysenderie.)

Castoreum. Castoreum canadense. Bibergeil. Castoréum.

Das in beutelförmigen Einstülpungen der Präputialschleimhaut befindliche Sekret des Geschlechtsapparates von Castor Americanus. Die Beutel selbst sind länglich birnenförmig, meist etwas plattgedrückt. Ihr Inhalt ist im trockenen Zustande eine glänzende, harte, dunkelbraune Masse, die ein hellbraunes, eigenthümlich riechendes, kratzend und bitterlich schmeckendes, in Wasser wenig lösliches Pulver liefert.

Neben diesem Castoreum canadense unterschied man früher das Castoreum sibiricum (Castor Fiber), welches sehr viel theurer ist, dafür aber auch für wirksamer gehalten wurde. Über das wirksame Princip, wie über die Wirkungsweise des Castoreums wissen wir nichts Zuverlässiges. Sein Hauptanwendungsgebiet bildet seit lange die Hysterie. Und es bewährt sich in der That bei hysterischen Krämpfen und andern nervösen Störungen zuweilen als ein gutes Antispasmodicum.

Man verordnet das (nicht billige) Castoreum zu 0,1—0,5 in Pulvern oder Pillen mehrmals täglich, gewöhnlich in Form der

Tinctura Castorei (Castor. 1, Spirit. 10). Dieselbe ist dunkelrothbraun und wird zu 20—30 Tropfen mehrmals täglich gegeben.

1266) ℞ Kalii bromat. 0,5
Castorei 0,1—0,2
Sacch. alb. 0,5.
M. f. pulv. D. t. dos. (in chart. cerat.) No. X.
S. 3 × tägl. 1 Pulver.

1267) ℞ Tinct. Valerian. 10,0
Tinct. Castorei 5,0.
M. D. S. 3 × täglich 20—30 Tropfen.
(Hysterie, Insomnie, nervöses Erbrechen etc.)

Cerebrin.

Ein mittels Glycerin aus der grauen Hirnsubstanz dargestelltes Extrakt, das ähnlich wie Hodensaft, in den Organismus eingeführt, anregend auf die Gehirnthätigkeit wirken soll. Wird (in Frankreich) bei allgemeiner Anämie und Nervenschwäche angewendet.

Cerium oxalicum. Ceriumoxalat. Oxalate de cérium. Oxalate of cerium. Ossalato di cerio. $Ce^2(C_2O_4)^3 + 9H_2O$.

Wird durch Fällung eines löslichen Ceriumsalzes durch oxalsaures Ammonium dargestellt und bildet ein weisses, geruch- und geschmackloses Pulver, das in Wasser und Alkohol unlöslich, in Salzsäure und Salpetersäure löslich ist.

Wird in Deutschland wenig angewandt, in andern Ländern (England, Amerika) häufig bei Cardialgie, Erbrechen der Schwangeren, Epilepsie und Seekrankheit verordnet. Man giebt 0,05—0,3 mehrmals täglich in Pulvern oder Pillen.

1268) ℞ Cerii oxalici 0,1
Sacch. alb. 0,5.
M. f. pulv. D. t. dos. X.
S. 2—3 × tägl. 1 Pulver.

Chinetum. Quinetum.

Ist ein Gemenge von Chinaalkaloiden mit Harz und unorganischen Substanzen und stellt ein gelblichweisses, in Säuren zu schwach gelblichen Flüssigkeiten auflösliches Pulver dar, das etwa 15—20% Chinin, 35% Cinchonidin, 21% Cinchonin und circa 31% amorphe Alkaloide enthält. Wird (besonders in Britisch Indien und Holland) an Stelle von Chinin, in gleicher Dosis und Form, angewandt.

Chinidinum sulfuricum. Cinchonum sulfuricum.

Chinidin = $C_{20}H_{24}N_2O_2$ ist eine dem Chinin isomere Base und findet sich in der Mehrzahl der Chinarinden, namentlich in der Rinde von Cinchona Pitayensis. Chinidin und seine Salze wirken wie Chinin, nur schwächer.

Durch Auflösen von Chinidin in verdünnter Schwefelsäure erhält man Chinidinum sulfuricum. Dasselbe bildet weisse, seidenglänzende, nadelförmige Krystalle von bitterem Geschmacke, die sich in 100 Th. kaltem, in 7 Th. heissem Wasser und 8 Th. Weingeist lösen. Wird wie Chininum sulf., nur in etwas grösserer Dosis und viel seltener angewendet.

Chininum bimuriaticum carbamidatum. Chininum amidato-bichloratum Chininharnstoff. $(C_{20}H_{24}N_2O_2)HCl + CO(NH_2)_2HCl$.

Wird durch Auflösen von Chinin. hydrochl. und salzsaurem Harnstoff in heissem Wasser und Auskrystallisirenlassen gewonnen. Stellt weisse, in Wasser leicht lösliche Krystalle dar, enthält etwa 70% Chinin und eignet sich für die subkutane Applikation.

Dosis 0,1—0,5.

Chininum bisulfuricum. Chininbisulfat. Bisulfate de quinine.

$$C_{20}H_{24}N_2O_2 . H_2SO_4 + 7H_2O.$$

Die Darstellung geschieht durch Lösen von Chinin. sulfuric. in verdünnter Schwefelsäure und darauf folgendem Abdunsten zur Krystallisation. Das Präparat enthält gegen 60% Chinin und stellt farblose, prismatische, seidenglänzende Krystalle von sehr bitterem Geschmacke dar, die an der Luft verwittern und sich in 12 Th. Wasser oder 32 Th. Weingeist zu einer blau fluorescirenden Flüssigkeit lösen.

Wirkt wie Chinin und eignet sich seiner leichteren Löslichkeit wegen eher zur Einspritzung in Urethra (Gonorrhoe) und Nase (Heufieber), auch zur subkutanen Injektion, die allerdings schmerzhaft ist. — Die Lösungen sind nicht lange haltbar. — Dosis wie bei Chinin. sulf.

Chininum salicylicum. Salicylate de quinine.

Weisses, in Wasser schwer lösliches, krystallinisches Pulver. Wird zu 0,1—0,5 mehrmals als Antipyreticum bei Typhus und akutem Gelenkrheumatismus angewandt.

Chininum valerianicum. Valérianate de quinine.

Zur Darstellung wird eine weingeistige Lösung von Chinin mit Baldriansäure versetzt und mit Wasser verdünnt an einem warmen Orte verdunstet.

Das Präparat bildet weisse, schwach nach Baldrian riechende Krystalle von sehr bitterem Geschmacke. Dieselben sind in ungefähr 50 Th. Wasser und in 1 Th. Alkohol löslich. Anwendung findet es bei Neuralgien und Neurosen, Hysterie etc. zu 0,1—0,2 mehrmals täglich in Pillen oder Solution.

Chinioïdinum. Quinoidin.

Ist ein Gemisch amorpher Chinaalkaloide von wechselnder Zusammensetzung, das als Nebenprodukt bei der Darstellung der Chinabasen gewonnen wird und stellt eine braune, harzähnliche Masse dar, die in der Kälte leicht zerreiblich ist. In Wasser ist Chinioïdin fast unslöslich, es löst sich aber leicht in angesäuertem Wasser und Alkohol. Im reinen Zustande kommt es auch als Chininum amorphum im Handel vor. Die Wirkung kommt der des Chinins gleich, ist jedoch schwächer. Als Chinin noch sehr theuer war, wurde es oft als billiges Ersatzmittel verordnet.

Dosis 0,1—0,5 und darüber, mehrmals täglich in Pulver, Pillen oder angesäuerter Lösung.

Tinctura Chinioïdini. Mehrmals täglich 1 Theelöffel im Wein.

1269) ℞ Chinioïdin. pulv. 0,3.
Past. Cacao q. s.
ut f. trochisci. D. t. dos. XX.
S. 3—4 × tägl. 1 Pastille.
(Keuchhusten.)
(Für 1 4—6 jähriges Kind.)

Chinium. Quinium (Labarraque). Quinine de Labarraque.

Ist ein Gemenge von Chinin und Cinchonin ungefähr im Verhältniss von 3 : 1. Wird als Antipyreticum zu 1,0—1,5, als Tonicum zu 0,1—0,2 mehrmals täglich in Pillen oder spirituöser Lösung gegeben.

Chinolinum. $C_9 H_7 N$.

Das im Steinkohlentheer vorkommende Chinolin wird erhalten durch Schmelzen von Cinchonin mit Ätzkali. Es ist eine farblose, unter dem Einfluss von Luft und Licht sich bräunende Flüssigkeit von eigenartigem Geruche und bitterem Geschmacke. Schwer löslich in Wasser. Chinolin löst sich leicht in Alkohol, Äther und Chloroform.

Besitzt antiseptische Eigenschaften und setzt die Körpertemperatur herab. Wird äusserlich bei Diphtherie zu Pinselungen in 5% alkoholisch-wässeriger Lösung und zu Mund- und Gurgelwässern in 0,2% Lösung angewandt. Zur innerlichen Verwendung eignen sich mehr die Salze des Chinolin:

Chinolinum tartaricum und

Chinolinum salicylicum.

Farblose Krystalle, die sich in 70—80 Theilen Wasser lösen und zu 0,5 bis 1,0 mehrmals täglich in Pulver als Ersatzmittel für Chinin gegeben werden.

1270) ℞ Chinolin. 2,0
Spirit.
Aq. dest. āā 20,0.
M. D. S. Äusserlich z. Pinseln.
(Diphtherie.)

1271) ℞ Chinolin. 1,0
Spirit. 50,0
Ol. Menth. pip. gtt. II.
Aq. dest. ad 500,0.
D. S. Gurgelwasser.

1272) ℞ Chinolin. tartaric. 1,0
Aq. dest.
Sirup. Rubi Idaei āā 50,0.
M. D. S. 3 Stunden vor dem Intermittensanfall zu nehmen.

Chinosol.

Ist eine neutrale Verbindung des Oxychinolins. Das Präparat wird von der Firma Franz Fritsche & Co. in Hamburg fabricirt. — Es wird aus Kaliumpyrosulfat (25 Th.) und Oxychinolin (29 Th.) in Alkohol (120 Th.) dargestellt. Das so gewonnene Produkt löst sich leicht in Wasser, hat nur einen schwachen Geruch und färbt Hände und Wäsche gelblich.

Es hat hervorragend entwickelungshemmende Wirkungen für Bakterien und ist ungiftig. Als Pulver in secernirende Wunden eingestreut, übt Chinosol weder Ätzwirkungen noch sonstige Reizung aus. In wässerigen Lösungen von 1—2 : 1000 wird Chinosol als Ersatzmittel für Karbolsäure und Sublimat empfohlen (Kossmann, Ostermann).

Chloralderivate:

Chloralantipyrin. Siehe Hypnal.

Chloralurethan. Siehe Uralium.

Somnal (Lösung von Antipyrin und Urethan in Alkohol).

Coffeïn-Chloral. Siehe daselbst.

Chloralose. Anhydroglyco-Chloral. $C_8 H_{11} Cl_3 O_6$.

Diese Verbindung entsteht durch Vereinigung von Chloral mit Glykose unter Wasseraustritt:

$$\underset{\text{Chloral}}{CCl_3CHO} + \underset{\text{Glykose}}{C_6H_{12}O_6} = H_2O + \underset{\text{Anhydroglyco-Chloral.}}{C_8H_{11}Cl_3O_6}$$

und bildet feine, farblose Krystalle, die zwischen 184 und 186° schmelzen, in kaltem Wasser schwer, in heissem Wasser und Alkohol leichter löslich sind.

Das erst kürzlich von Hanriot und Richet hergestellte Mittel erzeugt schon in Dosen von 0,1—0,2 mehrstündigen Schlaf. Genügende Erfahrungen über seine Brauchbarkeit liegen jedoch noch nicht vor. Nach grösseren Dosen, besonders bei Hysterischen, sind recht unangenehme Nebenwirkungen beobachtet worden. Man giebt es am besten in Kapseln zu 0,12 und soll nicht über Einzelgaben von 0,2 und Tagesgaben von 0,5 hinausgehen.

Chlormethyl. Siehe Methylum chloratum.

Chlorsalol. Salicylsaurer Chlorphenyläther.

$$\text{o-Chlorsalol } C_6H_4 \begin{cases} OH \\ CO - O - \overset{(1)\quad(2)}{C_6H_4Cl} \end{cases}$$

und

$$\text{p-Chlorsalol } C_6H_4 \begin{cases} OH \\ CO - O - \overset{(1)\quad(6)}{C_6H_4Cl} \end{cases}$$

Stellen weisse, krystallinische, in Wasser schwer, in Alkohol und Äther leicht lösliche Körper dar. Sie besitzen dieselben antiseptischen Eigenschaften. Das Ortho-Chlorsalol schmilzt bei 53° und hat einen Geruch wie Salol; das Para-Chlorsalol schmilzt bei 70° und ist geschmack- und geruchlos. Chlorsalol ist ein energisches Antisepticum, das bereits günstige therapeutische Resultate ergeben hat. (Girard).

Es wird in gleicher Dosis und Form wie Salol angewendet. Für den innerlichen Gebrauch (bei Prostata- und Blasenkatarrh, Diarrhoe etc.) verdient das Parachlorsalol den Vorzug.

1273) ℞ Parachlorsaloli 1,0.
D. t. dos. No. X.
(ad capsul. amyl.)
S. 2—6 Pulver täglich.

Citrophen. $C_6H_8O_7(NH_2C_6H_4O \,.\, C_2H_5)_3$.

Ist eine (von Roos hergestellte) Verbindung der Citronensäure mit p. Phenetidin. Citrophen unterscheidet sich von Apolysin dadurch, dass es 3 Phenetidingruppen an 1 Citronensäuremolekül gebunden enthält, während Apolysin eine Verbindung von 1 Mol. Citronensäure und 1 Mol. Phenetidin darstellt. — Citrophen ist ein weisses, angenehm schmeckendes, in Wasser schwer lösliches Pulver, das antipyretische und schmerzstillende (Benario) Eigenschaften besitzt. Anwendung hat es bisher bei Typhus, Tuberkulose, Neuralgien gefunden.

Die Einzelgabe ist 0,5 für den Erwachsenen, (0,2—0,3 für Kinder); die Tagesgabe 3,0—6,0 in Pulverform.

1274) ℞ Citropheni 0,5.
D. t. dos. VI.
S. Nach Bedarf 1 Pulver.

Cocapyrin.

Eine Mischung von Antipyrin mit Cocain im Verhältniss von 1:1000. Von Avellis in Form von Pastillen bei Pharyngitis und Laryngitis empfohlen. Jede Pastille enthält 0,20 Antipyrin und 0,002 Cocain. Man lässt 3—4 solcher Pastillen auf der Zunge und im Munde zergehen.

Codeïnum. Kodein. Codéine. Codeina. Codeina. $C_{18}H_{21}NO_3 + H_2O$.

Das sich zu 0,2—0,5% im Opium findende Alkaloid wird als Nebenprodukt bei der Bereitung des Morphins gewonnen und stellt weisse, oktaëdrische oder rhombische Krystalle dar, die bei 150° schmelzen, sich in Wasser schwer, in Alkohol und Äther leicht lösen.

Es wirkt wie Morphin, nur viel schwächer und unterscheidet sich von letzterem darin, dass es in grossen Dosen die Reflexerregbarkeit des Rückenmarks steigert und Konvulsionen erzeugt. Man giebt es als Sedativum und Hypnoticum zu 0,02—0,05 in Pulver, Pillen oder Lösung.

Dosis max. simpl. 0,1! — Dosis max. pro die 0,4! (Pharm. Helv.)

Es wird gewöhnlich das leichter lösliche und officinelle

Codeïnum phosphoricum (siehe daselbst) angewendet.

Coffeïn-Chloral.

Farblose, in Wasser leicht lösliche Krystalle, bestehend aus gleichen Mengen Coffein und Chloralhydrat. Wirkt beruhigend, schmerzstillend und leicht abführend (Ewald). Eignet sich zur subkutanen Injektion und zwar 1,0 : 4,0 Aq. dest., davon 2—4 Spritzen täglich.

Coffeïnsulfosäure und deren Salze:

Coffeïnsulfosaures Natron oder Symphorol N.

Coffeïnsulfosaures Lithium oder Symphorol L.

Coffeïnsulfosaures Strontium oder Symphorol S.

Nach Liebrecht und Heinz ist die Coffeinsulfosäure nebst ihren vorstehenden Salzen ein vorzügliches Diureticum. Sie wirkt direkt auf die Nierenepithelien, ohne (wie Coffeïn) gleichzeitig die Gefässe zu verengen. Schmeckt bitter, wird am besten in Pulvern von 1 g 4—6 mal täglich gegeben.

Coffeinumnatrio-benzoicum,

Coffeinumnatrio-cinnamylicum und

Coffeinum natrio-salicylicum.

Von diesen 3 Doppelverbindungen enthalten die erste, (welche officinell ist) etwa 50%, die letzten 60% Coffein. Sie sind leicht löslich und zur subkutanen Injektion geeignet. Anwendung in grossen Dosen (0,8—2,0 pro die) als Ersatzmittel der Digitalis bei Herzaffektionen mit Schwächezuständen des Herzens und als Diureticum bei Hydrops.

1275) ℞ Coffein. natrio-benzoic. 0,2—0,5
Sacch. alb. 0,3.
M. f. pulv. D. t. dos. X.
S. 3 × tägl. 1 Pulver.
(Migräne, Herzaffektion, Hydrops.)

1276) ℞ Coffein. natrio-benzoic. 2,0
Aq. dest. 10,0.
D. S. ½—1 Spritze zu injiciren.

Colchicinum. Colchicin. $C_{22}H_{25}.NO_6$.

Findet sich in allen Theilen der Herbstzeitlose, Colchicum autumnale, am reichlichsten (zu 0,2—0,4%) in den reifen Samen und stellt ein gelblichweisses, amorphes, in Wasser leicht lösliches Pulver dar. Dasselbe wird gegen Gichtanfälle, Rheumatismus und Ischias zu 0,001—0,002 in Pillen, Lösung oder subkutaner Injektion, (die sehr schmerzhaft ist), 2—3 mal täglich angewendet.

1277) ℞ Colchicini 0,02
Aq. dest. 10,0.
Zur subkutanen Injektion.
(½—1 Spritze.)

Coniinum. Coniin. Cicutina. $C_8H_{17}N$.

Ein in allen Theilen des Schierlings, Conium maculatum (Umbellifere), besonders in den Früchten vorkommendes Alkaloid. — Dasselbe stellt eine farblose, ölartige Flüssigkeit von widerlichem Geruche und unangenehmem Geschmacke dar, die sich in 90 Th. Wasser löst. In Alkohol, Äther und fetten Ölen ist Coniin leicht löslich. Es gehört zu den stark wirkenden Giften, indem es ähnlich wie Curare zunächst die motorischen Nervenendigungen, dann die Centren lähmt. Es erzeugt Übelkeit, Erbrechen, Schwindel, Formikation, unsichern Gang, Cyanose, Konvulsionen und der Tod tritt in Folge Lähmung der respiratorischen Centren ein. — Örtlich angewendet, lähmt es die sensiblen Nervenendigungen.

Die Anwendung dieses intensiv wirkenden Mittels geschieht nur sehr selten bei Asthma, Trismus, Tetanns in Dosen von 0,0005—0,001 1—2 mal täglich in Mixtur oder Tropfen.

Coniinum hydrobromicum. Bromwasserstoffsaures Coniin. Bromhydrate de cicutine. $C_8H_{17}N.HBr$.

Neutralisirt man wässerige Bromwasserstoffsäure mit Coniin, so krystallisirt Coniinum hydrobromicum aus.

Es bildet farblose, glänzende, nadelförmige Prismen, die sich in Wasser und Weingeist sehr leicht lösen. — Wirkt etwas schwächer als Coniin, erfordert aber bei seiner Anwendung wegen starker Giftigkeit die grösste Vorsicht. Wie das Alkaloid, ist auch das bromwasserstoffsaure Salz gegen Asthma, Neuralgie, Keuchhusten, Trismus und Tetanus empfohlen worden.

Dosis 0,001—0,002 mehrmals täglich in Lösung oder subkutaner Injektion.

1278) ℞ Coniin. hydrobrom. 0,02
Aq. dest. 10,0.
M. D. S. Zur subkut. Injektion.
($^1/_2$—1 Spritze zu injiciren.)

1279) ℞ Coniin. hydrobrom. 0,02
Sirup. smpl. ad 100,0.
M. D. S. 3 × tägl. 1 Theelöffel.
(1 Theelöffel = 0,001 Coniin. hydrobr.)

Convallamarin. $C_{23}H_{44}O_{12}$.

Ist ein aus Convallaria majalis erhaltenes Glykosid. Ein weisses, krystallinisches, bitter schmeckendes Pulver, das in Wasser und Alkohol leicht löslich ist. Dasselbe ist an Stelle von Digitalis bei Herzaffektionen mit wenig übereinstimmenden Erfolgen angewandt worden. Man gab es innerlich zu 0,05 ein- bis zweistündlich bis 0,5 pro die und auch subkutan zu 0,005—0,01 mehrmals täglich.

Convallaria majalis. Maiglöckchen. Muguet.

Die Blüthen von Convallaria majalis (Smilacee) enthalten zwei Glykoside: Convallamarin und Convallarin. — In Russland wurde Convallaria majalis früher vielfach als Volksmittel bei Hydrops in Folge von Herz- und Nierenkrankheiten angewandt. Neuere Versuche, das Mittel als Ersatzmittel der Digitalis einzuführen, haben keine befriedigenden Resultate ergeben.

Man verordnet von den Blüthen ein Infus von 10,0 : 200,0 und giebt hiervon 2—3 mal täglich 1 Esslöffel. Ausserdem

Tinctura Convallariae majalis, mehrmals täglich 10 Tropfen.

Extractum Convallariae zu 0,5 mehrmals täglich in Pillen.

Cornutinum.

Ein in Secale cornutum vorkommendes Alkaloid, das mit Citronensäure

Cornutinum citricum, das citronensaure Cornutin, ein braunes, in Wasser lösliches Pulver bildet.

Findet in der gynäkologischen Praxis an Stelle von Secale corn. Verwendung. Ist auch gegen Spermatorrhoe (paralytische Form) empfohlen.

Dosis 0,003 zweimal täglich bei Spermatorrhoe. Bei Blutungen und zur Anregung von Uteruskontraktionen 0,005—0,01 in Pillen oder Lösung.

Coronillin.

Gelbes, in Wasser lösliches Pulver. Glykosid aus dem Samen von Coronilla scorpioides.

Wirkt ähnlich wie Digitalin und ist bei Herzaffektionen und Ödem empfohlen worden (Cardol, Spillmann und Haushalter).

Dosis: 0,1 pro dosi bis 0,6 pro die in Pillen oder Lösung.

Cortex Angusturae. Angusturarinde, von Gallipea officinalis (Diosmee).

Enthält das Angusturin oder Cusparin, einen ungiftigen, krystallinischen, in Wasser schwer, in Alkohol und Äther leicht löslichen Bitterstoff; ausserdem kommt in der Rinde noch ein ätherisches Öl vor.

Die Angusturarinde wurde früher vielfach (im Dekokt 1 : 10) bei intermittirendem Fieber, Typhus und Ruhr verwendet. — Seitdem jedoch eine ähnlich aussehende, giftige (brucinhaltige) Angusturarinde, Cortex Angusturae spurius, an den Markt gelangt ist, hat man von dem Gebrauch der Angustura gänzlich Abstand genommen.

Cortex Coto. Cotorinde.

Es kommen im Handel zwei verschiedene Rinden von aus Bolivia stammenden Bäumen (Laurinee) vor, von denen man die eine als Cotorinde, die andere als Paracotorinde bezeichnet. Beide Rinden unterscheiden sich wesentlich durch die in ihnen enthaltenen Glykoside: das Cotoïn ($C_{22}H_{16}O_6$), und das Paracotoïn ($C_9H_{12}O_6$). Die Cotorinde ist sehr selten geworden, daher kommt fast nur noch die Paracotorinde oder vielmehr das in ihr enthaltene Paracotoïn zur Verwendung. Soviel über diese pharmakologisch nicht genügend untersuchten Stoffe bekannt ist, steht fest, dass sie bei Diarrhoe günstig wirken. Doch tritt bei Verabreichung der Rinde (wahrscheinlich in Folge ihres Nebengehaltes an ätherischen und reizenden Stoffen) leicht Übelkeit und Erbrechen ein. Aus diesem Grunde zieht man die Verabreichung von Cotoïn resp. Paracotoïn vor.

Man giebt die Rinde zu 0,5 in Pulverform 3—4 mal täglich. Ferner die aus ihr hergestellte

Tinctura Coto (1 Th. Cort. Coto in 9 Th. Spirit.) zu 10—20 Tropfen mehrmals täglich.

Cotoïn. Gelbliches, in Wasser schwer lösliches Pulver von brennendem, scharfem Geschmack. Innerlich zu 0,05—0,1 in Pulver oder Mixtur.

Paracotoïn. Geschmackloses, gelbliches, in Wasser schwer, in Alkohol leichter lösliches Pulver. Wird als Antidiarrhoicum zu 0,1—0,3 2—3 mal täglich in Pulver gegeben.

1280) ℞ Paracotoini 0,1—0,3
Sacch. alb. 0,4
M. f. pulv. D. t. dos. X.
S. 3 × tägl. 1 Pulver.
(Antidiarrhoicum.)

1281) ℞ Paracotoini 0,2
Spirit. Vini 20,0
Aq. dest. ad 150,0.
M. D. S. 2stündl. 1 Esslöffel.
(Antidiarrhoicum.)

1282) ℞ Tinct. Coto. 10,0
D. S. Mehrmals täglich 10—20 Tropfen.

1283) ℞ Cotoini 1,0
Emuls. amygdal. ad 100,0.
D. S. Stündl. 1 Esslöffel.

Cortex Mezereri. Seidelbastrinde. Ecorce de mézéréon.

Die getrocknete Rinde des Stammes und der Äste von Daphne Mezereum. Enthält als wirksamen Bestandtheil ein gelbbraunes Harz, das stark reizende

Eigenschaften besitzt. Mit Wasser oder Essig angefeuchtet, ruft die Rinde auf der Haut Röthung und Blasenbildung hervor und innerlich in grossen Dosen Entzündung der Magenschleimhaut und der Nieren. Wird nur noch selten äusserlich zu reizenden Pflastern und Verbandsalben angewendet in Form von

Extractum Mezereri, Unguentum Mezereri und **Emplastrum cantharidatum Mezereri.**

Cortex Piscidiae. Jamaica Dogwood.

Die Rinde von Piscidia erythrina, eines in Jamaica vorkommenden Baumes (Leguminose). Von den Eingeborenen wird dieselbe seit lange zum Betäuben und Fangen der Fische benutzt, und neuerdings ist sie ihrer narkotischen Eigenschaften wegen als Ersatzmittel für Opium, bei schmerzhaften Affektionen und Schlaflosigkeit empfohlen worden. Genügende praktische Erfahrungen liegen jedoch nicht vor. Man giebt von der Rinde 2,0—3,0 in Pulverform, oder zweckmässiger das

Extractum Piscidiae erythrinae fluidum, zu $^1/_2$—1 Theelöffel.

Cortex Quebracho. Quebrachorinde. Ecorce de quebracho.

Diese Rinde stammt von Aspidosperma Quebracho (sprich: „Kebratscho"), einer in Argentinien vorkommenden Apocynee. Die im Handel vorkommenden Stücke sind verschieden gross, meist flach, bis 3 cm dick und mit reichlicher Borke bekleidet. Die Rinde ist in Österreich, der Schweiz und in Italien officinell. Aus ihr sind mehrere Alkaloide dargestellt worden, Aspidospermin, Quebrachin, Quebrachamin und Aspidosamin.

Nach den Untersuchungen und Beobachtungen von Penzoldt vermag die Droge die verschiedenen Formen der Athemnoth, besonders die Dyspnoe bei Emphysem, auch das nervöse Asthma in vielen Fällen zu mindern oder zu beseitigen. Worauf diese Wirkung beruht, ist nicht klar. Ein fieberwidriger Einfluss, wie er der Rinde in ihrer Heimath zugeschrieben wird, scheint ihr nicht zuzukommen. Das Mittel wird nach Penzoldt am besten in Form einer Tinktur verabfolgt.

Tinctura Quebracho (Penzoldt): 10,0 der fein gepulverten Rinde werden mit 100,0 Spiritus extrahirt, filtrirt, verdampft, in 20,0 Wasser gelöst.

1284) ℞ Extr. spirit. e 30,0 cort. Quebracho
solve in Aq. dest. 60,0.
M. D. S. 3 × tägl. 1—2 Theelöffel.
(Dyspnoe und Asthma bronchiale.)
(Penzoldt.)

Cortex Radicis Simarubae. Ecorce de la racine de Simarouba. Cortex Simarubae. Ruhrrinde.

Die Rinde eines in Guyana und Westindien vorkommenden Baumes, die schon seit Jahrhunderten als Volksmittel bei Dysenterie in Anwendung kommt. Die physiologische Wirkung der Rinde ist nicht genau untersucht. In kleinen Dosen regt sie den Appetit an (sie ist von sehr bitterem Geschmack), in grossen erzeugt sie Erbrechen und Durchfall.

Lange Zeit in Vergessenheit gerathen, ist Simaruba neuerdings wieder gegen Dysenterie und Sommerdiarrhoe (Uhle, Gelpke, Hogge) in Deutschland warm empfohlen worden. Sie wird bis zu 10,0 täglich und darüber im Dekokt oder mit Wein macerirt gegeben.

1285) ℞ Decoct. Cort. Simarub. 10,0—20,0 : 200,0.
M. D. S. 2stündl. 1 Esslöffel.
(Chron. Dysenterie.)

1286) ℞ Decoct. Simarub. 8,0 : 170,0
Vin. Cognac.
Mucil. Salep ãã 10,0
Tinct. Opii 0,5—1,0
Sirup. Cort. Aurant. 25,0.
M. D. S. 2stündl. 1 Esslöffel.

1287) ℞ Decoct. Simarub. 2,5 : 70,0
Acid. tannic. 0,5
Vini Hungaric. 10,0
Mucil. Salep 15,0
Sir. Cort. Aurant. 15,0.
M. D. S. Stündl. 1 Theelöffel.
(Dysenterie der Kinder.)
(Uhle.)

1288) ℞ Cort. Simarub.
Cort. Rad. Granati ãã 10,0
Vini Gallici alb. 750,0.
Macera per horas XXIV.
Deinde col.
M. D. S. Erwachsenen 6—8 Esslöffel, Kindern ebensoviel Theelöffel.
(Gelpke.)

Cotoïnum. Siehe Cortex Coto.

Cotarninum hydrochloricum. Siehe Stypticin.

Creolinum. Creolin.

Creolin ist ein durch Zusatz von Harzseifen emulgirbar gemachtes Gemisch von verschiedenen Kresolen, das bei der Karbolsäurefabirkation als Nebenprodukt gewonnen wird. Im Handel existiren verschiedene Präparate (Pearson, Artmann). Es stellt eine dunkle, sirupöse, nach Theer riechende, alkalisch reagirende Flüssigkeit dar, die mit Wasser verdünnt eine milchähnliche Mischung giebt.

Creolin wirkt ähnlich wie Karbolsäure, und seitdem es von Fröhner und v. Esmarch im Jahre 1887 als Desinfektionsmittel empfohlen worden ist, hat es als billiges Ersatzmittel der Karbolsäure häufige praktische Verwendung gefunden. Früher hob man zu Gunsten des Creolins besonders hervor, dass es ungiftig sei Spätere Erfahrungen haben jedoch gezeigt, dass dies nicht der Fall ist. Die inkonstante Zusammensetzung, sowie sein unangenehmer Geruch und die Undurchsichtigkeit seiner wässerigen Lösungen gehören zu den unangenehmen Eigenschaften des Mittels.

Dosis: Ausser zu äusserlichen Desinfektionszwecken wurde Creolin auch innerlich bei Cholera, Gährungsvorgängen im Magen, Eingeweidewürmern, Cystitis, Tuberkulose in Gelatinekapseln zu 0,5—1,0 — doch ohne besonderen Erfolg — gegeben.

Äusserlich wird es als Verband- und Waschmittel in Lösungen von 0,5—2,0 : 100,0, zur Blasenspülung 0,5 : 100,0, zur Desinfektion von Wunden 2,0—4 %, und von Aborten in 5—10 % wässeriger Lösung verwendet.

1289) ℞ Creolini 15,0.
D. S. Die Hälfte in 1 Weinflasche abgekochten Wassers aufzulösen.
(1 % Verbandwasser.)

1290) ℞ Creolini 0,1
Aq. dest. ad 150,0.
D. S. Äusserlich z. Einspritzen in die Harnröhre.
(Gonorrhoe.)

1291) ℞ Creolini 2,0—5,0 : 500,0.
D. S. Zu Ausspülungen von Blase, Pleura etc.

Creosotal. Creosotcarbonat.

Gelbliche, ölige Flüssigkeit, die 92 % Kreosot enthält. Ist geruchlos und besitzt nicht die ätzenden Eigenschaften des reinen Kreosots. Wird an dessen Stelle rein oder in Verbindung mit Leberthran gegen Tuberkulose empfohlen. Siehe Kreosotum carbonicum.

Cresole und deren Gemische: Solveol, Solutol, Creolin, Lysol. Siehe daselbst.

Crotonchloralhydrat = Butylchloralhydrat.

Cumarin. Tonkabohnenkampfer.

Findet sich bis zu 2% in der Tonkabohne, ferner im Waldmeister (Asperula oderata), im Steinklee (Melilotus offic.) und vielen anderen Pflanzen. Dient zur Desodorirung des Jodoforms. Ist in grösseren Dosen giftig.

Curare. Ourari. Urari. Pfeilgift.

Ist das Pfeilgift der südamerikanischen Indianerstämme, das aus verschiedenen Strychnosarten, besonders aus Strychnos toxifera gewonnen wird. Es stellt ein trockenes, braunes, bitter schmeckendes, in Wasser und Alkohol nur theilweise lösliches Extrakt dar. In ihm ist das Curarin enthalten, das in den minimalsten Dosen höchst giftig ist.

Curare lähmt die motorischen Nervenendigungen der Skelettmuskeln, daher bei Vergiftungen (wegen Lähmung der Athmungsmuskeln) vor Allem künstliche Respiration zu versuchen ist. Innerlich in kleinen Dosen genommen, zeigt Curare sich unwirksam, während es in subkutaner Injektion die eben angeführten Lähmungserscheinungen verursacht und in zu grosser Dosis den Tod durch Erstickung herbeiführt. Als Behandlung bei eintretender Vergiftung empfiehlt sich künstliche Respiration und (nach Langgaard) Verabreichung von Coffeïn.

Man hat Curare früher häufiger als gegenwärtig bei krampfartigen Zuständen, Epilepsie, Lyssa, Strychninvergiftung und Tetanus angewendet, und zwar in subkutaner Injektion. Mit 1 mg pro dosi zu beginnen und allmählich zu steigern. (Wegen seiner Inkonstanz ist das Präparat vorher an Thieren zu prüfen.)

1292) ℞ Curare 0.1
Aq. dest. 10,0.
Acid. mur. gtt. I.

1293) ℞ Curare 0,05
Glycerin. 5,0.

D. S. Zur subkutanen Injektion
($^1/_4$—$^1/_2$ Spritze).
(Epilepsie, Lyssa, Tetanus, Strychninvergiftung.)

Cutol. Aluminium borico-tannicum.

Ist eine Doppelverbindung von Thonerde mit Borsäure und Gerbsäure und stellt ein bräunliches, feines, in Wasser unlösliches Pulver dar. Mit Acidum tartaricum geht dasselbe eine in Wasser reichlich lösliche Verbindung ein:

Cutolum solubile. Aluminium borico-tannico-tartaricum.

Bildet gleichfalls ein feines Pulver von etwas hellerer Farbe als Cutol. Diese von Leuchter in den Handel gebrachte Aluminiumverbindung hat Koppel wegen ihrer reizlosen und dabei energisch adstringirenden Wirkungen bei nässenden Ekzemen und Unterschenkelgeschwüren angewendet. Auch bei Brandwunden und Hämorrhoïden zeigte sich Cutol von Nutzen. Es wird in 10—20% Salben (mit Lanolin) verordnet.

1294) ℞ Cutol. 4,0
Ol. Olivar. 10,0
Lanolin. ad 40,0.
M. f. ungt.
(Nässendes Ekzem.)

1295) ℞ Cutol. 10,0
Ol. Olivar. 20,0.
M. f. pasta.
D. S. Messerrückendick aufzustreichen.
(Nässendes Ekzem.)

1296) ℞ Cutol. 3,0	1297) ℞ Cutol. 3,0
Ol. Olivar. 2,0	Ol. Amygd.
Acid. carbol. liq. gtt. VI.	Lanolin. āā 15,0
Lanolin. ad 30,0.	Aq. Flor. Aurant. 10,0.
M. f. ungt. Mit der Salbe getränkte Wattetampons in den After einzuführen.	M. f. ungt.
(Haemorrhoïden.)	(Frostbeulen u. aufgesprungene Hände.) (Koppel.)

Cytisinum nitricum. Cytisinnitrat.

In Wasser ziemlich leicht lösliche Krystalle. Bewirkt Steigerung des Blutdruckes und soll bei paralytischer Migräne mit Erweiterung der Gefässe günstig wirken.

Dosis: 0,003—0,005 in subkutaner Injektion.

Daturinum. Daturin.

Kommt in den Blättern von Datura Stramonium vor und besteht aus einem Gemenge von Atropin und Hyoscyamin. Das weisse, krystallinische Pulver ist in Wasser unlöslich und wirkt wie Atropin. Ist sehr theuer und findet kaum praktische Verwendung.

Dermatol. Bismutum gallicum basicum. Bismutum subgallicum. Basisch gallussaures Wismuth. $C_6H_2(OH)_3CO_2 . Bi(OH)_2$.

Diese im Jahre 1891 von Heinz und Liebrecht als Ersatzmittel für Jodoform empfohlene Verbindung wird durch Auflösen von Wismuthnitrat in Eisessig und Hinzufügen von Wasser und Gallussäure dargestellt. Dermatol bildet ein schwefelgelbes, geruch- und geschmackloses Pulver, das in Wasser, Weingeist, Äther und verdünnten Säuren unlöslich ist.

Es wirkt äusserlich wie Jodoform sekretionsbeschränkend und befördert die Wundheilung.

Dosis. Innerlich kann es bei Magenaffektionen und Diarrhoe wie Bismut. subnitr. zu 0,25—0,5 mehrmals täglich in Pulver bis 3,0 pro die gegeben werden.

Äusserlich wird es als Streupulver, rein oder mit Amylum oder in 10—20% Salben applicirt.

1298) ℞ Dermatol. 10,0	1299) ℞ Dermatol. 20,0
Lanolin. 20,0	Talc. venet. 70,0
Vaselin. 70,0.	Amyl. 10,0.
M. f. ungt.	D. S. Streupulver.

Desinfectol.

Ist ein Gemisch von verschiedenen Kresolen, welche durch Alkali löslich gemacht sind, und stellt eine dem Creolin ähnliche dunkelbraune, mit Wasser sich milchig trübende Flüssigkeit dar. Wird in 2—10% Mischung mit Wasser für Desinfektionszwecke benutzt.

Dextrinum. Dextrin. Stärkegummi. $C_6H_{10}O_5$.

Beim Erwärmen von Stärkemehl mit verdünnten Säuren oder Malzaufguss oder beim Erhitzen von Stärkemehl auf 200° bildet sich ein polarisirtes Licht rechts drehendes, daher Dextrin genanntes Kohlenhydrat. Dasselbe bildet ein gelblichweisses, trockenes, in Wasser sich lösendes Pulver. Mit verdünnter Säure gekocht verwandelt sich Dextrin in Glykose. Im Organismus verhält es sich ähnlich wie Amylum. Es wird zum Theil unverändert resorbirt, zum Theil in Zucker übergeführt.

Innerlich benutzt man Dextrin in Wasser gelöst, zuweilen als einhüllendes Getränk und bei Verdauungsbeschwerden zu 1,0—2,0—3,0.

Äusserlich zu festen Verbänden.

Diaethylendiamin = Piperazin.

Diaethylsulfondiaethylmethan = Tetronal.

Diaethylsulfonmethylaethylmethan = Trional.

Diaphtherin. Oxychinaseptol. Oxychinolinorthophenolsulfosaures Oxychinolin.

$$\underbrace{HO . C_9H_6N}_{\text{Oxychinolin}} . \underbrace{HSO_3 . C_6H_4 . OH}_{\text{Phenolsulfosäure}} . \underbrace{C_9H_6N . OH}_{\text{Oxychinolin.}}$$

Ist eine Verbindung von 1 Mol. Orthophenolsulfosäure mit 2 Mol. Ortho-Oxychinolin. Der Name ist hergeleitet von διαφθείρω = ich vernichte (nämlich die Bakterien). Bildet ein gelbes, krystallinisches, in Wasser leicht lösliches Pulver. Nach neueren Untersuchungen (von Emmerich und Kronacher) ist dasselbe ein gutes Antisepticum und als reizloses, relativ ungiftiges Verbandmittel brauchbar. Zu Desinfektionszwecken genügen $^1/_2$—2 % wässerige Lösungen. (Instrumente, wenn sie nicht vernickelt sind, werden durch das Mittel angegriffen.)

Digitaleïn.

Glykosid der Digitalisblätter. S. d. Therapeutisch bedeutungslos.

Digitalinum crystallisatum (Nativelle). Glykosid aus Fol. Digitalis. Weisse, in Wasser schwer, in Alkohol leicht lösliche Krystalle. Wird innerlich bei Herzschwäche und Pneumonie zu $^1/_2$—1 mg täglich in Pillenform gegeben.

1300) ℞ Digitalin. cryst. (Nativelle) 0,01.
Pulv. et Succ. Liquirit. q. s.
ut f. pilul. No. 20.
D. S. 2 × tägl. 1 Pille (à $^1/_2$ mg).

1301) ℞ Digitalin. cryst. (Nativelle) 0,01.
Pulv. et Succ. Liquirit q. s.
ut f. pilul. No. 40.
D. S. 3 × tägl. 1 Pille (à $^1/_4$ mg).

Digitalinum verum (Kiliani). Weisses, amorphes, in Wasser schwer lösliches Pulver. Ist ein neues Digitalispräparat von konstanter Zusammensetzung (Böhm, Pfaff). Mottes empfiehlt $^1/_4$ mg zwei bis dreistündlich. Von anderer Seite werden grössere Dosen, 0,002 mehrmals täglich in wässerig-spirituöser Lösung empfohlen.

Digitoxin. Weisses, krystallinisches, in Wasser unlösliches Pulver.

Der wirksame Bestandtheil der Digitalis (Schmiedeberg).

Dosis: $^1/_4$—$^1/_2$ mg 2—4 mal täglich.

Dijodoform. Tetrajodaethylen.

Ist ein gelbes, geruchloses, in Wasser unlösliches, in Alkohol und Äther wenig lösliches Pulver. Wegen seines Jodreichthums und seiner stark antiseptischen Wirkung als Ersatzmittel des Jodoforms empfohlen. Wird als Streupulver und in Salbenform (5—10 %) verwendet.

Diphtherie-Heilserum. Diphtherie-Antitoxin (Behring).

In neuester Zeit ist von Behring eine besondere Methode der Diphtheriebehandlung mittels Antitoxin oder Heilserum erdacht worden. Über den Werth dieser vielversprechenden Behandlungsmethode kann ein endgiltiges Urtheil noch nicht abgegeben werden.

Das Heilserum von Behring, neben welchem auch noch das von Aronson in Berlin (Schering's Diphtherie-Antitoxin) und von Roux in Paris existiert, wird nach einem ziemlich komplicirten und zeitraubenden Verfahren von immunisirten Pferden gewonnen und durch die Farbwerke von Meister, Lucius und Brünning in Höchst a. M., und E. Merck in Darmstadt in flüssigem Zustande, in 3 verschiedenen (mit No. 1, No. 2 und No. 3 bezeichneten) Koncentrationen in den Handel gebracht.

Der antitoxischen Kraft seines Heilserums hat Behring folgende Berechnung zu Grunde gelegt: Ein Blutserum, von welchem 1 ccm genügt, um 1 ccm Normalgiftlösung ungiftig zu machen, wird als Normalantitoxinlösung bezeichnet, von der jeder Kubikcentimeter eine Normalantitoxineinheit darstellt.

Das schwächste, mit No. 1 bezeichnete Präparat wird als einfache Heildosis bezeichnet und enthält 600 Antitoxinnormaleinheiten (jede Normaleinheit ist im Stande, 10 ccm Normalgift zu neutralisieren).

Das stärkere Präparat No. 2 entspricht 1000, und

Das stärkste Präparat No. 3 entspricht 1500 Antitoxinnormaleinheiten.

Für frische Erkrankungsfälle bei Kindern unter 10 Jahren genügt das mit No. 1 bezeichnete Präparat. Man injicirt den ganzen Inhalt (10 ccm) mittels einer aseptisch gehaltenen, 10—12 ccm fassenden Spritze nach Aufhebung einer Hautfalte in die vordere Brustwand oder in die Gegend der Innenfläche des Oberschenkels. Die Stichöffnung wird mit Collodium oder Heftpflaster verschlossen, und da Resorption schnell eintritt, ist Massiren der betreffenden Stelle überflüssig.

Handelt es sich um prophylaktische Maassnahmen, um Kinder, die mit Diphtheriekranken in Berührung waren, vor der Erkrankung zu schützen, so genügt eine Injektion des vierten Theiles der einfachen Dosis Nr. 1. Bei längerer Zeit bestehenden und schweren Erkrankungen soll der Gesammtinhalt eines Fläschchens der koncentrirten Präparate (No. 2 oder No. 3) subkutan injicirt werden.

Sämmtlichen Präparaten ist Karbolsäure (0,5 %) beigemengt. Dadurch sollen sie ein ganzes Jahr unzersetzt haltbar bleiben.

Von unangenehmen Nebenwirkungen sind bisher vor allem Albuminurie und Hautexantheme nach den Einspritzungen bekannt geworden.

In neuester Zeit ist das Bestreben darauf gerichtet, in relativ kleinen Volumen grosse Antitoxinmengen zu liefern.

Die Höchster Farbwerke Meister, Lucius & Brüning verwenden zur Füllung der Fläschchen fortan nur noch solches Serum, das in einem Kubikcentimeter 250 Immunisirungs-Einheiten enthält (statt wie bisher 100—150 I.-E.). Die Füllung der Fläschchen mit dem gewöhnlichen Diphtherieheilmittel ist nun folgende:

No. 0 Fläschchen mit gelbem Etikett à 0,8 ccm 250 fach = 200 I.-E. = Immunisirungsdosis,
„ I Fläschchen mit grünem Etikett à 2,4 ccm 250 fach = 600 I.-E. = einfache Heildosis,
„ II Fläschchen mit weissem Etikett à 4 ccm 250 fach = 1000 I.-E. = doppelte Heildosis,
„ III Fläschchen mit rothem Etikett à 6 ccm 250 fach = 1500 I.-E. = dreifache Heildosis.

Die Fläschchen des mit „Hochwerthig“ bezeichneten Diphtherieheilmittels werden, wie bisher, mit solchem Serum gefüllt, das in einem Kubikcentimeter 500 resp. 600 Immunisirungs-Einheiten enthält.

Die Schering'sche Fabrik verwendet folgende Füllungen:

Schering's Diphtherie-Antitoxin (Dr. Aronson).

Etiquett weiss. } A. 100fach d. h. 1 ccm enthält 100 Antitoxineinheiten
5 ccm = (500 Immun. Einh.) enth. die einfache Heildosis
10 ccm = (1000 Immun. Einh.) enth. die doppelte Heildosis

Etiquett blau.	B. 200fach d. h. 1 ccm enthält 200 Antitoxineinheiten 5 ccm = (1000 Immun. Einh.) enth. die doppelte Heildosis 10 ccm = (2000 Immun. Einh.) enth. die vierfache Heildosis
Etiquett roth mit Überdruck „hochwerthig".	Hochwerterthiges Serum (500fach) d. h. 1 ccm enthält 500 Antitoxineinheiten 2 ccm = 1000 Antitoxineinheiten 4 ccm = 2000 Antitoxineinheiten.

Dithymoldijodid. Siehe Aristol.

Duboisinum sulfuricum.

Duboisin ist ein Alkaloid, das in den Blättern von Duboisia myoporoides (Solanee) vorkommt und dem Hyoscin sehr ähnlich, vielleicht identisch ist. In den Duboisinblättern kommen mehrere Alkaloide vor und unter dem Namen Duboisin sind zu verschiedenen Zeiten verschiedene Substanzen in den Handel gebracht und angewendet worden. Über die chemische Natur der jetzigen Handelspräparate herrscht noch Unklarheit. So viel bekannt, wird das schwefelsaure Duboisin durch Neutralisation einer alkoholischen Duboisinlösung mit verdünnter Schwefelsäure erhalten und stellt farblose, in Wasser leicht lösliche Krystalle dar. Die wässerige Lösung ist klar, haltbar, geschmacklos und zur innerlichen und subkutanen Applikation geeignet.

Die Wirkung ist derjenigen von Atropin oder Hyoscin sehr ähnlich. Am Auge zeigt sich nach Instillation einer minimalen Dosis die Wirkung in Bezug auf Pupillenerweiterung und Accommodationslähmung schon nach wenigen Minuten.

Innerlich oder subkutan gegeben, rufen Dosen von $^1/_2$—1 mg sedative und hypnotische Wirkungen hervor. Von unangenehmen Nebenerscheinungen werden nach Anwendung des Mittels zuweilen Kopfweh, Verschlechterung des Appetits, Erbrechen und Schwindelgefühl beobachtet. Es tritt auch bald Angewöhnung ein.

Anwendung hat Duboisin. sulf. in neuerer Zeit hauptsächlich als Beruhigungs- und Schlafmittel bei Geisteskrankheiten gefunden. Nach unseren Erfahrungen verdient es als Sedativum und Hypnoticum bei psychischen Aufregungszuständen beibehalten zu werden; bei Epilepsie, Chorea, Paralysis agitans leistet es wenig.

Die Dosis beträgt innerlich als Sedativum $^1/_2$—1 mg, als Schlafmittel 1—2 mg; subkut. die Hälfte der innerlichen Dosis.

1302) ℞ Duboisin. sulf. 0,01
Aq. dest. 10,0.
D. S. Davon als erste Dosis 12—15 Tropfen (= $^1/_2$—$^3/_5$ mg).
Bei subkutaner Applikation den Inhalt der halben Spritze zu injiciren.

Dulcin. p-Phenetolcarbamid. Sucrol.

Das neuerdings in den Handel gebrachte Dulcin oder Sucrol bildet farblose glänzende Nadeln oder Schüppchen von sehr süssem Geschmacke, 200 mal so süss wie Rohrzucker. In kaltem Wasser ist es schwer, in warmem Wasser, Alkohol und Äther leichter löslich. Es wurde, weil es einen reineren Geschmack hat, als Ersatzmittel für Saccharin empfohlen, als Süssstoff für Diabetiker und Magenkranke. Es wird in Pastillen, die 0,025 Dulcin enthalten und einem Zuckergehalt von 5,0 entsprechen, verabfolgt. — Die anfänglich behauptete Unschädlichkeit des Mittels scheint sich nicht zu bewähren, da Auftreten von Ikterus und andere unangenehme Nebenerscheinungen beobachtet wurden.

Eichelcacao (Dr. Michaelis').

Wird aus gerösteten Eicheln und Cacao dargestellt. Tonisches Nährmittel. Bei chronischer Diarrhoe (von Kindern und Erwachsenen). Als Antidiarrhoicum mit Wasser, als Nutriens mit Milch zu kochen.

Elaterinum.

Stellt kleine, farblose, in Wasser unlösliche Krystalle dar. Ist der wirksame Bestandtheil des Elateriums und wirkt stark drastisch. Es wird (sehr selten) zu 0,002—0,005 mehrmals täglich in Pulver oder Pillen angewandt.

Elaterium. Extractum Elaterii.

Ist ein aus dem frisch gepressten Saft der Frucht von Momordica Elaterium (Cucurbitacee) sich abscheidendes Satzmehl. Zur Darstellung werden die Früchte der Länge nach aufgeschnitten, der ausfliessende Saft wird zum Absetzen bei Seite gestellt und der Bodensatz bei gelinder Wärme getrocknet. Der wirksame Bestandtheil ist das Elaterin, das zu den stärksten Drasticis gehört und neben intensiven Durchfällen Erbrechen und Collaps verursacht.

Die Dosis von Elaterium ist nicht leicht bestimmbar, weil der Gehalt an Elaterin ein sehr schwankender ist. Von dem schwächeren Präparat

Elaterium nigrum pflegt man 0,01—0,02 in Pillen 2mal täglich zu geben, während das viel stärkere

Elaterium album oder **anglicum** (besonders in England) zu 0,003 bis 0,02 (in Pillen) verordnet wird.

Electuarium Theriaca sive theriacale. Theriak.

Ein in früheren Zeiten berühmtes Universalmittel, das aus Opium und zahllosen anderen Ingredientien bestand. 100 Th. enthalten 1 Th. Opium. Das betreffende Präparat der französischen und spanischen Pharmakopoe enthält noch gegenwärtig nicht weniger als 60 Substanzen.

Dosis: 1,0—5,0 in Pillen oder Electuarium.

Elemi. Gummi sive Resina Elemi.

Das durch Anschneiden der Stämme verschiedener zu der Familie der Bursaceen, vermuthlich von Canarium commune, erhaltene Harz. Im Handel kommen Sorten von verschiedener Abkunft vor.

Elemi bildet gelblichweisse oder hellgrüne, weiche oder erhärtete Massen von eigenthümlichem Geruche und bitterem Geschmacke. Als wirksamen Bestandtheil findet sich in demselben ein ätherisches Öl und Elemin, ein in Weingeist schwer lösliches Harz. Es dient zur Darstellung von Pflastern und Salben, hauptsächlich von

Unguentum Elemi oder **Balsamum Arcaei.** Onguent d'élémi (bestehend aus gleichen Theilen Elemi, Terpentin, Schweinefett und Talg), deren man sich als reizende Verbandsalbe für schlecht eiternde Wunden und Geschwüre bedient.

Emetinum. Emetin. Emétine. $C_{30}H_{40}N_2O_5$.

Ein Alkaloid, das aus der Rad. Ipecacuanhae gewonnen wird und deren wirksames Princip darstellt. Ist ein weisses, amorphes, in Wasser schwer lösliches Pulver. Ruft schon in Dosen von 0,004—0,006 Erbrechen hervor. Äusserlich angewandt, bewirkt es lokale Reizungserscheinungen. Wird therapeutisch kaum angewandt.

Emplastrum adhaesivum anglicum sive Taffetas ichthyocolletum anglicum. Englisches Pflaster.

Zur Darstellung wird Seidentaffet auf der einen Seite mit Leim aus Hausenblase (Ichthyocolla) und auf der andern mit Tinctura Benzoës bestrichen. Gutes Deckmittel.

Emplastrum adhaesivum Edinburgense.

Unterscheidet sich vom gewöhnlichen Heftpflaster dadurch, dass es an Stelle von Colophonium Pix navalis (Schiffspech) enthält. Klebt sehr stark.

Emplastrum Ammoniaci. Ammoniakpflaster.
Ein reizendes, zertheilendes Pflaster von grünlicher Farbe.

Emplastrum aromaticum. Emplastrum stomachicum. Magenpflaster.
Wirkt örtlich reizend und wird bei Magenaffektionen, auf Leinwand gestrichen, auf die Magengegend applicirt.

Emplastrum Belladonnae. (Cer. flav., Terebinth., Ol. Olivar. und Fol. Belladon.)
Ein braungrünes Pflaster, das schmerzmildernd wirken soll.

Emplastrum Conii. Schierlingspflaster. (Cer. flav., Ol. Olivar., Terebinth. und Herb. Conii).
Soll narkotisch und zertheilend wirken.

Emplastrum Hyoscyami. Bilsenkrautpflaster. (Cer. flav., Terebinth., Ol. Olivar. und Fol. Hyoscyami).
Schmerzstillendes Pflaster.

Emplastrum opiatum. Empl. cephalicum. Opiumpflaster.
Ein braunes, zähes Pflaster, bereitet aus Elemi, Terebinth., Cera flav., Oliban., Benzoë, Opium, Bals. peruvian.

Emplastrum oxycroceum. (Res. Pini, Cera flava, Colophon., Ammoniacum, Galbanum, Mastix, Myrrhe, Terpentin und Safran.) Beliebtes Volksmittel.

Emplastrum Picis irritans. Scharfes Pechpflaster. (Euphorb. 3 Th. in Cera flav. und Tereb. āā. 12 Th. und Res. Pini 32 Th.) Reizendes, ableitendes Pflaster.

Ephedrinum hydrochloricum.
Aus Ephedra vulgaris wird ein Alkaloid, Ephedrin, gewonnen. Seine salzsaure Verbindung stellt farblose, in Wasser leicht lösliche Krystalle dar. Ein Tropfen einer 10% Lösung aufs Auge applicirt, bewirkt Pupillenerweiterung wie Atropin. — Es wird neuerdings in Verbindung mit Homatropin (unter der Bezeichnung Mydrin (siehe daselbst) zu diagnostischen Zwecken empfohlen.

Epidermin. Ein Gemisch aus weissem Wachs, Wasser, Gummi und Glycerin, das eine milchartige halbflüssige Masse darstellt und in neuester Zeit als Salbengrundlage empfohlen wurde.

Ergotinin (Tanret). Siehe Secale cornutum.

Erythrophloeinum hydrochloricum. Als lokales Anästheticum empfohlen. Wegen bedenklicher Nebenerscheinungen ohne praktische Bedeutung.

Eserinum = Physostigminum. Siehe daselbst.

Eucaïnum hydrochloricum.
Weisses, in Wasser lösliches, krystallinisches Pulver. Wirkt ähnlich wie Cocaïn, ohne Pupille und Accomodation zu beeinflussen. Wird in der Augenheilkunde in 2% Lösung als lokales Anästheticum verdordnet.

Eucalyptolum. Cineol. $C_{10}H_{18}O$.
Ist in dem ätherischen Öl von Eucalyptus globulus enthalten und stellt eine farblose, in Wasser schwer, in Alkohol, Äther und fetten Ölen leicht lösliche Flüssigkeit dar. Ist ein gutes Desinficiens von geringer Giftigkeit, das auch innerlich genommen werden kann.

Äusserlich wird es bei Gangraen und Tuberk. pulmon. zu Inhalationen (5 Tropfen auf ein Tuch gegossen und dieses vor das Gesicht gehalten), Einreibungen bei Neuralgien und Rheumatismus, ferner zu desinficirenden Verbänden benutzt.

Innerlich giebt man es bei chronischer Bronchitis, Tuberkulose, Lungengangrän, Asthma und bei den verschiedensten Affektionen der Harnwege und zwar zu 5—10 Tropfen mehrmals täglich in Gelatinekapseln oder Emulsion.

1303) ℞ Eucalyptol.
Ol. Pini pumil. āā 15,0.
Ol. Lavand. gtt. X.
M. D. S. 10—15 Tropfen zu heissem Wasser zuzusetzen und zu inhaliren.
(Asthma bronchiale.)

Eucasin.

Ist eine Caseïnammoniakverbindung, die sich in warmem Wasser löst und als ein gutes Nährmittel (Salkowski) gelten darf. Dasselbe eignet sich besonders für Arthritiker und Individuen mit starker Harnsäureausscheidung. Man verwendet es als Zusatz zu Suppen, Bouillon, Kakao etc. Mit Wein und Bier ist es nicht zu verwenden.

Eudoxin. Ist die unlösliche Wismuthverbindung des Nosophens (siehe daselbst).

Eugenol. Eine farblose, an der Luft braun werdende, in Wasser kaum, in Alkohol leicht lösliche Flüssigkeit. Dieselbe wird aus dem Nelkenöl, in dem sie sich zu 80 bis 90% befindet, abgeschieden. Hat antiseptische Eigenschaften und wird auch zu 1,0—2,0 pro die gegen Tuberkulose empfohlen.

Eulyptol besteht aus 6 Th. Salicylsäure, 1 Th. Karbolsäure und 1 Th. Eucalyptusöl. Von Schmelz als antifermentatives Mittel empfohlen.

Euphorinum. Euphorine. Phenylurethan. $CO . < \genfrac{}{}{0pt}{}{NH(C_6H_5)}{OC_2H_5}$.

Eine Verbindung, die durch Einwirkung von Äthyläther auf Anilin entsteht, ein weisses krystallinisches Pulver darstellt und in Wasser schwer löslich ist.

Wirkt ähnlich wie Antifebrin und Antipyrin und ist von Giacosa und Sansoni als Antipyreticum, Antineuralgicum und Antirheumaticum empfohlen, auch äusserlich (bei Brandwunden, schmerzhaften Geschwüren, Herpes Zoster) als pulverförmiges Antisepticum angewendet worden.

Es wird, da 0,5 Euphorin etwa wie 1,0 Antipyrin wirken, in halb so grossen Dosen wie letzteres und zwar in Pulverform, äusserlich als Streupulver oder in 20—40% Salbe (mit Vaselin) verordnet. Unangenehme Nebenerscheinungen wie Cyanose und Kollaps treten erst nach grösseren Gaben auf. Durch den Urin wird Euphorin zum Theil als Paraoxyphenylurethan, zum Theil als gepaarte Schwefelsäure und der Rest gebunden zu Glykuronsäure ausgeschieden.

1304) ℞ Euphorini 0,5
Sacch. alb. 0,4.
M. f. pulv. D. t. dos. X.
S. 3—4 × tägl. 1 Pulver.

1305) ℞ Euphorin. 5,0
Traumaticin. 20,0.
D. S. Äusserlich.

Europhen. Isobutylorthokresoljodid. Kresoljodid.

Wird durch Einwirkung einer Lösung von Jodkaliumjodid auf eine alkalische Lösung von Isobutylorthokresol dargestellt und bildet ein feines, gelbes, in Wasser unlösliches, in Alkohol, Äther und fetten Ölen lösliches Pulver. Dasselbe spaltet leicht Jod ab und ist wegen seiner antibakteriellen Wirkung als Ersatzmittel für Jodoform empfohlen.

Man verordnet es bei Verbrennungen und Ätzungen als Streupulver oder 3% Lösung; bei Lepra (Goldschmidt) in 5% öliger Lösung zu Einreibungen.

1306) ℞ Europhen. 3,0
Ol. Olivar. 7,0
Vaselin. 60,0
Lanolin. 30,0.
M. D. S. Zum Verband bei Verbrennungen und Aetzungen.
(Siebel.)

1307) ℞ Europhen. 3,0—5,0
Vaselin.
Lanolin. āā 50,0.
M. f. unguent.

1308) ℞ Europhen. 5,0
Ol. Olivar. 95,0.
M. D. S. Äusserlich.
Zum Einreiben bei Lepra tuberos.
(Goldschmidt.)

Evonymin. Von Evonymus atropurpureus.

In Wasser unlösliches Pulver. Cholagogum. In Verbindung mit Podophyllin gutes Abführmittel bei ikterischen Zuständen. Innerlich in Pillen zu 0,1—0,3 mehrmals. Das englische Präparat (theuer) ist wirksam, das deutsche unzuverlässig.

Exalginum. Methylacetanilid. $C_6H_5N(CH_3).(CH_3CO)$.

Ist ein zu dem Antifebrin (oder Acetanilid) in naher Beziehung stehendes Anilinderivat. Wird nämlich im Acetanilid $= C_6H_5NH.C_2H_3O$ das zweite Wasserstoffatom der NH_2-Gruppe durch die Methylgruppe CH_3 ersetzt, so erhält man $C_6H_5N(CH_3).(C_2H_3O)$=Methylacetanilid oder Exalgin.

Dasselbe stellt weisse, geruch- und geschmacklose Krystallnadeln dar, die sich in kaltem Wasser schwer, in Alkohol oder mit Alkohol versetztem Wasser leicht lösen. Es schmilzt bei 100—101° C und siedet zwischen 240—250° C.

Dargestellt wurde dieser Körper 1874 von A. W. v. Hofmann, aber erst 1889 ist er von Dujardin-Beaumetz und Bardet zu therapeutischen Zwecken empfohlen, weil ihm hervorragend schmerzstillende Eigenschaften zukommen. Daher auch die Benennung Exalgin (von ἐξ und ἄλγος Schmerz).

Bei Neuralgien der verschiedensten Art zeigt sich die schmerzstillende Wirkung des Exalgins nach Dosen von 0,25—0,5. Besonders bei Kopfschmerzen und Migräne wirkt es in einer Gabe von 0,25 mindestens so sicher wie 1,0 Antipyrin. Weniger zuverlässig ist der Erfolg bei Ischias. Die erhöhte Körpertemperatur erfährt in diesen Dosen keinerlei Beeinflussung. Als Nebenerscheinungen beobachteten wir häufig kurzdauerndes Schwindel- und Trunkenheitsgefühl, Flimmern vor den Augen, Ohrensausen, Schweissausbruch und Brechneigung. — Bei längerem Gebrauch und nach grösseren Gaben können Intoxikationserscheinungen auftreten.

Am besten giebt man Exalgin bei Neuralgien in Pulverform zu 0,25 zwei bis dreimal täglich, bei Chorea 0,1 zwei- bis dreimal pro die. Auch in alkoholisch-wässeriger Lösung kann es verabreicht werden.

1309) ℞ Exalgin. 2,0
Spirit. Menth. pip. 10,0
Aq. dest. 120,0
Sirup. smpl. ad 150,0.
M. D. S. Morgens und Abends 1 Esslöffel.
(Neuralgie.)

1310) ℞ Exalgin. 0,25.
D. t. dos. No. IV.
S. 1—2 × tägl. 1 Pulver.
(Neuralgien, bes. im Bereiche des Kopfes.)
(Rabow.)

1311) ℞ Exalgin. 0,1—0,2
D. t. dos. X.
S. 3—5 × tägl. 1 Pulver (in Zuckerwasser gelöst).
(Chorea.)
(Löwenthal.)

Exodyne. Ein weisses Pulver, das aus einem Gemenge von Antifebrin (90 Th.), Natrium salicylic. (5 Th.) und Natrium carbonic. (5 Th.) besteht.

Extractum Aconiti. Dickes, gelbbraunes, in Wasser trübe lösliches Extrakt, das aus Tubera Aconiti dargestellt wird. Als schmerzstillendes Mittel (bei Rheumatismus, Gicht) zu 0,005—0,02 mehrmals täglich in Pillen, äusserlich in Salbenform (1,0—2,0 : 10,0 Lanolin) zu verordnen.

Extractum Cacti grandiflori fluidum. Von Cactus grandiflorus. In neuester Zeit als Ersatzmittel der Digitalis empfohlen. Wird 3 bis 4mal täglich zu 10—30 Tropfen verabfolgt.

Extractum Cannabis indicae. Dickes, schwarzgrünes Extrakt, unlöslich in Wasser. In Pulvern und Pillen 0,03—0,1 mehrmals täglich.

1312) ℞ Extr. Cannab. ind.
Herb. Cannab. ind. pulv. āā 1,0.
F. pilul. No. 20.
Consp. Lycopod.
D. S. 1—2 × tägl. 1—2 Pillen.

1313) ℞ Extr. Cannab. ind. 0,03—0,1
Sacch. alb. 0,4.
M. f. pulv. D. t. dos. X.
(in chart. cerat.)
S. Mehrmals tägl. 1 Pulver.

Extractum Carnis Liebig. Fleischextrakt.
Eine braune, weiche, in Wasser lösliche Masse, die reich an Kalisalzen ist und erregend (nicht ernährend) wirkt. Man giebt davon 1/2—1 Theelöffel auf 1 Tasse warmen Wassers.

Extractum Cascarae Sagradae. Siehe Cascara sagrada.

Extractum Centaurei. Tausendgüldenkrautextrakt.
Dickes, in Wasser klar lösliches, rothbraunes Extrakt. Bittermittel.
Dosis 0,5—1,0 mehrmals in Pillen oder Lösung.

Extractum Chamomillae. Dick, gelblichbraun, in Wasser trübe löslich. Dient als Zusatz zu adstringirenden Verbänden und Pinselsäften. Enthält kein ätherisches Öl.
Dosis 0,5—2,0 in Lösung oder Pillen.

Extractum Cinae. Dünnes, dunkelgrünes, in Wasser unlösliches Extrakt. Wird als Anthelminthicum bei Kindern zu 0,1—0,2 in Latwergen, für Erwachsene zu 0,2—0,5 in Pillen oder Kapseln angewandt.

Extractum Cocae fluidum. Innerlich zu 1,0—3,0 in Mixtur.

1314) ℞ Extr. Cocae fluid. 30,0
Natr. carb. 2,5
Aq. dest. 30,0—50,0.
M. D. S. 1—2 × tägl. 1 Theelöffel auf 1 Tasse Zuckerwasser oder Thee.

1315) ℞ Extr. Cocae fluid. 30,0
Natr. carbon. 2,5
Aq. Melissae 100,0
Vini Xerens. od. Tinct. Chin. 10,0
Elaeosach. Citri 5,0.
M. D. S. 3 × tägl. 1 Esslöffel.
(Nervosität, Hysterie, Migräne etc.)
(Leyden.)

Extractum Colombo. Aus Radix Colombo bereitetes, gelbbraunes, in Wasser trübe lösliches Extrakt. Amarum und Antidiarrhoicum.

Dosis 0,5—1,0 mehrmals täglich in Mixtur oder Pillen; Kindern 0,1—0,2 mehrmals täglich.

1316) ℞ Extr. Colombo 3,0
Aq. Foeniculi 100,0.
M. D. S. 2stündl. 1 Kinderlöffel.
(Dysenterie und Diarrhoe der Kinder.)

Extractum Conii. Schierlingsextrakt.

Dickes, braunes, in Wasser trübe lösliches Extrakt, dessen Gehalt an dem wirksamen Coniin ein sehr schwankender ist. Daher selten angewendet bei Neuralgie und krampfhaften Affektionen.

Dosis. Innerlich zu 0,02—0,1 mehrmals täglich in Pillen oder Lösung.

Äusserlich in Salbenform (1,0 : 10,0).

Extractum Convallariae. Siehe Convallaria majalis.

Extractum Digitalis. Siehe Folia Digitalis.

Extractum Dulcamarae. Bittersüss-Extrakt.

Aus Stipites Dulcamarae bereitetes, dickes, rothbraunes, in Wasser trube lösliches Extrakt. Hat die Wirkungen des in ihm enthaltenen Solanins. Wenig gebraucht.

Dosis 0,5—1,0 mehrmals täglich in Pillen oder Lösung.

Extractum Fabae calabaricae. Extractum Physostigmatis.

Aus Faba calabarica (s. d.) dargestelltes, dickes, braunes, in Wasser trübe lösliches Extrakt. Enthält das Alkaloid Physostigmin (Eserin) und bewirkt, auf die Conjunctiva gebracht, Pupillenverengerung. Innerlich genommen, steigert es den Blutdruck, die Peristaltik des Magens und Darms und lähmt die nervösen Centralorgane.

Wird äusserlich in der Augenheilkunde zu Einträufelungen ins Auge, ferner bei Trismus und Tetanus neonatorum subkutan zu 0,005 in schnell auf einander folgenden Injektionen bis zu 0,05 pro die gegeben. Innerlich bei Atonie des Darms, Chorea und Epilepsie zu 0,005—0,01 mehrmals täglich in Lösung oder Pillen.

1317) ℞ Extr. Fabae calabar. 0,05
Glycerini 10,0.
M. D. S. 3stündl. 6 Tropfen.
(Atonie des Darmes, Flatulenz, Epilepsie.)

1317a) ℞ Extr. Fab. calabar. 0,5
Glycerini
Aq. dest. āā 5,0.
M. D. S. Äusserlich.
Zum Einträufeln ins Auge.

Extractum Graminis. Aus Rhizoma Graminis bereitetes, braunes, dickes, in Wasser klar lösliches Extrakt. Dient hauptsächlich als Pillenkonstituens.

Extractum Gratiolae. Gottesgnadenkraut-Extrakt. Bereitet aus Herba Gratiolae.

Ist ein dickes, braunes, in Wasser trübe lösliches Extrakt von drastischer Wirkung. Wird als Abführmittel (sehr selten) in Pillen oder Lösung zu 0,05 bis 0,3 mehrmals täglich gegeben.

Extractum Grindeliae fluidum. Von Grindelia robusta (Composite). Innerlich zu 1,0—3,0 mehrmals täglich bei Asthma, Keuchhusten und Bronchialkatarrh empfohlen. Siehe Grindelia.

Extractum Hamamelis fluidum. Siehe Hamamelis.

Extractum Helenii. Alantwurzelextrakt.

Aus Rad. Helenii dargestelltes, dickes, braunes, in Wasser trübe lösliches Extrakt. Soll reizmildernd bei Bronchialkatarrh wirken und wird als Expektorans zu 0,5—1,0 mehrmals täglich in Pillen oder Solution angewendet.

Extractum Lactucae virosae. Giftlattichextrakt.

Aus Lactuca virosa dargestelltes, dickes, braunes, in Wasser lösliches

Extrakt. Ist von sedativer und narkotischer Wirkung. Wird zuweilen an Stelle von Opium gegeben.

Dosis 0,05—0,1 mehrmals täglich in Pulver, Pillen oder Lösung.

Extractum Ligni campechiani. Aus Lign. campech. bereitetes, trocknes, rothbraunes, in Wasser lösliches Extrakt. Adstringens. Innerlich bei Diarrhoe zu 0,5—1,0 mehrmals täglich in Pillen, Pulvern oder Mixtur.

Extractum Malti. Malzextrakt.

Ist ein empfehlenswerthes, leicht verdauliches Nahrungsmittel und Expektorans, das in der Kinderpraxis und bei Rekonvalescenten vielfach verordnet wird. Im Handel kommen verschiedene Präparate vor. Es wird auch in Verbindung mit Eisen (Extractum Malti ferrati) und mit Leberthran (Extr. Malti cum Oleo Jecoris Aselli) verabfolgt.

Dosis: $^1/_2$—1 Theelöffel voll mehrmals täglich (rein oder in Milch, Bouillon, Wein, Bier etc.).

Extractum Mezerei. Seidelbastextrakt. Siehe Cortex Mezerei.

Dünnes, grünliches, in Wasser unlösliches Extrakt. Äusserlich als Rubefaciens und zu reizenden Salben (1,0 : 10,0).

Extractum Millefolii. Schafgarbenextrakt. Von Achillea Millefolium.

Grünbraunes, dickes, in Wasser trübe lösliches Extrakt. Wird als Bittermittel zu 0,5—2,0 mehrmals täglich in Pillen oder Mixtur gegeben.

Extractum Myrrhae. Siehe Myrrha.

Innerlich zu 0,2—0,5 mehrmals täglich in Pulver, Pillen, Mixtur.

Extractum Myrtilli. Ein aus Heidelbeerblättern bereitetes Extrakt, das in Form von Pillen zu 0,1 mehrmals täglich gegen Diabet. mel. empfohlen worden ist. In neuester Zeit ist ein aus den getrockneten Früchten von Vaccinium Myrtillus bereitetes Extrakt (Extract. Myrtilli e fructibus) zur Behandlung von Hautaffektionen (Ekzeme) mit Erfolg angewandt worden (Winternitz).

Extractum Pichi-Pichi fluidum. Siehe Pichi.

Extractum Piscidiae fluidum. $^1/_2$—1 Theelöffel in Zuckerwasser. Hypnoticum. Siehe Piscidia Erythrina.

Extractum Pulsatillae. Küchenschellenextrakt. Von Anemone Pulsatilla.

Dickes, braunes Extrakt, das früher bei Keuchhusten, Asthma, Syphilis angewandt wurde, jetzt aber wegen seiner unsicheren Wirkung kaum mehr gebräuchlich ist.

Dosis: 0,03—0,1 mehrmals täglich in Pulver, Pillen oder Mixtur.

Extractum Quassiae. Von Lignum Quassiae.

Trockenes Extrakt. Wird als Amarum und Tonicum zu 0,2—0,5 mehrmals täglich in Pulvern oder Pillen gegeben.

Extractum Quebracho. Siehe Cortex Quebracho.

Zu 0,1—0,5 mehrmals täglich in Pillen bei Asthma und Dyspnoe.

Extractum Ratanhiae. Von Rad. Ratanhiae. Siehe daselbst.

Innerlich zu 0,5—1,5 mehrmals täglich in Pillen und Mixtur.

Extractum Sabinae. Sadebaumextrakt. Von Summitates Sabinae.

Dickes, stark wirkendes Extrakt, das innerlich als Emmenagogum kaum mehr Verwendung findet, aber äusserlich noch zu reizenden Salben (1,0 : 10,0) benutzt wird.

Extractum Scillae. Meerzwiebelextrakt. Siehe Bulbus Scillae.

Dickes, gelblichbraunes, in Wasser lösliches Extrakt. Innerlich zu 0,03—0,2 mehrmals täglich in Pillen oder Mixturen.

Extractum Secalis cornuti dialysatum. Siehe Secale cornutum. Das Präparat ist gut löslich, daher zur subkutanen Injektion geeignet.

Extractum Senegae. Siehe Radix Senegae. Das trockene Extrakt wird mehrmals täglich zu 0,2—0,5 in Pillen als Expektorans gegeben.

Extractum Stramonii. Siehe Folia Stramonii.

Extractum Strychni aquosum. Siehe Semen Strychni.

Ist ein trockenes, gelbbraunes, in Wasser lösliches Extrakt. Wirkt erheblich schwächer als das officinelle Extractum Strychni und kann innerlich als Stomachicum und Antidiarrhoicum zu 0,02—0,1 mehrmals täglich in Pillen, Pulvern oder Lösung gegeben werden.

1318) ℞ Extr. Strychni aquos. 0,3
Acid. hydrochl. 2,0
Decoct. Salep 120,0
Sirup. Cort. Aurant. ad 150,0.
M. D. S. 2stündl. 1 Esslöffel.
(Diarrhoe.)

Extractum Syzigii Jambolani fluidum. Jambulextrakt.

Innerlich (bei Enthaltung von Amylaceen) 3 mal täglich (nach der Mahlzeit) 1 Esslöffel zu nehmen. Antidiabeticum.

Extractum Valerianae. Baldrianextrakt. Siehe Rad. Valerianae.

Dickes, schwarzbraunes, in Wasser trübe lösliches Extrakt. Zu 0,5—1,0 mehrmals täglich in Pillen oder Solution (bei Hysterie).

Extractum Viburni prunifolii fluidum.

Wird aus Cort. Viburni prunifol. dargestellt und bei Dysmenorrhoe und drohendem Abort zu 1,0—4,0 mehrmals täglich empfohlen. Siehe Viburnum prunifolium.

1319) ℞ Extr. Viburni prunif. fluid. 50,0
Menthol. 0,2.
M. D. S. 3—4 × tägl. 1 Theelöffel.

1320) ℞ Kalii bromat.
Antipyrini āā 5,0
Aq. dest. 60,0
Extr. Viburn. prunif. fluid. 10,0
Spirit. Vini Cognac
Sirup. Aurant. Cort. āā 15,0.
M. D. S. 2—3 Esslöffel.
(Dysmenorrhoe.)

Faba calabarica. Semen Physostigmatis. Calabarbohne. Fève de Calabar. Calabar beans.

Die ovalen oder länglichen, mehr oder minder nierenförmigen Samen von Physostigma venenosum, einer in Westafrika einheimischen Papilionacee. In ihnen ist das sehr giftige Wirkungen entfaltende Alkaloid Physostigmin (Eserin) enthalten. Sie dienen zur Darstellung desselben, sowie des Extractum Fabae calabaricae. Siehe daselbst.

Fel Tauri. Ochsengalle. Bile de boeuf. Ox Gall.

Die durch Entleerung der Gallenblase frisch geschlachteter Rinder gewonnene Flüssigkeit, ist braungelb oder dunkelgrün, klebrig, unangenehm riechend und von widerlich bitterem Geschmacke. Sie enthält glykocholsaures und taurocholsaures Natron, Cholesterin, Gallenfarbstoff und Schleim. Die Galle spielt in physiologischer Hinsicht eine grosse Rolle, indem sie die Verdauung der Fette (durch Emulgirung) befördert, die Darmperistaltik anregt und auch antiseptische Eigenschaften besitzt.

Man hat sie daher auch therapeutisch (in früheren Zeiten viel häufiger als gegenwärtig) bei mangelnder Gallenabsonderung, Icterus, Verdauungsstörung, Verstopfung und vielen andern Affektionen angewendet und zwar in Gestalt mehrerer Präparate:

Fel Tauri recens, wird innerlich zu 5,0—10,0 g mehrmals täglich mit aromatischem Wasser (Aqua Menth. pip.) oder Spirit. aether. und äusserlich zu Klystieren verordnet.

Fel Tauri depuratum siccum. Ein alkoholischer Auszug, mit Kohle gereinigt und zu einem trockenen Extrakt eingedickt. Zu 0,5—1,0 mehrmals täglich in Pillen oder Lösung.

Fel Tauri inspissatum. Eingedickte Ochsengalle, wie das Vorige zu verabreichen.

1321) ℞ Fel. Tauri rec. 15,0
Aq. Cinnam. 60,0.
M. D. S. Theelöffelweise den Tag über zu gebrauchen.
(Dyspepsie.)
(Reil.)

1322) ℞ Fel. Tauri dep. 5,0.
F. c. Mucil. Gummi arab. q. s.
Massa pilul. e qua form. pilul. No. 50.
Consp. Lycopod.
D. S. 3 × tägl. 2—5 Pillen.
(Icterus etc.)

1323) ℞ Fel. Tauri dep. sicc.
Extr. Aloës 3,5.
M. f. ope Spirit. pilul. 60.
Obduc. Keratino.
D. ad scat. S. 3 × tägl. 1—2 Pillen.
(Icterus etc.)

Ferratin. Eine künstlich dargestellte organische Eisenverbindung, eine Ferrialbuminsäure. Stellt ein feines, rothbraunes, geruch- und geschmackloses, in Wasser unlösliches Pulver mit 7% Eisengehalt dar, und ist nach Schmiedeberg die einzige Eisenverbindung dieser Art, die in normalen Körperorganen vorkommt; es ist die Eisenverbindung, die mit der Nahrung aufgenommen, im Darm resorbirt und dann in den Geweben, namentlich in der Leber abgelagert wird. Ferratin ist neuerdings als Nährstoff und als Ersatz der bisher gebräuchlichen Eisenpräparate empfohlen worden. Erwachsenen soll man 0,5 bis 1,5 auf einmal oder in 2—3 Portionen vertheilt, in Pulverform geben; Kindern 0,1—0,5 pro die. Die Natriumverbindung

Ferratin-Natrium ist in Wasser löslich und stellt ein braunes Pulver dar. Dieselbe Dosis wie Ferratin. Soll sich besonders für Kinder eignen.

Ferripyrin oder Ferropyrin, eine Verbindung von Eisenchlorid und Antipyrin, stellt ein in Wasser leicht lösliches, orangerothes Pulver dar. Dasselbe enthält 12% Eisen und 64% Antipyrin. Von Hedderich bei äusserlicher Anwendung in 18—20% Lösung als ein gutes Haemostaticum bewährt gefunden. Innerlich wurde Ferripyrin in kleinen Dosen von Cubasch bei Anaemie und Chlorose und den mit diesen Zuständen in Verbindung stehenden Neuralgien, Kopfschmerzen, Gastralgien, auch bei chronischem Darmkatarrh mit gutem Erfolge gegeben.

Man verordnet bei Chlorose Einzeldosen von 0,05 in 0,3—0,6% wässeriger Lösung (3—4 mal täglich). Bei chronischen Darmkatahrren etwas grössere Dosen.

1324) ℞ Ferripyrini 0,6
Aq. dest. 180,0
Sirup. Aurant. Cort. ad 200,0.
M. D. S. 3 × tägl. 1 Esslöffel.
(Chlorose u. Anämie.)

1325) ℞ Ferripyrin. 0,6—1,0
Tinct. Opii simpl. 2,0
Aq. dest. ad 200,0.
M. D. S. 3stündl. 1 Esslöffel.
(Chron. Darmkatarrh.)

1326) ℞ Ferripyrin 0,6
Tinct. Valerian. aeth. 4,0
Aq. dest. ad 200,0.
M. D. S. 2—3 × tägl. 1 Esslöffel.
(Chlorose mit Herzpalpitationen.)
(Cubasch.)

Ferrum chloratum. Eisenchlorür. Perchlorure de fer. $FeCl_2 + 2H_2O$.
Ein blassgrünes, krystallinisches, in Wasser und Alkohol lösliches Pulver. Die etwas trüben Lösungen werden durch Zusatz von Salzsäure klar.

Ist ein milde wirkendes Eisenpräparat, das sich jedoch sehr leicht oxydirt und daher unzuverlässig ist. Wird innerlich (bei Chlorose) zu 0,1—0,3 in Lösung (mit Sirup) mehrmals täglich gegeben. Äusserlich als Gurgelwasser (2,0—5,0 : 100,0).

Ferrum citricum ammoniatum. Citrate de fer ammoniacal. Citronensaures Eisenoxyd-Ammonium.

Dünne, durchsichtige, rothbraune Krystalle von salzigem, eisenartigem Geschmacke. Sie lösen sich leicht in Wasser. Mildes Eisenmittel. Innerlich zu 0,2—1,0 mehrmals täglich in Pillen oder Lösung.

Ferrum dialysatum oxydatum liquidum. Innerlich zu 2—10 Tropfen. Enthält 5% Eisenoxyd.

Ferrum hydricum in Aqua. Siehe Antidotum Arsenici.

Ferrum jodatum. Eisenjodür. Iodure de fer.

Eine hellgrüne, krystallinische Salzmasse, die an der Luft zerfliesst und sich zersetzt. Innerlich zu 0,05—0,2 mehrmals täglich in Lösung oder Pillen.

Ferrum jodatum saccharatum. Zuckerhaltiges Jodeisen.
Gelblichweisses, in 7 Theilen Wasser lösliches Pulver. Innerlich zu 0,1—1,0 mehrmals täglich in Pulver, Lösung oder Pillen.

Ferrum oxydatum fuscum. Eisenoxydhydrat. Eisenhydroxyd. $Fe_2(OH)_6$.
Ist ein feines, rothbraunes, in Wasser unlösliches Pulver. Mildes Eisenpräparat.
Innerlich zu 0,2—0,5 mehrmals täglich in Pulver oder Pillen.

Ferrum peptonatum. Eisenpeptonat.
Feines, graugelbes, 5—6% Eisen enthaltendes Pulver. Innerlich zu 0,1—0,5 mehrmals täglich in Pillen.

Ferrum phosphoricum. Phosphorsaures Eisenoxydul. $Fe_2(PO_4)_2$.
Ist ein feines, graublaues, beim Erhitzen graugrünes, geruch- und geschmackloses Pulver, das sich in Wasser nicht löst. Wird bei Rachitis zu 0,1 bis 0,5 mehrmals täglich in Pulver oder Pillen gegeben.

Ferrum pyrophosphoricum oxydatum. Pyrophosphorsaures Eisenoxyd. $(Fe_2)_2(P_2O_7)_3$.
Wird durch Mischen einer verdünnten Eisenchloridlösung mit einer Lösung von pyrophosphorsaurem Natron dargestellt und bildet ein weisses, in Wasser unlösliches Pulver. Leicht verdauliches Eisenpräparat, das zu 0,1—0,5 mehrmals täglich in Pulvern oder in kohlensäurehaltigem Wasser gegeben wird.

Ferrum pyrophosphoricum cum Ammonio citrico. Eisenpyrophosphat mit Ammoniumcitrat. Pyrophosphate de fer citro-ammoniacal.

Enthält 18% Eisen und stellt grünlichgelbe, geruchlose, schwach nach Eisen schmeckende, in Wasser leicht lösliche Schuppen dar. Wird als leicht resorbirbares Eisenpräparat zu 0,1—1,0 mehrmals täglich in Lösung, Pulver oder Pillen gegeben.

Flores Aurantii. Flores Naphae. Pomeranzenblüthen. Fleurs d'oranger.

Die Blüthen von Citrus vulgaris. Sie enthalten Pomeranzenblüthenöl als wirksamen Bestandtheil und dienen zur Bereitung von Aqua Florum Aurantii.

Flores Millefolii. Schafgarbenblüthen. Fleurs d'Achillée.

Die Blüthen von Achillea Millefolium. Sie enthalten ein ätherisches Öl. Ihr Geschmack ist bitter und der Geruch aromatisch. Kommen nur noch als Volksmittel in Anwendung bei Koliken, Verdauungsstörungen, bei Frühlingskuren. Im Aufguss 5,0—15,0 : 150,0.

Flores Pyrethri. Flores Chrysanthemi. Insektenblüthen.

Die Blüthen enthalten eine für die meisten Insekten deletere Substanz und kommen in Form eines grünlichgelben Pulvers, als dalmatinisches Insektenpulver zur Vertilgung von Ungeziefer in den Handel.

Flores Rhoeados. Klatschrose. Fleurs de coquelicot.

Die Blumenblätter von Papaver Rhoeas (Papaveracee). Sie enthalten Schleim, einen rothen Farbstoff und Spuren von Morphin. Dienen zur Bereitung von schleimigen, hustenmildernden Species und von Sirupus Rhoeados.

Flores Tanaceti. Rainfarnblüthen. Fleurs de Tanaisie. Tansey-Flowers.

Von Tanacetum vulgare (Synantheree). Das wirksame Princip ist ein ätherisches Öl, Oleum Tanaceti aethereum, dem anthelminthische Wirkungen zukommen und das in grösseren Dosen toxische Erscheinungen hervorruft. Gegen Spulwürmer giebt man 1—4 Tropfen von dem Öl. Von den Blättern 1,0—2,0 mehrmals täglich in Pulverform oder auch im Infus 10,0 : 150,0.

Fluorol. Ist eine $^1/_4$% Lösung von Fluornatrium. Wird in der Augenheilkunde als Antisepticum angewendet.

Folia Aurantii. Pomeranzenblätter. Feuilles d'oranger.

Die Blätter von Citrus vulgaris. Sie enthalten ein ätherisches Öl und einen Bitterstoff und werden als Stomachicum im Infus (10,0—15,0 : 150,0) oder in Species verordnet, doch eignet sich besser die officinelle Cortex Fructus Aurantii. Siehe daselbst.

Folia Cocae. Cocablätter. Feuilles de coca. Foglia di coca.

Die spitz-ovalen, 4—8 cm langen und halb so breiten Blätter von Erythroxylon Coca, eines zu den Erythroxyleen gehörenden amerikanischen Strauches. Der Geruch dieser Blätter ist schwach aromatisch und ihr Geschmack bitter und zusammenziehend. In ihnen ist als wirksames Princip das Cocain (zu etwa 0,2%) enthalten (s. d.). Die Eingeborenen kauen diese Blätter, um Hunger- und Ermüdungsgefühl zu unterdrücken. Man wendet die Blätter an im Aufguss 5,0—10,0 : 200,0, auch in Form von Cigarretten zum Rauchen. Sie dienen zur Herstellung von Extractum, Tinktura und Vinum Cocae.

1327) ℞ Inf. Fol. Cocae 5,0—10,0 : 180,0
Sirup. simpl. 20,0
D. S. 2stündl. 1 Esslöffel.

Folia Djamboë. Die Blätter von Psidium pyriferum, einer in Java vorkommenden Myrtacee. Dieselben enthalten Tannin und werden als Heilmittel gegen Durchfälle und in Form eines Fluidextraktes bei Magen- und Darmaffektionen verordnet.

Man giebt das Extrakt zu 20 Tropfen alle 2 Stunden, die Blätter im Infus oder Pulver.

1328) ℞ Inf. Fol. Djamboë 5,0 : 80,0
Sirup. smpl. ad 100,0
D. S. 1—2stündl. 1 Thee- bis Esslöffel.
(Akute Gastroenteritis.)

1329) ℞ Pulv. Fol. Djamboë 0,5—1,0.
D. t. dos. X.
S. 1—2stündl. 1 Pulver.

Folia Eucalypti. Eucalyptusblätter. Feuilles d'eucalyptus. Blue Gumtree-leaves. Foglia d'eucalitto.

Die sichelförmigen, graugrünen, lederartigen, 10—12 cm langen und 4—8 cm breiten Blätter von Eucalyptus globulus, eines sehr hoch wachsenden, zu den Myrtaceen gehörenden Baumes. Diese Blätter besitzen einen aromatischen Geruch und Geschmack, den sie ihrem Gehalte an ätherischem Öle (Oleum Eucalypti) verdanken. Auf demselben beruht auch ihre antiseptische und desinficirende Wirkung. — Man wendet sie in Pulverform zu 1,0—2,0 mehrmals täglich, oder im Infus (2,0—5,0 : 100,0), gewöhnlich aber in der Form von

Tinctura Eucalypti zu 3—4 Theelöffeln täglich bei Intermittens oder zu 5—8 Tropfen in Zuckerwasser alle 2 Stunden bei Keuchhusten (Witthauer) an.

Die Blätter werden auch zum Rauchen bei Asthma verwendet. — Zur äusseren Verwendung dient aber gewöhnlich das

Oleum Eucalypti und Eucalyptol. Siehe daselbst.

Folia Hyoscyami. Bilsenkrautblätter. Feuilles de jusquiame.

Die zur Blüthezeit gesammelten, buchtig gezahnten, behaarten Blätter von Hyoscyamus niger (Solanee). Siehe Herba Hyoscyami.

Folia Matico. Maticoblätter.

Die Blätter von Piper angustifolium, einer in Columbia, Peru und Bolivia einheimischen Piperacee. Dieselben haben einen aromatischen Geruch und Geschmack und enthalten ein ätherisches Öl, Gerbstoff und Harz. Sie wirken adstringirend und werden innerlich und äusserlich bei Gonorrhoe, Leukorrhoe, Dysenterie, Diabetes und Blutungen empfohlen.

Dosis. Innerlich zu 0,5—1,0 in Pulver mehrmals täglich oder im Infus 5,0 : 10,0 : 150,0.

Äusserlich zu Einspritzungen bei Gonorrhoe im Infus 5,0—10,0 : 100,0.

Folia Menthae crispae. Krauseminzblätter. Feuilles de menthe crêpue. Die Blätter von Mentha crispa (Labiate).

Sie enthalten ein ätherisches Öl und wirken wie die officinellen Folia Menthae piperitae.

Folia Rosmarini. Rosmarinblätter. Feuilles de romarin. Die nadelförmigen Blätter von Rosmarinus officinalis (Labiate).

Sie enthalten ein ätherisches Öl (Oleum Rosmarini) und werden innerlich als Carminativum, äusserlich zur Bereitung von Kräuterkissen angewendet.

1330) ℞ Fol. Rosmarini 10,0
Rad. Valerian. 50,0
C. f. species. D. ad scatulam.
S. 1/2 Esslöffel auf 1 Tasse heissen Wassers.
(Hysterie.)

Folia Rutae. Rautenblätter. Herba Rutae. Herbe de rue.

Die gestielten, graugrünlichen, fast dreifach fiederspaltigen, drüsigen Blätter von Ruta graveolens, aus der Familie der Rutaceen. Dieselben sind im frischen Zustande von starkem Geruch und bitterlich brennendem Geschmacke, der von dem in ihnen enthaltenen ätherischen Öle herrührt. Die als Heilmittel kaum mehr angewandten Rautenblätter dienen in manchen Gegenden (Schweiz) noch als Abortivum und können, in grosser Dosis genommen, toxische Erscheinungen hervorrufen. Bei Schwangeren sieht man nach einem Infus Salivation, Schwellung der Zunge, Erbrechen, Kolik, Fieber, Myosis, Delirien, Somnolenz und Abort eintreten

Zuweilen verabfolgt man die Droge äusserlich als Mund- und Gurgelwasser im Infus zu 5,0—10,0 : 150,0 und innerlich in Pulverform zu 1,0—2,0 mehrmals täglich.

Folia Toxicodendri. Giftsumachblätter.

Die Blätter von Rhus Toxicodendron, eines in Nordamerika einheimischen Strauches (Terebinthacee). Dieselben enthalten im frischen Zustande einen Milchsaft, der in Berührung mit der Haut Entzündung und einen eigenthümlichen Ausschlag erzeugt. Getrocknet rufen die Blätter diese Erscheinung nicht hervor.

Man gab sie früher innerlich bei nervösen Affektionen, Gicht, chronischen Hautexanthemen zu 0,03—0,1 mehrmals täglich in Pulverform oder Infus. Gegenwärtig nicht mehr angewandt.

Formalingelatine. Siehe Glutol.

Formalith ist mit Formalin getränkter Kieselguhr. Kommt in Stücken und Pulverform in den Handel und dient zum Herstellen von Verbandstoffen.

Formanilid. Phenylformamid. $C_6H_5NH.(HCO)$.

Wird erhalten beim Destilliren von Anilin und Oxalsäure und stellt farblose, in Wasser und Alkohol lösliche Krystalle dar. Soll nach neueren Beobachtungen (Preisach, Bokai, Meisels u. a.) ähnlich wie Antipyrin und Antifebrin antipyretisch und schmerzstillend wirken und namentlich als lokales Anästheticum zu empfehlen sein.

Dosis. Wird innerlich zu 0,15—0,25 zwei- bis dreimal täglich in Pulvern (Oblaten) gegeben, äusserlich zu Einspritzungen in die Urethra in 2—3 % wässeriger Lösung, zu Einblasungen in den Kehlkopf, bei schmerzhaften Schlingbeschwerden zu gleichen Theilen mit Amylum oder Lycopodium.

Formin siehe **Urotropin.**

Formol = Formalin. Siehe Formaldehydum. S. 440.

Fructus Anisi stellati. Semen badianum. Sternanis. Badiane. Star-Anise. Anice stellato.

Die Frucht von Illicium anisatum, eines in Cochinchina einheimischen Baumes (Magnoliacee). Geruch und Geschmack sind aromatisch, fenchel- und anisartig. Der Sternanis enthält ein ätherisches Öl und ist häufig Ursache von Vergiftungen geworden, weil er mit den ihm sehr ähnlichen Früchten von Illicium religiosum, dem Japanischen Sternanis (den Sikkimifrüchten), verwechselt wurde. Letztere enthalten einen sehr giftigen, krämpfeerregenden Stoff. Daher ist der Sternanis bei uns nicht mehr officinell und an seiner Stelle als Carminativum und Expektorans Fructus Anisi (siehe daselbst) zu verordnen.

Fructus Cannabis. Semen Cannabis. Hanfsamen. Graines de chanvre. Hemp. Frutti di canapa. Die Früchte von Cannabis sativa (Urticee). Sie enthalten fettes Öl, Gummi, Zucker und werden zur Bereitung von reizmildernden Emulsionen benutzt; das aus ihnen gepresste Öl gilt als Volksmittel, zur Einreibung der Brüste, um die Milchsekretion zu vermehren.

Dosis. In Emulsion 10,0 : 100,0.

1331) ℞ Emuls. Fruct. Cannab. 150,0
Aq. Amygdal. amar. 3,0
Extr. Hyoscyam. 0,2.
M. D. S. 2stündl. 1 Esslöffel.

Fructus Ceratoniae. Johannisbrot. Carrouge.

Die Früchte von Ceratonia Siliqua (Caesalpinee). Sie enthalten über 50 % Zucker, ausserdem Gummi und 0,6 % Buttersäure, und werden als reizmilderndes Mittel und Zusatz zu Species bei katarrhalischen Affektionen verordnet.

Fructus Coriandri. Koriandersamen.

Die getrockneten Früchte von Coriandrum sativum (Umbellifere). Sie enthalten ätherisches und fettes Öl und sind von aromatischem Geruche und süssem Geschmacke. Ihre Anwendung als Carminativum und Stomachicum zu 0,5—2,0 mehrmals täglich in Pulvern oder im Infus (10,0 : 150,0) ist eine seltene.

Fructus Myrtilli. Heidelbeeren. Blaubeeren. Myrtille. Bilberries. Bacca di mirtillo.

Die getrockneten reifen Früchte von Vaccinium Myrtillus (Vaccinee). Es sind kugelige, erbsengrosse, genabelte, nach dem Trocknen runzelige, schwarze Beeren von säuerlich süssem Geschmacke. Enthalten Gerbsäure, Zucker, Apfelsäure, Citronensäure und sind Volksmittel bei Diarrhoe und Dysenterie. Auch als Mittel gegen Diabetes mellitus sind die Heidelbeeren empfohlen worden. Sie werden theelöffelweise gegeben. Auch wird durch Eindicken des ausgepressten Saftes ein Extrakt. Myrtilli bereitet, das zur Behandlung von Hautkrankheiten (Ekzemen) verwendet wird.

1332) ℞ Extr. Myrtill.
Pulv. Fol. Myrtill. āā 5,0.
M. f. pilul. No. 90.
D. S. 3 × tägl. 3 Pille zu nehmen.
(Diabetes mellitus.)

Fructus Petroselini. Semen Petroselini. Petersiliensamen. Fruit de persil. Parsley. Frutti di prezzemolo.

Die getrockneten Früchte von Petroselinum sativum (Umbellifere); sie besitzen einen stark gewürzigen Geruch und Geschmack, herrührend von einem ätherischen Öle. Wirken diuretisch und werden zu 0,5—1,0 mehrmals täglich in Pulver oder Species, auch als Infus 10,0 : 100,0—200,0 gegeben. Präparat: Aqua Petroselini.

Fructus Phellandrii. Wasserfenchel. Rossfenchel.

Von Oenanthe Phellandrium (Umbellifere). Enthält ein ätherisches Ol, das in grossen Dosen toxisch wirkt. Wegen seiner appetitanregenden und expektorirenden Wirkung kam die Droge früher häufiger in Anwendung als jetzt, besonders bei Lungenschwindsucht. Die Verordnung geschieht im Infus 5,0—10,0 : 150,0 oder in Pulverform 0,5—2,0 mehrmals täglich 1 Pulver.

1333) ℞ Fruct. Phellandrii
Lichen. Carraghen āā 30,0
Rad. Liquirit. 15,0.
M. f. species. S. 1 Theelöffel voll mit 2 Tassen kochenden Wassers aufzubrühen.
(Phthisis pulm.)

1334) ℞ Fruct. Phellandrii
Sacch. lact. āā 0,5.
M. f. pulv. D. t. Dos. X.
S. 3—4 × tägl. 1 Pulver.
(Expektorans.)
(Hufeland.)

Fructus Sabadillae. Läusesamen. Cévadille.

Die Früchte von Sabadilla officinarum (Melanthacee). Ihr Geschmack ist sehr scharf und bitter und sie enthalten äusserst toxische Stoffe, u. a. Veratrin (siehe daselbst). Sie werden daher nicht mehr innerlich, wie früher gegen Würmer, angewendet. Auch die äusserliche Anwendung ist durch Veratrin selbst ersetzt.

Fungus Laricis. Boletus Laricis. Agaricus albus. Lärchenschwamm.

Ein den Lärchenbäumen (Pinus Larix) anhaftender umfangreicher Pilz, Polyporus officinalis. Derselbe bildet schwammig-faserige, zerreibliche Stücke von gelblich weisser Farbe und enthält Harze und Agaricin (siehe daselbst). Wurde früher in Dosen von 0,5—1,0 als Abführmittel und in kleineren Gaben (0,05—0,1) in Pillen oder Pulvern gegen die profusen Nachtschweisse der Phthisiker angewendet.

Gallacetophenon. $C_6H_2.(OH)_3.CH_3CO$.

Wird erhalten durch Einwirkung von Chlorzink und Eisessig auf Pyrogallol und stellt ein gelbliches, krystallinisches Pulver dar, das wenig löslich in kaltem Wasser, sich leichter in heissem Wasser, Alkohol, Äther und Glycerin löst.

Diese vor einigen Jahren von Nencki dargestellte Verbindung wurde neuerdings auf Grund zahlreicher Versuche von Rekowski als Ersatzmittel des Pyrogallols, dessen giftige Eigenschaften sie nicht theilt, bei Psoriasis empfohlen. Gallacetophenon wirkt stark antiseptisch und wird in Form von Salben (1 : 10 Lanolin) applicirt.

Gallanolum. Gallussäureanilid. $C_6H_2(OH)_3CONHC_6H_5 + H_2O$.

Diese von Cazeneuve dargestellte Verbindung bildet sich beim Kochen von Acidum tannicum mit Anilin. Man erhält farblose, bitter schmeckende Krystalle, die in kaltem Wasser schwer, dagegen in heissem Wasser und Alkohol leicht löslich sind und bei 205° schmelzen.

Dieselben haben reducirende und antiseptische Eigenschaften und werden (von Cazeneuve und Rollet) an Stelle von Pyrogallol bei Psoriasis und Ekzem empfohlen. Verordnung in Streupulver mit Talcum (1 : 2) gemischt oder in Salbenform (1—5 : 30 Lanolin) oder in Pinselung (1 : 5—10 Spiritus).

1335) ℞ Gallanol. 5,0—10,0
Spirit. 49,0
Liq. Ammon. caust. 1,0.
M. D. S. Äusserlich. Mittels Pinsel aufzutragen.
(Psoriasis, Favus, Prurigo etc.)

1336) ℞ Gallanol. 3,0
Traumaticin. 30,0.
D. S. Zum Aufpinseln. (Aufschütteln vor dem Gebrauche.)

Gallicin. $C_6H_2.(OH)_3.COOCH_3$.

Ist der Methyläther der Gallussäure und wird durch Erwärmen einer methylalkoholischen Lösung von Gallussäure oder Tannin mit Salzsäuregas oder koncentrirter Schwefelsäure dargestellt. Es bildet ein weisses, krystallinisches Pulver, das sich in heissem Wasser, warmem Alkohol, sowie in Aether löst. Das Mittel ist in letzter Zeit in der Baseler Augenklinik mit gutem Erfolg bei Erkrankungen der Conjunctiva, Keratitis superficialis etc., angewendet worden. Es wird 1—2 mal täglich mit einem Haarpinsel in den Conjunctivalsack des erkrankten Auges gebracht (Mellinger). Weitere Erfahrungen werden ergeben, ob Gallicin als ungiftiges Ersatzmittel für Pyrogallol angesehen werden kann.

1337) ℞ Gallicini pulv. 2,0.
D. ad scatulam.
S. Augenpulver. (Mittels Haarpinsels. 1—2 × tägl. in den Conjunktivalsack einzustäuben.)

Gallobromol. Dibromgallussäure. $C_6Br_2(OH_3)COOH$.

Wird durch Einwirkung von Brom auf Gallussäure erhalten. Diese von Lépine als Ersatz für Bromkalium empfohlene Verbindung besteht aus weissen, in heissem Wasser und Weingeist löslichen Krystallen. Dieselben besitzen sedative Eigenschaften, wirken jedoch bei Epilepsie weniger zuverlässig als Kal. bromat. Man giebt 4,0—10,0 pro die in Lösung. Auch äusserlich zu Einspritzungen in die Harnröhre bei Gonorrhoe (1—3%).

1338) ℞ Gallobromol. 10,0
Aq. dest. ad 150,0.
M. D. S. 3 × tägl. 1 Esslöffel.
(Neurasthenie.)

1339) ℞ Gallobromoli 3,0
Aq. dest. ad 100,0.
D. S. Äusserlich zur Einspritzung in die Harnröhre.
(Chron. Gonorrhoe.)

Gemmae Populi. Oculi Populi. Pappelknospen.

Die kegelförmigen, frischen Blattknospen von Populus nigra (Salicinee). Sie enthalten ein ätherisches Öl und werden nur noch zur Bereitung von Unguentum Populi, einer kühlenden, reizmildernden Salbe, benutzt.

Glandulae Lupuli. Lupulin. Hopfenmehl. Lupuline. Luppolino.

Die Drüsen des Fruchtstandes des Hopfens, Humulus Lupulus (Urticacee). Sie bilden ein bräunlichgelbes, klebriges Pulver von eigenthümlich aromatischem Geruche. In demselben sind Bitterstoffe, Harz und ein ätherisches Öl enthalten. — Dem Lupulin werden appetitanregende und narkotische Wirkungen zugeschrieben. Besonders häufig wird dieses Mittel seit langer Zeit bei Erregungszuständen im Bereiche der sexuellen Sphäre, bei Pollutionen, Menstrualkolik etc., doch gewöhnlich mit sehr zweifelhaftem Erfolge, gegeben.

Die Verabreichung geschieht in Pulverform zu 0,1—0,5 mehrmals täglich. Auch in Form des

Extractum Lupuli. Innerlich zu 0,1—0,5 mehrmals täglich in Pillen.

1340) ℞ Glandul. Lupuli
Sacch. alb. āā 0,5.
M. f. pulv. D. t. dos. No. IV.
S. Abends 1 Pulver.
(Pollutionen etc.)

1341) ℞ Gland. Lupuli 0,05
Camphorae tritae 0,02
Sacch. alb. 0,5.
M. f. pulv. D. t. dos. (in chart. cer.) No. X.
S. 3 × tägl. 1 Pulver zu nehmen.
(Spermatorrhoe.)

1342) ℞ Glandul. Lupuli
Extr. Lupuli āā 1,0
Camphorae 0,1.
F. pilul. No. X.
S. Abends 1—2 Pillen.

Glonoïn = Nitroglycerin.

Glutol (Dr. Schleich) = Formalingelatine.

Weisses, amorphes, in Wasser unlösliches Pulver. Gutes Wundheilmittel Bei nekrotischen Processen wird das Pulver nach dem Aufstreuen befeuchtet mit

Pepsin. 0,5
Acid. mur. 0,3
Aq. dest. ad 100,0.

Dies geschieht, damit eine Abspaltung von Formalin bewirkt wird.

Grindelia. Die krautigen Stauden von Grindelia robusta, einer in Californien einheimischen Pflanze (Composite). In derselben kommt ein ätherisches Öl vor. Wird in Amerika vielfach gegen Asthma, Bronchialkatarrh und Keuchhusten empfohlen. Die Anwendung geschieht in Form von Cigaretten oder im Aufguss zu 1,5—3,0 mehrmals täglich, am häufigsten als

Extractum Grindeliae fluidum. Zu 2,0—3,0 mehrmals täglich

Tinctura Grindeliae. (1/5) zu 30—40 Tropfen.

1343) ℞ Tinct. Grindel. rob. 30,0
Tinct. Convall. maj. 10,0
Tinct. Scillae 5,0.
M. D. S. 3 × tägl. 15 Tropfen.
(Nephritis etc.) (Huchard.)

Guajacolum. Brenzcatechinmethyläther. Gaïacol.

Das durch Sahli in die Therapie eingeführte Guajakol bildet den hauptsächlichsten Bestandtheil des aus verschiedenen Körpern zusammengesetzten Kreosots. Es wird auch aus demselben, und zwar aus Buchenholztheerkreosot, dargestellt und ist in chemischer Beziehung der Methyläther des Brenzcatechins:

$$C_6H_4 < {OH \; (1) \atop OH \; (2)} \qquad C_6H_4 < {OCH_3 \; (1) \atop OH \; (2).}$$

Brenzcatechin Guajacol.

Das käufliche reine Guajakol ist eine bei 200° siedende, farblose Flüssigkeit von 1,033 spec. Gewicht und nicht unangenehmem Geruch. Es ist in Wasser schwer, in Weingeist, Äther und Chloroform leicht löslich. (Ganz reines, synthetisch dargestelltes Guajakol bildet farblose, krystallinische Massen).

Guajakol wirkt ähnlich wie Kreosot, und da es ein einfacherer, mehr einheitlicher Körper ist als Kreosot, schlug Sahli vor, es an Stelle des letzteren bei der Behandlung der Lungentuberkulose anzuwenden. In der That hat es viele Vorzüge vor dem Kreosot. Es schmeckt besser und wird bei mindestens ebenso guter Wirkung besser vertragen.

Dosis. Man verordnet es in etwas grösseren Dosen als Kreosot, zu 0,1—0,2 mehrmals täglich

Dosis max. smpl.: 0,5. Dos. max. pro die: 3,0. (Pharm. Helv.),

in wässerig-spirituöser Lösung, Wein, Leberthran, oder in Kapseln. Für Kinder 0,01—0,03 mehrmals täglich bis zu 0,3 den Tag über.

Es wird auch äusserlich angewendet, indem man eine grössere Strecke der Haut (des Oberschenkels) mit 1,0 Guajacol in 3,0 Alkohol gelöst, bepinselt und die betreffende Hautstelle mit Guttapercha luftdicht abschliesst.

1344) ℞ Guajacol. 1,0—2,0
Aq. dest. 180,0
Spirit. Vini ad 200,0.
M. D. S. 2—3 × tägl. 1 Thee- bis 1 Esslöffel in 1 Glas Wasser nach der Mahlzeit zu nehmen.

1345) ℞ Guajacol. 13,5
Tinct. Gentian. 30,0
Spirit. Vini rectif. 250,0
Vini Xerensis q. s. ad 1000,0.
M. D. S. 2—3 × tägl. 1 Esslöffel in 1 Weinglas Wasser.

1346) ℞ Guajacoli 1,0
Tinct. Chinae 2,0
Vini Xerensis ad 100,0.
M. D. S. Nach jeder Mahlzeit 1 Kinderlöffel voll zu nehmen.
(Phthisis pulm. bei Kindern.)

1347) ℞ Guajacoli 3,0
Rad. Liquir. pulv. 5,7
Glycerini 0,3.
M. f. pilul. No. 60.
D. S. Nach Verordnung.
Jede Pille = 0,05 Guajacol.

Guajacolum benzoicum = Benzosol. Siehe daselbst.

Guajacolum carbonicum. Guajakolkarbonat. $CO_3(C_6H_4OCH_3)_2$.

Diese von Seifert und Hölscher empfohlene Verbindung entsteht bei der Einwirkung von Kohlenoxychlorid auf Guajacolnatrium und stellt ein weisses, krystallinisches, geschmack- und geruchloses, in Wasser unlösliches Pulver dar. Dasselbe passirt den Magen unverändert und spaltet sich erst im Darm in seine Componenten, Kohlensäure und Guajakol. Durch den Harn wird es als Guajacylschwefelsäure eliminirt. Da dieses Präparat die Verdauung nicht belästigt, wird es besonders bei Lungentuberkulose (an Stelle von Kreosot oder Guajakol) Morgens und Abends zu 0,2—0,5 in Pulverform und bei allmählicher Steigerung bis zu 5,0—6,0 g pro die verabreicht.

Guajacolum cinnamylicum. Styrakol. Cinnamyl-Guajakol. Zimmtsäure-Guajakoläther.

Wird durch Einwirken von Cinnamylchlorid auf Guajakolnatrium dargestellt und bildet farblose, lange, bei 130° siedende, in Wasser unlösliche Krystallnadeln. Diese stark antiseptisch wirkende Verbindung ist innerlich bei Lungentuberkulose, Magen-, Darm- und Blasenkatarrh zu 1,0 mehrmals täglich in Pulverform, äusserlich als Streupulver zur Wundbehandlung empfohlen. Noch nicht genügend geprüft.

Guajacolum salicylicum. Guajakolsalol.

Wird erhalten durch Einwirkung von Phosphoroxychlorid auf ein Gemisch von gleichen Theilen Guajakolnatrium und Natrium salicylicum. Es ist ein weisses, geruch- und geschmackloses, in Wasser unlösliches Pulver. In Alkohol und Äther ist dasselbe löslich. Dasselbe spaltet sich im Darm in Guajakol und Salicylsäure und wird bei Lungenphthise und auch als Darmantisepticum empfohlen. Die Verabreichung geschieht in Pulverform zu 1,0 bis zu Tagesgaben von 5,0 und darüber.

Guarana. Pasta Guarana. Paullinia.

Aus den zerstossenen Samen von Paullinia sorbilis, einer in Brasilien vorkommenden Pflanze (Sapindacee) mit verschiedenen Zusätzen bereitete Masse. Dieselbe enthält gegen 5% Coffein und auch Gerbsäure. Ihr Geschmack ist bitter adstringirend. Die Pasta Guarana wird bei Diarrhoe, Dysenterie und namentlich gegen Migräne, in Dosen von 0,5—1,0 in Pulverform, mehrmals täglich gegeben.

1348) ℞ Past. Guaranae
Sacch. alb. āā 1,0
D. t. dos. No. VI.
S. Mehrmals 1 Pulver.
(Migräne.)

Gymnema silvestre. Ein in Ostindien und Afrika vorkommender Klimmstrauch (Asklepiadee). Seine 4—9 cm langen und 2½—4½ cm breiten Blätter heben beim Kauen für eine gewisse Zeit die Geschmacksempfindung für „süss“ auf, indem sie eine temporäre Lähmung der süss empfindenden Geschmacksnerven bewirken. Die Empfindung für bittere Substanzen (Chinin etc.) wird kaum abgeschwächt (Suchannek). Aus den Blättern von Gymnema silvestre ist

Acidum gymnemicum, Gymneminsäure oder Gymnemasäure dargestellt worden, als ein weisses, in Wasser schwer, in Alkohol leicht lösliches Pulver. Gewöhnlich genügt das einfache Kauen der Blätter von Gymnema silvestre, um den süssen Geschmack von Saccharin verschwinden zu lassen. Zur Herabsetzung der Parageusien der Diabetiker lassen sie sich vortheilhaft verwenden. v. Oefele empfiehlt folgende Verordnungsweise:

1349) ℞ Acid. gymnemici 0,1
Spirit. q. s. ad impraegnationem.
Solve, adde Theae nigrae „Pekoe“.
Exsicca leni calore.
D. ad scatul. ligneam.
S. Nach Bedarf 1—2 Blättchen öfter des Tages in den Mund einzuführen.
(Diabetes mellitus.)

Haemogallol. Ist ein Produkt der Einwirkung von Pyrogallol auf Blutfarbstoff, das ein rothbraunes Pulver darstellt und von Kobert in gleicher Weise wie

Haemol, ein schwarzbraunes, durch Einwirken von Zinkstaub auf Blutfarbstoff erhaltenes Pulver, als leicht resorbirbares, die Verdauung nicht belästigendes Eisenpräparat empfohlen wird. Beide Präparate werden zu 0,1—0,5 drei Male täglich kurz vor der Mahlzeit in Pulver, Pillen oder in Form von Chocoladenpastillen verabreicht.

1350) ℞ Haemoli (vel Haemogalloli pulverati) 25,0.
D. ad scatul.
S. Eine Messerspitze voll in Oblaten 3 × tägl. kurz vor der Mahlzeit zu nehmen.

1351) ℞ Haemoli (vel Haemogalloli) 10,0
Sacch. alb. 40,0.
M. f. pulv. D. S. 3 × tägl. (vor der Mahlzeit) 1 Theelöffel voll zu nehmen.

1352) ℞ Haemoli (vel Haemogalloli pulv.) 25,0
Divide in part. aequal. No. 50.
D. ad chartas amylaceas.
S. 3 × tägl. 1 Kapsel (kurz vor der Mahlzeit) zu nehmen.
(Chlorose, Anämie etc.)

Haemolum bromatum.
Enthält neben Eisen nur wenig Brom (2,7%). Eignet sich für diejenigen Fälle von Chlorose und Anämie, wo gleichzeitig eine calmirende Bromwirkung erwünscht ist. Die Dosis ist etwa doppelt so gross wie die von Bromkalium.

Hamamelis. Noisetier de sorcière. Witchhazel.
Von Hamamelis virginica, einem in Amerika vorkommenden Strauche, werden seit lange die Blätter und die Rinde zu Heilzwecken benutzt. In denselben ist reichlich Gerbsäure und auch ein ätherisches Öl enthalten. Hieraus erklärt sich die adstringirende Wirkung bei innerlicher und äusserlicher Anwendung der Droge. In Amerika wird sie bei Blutungen aller Art und mit besonderer Vorliebe bei Haemorrhoidalblutungen verordnet. Auch bei Diarrhoe, Gonorrhoe und Leukorrhoe leistet sie gute Dienste. Man wendet gewöhnlich

Extractum Hamamelis fluidum, innerlich zu 30—40 Tropfen mehrmals täglich bei Haemoptoë und zu 1—2 Theelöffel mehrmals innerlich und äusserlich bei haemorrhoidalen Affektionen an. Ein alkoholisch-wässeriges Extrakt der Rinde kommt als

Hazeline in den Handel und wird zu Umschlägen bei Haemorrhoiden verordnet.

1353) ℞ Extr. Hamamel. fluid. 30,0
Tinct. Nuc. vomic. 2,0
Tinct. Opii benzoic. 18,0.
M. D. S. 1—2stündl. ½—1 Theelöffel.

1354) ℞ Hamamel. virgin. 0,2
Butyr. Cacao 10,0
Ol. Amygdal. dulc. 7,5.
M. f. ungt. (Haemorrhoidensalbe).

Haschisch. Ein aus Herba Cannabis Indicae in verschiedener Weise hergestelltes Präparat von narkotischer Wirkung. Die Art der Zubereitung wechselt je nach der beabsichtigten Verwendungsweise. Haschisch wird innerlich genommen und äusserlich zum Kauen oder Rauchen benutzt. Schon nach 0,06 vom reinen Haschisch kann ein rauschähnlicher Zustand mit nachfolgendem Schlaf auftreten.

Helenin. Alantkampfer. C_6H_8O.
Kommt in der Alantwurzel (Inula Helenium) neben anderen Substanzen

als ein festes Stearopten vor und stellt farblose, in Wasser unlösliche, in heissem Alkohol und fetten Ölen leicht lösliche Krystalle dar. Neuerdings wird auf die hervorragenden antiseptischen Eigenschaften des Helenins hingewiesen. In einer Verdünnung von 1:10,000 soll Helenin, dem Urin zugesetzt, diesen vor Fäulniss bewahren. Hierauf soll auch die günstige Wirkung des Mittels bei Tuberkulose, Cholera, Malaria beruhen.

Dosis. 0,01—0,03 mehrmals täglich in Pillenform oder alkoholischer Lösung.

Helleboreïnum. Ein Glykosid aus verschiedenen Helleborusarten. Wirkt ähnlich wie Digitalin, erzeugt leicht Diarrhoe.

Dosis 0,01—0,02 mehrmals täglich in Pillen oder Lösung.

Herba Adonis vernalis. Siehe Adonis vernalis.

Herba Cannabis indicae. Indischer Hanf. Chanvre indien. Indian Hemp. Canapa indiana.

Die in Indien gesammelten, weiblichen Zweigspitzen oder die an dem Stengel abgestreiften, warzig-rauhhaarigen Blätter von Cannabis indica (Urticacee). Dieselben dienen zur Bereitung des Haschisch (s. d.). Sie haben narkotische Wirkung und dienen zur Herstellung verschiedener Präparate, wie

Extractum Cannabis indicae und

Tinctura Cannabis indicae. Siehe daselbst.

Die selten angewandte Herba Cannabis indicae wird zu 0,2—1,0 in Pulver oder Pillen verordnet. Nach Pharmak. Helvet. ist die

Grösste Einzelgabe 0,5! — Grösste Tagesgabe 2,0!

Herba Chelidonii. Schöllkraut. Chélidoine.

Das Kraut von Chelidonium majus, einer bei uns wild wachsenden Papaveracee. Die frische Pflanze enthält einen safrangelben, scharfen Milchsaft, der als Volksmittel zum Ätzen von Warzen gebraucht wird. Derselbe dient auch in Verbindung mit anderen Kräutern (Löwenzahn) zu Frühlingskuren. Innerlich genommen, wirkt Schöllkraut leicht abführend und diuretisch. Früher wurde ihm ein besonderer Einfluss auf die Leber zugeschrieben, und es wurde häufig bei Ikterus verordnet. Man gab 1,0—2,0 von dem frischen Saft.

Herba Lactucae virosae. Giftlattich. Laitue vireuse.

Das frische Kraut von Lactuca virosa (Composite). Hat dem Opium ähnliche Wirkung und dient zur Herstellung von Extractum Lactucae virosae, das gewöhnlich in Anwendung kommt. Siehe daselbst.

Herba Majoranae. Meiran. Majoran. Marjolaine. Maggiorana.

Das blühende, graufilzige, von dem dickeren Stengel befreite Kraut von Origanum Majoranae (Composite). Enthält ein ätherisches Öl (Oleum Majoranae) und besitzt gelind reizende Eigenschaften. Die Droge wird nur noch selten äusserlich zu aromatischen, adstringirenden Mund- und Gurgelwässern im Infus 5,0—10,0 : 150,0 verordnet.

Präparate: **Unguentum Majoranae und Oleum Majoranae.**

Herba Millefolii. Schafgarbenkraut. Siehe Flores Millefolii.

Herba Polygalae. Kreuzblumenkraut.

Von Polygala amara (Polygalee). In der Pflanze befindet sich ein Bitterstoff. Man schreibt ihr appetitbefördernde und expektorirende Wirkungen zu und wandte sie früher oft bei Phthisis pulm. und Bronchialkatarrh im Dekokt 10,0—15,0 : 200,0 an.

Herba Pulsatillae. Küchenschelle. Anemone.

Das Kraut von Anemone pratensis und Anemone Pulsatilla (Ranunculacee). Enthält Anemonin. Wurde früher gegen zahlreiche Affektionen, bei Syphilis und Hautkrankheiten, auch Augenaffektionen, angewendet.

Meist in Form des Extract. Pulsatillae. Siehe daselbst.

Herba Rutae. Raute. Rue. Siehe Folia Rutae.

Herba Sabinae. Summitates Sabinae. Sabina. Sadebaumspitzen.

Die Zweigspitzen von Juniperus Sabinae, einer in Mitteleuropa einheimischen, strauchartigen Cupressinee. Die die Zweigspitze bedeckenden Blättchen haben auf dem Rücken eine Öldrüse. Der Geruch ist stark und rührt von einem ätherischen Öle her.

Die Herba Sabinae wurde früher häufig missbräuchlich als Abortivum angewandt, da sie Hyperämie der Beckenorgane hervorruft. Bei Einführung grösserer Mengen treten jedoch Gastroenteritis und andere gefährliche Symptome auf, die einen tödlichen Ausgang herbeiführen können.

Die Droge wird gegenwärtig nur noch selten bei Kondylomen äusserlich als Streupulver und in Salbenform verordnet, ferner zu reizenden Einspritzungen und Gurgelwässern im Infus 5,0—10,0 : 150,0. Innerlich in Pillen oder Infus zu 0,2—1,0 mehrmals täglich. Pharmak. Helv. gestattet als:

Grösste Einzelgabe 1,0! — Grösste Tagesgabe 2,0!

1355) ℞ Pulv. Summit. Sabinae
Vaselini āā 1,5.
M. f. ungt. D. S. Äusserlich.
(Zur Zerstörung von Kondylomen.)

1356) ℞ Inf. Summit. Sabinae 15,0 : 180,0
Boracis 5,0
Sacch. alb. ad 200,0.
M. D. S. 3 × tägl. 1 Esslöffel.
(Bei Amenorrhoe ex torpore uteri.)
(Kopp.)

Herba Spilanthis. Parakresse. Cresson de Para.

Von Spilanthis oleacea, einer in Südamerika einheimischen Composite. Beim Kauen verursacht das Kraut Brennen und Salivation.

Die Droge dient hauptsächlich zur Bereitung der

Tinctura Spilanthis composita, die aus Herb. Spilanthis und Rad. Pyrethri besteht, deren Anwendung bei Zahnschmerzen beliebt ist. Sie wird auf Watte in den hohlen Zahn gebracht oder auch als Mundwasser (1 Theelöffel voll auf 1 Weinglas Wasser) gegeben.

Hydracetin. Siehe Pyrodin.

Hydrargyrum benzoicum. Benzoësaures Quecksilberoxyd. $Hg(C_6H_5CO_2)_2$. Ist ein weisses, krystallinisches, geruch- und geschmackloses, in Wasser wenig, in Natriumchloridlösung sehr leicht lösliches Pulver. Dasselbe wird dargestellt durch Fällen von Quecksilbernitratlösung mit Natriumbenzoatlösung und wird neuerdings von Stukowenkow zur Behandlung der Syphilis empfohlen. Es soll leicht resorbirt und gut vertragen werden, besonders zur subkutanen Injektion, obgleich schmerzhaft, geeignet sein.

Dosis. Innerlich zu 0,005—0,02 in Pillenform. In subkutaner Injektion 0,25 Hydrarg. benz. mit gleichen Theilen Kochsalz auf 30,0 Wasser, davon täglich eine Pravaz'sche Spritze zu injiciren. Zu Umschlägen auf syphilitische Ulcerationen 0,1—0,2 auf 30,0 Wasser.

1357) ℞ Hydrargyri benzoici
Vaselini āā 1,0
Paraffini liquid. 10,0.
M. D. S. Zur subkut. Injektion.
(1 Pravaz'sche Spritze.)

1358) ℞ Hydrarg. benzoic. oxyd.
Natrii chlorat. āā 0,25
Aq. dest. 30,0.
M. D. S. Zur subkut. Injektion.

Hydrargyrum bichloratum carbamidatum solutum. Quecksilberchlorid-Harnstoff-Lösung.

Wird dargestellt, indem man 1,0 Sublimat in 100 ccm heissem Wasser löst und in die erkaltete Flüssigkeit 0,5 Harnstoff einträgt und alsdann filtrirt. Ist eine farblose Flüssigkeit von schwach saurer Reaktion. Dieselbe wird zur subkutanen Injektion bei Syphilis empfohlen. Täglich 1 Spritze, deren Inhalt einem Quecksilbergehalte von 0,01 Sublimat entspricht.

Hydrargyrum carbolicum. Phenolquecksilber.

Farbloses, in Wasser unlösliches, krystallinisches Pulver. Von Gamberini und Schadeck gegen Syphilis empfohlen.

Dosis. 0,02 in Pillenform. Erwachsene können bei allmählicher Steigerung bis 6 Pillen täglich nehmen.

1359) ℞ Hydrarg. carbol. 1,2
Extr. Liquirit.
Pulv. Liquirit. āā 3,0.
M. f. pilul. No. 60. Obduc. Bals. tolutan.
S. Täglich 2—4 Pillen zu nehmen.
(Schadeck.)

Hydrargyrum formamidatum solutum. (1%) Quecksilberformamidlösung. Ist eine von Liebreich (1883) dargestellte farblose, alkalisch reagirende Flüssigkeit, die nicht durch ätzende Alkalien gefällt wird und Eiweiss nicht coagulirt. Eignet sich in subkutanen Injektionen (1 : 100) zur Syphilisbehandlung. Liebreich empfiehlt täglich ½—1 Spritze der 1% Lösung und nach 30 Injektionen eine Pause eintreten zu lassen. (1 ccm der Lösung enthält 0,01 HgO.)

1360) ℞ Hydrarg. formamid. 0,3
Aq. dest. ad 30,0.
M. D. S. Zur subkut. Injektion.
(Tägl. 1 Spritze zu injiciren.)

1361) ℞ Hydrarg. formamid. 0,25
Aq. dest. ad 100,0.
M. D. S. Äusserlich zu Umschlägen bei syphilitischer Initialsklerose.
(Gerhardt.)

Hydrargyrum imidosuccinicum. Succinimid-Quecksilber. Imidobernsteinsaures Quecksilber. Hydrargyrum succinimidatum.

Seidenglänzendes, weisses Krystallpulver, das in 25 Th. Wasser und in 300 Th. Alkohol klar löslich ist. Von Vollert als geeignetes Quecksilberpräparat zur subkutanen Injektion bei Syphilis empfohlen.

Dosis. 1 ccm einer 1—2% Lösung.

1362) ℞ Hydrarg. imidosuccin. 0,4
Aq. dest. 30,0.
M. D. S. Zur subkut. Injektion.
S. Tägl. 1 Spritze zu injiciren.

Hydrargyrum jodatum. Hydrargyrum jodatum flavum. Quecksilberjodür. Iodure mercureux. Protojodide of mercury. Joduro mercuroso. HgJ_2.

8 Th. Quecksilber werden unter Anfeuchten mit Weingeist mit 5 Th. Jod zusammengerieben, bis alles Quecksilber verschwunden ist. Das Pulver wird alsdann mit 16 Th. Weingeist zerrieben und getrocknet. — Es stellt ein grünlichgelbes, in der Hitze flüchtiges Pulver dar, das beim Erhitzen in Quecksilberjodid und Quecksilber zerfällt, in Wasser, Weingeist und Äther unlöslich ist. Das Präparat soll die Vorzüge des Quecksilbers und Jod in sich vereinigen; daher bei Syphilis, besonders bei Kindern, empfohlen.

Dosis. Wird innerlich zu 0,01—0,03 mehrmals täglich in Pulvern und Pillen gegeben, Kindern im ersten Lebensjahre 0,01 zweimal täglich.

Grösste Einzelgabe 0,05! — Grösste Tagesgabe 0,2! (Pharm. Helv.) Äusserlich zu 0,1—0,5 : 10,0 Lanolin bei syphilitischen Geschwüren.

Hydrargyrum nitricum oxydulatum. Salpetersaures Quecksilberoxydul. $Hg_2(NO_3)_2 2H_2O$.

Bildet sich bei der Einwirkung verdünnter Salpetersäure auf überschüssiges metallisches Quecksilber. Kleine, prismatische, farblose Krystalle, welche in kleinen Mengen Wasser löslich sind und durch viel Wasser eine theilweise Zersetzung erfahren.

Dieses Präparat besitzt stark ätzende Eigenschaften und wird fast nur äusserlich in Form des

Liquor Hydrargyri nitrici oxydulati (eine 10% Lösung des Salzes) als Ätzmittel bei syphilitischen Ulcerationen, auch zu Waschungen (0,5 bis 1,0 : 100,0) verwendet.

Hydrargyrum oleïnicum. Ölsaures Quecksilber. Quecksilberoleat. Besteht aus Quecksilberoxyd und Ölsäure und bildet eine gelblichweisse, zähe Masse von Salbenkonsistenz.

Wird äusserlich in Salbenform (1 : 2—5 Lanolin oder Adeps) als Ersatz für Unguentum cinereum zur Einreibung bei Syphilis, Psoriasis etc. empfohlen.

Hydrargyrum oxycyanatum. Oxycyanure de mercure.

Wird durch Auflösung von Quecksilberoxyd in einer wässerigen Lösung von Cyanquecksilber dargestellt und bildet ein weisses, krystallinisches, in Wasser lösliches Pulver. Ist als ein sehr energisches Antisepticum empfohlen worden, das die Gewebe nicht reizt. Zu diesem Zwecke wird es in Lösungen von 1 : 1000—5000 angewendet.

Soll sich auch zu subkutanen Injektionen (1 ccm einer 1,25% Lösung) bei Syphilis eignen (Boer). Täglich den Inhalt einer Pravaz'schen Spritze in die Rückenhaut zu injiciren.

Hydrargyrum peptonatum. Peptonquecksilber.

1,0 Fleischpepton wird in 50 ccm Aq. destill. gelöst und mit 20 ccm einer 5% Sublimatlösung versetzt. Es entsteht ein Niederschlag von Quecksilberpepton. Weiterer Zusatz einer 20% Kochsalzlösung bis zur völligen Lösung dieses Niederschlags. Hinzufügung von Wasser, bis die Gesammtmenge der Flüssigkeit 100 ccm beträgt.

Je 1 ccm dieser Lösung, die sich für subkutane Injektionen eignet, entspricht 0,01 Sublimat.

Hydrargyrum salicylicum. Salicylsaures Quecksilberoxyd.

$$C_6H_4 < {COO \atop O} > Hg.$$

Ist ein weisses, geruch- und geschmackloses, in Wasser und Alkohol unlösliches Pulver. In Kochsalzlösung leicht löslich. Ist als milde wirkendes Quecksilberpräparat zu innerlichem und äusserlichem Gebrauch empfohlen worden.

Dosis. Innerlich wird es in Pillenform zu 0,01—0,02 mehrmals täglich gegeben. Äusserlich zu Einspritzungen in die Urethra (0,1 : 250,0 unter Zusatz von 1,0 Kochsalz oder Natrium bicarb.); zu intramuskulärer und subkut. Injektion (0,1—0,2 : 10,0).

1363) ℞ Hydrarg. salicyl. 1,0
Succ. Liquirit.
Pulv. Liquirit. q. s.
ut f. pilul. No. 60.
D. S. Nach den Mahlzeiten 3 mal tägl. 1—2 Pillen zu nehmen.
(Syphilis.)

1364) ℞ Hydrarg. salicyl. 1,0
Paraffin. liquid. 10,0.
M. D. S. Zur intramuskul. Injektion in Zwischenräumen von 4—8 Tagen eine Spritze.
(Jadassohn u. Zeising.)

1365) ℞ Hydrarg. salicyl. 0,1
Aq. dest. 250,0
Natrii bicarbon. 1,0—2,0.
M. D. S. Äusserlich. Zu Einspritzungen bei Gonorrhoe.

Hydrargyrum sozojodolicum. Sozojodolquecksilber.

Wird durch Vermischen koncentrirter wässeriger Lösungen von Sozojodolnatrium und Mercurinitrat erhalten und stellt ein gelbes, in 500 Theilen Wasser lösliches Pulver dar. Löst sich sehr leicht in Kochsalzlösungen. In 2,5% Lösung als Antiparasiticum empfohlen.

Hydrargyrum succinicum = Hydrarg. imido-succinicum.

Hydrargyrum sulfuricum basicum. Turpethum minerale. Basisches Quecksilbersulfat. Sulfate basique de mercure. $HgSO_4 + 2HgO$.

Citronengelbes, schweres, amorphes, in Wasser unlösliches Pulver. Stark wirkendes Präparat, das schon in Dosen von 0,1—0,2 Erbrechen hervorruft. Daher früher auch als Emeticum in Anwendung.

Dosis. Innerlich zu 0,01—0,02 in Pulvern oder Pillen. Äusserlich als Streupulver und in Salben (1,0 : 10,0—15,0 Lanolin) bei chronischem Ekzem.

1366) ℞ Hydrarg. sulfur. basici 0,01
Rad. Asari 0,5.
M. f. pulv. D. t. dos. X.
S. Morgens 1 Pulver als Schnupfpulver bei Ozaena.

1367) ℞ Hydrarg. sulfur. basici. 5,0
Ungt. cerei 50,0.
M. f. ungt. Äusserlich.
Zur Reizung indolenter Flechten und bei Scabies.
(Alibert.)

Hydrargyrum tannicum oxydulatum. Dunkelgrünes, in Wasser unlösliches Pulver. Von Lustgarten gegen Lues empfohlen. In Pulvern zu 0,05—0,1 dreimal täglich (etwa 1/2 Stunde nach den Mahlzeiten) zu nehmen. Bei Diarrhoe Acid. tannic. oder Opium hinzuzusetzen.

1368) ℞ Hydrarg. tannic. oxydul. 0,1
Sacch. lactis 0,4.
M. f. pulv. D. t. dos. 12.
S. 3 × tägl. 1 Pulver.

1369) ℞ Hydrarg. tannic. oxydul. 4,0
Rad. Liquirit.
Pulv. Liquirit. āā 3,0.
Fiant. pilul. No. 60.
S. Täglich 3—5 Pillen.

Hydrargyrum thymolo-aceticum. Hydrargyrum thymolicum. Thymolquecksilber.

Farbloses, geruch- und geschmackloses, in Wasser unlösliches, krystallinisches Pulver. In Alkalien ist es löslich. Dieses Präparat ist in jüngster Zeit als besonders geeignet für die Behandlung von Syphilis und Tuberkulose empfohlen worden.

Man giebt es innerlich zu 0,005—0,01 in Pillen mehrmals täglich bis 0,1 pro die. Zur Injektion (1 : 10), davon wöchentlich 1 Spritze voll zu injiciren bei Syphilis.

Bei Tuberkulose empfiehlt Tranjen 0,75 : 10,0 Paraffin. liquid., hiervon alle 7—10 Tage 1 Spritze intramuskulär in die Glutaealgegend zu injiciren und nebenher 3 mal täglich einen Esslöffel von Kal. jodat (5,0 : 200,0) zu nehmen.

1370) ℞ Hydrargyr. thymol. acet. 1,0
Glycerini 10,0
Cocain. mur. 0,1.
D. S. Zur Injektion. (Wöchentlich 1 Pravaz'sche Spritze).
(Löwenthal.)

1371) ℞ Hydrarg. thymol. acet. 0,75
Paraffini liquid. 10,0.
D. S. Alle 7—10 Tage 1 Spritze voll in die Glutaealgegend zu injiciren.

Hydrargyrum-Zincum cyanatum. Quecksilberzinkcyanid.

Durch Fällen einer Lösung von Kalium-Quecksilbercyanid mit einer gesättigten Zinksulfatlösung dargestellt. Bildet ein weisses, in Wasser unlösliches Pulver. Dasselbe ist von Lister zum Imprägniren von Verbandstoffen empfohlen worden.

Hydrastis canadensis. Goldsiegelwurzel. Golden seal.

Eine in Nordamerika vorkommende Pflanze (Ranunculacee). Benutzt wird der Wurzelstock. Die Droge besitzt blutstillende Wirkungen, die dem in ihr enthaltenen Alkaloid Hydrastin zukommen. Ausserdem enthält sie das Alkaloid Berberin, dem, besonders in Form seines Salzes, appetitanregende Eigenschaften zugeschrieben werden. Zur therapeutischen Verwendung kommen fast nur das

Hydrastinin, ein Oxydationsprodukt des Hydrastins und

Extractum Hydrastis fluidum. Dunkelbraun. Durch Schatz zuerst empfohlen, hat sich bei Blutungen, besonders bei zu starker Menstruation im kindlichen und klimakterischen Alter, bewährt. Auch bei Haemoptoë, Epistaxis und profusen Schweissen. (Dies Extrakt ist officinell. Siehe S. 410.)

1372) ℞ Extr. Hydrast. fluid.
Tinct. aromat. āā 20,0.
M. D. S. 3—4 × täglich 30—40 Tropfen.

1373) ℞ Extr. Hydrast. fluid.
Spirit. Vini (Cognac) āā 15,0.
M. D. S. 3 × täglich 30—40 Tropfen.

1374) ℞ Extr. Hydrast. canad. inspiss.
Extr. Gossypii inspiss.
Ergotin. Denzel āā 0,3.
F. pilul. No. 30.
S. 3stündl. 3 Pillen bei menstruellen Blutungen.
(Fritsch.)

Hydrastininum hydrochloricum. Salzsaures Hydrastinin. — Oxydationsprodukt des Hydrastin. Gelbliches, in Wasser leicht lösliches, bitter schmeckendes Pulver. Bei Uterusblutungen (bedingt durch Endometritis oder Myome) in subkutaner Injektion 0,05—0,1 oder in Pillen und Gelatineperlen (4 bis 6 täglich) zu 0,025.

1375) ℞ Hydrastinin. hydrochl. 1,0
Pulv. et Succ. Liq. q. s.
ut f. pilul. No. XXX.
D. S. 2—3 Tage 1—2 Pillen.
(Metrorrhagie.)

1376) ℞ Hydrastinin. hydrochl. 1,0
Aq. Cinnamomi ad 15,0.
M. D. S. 2stündl. 5 Tropfen auf Zucker.
(Epilepsie.)

1377) ℞ Hydrastinin. hydrochl. 1,0
Aq. dest. 10,0.
D. S. Zur subkut. Injektion $^1/_2$—1 Spritze.
(Falk.)

Hydrastinum hydrochloricum. Gelblichweisses, krystallinisches, in Wasser lösliches Pulver.

Wird als blutstillendes Mittel zu 0,03—0,05 in Lösung gegeben (Tropfenform). Doch wird diesem Präparat jetzt gewöhnlich Hydrastinin. hydrochl. oder Extr. Hydrast. fluid. vorgezogen.

Hydrochinon. Paradioxybenzol. $C_6H_4(OH)_2$.

Farblose, in kaltem Wasser schwer, in heissem Wasser, Alkohol und Äther leicht lösliche Krystalle.

Hydrochinon hat antiseptische und antipyretische Wirkungen und wird innerlich zu 0,2—0,5 in Pulver und Lösung, äusserlich in subkut. Injektion, 1—2 Spritzen einer 10% Lösung gegeben.

Hydrogenium superoxydatum. Wasserstoffsuperoxyd. Peroxyde d'hydrogène. H_2O_2.

Wasserhelle Flüssigkeit von leicht bitterlich zusammenziehendem Geschmacke. Im Handel kommen 5—10% wässerige Lösungen vor, die Verunreinigungen enthalten und leicht zersetzlich sind. Wird äusserlich zu Desinfektionszwecken und zum Hellfärben der Haare und Zähne benutzt. Man pinselt mit 1% wässerigen Lösungen.

Hydroxylaminum hydrochloricum. Salzsaures Hydroxylamin.

$NH_2(OH)HCl$.

Wird durch Einwirkung von Zink und verdünnter Salzsäure auf Salpetersäureäthyläther dargestellt. Bildet farblose, in Wasser, Alkohol und Glycerin leicht lösliche Krystalle, die stark reducirende Eigenschaften besitzen und daher an Stelle der Pyrogallussäure und des Chrysarobins (Binz, Eichhoff, Fabry) empfohlen sind. Man wendet das Mittel bei Lupus, Psoriasis, Herpes tonsurans etc. an, indem man die vorher mit Kaliseife gewaschenen kranken Hautstellen 2—3 mal täglich mit einer Lösung von 0,1 : 100,0 bepinselt. Die Anwendung erfordert jedoch Vorsicht, da Hydroxylamin resorbirt wird und als Blutgift gefährliche Nebenerscheinungen verursachen kann. Daher kaum mehr gebräuchlich.

1378) ℞ Hydroxylam. hydrochl. 0,1
Spirit.
Glycerini āā 50,0.
M. D. S. Äusserlich, 2—3 mal täglich die Haut zu bepinseln bei parasitären Erkrankungen derselben. (Eichhoff.)

1379) ℞ Hydroxylam. hydrochl. 1,0
Aq. dest. ad 1000,0.
Calcar. carbon. q. s. ad neutralisationem.
D. S. Zu Umschlägen. (Fabry.)

Hyoscinum hydrobromicum = Scopolaminum hydrobromicum. S. d.

Hyoscyaminum crystallisatum.

Alkaloid aus Hyoscyamus niger, in welchem dasselbe neben Hyoscin und Atropin vorkommt. Es wirkt schwächer als Atropin und kommt im Handel selten als reines Präparat vor. Als Beruhigungsmittel bei Geisteskranken wird es (jetzt kaum mehr) in subkutaner Injektion zu 0,002—0,05 gegeben.

Hypnalum. Chloralantipyrin. $Cl_3 . CH(OH)_2 + C_{11}H_{12}N_2O$.

Wird durch Vereinigung gleicher Theile einer wässerigen Lösung von Chloralhydrat und Antipyrin dargestellt und bildet farblose, bei 67,5° schmelzende, in heissem Wasser leicht lösliche Krystalle. Wurde zuerst von Bardet als Hypnoticum empfohlen und später auch von Filehne als gutes Schlafmittel gerühmt. Man verabreicht es zu 1,0—2,0 in Lösung.

1380) ℞ Hypnali 10,0
Aq. dest. ad 100,0.
D. S. Abends 1 Esslöffel voll zu nehmen (1 Esslöffel=1,5 Hypnal.). (Filehne.)

1381) ℞ Hypnali 2,0
Mixt. gummos. 60,0.
M. D. S. Abends in 2 Portionen zu nehmen.

Hypnonum. Acetophenon. $C_6H_5COCH_3$.

Gewonnen durch Destillation von Calcium benzoicum und Calcium aceticum. Stellt eine farblose, in Wasser schwer, in Alkohol leicht lösliche Flüssigkeit dar; die schlecht und ätzend schmeckt. Dieselbe wurde 1885 von Dujardin-Beaumetz als in geringen Gaben schlaferzeugendes Mittel empfohlen. Hat sich jedoch in der Praxis nicht besonders bewährt. — Wegen des unangenehmen Geschmackes geschieht die Darreichung in Gelatinekapseln oder Perlen.

Dosis 0,05—0,1 = 2—4 Tropfen. Es ist auch in Emulsionsform gegeben worden.

1382) ℞ Hypnoni 1,0
Ol. Amygdal. 10,0
Gummi arab. 10,0
Sirup. Cort. Aurant. 60,0
Aq. dest. 120,0.
M. f. emulsio. Den 4. Theil bis die Hälfte zu nehmen.

Ichthyolum. Ammonium sulfo-ichthyolicum. Ichthyol.

Als Ichthyol oder Ichthyolpräparate bezeichnet man eine Anzahl von Mitteln, welche die Salze einer Säure, der Ichthyolsulfosäure, sind, und das ichthyolsulfosaure Ammonium pflegt man „Ichthyol" zu nennen. Diese Bezeichnung ist vom Griechischen, ἰχθύς = Fisch, hergeleitet, um die Abstammung von vorweltlichen Seethieren anzudeuten.

Es ist ein schwefelhaltiges Produkt der trockenen Destillation bituminöser Gesteine (Stinkstein) in Tyrol und stellt eine braunrothe, sirupartige Flüssigkeit von Theergeruch dar, löst sich in Wasser, Alkohol und Äther.

Seit dem Bekanntwerden dieses Präparates sind damit vielfache therapeutische Versuche angestellt worden, und es ist vorzüglich gegen rheumatische und schmerzhafte Affektionen der verschiedensten Art und alle möglichen Hautkrankheiten empfohlen worden. Dadurch, dass es als Panacee gegen fast alle Krankheiten gerühmt worden, ist es zeitweise in Misskredit gekommen. Aber es steht fest, dass es bei zahlreichen Hautaffektionen gute Dienste leistet und auch, innerlich genommen, gut vertragen wird und sich nützlich erweist. Es hat viele Eigenschaften mit dem Theer gemein, ausserdem wirkt es auf die Gefässe verengend, dadurch Entzündung herabsetzend und schmerzstillend.

Anwendung findet Ichthyol namentlich bei Rheumatismus, Neuralgien, Erysipel, Psoriasis, Ekzem, Erkrankungen des Urogenitalsystems (Metritis, Oophoritis); auch innerlich wird es bei Nephritis, Skrophulose, bei Erkrankungen des Magens und Darms, sowie der Athmungsorgane (Tuberkulose) gegeben.

Was die Dosirung und Verabreichung anlangt, so wird es äusserlich pur oder in 20—40% alkoholischer Lösung oder in 10—50% Salbe (mit Lanolin) aufgetragen.

Innerlich giebt man es in Wasser zu 10—20 Tropfen mehrmals täglich oder in dragirten Pillen mit 0,1 Ichthyolgehalt. Man beginnt mit 2 Pillen täglich und kann bis auf 10—20 steigen.

Ichthyol-Pillen, -Kapseln, -Pflaster, -Watte und -Seifen sind in den Apotheken vorräthig.

Von Präparaten existiren ferner:

Natrium sulfoichthyolicum
Lithium sulfoichthyolicum
Hydrargyrum sulfoichthyolicum
Zincum sulfoichthyolicum
} Anwendung und Dosirung wie Ammonium sulfoichthyolicum.

1383) ℞ Ichthyoli 10,0
Aq. dest. 20,0.
M. D. S. 2—3 × tägl. 15 Tropfen
(Akne rosacea, Urticaria, Arthritis.)

1384) ℞ Ichthyoli 10,0
Glycerini ad 100,0.
D. S. Zur vaginalen Applikation.
(In die Lösung werden Wattetampons gebracht und in die Vagina geschoben. Parametritis etc.)

1385) ℞ Ichthyoli 10,0
Aq. dest. 10,0
Lanolin. 30,0.
M. f. ungt. D. S. Äusserlich.
2 × täglich auf die befallenen Gelenke aufzutragen. Nachher Watteumwickelung.
(Gelenkrheumatismus.)

1386) ℞ Ammon. sulfoichthyol.
Olei Terebinth. āā 15,0.
M. f. linim. D. S. Äusserlich.
(Erysipel, Pernionen.)

1387) ℞ Ichthyol. 5,0
Lanolin. 45,0.
M. f. ungt. Äusserlich.
(Psoriasis, Prurigo, Verbrennung.)

1388) ℞ Ammon. sulfoichthyolici 20,0
Aq. dest. 30,0—200,0.
M. D. S. Äusserlich.
Die befallene Stelle muss vor dem Einreiben mit warmem Seifenwasser gewaschen und nach dem Einreiben mit Watte umwickelt werden.)
(Muskelrheumatismus.)

1389) ℞ Ammon.sulfoichthyol. 15,0
Chloroform. 20,0
Spirit. camphorat. 80,0.
M. D. S. Zur Einreibung bei Pruritus und Neuralgien.

1390) ℞ Ammon. sulfoichthyolici 5,0
Aq. dest. 50,0.
M. D. S. Äusserlich. Zur Pinselung.
Bei Pruritus senilis, Pruritus hiemalis, Pruritus der Diabetiker, der Rückenmarksleidenden und der Neurastheniker.

Iridin. Ein pulverförmiges Resinoid aus dem Rhizom von Iris versicolor (Iridee). Soll cholagoge und purgirende Wirkungen haben.

Dosis 0,05—0,2 mehrmals täglich in Pillen.

β-Isoamylen = Pental.

Isobutylorthokresoljodid = Europhen.

Isonaphthol = β-Naphthol.

Jambul. Die Samen von Syzigium Jambolanum, einem in Ostindien einheimischen Baume (Myrtacee). Die gepulverten Samen werden zu 20,0 bis 40,0 täglich als Specificum gegen Diabetes mellitus empfohlen. Man giebt auch das aus ihnen bereitete

Extractum Syzigii Jambolani fluidum zu etwa 1½ Esslöffel 3mal täglich nach der Mahlzeit. Erfolg unsicher.

Jequirity. Semen Jequirity oder Abri precatorii. Paternosterkörner.

Die Samen von Abrus precatorius (Papilionacee). Dieselben enthalten als wirksames Princip Abrin, einen toxisch wirkenden Eiweisskörper. Die etwa erbsengrossen Samen rufen örtlich starke Entzündung hervor und wurden eine Zeit lang in der Augenheilkunde bei Trachom und Pannus benutzt, und zwar zu Pinselungen und Einträufelungen mit einem Macerationsinfus von 0,5 : 100,0.

Jodaethyl = Aether jodatus.

Jodantipyrin = Jodopyrin.

Jodoformal, ein von Dr. Eichengrün hergestelltes Jodoformpräparat, das wie Jodoform aussieht und geruchlos ist. Es ist in Äther unlöslich und doppelt so leicht wie Jodoform. Durch Einwirkung von Säuren und Alkalien spaltet es Jodoform ab.

Jodoformin (geruchloses Jodoform), ein weisses, geruchloses Pulver, das 75% Jodoform enthält. Dasselbe färbt sich am Lichte leicht gelb und ist in

Wasser unlöslich. Wird als Ersatzmittel für Jodoform empfohlen und von der Fabrik Dr. L. C. Marquart Beul-Bonn dargestellt. Zusammensetzung unbekannt. Es soll eine Verbindung des Jodoforms und Hexamethylentetramin (Urotropin) sein.

Jodolum. Jodol. Tetrajodpyrrol. C_4J_4NH.

Pyrrol = C_4H_5N wird neben anderen Substanzen als ein Produkt der trockenen Destillation der Steinkohlen, Knochen etc. aufgefunden. Wenn man 4 H-Atome des Pyrrols durch 4 Jod-Atome ersetzt, so erhält man die Formel für Tetrajodpyrrol oder Jodol. Letzteres wird auch durch Einwirkung von Jod auf Pyrrol dargestellt und bildet ein gelbbraunes, in Wasser unlösliches, geruchloses Pulver von 89% Jodgehalt. Es wurde 1885 von Ciamician und Silber dargestellt und bald darauf als Ersatzmittel für Jodoform in die Praxis eingeführt. Die innerliche Verabreichung (an Stellle von Jodkalium) wurde gleichfalls von Seifert (bis zu 0,5 täglich in Pillenform) versucht. Es wird als ein fein zerriebenes Pulver bei Wunden und zum Einblasen bei tuberkulösen Kehlkopfgeschwüren angewendet; auch in Salbenform mit Lanolin oder Vaselin (wie Jodoform), ferner in alkoholischer Lösung. Für Insufflationen in der laryngologischen Praxis ist vorzuziehen:

Jodolum crystallisatum. Ein nicht zusammenballendes Pulver.

1391) ℞ Jodoli 1,0
Spirit. 16,0
Glycerin. 34,0.
M. D. S. Äusserlich.

1392) ℞ Jodoli 10,0.
(Bei Balanoposthitis einzustäuben.)

1393) ℞ Jodol. cryst.
Acid. tannic.
Boracis āā 5,0.
M. f. pulv. D. S. Schnupfpulver.
5—6 × tägl., später 3 × tägl.
1 Prise in jedes Nasenloch.
(Bei Ozaena.)
(Turban.)

1394) ℞ Jodol. 3,0.
Pulv. et Succ. Liquirit. āā q. s.
F. pilul. No. 30.
D. S. 2 × tägl. 1 Pille.

Jodophen = Nosophen.

Jodophenin. Jodphenacetin.

Ist ein braunes, krystallinisches, in Wasser unlösliches Pulver mit 50% Jodgehalt. Dasselbe ist als Antisepticum und Ersatzmittel für Jodoform empfohlen, aber noch nicht genügend erprobt worden.

Jodopyrin. Jodantipyrin. $C_{11}H_{11}JN_2O$.

Diese Verbindung wird durch Einwirkung von Chlorjod auf Antipyrin erhalten und stellt farblose, glänzende Nadeln dar, die sich in kaltem Wasser schwer, in heissem leichter lösen und bei 160° schmelzen. Soll die kombinirte Wirkung von Antipyrin und Jod besitzen und sich bei Syphilis und Asthma bronchiale nützlich erweisen.

Dosis wie Antipyrin 0,5—1,0—1,5 in Pulverform.

Jodum tribromatum. Jodum bromatum. Jodtribromid. JBr_3.

Eine dunkelbraune, stechend riechende Flüssigkeit, die durch Auflösen von Jod (10 Th.) in Brom (19 Th.) dargestellt wird. Wurde in wässeriger Lösung (1:300) von Krause zu Gurgelungen und Verstäubungen bei Diphtherie der Kinder empfohlen.

Jodum trichloratum. Jodtrichlorid. JCl_3.

Entsteht durch Einwirkung von trockenem Chlorgas auf Jod. Es stellt ein gelbes, krystallinisches, in Wasser lösliches, stechend riechendes, leicht zersetzliches Pulver dar.

Jodtrichlorid wurde zuerst von Langenbuch als ausgezeichnetes Antisepticum für die Wundbehandlung an Stelle der Karbolsäure empfohlen. Zu Desinfektionszwecken genügen wässerige Lösungen von 1 : 1000—1500. Auch innerlich wurde es bei abnormen Gährungsvorgängen des Magens in Lösung von 0,1 : 150,0 (zuerst 1 Essl.) empfohlen.

1395) ℞ Jodi trichlorati 0,2
Aq. dest. ad 200,0.
D. ad vitrum opacum.
Zum Verbande; zur Injektion in die Urethra.

1396) ℞ Jodi trichlorati 0,1
Aq. dest. ad 150,0.
M. D. S. 2stündl. 1 Esslöffel voll.

Kairinum. Äthyl-Kaïrin. Salzsaures Oxychinolinaethylhydrür.
$C_9H_{10}(C_2H_5)NO \cdot HCl$.

Ist ein weisses, in Wasser lösliches krystallinisches Pulver, das insofern ein gewisses Interesse bietet, als es der erste künstlich dargestellte Körper ist, der 1882 von Filehne als Ersatzmittel des Chinin zu therapeutischen Zwecken empfohlen wurde. Es wurde zu 0,1—0,5 in Pulverform angewandt, aber wegen seiner unangenehmen Nebenwirkungen bald aufgegeben und durch bessere und zuverlässigere Antipyretica (namentlich Antipyrin) ersetzt.

Kalium cantharidatum. Kalium cantharidinicum. Siehe Canthariden.

Kalium sozojodolicum. Siehe Acid. sozojodolicum.

Kalium telluricum. Tellursaures Kalium.
Ein in Wasser lösliches Salz, das in Dosen von 0,02—0,03 Abends gegeben, sich gegen die nächtlichen Schweisse der Phthisiker wirksam erweisen soll. Bei längerem Gebrauche des Mittels riecht der Athem nach Knoblauch.

Kaolin (chinesisch Kao-ling). Porzellanerde.
Weisses, weiches Pulver. Zersetzungsprodukt der Feldspat führenden Gesteine, bes. der Granite. Zu Salben und für Pillen von Argent. nitricum und Kalium permanganicum.

1397) ℞ Kaolin. 10,0
Glycerini 8,0
Aceti 5,0.
M. f. ungt. D. S. Äusserlich.
(Salbe gegen Komedonen.)

Kava-Kava. Ist ein flüssiges Extrakt von Radix Piperid. Methistici. Man giebt es als Antiblennorrhoicum zu 20—30 Tropfen in 1 Weinglase voll Wasser. Dasselbe wirkt auch stimulirend und schweisstreibend.

Kefir. Aus Kuhmilch mit Hülfe eines im Kaukasus gezüchteten Gährungsferments (Kefirkörner) bereitetes Getränk, das dem Kumys in seiner Wirkung nahe steht. Es giebt 3 Arten von Kefir: eintägigen oder jungen, zweitägigen oder mittleren, und dreitägigen oder alten. Der junge und mittlere K. findet Anwendung bei Affektionen der Brustorgane, der alte dagegen bei Krankheiten der Unterleibsorgane. Der schwache Kefir wirkt stuhlbefördernd, der starke stopfend. Anfangs 2—3 Glas täglich zu trinken und bald auf 6—8 Glas pro die zu steigen.

Kermes minerale = Stibium sulfuratum rubeum.

Kino. Resina Kino.
Der in Vorderindien (Malabarküste) durch Einschnitte in die Rinde erhaltene, erhärtete Saft von Pterocarpus Marsupium (Leguminose). Der-

selbe bildet dunkelbraunrothe, glänzende, kleine Stücke, die sich in heissem Wasser und Weingeist mit dunkelrother Farbe lösen.

Kino ist ein mildes Adstringens, das innerlich bei Diarrhoe, Dysenterie und Blutungen zu 0,5—1,0 mehrmals täglich in Pulvern und Pillen, äusserlich als Streupulver und zu adstringirenden Injektionen im Dekokt 3,0 bis 10,0 : 150,0 gegeben wird. Dient auch zur Bereitung von

Tinctura Kino (Kino 1, Spirit. 5). Zu 15—30 Tropfen mehrmals täglich.

Kolanüsse = Semen Kolae.

Kosin. Kossin. Kusseïn. Kussin.

Der wirksame Bestandtheil des Flores Koso (siehe daselbst). Ein gelbes, geruch- und geschmackloses, in Wasser unlösliches, krystallinisches Pulver. Dasselbe wird gegen Bandwürmer zu 1,0—2,0 in 4 Theile getheilt, in halbstündlichen Zwischenräumen (in Oblaten) genommen. Sehr theuer.

Kreosol. Aromatisch riechende, ölige Flüssigkeit, die neben Guajakol einen Bestandtheil des Buchentheerkreosots bildet.

Kreosotal = Kreosotkarbonat.

Kreosotum carbonicum. Kreosotkarbonat. Kreosotal. Creosotal.

Wird durch Einwirkung von Chlorkohlenoxyd auf eine Auflösung von Kreosot in Natronlauge dargestellt und bildet eine honigartige, zähflüssige, in Wasser unlösliche Masse. In Alkohol ist dieselbe löslich und schmeckt und riecht nur wenig nach Kreosot, obgleich es 91% davon enthält. Wird in neuerer Zeit an Stelle von Kreosot und Guajakol bei Lungentuberkulose (Chaumier) empfohlen. Es wird Erwachsenen zu 2,0—5,0 täglich in Kapseln, Kindern zu 0,2—1,0, womöglich in Leberthran gelöst, gereicht.

1398) ℞ Kreosot. carbonic. 5,0
Vitell. ovi unius
Aq. Cinnamomi 70,0.
D. S. Täglich 2—3 Esslöffel.
(1 Esslöffel = 1,0 Kreosot. carb.)

1399) ℞ Kreosot. carbon. 14,0
Ol. Jecoris Aselli 160,0.
M. D. S. 2—3 × tägl. 1 Esslöffel. (Jeder Esslöffel enthält 1,0 g, jeder Kinderlöffel 0,25 Kreosotkarbonat.)

Kreosotum valerianicum. Eine geruch- und geschmacklose Flüssigkeit (Valeriansäureester des Kreosot). Wird neuerdings als „Eosot“ in den Handel gebracht. Die entsprechende Verbindung mit Guajacol (Guajacolum valerianicum) wird als „Geosot“ bezeichnet. Nach Grawitz soll diese Kreosotverbindung in Kapseln zu 0,2 anfänglich 3mal täglich 1 Kapsel (später bis auf 6—9 Kapseln zu steigen) von Tuberkulösen gut vertragen werden.

Kresalol. Salicylsaures Meta-Kresol.

In Wasser unlösliches krystallinisches Pulver. Als Ersatzmittel des Salols zu 0,25—2,0 täglich (in Oblaten) empfohlen.

Kresin. Eine braune, klare Flüssigkeit, die 25% Kresol gelöst enthält und 4 mal stärker antiseptisch wirkt als Karbolsäure. Eignet sich in ½—1% wässeriger Lösung zur Wundbehandlung und in 1—4% Lösung zur Desinfektion der Instrumente.

Kresol. Kresylol. Meta-Kresol. Kresylsäure. $C_6H_4(CH_3)(OH)$ 1 : 3.

Ist ein Bestandtheil des Steinkohlentheers und bildet eine farblose, kreosotartig riechende, leicht ätzende Flüssigkeit, die sich in Wasser schwer, in Alkohol und Glycerin leicht löst. Dieselbe wirkt kräftiger antiseptisch als Karbolsäure und ist dabei weniger toxisch als letztere.

Kumiss. Kumys.

Ist in alkoholischer Gährung begriffene Stutenmilch, die den nomadischen Völkerschaften der russischen Steppen als anregendes und ernährendes Getränk dient. Wegen seiner günstigen Wirkung auf die Ernährung und den Stoffwechsel hat man den Kumiss auch den Phthisikern zu 1—2 Flaschen täglich mit Erfolg gegeben. Man hat auch versucht, Kumiss aus der Milch von Kühen, Ziegen, Eselinnen etc. zu bereiten.

Lactopeptin, ein weisses Pulver, das als ein Specificum bei Dyspepsie, Magenleiden, Cholera infantum, chronischer Diarrhoe angepriesen wird. Ist ein Geheimmittel, in wechselndem Verhältnisse aus Milchzucker, Pepsin, Pankreatin, Diastase und Milchsäure bestehend.

Lactophenin. Lactylphenetidin.

Dieses neu eingeführte Präparat steht chemisch dem Phenacetin sehr nahe. Es unterscheidet sich von ihm dadurch, dass für den im Phenacetin enthaltenen Essigsäurerest (CH_3CO) der Rest der Milchsäure ($CO.CH(OH)CH_3$) substituirt ist:

$$C_6H_4 < \begin{matrix} OC_2H_5 \\ NH.(CH_3.CO) \end{matrix} \qquad C_6H_4 < \begin{matrix} OC_2H_5 \\ NH.(CO.CH(OH)CH_3) \end{matrix}$$

Phenacetin — Lactophenin.

Lactophenin ist ein farb- und geruchloses, schwach bitter schmeckendes, krystallinisches Pulver, dessen Schmelzpunkt zwischen 117 und 118^0 liegt. Es ist in Wasser schwer löslich.

Die zuerst von Schmiedeberg an Thieren gemachte Wahrnehmung dass Lactophenin die gesteigerte Körpertemperatur herabsetzt und beruhigend wirkt, gab bald Veranlassung, das Mittel bei fieberhaften Krankheiten zu versuchen. Dabei wurde von Lewandowski, v. Jaksch, Jaquet, Strauss u. A. eine sehr günstige Wirkung bei Typhus, Pneumonie, Erysipel und akutem Gelenkrheumatismus beobachtet. Schon nach 0,6 tritt ein deutlicher Temperaturabfall ein und in deutlicher Weise macht sich nach 0,8—1,0 g eine beruhigende Wirkung bemerkbar, indem die vorhandenen Delirien günstig beeinflusst werden und sich leicht Schlaf einstellt. Als unangenehme Nebenerscheinungen sind bisher zuweilen leichte Benommenheit, Erbrechen und Schweissausbruch konstatirt worden.

Die Verabreichung geschieht in Pulverform (in Amylumkapseln) zu 0,5 bis 1,0 pro dosi und kann die Tagesgabe bei Erwachsenen 5,0—6,0 betragen, doch kommt man in der Regel mit 3,0 aus.

1400) ℞ Lactophenin. 0,5—1,0
Sacch. alb. 0,5.
M. f. pulv. D. t. dos. in caps. amyl. X.
S. 3—4stündl. 1 Pulver.
(Typhus, Akuter Gelenkrheumatismus, Erysipel etc.)

Lactucarium. Giftlattichsaft.

Der nach Einschnitten in Lactuca virosa (Composite) ausfliessende und getrocknete Milchsaft. Derselbe bildet gelbbraune, innen weissliche, unregelmässige Stücke von eigenthümlichem Geruche und bitterem Geschmacke. Als wirksamer Bestandtheil gilt ein Bitterstoff, Lactucin, der dem Opium ähnliche, aber viel schwächere, narkotische Eigenschaften besitzt. Lactucarium wird als Beruhigungs- und Schlafmittel in grösseren Dosen als Opium vertragen und wirkt nicht constipirend. Man kann es anwenden, wo Opium contraindicirt wird. Es wird in Pulvern, Emulsion und Pillen zu 0,5—2,0 allerdings nur noch selten angewendet.

1401) ℞ Lactucarii 0,05
Sacch. alb. 0,5.
M. f pulv. D. t. dos. VI.
S. 2stündl. 1 Pulver.

1402) ℞ Lactucarii 1,0
Gummi arab. 4,0
Aq. dest. 180,0
Sirup. Cort. Aurant. 15,0.
M. f. emuls. 2stündl. 1 Esslöffel.
(v. Hildebrand.)

Laevulose. Fruchtzucker. Linkszucker. Diabetin. $C_6 H_{12} O_6$.

Kommt niemals allein, sondern stets in Gemeinschaft mit andern Zuckerarten in den meisten süssen Früchten und im Honige vor und bildet eine weisse krümelige, süss schmeckende, in Wasser leicht lösliche Masse. Es ist auch gelungen, Laevulose krystallinisch darzustellen. Nach neueren Untersuchungen von Külz u. A. soll Laevulose von Diabetikern besser vertragen werden als Dextrose und andere Zuckerarten, und nach Einführung einer bestimmten Menge soll der Zuckergehalt des Urins nicht vermehrt werden. Man kann demnach Laevulose den Diabetikern als Ersatzmittel für Zucker zum Versüssen der Speisen und Getränke ohne Schaden geben. Nach den Erfahrungen von Bohland trifft dieses aber nicht für alle Fälle von Diabetes mellitus zu.

Laminaria. Laminariastiele. Stipites Laminariae.

Die hornartigen zähen Stiele des blattartigen Thallus von Laminaria Cloustonii, eines an den Küsten von England und Skandinavien vorkommenden Seetangs. Dieselben stellen graubraune, längsrunzelige Cylinder von mehreren Decimetern Länge dar und quellen im Wasser sehr stark auf. Wegen letzterer Eigenschaft finden sie in Form von Sonden und Bougies als Erweiterungsmittel in der chirurgischen und gynäkologischen Praxis Verwendung. An Stelle des Pressschwammes bedient man sich der Laminarstifte namentlich zur Erweiterung des Muttermundes. Beachtung verdient jedoch, dass die Laminaria leicht schimmelt und daher vor ihrer Verwendung mit einem antiseptischen Mittel zu imprägniren ist.

Lanolinum. Adeps Lanae. Wollfett.

Lanolin wird aus der Schafwolle gewonnen. Unter der Bezeichnung „Oesypus" war schon im Alterthume eine durch Kochen der Schafwolle dargestellte fettig ölige Substanz als Heilmittel bekannt und beliebt. Erst nachdem Liebreich vor etwa 12 Jahren ein neues geeignetes Verfahren zur Darstellung eines reinen Präparates angegeben, findet das Lanolin die weitestgehende Verwendung zu therapeutischen Zwecken.

Dasselbe stellt eine weissliche, fast geruchlose Masse von salbenartiger Konsistenz dar und ist eine Verbindung von reinem Wollfett mit circa 20% Wasser. Das Lanolin wird beim Einreiben von der Haut aufgesogen, und kommt daher kutane Wirkung von Arzneistoffen zur schnelleren Geltung. Es ist keimfrei, neutral und wird nicht ranzig. Daher von Liebreich als vorzügliches Salbenkonstituens in die Praxis eingeführt. Einziges Fett, welches an den Schleimhäuten haftet. Zur Erreichung der gewünschten Konsistenz ist für viele Lanolinsalben noch ein geringer Zusatz von Adeps erforderlich. Die Salben mit Extrakten der Pharmacopoea Germ. sind ohne Fettzusatz zu machen.

Lanolinum anhydricum (Liebreich) zweckmässig, wo bei kutaner Anwendung jede Feuchtigkeit vermieden werden soll.

Lanolinsalben (Lanolimente):

1403) ℞ Acid. salicylici 2,0
Adip. suill. 4,0
Lanolin. 16,0.
(Unguent. acid. salicyl.)

1404) ℞ Acid. pyrogallic. 2,0
Adip. suill. 2,0
Lanolin. 16,0.
(Unguent. acid. pyrogallic.)

1405) ℞ Extract. Belladon. 1,0
Lanolin. 9,0.
(Unguent. Belladonnae.)

1406) ℞ Acid. borici 1,0
Adip. suill. 2,0
Lanolin. 7,0.
(Unguent. boricum.)

1407) ℞ Acid. carbolic. 1,0
Adip. suill. 1,0
Lanolin. 18,0.
(Unguent. carbolicum.)

1408) ℞ Chrysarobin. 2,5—5,0
Adip. 20,0
Lanolin. 16,0.
(Unguent. Chrysarobini.)

1409) ℞ Ichthyol. 2,0
Lanolin. 18,0.
(Unguent. Ichthyoli.)

1410) ℞ Jodoform. 2,0
Adip. suill. 2,0
Lanolin. 16,0.
(Unguent. Jodoformii.)

1411) ℞ Kalii jodat. 2,0
Aquae 1,0
Adip. suill. 2,0
Lanolin. 15,0.
(Unguent. Kalii jodati.)

1412) ℞ Tinct. Benzoës 3,0
oder
Sulf. dep. 1,0
Adip. suill. 5,0
Lanolin. 25,0.
(Gegen Kopfschuppen.)

1413) ℞ Picis liquid. 4,0
Lanolin. 16,0.
(Unguent. Picis liquid.)

1414) ℞ Naphtholi 0,5
Lanolin. 10,0.
(Unguent. Naphtholi.)

Lignosulfit. Ist eine bei dem Bleichen von Cellulose mittels Sulfitlaugen entstehende Flüssigkeit, welche neben gelösten Salzen die aus den Nadelhölzern und den Nadeln ausgezogenen ätherischen Öle und balsamartigen Substanzen und etwas schwefelige Säure enthält. Wird in Form von Inhalationen gegen Lungentuberkulose empfohlen. Man lässt die Flüssigkeit in offenen Schalen verdunsten.

Lignum campechianum sive Haematoxyli. Blauholz. Campecheholz. Bois de Campèche. Logwood.

Das von der Rinde befreite Holz von Haematoxylon campechianum, einer in Mexiko einheimischen Caesalpinee. Das aussen blauschwarze, innen dunkelbraunrothe, harte Holz enthält reichlich Gerbstoff und Haematoxylin. Man benutzt es als mildes Adstringens bei chronischer Diarrhoe und Dysenterie. Bei seinem Gebrauch wird der Harn blutroth gefärbt. Es wird gewöhnlich im Dekokt 5,0—10,0 : 150,0 2stündlich 1 Esslöffel oder als Extractum Ligni campechiani zu 0,5—1,0 mehrmals täglich in Pulver, Pillen oder in Wein gelöst verordnet.

1415) ℞ Decoct. Ligni campechian. 15,0 : 150,0
Tinct. Opii croc. 1,0
Sirup. Papaveris 20,0.
M. D. S. 3stündl. 1 Esslöffel.
(Diarrhoe der Phthisiker.)

1416) ℞ Decoct. Ligni campechian. 5,0 : 100,0
Tinct. Opii benzoic. 1,0
Sirup. simpl. 20,0.
M. D. S. 2stündl. 1 Esslöffel.
(Für ein 10jähriges Kind mit chron. Diarrhoe.)

Linimentum saponato-ammoniatum. Flüssiges Seifenliniment. (Sap. domest. 1, Aq. 30, Spirit. 10, Liq. Ammon. caust. 15.)

Linimentum saponato-camphoratum liquidum. Flüssiger Opodeldoc. Flüssige, gelbliche Flüssigkeit, bestehend aus Spirit. camph. 120, Spirit. saponat. 350, Liq. Ammon. caust. 24, Ol. Thymi 2, Ol. Rosmarin. 2.

Linimentum terebinthinatum. Ein braun-grünliches Liniment aus Kal. carbon. crud. 6, Sapon. kalin. 54 und Ol. Terebinth. 40. Dient zu hautröthenden und ableitenden Einreibungen, besonders bei Rheumatismus und Neuralgien.

Lipanin. (Von λιπαίνειν fett machen.) Olivenöl, das einen partiellen Verseifungsprocess durchgemacht hat und danach 6% freie Ölsäure enthält. Hat das Aussehen und den Geschmack von Olivenöl. Durch v. Mering als Ersatzmittel für Leberthran empfohlen. Wird von Kindern gern genommen und gut vertragen. Für Erwachsene 2—5 Esslöffel; für Kinder 1—4 Theelöffel täglich.

1417) ℞ Lipanini 100,0.
Ol. Menth. pip. gtt. II.
M. D. S. 3 × tägl. 1 Kaffeelöffel.
(An Stelle von Leberthran zu geben.)

Liqueur de Laville. Geheimmittel gegen Rheumatismus und Gicht. Enthält u. A. Colchicin und Chinin.

Liquor Ammonii succinici. Ammonium succinicum solutum. Liqueur de corne de cerf succinée.

Acid. succin. pulv. 1, Aq. dest. 8, Ammon. carbon. pyro-oleos. 1. Eine klare, bräunliche Flüssigkeit, die besonders bei Kindern als excitirendes und antispasmodisches Mittel Anwendung findet. Wird auch gegen Gicht empfohlen. Die Dosis für Erwachsene beträgt 15—20 Tropfen mehrmals täglich in Mixtur; für Kinder 5—10 Tropfen in Zuckerwasser oder Mixtur.

1418) ℞ Liq. Ammon. succin. 1,0—2,0
Aq. Melissae 80,0
Sirup. simpl. ad 100,0.
M. D. S. Stündlich 1 Esslöffel bei typhöser Bronchitis (Oppolzer), ½stündl. 1 Theelöffel als Excitans bei Cholera infantum.

Liquor arsenicalis Pearsoni. Siehe Natrium arsenicicum solutum.

Liquor corrosivus. Ätzflüssigkeit (Cupr. sulf. und Zinc. sulf. āā 6, gelöst in Acid. acet. 70 und dazu Liq. Plumb. subacet. 12). Nur äusserlich angewendet.

Liquor Ferri chlorati. Ferrum chloratum solutum.

Klare, gelbliche Flüssigkeit, die zu 0,2—1,0 mehrmals täglich in Lösung gegeben wird. Wirkung wie Ferrum chloratum.

Liquor Ferri peptonati. Milde wirkendes Eisenpräparat, das theelöffelweise gegeben wird.

Liquor hollandicus = Aethylenum chloratum.

Liquor Natri chlorati. Liquor Natri hypochlorosi. Bleichflüssigkeit. Chlorure de soude. Liqueur de Labarraque.

Ist eine klare, farblose, schwach nach Chlor riechende, wenig haltbare Flüssigkeit. Dieselbe wirkt, unverdünnt, reizend und hat, wegen ihres Gehaltes an Chlor, desinficirende Eigenschaften. Wird äusserlich in starker Verdünnung (2,0—5,0 : 100,0) zu desinficirenden Waschungen, Mund- und Gurgelwässern verordnet.

Liquor pectoralis. Liq. Ammon. anisat. 5,0, Sirup. Althaeae 30,0, Aq. dest. ad 200,0, D. S. 3 mal täglich 1 Esslöffel (Form. Magistr. Berolin.).

Liquor Stibii chlorati. Spiessglanzbutter. Beurre d'antimoine.

Ist eine gelbliche, klare, ölige, in der Wärme verflüchtigende Flüssigkeit. Dieselbe wirkt ätzend und wird bei Schlangenbissen und vergifteten Wunden als Causticum unverdünnt mit einem Pinsel applicirt.

Lithium benzoicum. Benzoësaures Lithium.

Weisses, krystallinisches, in Wasser und Alkohol leicht lösliches Pulver. Wird bei Gicht und Rheumatismus zu 0,5—1,0 mehrmals täglich in Pulver oder wässeriger Lösung gegeben.

Lithium jodatum, zu 4,0 : 150,0 4 mal täglich 1 Esslöffel (Arthritis).

Lithium sulfoichthyolicum. Siehe Ichthyol. Wird zu 0,5 mehrmals täglich bei Rheumatismus innerlich genommen.

Loretin. (Jodoxychinolinsulfosäure.) Blassgelbes, geruchloses, in Wasser und Alkohol schwerlösliches krystallinisches Pulver. Von Claus dargestellt und von Schinzinger als Ersatzmittel für Jodoform empfohlen. Die Wismuthverbindung des Loretin, das

Bismutum loretinicum, das die Wirkung der Jodpräparate und des Wismuths vereinigt, verdient Beachtung. Es wurde auch bereits innerlich bei Diarrhoe der Phthisiker zu 0,5 1—3 mal täglich mit Erfolg gegeben.

1419) ℞ Bismuti loretinici 0,5
D. t. dos. VI (in caps. amyl.)
S. 1—3 tägl. zu nehmen.
(Diarrhoe der Phthisiker.)

1420) ℞ Bismut. loretinici 1,5
Lanolini ad 15,0.
M. f. ungt. D. S. Äusserlich.
(Ekzem u. Psoriasis.)

Losophan (Trijodkresol). Weisse, schwer lösliche Krystalle. Von Saalfeld bei verschiedenen Hautkrankheiten in 1% Lösungen (1 Losophan, 75 Spirit. und 25 Wasser) und 1—3% Salben angewandt.

Lugol'sche Lösung. (1 Jod, 2 Jodkalium, 30 Wasser.) Zu Einspritzungen etc.

Lupuli Glandulae. Strobili Lupuli. Lupulin. Hopfenmehl. Von Humulus Lupulus. Gelbliches, feinkörniges Pulver. Zu 0,1—0,5 in Pulver.

Extractum Lupuli. Innerlich zu 0,5—1,0 mehrmals täglich in Pillen.

1421) ℞ Glandul. Lupuli
Sacch. alb. āā 0,5.
M. f. pulv. D. t. dos. IV.
S. Abends 1 Pulver.
(Pollutionen etc.)

1422) ℞ Glandul. Lupuli
Extr. Lupuli āā 1,0
Camphorae 0,1.
F. pilul. No. 10.
S. Abends 1—2 Pillen.

Lycetol. Dimethylpiperazin. Stellt ein krystallinisches, in Wasser lösliches Pulver dar. Dasselbe soll ein grosses Lösungsvermögen für Harnsäure besitzen und auch diuretisch wirken. Es wurde daher von Wittzack bei Gicht und Harnsäure versucht und zu weiterer Anwendung empfohlen. Es wird zu 1,0 bis 2,0 dreimal täglich in Lösung mit Zuckerwasser gegeben (etwa 3 Wochen hindurch).

1423) ℞ Lycetol. 1,0.
D. t. dos. No. X.
S. Täglich 1—2 Pulver in Zuckerwasser.

Lysidin (identisch mit Äthylenäthenyldiamin). Weissliche, krystallinische in Wasser leicht lösliche Substanz, die harnsäurelösende Wirkung besitzt. Ist sehr hygroskopisch und kommt daher in 50% Lösung in den Handel. Neuerdings von Grawitz bei Gicht in steigender Dosis von 2,0—10,0 täglich in 500,0 Selterwasser empfohlen.

Lysidinum bitartaricum. Weisses, in Wasser lösliches Pulver, das etwa 36% Lysidin enthält und ein haltbares Präparat ist. Wird zu 3,0—15,0 täglich an Stelle des Lysidin gegeben.

Lysol. Braungelbe, klare, ölartige, in Wasser leicht lösliche und beim Schütteln stark schäumende Flüssigkeit. Besteht aus einem Gemisch von Alkaliverbindungen der hohen Phenole mit Fett- und Harzseifen. Häufig angewendetes, billiges Antisepticum und Desinficiens. Zur Desinfektion genügen halbprocentige Lösungen.

Magnesium boro-citricum. In Pulverform mit Zucker āā mehrmals eine Messerspitze voll oder in 2—3% Lösung zu nehmen.

1424) ℞ Magnesii boro-citrici 50,0
Sacch. alb. 100,0.
Olei Citri gtt. I.
M. D. S. 3 × tägl. 1 Kaffeelöffel voll in Wasser gelöst zu nehmen.
(Harnsäuresteine und Blasenkatarrh.)
(Köhler.)

Magnesium salicylicum. Farblose, in Wasser (1 : 10) lösliche Krystalle. Wirkt antiseptisch und leicht abführend. Von Huchard in Tagesdosen von 3,0—6,0 bei Typhus abd. empfohlen.

1425) ℞ Magnes. salicyl. 10,0
Aq. dest. ad 200,0.
D. S. 3stündl. 1 Esslöffel.

1426) ℞ Magnes. salicyl. 0,5.
D. tal. dos. VI.
S. 2stündl. 1 Pulver.

(Typhus abdom.)

Malakin. (μαλακός mild.) Salicylderivat des p. Phenetidins, besteht aus gelben, in Wasser unlöslichen Nadeln. Von Jaquet bei akutem Gelenkrheumatismus — Einzelgabe 1,0 in Pulverform (Oblate), Tagesdose 4,0—6,0 — ferner als mildes Antipyreticum, Antineuralgicum und Anthelminthicum empfohlen.

Mannit. Mannazucker. $C_6H_8(OH)_6$.

Feine, weisse, süss schmeckende Krystallnadeln, die in der Manna, dem eingetrockneten Safte von Fraxinus Ornus, bis zu 60% enthalten sind. Wirkt abführend. Dosis für Erwachsene 20,0—30,0, für Kinder 5,0—10,0.

Methacetin (Acet-para-Anisidin). Schwach röthliches, bitter schmeckendes, in Wasser schwer lösliches Pulver. Bei fiebernden Kindern in Dosen von 0,2—0,3 versucht. Entbehrlich.

Methylacetanilid. Siehe Exalgin.

Methylal. Farblose, in Wasser und Alkohol lösliche, etwas nach Chloroform riechende Flüssigkeit. Von Personali als Schlafmittel gerühmt. In einmaligen Dosen von 1,0—4,0 : 200,0. Auch subkutan und zwar Methylal 1,0 mit Aqua destill. 9,0 verdünnt und davon 1 Pravaz'sche Spritze (0,1 Methylal) gegen Delirium tremens durch v. Krafft-Ebing empfohlen. Hat sich nicht bewährt. Auch in Linimenten und Salben (5,0—10,0 : 30,0). Theuer.

1427) ℞ Methylal. 8,0
Aq. dest. 110,0
Sirup. Ribium 40,0.
S. Abends 1 Esslöffel.
(Schlafmittel).

1428) ℞ Methylal. 1,0
Aq. dest. 9,0.
D. S. 1—3 Spritzen in 24 Stunden zu injiciren.
(Delirium tremens.)

Methylenblau. Blauer Anilinfarbstoff. In Pulver zu 0,1—0,3 (in capsulis amyl.) schmerzstillend bei Neuralgien, ferner bei Malaria, Cystitis, Pyelitis etc.

Methylenum bichloratum. Methylenchlorid. ($CH_2 Cl_2$).
Als Ersatzmittel des Chloroforms von Spencer Wells empfohlen und in England vielfach angewendet. Flüchtiger und theuerer als Chloroform.

Methylum chloratum. Chlormethyl. ($CH_3 Cl$). Gas, das durch Kompression flüssig wird. Lokales Anästheticum. Wird in besonderen Apparaten aufbewahrt und bei Neuralgien (Ischias) in feinem Strahle auf die schmerzhaften Stellen applicirt.

Migränin. Dieses als Antineuralgicum und besonders gegen Migräne von Overlach empfohlene Mittel ist ein Gemisch von Antipyrin, Coffein und Citronensäure. In einem Gramm sollen 0,09 Coffein und 0,85 Antipyrin enthalten sein. Die zur Beseitigung der Migräne erforderliche Dosis wird auf 1,1 g in Pulverform (Oblaten) angegeben.

Mixtura antirheumatica (Natrii salicylici 10,0. Tinct. Aurantii 5,0. Aq. dest. ad 200,0) D. S. 4× tägl. 1 Esslöffel. (Form. Magistr. Berol.)

Mixtura diuretica (Liquor. Kalii acet. 30,0, Ol. Petroselin. gtt. II. Aq. dest. ad 200,0). D. S. 3× tägl. 1 Esslöffel (Form. Magistr. Berol.).

Mixtura gummosa. Siehe Gummi arabicum.

Mixtura solvens. Siehe Ammon. chloratum.

Mollin. Eine um 17% überfettete, weiche, alkalisch reagirende Cocosöl-Kaliseife, die als Vehikel für verschiedene Medikamente und Salben, u. A. auch als Mollinum Hydrargyri ciner. angewandt wird. Hält sich nicht lange; darf auch nicht mit Wunden in Berührung kommen.

Morphinum aceticum, **Morphinum hydrobromicum** **Morphinum sulfuricum.**	Anwendung und Dosis wie Morphin. hydrochloricum.

Morrhuol wird als der wirksame Bestandtheil des Leberthrans gerühmt und in den Handel gebracht. Eine bitter schmeckende Substanz. In Gelatinekapseln. Dosis für Erwachsene 5—10, für Kinder 2—4 Kapseln.

Mydrin. Unter dieser Bezeichnung ist eine Kombination von Ephedrin und Homatropin und zwar eine 10% Ephedrin- und 0,1% Homatropinlösung in die Augenheilkunde eingeführt worden. Dieselbe eignet sich (nach Geppert und Groenow) besonders zu diagnostischen Zwecken. Der Vorzug vor dem Homatropin allein und besonders vor dem Atropin liegt in dem schnelleren Eintritt und rascheren Verschwinden der Pupillenerweiterung. Die Lösung hat folgende Zusammensetzung:

1429) ℞ Ephedrin. hydrochl. 1,0 Homatroprin. hydrochl. 0,01 Aq. dest. 10,0. M. D. S. Äusserlich zur Erweiterung der Pupille 2—3 Tropfen in den Conjunctivalsack einzuträufeln.	1430) ℞ Mydrin. 0,3 Aq. dest. 3,0. M. D. S. Äusserlich.

Myronin, eine neu empfohlene Salbengrundlage aus vegetabilischem Wachs und dem Öl des Daeglinwal.

Myrtol. Bestandtheil des Myrthenöles. Wasserklare, aromatisch riechende Flüssigkeit. In Gelatinekapseln von 0,15 (2stündlich 1—2 Kapseln) bei putriden Processen der Lungen empfohlen. (Eichhorst.)

Naphthalol = Betol.

Naphtholum camphoratum. Kampfernaphthol. Sirupöse Flüssigkeit, dargestellt durch Verflüssigen von 1 Th. β-Naphthol mit 2 Th. Kampfer. Gegen Lungentuberkulose empfohlen. Es werden 0,15 Kampfernaphthol mit Öl vermischt intraparenchymatös injicirt. Auch äusserlich bei Furunkel, Coryza und Angina.

Naphtholum carbonicum. β-Naphtholkarbonat.
Wird durch Einwirkung von Kohlenoxychlorid auf β-Naphtholnatrium erhalten und bildet glänzende, in Wasser unlösliche Blättchen, deren Schmelzpunkt bei 176° liegt. Soll an Stelle des β-Naphthols Anwendung finden, da es besser schmeckt und weniger reizt.

Narceïnum. Narcein. Narcéine. $C_{23}H_{29}NO_9$.
Wird nach Abscheidung des Morphins aus dem Opium, in dem es zu 0,1 bis 0,4% enthalten ist, als Nebenprodukt gewonnen und bildet weisse, nadelförmige, in Wasser unlösliche Krystalle. Soll beruhigend und hypnotisch, jedoch viel schwächer als Morphin wirken. Wird therapeutisch sehr wenig angewendet. Dosis 0,02—0,05 mehrmals täglich in Pulver oder Pillen.

Narceïnnatrium — Natrium salicylicum = Antispasmin.

Narcotinum. Narcotin. $C_{22}H_{23}NO_7$.
Ein in dem Opium, nächst Morphin am reichlichsten (bis zu 10%) vorkommendes Alkaloid. Dasselbe bildet ein geruch- und geschmackloses, in Wasser unlösliches krystallinisches Pulver. Seine Wirkung als Hypnoticum ist zweifelhaft. Wird (selten) zu 0,2—0,3 in Pulvern und Pillen angewendet.

Natrium arsenicicum solutum. Liquor arsenicalis Pearsoni. Pearson'sche Arsenlösung. Solution arsénicale de Pearson.
Ist eine Auflösung von 1 Th. Natrium arsenicicum in 500 Th. Wasser. Pharm. Helvet. schreibt bezüglich der Dosirung vor:

Grösste Einzelgabe 1,0! — Grösste Tagesgabe 4,0!

Natrium benzoicum. Benzoësaures Natron. Benzoate de sodium. Benzoate of sodium. $NaC_7H_5O_2$.
Wird erhalten durch Eintragen von Benzoësäure in heisse Natriumkarbonatlösung bis zur Sättigung und bildet farblose, in Wasser leicht, in Weingeist wenig lösliche Krystalle. Wirkt ähnlich wie Acid. benzoicum und wurde gegen Diphtherie und eine Zeit lang auch gegen Lungenschwindsucht empfohlen. Auch bei akutem Gelenkrheumatismus, Gicht und Brechdurchfall angewandt. Wird innerlich zu 0,2—1,0 in Pulver oder Lösung mehrmals täglich bis 10,0 pro die und äusserlich zu Inhalationen (5,0 : 100,0) verordnet.

1431) ℞ Natrii benzoici 10,0—20,0
Aq. dest. ad 200,0.
D. S. Innerlich und zu Inhalationen.
(Phthisis, Diphtherie, Gelenkrheumatismus.)

1432) ℞ Natrii benzoic. 10,0
Aq. dest. 170,0
Sir. Cort. Aurant. ad 200,0.
M. D. S. 2stündl. 1 Esslöffel.
(Pyelo-nephritis.)

1433) ℞ Natrii benzoic. 3,0
Aq. dest. 80,0
Sirup. Cort. Aurant. 10,0.
M. D. S. 2stündl. 1 Kinderlöffel.
(Brechdurchfall.)

Natrium jodicum. Weisse, in Wasser leicht lösliche Krystalle. Innerlich zu 0,3—1,0 täglich in wässeriger Lösung (mit Milch), in Pillen, auch in subkutaner Injektion (zu 0,05—0,2 in 5—10% Lösung) von Ruhemann an Stelle von Kalium jodatum empfohlen.

Natrium nitrosum. Natriumnitrit. Salpetrigsaures Natron. $NaNO_2$. Weisse, in Wasser lösliche Krystalle. Bei Angina pectoris, Asthma und Epilepsie gerühmt. Innerlich zu 0,5—2,0 : 150,0 Aqua, davon 3—4 × täglich 1 Theelöffel. Die Anwendung des Mittels gebietet wegen bedenklicher Nebenwirkungen grosse Vorsicht.

1434) ℞ Natrii nitrosi 2,0
Aq. dest. 120,0
D. S. 4 × tägl. 1 Theelöffel.
(Angina pectoris, Asthma etc.)

1435) ℞ Natrii nitrosi 0,5
Aq. dest. 150,0.
D. S. 3—4 × tägl. 1 Esslöffel.

Natrium pyrophosphoricum ferratum. Ein weisses, in Wasser langsam lösliches Pulver, das zu 0,1—0,3 mehrmals täglich (Pulver oder Lösung) als leicht resorbirbares und gut wirkendes Eisenpräparat verordnet wird.

Natrium santoninicum. Santoninnatrium.
Farbloses, in Wasser leicht lösliches, krystallinisches Pulver, das als Anthelminthicum wie Flores Cinae wirkt und Erwachsenen zu 0,1—0,2; Kindern zu 0,05—0,1 in Pulvern, Trochiscen und Electuarien verabreicht wird.

Natrium sozojodolicum. Siehe Acid. sozojodolicum.

Natrium sulfo-ichthyolicum. Siehe Ichthyol.

Natrium sulfotumenolicum = Tumenol.

Nestle'sches Kindermehl. 1 Esslöffel Mehl mit 10 Esslöffel Wasser zu verrühren, dann einige Minuten zu kochen. (Für junge Säuglinge.) — Für ältere ist die achtfache und nach dem Durchbruch der ersten Zähne die sechsfache Verdünnung mit Wasser angemessen als Ersatz der Muttermilch. (Besteht hauptsächlich aus Weizenmehl und Milch. Darf vor dem vierten Lebensmonat nicht gegeben werden.)

Neurodin oder Acetyloxyphenylurethan. Farb- und geruchloses, in Wasser schwer lösliches Krystallpulver. In Dosen von 1,0—1,5 Antineuralgicum bei Kopfschmerzen und andern Neuralgien. (v. Mering.)

1436) ℞ Neurodin. 1,0.
D. t. dos. No. VI.
Nach Bedarf 1 Pulver zu nehmen.

Nitroglycerinum. Trinitrin. Glonoin. Farblose, ölige Flüssigkeit. Gefährlich explosiver Körper. Mit 1 Tropfen einer einprocentigen alkoholischen oder öligen (Mandelöl) Lösung zu beginnen und allmählich bis auf 5 bis 10 Tropfen zu steigen. Auch in Pastillen und Dragées zu $^1/_2$—1 mg. (Asthma, Angina pectoris etc.). Vorsicht!

1437) ℞ Nitroglycerin. 0,2
Tinct. Capsici 2,5
Spirit. rectif.
Aq. Menth. pip. āā 12,5.
M. D. S. 2—5—10 Tropfen nach Bericht.
(Asthma, Angina pectoris.)
(Schott.)

1438) ℞ Nitroglycerini 0,1
Olei Menth. pip. 10,0.
M. D. S. Mehrmals tägl. 2 bis 10 Tropfen.

1439) ℞ Nitroglycerin. 0,1
Spirit. Vini rectif. 10,0.
M. D. S. 2—10 Tropfen 3—4 × täglich.

1440) ℞ Sol. Nitroglycerin. spirituos. (1,0 : 100,0) 2,0
Tinct. Capsici 6,0
Aq. Menthae pip. 12,0.
M. D. S. 3 × tägl. 5—10 Tropfen.
(Ischias.)

Nosophen. Tetrajodphenolphthaleïn.

$$(C_6H_2I_2OH)_2 . C < {C_6H_4CO \atop O}$$

Nosophen (früher „Jodophen" genannt) ist ein gelbliches, geruch- und geschmackloses, in Wasser unlösliches Pulver. In Alkohol ist es schwer, in Aether und Chloroform leicht löslich. — Das Natronsalz des Nosophen führt den Namen

Antinosin (Nosophennatrium) und stellt ein blaues, in Wasser mit blauer Farbe lösliches Pulver dar.

Eudoxin, das Wismuthsalz des Nosophen, ist ein röthlichbraunes, unlösliches Pulver. Dasselbe spaltet sich in Gegenwart von Alkalien in Nosophennatrium und Wismuthoxyd.

Das Nosophen ist reich an Jod (ca. 60%). Es ist als Ersatzmittel für Jodoform empfohlen worden (Classen und Löb). Es findet äusserliche und innerliche Verwendung. Die Nosophenverbindungen sind brauchbare Darmantiseptica und haben sich bei chronischem Darmkatarrh (Rosenheim) bewährt. Äusserlich wird Nosophen bei Erkrankungen der Nasen- und Rachenschleimhaut (Seifert), bei Ulcus molle, Ausspülungen der Blase etc. mit Erfolg applicirt.

Dosis. Nosophen wird äusserlich in Substanz als Streupulper oder in 2% Lösung des Antinosins verordnet. Zu Ausspülungen der Blase bei Cystitis eignen sich Antinosinlösungen (1 : 400). Innerlich (bei Darmkatarrh) wird Nosophen zu 0,3—0,5 in Pulverform verordnet.

1441) ℞ Nosophen. 0,3—0,5.
D. t. Dos. X.
S. 3 × tägl. (nach dem Essen) 1 Pulver.

1442) ℞ Eudoxin. 0,5.
D. t. dos. X.
S. 3 × tägl. 1 Pulver (nach dem Essen.)

1443) ℞ Antinosin. 1,0—2,0
Aq. dest. 1000,0.
D. S. Für Magenausspülung.
(Bei starker Gährung.)

Nutrol. Ein flüssiges Nährprodukt, besteht aus künstlich verdauter Stärke, aus Verdauungsfermenten und Salzsäure.

Odol ein neuerdings viel angepriesenes Mund- und Zahnmittel, das nichts weiter ist als eine alkoholische Salollösung mit Zusatz einiger ätherischer Öle.

Oleum Aurantii Florum. Oleum Neroli. Pomeranzenblüthenöl. Huile volatile de fleurs d'oranger.

Das aus der Blüthe von Citrus vulgaris (Aurantiacee) durch Destillation mit Wasser erhaltene Öl. Es bildet eine angenehm riechende, sich mit Weingeist klar mischende Flüssigkeit und dient als geruchsverbessernder Zusatz zu Pulvern und Salben. Ist auch in der Mixtura oleoso-balsamica enthalten.

Oleum Bergamottae. Bergamottöl. Huile volatile de bergamotte.

Wird aus der frischen Schale der Frucht von Citrus Bergamia durch Pressen gewonnen und ist ein ätherisches Öl von grüner Farbe. Wird als wohlriechender Zusatz für Haaröl, Pomaden und spirituöse Einreibungen, auch als Corrigens zu Naphthalinpulvern benützt.

Oleum cadinum. Siehe Oleum Juniperi empyreumaticum.

Oleum Cajeputi. Oleum Cajuputi. Cajeputöl. Huile volatile de cajeput. Oil of cajeput. Essenza di cajeput.

Das durch Destillation aus den Blättern von Melaleuca Leucadendron, einer auf den Molukken vorkommenden Myrtacee, gewonnene ätherische Öl. Es ist farblos und mischt sich klar mit Weingeist. Auf der Haut wirkt es reizend, ähnlich wie Terpentinöl. Innerlich zu 1—3 Tropfen genommen, soll es schweisstreibende und krampfstillende Eigenschaften haben. Daher wurde es früher gegen Koliken und Meteorismus gegeben. Äusserlich steht es beim Volke im Rufe, Zahnweh und Taubheit zu heilen. Es wird auf Watte in den hohlen Zahn oder in den äusseren Gehörgang gebracht. In derselben Weise wird das durch Destillation mit Wasser erhaltene

Oleum Cajeputi rectificatum verwendet. Es wird innerlich zu 1—3 Tropfen mehrmals täglich auf Zucker oder in Pulver, oder alkoholischer Lösung, äusserlich als Riechmittel, mit Ol. Olivar. āā zu Einreibungen, auch in Salbenform verordnet.

1444) ℞ Ol. Cajeputi retif. 12,0
Spirit. aether. 3,0
M. D. S. 12—15 Tropfen auf Zucker zu nehmen bei hysterischen Krämpfen.

1445) ℞ Ol. Cajeputi rectif.
Ol. Caryophyll. āā gtt. 20
Chloroform. gtt. 40.
M. D. S. Äusserlich 1—2 Tropfen mittels Watte in den hohlen Zahn zu bringen.

Oleum Chamomillae aethereum. Ätherisches Kamillenöl.

Wird durch Destillation mit Wasser aus den Blüthen der Chamomilla Matricaria gewonnen und ist ein angenehm riechendes, blau gefärbtes, ätherisches Öl. Dasselbe wird zu $^1/_2$—1 Tropfen mit Zucker als Elaeosaccharum oder in Form der Rotulae bei Kolik und Cardialgie verordnet. Ist sehr theuer.

Oleum Chamomillae infusum. Fettes Kamillenöl.

Wird nur äusserlich zu beruhigenden Einreibungen in Linimenten und Salben verordnet.

Oleum Chaulmoograe. Chaulmoograöl.

Aus den Samen von Gynocardia odorata gewonnenes Öl, das innerlich und äusserlich bei Hautkrankheiten, Skrophulose und bei Lepra und Syphilis, angewendet wird. Innerlich zu 4—10 Tropfen in Milch oder Emulsion. Äusserlich in Linimenten (1,0 : 10,0—20,0 Öl).

1446) ℞ Olei Chaulmoograe
Olei Jecoris Aselli āā 100,0.
M. D. S. 3stündl. 1 Theelöffel.
(Skrophulose, Lepra.)

Oleum Chloroformii:

1447) ℞ Chloroformii 20,0
Olei Rapae 80,0.
D. S. Äusserlich.
(Form. Magistr. Berolin.)

Oleum cinereum. Graues Öl.

Von Lang empfohlenes Quecksilberpräparat. Zur Herstellung desselben wird aus Quecksilber und Lanolin āā (bis zur vollständigen Extinction des Metalles) eine Salbe bereitet. Derselben werden alsdann 6,0 entnommen und mit 4,0 Ol. Olivarum verrieben. Vor ihrer Anwendung wird die (salbenartige) Masse über der Spiritusflamme erwärmt. Zur Behandlung der Syphilis genügen anfänglich 0,2—0,4, später 0,1 ccm; am Rücken oder an den Nates subkutan zu injiciren.

Oleum Cocos. Kokosöl.

Aus den Samen von Cocos nucifera (Palme) durch Auspressen gewonnenes Öl. — Wird neuerdings als Ersatzmittel für Leberthran empfohlen. Äusserlich wird es als Zusatz zu Salben und zur Bereitung von Seifen verwendet.

Oleum Eucalypti. Eucalyptusöl.

Ist das ätherische Öl der Blätter von Eucalyptus globulus (Myrtacee). Es ist ein farbloses, kampferartig riechendes Öl, das ähnlich wie Oleum Terebinthinae wirkt und angewendet wird. Als Hauptbestandtheil findet sich in demselben das Eucalyptol (siehe daselbst), das vielfach verordnet wird. Es wird innerlich zu 5—15 Tropfen mehrmals täglich in Gelatinekapseln oder spirituöser Lösung, bei Malaria, Lungengangrän, putrider Bronchitis und äusserlich in Form von Inhalationen (häufig mit Ol. Terebinth.) bei putriden Lungenaffektionen gegeben.

1448) ℞ Ol. Eucalypti 2,0
Spirit. Vini ad 15,0.
M. D. S. 3×tgl. 15—20 Tropfen.

1449) ℞ Ol. Eucalypti
Ol. Terebinth. āā 15,0.
M. D. S. 2stündl. 20 Tropfen zu inhaliren.

Oleum Gaultheriae. Wintergrünöl. Essence de Winter-green.

Das durch Destillation der Gaultheria procumbens, einer nordamerikanischen Ericacee, gewonnene ätherische Öl. Dasselbe ist von angenehmem Geruche und süsslich aromatischem Geschmacke. Als wirksamer Bestandtheil ist in ihm reichlich Salicylsäure enthalten. Daher wird es an Stelle derselben bei Gelenkrheumatismus zu 10—20 Tropfen mehrmals täglich in Wein, Milch oder Kapseln verabreicht.

Oleum Juniperi empyreumaticum. Oleum cadinum. Kadeöl. Huile de cade.

Wird durch trockene Destillation des Holzes von Juniperus Oxycedrus gewonnen und ist eine dickflüssige, ölige Masse, von theerartigem Geruche. Wird bei chronischen Hautaffektionen wie Theer angewandt.

1450) ℞ Olei Juniperi 20,0
Olei Jecoris Aselli 40,0.
M. D. S. Äusserlich.
(Bei Prurigo und Ekzem.)

1451) ℞ Olei cadini
Sapon. virid. āā 10,0
Spirit. 40,0.
M. D. S. 2 × tägl. mittels Pinsels aufzutragen bei Ekzem.
(v. Hebra.)

Oleum Majoranae. Meiranöl. Essence de marjolaine.

Aus Herba Majoranae (Labiate) durch Destillation dargestelltes ätherisches Öl. Es ist gelblich, dünnflüssig und in Alkohol leicht löslich.

Wird äusserlich als Zusatz zu reizenden Einreibungen, innerlich zu 1—2 Tropfen als Carminativum angewendet.

Oleum Myristicae = Oleum Nucistae.

Oleum Petrae. Oleum Petrae italicum. Petroleum. Steinöl.

Ist ein Gemenge von Kohlenwasserstoffen. Wirkt örtlich reizend und wird zuweilen äusserlich zu Einreibungen bei rheumatischen Schmerzen, Hautaffektionen, Frost, auch bei Scabies und Pediculi, entweder rein oder in Salben und Linimenten (1 : 10 Fett) verordnet.

Oleum phosphoratum. Phosphoröl. Huile phosphorée. — 100 Theile Olivenöl in offener Schale während 5 Minuten auf 150° erhitzt, werden nach dem Erkalten in einem Glaskolben mit 1 Th. Phosphor, gelöst in 5 Th. Schwefelkohlenstoff, gemischt und im Dampfbade bis zur völligen Verdunstung des Schwefelkohlenstoffs erwärmt. (Pharm. Helvet.)

Wird bei Rachitis und auch zur Beförderung der Callusbildung zu 1 bis 2 Tropfen,

Grösste Einzelgabe 0,1! — Grösste Tagesgabe 0,5! (Pharm. Helv.)

in Gallertkapseln oder Emulsion empfohlen.

Oleum Pini Pumilionis. Latschenöl. Huile volatile de pin de montagne.

Das aus jungen Zweigen von Pinis Pumilio durch Destillation erhaltene ätherische Öl. Es ist dünnflüssig und ziemlich farblos und wird äusserlich zu Einreibungen und Inhalationen verwendet wie Oleum Terebinthinae.

Oleum Rapae. Rüböl.

Wird aus den Samen verschiedener Brassica-Arten durch Pressen gewonnen. Ist ein dickflüssiges Öl, das wie Olivenöl wirkt und als billiger Ersatz desselben zu äusserlichen Zwecken verordnet wird.

Oleum Rusci. Oleum betulinum empyreumaticum. Birkenöl. Huile russe. Daggel. Olio di betula.

Ist der aus Birkenholz durch trockene Destillation erhaltene braune Theer. Wird wie Pix liquida bei Hautkrankheiten unverdünnt oder in Salben (1:5—10) verordnet.

Oleum Sabinae. Sadebaumöl. Essence de sabine.

Das ätherische Öl der Zweigspitzen von Juniperus Sabinae ist eine farblose, gelbliche Flüssigkeit von eigenartigem Geruche und brennendem, bitterem Geschmacke, löslich in Weingeist.

Wirkt bei äusserlicher Applikation auf die Haut stark reizend; innerlich erzeugt es Erbrechen und starke Hyperämie, besonders der Organe des Urogenitalsystems und verursacht Abort bei Schwangeren.

Kann schon in kleinen Dosen Exitus letalis bewirken. Die Kenntniss der abortiven Eigenschaften des Mittels ist beim Volke ziemlich verbreitet, daher wird es auch häufig als Emmenagogum benutzt.

Verordnet wird es innerlich zu $^1/_2$—2 Tropfen in Pillen oder spirituöser Lösung; äusserlich zu Einreibungen bei Rheumatismus und Lähmungen in Salben und Linimenten von 1 : 10—20.

Oleum Santali. Sandelöl. Huile volatile de santal. Oil of santal. Essenza di santale.

Das aus dem Holze von Santalum album (Santalacee) durch Destillation erhaltene ätherische Öl. Es hat eine hellgelbe Farbe, etwas dickflüssige Konsistenz und stechend gewürzhaften Geschmack, löst sich in Spiritus.

Wird in neuerer Zeit vielfach bei katarrhalischen Schleimhautaffektionen, besonders bei Gonorrhoe und Cystitis verordnet. Man giebt 3 mal täglich 20 Tropfen in Emulsion oder Gelatinekapseln mit 0,3 Sandelöl, 3 mal täglich 2—3 Kapseln zwischen den Mahlzeiten oder bald nach denselben.

1452) ℞ Ol. Santali 10,0.
Ol. Menth. gtt. X.
S. 3—4 × tägl. 10 Tropfen.
(Gonorrhoe.)

Oleum Valerianae. Baldrianöl.

Das aus der Wurzel von Valeriana officinalis durch Destillation gewonnene ätherische Öl. Es wird als Excitans und Antispasmodicum zu 1 bis 4 Tropfen mehrmals täglich als Ölzucker, in spirituöser Lösung und in Pillen verordnet.

Olibanum. Gummi-resina Olibanum. Thus. Weihrauch.

Der aus Rissen oder Einschnitten von Boswellia Carterii, einem afrikanischen Baume, austretende und erhärtete Saft. Bildet rundliche, öfter untereinander verklebte Stücke von dem Umfange einer Erbse bis zu einer Nuss; dieselben haben einen balsamischen Geruch und Geschmack.

Früher wie andere Balsamica zur Beschränkung der Schleimhautsekretion bei Bronchitis chronica mit profusem Auswurf innerlich zu 0,1—0,5 mehrmals täglich in Pulvern und Pillen verordnet. Dient nur noch äusserlich zu Räucherungen, Inhalationen und als Zusatz zu reizenden Pflastern.

1453) ℞ Olibani
Benzoës
Succini āā 9,0
Flor. Lavand. 3,0.
M. f. pulv. D. ad scat.
S. Räucherpulver.

Orexinum hydrochloricum. Phenylhydrochinazolin.

Die Bezeichnung rührt von ὄρεξις = Esslust her. Dieses Salz stellt glänzende, farblose, in heissem Wasser leicht lösliche Krystalle von bitterem Geschmacke dar.

Nach Penzoldt wirkt dasselbe günstig auf den Appetit ein und ist als ein wahres Stomachicum zu betrachten. Bei heruntergekommenen Individuen mit schlechtem Appetit ist es zu 0,3—0,5 in Pulvern (Oblaten) 2—3mal am Tage zu geben. Zweckmässiger ist die Verordnung von

Orexinum basicum, das Frommel auch bei Erbrechen der Schwangeren empfiehlt und ebenfalls zu 0,2—0,5 als Pulver (in Oblaten) nehmen lässt, dabei soll reichlich warme Flüssigkeit nachgetrunken werden.

1454) ℞ Orexin. basici 0,3
D. t. dos. (in Oblatenkapseln) No. VI.
S. 1—3 × tägl. 1 Pulver mit warmer Milch oder Flüssigkeit.

Oxychinaseptol = Diaphtherin.

Oxymel Colchici. Herbstzeitlosensauerhonig.

1 Th. Acet. Colch. und 2 Th. Mel. dep. auf dem Wasserbade auf 2 Th. eingedampft. Eine klare, braungelbe Flüssigkeit, die entweder pur zu 2,0—5,0 mehrmals täglich oder als Zusatz zu anderen Mixturen bei Gicht und Rheumatismus verordnet wird.

Oxymel simplex. Sauerhonig.

1 Th. Acid. acet. dil. mit 40 Th. Mel. dep. gemischt. Eine klare, gelblich braune Flüssigkeit, die zur Bereitung kühlender Getränke (50,0—100,0 : 1000,0 Wasser) dient.

Pankreatin.

Wird aus der Bauchspeicheldrüse von Säugethieren, hauptsächlich von Schweinen, in flüssiger oder fester Form gewonnen, indem man die fein gehackte Substanz mit Wasser oder Glycerin auszieht. Das trockene Pankreatin ist ein weisses oder gelbliches Pulver von eigenthümlichem, fleischartigem

Geruch und Geschmack. Die flüssige Form pflegt aus einer 10% Lösung in Glycerin zu bestehen.

Pankreatin enthält sowohl das peptonisirende Ferment des Pankreas (Trypsin) als auch das zuckerbildende. Ebenso werden Fette durch dasselbe unter Spaltung in Glycerin und Fettsäure emulgirt und resorptionsfähig gemacht.

In ähnlicher Weise wie Pepsin wird Pankreatin bei Magenerkrankungen, besonders bei atonischer Dyspepsie mehrmals täglich zu 0,1—0,5 in Milch, Suppe, oder in Form von Pastillen verordnet.

Es ist auch zum äusserlichen Gebrauch zur Lösung von Croupmembranen empfohlen worden; ebenso zu ernährenden Lavements in Form der Leube'schen Pankreasklystiere: 150,0 Rindfleisch und 50,0 Kalbspankreas werden fein geschabt, mit 50,0 Wasser verrieben, auf 40° C. erwärmt und in den (zuvor gereinigten) Darm injicirt.

Panna oder Uncomoco.

Die Wurzel eines im Kaplande vorkommenden Farrenkrautes (Aspidium athamanticum). Derselben werden anthelminthische Wirkungen zugeschrieben. 5,0—10,0 der gepulverten Wurzel, morgens nüchtern genommen, sollen Taenien ziemlich sicher abtreiben.

Papaïn = Papayotin.

Papaverinum hydrochloricum. $C_{20}H_{21}NO_4 . HCl$.

Das Alkaloid Papaverin wurde 1848 im Opium (Merck) entdeckt, in dem es sich zu 0,5—1% findet. Es wird (selten) in Gestalt des salzsauren Salzes angewendet, das farblose, rhombische, in Wasser ziemlich schwer lösliche Krystalle bildet. — Ohne Schlaf zu erzeugen, setzt es die Darmperistaltik herab. Daher kann es bei Diarrhoe der Kinder, wo Opium vermieden werden soll, angewendet werden.

Dosis. 0,03—0,05 mehrmals täglich in Pulvern oder Sirup; für Kinder so viel Milligramme am Tage, wie das Kind Jahre zählt.

1455) ℞ Papaverin. hydrochl. 0,03
Sacch. lact. 0,5.
M. f. pulv. D. t. dos. VI.
S. 3 × tägl. 1 Pulver.

1456) ℞ Papaverin. hydrochl. 0,2
Sirup. Rhoead. 20,0.
D. S. 3 × tägl. 1 Kinderlöffel.
(Leubuscher.)

Papayotin oder Papaïn.

Ist das lösliche, pepsinartig wirkende Ferment aus dem Milchsafte der Blätter und grünen Früchte des in Südamerika und in anderen heissen Ländern vorkommenden Melonenbaumes, Carica Papaya. Es stellt ein weissliches, amorphes, in Wasser und Glycerin lösliches Pulver dar, das die Fähigkeit besitzt, Eiweiss zu verdauen. Daher wurde es von Rossbach in 5% Lösung zum Einpinseln empfohlen, um croupöse Membranen zu lösen. Es ist auch innerlich bei dyspeptischen Zuständen zur Hebung der Verdauung versucht worden (wie Pepsin).

Dosis. Innerlich zu 0,1—0,5 in Pulver oder Lösung; äusserlich bei Rachendiphtherie in 5% Lösung alle 15 Minuten einzupinseln.

1457) ℞ Papayotin. 20,0
Aq. dest. 100,0
Acid. carbol. liq. 5,0.
D. S. Zum Einpinseln (alle 10—15 Minuten) bei Diphtherie. (Kohts.)

Paracotoin. Siehe Cotoin.

Parachlorphenol.
Ist bei gewöhnlicher Temperatur fest und krystallinisch. Antisepticum. Zur lokalen Behandlung bei Kehlkopfkrankheiten empfohlen (Spengler).

Pasta Guarana. Siehe Guarana.

Pasta gummosa. Gummipaste. Pâte de guimauve.
Gummi arabicum und Zucker āā 100 Th. in 600 Th. Wasser gelöst, werden mit 150 Th. zu Schaum geschlagenem Eiweiss gemischt, abgedampft und mit 1 Th. Elaeosacch. Flor. Aurant. versetzt.
Wird als Mittel gegen Husten angewendet.

Pasta Liquiritiae. Brauner Lederzucker. Pâte de réglisse.
1 Th. Rad. Liquirit. mit 20 Th. Wasser kalt infundirt, filtrirt und einer Lösung von 15 Th. Gummi arab. und 9 Th. Zucker in 10 Th. Wasser zugesetzt und abgedampft. — Hustenmittel.

Pearson'sche Lösung. Siehe Arsen.

Pelletierinum tannicum. Gerbsaures Pelletierin.
Pelletierin ($C_8H_{15}NO$) ist als Alkaloid (neben verschiedenen anderen Substanzen) in der Granatwurzelrinde enthalten. Die Verbindung mit Gerbsäure findet therapeutische Verwendung bei Bandwurmkuren. Sie stellt ein gelbbräunliches, amorphes, in Wasser schwer lösliches Pulver dar.
Dosis: 0,3—0,8 in Zuckerwasser, Sirup oder Oblatenkapseln innerhalb 1 Stunde zu nehmen.

1458) ℞ Pelletierin. tannic. 0,8
Zuckerwasser ad 100,0.
D. S. Morgens im Bette die Hälfte und 1/2 Stunde später den Rest zu nehmen.

1459) ℞ Pelletierin. sulf. 0,4
Acid. tannic. 0,5
Aq. dest. 30,0.
M. D. S. In 1 oder 2 Portionen im Laufe einer halben Stunde zu nehmen.

Pellotinum muriaticum. Pellotin ist das Alkaloid einer Anhaloniumart, dem (nach Heffter) schlafmachende Wirkungen zukommen. Das im Wasser leicht lösliche Pellotinum muriaticum kann als Schlafmittel (Jolly) in Dosen von 0,02—0,05 in Pulver, Lösung oder subkutaner Injektion gegeben werden.

Penghawar-Jambee. Penghawar Djambi.
Die an den Blattansätzen verschiedener baumartiger Farne (Cibotium Baromez) vorkommenden Spreuhaare. Dieselben stellen eine goldgelbe, weiche Wolle dar und wirken wie der Feuerschwamm blutstillend. Bei parenchymatösen Blutungen, Epistaxis rein oder als Penghawarwatte (gleiche Theile Penghawar und Watte) auf die blutende Stelle applicirt.

Pental. Trimethyläthylen. C_5H_{10}.
Wird aus dem Amylenhydrat durch Erhitzen mit Säuren (Weinsäure, Citronensäure etc.) dargestellt und bildet eine farblose, leicht flüchtige, dem Benzin ähnlich riechende und leicht entzündliche Flüssigkeit, die in Wasser unlöslich ist und bei 38° siedet.
In neuerer Zeit ist das schon seit 1844 durch Balard bekannt gewordene „Trimethyläthylen" unter der Bezeichnung Pental als Inhalationsanästheticum für kurz dauernde Operationen (Zahnextraktionen, Abscesseröffnungen etc.) an Stelle des Bromäthyl angewandt worden. Der Verbrauch für solche kurze Narkosen, die in ähnlicher Weise wie mit Chloroform oder Bromäthyl vorgenommen werden, beträgt etwa 10,0—12,0. Die anfänglich gerühmte Ungefährlichkeit des Mittels hat sich nicht bestätigt, da einige Todesfälle in Folge der Pentalnarkose vorgekommen sind. Vorsicht ist namentlich bei Herzkranken geboten.

Pepton. Unter der Bezeichnung „Peptone" versteht man die fertigen Produkte der Eiweissverdauung. Je nach den zu ihrer Herstellung dienenden Stoffen unterscheidet man Pepsin-, Pankreas-, Papaïn-Pepton, sowie Albumin-, Caseïn-, Fibrin-, Fleisch-Pepton u. a.

Im Handel kommen zahlreiche Präparate vor, die bei darniederliegender Verdauung, Dyspepsie, Ulcus ventriculi etc. per os oder per rectum angewendet werden. Welches Präparat den Vorzug verdient, ist schwer zu entscheiden, da sämmtliche Peptone nicht gut schmecken und von den Kranken nicht gern längere Zeit genommen werden. Zudem ist es überhaupt zweifelhaft, ob den Peptonen eine grössere praktische Bedeutung zukommt.

Zu den bekanntesten Handelspräparaten gehören die Peptone von Adamkiewicz, Sanders, Kochs, Kemmerich, Witte, Weyl, Denayer, Antweiler u. A.

Kochs' Fleischpepton enthält im Mittel 40% Wasser, 53% organische Substanz mit 7% N., darunter 16% Albumose, 19% Pepton. — Man verordnet davon 1 Theelöffel auf 1/4 Liter Bouillon, oder mit warmem Wasser oder Wein. Auch Peptonpastillen sind erhältlich.

Kemmerich's Fleischpepton enthält etwas weniger Wasser und mehr organische Substanz als das Kochs'sche. — Es wird in gleicher Weise wie letzteres verabreicht.

Antweiler's Albumosen-Pepton wird mit Fleischbrühe, Milch oder lauwarmem Wasser verrührt. Dasselbe ist auch in Form von Cacao oder Chocolade zu haben.

Peptonum siccum, Witte, schmeckt und riecht schlecht. Es wird daher in Oblaten oder in Klystierform applicirt. Man verwendet davon 15,0 auf 100,0 lauwarmem Wasser für einen Erwachsenen, für kleinere Kinder 0,5 Pepton auf 50,0 Wasser.

Phenocollum hydrochloricum. Salzsaures Amidoacetparaphenetidin. Phenocollum ist Phenacetin (Acet-Phenetidin), in dem ein H-Atom der Acetylgruppe durch NH_2 vertreten ist.

$$C_6H_4 < \begin{matrix} OC_2H_5 \\ NH.CO.CH_3 \end{matrix} \qquad C_6H_4 < \begin{matrix} OC_2H_5 \\ NH.CO.CH_2.NH_2 \end{matrix}$$

Phenacetin — Phenocollum.

Es wird dargestellt durch Einwirken von Amidoessigsäure oder Glycocol auf Phenetidin und dann an Salzsäure gebunden. Man erhält so ein farbloses, in etwa 20 Theilen Wasser lösliches, krystallinisches Pulver von salzig bitterem Geschmack. Nach den neuesten damit angestellten Untersuchungen setzt dasselbe in Dosen von 0,5—1,0 die Körpertemperatur herab und wirkt schmerzstillend, besonders bei akutem Gelenkrheumatismus. Auch bei Malaria leistet es (nach Cucco) gute Dienste. — Der Urin wird nach Phenokoll dunkel gefärbt; auch tritt stärkere Schweissabsonderung ein. Das Mittel wird gewöhnlich gut vertragen, doch hat man auch schon unangenehme Nebenwirkungen (Dyspnoe und Cyanose) beobachtet.

Dosis 0,5—1,0 in Pulverform, bis zu Tagesgaben von 3,0—4,0.

1460) ℞ Phenocoll. hydrochl. 0,5.
Sacch. alb. 0,3
M. f. pulv. D. t. dos. No. X.
S. 3—4 × tägl. 1 Pulver.

Phenylurethan = Euphorine.

Photoxylin. Eine Art von Schiessbaumwolle, erhalten durch Nitriren von Holzwolle.

Löst sich in einem Gemisch von gleichen Theilen Alkohol und Äther. Die durchsichtige Lösung bleibt auch nach dem Erstarren klar. In 5% Lösung an Stelle des Kollodiums empfohlen.

Pichi (Fabiana imbricata).

Ein südamerikanischer Strauch mit sehr hartem Holz und rauher Rinde. Die Droge zeichnet sich durch reichen Gehalt an Tannin und Harzsäure aus und wird in Chile seit lange gegen die verschiedensten Krankheiten der Harnwege angewendet. Neuerdings ist das aus den Zweigen der Fabiana imbricata bereitete

Extractum Pichi fluidum bei Gonorrhoe und Cystitis mit starker Eiterung empfohlen worden (R. Friedländer). Man giebt 3 mal täglich 1 Theelöffel.

Picrotoxin. Picrotoxinsäure. $C_{30}H_{34}O_{13}$.

Wird aus den Kokkelskörnern, den Früchten von Anamirta Coculus, einer in Ostasien einheimischen Menispermee dargestellt und bildet farblose, glänzende, sehr bitter schmeckende, geruchlose, in Wasser schwer, in Alkohol leichter lösliche Krystalle.

Picrotoxin erzeugt Benommenheit und heftige Krämpfe. In kleinen Dosen (0,005—0,01) ist es gegen die Nachtsschweisse der Phthisiker (Senator) empfohlen worden. Auch bei Trichiniasis wurde das Mittel, aber erfolglos, versucht.

Pilulae asiaticae. Siehe Arsenik.

Pilulae bechicae Heimii:

1461) ℞ Extract. Helenii 3,0
Rad. Ipecac. pulv.
Fol. Digital. pulv. āā 0,6
Opii pulv. 0,36
Rad. Liquirit. pulv. 2,0.
M. f. pilul. No. 30.
D. S. 3× tägl. 1 Pille zu nehmen.
(Formul. Magistr. Berolin.)

Pilulae Chinini cum Ferro:

1462) ℞ Chinin. sulf. 1,5
Ferri reduct. 5,0
Rad. Gentian. pulv. 0,5
Extr. Gentian. 2,5.
M. f. pilul. No. 60.
D. S. 3× tägl. 2 Pillen.
(Form. Magistr. Berol.)

Pilulae contra Tussim:

1463) ℞ Morphin. hydrochl. 0,06
Rad. Ipecac. pulv. 0,2
Stibii sulf. aurant. 0,3
Sacch. pulv.
Rad. Liquirit. pulv. āā 1,5.
Aq. dest. q. s.
M. f. pilul. No. 30.
D. S. 3× tägl. 1 Pille.
(Form. Magistr. Berol.)

Pilulae expectorantes:

1464) ℞ Terpini hydrati 3,0
Rad. Liquirit. pulv. 1,0
Succi Liquirit. dep. 2,0.
M. f. pilul. No. 30.
D. S. 3× tägl. 2 Pillen.
(Form. Magistr. Berolin.)

Pilulae Ferri arsenicosi:

1465) ℞ Ferri reducti 3,0
Acid. arsenicosi 0,06
Piperis nigri pulv.
Rad. Liquirit. pulv. āā 1,5.
Mucil. Gummi arab. q. s.
M. f. pilul. No. 60.
D. S. 3× tägl. 2 Pillen.
(Form. Magistr. Berolin.)

Pilulae Ferri citrici:

1466) ℞ Ferri citrici oxydati 5,0
Rad. Gentian. pulv. 1,0
Extr. Gentian. 3,0.
M. f. pilul. No. 60.
D. S. 3× tägl. 2 Pillen.
(Form. Magistr. Berol.)

Pilulae Ferri lactici:

1467) ℞ Ferri lactici 5,0
Rad. Liquirit. pulv. 1,0
Extr. Gentian. 3,0.
M. f. pilul. No. 60.
D. S. 3× tägl. 2 Pillen.
(Form. Magistr. Berolin.)

Pilulae Ferri sulfurici Blaudii:

1468) ℞ Ferri sulfurici
Kalii carbon. āā 9,0
Tragacanth. pulv. 1,2.
Aq. dest. q. s.
M. f. pilul. No. 60.
D. S. 3 × tägl. 2 Pillen.
(Form. Magistr. Berol.)

Pilulae hydragogae Heimii:

1469) ℞ Gutti pulv.
Fol. Digital. pulv.
Bulb. Scill. pulv.
Stibii sulf. aurant.
Extr. Pimpinell. 0,7.
Mucil. Gummi arab. q. s.
M. f. pilul. No. 30.
D. S. 3 × tägl. 1 Pille.
(Form. Magistr. Berol.)

Pilulae Hydrargyri bichlorati:

1470) ℞ Hydrarg. bichlorat. 0,2
Boli alb. praep. 6,0
Glycerin. q. s.
M. f. pilul. No. 60.
D. S. 3 × tägl. 1 Pille
(3 Pillen enthalten 0,01 Hydrarg. bichlor.)
(Form. Magistr. Berol.)

Pilulae laxantes foltes:

1471) ℞ Extr. Colocynthid. 0,25
Extr. Aloës
Sapon. Jalapin. āā 2,5.
Spirit. q. s.
M. f. pilul. No. 30.
D. S. Täglich 2—5 Stück.
(Form. Magistr. Berol.)

Pilulae odontalgicae. Zahnpillen.

Opium, Rad. Belladon., Rad. Pyrethri āā 5,0. Cer. flav. 7,0. Ol. Amygdal. 2,0. Ol. Cajeputi gtt. XV. Ol. Caryophyll. gtt XV werden zu einer Pillenmasse verarbeitet, aus welcher Pillen von 0,05 Gewicht formirt werden.

1 Pille bei Zahnschmerzen in den hohlen Zahn zu legen.

Piperazinum. Diaethylendiamin. Aethylenimin. Piperazidin. $(C_2H_4NH)_2$. (Nicht identisch mit Spermin.)

Salzsaures Piperazin bildet farblose, in Wasser leicht lösliche Krystalle und besitzt stark Harnsäure lösende Eigenschaften. Früher glaubte man, dass dem Piperazin auch eine erregende Wirkung auf das Nervensystem zukomme, doch ist dies nicht der Fall. Dagegen scheint es die Harnausscheidung zu steigern.

Die Elimination erfolgt durch den Urin, und es verdient Beachtung, dass der Piperazin enthaltende Urin mit Pikrinsäure einen Niederschlag giebt.

Anwendung findet es in neuerer Zeit bei der Behandlung der Gicht und harnsaurer Nierensteine, sowie gegen Nierengries. Der Erfolg ist jedoch unsicher.

Dosis. 0,5—2,0 täglich in Lösung (Selter- oder Sodawasser). Äusserlich in 1—2 % Lösung zum Ausspülen der Blase.

1472) ℞ Piperazini hydrochl. 0,1—0,5.
D. S Mehrmals tägl. in Sodawasser zu nehmen.
(Gicht.)

1473) ℞ Piperazin. 1,0—2,0
Spirit. Vini 20,0
Aq. dest. ad 100,0.
M. D. S. Äusserlich. Zu Umschlägen auf gichtische Anschwellungen.

Piper Methisticus. Siehe Kava-Kava.

Piscidia Erythrina. Siehe Cortex Piscidiae.

Pix navalis. Pix nigra. Schiffspech. Poix noir. Pitch.

Der beim Eindampfen des Holztheers verbleibende Rückstand. Er bildet eine schwarze, undurchsichtige, harzartige Masse von theerartigem Geruch.

Wird äusserlich zu desinficirenden und ätzenden Pflastern und Salben, innerlich zu 0,1—0,5 mehrmals täglich in Pillen wie Pix liquida angewandt.

Plumbum jodatum, Jodblei. Bleijodid. Iodure de plomb. Jodide ot lead. Joduro di piombo. PbJ_2.

8 Th. Kal. jodat. und 5 Th. Wasser werden gelöst und mit einer Lösung von 8 Th. Bleinitrat in 40 Th. kochendem Wasser unter Umrühren versetzt. Der Niederschlag wird gesammelt und ausgewaschen (Pharm. Helv.). — Bildet ein gelbes, schweres, krystallinisches, geruch- und geschmackloses, in Wasser sehr schwer lösliches Pulver.

Selten angewandtes und nicht sehr zweckmässiges Präparat. Es wird innerlich bei Drüsenanschwellungen, Syphilis und Skrophulose zu 0,1—0,3 mehrmals täglich in Pillen oder Pulvern, äusserlich in Salbenform (1—2:10) oder in Pflastern (1—2 : 10) verordnet.

1474) ℞ Plumbi jodati 30,0
Emplastr. Conii 250,0.
M. f. emplast. D. S. Auf Leinwand gestrichen aufzulegen.
(Bei Bubonen und chronischen Hodenanschwellungen.)
(Ricord.)

Plumbum tannicum pultiforme sive Cataplasma ad decubitum.

Ist eine Paste, bestehend aus Decoct. Cort. Quercus 8,0 : 40,0, dem 4,0 Liquor Plumb. subaceti hinzugesetzt worden sind. Dasselbe dient, auf Leinwand gestrichen, zum Verbande von Decubitusgeschwüren.

Statt dieses obsoleten Präparates bedient man sich gegenwärtig des officinellen Unguentum Plumbi tannici (Tannin-Bleisalbe).

Plummer'sche Pulver. Siehe Stib. sulf. aurant.

Potio Choparti. Siehe Bals. Copaivae.

Propylaminum. (Richtiger Trimethylamin.)

Helle, nach Häringslake riechende Flüssigkeit. Antirheumaticum. Innerlich zu 0,1—0,3 mehrmals täglich in Tropfen oder Lösung.

1475) ℞ Propylamini 1,0—3,0
Aq. dest. 180,0
Elaeosacch. Menth. 5,0.
M. D. S. 2stündl. 1Esslöffel.
(Gelenkrheumatismus.)

1476) ℞ Propylamin. 4,0
Aq. Menth. 45,0
Sirup. simpl. 15,0.
M. D. S. 3 × tägl. 1 Theelöffel.
(Chorea.)

Pulvis antirhachiticus.

1477) ℞ Calcii carbonici praecipitat. 32,0
Calcii phosphorici 15,0
Ferri lactici 3,0
Sacchari Lactis 50,0.
M. f. pulv. D. S. Eine Messerspitze auf $^1/_2$ Liter Milch.
(Form. Magistr. Berol.)

Pulvis aromaticus. Aromatisches Pulver. Poudre aromatique, Cort. Cinnam., Fruct. Cardamom. und Rhizom Zingiberis āā.

Wird zur Anregung des Appetits verordnet, dient auch als Geschmackscorrigens und zum Bestreuen von Pillen.

Dosis. 0,25—0,6 mehrmals täglich in Pulverform.

Pulvis arsenicalis Cosmi. Kosmisches Pulver. Poudre escharotique arsenicale du frêre Côme. Hydrarg. sulf. rubr. 120. Carb. animal. 8. Resin. Draconis 12. Acid. arsenicos. 40 werden zu einem Pulver gemischt.

Dasselbe wirkt stark ätzend und wird als Causticum bei Krebsgeschwüren angewendet.

Pulvis causticus. Ätzpulver. Poudre caustique. Ätzkali und Ätzkalk āā (Pharm. Helv.).

Pulvis emeticus:

1478) ℞ Tartari stibiati 0,1
Rad. Ipecac. pulv. 1,5.
M. f. pulv.
(Form. Magistr. Berol.)

Pulvis exsiccans:

1479) ℞ Zinc. oxydat. pro usu ext.
Amyli āā 25,0.
M. f. pulv.
D. S. Äusserlich. Streupulver.

Pulvis haemorrhoidalis:

1480) ℞ Fol. Sennae pulv.
Magnes. ustae
Sacch. pulv.
Sulf. depurat.
Tartar. depurat. āā 10,0.
ut f. pulv. D. S. 3 × tägl.
1 gestrichenen Theelöffel.
(Form. Magistr. Berol.)

Pulvis laxans:

1481) ℞ Hydrarg. chlorat. mitis 0,2
Tuber. Jalap. pulv.
Sach. pulv. āā 1,2.
M. f. pulv.
(Form. Magistr. Berol.)

Pulvis Plumeri:

1482) ℞ Hydrarg. chlorat. mitis
Stibii sulfur. aurant. āā 0,05
Sacch. pulv. 0,5
Rad. Althaeae pulv. 0,2.
M. f. pulv. D. t. dos. No. 10.
D. S. 3 × tägl. 1 Pulver.
(Form. Magistr. Berol.)

Pulvis stomachicus:

1483) ℞ Bismuti subnitrici
Rad. Rhei pulv. āā 5,0
Natrii bicarbon. 20,0.
M. f. pulv. 3 × tägl. eine Bohne gross zu nehmen.

Pulvis temperans. Niederschlagendes Pulver.
Kal. nitric. 1, Tartar. dep. 3, Sacch. alb. 6 werden gepulvert und gemischt. Wird zu $^1/_2$—1 Theelöffel in Wasser gelöst, als kühlendes und beruhigendes Mittel verabreicht.

Pyoktanin. Anilinfarbstoff. Von Stilling als Antisepticum empfohlen. Es findet ein blaues P. Pyoktanin. caeruleum (Methylviolett) und ein gelbes, Pyoktanin aureum (Auramin) Anwendung. In Lösung von 1 : 100; Streupulver 2 % und 1 ‰, Salben, Suppositorien und Stiften. (Die durch Pyoktanin verursachten blauen Flecken sind durch Seifenspiritus zu beseitigen.)

1484) ℞ Pyoktanin. 0,05
Extr. Bellad. 0,02
Butyr. Cacao 0,2.
M. f. supposit.
D. t. Dos. IV.
S. Nach Bericht.

Pyridin. C_5H_5N.
Bestandtheil des Steinkohlentheers. Farblose, an der Luft unter Verbreitung eines penetranten Geruchs verdunstende Flüssigkeit, von G. Sée gegen Asthma empfohlen. Man giesst 4,0—5,0 auf einen Teller und lässt die Flüssigkeit in einem geschlossenen, etwa 25 cbm Luft enthaltenden Raum verdampfen. Die Einathmungen sollen 20—30 Minuten dauern und 3 mal am Tage wiederholt werden. Auch 10—15 Tropfen auf ein Taschentuch geträufelt zu inhaliren. Innerlich 6—10 Tropfen (in Wasser) bei Herzkrankheiten (de Renzi). — In 10 % wässeriger Lösung zu Pinselungen (Rachendiphtherie).

Pyrodin. Phenacetylhydrazin. Hydracetin.
Neues, sehr gefährliches Antipyreticum. Weisses, schwer lösliches Pulver. Innerlich zu 0,05 2 mal des Tages in einstündigen Zwischenräumen, äusserlich in 10 % Vaselinsalbe als Einreibung bei Psoriasis (Guttmann) versucht. Applikation gefahrvoll wegen Auftretens von Haemoglobinurie und Icterus.

Quebrachinum ist eines der zahlreichen in Cortex Quebracho enthaltenen Alkaloide. Es stellt feine, weisse, an der Luft sich gelb färbende, in Wasser schwer lösliche Nadeln dar. Zu therapeutischen Versuchen benützt man

Quebrachinum hydrochloricum, das leichter löslich ist und bei Asthma und Dyspnoe in Folge von Herzkrankheiten zu 0,05—0,1 innerlich und subkutan verordnet wird, jedoch noch nicht genügend erprobt ist.

Radix Alkannae. Alkannawurzel. Racine d'orcanète.

Die Wurzel von Alkanna tinctoria, einer im Orient einheimischen Boraginee. Sie enthält einen rothen Farbstoff, den man Alkannin, Anchusin oder Alkannaroth nennt. Derselbe ist in Wasser unlöslich, löst sich aber in Alkohol, Äther und fetten Ölen und verleiht letzteren eine schöne rothe Farbe. Alkalien färben ihn blau.

Man benutzt diesen Farbstoff zum Färben von Salben, Pomaden, Haarölen, Mundwässern, Tincturen etc.

Radix Apocyni. Kanadische Hanfwurzel. Chanvre de Canada.

Die Wurzel von Apocynum cannabinum, einer nordamerikanischen Apocynee. Als wirksames Princip dieser nach Art der Digitalis wirkenden Droge gilt das Apocynin, ein glykosidischer Körper. Wird als Diureticum bei Hydrops in Folge Morbus Brightii zu 1,0—2,0 mehrmals täglich im Dekokt angewendet. Nach grösseren Gaben tritt Erbrechen und Durchfall ein.

Radix Arnicae. Arnikawurzel. Racine d'arnica.

Wirkung wie Flores Arnicae (siehe daselbst) nur schwächer.

Radix Artemisiae. Beifusswurzel. Racine d'armoise. Mugwort root.

Von Artemisia vulgaris (Composite). Enthält Harz und ätherisches Öl. Wurde früher häufig gegen Epilepsie angewandt, ist jedoch jetzt kaum mehr in Gebrauch. Verabreichung in Pulverform zu 0,5—4,0 mehrmals täglich oder im Infus oder Dekokt 5,0—10,0 : 150,0, auch in Species.

1485) ℞ Rad. Artemisiae 25,0
Rad. Valerian.
Flor. Chamomill. āā 15,0
Cort. Cinnamom. 10,0.
M. f. species. D. S. 1—2 Esslöffel zum Aufguss einer Tasse. 3 × tägl. zu nehmen.

1486) ℞ Decoct. Rad. Artemisiae (15,0) 250,0
Kalii bromat. 50,0.
M. D. S. 3 × tägl. 1 Esslöffel.
(Epilepsie.)
(Eichhorst.)

Radix Asari. Rhizoma Asari. Haselwurzel. Cabaret.

Der Wurzelstock von Asarum Europaeum. Riecht kampferartig und schmeckt wie Pfeffer. Enthält ein Terpen und eine kampferähnliche Substanz. Die gepulverte Wurzel reizt zum Niesen und innerlich gegeben, erregt sie Erbrechen und Durchfall. Wird als Niesmittel zu 0,1—0,2 bei Kopfweh gegeben. Innerlich als Brechmittel (für Potatoren) zu 0,5—1,0 in Pulvern oder Infus.

Radix Bardanae. Klettenwurzel. Racine de glouteron.

Die Wurzel von Lappa officinalis, der bei uns häufig vorkommenden Klette. Sie enthält Inulin, Gerbstoff und Zucker; war früher Bestandtheil der Species Lignorum und galt als ein besonders günstig wirkendes Mittel bei chronischen Hautkrankheiten, Syphilis und Skrophulose. Noch heute wird das Klettenwurzelöl vielfach gegen das Ausfallen der Haare angewendet.

Wird in Form von Thee, meist in Verbindung mit Rad. Sassaparill. oder Fol. Sennae, auch im Dekokt 10,0—20,0 : 150,0 genommen.

Radix Belladonnae. Belladonnawurzel. Racine de belladonne.

Die Wurzel von Atropa Belladonna (Solanee), welche von 2—3jährigen wildwachsenden Pflanzen im Frühling oder Herbst gesammelt und ohne Schälung sorgfältig getrocknet wird. Sie kommt meist der Länge nach gespalten im Handel vor und enthält 0,2—0,5 % Atropin. Bezüglich der Wirkung und Anwendung siehe Atropin.

Dosis. Innerlich zu 0,01—0,05 mehrmals täglich in Pulver, Pillen oder Infus. Pharm. Helvet. gestattet als

Grösste Einzelgabe 0,1! — Grösste Tagesgabe 0,5!

Äusserlich zu Umschlägen im Infus (1,0—5,0 : 150,0).

1487) ℞ Pulv. Rad. Belladon.
Pulv. Rad. Ipecacuanh. āā 0,1
Sulfur. dep. 2,0
Sacch. lactis 0,6.
M. f. pulv. Divide in part aeq. No. 8.
S. Täglich 4 × 1 Pulver in Zuckerwasser.
(Bei Keuchhusten 3—4jähriger Kinder.)
(Kopp.)

Radix Gelsemii. Gelsemiumwurzel. Racine de gelsemium.

Der unterirdische Theil von Gelsemium nitidum, einer in den südlichen Staaten Nordamerikas vorkommenden Kletterpflanze. Die Droge enthält eine sehr stark wirkende Substanz (Gelsemin), die den Blutdruck, die Reflexerregbarkeit und Sensibilität herabsetzt und Schwindel und Mydriasis erzeugt. Dient zur Herstellung der

Tinctura Gelsemii, von der mehrmals täglich 10—15 Tropfen (gegen Neuralgien) gegeben werden.

Grösste Einzelgabe 1,0! — Grösste Tagesgabe 5,0! (Pharm. Helv.)

Radix Helenii. Radix Inulae. Alantwurzel.

Der Wurzelstock und die Wurzeläste von Inula Helenium (Composite). Die Droge riecht aromatisch und schmeckt bitter. Sie gilt seit den ältesten Zeiten als Anregungsmittel der Sekretion der Bronchien und anderer Absonderungen und wurde früher häufiger als Expektorans, Diureticum und Diaphoreticum verordnet. Als Bestandtheile enthält sie Pflanzenschleim, Helenin und (bis 44 %) Inulin. — Man giebt bei katarrhalischen Affektionen 1,0—2,0 mehrmals täglich in Pulver oder im Infus (10,0—15,0 : 150,0). Gewöhnlich wird

Extractum Helenii (siehe daselbst) verordnet, welches auch ein Hauptbestandtheil der

Pilulae bechicae Heimii (siehe daselbst) ist.

Radix Hellebori viridis. Grüne Nieswurzel. Racine d'ellébore.

Die Wurzeln von Helleborus viridis (Ranunculacee), welche schon in den ältesten Zeiten als Heilmittel bekannt und von Hippokrates gegen die verschiedensten Formen von Geisteskrankheiten angewendet wurden. Die Droge enthält zwei Glykoside: Helleboreïn und Helleborin, welche beide stark toxische Eigenschaften besitzen. Nach Marmé beeinflusst Helleboreïn das Herz in ähnlicher Weise wie Digitalin und wirkt stark reizend auf Magen- und Darmschleimhaut. Helleborin dagegen wirkt mehr auf Gehirn und Medulla oblongata, indem es Betäubung und Anästhesie hervorruft.

Wegen seiner gefährlichen Wirkungen findet Helleborus kaum mehr therapeutische Verwendung. Früher gab man es zu 0,02—0,3 mehrmals täglich in Pulver oder Pillen, und auch in Form der

Tinctura Hellebori viridis (1 Rad. Helleb. auf 10 Spirit. dil.) zu 5—10 Tropfen mehrmals täglich.

Radix Pyrethri. Bertramwurzel. Racine de pyrèthre.

Die Wurzel von Anacyclus officinarum (Composite). Beim Kauen ruft dieselbe im Munde ein Gefühl von Brennen hervor und regt die Speichelabsonderung an. Diese Erscheinung kommt durch ein in der Wurzel enthaltenes ätherisches Öl und einen harzartigen Stoff (Pyrethrin) zu Stande. Grössere Dosen, innerlich genommen, können eine toxische Gastroenteritis bewirken.

Die Droge wird daher nur äusserlich bei Mundaffektionen, Zahnweh, Zungenlähmung etc. gebraucht. Sie ist Bestandtheil der Pilulae odontalgicae und der Tinctura Spilanthis comp. Man verordnet äusserlich als Mund- oder Gurgelwasser ein Infus von 5,0—10,0 : 150,0.

Radix Saponariae. Seifenwurzel. Racine de saponaire.

Die Wurzel von Saponaria officinalis (Caryophyllacee). Sie enthält Saponin, das nur in geringer Menge resorbirt wird. Die Droge wird nur noch selten bei chronischen Hautkrankheiten, Syphilis und Skrophulose in Form von Species zu 5,0—10,0 pro die oder als Dekokt 5,0—15,0 : 150,0 verordnet.

Radix Serpentariae. Schlangenwurzel. Racine de serpentaire de Virginie.

Der Wurzelstock der in Nordamerika einheimischen Aristolochia Serpentaria. Enthält ein ätherisches Öl, Harz und Bitterstoffe. Die Droge hat einen an Baldrian erinnernden Geruch und kampferartigen Geschmack. Sie hat excitirende Eigenschaften, bewirkt jedoch in grösseren Dosen Übelkeit und Erbrechen. Wird deshalb kaum mehr angewandt. Bei den Indianern galt sie früher als ein Heilmittel gegen Schlangenbisse, daher der Name Schlangenwurzel.

Dosis: 0,5—1,5 in Pulver oder im Infus 5,0—15,0 : 150,0.

Radix Sumbul. Sumbulwurzel. Moschuswurzel.

Eine wegen ihres starken Moschusgeruches ausgezeichnete, von Euryangium Sumbul (Ferulacee) stammende Wurzel. Sie enthält ein ätherisches Öl, Harze und Extraktivstoffe. Wurde früher (wie Moschus) als excitirendes Mittel, besonders bei Cholera, Typhus und Delirium tremens verordnet. Man gab Sumbul zu 0,5—1,5 mehrmals täglich in Pulver oder im Infus 10,0—15,0 : 200,0 (2stündlich 1 Esslöffel).

Resina Draconis. Sanguis Draconis. Drachenblut.

Ist der eingedickte Saft aus den Früchten von Daemonorops Draco, einer ostindischen Palmenart. Enthält ein rothes Harz und Benzoësäure und wird nur noch äusserlich als färbender Zusatz zu Zahnpulvern und Pflastern benutzt. Wurde früher auch als Adstringens bei Diarrhoe innerlich zu 0,3—0,5 in Pulvern gegeben. Ist Bestandtheil von Pulvis arsenicalis Cosmi.

Resina Guajaci. Guajakharz. Résine de gaïac.

Das auf verschiedene Weise aus dem Stamme von Guajacum officinale, eines auf den Antillen vorkommenden Baumes (Zygophyllee) erhaltene Harz. Dasselbe bildet dunkelgrüne bis dunkelbraune, leicht zerreibliche Stücke von der Grösse einer Hasel- oder Walnuss. In Berührung mit oxydirenden Substanzen wird es blau oder grün. Es schmilzt bei 85—90° und löst sich in Alkohol, Äther, Ätzalkalien und Kreosot. Mit Wasser lässt es sich unter Zusatz von Gummi arabicum zu einer Emulsion anreiben, deren Färbung wechselt. Das Guajakharz besteht zu $^4/_5$ aus krystallisirbarer Guajakharzsäure und aus amorpher Guajaconsäure. Bezüglich der Wirkung sei auf Lignum Guajaci verwiesen. Anwendung findet Guajakharz zuweilen bei chronischen Hautaffektionen, Syphilis und Skrophulose, sowie bei Gicht und chronischem Rheumatismus.

Dosis 0,2—0,5 mehrmals täglich in Pulver, Pillen oder auch in Form einer Emulsion oder alkolischen Lösung. Man stellt auch eine Tinktur dar:

Tinctura Guajaci (Res. Guaj. 1, Spirit. 5). Zu 20—30 Tropfen mehrmals täglich.

Tinctura Guajaci ammoniata (3 Res. Guaj., 10 Spirit. und 5 Liq. Ammon. caust.). Zu 10—20 Tropfen mehrmals täglich.

1488) ℞ Resin. Guajac.
Pulv. Rad. Rhei āā 4,0
Extr. Taraxaci q. s.
ut f. pilul. No. 60.
D. S. 3 × tägl. 5—10 Pillen.
(Gicht und Rheumatism. chron.)

1489) ℞ Resin. Guajac.
Sacch. alb. āā 10,0
Gummi arab. 7,5.
F. c. Aq. dest. q. s.
emulsio 600,0.
D. S. 3—4 × tägl. 1—4 Esslöffel.
Mixtura Guajac. (Br. P.)

1490) ℞ Tinct. Guajaci 10,0
Tinct. Hyoscyam. 5,0.
M. D. S. Morgens und Abends 15—25 Tropfen.
(Bei Magenkrampf, Gesichtsschmerz etc.)

Resina Pini. Pix sive Resina burgundica. Fichtenharz. Galipot. Burgundy Pitch. Resina di pino.

Das gereinigte und von Wasser zum grössten Theile befreite Harz verschiedener Tannenarten. Seiner wechselnden Zusammensetzung nach besteht es aus einem Gemenge von Harzsäure mit ätherischem Öl und Wasser. Es stellt eine gelbe, spröde Masse von terpentinartigem Geruche dar, die in der Kälte brüchig ist und bei Handwärme erweicht. Schmilzt bei 100° zu einer nahezu klaren Flüssigkeit und ist in Alkohol löslich.

Wurde früher zuweilen innerlich zu 1,0—2,0 mehrmals täglich bei Hautkrankheiten und Gonorrhoe verordnet. Wird nur noch äusserlich (rein oder mit 2—3 Th. Wachs) zu reizenden Salben und Pflastern angewendet.

Resina Scammoniae. Scammoniaharz. Résine de scammonée.

Wird aus Rad. Scammoniae dargestellt, bildet ein grünes, in Weingeist lösliches Harz, das wesentlich aus Jalapin besteht und drastisch wirkt. Man giebt es zu 0,1—0,3 in Pulver, Pillen oder Emulsion.

1491) ℞ Resin. Scammon.
Rad. Rhei āā 1,0
Elaeosacch. Anis. 0,4
M. f. pulv. Divide in part. aeq. III.
D. ad chart. cerat.
S. 1 Pulver zu nehmen.
(Starkes Abführmittel.)
(Behrends.)

1492) ℞ Colocynth. praep.
Gutti
Sapon. jalapin.
Resin. Scammon. āā 1,0.
M. f. pilul. No. 30.
Consp. Lycopod.
Morgens u. Abends 1 Pille zu nehmen.

Resina Thapsiae. Thapsiaharz. Résine de thapsia.

Aus der Wurzelrinde von Thapsia Garganica, einer in Algier vorkommenden Umbellifere gewonnenes Harz. Innerlich genommen, wirkt dasselbe schon in Dosen von 0,01—0,03 abführend. Bei äusserlicher Applikation verursacht es Hautröthung und Blasenbildung.

Es wird nur äusserlich zu ableitenden, epispastischen Pflastern (Sparadrap de Thapsia) verwendet.

Resorbin. Eine neu empfohlene Salbengrundlage, aus Mandelöl und Wachs durch Emulgiren mit Seifenlösung u. a. bereitet. Quecksilberresorbin zur Schmierkur enthält $33^1/_2{}^0/_0$ Hg.

Resorcinol. Rothbraunes Pulver, das aus Resorcin und Jodoform besteht. Antisepticum. Ersatzmittel für Jodoform.

Rhizoma Curcumae. Kurkuma. Gelbwurzel.

Das Rhizom von Curcuma longa, einer in Ostindien und China einheimischen Scitaminee. Enthält ätherisches Öl und einen gelben Farbstoff (Curcumin). Findet nur als Färbemittel und zur Bereitung eines Reagenspapiers Anwendung. Der hellgelbe Farbstoff wird von Alkalien und Borsäure gebräunt.

Rhizoma Graminis. Queckenwurzel. Graswurzel. Chiendent. Couchgrass. Gramigna.

Der im Frühjahr ausgegrabene, von den Wurzeln befreite Ausläufer von Agropyrum repens (Triticum repens). Er ist längsfurchig, aussen schwachglänzend, strohgelb, innen weisslich, von süsslichem Geschmacke, stets stärkefrei und enthält leicht in Zucker übergehenden Schleim. Wird als reizmilderndes Mittel bei Erkrankungen der Harnwege im Dekokt (50,0—100,0 : 1000,0) oder auch in Form von Species zum Getränk bei fieberhaften Zuständen verordnet.

Extractum Graminis, dickes, braunes in Wasser lösliches Extrakt. Wird zu 1,0—2,0 mehrmals täglich in Lösung oder Pillen gegeben, dient auch als Pillenkonstituenz.

1493) ℞ Rhizom. Gramin.
Rad. Althaeae
Rad. Liquirit. āā 20,0.
Conc. M. f. species. S. Zum Thee. 1 Esslöffel auf $^1/_2$ Liter Wasser $^1/_4$ Sunde lang zu kochen.
(Zum Getränk bei Husten und Fieber.)

Rhizoma Tormentillae. Tormentillwurzel. Blutwurzel.

Ist das Rhizom von Tormentilla Potentilla (Rosacee), das reichlich Gerbsäure und auch ein ätherisches Öl enthält. Wird als adstringirendes Mittel innerlich bei Diarrhoe und Dysenterie zu 0,5—1,0 mehrmals täglich in Pulver oder im Dekokt (5,0 : 15,0 : 150,0) und äusserlich zu adstringirenden Mund- und Gurgelwässern bei Angina gleichfalls im Dekokt angewendet.

Rhynalgin. Aus Alumnol, Menthol, Ol. Valerianae und Ol. Cacao bestehende Stäbchen, zum Einführen in die Nase bei Schnupfen.

Ricin ist ein sehr giftiger Eiweisskörper, ein ungeformtes Ferment, das aus dem Samen von Ricinus communis isolirt worden ist und zu Vergiftungen Veranlassung gegeben hat.

Rotterin oder Rotter'sche Pastillen, nach Angabe von Dr. Rotter aus verschiedenen Antisepticis zusammengesetzt, besteht aus: Zinc. sulfocarbolic., Zinci chlorat. āā 1,25. Acid. boric. 1,0. Acid. salicyl. 0,3. Acid. citrici 0,05. Thymoli 0,1. Natr. chlorat. 0,12. Zum Gebrauche in 1 Liter Wasser zu lösen. Diese Flüssigkeit ist ein verhältnissmässig ungiftiges und mildes Desinfektionsmittel.

Rubidium-Ammonium-Bromid. $RbBr + 3NH_4Br$.

Gelblich-weisses, krystallinisches, in Wasser leicht lösliches Pulver. Von Laufenauer bei Epilepsie (in folgender Lösung: Rubid.-Ammon.-Brom. 6,0 : 180,0. Sirup. Citri 20,0) empfohlen. Dosis wie Kal. bromat. Theuer.

Saccharinum. Benzoësäure-Sulfinid.

$$C_6H_4 < {CO \atop SO_2} > NH.$$

Dieses vor etwa 11 Jahren von Fahlberg aus dem Toluol dargestellte Präparat zeichnet sich vor allem durch seine starke Süssigkeit aus. Es ist ungefähr 300 mal süsser als Zucker, und da es kein Kohlehydrat, sondern ein Derivat der aromatischen Reihe ist, hat man es Diabetikern als Ersatzmittel für Zucker zum Süssen der Nahrungsmittel gegeben. Saccharin ist ein weisses, in kaltem Wasser schwer lösliches Pulver, in Alkohol, Äther und Alkalien löst es sich leichter. Es besitzt auch in mässigem Grade antiseptische Eigenschaften und wird vom Organismus, den es unverändert passirt, gut vertragen. Man giebt Diabetikern zum Süssen einer Tasse Thee oder Kaffee 0,05 (am besten in Tablettenform).

Man hat auch Verbindungen des Saccharins mit Alkaloiden dargestellt, um deren bitteren Geschmack zu korrigiren wie

Chininum saccharinicum, Strychninum saccharinicum etc.

1494) ℞ Saccharin. 3,0
Natrii carbon. sicci 2,0
Manniti 50,0.
Fiant pastilli No. 100.
(Saccharin-Tabletten)
1 Pastille genügt zum Versüssen 1 Tasse Thee.

1495) ℞ Saccharin. 10,0
Natrii carbon. cryst. 11,0
Aq. dest. ad 1000,0.
(Saccharin-Sirup.)
(B. Fischer.)

1496) ℞ Saccharin. 1,0
Spirit. Vini 50,0.
D. S. 1 Kaffeelöffel auf 1/2 Glas Wasser, damit 5 × tägl. zu pinseln.
(Soor.)

Salacetolum. $C_6H_4<^{OH}_{COO.CH_2CO.CH_3}$.

Das Salacetol ist erst in jüngster Zeit dargestellt und von Bourget zur therapeutischen Verwendung empfohlen worden. Es ist der Salicylsäureester des Acetols und wird dargestellt durch Erhitzen von Monochloraceton mit salicylsaurem Natron. Es krystallisirt aus Alkohol in Schuppen oder feinen, weissen Nadeln und schmilzt bei 71° C. In Wasser ist es schwer löslich. Wirkt ähnlich wie Salol und leistet besonders bei Gelenkrheumatismus (akutem und chronischem), sowie bei Sommerdiarrhöen gute Dienste. Man giebt 2,0 bis 4,0 pro die in Pulverform bei Gelenkrheumatismus, als Darmdesinficiens 2,0—3,0 in 20,0—30,0 Oleum Ricini. Kleineren Kindern so viele Decigramme wie sie Jahre zählen.

Salicinum. $C_{13}H_{18}O_7$.

Ein in den Weidenrinden vorkommendes Glykosid, das farblose, bitter schmeckende, in 28 Th. Wasser lösliche Krystalle darstellt. Früher wurde es an Stelle von Chinin gegen Intermittens angewendet. In neuerer Zeit wird es bei fieberhaften Erkrankungen (Typhus, Phthisis pulm.) als Antipyreticum gegeben. Es ist auch gegen akuten Gelenkrheumatismus versucht worden, bietet aber vor den neueren Salicylsäurepräparaten keine Vortheile. Es wird zu 0,5—1,0 mehrmals täglich in Pulverform (Oblaten) gegeben.

Salicylacetol = Salacetol.

Salicylaldehyd-p-Phenetidin = Malakin.

Salicylamid. Salicylsäureamid. $C_6H_4(OH)CO.NH_2$.

Bildet sich bei Einwirkung von trockenem Ammoniak auf Salicylsäuremethylester als farbloses oder gelbliches, geruch- und geschmackloses, in Wasser schwer lösliches Krystallpulver. Wirkt ähnlich wie Natrium salicylicum bei akutem Gelenkrheumatismus und Neuralgien. Wird jedoch in kleinerer Dosis, zu 0,2—0,3 mehrmals täglich in Pulverform gegeben.

Salicylsäure-Acetparamidophenolester = Salophen.

Saligenin. $C_6H_4<^{OH}_{CH_2OH}$.

Das Saligenin, das bisher nur als Spaltungsprodukt des Salicins erhalten werden konnte, ist neuerdings auch auf synthetischem Wege aus Phenol und Formaldehyd dargestellt und therapeutisch an Stelle von Natrium salicylicum bei akutem Gelenkrheumatismus (Walter) mit Erfolg versucht worden. Es bildet farblose, in Wasser und Alkohol lösliche Krystalle. Saligenin wird in Dosen von 0,5—1,0 2stündlich bis stündlich in Pulver oder alkoholisch-wässeriger Lösung gegeben.

1497) ℞ Saligenin. 4,0
Spirit. 50,0
Aq. dest. ad 200,0.
M. D. S. Stündlich 1—2 Esslöffel zu nehmen.
(Akuter Gelenkrheumatismus.)

Salinaphthol = Betol.

Salipyrin. Antipyrinum salicylicum. $C_{11}H_{12}N_2O.C_7H_6O_3$.
Eine Verbindung von Salicylsäure und Antipyrin. Weisses, in Wasser schwer, in Alkohol leicht lösliches Pulver. Zu gleichem Zwecke wie seine Komponenten verordnet (besonders bei Influenza). Als Antifebrile in doppelter Dosis wie Antipyrin zu geben, d. h. 1,0—2,0 mehrmals täglich.

1498) ℞ Salipyrini 6,0
Glycerini 14,0
Sirup. Rub. Idaei 30,0
Aq. dest. 40,0.
M. D. S. $^1/_4$—$^1/_2$stündl. 1 Esslöffel. (Hennig.)

1499) ℞ Salipyrini 1,0.
D. t. dos. X.
S. Stündl. 1 Pulver zu nehmen, bis 3 verbraucht sind.

Salocollum. Phenocollum salicylicum. Phenocollsalicylat.
Dieses Präparat, das durch Zusammenbringen von Salicylsäure und Phenocoll entsteht, soll die Eigenschaften seiner beiden Komponenten vereinigen. Es bildet ein weisses, in Wasser schwer lösliches Pulver und wird bei Gelenkrheumatismus, Fieber und Neuralgien zu 1,0—2,0 mehrmals täglich in Pulverform gegeben.

Salophen. Acetylparamidosalol. $C_6H_4(OH)CO_2.C_6H_4NH.COCH_3$.
Weisses, geruch- und geschmackloses, in Wasser unlösliches Pulver. Enthält 51% Salicylsäure. In Tagesdosen von 4,0—6,0 bei akutem Gelenkrheumatismus, Influenza, Neuralgien.

1500) ℞ Salopheni 1,0.
D. t. dos. VI.
S. 1—2stündl. 1 Pulver.

Saluminum insolubile. Aluminium salicylicum.
Ein feines, schwach röthliches, in Wasser unlösliches Pulver, das durch Fällen einer Thonerdesalzlösung mit salicylsaurem Salz dargestellt wird. Dasselbe wirkt adstringirend und etwas reizend. Es wird zu äusserlichen Zwecken, besonders bei Affektionen der Nase (Ozaena) und des Kehlkopfes zu Einblasungen benutzt. (Heymann.)

Saluminum solubile. Aluminium salicylicum ammoniatum.
Wird durch Behandeln von Saluminum insolubile mit Ammoniak gewonnen und stellt ein gelblichweisses, in 9 Th. Wasser lösliches Pulver dar. Wirkt stärker reizend als das unlösliche Pulver und dient zu Einblasungen in die Nase und zu Pinselungen des Pharnyx (in Wasser oder Glycerin gelöst) bei chronischem Rachenkatarrh.

Sambucin ist (nach Lémoine) ein aus der vom Korke befreiten Rinde von Sambucus nigra dargestelltes Fluidextrakt. Dasselbe wirkt stark diuretisch.

Sandaraca. Resina Sandaraca. Sandarak.

Ist das aus der Rinde von Callitris quadrivalvis, einer in Nordafrika einheimischen Conifere, ausfliessende Harz. Dasselbe verbreitet beim Verbrennen einen angenehmen Geruch und wurde früher zu Räucherungen bei rheumatischen Affektionen benutzt. Gegenwärtig dient es nur noch als Zahnkitt, indem es in Verbindung mit Mastix (in Alkohol gelöst) zum Verschluss hohler Zähne verwendet wird.

Sanoform ist der Dijodsalicylsäuremethylester. Stellt ein aus weissen Nadeln bestehendes geruch- und geschmackloses Pulver dar, das 62,7 % Jod enthält und in Alkohol ziemlich leicht löslich ist. Wird als Ersatzmittel für Jodoform (Arnheim) in Form von Pulver, 10 % Salben und Gaze empfohlen.

Santoninoxim. Wird durch Einwirken von Santonin auf Hydroxylamin. hydrochl. gewonnen und stellt ein farbloses, in Wasser unlösliches, krystallinisches Pulver dar. Dasselbe soll als Anthelminthicum so günstig wie Santonin wirken und dabei weniger giftig sein. Die Dosis für Erwachsene beträgt 0,1—0,3 in Pulverform. Kindern von 2—3 Jahren giebt man 0,05. Bis zum Alter von 9 Jahren soll die Dosis allmählich auf 0,15 steigen.

Sapo centrifugatus. An Stelle von Sapo medicatus, weil allein sicher neutral und reizlos. Geeignet als Grundlage für medicinische Seifen.

Sapo terebinthinatus. Terpentinölseife.

Besteht aus Sapo oleac. 6, Ol. Terebinth. 6 und Kali carb. dep. 1 und bildet eine weisse salbenartige Masse, die zu reizenden und erweichenden Einreibungen benutzt wird.

Saprol (σαπρός faul). Ist ein Gemisch von rohen Kresolen mit Kohlenwasserstoffen und stellt eine dunkelbraune, auf Wasser schwimmende, ölige Flüssigkeit dar, die sich in 1 % Lösung zum Desinficiren von Abtritten und Düngergruben eignet.

Scammonium. Skammonium. Scammonée. Scamonea.

Ist der durch Anschneiden der Wurzel von Convolvulus Scammonia gewonnene, gummiharzige Milchsaft. Scammonium bildet kleine, unregelmässige kantige Stücke oder platte, rundliche Kuchen von dunkelgrauer Farbe, eigenthümlichem Geruche und kratzendem Geschmacke. Das grünlichgraue Pulver liefert beim Anreiben mit Wasser eine graue Emulsion. Wirkt abführend und gehört zu den Drasticis, die nicht mehr häufig angewendet werden. Dosis 0,05—0,1 mehrmals täglich in Pulver, Pillen oder Emulsion. Pharm. Helv. gestattet als

Grösste Einzelgabe 0,2! — Grösste Tagesgabe 0,5.

Semen Cucurbitae. Cucurbita maxima. Kürbissamen. (Bandwurmmittel.) 50—100 frische, von ihrer Hülle befreite italienische Kürbiskerne werden mit Zucker verrieben und (nach vorhergegangenem längeren Fasten) mit Milch oder Wasser auf einmal genommen. Darauf eine Dosis Ricinusöl. Die einheimischen Kürbissamen sind bezüglich der wurmtreibenden Wirkung unzuverlässig.

Semen Cydoniae. Quittenkern. Semence de coing. Quince seed. Seme di cotogna.

Der getrocknete Same von Cydonia vulgaris. Derselbe enthält in der Aussenschicht bis 20 % Pflanzenschleim und dient zur Bereitung von

Mucilago Cydoniae, der zuweilen äusserlich zu Augenwässern benutzt wird.

Semen Hyoscyami. Bilsenkrautsamen. Jusquiame noire.

Die kleinen, reifen, bis 1,5 mm langen, rundlich nierenförmigen Samen von Hyoscyamus niger (Solanee). Dieselben enthalten als wirksamen Bestandtheil Hyoscyamin und Hyoscin. Wirkung und Anwendung wie Folia Hyoscyami.

Dosis. 0,05—0,1—0,2 mehrmals täglich in Pulver, Pillen oder Emulsion.

1501) ℞ Sem. Hyoscyam. 0,5
Sem. Papaveris 20,0
F. emuls. c. Aq. dest. 150,0
Sirup. Papaveris ad 200,0.
M. D. S. Stündl. 1 Esslöffel.
(Schlaflosigkeit, Neuralgie.)

Semen Kola. Nuces Kola. Kolanuss. Noix de kola.

Die Samen von Sterculia acuminata, einer afrikanischen Sterculiacee. Dieselben enthalten etwa 2% Coffeïn und 0,5% Theobromin und dienen in ihrer Heimath als excitirendes Kaumittel und Nervinum. In neuerer Zeit wird die Droge auch gegen Migräne, gegen Hydrops und Herzkrankheiten angewendet. Sie wird auch in Form eines Fluidextraktes und einer Tinktur (zu 15—20 Tropfen mehrmals täglich), sowie als Vinum Kola, Kolachokolade und Kolabiscuits in den Handel gebracht.

Semen Quercus tostum. Glandes Quercus tostae. Eichelkaffee.

Die reifen Samen von verschiedenen Quercusarten (Eicheln) werden getrocknet und in einer Kaffeetrommel bei fortwährendem Umdrehen geröstet. Nach dem Erkalten werden sie gepulvert. Das Pulver ist bräunlich, von schwach brenzlichem Geruch und herbem Geschmack. Der Eichelkaffee ist beim Volke als Mittel gegen Rachitis und Skrophulose beliebt. Er wird als Getränk im Aufguss etwa ½ Esslöffel auf 1 Tasse heissen Wassers gegeben, gewöhnlich unter Zusatz von etwas Kaffee. Ein beliebtes und in neuerer Zeit häufig verordnetes Präparat ist:

Eichelcacao (Dr. Michaelis'). Tonisirendes Nährmittel. Bei chronischer Diarrhoe (von Kindern und Erwachsenen). Als Antidiarrhoicum mit Wasser, als Nutriens mit Milch zu kochen. Zweckmässiger Ersatz für Kaffee und Thee.

Semen Sabadillae. Sabadillsame. Semence de cévadille.

Der Same von Schoenocaulon officinale. Derselbe ist 2—8 mm lang, 1,5—2 mm dick, glänzend braunschwarz und enthält als wirksame Bestandtheile mehrere sehr toxische und örtlich reizende Pflanzenbasen. Näheres hierüber unter Fructus Sabadillae.

Semen Stramonii. Semen Daturae. Stechapfelsame. Semence de stramoine. Stramonium seed. Seme di stramonio.

Der Same von Datura Stramonium (Solanee). Er ist flachgedrückt, nierenförmig, annähernd 4 mm lang und 1 mm dick, braun bis braunschwarz. Der Geschmack ist ölig, bitter und scharf. In dem Samen findet sich Daturin = Hyoscyamin, Hyoscin und Atropin. Wirkung und Anwendung wie Folia Stramonii.

Dosis. 0,02—0,1 2—3 mal täglich in Pulver oder Pillen.

Präparate: **Tinctura Stramonii** (1 : 10), mehrmals täglich 5 bis 10 Tropfen, und

Extractum Stramonii fluidum, dessen Maximaldose (nach Pharm. Helv.) Einzelgabe 0,05 und Tagesgabe 0,15 beträgt.

Serum Lactis. Molken. Petit lait.

Die nach Abscheidung des Caseïns und Fettes aus der Milch zurückbleibende wässerige, grünlichgelbe Flüssigkeit nennt man Molke. Man darf demnach die Molke als eine wässerige Lösung von Milchzucker und Alkalisalzen (den Salzen der Milch) betrachten. Die Molken werden zu therapeutischen Zwecken aus frischer Milch unter Zusatz von Lab gewonnen und dienen in verschiedenen Kuranstalten und Badeorten zur methodischen Kur. Sie werden bei chronischen Lungenaffektionen, Skrophulose, Anämie etc. verordnet, haben nur sehr wenig ernährende Eigenschaften und dienen mehr als schleimlösendes Getränk. Sie führen leicht ab.

Gewöhnlich werden die Molken morgens warm getrunken, indem man mit 1 (100 ccm) oder 2 Bechern beginnt und allmählich bis auf 1 Liter und darüber steigt. — Bei Verdauungsstörungen ist die Molkenkur contraindicirt.

Werden die Molken aus der frischen Milch durch Zusatz von Lab bereitet, so nennt man sie süsse Molken. Saure Molken dagegen heissen sie, wenn sie durch Zusatz von Weinstein, Tamarinden, Alaun, Essig oder Citronensaft bereitet werden.

Serum Lactis acidum. Saure Molken.

Auf 100 Th. Kuhmilch kommt 1 Th. Tart. dep. Die sauren Molken führen stärker ab als die süssen.

Serum lactis aluminatum. Alaunmolken.

100 Th. bis zum Aufkochen erwärmter Kuhmilch wird 1 Th. Alaun hinzugefügt. Sie wirken stopfend.

Serum Lactis tamarindinatum. Tamarinden-Molken.

4 Th. Pulpa Tamarind. werden 4 Th. erwärmter Milch zugesetzt.

Simulo. Frucht von Capparis corriacea, aus deren Samen die

Tinctura Simulo hergestellt wird. Von dieser 4,0—8,0 täglich gegen Epilepsie und Hysterie empfohlen. Ohne besonderen Werth.

Sirupus Aurantii Florum. Orangenblüthensirup. Sirop de fleurs d'oranger.

Aq. Florum Aurantii 36 Th. und Zucker 64 Th. werden kalt gelöst und filtrirt (Pharm. Helv.). Ein farbloser Sirup; geschmackerregend.

Sirupus Balsami peruviani. Sirupus balsamicus.

1 Th. Bals. peruv. wird mit 11 Th. Aq. dest. übergossen und stehen gelassen. Dann werden in 10 Th. der klar abgegossenen Flüssigkeit 14 Th. Zucker aufgelöst. Der gelbliche Sirup dient als Zusatz zu expektorirenden Mixturen.

Sirupus Balsami tolutani. Sirop de Tolu.

5 Th. Bals. tolut. und 50 Th. gewaschener Sand werden auf dem Wasserbade 3 Stunden lang mit 20 Th. Wasser digerirt und kolirt. Man unterwirft den Rückstand einer zweiten gleichen Behandlung, um eine filtrirte Colatur von 36 Th. zu erhalten. Darin werden bei gelinder Wärme 64 Th. Zucker gelöst und filtrirt (Pharm. Helv.). Der Sirup ist fast farblos und klar. Er wird theelöffelweise als Expektorans gegeben oder expektorirenden Mixturen zugesetzt.

Sirupus Chamomillae. Kamillensirup.

3 Th. Flor. Chamom. werden mit 15 Th. kochendem Wasser übergossen und in 10 Th. Filtrat 18 Th. Zucker aufgelöst. Kamillensirup ist von hellbrauner Farbe. Er wird als Zusatz für krampfstillende Mixturen verordnet.

Sirupus Codeini. Kodeïnsirup. Sirop de codéine.

2 Th. Codeïn, 18 Th. Weingeist und 980 Th. Sirup simpl. (Pharm. Helv.) Von weisser Farbe. Wird theelöffelweise und als Zusatz zu hustenstillenden Mixturen verordnet.

Sirupus Croci. Safransirup.
1 Th. Crocus wird mit 24 Th. Weisswein 36 Stunden lang macerirt und in der filtrirten 22 Th. betragenden Colatur 36 Th. Zucker zu einem safrangelben Sirup gelöst. Wird theelöffelweise als beruhigendes Mittel Kindern gegeben und auch anderen Mixturen als Färbemittel zugesetzt.

Sirupus Diacodii. Extr. Opii 0,5, Aq. dest. 4,5, Sirup. simpl. 995,0. (Cod. franç.) 20,0 von diesem Sirup = 0,01 Extr. Opii.

Sirupus Foeniculi. Fenchelsirup.
10 Th. Fenchel, mit 3 Th. Spirit. durchfeuchtet, werden 1 Tag mit 50 Th. Aq. dest. macerirt und darauf aus 40 Th. Colatur mit 60 Th. Zucker 100 Th. eines braungelben Sirups bereitet. Wird theelöffelweise gegeben und dient als Zusatz zu beruhigenden und expektorirenden Mixturen (20,0 : 150,0).

Sirupus Gummi arabici. Sirupus gummosus. Sirop de gomme.
Wird (nach Pharm. Helv.) bereitet, indem 10 Th. Gummi arab., 9 Th. Wasser und 1 Th. Aq. Flor. Aurant. zu einem Schleim aufgelöst und demselben 80 Th. Sirup simpl. zugesetzt werden.
Wird bei Reizungszuständen des Magens und Darms (Diarrhoe etc.) theelöffelweise, auch als Zusatz zu verschiedenen expektorirenden und reizmildernden Mixturen (20,0 : 150,0) verordnet.

Sirupus Mori. Sirupus Mororum. Maulbeersirup. Sirop de mûre.
Aus 38 Th. Maulbeersaft und 62 Th. Zucker (Pharm. Helv.). Ein dunkelrother Sirup, der als Zusatz zu säuerlichen Mixturen benutzt wird.

Sirupus Morphini. Morphinsirup. Sirop de morphine.
Nach Pharm. Helv. 1 Th. Morphin. hydrochl. in 15 Th. Wasser und 984 Th. Sirup. simpl. gelöst. Wird theelöffelweise allein oder als Zusatz zu kalmirenden Mixturen verordnet.

Sirupus Opii. Sirupus opiatus. Opiumsirup. Sirop d'opium.
Nach Pharm. Helv. 2 Th. Extr. Opii + 998 Th. Sirup. simpl. Wird theelöffelweise mehrmals täglich, auch als Zusatz zu beruhigenden Arzneien gegeben.

Sirupus Rhoeados. Klatschrosensirup. Sirop de coquelicot.
12 Th. Flor. Rhoead. werden mit 20 Th. Wasser digerirt und in 20 Th. des Filtrats 36 Th. Zucker aufgelöst.
Ist von dunkelrother Farbe und dient hauptsächlich zum Färben säuerlicher Mixturen (20,0 : 150,0).

Sirupus Ribium. Johannisbeersirup. Sirop de groseille.
Wird aus den reifen, rothen Johannisbeeren bereitet. Ist blassroth und dient als Zusatz zu säuerlichen Mixturen.

Sirupus Sarsaparillae compositus. Sarsaparillsirup. Sirop de salsepareille.
Besteht aus Rad. Sassap., Lign. Guajac., Lign. Sassafr., Fol. Sennae, Fruct. Anisi, Zucker etc. Dieser Sirup ist von röthlichbrauner Farbe. Er wird bei Syphilis mehrmals täglich thee- bis esslöffelweise verabreicht.

Sirupus Sennae cum Manna. Besteht aus gleichen Theilen Sirup. Sennae und Sirup. Mannae.
Bei Kindern als Abführmittel theelöffelweise zu geben.

Sirupus Spinae cervinae = Sirupus Rhamni catharticae.

Sirupus Succi Citri. Citronensirup.

10 Th. frisch ausgepresster Citronensaft mit 18 Th. Zucker versetzt. Ist von gelber Farbe und dient als Zusatz zu sauren kühlenden Mixturen (20—30,0 : 150,0).

Sirupus Terebinthinae. Terpenthinsirup. Sirop de térébenthine.

Nach Pharm. Helv. sind 10 Th. Terpenthin und 100 Th. Sirup. simpl. in einem gedeckten Gefässe 3 Stunden zu digeriren und nach dem Erkalten zu filtriren. Theelöffelweise als Expektorans.

Sirupus Violarum. Veilchensirup. Sirop de violette.

Wird aus frischen Veilchen (Viola odorota) bereitet und dient als schön blau färbender Zusatz zu Arzneien.

Sirupus Zingiberis. Ingwersirup.

Aus Rhizoma Zingiberis dargestellt. Ist von brauner Farbe. Wird theelöffelweise als Stomachicum gegeben, auch als.zweckmässiges Korrigens für bittere Arzneien und Constituens für Latwerge.

Solutol.

Solutol ist eine Lösung von Kresol in Kresolnatrium und stellt eine klare, braune, alkalisch reagirende, ölige Flüssigkeit von theerartigem Geruche dar. Dieselbe ist in Wasser löslich (während die Kresole allein schwer löslich sind). In 100 ccm Solutol sind 60,4 g Kresol enthalten. Es ist ein für grobe Desinfektionszwecke (Ställe, Aborte) sehr geeignetes Präparat.

Man rührt zu 10 Liter Wasser (einer Giesskanne voll Wasser) $^1/_4$ Liter Solutol und übergiesst damit die zu desinficirenden Boden- und Wandflächen.

Solveol.

Solveol ist ein durch kresotinsaures Natrium löslich gemachtes Kresol, welches eine klare, braune, ölige Flüssigkeit von schwach theerartigem Geruche darstellt.

Als Antisepticum soll Solveol weniger giftig sein als Karbolsäure, und 0,5 procentige Solveollösungen sollen (nach Hammer) auf Mikroorganismen energischer wirken als 2—5 procentige Karbolsäurelösungen. Für chirurgische Zwecke werden 37 ccm Solveol (= 10 g Kresol) in 2 Liter Wasser gegossen und kräftig umgeschüttelt. Eine derartige Lösung entspricht einer 2—4 % Karbollösung.

Solvin. Polysolve. Natrium sulforicinicum.

Eine braune, sirupartige Flüssigkeit. Ein durch Behandeln von Ol. Ricini mit Schwefelsäure und Neutralisiren erhaltenes Produkt, das für viele in Wasser unlösliche Stoffe ein grosses Lösungsvermögen besitzt. Daher als Vehikel für innerliche Arzneien und als Salbengrundlage (in Amerika) vielfach gebraucht. Die Anwendung dieses Produktes ist jedoch wegen seiner giftigen Eigenschaften (Kobert) zu vermeiden.

Somatose.

Ist ein aus Fleisch hergestelltes Präparat, das ernährende Eigenschaften besitzt. Dasselbe ist fast peptonfrei und zeichnet sich durch einen hohen Gehalt an Albumosen (84—86 %) aus. Das schwach gelbliche Pulver löst sich leicht in Wasser und ist geruch- und geschmacklos. 5,0 Somatose sollen ihrem Nährwerthe nach 30,0 Rindfleisch gleichkommen. Es wird als Ernährungsmittel für Magenkranke und Fiebernde empfohlen.

Dosis für Erwachsene bis 30,0 pro die, für Kinder bis zu 15,0 am besten in Milch gelöst zu nehmen.

Somnal.

Ein von Radlauer als Hypnoticum in den Handel gebrachtes Präparat, ist eine sehr schlecht schmeckende Lösung von Chloralhydrat und Urethan in Alkohol. Von der farblosen Flüssigkeit werden als Einzeldosis 2,0 verabreicht.

Sozal. Paraphenolsulfosaures Aluminium. $[C_6H_4[OH)SO_3]_3Al$.

Sozal ist wie Alumnol das Aluminiumsalz einer aromatischen Sulfosäure. Es wird erhalten durch Auflösen von Alumininmhydroxyd in Phenolsulfosäure ünd bildet krystallinische Körner, die sich in Wasser, Weingeist und Glycerin leicht lösen. Sozal besitzt einen stark zusammenziehenden Geschmack und einen schwachen Phenolgeruch. Die wässerige Lösung giebt mit Eisenchlorid eine violette Färbung.

Das Mittel wurde von Girard und Lüscher auf seine antiseptischen Eigenschaften untersucht und brauchbar gefunden. Sie wandten es bei Eiterungen, tuberkulösen Geschwüren und Cystitis in 1% wässeriger Lösung an. (Zu Waschungen, Umschlägen und Injektionen.)

Sozojodolpräparate siehe Acidum sozojodolicum.

Sparteïnum sulfuricum. Sulfate de spartéine. $C_{15}H_{26}N_2 . H_2SO_4$.

Sparteïn wurde im Jahre 1851 von Stenhouse als das Alkaloid des Besenginsters, Spartium scoparium (Papilionacee) dargestellt. Sein schwefelsaures Salz bildet grosse, farblose, in Wasser leicht lösliche Krystalle. Es bewirkt Steigerung der Energie der Herzkontraktionen und Pulsverlangsamung. Die Wirkung pflegt schnell einzutreten und ziemlich lange anzuhalten.

Von Germain Sée wurde das Mittel bei verschiedenen Herzaffektionen mit Arythmie empfohlen. **Man** giebt 0,01—0,02 als Einzeldose in Pillen, Pulver oder Lösung und kann bis 0,1 pro die gehen.

1502) ℞ Spartein. sulf. 0,2
Aq. dest. 10,0.
D. S. 2—4 × tägl. 20 Tropfen
in Zuckerwasser zu nehmen.

1503) ℞ Spartein. sulf. 0,5.
Pulv. Liquirit.
Succ. Liquirit. q. s.
ut f. pilul. No. 40.
D. S. 2—4 × tägl. 1 Pille.

1504) ℞ Spartein. sulf. 0,02
Sacch. alb. 0,3.
M. f. pulv. D. t. dos. X.
S. 3 × tägl. 1 Pulver.

Species ad Gargarisma. (Fol. Althaeae, Flor. Sambuc. und Flor. Malvae vulg. werden zu gleichen Theilen gemischt.) Sie dienen zum Gurgeln bei Angina. Man infundirt 1—2 Theelöffel mit einer Tasse heissen Wassers.

Species amarae. Bittere Kräuter. Espèces amères. Nach Pharm. Helv.: Bitterklee, Cardobenedicte, Pomeranzenschale, Tausengüldenkraut, Wermuth āā.

Species gynaekologicae Martin:

1505) ℞ Cort. Frang. conc.
Fol. Sennae conc.
Herb. Millefolii conc.
Rhizom. Gramin. conc. āā 25,0.
D. S. 1 Esslöffel auf 1 Tasse Thee.
(Form. Magistr. Berol.)

Species nervinae:

1506) ℞ Fol. Trifolii fibrin. conc.
Fol. Menth. pip. conc.
Rad. Valerian. conc. āā
ad 100,0.
D. S. 1 Esslöffel auf 1 Tasse Thee.
(Form. Magistr. Berolin.)

Spermin. Nachdem Brown-Séquard gefunden, dass die gesunkenen geistigen und körperlichen Kräfte durch Applikation von Hodensaft wieder gehoben werden können, hat Poehl das wirksame Princip der Testikularauszüge im Spermin erkannt und dasselbe als Tonicum und Nervinum empfohlen. Das Sperminum-Poehl stellt ein Doppelsalz von salzsaurem Spermin und NaCl dar.

Sperminum hydrochloricum wird zu 0,01 subkutan als Tonicum und Nervinum empfohlen und eine im Handel vorkommende

Solutio Spermini Poehl, wird zu 1 ccm injicirt.

Spiritus Aetheris chlorati. Spiritus muriatico-aethereus. Versüsster Salzgeist. Chloräther. Spiritus Salis dulcis.

Stellt eine klare, farblose Flüssigkeit dar, die durch Destillation von Salzsäure, Alkohol und Braunstein gewonnen wird. Wird innerlich wie Spiritus aethereus zu 10—30 Tropfen auf Zucker als Analepticum, oft auch als Zusatz zu diuretischen Mixturen verordnet.

Spiritus antirheumaticus seu Calami:

1507) ℞ Olei Calami 0,75
Spirit. 70,0
Aq. dest. ad 100,0.
D. S. Äusserlich.
(Form. Magistr. Berol.)

Spiritus Chloroformii:

1508) ℞ Chloroformii 20,0
Spirit. camphorat. 80,0.
D. S. Äusserlich.
(Form. Magistr. Berol.)

Spiritus Kreosoti:

1509) ℞ Kreosoti 2,0
Spirit. Vini gallici ad 100,0
D. S. Theelöffelweise zu geben.
Jeder Theelöffel enthält 0,1 Kreosot.
(Form. Magistr. Berol.)

Spiritus peruvianus:

1510) ℞ Balsam. peruviani 20,0
Spirit. 40,0.
D. S. Äusserlich.
(Form. Magistr. Berol.)

Spiritus Rosmarini. Esprit de romarin.

Eine klare, farblose, nach Rosmarin riechende Flüssigkeit, die durch Destillation aus Fol. Rosmarin, Spirit. und Aqua bereitet wird und zu aromatischen Waschungen und Einreibungen dient.

Spiritus Rusci:

1511) ℞ Olei Rusci
Spirit. āā 25,0.
D. S. Äusserlich.
(Form. Magistr. Berol.)

Spiritus Serpylli. Quendelgeist. Esprit de serpolet.

Herb. Serpylli 25 Th., Wasser und Weingeist āā 75 Th. werden 24 Stunden lang macerirt und alsdann 100 Th. abdestillirt. Stellt eine klare, farblose, angenehm riechende Flüssigkeit dar, die äusserlich zu reizenden Einreibungen und Waschungen, auch als Zusatz zu Bädern, Mund- und Gurgelwässern dient.

Spiritus Vini gallici (Franzbranntwein):

1512) ℞ Tincturae aromaticae 0,4
Spirit. Aetheris nitrosi 0,5
Tinct. Ratanhiae gtt. VI.
Spirit. 100,0
Aq. dest. ad 200,0.
D. Zum Einreiben (bes. gegen Schweisse der Phthisiker.)
(Form. Magistr. Berol.)

Spongiae compressae. Pressschwämme. Éponges préparées à la ficelle

Cylinderförmige Stücke von Badeschwamm, welche nach vorheriger Reinigung und Austrocknung durch Umwinden mit Bindfaden stark komprimirt und trocken aufbewahrt werden. Sie dienen zur Erweiterung von Wundkanälen, besonders zum Einführen in den Uterus behufs Erweiterung des Cervixkanals.

Stereosol. Eine bräunliche, dicke Flüssigkeit, die sich beim Verdünnen mit Wasser milchig trübt und folgende Zusammensetzung hat: 270 Th. Lacca, 10 Th. Benzoë, 10 Th. Bals. tolutan., 100 Th. Acid. carbol. cryst., 6 Th. Ol. Cinnamom., 6 Th. Saccharin und 1 Liter Alkohol. Dieses als antiseptischer Firniss von Berlioz empfohlene Präparat soll besonders für die Behandlung kranker Schleimhäute, für Diphtherie und tuberkulöse Ulcerationen der Haut geeignet sein.

Stibium sulfuratum rubeum. Kermes minerale. Kermes. Kermès minéral.

Wird durch Behandeln von Natriumkarbonat (24 Th.) und siedendes Wasser (240 Th.) und Spiessglanz (1 Th.) bereitet. Stellt ein zartes, rothbraunes, in Wasser und Alkohol unlösliches Pulver dar. Wirkung, Anwendung und Dosis wie das officinelle Stibium sulfuratum aurantiacum.

Stigmata Maidis. Stigmata Maydis. Maisnarben.

Die Narben von Zea Mays (Graminee). Soll diuretische und steinlösende Eigenschaften besitzen und sich daher bei Nierensteinen, Harngries, Cystitis, Hydrops etc. nützlich erweisen. Man giebt das Mittel in Tisanen (1 Liter pro die) oder im Dekokt 5,0—10,0 : 150,0, auch 2—3 Esslöffel eines Extractum Stigmat. Maidis.

Stipites Dulcamarae. Bittersüss-Stengel. Tiges de Douce-amère.

Die im Herbste gesammelten Stengel von Solanum Dulcamara (Solanee). Dieselben enthalten verschiedene Bitterstoffe und auch geringe Mengen Solanin. Nach grossen Gaben können Vergiftungserscheinungen eintreten. In kleinen Dosen schreibt man ihnen expektorirende und diaphoretische Wirkungen zu und wendet sie bei chronischem Bronchialkatarrh, Asthma und Hautaffektionen an.

Man giebt 0,5—2,0 mehrmals täglich in Pillen oder im Infus und Dekokt 5,0—15,0: 150,0. — Von Extract. Dulcam. 0,5—1,0 in Lösung oder Pillen.

Strobili Lupuli. Hopfen. Houblon. Hops. Luppolo.

Der Fruchtstand von Humulus Lupulus (Urticacee). Die Blättchen, Früchtchen und die Spindel sind mit kleinen, braungelben Drüsen besetzt. Der Geruch ist eigenthümlich aromatisch und der Geschmack bitter. Man schreibt dem Hopfen narkotische Eigenschaften zu und benützt ihn äusserlich zu schmerzlindernden Kataplasmen. Mit Hopfen gefüllte Kopfkissen sollen Schlaf bringen (bei nervöser Insomnie). Innerlich wirken kleine Dosen als Amarum und Stomachicum.

Dosis. Innerlich 0,2—1,0 mehrmals täglich in Pulver oder im Infus 5,0—12,0 : 150,0. Äusserlich zu Kataplasmen nimmt man gewöhnlich zerschnittenen Hopfen in Verbindung mit Leinsamen oder Hafergrütze.

Strontium bromatum. Strontiumbromid. $SrBr_2 + 6H_2O$.

Weisses, in Wasser lösliches, krystallinisches Pulver. In den letzten Jahren ist dieses Präparat an Stelle der Bromsalze von Laborde, G. See und Dujardin-Beaumetz empfohlen worden, weil es weniger Magenbeschwerden verursachen und überhaupt besser vertragen werden soll. Es wurde bei Hyperacidität des Magens, Morbus Brightii und Epilepsie angewandt.

Dosis 2,0—4,0 täglich in wässeriger Lösung. Bei Epilepsie hat Dujardin-Beaumetz Tagesdosen bis 10,0 geben können.

1513) ℞ Strontii bromati 10,0
Aq. dest. 150,0.
M. D. S. 3 × tägl. 1 Esslöffel.
(1 Esslöffel = 1,0 Stront. brom.)

Strontium jodatum. Strontiumjodid. $SrJ_2 + 6H_2O$.

Farbloses, in Wasser sehr leicht lösliches Pulver, das sich an der Luft unter Freiwerden von Jod zersetzt. Ist an Stelle von Jodkalium und in gleicher Dosis wie dieses besonders bei Rheumatismus empfohlen worden.

Strontium lacticum. Strontiumlactat. $Sr(C_5H_5O_3)_2 + 3H_2O$.

Ein weisses, körniges, in Wasser klar lösliches Pulver. Dieses Präparat soll nach neueren Untersuchungen von C. Paul bei Nierenaffektionen die Eiweissausscheidung durch den Harn vermindern, ohne diuretisch zu wirken; auch fand Laborde, dass es als Anthelminthicum bei Bandwürmern gute Dienste leistet.

Dosis. Man giebt 2,0—3,0 zwei- bis dreimal täglich in wässeriger Lösung.

1514) ℞ Strontii lactici 30,0
Aq. dest. 250,0.
M. D. S. 2—3 × tägl. 1 Esslöffel.
(Nephritis.)

1515) ℞ Strontii lactici 20,0
Aq. dest. 120,0
Glycerini 30,0.
D. S. Morgens u. Abends 1 Esslöffel an 5 aufeinander folgenden Tagen.
(Gegen Bandwurm.)
(Laborde.)

Strophanthinum. Strophanthin.

Ein weisses, krystallinisches, in 40 Th. Wasser, in Alkohol leicht lösliches Pulver. Ist ein stickstofffreies Glykosid und der wirksame Bestandtheil von Strophanthus hispidus (siehe daselbst). Dieses stark wirkende Mittel, das an Stelle der Digitalispräparate angewendet wird, ist — da im Handel verschiedene Präparate vorkommen — nur mit grösster Vorsicht zu verordnen. Durchschnittliche Dosis $^1/_2$—1 mg in Pillen, Lösung oder subkutan. (Die subkutanen Injektionen reizen jedoch stark.)

Stypticin. Cotarninum hydrochloricum. $C_{12}H_{13}NO_3 + H_2O.HCl$.

Ist ein amorphes, gelbes, in Wasser und Alkohol leicht lösliches Pulver, das aus dem Narkotin gewonnen wird. Letzteres wird unter der Einwirkung oxydirender Agentien in eine Säure „Opiansäure“ und in eine Base „Cotarnin“ zerlegt. — In chemischer Beziehung steht das Cotarnin dem Hydrastinin nahe. Es ist Hydrastinin, in dem ein H durch das Radikal OCH_3 ersetzt ist. Diese beiden Körper besitzen auch ähnliche physiologische Eigenschaften (Freund, Gottschalk), indem Cotarnin wie Hydrastinin blutstillend wirkt.

Das salzsaure Cotarnin wird in drei- bis viermaligen täglichen Dosen von 0,05 auch bei fortgesetztem Gebrauche gut vertragen und zeigt neben der blutstillenden Wirkung (wahrscheinlich wegen seiner Abstammung vom Opiumalkaloid Narkotin) auch beruhigende und schlafmachende Eigenschaften. Es ist bei den verschiedenartigsten Uterusblutungen, bei profuser Menstruation, bei klimakterischen Blutungen, bei Myomen indicirt. Bei allen Blutungen in der Schwangerschaft und bei drohendem Abort ist es zu vermeiden (Gottschalk).

Verabreicht wird es zu 0,005—0,05 drei- bis viermal täglich in Pulverform oder Gelatineperlen, auch in subkutaner Injektion, indem 0,1—0,2 in die Glutaealmuskeln eingespritzt werden.

1516) ℞ Stypticini 0,025—0,05
D. t. Dos. No. XII.
S. 3—4 × tägl. 2 Pulver.
(Uterusblutungen.)

1517) ℞ Stypticini 1,0
Aq. dest. 10,0.
D. S. Zur subkut. Injektion.
1 Spritze in die Glutaealgegend zu injiciren.

Styracol. Cinnamylguajakol. Guajacolum cinnamylicum.

Wird dargestellt durch Einwirken von Cinnamylchlorid auf Guajacolnatrium, wobei lange, farblose, bei 130° schmelzende, in Wasser unlösliche, in Alkohol lösliche Krystallnadeln entstehen. Neu empfohlenes Antisepticum, das sich zum äusserlichen und innerlichem Gebrauche eignen soll. Innerlich bei Magen- und Darmaffektionen mit intensiven Gährungsvorgängen, ferner bei chronischer Cystitis etc. Die Dosis beträgt 1,0 mehrmals täglich in Pulverform.

Succinum. Ambra flava. Bernstein. Ambre jaune.

Das als Bernstein bezeichnete Harz stammt von vorweltlichen Fichten (Pinus succinifera) und wird besonders an der Ostseeküste gefunden. Der Bernstein enthält bis 9% Bernsteinsäure und Harz. Er dient zu Räucherungen. Die Dämpfe werden bei Asthma inhalirt.

Sucrol = Dulcin (siehe daselbst).

Succus Sambuci inspissatus. Roob Sambuci. Fliedermus. Holundermus. Rob de sureau.

Frische Beeren von Sambucus nigra werden mit ein wenig Wasser übergossen und in einer Schale erhitzt, bis sie zerplatzt sind, dann bringt man sie auf ein Sieb, um den Saft abfliessen zu lassen, der Rückstand wird ausgepresst. Der Saft wird gereinigt und, nachdem auf je 6 Theile desselben 1 Theil Zucker zugesetzt worden ist, auf dem Wasserbade zur Honigkonsistenz eingedampft (Pharm. Helv.).

Er stellt eine braune, dickliche Flüssigkeit von süsslich-saurem Geschmacke dar, die mit Wasser eine schwach trübe Lösung von violett-brauner Farbe giebt. Wirkung vergleiche Flores Sambuci. Wird als schweisstreibendes Mittel (besonders bei den sogenannten Erkältungskrankheiten) theelöffelweise als Volksmittel gegeben, auch in Mixtur 20,0—50,0 : 150,0.

Sulfaminol. Thioxydiphenylamin. $C_{12}H_9OS_2N$.

Hellgelbes, geruchloses, unlösliches Pulver. Schwefelhaltige Verbindung, die in Berührung mit den Körpersäften in Schwefel und Phenol zerfällt. Antisepticum. Ersatz für Jodoform. Wird äusserlich zu Einblasungen bei Kehlkopftuberkulose, ferner als Streupulver bei Wunden, Decubitus etc. angewendet, Kann auch innerlich (bei Cystitis) zu 0,25 mehrmals täglich gegeben werden.

Sulfur jodatum. Jodschwefel. Iodure de soufre.

Sulfur depurat. 1 Th. und Jod 4 Th. werden in einem Reagensrohre gelinde erwärmt, bis eine gleichmässige Masse entstanden ist. Dieselbe wird nach dem Erkalten zu einem feinen Pulver zerrieben.

Es ist ein grauschwarzes, metallisch glänzendes, beim Erhitzen völlig flüchtiges, in Wasser unlösliches Pulver. — Dieses leicht zersetzliche Jodpräparat wird ab und zu äusserlich bei Hautkrankheiten (Psoriasis, Ekzem) in Salbenform zu 1,0—2,0 : 10,0—15,0 Lanolin verordnet; innerlich (selten) bei chronischen Hautaffektionen und Skrophulose zu 0,02—0,1 mehrmals täglich in Pillen oder Lösung mit Glycerin.

Sumbul. Siehe Radix Sumbul.

Summitates Sabinae. Siehe Herba Sabinae.

Symphorole. Siehe Coffeinsulfosäure.

Syzigium Jambolanum. Siehe Jambul.

Tannal. Aluminium tannico-tartaricum. Gerbweinsaures Aluminium.

$$Al_2(C_4H_6O_6)_2(C_{14}H_9O_9) + 6\,H_2O.$$

Ist ein Doppelsalz von Thonerde mit Gerbsäure und Weinsäure und stellt ein bräunlichgelbes, in Wasser lösliches Pulver mit adstringirendem Geschmack dar. Wird als Adstringens zu Einblasungen in Kehlkopf und Nase an Stelle von Tannin oder Alaun empfohlen. Ebenso zu leicht adstringirenden Gargarismen (1,0 : 100,0), zu Inhalationen (30,0 : 100,0) und zu Pinselungen (2,0 : 10,0 Glycerin).

Tannalbin. Unter dieser Bezeichnung bringt die chemische Fabrik Knoll & Co. in Ludwigshafen ein von Gottlieb hergestelltes, für die Magenverdauung unzersetzlich gemachtes Tanninalbuminat in den Handel. Dasselbe ist ein schwach gelbliches, geschmackloses Pulver, das 50% Gerbsäure enthält. Es wird im Darme nur allmählich unter Abspaltung der unwirksamen Eiweisskomponenten zersetzt. Dadurch gelangt das Ganze in der Gabe enthaltene Tannin bis in den Darm und übt dortselbst seine adstringirende Wirkung aus. Seine Anwendung eignet sich bei akuter Diarrhoe, bei chronischen Darmkatarrhen, Diarrhoe der Phthisiker etc. Es wird in Pulverform zu 1,0 in 1—2stündigen Zwischenräumen, bis zu 4,0 innerhalb 24 Stunden (v. Engel) gegeben. Kindern unter 5 Jahren 0,5.

Tannigen. Diacetyltannin.

Ist ein Essigsäureester des Tannins und bildet ein gelblichgraues, geruch- und geschmackloses Pulver, das in Wasser bei etwa 50° C. zu einer fadenziehenden, hornartigen Masse erweicht. Dasselbe hat adstringirende Eigenschaften und ist (von H. Meyer und Fr. Müller) zur Behandlung von chronischen Diarrhöen empfohlen worden. Es ist messerspitzenweise oder zu 0,2—0,5 3mal täglich zu geben. Äusserlich zu Einblasungen in Nase und Kehlkopf.

1518) ℞ Tannigen 0,2—1,0.
D. t. Dos. No. X.
S. 3 × tägl. 1 Pulver in Wasser oder in Oblaten zu nehmen.
(Chron. Diarrhoe.)

Tannoform, ein lockeres, weissröthliches, in Wasser unlösliches Pulver, ist ein Condensationsprodukt aus Gallusgerbsäure und Formaldehyd. Dasselbe leistet bei Decubitus und übermässiger Schweissbildung gute Dienste. Es wird als Streupulver pur oder mit Amylum (1:4) angewendet.

1519) ℞ Tannoform. 5,0
Amyli 20,0.
D. S. ad scatulam.
S. Streupulver.

Tartarus ferratus. Ferro-Kali tartaricum. Eisenweinstein. Tartrate de fer et de potassium.

Ein amorphes, schmutzig-grünliches, allmählich braun werdendes Pulver, das sich in etwa 16 Th. Wasser löst. Wird äusserlich zur Bereitung von Eisenbädern benützt, indem man 30,0—100,0 in 1 Liter Wasser gelöst, dem Bade zusetzt. Zur innerlichen Verabreichung dient

Tartarus ferratus purus, das zu 0,5—1,0 mehrmals täglich in Lösung, Pillen oder Pastillen gegeben wird.

1520) ℞ Tartar. ferrat. pur. 6,0.
Succi Liquirit. dep.
Mucil. Gummi arab. q. s.
ut f. pilul. No. 60.
Consp. D. S. 3 × tägl. 1—4 Pillen.
(Bei Chlorose.)
(Lebert.)

Tereben. $C_{10}H_{16}$.

Wird durch Behandeln von Terpentinöl mit 5% koncentrirter Schwefelsäure gewonnen und stellt eine gelbliche, thymianartig riechende Flüssigkeit dar, die sich in Wasser wenig, in Alkohol und Äther leicht löst. Tereben wird an Stelle von Terpentinöl innerlich und äusserlich angewendet.

Innerlich zu 4—6 Tropfen mehrmals täglich; äusserlich zur Inhalation (Bronchitis putrida etc.) und zu Verbänden (mit 20 Th. Wasser).

1521) ℞ Tereben. 5,0
Aq. dest. ad 100,0.
D. S. Äusserlich zum Verbande.

Terebinthina laricina. Terebinthina veneta. Venetianischer Terpenthin. Wird durch Anbohren der Stämme von Pinus Larix gewonnen und stellt einen klaren, gelblichen bis bräunlichen, ziemlich dicken Balsam von balsamischem Geruche und bitterem Geschmacke dar. Derselbe ist in Alkohol, Benzin und Chloroform löslich und enthält neben Harz bis 25% ätherisches Öl.

Wirkung und Anwendung wie Oleum Terebinthinae.

Dosis. Innerlich zu 0,2—0,5 mehrmals täglich in Pillen oder Emulsion. Äusserlich in Klystieren (4,0—8,0) und Salben, Pflastern und Linimenten.

1522) ℞ Terebinthin. laric. 5,0
Vitell. ovi unius
Aq. Menth. pip. ad 200,0.
M. f. emulsio.
D. S. Alle 3 Stunden 1 Esslöffel.
(Cystitis.)

1523) ℞ Terebinthin. laricinae
Sapon. med.
Rad. Rhei āā 5,0.
Sirup. simpl. q. s.
ut f. electuar.
D. S. 3 × tägl. 1 Esslöffel voll zu nehmen.
(Bei Hydrops.)
(Berends.)

1524) ℞ Terebinth. laricinae 4,0
Vitell. ovi unius.
Aq. dest. 120,0.
M. f. emulsio.
D. S. Äusserlich. Zum Klystier.
(Bei Askariden.)

Terpinol. Wird durch Destillation von Terpinhydrat mit verdünnter Schwefelsäure erhalten. Farblose, nach Hyacinthen riechende Flüssigkeit. In Wasser unlöslich, leicht löslich in Alkohol und Äther. Expektorans. 0,1 in Pillen oder Capsules 5—10 mal täglich (bei Bronchialkatarrh).

1525) ℞ Terpinol.
Natrii benzoic. āā 1,0
Sacch. alb. q. s.
ut f. pilul. (oder) Capsul. No. X.
D. S. 1—2stündl. 1 Pille oder 1 Kapsel.

1526) ℞ Capsulae gelatinosae:
Terpinol. 0,1
et
Ol. Olivar. 0,3.
replet No. X.
D. S. 2stündl. 1 Stück zu nehmen.

Tetronal. Diaethylsulfondiaethylmethan.

$$\frac{C_2H_5}{C_2H_5} > C < \frac{SO_2C_2H_5}{SO_2C_2H_5}.$$

Die Bezeichnung „Tetronal" rührt von den 4 in dieser Verbindung enthaltenen Äthylgruppen her.

Bildet farblose, glänzende Krystalle, die sich in Wasser sehr schwer (in 450 Th.) lösen und ähnlich wie Sulfonal hypnotisch wirken. Dosis wie letzteres zu 1,0—2,0 in Pulverform.

Teucrin. Extrakt von Teucrum Scordium.

Schwarzbraune Flüssigkeit. Von v. Mosetig-Moorhof erfolgreich in subkutaner Form bei kalten Abscessen, fungösen Adenitiden, Aktinomykose und Lupus angewandt. Durch subkutane Injektion von 3,0 in die Nähe der Erkrankung werden kalte Abscesse in 48 Stunden in heisse umgewandelt und schnelle Vernarbung erzielt; fungöse Adenitiden, zerfallene Lymphdrüsen stossen sich schnell ab etc. Auch innerlich wird Teucrin zu 0,5 in Gelatinekapseln als Stomachicum gegeben.

Thallinum tartaricum. Wie Thallinum sulfuricum (siehe daselbst).

Thermifugin. Methyltrihydrooxychinolincarbonsaures Natrium.
Farblose, in Wasser lösliche Krystalle. Von Prof. Nencki dargestellt und zu 0,1—0,25 als Antipyreticum empfohlen. Bisher nicht weiter erprobt.

Thermin. Tetrahydro-β-Naphthylamin. $C_{10}H_{11}.NH_2$.
Ist eine farblose, eigenthümlich riechende Flüssigkeit, die durch Einwirkung von Natrium auf β-Naphthylamin in amylalkoholischer Lösung gewonnen wird. Dieselbe wirkt (nach Filehne) mydriatisch und erhöht die Körpertemperatur.

Thermodin oder Acetylaethoxyphenylurethan.

$$C_6H_4 < \begin{matrix} OC_2H_5 \\ NCOCH_3COOC_3H_5. \end{matrix}$$

Weisse, geruchlose, in Wasser schwer lösliche Krystalle. Neues Antipyreticum (v. Mering). Zuweilen tritt ein masernartiges Exanthem auf.

Dosis 0,5—0,7 in Pulverform; bei Phthisikern mit 0,3 zu beginnen.

1527) ℞ Thermodin. 0,5—0,7
(Für Kinder 0,2—0,3.)
D. t. dos. No. VI.
S. Abends 1 Pulver zu nehmen.
(Antipyreticum.)

Thilanin. Schwefellanolin.
Eine braune, salbenartige Masse, die durch Erhitzen von Lanolin mit Schwefel gewonnen wird und 3% Schwefel enthält. Wurde, da das Präparat die Haut weniger reizt als andere Schwefelmittel, von Saalfeld zur Behandlung von Ekzem, Prurigo und anderen Hautaffektionen empfohlen. Es setzt den Juckreiz herab. Soll nicht unverdünnt auf die behaarte Kopfhaut applicirt werden.

Thiocampher. Eine durch Einwirkung von schwefliger Säure auf Kampfer gewonnene Flüssigkeit, die zur Desinfektion geschlossener Räume empfohlen wird. Man giesst die Flüssigkeit in Teller und lässt dieselbe 24 Stunden lang in den zu desinficierenden, verschlossen gehaltenen Räumen stehen.

Thioform. Dithiosalicylsaures Wismuth.
Ein graugelbes, geruch- und geschmackloses, in Wasser unlösliches Pulver. Dasselbe ist von L. Hoffmann als Ersatzmittel des Jodoforms empfohlen worden. Es wirkt austrocknend und schmerzstillend und soll nicht die unangenehmen Eigenschaften des Jodoforms besitzen, kann auch innerlich zu 0,3 mehrmals täglich in Pulverform verabreicht werden. Äusserlich als Streupulver.

1528) ℞ Thioform. 5,0
Lanolin. 20,0.
M. f. ungt.
D. S. Äusserlich.

Thiol. Deutsches Ichthyol. Ammonium sulfothiolicum. Aus Braunkohlentheeröl dargestellt. Kommt in den Handel als:

Thiolum siccum, braunes, leicht lösliches Pulver, und als

Thiolum liquidum, dunkelbraune Flüssigkeit. Soll wie Ichthyol wirken und wird auch in gleicher Weise bei Hautaffektionen angewendet.

1529) ℞ Thiol. liquid.
Aq. dest. āā 15,0.
M. D. S. Äusserlich.
Bei Verbrennungen aufzupinseln.

Thiophendijodid. Thiophenum bijodatum. $C_4H_2J_2S$.

Ist ein farbloses, nicht unangenehm riechendes, in Wasser unlösliches Krystallpulver. Dasselbe ist leicht flüchtig und schmilzt bei 40° C. In Äther, Chloroform und in heissem Alkohol ist es leicht löslich. Da Thiophendijodid 75,5° Jod und 9,5° Schwefel enthält und antiseptische und sekretionsbeschränkende Eigenschaften besitzt, ist es als Ersatzmittel für Jodoform empfohlen worden. Es wird zur Wundbehandlung unverdünnt als Streupulver oder in 10% Gaze verordnet.

1530) ℞ Thiopheni bijodati 5,0
Dermatoli 10,0.
M. D. S. Äusserlich. Wundstreupulver.

Thioresorcin. Erhalten durch Erhitzen von 1 Th. Schwefel mit 2 Th. Resorcin. Gelbliches, in Wasser unlösliches Pulver, das in Substanz oder in 5% Salbe als Schwefelpräparat und Ersatzmittel für Jodoform empfohlen, aber nicht genügend erprobt worden ist.

Thiosinamin. Rhodallin. Allyl-Thioharnstoff. $CS(NH_2)NHC_3H_5$.

Wird durch Zusammenbringen von Allylsenföl mit Ammoniak gewonnen und stellt farblose, schwach nach Knoblauch riechende, in Wasser, Alkohol und Äther lösliche Krystalle dar, die bei 74° C schmelzen. Dieses Präparat wurde 1892 von Hebra in subkutaner Anwendung gegen Lupus und viele andere Hautaffektionen empfohlen. Hebra beobachtete, indem er von einer 15% spirituösen Lösung etwa 0,3—0,45 Thiosinamin zweimal wöchentlich injicirte, günstige lokale Reaktionen der erkrankten Theile. Es erfolgt rasche Resorption des Mittels; die Injektionen sind schmerzhaft.

1531) ℞ Thiosinamini 1,5
Spirit. dilut. 8,5.
D. S. Zur subkut. Injektion.
Anfänglich 2—3 Theilstriche der Pravaz'schen Spritze zweimal wöchentlich zu injiciren und später allmählich bis auf 10—15 Theilstriche in die Höhe zu gehen. (Hebra.)

Thiuret. Thiureticum sulfocarbolicum. $C_8H_7N_3S$. $C_6H_4OH.SO_3H$.

Wird durch Oxydation von Phenyldithiobiuret erhalten und stellt ein gelblichweisses, leichtes, geruchloses, sehr bitter schmeckendes Krystallpulver dar, das in Wasser schwer löslich ist und stark desinficirende Eigenschaften besitzt. Es ist daher als Ersatz für Jodoform empfohlen worden (Blum).

Thymacetin. $\frac{CH_3}{C_3H_7} > C_6H_2 < \frac{OC_2H_5}{NH(CH_3CO)}$

Wurde vor kurzer Zeit von Hofmann aus dem Thymol dargestellt als ein weisses, in Wasser schwer lösliches krystallinisches Pulver. Nach den Beobachtungen von Jolly wirkt Thymacetin in Gaben von 0,25—1,0 schmerzlindernd bei Migräne. Auch hypnotische Eigenschaften sollen dem (nicht genügend untersuchten Mittel) zukommen.

1532) ℞ Thymacet. 0,25—0,5
Sacch. alb. 0,5.
M. f. pulv. D. t. dos. VI.
S. Täglich 1—2 Pulver zu nehmen.
(Migräne etc.)

Thyraden. Ein koncentrirtes Schilddrüsenextrakt von gutem Geruch und Geschmack. Wird in Pulver à 1,0 und in Tabletten à 0,3 verabreicht.

Thyreoidinum.

Wird aus der getrockneten und pulverisirten Schilddrüse des Schafes bereitet und stellt ein grobes, graugelbes, eigenthümlich riechendes Pulver dar. 0,4 g dieses Pulvers entsprechen (nach Merck) den wirksamen Bestandtheilen einer ganzen, frischen Schilddrüse mittlerer Grösse. Nachdem von mehreren Forschern (Kocher, Horsley, Murray u. A.) festgestellt worden war, dass die als Myxoedem bezeichnete Krankheitsform, deren Ursache auf Verlust der Schilddrüsenfunktion zu beruhen scheint, durch den Genuss von Schilddrüsen gebessert und geheilt werden kann, spielt die Glandula thyreoidea nicht nur in der Therapie des Myxoedems, sondern auch anderer Affektionen wie Cretinismus, Geisteskrankheiten, Psoriasis und, wie kürzlich Leichtenstern gezeigt, auch bei Fettsucht eine gewisse Rolle. In neuerer Zeit sind der bequemeren Verabreichung halber die wirksamen Bestandtheile der Schilddrüse als

Thyreoidinum siccatum dargestellt worden. Dasselbe wird in täglichen Dosen von 0,1—0,2 in Pillen- oder Tablettenform verabreicht, und diese Dosen können bei allmählicher Steigerung verdoppelt werden. Auch komprimirte Tabletten zu 0,1 sind von Merck in den Handel gebracht worden.

1533) ℞ Thyreoid. siccati 2,0
Kaolini 2,0
Vanillini 0,01.
Mucilag. Tragacanth. q. s.
ut f. pilul. No. XXX.
Obduce pasta Cacao saccharat.
D. S. 2—5 Pillen tägl.
(Myxoedem.)

1534) ℞ Thyreoidin. siccati 2,0
Pastae Cacao aromat. 18,0.
M. u. f. trochisci No. 20.
D. S. 1—4 Pastillen tägl.
(Kindern $^1/_2$—2 Pastillen täglich zu geben.)

Thyrojodin. Jodothyrin.

In allerneuster Zeit ist von Baumann in der Schilddrüse als deren wirksames Agens eine organische Jodverbindung aufgefunden und als Thyrojodin bezeichnet worden. Dasselbe ist eine braungefärbte, amorphe, in Wasser fast unlösliche, in Weingeist schwer lösliche Substanz und eine Verbindung, die das Jod in verhältnissmässig reichlicher Menge und in sehr fester Bindung enthält. Durchschnittlich enthält 1 g frische Schilddrüse vom Hammel etwa $^3/_{10}$ mg Jod in Form des Thyrojodin. Dasselbe wird von den Farbenfabriken Fried. Bayer & Co. in Elberfeld dargestellt und in den Handel gebracht. Vor allen andern bisher gebräuchlichen Schilddrüsenpräparaten hat es den Vorzug, dass es einen ausserordentlichen Jodgehalt besitzt und genau dosirt werden kann. Da Thyrojodin bereits in sehr kleinen Dosen wirksam ist, wird nicht die reine Substanz, sondern eine Verreibung desselben mit Milchzucker in den Handel gebracht. Dieselbe ist so hergestellt, dass 1 g desselben $^3/_{10}$ mg Jod enthält (was etwa dem Jodgehalte eines Grammes der Hammelschilddrüse entspricht). Das Präparat stellt ein weisses Pulver dar und kommt als Pulver und Tabletten zu 0,3 (= 0,3 frischer Drüse) in den Handel. Die Dosis beträgt für Erwachsene 0,3 1—3 mal täglich; höchste Tagesdosis 2,0—4,0; Kindern 0,3 1—2 mal täglich. Für die Anwendung des Thyrojodins gelten dieselben Indikationen wie für die Schilddrüse und deren Präparate.

Tinctura Asae foetidae. Asanttinktur. Teinture d'ase fétide.

Aus Asa foetida 2, Spirit. 10. Ist von gelblichbrauner Farbe. Wird als Antihystericum zu 15—30 Tropfen mehrmals täglich gegeben, auch in Mixtur (2,0—3,0 : 120,0).

1535) ℞ Tinct. Asae foetid.
Tinct. Valerian. aether. āā 7,5.
M. D. S. 3× täglich 20—30 Tropfen.

1536) ℞ Inf. Flor. Chamomill. 120,0
Tinct. Asae foetid. 5,0.
D. S. Zum Klystier.
(Hysterische Krämpfe.)

Tinctura Belladonnae. Teinture de belladonne.

Fol. Belladon. 10 Th. und 4 Th. verdünnter Weingeist werden gemischt, in einen Percolator gebracht und mit verdünntem Weingeist erschöpft. Das Gesammtgewicht des Percolates soll 100 Th. betragen (Pharm. Helv.).

Eine klare, bräunlichgrüne Flüssigkeit. Wirkung und Anwendung wie Fol. Belladonnae (siehe daselbst). Innerlich zu 5—10 Tropfen mehrmals täglich. Pharm. Helv. gestattet als

Grösste Einzelgabe 0,5! — Grösste Tagesgabe 2,5!

Tinctura Cannabis indicae. Teinture de chanvre indien.

Indischer Hanf 20 Th., Weingeist 6 Th. werden gemischt, in einen Percolator gebracht und mit Weingeist erschöpft. Das Gesammtgewicht des Percolates soll 100 Th. betragen (Pharm. Helv.). — Eine klare, dunkelgrüne Flüssigkeit, die schwach bitter schmeckt und mit Wasser sich milchig trübt. — Wirkung und Anwendung siehe Herba Cannabis indicae. Man giebt 5—10 Tropfen mehrmals täglich. Pharm. Helv. gestattet als

Grösste Einzelgabe 1,0! — Grösste Tagesgabe 5,0!

1537) ℞ Tinct. Cannab. ind. 6,0
Tinct. Digital. 30,0.
M. D. S. 2—3stündl. 10—15 Tropfen.
(Asthma cardiale.)

Tinctura Cascarillae. Teinture de cascarille.

Aus Cort. Cascarill. 1 und Spirit. dil. 5. Ist von rothbrauner Farbe und wird zu 30—50 Tropfen mehrmals allein oder als Zusatz zu magenstärkenden und styptischen Mixturen verordnet.

Tinctura Castorei. Tinctura Castorei canadensis. Bibergeiltinktur. Teinture de castoréum.

Aus Castor. 1 und Spirit. 10. Zu 20—30 Tropfen mehrmals täglich. (Antihystericum.)

1538) ℞ Tinct. Valerian. aether.
Tinct. Castorei āā 7,5.
M. D. S. 3× täglich 20—30 Tropfen.
(Krämpfe, Hysterie etc.)

1539) ℞ Tinct. Castorei
Spirit. aether. āā 5,0.
D. S. Bei hysterischen Anfällen 15—20 Tropfen zu nehmen.

Tinctura Castorei sibirici. Aus Castor. sibiric. 1 und Spirit. 10. Wie Tinctura Castorei canad., aber viel theurer.

Tinctura Convallariae. Siehe Convallaria majalis. Mehrmals täglich 10 Tropfen.

Tinctura Croci. Safrantinktur. Teinture de safran.

Aus Safran 1 und verdünntem Weingeist 10. Ist eine klare, intensiv orangerothe Flüssigkeit von kräftigem Geruch und Geschmack nach Safran. Wird zu 20—30 Tropfen mehrmals täglich bei Retentio mensium etc. gegeben.

Tinctura Digitalis aetherea. Ätherische Digitalistinktur.

Aus 1 Fol. Digital. mit 10 Th. Spirit. aether. Ist von dunkelgrüner Farbe und wird zu 5—15 Tropfen mehrmals täglich gegeben.

Tinctura Eucalypti. Siehe Fol. Eucalypti.

Tinctura Euphorbii. Euphorbiumtinktur.

Aus Euphorb. 1 und Spirit. 10. Eine rothgelbe Flüssigkeit, die nur äusserlich zum Bepinseln der Haut (zur Vertreibung von Warzen) angewendet wird.

1540) ℞ Tinct. Euphorbii
Tinct. Capsici ää 5,0.
D. S. Äusserlich. Zum Bepinseln.

Tinctura excitans:

1541) ℞ Tinct. Castorei 5,0
Tinct. Valerian. 10,0.
D. S. 2stündl. 10 Tropfen.
(Form. Magistr. Berol.)

Tinctura Ferri chlorati. Chloreisentinktur.

Eine klare, gelblichgrüne Tinktur, die sich leicht zersetzt und deshalb ein unzweckmässiges Eisenpräparat ist (besteht aus Liq. Ferri chlor. 25, Spirit. dil. 225, Acid. mur. 1). Man giebt mehrmals täglich 5, 20—30 Tropfen.

Tinctura Formicarum. Ameisentinktur.

2 Th. frisch gesammelte Ameisen werden mit 5 Th. Spiritus digerirt. Wird zu Einreibungen und Waschungen benützt.

Tinctura Gelsemii sempervirentis. Gelsemiumtinktur.

1 Gelsemium zu 5 Spiritus. Zu 20—30 Tropfen mehrmals bei Trigeminus-Neuralgien.

Tinctura Guajaci und

Tinctura Guajaci ammoniata, siehe Resina Guajaci.

Tinctura haemostyptica. Präparat von Secale cornutum. 1,0 der Tinktur entspricht 0,1 Secal. corn. Mehrmals täglich 20—40 Tropfen bis 3 mal täglich 1 Theelöffel bei Uterusblutungen. (Fritsch.) Billig und wohlschmeckend.

Tinctura Hellebori viridis. Nieswurzeltinktur.

Rad. Hellebor. 1, Spir. dil. 10. Von gelbbrauner Farbe. Wird zu 10 bis 20 Tropfen mehrmals täglich gegeben. (Selten.)

Tinctura Jodi decolorata. Farblose Jodtinktur.

Wird bereitet aus Jod, Natrium subsulfuros. und Aq. dest. ää 10 und späterem Zusatz von Liq. Ammon. caust. 16 Th. und Spirit. 75 Th. — Ist eine klare, farblose Flüssigkeit, die an Stelle der gewöhnlichen Tinctura Jodi angewendet wird, wo man Braunfärbung der Haut vermeiden will.

Tinctura Ipecacuanhae. Teinture d'ipécacuanha.

Wird bereitet aus Rad. Ipecac. 1 und Spirit. 10 und ist von röthlich-braungelber Farbe und bitterem Geschmacke. Man giebt diese Tinktur als Expektorans zu 10—20 Tropfen mehrmals täglich, auch als Zusatz zu expektorirenden Mixturen (3,0—4,0 : 150,0). Pharm. Helv. gestattet als

Grösste Einzelgabe 0,5! — Grösste Tagesgabe 2,5!

Tinctura Jalapae composita. Eau de vie allemande. Besteht (Pharm. Helv. und Cod. franç.) aus Jalapenknolle (8), Scammonium (2), Turpethwurzel (1) und Weingeist (96). Abführmittel.

Dosis 15,0—20,0.

Tinctura Kino. Kinotinktur. Teinture de kino.

Aus Kino 2 und Spirit. 10. Ist von dunkelrother Farbe. Wird innerlich zu 15—30 Tropfen mehrmals täglich bei Diarrhoe, auch als Zusatz zu adstringirenden Mixturen verordnet. Äusserlich zu Zahntinkturen, Mund- und Gurgelwässern (1,0—2,0 : 100,0); zu Einspritzungen bei chronischer Gonorrhoe (5,0—10,0 : 250,0).

Tinctura Kreosoti:

1542) ℞ Kreosoti 6,0
Tinct. Gentian. 24,0.
D. S. 3 × tägl. 5 Tropfen.
(5 Tropfen enthalten 0,05 Kreosot.)
(Form. Magistr. Berol.)

Tinctura Lippiae. Aus den Blüthen und Blättern von Lippia mexicana (1 : 4 Spirit.) bereitet. Wird bei Bronchialkatarrh zu 20—40 Tropfen mehrmals täglich als Expektorans verordnet.

Tinctura Macidis. Muskatblüthentinktur.

Aus Macis 1 und Spirit. 5. Röthlichgelbe Tinktur. Wird zu 20—30 Tropfen mehrmals täglich verordnet.

Tinctura Pepsini:

1543) ℞ Pepsini
Acid. muriatici āā 2,0
Tinct. Chinae ad 30,0.
D. S. 3 × tägl. 20 Tropfen in 1 Weinglase Wasser.
(Form. Magistr. Berol.)

Tinctura Pini composita. Tinctura Lignorum. Holztinktur.

Aus Turion. Pini conc. 3, Lign. Guajac. rasp. 2, Lign. Sassafras, Fruct. Junip. āā 1. Spirit. dil. 36. — Ist von brauner Farbe und wird als Diureticum, auch gegen Skrophulose und Syphilis zu 20—40 Tropfen mehrmals täglich gegeben.

Tinctura Quebracho. Siehe Cortex Quebracho.

Tinctura Resinae Jalapae. Jalapentinktur.

Aus Res. Jalap. 1 und Spirit. 10. Ist von bräunlicher Farbe und wird zu 10—30 Tropfen mehrmals täglich als Abführmittel verordnet.

Tinctura Scillae kalina.

Aus Bulb. Scill. 8, Kali caust. 1 und Spirit. dil. 50. Eine bräunliche Flüssigkeit; wird zu 10—20 Tropfen mehrmals täglich gegeben.

Tinctura Secalis cornuti. Teinture d'ergot de seigle.

Aus Secal. corn. 1 und Spirit. dil. 10. Von braunrother Farbe. Wirkung und Anwendung wie Secale cornutum. Wird zu 10—30 Tropfen mehrmals täglich verordnet. Pharm. Helvet. gestattet als

Grösste Einzelgabe 2,5! — Grösste Tagesgabe 20,0!

Tinctura Spilanthis composita. Paratinktur.

Herb. Spilanth. und Rad. Pyrethri āā 2 mit Spirit dil. 10 digerirt. Ist von grünbrauner Farbe. Wird nur äusserlich als Mundwasser, bei Zahnschmerzen angewendet (1 Theelöffel auf 1 Glas Wasser).

Tinctura stomachica:

1544) ℞ Tinct. amarae
Tinct. Rhei aquosae
Tinct. Zingiberis āā 10,0.
D. S. 3 × tägl. 30 Tropfen.
(Form. Magist. Berol.)

Tinctura Stramonii. Stechapfelsamentinktur.

Aus Sem. Stramon. 1 und Spirit. dil. 10. Ist von bräunlichgelber Farbe. Wirkung siehe Semen Stramonii. Innerlich zu 5—20 Tropfen mehrmals täglich.

1545) ℞ Tinct. Stramonii
Tinct. Opii simpl.
Liq. Ammon. anis. āā 5,0.
M. D. S. 3 × tägl. 10—15 Tropfen in heissem Zuckerwasser.
(Emphysem, Asthma.)

Tinctura Thujae. Lebensbaumtinktur.

Wird aus dem Saft der Blätter von Thuja occidentalis 5 und Spirit. 6 bereitet. Ist von grünlichgelber Farbe. Wird nur äusserlich (unverdünnt) zum Bepinseln von Condylomen und Warzen verwendet.

Tinctura Toxicodendri. Giftsumachtinktur. Wird aus dem Safte der Fol. Toxicodendri 5 mit Spirit. 6 bereitet. Ist von grüngelber Farbe.

Innerlich zu 5—10—15 Tropfen mehrmals täglich (gegen Lähmungen). Äusserlich zu Einreibungen.

1546) ℞ Tinct. Toxicodendri
Mixt. oleoso-balsam. āā 25,0
Tinct. Cantharid. 2,5.
M. D. S. Äusserlich zur Einreibung.
(Bei Paralyse.)

Tinctura Vanillae. Vanillentinktur. Teinture de vanille.

Aus Vanill. 1 und Spirit. dil. 5. Ist von rothbrauner Farbe und schmeckt und riecht nach Vanille.

Wird innerlich zu 20—30 Tropfen gegeben und äusserlich zu Mund- und Zahnwässern als Korrigens hinzugesetzt.

Tolypyrin. Tolyantipyrin. p-Tolydimethylpyrazolon. $C_{12}H_{14}N_2O$.

Tolypyrin wurde 1892 als Ersatzmittel für Antipyrin, dem es chemisch sehr nahe steht, empfohlen. Es ist Antipyrin ($C_{11}H_{12}N_2O$), in welchem ein H durch die CH_3-Gruppe ersetzt ist. — Tolypyrin bildet farblose, in 10 Theilen Wasser lösliche, sehr bitter schmeckende Krystalle, deren Schmelzpunkt bei 136—137° C. liegt.

Es wird in gleicher Dosis und Form wie Antipyrin angewendet. Man giebt etwa 1,0 als Einzelgabe und bis 4,0 als Tagesgabe.

Tolysal. Salicylsaures Tolypyrin. $C_{12}H_{14}N_2O \cdot C_7H_6O_3$.

Wird durch Vereinigung von Tolypyrin und Salicylsäure gewonnen und stellt ein farbloses, in Wasser schwer löliches Krystallpulver dar. In Alkohol und Essigäther ist es leicht löslich.

Tolysal ist als Antipyreticum und besonders gegen akuten Gelenkrheumatismus empfohlen worden. Es wird in Einzeldosen zu 1,0 in Pulverform und in Tagesgaben bis zu 6,0 verabreicht.

Traumaticin. Eine schwefelgelbliche, klare, sirupdicke Flüssigkeit.

1 Th. Guttapercha in 6 Th. Chloroform gelöst. Zum Bepinseln an Stelle des Collodium.

1547) ℞ Chrysarobini 1,5
Traumaticini ad 15,0.
M. D. S. Äusserlich. Mittels Pinsel aufzutragen.
(Psoriasis.)

Tribromphenol. Bromol. Bromphenol. $C_6H_2Br_3OH$.

Wird durch Einwirken von Brom auf Karbolsäure gewonnen und stellt ein farbloses in Wasser unlösliches, in Alkohol leicht lösliches Krystallpulver dar.

Wirkt desinficirend und bei äusserlicher Applikation auf Haut und Wunden ätzend. Es passirt den Magen unzersetzt und wird erst im Darm allmählich gelöst und durch den Harn als Tribromphenylschwefelsäure ausgeschieden.

Anwendung findet dies Mittel äusserlich zur Wundbehandlung als Streupulver, mit Talcum gemischt oder in Öl gelöst (1:30). auch zu Pinselungen (1:75 Glycerin) bei Diphtherie.

Innerlich bei Sommerdiarrhoe, Ileotyphus, Cholera infantum zu 0,1 mehrmals täglich in Pulverform; Kindern 0,005—0,01.

1548) ℞ Tribromphenol. 0,01—0,05
Sacch. alb. 0,5.
M. f. pulv. D. t. Dos. No. X.
S. 3—4 × tägl. 1 Pulver.
(Sommerdiarrhoe etc.)

1549) ℞ Tribromphenol. 1,0
Ungt. cerei 10,0.
M. f. ungt. D. S. Äusserlich.
Zum Verbande.

Tribromphenolwismut = Xeroform.

Trikresol. Gemisch von Orthokresol, Metakresol und Parakresol. Gutes Antisepticum von konstanter Zusammensetzung. Um eine dem Lysol entsprechende reine Mischung zu erhalten, sind 50,0 Trikresol mit 35,0 Sapo kalin. (Ph. G. III) und 15,0 Wasser zu mengen und hiervon 20 ccm auf 1 Liter Wasser zu verwenden.

Trimethylamin. Siehe Propylamin.

Trional. Diaethylsulfonmethylaethylmethan.

$$\frac{CH_3}{C_2H_5} > C < \frac{SO_2C_2H_5}{SO_2C_2H_5}.$$

Die Bezeichnung dieser dem Sulfonal sehr nahe stehenden Verbindung als „Trional“ rührt von den 3 in ihr enthaltenen Äthylgruppen (C_2H_5) her.

Trional stellt ein farbloses, in Wasser schwer lösliches Krystallpulver dar, das wie Sulfonal in Dosen von 0,5—1,5 hypnotisch wirkt. Da Trional zuverlässiger wirkt und von weniger unangenehmen Nebenerscheinungen begleitet ist als Sulfonal, wird es neuerdings häufiger angewendet als letzteres.

Dosis: 0,5—1,0 in Pulverform.

1550) ℞ Trionali 0,5—1,0.
D. t. dos. IV.
Abends 1 Pulver zu nehmen und reichlich warmes Wasser oder Thee hinterher trinken.

1551) ℞ Trionali 0,25—0,5.
D. t. dos. VI.
S. Abends 1 Pulver.
(Nachtschweisse.)

Triphenin. Wird durch Erhitzen von Paraphenitidin mit Propionsäure gewonnen. Ist in Wasser schwer löslich. Antipyreticum und Antineuralgicum (v. Mering).

Dosis: 0,5—0,6.

Tripolith. Ist eine aus Calcium und Kieselsäure und geringen Mengen von Eisenoxydul bestehende, dem Gyps ähnliche Substanz, die, mit Wasser angerührt, einen zu einer festen Masse erstarrenden Brei liefert. v. Langenbeck versuchte Tripolith in die chirurgische Behandlung zu fixirenden Verbänden an Stelle von Gyps einzuführen.

Tropacocainum hydrochloricum. Neben Cocain findet sich in einigen Arten Cocablättern Tropacocain. Wie Cocain, aber weniger giftig und schneller wirkend. Zu Einträufelungen ins Auge 1—2 Tropfen einer 2—3 % Lösung. Sehr theuer.

Tuberculin. Bräunliche, klare Flüssigkeit, dargestellt aus Reinkulturen von Tuberkelbacillen. Subkutan mit 0,0005—0,001 zu beginnen und allmählich bis 0,1 zu steigen. (Tuberkulose.) Vorsicht!

Tumenolum venale. Aus bitum minösen Gesteinen gewonnenes, öliges Produkt, in dem Tumenolsulfon oder Tumenolöl und Tumenolsulfonsäure (Tumenolpulver) enthalten sind. Besitzt austrocknende und juckenstillende Wirkung, daher bei nässendem Ekzem und Pruritus anwendbar (Neisser). Man bedient sich des Tumenols in 10 % Lösung zum Aufpinseln oder in 2,5—5 % Salben. Die Tumenolsulfonsäure wird allein oder mit Zinkoxyd gemischt auf die vorher eingefetteten Geschwürflächen gestreut.

1552) ℞ Tumenol. 2,0—5,0
Flor. Zinci
Bismut. subnitr. āā 2,5
Ungt. lenient.
Ungt. simpl. āā 25,0.
M. f. ungt. D. S. Äusserlich.

Turiones Pini. Gemmae Pini. Fichtensprossen. Bourgeons de sapin.

Die jungen Blattknospen von Pinus silvestris (Conifere). Dieselben enthalten ätherisches Öl, Harz und Bitterstoff und werden äusserlich zu Inhalationen (im Infus 10,0—15,0 : 200,0) bei Lungengangrän verordnet. Auch innerlich kommen sie zuweilen wegen ihrer Sekretion und Diurese anregenden Wirkung zur Anwendung bei chronischen Katarrhen der Luftwege, Skrophulose etc. (im Infus 5,0—10,0 : 150,0).

Dienen auch zur Darstellung von

Tinctura Pini composita. Siehe daselbst.

1553) ℞ Turion. Pini
Rad. Ononid.
Fruct. Junip. āā 9,0
Fruct. Petroselin. 3,0.
C. C. M. f. spec. D. t. dos. VI.
S. Jede Dosis mit etwa 300 g Wasser zu kochen und täglich zu verbrauchen.
(Bei hydropischen Zuständen.)

(Vogt.)

Tussol. Siehe Antipyrinum amygdalinum.

Unguentum acre. Scharfe Salbe. Hufsalbe.

Cerae flavae 15, Colophon. 30, Terebinth. 60, Adipis 250, Cantharid. 50, Euphorb. 10. Eine grünlichbraune Salbe, die zur Hervorrufung und Unterhaltung von Eiterungen dient.

Unguentum arsenicale Hellmundi. Hellmund'sche Arseniksalbe. Pulv. arsenical. Cosmi 1, Ungt. narcot. balsam. 8. Graubraune Salbe, die zum Ätzen (bei Krebsgeschwürnn) dient.

Unguentum Belladonnae. Belladonnasalbe. Extr. Bellad. 1, Ungt. cerei 1. Zu schmerzstillenden Einreibungen.

Unguentum Conii. Extr. Conii 1. Ungt. cerei 9. Schmerzstillend.

Unguentum contra Decubitum:

1554) ℞ Zinci sulfurici 2,5
Plumbi acet. 5,0
Tinct. Myrrhae 1,0
Vaselini american. ad 50,0.
M. f. ungt. D. S. Äusserlich.
(Form. Magistr. Berol.)

Unguentum contra Perniones seu camphoratum:

1555) ℞ Camphorae tritae 5,0
Vaselini american. ad 50,0.
M. f. ungt. D. S. Äusserlich.
(Form. Magistr. Berol.)

Unguentum diachylon carbolisatum:

1556) ℞ Acid. carbolici liquefact. 10,0
Ungt. diachylon. ad 50,0.
M. f. ungt. D. S. Äusserlich.
(Form. Magistr. Berol.)

Unguentum Digitalis. Aus Extr. Digit. 1 und Ungt. cerei 9. Als Verbandmittel bei Entzündungen drüsiger Organe (Parotitis, Mastitis) zuweilen angewendet.

Unguentum Elemi. Balsamum Arcaei. Elemisalbe. Onguent d'élémi. Elemi, Adip. suil., Talg, Terpenthin āā werden zusammengeschmolzen. Grünlichgelbe Salbe. Reizende Verbandsalbe.

Unguentum flavum. Altheesalbe. Adeps 500, Rhiz. Curcum. 10, Cera flav. und Resin. Pini āā 30. Erweichende Salbe.

Unguentum Hyoscyami. Bilsenkrautsalbe. Extr. Hyoscyami 1 und Ungt. cerei 9. Schmerzstillende Salbe.

Unguentum Ichthyoli:

1557) ℞ Ammon. sulfo-ichthyolici 10,0
Adip. suilli 40,0.
M. f. ungt. D. S. Äusserlich.
(Form. Magistr. Berol.)

Unguentum Jodi:

1558) ℞ Jodi 0,5
Kalii jodati 2,5
Aq. dest. 2,0
Adip. suill. ad 25,0.
M. f. ungt. D. S. Äusserlich.
(Form. Magistr. Berol.)

Unguentum Jodoformii:

1559) ℞ Jodoformii 2,5
Vaselin. americ. ad 25,0.
M. f. ungt. D. S. Äusserlich.
(Form. Magistr. Berol.)

Unguentum Linariae. Leinkrautsalbe.

Herb. Linariae 2, Spirit. 1, Adipis suill. 10. Eine grünliche Salbe, die reizmildernd wirkt und besonders bei entzündeten, schmerzhaften Hämorrhoidalknoten in Anwendung kommt.

Unguentum Majoranae. Mairansalbe.

Herb. Majoran. 2, Spirit. 1, Adip. 10. Beruhigende Salbe zu Einreibungen des Leibes bei Kolikschmerzen kleiner Kinder.

Unguentum Mezerei. Seidelbastsalbe.

Ist eine reizende, hautröthende Salbe, die aus Extr. Mezerei 1 und Ungt. cerei 9 bereitet wird.

Unguentum ophthalmicum:

1560) ℞ Hydrargyr. oxydat. flavi 0,1
Vaselini americani ad 10,0.
M. f. ungt. D. S. Äusserlich.
(Form. Magistr. Berol.)

Unguentum opiatum. Opiumsalbe.

Extr. Opii 0,1; Aq. dest. 1, Ungt. cerei 18. Schmerzstillende Salbe.

Unguentum oxygenatum. Wird durch Einwirkung von Acid. nitr. 3 auf Adip. suill. 10 dargestellt. Wirkt ätzend und dient zum Verbande von Geschwüren (Schanker etc.).

Unguentum Populi. Pappelsalbe.

Aus Gemmae populi und Adeps (2) bereitete, kühlende Verbandsalbe.

Unguentum rosatum. Rosensalbe.

Adipis suill. 50, Cerae alb. 10 und Aq. Rosar. 5. Dient als Salbenkonstituens und auch als reizmildernde Salbe.

Unguentum rubrum sulfuratum:

1561) ℞ Hydrarg. sulfurati rubri 0,5
Sulfuris sublimati 12,5
Olei Bergamottae 0,5
Vaselini americani ad 50,0.
M. f. ungt. D. S. Äusserlich.
(Form. Magistr. Berol.)

Unguentum Sabinae. Sadebaumsalbe.

Extr. Sabinae 1 und Ungt. cerei 9. Eine braune Salbe, die als reizende Verbandsalbe bei Condylomen angewendet wird.

Unguentum sulfuratum. Schwefelsalbe. Pommade soufrée.

Schwefelblüthe 3 Th. und Schweinefett 7 Th. (Pharm. Helv.) Eine gelbe Salbe, die bei verschiedenen Hautaffektionen in Anwendung kommt.

Unguentum sulfuratum compositum. Unguentum ad scabiem. Krätzsalbe. Pommade antipsorique. Pharm. Helv: Schwefelblüthe, Zinksulfat āā 10, Schmierseife 15, Schweinefett 85.

Unguentum Terebinthinae compositum.

Terebinth. laricin. 32, Vitell. ovor. 4, Myrrhae, Aloës āā 1, Ol. Olivar. 8. Dient als reizende Verbandsalbe.

Unguentum Veratrini. Siehe Veratrinum.

Unguentum Wilkinsonii. Siehe Sulfur sublimatum.

Unguentum Wilsonii. Siehe Zincum oxydat. crud.

Uralium. Uraline. Chloral-Urethan.

Setzt man einer Lösung von Urethan in Chloral concentr. Salzsäure hinzu, so erstarrt dieselbe zu einer in Wasser unlöslichen Masse. Letztere wird mit koncentrirter Schwefelsäure behandelt und dann mit Wasser gewaschen, wobei man ein Öl erhält, das später erstarrt und ein in Wasser unlösliches, weisses Pulver liefert. Sein Schmelzpunkt liegt bei 103°. In Gaben von 2,0—3,0 genommen, ruft dasselbe Schlaf hervor.

Urea. Harnstoff.

Wurde seiner diuretischen Wirkung wegen (Klemperer) bei Lebercirrhose in folgender Form angewendet:

1562) ℞ Urae purae 10,0
Aq. dest. 200,0.
D. S. Stündl. 1 Esslöffel.

Urethan. Aethyl-Urethan. $C \begin{cases} NH_2 \\ =O \\ OC_2H_5. \end{cases}$

Carbaminsäure-Äthyläther. Weisse, geruch- und geschmacklose, in Wasser leicht lösliche Krystalle.

Dosis: 1,0—4,0 in Pulverform (chart. cerat.) oder in wässeriger Lösung. Wurde von Schmiedeberg und Kobert als Schlafmittel empfohlen. Von Demme in der Kinderpraxis gerühmt. Pharmak. Helvet. gestattet als

Grösste Einzelgabe 4,0! — Grösste Tagesgabe 8,0!

1563) ℞ Urethan. 6,0
Aq. dest. 60,0.
D. S. Abends 1—2 Esslöffel.
(Schlafmittel.)

1564) ℞ Urethan. 0,2
Aq. Tiliae
Sir. simpl. āā 30,0.
M. D. S. 2stündl. 1 Kinderlöffel.
(Für 2 Monate altes Kind.)

Uricedin. Ein von Stroschein dargestelltes Pulver, das aus Natrium sulfuric., Natrium chlorat. und citronensaurem Lithium besteht und nach M. Mendelsohn harnsäurelösende Eigenschaften besitzt. Bei Nierensteinen und Gicht zu 2,0—5,0 täglich zu empfehlen.

Uropherin. Theobrominlithium — Lithium salicylicum.

Wird aus Theobromin und Lithium salicylicum bereitet und stellt ein weisses, in Wasser leicht lösliches Pulver dar. Hat nach Gram stark diuretische Eigenschaften und wird mit gutem Erfolge bei kardialem Hydrops zu 1,0 in Pulverform, 3—4 mal täglich gegeben. Es soll schon in kleineren Gaben wirken als Diuretin und auch leichter resorbirt werden.

Urotropin. Hexamethylentetramin. $(CH_2)_6N_4$.

Durch Eindampfen einer ammoniakalisch gemachten Formaldehydlösung erhält man farblose, in Wasser leicht lösliche Krystalle von Hexamethylentetramin $(CH_2)_6N_4$.

Da diese Substanz diuretische und harnsäurelösende Eigenschaften besitzt und den Urin in mehrfacher Beziehung verändert (Nicolaier), ist sie als „Urotropin" bezeichnet worden.

Bei innerlicher Darreichung geht Urotropin schnell in den Urin über und lässt sich bereits nach $^1/_4$ Stunde durch Bromwasser, mit dem es einen orangegelben Niederschlag von Urotropinbromid bildet, nachweisen. Der nach Einnehmen des Mittels gelassene Urin bleibt andauernd klar und sauer.

Nach den Untersuchungen von Nicolaier scheint die Anwendung dieses Mittels bei der Behandlung von Uratsteinen und bei Cystitis mit stark ammoniakalischem Urin von Nutzen zu sein. — Es sollen Tagesgaben von 1,0—1,5 in

Wasser gelöst, morgens auf einmal verabreicht werden. Nach grösseren Dosen (ursprünglich wurden bis 6,0 pro die empfohlen) zeigen sich zuweilen Nebenwirkungen, wie Brennen in der Blasengegend, vermehrter Harndrang, Hämaturie etc.

Ustilago Maïdis und **Extract. fluid. ex Ustilag. Maïdis.**

Ein auf dem Mais schmarotzender Pilz. Das Fluid-Extrakt neuerdings als Ersatzmittel des Secale corn. bei Unthätigkeit und Hämorrhagie des Uterus gerühmt.

Dosis: 3—4mal täglich 25—30 Tropfen.

Vaselinum. Ein aus den Rückständen der Petroleumrektifikation erhaltenes Mineralfett. Es ist gelb oder weiss, zähe und von salbenartiger Konsistenz. Dient als deckendes, reizmilderndes Mittel und zur Bereitung von Salben, die nicht ranzig werden. Ist zweckmässiger als Ungt. Paraffini.

Vasogen. Vaselinum oxygenatum.

Mit Sauerstoff imprägnirtes Vaselin, das ein hohes Emulgirungsvermögen besitzt und Jodoform, Kreosot, Menthol, Pyrogallol, Kampfer u. A. in Lösung oder Suspension erhalten und leichter zur Resorption gelangen lassen soll.

Viburnum prunifolium. Amerikanischer Schneeball. Ein in Nordamerika einheimischer Strauch (Caprifoliacee). In der Zweigrinde desselben finden sich Bestandtheile, die entschieden krampfstillende Eigenschaften besitzen, ohne toxisch zu wirken. Wird daher bei schmerzhaften Menses (statt Opium), überhaupt bei Dysmenorrhoe angewendet, soll auch bei drohendem Abort sich brauchbar erweisen. Wird gewöhnlich angewendet in Form des

Extractum Viburni prunifolium fluidum. Zu 30—40 Tropfen oder $^1/_2$—1 Theelöffel 3mal täglich.

1565) ℞ Extract. Viburni prunif. fluid. 30,0.
D. S. 3stündl. 30—40 Tropfen.
(Dysmenorrhoe.)

1566) ℞ Kalii bromati
Antipyrin. āā 10,0
Extr. Viburni prunif. fluid. 20,0
Aq. dest. 120,0
Cognac
Sirup. Cort. Aurant. āā 20,0.
M. D. S. 3—4 × tägl. 1 Esslöffel.
(Dysmenorrhoe junger Mädchen.)

1567) ℞ Extr. Viburn. prunifol. fluid.
Sirup. Cort. Aurant. āā 50,0.
M. D. S. 3—4 × tägl. 1 Theelöffel.

Vinum aromaticum. Gewürzwein. Vin aromatique.

Spec. aromat. und Weingeist āā 1 Th., und Rothwein 9 Th. Die Spec. aromat. werden mit dem Weingeist 24 Stunden lang macerirt und sodann der Wein zugesetzt. Nach 8tägiger Maceration wird ausgepresst und filtrirt (Pharm. Helv.). Stellt eine klare, rothbraune, aromatisch riechende Flüssigkeit dar, die unverdünnt zu Umschlägen bei schlecht eiternden Ulcerationen verwendet wird.

Vinum Chinae. Vinum Cinchonae. Chinawein. Vin de quina.

Extr. Chinae fluid. 2 Th. und Marsalawein 98 Th. werden gemischt und filtrirt (Pharm. Helv.). Wird esslöffelweise als Stärkungsmittel gegeben.

Vinum Cocae. Cocawein. Vin de coca.

Fol. Cocae 5 Th. und Marsalawein 100 Th. werden 8 Tage macerirt, dann ausgepresst und filtrirt (Pharm. Helv.). Ein klarer Wein, von braungelber Farbe, von dem man bei verschiedenen nervösen Affektionen 2—3 Esslöffel täglich geben kann.

Xeroform. Bismutum tribromphenylicum. Tribromphenolwismut.

Ein feines, gelbes, unlösliches, geschmackloses Pulver von schwachem Phenolgeruch. Dasselbe enthält neben 49,5% Wismutoxyd 50% Tribromphenol, wirkt antibakteriell und austrocknend. Wurde als Darmantisepticum auf Empfehlung von Hüppe bei Cholera angewandt.

Dosis. Einzelgabe 0,5—1,0! — Tagesgabe bis 7,0!

Neuerdings wird das Präparat auch äusserlich bei der Wundbehandlung (Heuss) als Ersatzmittel des Jodoforms empfohlen. Es kommt auch als 10 und 20% Xeroform-Gaze in den Handel.

Xylolum. Dimethylbenzol. $C_6H_4(CH_3)_2$.

Eine klare, farblose Flüssigkeit von eigenthümlichem Geruche, die aus dem Steinkohlentheer (durch fraktionirte Destillation) dargestellt wird. Hat wie alle anderen derartigen Produkte antiseptische Eigenschaften.

Wurde auch früher auf Zülzer's Empfehlung innerlich bei Variola zu 20—30 Tropfen mehrmals täglich gegeben. Gegenwärtig kaum mehr angewandt.

Zincum ferrocyanatum. Ferrocyanzink.

Ein weisses, in Wasser unlösliches Pulver. Wird wie Zincum oxydatum zu 0,03—0,1 mehrmals täglich in Pillen gegeben.

Zincum lacticum. Milchsaures Zinkoxyd. Lactate de zinc.

Wird dargestellt durch Kochen von basischem Zinkkarbonat mit verdünnter Milchsäure und bildet ein weisses, krystallinisches Pulver, das sich in 60 Th. kaltem und in 6 Th. siedendem Wasser löst, in Alkohol fast unlöslich ist. — Wird von mancher Seite als das beste aller Zinkpräparate bei nervösen Affektionen, wie Chorea, Hysterie und Epilepsie angewendet. Man giebt es zu 0,03—0,06 mehrmals täglich in Pulver, Pillen oder Lösung.

Zincum phosphoratum. Phosphorzink. Phosphore de zinc. Zn_3P_2.

Wird durch Schmelzen von Zink und Phosphor bereitet und stellt ein grauschwarzes Pulver dar, das in Wasser und Alkohol unlöslich ist. Dasselbe hat die Wirkungen des Phosphors und wird zuweilen an Stelle des letzteren zu 0,001—0,005 mehrmals täglich in Pillen oder Pulverform gegen Neuralgien empfohlen.

Zincum salicylicum. Farbloses, in kaltem Wasser schwerer als in heissem lösliches Krystallpulver. Wirkung, Anwendung und Dosirung wie Zincum sulfocarbolicum.

Zincum sozojodolicum. Siehe Acidum sozojodolicum.

Zincum sulfocarbolicum. Zincum sulfophenolicum. Sulphophénolate de zinc. $(C_6H_4(OH)SO_3)_2Zn + 8H_2O$.

Bildet farblose, in Wasser und Alkohol sehr leicht lösliche Krystalle. Wirkt desinficirend und adstringirend. Man wendet es äusserlich wie Karbolsäure zu desinficirenden Waschungen und Verbänden in 1—5% wässeriger Lösung an, zur Injektion bei Gonorrhoe (0,5—1,0 : 100,0).

1568) ℞ Alumin.
Zinc. sulfocarbol. āā 0,5—2,0
Aq. dest. ad 200,0.
D. S. Zum Einspritzen in die Urethra und Blase.

1569) ℞ Zinc. sulfocarbol. 1,0
Aq. dest. ad 100,0.
D. S. Äusserlich. Zur Einspritzung.
(Gonorrhoe.)

1570) ℞ Solut. Zinci sulfocarbolici 0,5 : 200,0
D. S. Äusserlich.
Injectio mitis.
(Form. Magistr. Berol.)

Zincum sulfurosum. Schwefligsaures Zink. Zinksulfit.

$ZnSO_3 + 2H_2O$.

Weisses, in Wasser wenig lösliches Pulver, das durch Mischen einer Lösung von Zinksulfat mit Natriumsulfit erhalten wird. Wird nur in Gestalt von Gaze zur Wundbehandlung verwendet.

Zincum valerianicum. Baldriansaures Zink. Valérianate de zinc.

$(C_5H_9O_2)_2Zn + 2H_2O$.

Wird gewonnen durch Auflösen von Zincum carbonicum in wässeriger Baldriansäure und stellt kleine, weisse, perlmutterglänzende, fettig anzufühlende, nach Baldrian riechende Krystalle dar. Dieselben sind in Wasser schwer löslich (in 100 Th.) und besitzen einen sauren, zusammenziehenden Geschmack.

Die Wirkung ist der der übrigen Zinksalze ähnlich; als Antispasmodicum erfreut sich das Präparat besonders bei Hysterie einer gewissen Beliebtheit. Man giebt davon 0,02—0,05 mehrmals täglich in Pulver oder Pillen.

Grösste Einzelgabe 0,1! — Grösste Tagesgabe 0,5! (Pharm. Helv.).

1571) ℞ Zinci valerian. 0,03
Sacch. alb. 0,5.
M. f. pulv. D. t. Dos. X.
S. 3 × tägl. 1 Pulver.

1572) ℞ Zinci valerian. 1,0
Rad. valerian. 2,0.
Gummi Tragacanth. q. s.
ut f. pilul. 30.
D. S. 3 × tägl. 1—2 Pillen.

(Antihystericum.)

V. Balneologie und Klimatotherapie.

a) Allgemeines.

Es liegt in den Verhältnissen der gegenwärtigen Zeit, dass die leidende Menschheit mehr als zuvor das Verlangen und Bedürfniss fühlt, die verschiedensten Bäder und Kurorte zur Wiederherstellung der gestörten Gesundheit aufzusuchen. Dem entsprechend muss auch der Arzt in seinem und seiner Patienten Interesse bezüglich der einschlägigen Verhältnisse in genügender Weise und besser informirt sein, als dies früher nothwendig war. Die Bäder und Kurorte bilden einen der wichtigsten Faktoren des Heilapparates für die meisten chronischen Affektionen, und es darf daher auch ein gewisses Vertrautsein mit denselben mit Fug und Recht von jedem Arzte verlangt werden. — Aus diesem Grunde hielten wir es für angezeigt, diesem Gegenstande in dem vorliegendem Buche eine gewisse Berücksichtigung zu widmen. — Natürlich können und wollen wir uns hierbei nicht in alle Details einlassen, die in den Lehrbüchern der Balneotherapie und Klimatotherapie eingehend erörtert werden. Aber es soll doch wenigstens das Wichtigste und Wesentlichste angeführt werden, was zu wissen jedem Mediciner geziemt.

Der leichteren Übersicht und bequemeren Orientirung wegen ist der betreffende Stoff in zwei Abschnitte getheilt worden. In dem ersten sind die wichtigsten Bäder und Kurorte gruppenweise nach ihrer Beschaffenheit und Wirkung geordnet und einer jeden Gruppe die nothwendigsten Erläuterungen bezüglich Wirkungen, Indikationen etc. beigegeben.

Im zweiten Theile sind die Bäder, klimatische Kurorte, Mineralquellen, Wasserheilanstalten etc., sofern sie von einiger Bedeutung, in alphabetischer Reihenfolge geordnet und mit den wissenswerthen Angaben versehen, aufgeführt.

Von jeder Quelle alle Bestandtheile in der so und so vielten Decimalstelle anzugeben, schien uns überflüssig. Ebenso haben wir es bei den Kurorten unterlassen, alle Krankheiten zu nennen, die nach der Überzeugung ihrer Ärzte und Bewohner dort unfehlbar geheilt werden. Wir begnügten uns mit der Aufzählung der hauptsächlichsten, durch die Erfahrung festgestellten Indikationen.

Bezüglich der Indikationen und der Wirkungsweise der verschiedenen Bäder und Kurorte wird jeder erfahrene Praktiker sicherlich den Auseinandersetzungen beistimmen, die A. Hoffmann in seinen „Vorlesungen über allgemeine Therapie“ entwickelt. Er äussert sich hierüber (S. 370) wie folgt:

„Will man aus den theoretischen Betrachtungen Anzeigen für die Anwendung der verschiedenen Quellen entnehmen, so wird man sich auf einem äusserst unsicheren Boden bewegen. Man findet zwar in wissenschaftlichen Balneotherapien die Sache oft so dargestellt, als würden die Indikationen für die in jedem Bade zu behandelnden Krankheiten aus den Eigenschaften der

Wässer abgeleitet, aber es ist dies ein Standpunkt, welcher so rein theoretisch ist, dass zahlreiche Einschränkungen gemacht werden müssen. Vor Allem kommt das schon erwähnte praktische Moment in Betracht, welches in vielen Fällen die wissenschaftlichen Spekulationen hinfällig macht. Das ist die Bedeutung der Ärzte jedes Bades und der Einfluss ihrer Specialkenntnisse. Gewisse Quellen haben einen grossen Ruf für die Behandlung bestimmter Krankheiten. Dieser Ruf hat sich mit der Zeit entwickelt, er ist durch die erzielten Erfolge begründet. Letztere sind nur zum Theil durch die Quellen bedingt worden, zu einem anderen Theil durch die Lebensbedingungen an diesen Orten und zu einem Theil durch bedeutende Ärzte, welche mit grosser Geschicklichkeit und vielem Erfolge gewisse Krankheiten behandelten. So kann man auch jetzt noch sehen, dass oft der Ruf eines Arztes einem Badeort Kranke zuführt, welche früher nicht dorthin zu gehen pflegten. Der Zufluss von Kranken gewisser Gattung ist nun aber für die Ärzte eines solchen Ortes die Quelle, aus welcher sie immer neue Erfahrungen schöpfen, sie werden dadurch Specialisten für die Behandlung gewisser Krankheiten und ihre Erfolge werden durch die reiche Erfahrung natürlich wieder verbessert. Es handelt sich also, wenn man die Patienten an einen solchen Ort schicken will, nicht in erster Linie um die Beantwortung der Frage, für welche Krankheit ist dieses Wasser zu empfehlen, sondern welche Krankheiten werden hier in grösserer Zahl behandelt; je grösser die Zahl, desto besser sind auch ceterus paribus die Erfolge. So kommt es, dass die genaue Kenntniss der Zusammensetzung des Wassers gar nicht so wichtig ist, wie die Kenntniss der praktischen Erfolge, welche an diesen Orten erzielt worden sind. Es ist einseitig, wenn man diese Erfolge aus der Zusammensetzung des Wassers allein ableitet, und die specielle Balneologie sollte sich nicht so ausschliesslich auf diesen Standpunkt stellen. Man vermisst die Darlegung der erzielten Resultate in vielen Büchern oft nur zu sehr, während dieselben lange wissenschaftliche Auseinandersetzungen enthalten, die doch nicht selten noch auf recht schwachen Füssen stehen."

1. Mineralquellen.

Nach ihren hervorragenden charakteristischen Bestandtheilen können die Mineralwässer eingeteilt werden in:

1. Indifferente Thermen oder Wildbäder.
2. Eisen- oder Stahlbäder.
   Arsenhaltige Wässer.
3. Alkalische Wässer.
   Lithionhaltige Wässer.
4. Glaubersalzwässer.
5. Bitterwässer.
6. Kochsalzwässer.
7. Erdige Wässer.
8. Schwefelwässer.

1. Indifferente Thermen oder Wildbäder (Akratothermen).

Dieselben haben eine viel wärmere Temperatur als gewöhnliches Wasser und enthalten keine oder nur sehr geringe feste mineralische oder gasförmige Bestandtheile. Für die günstige Wirkung der Wildbäder kommt u. a. auch ihre fast ausnahmslos in schöner gebirgiger und waldiger Gegend befindliche Lage in Betracht. — Je nach ihrer Temperatur pflegen die indifferenten Thermen in Lauquellen (20—32° C.) und in heisse Quellen (35—74° C.) eingetheilt zu werden.

Die Lauquellen werden zum Trinken und Baden verordnet. Innerlich verabreicht, regen sie die Haut- und Nierenthätigkeit an, und in Form von Bädern benutzt, üben sie einen wohlthuenden und beruhigenden Einfluss auf das gesammte Nervensystem aus. Daher werden sie bei den verschiedensten Nervenaffektionen (Neurasthenie, Hysterie), bei heruntergekommenen Individuen, Rekonvalescenten, älteren schwächlichen Leuten etc. mit Vortheil gebraucht.

Die heissen Quellen dagegen üben einen beschleunigenden Einfluss auf die Blutcirkulation aus und befördern den Stoffwechsel. Sie sind namentlich bei chronischem Rheumatismus, bei Gicht, Ischias, Lähmungen und Paresen am Platze. Gewöhnlich verweilen die Kranken $^{1}/_{4}$—1 Stunde im Bade.

Zu den indifferenten Thermen rechnet man:

Wiesenbad (22° C.), Siebenzell (22—29° C.), Badenweiler (27° C.), Tobelbad (25—29° C.), Wolkenstein (30° C.), Johannisbad (30° C.), Landeck (32° C.), Assmannshausen (32° C.), Schlangenbad (28—32° C.), Neuhaus (34° C.), Pfäffers und Ragaz (38° C.), Wildbad (37° C.), Warmbrunn (36—41° C.), Gastein (26 bis 50° C.), Bormio (41° C.), Teplitz (28—48° C.), Leuxeuil (30—56° C.), Plombières (20—70° C.).

2. Eisen- oder Stahlwässer.

Als Eisen- oder Stahlwässer werden diejenigen Mineralquellen bezeichnet, welche Eisen (durchschnittlich 0,01 —0,15 in 1000 Th. Wasser) gelöst enthalten. Die Eisenquellen enthalten meistens noch andere Bestandtheile, und je nach ihren Beimengungen spricht man von kohlensauren Eisenwässern, wenn das Eisen von grossem Kohlensäurereichthum begleitet, als kohlensaures Eisenoxydul vorkommt, und von schwefelsauren Eisenwässern, wenn es als schwefelsaures Eisenoxydul auftritt, von alkalischen Eisenwässern, wenn sie mit kohlensaurem Natron, von salinischen Eisenwässern, wenn sie mit schwefelsaurem Natron, von muriatischen Eisenwässern, wenn sie mit Kochsalz, und von erdigen Eisenwässern, wenn sie mit Kalk etc. kombinirt sind. Das Wasser der Eisenquellen pflegt kalt und wegen der beigemengten Kohlensäure erfrischend zu sein. Es dient zu Trink- und Badekuren und wird, behufs Schonung der Zähne, gewöhnlich mittels Glasröhrchen oder Strohhalme in den Mund eingeführt. Bezüglich der Resorption und Wirkungsweise sei auf das Kapitel „Eisenpräparate“ verwiesen. Die bekanntesten Anzeigen für die Eisenquellen bilden Chlorose, Anämie, Schwächezustände und Nervenkrankheiten. Die Wirkungsweise der Eisenbäder scheint, da das Eisen durch die Haut kaum resorbirt wird, hauptsächlich auf deren Gehalt an freier Kohlensäure zu beruhen. Letztere bedeckt die ganze Haut des Körpers mit zahllosen kleinen Perlen und übt einen direkten Reiz auf die peripherischen sensiblen Nerven aus. Auf diese Weise scheint das ganze Nervensystem in günstiger Weise beeinflusst zu werden.

Zu den bekanntesten Eisenwässern gehören:

Alexisbad (Anhalt), Augustusbad (bei Dresden), Autogast, Griesbach, Petersthal, Rippoldsau (Schwarzwald), Alexandersbad (Fichtelgebirge), Bocklet, Brückenau. Cudowa, Flinsberg, Reinerz (Schlesien), Driburg (Westfalen), Elster (im sächsischen Vogtlande), Freienwalde (bei Berlin), Franzensbad (Böhmen), Hitzacker (bei Hannover), Imnau (Hohenzollern), Kohlgrub (Bayern), Liebenstein (Thüringen), Lobenstein (Reuss), Levico und Roncegno (Tirol), Muskau (Niederlausitz), Ottobad (in Bayern), Pyrmont und Wildungen (Waldeck), Pyrawarth (bei Wien), Schandau (bei Dresden), Schwalbach (im Taunus), Steben (Bayern), Sanct-Moritz, Tarasp-Schuls, Morgins, Gimel (Schweiz), Spa (Belgien), Srebrenica (Bosnien).

Arsenhaltige Wässer.

Arsenik und seine Verbindungen bildet gewöhnlich nur einen Nebenbestandtheil mancher Eisenquellen. Die Wirkung ist diejenige der Arsenikalien im Allgemeinen. Die arsenikhaltigen Wässer dienen zu Trinkkuren bei Chlorose, Anämie, Neuralgien und Neurosen. Am meisten Arsengehalt findet sich in den Quellen von Levico und Roncegno in Südtirol und Srebrenica in Bosnien. Auch die Quellen von Baden-Baden, Bourboule, Plombières, Royat besitzen einen geringen Arsenikgehalt.

3. *Alkalische Wässer.*

Dieselben sind dadurch gekennzeichnet, dass in ihnen vorherrschend kohlensaures Natron und Kohlensäure vorkommt. Ist der Gehalt an Natron bicarb. gering, dagegen bedeutend an Kohlensäure, so spricht man von einfachen Säuerlingen. Letztere dienen (wie Apollinariswasser) als erfrischendes Tafelgetränk und werden bei geringen Störungen der Magen- und Darmfunktionen verordnet. Sie regen die Diurese an.

Die einfachen alkalischen Wässer (mit reichem Gehalt an Kohlensäure und kohlensaurem Natron) können wiederum in kalte und warme Quellen eingetheilt werden. Ihre günstige Beeinflussung von katarrhalischen Erkrankungen der verschiedensten Art ist schon lange bekannt, und ihre Hauptwirkung beruht darauf, dass sie die Säure des Magens neutralisiren und stimulirend auf die Funktionen des Magens, des Darmes und der Nieren wirken. Sie werden mit Erfolg bei den verschiedensten Erkrankungen des Verdauungstraktus, bei Leberaffektionen, Gallen- und Nierensteinen, bei Katarrhen der Luftwege, Diabetes mellitus, Gicht etc. verordnet.

Von den einfach-alkalischen Heilquellen pflegt man noch die alkalischen Wässer abzusondern, die sich durch einen gewissen Kochsalzgehalt auszeichnen und dadurch vom Organismus besser vertragen werden. Diese bezeichnet man als alkalisch-muriatische Quellen und macht auch hier wiederum einen Unterschied zwischen kalten und warmen alkalisch-muriatischen Quellen. Auch diese zeigen sich besonders wirksam bei Störungen der Verdauungs- und Athmungsorgane (namentlich Ems bei Katarrhen des Kehlkopfes und der Bronchien, Asthma etc.).

1. Einfache Säuerlinge:

Apollinaris.
Birresborn.
Brückenau.
Göppingen.
Harzer Sauerbrunnen.
Imnau.

2. Einfache alkalische Wässer:

a) warme:

Neuenahr.
Vichy.
Mont Dore.

b) kalte:

Salzbrunn.	Teinach.
Bilin.	Preblau.
Gieshübel.	Radein.
Fachingen.	Passug.
Geilnau.	Vals.

3. Alkalisch-muriatische Quellen:

a) warme:

Ems. Lipik. Royat.

b) kalte:

Niederselters.	Lubatschowitz.
Tönnistein.	Gleichenberg.
Weilbach.	

Im Anschluss an die alkalischen Quellen verdienen hier auch die

Lithionhaltigen Quellen

Erwähnung. Dieselben enthalten kohlensaures Lithion und Chlorlithion in geringer Menge gelöst und spielen als Heilmittel bei gichtischen Zuständen eine gewisse Rolle.

Hierher gehören:

Assmanshausen (am Rhein), Baden-Baden, Dürkheim, Bilin, Kiederich (am Rhein), Obersalzbrunn, Salzschlirf (bei Fulda), Weilbach (Nassau), Salvatorquelle (Pest).

4. *Glaubersalzwässer.*

Zu dieser Klasse gehören alle Quellen, die vorwiegend Glaubersalz (Natron sulfuricum) und nebenher Natron bicarbonicum, sowie Natrium chloratum enthalten. Es existiren warme und kalte Glaubersalzwässer. Beide Arten vermehren die Darmperistaltik, wirken stark abführend und befördern die Resorption. Sie finden daher Anwendung bei Trägheit der Magen- und Darmfunktionen, bei Leber- und Gallenaffektionen, Icterus, Fettleibigkeit etc.

1. Warme Glaubersalzwässer:	2. Kalte Glaubersalzwässer:	
Karlsbad (35—73° C.)	Elster.	Rohitsch.
Bertrich (34° C.)	Marienbad.	Füred.
	Franzensbad.	Tarasp.

5. *Bitterwässer.*

Die Bitterwässer zeichnen sich durch ihren starken Gehalt an Bittersalz (Magnesium sulfuricum) aus und führen nebenher auch Glaubersalz, Chlornatrium und Chlormagnesium. Es sind nur kalte Quellen. Sie wirken schnell und kräftig abführend und werden gern als Ableitungsmittel verordnet, wenn es sich um Blutandrang nach dem Kopf, den Lungen und andern Organen handelt. Die Bitterwässer werden meistens nur versendet.

Die Glaubersalz- und Mineralwässer pflegen als Salinische Mineralwässer bezeichnet zu werden.

Die bekanntesten Bitterwässer sind:

Deutschland:	Böhmen:	Ungarn:
Friedrichshall.	Püllna.	Hunyady-János.
Kissingen.	Saidschütz.	Franz-Josefsquelle.
Mergentheim.	Sedlitz.	

Schweiz:	Frankreich:
Birmenstorf.	Cransac.
	Montmirail.

6. *Kochsalzwässer.*

Zu dieser wichtigen Klasse werden alle Quellen gezählt, deren Hauptbestandtheil das Kochsalz bildet. Dieses kann in dem schwankenden Verhältnisse von 0,2—3% vorkommen. Sobald der Kochsalzgehalt 2% übersteigt, bezeichnet man die Quellen bereits als Soolen. Diese dienen vorwiegend zu Badekuren, während die schwächeren, nicht über 1% Kochsalz führenden Wässer vornehmlich zum Trinken verwendet werden. Alle Kochsalzwässer enthalten gleichzeitig Kohlensäure. Dieselbe macht das Trinken der Wässer nicht nur angenehmer, sondern erleichtert auch direkt die Resorption derselben. Ausserdem enthalten sie gewöhnlich noch andere Mineralien und als besonders wichtige Bestandtheile sind ihnen zuweilen mehr oder minder beträchtliche Mengen von Jod oder Brom beigemengt. Alsdann spricht man von jod- oder bromhaltigen Kochsalzwässern oder -Soolen. Auch die Temperatur der betreffenden Wässer ist von Bedeutung, und man theilt sie in kalte und warme Quellen ein. Ebenso kommt auch der Gehalt an Kohlensäure in Betracht.

Was die Wirkung der Trinkkuren anlangt, so darf nicht vergessen werden, dass Kochsalz einen wesentlichen Bestandtheil des thierischen Organismus bildet. Es wird demselben regelmässig durch die Nahrung zugeführt und leicht resorbirt. Die Kochsalzwässer regen die Funktionen des Magens an, befördern den Appetit und die Verdauung und steigern die Diurese und den Stoffwechsel. Sie werden daher vielfach von Magen- und Darmkranken benützt. Katarrhe des Kehlkopfes, der Luftröhre und der Bronchien erfahren durch Verflüssigung des zähen Schleimes eine günstige Beeinflussung. Die Dauer einer derartigen Trinkkur pflegt durchschnittlich 3 bis 4 Wochen zu betragen.

Die Wirkung der Bäder, welche durch den Reiz der gleichzeitig vorhandenen Kohlensäure auf die Hautnerven bedeutend unterstützt wird, bewährt sich erfahrungsmässig ganz besonders bei Skrophulose, Rachitis, chronischem Rheumatismus, Gicht, Neuralgien, spinalen Affektionen, Ischias, Exsudaten des Brust- und Beckenraumes, chronischen Hautexanthemen etc.

1. Einfache schwache Kochsalzquellen, die unter 1,5 % Kochsalz enthalten:

a) Kalte Kochsalzwässer:

Homburg, Kissingen, Neuhaus, Kronthal, Cannstatt, Niederbronn, Salzschlirf, Kiedrich etc.

b) Warme Kochsalzwässer:

Wiesbaden, Baden-Baden, Herkulesbad, Bourbonne-les-Bains, Battaglia.

2. Einfache starke Kochsalzwässer oder Soolen (mit einem 2 % übersteigenden Kochsalzgehalte):

a) Kalte Quellen:

Kolberg, Greifswald, Sülze, Frankenhausen, Wittekind, Kösen, Salzungen, Sulza, Arnstadt, Dürrheim, Jagstfeld, Hall, Reichenhall, Rosenheim, Ischl, Aussee, Rheinfelden.

b) Warme Quellen (Thermalsoolen):

Nauheim (33° C.), Oeyenhausen (Rehme), Werne (27—32° C.), Königsborn (34° C.).

3. Jod- und bromhaltige Kochsalzwässer:

Adelheidsquelle	bei Tölz	Kreuznach	Rhein-
Krankenheil	in Bayern.	Münster a. Stein	provinz.
Hall (Oberösterreich).		Salzbrunn (Bayern).	
Elmen (Magdeburg).		Salzschlirf (Hessen-Nassau).	
Inowrazlaw (bei Posen).		Luhatschowitz (Mähren).	
Goczalkowitz	Schle-	Bex	
Königsdorff-Jastrzemb.	sien.	Saxon	Schweiz.
		Wildegg	

7. *Erdige Quellen.*

Die erdigen oder kalkhaltigen Mineralwässer führen als Hauptbestandtheil kohlensauren Kalk und schwefelsauren Kalk (Gips). Daneben finden sich häufig geringe Mengen von Magnesiasalzen, Eisen und Alkalien und von Gasen freie Kohlensäure und Stickstoff. Ihre Wirkungsweise ist noch nicht genügend klargestellt, doch steht es fest, dass sie sich bei Krankheiten der Nieren und Blasen, bei beginnender Lungenphthise (ihrer austrocknenden Wirkung wegen) und bei Rheumatismus, Gicht und Hautausschlägen heilsam erweisen.

So empfiehlt man

a) bei Katarrhen, Gries- und Steinbildung der Harnwege:

Wildungen (in Waldeck), Driburg und Brückenau, Rappoltsweiler (Essen), Contréxeville (in Frankreich);

b) bei chronischen Lungenaffektionen:
Lippspringe und Inselbad (bei Paderborn), Weissenburg (Schweiz);

c) bei chronischen Rheumatismus, Gicht und Hautleiden:
Leuk (Louëche) in der Schweiz (Wallis).

8. Schwefelwässer.

In denselben kommt der Schwefel entweder in gasförmiger Gestalt als Schwefelwasserstoff und Kohlenoxydsulfid oder in Verbindung mit Alkalien (Natron, Kalium, Calcium, Magnesium) als Schwefelleber vor. Man unterscheidet kalte und warme Schwefelquellen. Die Schwefelwässer dienen zu Trinkkuren, zum Baden und Inhaliren.

Bezüglich ihrer Wirkung und therapeutischen Verwendung kann auf das bei Schwefel und Schwefelkalium Angeführte verwiesen werden. Sie pflegen bei chronischem Rheumatismus, chronischen Hautaffektionen und Katarrhen der Luftwege, bei veralteter Lues, chronischen Metallintoxikationen (besonders Bleivergiftung), Plethora abdominalis, Neuralgien, Lähmungen und Paresen verordnet zu werden.

Bei der Trinkkur wird von mancher Seite eine direkte Einwirkung auf das Pfortadersystem angenommen, da die Leber bei längerem Gebrauche abschwillt; auch eine cholagoge Wirkung soll stattfinden.

Ob bei der Badekur den in den Quellen enthaltenen Bestandtheilen ein direkter Einfluss auf den Organismus zukommt, oder ob der Aktion des warmen Wassers allein die zuweilen erreichten Erfolge zuzuschreiben sind, bleibt noch eine nicht endgültig entschiedene Frage.

a) Warme Schwefelquellen:

Aachen, Burtscheid, Landeck, Baden (bei Wien), Baden, Schinznach, Lavey (in der Schweiz), Trencsin-Teplitz, Herkulesbad (Mehadia) in Ungarn, Aix-les-Bains, Barèges, Eaux-Bonnes, Luchon, Eaux-Chaudes, Canterets (Frankreich), Helouan in Ägypten.

b) Kalte Schwefelquellen:

Eilsen, Langenbrücken, Nenndorf, Weilbach, Meinberg, Kainzenbad, Wipfeld, Stachelberg, Heustrich, Leuk, Andeer, Alvanen, Gurnigel (in der Schweiz).

Anhang.

Künstliche Bäder. Balnea medicata.

I. a) Aromatische Bäder: Flores Chamomillae, Rad. Calami, Fol. Menthae, Species aromat., 250,0—500,0 im Infus dem Bade zugesetzt. (Lähmungen, Hysterie, Schwäche.)

b) Eisen- und Stahlbäder: Ferrum sulfur. crud. 50,0—100,0, gewöhnlich mit Bol. alb. āā. Tales dos. VI ad oll. gris. oder Ferr. sulf. 30,0—60,0 mit weissem Thon (Bol. alb.) zu einer Kugel, welche im Bade gelöst wird (für Kinder $^1/_4$ der angegebenen Dosis). (Chlorose, Beckenexsudate etc.)

c) Kiefernadelbäder: 250,0—500,0 Extrakt der Fichten- oder Kiefernadel. (Rheumatismus, Nervenkrankheit, Lähmung etc.)

d) Kleienbäder: Ein Dekokt von 1—2 Kilogr. Weizenkleie dem Bade zugesetzt. (Hautkrankheiten, Rheumatismus etc.)

e) Kochsalz-, Seesalzbäder: 2—3 Kilogr. (Rachitis, Skrophulose.)

f) Malzbäder. 1—3 Kilogr. Gerstenmalz, vorher in 5 Liter Wasser $^1/_2$ Stunde lang gekocht und durchgeseiht.
(Schwächezustände, besonders bei Kindern.)

g) Moorbäder: Aus 1 Centner Franzensbader Moorerde auf ein Vollbad. (Die Moorbäder werden auch zu Arm- und Fussbädern benutzt. Ebenso wird das Moor als Umschlag zur Vertheilung von Exsudaten angewendet.) Neuerdings werden Moorextrakte (von Mattoni hergestelltes Präparat) empfohlen. Die Bäder werden bereitet durch Zusatz von $^1/_2$—1 Kilogr. Moorsalz oder 1—2 Kilogr. Moorlauge zu einem Vollbade. Anfangs 2, später 3—5 Bäder wöchentlich; Dauer 10—15—30 Minuten; Temperatur 28—30° R.

h) Mutterlaugenbäder von Kreuznach, Koesen, Rehme, Wittekind, 2—3 kg zu einem Bade, dem noch $^1/_2$—1 kg Kochsalz hinzuzusetzen ist. Am billigsten stellt sich die Benutzung des Stassfurter Badesalzes. (Für Kinder die Hälfte.) (Skrophulose, Rachitis, Rheumatismus, Lähmungen etc.)

i) Pottaschebäder: 125,0 gereinigte Pottasche, vorher in Wasser gelöst, dem Bade zuzusetzen.

k) Schwefelbäder: Kalium sulfurat. ad balneum 60,0—120,0. Es ist zweckmässig, dem Bade noch 10,0—15,0 acid. sulf. angl. hinzuzusetzen. (Nicht in Metallwannen!)
(Blei- und Mercurialintoxikation, Rheumatismus etc.)

l) Seifenbäder: 250,0 Hausseife, geschabt und in einem Topf heissen Wassers gelöst, zu einem Bade.

m) Sandbäder: Der Boden eines als Wanne dienenden Kastens wird 10 cm hoch mit erwärmtem reinen Flusssande bedeckt. Alsdann nimmt der mit einer dünnen Decke umhüllte Patient in dem Kasten Platz und lässt so viel auf 38—40° R. erwärmten Sand nachschütten, bis der ganze Körper (Brust- und Bauchdecken ausgeschlossen) bedeckt ist. Dauer des Bades $^1/_4$—$^1/_2$ Stunde. Darauf ein lauwarmes Reinigungsbad.
(Ischias, Rheumatismus und rheumatische Lähmungen.)

n) Senfbäder: 100,0—150,0 gestossener Senf zum Fussbade.

II. o) Kalte Bäder: 10—20° C. (8—16° R.).

p) Kühle Bäder von 20—27° C. (16—22° R.).

q) Laue Bäder von 28—34° C. (23—27° R.)

r) Warme Bäder von 35—40° C. (28—32° R.).

s) Heisse Bäder über 40—44° C. (32—35° R.).

t) Damfbäder. u) Spiritusbäder. v) Römische Bäder. (Hydrops.

u) Elektrische Bäder.

(Ein Vollbad [bis an den Hals reichend] erfordert für Erwachsene etwa 20 Eimer, d. h. 200—300 Liter, ein Sitzbad 20—30 Liter Wasser.)

2. Seebäder.

Das Wasser des Meeres unterscheidet sich bekanntlich von dem Wasser der Flüsse und Binnenseen durch die verhältnissmässig vielen in ihm enthaltenen Salze (Chlornatrium, Chlorkalium, Chlormagnesium, schwefelsauren Kalk etc.), unter denen das Kochsalz die hervorragendste Stelle einnimmt. Dasselbe kommt nicht überall in der gleichen Stärke vor, und sein Gehalt schwankt in den verschiedenen Meeren von 0,6—4,5 %. Die Ostsee, welcher, nebenbei bemerkt, Ebbe und Fluth fehlt, ist in Folge starker Beimischung von Süsswasser aus den zuströmenden Flüssen, am ärmsten an Kochsalz (0,6—2,0 %), reicher daran ist die Nordsee (2,0—3,5 %). In beiden Meeren steigt der Salzgehalt in fortschreitender Zunahme von Osten nach Westen und während das am östlichsten gelegene Cranz kaum $^3/_4$ % aufzuweisen hat, finden sich bereits in Doberan 1,5 %, in Norderney 3 % und in Ostende 3,5 %. Der atlantische Ocean besitzt an Kochsalzgehalt 3 %, das Mittelmeer 3—4 %, das Rothe Meer 4,5 %.

Mit Unrecht wird, wenn von der Wirkung der Seebäder die Rede ist, das Hauptgewicht auf deren procentuarischen Salzgehalt gelegt. Wenn dieselben auch in dieser Beziehnng den gewöhnlichen See- und Soolbädern nahe stehen, so kommen doch bezüglich ihrer Wirksamkeit und Wirkungsweise noch viel wichtigere Heilpotenzen in Betracht als die paar Gramm Chlornatrium, die sich in dem Meerwasser aufgelöst befinden. Das Kochsalz wird beim Baden nicht von der Haut aus resorbirt. Seine Wirkung ist vielmehr lediglich eine mechanische, darauf beruhend, dass nach beendetem Bade beim Trocknen die Salzkrystalle auf und in den Furchen der Haut haften bleiben und nun eine körperlich reizende Wirkung auf die Nervenendigungen und Blutgefässe der Haut ausüben (*Hiller*). Dadurch entsteht eine Anregung der Hautthätigkeit, vermehrte Steigerung der Circulation in derselben und Beschleunigung des Stoffwechsels. Dieselbe nervenreizende Wirkung übt aber auch die *niedrige Temperatur* des Wassers auf den Badenden aus. Die Wärme beträgt während des Sommers in Ost- und Nordsee 16—19° C., so dass mit jedem Bade eine mehr oder minder starke Wärmeentziehung verbunden ist, die von Nutzen sein kann.

Ob der *Wellenschlag* die ihm nachgerühmte starke mechanische Einwirkung auf die Haut ausübt, ist nicht erwiesen und mindestens recht zweifelhaft. Dagegen scheint die psychische Sphäre weit günstiger beeinflusst zu werden durch Baden bei bewegter als bei ruhiger See.

Beim Gebrauche der Seebadekur kommt vor Allem der *günstige Einfluss der Luft*, des Luftbades, zur Geltung. Und zweifellos sind sehr viele durch die Seebäder erzielten Heilungen lediglich nur dem Umstande zuzuschreiben, dass man am Strande beständig die vorzüglichste, staub- und keimfreie, ozonreiche Luft athmet. Dieselbe wirkt anregend und stimulirend und hebt das Wohlbefinden durch günstige Beeinflussung der Ernährung und des Stoffwechsels.

Was die *Indikationen* für eine Kur an einem Seebadeorte anlangt, so sind die wichtigsten: Katarrhe der Respirationsorgane, Anämie, Chlorose, Skrophulose, Rachitis, Keuchhusten, chronischer Rheumatismus, veraltete Lues, Rekonvalescenz, Erschöpfungszustände nach geistiger Überbürdung, Neurasthenie, Neuralgien, Migräne etc.

Gegenanzeigen bilden Herzaffektionen, vorgeschritte Tuberkulose und Magenleiden; ferner Hirnkrankheiten und psychische Aufregungszustände. An Schlaflosigkeit Leidende pflegen den Aufenthalt an der See nicht zu vertragen.

„Wer von einem Seebadeaufenthalte nur Sommerfrische und körperliche oder geistige Erholung wünscht, der wird in den freundlichen und anmuthig gelegenen, mit landschaftlichen Reizen ausgestatteten Bädern der Ostseeküste stets sich wohler und befriedigter fühlen; wer aber von einem Seebadeaufenthalte ausser Sommerfrische und Erholung bestimmte Heilwirkungen der Seeluft auf seinen Körper, insbesondere auf Ernährung, Blutbildung, Nerven, Knochen, Haut, Schleimhäute und Lungen erwartet, der findet sie nur auf den Nordseeinseln.“ (*Hiller*.)

1. *Ostseebäder*: *Cranz*, Neukuhren, Brüsterort, Warnicken, Kahlberg, Westerplatte, *Zoppot*, Broesen, Stolpmünde, Rügenwaldermünde, *Colberg*, Dievenow, *Misdroy*, Swinemünde, Ahlbeck, *Heringsdorf*, Koserow, Zinnowitz, Putbus, Binz, *Sassnitz-Krampas*, Zingst, Gross-Müritz, *Warnemünde*, *Heiligendam* (Doberan), Glücksburg, Travemünde, Düsternbrook, Gravenstein, Apenrade, *Klampenborg*, Marienlyst.	Salzgehalt 0,75—2%.
2. *Nordseebäder*: *Helgoland*, *Sylt*, *Föhr*, *Bösum*, Dangast, Wangerooge, Spiekeroog, Langeroog, *Norderney*, Juist, Borkum, Wittdün, *Scheveningen*, *Blankenberghe*, *Ostende*, Heyst.	Salzgehalt 3%.
3. *Französische Seebäder*: Calais, Boulogne, Dieppe, Fécamp, Le Havre, Arcachon, *Biarritz*, *Trouville* etc.	Salzgehalt 3—4%.

4. Englische Seebäder: Eastbourne, Brighton, Ramsgate, Isle of Wight (Ventnor, Ryde etc.).
5. Italienische Seebäder: Venedig (Lido), Castellamare, Ischia Spezia, Viareggio, Livorno, Messina, Palermo.
6. Österreichische Seebäder: Abbazia, Triest.

} Salzgehalt 3—4%.

3. Klimatische Kurorte.

(Theilweise nach Prof. F. Penzoldt gruppiert.)

A. Hochgebirgskurorte (über ca. 1400 m).

a) Winter- und Sommerkurorte des Schweizer Hochgebirges:

Leysin, oberhalb Aigle (Kanton Waadt, 1450 m hoch).
Davos-Platz und Dörfli (Kanton Graubünden, 1560 m hoch).
Arosa (Graubünden, 1856 m).
St. Moritz-Dorf (Oberengadin, 1856 m).
Samaden, unweit St. Moritz.
Wiesen (Graubünden, 1454 m).
Andermatt (Kanton Uri, 1444 m).

b) Sommerkurorte des Hochgebirges.

In der Schweiz:

Champex (Wallis, 1465 m), La Comballaz (Kanton Waadt, 1364 m), Evolène (Wallis, 1378 m), Leuk (Wallis, 1412 m), Les Mayens de Sion (Wallis, 1300 m), Morgins (Wallis, 1343 m), Randa (Wallis, 1444 m), Saas-Fée (1778 m) und Saas-Grund (Wallis, 1560 m), Saint-Luc (Wallis, 1675 m), Zermatt (Wallis, 1620 m).

Das Oberengadin mit Sils Maria, Silvaplana, Zuz, Pontresina, Maloja (1751—1810 m).

Das Unterengadin mit Tarasp (1210 m).

Das Berner Oberland: Mürren (1650 m), Wengern.

In Südtirol:

Obladis (1380 m), Brennerbad (1326 m), Landro und Schluderbach im Ampezzothale, Madonna di Campiglio (1553 m).

In Italien:

Bormio (1353 m).

B. Mittelgebirgskurorte (zwischen 700 und 1400 m).

a) Winter- und Sommerkurorte:

Les Avants, oberhalb Montreux (985 m), Caux, oberhalb Montreux (1100 m), St. Blasien im badischen Schwarzwalde (772 m).

b) Sommerkurorte.

In der Schweiz:

Les Avants (985 m), Glion (724 m), Caux (1100 m), Château d'Oex (990 m), Chessières (1210 m), Villars (1275 m), Ormont dessous und dessus, Leysin Village (1254 m), Les Plans (1100 m) im Waadtland. Saint-Cergues (1046 m), Macolin (900 m), Chaumont (1128 m), Weissenstein (1284 m) im Jura. — Champéry (1052 m), Fins-Haut (1237 m), Salvan (925 m) in Wallis. — Gurnigel (1155 m), Grindelwald (1050 m), Weissenburg (896 m), Beatenberg (1148 m) im Kanton Bern, Seelisberg (845 m), Bürgenstock (870 m), Engelberg (1019 m) in der Umgebung des Vierwaldstätter Sees. — Churwalden (1212 m), Flims (1100 m) in Graubünden. — Gais (934 m) und Heiden (806 m) in Appenzell.

Im Bayerischen Gebirge:

Oberstdorf (Allgäu 812 m), Partenkirchen und Kainzenbad (720 m), Mittenwald (912 m), Kreuth (820 m).

In den österreichischen Alpen:

Das Pusterthal (1100—1200 m), Ratze am Schlern (1205 m), Gossensass (1061 m) am Brenner, die Mendel (1354 m) bei Bozen, Mürzzuschlag (790 m) am Sömmering, Achensee (930 m), Aussee (700 m) in Steiermark.

C. Niedergebirgskurorte (unter 700 m).

a) Winter-, Frühlings- und Herbstkurorte:

Bozen, Gries, Meran und Obermais (250—350 m) in Südtirol, Montreux und Vevey (300—400 m) am Genfersee.

b) Sommerkurorte.

Hierhin gehören die zahlreichen an den Ufern der Gebirgseen gelegenen Orte, ferner die Sommerfrischen des Bayerischen Waldes, Fichtelgebirges, der Fränkischen Schweiz, des Schwarzwaldes, Thüringer Waldes und Harzes. Besondere Bedeutung haben:

Interlaken (560 m) in der Schweiz, Ischl (480 m) im Salzkammergut, Gleichenberg (310 m) in Steiermark, Reichenhall (460 m) in Bayern, Baden-Baden und Badenweiler in Baden; Reinerz in Schlesien etc.

D. Kurorte mit Niederungsklima:

a) Die Seen.

Der Gardasee (65 m) mit Riva und Arco.
Der Comosee (213 m) mit Cadenabbia, Bellagio etc.
Der Luganer See mit Lugano.
Der Lago maggiore mit Pallanza, Stresa, Baveno, Locarno etc.
Der Vierwaldstätter See mit Gersau, Weggis, Vitznau, eignen sich für Frühjahr- und Herbstaufenthalt.

E. Warme Insel- und Küstenkurorte:

a) Feuchte: Madeira mit Funchal, portugiesische Insel an der westafrikanischen Küste mit mittlerer Wintertemperatur von 17°; Teneriffa und die Canarischen Inseln, zu Spanien, und die Azoren zu Portugal gehörig.

b) Mittelfeuchte: Die Umgebung von Algier (mittlere Wintertemperatur 14—16°); Ajaccio auf Corsica, Palermo auf Sicilien; die Riviera di Levante mit Spezia, Rapallo, St. Margherita und Nervi; Pegli westlich von Genua; Venedig; Korfu; Abbazia. — Bournemouth, Torquay; Isle of Wight mit Ventnor und Bonchurch in England.

c) Trockene: Die Riviera di Ponente mit Hyères, Cannes, Nizza, Mentone auf der französischen, Bordighera, Ospedaletti, San Remo auf der italienischen Seite (mittlere Wintertemperatur 9—12°); die Insel Capri; Catania und Acireale (Sicilien); Malaga; Alexandria in Ägypten; Kapstadt in Südafrika.

Was den Zeitpunkt für den Besuch der verschiedenen Winterkurorte betrifft, so giebt Kisch dafür folgende Weisung:

Im September kann der Kranke zum Aufenthalte wählen: Arco, Baden-Baden, Bex, Montreux, St. Beatenberg, Falkenstein, Gersau, Goerbersdorf, Gries, Interlaken, Ischl, Spezia, Lugano, Meran, Pallanza, Reichenhall, Soden, Vevey, Wiesbaden.

Im Oktober: Arco, Baden-Baden, Bordighera, Gries, Spezia, Lugano, Meran, Pallanza, Pau, San Remo, Venedig, Montreux, Vevey, Wiesbaden.

Im November, December, Januar und Februar: Ajaccio, Acireale, Algier, Arco, Bordighera, Cairo, Cannes, Catania, Gries, Madeira, Mentone, Meran, San Remo, Venedig, Wiesbaden.

Im März: Acireale, Arco, Catana, Montreux, Gries, Spezia, Meran, Nervi, Palermo, Pallanza, Pau, Pegli, Pisa, Venedig.

Im April: Arco, Baden-Baden, Bex, Bordighera, Cannes, Gersau, Gries, Spezia, Mentone, Meran, Montreux, Nervi, Nizza, Pallanza, Pegli, Pisa, Venedig, Wiesbaden.

4. Kurorte für Moor- und Schlammbäder.

Berka (bei Weimar).
Schmiedeberg (Prov. Sachsen).
Cudowa
Flinsberg } Schlesien.
Muskau

Franzensbad (Böhmen).
Elster (Voigtland).
Kohlgrub
Aibling } Bayern.
Rosenheim

5. Milch- und Molkenkurorte.

Charlottenbrunn
Salzbrunn } Schlesien.
Reinerz

Kreuth
Reichenhall } Oberbayern und Salzkammergut.
Berchtesgaden
Ischl

Gries
Meran } Tirol.

Heiden
Gais
Engelberg
Interlaken } Schweiz.
Montreux
Bex

6. Traubenkurorte.

Honnef
Assmannshausen } am Rhein.
Rappoltsweiler (Elsass).
Edenkoben
Dürkheim } in der Pfalz.
Grünberg (Schlesien).

Vöslau bei Wien.
Montreux
Vevey } am Genfer See.
Gries, Arco und Meran (Tirol).
Pallanza (Oberitalien).
Jalta (Krim).

7. Kurorte für Lungenkranke.

(Die Zahl neben den einzelnen Orten giebt die mittlere Temperatur in den Morgenstunden der Wintermonate an.)

Charlottenbrunn, Görbersdorf, Reinerz, Salzbrunn (Schlesien).

Inselbad bei Paderborn.

Rehburg bei Hannover.

Reiboldsgrün in Sachsen.

Lippspringe, Falkenstein, Soden, Ems, Wiesbaden, Baden-Baden, Badenweiler (Rheinlande).

Reichenhall, Kreuth (Bayern).

Ischl (Salzkammergut).

Appenzell, Interlaken, Weissenburg, Arosa, Davos, Montreux, Vevey, Les Avants, Bex, Leysin (Schweiz).

Meran (5° C.), Gries, Riva, Arco (Tirol), Gardone (Oberitalien).

Abbazia bei Fiume (9° C.)

Pallanza (Oberitalien).

(Pau° C.), Mentone (9° C.), Cannes (9° C.), Nizza (8° C.) (Süd-Frankreich)

Nervi, Pegli, San Remo, Ospedaletti.

Venedig, Pisa (7° C.), Rom (7,5° C.), Palermo (11° C.) (Italien).

Ajaccio (10,5° C.) (Corsica).

Malaga (11° C.) (Spanien).

Isle of Wight (England).

Algier (10° C.), Cairo (13,5° C.).
Madeira (13,5° C.), Helouan.

Anmerkung. Pneumatische Kabinette: Berlin, Dresden, Frankfurt, Nassau, Ems, Wiesbaden, Baden-Baden, Kissingen, Reichenhall, Meran, Wien etc.

8. Kaltwasserheilanstalten.

A. Deutschland:

Berlin (Kommandantenstr.).
Eckerberg bei Stettin.
Kreischa, Königsbrunn, Schweizermühle, Blasewitz, Schandau, Tharand } bei Dresden.
Wilhelmshöhe, Wolfsanger } bei Kassel.
Suderode a. Harz.
Alexandersbad (Fichtelgebirge).
Liebenstein, Ilmenau, Elgersburg, Sonneberg } Thüringen.
Dietenmühle, Nerothal } Wiesbaden.
Königstein, Hofheim } am Taunus.
Nassau.
Kurhaus Schloss Heidelberg.
Konstanz am Bodensee.
Rheinau, Laubbach } bei Koblenz.
Godesberg (bei Bonn).
Marienberg, Mühlbad } bei Boppard am Rhein.
Milchelstadt (Odenwald).
Teinach, St. Blasien, Herrenalb } im Schwarzwald.
Hermsdorf, Thalheim } Schlesien.
Zwischenahn (Oldenburg).
Thalkirchen, Brunnthal, Neu Wittelsbach } bei München.

B. Österreich:

Baden (bei Wien).
Eichwald (bei Teplitz).
Giesshübl-Puchstein (bei Karlsbad).
Gräfenberg, Zuckmantel } in Österreichisch-Schlesien.
Kaltenleutgeben (bei Wien).
Priessnitzthal (bei Wien).
Wartemberg (Böhmen).
Obermais (bei Meran).
St. Radegrund, Aussee } Steiermark.
Stein in Krain.

C. Schweiz:

Aigle (Kanton Waadt).
Albisbrunn (Kanton Zürich).
Buchenthal (Kanton St. Gallen).
Champel (Genf).
Schönbrunn (Vierwaldstädter See).
Schöneck (Vierwaldstätter See).
Mammern (Kanton Thurgau).
Brestenberg (Kanton Aargau).
Giessbach (Brienzer See).
Bottmingen (Basel).

---

b) Bäder, Kurorte, Mineralquellen, Wasserheilanstalten etc., in alphabetischer Reihenfolge geordnet.

(Bei der Bearbeitung dieses Abschnittes sind wir häufig den Angaben des „Handbuchs der speciellen Klimatotherapie und Balneotherapie“ von Dr. H. Reimer gefolgt.)

Aachen. Stadt in der Rheinprovinz mit alkalisch-muriatischen Schwefelthermen, deren Wasser schon im 15. Jahrhundert zu Trink- und Badekuren verwendet wurde. A. gehört auch gegenwärtig noch zu den wichtigsten und besuchtesten Schwefelbädern. Es befinden sich daselbst 4 warme Quellen (Temperatur 45—55° C.): 1. die Kaiserquelle, 2. Quirinusquelle, 3. Rosenquelle und 4. Corneliusquelle. Das aus denselben kommende Wasser wird zu Bädern, Trinkkuren und Inhalationen verordnet und versendet.

Indikation: Inveterirte Syphilis, Metallintoxikationen (besonders Blei- und Quecksilbervergiftung); rheumatische Leiden, Kontrakturen, chronische Exantheme etc.

Zur Herstellung künstlicher Aachener Bäder verwendet man:

Sapo Kalii jodo-bromati sulfuratus, eine Mischung von Kal. brom. 1 Th., Kal. jod. 2 Th., Calcar. sulf. 16 Th., Schmierseife, 96 Th. (200 g dieser Mischung genügen für 1 Bad und kosten 75 Pf.).

Abano in Italien, unweit Padua. Warme Schwefelquellen.

Abass-Tuman im Kaukasus (Gouvern. Tiflis) gelegener Kurort mit warmen Schwefelquellen.

Abbazia. In Istrien, am Adriatischen Meere (Österreich), Seebad und klimatischer Kurort für Lungen-, Herz- und Nervenkranke. Beliebte Winterstation. Mittlere Wintertemperatur 5,5° C.

Acireale. Stadt von 25000 Einw. in Sicilien, am Fusse des Ätna, an der Eisenbahnlinie Messina-Catania. Klimatischer Winterkurort und Schwefelquelle.

Adelheidsquelle in Heilbrunn, 60 km von München, am Fusse des Hochgebirges, etwa 800 m üb. d. M. gelegen. Jod- und bromhaltige Kochsalzquelle (Natr. jod. 0,03, Natr. bromat. 0,06, Natr. chlorat. 5,0, Natr. bicarb. bis 1,32). Das Wasser wird vielfach versandt und zum Trinken, Baden und zu Umschlägen benutzt bei Skrophulose, Struma, Blasen-, Gelenkaffektionen und Ovarialcysten.

Adelholzen. In Oberbayern (Eisenbahnlinie Rosenheim-Salzburg) gelegene Sommerfrische, 600 m üb. d. M., mit 3 schwach erdig-alkalischen Quellen. Dieselben dienen zu Trink- und Badekuren bei chronischem Magenkatarrh, Rheumatismus und Gicht.

Ahlbeck. Ostseebad, auf der Insel Usedom, in der Nähe von Swinemünde und dicht bei Heringsdorf gelegen.

Aibling. In Oberbayern, an der Eisenbahn zwischen Rosenheim und Holzkirchen. Sommerfrische und Moorbad. 460 m üb. d. M. Indicirt bei Skrophulose und bei allen Exsudaten in den Gelenken und im Beckenraum.

Aigle. Städtchen in der franz. Schweiz mit 3500 Einw., 420 m üb. d. M., unweit Montreux, angenehmer Luftkurort, Sommeraufenthalt mit Kaltwasserheilanstalt, auch Traubenkurort.

Aix. Stadt in Frankreich mit 30000 Einw., Eisenbahnstation der Linie Avignon-Cavaillon-Marseille. Besitzt 2 indifferente Thermen von 34—37° C., die sich bei Neuralgien und hysterischen Zuständen wirksam erweisen.

Aix-les-Bains. Stadt mit 4500 Einw., in Savoyen, Eisenbahnstation der Linie Genf-Chambéry (von Genf $2^1/_2$ St. Fahrzeit). Modernes Schwefelbad mit ausgezeichneten Einrichtungen für alle Badeformen und Trinkkuren.

Die Indikationen für Aix-les-Bains sind dieselben wie für Aachen: Rheumatismus, Gicht, Skrophulose, Syphilis etc.

Ajaccio. Hauptstadt der Insel Corsica mit 18000 Einw. Hervorragender klimatischer Winterkurort. Von Marseille mit Dampfschiff in 16 Stunden zu erreichen.

Albisbrunn. Kaltwasserheilanstalt bei Zürich.

Alexandersbad. Wasserheilanstalt in Bayern, am Fusse des Fichtelgebirges. Daselbst befindet sich auch eine Eisenquelle, die zu Trink- und Badekuren benutzt wird.

Alexisbad. Im Herzogthum Anhalt (Unterharz). Klimatischer Sommerkurort, in Verbindung mit Eisenquellen. Vorzüglich geeignet für Blutarme, Neurasthenische und Erholungsbedürftige.

Alvaneu. Schweizer Kurort im Kanton Graubünden. Von Chur in 5 St. zu erreichen. Kalte Schwefelquelle mit starkem Gypsgehalt. Wird zum Trinken, Baden und Inhaliren benutzt. Indicirt bei chronischem Gelenk- und Muskelrheumatismus, ebenso bei chronischen Katarrhen der Respirations- und Urogenitalorgane. — Liegt 950 m hoch.

Amélies-les-Bains. In den Ostpyrenäen, 278 m hoch gelegener berühmter Kurort mit 18 alkalischen Schwefelnatrium-Thermen. Die 7 wärmsten Quellen haben Temperaturen von 44—61° C. Dienen zu Trink- nnd Badekuren bei chronischem Rheumatismus, Gicht, chronischer Bronchitis und Laryngitis. Auch als Winteraufenthalt für Lungenkranke beliebt (Temp. mittlere, 6,5° C.).

Amphion. In Savoyen, am südlichen Ufer des Genfersees, Sommerfrische mit eisenhaltiger Quelle. 374 m hoch.

Andeer im Schamser Thale, Kanton Graubünden. 980 m hoch. Klimatischer Kurort mit schwach eisenhaltiger Gypsquelle.

Antibes (Frankreich, Alpes maritimes). In der Nähe von Cannes gelegener Winterkurort.

Andreasberg (Sankt) im Harz. 556 m hoch, Stadt mit 3500 Einw. Beliebter klimatischer Kurort.

Antogast. Eisenbad im Schwarzwald, am Fusse des Kniebis, 484 m hoch. $1^1/_4$ Stunde von der Eisenbahnstat. Oppenau. Die Quellen werden zu Trink- und Badekuren benutzt bei Blutarmut und Nervenleiden.

Apenrade. Ostseebad, in Nordschleswig bei Flensburg.

Apollinarisbrunnen. Kohlensäurereiche, alkalische Quelle bei Neuenahr im Ahrthale. Wohlschmeckendes Tafelgetränk.

Arcachon. Berühmtes französisches Seebad und klimatischer Kurort. Von Bordeaux in $1^1/_2$—2 St. mit der Eisenbahn zu erreichen. Wegen seines milden Klimas (Wintertemperatur im Mittel 8° C.) auch zum Winteraufenthalt für Phthisiker geeignet. Auch bei Skrophulose, Chlorose und chron. Bronchialkatarrh indicirt.

Arco. In Südtirol gelegener, vielbesuchter klimatischer Winterkurort. Von der Eisenbahnstation Mori (zwischen Bozen und Verona) in 2 St. zu erreichen. Im Winter wärmer, windstiller und feuchter als Meran. (Mittlere Wintertemperatur 3,7° C.). Für Trauben, Milch- und Molkenkuren geeignet. Indikation: Phthisis pulm., Anämie, Skrophulose etc.

Arnstadt. Hauptstadt des Fürstenthums Schwarzburg-Sondershausen, in der Nähe von Erfurt gelegen. Seebad und klimatischer Kurort.

Arosa. Höhenkurort in Graubünden, 1800 m hoch (200 m höher als Davos). Von Chur in etwa 6 St. zu erreichen. Die Heilanzeigen sind fast dieselben wie für Davos.

Assmannshausen. Am rechten Rheinufer, am Fusse des Niederwaldes gelegener Ort mit schwach muriatisch-alkalischer Lauquelle, die gleichzeitig 0,0278 °/₀₀ doppeltkohlensaures Lithion enthält. Wegen des Lithiongehaltes bei Lithiasis mit Arthritis nodosa im Gebrauch.

Augustusbad bei Dresden. Mineralbad mit mehreren kohlensäurearmen, schwach-erdigen Eisenquellen, die zu Trink- und Badekuren verwendet werden. Gleichzeitig grosse Kiefernwaldungen. Wirksam bei Skrophulose, Gicht, Schwächezuständen.

Aussee. 650 m hoch, in Steiermark gelegen. Soolbad und klimatischer Sommerkurort. Daselbst befindet sich eine Kuranstalt „Alpenheim".

Les Avants. 980 m hoch, bei Montreux gelegener Sommer- und Winterkurort. Im Winter nebelfrei. Von Montreux in $1^1/_2$ St. zu erreichen.

Ax. Französische kleine Stadt am Nordabhange der Pyrenäen. Besitzt zahlreiche alkalische Schwefelnatriumquellen.

Baden-Baden. Stadt im Grossherzogthum Baden mit 15000 Einw., 200 m üb. d. M., am Fusse des Schwarzwaldes, an der Oos gelegen. Besitzt neben vortrefflichen Einrichtungen für Hydrotherapie und andere Kuren über 20 schwache Kochsalzthermen. Letztere haben nur 2‰ Chlornatrium und führen ausserdem geringe Mengen von Chlorlithium und arseniksaurem Kalk. Ihre Temperatur schwankt zwischen 40 und 69° C. Das Wasser dient zu Bade- und Trinkkuren bei Rheumatismus, Gicht und Lithiasis. Wegen seines Arsenikgehaltes leistet es auch oft bei inveterirter Malaria, bei chronischen Hautexanthemen und Nervenaffektionen gute Dienste. — Ebenso wird Baden-Baden wegen seiner geschützten Lage und seines milden Klimas von Rekonvalescenten, Lungen- und Herzkranken viel besucht. Es eignet sich auch zum Winteraufenthalt, aber die eigentliche Besuchszeit währt vom 1. Mai bis 1. November.

Baden bei Wien. Ein am Abhange des Wienerwaldes gelegenes Städtchen mit zahlreichen alkalisch-salinischen Schwefelquellen, deren Temperatur zwischen 25—36° C. schwankt. Das Wasser dient zu Trink- und Badekuren bei Rheumatismus, Gicht, Skrophulose, Lues etc. Baden ist gleichzeitig als Sommeraufenthalt für Erholungsbedürftige sehr beliebt.

Baden in der Schweiz. Städtchen mit 4000 Einw., im Kanton Aargau, 380 m üb. d. M. gelegen und mit der Eisenbahn von Zürich in 1/2 St. zu erreichen. Der Ort verdankt seine Bedeutung seinen zahlreichen (19) alkalisch-salinischen Schwefelthermen, deren Temperatur 45—49° C. beträgt. Dieselben werden zum Trinken und Baden, auch zum Inhaliren benutzt. Die hauptsächlichsten Indikationen für Baden bilden chronische Uterinleiden, Rheumatismus, Arthritis und Neuralgien verschiedenster Art.

Badenweiler. In schöner Umgebung, im Breisgau, 7 km von der Eisenbahnstation Mühlheim. 422 m üb. d. M. gelegener klimatischer Kurort mit indifferenter Therme. Dieselbe hat eine Temperatur von 26,5° C. Badenweiler eignet sich ganz vorzüglich zum Aufenthalt für Nervenkranke, die an Insomnie, Hysterie, Neurasthenie etc. leiden. Auch Lungenkranke pflegen daselbst eine Milch-, Molken- oder Traubenkur vorzunehmen.

Badersee bei Garmisch in Oberbayern, 900 m hoch gelegene, von München (mittels Eisenbahn und Post) in etwa 8 St. erreichbare Sommerfrische.

Bagnères de Bigorre. Im französischen Departement der Ober-Pyrenäen, 550 m üb. d. M. gelegenes Städtchen mit mildem Klima und 50 warmen Quellen, die theils salinisch, theils schwefel- und eisenhaltig sind. Dieselben werden bei Anämie, Chlorose, Amenorrhoe, Plethora abdominalis etc. verordnet.

Bagnères de Luchon. Berühmtes französisches Schwefelbad, das im Departement Haute Garonne, 628 m üb. d. M. gelegen ist. Die Hauptbestandtheile der dortigen zahlreichen Thermen, deren Temperatur zwischen 17—66° C. schwankt, sind schwefelsaures Natron und Kochsalz. Ihr Wasser wird zu Trink- und Badekuren verwendet bei Rheumatismus, Lähmungen, Lues, Skrophulose und Hautaffektionen.

Balaruc. In Frankreich (Depart. de l'Hérault) gelegenes Soolbad. Das Wasser der schwach kohlensäurehaltigen Kochsalzthermen wird zum Trinken und Baden bei chron. Rheumatismus und Skrophulose benutzt.

Balatonfüred (Füred am Plattensee). Ungarischer Kurort mit schwach alkalisch-muriatischen Glaubersalzquellen und besonderen Einrichtungen für Milch-, Molken- und Traubenkuren. Indicirt bei hartnäckigen Katarrhen, Gicht, Rheumatismus und Nervenaffektionen.

Barèges. Berühmtes, in den Pyrenäen, 1230 m üb. d. M. gelegenes französisches Schwefelbad. Seine warmen Quellen, deren Temperatur zwischen 18—44° C. schwankt, enthalten Natrium sulfuricum, Kochsalz und eine organische Substanz, die sich als Häutchen an der Oberfläche des Wassers absetzt und Barégine genannt wird. Die Schwefelquellen von Barèges gehören zu den stärksten von Frankreich und werden ihres ekelhaften Geschmackes wegen mehr zum Baden als Trinken benutzt, vornehmlich bei Rheumatismus, Lähmungen, Metallvergiftungen, Lues und Hautkrankheiten.

Bartfeld (Bártfa). In Oberungarn, am Südabhange der Karpathen gelegener Kurort mit mehreren alkalisch-muriatischen Eisensäuerlingen, die gleichzeitig geringe Mengen Jod enthalten. Indicirt bei Anämie und Chlorose, sowie zur Nachkur nach Karlsbad und Marienbad.

Bath. Berühmter Badeort Englands, in der Grafschaft Somerset gelegen und in etwa $2^1/_2$ St. von London mit der Eisenbahn zu erreichen. Hat mehrere gypshaltige, indifferente Thermen, deren Temperatur zwischen 40—50° C. schwankt. Ihr Wasser wird zum Baden und Trinken bei Rheumatismus, Gicht, Lähmungen, Neuralgien, Menstruationsstörungen und Blasenleiden verwendet.

Battaglia. Oberitalienischer Badeort, von Padua in $^1/_2$ St. mit der Eisenbahn zu erreichen. Besitzt mehrere gypshaltige Kochsalzthermen, die denen von Baden-Baden nahe stehen, und deren Temperatur zwischen 58—70° C. schwankt. Indikation wie bei Baden-Baden.

Beatenberg. In der Schweiz, zwischen Thun und Interlaken. 1150 m hoch gelegener klimatischer Kurort mit herrlichem Blick auf den Thunersee und die Alpen. Eignet sich besonders zum Aufenthalte während der heissen Sommermonate für Rekonvalescenten, Nervenleidende (Neurastheniker).

Beaulieu. In Frankreich, Alpes-Maritimes, bei Nizza. Winterstation.

Beckenried. Am Vierwaldstättersee, 437 m üb. d. M. gelegen, beliebter Sommeraufenthalt während der heissen Monate.

Bentheim. Städtchen in Hannover mit einer kalten, erdig-salinischen Schwefelquelle. Bei Rheumatismus, Ischias und Hautaffektionen im Gebrauch.

Berchtesgaden. In Oberbayern, 580 m üb. d. M. gelegener klimatischer Kurort mit Soolbad. Wegen seiner herrlichen Lage beliebter Sommeraufenthalt für Rekonvalescenten und Erholungsbedürftige.

Berg bei Stuttgart. Mineralbad. Der dortige „Sprudel", der pro Liter 1,83 Vol. CO_2, 0,02 Eisen mit 1,58 Kochsalz enthält, eignet sich zu Trink- und Badekuren für Nerven- und Rückenmarkskranke.

Berka bei Weimar, 270 m üb. d. M. gelegen. Klimatischer Sommerkurort mit guten Einrichtungen für künstliche Stahl-, Moor-, Kiefernadel-, Sand- und Schwefelbäder. Für Lungen- und Nervenkranke besonders geeignet.

Berneck. Klimatischer Kurort und Molkenkurort im bayerischen Fichtelgebirge, bei Bayreuth.

Bertrich in der Rheinprovinz, nicht weit von Coblenz gelegener Ort mit alkalisch-muriatischen Glaubersalzquellen von 34° C. Dieselben wirken, entsprechend ihrer Zusammensetzung, wie Karlsbad, nur viel schwächer. Indikation: Magen- und Darmkatarrh, Gicht, Neurosen.

Bex. In der Schweiz (Waadtland). Soolbad und klimatischer Kurort im Rhonethale; von Lausanne in $1^1/_2$ St. mit der Eisenbahn zu erreichen. Eignet sich zum Kuraufenthalt für den Frühling, Herbst und Sommer. Beliebter Traubenkurort.

Biarritz, das bedeutendste Seebad von Frankreich, liegt am Meerbusen von Biscaya. Von Paris braucht man 17 Stunden, dorthin zu gelangen. Die Saison pflegt vom 1. Juli bis 15. Oktober zu dauern.

Bilin. Städtchen in Böhmen mit mehreren kalten alkalischen Quellen, deren Wasser dem von Vichy sehr ähnlich ist und auch einen geringen Lithiongehalt besitzt. Es dient hauptsächlich zur Trinkkur bei Katarrh des Digestionstraktus und der Harnwege, Gicht, chron. Bronchialkatarrh etc.

Binz. Kleines Ostseebad auf der Insel Rügen. Von Greifswald in 3 bis 4 St. zu erreichen.

Birmenstorf in der Schweiz (Kanton Aargau) besitzt ein starkes Bitterwasser (Magnes. sulf. 22,0, Natrii sulf. 6,5, Calc. sulf. 1,2). Wird viel versandt und wie Hunyady Janos oder Friedrichshaller Bitterwasser zum Purgiren verordnet.

Birresborn. Ort an der Eisenbahn zwischen Cöln und Trier mit alkalischem Säuerling. Ist besonders reich an Magnesium bicarbonicum. Das Wasser wirkt gelinde abführend und wird bei Dyspepsie mit chronischer Verstopfung verabreicht.

Blankenberghe. Viel besuchtes, vornehmes Nordseebad, in Belgien. Man gelangt dorthin über Brüssel und Brügge. Saison von Mitte Juni bis Ende September.

Blankenburg am Harz. Städtchen mit 6000 Einw., in Braunschweig, 280 m hoch gelegen. Ist eine beliebte Sommerfrische, mit guten Einrichtungen für Kiefernadelbäder. Daselbst auch Anstalten für Nervenkranke.

Blankenburg in Thüringen. Städtchen im Fürstenthum Schwarzburg-Rudolstadt, am Eingange des Schwarzathales, 220 m üb. d. M. gelegen. Beliebter klimatischer Kurort mit Kaltwasserheilanstalt für Nervenkranke.

Blankenhain in Thüringen, von Weimar mit Eisenbahn in $1^1/_2$ St. erreichbare Sommerfrische.

Blasewitz bei Dresden. Sommerfrische mit Vorrichtungen (im Johannabad) für Sandbäder, die bei Rheumatismus häufig in Anwendung kommen.

St. Blasien. Sommerfrische, 750 m hoch, im badischen Schwarzwalde gelegen, mit vortrefflich eingerichteten Kuranstalten für Erholungsbedürftige, Nervenkranke etc.

Bocklet in Bayern, 1 St. von Kissingen gelegenes Eisenbad. Wird bei Anämie und Chlorose, besonders zur Nachkur nach dem Gebrauche von Kissingen verordnet.

Bodenbach-Teschen. An der Elbe gelegener klimatischer Kurort. Von Dresden in 2, von Prag in 3—4 St. mit der Eisenbahn erreichbar.

Boll. Im badischen Schwarzwalde gelegene Sommerfrische mit erdigem Säuerling und vorzüglichen Einrichtungen für Milch- und Molkenkuren.

Boltenhagen. In Mecklenburg gelegenes, kleines und einfaches Ostseebad. (Dorf.)

Boppard. Am Rhein gelegenes Städtchen, von Coblenz mit der Eisenbahn in $^1/_2$ St. erreichbar, ist beliebt als Sommerfrische und Traubenkurort. Besitzt auch mehrere Kaltwasserheilanstalten (Marienberg und Mühlbad).

Borby. Kleines Ostseebad bei Eckernförde.

Bordighera in Oberitalien, an der Riviera, zwischen Mentone und St. Remo gelegener klimatischer Winterkurort mit etwa 2000 Einw. Von Genua in $4^1/_2$ St. mit der Eisenbahn zu erreichen. Kurzeit von Oktober bis Mitte Mai. Bordighera hat weniger Regen als Mentone und S. Remo, dafür aber mehr Wind.

Borkum, ostfriesische Insel, von Eisenbahnstation Leer oder Emden mit Schiff in 4—6 St. zu erreichen. Viel besuchtes Nordseebad mit kräftigem Wellenschlag. Der Salzgehalt des Wassers beträgt beinahe $3^0/_0$. Badezeit von Mitte Juni bis Ende September.

Bormio. Ein italienisches Städtchen, das 1220 m hoch im Oberveltin, am südlichen Abhange des Stülfser Jochs gelegen und schon in den ältesten Zeiten wegen seiner gypshaltigen Thermen bekannt war. Das Wasser wird bei Rheumatismus, Gicht, Cystitis getrunken und auch zu Bädern bei Hautaffektionen verwendet.

Borszék. Kurort in Siebenbürgen, 880 m hoch gelegen, mit 11 alkalisch-erdigen Eisensäuerlingen, die zu Trink- und Badekuren benützt werden.

Boulogne-sur-Mer. Elegantes französisches Seebad, nach dem man von Paris in etwa 5 St. mit der Eisenbahn gelangt.

Bourbonne-les Bains. Städtchen, im Departement Haute-Marne, in den Vogesen mit mehreren heissen Kochsalzquellen. Das Wasser wird wie in Wiesbaden zu Trink- und Badekuren bei Rheumatismus, Gicht, inveterirter Syphilis und Neuralgien benutzt.

Bourboule (La). Ort in der Auvergne, am Abhange des Mont Dor gelegen, mit warmen alkalisch-muriatischen Quellen, die auch geringe Mengen Natr. arsenic. enthalten.

Bournemouth. Stadt mit 18000 Einw. Klimatischer Kurort in der Grafschaft Dorset. Wegen seines milden Klimas und seiner umfangreichen Nadelholzwälder eignet sich Bournemouth zum Winteraufenthalt für Lungenleidende.

Bozen. Stadt in Südtirol, nach der man von Innsbruck in 5 St. mit der Bahn gelangt, liegt 270 m hoch. Bekannt als Traubenkurort.

Brennerbad, in Südtirol, 1326 m hoch, Station der Brennerbahn, hat zwei indifferente Thermen von 23° C. Gleichzeitig klimatischer Kurort.

Brestenberg. Wasserheilanstalt in der Schweiz (Kanton Aargau) Eisenabhnstation Boniswyl (Linie Luzern-Lenzburg).

Brienz am Brienzersee in der Schweiz, in der Nähe von Interlaken, 640 m hoch. Sommerfrische und Molkenkurort.

Brighton. Englisches, sehr besuchtes Nordseebad, das sich durch starken Salzgehalt ($3\frac{1}{2}$%) und kräftigen Wellenschlag auszeichnet. Hat über 100000 Einw. und ist von London in $1\frac{1}{2}$ St. mit der Bahn zu erreichen.

Brixlegg in Tirol, 511 m üb. d. M. Sommerfrische. (An der Eisenbahnlinie Rosenheim-Innsbruck.)

Bronn im Elsass, bei Kestenholz (Chatenois), besitzt eine Kochsalzquelle, die zu Trink- und Badekuren dient.

Brösen, kleines Ostseebad bei Danzig.

Brückenau, 287 m üb. d. M., in Bayern, am Fusse des Rhoengebirges an der Eisenbahnlinie Frankfurt a/M.-Elm gelegenes Stahl- und Moorbad. 30 km von Kissingen entfernt. Wird hauptsächlich bei Anämie, unkompensirten Herzfehlern, Stauungsödemen, Cystitis, Neurasthenie verordnet. Besondere Beachtung verdient die dortige Wernarzer Quelle, ein einfacher alkalischer Säuerling von ausgezeichneter diuretischer Wirkung. Das Wasser wird auch versandt und rein oder zur Hälfte mit Milch täglich eine Flasche getrunken.

Bruneck in Tirol (im Pusterthal), 825 m hoch. Beliebter klimatischer Kurort. Von Franzensfeste (Linie Innsbruck-Bozen) in $1\frac{1}{2}$ St. erreichbar.

Brunnen in der Schweiz am Vierwaldstättersee. Sommerfrische.

Brunnthal bei München. Wasserheilanstalt.

Brüsterort. Kleines Ostseebad bei Königsberg i/Pr.

Buchenthal (Kanton St. Gallen in der Schweiz). Wasserheilanstalt.

Budapest und seine Umgebung besitzt zahlreiche warme Quellen (Temperatur 26—74° C.), die geringe Mengen von doppeltkohlensaurem Kalk, Glaubersalz, Bittersalz und Kochsalz enthalten, und ausserdem mehrere sehr kräftige Bitterwässer. Zu letzteren gehören die Franz-Joseph-Bitterquelle, die Viktoriaquellen, die Hunyady-Janosquelle u. A.

Bürgenstock, klimatischer Höhenkurort in der Schweiz, am Vierwaldstättersee, 870 m üb. d. M. Von Luzern mit Dampfboot und Drahtseilbahn in 1 St. erreichbar. Kurzeit Anfang Juni bis Ende September.

Burtscheid (Borcette). Dicht bei Aachen in der Rheinprovinz gelegene Stadt mit zahlreichen heissen Quellen (60—72° C.) von ähnlicher Zusammensetzung, doch geringerem Schwefelgehalt als die Aachener Quellen. Dieselben werden bei Rheumatismus, Gicht, Lähmungen, Syphilis und Katarrh der Luftwege und des Darmkanales angewendet.

Busko in Preussisch-Polen besitzt Schwefelkochsalzquellen mit Jodgehalt.

Bussang in den Vogesen, Ort mit gasreichen alkalischen Eisenquellen, deren Wasser zu Trinkkuren verschickt wird.

Büsum, kleines Nordseebad in Holstein.

Buxton. Englischer Kurort bei Manchester, mit indifferenten Thermen (28° C.). Das Wasser wird zum Trinken und Baden benutzt.

Cabourg. Französisches Seebad. (Eisenbahnstation der Linie Mézidon-Beuzeval.)

Cadenabbia am Comosee gelegener klimatischer Kurort, besonders zum Aufenthalt für die Frühlings- und Herbstzeit geeignet.

Cairo. Hauptstadt Ägyptens, klimatischer Winterkurort mit einer durchschnittlichen Wintertemperatur von 14° C. und nur sehr wenigen Regentagen. Eignet sich besonders für die Zeit von Ende Oktober bis Mitte April zum Aufenthalt für chronische Lungen- und Nierenkranke, sowie für Rheumatiker.

Cammin in Pommern (bei Stettin), besitzt eine kalte Kochsalzquelle und werden daselbst auch Moorbäder bei chronischen Hautaffektionen benutzt.

Campfer. Klimatischer Höhenkurort in der Schweiz (im Engadin bei St. Moritz) 1829 m hoch.

Cannes. Eleganter französischer Winterkurort (19000 Einw.) an der Mittelmeerküste, von Marseille und Genua in 6 St. mit der Eisenbahn zu erreichen. Wird von Rheumatikern, Gichtischen und Lungenkranken zum Aufenthalt (von Oktober bis Mai) gewählt.

Cannstatt bei Stuttgart, besitzt zahlreiche eisenhaltige Kochsalzquellen, deren Wasser zu Trink- und Badekuren bei chronischen Katarrhen der Respirations- und Verdauungsorgane, sowie bei Skrophulose verwendet wird.

Capri bei Neapel. Sommeraufenthalt für Rekonvalescenten, weniger für Lungenkranke geeignet.

Carlsbad in Böhmen, 370 m üb. d. M. gelegene Stadt mit 12000 Einw. Besitzt zahlreiche warme Glaubersalzquellen und gehört zu den bedeutendsten und besuchtesten Bädern der Welt.

Die dortigen Thermalquellen unterscheiden sich von einander weniger durch ihren Gehalt an festen Bestandtheilen (Natrium sulfuric. 2,3—2,4%, Natrium bicarbon. 2,2—1,3%, Natrium chlorat. 1%) als durch ihren Wärmegrad (35—74° C.) und Kohlensäuregehalt. Die gebräuchlichsten Carlsbader Quellen sind: Der Sprudel 74° C., Mühlbrunn 58° C., Schlossbrunn 57° C., Marktbrunn 50° C.

Eine Kur in Carlsbad erscheint indicirt bei chronischem Magen- und Darmkatarrh, Ulcus ventriculi, Hämorrhoiden, Icterus catarrhalis, Gallenstein, chronischer Nephritis, Gicht, chronischer Cystitis und Pyelitis, Fettsucht und Diabetes mellitus.

Der Kurgebrauch (ausserhalb Carlsbad) beschränkt sich auf den Mühlbrunn, Schlossbrunn und Marktbrunn. Das Wasser wird in durchschnittlicher Tagesmenge von 1 Flasche am Morgen nüchtern auf 30—45° R. (womöglich in einem Lehmann'schen Apparat) erwärmt, getrunken. 1 Flasche enthält 4 Becher; 1 Becher = 210,0. Nach Aufnahme von 2 Bechern wird eine $^1/_4$—$^1/_2$stündige Pause gemacht, während welcher Patient sich zu bewegen hat. Dabei ist eine bestimmte Diät einzuhalten. Säuren, fette und schwer verdauliche Speisen, Hülsenfrüchte und Alcoholica sind zu verbieten. Für eine Carlsbader Kur zu Hause gegen Gallensteine eignet sich besonders das pulverförmige Sprudelsalz (5,0 auf 1 Liter Wasser). Das Wasser muss sehr warm (wie in Carlsbad) getrunken werden.

Castellamare. Italienisches Städtchen am Golf von Neapel gelegen. Sommerfrische mit mehreren erdig-salinischen Kochsalzquellen.

Catania. Stadt in Sicilien, in der Nähe des Ätna gelegen. Klimatischer Winterkurort für Nerven- und Lungenkranke. Die mittlere Wintertemperatur beträgt 11,5° C.

Cauterets. In den Pyrenäen, 932 m hoch gelegenes, französisches Schwefelbad. Das Wasser der warmen Schwefelnatriumquellen dient meistens zur Trinkkur bei chronischer Laryngitis und Pharyngitis.

Caux. (Schweiz, Waadtland.) Über Montreux (Eisenbahnstation) gelegene Gebirgsstation. 1000 m.

Champel-sur-Arve. Wasserheilanstalt bei Genf.

Champéry in der Schweiz, Kanton Wallis, von Eisenbahnstation Monthey in 3 St. mit der Post erreichbar, 1034 m hoch gelegener Sommerkurort.

Champex (Schweiz, Wallis). Höhenkurort. 1465 m.

Charbonnieres bei Lyon. Erdig-alkalische Eisenquelle.

Charlottenbrunn in Schlesien (Kreis Waldenburg), 470 m üb. d. M. gelegener klimatischer Sommerkurort mit zu Trink- und Badekuren benutzten schwachen alkalischen Eisensäuerlingen. Ausserdem beliebter Milch- und Molkenkurort für Lungenkranke.

Château d'Oex in der Schweiz (Kanton Waadt) beinahe 1000 m hoch gelegener klimatischer Sommerkurort. Von Bulle in 4 St., von Aigle in 7 St. mit Post zu erreichen.

Chaumont (bei Neuchâtel). 1128 m hoch gelegene Sommerfrische. Von Neuchâtel in $1^1/_2$ St. zu erreichen.

Chésières in der Schweiz (Kanton Waadt) 1230 m hoch gelegener beliebter Sommeraufenthalt. Man gelangt nach dort von Aigle in $3^1/_2$ St. mit der Post.

Churwalden in der Schweiz (Kanton Graubünden) 1240 m hoch gelegener klimatischer Sommerkurort, von Chur in 2 St. mit der Post zu erreichen.

Clausthal im Harz, 560 m hoch gelegener Ort. Sommerfrische.

Colberg in Pommern, stark besuchtes Ostseebad und Soolbad, nach dem man von Berlin in 7 St., von Danzig in 6 St. mit der Eisenbahn gelangt.

Contrexéville. Im Departement des Vosges gelegener französischer Badeort mit kalten Heilquellen, die Natron-, Magnesium-, Kalk- etc. Sulfat, Kalkkarbonat und etwas Kohlensäure enthalten. Ihr Wasser wird hauptsächlich bei Nieren- und Blasenleiden, wie bei Gicht getrunken. Kurzeit Juni bis Mitte September.

Corfu. Eine griechische Insel, mit gleichnamiger Hauptstadt und mildem Winterklima (mittlere Temperatur 10,7°). Von Triest in 50 St. von Brindisi in 12 St. mittels Dampfschiff zu erreichen. Für Skrophulose und Neurasthenie geeignet, aber nicht für Rheumatismus, Nephritis und Lungenkranke, die Regen und feuchtes Klima schlecht vertragen.

Coserow. Einfaches, kleines Ostseebad in Pommern.

Crampas. Kleines Ostseebad in Pommern (Insel Rügen).

Cransac. In Frankreich (Aveyron-Departement) gelegener Ort mit gypshaltigen Bitterquellen, deren Wasser zu Trinkkuren und zum Versandt dient.

Cranz. Ostseebad, von Königsberg i/Pr. in 1 St. mit der Eisenbahn zu erreichen. Mit schönen Kiefer- und Laubholzwaldungen und kräftigem Wellenschlag (Salzgehalt des Wassers 7‰).

Cronthal, im Taunus gelegener Kurort mit eisenhaltigen Kochsalzwässern, dem Apollinarisbrunnen, von dem jährlich mehrere Millionen Krüge versandt werden. Das Wasser kommt dem Kissinger Maxbrunnen sehr nahe und eignet sich zum Kurgebrauch bei Magen- und Bronchialkatarrh.

Cudowa. Eisenbad in Schlesien, nahe der böhmischen Grenze, 400 m üb. d. M. gelegen. Cudowa besitzt 4 kohlensäurereiche, alkalische Eisenquellen, die auch geringe Mengen Arsenik enthalten. Ausserdem finden sich dort kräftige Moorbäder, Dampfbäder und eine Molkenanstalt. Cudowa eignet sich zum Kurgebrauche für Anämie und Chlorose, ferner für zahlreiche Neurosen (Hysterie, Neurasthenie, Chorea etc.), Tabes, Herzaffektionen, Uterusleiden etc.

Cuxhafen. Nordseebad, an der Elbemündung bei Hamburg.

Czigelka. In Ungarn gelegener alkalisch-muriatisch-jodhaltiger Säuerling. Die Czigelkaer Ludwigsquelle dient hauptsächlich zum Versandt.

Dangast. Nordseebad mit waldreicher Umgebung in Oldenburg, am Jadebusen. (Saison Mitte Juni bis Mitte September.)

Davos. Höhenkurort und berühmter klimatischer Winterkurort in der Schweiz (Kanton Graubünden), 1560 m hoch, von Eisenbahnstation Landquart in 7 St. mit der Post zu erreichen. Wird hauptsächlich von Phthisikern und skrophulösen Personen aufgesucht. Hat vortreffliche Einrichtungen. Der Kranke soll, wenn irgend möglich, schon im Juli oder August in Davos eintreffen, um sich vor Beginn des Winters zu akklimatisiren.

Deauville (Frankreich). Seebad, in unmittelbarer Nähe von Trouville.

Dieppe. Elegantes, französisches Nordseebad, an der französischen Nordküste.

Dietenmühle. Kaltwasserheilanstalt bei Wiesbaden.

Dievenow. Kleines Ostseebad in Pommern, von Stettin mittels Dampfschiff zu erreichen.

Dillenburg. Städtchen in der Provinz Hessen-Nassau, 250 m hoch gelegen. Luftkurort mit pneumatischer Anstalt.

Dissentis in der Schweiz (Kanton Graubünden). 1150 m üb. d. M. gelegener klimatischer Sommerkurort. Von Eisenbahnstation Göschenen in $5^3/_4$ Fahrstunden erreichbar.

Dittersbach in Böhmen. 333 m üb. d. M. gelegene Sommerfrische. Von der Dampfschiffsstation Herrnskretschen 2 Fahrstunden entfernt.

Divonne. Wasserheilanstalt in Frankreich, nahe der Schweizer Grenze bei Nyon, am östlichen Abhange des Jura gelegen. 470 m üb. d. M.

Dobelbad. Thermalbad in Steiermark. Siehe Tobelbad.

Doberan. Stadt in Mecklenburg mit einer alkalisch-erdigen Eisenquelle und dem nahe gelegenen Ostseebade Heiligendamm.

Donaueschingen in Württemberg, Städtchen an der Schwarzwaldbahn mit waldreicher Umgebung. Klimatischer Sommerkurort und Soolbad. 680 m üb. d. M. gelegen.

Driburg in Westfalen, 200 m üb. d. M., Stahlbad mit 3 erdig-salinischen Stahlquellen. Das Wasser wird zu Trinkkuren (3—5 Becher täglich) und zum Baden verwendet.

Dürkheim, Städtchen in der bayrischen Pfalz, am Fusse des Haardtgebirges, Soolbad und Traubenkurort.

Dürrheim in Baden. 702 m üb. d. M. gelegen. Soolbad und Sommerfrische.

Düsternbrook. Ostseebad bei Kiel.

Eastbourne. Vornehmes Seebad, an der Südküste von England, $2^1/_2$ Fahrstunden von London entfernt.

Eaux-Bonnes (Frankreich, Pyrenäen). Schwefelbad mit mehreren kochsalzhaltigen Schwefelthermen (Temperatur 33° C.), 780 m hoch gelegen. Das Wasser wird hauptsächlich zum Trinken bei chronischer Pharyngitis, Laryngitis und Bronchitis benutzt und auch vielfach versandt.

Eaux-Chaudes, im Departement Basses-Pyrénées. 675 m üb. d. M. gelegener Kurort mit Schwefelthermen (Temperatur 31—36° C.). Das Wasser dient hauptsächlich zum Baden bei Rheumatismus, Neuralgien, Dysmenorrhoe etc.

Eckerberg, Wasserheilanstalt in Pommern, bei Stettin.

Edenkoben. Traubenkurort in der bayerischen Pfalz.

Eggenberg bei Graz in Steiermark, Wasserheilanstalt.

Eichwald in Böhmen, bei Teplitz, Sommerfrische und Kaltwasserheilanstalt.

Eilsen. Ort im Fürstenthum Schaumburg-Lippe, 8 km von der Eisenbahnstation Bückeburg entfernt, besitzt kalte Schwefelquellen. Ausserdem gute Einrichtungen für Mineralschlamm- und Dampfbäder.

Eisenach. Ort in Sachsen-Weimar, bietet in dem benachbarten Marienthal und Johannisthal eine angenehme Sommerfrische während der heissen Jahreszeit.

Elgersburg in Thüringen, 503 m üb. d. M., angenehmer Sommeraufenthalt und viel besuchte Wasserheilanstalt.

Elmen. Soolbad bei Magdeburg. Das Wasser der sehr reichhaltigen Soolquellen kommt zum Trinken und Baden in Anwendung.

Elöpatak. Stark besuchter Kurort in Siebenbürgen, 624 m üb. d. M., mit 4 alkalisch-erdigen Eisenquellen. Chlorose, Menstruationsbeschwerden, Rheumatismus und Nervenleiden bilden die gewöhnliche Indikation für den Gebrauch von E.

Elster, im sächsischen Voigtlande, stark besuchter Kurort, 460 m üb. d. M., besitzt eine kräftige Glaubersalzquelle und zahlreiche alkalisch-salinische Eisensäuerlinge. Wird zu Trink- und Badekuren bei Blutarmuth, Frauenkrankheiten, chron. Magen- und Darmkatarrh benützt.

Empfing bei Eisenbahnstation Traunstein (Linie München-Salzburg). 570 m üb. d. M. gelegener kleiner Badeort und alkalisch-muriatischen Quellen. Dient gleichzeitig als Sommerkurort.

Ems bei Koblenz. Gehört wegen seiner alkalisch-muriatischen Thermalquellen und seiner schönen Lage zu den berühmtesten Kurorten. Die Quellen unterscheiden sich wesentlich durch ihre Temperatur (28—50° C.) und enthalten sämmtlich 2‰ Natrium bicarbonicum, 1‰ Natrium chloratum und 500 bis 600 ccm freie Kohlensäure. Die bekanntesten Quellen sind:

der Kesselbrunnen (Temp. 46,5° C.),
das Kränchen (Temp. 36° C.),
der Kaiserbrunnen (Temp. 28,5° C.) und
der Fürstenbrunnen (Temp. 39,4° C.).

Das grösste Kontingent der in Ems zur Behandlung kommenden Erkrankungen bilden die chronischen Affektionen der Respirationsorgane (wie Pharyngitis, Laryngitis, Bronchitis, Emphysem und Asthma). Für Phthisiker ist Ems nicht geeignet. Dagegen wird das dortige Wasser mit Erfolg bei Affektionen des Digestionsapparates und der Urogenitalorgane (chron. Magenkatarrh, Leberhyperämie, Gallensteine, Cystitis, Dysmenorrhoe) mit Erfolg angewendet. Die wärmeren Quellen werden bei trockenen Katarrhen mit geringem Auswurf und grösserer Reizbarkeit der Schleimhäute und Neigung zu krampfartigen Erscheinungen der Bronchien, die kälteren bei Katarrhen mit starker Auflockerung der Schleimhäute und intensiver Schleimproduktion verordnet. Die Kurzeit dauert vom 1. Mai bis 1. Oktober.

Engelberg in der Schweiz, 1020 m hoch gelegener klimatischer Kurort. Von Luzern über Dampfschiffstation Stansstad in 4 St. zu erreichen.

Enghien-les-Bains bei Paris. Kaltes Schwefelbad und gleichzeitig Sommerfrische.

Eppan bei Bozen in Südtirol, Traubenkurort.

Ernsdorf-Jaworze. Klimatischer Kurort in Österreichisch-Schlesien, 360 m üb. d. M., ¾ St. von Eisenbahnstation Bielitz gelegen. Daselbst Wasserheilanstalt.

Étretat. Seebad am Canal-La-Manche.

Evian in Savoyen. Am südlichen Ufer des Genfer Sees gelegener Sommerkurort mit alkalischen Quellen. Indik. Rheumatismus, Gicht, Dyspepsie.

Evolène (Schweiz, Wallis). Höhenkurort (1378 m). Sommeraufenthalt von Juni bis September.

Fachingen. Im Lahnthale, Eisenbahnstation zwischen Limburg und Ems, besitzt eine kohlensäurehaltige alkalische Quelle mit hohem Natrongehalte. Das Wasser wird in grossen Quantitäten versandt und eignet sich ganz be sonders bei Gicht, Harngries und Blasenkatarrh.

Falkenstein am Taunus. 421 m hoch gelegene, ausgezeichnete, viel besuchte Heilanstalt für Lungenkranke. Von Frankfurt a. M. über Eisenbahnstation Kronberg in etwa 1 St. zu erreichen.

Fécamp. An der Nordküste von Frankreich gelegenes Nordseebad mit 13000 Einw.

Feldafing. Oberhalb des Starnberger Sees gelegene Sommerfrische (600 m). Von München in $1^1/_2$ Eisenbahnfahrtstunden zu erreichen.

Feldberg. Wasserheilanstalt in Mecklenburg-Strelitz.

Fellathal in Kärnthen, mit 4 alkalischen Quellen, den sogenannten Fellathalquellen. Dieselben enthalten $4{,}3^0/_{00}$ Natr. bicarbon., daneben Glaubersalz, Kochsalz und kohlensauren Kalk. Das Wasser wird versandt und bei Blasenkatarrh, Harngries und chron. Bronchialkatarrh getrunken.

Fideris in der Schweiz (Graubünden). 1000 m hoch gelegene Sommerfrische mit alkalisch-erdigem Eisensäuerling. Von Eisenbahnstation Landquart mit Post in 4—5 St. erreichbar. Kurzeit Juni bis Mitte September.

Flims (Flimser Waldhäuser) in der Schweiz (Graubünden). 1130 m hoch gelegener klimatischer Sommerkurort. Von Eisenbahnstation Chur mit der Post in $3^1/_2$ St. zu erreichen.

Flinsberg in Schlesien. 18 km von der Eisenbahnstation Greiffenberg, 526 m üb. d. M. gelegen, besitzt mehrere Eisenquellen, von denen einige zur Trinkkur, die meisten zum Baden dienen. Wegen seiner hohen Lage und grossen Fichtenwaldungen ist Flinsberg auch ein beliebter klimatischer Kurort für Rekonvalescenten und Nervenkranke.

Föhr. Schleswigsche Nordseeinsel mit dem Seebade Wyk, das als das schwächste Nordseebad gilt und sich am besten für Frauen und Kinder eignet. Von Hamburg mit Schiff in etwa 7 St. erreichbar.

Frankenhausen. Städtchen im Fürsenthum Schwarzburg-Rudolstadt, in der Nähe des Kyffhäuser, mit starker Soolquelle. Von Eisenbahnstation Artern Linie Erfurt-Sangerhausen) in 2 St. zu erreichen.

Franzensbad in Böhmen, bei Eger, ein vielbesuchter Kurort mit zahlreichen eisenhaltigen Glaubersalz-Kochsalzquellen und einem bedeutenden Moorlager. Das Franzensbader Moor zeichnet sich durch einen hohen Gehalt an schwefelsaurem Eisenoxydul und freier Schwefelsäure aus. Franzensbad wird mit Vorliebe von Anämischen, Chlorotischen, Nervösen und von Frauen mit den verschiedensten Sexualleiden besucht. Wo es sich um Resorption von alten Exsudaten handelt, leisten die dortigen Moorbäder häufig gute Dienste.

Frauensee. Am Abhange des Thüringerwaldes gelegener klimatischer Sommerkurort. Von Eisenbahnstation Marksuhl (Linie Eisenach-Meiningen) 8 km entfernt.

Freienwalde a. d. Oder. Städtchen mit waldreicher Umgebung und mehreren schwachen kohlensäurearmen Eisenquellen. Beliebter Sommerkurort, von Berlin in 2 St. mit der Eisenbahn zu erreichen.

Freiersbach im Schwarzwalde (Renchthal). 384 m hoch gelegenes Eisenbad. Die dortigen 4 gasreichen Eisenquellen dienen zu Trink- und Badekuren bei Anämie, Chlorose, Uterusleiden etc. Von Eisenbahnstation Oppenau (Linie Appenweier-Oppenau) 7 km entfernt. Kurzeit Mitte Mai bis 1. Okt.

Freudenstadt in Württemberg. Klimatischer Luftkurort. Von Stuttgart in 3—4 St. mit der Eisenbahn zu erreichen.

Fridau in der Schweiz (Kanton Solothurn). 670 m am Abhange des Jura gelegener klimatischer Kurort. Von der Eisenbahnstation Egerkingen (Linie Olten-Solothurn) mit Post in $^3/_4$ St. zu erreichen.

Friedrichroda. Am Abhange des Thüringerwaldes, 422 m hoch gelegenes Städtchen, gehört gegenwärtig zu den beliebtesten und am stärksten besuchten Sommerkurorten Thüringens. Ist Endstation der Eisenbahn Fröttstedt-Friedrichroda (Zweigbahn der Linie Halle-Eisenach).

Friedrichshall in Sachsen-Meiningen. 15 km von Koburg entfernt, eine ehemalige Saline, liefert ein Bitterwasser, das an Chlornatrium und Chlormagnesium reich ist und längere Zeit gebraucht werden kann, ohne die Verdauung zu stören. Dasselbe wirkt abführend und auch diuretisch.

Fulgen. Kleines Ostseebad in Mecklenburg, 26 km von Rostock entfernt.

Füred am Plattensee (Balatonfüred), ein vielbesuchter Kurort in Ungarn mit 3 erdigen Eisensäuerlingen. Beliebter Trauben- und Molkenkurort.

Fuscherbad (St. Wolfgang). Kur- und Badeanstalt oberhalb des Dorfes Fusch in Steiermark 1140 m hoch gelegen. Beliebter Sommeraufenthaltsort. Von Eisenbahnstation Bruck (Linie Wörgl-Salzburg) gelangt man nach dort mittels Wagen in 2 St.

Gais in der Schweiz (Kanton Appenzell), 934 m hoch gelegener klimatischer Kurort, der namentlich als Milch- und Molkenkurort Bedeutung hat. Von St. Gallen in 2 St. mit der Post zu erreichen.

Gandersheim. Ein im Harze gelegenes mildes Soolbad, 6 km von Kreiensen (Linie Magdeburg-Holzminden) entfernt.

Gardone-Riviera. Am Gardasee, auf italienischem Gebiete, 70 m hoch gelegen, windgeschützter Winterkurort. Die Durchschnittstemperatur der 3. Wintermonate ist 4°. Krankheiten der Athmungsorgane und Neurosen eignen sich am meisten für einen Aufenthalt in Gardone, wohin man von Mori, Eisenbahnstation der Linie Bozen-Verona, über Riva gelangt.

Garmisch in Oberbayern, in der Nähe von Partenkirchen, 690 m hoch gelegener klimatischer Kurort.

Gastein in Österreich. 1048 m üb. d. M. gelegene indifferente Therme. Unter Gastein sind die beiden Orte Wildbad Gastein und das eine Stunde entfernte und 150 m niedriger liegende Hofgastein zu verstehen. Die Quellen besitzen eine Temperatur von 36—50° C. und sind arm an mineralischen Bestandtheilen. Aber neben der Wirkung des Thermalwassers kommt noch das alpine Klima von Gastein in Betracht. Dasselbe gehört zu den berühmtesten und heilkräftigsten Kurorten. Es eignet sich besonders für rheumatische und gichtische Affektionen, Neuralgien, Paralysen centralen Ursprunges, Altersschwäche etc. — Von Eisenbahnstation Lend (Linie Salzburg-Wörgl) mit der Post in 4 St. zu erreichen. Kurzeit von 1. Mai bis Ende September.

Geilnau. In Nassau gelegene kalte Natronquelle, die gleichzeitig etwas Eisen enthält. Das Geilnauer Wasser dient nur zum Versandt und wird bei Dyspepsie, Bronchial- und Blasenkatarrh getrunken.

Georgenthal in Thüringen, bei Gotha, 380 m hoch. In waldreicher Umgebung gelegener Sommerkurort mit Sool- und Fichtennadelbädern.

Gernsbach im Schwarzwald, 200 m hoch gelegenes Städtchen, Luftkurort mit Fichtennadelbädern. Von Rastadt führt die Eisenbahn nach dort in 3/4 Stunden.

Gersau in der Schweiz, am Vierwaldstättersee, 450 m hoch gelegener Ort. Klimatischer Kurort. Von Luzern in 1 St. mit Dampfschiff zu erreichen.

Giessbach in der Schweiz (Berner Oberland), oberhalb des Brienzer Sees, unweit Interlaken, 720 m hoch gelegene Sommerfrische mit Wasserheilanstalt.

Giesshübel-Puchstein in Böhmen, 11 km nordöstlich von Carlsbad gelegenes Dorf (an der Eisenbahn) mit alkalischen Säuerlingen. Das Wasser wird hauptsächlich bei Magen- und Blasenkatarrh getrunken und vielfach versendet.

Gimel in der Schweiz (Waadtland). Kleiner Ort mit einer Eisenquelle.

Gleichenberg. In Steiermark, 290 m hoch gelegener klimatischer Kurort mit alkalisch-muriatischen Quellen und Eisensäuerlingen. Von ersteren finden besonders die Konstantinsquelle (Temp. 17,5° C.) und die Emmaquelle (Temp. 15° C.) Verwendung zu Trinkkuren bei Katarrhen der Respirationsorgane, Emphysem, Asthma und bei Magen- und Darmkrankheiten. Die eisenhaltige Klausenquelle wird von Anämischen etc. benutzt.

Gleisweiler bei Landau in der bayrischen Pfalz. 300 m hoch gelegener Traubenkurort mit Wasserheilanstalt.

Glion in der Schweiz (Kanton Waadt), oberhalb Montreux. 750 m üb. d. M., ungewöhnlich schön gelegener Luftkurort. Eignet sich besonders zum Frühjahrs- und Herbstaufenthalt für Krankheiten der Respirationsorgane und des Nervensystems. Von Lausanne in etwa 1 St. mittels Eisenbahn zu erreichen.

Glücksburg. Ostseebad mit schönen Waldungen, in Schleswig. 11 km von Flensburg entfernt.

Gmunden. Städtchen am Traunsee, im Salzkammergut. 420 m üb. d. M., ganz besonders schön gelegener, klimatischer Sommerkurort mit Wasserheilanstalt.

Goczalkowitz in Schlesien. An der Eisenbahnlinie Kattowitz-Dziedlitz, am Fusse der Karpathen. 250 m hoch gelegenes, jod- und bromhaltiges Soolbad.

Godesberg am Rhein. Bei Bonn gelegener Kurort mit alkalisch-mineralischen Eisenquellen, die zum Trinken und Baden dienen. Godesberg ist gleichzeitig ein viel besuchter, schön gelegener Sommeraufenthalt mit Wasserheilanstalt.

Gögging in Niederbayern. Schwefelbad. Von Neustadt an der Donau (Eisenbahnstation der Linie Regensburg-Ingolstadt) in $^1/_2$ St. erreichbar.

Göhren. Kleines Ostseebad auf Rügen, auf der Halbinsel Mönchsgut. Von Stralsund in $3^1/_2$ St. mittels Dampfboot zu erreichen.

Göppingen. Stadt in Württemberg, mit einem erdig-alkalischen Säuerling. Das Wasser wird vielfach als Tafelgetränk benützt.

Görbersdorf in Schlesien. 560 m hoch gelegener Kurort für Lungenkranke, mit mehreren viel besuchten Heilanstalten für Phthisiker. Von Eisenbahnstation Friedland 6 km entfernt.

Gossensass in Tirol. 1061 m hoch, an der Brennerbahn gelegener klimatischer Sommerkurort.

Gottleuba in Sachsen. 337 m hoch gelegener, kleiner Sommerkurort mit Stahlquelle und Kiefernadelbädern.

Gräfenberg in Österreichisch-Schlesien. In den Sudeten, 630 m hoch gelegene, berühmte Wasserheilanstalt. Hier wurde im Jahre 1826 von Priessnitz die erste Kaltwasserheilanstalt eingerichtet.

Gravenstein. Ostseebad in Schleswig. Von Flensburg mit Dampfschiff zu erreichen.

Greifswald in Pommern. Soolbad (3%) mit Eisenmoorbädern und Ostseebädern in der Nähe.

Grenzach in Baden. An der Eisenbahn, 6 km von Basel entfernt. Kleiner, 280 m hoch gelegener Ort mit einer erdig-salinischen Quelle. Das Wasser derselben wird gegen Katarrhe der Verdauungsorgane, Haemorrhoiden, Gallensteine und Fettsucht getrunken.

Gries bei Bozen in Südtirol. 270 m hoch gelegener Trauben- und Winterkurort. Wird wie das in der Nähe befindliche Meran hauptsächlich von Lungenkranken, aber auch von Nervenkranken und Rekonvalescenten besucht. Von München mit Eisenbahn in etwa 9 St. erreichbar.

Griesbach im Schwarzwald, etwa 500 m hoch gelegener Kurort (Kniebisbad) mit zahlreichen Eisenquellen. Besonders für chlorotische Frauen und Kinder geeignet. Von Eisenbahnstation Oppenau 12 km entfernt.

Gross-Müritz, Ostseebad und waldreicher Sommerkurort in Mecklenburg. Von Rostock 27 km entfernt.

Grindelwald, Schweiz (Berner Oberland). Unweit Interlaken gelegener Sommeraufenthalt. 1057 m.

Grosswardein in Ungarn, mit den beiden in der Nähe befindlichen indifferenten Thermen: Bischofsbad und Felixbad. Dieselben werden bei Rheumatismus, Gicht, chronischen Knochenleiden etc. gebraucht.

Grund im Harz, 320 m hoch gelegener Sommerkurort. Von Eisenbahnstation Gittelde (Linie Seesen-Herzberg) 5 km entfernt.

Gurnigel in der Schweiz (Kanton Bern), 1150 m hoch gelegener klimatischer Kurort mit starken, kalten Schwefelquellen (mit Kalk- und Gypsgehalt). Daselbst grosse Kuranstalt. Skrophulose, Plethora abdominalis, chronischer Bronchialkatarrh gelten als die hauptsächlichsten Indikationen für Gurnigel, das von Bern in 5 St. (mit der Post) zu erreichen ist.

Gyrenbad in der Schweiz, bei Zürich, 750 m hoch gelegener Kurort mit Sool-, Eisen- und Eichenrindenbädern. Für Rheumatiker, Gichtische und Skrophulöse, sowie chronische Hautausschläge zum Baden geeignet.

Haffkrug, kleines Ostseebad in Schleswig-Holstein.

Hall in Württemberg (Schwäbisch-Hall). Soolbad.

Hall in Tirol, 9 km von Innsbruck entferntes, stark besuchtes Soolbad. 580 m üb. Meer gelegen.

Hall in Oberösterreich besitzt brom- und jodhaltige Kochsalzquellen, von denen die Tassiloquelle, deren Wasser auch versendet wird, die stärkste ist. Hall liegt 376 m hoch und kann von Wien aus in 6 St. erreicht werden.

Harkány, in Ungarn gelegene Schwefeltherme, deren Temperatur 62,5° C. beträgt und deren Wasser zu Trink- und Badekuren dient.

Harrowgate, stark besuchter englischer Kurort, in der Grafschaft York, mit mehreren Eisen- und Schwefelquellen.

Harzburg, am Fusse des Harzes, 246 m hoch gelegener, klimatischer Kurort und Soolbad (Jahnshall). Eisenbahnstation (Vienenburg-Harzburg).

Haslach, Städtchen im Schwarzwald, 220 m hoch gelegene Sommerfrische mit einem Eisenwasser.

Hastings, an der englischen Südküste, in der Grafschaft Sussex gelegene Stadt, die wegen ihres milden Klimas als Luftkurort besucht wird und sich besonders als Herbstaufenthalt eignet.

Hechingen, Eisenbahnstation der Linie Tübingen-Sigmaringen. Städtchen mit 2 kalten, erdig-salinischen Schwefelquellen. Dieselben werden bei chronischen Hautexanthemen zu Trink- und Badekuren benutzt.

Heidelberg in Baden. Kurhaus Schloss Heidelberg, Kaltwasserheilanstalt.

Heiden in der Schweiz (Kanton Appenzell), 806 m hoch gelegener Sommerkurort, mit guter Ziegenmolke. Kurzeit Mitte Mai bis Ende September.

Heilbrunn in Oberbayern, 800 m hoch gelegener Kurort, mit einer berühmten, jod- und bromhaltigen Kochsalzquelle, die Adelheidsquelle (s. d.). Von München in etwa 5 St. erreichbar.

Heiligendamm, Ostseebad in Mecklenburg bei Doberan.

Heinrichsbad in der Schweiz (Kanton Appenzell), 780 m hoch gelegene Sommerfrische mit Molkenkurort.

Helgoland. In der Nordsee gelegene Insel mit gleichnamigem Nordseebad. Kurzeit vom 1. Juni bis Anfang Oktober. Von Hamburg mit Dampfschiff in 5—6 St. zu erreichen.

Helmstedt, Städtchen in Braunschweig mit schwacher Eisenquelle.

Hélouan in Ägypten, in der Nähe von Kairo, am Nilufer gelegene Winterstation mit zahlreichen warmen Schwefelquellen. Lungenkranke überwintern lieber in Hélouan, weil es staubfrei, als in Kairo.

Heringsdorf in Pommern, auf der Insel Usedom, unweit von Swinemünde gelegenes, stark besuchtes Ostseebad mit mässigem Wellenschlag und schöner, waldreicher Umgebung. Salzgehalt 1 %. Von Berlin mit Schnellzug in 4 St. zu erreichen.

Herkulesbad bei Mehadia in Ungarn mit Kochsalzthermen (Herkulesquelle) und zahlreichen warmen Schwefelquellen. Berühmter, stark besuchter Kurort für Krankheiten der Verdauungs- und Athmungsorgane und für Rheumatismus, Gicht, Syphilis, Skrophulose, Merkurialintoxikation etc. Von Budapest in 10 bis 12 St. mit der Eisenbahn zu erreichen.

Hermsdorf in Schlesien, 360 m hoch gelegene Sommerfrische.

Herrenalb im Schwarzwald (Württemberg), 360 m hoch gelegener Sommerkurort mit Wasserheilanstalt. Von Eisenbahnstation Gernsbach in $1^3/_4$ St. mit Post zu erreichen.

Heustrich in der Schweiz (Kanton Bern), 630 m üb. d. M., am Fusse des Niesen gelegener Kurort mit einer kalten alkalischen Schwefelquelle. Das Wasser wird zum Trinken, Baden und Inhaliren benutzt, bei chronischen Katarrhen der Verdauungs- und Athmungsorgane, auch bei Cystitis etc. — Von Station Spiez am Thunersee in 1 St. mit Wagen erreichbar.

Heyst in Belgien, $^1/_2$ St. von Blankenberghe entferntes Nordseebad mit einfacheren Verhältnissen als Ostende und Blankenberghe.

Hitzacker in der Provinz Hannover mit Stahlbad Victoria. H. ist Eisenbahnstation der Linie Wittenberge-Buchholz.

Höchenschwand in Baden, im südlichen Theile des Schwarzwaldes. 1012 m hoch gelegene Sommerfrische.

Hofgastein. Siehe Gastein.

Hofheim in Nassau. Sommerfrische und Wasserheilanstalt.

Hohenhonnef (Siebengebirge, hoch über dem Rheinthale gelegen). Sanatorium für Lungenkranke.

Homburg. Im Regierungsbezirk Wiesbaden gelegener Kurort mit kalten, eisenhaltigen Kochsalzquellen. Die Indikationen für den Gebrauch von Homburg sind ungefähr dieselben wie für Kissingen und Marienbad. Von Frankfurt a. M. gelangt man in etwa $^1/_2$ St. mit der Eisenbahn nach H.

Honnef am Rhein, Traubenkurort.

Hornberg im Schwarzwald, an der Eisenbahnlinie Offenburg-Singen, 390 m hoch gelegenes Städtchen mit Tannenwaldungen, Sommerfrische.

Hubertusbad im Harz bei Thale, Soolquelle.

Hunyady-János. Bitterwasserquelle. Siehe Budapest.

Hyères, Stadt in Südfrankreich (Départ. Var), 4 km vom Meere entfernt. Wegen des trockenen, warmen Klimas beliebter Winterkurort (vom Oktober bis Anfang März).

Igmánd, Ort in Ungarn mit einer Bitterquelle, deren Wasser als Igmander Bitterwasser versandt wird.

Ilmenau in Thüringen, 470 m hoch gelegener klimatischer Sommerkurort mit stark besuchter Kaltwasserheilanstalt. An der Eisenbahn, nicht weit von Weimar.

Ilsenburg im Harz, bei Wernigerode, 240 m h. Sommerfrische mit schwachem Eisenwasser.

Imnau in Hohenzollern, 350 m üb. d. M. gelegener Kurort mit mehreren manganhaltigen Eisenquellen und Wasserheilanstalt. Von Eisenbahnstation Eynach (Linie Tübingen-Rottweil) 6 km entfernt.

Innichen in Tirol, im Pusterthale, 1332 m hoch gelegene Sommerfrische mit kalten Schwefel- und Eisenquellen und herrlichen Waldungen. Eisenbahnlinie: Franzensfeste-Villach.

Inowrazlaw. Städtchen in der Provinz Posen mit bromhaltigem Soolbad. Die Soole wird zu Badekuren und in starker Verdünnung zum Trinken verordnet. — Von Bromberg mit der Eisenbahn in 1 St. zu erreichen.

Inselbad. Bei Paderborn gelegener Kurort mit einer stickstoffreichen, erdigen Kochsalzquelle (Ottilienquelle) und einer Stahlquelle (Marienquelle). Ausserdem ein gut geleitetes Sanatorium für Lungen- und Kehlkopfskranke, das Sommer und Winter geöffnet ist.

Interlaken in der Schweiz, Kanton Bern, zwischen Thuner und Brienzer See, 568 m über dem Meere gelegener, sehr stark besuchter Sommerkurort. Von Bern mit der Bahn in 2 St. zu erreichen.

Ischl (Österreich, Salzkammergut) 480 m üb. d. M. gelegener Sommerkurort mit erdig-salinischer Soole. Eignet sich für Skrophulose, chronische Katarrhe etc. und gehört zu den theuren und vornehmen Badeorten.

Ivonicz. In Galizien gelegenes Soolbad.

Jacobsbad in der Schweiz, Kanton Appenzell, 870 m hoch gelegene Sommerfrische mit schwacher Eisenquelle.

Jagstfeld in Württemberg, im Neckarthal gelegenes Soolbad. Von Heilbronn 10 km entfernt.

Jastrzemb Soolbad in Schlesien. Siehe Königsdorff-Jastrzemb.

Jenbach in Tirol, 560 m hoch gelegene Sommerfrische. Bahnstation der Linie Kufstein-Innsbruck.

Jersey. Im Kanal gelegene Insel mit mildem Klima und Sanatorium für Brustkranke.

Johannisbad in Böhmen, 620 m hoch gelegener Sommerkurort mit einer indifferenten Therme von 29,6° C. Wird vorzugsweise von Neurasthenikern, Rekonvalescenten und Erholungsbedürftigen besucht. Von Eisenbahnstation Freiheit, Linie Trautenau-Freiheit, 3 km entfernt.

Jugenheim in Hessen, an der Bergstrasse gelegene Sommerfrische mit Wasserheilanstalt.

Juist. Kleines Nordseebad, zwischen Borkum und Norderney gelegen.

Juliushall. Siehe Harzburg.

Kahlberg. Ostseebad bei Elbing in Westpreussen. Seit einigen Jahren hat sich dort eine Raupe angesiedelt, die die Badegäste in der empfindlichsten Weise belästigt, Hautkrankheiten verursacht etc.

Kainzenbad in Oberbayern. 750 m hoch gelegener klimatischer Kurort mit kalter Schwefelnatriumquelle sowie Eisenquelle und einer alkalischen, jodhaltigen Quelle.

Kaltenleutgeben in Österreich, bei Wien. Kaltwasserheilanstalt.

Kaltern in Südtirol, bei Bozen. Traubenkurort.

Kammer, Sommerfrische. 470 m hoch, im österreichischen Salzkammergut.

Karlsbad. Siehe Carlsbad.

Kiedrich. Badeort in Nassau, bei Eltville, mit lithionhaltiger Kochsalzquelle.

Kissingen in Bayern, an der Saale, 210 m üb. d. M., gehört zu den besuchtesten Kurorten Deutschlands. Es besitzt 3 kohlensäurereiche Kochsalzquellen mit etwas Eisen- und Lithiongehalt (Rakoczy, Pandur und Maxbrunnen), die hauptsächlich zur Trinkkur benutzt werden und 2 kohlensäurereiche Soolen den Soolsprudel (mit Na Cl 10,5 ‰, Magnes. sulf. 1 ‰ und Temperatur 18° C.) und den Schönbornsprudel (Temperatur 20° C.), die zu Bädern dienen. — Der Gebrauch von Kissingen wird verordnet bei chronischen

Störungen des Digestionstractus und den daraus resultirenden Nervenleiden, wie Neurasthenie, Hypochondrie etc., ferner bei den verschiedensten Leberaffektionen, bei chronischen Katarrhen des Rachens, der Blasenschleimhaut und des Nierenbeckens, bei Skrophulose, Rachitis, Gicht etc.

Kitzhübel. Städtchen in Tirol, an der Giselabahn, 757 m üb. d. M. Sommerkurort.

Klampenborg bei Kopenhagen gelegenes Seebad am Sund.

Klosters in der Schweiz, Kanton Graubünden, 1215 m hoch gelegener Sommerkurort. Von Eisenbahnstation Landquart mit der Post zu erreichen.

Kniebisbäder oder Renchthalbäder werden folgende im Schwarzwald gelegene Orte mit gasreichen, erdigen und glaubersalzhaltigen Eisenquellen genannt: Antogast, Griesbach, Petersthal, Freiersbach und Rippoldsau. (S. d.)

Kochel am Kochelsee in Oberbayern. 600 m hoch gelegener Sommerkurort mit alkalischer Quelle. Von Eisenbahnstation Penzberg 15 km entfernt.

Kohlgrub in Oberbayern, 850 m hoch gelegenes Stahlbad mit Einrichtungen für Fichtennadel- und Eisenmoorbäder. Von Eisenbahnstation Murnau 13 km entfernt.

Königsborn in Westphalen. Kurort mit Kochsalztherme (34° C.). Von Eisenbahnstation Unna 2 km entfernt.

Königsbrunn in der Sächsischen Schweiz. Wasserheilanstalt. In der Nähe der Eisenbahnstation Königstein (Linie Dresden-Schandau).

Königsdorff-Jastrzemb. In Schlesien gelegener Kurort mit jod- und bromhaltiger Soolquelle, deren Wasser zum Trinken und Baden bei Skrophulose, chronischen Knochenleiden, Neuralgien, Hautaffektionen etc. verordnet wird. Von Eisenbahnstation Loslau (Linie Rybnik-Annaberg) in $1^1/_2$ St. mit Wagen zu erreichen.

Königstein am Taunus, klimatischer Kurort und Wasserheilanstalt. 362 m hoch. Von Eisenbahnstation Cronberg 3 km.

Königswart. Städtchen in Böhmen. 700 m hoch gelegen, mit mehreren gasreichen Eisenquellen, die zu Trink- und Badekuren verwendet werden. — Von Marienbad 8 km entfernt.

Korytnicza in Ungarn. 850 m hoch in den Karpathen gelegener Kurort mit vielen Eisenquellen und einer Wasserheilanstalt und Molkenkuranstalt. Von Eisenbahnstation Rosenberg (Linie Kaschau-Oderberg) in $2^1/_2$ St. mit Wagen zu erreichen.

Kösen. Stark besuchtes Soolbad in der Prov. Sachsen, 7 km von Naumburg entfernt. Die 5 % NaCl enthaltende Schachtquelle (Temperatur 18° C.), dient zum Baden, während die ausser Kochsalz auch Magnes. sulf. enthaltende Johannesquelle und der schwach eisenhaltige Mühlbrunnen zur Trinkkur benutzt wird.

Koserow. Kleines Ostseebad in Pommern, auf der Insel Usedom, 15 km von Eisenbahnstation Wolgast entfernt.

Köstritz. Klimatischer Kurort im Fürstenthum Reuss, in der Nähe von Gera. Besitzt gute Einrichtungen für Sand- und Fichtennadelbäder, auch für Soolbäder. Für letztere wird die in der Nähe gelegene kräftige Saline Heinrichshall nutzbar gemacht.

Krankenheil in Oberbayern. In der Nähe der Eisenbahnstation Tölz, 670 m hoch gelegener Kurort mit jod- und schwefelwasserstoffhaltigen Natronquellen. Vielfach gebraucht bei Skrophulose, Syphilis, chronischen Exanthemen, Krankheiten der Nase, des Kehlkopfes und Rachens, sowie bei vielen Frauenkrankheiten.

Krapina-Töplitz. Kurort in Kroatien, 160 m hoch gelegen mit mehreren indifferenten Thermen, deren Temperatur 42—43° C. beträgt. Wird bei Rheumatismus, Neuralgien, Metritis etc. gebraucht.

Kreischa, Wasserheilanstalt, 12 km von Dresden.

Kreuth in Oberbayern. 830 m hoch gelegener Höhenkurort, mit schwacher Schwefelquelle (Quelle zum heiligen Kreuz) und guten Einrichtungen für Molken-, Kräuter-, Kefir- und Kumyskuren. Von Eisenbahnstation Gmund mit der Post in $2^1/_2$ St. zu erreichen.

Kreuzen. Wasserheilanstalt in Oberösterreich, 430 m üb. d. M. Von Eisenbahnstation Amstetten mit Post in $2^1/_2$ St. erreichbar; von Donau-Dampfschiffstation Grein 6 km entfernt.

Kreuznach. Stadt im Nahethal, Rgbz. Coblenz, 105 m üb. d. M., gehört wegen seiner kräftigen jod- und bromhaltigen Kochsalzquellen zu den besuchtesten Soolbädern Deutschlands. Das Wasser der dortigen Quellen wird zum Trinken und Baden benützt und zeigt sich besonders wirksam bei Skrophulose, chronischen Hautausschlägen, Struma, alten Exsudaten und Frauenkrankheiten.

Kronthal im Taunus. Siehe Cronthal.

Krumbad in Bayern. 550 m hoch gelegener Sommerkurort mit erdigsalinischen Quellen. Von Eisenbahnstation Günzburg (Linie Augsburg-Ulm) 25 km entfernt.

Krummhübel in Schlesien. Am Fusse der Schneekoppe, 580 m üb. d. M. gelegener Sommerkurort. Von Eisenbahnstation Schmiedeberg in $1^1/_2$ St. mittels Wagen zu erreichen.

Krynica in Galizien, am Abhange der Karpathen, 580 m üb. d. Meere gelegenes, stark besuchtes Stahlbad. Die dortigen kalkhaltigen Eisenquellen werden besonders bei Skrophulose, Rachitis und Anämie verordnet.

Labassère in den Pyrenäen gelegener Ort mit kalter Schwefelquelle, die in dem nahe gelegenen Bagnères zur Verwendung kommt.

Lamalou. Ort in Südfrankreich mit kalten und warmen Eisenquellen. Von Eisenbahnstation Bédarieux 8 km entfernt.

Landeck. Städtchen in Schlesien, 430 m üb. d. M. gelegen, mit mehreren indifferenten Thermen. Da die 20—29° C. warmen Quellen auch ganz geringe Mengen Schwefelnatrium enthalten, werden sie zuweilen auch zu den Schwefelthermen gezählt. Landeck wird besonders für gewisse Frauenkrankheiten (chron. Metritis), Menstruationsanomalien, Neigung zu Abortus, Migräne, Beckenexsudate etc.), ferner bei Rheumatismus, Gicht, Neurosen, Plethora abdominalis etc. empfohlen. Von Eisenbahnstation Glatz mit der Post in $3^1/_2$ St. zu erreichen.

Langenau (Nieder-Langenau) in Schlesien. 350 m über d. M. gelegener Kurort mit Stahlquellen und Einrichtungen für Moorbäder, Milch- und Molkenkuren. Langenau ist Eisenbahnstation der Linie Breslau-Mittelwalde.

Langenbrücken in Baden. An der Eisenbahn, zwischen Heidelberg und Bruchsal gelegenes kaltes Schwefelbad. Das Wasser der Quellen wird zum Trinken und Baden verwendet bei Rheumatismus, Hautexanthemen, Pharyngitis, Laryngitis etc.

Langensalza. In der Provinz Sachsen gelegene Stadt mit kalter, gypshaltiger Schwefelquelle, die zum Trinken und Baden bei chronischem Rheumatismus, Lues, Uterinleiden, Hautaffektionen etc. verwendet werden.

Langenschwalbach. Siehe Schwalbach.

Langeoog. Kleine, ostfriesische, zur Provinz Hannover gehörige Insel mit Nordseebad. Von Wilhelmshaven mit Dampfboot in 4—5 St. zu erreichen.

Laubbach bei Coblenz. Wasserheilanstalt und Traubenkurort.

Lauchstedt. In der Provinz Sachsen, bei Merseburg gelegenes Städtchen mit erdig-salinischer Eisenquelle, deren Wasser hauptsächlich zum Baden dient.

Lauenstein in Sachsen. 525 m üb. d. M. gelegener Sommerkurort, mit schöner Waldung und Moor- und Fichtennadelbädern. Eisenbahnstation der Linie Mügeln-Geising.

Lausigk in Sachsen. Städtchen mit einer sehr starken Eisenvitriolquelle (Hermannsbad), die auch etwas arsenhaltig ist. Von Leipzig in $1^1/_4$ St. erreichbar.

Lavey in der Schweiz, Kanton Waadt. An der Rhone gelegene Schwefeltherme, deren Temperatur zwischen 36—45° C. schwankt. Wird gegen chronischen Rheumatismus, Skrophulose, Knochenleiden, Blasenaffektionen, besonders aber zur Kur für skrophulöse Kinder empfohlen. Von Lausanne (über Eisenbahnstation St. Maurice) in 2 St. zu erreichen.

Lenk in der Schweiz, Kanton Bern. 1105 m. üb. d. M. gelegener Kurort mit 2 kalten Schwefel- und 1 schwachen Eisenquelle. Wird bei chronischen Katarrhen der Respirations- und Digestionsorgane, bei Hautaffektionen (Furunkulose, Ekzem etc.), auch als klimatischer Kurort bei Nervenaffektionen verordnet. — Von Thun mit Post in 8 St. zu erreichen.

St. Leonhard in Vorarlberg. 1102 m üb. d. M. gelegener Höhenkurort. Von Eisenbahnstation Feldkirchen 3 St.

Leuk (Leukerbad. Loèche-les-Bains), in der Schweiz, Kanton Wallis. 1415 m üb. d. M., an der Eisenbahnlinie Lausanne-Brigue gelegener Badeort mit zahlreichen kräftigen Gypsthermen. Die Temperatur der Quellen schwankt zwischen 38 und 51° C. Die Bäder werden in Leuk von 30 bis 40 Personen in einem gemeinschaftlichen Bassin genommen und rufen nach einigen Tagen einen eigenthümlichen Ausschlag hervor, der nach etwa 3 Wochen zu verschwinden pflegt. Leuk wird mit Vorliebe für die verschiedensten Hautaffektionen, chronischen Exantheme, Prurigo, Ekzem, etc., ferner bei chronischem Rheumatismus und Gicht verordnet. Von der Eisenbahnstation Leuk-Susten gelangt man mit der Post in 4 St. zum Kurort.

Levico in Südtirol. 520 m üb. d. M. gelegener Ort mit arsenhaltigen Eisenquellen. Das Wasser derselben wird versandt, und man nimmt gewöhnlich 2 mal täglich 1 Esslöffel mit Wasser oder Milch und steigt allmählich bis auf 2 mal täglich 2—3 Esslöffel bei Anämie, Neurosen, Leukorrhoe, Hautaffektionen etc. Von Trient mit Wagen in 2 St. zu erreichen.

Leysin in der Schweiz, Kanton Waadt. 1450 m üb. d. M., 3 St. oberhalb Aigle gelegener Luftkurort mit grosser Heilanstalt für Lungenkranke.

Liebenstein in Meiningen. 345 m üb. d. M. gelegener klimatischer Kurort mit Eisenquellen und Wasserheilanstalt und schönen Waldungen. Liegt an der Werrabahn.

Liebenzell im Schwarzwald (Württemberg). 335 m üb. d. M. gelegener Sommerkurort mit 3 indifferenten Thermen, deren Temperatur von 22 bis 29° C. schwankt. Dieselben enthalten auch etwas Kochsalz und Spuren von Eisen. Von Stuttgart mit der Eisenbahn in $1^1/_4$ St. erreichbar.

Liebwerda in Böhmen. 390 m üb. d. M. gelegenes Stahlbad, das auch 4 alkalische erdige Säuerlinge besitzt und vorzugsweise bei Katarrh der Lungen und Harnorgane in Anwendung kommt. Von Eisenbahnstation Raspenau 4 km entfernt.

Lienz. Städtchen in Tirol. 660 m üb. d. M., an der Eisenbahnlinie Villach-Franzensfeste. Sommerkurort.

Linda. Im sächsischen Voigtlande, bei Pausa, 466 m hoch gelegenes Eisenbad mit 2 erdigen Eisenquellen und Moorbädern. Von Pausa mit Post in $^1/_2$ St. zu erreichen.

Lindenfels im Odenwald. 360 m hoch gelegener Sommerkurort. Von Eisenbahnstation Bensheim 18 km entfernt.

Lipik. In Slavonien gelegener Kurort mit stark jodhaltigen, alkalischen Kochsalzthermen. Temperatur 64° C.

Lippspringe in Westphalen. 138 m hoch gelegenes Städtchen mit berühmter Mineralquelle (Arminiusquelle), die neben erdigen Bestandtheilen auch Glaubersalz und Eisen enthält. Temperatur 21° C. Das Wasser dient zum Trinken, Baden und Inhaliren. Lippspringe, das von Eisenbahnstation Paderborn mit der Post in $1^1/_2$ St. erreichbar ist, wird mit Vorliebe von chronischen Lungenkranken bei beginnender Lungenphthise, Asthma etc. besucht.

Lobenstein. Im Fürstenthum Reuss, am Abhange des Thüringer Waldes, 500 m hoch gelegenes Stahlbad mit Fichtennadel-, Sand-, Moorbädern und Wasserheilanstalt. Von Eisenbahnstation Lehesten 17 km entfernt.

Locarno in der Schweiz, Kanton Tessin, am Lago Maggiore. 210 m üb. d. M. gelegener Winteraufenthalt.

Lofer im Salzkammergut. 640 m hoch gelegener Sommerkurort. Von Reichenhall 28 km entfernt und in 4 St. erreichbar.

Lohme. Kleines Ostseebad auf der Insel Rügen.

Loschwitz bei Dresden. An der Elbe gelegene, waldreiche Sommerfrische.

Luchon. Französisches Schwefelbad. Siehe Bagnères de Luchon.

Lucski. Ungarischer Badeort mit Eisenthermalquellen. Temperatur 31° C.

Lugano in der Schweiz, Kanton Tessin, am Luganer See. 275 m üb. d. M. gelegenes Städtchen mit mildem Klima. Beliebt als Übergangsstation zum Aufenthalt für Patienten, die vom Süden kommen oder nach südlichen Kurorten gehen. Von Luzern in 6 bis 7 St. zu erreichen.

Luhatschowitz in Mähren, am Abhange der Karpathen. 200 m üb. d. M. gelegener Kurort mit mehreren kalten, alkalisch-muriatischen jod- und bromhaltigen Quellen.

Luhi. In Ungarn gelegener alkalischer Eisensäuerling, der bei Katarrhen der Respirationswege verordnet wird.

Luisenthal. In Thüringen, 425 m hoch gelegene Sommerfrische.

Luksor. In Ägypten gelegener klimatischer Winterkurort. Die mittlere Temperatur im Winter beträgt 18° C. Von Kairo mit Eisenbahn und Dampfschiff in 3 Tagen erreichbar.

Lussin picolo. Zu Istrien gehörige Insel des Adriatischen Meeres mit mildem Klima. Das Wärmemittel des Winters beträgt 8,1° C. Zuweilen als klimatischer Winterkurort benützt. Von Pola mittels Dampfschiff in 4—5 St. zu erreichen.

Luxeuil in Frankreich. Am Fusse der Vogesen, 315 m üb. d. M. gelegener Badeort mit zahlreichen indifferenten Thermen (Temperatur 20—50° C.) Einige von diesen Quellen, die zu Trink- und Badekuren bei Rheumatismus, Neuralgie, Paralysen etc. dienen, enthalten auch etwas Eisen und Kochsalz. Luxeuil ist Station der Eisenbahnlinie Belfort-Epinal.

Lysekil. Stark besuchtes schwedisches Seebad am Skagerak. Von Gothenburg mit Dampfschiff zu erreichen.

Macolin (Schweiz, Kanton Bern). 900 m. Sommeraufenthalt (15. Mai bis Ende September). Siehe Magglingen.

Madeira. Portugiesische Insel im Atlantischen Ocean mit sehr warmem und konstantem Klima. Die mittlere Wintertemperatur beträgt 17° C. Die ganze Insel mit der an ihrer Südseite gelegenen Hauptstadt Funchal ist ein wichtiger klimatischer Kurort für Lungenkranke, der sich zum Winter- und Sommeraufenthalt eignet. Im Allgemeinen soll man Kranken, die leicht zu Diarrhoen und Rheumatismus disponiren oder an Albuminurie, sowie nervösem Asthma leiden, nicht nach Madeira senden. Die Reise von England nach Madeira über Southampton dauert 6—7 Tage; über Lissabon etwa 2 Tage.

Maderaner Thal in der Schweiz, Kanton Uri. 1450 m üb. d. M. gelegener klimatischer Sommerkurort mit schönen Tannenwaldungen. Für Nervöse, an Schlaflosigkeit Leidende etc. geeigneter Aufenthalt. Von Eisenbahnstation Amsteg auf Reitweg in $3^1/_2$ St. erreichbar.

Magglingen (Macolin) in der Schweiz, Kanton Bern, im Jura. 900 m hoch gelegener, klimatischer Kurort mit herrlicher Laub- und Nadelwaldung. Von Eisenbahnstation Biel mittels Drahtseilbahn erreichbar.

Malaga. An der Südküste von Spanien gelegene, grosse Stadt mit mildem, gleichmässigem, trockenem Klima. Die mittlere Wintertemperatur beträgt 12,5° C. Daher klimatischer Winterkurort und besonders für chronische Lungenkranke mit reichlicher Sekretion, sowie für chronische Nierenleiden geeignet. Von Madrid mittels Eisenbahn in 20 St.; von Gibraltar per Schiff in 6—12 St. zu erreichen.

Malmedy. In der Rheinprovinz gelegenes Städtchen mit mehreren alkalisch-erdigen Eisensäuerlingen. Die kräftigste dieser Quellen ist die Inselquelle, deren Wasser bei Anämie mit gastrischen Störungen verordnet wird. Malmedy ist Station der Eisenbahnlinie Aachen-Trier.

Maloja in der Schweiz (Graubünden). 1811 m hoch gelegener klimatischer Kurort, der, wie Davos, sich zum Aufenthalt für Sommer (Juli bis September) und Winter (Oktober bis März) für Phthisiker eignet.

Mammern. In der Schweiz, Kanton Thurgau, gelegene Wasserheilanstalt. Eisenbahnstation der Linie Konstanz-Winterthur.

Margate in England. Seebad und klimatischer Kurort (Grafschaft Kent). Von Dover in 1 St. erreichbar.

Marienbad. In Böhmen, 628 m üb. d. M. gelegener, stark besuchter Kurort mit 2 kräftigen Glaubersalzquellen (Kreuz- und Ferdinandsbrunnen), einem alkalisch-salinischen Säuerling (Waldquelle), zwei Eisenquellen (Ambrosius- und Karolinenbrunnen) und einer gasreichen erdigen Quelle (Rudolfsquelle).

Die Heilwirkung der Marienbader Quellen, sowie ihre chemische Zusammensetzung hat mit der von Karlsbad grosse Ähnlichkeit, der wesentliche Unterschied besteht aber darin, dass die Marienbader Quellen kalt hervorsprudeln und daher um so reicher an kohlensauren Gasen sind als die Karlsbader. Heilanzeigen für Marienbad bilden vor allem Fettleibigkeit mit Darmträgheit, Plethora abdominalis, Leberaffektionen, Fettherz, Hämorrhoiden, Beckenexsudate etc. Von Eger gelangt man mit der Eisenbahn in $^3/_4$ St. nach Marienbad.

Marienberg, Wasserheilanstalt, am Rhein bei Boppard. S. d.

Marienborn bei Schmeckwitz in Sachsen, Bad mit kalter schwefelhaltiger Mineralquelle. Von Eisenbahnstation Kamenz zu erreichen.

Marienlyst. Dänisches Seebad am Sunde bei Helsingör. Von Kopenhagen in 2 St. erreichbar.

Marillathal in Ungarn. 704 m üb. d. M. gelegener klimatischer Kurort mit Wasserheilanstalt.

Mehadia in Ungarn, s. Herkulesbad.

Meinberg. In Lippe-Detmold gelegenes Bad mit kalten und erdig-salinischen Schwefel- und Eisenquellen und Schwefelschlammbädern. Wird bei Rheumatismus, Skrophulose, Frauenkrankheiten verordnet. Von Eisenbahnstat. Detmold 10 km entfernt.

Mellau. 700 m hoch gelegener Sommerkurort mit Stahlbad, am Bregenzerwald. Von Eisenbahnstation Schwarzach in 6 St. erreichbar.

Mentone. Stadt in Südfrankreich (Dép. Alpes-Maritimes), am Golf von Genua gelegen, mit warmem, trockenem Klima. Wegen seiner schönen Lage und milden Witterung (die mittlere Wintertemperatur etwa 10° C.) beliebter Winterkurort. — Von Marseille in 7—9 St., von Genua in 7 St. und von Nizza in 1 St. mit der Eisenbahn zu erreichen.

Meran. In Südtirol, 330 m üb. d. M. am Einflusse der Passer in die Etsch, gelegenes Städtchen, das wegen seiner schönen, windgeschützten Lage und seines milden, beständigen Klimas als Winterkurort und Übergangsstation für Lungenkranke sich grosser Beliebtheit erfreut.

Die mittlere Wintertemperatur beträgt 1,8° C. Meran mit dem benachbarten Obermais wird auch zur Frühjahrssaison zu Milch- und Molkenkuren und besonders im Herbst zur Traubenkur stark besucht. — Für Phthisiker mit Neigung zur Hämoptoe und Fieber und akute Kehlkopfleiden eignet sich der Winteraufenthalt in Meran nicht. Dagegen ist er indicirt für Chlorose, Rachitis, Skrophulose, Nephritis chronica, Herzaffektionen etc.

Von Berlin ist Meran in 24 St., von Wien in 19 St. zu erreichen. Von Bozen fährt man mit der Eisenbahn in $1^1/_2$ St. nach Meran.

Mergentheim in Württemberg, Städtchen mit kochsalzhaltiger Bitterquelle (Karlsbad). Das Wasser derselben wird zum Trinken und Baden verwendet. Mergentheim ist Station der Eisenbahnlinie Wertheim-Crailsheim.

Michelstadt in Hessen. Wasserheilanstalt und Sommerfrische, 208 m üb. d. M. Ist Station der Linie Hanau-Eberbach.

Misdroy. In Pommern, auf der Insel Wollin gelegenes Ostseebad mit schönen Laub- und Nadelwaldungen. Von Stettin in 3 St., von Swinemünde in $1^1/_2$ St. erreichbar

Mittenwald. In Oberbayern, 920 m hoch gelegenes Städtchen, das seiner schönen Lage wegen als Sommerkurort besucht wird. Von Eisenbahnstation Partenkirchen 16 km.

Mitterbad in Tirol, 946 m üb. d. M., $4^1/_2$ St. südlich von Meran gelegene Eisenquelle mit schwachem Arsengehalt.

Mondorf. In Luxemburg gelegener Kurort mit einer lauen erdigen Kochsalzquelle (Temp. 25° C.). Ist Eisenbahnstation der Linie Luxemburg-Remich.

Mondsee. In Oberösterreich, 470 m hoch gelegene Sommerfrische.

Monsummano. In Oberitalien (bei Pistoja) gelegenes Städtchen, in dessen Nähe sich eine mit warmen Dämpfen gefüllte Grotte befindet. Dieselbe dient zum Kurgebrauche, indem ein halbstündiger Aufenthalt in derselben wie ein Schwitzbad wirkt. Rheumatismus, Ischias, Neurosen werden auf diese Weise oft erfolgreich behandelt. Ist von Pistoja (Linie Bologna-Florenz) in $1^1/_2$ St. zu erreichen.

Mont Dore. In Frankreich (Dép. Puy de Dôme) 1050 m üb. d. M. gelegener Kurort mit warmen, schwachen, alkalischen Säuerlingen (Temp. 40 bis 45° C.). Bei chronischen Affektionen der Respirationsorgane, Rheumatismus und Neuralgien vielfach angewendet. Von Eisenbahnstation Laqueville 17 km.

Montmirail in Frankreich (Dép. Vaucluse). Kurort mit einer Bitterquelle und schwacher Eisenquelle.

Montreux, in der Schweiz (Kanton Waadt), am Genfer See, 380 m üb. d. M. gelegener klimatischer Kurort, der durch hohe Berge besonders gegen Nord- und Nordostwinde geschützt wird.

In klimatischer Beziehung steht Montreux Meran sehr nahe, doch besteht insofern ein Unterschied, als Montreux viel feuchter ist und daher von Lungenkranken mit profuser Schleimsekretion zu meiden ist. Für an Insomnie Leidende eignet es sich dagegen besser als Meran. — Montreux ist ein angenehmer Frühlingsaufenthalt und einer der beliebtesten Traubenkurorte im Herbst. Im Winter wird es besonders von Lungenkranken, Nervösen, Rekonvalescenten etc. aufgesucht. Die mittlere Wintertemperatur beträgt $2,4^0/_0$. — Von Lausanne erreicht man Montreux mit Schiff oder Eisenbahn in $^3/_4$—1 St.

Morgins. In der Schweiz, Kanton Wallis, 1410 m hoch gelegener Sommerkurort und Eisenquelle. Von Monthey (Linie Bonveret-St. Maurice) in 4 St. mit Post erreichbar.

St. Moritz in der Schweiz (Engadin). S. Sankt Moritz.

Mosbach (Schloss) am Bodensee. Temperenz-Sanatorium für Alkoholiker.

Muggendorf in Oberfranken, 540 m hoch gelegener Sommerkurort. Von Eisenbahnstation Forchheim 20 km.

Mühlbach. In Tirol, 775 m üb. d. M., am Eingange ins Pusterthal gelegener Sommerkurort. Von Eisenbahnstation Franzensfeste in 15 Minuten zu erreichen.

Mühlbad. Wasserheilanstalt bei Boppard. S. d.

Münster am Stein. In der preussischen Rheinprovinz gelegener Badeort mit 6 warmen Soolquellen. Die Soole wird wie in dem nahe gelegenen (6 km) Kreuznach zum Baden und Trinken verwendet. Die Indikationen sind ebenfalls dieselben wie für Kreuznach (Skrophulose, Rheumatismus, Hautexantheme, Exsudate etc.).

Münster ist Station der Linie Bingerbrück-Saarbrücken.

Mürren. In der Schweiz, Kanton Bern, 1650 m üb. d. M. gelegener Höhenaufenthalt mit grossartigem Blick auf die Gletscherwelt. Von Interlaken mit Eisenbahn und Drahtseilbahn in 1 St. zu erreichen.

Muskau. Städtchen in der Niederlausitz mit Eisenquellen und grossen Parkanlagen. Die Quellen enthalten viel kohlensaures und schwefelsaures Eisen und dienen zum Trinken und Baden. Auch Moor- und Kiefernadelbäder kommen in Muskau vielfach zur Verwendung bei Chlorose, Anämie, Menstruationsanomalien, Rheumatismus etc.

Von Eisenbahnstation Weisswasser (Linie Berlin-Görlitz) gelangt man in $^1/_4$ St. nach Muskau.

Nassau an der Lahn, Wasserheilanstalt, 8 km von Bad Ems entfernt. Ist Eisenbahnstation der Linie Giessen-Koblenz.

Nauheim. Stark besuchtes Thermalsolbad zwischen Giessen und Frankfurt a. M., 150 m üb. d. M., im Grossherzogthum Hessen gelegen. Die dortigen kohlensäurehaltigen Soolthermen und kochsalzhaltigen Trinkquellen erweisen sich bei Rheumatismus, Ischias, Skrophulose, Unterleibsstörungen, chron. Katarrhen, Spinalleiden und ganz besonders bei manchen Herzaffektionen wirksam. Wo es sich um Stärkung des Herzmuskels bei mässiger Insufficienz handelt, gilt Nauheim fast als ein Specificum. — Von Frankfurt a. M. ist Nauheim mit der Eisenbahn in $^3/_4$ St. erreichbar.

Nenndorf. Badeort in der Provinz Hessen mit sehr starken kalten Schwefelquellen, die bei Rheumatismus, Gicht, Hautaffektionen, Lues etc. zum Trinken und Baden verwendet werden. — N. ist Bahnstation der Linie Haste-Weetzen und liegt 71 m üb. d. M.

Néris. Kurort in Frankreich (Dép. Allier) mit alkalisch-salinischen Thermen. (Temp. 25—53° C.)

Nervi. In Oberitalien, an der Riviera, in der Nähe von Genua gelegener klimatischer Winterkurort für Lunkenkranke und Rekonvalescenten. Die mittlere Wintertemperatur beträgt 9,5° C. — Von Genua gelangt man in 1 St. nach Nervi.

Neudorf. In Böhmen, 3 St. von Marienbad. 500 m üb. d. M. gelegener Kurort mit mehreren alkalisch-erdigen Eisenquellen.

Von Bahnstation Mies (Linie Eger-Pilsen) in 2 St. zu erreichen.

Neuenahr. In der Rheinprovinz gelegenes Bad mit mehreren kohlensäurereichen warmen Natronquellen. Die Temperatur derselben beträgt 20 bis 40° C. Indikationen für N. bilden chronische Katarrhe der Digestions-, Respirations- und Harnorgane, Rheumatismus, Gicht, Gallensteine, Diabetes mel. etc. — Von Eisenbahnstation Remagen (Linie Bonn-Koblenz) mit Zweigbahn in $^1/_2$ St. zu erreichen.

Neufahrwasser (Westerplatte). Ostseebad, $^1/_2$ St. von Danzig entfernt.

Neuhaus. In Bayern, bei Neustadt a. S. gelegener Kurort mit kalten Kochsalz- und Bittersalzquellen. Letztere dienen zum Baden und Trinken. Von Eisenbahnstation Neustadt (Linie Meiningen-Kissingen) $^1/_4$ St.

Neuhaus. In Steiermark, 375 m üb. d. M. gelegenes Bad mit indifferenten Thermen (Temp. 35° C.) und einer schwachen Eisenquelle. Von Eisenbahnstation Cilli (Linie Wien-Graz) 18 km.

Neukuhren. In Ostpreussen zwischen Brüsterort und Cranz gelegenes kleines Ostseebad.

Neu-Rakoczy. Kleiner Kurort in der Nähe von Halle a. S. mit mehreren stickstoffhaltigen Kochsalzquellen. Das Wasser derselben wird zum Trinken, Baden und Inhaliren verwendet bei Katarrhen der Respirationsorgane, besonders bei beginnender Phthisis.

Neustadt a. d. Haardt. In der bayerischen Rheinpfalz gelegenes Städtchen. Traubenkurort. Ist Eisenbahnstation der Linie Dürkheim-Landau.

Niederaschau. In Oberbayern, 616 m hoch gelegene Sommerfrische. Von Eisenbahnstation Prien (Linie München-Salzburg) auf Zweigbahn 35 Min.

Niederbronn im Elsass. 190 m üb. d. M. gelegenes Städtchen mit 2 Kochsalzquellen, deren Wasser zum Trinken und Baden benutzt wird.

N. ist Station an der Eisenbahnlinie Hagenau-Saargemünd.

Niederdorf. In Tirol, 1158 m üb. d. M. gelegener Sommerkurort. Ist Eisenbahnstation der Linie Franzensfeste-Villach.

Niedernau. In Württemberg (Schwarzwald), 400 m hoch gelegenes Bad mit mehreren Eisen- und Bittersalzquellen und Moorbädern. Ist Eisenbahnstation der Linie Stuttgart-Tübingen-Hort.

Niederselters bei Wiesbaden. Kleiner Ort mit starkem muriatisch-alkalischen Säuerling. Von hier wird das bekannte „Selterser Wasser“ in mehreren Millionen Krügen versandt.

Niendorf. In Oldenburg, bei Travemünde gelegenes kleines Ostseebad. Von Travemünde in 1 St. erreichbar.

Nizza (Nice). In Frankreich (Dép. des Alpes maritimes), am Mittelmeere gelegene Stadt, die wegen ihres milden Klimas — die mittlere Wintertemperatur beträgt 9° C. — zu den beliebtesten Winterstationen gehört. Kranke und Rekonvalescenten, die den Nachtheilen des nordischen Winters entgehen wollen, wählen am besten die Zeit von Anfang Oktober bis März für den Aufenthalt in Nizza. Vorher ist es dort zu heiss und nachher zu windig.

Von Marseille und Genua gelangt man in etwa 6 St. mit der Eisenbahn nach Nizza.

Norderney. Kleine hannoversche Insel mit vielbesuchtem Nordseebad, mit einem Hospiz für kranke Kinder. Der Wellenschlag ist kräftig und der Salzgehalt des Wassers beträgt über 3 %. Die Saison dauert von Mitte Juni bis 1. Oktober.

Von der Eisenbahnstation Norden fährt man bis Norddeich, von wo ein Dampfschiff in 3/4 St. Norderney erreicht. Auch kann man von Geestemünde, Wilhelmshaven oder Emden mittels Schiff in 5 1/2—8 St. nach N. gelangen.

Oberhof in Thüringen. 810 m üb. d. M. gelegener klimatischer Sommerkurort. Von Eisenbahnstation Oberhof (Linie Neudietendorf-Ritschenhausen) 3/4 Stunde.

Oberhofen. In der Schweiz, Kanton Bern, am Thuner See (560 m üb. d. M.) gelegene Sommerfrische. Die Dampfschiffe des Thuner Sees halten in O.

Obermais. Unmittelbare Fortsetzung von Meran. S. d.

Obersalzbrunn. S. Salzbrunn.

Oberstdorf. In Oberbayern, Allgäu, 812 m hoch gelegener Sommerkurort. Von Eisenbahnstation Immenstadt (Linie Kempten-Lindau) mit Zweigbahn in 1 St. erreichbar.

Oeyenhausen (Rehme). In Westphalen gelegenes Städtchen mit 3 kohlensäurereichen Thermalsoolquellen. Daneben besitzt O. 2 gewöhnliche kalte Soolquellen und 1 gypshaltige Kochsalzquelle. Die 27—32° C. warmen Soolquellen dienen zu Bädern bei Rheumatismus, Neuralgien, Ischias, Gicht, Skrophulose. Besonders viele Gelähmte gehen nach Oeyenhausen. O. ist Station der Linie Berlin-Köln und von Berlin in 5 St. zu erreichen.

Ofen. S. Buda-Pest.

Offenbach a. M. Kalte Natron-Lithiumquelle.

Olbernhau. Im sächs. Erzgebirge, 468 m hoch gelegene Sommerfrische. Eisenbahnstation der Linie Chemnitz-Kommotau.

Oldesloe. In Schleswig-Holstein gelegenes Städtchen mit Soolbad und Schwefelmoor.

Oppenau. Städtchen in Baden (Renchthal), Sommerfrische mit schwacher eisenhaltiger Mineralquelle. Endstation der Linie Appenweier-Oppenau.

Orb. Städtchen in Hessen mit 2 Kochsalzquellen. In der Saline werden aus beiden vereint Soolbäder bereitet. Von Eisenbahnstation Wächtersbach (Linie Bebra-Frankfurt a. M.) 8 km.

Orezza (Frankreich, Corsica), Eisenquellen.

Ospedaletti. In Italien, dicht bei San Remo, sehr geschützt liegender, kleiner klimatischer Winterkurort. Ist Station der Eisenbahnlinie Genua-Marseille.

Ostende. In Belgien gelegenes, vielbesuchtes Nordseebad mit gemeinsamem Badeplatze für beide Geschlechter. Der Kochsalzgehalt des Seewassers beträgt ungefähr 2,4 %. Ostende ist Eisenbahnstation der Linie Köln-Brüssel-Ostende.

Osterode. Am Harz, 240 m üb. d. M. gelegenes Städtchen, das als Sommerfrische besucht wird. Ist Station der Linie Herzberg-Seesen.

Ottenstein bei Schwarzenberg im sächsischen Erzgebirge. 484 m hoch gelegene Sommerfrische und Kuranstalt.

Ottobad in der bayerischen Pfalz. 500 m üb. d. M. gelegenes Eisenbad. Der Sprudel enthält neben doppeltkohlensaurem Eisenoxydul auch doppeltkohlensaures Lithion. Von Eisenbahnstation Wiesau (Linie Regensburg-Hof) 2 km.

Palermo. Die Hauptstadt von Sicilien mit einer durchschnittlichen Wintertemperatur von 11,5° C. und vorherrschend feuchtem Klima. Wird von Lungen- und Kehlkopfkranken als klimatischer Winterkurort aufgesucht. Die Kurzeit währt von Mitte November bis April. Von Neapel erreicht man Palermo mittels Schiff in 17 St.

Pallanza in Oberitalien. Auf einer Landzunge am Lago Maggiore, 193 m üb. d. M. gelegenes Städtchen mit einer durchschnittlichen Wintertemperatur von 3° C. Angenehmer Traubenkurort und (allerdings nicht für viele Kranke geeigneter) klimatischer Winterkurort. Von Locarno in 3 ½ St. oder von Laveno (Linie Bellinzona-Genua) in ½ St. mit Dampfschiff zu erreichen.

Panticosa in Spanien. In den Pyrenäen, 1517 m üb. d. M. gelegenes Bad mit mehreren indifferenten warmen Quellen (20—35° C.). Von Eisenbahnstation Pierrefitte (Linie Lourdes-Pierrefitte) noch 10 Fahrstunden.

Parád in Ungarn. 200 m üb. d. M. gelegener Kurort mit verschiedenen Mineralquellen (eisenvitriolhaltiges Alaunwasser, schwefelwasserstoffhaltiger Natronsäuerling und ein erdiger Eisensäuerling). Das Wasser dient zu Bade- und Trinkkuren.

Partenkirchen in Oberbayern. 722 m hoch, in schöner Umgebung gelegene Sommerfrische.

Passug in der Schweiz (Graubünden). 800 m üb. d. M., mit alkalischen Säuerlingen. Von Chur 1 St. entfernt.

Pau. In Südfrankreich, Dép. des Basses Pyrénées, gelegene Stadt mit einer mittleren Wintertemperatur von 6° C. Ist ziemlich windstill, aber regenreich und wird seines sedativen Klimas wegen als Winterkurort aufgesucht. Besonders für Kranke mit trockenen Katarrhen, Neurastheniker etc. geeignet. Von Paris in 17 St. erreichbar.

Pegli in Oberitalien. Am Golf von Genua, 10 km westlich von Genua gelegener Winterkurort und Seebad.

Pejo in Südtirol. 1350 m. üb. d. M. gelegener Sommerkurort mit kräftiger Eisenquelle. Von Eisenbahn San Michele (Linie Bozen-Verona) erreichbar.

Petersthal in Baden (Renchthal). 480 m hoch gelegener Kurort mit gasreichen, erdig-salinischen Eisenquellen und guten Einrichtungen für Fichtennadel- und Soolbäder. Für chlorotische und nervöse Patienten geeigneter Kurort. Von Eisenbahnstation Oppenau (Linie Appenweier-Oppenau) 8 km.

Pfäffers-Ragaz in der Schweiz (St. Gallen). Zwei Ortschaften mit indifferenten Thermen. Das viel besuchte Bad Ragaz (521 m üb. d. M.) erhält sein Thermalwasser mittels einer Leitung von dem höher gelegenen Pfäffers (685 m hoch). Die Temperatur des Wassers beträgt 35—37°. Ragaz ist ein eleganter Badeort, während Pfäffers sich einfacher Verhältnisse erfreut. Beide Orte eignen sich zur Kur für Rheumatismus, Gicht, Neurosen etc. Ragaz ist Station der Linie Rorschach-Chur.

Pfänder, Der. Berg in Vorarlberg, 1060 m hoch, 1½ St. oberhalb Bregenz, Sommerfrische.

Pisa. In Oberitalien, am Arno gelegene Stadt mit mildem, aber sehr feuchtem Klima. Die mittlere Wintertemperatur beträgt 7° C. Zum Winteraufenthalt geeignet für trockene Katarrhe der Bronchien und des Kehlkopfs, Asthma, Emphysem. Dagegen kontraindicirt bei Rheumatismus, Gicht, Nierenaffektionen, Blennorrhoen, Darmkatarrh etc.

Pistyan (Pöstyen). In Ungarn gelegener Kurort mit heissen Schwefelquellen und Schwefelschlammbädern. Das Wasser derselben hat eine Temperatur von 57—64° C. und wird vielfach verwendet bei Rachitis, Skrophulose, Rheumatismus, Gicht, Menstruationsstörungen, Neuralgien und Lähmungen.

Les Plans. Oberhalb Bex in der französischen Schweiz gelegene, waldreiche Sommerfrische (1100 m).

Plombières, Städtchen in Frankreich (in den Vogesen). 425 m üb. d. M. mit zahlreichen indifferenten Thermalquellen, deren Temperatur von 20 bis 70° C. schwankt. Das Wasser wird auch zum Trinken verwendet. Von Eisenbahnstation Aillevillers in ½ St. erreichbar.

Polzin. In Pommern gelegenes Städtchen mit mehreren Stahlquellen, die zu Trink- und Badekuren dienen. Von Eisenbahnstation Gross Rambin (Linie Stettin-Danzig) 16 km; von Eisenbahnstation Tempelburg (Linie Ruhnow-Konitz) 29 km entfernt.

Pontresina in der Schweiz (im oberen Engadin). 1820 m hoch gelegener Sommerkurort. Von St. Moritz in 1 St. zu erreichen.

Porto Rose bei Pitrano (Istrien). Sool- und Strandbad. Von Triest in 1 St. mit Dampfer zu erreichen.

Pörtschach in Kärnthen. 450 m hoch gelegene Sommerfrische. Ist Eisenbahnstation der Linie Marburg-Franzensfeste.

Pougues. Im Départ. Nièvre gelegene Stadt mit erdigen Eisenquellen. Eisenbahnstation der Linie Gien-Nevers.

Preblau. In Kärnthen gelegener Kurort mit alkalischem Sauerbrunnen (3‰ Natr. bicarbon.). Von Eisenbahnstation Wolfsberg mit Post (39 km) zu erreichen.

Prerow. In Pommern gelegenes kleines Ostseebad. Von Stralsund mittels Dampfboot in 5—6 St. zu erreichen.

Priessnitzthal bei Wien. Wasserheilanstalt.

Püllna. In Böhmen gelegener Ort mit 5 Bittersalzquellen, deren Wasser stark purgirende Wirkung besitzt und nur zum Versandt dient. Liegt bei Eisenbahnstation Brüx (Linie Teplitz-Komotau).

Putbus auf der Insel Rügen. Ostseebad mit mässigem Wellenschlag. Von Greifswald in 2 St. erreichbar.

Pyrawarth in Niederösterreich. Kurort mit erdig-salinischer Eisenquelle. Von Eisenbahnstation Wolkersdorf (Linie Wien-Laa) 10 km.

Pyrmont. Stark besuchtes Stahlbad im Fürstenthum Waldeck. 125 m üb. d. M. gelegen. Von den 3 daselbst in Gebrauch kommenden Eisenquellen dient der Stahlbrunnen nnd die Helenenquelle zu Trinkkuren, der Brodelbrunnen und die Helenenquelle zum Baden. Ausserdem besitzt Pyrmont noch Kochsalzquellen und Soolbäder, so dass daselbst die verschiedenartigsten Affektionen mit Erfolg behandelt werden können. P. ist Eisenbahnstation der Linie Hannover-Altenbeken.

Rabbibad. Stark besuchtes Eisenbad in Südtirol mit 2 kräftigen alkalischen Eisenquellen. Liegt 1240 m hoch und ist von Eisenbahnstation Michele (Linie Bozen-Verona) zu erreichen.

Rabka. In Galizien gelegenes Soolbad.

Radegund in Steiermark bei Graz. Wasserheilanstalt.

Radein. In Steiermark gelegener Kurort mit alkalischem Säuerling und etwas Lithiongehalt. Eisenbahnstation der Linie Graz-Spielfeld-Luttenberg.

Ragaz. Siehe Pfäffers.

Rajecz-Teplicz in Ungarn. 420 m hoch gelegener Ort mit indifferenten Thermalquellen, die etwas Eisen und Alaun enthalten.

Rapallo in Oberitalien. An der Riviera di Levante unweit Nervi gelegener Winterkurort. Von Genua mit der Eisenbahn in $1^1/_2$ St. erreichbar.

Rappoltsweiler. Im Elsass gelegenes Städtchen mit erdig-salinischer Quelle, deren Wasser namentlich zur Behandlung von Blasenkatarrh empfohlen wird. Ist Station der Eisenbahnlinie Strassburg-Colmar.

Rastenberg in Thüringen. 193 m hoch gelegener Sommerkurort mit schwachen Eisenquellen. Von Weimar gelangt man nach dort in 2 St. mit der Eisenbahn.

Rehburg. Kurort in der Provinz Hannover mit schwacher erdig-salinischer Quelle und Sanatorium für Lungenkranke. Von Eisenbahnstation Wunstorf 18 km.

Rehme. Siehe Oeyenhausen.

Reiboldsgrün. Im sächsischen Erzgebirge, 690 m hoch, umgeben von Nadelholzwaldungen, gelegene Heilanstalt für Lungenkranke. Von Eisenbahnstation Auerbach in $1^1/_2$ St. mittels Wagen zu erreichen.

Reichenau in Österreich. 480 m, am Fusse des Semmering gelegene Sommerfrische mit Wasserheilanstalt (Rudolfsbad). Von Eisenbahnstation Payerbach in $^1/_2$ St. zu erreichen.

Reichenhall in Bayern. 460 m hoch gelegenes, vielbesuchtes Soolbad und klimatischer Sommerkurort. Die Soole wird auch zum inneren Gebrauch verwendet, und neben den Bädern bestehen verbesserte Einrichtungen für Inhalationen, Molken- und Kräuterkuren. R. wird von Lungen- und Kehlkopfkranken besucht und eignet sich auch zur Behandlung von Skrophulose, Rachitis, Herz- und Unterleibskrankheiten. R. ist Station der von Freilassing (Linie München-Salzburg) nach Berchtesgaden gehenden Bahn.

Reimannsfelde. Kleine Wasserheilanstalt bei Elbing in der Provinz Westpreussen.

Reinbeck. Wasserheilanstalt bei Hamburg.

Reinerz in Schlesien (Grafschaft Glatz). 560 m üb. d. M. gelegener klimatischer Sommerkurort mit gasreichen alkalisch-erdigen Eisenquellen. Gehört zu den stark frequentirten Kurorten Schlesiens und wird namentlich gegen chronische Lungenkatarrhe, Phthisis, Emphysem, Asthma, Chlorose, Anämie, Neurosen empfohlen. Wird von Glatz mit der Bahn erreicht.

Renchthalbäder im Schwarzwald. Siehe Antogast, Petersthal, Rippoldsau etc.

Reutlingen in Württemberg. Städtchen mit erdig-alkalischen Schwefelquellen. 340 m üb. d. M. Nicht weit von Tübingen.

Rheinfelden in der Schweiz (Kanton Aargau). Städtchen mit sehr kräftigem Soolbad (319 ‰ Kochsalz). Wird viel besucht von Skrophulösen, Kranken mit Pleura- und Beckenexsudaten etc. Von Basel in 20 Minuten mit der Eisenbahn zu erreichen.

Rigi-Kaltbad (1441 m h.) und

Rigi Kloesterli (1317 m h.). In der Schweiz, am Vierwaldstättersee gelegene Höhenkurorte. Von Luzern mit Schiff und Bahn in etwa 2 St. zu erreichen.

Rippoldsau in Baden (Schwarzwald). 570 m hoch, am Fusse des Kniebis gelegener Kurort mit mehreren erdig-salinischen Eisenquellen. Von Eisenbahnstation Wolfach 22 km.

Riva am Gardasee. Schön gelegener Ort, der, seiner sehr starken Winde wegen, sich jedoch als Winterkurort nicht so gut wie Arco oder Meran eignet.

Rohitsch-Sauerbrunn. Kurort in Steiermark, mit mehreren Glaubersalzquellen. Von Eisenbahnstation Pöltschach (Linie Wien-Graz-Triest) 15 km.

Rolandseck am Rhein. Weintraubenkurort.

Römerbad in Steiermark. Indifferente Thermen mit einer Temperatur von 37° C. Ist Eisenbahnstation (Linie Wien-Graz-Triest).

Roncegno in Südtirol. 535 m hoch gelegener Ort mit arsenhaltiger Eisenquelle. Das Wasser dient zu Bädern, wird aber auch getrunken (esslöffelweise). Wird bei Haut- und Nervenkrankheiten oft verordnet. Von Eisenbahnstation Trient in 3 St. mit Wagen erreichbar.

Ronneburg. Städtchen in Altenburg mit Eisenquellen. 280 m üb. d. M. Ist Eisenbahnstation der Linie Gössnitz-Gera.

Ronneby in Schweden. Bedeutender Kurort mit kräftigen Eisenvitriolquellen.

Rosenheim in Bayern. 440 m hoch gelegenes Städtchen mit Soolbädern und einer schwachen Eisenquelle. Ist Eisenbahnstation der Linie München-Salzburg.

Rothenfelde bei Diesen. In der Provinz Hannover gelegene Saline und Soolbad. Ist Bahnstation der Linie Brackwede-Osnabrück.

Royat in Frankreich (Départ. Puy de Dôme). 450 m üb. d. M. gelegener Kurort mit alkalisch-muriatischen Säuerlingen (mit Lithiongehalt). Wird stark besucht bei Katarrh der Respirations- und Harnorgane, sowie Lithiasis. Wird das französische Ems genannt. Nicht weit von der Bahnstation Clermont-Ferrand.

Roznau in Mähren. 400 m hoch gelegenes Städtchen, das als Sommerfrische und Molkenkurort von Lungenkranken viel besucht wird.

Rudolstadt in Thüringen. 200 m hoch gelegenes Städtchen mit waldreicher Umgebung. Sommerfrische. Ist Eisenbahnstation.

Rügenwaldermünde in Pommern. Kleines Ostseebad. Station der Linie Schlawe-Rügenwalde.

Ruhla in Thüringen. 418 m hoch gelegene Sommerfrische. Von Eisenach in 1 St. mit der Eisenbahn erreichbar.

Sachsa im Harz. 300 m üb. d. M. gelegenes Städtchen mit waldreicher Umgebung und Einrichtungen zu Fichtennadel- und Soolbädern. Von Eisenbahnstation Sachsa-Tettenborn $^3/_4$ St.

Saidschitz. In Böhmen gelegener Ort mit Bitterquellen, die nur versandt werden. Zum einmaligen Abführen sind etwa 500 Gramm erforderlich.

Saint-Gervais (Frankreich, Savoyen). Schwefelbad. 615 m hoch.

Saint-Honoré-les-Bains. Kurort in Frankreich (Département Nièvre) mit mehreren Schwefelthermen (Temperatur 16—31° C.). Von Eisenbahnstation Vandenesse 9 km.

Saint-Sauveur. Städtchen im Départ. des Hautes Pyrénées mit schwachen Schwefelthermen (Temperatur 22—34°). Liegt 770 m üb. d. M. Von Eisenbahnstation Lourdes (Linie Tarbes-Pau) zu erreichen.

Salvan (Schweiz, Kanton Wallis). Höhenkurort. 925 m hoch. Saison Mai bis September.

Salvatorquelle (in Budapest. S. d.). Enthält u. a. kohlensaures Lithion und borsaures Natrium.

Salzbrunn (Ober-Salzbrunn). In Schlesien, am Fusse des Hochwaldgebirges, 405 m üb. d. M. gelegener, vielbesuchter Kurort, mit mehreren kalten alkalischen Säuerlingen. Dieselben enthalten vor allem Natr. bicarb., Natr. sulf. und Lithion bicarbon. Zur Trinkkur kommt hauptsächlich das Wasser des Oberbrunnens, des Mühlbrunnens und der Louisenquelle in Anwendung. Ausserdem dienen dort als Heilfaktoren eine berühmte Molkenanstalt und ein pneumatisches Kabinet. — Am häufigsten sind in Salzbrunn Gegenstand der Behandlung chronische Katarrhe der Atmungs- und Verdauungsorgane, Nieren- und Blasenaffektionen, harnsaure Diathese, Gallensteine, Diabetes etc. Ist Station der Eisenbahnlinie Breslau-Halbstadt.

Salzburg (Vizakna) in Siebenbürgen. Soolbad.

Salzdetfurth. Kleines Soolbad in der Provinz Hannover. Von Eisenbahnstation Düngen (Linie Halle-Vienenburg) 5 km.

Salzerbad. Kochsalz- und Glaubersalzquelle bei Wien (Eisenbahnstation Heinfeld).

Salzhausen. Kurort in Hessen mit mehreren jod- und bromhaltigen Kochsalzquellen. Von Eisenbahnstation Nidda (Linie Gelnhausen-Giessen) 2 km.

Salzschlirf. Badeort bei Fulda. 250 m üb. d. M. Mit brom- und jodhaltigen Kochsalzquellen, von denen einige auch lithionhaltig sind, und einer Bitter- und Schwefelquelle. Das Wasser kommt bei Katarrhen sämmtlicher Schleimhäute, bei Skrophulose, Rheumatismus, Neuralgie, Lähmungen etc. in Anwendung. Salzschlirf ist Station der Eisenbahnlinie Fulda-Giessen.

Salzuflen. Städtchen in Lippe-Detmold mit Saline und Soolbad. Eisenbahnstation der Linie Herford-Detmold.

Salzungen in Sachsen-Meiningen. 250 m hoch gelegenes, angesehenes Soolbad. Eisenbahnstation der Linie Eisenach-Meiningen.

Samaden in der Schweiz (Kanton Graubünden). 1730 m üb. d. M. gelegener Höhenkurort. Zum Sommeraufenthalt von Ende Juni bis Mitte September geeignet. Von Eisenbahnstation Chur in 12 St., von Eisenbahnstation Landeck (Arlbergbahn) in 13 St. mit Wagen zu erreichen.

Sanct Blasien. Siehe unter B. St. Blasien.

Sanct Leonhard. Siehe unter L. St. Leonhard.

Sanct Moritz in der Schweiz (Graubünden), im oberen Engadin. 1850 m üb. d. M. gelegener Höhenkurort mit erdig-alkalischen Eisensäuerlingen. Die mittlere Sommertemperatur beträgt kaum 11° C., während die Wintertemperatur der von Davos gleichkommt. Das Klima ist ein verhältnissmässig trockenes, daher für manche Zustände, wo trockene Luft zu reizend wirkt, nicht geeignet. Von Eisenbahnstation Chur in 12 St. mit Wagen zu erreichen.

Sanct Radegund. Wasserheilanstalt. Siehe Radegund.

Sangerberg in Böhmen. 700 m üb. d. M. gelegenes Städtchen mit kräftigen Eisenquellen und Moorbädern. Zwischen Eger und Pilsen gelegen.

Sanremo (San Remo). In Oberitalien, an der Riviera gelegene Stadt, die wegen ihrer schönen, windgeschützten Lage und ihres milden Winterklimas (die mittlere Wintertemperatur beträgt etwa 10° C.) zu den beliebtesten klimatischen Winterstationen zählt. Eignet sich besonders für schwächliche Individuen, Rekonvalescenten, chronischen Bronchial- und Kehlkopfskatarrh mit reichlicher Sekretion, Emphysem, pleuritische Exsudate und Spitzenkatarrhe etc. Von Genua wird Sanremo in 5 St., von Nizza in 4 St. mit der Eisenbahn erreicht.

Sassnitz-Krampas. Auf der Insel Rügen gelegenes Ostseebad. Von Eisenbahnstation Bergen in 3 St. zu erreichen.

Saxon-les-Bains in der Schweiz, Kanton Wallis. 670 m hoch gelegener Ort mit 25° C. warmer, jodhaltiger Quelle. Ist Eisenbahnstation der Linie Lausanne-Brigue.

Schandau in der Sächsischen Schweiz. 125 m hoch gelegener Sommerkurort mit Eisenquelle. Von Dresden in 1 St. zu erreichen.

Scharbentz in Oldenburg, Ostseebad. Von Eisenbahnstation Pansdorf (Linie Lübeck-Eutin) 7 km.

Scheveningen in Holland. Vielbesuchtes Nordseebad mit kräftigem Wellenschlag. 10 Minuten von Haag. — Von Köln in 6 St. mit der Eisenbahn zu erreichen; von Berlin in 14 St.

Schinznach in der Schweiz, Kanton Aargau. 380 m hoch gelegenes Schwefelbad mit einer sehr ergiebigen, Gyps und Kochsalz enthaltenden Schwefelwasserstofftherme, deren Temperatur sich zwischen 25 und 35° C. bewegt. Das Wasser derselben wird zum Trinken, Baden und Inhaliren benutzt bei chronischen Katarrhen der Nase und des Larynx, Skrophulose, Rheumatismus, Gicht, Lues, chronischen Hautausschlägen, Neuralgien etc. — Ist Eisenbahnstation der Linie Olten-Zürich.

Schlangenbad in Nassau. 312 m hoch gelegenes Bad mit zahlreichen indifferenten Thermen (Temperatur 28—32° C.). Denselben kommt eine beruhigende Wirkung zu bei verschiedenen Nervenkrankheiten (Neurasthenie, Neuralgien, Migräne, Schlaflosigkeit); auch leisten sie gute Dienste bei Unterleibsaffektionen, Dysmenorrhoe etc. Von Eisenbahnstation Eltville 8 km.

Schliersee in Oberbayern. 775 m hoch gelegene Sommerfrische. Ist Eisenbahnstation und von München in $2^1/_2$ St. erreichbar.

Schluchsee. Im südlichen Schwarzwald, 952 m hoch gelegene Sommerfrische. Von Eisenbahnstation Titisee 16 km.

Schmalkalden. 300 m hoch gelegenes hessisches Städtchen mit Soolbad. Ist Eisenbahnstation der Linie Wernshausen-Schmalkalden.

Shmecks. Siehe Tatrafüred.

Schmiedeberg. In der Provinz Sachsen gelegenes Städtchen mit Eisenmoorlager. Die Eisenmoorbäder kommen bei Neuralgien, Kontrakturen, Paralysen und Lähmungen in Anwendung. Von Eisenbahnstation Pretzsch 6 km entfernt.

Schönbrunn in der Schweiz, Kanton Zug, 680 m üb. d. M. gelegene Wasserheilanstalt. Von Eisenbahnstation Zug (Linie Zürich-Luzern) in $1^1/_2$ St. erreichbar.

Schöneck in der Schweiz, am Vierwaldstätter See, 705 m hoch gelegene Wasserheilanstalt. Von Luzern in $1^1/_2$ St. zu erreichen.

Schöningen. Starke Soolquelle. Ist Station der Linie Magdeburg-Börsum.

Schönwald. Im Schwarzwald. 980 m hoch gelegene Sommerfrische. Von Eisenbahnstation Triberg (Linie Offenburg-Singen) 5 km.

Schreiberhau. In Schlesien, 700 m hoch gelegenes Gebirgsdorf. Sommerfrische. Von Eisenbahnstation Petersdorf 3 km.

Schruns. Am Arlberg, 686 m hoch gelegene Sommerfrische. Von Eisenbahnstation Bludenz in $1^1/_2$ St.

Schwalbach (Langenschwalbach) in der Provinz Hessen-Nassau, 316 m üb. d. M. gelegenes Städtchen mit zahlreichen gasreichen Eisenquellen, die zu

Trink- und Badekuren dienen. Kranke (besonders weiblichen Geschlechtes) mit Anämie, Chlorose und nervösen Leiden bilden das Hauptkontingent des stark besuchten Kurorts. — Man gelangt von Wiesbaden mit der Bahn nach S. in 20 Min.

Schwarzbach in Schlesien. 500 m hoch gelegener Sommerkurort mit schwacher Eisenquelle.

Schwarzenberg in Österreich, im Bregenzer Wald. 700 m hoch gelegene Sommerfrische. Von Eisenbahnstation Schwarzach 3—4 St. entfernt.

Schwarzort. Kleines Ostseebad, an der kurischen Nehrung. Von Memel 20 km.

Schweizerhall. Soolbad bei Basel.

Schweizermühle in der sächsischen Schweiz, bei Eisenbahnstation Königstein gelegene Wasserheilanstalt.

Sebastiansweiler in Württemberg, 480 m hoch gelegener Kurort mit kalten Schwefelquellen. Liegt bei Eisenbahnstation Mössingen (Linie Tübingen-Sigmaringen).

Sedlitz. In Böhmen gelegener Kurort mit mehreren Bittersalzquellen, die etwas schwächer abführend wirken als das Wasser der in nächster Nähe gelegenen Quellen von Saidschütz.

Seelisberg. In der Schweiz (Kanton Uri) 845 m üb. d. M. und 400 m üb. d. Spiegel des Vierwaldstätter Sees gelegener Sommerkurort mit grosser Kuranstalt (Sonneberg). Von Luzern aus zu erreichen.

Seeon in Oberbayern, 600 m hoch gelegener klimatischer Kurort mit muriatischer Schwefelwasserstoffquelle und Soolbädern. Das Wasser wird besonders zu Trinkkuren bei Blasenkatarrh und Dyspepsie benutzt.

Seewis in der Schweiz (Graubünden), 950 m hoch gelegener Sommerkurort. Von Eisenbahnstation Landquart 2 St. mit Wagen.

Segeberg. In Holstein gelegenes Städtchen mit Soolbad. Ist Station der Eisenbahnlinie Neumünster-Oldesloe.

Selters. S. Niederselters.

Sils Maria in der Schweiz, im Oberengadin. 1811 m hoch gelegener klimatischer Sommerkurort.

Silvaplana in der Schweiz, im Oberengadin gelegener Höhenkurort (1850 m) mit Eisenquelle. Von St. Moritz 10 km entfernt.

Skodsborg. Zwischen Kopenhagen und Helsingoer gelegenes Seebad.

Soden. Am Taunus, in der Nähe von Frankfurt a. M. gelegener Kurort mit vielen kalten und warmen kohlensäurereichen Kochsalzquellen (Temperatur 15—30° C.). Ausser den einfachen Soolbädern und kohlensäurereichen Thermalbädern befindet sich in Soden auch eine Molkenkuranstalt. Hauptsächlich werden daselbst Störungen der Respirationsorgane, Magen- und Darmkatarrhe, Abdominalplethora etc. behandelt. Man rühmt den sedativen Charakter Sodens.

Sodenthal in Bayern (Spessart). Kleines Soolbad 143 m üb. d. M. Von Eisenbahnstation Aschaffenburg 10 km.

Sonderburg. Ostseebad auf Alsen.

Sonneberg. S. Seelisberg.

Sonneberg in Thüringen, 400 m hoch gelegene Wasserheilanstalt. Ist Station der Eisenbahnlinie Koburg-Lauscha.

Sooden a. d. Werra, kleiner Ort mit Soolquelle. Liegt bei Allendorf, Station der Linie Bebra-Göttingen.

Spaa in Belgien. 320 m hoch gelegener Ort mit mehreren starken Eisenquellen und eleganter Einrichtung. Gehört zu den bekanntesteu Luxusbädern.

Spezia. In Italien, am Golf der Riviera di Levante gelegene Stadt mit mildem, feuchtwarmem Klima. Ist Seebad und mässig besuchte Winterstation. Von Genua oder Pisa in 2—3 St. mit der Eisenbahn zu erreichen.

Spiekeroog, ostfriesische Insel mit Nordseebad. Von Eisenbahnstation Esens (Linie Norden-Jever) in $2^1/_2$—3 St. zu erreichen.

Srebrenica. Städtchen an der Ostgrenze von Bosnien mit alaunhaltigen Eisenvitriolquellen. Die Guberquelle enthält neben Ferrum sulf. oxydul. und Alum. sulf. Spuren von Arsenigsäureanhydrid.

Stachelberg. In der Schweiz (Kanton Glarus), 660 m hoch gelegener klimatischer Kurort mit kalter alkalischer Schwefelquelle. Ihr Wasser wird gewöhnlich mit Milch vermischt bei chron. Katarrhen der verschiedensten Organe getrunken. Von Eisenbahnstation Linthal (Zweigbahn Glarus-Linthal) 5 Minuten.

Staffelsee in Oberbayern, 690 m hoch gelegenes kleines Stahlbad und Sommerkurort. Von Eisenbahnstation Murnau (Linie München-Garmisch) erreichbar.

Steben in Bayern (Frankenwald) 600 m hoch gelegenes Stahlbad mit Einrichtungen für Moor- und Fichtennadelbäder. Das Quellwasser dient zu Trink- und Badekuren bei Anämie, Chlorose und mannigfachen Nerven- und Uterinleiden. Von Eisenbahnstation Hof führt eine Zweigbahn nach Marxgrün, von wo noch 3 km bis Steben.

Steinach (1046 m) }
Sterzing (950 m) } In Tirol, an der Brenner Bahn gelegene Höhenkurorte.

Stolpenmünde in Pommern, Ostseebad. Stolpe mit der Eisenbahn in $^3/_4$ St. erreichbar.

Stotternheim. Kleines Soolbad bei Weimar. Ist Eisenbahnstation der Linie Erfurt-Sangerhausen.

Streitberg. In der fränkischen Schweiz, 580 m hoch gelegener Sommerkurort mit Einrichtungen für Molken- und Kräuterkuren. Von Eisenbahnstation Forchheim (Linie Bamberg-Nürnberg) 17 km.

Stuer in Mecklenburg, am Planer See gelegene Wasserheilanstalt. Von Eisenbahnstation Güstrow in 3 St.

Suderode im Harz. 180 m üb. d. M. gelegenes Städtchen mit schwacher Soolquelle, ein stark besuchter klimatischer Kurort. Daselbst befindet sich auch eine Wasserheilanstalt. S. ist Eisenbahnstation der Linie Quedlinburg-Ballenstedt.

Sülze. In Mecklenburg gelegenes Städtchen mit kalter Kochsalzquelle ($5^0/_0$). Von Eisenbahnstation Gnoien 19 km.

Suhl. Im Thüringer Wald, 450 m üb. d. M. gelegene Stadt mit Soolquelle. Klimatischer Kurort. Ist Station der Eisenbahnlinie Erfurt-Ritschenhausen.

Sultzbach. Im Elsass gelegenes Städtchen mit einer Eisenquelle und einem Säuerling (Appetitsquelle).

Sulza. In Thüringen gelegenes Städtchen mit jod- und bromhaltigen Soolquellen. Ist Station der Thüringer Eisenbahn.

Sulzbach. Im Baden (Renchthal) 324 m hoch gelegener Badeort mit einer indifferenten Thermalquelle. Von Eisenbahnstation Hubacker in $^1/_4$ St. zu erreichen.

Sulzbad. Im Elsass, an der Eisenbahn der Linie Zabern-Schlettstadt gelegener kleiner Kurort mit Kochsalzquelle.

Sulzbrunn in Bayern, 870 m hoch gelegener, von Tannenwäldern umgebener Kurort mit mehreren schwachen kochsalzarmen Jodquellen. Von Eisenbahnstation Kempten in $1^3/_4$ St. mit Wagen zu erreichen.

Sulzmatt. Im Elsass gelegener Ort mit mehreren alkalischen Säuerlingen. Das Wasser wird als Tafelgetränk im Elsass viel versandt.

Swinemünde. Stadt in Pommern mit gut besuchtem Ostseebad. Von Berlin mit Eisenbahn in 4 St. zu erreichen.

Sylt. Schleswigsche Insel mit einem der kräftigsten Nordseebäder in Westerland und Wenningstedt. Man gelangt von Hamburg mit der Eisenbahn in 5 St. bis Hoyerschleuse und von hier mit Dampfschiff in 2 St. nach Sylt.

Szliács. Bei Altsohl in Ungarn gelegener Badeort mit warmen und kalten, an Kohlensäure reichen Eisenquellen. Von Pest in 5 St. mit Eisenbahn zu erreichen.

Tabarz. Im Thüringer Wald, etwa 400 m hoch, in der Nähe von Friedrichroda gelegene, ruhige Sommerfrische. Von Eisenbahnstation Waltershausen (Linie Fröttstedt-Friedrichroda) zu erreichen.

Tanger (Marokko). Winterstation für Lungenkranke.

Tarasp in der Schweiz (Graubünden) im Unter-Engadin. Besitzt gemeinsam mit Schuls (1240 m üb. d. M.) und dem noch höher gelegenen Vulpera (1270 m) mehrere sehr kräftige alkalisch-erdige Glaubersalzquellen und einige erdige Eisensäuerlinge und gehört in Bezug auf Wirksamkeit seiner Quellen und auf sein durch die Höhenlage bedingtes Klima zu den beachtenswerthesten Kurorten Europas. Es eignet sich für solche Kranke, die event. einer Karlsbader oder Marienbader Kur bedürfen und denen gleichzeitig die tonisirende und stimulirende Gebirgsluft zu gute kommen soll.

Nach T. gelangt man von der Eisenbahnstation Landeck (Arlberger Bahn) mit der Post in etwa 8 St.; von Davos in $6^1/_2$ St.

Tarvis (Trevisa) in Kärnten. 750 m hoch gelegener, als Sommerfrische beliebter Ort. Ist Station der Eisenbahnlinie Villach-Udine.

Tátra-Füred (Schmecks) oder Tatrabad. Mehrere am Abhange des Tatragebirges gelegene Kurorte mit alkalischen Eisensäuerlingen, Wasserheilanstalten und Sanatorien für Lungenkranke. 800—1000 m üb. d. M. — Von Eisenbahnstation Póprad-Felka (Linie Oderberg-Kaschau) in $1^1/_2$ St. zu erreichen.

Tegernsee. In Bayern, 730 m üb. d. M. an einem schönen See gelegene Sommerfrische. Von Eisenbahnstation Gmund in $^1/_2$ St. erreichbar.

Teinach in Württemberg (Schwarzwald), 390 m hoch gelegener Kurort mit mehreren alkalisch erdigen Säuerlingen und Eisenquellen, sowie Wasserheilanstalt. Ist Station der Eisenbahnlinie Stuttgart-Horb.

Teplitz. In Böhmen gelegenes, weltberühmtes Thermalbad. Mit dem benachbarten Schönau besitzt der 220 m üb. d. M. liegende Kurort 12 Quellen, deren Temperatur sich zwischen 28—49° C. bewegt. Man bedient sich derselben zum Baden bei Rheumatismus, Gicht, Neuralgien, Lähmungen. — Von Berlin in 8—9 Stunden mit der Eisenbahn zu erreichen.

Thale im Harz, klimatischer Kurort mit Soolquelle 180 m üb. d. M. gelegen. Ist Eisenbahnstation der Linie Halberstadt-Thale.

Thalkirchen bei München. Wasserheilanstalt.

Tharandt bei Dresden, Sommerkurort mit 2 schwachen Eisenquellen. Von Dresden mit Eisenbahn in $^1/_2$ St. zu erreichen.

Theodorshalle. Zwischen Münster und Kreuznach gelegenes Soolbad.

Thiessow auf der Insel Rügen. Kleines Ostseebad.

Thusis in der Schweiz (Graubünden). 750 m üb. d. M. gelegene Sommerfrische. Von Chur mit Wagen in 3 St.

Tobelbad in Steiermark. 330 m hoch gelegener Sommerkurort mit 2 indifferenten warmen Quellen von 25 und 29° C. Von Graz 11 km.

Tölz in Bayern. Bedeutendes Jod- und bromhaltiges Soolbad. Siehe Krankenheil.

Tönnistein. Kurort in der Rheinprovinz, mit alkalisch-muriatischem Säuerling und einer kohlensäurereichen Stahlquelle. Indicirt bei Katarrhen der Respirations- und Digestionsorgane, Nieren- und Blasenleiden, sowie bei Anämie und Chlorose. Von Eisenbahnstation Brohl (Linie Koblenz-Bonn) $1^1/_4$ Stunde.

Torquay. An der englischen Küste gelegener Kurort, der sich durch mildes Klima und gegen Ostwinde geschützte Lage auszeichnet.

Tossens. Kleines Nordseebad, zwischen Jahdebusen und Wesermündung

Traunstein. Städtchen in Oberbayern, 560 m hoch gelegen, mit Soolbad. Ist Eisenbahnstation der Linie Rosenheim-Salzburg.

Travemünde bei Lübeck. Ostseebad. Von Lübeck mit Eisenbahn in $^3/_4$ St. zu erreichen.

Trentschin-Teplitz in Ungarn. 280 m hoch gelegener Kurort mit mehreren warmen Schwefelkalkquellen, deren Temperatur 35—40° C. beträgt. Dieselben dienen zur Behandlung von Rheumatismus, Ischias, Lähmungen, Lues etc. Liegt von Eisenbahnstation Trentschin (Waagthalbahn) 20 km.

Triberg in Baden, 618 m hoch, im Schwarzwald gelegenes Städtchen. Als Sommerkurort beliebt. Liegt an der Schwarzwaldbahn, zwischen Offenburg und Singen.

Tüffer in Steiermark, 230 m üb. d. M. gelegener Kurort mit 3 indifferenten warmen Quellen, deren Temperatur zwischen 35 und 39° C. schwankt. Liegt an der Eisenbahn zwischen Cilli und Römerbad, Linie Wien-Graz.

Unterach. Im Salzkammergut, 470 m hoch gelegene Sommerfrische. Von Eisenbahnstation Kammer oder von Ischl zu erreichen.

Uriage in Frankreich, Dép. Isère, 415 m hoch gelegener Kurort mit warmer Schwefelkochsalzquelle (Temperatur 27° C.) und Eisenwasser. Liegt an der Eisenbahnlinie Chambéry-Grenoble.

Ussat (Frankreich, Ariège). Thermalquellen.

Vals. In Frankreich, Dép. Ardèche, gelegener Kurort mit kräftigen alkalischen Säuerlingen. Das Wasser dieser Quellen wird viel versendet (Eeau de Vals) und gegen Gicht, Gallensteine, Diabetes etc. verordnet.

Velden in Kärnten, 440 m hoch gelegener Sommerkurort. Eisenbahnstation der Linie Villach-Klagenfurt.

Venedig. In Oberitalien, am adriatischen Meere, mitten in den Lagunen gelegene Stadt, mit mildem, feuchtem Klima (mittlere Wintertemperatur 3,9° C.). Winterstation. Von München in etwa 20 St. zu erreichen.

Ventnor. Englisches Seebad, auf der Insel Wight. (Siehe daselbst.)

Vevey in der Schweiz (Waadt), am Genfer See, 380 m üb. d. M. gelegenes Städtchen. Beliebter Traubenkurort und Winterstation für Lungen- und Nervenleidende. Von Lausanne mit Schiff oder Eisenbahn in $^1/_2$ St. zu erreichen.

Vichy in Frankreich, Dép. Allier, 259 m hoch gelegenes Städtchen, das zu den bedeutendsten Kurorten gehört. Es besitzt 13 warme Natronquellen mit einem durchschnittlichen Gehalt von 4—5 ‰ Natron bicarbonicum. In einigen Quellen findet sich auch noch etwas Eisen und Schwefel. Die Temperatur des Wassers beträgt 15—45° C. Als Indikation für den Gebrauch von Vichy gelten, ähnlich wie für Karlsbad, chronischer Magen- und Darmkatarrh, Blasenkatarrh, Gallensteine, Diabetes mellitus, Gicht etc. — Vichy wird mit der Eisenbahn von Paris in 9 St., von Lyon in 6 St. erreicht.

Villacabras (Spanien), Schwefelquelle. Wird als Abführwasser versandt.

Villach in Kärnten, 500 m üb. d. M. gelegenes Städtchen mit indifferenten warmen Quellen (Temperatur 29° C.) Sommerkurort. Liegt an der Eisenbahn.

Villars in der Schweiz (Waadt), 1275 m hoch gelegener Sommerkurort. Von Eisenbahnstation Aigle oder Ollon in 4 St. mit Wagen zu erreichen.

Villerville (Frankreich, Calvados), Seebad.

Vöslau. Bei Wien gelegener Sommerkurort mit indifferenten Quellen (Temperatur 23° C.). Von Wien mit der Eisenbahn 1 St. Fahrzeit.

Walchensee in Oberbayern, 790 m, am Walchensee gelegener Sommerkurort.

Wangeroog. Oldenburgische Insel mit Nordseebad. Von Eisenbahnstation Jever in 2 St. zu erreichen.

Warasdin-Teplitz (Toplice), Kurort in Croatien mit warmer Schwefelquelle (Temperatur 56° C.). Von Eisenbahnstation Crakathurn (Linie Stuhlweissenburg-Pragerhof) in 3 St. zu erreichen.

Warmbrunn in Schlesien, am Fusse des Riesengebirges, 330 m. üb. d. M. gelegener Kurort mit indifferenten Thermen (Temperatur 36—41° C.). Das Wasser wird zu Trink- und Badekuren benutzt; zum Baden dienen besonders diejenigen Quellen, die noch einen geringen Nebengehalt von Schwefelwasserstoff besitzen. — Gebraucht wird Warmbrunn bei Rheumatismus, Gicht, Neuralgien, chronischen Hautausschlägen etc. Von Eisenbahnstation Hirschberg 6 km entfernt.

Warnemünde. In Mecklenburg gelegenes Ostseebad. Liegt an der Eisenbahn und ist von Rostock 12 km entfernt.

Warnicken. Kleines Ostseebad im Samland. Von Powayen (Linie Königsberg-Pillau) 24 km entfernt.

Wartenberg in Böhmen, Wasserheilanstalt. Von Eisenbahnstation Turnau (Linie Seidenberg-Josephstadt) 6 km.

Weilbach in Nassau, bei Frankfurt a. M. gelegener Kurort mit einer kalten Schwefelwasserstoffquelle und einem alkalisch-muriatischen Säuerling, der sich durch seinen Lithiongehalt auszeichnet. Die Schwefelquelle wird zur Trinkkur und zum Inhaliren benutzt bei Pharingitis, Laryngitis und chronischem Bronchialkatarrh, Plethora abdominalis und zum Baden bei chronischen Exanthemen, Hautjucken etc. Weilbach ist von Eisenbahnstation Flörsheim (zwischen Frankfurt a. M. und Mainz) 20 Min. entfernt.

Weisbad. Schattiger Molkenkurort im Kanton Appenzell.

Weissenburg in der Schweiz (Kanton Bern), 900 m hoch. Zwischen Felswänden gelegener Kurort mit einer warmen gypshaltigen Quelle. Die Temperatur derselben beträgt 26° C. Sie dient hauptsächlich zum Trinken. Weissenburg ist sehr feucht und kühl, da es auch im Hochsommer von der Sonne wenig beschienen wird. Es wird hauptsächlich von Lungenkranken besucht und eignet sich für chronische Bronchitis, Emphysem, Asthma und beginnende Phthisis. — Von Thum mit der Post in 3 St. zu erreichen.

Weisser Hirsch. Bei Dresden gelegene Sommerfrische für diätetische und elektrische Kuren.

Wernarzer Brunnen. Siehe Brückenau.

Werne. In Westphalen gelegenes Städtchen mit kräftiger Kochsalztherme mit 6% Chlornatriumgehalt und einer Temperatur von 28° C. Das Wasser wird zum Trinken und Baden verwendet bei chron. Rheumatismus, Ischias, Lähmungen, Hämorrhoiden Exsudaten etc. Von Eisenbahnstation Camen (Linie Köln-Minden) 8 km.

Wernigerode im Harz, 244 m hoch gelegenes Städtchen. Sommerkurort. Ist Eisenbahnstation.

Westerland. Nordseebad. Siehe Sylt.

Westerplatte. Ostseebad bei Danzig. Siehe Neufahrwasser.

Wiesbaden. Stadt an den südwestlichen Ausläufern des Taunus, 117 m üb. d. M. gelegen, mit sehr vielen warmen Kochsalzquellen, deren Temperatur zwischen 38 und 69° C. liegt, und deren Kochsalzgehalt bis 7% geht. Gehört zu den besuchtesten Kurorten und wird zu Trink- und Badekuren verordnet bei Rheumatismus, Gicht, Neuralgien, Lähmungen, chronischem Katarrh der Digestions- und Respirationsorgane.

In der Nähe befinden sich mehrere Kaltwasserheilanstalten. Wegen seines milden Klimas auch Winterkurort. Von Frankfurt a. M. in 1 St., von Mainz in 1/2 St. mit der Eisenbahn zu erreichen.

Wiesen in der Schweiz, Graubünden, 1154 m hoch gelegener Sommerkurort, 2 1/2 St. mit der Post von Davos entfernt.

Wiesenbad in der sächsischen Schweiz, 435 m hoch gelegener Ort mit einer indifferenten Quelle von 22° C. mit schönen Nadelwäldern. Ist Eisenbahnstation der Linie Chemnitz-Annaberg.

Wight. Insel an der englischen Südküste mit mehreren Seebädern: Ryde, Cowes, Sandown, Shanklm, Bouchwich und Ventnor.

Wildbad in Württemberg, am nördlichen Abhange des Schwarzwaldes, 430 m hoch gelegenes Städtchen mit mehreren indifferenten Quellen, deren Temperatur 33—38° beträgt. Rheumatismus, Gicht, Ischias, Lähmungen, Neurosen bilden das hauptsächlichste Behandlungsobjekt. — Ist Eisenbahnstation der Linie Pforzheim-Wildbad.

Wildegg in der Schweiz, Kanton Aargau. Besitzt eine jod- und bromhaltige Kochsalzquelle, deren Wasser nur versendet und bei Skrophulose und Lues getrunken wird.

Wildstein. Kleines Bad bei Trarbach an der Mosel, mit indifferenter warmer Quelle von 36° C. Ton Eisenbahnstation Trarbach 4 km.

Wildungen. Im Fürstenthum Waldeck gelegenes Städtchen mit mehreren erdigen Säuerlingen, von denen einige auch Eisen, Kochsalz und kohlensaures Natron enthalten. Eines grossen Ansehens erfreuen sich die Georg-Victorquelle, die Helenenquelle, die Königs- und die Thalquelle wegen ihres Gehaltes an Kalk, Magnesia und Kohlensäure. Ihr Wasser wird täglich zu 2—3 Bechern getrunken. Die anderen Quellen dienen zu Bädern. — Das Wildunger Wasser regt die Diurese an und wird vor allem bei Blasenkatarrh, Katarrh des Nierenbeckens, Prostatitis, Steinbildung etc. verordnet. — Ist Station der Zweigbahn Wabern-Wildungen.

Wilhelmshöhe bei Kassel. Klimatischer Sommerkurort und Wasserheilanstalt.

Wipfeld. In Bayern gelegener Ort mit der Ludwigsquelle, einer kalten kalkhaltigen Schwefelquelle und zwei schwachen Eisenquellen. Von Eisenbahnstation Weigolshausen, zwischen Schweinfurt und Würzburg, 10 km.

Wittdün. Nordseebad, auf Amrum, südlich von Sylt. Von Eisenbahnstation Dagebüll mit Dampfschiff 1 1/2 St.

Wittekind. In der Nähe von Halle gelegenes Soolbad. Die 3,7% Soole wird mit kohlensaurem Wasser versetzt zum Trinken verordnet. Bäder werden mit Mutterlauge verstärkt.

Wolfach in Baden (Schwarzwald). 265 m hoch, in waldiger Umgebung gelegener Sommerkurort mit einigen schwachen Eisenquellen. Ist Eisenbahnstation der Linie Hausach-Eutingen.

Wolfsanger. Bei Cassel gelegene Wasserheilanstalt.

Wolkenstein. Städtchen in Sachsen mit einer schwach alkalischen indifferenten Therme, das „Warmbad Wolkenstein“. Die Quelle hat eine Temperatur von 30° C. und enthält etwas doppeltkohlensaures Natron. — Von Eisenbahnstation Wolkenstein (Linie Chemnitz-Annaberg) 3/4 St. zu fahren.

Wustrow. In Mecklenburg gelegenes Ostseebad. Von Eisenbahnstation Ribnitz 1 St. entfernt.

Wyk. Nordseebad. Siehe Föhr.

Yverdon. In der Schweiz (Kanton Waadt) am Neuenburger See, 440 m üb. d. M. gelegenes Städtchen mit einer alkalischen Schwefelquelle, deren Temperatur 24° C. beträgt. Das Wasser wird zu Trinkkuren bei chronischer Laryngitis, Pharyngitis, Cystitis und zum Baden bei Rheumatismus, chron. Exanthem etc. verwendet.

Ist von Lausanne und Neuchatel mit der Eisenbahn in 1 St. zu erreichen.

Zandvoort. Nordseebad an der holländischen Küste. Von Amsterdam in $^3/_4$ St. zu erreichen.

Zell am See. Beliebte Sommerfrische, 750 m hoch gelegen. Ist Eisenbahnstation der Linie Bischofshofen-Wörgl.

Zellerfeld im Harz. 560 m hoch gelegenes Städtchen, ist wie der Nachbarort Clausthal eine beliebte Sommerfrische.

Zermatt (Schweiz, Wallis). Höhenkurort (1620 m). Saison: Juni bis September.

Zingst in Pommern, Ostseebad. Von Stralsund in 4 St. zu erreichen.

Zinnowitz in Pommern. Auf der Insel Usedom gelegenes Ostseebad, 9 km von Wolgast.

Zoppot. Bei Danzig gelegenes, stark besuchtes Ostseebad mit schöner, waldiger Umgebung.

Zuckmantel. In österreichisch Schlesien 525 m hoch gelegene Kaltwasserheilanstalt. Von Eisenbahnstation Ziegenhals 10 km.

Zugerberg. In der Schweiz (Kanton Zug) 930 m hoch gelegener klimatischer Kurort mit den Kuranstalten Schönfels und Felsenegg. Von Eisenbahnstation Zug mit Wagen in $1^1/_2$ St. zu erreichen.

Zuoz. In der Schweiz, Oberengadin, 1748 m üb. d. M. gelegener Höhenkurort. 7 Fahrtstunden von Davos.

Zwischenahn. Städtchen in Oldenburg mit Wasserheilanstalt. Eisenbahnstation der Linie Oldenburg-Leer.

VI. Tabellen.

Tabelle I.

Die grössten Gaben **(Maximaldosen)** der Arzneimittel (für einen erwachsenen Menschen (Pharmacopoea Germanica, editio III).

Der Apotheker darf eine Arznei zum innerlichen Gebrauche, welche eines der untenstehenden Mittel in grösserer als der hier bezeichneten Gabe enthält, nur dann abgeben, wenn die grössere Gabe durch ein Ausrufungszeichen (!) seitens des Arztes besonders hervorgehoben worden ist. Dies gilt auch für die Verordnung eines der genannten Mittel in der Form des Klystiers oder des Suppositoriums.

Grösste Einzelgabe	Bezeichnung des Mittels	Grösste Tagesgabe
0,5	Acetanilidum	4,0
0,005	Acidum arsenicosum	0,02
0,1	„ carbolicum	0,5
0,1	Agaricinum	—
4,0	Amylenum hydratum	8,0
0,02	Apomorphinum hydrochloricum	0,1
2,0	Aqua Amygdalarum amararum	8,0
0,03	Argentum nitricum	0,2
0,001	Atropinum sulfuricum	0,003
0,05	Auro-Natrium chloratum	0,2
0,05	Cantharides	0,15
4,0	Chloralum formamidatum	8,0
3,0	„ hydratum	6,0
0,5	Chloroformium	1,0
0,05	Cocaïnum hydrochloricum	0,15
0,1	Codeïnum phosphoricum	0,4
0,5	Coffeïnum	1,5
1,0	Coffeïnum natrio-benzoicum	3,0
1,0	Cuprum sulfuricum	—
0,05	Extractum Belladonnae	0,2
0,05	„ Colocynthidis	0,2
0,2	„ Hyoscyami	1,0
0,15	„ Opii	0,5
0,05	„ Strychni	0,15
0,2	Folia Belladonnae	1,0
0,2	„ Digitalis	1,0
0,2	„ Stramonii	1,0

Grösste Einzelgabe	Bezeichnung des Mittels	Grösste Tagesgabe
0,5	Fructus Colocynthidis	1,5
0,5	Guttti	1,0
0,5	Herba Conii	2,0
0,5	„ Hyoscyami	1,5
0,001	Homatropinum hydrobromicum	0,003
0,02	Hydrargyrum bichloratum	0,1
0,02	„ bijodatum	0,1
0,02	„ cyanatum	0,1
0,02	„ oxydatum	0,1
0,02	„ oxydatum via humida paratum	0,1
0,2	Jodoformium	1,0
0,02	Jodum	0,1
0,2	Kreosotum	1,0
0,5	Liquor Kalii arsenicosi	2,0
0,03	Morphinum hydrochloricum	0,1
0,05	Oleum Crotonis	0,1
0,15	Opium	0,5
5,0	Paraldehydum	10,0
1,0	Phenacetinum	5,0
0,001	Phosphorus	0,005
0,001	Physostigminum salicylicum	0,003
0,02	Pilocarpinum hydrochloricum	0,05
0,1	Plumbum aceticum	0,5
0,1	Santoninum	0,5
0,0005	Scopolaminum hydrobromicum	0,002
0,1	Semen Strychni	0,2
0,01	Strychninum nitricum	0,02
2,0	Sulfonalum	4,0
0,2	Tartarus stibiatus	0,5
0,5	Thallinum sulfuricum	1,5
1,0	Theobrominum natrio-salicylicum	8,0
0,5	Tinctura Aconiti	2,0
0,5	„ Cantharidum	1,5
2,0	„ Colchici	5,0
1,0	„ Colocynthidis	5,0
1,5	„ Digitalis	5,0
0,2	„ Jodi	1,0
1,0	„ Lobeliae	5,0
1,5	„ Opii crocata	5,0
1,5	„ Opii simplex	5,0
0,5	„ Strophanthi	2,0
1,0	„ Strychni	2,0
0,1	Tubera Aconiti	0,5
0,005	Veratrinum	0,02
2,0	Vinum Colchici	5,0
1,0	Zincum sulfuricum	—

Tabelle II.

Die vorher angeführten Maximaldosen des Arzneibuches für das Deutsche Reich nach ihrer Höhe geordnet:

	Pro Dosi.	Pro Die.		Pro Dosi.	Pro Die
Scopolaminum hydrobromicum	0,0005	0,002	Folia Belladonnae	0,2	1,0
Atropinum sulfuricum	0,001	0,003	„ Digitalis	0,2	1,0
Homatropinum hydrobromicum	0,001	0,003	„ Stramonii	0,2	1,0
Physostigminum sulfur.	0,001	0,003	Jodoformium	0,2	1,0
Phosphorus	0,001	0,005	Kreosotum	0,2	1,0
Acidum arsenicosum	0,005	0,02	Tartarus stibiatus	0,2	0,5
Veratrinum	0,005	0,02	Tinctura Jodi	0,2	1,0
Strychninum nitricum	0,01	0,02	Acetanilidum	0,5	4,0
Apomorphinum hydrochloricum	0,02	0,1	Chloroformium	0,5	1,0
Hydrargyrum bichlor.	0,02	0,1	Coffeïnum	0,5	1,5
Hydrarg. bijodatum	0,02	0,1	Fructus Colocynthidis	0,5.	1,5
„ cyanatum	0,02	0,1	Gutti	0,5	1,0
„ oxydatum	0,02	0,1	Herba Conii	0,5	2,0
„ oxydatum via humida paratum	0,02	0,1	„ Hyoscyami	0,5	1,5
Jodum	0,02	0,1	Liquor Kalii arsenicosi	0,5	2,0
Pilocarpinum hydrochloricum	0,02	0,05	Thallinum sulfuricum	0,5	1,5
Argentum nitricum	0,03	0,2	Tinctura Aconiti	0,5	2,0
Morphinum hydrochloricum	0,03	0,1	„ Cantharidum	0,5	1,5
Auro-Natrium chlorat.	0,05	0,2	„ Strophanthi	0,5	2,0
Cantharides	0,05	0,15	Coffeïnum natrio-benz.	1,0	3,0
Cocaïnum hydrochloric.	0,05	0,15	Cuprum sulfuricum	1,0	—
Extract. Belladonnae	0,05	0,2	Phenacetinum	1,0	5,0
Extract. Colocynthidis	0,05	0,2	Theobrominum natriosalicylicum	1,0	8,0
Extractum Strychni	0,05	0,15	Tinctura Colocynthidis	1,0	5,0
Oleum Crotonis	0,05	0,1	„ Lobeliae	1,0	5,0
Acidum carbolicum	0,1	0,5	„ Strychni	1,0	2,0
Agaricinum	0,1	—	Zincum sulfuricum	1,0	—
Codeïnum phosphoric.	0,1	0,4	Tinctura Digitalis	1,5	5,0
Plumbum aceticum	0,1	0,5	„ Opii crocata	1,5	5,0
Santoninum	0,1	0,5	„ Opii simplex	1,5	5,0
Semen Strychni	0,1	0,2	Aqua Amygdalarum amararum	2,0	8,0
Tubera Aconiti	0,1	0,5	Sulfonalum	2,0	4,0
Extractum Opii	0,15	0,5	Tinctura Colchici	2,0	5,0
Opium	0,15	0,5	Vinum Colchici	2,0	5,0
Extract. Hyoscyami	0,2	1,0	Chloralum hydratum	3,0	6,0
			Amylenum hydratum	4,0	8,0
			Chloralum formamidatum	4,0	8,0
			Paraldehydum	5,0	10,0

Tabelle III.

Maximaldosen nach der Pharmacopoea Helvetica, Germanica und Austriaca.

Pro Dosi				Pro Die.		
Pharm. Helv.	Pharm. Germ.	Pharm. Austr.		Pharm. Helv.	Pharm. Germ.	Pharm. Austr.
0,5	0,5	—	Acetanilidum (Antifebrin) . . .	3,0	4,0	—
0,03	0,1	—	Acidum agaricinicum (Agaricin) .	0,1	—	—
0,005	0,005	0,005	„ arsenicosum	0,02	0,02	0,02
0,1	0,1	0,1	„ carbolicum	0,5	0,5	0,5
1,5	—	—	„ hydrobromicum dilutum	5,0	—	—
1,0	—	—	„ hydrochloricum dilutum	5,0	—	—
1,0	—	—	„ nitricum dilutum . . .	3,0	—	—
1,5	—	—	„ sulfuricum dilutum . .	5,0	—	—
—	4,0	—	Amylenum hydratum	—	8,0	—
Gutt. V	—	—	Amylum nitrosum ad inhalation.	Gutt. XX	—	—
2,0	—	—	Antipyrinum	6,0	—	—
0,02	0,02	0,01	Apomorphinum hydrochl. . . .	0,1	0,1	0,05
0,005	—	—	„ ad injection. subc.	0,015	—	—
2,0	2,0	1,5	Aqua Amygdalarum amararum .	8,0	8,0	5,0
2,0	—	1,5	„ Laurocerasi	8,0	—	5,0
0,03	0,03	0,03	Argentum nitricum	0,2	0,2	0,2
0,001	0,001	0,001	Atropinum sulfuricum	0,003	0,003	0,003
0,05	0,05	—	Auro-natrium chloratum	0,2	0,2	—
0,5	—	—	Bulbus scillae	3,0	—	—
0,05	0,05	0,05	Cantharides	0,15	0,15	0,2
—	4,0	—	Chloralum formamidatum . . .	—	8,0	—
3,0	3,0	3,0	„ hydratum	6,0	6,0	6,0
0,5	0,5	—	Chloroformium	1,0	1,0	—
0,05	0,05	0,1	Cocaïnum hydrochloricum . . .	0,15	0,15	0,3
0,05	—	—	„ ad injectionem subcut.	0,1	—	—
0,1	—	—	Codeïnum	0,4	—	—
0,1	0,1	—	„ phosphoricum	0,4	0,4	—
0,5	0,5	0,2	Caffeïnum	1,5	1,5	0,6
0,5	—	—	„ citricum	2,0	—	—
1,0	1,0	—	„ natrio-benzoicum . .	3,0	3,0	—
1,0	—	—	„ „ salicylicum . .	3,0	—	—
0,25	—	—	Colocynthis	1,0	—	—
0,05	1,0	—	Cuprum sulfuricum	0,5	—	—
—	1,0	0,4	„ „ ad usum emeticum	1,0	—	—
0,005	—	—	Extractum Aconiti duplex . . .	0,015	—	—
0,01	—	—	„ „ fluidum . . .	0,03	—	—
—	0,05	0,05	„ Belladonnae	—	0,2	0,2
0,025	—	—	„ „ duplex .	0,075	—	—
0,05	—	—	„ „ fluidum .	0,15	—	—
0,1	—	—	„ Cannabis indicae . .	0,5	—	—
0,05	—	—	„ Colchici fluidum . .	0,1	—	—
0,05	0,05	0,05	„ Colocynthidis	0,2	0,2	0,2
0,25	—	—	„ „ composit.	1,0	—	—
0,05	—	—	„ Conii duplex	0,25	—	—
0,1	—	—	„ „ fluidum	0,5	—	—
0,1	—	—	„ Convallariae fluidum .	0,2	—	—

Pro Dosi.				Pro Die		
Pharm. Helv.	Pharm. Germ.	Pharm. Austr.		Pharm. Helv.	Pharm. Germ.	Pharm. Austr.
0,05	—	—	Extractum Digitalis duplex . . .	0,25	—	—
0,1	—	—	„ „ fluidum . .	0,5	—	—
—	—	—	„ Filicis	10,0	—	—
—	0,2	0,1	„ Hyoscyami	—	1,0	0,5
0,05	—	—	„ „ duplex . .	0,15	—	—
0,1	—	—	„ „ fluidum .	0,3	—	—
0,05	—	—	„ Ipecacuanhae fluidum	0,25	—	—
0,1	0,15	0,1	„ Opii	0,25	0,5	0,4
0,2	—	0,2	„ Scillae	1,0	—	1,0
0,1	—	0,5	„ Secalis cornuti . . .	0,5	—	1,5
0,5	—	—	„ „ „ solutum	2,0	—	—
0,025	—	—	„ Stramonii duplex . .	0,075	—	—
0,05	—	—	„ „ fluidum . .	0,15	—	—
0,05	0,05	0,05	„ Strychni	0,15	0,15	0,15
1,0	—	—	Ferrum sesquichloratum solutum	4,0	—	—
0,1	—	—	Folia Aconiti	0,5	—	—
0,1	0,2	0,2	„ Belladonnae	0,5	1,0	0,6
0,2	0,2	0,2	„ Digitalis	1,0	1,0	0,6
—	—	—	„ „ ad infusum . . .	2,0	—	—
0,2	—	0,3	„ Hyoscyami	1,0	—	1,0
—	—	—	„ Jaborandi ad infusum . .	6,0	—	—
0,2	0,2	0,3	„ Stramonii	1,0	1,0	1,0
—	0,5	0,3	Fructus Colocynthidis	—	1,5	1,0
0,2	—	—	„ Conii	1,0	—	—
0,5	—	—	Guajacolum	3,0	—	—
0,2	0,5	—	Gutti	1,0	1,0	—
0,5	—	—	Herba Cannabis indicae	2,0	—	—
—	0,5	0,3	„ Conii	—	2,0	2,0
—	0,5	—	„ Hyoscyami	—	1,5	—
1,0	—	—	„ Sabinae	2,0	—	—
0,001	0,001	—	Homatropinum hydrobromicum .	0,002	0,003	—
0,02	0,02	0,03	Hydrargyrum bichloratum . . .	0,05	0,1	0,1
0,02	0,02	0,03	„ bijodatum	0,05	0,1	0,1
0,5	—	—	„ chloratum	2,0	—	—
0,1	—	—	„ chlorat. vapore paratum	0,5	—	—
—	0,02	—	Hydrargyrum cyanatum	—	0,1	—
0,05	—	—	„ jodatum	0,2	—	—
0,02	0,02	0,03	„ oxydatum	0,1	0,1	0,1
0,02	0,02	—	„ „ via hum. paratum	0,05	0,1	—
0,0005	—	—	Hyoscinum hydrobromicum . .	0,002	—	—
0,0002	—	—	„ ad injection. subcut. .	0,001	—	—
0,2	0,2	0,2	Jodoformium	1,0	1,0	1,0
0,05	0,02	0,03	Jodum	0,2	0,1	0,1
0,5	0,5	—	Kalium arsenicosum solutum . .	2,0	2,0	—
1,0	—	—	„ chloricum	5,0	—	—
0,5	0,2	0,1	Kreosotum	3,0	1,0	0,5
—	—	0,3	Lactucarium	—	—	1,0
0,5	0,5	0,5	Liquor Kalii arsenicosi	2,0	2,0	2,0
0,03	0,03	0,03	Morphinum hydrochloricum . .	0,1	0,1	0,12
0,03	—	—	„ sulfuricum	0,1	—	—
0,005	—	—	Natrium arsenicicum	0,01	—	—

Pro Dosi.				Pro Die.		
Pharm. Helv.	Pharm. Germ.	Pharm. Austr.		Pharm. Helv.	Pharm. Germ.	Pharm Austr.
1,0	—	—	Natrium arsenicium solutum . .	4,0	—	—
Gutta I.	0,05	0,05	Oleum Crotonis (Oleum Tiglii) .	Gutt. II	0,1	0,1
0,1	—	—	Oleum phosphoratum	0,5	—	—
0,15	0,15	0,15	Opium	0,5	0,5	0,5
—	5,0	—	Paraldehydum	—	10,0	—
1,0	1,0	—	Phenacetinum	5,0	5,0	—
0,1	0,1	0,1	Phenol	0,5	0,5	0,5
0,001	0,001	—	Phosphorus	0,005	0,005	—
0,001	0,001	0,001	Physostigminum salicylicum . .	0,003	0,003	0,003
0,02	0,02	0,03	Pilocarpinum hydrochloricum . .	0,05	0,05	0,06
0,1	0,1	0,1	Plumbum aceticum	0,5	0,5	0,5
0,1	—	—	Podophyllinum	0,3	—	—
1,0	—	—	Pulvis Ipecacuanhae opiatus . .	4,0	—	—
—	—	0,1	Radix Aconiti	—	—	0,5
0,1	—	0,07	„ Belladonnae	0,5	—	0,3
0,1	—	—	„ Ipecacuanhae	0,5	—	—
—	—	—	ad Infusum .	2,0	—	—
—	—	—	ad usum emeticum	5,0	—	—
0,5	—	—	Resina Jalapae	1,5	—	—
2,0	—	—	Salolum	8,0	—	—
0,05	0,1	0,1	Santoninum	0,25	0,5	0,3
0,2	—	—	Scammonium	0,5	—	—
—	0,0005	—	Scopolaminum hydrobromicum .	—	0,002	—
1,0	—	1,0	Secale cornutum	5,0	—	5,0
—	—	—	„ „ ad Infusum . .	10,0	—	—
0,2	—	—	Semen Colchici	1,0	—	—
0,1	0,1	0,12	„ Strychni	0,2	0,2	0, 5
0,2	—	—	Sparteïnum sulfuricum	0,8	—	—
0,01	0,01	0,007	Strychninum nitricum	0,02	0,02	0,02
0,005	—	—	„ ad injection. subc. .	0,01	—	—
0,01	—	—	„ sulfuricum	0,02	—	—
4,0	2,0	—	Sulfonal	8,0	4,0	—
0,2	0,2	0,2	Tartarus stibiatus	0,5	0,5	0,5
—	0,5	—	Thallinum sulfuricum	—	1,5	—
—	1,0	—	Theobrominum natrio-salicylicum	—	8,0	—
—	0,5	0,5	Tinctura Aconiti	—	2,0	1,5
1,0	—	—	„ „ herbae recentis	3,0	—	—
0,25	—	—	„ „ tuberis	1,0	—	—
0,5	—	1,0	„ Belladonnae	2,5	—	4,0
1,0	—	—	„ Cannabis indicae . . .	5,0	—	—
0,5	0,5	0,5	„ Cantharidum	1,5	1,5	1,0
1,0	2,0	1,5	„ Colchici	3,0	5,0	5,0
1,0	1,0	—	„ Colocynthidis	5,0	5,0	—
1,0	1,5	1,5	„ Digitalis	5,0	5,0	5,0
1,0	—	—	„ Gelsemii	5,0	—	—
0,25	0,2	0,3	„ Jodi	1,0	1,0	1,0
0,5	—	—	„ Ipecacuanhae	2,5	—	—
1,0	1,0	1,0	„ Lobeliae	5,0	5,0	5,0
10,0	—	—	„ Opii benzoica	40,0	—	—
1,5	1,5	1,5	„ „ crocata	5,0	5,0	5,0
1,5	1,5	1,5	„ „ simplex	5,0	5,0	5,0
2,5	—	—	„ Scillae	10,0	—	—

Pro Dosi.				Pro Die.		
Pharm. Helv.	Pharm. Germ	Pharm. Austr.		Pharm. Helv.	Pharm. Germ.	Pharm. Austr.
5,0	—	—	Tinctura Secalis cornuti	20,0	—	—
1,0	0,5	1,0	„ Strophanthi . .	3,0	2,0	2,0
0,5	1,0	—	„ Strychni	2,0	2,0	3,0
0,1	0,1	—	Tubera Aconiti	0,5	0,5	—
1,0	—	—	„ Jalapae	5,0	—	—
4,0	—	—	Urethanum	8,0	—	—
0,005	0,005	0,005	Veratrinum	0,02	0,02	0,02
1,0	2,0	1,5	Vinum Colchici	3,0	5,0	5,0
10,0	—	—	„ stibiatum	20,0	—	—
0,2	—	—	Zincum oxydatum purum . .	1,0	—	—
0,1	1,0	0,8	„ sulfuricum	1,0	—	—
0,1	—	—	„ valerianicum	0,5	—	—

Tabelle IV.

Grösste Einzeldosen wichtiger Mittel für Kinder,

welche für gewöhnlich nicht überschritten werden sollen.

	Unter 1 Jahr	1—2 Jahre	3 Jahre	5 Jahre	8 Jahre	12 Jahre
Acetanilid (Antifebrin) . .	0,02	0,05	0,05	0,1	0,2	0,25
Acetum Scillae	—	—	5 gtt.	10 gtt.	12 gtt.	20 gtt.
Acidum benz.	—	0,01	0,03	0,04	0,05	0,06
„ tannic.	—	0,005	0,01	0,01	0,02	0,02
Aether . . .	—	1—2 gtt.	3 gtt.	4 gtt.	5 gtt.	8 gtt.
Antipyrinum .	0,1	0,2	0,3	0,4	0,5	0,5
Antipyrinum amygdalinum Siehe Tussol .	—	—	—	—	—	—
Apomorphin. hydrochl. . .	0,0005	0,001	0,001	0,002	0,003	0,005
Aqua Amygd. amar. . . .	1 gtt.	2 gtt.	3 gtt.	5 gtt.	8 gtt.	12 gtt.
Argentum nitricum . . .	0,001	0,002	0,003	0,005	0,007	0,01
Atropinum sulf.	—	0,0001	0,0001	0,0002	0,0003	0,0003
Bismutum subnitricum . .	0,05	0,05	0,1	0,2	0,3	0,5
Bromoformium	2 gtt	3 gtt.	3—4 gtt.	4—5 gtt.	5—6 gtt.	6 gtt.
Camphora . .	0,01	0,015	0,02	0,02	0,03	0,03
Chininum hydrochloric. .	0,05	0,15	0,3	0,4	0,5	0,75

	Unter 1 Jahre	1—2 Jahre	3 Jahre	5 Jahre	8 Jahre	12 Jahre
Chininum tannicum . . .	0,03	0,1	0,15	0,3	0,5	0,75
Chloralum hydratum . .	0,1	0,2	0,25	0,4	0,5	0,6
Codeïn. phosphoricum .	0,0002	0,002	0,003	0,005	0,008	0,01
Coffeïn . . .	—	—	0,01	0,02	0,04	0,05
Cuprum sulf. .	—	0,1	0,1	0,15	0,3	0,3
Extractum Belladonnae . .	—	0,001	0,002	0,003	0,004	0,005
Extract. Opii .	—	0,001	0,003	0,005	0,01	0,02
Ferrum reductum	—	0,002	0,003	0,005	0,01	0,05
Flores Cinae .	0,2	0,3	0,5	1,0	2,0	2,0
Folia Digitalis	—	0,01	0,02	0,03	0,04	0,05
Hydrargyrum chloratum .	0,01	0,01	0,02	0,03	0,04	0,05
Hydrargyrum tannic. oxyd.	0,005	0,01	0,02	0,03	0,04	0,05
Kalium bromatum	0,1	0,2—0,3	0,3—0,5	0,5—1,0	1,0	1,0
Kalium jodat.	0,01	0,02	0,05	0,1	0,2	0,3
Kalium chloric.	am besten ganz zu vermeiden					
Kreosotum . .	0,005	0,01	0,01	0,02	0,03	0,05
Liquor Kalii arsenicosi .	—	1 gtt.	1 gtt.	2 gtt.	2 gtt.	3 gtt.
Morphinum hydrochloric.	—	0,0005	0,001	0,002	0,003	0,005
Moschus . . .	0,01	0,01	0,02	0,03	0,04	0,05
Naphthalinum	0,05	0,1	0,2	0,2	0,2	0,25
Oleum Terebinthinae .	2 gtt.	3 gtt.	5 gtt.	7 gtt.	9 gtt.	10 gtt
Opium . . .	—	0,002	0,003	0,004	0,01	0,02
Phosphorus . .	—	—	0,0001	0,0001	0,0003	0,0005
Phenacetinum .	—	0,05	0,05	0,1	0,15	0,3
Plumbum acet.	0,003	0,004	0,005	0,01	0,015	0,02
Pilocarpinum hydrochloric.	0,001	0,001	0,002	0,003	0,004	0,005
Pulvis Doweri	—	0,003	0,005	0,01	0,02	0,05
Radix Ipecacuanhae . .	als Emeticum im Infus 2,0 : 100,0 theelöffelweise „ Expectorans „ „ 0,2 : 100,0 „					
Santoninum .	—	0,01	0,01	0,02	0,03	0,05
Sirupus Ferri jodati . . .	1 gtt.	3 gtt.	5 gtt.	8 gtt.	10 gtt.	15 gtt.
Tannigen . . .	0,2	0,25	0,3	0,3	0,5	0,5
Tartarus stibiatus . . .	—	0,0075	0,0075	0,01	0,01	0,015
Tinctura Opii benzoica . .	2 gtt.	3 gtt.	4 gtt.	6 gtt.	8 gtt.	10 gtt
Tinctura Opii simplex . .	½ gtt.	2 gtt.	3 gtt.	4 gtt.	5 gtt.	5 gtt.
Tinctura Strophanthi . .	—	—	—	1 gtt.	1 gtt. (3—4 × täglich)	1 gtt.

	Unter 1 Jahr	1—2 Jahre	3 Jahre	5 Jahre	8 Jahre	12 Jahre
Tinct. Strychni	1 gtt.	2 gtt.	2 gtt.	3 gtt.	3 gtt.	5 gtt.
Trional . . .	0,2	0,25	0,3	0,5	0,75	0,75
Tussol (Antipyrin. amygdalinum) . .	0,075	0,1 bis	0,25 bis	0,5	0,6	0,75
Unguentum Hydrargyri cinereum . .		0,2	bis		0,5	
			(täglich eine Einreibung)			
Urethanum . .	0,05	0,1	0,1	0,2	0,3	0,5
Vinum Ipecacuanhae . .	theelöffelweise bis zur Wirkung.					
Vinum stibiat.						

Tabelle V.

Löslichkeitstabelle.

Ein Theil lost sich in Theilen:	Wasser kalt	Wasser siedend	Weingeist	Aether
Acetanilid	200	18	3,5	leicht
Acidum arsenicosum	80	15	—	—
„ benzoicum	400	15	3	25
„ boricum	25	3	15	—
„ camphoricum	140	8	1,3	1,8
„ carbolicum	15	leicht		—
„ citricum	0,75	0,5	1	50
„ salicylicum	500	15	leicht	
„ tannicum	1	1	2	—
„ tartaricum	0,8	0,8	2,5	—
„ trichloraceticum		leicht löslich		
Aether bromatus	—	—	leicht	leicht
Agaricin	wenig	aufquellend	130 kalt 10 heiss	schwer
Alumen	10,5	0,3	—	—
Alumnol	leicht		wenig	—
Ammonium bromatum	1,26	—	—	—
„ carbonicum	5	—	—	—
„ chloratum	3	1	—	—
„ jodatum	0,6	—	4	—
Amylenum hydratum	8	—	leicht	leicht
Antipyrin	1	—	1	50
Apomorphinum hydrochloricum . .	40	—	35	—
Arbutin	8	1	16	—
Argentum nitricum	0,8	0,4	26 kalt 5 heiss	— —

Ein Theil löst sich in Theilen:	Wasser kalt	Wasser siedend	Weingeist	Aether
Atropinum sulfuricum	1	—	3	—
Auro-Natrium chloratum	2	—	wenig	—
Borax	17	0,5	—	—
Bromoform	wenig		leicht	
Bromum	30	—	leicht	leicht
Butylchloralhydrat	30	etwas leichter	leicht	leicht
Camphora	sehr wenig		leicht	
Cannabinum tannicum	wenig		leicht	
Chininum bisulfuricum	12	—	32	—
„ hydrochloricum	34	1	3	—
„ salicylicum	250	—	25	—
„ sulfuricum	800	25	140 kalt 12 heiss	— —
„ tannicum	kaum	—	ein wenig	—
Chloralum formamidatum	20	—	1,5	—
„ hydratum	leicht		leicht	
Cocaïnum hydrochloricum	0,5	0,5	4	—
Codeïnum phosphoricum	1,5	—	schwer	—
Coffeïnum Natrium benzoicum	2	—	40	—
„ „ salicylicum	2	—	16	—
Coffeïnum	80	—	50	300
Cuprum sulfuricum	3,5	1	—	—
Ferrum lacticum	40	12	—	—
„ sulfuricum	1,8	—	—	—
Guajacolum	80	—	leicht	leicht
Homatropinum hydrobromicum	4	10	18	—
Hydrargyrum bichloratum	16	3	3	4
„ cyanatum	12,8	3	14,5	schwer
Jodoformum	—	—	50	5,2
Jodol	5000	—	3	15
Jodum	5000	—	10	3
Kalium aceticum	0,4	—	1,4	—
„ bicarbonicum	4	—	—	—
„ bromatum	2	—	200	—
„ carbonicum	1	—	—	—
„ chloricum	16	3	130	—
„ jodatum	0,75	—	12	—
„ nitricum	4	0,5	—	—
„ permanganicum	20,5	—	—	—
„ sulfuricum	10	4	—	—
„ tartaricum	0,7	0,5	—	—
Lithium carbonicum	80	140	—	—
Magnesium sulfuricum	1	0,3	—	—
Menthol	—	—	leicht	leicht
Morphinum hydrochloricum	25	1	50	—
„ sulfuricum	20	—	—	—
Naphthalin	—	—	leicht	
Naphthol	1000	75	leicht	
Natrium aceticum	1	0,5	23	—
„ benzoicum	1,5	—	—	—
„ bicarbonicum	12	—	—	—
„ bromatum	1,2	—	5	—
„ carbonicum	1,6	0,2	—	—

Ein Theil löst sich in Theilen:	Wasser kalt	Wasser siedend	Aether	Weingeist
Natrium chloratum	2,7	2,5	—	—
„ jodatum	0,6	3	—	—
„ nitricum	1,2	—	50	—
„ phosphoricum	5,8	—	—	—
„ salicylicum	0,9	—	6	—
„ sulfuricum	3,0	0,4	—	—
Paraldehydum	8,5	—	leicht	leicht
Phenacetin	1400	70	16	—
Physostigminum salicylicum	150	—	12	—
Pilocarpinum hydrochloricum	leicht	—	leicht	schwer
Plumbum aceticum	2,3	—	29	—
Pyrogallolum	1,7	—	1	1,2
Resorcinum	1	—	0,5	0,5
Saccharinum	250	24	25	—
Saccharum lactis	6	2,5	—	—
Salolum	—	—	10	0,3
Santoninum	5000	—	44	schwer
Strychninum nitricum	90	3	70 kalt 5 siedend	—
Sulfonalum	500	15	65 kalt 2 heiss	135
Tartarus boraxatus	1	—	—	—
„ depuratus	192	20	—	—
„ natronatus	1,4	—	—	—
„ stibiatus	17	3	—	—
Terpinum hydratum	250	32	10	100
Thallinum sulfuricum	7	0,5	100	—
Thymolum	1100	—	1	1
Urethanum	1	—	0,6	1
Veratrinum	—	—	4	54
Zincum aceticum	3	2	36	—
„ chloratum	1	—	leicht	—
„ sulfocarbolicum	2	—	leicht	—
„ sulfuricum	0,6	—	—	—
„ valerianicum	90	80	40	—

Tabelle VI.

Antidota.

Acidum oxalicum . . . (Kleesäure,Zuckersäure.)	Calciumcarbonat, Zuckerkalk, Magnesia, Kreide.
Ätzende Alkalien . . .	Verdünnte Säuren, Eispillen, Emulsio oleosa.
Argentum nitricum . .	Kochsalzlösung, Milch, Eiweis.
Arsenik	Magenausspülung event. Brechmittel. Antidotum Arsenici (s. Ferrum-Präparate). Magnesia usta. Milch. Eiweiss.
Atropin	Subkutane Injektion von Pilocarpin, Muscarin, Morphium. — Kaffee, Tannin, kalte Übergiessungen.
Blausäure	Excitantia, Äther, Ammoniak. Atropininjektion, künstliche Respiration, Chlorkalklosung, Natrium thiosulfuricum, Kalium permanganicum.
Karbolsäure	Magenspülung mit 3% Losung von Natrium sulfuricum, Calcaria saccharata. Milch, Eiweiss, Natrium sulfuricum, Eis. Excitantia.
Chloralhydrat	Künstliche Respiration, Strychnininjektion. Moschus, Kampfer, kalte Begiessungen.
Chloroform	Künstliche Respiration. Elektrische Reizung der N. phrenici. Amylnitrit. Strychnin.
Cocaïn	Inhalation von Amylnitrit.
Kohlensäure	Frische Luft. Künstliche Respiration. Excitantia. Hautreize.
Morphium und Opium .	Emeticum, Tannin. Atropininjektion. Kaffee, Kampfer und Moschus. Kalium permanganicum. Sinapismen.
Phosphor	Magenpumpe. — Cuprum sulf. Oleum Terebinth. (s. d.). Kalium permanganicum. Cave: Fette und fette Öle.
Salpetersäure	s. Schwefelsäure.
Schlangenbiss	Ätzen mit Glüheisen, Kali caustic. oder Argent. nitr. — Injektion von Kalium permangan. in die Wunde.
Schierling	Brechmittel, Analeptica, Essigklystiere, Coffeïn.
Schwefelsäure	Magnesia carbonica oder usta. Milch, Kalkmich, schleimige Getränke, Eis, Seife.
Strychnin	Emetica. Tannin. Tinctura Jodi. Chloralhydrat, Chloroform, Curare. Konstanter Strom. Paraldehyd. Cocain.
Quecksilber u. seine Salze	Eiweisslösungen, Mehlbrei, Eisenpulver. — Opiate.

Tabelle VII.

Anatomischer Befund bei Vergiftungen durch:

(Nach Prof. F. Strassmann.)

<table>
<tr><td>Alkaloide</td><td colspan="2">Ohne bestimmte Anhaltspunkte.</td></tr>
<tr><td>Chlorsaures Kali</td><td rowspan="2">Wirken im Wesentlichen dadurch, dass sie die rothen Blutkörperchen zerstören und den Blutfarbstoff umwandeln.</td><td>Icterus, Milzschwellung, Hämoglobinurie, Hämoglobincylinder in den Nieren. — Graubraune Verfärbung des Blutes. — Auftreten des charakteristischen spektroskopischen Streifens für das Methämoglobin im Roth.</td></tr>
<tr><td>Kohlenoxyd</td><td>Neben der hellrothen Farbe des Blutes und der Todtenflecke kann direkt das Vorhandensein von Kohlenoxyd im Blute nachgewiesen werden. Man bedient sich der Tanninprobe (nach Kunkel), indem einer 3% Tanninlösung eine auf das Fünffache verdünnte Blutlösung zugesetzt wird. Man sieht alsdann bei Vorhandensein von Kohlenoxyd im Blut eine auffallend hellgraue Farbe, während anderes Blut eine kaffeebraune Farbe annimmt.</td></tr>
<tr><td>Phosphor</td><td colspan="2">In den in wenigen Stunden zum Tode führenden Fällen sind anatomische Veränderungen im Wesentlichen nicht nachweisbar, aber in den typischen Fallen der Phosphorvergiftung, die in 5, 6, 7 Tagen zum Tode führen, finden sich als charakteristische anatomische Zeichen: Icterus, Leberschwellung, Verfettung der verschiedenen Organe und Blutungen in den verschiedenen Körpertheilen.</td></tr>
<tr><td>Karbolsäure</td><td colspan="2">Verätzung von der Zungenspitze an bis in den obersten Theil des Darms. Diese Verätzung weist den Charakter der reinen weissen Schorfbildung auf. Daneben finden sich entzündliche Erscheinungen, Hyperämie, seröse Exsudation und Blutungen — Geruch nach Phenol.</td></tr>
<tr><td>Sublimat</td><td colspan="2">Bei Aufnahme in starker Koncentration: Ätzungen der oberflächlichen Partien des Magens, von ähnlicher Form wie beim Karbol (doch ohne Geruch). Bei ge wöhnlichen Koncentrationen die bekannten Allgemeinerscheinungen: Koagulationsnekrotische Herde in der Niere, Stomatitis. Dysenterische Processe im Dickdarm.</td></tr>
<tr><td>Arsenige Säure</td><td colspan="2">Eigentliche Ätzwirkungen zeigen sich nur, wenn die arsenige Säure in Substanz genommen worden ist. Die Lösungen bewirken nur entzündliche katarrhalische Erscheinungen am Magen uud Darm. Bei Aufnahme in Substanz finden sich nekrotische Verätzungen wie bei Karbolvergiftung.</td></tr>
</table>

Schwefelsäure	Ätzwirkungen an dem oberen Verdauungstractus, an der Zunge und der Speiseröhre. Am Magen fehlen gewöhnlich Ätzschorfe; es kommt hier zu einer Entzündung der Schleimhaut und zur Bildung grosser Extravasate. Eine schwärzliche Verfärbung des Magens, die den Eindruck einer Verkohlung macht, ist gewöhnlich die auffälligste Erscheinung der Schwefelsäurevergiftung.
Salpetersäure u. Salzsäure	rufen der Schwefelsäure sehr ähnliche Veränderungen hervor. Zuweilen gestattet die gelbliche Färbung der Schorfe, die von oben nach unten abnimmt, die Feststellung, dass hier nicht Schwefelsäure-, sondern Salpetersäureeinwirkung stattgefunden hat. Eine Unterscheidung der Schwefelsäure von der Salzsäure ist mitunter dadurch ermöglicht, dass sich auch an der Haut, besonders an den Mundwinkeln herabziehend, Ätzstreifen finden, die bei Salzsäure fehlen.
Oxalsäure	Ätzungen in den oberen Theilen des Verdauungsapparates; am Magen sind dieselben gering; hier beschränken sich die Veränderungen meist auf eine ausgesprochene Hyperämie mit Blutungen in die Gewebe. Die Oxalsäurevergiftung führt meistens sehr schnell zum Tode; es ist kaum Gelegenheit und Zeit, Gegenmittel zu geben. Es kommt alsdann im Magen zu einer Abschmelzung der oberen Theile, zu einer Erweichung derselben. Die Mucosa wird zum grössten Theile zerstört. Anwesenheit von Krystallen von oxalsaurem Kalk (abgebrochene rhombische Säulen, Wetzsteinform).
Ätzlaugen	In koncentrirter Form genommen, bedingen sie eine vollkommene Nekrose der Magenwand. Diese Nekrose unterscheidet sich von der durch Säuren bedingten dadurch, dass die abgestorbenen Theile nicht hart, weiss und trübe, sondern rothbraun, gequollen, weich, transparent erscheinen. Die durch Laugevergiftung gesetzten Schorfe sind nicht so brüchig und leicht entfernbar, wie die durch die Säurevergiftung.
Cyankali	Die ätzende Wirkung desselben ist geringer, als die der übrigen Alkalien, eigentliche Ätzschorfe finden sich gewohnlich nicht. Cyankali bewirkt meistens ausgesprochene Hyperämie, starke Schleimabsonderung und Hämorrhagien in die Magenschleimhaut. — Bei weiterer Einwirkung kommt es zu einer Quellung, zu einer stärkeren Transparenz der obersten Schleimhautschichten des Magens. Der Blutfarbstoff wird aufgelöst und imbibirt in diffuser Weise die gesammte Magenwand.

VII. Register.

Sach-Register.

(Die Zahlen beziehen sich auf die Seite.)

D.

E.

U.

V.

Therapeutisches Register.

(Die freien Zahlen deuten die Nummer des Rezeptes an, die eingeklammerten beziehen sich auf die Seite.)

Berichtigung.

Seite 111, Zeile 6 von oben lies: Oleum Gaultheriae.